本书由吉林大学哲学—社会学一流学科建设项目资助

新本土心理学

NEW INDIGENOUS
PSYCHOLOGY

上 册

葛鲁嘉 著

中国社会科学出版社

图书在版编目（CIP）数据

新本土心理学. 全 2 册/葛鲁嘉著. —北京：中国社会科学出版社，2021.11
ISBN 978 - 7 - 5203 - 9023 - 1

Ⅰ.①新… Ⅱ.①葛… Ⅲ.①心理学研究方法—文集 Ⅳ.①B841 - 53

中国版本图书馆 CIP 数据核字（2021）第 176169 号

出 版 人	赵剑英
责任编辑	朱华彬
责任校对	谢　静
责任印制	张雪娇

出　　版	中国社会科学出版社
社　　址	北京鼓楼西大街甲 158 号
邮　　编	100720
网　　址	http://www.csspw.cn
发 行 部	010 - 84083685
门 市 部	010 - 84029450
经　　销	新华书店及其他书店
印刷装订	北京君升印刷有限公司
版　　次	2021 年 11 月第 1 版
印　　次	2021 年 11 月第 1 次印刷
开　　本	710×1000　1/16
印　　张	64.5
插　　页	4
字　　数	956 千字
定　　价	378.00 元（全 2 册）

凡购买中国社会科学出版社图书，如有质量问题请与本社营销中心联系调换
电话：010 - 84083683
版权所有　侵权必究

序　言

本书以"新本土心理学"为题，主要出于两个方面的考量。其一是本土心理学的研究是世界心理学发展延续了将近半个世纪的主题。从开端的英国学者试图揭示和解释在世界主流心理学之外所存在的心理学，到迅速流行世界的心理学发展的本土化运动，再到立足于本土资源的心理学原始性创新，本土心理学的研究已经扩及心理学整个学科和领域以及不同的门类和分支。其二是从1990年接触和进入本土心理学研究以来，我从事这项研究已经三十多年的时间了。这期间随着研究的不断扩大和持续深入，我陆续出版或发表了大量的著述。本书从一个侧面不仅反映了研究者个人的学术思想的启动和发展，而且体现了心理学学科跨越世纪的演变和未来。

本书的上卷是我从自己已经发表的众多关于本土心理学的研究论文中挑选出来一部分并改写而成的，将世界心理学与中国心理学两个方面的本土化探索，整合为一个关于本土心理学研究的主题。上卷共分五编，各编之间彼此相通、相互关联、前后呼应、逻辑连贯。每一编都包含了导论和章，其中，只有极个别的"导论"是未发表的论文，但也是已经完成的论文，为了统领相关研究内容，才纳入了本书。为了全书的整体性和可读性，我对原有发表过的论文题目进行了重新加工和修饰，对于原文之中个别的明显缺陷和错误，也都进行了修补。第一编的主题为"中西心理学的传统"。这是试图在不同的文化基础上，在不同的文化资源中，去考察和分析西方的心理学传统和中国的心理学传统。这一编包括导论和六章共七个部分。第二编的主题为"心理学文化学转向"。这是从当代心理学回归和重启文化研究的重大转变入手，去讨论和分析文化的框架给心理学探索所带来的不可忽视的影响和改变。这一编包括导论和六章共七个部分。第三编的主题为"理论心理学的研究"。这是将理论心理学的探索放置于本土文化的根基上，摄取了本土文化中的心理学资源，进而为新本土心理学的探索提供基本的和重要的理论框架。这一编包括导论和十章共十一个部分。第四编的主题为"心理学方法论考察"。这是对本土心理学研究在方法论上的变革进行的深入探索。这一编包括导论和八章共九个部分。第五编的主题为"本土心理学的探索"。这是围绕中国本土心理学的兴起、演变、进程、主题等方面进行的探索。这一编共包括导论和七章共八个部分。

本书的下卷与上卷的最为重要的区别，就在于其不是从已经发表的论文中筛选出来汇集而成的，而是从我研究和撰写的近百篇尚未发表的论文中精挑细选出来改写而成的。下卷主要探讨了中国本土心理学的学术研究和创新发展，所应该立足的本土文化中的哲学思想基础，所可以吸纳的本土文化中的主要学科资源，所能够具有的本土文化中的心性心理内涵，所实际开展的本土文化中的学术思想考察，所必须进行的本土文化中的原始创新建构。从多个基面、层面、界面、侧面、方面，全方位地研究了中国本土心理学探索在理论上进行的突破、创新和建构。从而，可以为中国心理学在本土文化中的发展和本土生活中的应用，提供基本思想上的支撑、学术研究上的启示和理论建构上的动力。

本书的下卷也分成了五编，各编之间内容递进、环节相扣、思想勾连、互为支撑。第六编的主题为"中国本土心理学的根基"，涉及中国本土心理学创新发展的思想根基、哲学根基、理论根基、文化根基。这一编包括导论和五章共六个部分。第七编的主题为"中国本土心理学的资源"，涉及中国本土心理学创新发展的不同学科、不同形态的心理学资源。这一编包括导论和六章共七个部分。第八编的主题为"中国本土心理学的内涵"，涉及心理学的文化学的取向、后现代的背景、本土化的演变和心性论的根基。这一编包括导论和六章共七个部分。第九编的主题为"中国本土心理学的考察"，涉及地理与心理的关系、精神境界的探索、常人的心理智慧等。这一编包括导论和六章共七个部分。第十编的主题为"中国本土心理学的建构",涉及还原主义、生态思潮、共生主义、原始创新等。这一编共包括导论和六章共七个部分。

中国本土心理学的根基、资源、内涵、考察、建构,其核心的理念就是推进中国本土心理学的原始性创新。进而,理论的创新就应该成为先导、倡导、引导、向导、主导。当然,本书并没有全部或完整包括我自己的关于中国本土心理学核心理论的突破与创新的思路和构念,特别是并没有囊括我已经出版的有关中国本土心理学研究的系列化的著作。这可以通过阅读我的已经出版的一系列著作来获得相关的把握。

我从事本土心理学的学术研究和探索,几乎从一开始起步的时候,就进行了非常完整、详尽、系统、连贯的考虑、规划、设计、构想、定制。我从事学术研究有一个非常重要的,也是长期形成的习惯,那就是我只做系统化的研究,尽管为了形成一个完整的构想,我会预先花费大量的时间和心血。在自己的日常生活之中,我所从事的事情、所进行的活动和所实施的行为,都是事先构想、设计和规划好了之后,一步一步地去逐渐实现和完成的。因此,我自己研究和写作论文,并不是一篇一篇分着去做的,更不是上一篇与下一篇没有太紧密的联系或毫无关联,而是几乎在一个非常长的时间段里,同时在研究、写作十余篇的论文,甚至十余部的著作。一个论题投入的时间长了,心理疲惫了,那就换成另一个不同的论题。我会在规划和设计上花费大量的时间,一旦思考成熟了,那就全力去推进和实行。因此,时间久了之后,就会积累非常多已经写好的论文。

数十年如一日,我的心理学学术研究生涯,几乎从一开始就在关注中国本土心理学的探索和创造。长期的研究和写作,也就在推进的过程之中,积累了众多的研究论文。有相当一部分论文都已经正式发表了,但是还有不少论文没有发表,逐渐积累了下来。当然,我并不想让这些思想创造和学术探索一直就沉睡着,而是希望其能够为中国本土心理学的创新发展提供些许贡献。因此,我就将其中的部分研究成果汇集起来,以著作的形式呈现出来。《新本土心理学》实际上在主题上是一个紧密相关或彼此相连的有机整体。虽然上卷是已经发表的论文的汇集，而下卷是尚未发表的论文的汇聚，但是，这两卷在内容上却是珠联璧合的和上下贯通的。当然，未发表并不是不能发表，而是我的研究推进是扩展性的，许多论文都是同时研究和写作的，而且一系列的研究和写作都围绕着非常明确的主题、遵循着特别连贯的思路、体现着极为明晰的逻辑和论证着完全一体的道理。

  本书具有如下三个主要特点。第一是创新性的特点。全书所确立和突出的论题，均属于心理学探索对传统的突破。本书书名是在"本土心理学"的前面加上了"新"字，实际上既是为了突出作者长期进行的本土心理学研究的独特思路、独特探索、独特建构，又是为了体现基于文化的本土心理学研究发展的创新思路、创新探索、创新建构。这对于壮大和繁荣本土心理学的研究，以及对于推进和促进中国心理学的进步，都具有重要的学术价值。第二是跨界性的特点。全书所选择和汇集的论文，都是紧密围绕心理学探索应立足本土的资源、本土的内容、本土的文化、本土的传统、本土的生活、本土的心理、本土的行为等一系列核心性主题，而进行开放性研究的结果；都是关联哲学、数学、理学、工学、医学、文学、法学等一系列相关性门类，而进行的跨越性探索的成果；都是广泛涉及心理学、文化学、人类学、社会学、历史学、生态学、方法学等一系列交叉性学科，而进行的汇聚性整合的结果。这所体现出来的是跨视界、跨领域、跨文化、跨时段、跨学科、跨分支、跨类别等一系列相关跨越的，综合性、汇聚性、研究性、探索性、突破性、建构性和创新性的考察。第三是长期性的特点。全书所收入的论文在时间跨度上有三十年之长，表明这是对心理学本土化、心理学中国化等课题的长期的关注、探索、推进、挖掘、创造。当然，这也从另一个侧面表明，这并不是心血来潮的短期投入，也不是四处撒网的零碎点击。本土心理学的研究是中国心理学发展的核心性和关键性的课题。这事关中国心理学长期发展的方向和道路。因此，需要长期的甚至终身的探索。任何学术性探索、心理学研究、原始性建构都需要长期、深入、细致、周密、系统地推进和开拓。这也许并没有什么诀窍和捷径，有的只能是长久地不舍，耐心地去做。我自己就是如此，花落花开、潮起潮伏、云卷云舒，都成为中国本土心理学前行的步伐，都成为中国理论心理学创造的节奏。

中国心理学的发展走过了坎坷的、曲折的、艰辛的道路。中国现代的科学心理学长期以来依赖对国外心理学研究和探索成果的引进、翻译、介绍、评价、模仿、复制，来带动自身的壮大和进步。但是，中国本土心理学要想独立自主，要想契合本土的文化、社会、生活、现实，就必须要走创新的道路，就必须进行原始性的创新建构。这是一条漫长的、定向的、痛苦的道路。而且，最为重要的，这不仅仅是每一位个体研究者所从事的工作，更应该是中国心理学家整体的追求。

路漫漫其修远兮，吾将上下而求索！

葛鲁嘉
于吉林大学哲学社会学院心理学系
2020 年 10 月 20 日

总目录

第一编 中西心理学的传统

导论：心理学研究的分裂及其比较 ········· 3

  一　心理学的分裂与统一 ··············· 3
  二　心理学科学观的问题 ··············· 6
  三　心理学的多元化研究 ··············· 8
  四　心理学的开放性视野 ··············· 9
  五　心理学的共生性原则 ··············· 13

第一章　中西心理学的文化蕴涵 ············ 15

  一　两种不同的心理探索 ··············· 15
  二　两种不同的文化根基 ··············· 18
  三　两种不同的心理文化 ··············· 20

第二章　本土与实证心理学分野 ············ 23

  一　本土的经验心理学 ················ 24
  二　实证的科学心理学 ················ 27
  三　两类心理学的比较 ················ 31

第三章　本土与实证心理学关联 ············ 35

  一　实证科学的心理学 ················ 36

二　本土传统的心理学 ……………………………………… 38
　　三　科学心理学的借鉴 ……………………………………… 40
　　四　本土心理学的启示 ……………………………………… 43

第四章　本土与本土化的心理学 …………………………………… 46
　　一　传统与科学的心理学 …………………………………… 46
　　二　本土传统心理学特征 …………………………………… 50
　　三　科学心理学的本土化 …………………………………… 53

第五章　本土传统心理学的存在 …………………………………… 57
　　一　常识心理学的存在 ……………………………………… 57
　　二　两类心理学的分界 ……………………………………… 61
　　三　哲学心理学的存在 ……………………………………… 63

第六章　实证与心性概念的范畴 …………………………………… 66
　　一　核心概念的比较 ………………………………………… 66
　　二　心理概念的对应 ………………………………………… 69
　　三　学术理念的发展 ………………………………………… 72

第二编　心理学文化学转向

导论：心理学与文化的关联性探索 ………………………………… 77
　　一　心理学与文化的关系内涵 ……………………………… 77
　　二　心理学与文化的关系演变 ……………………………… 82
　　三　心理学与文化的关系性质 ……………………………… 85
　　四　心理学与文化的研究价值 ……………………………… 90

第一章　当代心理学文化学转向 …………………………………… 93
　　一　历史的考察 ……………………………………………… 93

二　现实的考察 …………………………………… 97
　　三　理论的考察 …………………………………… 101

第二章　文化心理学的多元理解 ………………………… 107
　　一　研究对象的文化属性 ………………………… 108
　　二　研究方式的文化属性 ………………………… 110
　　三　研究领域的文化分支 ………………………… 112
　　四　研究取向的文化多元 ………………………… 118

第三章　从文化人格到文化自我 ………………………… 124
　　一　文化与人格的文化决定论 …………………… 124
　　二　文化与人格的交互作用论 …………………… 127
　　三　文化与自我的自主决定论 …………………… 130

第四章　超个人心理学文化超越 ………………………… 135
　　一　西方和东方文化的交汇 ……………………… 135
　　二　个体和整体存在的融合 ……………………… 137
　　三　浅层和深层意识的交汇 ……………………… 139
　　四　心理与智慧研究的融合 ……………………… 141

第五章　心理学多元化思想根源 ………………………… 144
　　一　心理学的思想历史根脉 ……………………… 145
　　二　心理学的哲学思想根底 ……………………… 147
　　三　心理学的科学思想根系 ……………………… 149
　　四　心理学的文化思想根由 ……………………… 151
　　五　心理学的学术思想根基 ……………………… 152

第六章　民族心理学的研究方式 ………………………… 155
　　一　民族心理学基本研究方式 …………………… 155
　　二　以民族常识为基点和本源 …………………… 158

三　以民族宗教为侧重和依据 ……………………………… 160
　　四　以民族哲学为核心和原则 ……………………………… 162
　　五　以民族文化为根本和关键 ……………………………… 165
　　六　以民族科学为尺度和规范 ……………………………… 167
　　七　以民族资源为主旨和理念 ……………………………… 169

第三编　理论心理学的研究

导论：理论心理学研究的理论热点 ……………………………… 175
　　一　人性的理论预设 ………………………………………… 175
　　二　女权的理论预设 ………………………………………… 178
　　三　科学理论的反思 ………………………………………… 180
　　四　心理隐喻的研究 ………………………………………… 182
　　五　具身认知的研究 ………………………………………… 191

第一章　理论心理学的本土根基 ………………………………… 196
　　一　理论心理学的开展 ……………………………………… 196
　　二　西方的理论心理学 ……………………………………… 199
　　三　东方的理论心理学 ……………………………………… 201
　　四　理论心理学新基础 ……………………………………… 203
　　五　理论心理学新视角 ……………………………………… 204
　　六　理论心理学新建构 ……………………………………… 205
　　七　理论心理学新思想 ……………………………………… 206
　　八　理论心理学新内容 ……………………………………… 208

第二章　理论心理学的理论内涵 ………………………………… 211
　　一　理论心理学的研究内容 ………………………………… 211
　　二　理论心理学的研究方式 ………………………………… 214
　　三　理论心理学的研究历史 ………………………………… 217

第三章　理论心理学的理论功能 ······ 222

　　一　心理学理论反思 ······ 222
　　二　心理学理论建构 ······ 225
　　三　心理学理论功能 ······ 227

第四章　理论心理学的核心课题 ······ 231

　　一　理论心理学研究的三个基础 ······ 232
　　二　理论心理学研究的三个层次 ······ 235
　　三　理论心理学研究的三个问题 ······ 238
　　四　理论心理学研究的三个中心 ······ 241
　　五　理论心理学研究的三个功能 ······ 245

第五章　心理学科学观的新转换 ······ 248

　　一　不统一的危机 ······ 248
　　二　认知潮的冲击 ······ 251
　　三　后现代的精神 ······ 253
　　四　心理学的视野 ······ 256

第六章　对心理学科学观的反思 ······ 259

　　一　对实证心理学的态度 ······ 259
　　二　对研究方法论的认识 ······ 261
　　三　心理学科学观的反思 ······ 265

第七章　心理学科学观与统一观 ······ 268

　　一　心理学科学观的重构 ······ 268
　　二　心理学的分裂和统一 ······ 273

第八章　心理学本土化的立足点 ······ 278

第九章　心理学演进的思想潮流 ………………………… 287

  一　后现代主义心理学思潮 ……………………………… 287
  二　多元文化论心理学思潮 ……………………………… 289
  三　社会建构论心理学思潮 ……………………………… 291
  四　女权取向的心理学思潮 ……………………………… 293
  五　进化取向的心理学思潮 ……………………………… 295
  六　积极取向的心理学思潮 ……………………………… 296
  七　本土取向的心理学思潮 ……………………………… 298

第十章　心理学研究的还原主义 ………………………… 305

  一　心理学还原研究 ……………………………………… 306
  二　心理学还原基础 ……………………………………… 309
  三　心理学还原本体 ……………………………………… 311
  四　心理学还原方法 ……………………………………… 312
  五　心理学还原分类 ……………………………………… 314
  六　心理学还原功过 ……………………………………… 316

第四编　心理学方法论考察

导论：扎根理论与心理学的本土化 ……………………… 321

  一　心理学本土化方法论 ………………………………… 321
  二　扎根理论研究方法论 ………………………………… 323
  三　扎根理论方法论要素 ………………………………… 326
  四　扎根理论方法论评判 ………………………………… 329

第一章　心理学方法论扩展探索 ………………………… 332

  一　关于对象的立场 ……………………………………… 333
  二　关于方法的认识 ……………………………………… 337

| | 三 | 关于技术的思考 | 342 |

第二章　心理学的生态学方法论 346
　一　生态学和心理学的交叉 346
　二　生态学的视角及其方法 350
　三　文化学的含义及其原则 352
　四　心理学的追求及其目标 354

第三章　心理学研究定性与定量 357
　一　心理学研究中的定性与定量 357
　二　心理学历史中的定性与定量 361
　三　心理学理论中的定性与定量 363
　四　心理学方法中的定性与定量 366

第四章　中国本土心理学的内省 369
　一　内省的方式 370
　二　现代的启示 375

第五章　体证与体验的研究方法 379
　一　心理科学的实证方法 379
　二　本土传统的体证方法 381
　三　实证方法的研究运用 384
　四　体证方法的研究运用 386

第六章　心理学研究类别与顺序 389
　一　心理学研究初级分类 389
　二　心理学研究次级分类 391
　三　以理论或方法为中心 394
　四　心理技术优先的思考 397

第七章　心理学应用的技术考察 …… 399
　　一　心理学应用的技术基础 …… 400
　　二　心理学应用的技术思想 …… 402
　　三　心理学应用的技术手段 …… 405

第八章　心理环境生态共生原则 …… 409
　　一　心理与环境关系 …… 409
　　二　心理环境的建构 …… 414
　　三　共生主义的原则 …… 417

第五编　本土心理学的探索

导论：中国本土心理学的原始创新 …… 423
　　一　创新的心理学研究 …… 423
　　二　原始性创新的含义 …… 425
　　三　心理学理论的创新 …… 429
　　四　心理学方法的创新 …… 430
　　五　心理学技术的创新 …… 432
　　六　心理学的创新本性 …… 435

第一章　本土心理学的不同理解 …… 438
　　一　在西方心理学框架下的理解 …… 439
　　二　从中国本土文化出发的理解 …… 440
　　三　片段破碎和语录摘引的理解 …… 442
　　四　完整系统和深入全面的理解 …… 443
　　五　限于传统和解释传统的理解 …… 445
　　六　立足发展和力求创新的理解 …… 446

第二章　心理学本土资源的挖掘 ⋯⋯⋯⋯⋯⋯⋯⋯⋯⋯ 449

　　一　心理资源概述 ⋯⋯⋯⋯⋯⋯⋯⋯⋯⋯⋯⋯⋯⋯⋯⋯ 449
　　二　心理资源考察 ⋯⋯⋯⋯⋯⋯⋯⋯⋯⋯⋯⋯⋯⋯⋯⋯ 452
　　三　心理资源分类 ⋯⋯⋯⋯⋯⋯⋯⋯⋯⋯⋯⋯⋯⋯⋯⋯ 453
　　四　心理资源提取 ⋯⋯⋯⋯⋯⋯⋯⋯⋯⋯⋯⋯⋯⋯⋯⋯ 456

第三章　心性心理学的人格探索 ⋯⋯⋯⋯⋯⋯⋯⋯⋯⋯⋯ 459

　　一　不同的文化传统 ⋯⋯⋯⋯⋯⋯⋯⋯⋯⋯⋯⋯⋯⋯⋯ 459
　　二　独特的心理语汇 ⋯⋯⋯⋯⋯⋯⋯⋯⋯⋯⋯⋯⋯⋯⋯ 463
　　三　创新的发展道路 ⋯⋯⋯⋯⋯⋯⋯⋯⋯⋯⋯⋯⋯⋯⋯ 467

第四章　中国本土心理学新突破 ⋯⋯⋯⋯⋯⋯⋯⋯⋯⋯⋯ 470

　　一　中国本土心理学的发展性历程 ⋯⋯⋯⋯⋯⋯⋯⋯⋯ 470
　　二　中国本土心理学的根本性缺失 ⋯⋯⋯⋯⋯⋯⋯⋯⋯ 473
　　三　中国本土心理学的历史性转折 ⋯⋯⋯⋯⋯⋯⋯⋯⋯ 475

第五章　中国本土心理学的主题 ⋯⋯⋯⋯⋯⋯⋯⋯⋯⋯⋯ 480

　　一　心理学发展的双重主题 ⋯⋯⋯⋯⋯⋯⋯⋯⋯⋯⋯⋯ 480
　　二　西方科学心理学的传入 ⋯⋯⋯⋯⋯⋯⋯⋯⋯⋯⋯⋯ 482
　　三　中国本土心理学的兴起 ⋯⋯⋯⋯⋯⋯⋯⋯⋯⋯⋯⋯ 484
　　四　西方心理学科学性偏向 ⋯⋯⋯⋯⋯⋯⋯⋯⋯⋯⋯⋯ 488
　　五　中国心理学本土化要义 ⋯⋯⋯⋯⋯⋯⋯⋯⋯⋯⋯⋯ 491

第六章　中国心理学新世纪选择 ⋯⋯⋯⋯⋯⋯⋯⋯⋯⋯⋯ 496

　　一　心理学本土化：中国心理学的原始性理论创新 ⋯⋯ 496
　　二　心理文化论要：新心性心理学关于传统的解析 ⋯⋯ 501
　　三　心理生活论纲：新心性心理学关于对象的阐释 ⋯⋯ 506
　　四　心理环境论说：新心性心理学关于环境的探索 ⋯⋯ 510

第七章　心理学中国化学术演进 …… 514

一　中国心理学的本土化发展史 …… 514
二　心理学本土化的起点与进程 …… 516
三　心理学本土化的热点与难题 …… 517
四　心理学本土化的演变与趋势 …… 522
五　心理学本土化的出路与结局 …… 524

第六编　中国本土心理学的根基

导论：心理学中国化的寻根 …… 529

第一章　人类心理的哲学探索 …… 532

一　哲学心理学的思辨 …… 533
二　心理学哲学的反思 …… 535
三　心理逻辑学的融汇 …… 538
四　心灵哲学的新探索 …… 541
五　认知哲学的新思路 …… 544

第二章　本土心理的哲学基础 …… 552

一　儒道释学派 …… 552
二　心性的学说 …… 555
三　互补与互动 …… 557
四　本土的资源 …… 560

第三章　中西传统哲学心理学 …… 564

一　西方文化的哲学心理学 …… 564
二　中国文化的哲学心理学 …… 568
三　中西合璧的哲学心理学 …… 570

第四章　中国文化的心性学说 …… 575

一　心性学思想传统 …… 576

二　儒家心性学传统 …… 579

三　道家心性学传统 …… 582

四　佛家心性学传统 …… 585

五　传统的创新发展 …… 590

第五章　本土心性心理学源流 …… 592

一　心性论的心理内涵 …… 592

二　儒家的心性心理学 …… 594

三　道家的心性心理学 …… 596

四　佛家的心性心理学 …… 598

五　心性心理学的创新 …… 602

第七编　中国本土心理学的资源

导论：心理学中国化的源流 …… 607

第一章　心理学多学科的汇聚 …… 610

一　不同学科的心理学 …… 610

二　学科的分类与界限 …… 613

三　学科的互涉与互动 …… 615

四　学科的交叉与跨界 …… 619

第二章　心理学多形态的评判 …… 623

一　心理学的多元形态 …… 623

二　不同形态评判视角 …… 625

三　不同形态评判学科 …… 626

  四　不同形态评判内容 …………………………………… 629
  五　不同形态评判方式 …………………………………… 632
  六　不同形态评判结果 …………………………………… 634

第三章　文化心理学演变历程 ………………………………… 636
  一　文化心理学学科演变 ………………………………… 636
  二　无文化的文化心理学 ………………………………… 638
  三　有文化的文化心理学 ………………………………… 642
  四　分文化的文化心理学 ………………………………… 646

第四章　常识心理学学科启示 ………………………………… 649
  一　常识心理学关联哲学 ………………………………… 649
  二　常识心理学关联文学 ………………………………… 654
  三　常识心理学关联医学 ………………………………… 656
  四　常识心理学与历史学 ………………………………… 658
  五　常识心理学与宗教学 ………………………………… 662
  六　常识心理学与社会学 ………………………………… 664

第五章　宗教心理学两种类别 ………………………………… 666
  一　宗教形态的心理学 …………………………………… 666
  二　不同的宗教心理学 …………………………………… 669
  三　宗教的宗教心理学 …………………………………… 670
  四　科学的宗教心理学 …………………………………… 673
  五　两者的学术性关联 …………………………………… 676

第六章　宗教心理学学科资源 ………………………………… 679
  一　宗教哲学论的理论反思 ……………………………… 679
  二　宗教人类学的种族探索 ……………………………… 681
  三　宗教社会学的社会把握 ……………………………… 684
  四　宗教文化学的文化考察 ……………………………… 685

五　宗教历史学的传统挖掘 …………………………… 687
　六　宗教语言学的符号分析 …………………………… 690
　七　宗教艺术学的审美表达 …………………………… 694
　八　宗教民俗学的风习流变 …………………………… 695

第八编　中国本土心理学的内涵

导论：心理学中国化的理解 ………………………… 703

第一章　心理学的文化学取向 …………………… 706
　一　心理学与文化关系的研究 …………………………… 706
　二　心理学与文化关系的内涵 …………………………… 709
　三　心理学与文化关系的性质 …………………………… 714
　四　心理学与文化关系的反思 …………………………… 720

第二章　后人类时代的心理学 …………………… 723
　一　后人类时代来临 ……………………………………… 723
　二　从人类到后人类 ……………………………………… 726
　三　后人类主义时代 ……………………………………… 728
　四　后人类主义原则 ……………………………………… 730
　五　后人类与心理学 ……………………………………… 733
　六　心理学的新突破 ……………………………………… 735

第三章　心理学本土化的演变 …………………… 738
　一　心理学研究的本土定位 …………………………… 738
　二　心理学研究的本土资源 …………………………… 742
　三　心理学研究的本土理论 …………………………… 746
　四　心理学研究的本土方法 …………………………… 749

第四章　心理学研究学科性质 755

　　一　自然科学的心理学研究 755
　　二　社会科学的心理学研究 758
　　三　人文科学的心理学研究 761
　　四　中间科学的心理学研究 765
　　五　心理学的基本学科性质 768

第五章　心性论的心理学内涵 772

　　一　中国本土的心性论 772
　　二　心性心理学的结构 775
　　三　心性心理学的特点 776
　　四　心性心理学的要义 778
　　五　心性心理学的建构 779
　　六　心性心理学的创新 780

第六章　中国本土心性心理学 783

　　一　心道一体的设定 783
　　二　心性论理论构造 785
　　三　心性论理论扩展 788
　　四　心性心理学走向 790
　　五　心性心理学重心 792

第九编　中国本土心理学的考察

导论：心理学中国化的探求 797

第一章　地理与心理关系探索 800

　　一　地理环境 800

二　人地关系 ……………………………………………… 803
　　三　风水文化 ……………………………………………… 805
　　四　风水学说 ……………………………………………… 806
　　五　图式理论 ……………………………………………… 809
　　六　地域心理 ……………………………………………… 811

第二章　精神境界特性与提升 …………………………………… 814
　　一　心灵的境界 …………………………………………… 814
　　二　境界的分类 …………………………………………… 817
　　三　境界的阶梯 …………………………………………… 821
　　四　生活的引领 …………………………………………… 826

第三章　常人智慧心理学考察 …………………………………… 829
　　一　智慧心理学的研究 …………………………………… 829
　　二　普通人的生活智慧 …………………………………… 832
　　三　普通人的交往智慧 …………………………………… 834
　　四　普通人的洞察智慧 …………………………………… 836

第四章　心理成长与心理生成 …………………………………… 841
　　一　已成的存在 …………………………………………… 841
　　二　生成的存在 …………………………………………… 847
　　三　创造的生成 …………………………………………… 851
　　四　成长的内涵 …………………………………………… 853
　　五　文化的差异 …………………………………………… 856
　　六　文化的沟通 …………………………………………… 858

第五章　人的心理生活的质量 …………………………………… 861
　　一　心理生活的质量 ……………………………………… 861
　　二　心理生活的拓展 ……………………………………… 868
　　三　心理生活的幸福 ……………………………………… 874

第六章　多元存在的心理环境 …… 886

　　一　心理自然境 …… 887
　　二　心理物理境 …… 889
　　三　心理生物境 …… 891
　　四　心理社会境 …… 893
　　五　心理文化境 …… 895
　　六　心理生态境 …… 899

第十编　中国本土心理学的建构

导论：心理学中国化的未来 …… 905

第一章　还原论的原则与超越 …… 908

　　一　研究的还原主义 …… 908
　　二　物理主义的还原 …… 910
　　三　生物主义的还原 …… 911
　　四　还原主义的理解 …… 913
　　五　还原主义的去留 …… 915
　　六　共生主义的超越 …… 917

第二章　心理学的生态化思潮 …… 919

　　一　心理学的生态学转向 …… 919
　　二　心理学的生态学原则 …… 922
　　三　心理学的生态自我研究 …… 925
　　四　心理学的生态方法论 …… 929
　　五　心理学的生态发展观 …… 931

第三章　心理学共生主义原则 ……………………… 937

　　一　共生主义的滥觞 ……………………………………… 937
　　二　共生主义的含义 ……………………………………… 939
　　三　共生主义的原则 ……………………………………… 942
　　四　共生主义的影响 ……………………………………… 944

第四章　大数据时代的心理学 ……………………… 948

　　一　大数据时代的基本特征 ……………………………… 949
　　二　大数据时代的科学发展 ……………………………… 952
　　三　大数据时代的心理科学 ……………………………… 955
　　四　大数据时代心理学研究 ……………………………… 956
　　五　大数据时代心理学应用 ……………………………… 958

第五章　本土心理学理论创新 ……………………… 961

　　一　心理学创新的历史使命 ……………………………… 961
　　二　心理学理论范式的创新 ……………………………… 963
　　三　心理学理论构造的创新 ……………………………… 967
　　四　心理学本土理论的创新 ……………………………… 970
　　五　新理论心理学研究突破 ……………………………… 972

第六章　本土心理学核心理论 ……………………… 980

　　一　本土系列的探索 ……………………………………… 982
　　二　心性系列的探索 ……………………………………… 984
　　三　形态系列的探索 ……………………………………… 986
　　四　理论系列的探索 ……………………………………… 988
　　五　新探系列的探索 ……………………………………… 990
　　六　分支系列的探索 ……………………………………… 992

第一编

中西心理学的传统

导论：心理学研究的分裂及其比较

科学形态的心理学从一诞生就不是统一的科学门类。心理学能否成为统一的科学，是心理学发展面对的重大问题。心理学家并没有放弃过统一心理学的努力，但至今这仍然是个无法实现的梦想，因为他们没有从心理学科学观上去追究不统一的根源。心理学从近代自然科学中直接继承来了一种科学观，即实证科学观，可将其称为心理学的封闭的科学观。心理学的新科学观应该是开放的科学观，心理学走向成熟也在于它能够拥有自己的开放的科学观。心理学开放的科学观会带给心理学一个大视野。这不是要铲除而是要超越封闭的心理学观，从而使心理学全面改进自己的研究目标和研究策略，重新构造自己的研究方式和理论内核，以全面和深入地揭示人类心理，以有力和有效地参与到社会发展和人类进步的事业中。心理学统一的努力应该是建立统一的科学观。

一 心理学的分裂与统一

科学形态的心理学从诞生就流派众多，观点纷杂，一直就处于四分五裂和内争不断之中。心理学的不统一体现在学科发展的许多方面。理论的不统一涉及心理学拥有互不相容的理论框架、理论假设、理论建构、理论思想、理论主张、理论学说、理论观点等。方法的不统一涉及心理学的研究采纳了各种各样的研究方法，而且方法与方法之间有相当大的差异和分歧。技术的不统一涉及心理学进入现实社会、干预心理行为、引领生活方式、提供实用手段的途径和方式的多样化。其实，心理学的不统一不在于多样化，而在于多样化形态和方式之间的相互排斥和倾轧。这使得心理学内部争斗不断。随着心理学的进步、发展和成熟，促进心理学的统一就成为重大的问题。①②③④

任何的研究都是有立场的。研究者总是从特定的起点出发，从特定的视角入手，从特定的思考开始。所以，心理学研究也是有立场的。心理学的理论、方法和技术都会由于立场的不同而千差万别。心理学的研究立场有时被描述为心理学的研究取向。这决定关于研究对象和研究方式的理解。心理学最根本的分裂是研究取向分裂为科学主义的和人文主义的，或是实证论的和现象学的。这两种取向相互对立、相互竞争，构成了现代心理学发展和演变的独特景观。⑤ 西方科学心理学的发展并不是统一的历程，而一直处于四分五裂的境地。最根本的分裂或最核心的不统一，就是实证与人本的分歧。⑥ 关于研究对象的理解，实证立场的心理学持有的是物理主义的世界图景。关于研究方式的理解，实证立场的心理学运用的是实证论的研究方式。实证取向的心理学走的是自然科学的道路，这也是西方心理学的主流。主流心理学家力图把心理学建成自然科学的一个分支。他们采纳的是传统自然科学得以立足的理论基础，即物理主义和实证主义。物理主义是有关世界图景的一种基本理解，实证主义则是有关知识获取的一种基本立场。这形成了主流心理学对研究对象的理解，以及对研究方式的主张。关于研究对象的理解，人文立场的心理学持有的是人本主义的世界图景。关于研究方式的理解，人文立场的心理学运用的是现象学的研究方式。人文取向的心理学走的是人文科学的道路，是西方

---

① 叶浩生：《论心理学的分裂与整合》，《陕西师范大学学报》（哲学社会科学版）2002年第6期。

② 叶浩生：《心理学的分裂与心理学的统一》，《心理科学》1997年第5期。

③ 徐冬英：《心理学的分裂与统一研究述评》，《徐州师范大学学报》（哲学社会科学版）2005年第5期。

④ 韩立敏：《心理学分裂的危机及整合的道路》，《河北师范大学学报》（教育科学版）2001年第4期。

⑤ 葛鲁嘉：《新心性心理学宣言——中国本土心理学原创性理论建构》，人民出版社2008年版。

⑥ 叶浩生：《西方心理学中两种文化的分裂及其整合》，《心理学报》1999年第3期。

心理学的非主流。非主流的心理学家力图使心理学摆脱自然科学的专制，使心理学的发展立足于人道主义和现象学的理论基础。人道主义是有关人的基本理解，现象学则是获取有关人的知识的一种基本立场。这形成了非主流心理学对心理学研究对象的理解，以及对心理学研究方式的主张。

目前，心理学发展的最重要的努力就是科学化和统一化，使心理学成为一门统一的科学门类。心理学成为独立的科学门类之后，统一心理学就成为一个重大的学术目标。在心理学发展史上，出现过各种统一的尝试。如何才能统一心理学，心理学家之间却有着重大的分歧。在心理学的发展史上，出现过各种不同的统一尝试。[1][2][3] 其实，心理学统一的核心问题是心理学科学观的问题。正是科学观的差异导致了对什么是科学心理学的不同认识和理解。心理学科学观涉及心理学科学性质的范围和边界、心理学研究方法的可信和有效、心理学理论构造的合理和合法、心理学技术手段的适当和限度等。心理学科学观的建构关系到研究目标和研究策略的制定和实施。心理学的发展应该确立起大心理学观，或是心理学的大科学观。[4] 这可以使心理学从实证主义的小科学观中解脱出来，从而容纳不同的心理学探索。所以，心理学统一的努力应是建立统一的科学观。[5] 因此，心理学的科学化与心理学的统一化是一体的进程，是彼此的共生历程。

---

[1] 冯大彪、刘国权：《从类哲学看心理学的分裂与统一》，《山西师大学报》（社会科学版）2007年第3期。
[2] 叶浩生：《思维方式的转变与心理学的整合》，《南京师大学报》（社会科学版）1999年第1期。
[3] 彭运石：《心理学的整合视野》，《湖南师范大学教育科学学报》2002年第1期。
[4] 葛鲁嘉：《大心理学观——心理学发展的新契机与新视野》，《自然辩证法研究》1995年第9期。
[5] 葛鲁嘉：《心理学的科学观与统一观》，《吉林大学社会科学学报》1996年第3期。

二 心理学科学观的问题

可以毫不夸张地说,心理科学在其近百年的发展中,一直患有较为严重的体虚症。这主要在于缺乏必要的理论建设。显然,这不仅影响到了心理学自身的迅速成长,也影响到了心理学在人类生活中所能发挥的作用。但是,在近一段时期里,心理学迎来了一个有利于其理论突飞猛进的发展契机,关键是心理学家必须相应地改变自己的封闭的心理学观,而拥有一种开放的心理学观。

心理学从来没有摆脱危机的困扰,危机就在于心理学从来没有成为一门统一的学问。当代心理科学的发展也同样面临这一危机,而且这种不统一正在变本加厉和不断恶化。一些心理学家对当代心理学的支离破碎和形同散沙深感忧虑。斯塔茨(A. W. Staats)曾经痛陈心理学所面对的这种"不统一的危机"。他认为,除非统一整个心理学,否则心理学就不可能被认为是一门真正的科学。[1] 正如他所说,心理学具有现代科学的多产的特征,但却没有能力去联结它的研究发现。结果是越来越严重的分歧,形成了越来越多的毫无关联的问题、方法、发现、理论语言、思想观点、哲学立场。心理学拥有如此之多的四分五裂的知识要素,以及如此之多的相互怀疑、争执和嫌弃,使得心理学面临的最大问题就是得出一般的理论。混乱的知识,亦即没有关联、没有一致、没有协同、没有组织的知识,并不是有效的科学知识。心理学作为一门科学的地位,在很大程度上便取决于它的统一程度。或者说,它要想被看作一门真正的科学,就必须形成严密的、关联的、一致的知识。显然,不统一的危机已经带来了对心理学的科学性质的怀疑。

心理学从哲学怀抱中脱离出来成为独立的实证科学之后,就一直

---

[1] Staats, A. W., Unified positivism and unification psychology [J]. *American Psychologist*, 1991 (9). pp. 899 – 912.

以成熟的自然科学学科为偶像。近代自然科学的科学观是实证科学观，这成为心理学的封闭的科学观。封闭的心理学观力求把心理学建设成为一门纯粹的自然科学。它以此来划定科学心理学与非科学心理学的界限，从而把心理学限定在了一个非常狭小的边界里。封闭的心理学观与其说是统一心理学的保障，不如说是心理学不统一的隐患。甚至可以这样说，心理学以封闭的科学观来统一自己，统一就永远是个梦幻。那么，心理学不放弃它的封闭的心理学观，就不会成为统一的科学门类。

封闭的心理学观体现在对实证方法（或实验方法）的崇拜上，把实证方法看作心理学研究的核心。心理学的理论知识就来自实证方法，并接受实证方法的检验。科学心理学的诞生，通常是以德国心理学家冯特（W. Wundt）1879年在德国莱比锡大学建立心理学实验室为标志。这反映了以实证方法为核心的主张，结果使心理学的研究方法不断地精致，但研究的问题水平却不断地下降。封闭的心理学观还体现为它的反哲学倾向，这割断了心理学与哲学的天然联系，使心理学失去了对自己的理论基础的关注和研讨。然而，封闭的心理学观本身却从近代自然科学中继承了物理主义和实证主义的理论框架。只不过这一理论框架是隐含的，而不是明确的。

正因为封闭的心理学观重方法、轻理论，心理学家重视实证资料的积累、贬低理论构想的创造，导致了它的极度膨胀的实证资料和极度虚弱的理论建设之间的日益增大的反差。应该说，心理学发现的支离破碎与心理学缺乏理论建设是两个相关联的问题。自从美国科学哲学家库恩（T. S. Kuhn）指出，成为科学在于形成为科学共同体所共有的统一的理论范式，许多心理学家才开始意识到理论基础的重要性。[①] 从心理学发展史上来看，以物理学为样板，以封闭的心理学观为引导，去建立统一的心理科学的努力是不成功的。行为主义心理学是个典型的例子，它不仅无力涉及人类心理的广阔领域，也无法容纳已有的关于人类心理的研究成果。实证心理学由于科学观的偏狭，而

---

① 郭本禹主编：《当代心理学的新进展》，山东教育出版社2003年版。

给其他心理学探索留下了余地,使之保留了独特的生机。不同的心理学探索涉及人类心理的不同方面,共同提供了人类心理的更为完整的图景。问题在于,如何才能在一个新的基础上消除心理学的四分五裂的危机和消除心理学的科学性质的危机。[1][2][3]

三 心理学的多元化研究

心理学的不统一与心理学的多元化表面上似乎是心理学的同一个状况,由于心理学的分裂才导致了心理学研究的多元。但是,心理学的多元化研究作为心理学发展的潮流,却并不是心理学的分裂、对立、冲突的体现,而是心理学研究的多样化,是心理学研究的多向性,是心理学研究的多面性。

在心理学的历史发展、现实演变和未来走势中,心理学研究的多元化早就存在,也会持续下去。但是,在科学心理学的研究中,心理学不统一的问题掩盖了心理学研究的多元化方面。或者说,心理学的多元化的研究取向、研究方式、研究方法、研究工具等,常常就被看作心理学的分裂、心理学的不统一。把心理学研究的不统一转换成心理学研究的多元化,这是心理学的重大进步,也是心理学发展的重要出路。

心理学的多元化的研究应该重新确立自己的科学观,也就是把自己的小科学观转换成大科学观。心理学的多元化的研究也应该确立自己的方法论,也就是要拓展自己的关于方法论的研究,使方法论的研究能够涵盖心理学的研究对象、心理学的研究方法、心理学的技术应用。

心理学的研究包括三个基本部分:一是关于对象的研究,涉及的

---

[1] 叶浩生:《西方心理学的分裂与整合主义的困境》,《南京师大学报》(社会科学版) 2002 年第 4 期。
[2] 叶浩生:《有关西方心理学分裂与整合问题的再思考》,《心理学报》2002 年第 4 期。
[3] 叶浩生:《再论心理学的分裂与整合》,《心理学探新》2000 年第 2 期。

是心理学的研究对象，是对心理行为实际的揭示、描述、说明、解释、预测、干预等；二是关于方法的研究，涉及的是心理学的研究者，探讨的是心理学研究者所持有的研究立场、所使用的具体方法；三是关于技术的研究，涉及的是对所关联的研究对象的干预和改变。那么，心理学研究的方法论也就应该包括三个基本方面：一是关于心理学研究对象的理解。这亦即研究内容的确定，是力求突破对人的心理行为的片面理解。二是关于心理学研究方式和方法的探索。这亦即研究方法的创新，是力图突破和摆脱西方心理学科学观的限制，为心理学的研究重新建立科学规范。三是关于心理学技术手段的考察。这亦即干预方式的明确，是力争避免把人当作被动接受随意改变的客体。

方法论是科学研究的基础。这既是思想的基础，也是方法的基础，还是技术的基础。所以，心理学方法论的探讨是关系到心理学学科发展的核心问题。心理学研究中基础的和核心的方面就是方法论的探索。但是，传统心理学中方法论的探讨主要是考察心理学研究所运用的具体研究方法。这包括心理学具体研究方法的不同类别、基本构成、使用程序、适用范围、修订方法等。随着心理学发展和进步，心理学方法论的探索必须跨越原有的范围，应该包括心理学研究关于对象的立场，关于方法的认识，关于技术的思考。因此，对心理学方法论的新探索，可以说就是反思心理学发展的一些重大的理论问题和方法问题。这些问题的解决关系到中国心理学的发展，而且也关系到整个心理学的命运与未来。

四　心理学的开放性视野

心理学的视野是心理学为自身所设定的学科边界。这实际上决定了如何建设和发展心理科学的基本认识和基本理解，也就是决定着心理学家在自己的研究中所能够采纳的研究目标，以及为达成自己的目标可以采取的研究策略。它体现在这样一些问题的解决上，例如什么是心理科学，什么是心理学的研究对象，怎样确定心理学的研究方法，怎样构造心理学的理论知识，怎样干预人的心理现象或心理生活等。可以这样说，心理学的视野限定了心理学家的眼界，决定了心理学家的胸怀。

在心理科学的开创和发展中，一度占有主导性和具有支配性的科学观是封闭的心理学观，或者说是心理学封闭的科学观。这是从近代自然科学传统中沿袭和照搬而来的，并且广泛地渗透到了心理学家的科学研究之中。封闭的心理学观在实证的（即科学的）和非实证的（即非科学的）心理学之间划定了截然分明的界限，心理学要想成为科学，就必须把自己限制在界限之内。实证的心理学是以实证方法为核心建立起来的，客观观察和实验是有效地产生心理学知识的程序。实证研究强调的是完全中立地、不承担价值地对心理或行为事实的描述和说明。实证主义心理学的理论设定是从近代自然科学继承的物理主义和机械主义的世界观。这都大大缩小和封闭着心理学的视野。

科学心理学以封闭的心理学观来确立自己，在于其发展还是处于幼稚期。这与其说是为了保证心理学的科学性质，不如说是为了抵御对心理学不是一门严格意义上的实证科学的恐惧。但是，这种封闭的心理学科学观正在衰落和瓦解，重构心理学科学观已经成为心理科学十分重要的基础性工作。心理学的发展已经进入了迷乱的青春期，它正在经历寻找自己道路的成长的痛苦。

心理学的新科学观应该是开放的科学观，心理学走向成熟也在于它能够拥有自己开放的科学观。所谓开放心理学科学观，不是要否定心理学的实证性质，而是要开放实证心理学自我封闭的边界。开放的心理学观并不是要放弃实证方法，而是要消解实证方法的核心性地位，使心理学从仅仅重视受方法驱使的实证资料的积累，转向也重视支配方法的使用和体现文化价值的大理论建树。开放的心理学观也将改造深植于实证心理学研究中的物理主义和机械主义的理论内核，使心理学从盲目排斥转向广泛吸收其他心理学传统的理论营养。开放的心理学观无疑会拓展心理学的视野。

开放的心理学观已经在一些心理学理论探索中得到了体现。例如，行为主义是封闭心理学观的典型代表。行为主义者斯金纳（B. F. Skinner）曾认为，相比较于人对外部世界的了解和控制而言，人对自身的了解和控制是微乎其微的，主要的原因就在于那种心灵主义的推测和臆断。因此，极端的行为主义者排除了关于人的内在心理的研究。然而，近些年来，著名的脑科学家斯佩里（R. W. Sperry）却认为，心理学新的心灵主义范式使心理学改变了对内在心理意识的因果决定的解释。传统的解释是还原论的观点，即通过物理的、化学的和生理的过程来说明人的心理行为。这是与进化过程相吻合的由下至上的决定论，他将其称为"微观决定论"。新的心灵主义范式则是突现论的观点，即人的内在心理意识是低级的过程相互作用而突现的性质，它反过来对于低级的过程具有制约或决定作用。他将这种由上至下的因果决定作用称为"宏观决定论"。斯佩里十分乐观地认为，心灵主义范式在于试图统一微观决定论与宏观决定论、物理与心理、客观与主观、事实与价值、实证论与现象学。①

更进一步来看，在心理学研究对象方面，封闭的心理学观未能带来对研究对象的完整认定，从而未能提供对人类心理的全面理解。开放的心理学观则有助于克服那种切割、分离和遗弃的偏狭，有助于提供人类心理的全貌。在心理学研究方法方面，封闭的心理学观强调方法的客观性和精致化，强调以方法为标尺和核心。开放的心理学观则倡导方法与对象的统一，鼓励方法的多样化，倡导方法与思想的统一，突出科学思想的地位。在心理学理论建设方面，封闭的心理学观带来了十分严重的理论贫弱和难以弥补的理论分歧。开放的心理学观则有助于推动心理学的理论建设。它容纳多元化的理论探讨，强化对各种理论框架的哲学反思，以促进不同理论基础之间的沟通。在心理学的应用方面，封闭的心理学观使心理学与日常生活相分离和有距离，而通过技术应用来希图跨越这一距离。开放的心理学观则在此基础之上，也倡导那种缩小和消除心理学与日常生活的距离，使心理学

---

① Sperry, R. W., Psychology's mentalist paradigm and the religion/science tension [J]. American Psychologist, 1988 (8). pp. 607–613.

透入人的内心的应用方式，以扩展心理学的应用范围。

　　当然，关于开放的心理学观或者心理学开放的科学观的学术认识和学术主张，也引起了许多的争论和分歧。有一些学者并不理解和认可开放的心理学观的理念，也有的学者反对这种关于心理学科学观的认识和理解。有的学者宁可从西方文化传统和西方哲学流派中去寻求心理学统一的解决方案。例如，就有学者不赞同大心理学观的主张，认为所谓大心理学观，"此说一则失之笼统含糊，如何才是'大心理观'令人费解；二则亦未能妥善解决心理学中主观与客观的争执，人文主义与科学主义的对立"。该研究者提出的观点是，所谓统一的心理学，应当包括三个层次的研究模式：传统的、狭义的诠释研究着重个案的、质化的分析，其目的是达到对具体的、个人的、临时的对话事件的理解；实证的诠释研究重在抽象、定量的分析，以求作出具有普遍意义的推论和预测；广义的诠释研究则综合以上两种研究策略，即对同一心理现象同时采取个案的、质化的和抽样的、量化的研究策略，既要具体的、个人的现象的丰富性和生动性，又要科学的抽象、量化、推论与预测，既要避免个案研究的局限，又要防止实证的抽象推论造成的对人类经验的割裂和肢解。[①]

　　其实，该学者并没有真正理解大心理学观"大"的含义。所谓大心理学观就是开放的心理学观，是为了破除西方实证心理学的自我封闭的界限，是为了解决心理学的不统一的问题，是为了克服西方心理学的主客分离，是为了能够在心道或心性一体的基础之上，实现中国本土心理学的理论创新，进而实现心理学在新的基础之上的统一。总之，心理学开放的科学观会带给心理学一个大视野。这不是要铲除而是要超越封闭的心理学观，从而使心理学全面改进自己的研究目标和研究策略，重新构造自己的研究方式和理论内核，以全面和深入地揭示人类心理，以有力和有效地参与到社会发展和人类进步的事业中。

[①] 童辉杰：《广义的诠释论与统一的心理学》，《南京师大学报》（社会科学版）2000年第4期。

五 心理学的共生性原则

人的存在也都是共生的存在，人不是分离和孤立的，人与自己的生存和生活的条件或环境形成共生的关系。无论是个体还是群体，无论是心理还是社会，无论是遗传还是环境，在研究中都曾经有过分解、分离、分裂的考察。这给理解人的心理行为带来了许多弊端。共生主义的方法论则带来了根本性的变化。那就是把个体与群体、心理与社会、遗传与环境看作共生的关系，是共生的存在。这是一种共荣或共损的关系。人、人的心理、人的社会心理，都有共生的属性，都有共生的关系。

共生性的原则是从共生视角出发的探索。在心理学的历史发展中，在心理学的科学研究中，一直存在着不同的研究立场、不同的研究主张、不同的研究观点、不同的研究方式、不同的研究方法、不同的技术手段、不同的技术工具。或者说，心理学的研究中非常盛行的是分离的研究，是分离的考察。这既带来了研究的精确性，也带来了研究的偏差性。研究的结果造成的是对心理行为的不合理的解说。共生主义的观点则是把前述的不同方面看作共生的过程，是共生的整体，是一个完整的过程，是一个互动的过程。

共生的研究视角被认为是心理学研究中的后现代的取向。"共生"一词本身是来源于希腊语。所谓"共生"的概念最先是指不同种属生活在一起的状态。在现代生物学著作中，"共生"被认为是一种相互性的活体营养性联系。在此，"共生"则是指人与自然、人与社会，不同立场、不同学说、不同方法、不同技术之间的互利共生、和谐发展的生存状态和生存模式。"生"不仅仅是指存在和生存，更在于吸收了新的质、新的内涵、新的要素，从而有着改进、提高、优化、发展的含义。"共生"也就是共存、共在、共荣、共利。"共生"的特征可表现为以下四个方面。第一，"共生"是复杂的多层次的又是开放的。"共生"不是一个单一的简单的存在现象，它包括生态系统的共生、社会系统的共生以及生态系统与社会系统之间的和谐共生。第二，"共生"具有最大可能的包容性。构成共生体的基本单元不仅包括同质也包括异质，是异质的多样性融合。第三，"共生"是各种关系之间的良性循环与发展。互利则共生，互损则俱灭。第四，"共生"是弱势力量的天然追求。①

共生性原则支配下的心理学研究立足的是共生主义（enactionism）的理念和原则。共生主义强调的是应该把环境与心理理解为交互作用的过程。这种交互作用就不仅仅是环境对人的心理的影响，人也会作用于环境的变化。如果进一步地去分析，就会发现，这种交互的作用实际上就是一体化的过程。这种一体化的过程实际上也就是共同生长的历程，也就是任何一方的演变或发展，都会带来另一方的演变或发展。心理环境的概念就是有关共生历程的最好的描述。在目前的社会和人类的发展进程中，人类已经开始意识到，在现实世界中，没有单一方面的任意发展，没有你死我活的生存竞争，没有消灭对手的成长机会，没有互不往来的现实生活。有的只是互惠互利的彼此支撑，只是共同繁荣的生存发展，只是恩施对手的成长资源，只是互通有无的现实社会。其实，无论是研究自然的、研究生物的、研究植物的、研究动物的，还是研究人类的，都要面对着各种不同对象之间的关联性。生态学的兴起就是反映了这样的趋势。心理学研究中的生态学方法论就是体现这种趋势的心理学基本原则。②

生态共生的理念，共生主义的原则，都将会给关于人类心理的理解，关于心理科学的推进，带来重要的变化和进展。人类心理的成长、人类生活的创造、心理学发展的进程、心理学研究的深入，都需要在现实的建构和生活的推进上，在研究的视野和探索的思路上，进行重要的扩展。

---

① 史莉洁、李光玉：《走向"共生"——人与自然，人与人的生存哲学》，《华中农业大学学报》（社会科学版）2006年第1期。
② 葛鲁嘉：《心理学研究的生态学方法论》，《社会科学研究》2009年第2期。

第一章　中西心理学的文化蕴涵*

我国实际上存在着两种不同的心理学。一是从欧美传入的实证科学的心理学，二是中国本土自生的传统文化的心理学。这两种不同的心理学分别属于两种不同的心理文化，彼此之间不仅存在着极大的差异和尖锐的冲突，也存在着必要的借鉴和可能的融通。因此，揭示和阐述这两种心理学的文化蕴涵，对于把握中国本土心理学的发展道路，推动中国本土心理学的理论创新，都具有意义和价值。

一　两种不同的心理探索

西方学者自己就曾谈到过，西方人是以两种完全不同的方式来理解亚洲的心理学。[①]其一是把亚洲心理学看作西方科学心理学的翻版，是对西方科学心理学的追随，而这很少受到西方心理学家的注意。其二是把亚洲的心理学看作本土的传统，这通常体现在东方的哲学和宗教之中，并与特定的心理生活合拍。应该说，这反而更受某些西方心理学家的关注。

中国本土文化中，确未生长出科学心理学，但却生长出了一种特殊形态的心理学。这也同样是非常系统和有价值的心理学。遗憾的是，在此之前的中国古代心理学史的研究却没有反映出这一点。一是

---

* 原文见葛鲁嘉《中西心理学的文化蕴涵》，《长白论丛》1994年第2期。

① Taylor, E., Contemporary interest in classical Eastern psychology [A]. In A. C. Paranjpe, D. Y. F. Ho and R. W. Rieber (Eds.). *Asian contributions to psychology.* New York：Praeger, 1988.

按科学心理学来衡量，在中国文化历史的长河里没有心理学，只有心理学思想，即一些散见的只言片语和零碎思想，是科学心理学的幼稚前身和历史遗迹。二是认为心理学史是科学史，关于心理的具有明显科学性的思想才应该算是心理学思想。结果在研究中，仅按科学心理学来切割和筛淘我国古代思想家的思想，仅为从西方引入的科学心理学提供某些经典的例证和历史的证明。如果放弃这样的参考构架，便会看到，儒家心理学、道家心理学和佛家心理学等中国本土传统形态的心理学，完全可以看成了解、解释和干预人的心理生活的自成系统的心理学探索，并且具有鲜明的整体特点和典型的文化色彩。

实际上，只要具备了解心理生活的途径，解释心理生活的理论，干预心理生活的手段，那就是一种系统的心理学探索。不过，本土心理学与科学心理学也正是在这三个方面有着根本性的区别。中国本土的心理学对心理生活的了解和认识是通过经验直观，对心理生活的理解和解释是通过使用日常语言的理论建构，对心理生活的影响和干预是通过直接体悟的精神修养方式。这种心理学的基本特征在于：这是一种内求的学问，不是把人放在实验室中加以客观考察，而是将实验室放在了人的内心；这成了一种生活的智慧，给出的不是客观的知识体系，而是具体的心理生活方式。这只有通过直觉体悟的内心修养才能掌握。这是一种内容的探索，不是涉及心理的内在机制，而是涉及内容的描述和把握，着重于能够生成意义的经验整体。这是一种问题的解决，不是以方法为中心，而是强调理论解决问题的合理性。这是一种价值的定向，不是对心理事实的客观说明，而是对心理生活样式的价值评判和构筑。中国本土心理学的长处在于直入人的内心体验，着眼于人的心理生活的完满，构筑了理想的精神境界，给出了达到这一境界的修养方式。短处则在于诸多的价值歧义，模糊的内心感悟，神秘的迷信色彩。这之间混杂着哲学的明辨、人生的智慧、神鬼的迷信和江湖的巫术。

如果按照西方科学心理学的标准来衡量，中国本土心理学应属于非科学或前科学形态的心理学。但是，这又与西方文化中生长出来的非科学或前科学的心理学有着明显的区别。西方的哲学心理学是对人的心理活动的一种观念性思辨。在西方的文化中，理智的观念形态的探索与情感的直观体悟的修行是分属于哲学和宗教的。前者由于既缺少科学的验证，又缺少修行的充实，故很容易堕为玄想。这就是为什么西方的许多科学心理学家总是将哲学心理学看成安乐椅中关于心灵的毫无用处的玄想，进而等同于一堆作为思辨产物的思想垃圾。但是，在中国的文化中，哲学心理学则融化和贯穿了理智的观念形态之探索与修行的体悟印证工夫。因此，中国古代哲人对心理或精神生活的阐述，就不仅仅是思想观念的体系，同时也是心理或精神生活的实行方式。这与人的实际心理生活是融为一体的。因此，应该说中国传统哲学提供的对人的内心生活的探索是极为有价值的。这并没有随着西方科学心理学的引入而终结或消失，反而对于科学心理学的发展有着不可忽视的促进作用。

例如，西方心理治疗学正面临着两个重要的研究主题或未来的发展趋向：第一是强调身体健康和心理健康的关联和统一，消除对身和心的传统的分离，了解有机体自身潜在拥有的心身健康和成长的需求；第二是强调心理治疗的基本目的是唤醒人的意识，去更完整地把握人自身的潜能，并开辟实现其潜能的可能途径。这就必然要促使人的心灵向社会和自然开放，消除其分离、孤立和冲突，达于人与周围世界的和谐。西方科学心理学的方法论定向是分析还原的，价值论定向是个人主义的。这就大大限制了对上述两个主题的把握和解决。中国本土心理学的方法论定向是整体宏观的，价值论定向是集体主义的。首先强调的是有机体为身心统一的整体，通过特定的身心锻炼，不仅能理顺和平衡重要的身心机能，而且能达到对身心状态和过程的自主调控。其次强调的是个人的心理健康也取决于社会和自然达成的和谐，要求一种超越的意识状态，即不断地提升精神境界，去体认更高的存在。要求一种无我的状态，以融于社会和自然。显然，这提供了提高心理生活质量的一种前景。

二 两种不同的文化根基

科学心理学起源于西方的文化传统，但其成为独立的实证科学的历史并不长。19 世纪后半叶才剪断了与哲学相连的脐带，至今不过百多年的学科发展史。然而，从诞生之日起，心理学就力求与一切前科学形态的心理学划清界限，并认为自己自然而然地是那些前科学形态心理学的埋葬者和替代者。实证科学的心理学是唯一普遍适用的心理学。

西方的科学形态的心理学对人的心理现象的了解、解释和干预，与中国本土的传统形态的心理学，有着根本的区别。这就在于其对心理现象的了解和认识是通过使用科学方法，特别是实验方法的经验实证，对心理现象的理解和解释是通过使用科学语言的理论建构，对心理现象的影响和改变是通过使用技术手段的实际干预。实证心理学的基本特征在于：这是一种外求的科学，是将人的心理现象看成被观察和被探究的客观对象，并可以置于实验室中加以解剖分解，以收集客观的数据资料。这是一种理论的理性，并基于实证的研究，抽象出客观的知识体系。只有依据明晰的概念和理性的逻辑分析才能被掌握。这是一种机制的探索，是试图摆脱心理现象特定内容的限制，着重于一般机制，如生理和生化的机制，带有明显的还原论倾向。这是一种方法的崇尚，强调以科学方法为中心，强调理论的合理性在于能否为科学的方法所证实。这是一种非价值的定向，把知识与价值分离开，强调客观的事实真理和非人本化的探索。西方科学心理学的长处在于方法的严密、理论的明晰和技术的精湛，强调客观观察、统计概括和操作定义，提供的是有关人的心理现象的客观知识，避免了歧义、模糊和迷信的东西。短处则在于与人真实内心生活的隔膜。在极端的情况下，科学方法很易于肢解人的心理生活的原貌，科学语言变得与日常语言格格不入，科学技术则将人当成被动的受控体。

当然，上述的西方科学心理学主要是指体现着西方科学文明主旨的科学主义研究定向，即西方心理学的主流。主流心理学接受的是自然科学的观点，将心理现象看成自然现象，遵循着因果规律，只有立足于客观的观察和实验才能揭示，只有通过客观的知识体系才能得到反映，只有通过技术程序才能得到控制。在主流心理学的发展中，20世纪初期兴起的行为主义心理学是其第一次革命，并成为第一个统一了心理学研究大部分领域的科学范式。行为主义致力于对人类行为的客观揭示，尽管成绩斐然，但也付出了沉重的代价，那就是将人的内在心理意识排除于心理学的研究对象之外。因此，行为主义并不是十分成功的心理学探索。20世纪中期兴起的认知主义心理学是主流心理学的第二次革命，并很快取代了行为主义心理学，成为西方心理学主导性的研究范式。认知主义心理学重返对人的内在心理的探索，关注人的认知活动的心理机制，但仍是将认知看成客观的自然过程，而不是主观的经验世界。认知主义心理学揭示的是计算的心灵，而与体验的心灵存有隔膜。杰肯道夫（R. Janckendoff）就曾指出，认知心理学目前的研究，在心—身关系问题之外，又引出了一个心—心关系问题，即计算的心灵与现象的心灵之间的关系问题，而这是人的完整认知的两个方面。[1] 应该说，这是由科学主义定向的研究策略所导致的。

在西方心理学中，还存在有非主流的人文主义的研究定向，对主流的科学主义的研究定向持批判的态度。非主流心理学反对将人的心理现象等同于其他的自然现象，坚持人的心理或精神活动具有独特的性质、功能和价值。但是，非主流心理学并不反科学，并且也将自己的探索看成是科学的事业。非主流心理学是要扩展主流心理学的科学界限，选取更适当的研究策略去系统地研究人的主观经验和心理生活。正因为如此，才受到了主流心理学对其科学性的非议和批评。当然，人本主义心理学等非主流心理学派别，均是按照西方的社会人文价值去探索和构筑人的心理生活。西方的社会人文价值的核心是个人主义，个体才是最终的实在，个体心理经验的独特性和完整性在于与外界、与他人的分离。

---

[1] Jackendoff, R., *Consciousness and the computational mind* [M]. Cambridge, Mass.: The MIT Press, 1987.

著名的心理学史家波林（E. G. Boring）早就曾经指出了，尽管斯金纳和罗杰斯（Rogers）的著名论战代表着心理学中科学主义和人本主义两种不同研究取向之争，但他们也有许多共同之处，特别是他们都信奉个人主义。[①] 这样的社会人文价值必然与中国文化的社会人文价值存在着重大的差异。

三 两种不同的心理文化

中国的传统形态的心理学与西方的科学形态的心理学构成了两种不同的心理文化。心理文化是人类关于自身心理的基本预设，以及由此而生发出的了解心理的途径、解释心理的理论和干预心理的方式。不同的文化圈，生成了和延续着独特的心理文化。

中国传统文化中的心理文化对于人的心理生活有着明确的基本预设。这实际上是集哲学、宗教学、心理学、生活方式等为一体的。哲学中的基本设定构成了了解、解释和干预人的心理生活的明确前提。例如，中国文化的精神是强调贯穿万物，使万物成为有机整体的普遍统一性，即道。儒家的义理之道，道家的自然之道和佛家的菩提之道均究此理。人类个体只有把握这个普遍的统一性，才能获取人生的真实和永恒。那就只有或必须通过精神修养来不断地提升自己的精神境界和完善自己的人格，从而相融于天道。这给探求、理解和构筑人的心理生活提供了特定的文化氛围。

西方科学心理学是在西方科学文化的传统中衍生出来的。这强调的是客观实证的精神，因此当其从哲学的怀抱中挣脱出来，就带有明显的反哲学思辨的倾向。这也就是反对任何预先的基本假定。然而，塔特（C. T. Tart）却指出，正统的西方心理学实际上还是建立在一些基本假定之上，只不过这些假定是隐含的，而不是明确的。西方心理学家在自

---

① Boring, E. G., Current trends in psychology [J]. *Psychological Bulletin*, 1948, 45, pp. 75–84.

己的研究之中，并没有明确地意识到这些基本的假定。塔特自己则将这些隐含的假定明确地揭示了出来，如关于世界的性质、人的性质、人在世界中的功能等。例如，他提到这样一个假定：能够由感官或物理的工具加以了解的才是真实的，并且能够由感官加以了解的也就能够由物理的工具加以探究。① 这的确是西方心理学的一个立足点。

当提到心理文化，还会涉及另外一个重要的概念，即心理生活。西方科学心理学的研究对象通常被看成心理现象。心理现象是可以通过感官直接观察到，通过物理工具加以测定探究。然而，中国本土心理学的研究对象则被看成心理生活。心理生活是可以由人创造构筑出来的。中国本土心理学实际上就创造构筑了一种特定的心理生活。

中国本土心理学不仅仅是一种对心理生活的观念反映，而且也是印证这些观念的修养和实行的工夫。那么，与心理生活相关的一个重要概念就是心理观念。心理观念不同于关于心理的客观知识，而是通过体悟印证所掌握的对精神活动的一种规范。这直接构筑了心理生活的整体面貌。因此，心理观念不是外在于心理生活的，而是内在于心理生活的。当然，西方科学心理学也强调通过一定的方式来改变乃至改进人的心理行为。著名的行为主义心理学家斯金纳曾设想过进行文化设计，通过行为技术来改造和控制人的行为。但是，当他攻击传统人文研究的心灵主义弊端的时候，却不可避免地带来了对人的内心生活的忽视。塔特就谈到过，"正统的西方心理学很少涉及人性的精神一面，要么是忽略其存在，要么是将其看成是病态的。然而，我们这个时代的许多痛苦都是来自于一种精神真空……如果我们想要了解我们自己，了解我们精神的一面，那就必须了解涉及这一面的心理学"。②

其实，在现代中西文化的碰撞和交流中，西方的科学心理学早就传播到了中国的文化圈中。同样，中国本土的心理学也早就介绍到了西方的文化圈中。但是，这里涉及文化的融通和改造问题。在我国，

---

① Tart, C. T., *Some assumptions of orthodox Western psychology* [A]. In C. Tart (Eds.) Transpersonal psychology. New York：Harper. 1975.

② Tart, C. T., *Transpersonal psychologies* [M]. New York：Harper, 1975. p. 5.

科学的心理学是从西方引进的，而翻译、介绍、传播和推广西方的科学心理学有过两次高潮。第一次是在20世纪的前叶，当时许多奔赴欧美学习心理学的留学生回国，为中国带来了西方科学心理学的研究方法、理论知识和应用技术。在这个时期，还仅仅是对西方心理学的复制和模仿。这种科学心理学还只是适用于同样是从西方引进的工业和教育体系。第二次是在20世纪的后叶，即我国的改革开放之后。这是中国科学心理学在经过"文革"重创之后的新生时期。西方心理学又被看成中国心理学发展的楷模。然而，中国心理学家也开始注意到了西方心理学本身的一些文化局限，以及跟随在西方心理学后面全面模仿的不足。中国港台和中国大陆的心理学家于20世纪80年代初期开始，讨论西方心理学在中国的本土化，目前已经推进到了具体的实证研究阶段。我国的心理学本土化的研究仍然承继了西方心理学的科学努力，但却是一种文化延伸，是对本土文化中的心理现象的科学考察，是试图建立解释中国人心理的客观知识体系，这已在心理学本土化研究的成果中得到了体现。但是，从整体上看，目前的研究还存在着很难克服的困难。本土化研究还只是将带有文化印记的心理现象放在了聚光点上，但尚没有设计出合适的科学研究方法，也未能建立起有效的理论解释框架，而更多地还是使用来自西方心理学的方法和理论。因此，目前我国心理学本土化的研究在血缘关系上更靠近西方科学心理学，而远离中国本土的传统形态心理学。

我国本土的传统形态心理学以其特有的方式强有力地渗透和浸润着国人的心理生活，塑造着本土文化独具的心理生活样态。这种特殊的影响力正在引起西方科学心理学家的注意和兴趣，其理论解释观点和精神修养方式也正在通过各种渠道进入西方发达国家。那么，我国心理学的本土化研究还应包括另外一方面的努力，即探索和揭示本土的传统形态心理学，去补足西方科学心理学在研究方式上面临的难题和人文价值上体现的局限。这不仅会有助于设计出合适的方法和建立起有效的理论，去研究和解释中国本土文化中的心理现象，而且会有助于发展科学心理学，使之开辟新的思路去切入人的主观心理世界和构筑更为完满的心理生活。

第二章　本土与实证心理学分野*

本土的经验心理学是经典形态的心理学，是对心理生活直观经验的理解及在此基础之上的哲学理论阐述和精神修养方式。实证的科学心理学是现代形态的心理学，使用科学的研究方法和遵守科学的基本规则。二者并不能彼此替代或取消，而是各有自己存在和发展的理由以及不足和特征。它们的关系亦正在从相互对立和排斥走向相互借鉴和补充。

德国心理学家艾宾浩斯（H. Ebbinghaus）曾经说过：心理学有一个很长的过去，但却只有一个很短的历史。自从人类有了对自身的认识开始就有了心理学的思想，这经历了漫长的历史发展。直到19世纪中后期，心理学才成为一门独立的实证科学，时至今日只有一百多年的学科发展史。如果按照科学心理学的标准来看，心理学在过去，其存在的形态是非科学的或前科学的。那么，科学心理学的诞生是不是这种非科学或前科学心理学的终结呢，或者说，科学心理学是否不可避免地替代了这种非科学或前科学心理学的地位和功能呢？按照许多科学心理学家的观点来看，答案应该为"是"，但实际上的答案应该为"否"。尽管科学心理学在短短一百多年的历史中取得了长足的进步，但因其科学性质本身的某些限制，使之无法在科学研究中容纳人的主观意识经验，这无疑给非科学或前科学的心理学留下了余地，使其仍旧与科学心理学并驾齐驱，成为科学心理学所必须面对的一类心理学解释。这在近年来兴起的本土心理学的研究中得到了反映。这

---

* 原文见葛鲁嘉《本土的经验心理学与实证的科学心理学的分野》，《吉林大学社会科学学报》1993年第5期。

无疑证实了存在着两类心理学。探讨这两类心理学的性质和关系，必然会增进对人的心理生活以及对科学心理学的理解。

一　本土的经验心理学

本土的经验心理学是心理学的过去，因而是经典形态的心理学，是对心理生活直观经验的理解及在此基础之上的哲学理论阐述和精神修养方式。实际上从有了人类，有了人类的意识开始，人就有了对自身的心理行为的直观理解和解释。特别重要的是，普通人对自身的心理行为有什么样的理解和解释，便会有什么样的心理生活。哲学家、宗教学家和社会理论家则基于对人的心理经验的概括和总结，提出了对人的心理生活的理论化的理解和解释。这一切便构成了独特的心理文化。即使在科学心理学诞生之后，也未被替代和终结。

不同的人会对自身的心理行为有不同的理解和解释，同样，不同的种族、文化也会有对其心理生活的不同理解和解释，或者说，存在着不同的心理文化。正是在这个意义上，才把这一类心理学称为本土心理学。目前，在非西方文化圈中，甚至在非美国的文化圈中，出现了把西方或美国的科学心理学本土化的研究趋势。许多人混用本土心理学和本土化心理学的概念。实际上这二者之间存在着重要的区别。

本土心理学是对人的心灵、心理生活的一种经验的解释，这有别于实证的解释，因此也可以称为经验心理学。有的时候，实证心理学（empirical psychology）被译成了经验心理学，实际上，经验心理学（experiencial psychology）是与之不同的概念。"empirical psychology"应译成实证心理学，而"experiencial psychology"则应译成经验心理学。本土的经验心理学有时也被称为民俗心理学（folk psychology）、常识心理学（common sense psychology）、素朴心理学（naive psychology）、哲学心理学（philosophical psychology）。这些名称的含义不尽相同，从不同的角度描述了本土的经验心理学的不同方面。

对本土的经验心理学的关注还是近几十年的事情。科学心理学诞生之后，便与本土的经验心理学划清了界限，并反对和打击任何形式的经验心理学。因此，尽管在现实生活中本土的经验心理学占据着重要的地位和发挥着重要的功能，然而其却从科学心理学的视野中消失了。但近年来，情况发生了改变。1981年，两位英国学者希勒斯（P. Heelas）和洛克（A. Lock）主编出版了一部重要的著作《本土心理学》。① 这带动了对本土心理学的关注和探讨。

对于什么是本土心理学，希勒斯的定义是"这是关于心理学论题的文化的观点、理论、猜想、分类、假设和体现在社会习俗中的观念喻示"。这些心理学陈述的是人的本性及人与世界的关系。这其中包含着对人的行动和感受方式和人怎样能在生活中求取幸福和成功的劝告和禁戒。② 在定义本土心理学的时候，希勒斯还把"本土心理学"与"专家心理学"作了对照。在他看来，专家心理学的专家指的是喜好科学实验的学院心理学家、喜好抽象论证的哲学家和发展了深奥理解的宗教家。

把本土心理学仅仅看成习俗的理解而不包含哲学思辨水平的理解，或者说把哲学心理学混同于实证的科学心理学，这是很难令人赞同的。本土心理学一方面应该是指属于不同文化圈的文化心理学，另一方面则应该是指前科学的心理学。这不仅是先于科学心理学而存在的心理学，也是指现存的不具有现代科学特征的心理学。这样的心理学就应该包括哲学心理学。当然，希勒斯把哲学心理学与科学心理学归为一类也有其道理。西方现代哲学与东方古典哲学有着重要的区别，前者立足于科学，而后者则立足于日常的直观经验。因此，前者的心理学可称为心理学哲学，与科学心理学为一类。后者的心理学则可称为哲学心理学，属于前科学的心理学。

本土的经验心理学可划分为两个不同的水平：一是常识心理学，日常生活中人的心理经验常识；二是哲学心理学，涉及人类心理的哲

---

① Heelas, P. and Lock, A., (Eds.). *Indigenous psychology* [M]. New York: Academic Press, 1981.

② Heelas, P., Introduction: Indigenous psychology [A]. In P. Heelas and A. Lock (Eds.). *Indigenous psychology*. New York: Academic Press. 1981.

学理论阐述和精神修养方式。

常识的经验心理学是普通人对自身的心理生活及与他人的关系、对他人的心理行为及与自己的关系的主观的和素朴的理解和解释。普通人虽然不是科学意义上的心理学家，但却是经验常识意义上的心理学家。柯勒（W. Kohler）把常识的经验心理学称为"外行的想法"[1]，乔恩逊（R. B. Joynson）称之为"外行对心理的理解"[2]，但这类心理学自发地、直接地、一己地与心理生活相通。常识的"心理学理论"使用的是感受、愿望、意图、信念、希望、担忧、快乐等日常语言。斯梅茨兰德（J. Smedsland）便把常识心理学定义为与心理现象相关的、体现在日常语言中的概念网络。他指出："社会化为人包括掌握一种模糊的心理学，这是个体所无法超越的。"[3] 常识心理学与文化背景密切相关，生活在不同环境中的人会有不同的心理生活，并形成不同的常识理解。洛克便认为，不同的文化、不同的环境有不同的常识的本土概念。这样，常人思考他们的心理生活的出发点就会有很大差异。[4]

每个人都有理解自己和他人的能力，然而科学心理学家为了维护心理学的科学性质要么忽略常识心理学的重要性，要么否认外行的理解值得认真对待。但也有一些心理学家例外，柯勒早在很多年前就向心理学家提示了外行理解的重要性。他说："外行声称具有的那类经验在现代的科学心理学中几乎无容身之地。我觉得我必须站在外行的一边，在此，外行而不是我们的科学意识到了基本的真理。外行的理解很可能会成为未来的心理学、神经学和哲学中的主要问题。"[5] 海德

---

[1] Kohler, W., *Gestalt psychology* [M]. New York: Liveright. 1947.

[2] Joynson, R. B., *Psychology and common sense* [M]. London: Routledge & Kegan. 1974.

[3] Smedsland, J. Bandura's theory of self-efficacy: A set of common-sense theorems [J]. *Scandinavian Journal Psychology*, 1978 (19). pp. 1–14.

[4] Lock, A., Indigenous psychology and human nature: A psychological perspective [A]. In P. Heelas & A. Lock (Eds.). *Indigenous psychology*. New York: Academic Press. 1980.

[5] Kohler, W., *Gestalt psychology* [M]. New York: Liveright. 1947.

(F. Heider)也曾指出:"科学心理学可以从常识心理学中学到很多东西。"[1] 在当代心理学中,已有一部分心理学家开始尝试通过常识心理学来了解人的心理生活。

哲学的经验心理学则是由哲学家建立起来的,是对经验常识的概括和总结,并提供了对人的心理和精神生活更为深入、更为系统和更合逻辑的理解。这在传统的心灵哲学,特别是东方的心灵哲学中得到了表达。这与现代的心理学哲学有着区别。前者是依据于对人的心理的直观经验理解,后者则是基于现代科学心理学的实证知识。

哲学的经验心理学与常识的不同之处在于,哲学的理解使用明确的概念来描述和解释人的心理生活,注重阐述概念的含义和建立概念体系,因而带有逻辑性和系统性。此外,哲学心理学不仅描述和解释心理生活,而且还构成一种独特的精神文化。这超出了个体的生活范围,是更为广泛的对社会心理生活的文化协调和约束。通过独特的精神修养途径,引导出本土文化独特的心理生活样态或方式。中国的古典哲学便是这样一类注重内心世界的学问,这既不是宗教也不是科学,而是对怎样达于幸福生活的内心活动的理论理解和修养方式。

二 实证的科学心理学

实证的科学心理学只有一个很短的历史,但却是现代形态的心理学。从其成为独立的实证科学开始,就一直在向当时相对成熟的自然科学学科如物理学、化学和生理学看齐,力求使用科学的研究方法和遵循科学的基本规则。科学心理学家有两个最为热切的愿望:一是把心理学建成一门纯粹或真正的实证科学;二是把心理学建成一门完整或统一的科学学科。这两个愿望在实现的过程中,不可避免地导致了两种结果。

首先,科学心理学家,特别是主流心理学家,均力求维护心理学的科学性质。为了做到这一点,他们在心理学的研究中十分强调客观观

---

[1] Heider, F., *The psychology of interpersonalrelations* [M]. London: Wiley, 1958. p. 5.

察、统计概括和操作定义，把科学研究的方法，特别是实验的方法当成心理学探讨的决定性方面。结果在实际的研究中，心理现象被看成与其他自然现象同样的存在。然而，一方面有许多心理现象因其私有性和主观性很难或无法以现有的科学方法加以研究，故被排斥在心理学的研究领域之外。最明显的例子就是行为主义把人的内在心理意识从心理学的研究对象中逐了出去，造成了心理学家在很长一段时间里对人的内在心理意识的漠视。另一方面，还有许多心理现象的社会特性和文化根源受到了忽视，而其一般性的特点得到了强调，特别是西方的科学心理学根源于西方的文化，这常常把对西方文化圈中的许多心理现象的研究所得出的结论当作一般规律推广用来解释其他文化圈中的心理现象。

其次，科学心理学家特别是主流心理学家均力求统一整个心理学。在科学心理学的发展中，学派林立，观点繁杂，至今仍缺乏统贯心理学的理论基础。为了统一心理学，科学心理学家试图建立一套科学理论的标准和求取共识的范式。结果在实际的研究中，由于许多心理学理论源于不同的文化，基于不同的理论建构，而很难用统一的标准加以衡量，故被排斥在了心理学科学理论的范围之外。它们或者受到科学心理学家的轻视，或者受到他们的敌视。

实际上，正是由于心理现象的复杂性和研究复杂的心理现象多种可能的途径，使实证的科学心理学本身也对心理现象持有不同的认识，对不同心理学理论抱有不同的态度。当代的学术心理学存在着两极的主张，即科学的主张和人文的主张。罗杰斯（G. R. Rogers）将其称为"两种背驰的趋向"[1]。金布尔（G. A. Kimble）则将其称为当代心理学中的"两种文化"[2]。近些年来，许多心理学家都注意到了心理学中存在着相对立的价值、相分离的定向和相冲突的文化。

行为主义心理学和认知主义心理学属于科学的主张，并先后成为西方科学心理学的主流（可称为主流心理学或学院心理学）。主流心

---

[1] Rogers, C. R., (1969). Two divergent trends [A]. In R. May (Eds.). *Existential psychology*. New York: Random House, 1969.

[2] Kimble, G. A., Psychology's twoculture [J]. *Americanpsychologist*, 1984 (8). pp. 833–839.

理学在试图把自身建设成独立的科学学科的时候，接受了自然科学的观点，即宇宙中的所有过程包括心理过程都遵循着自然规律，而对自然规律的揭示只有立足于客观的观察和实验。

行为主义心理学被认为是主流心理学中第一个统一了心理学研究大部分领域的科学范式。行为主义反对由冯特创始的意识心理学，反对意识心理学使用的内省主义的研究方法。在行为主义心理学家看来，意识经验无法成为心理学的研究对象，因为其不具有公开性和客观性。内省的方法仅仅是被试对自身心灵的内观，因此不是一种科学研究的方法。极端的行为主义观点否定了意识、思想、感受、动机、计划、目的、想象、知识、自我等概念在心理科学中存在的合理性，使心理学在大约五十年的时间里抛开了对内在心理的探索。

大约在 1955 年至 1965 年，主流心理学的研究范式发生了重大转折，认知心理学开始取代行为主义成了心理学的主流，这被称为心理学中的认知革命。认知心理学重返对人的内在心理的研究，不仅关注施加于有机体的刺激和有机体对刺激的反应，而且也关注有机体的内在过程，认为对心灵的内观是十分必要的。当然，认知心理学家赞同行为主义者这样的主张，即心理学的研究应具有公开性和客观性。因此，认知心理学家在其实验和理论工作中必然面临着这样的困难，即怎样处理客观性的实验和主观性的经验之间的关系。

人作为心理学的研究对象是拥有意识的，人不仅能观察他自身的感知、情感、思想等，也能构造观念和理论去解释自身的心理行为。当行为主义心理学把人的意识经验从心理学中排除后，它就一直存在于经验心理学的领域之中，而认知心理学想要发展自己，就必然面临着来自经验心理学的挑战。瓦雷拉（F. J. Varela）等人曾指出，认知科学是一个两面神，具有前后两个面孔，分别朝向路的两端。一面朝向自然，把认知过程看作行为；另一面朝向人的世界，把认知看作经验。[1] 实际上，当代的认知心理学遮住了朝向经验世界的面孔，而醉

---

[1] Varela, F. J., Thornpson, E. & Poach, E., *The embodied mind: Cognitive science and human experience* [M]. Cambridge Mass: The MIT Press, 1991.

心于对人的心灵的客观化。

　　精神分析、人本心理学以及超个体心理学则属于心理学中的人文主张。该主张反对自然一元论和还原机械论，而强调人的精神、价值、自由和尊严，寻求建立探索人的存在、人的潜能、潜能实现等内容的心理学。正如梅（R. May）在介绍存在心理学时谈道："存在的研究定向并非是要回到思辨的安乐椅中，而是努力按照一些预先的假定来理解人的行为和经验，这些假定是我们的科学和我们关于人的想象的基础；这努力把人理解为经验着的和承受经验的。"[①]

　　一方面，尽管因循人文倾向的科学心理学家反对心理学中的科学主义弊端，但他们仍力图保持他们研究的科学性质。他们着重于临床观察、个案史研究等科学方法，系统地研究和探索人的内在主观经验和心理生活。他们是把经验着的人看作心理学研究的客观对象，但同时又把研究所得返还给经验着的人，使之成为一种科学的主观经验方式。因此，心理学中的人文主张仍被许多心理学家看成科学心理学的一种形态，这恐怕也是其与本土的经验心理学相区别的一个重要方面。

　　可另一个方面，科学心理学中的人文倾向也与本土的经验心理学有着相通之处，它并不贬低和排斥经验心理学，而总是不断吸取经验心理学中的各种思想。因此，尽管精神分析、人本心理学、超个体心理学等力图行走在科学心理学的轨道上，但许多科学心理学家仍把它们排除在科学心理学之外，并对其所采用的方法和所得出的结论的科学性表示怀疑。

　　实证的科学心理学总是把心理学家当成人的心理经验的抽象了解者，把人的心理经验当成客观的自然现象。从而，总是使用科学的方法收集资料，运用科学的语言构造理论，采用科学的技术改变行为。这就有可能使实证的科学心理学与人的实际或真实的心理生活之间存在着距离。在极端的情况下，纯粹客观的方法无疑在肢解着人的心理生活的原貌，科学的语言则变得与日常语言格格不入，而科学的技术

---

① May, R., *Existential psychology* [M]. New York：RandomHouse. 1969.

则把人看成没有或不应有自由与尊严的被动受控体。

法国心理学家莫斯考维西（S. Moscovici）在为两位英国学者出版的《本土心理学》一书所撰写的序言中，曾就行为主义心理学对心理学发展所产生的影响指出了科学心理学的几点缺陷。一是把一般的机制与待定的内容割裂开来，把人怎样觉知、怎样思考和怎样行动与人觉知什么、思考什么和做什么分离了。二是贬低背景在规定对象中的作用，特别是社会和文化的背景，心理行为都按同样的解剖方式分解成了一些碎片。三是放弃了对心理现象的解释说明，而走向了通过科学方法积累资料，并直接解释资料。很显然，这样的科学心理学不可能终结有过一个长期过去的前科学的心理学，而是给常识心理学和思辨心理学留下了很大的回旋余地。被科学心理学所替代和排除的此类心理学仍然是人的心理生活中不可分割的构成部分，并正在引起科学心理学家的关注。

三 两类心理学的比较

经验和科学均为人类理解和控制自身与世界的重要方式。经验是自然的、主观的，是基于日常生活实践的。科学则是实证的、客观的，是基于科学的特别是实验的方法。那么，本土的经验心理学与实证的科学心理学便是人理解和控制自己的心理生活的不同方式。它们分别具有自己的不同特点，这些特点亦形成鲜明的对照。

第一，经验心理学属于内求的学说，而科学心理学属于外求的科学。前者具有如下特点，即存在的、主观的、个人的和价值定向的；而后者的特点则为分析的、客观的、非个人的和非价值定向的。经验心理学把人看作体验和行动着的主体。它对心理生活的理解和解释均可以化为内在的修养和心理生活的定向。它不是把人放在实验室中，而是把实验室放在人的心中。科学心理学则把人看作被观察和探究的客体，可以把人放在实验室中去进行研究，以收集客观资料，并对资料进行没有价值定向的解释。奥斯潘斯基（P. D. Ouspensky）最早划分了内求的学说与外求的科学。① 后来有一些心理学家常用此来说明本土的经验心理学与实证的科学心理学的重要区分。

第二，经验心理学属于实践理性，科学心理学则属于理论理性。经验心理学与科学心理学都是对心理现象或心理生活的理性把握。然而，经验心理学是对心理经验的总结，得出的是具体的普遍性。它的普遍原则和真实性只有依据于个人的直觉体悟才能被掌握。因此，这不是作为心理生活的知识，而是作为心理生活的智慧；不是作为对心理生活的理论解释，而是作为心理生活的实在方式。科学心理学则是基于对人的心理行为的实证研究，得出的是抽象的普遍性。它的普遍原则和真实性只有依据于明晰的概念和理性的逻辑分析才能被掌握。因此，提供的是关于心理现象的科学知识和对心理生活的纯粹理论解释，对心理生活的干预则是通过相应于理论知识的技术手段。

第三，经验心理学着重于心理活动的内容，科学心理学则着重于心理活动的机制。经验心理学主要描述心理行为的表现形态，阐明其在现实生活中的功能和意义。对心理的解释很少涉及心理的内在机制，而更多涉及内容联系。因此，经验心理学家很少深入到心理现象的背后，而更多地超越心理现象本身，去探寻与之相联系的能够生成意义的方面。这是整体主义（holism）的观点。科学心理学则主要研究心理现象背后或深层的机制，试图摆脱心理现象的特定内容的限制，从而把人们怎样思考、感受和行动与人们思考什么、感受什么和从事什么分离开来。科学心理学家很少超越现象，而更多地深入到现象背后，去寻求对机制的明确揭示。这是还原主义（reductionism）的观点。

第四，经验心理学以解决生活中的问题为中心，而科学心理学则以对心理现象进行研究的科学方法为中心。按照经验心理学的方法论，心理学理解和解释的合理性在于其能够解决心理生活中的问题。因此，所有形形色色的心理现象，无论其多么复杂多变，都可以探

---

① Ouspensky, P. D., *The psychology of man's possible evolution* [M]. London: Hodder & Stoughton. 1951.

索。所有的方法和技术都是附属于理论的，并可按理论的要求来探求和改变人的心理生活。没有合理的理论，就不可能有合理的方法和手段。按照科学心理学的方法论，心理学理解和解释的合理性在于其是否为科学的研究方法所证实。因此，只有确定了科学的研究方法，才能建立合理的理论。没有科学的方法，就没有科学的理论。科学的方法被认定是客观的方法，这无疑使许多尚难用科学方法加以探索的主观心理经验被排斥在了心理学的研究范围之外。

第五，经验心理学的立场是人本化的和价值定向的，科学心理学的立场则是非人本化的和非价值定向的。经验心理学主要关心人自身的现实存在和心理幸福，主要涉及人的活生生的心理体验以及人在现实世界中的生存和发展。经验心理学家总是把常识与价值统一在一起，他们所关心的真理不是事实真理而是价值真理。因此，其理论不仅是对事实的解释，而且是对生活样式的价值评判。科学心理学则在把心理现象客观化的时候，对人的心理生活进行了非人本化的处理，人的主观体验变成了冷冰冰的数据资料。科学心理学家总是把知识与价值分离，强调事实真理和非价值定向的探索。因此，它总是试图提供关于心理生活的客观知识体系而不是主观价值评判。

尽管科学心理学家承认科学心理学有其深远的历史渊源，但自从心理学成为独立的实证科学开始，心理学长期的过去与短期的历史便划开了一道深沟，或者说经验心理学与实证心理学便形成了相互对立和排斥。一方面，科学心理学家为了保持心理学的科学性质而反对和排斥任何形式的经验心理学。他们要么把常识心理学说成是江湖心理学，等同于江湖术士的骗术；要么把哲学心理学说成是安乐椅中的毫无用处的冥想，等同于一堆作为思辨产物的思想垃圾。斯金纳便认为，在人类利用科学技术改造周围世界取得了巨大进步的今天，人类对自身的了解和改变却很少有什么进步。斯金纳将其主要的原因归结为经验心理学的弊端，并称其为心灵主义的解释，即总是按人的观念、欲求、本能、情感、意识、人格，来解释人的行为；并假定了内在自主的人具有自由和尊严，这限制了科学心理学的发展和进步。另一方面，经验心理学则沉醉于对人的主观经验世界的理解和解释，并十分反感科学心理学把人的心理现象非人本化和客观化的研究定向，认为科学心理学把人的完整心理生活变成一堆数据，割裂成一些碎片的研究，对于理解人是毫无价值的。因此，经验心理学一直远离科学的探索，使科学心理学与现实心理生活之间的距离难以弥合。

然而，时至今日，经验心理学与实证心理学正在从相互对立和冲突走向相互借鉴和补充。科学心理学已经意识到，包容活生生的主观心理经验对于发展科学心理学、克服其强调客观性带来的局限所具有的重大意义。一些科学心理学家开始去探索常识的经验心理学的性质、根源、功能，开始去了解哲学的经验心理学提供的心理生活解释和精神修养方式，特别是亚洲乃至中国的哲学心理学。同样，经验心理学也在自发吸收科学心理学的研究成果和技术手段，这不但扩充和改造了常识的经验心理学，并且通过与哲学的经验心理学的衔接而塑造和变更着心理文化，从而提高了社会心理生活的质量。

第三章　本土与实证心理学关联*

　　本土的传统心理学与实证的科学心理学显然是具有前述重要的分野。[①]科学心理学与本土心理学的分界，早期是前者要排斥、埋葬和替代后者，现在是前者要重新认识、借鉴和吸收后者。本土心理学也是一种系统的心理学探索，但在了解、解释和干预心理生活方面独辟蹊径。科学心理学的发展，主流的认知心理学可借助本土心理学切入人的主观意识经验，非主流的人本心理学可借助本土心理学达于个体心灵的超越。本土心理学的理论价值在于，常识心理学对意向性的关注可成为认知心理学的理论借鉴，哲学心理学对圆满的心灵和超越的心灵的探索可成为科学心理学的有益启示。尽管本土的传统形态心理学与实证的科学形态心理学有着分野，但是二者的关系也正在从相互对立和冲突走向相互借鉴和补充。但是，为什么时至今日仍要提出本土心理学与科学心理学的分野问题，本土心理学是否被看作一种系统的心理学探索，科学心理学在其发展中是否需要吸取本土心理学，本土心理学可以为科学心理学提供什么，这都是需要着重说明和阐释的。

　　＊　原文见葛鲁嘉《本土的传统心理学与实证的科学心理学的关联》，《吉林大学社会科学学报》1994 年第 2 期。
　　①　葛鲁嘉：《本土的经验心理学与实证的科学心理学的分野》，《吉林大学社会科学学报》1993 年第 5 期。

一 实证科学的心理学

19世纪中后期,科学心理学从哲学的怀抱中脱离出来,成为一门独立的实证科学。早在那时候起,实证的科学形态心理学就与本土的传统形态心理学划清了界限。那么,为什么今天又重新提出二者的分野问题呢?最根本的原因就在于,早期的分界是科学心理学对传统心理学的排斥、埋葬和替代,而现在的分界则是科学心理学对传统心理学的重新认识、借鉴和吸收。在科学心理学的诞生和早期的发展中,力求将自己与前科学形态的心理学区别开来,力求把自己建设成为一门与其他较成熟的自然科学相同的科学门类。在此之前的传统形态心理学则被当成再没有什么生命力的东西弃掉了,就好比是心理学新生之后蜕下的壳。然而,随着科学心理学一百多年里的长足发展,其自身也显露出了许多自我局限导致的不足。传统心理学则没有因为科学心理学的产生而消失,其依然存在着,并在特定的心理生活中发挥着特定的作用。当科学心理学回过头来,就会看到有许多弥补自身不足的可能性反而就在于重新审视传统心理学。法国心理学家莫斯考维西在为两位英国学者主编的《本土心理学》一书所作的序言中,就把重新面对传统形态心理学看作科学心理学中的"回归革命"(retro – revolution)。[1]

心理学的任务是完整地揭示人类的心理生活,但科学心理学仅仅涉及一部分而不是全部的人类心理生活。在科学心理学视野之外的那部分人类心理生活,则在本土心理学中得到了某种程度的了解、解释和干预。这可从如下几个方面来看。首先是科学心理学分割了人的心理活动的特定内容和一般机制,即分割了人觉知什么、思考什么和做着什么与人怎样觉知、怎样思考和怎样行动。科学心理学忽视了心理活动的特定内容,而着重于探索心理活动中的一般机制。本土心理学

---

[1] Moscovici, S., Foreword [A]. In P. Heelas & A. Lock (Eds.). *Indigenous psychology*. New York: Academic Press. 1981.

则缺乏科学的方法和手段，难以揭示心理活动的机制，只是着重于心理活动的特定内容。其次是科学心理学分割了心理现象与心理现象的社会根源和文化背景。这与前一点密切相关。科学心理学强调揭示心理现象的内在机制，将其看作普遍适用的。因此，科学心理学贬低了背景在规定心理现象中的作用，忽视了心理现象的社会根源和文化背景，认为科学本身是跨越文化界限的。本土心理学涉及的是心理现象的内容，将其看作特定社会和文化的产物，因而深入到了特定的背景之中。最后，科学心理学分割了较为简单的、较为低级的心理现象和较为复杂的、较为高级的心理现象，倾力于使用科学的方法去考察前者，而把得出的规律推广用来解释后者，实际上无疑放弃了后者。本土心理学则以其独特的方式切入和说明了较复杂、较高级的心理现象。

显然，这就是为什么要重提本土心理学与科学心理学的分野。不过，之所以有必要重新考察二者之间的分野，还有一个科学心理学当代发展中出现的重要契机。20世纪初期，行为主义心理学崛起，应该说这是第一个统一了心理学大部分领域的研究范式。但是，行为主义为此付出的代价则是把人的内在意识经验从心理学的研究对象中清除了。当然，极端的经典行为主义后来发展出了两个不同的取向，一是斯金纳的操作行为主义，二是引入了认知、需求等中介变量的新行为主义学说。但是，占主导地位的仍是前者，即对人的内在心理存而不论。这使心理学在大约50年的时间里抛开了对人的内在心理的考察。但是，被主流心理学所弃掉的大部分重要的心理现象，依然在本土心理学中得到了探索。到了20世纪中期，认知心理学兴起，开始取代行为主义心理学成为统一心理学大部分领域的新的研究范式。认知心理学在重返对人的内在心理的研究之时，所面临的是几近50年造成的荒漠，迎接的反而是本土心理学对人的主观意识的丰富理解和解释。尽管认知心理学使用独特的科学方法探索人的内在心理，但它要更为全面和深入地揭示人的内在心理，以本土心理学作为理论启示也许就是有益的。这成了一个十分重要的契机，使科学心理学家开始关注本土的传统形态心理学，以促进科学心理学可能的新发展。

二 本土传统的心理学

科学心理学显而易见是一种系统的心理学探索，问题在于本土心理学是不是一种系统的心理学探索。如果是的话，本土心理学与科学心理学的根本区别在哪里？科学心理学诞生之后，就被当作唯一系统的心理学探索。在许多科学心理学家看来，来自文化历史而不是科学实证的那些心理学的解释，至多不过是一些零散的心理学思想，是科学心理学的幼稚前身和历史遗迹。不属于科学心理学就不属于系统的心理学探索，这完全是一种误解。其实，在科学心理学自己限定的范围之外，仍然存在着系统的心理学探索，并具有鲜明的整体特点和典型的文化色彩。科学心理学是试图建立普遍适用的客观知识体系，因而它是跨文化或超本土的；本土心理学则是源于特定的文化历史，它在特定文化圈的心理生活中占据着重要位置和发挥着重要功能。

中国文化的土壤里，并没有生长出实证的科学心理学，但这绝不等于说中国本土就没有心理学。实际上，中国本土的传统形态心理学是非常有价值和系统的心理学探索。遗憾的是，在此之前的中国古代心理学史的研究却没有反映出这一点。通行的观点主要如下：一是按科学心理学来衡量，在我国文化历史的长河里没有心理学，而只有心理学思想；二是认为心理学史是科学史，有关心理的具有明显科学性的思想才应该算是心理学思想。[①] 结果，在研究中便仅在于按科学心理学切割和筛淘我国古代思想家的思想，仅在于为从西方引入的科学心理学提供某些经典的例证和历史的说明。如果放弃这种参考构架，便会看到，儒家心理学、道家心理学和佛家心理学等中国本土的传统形态心理学，完全可以看作了解、解释和干预人的心理生活的自成系统的心理学探索。其实，就连某些西方心理学家也承认，在非西方的文化中，也发展出了不同于西方科学心理学的对人类心理生活的系统

[①] 高觉敷主编：《中国心理学史》，人民教育出版社1985年版。

解释。①

那么，如此看来，是不是系统的心理学探索，就在于是不是同时具备如下三点，即了解心理生活的途径、解释心理生活的理论和干预心理生活的手段。正是在了解、解释和干预这三个方面，本土心理学与科学心理学存在着根本的区别。本土心理学对心理生活的了解和认识是通过经验直观，对心理生活的理解和解释是通过使用日常语言的理论建构，对心理生活的影响和干预是通过直觉体悟的精神修养方式。科学心理学对心理现象的了解和认识是通过使用科学方法特别是实验方法的经验实证，对心理现象的理解和解释是通过使用科学语言的理论建构，对心理现象的干预和改变是通过使用特定的技术手段。本土心理学和科学心理学分别具有自己的不同特征，这些特征也形成了鲜明的对照。这已经得到过详尽的阐述。②

本土心理学有自己独具的长处，但也有难以克服的短处。长处在于直入人的内心，着眼于人的直观体验，构筑了理想的精神境界，并给出了达于这一境界的修养方式。短处则在于诸多的价值歧义、模糊的内心感悟、神秘的迷信色彩。这使传统形态的心理学混杂着哲学的明辨、人生的智慧、神鬼的迷信和江湖的巫术。同样，科学心理学也有其独具的长处和难以避免的短处。长处在于方法的严密、理论的明晰和技术的精确，强调客观观察、统计概括和操作定义，提供了有关心理现象的客观知识，消除了歧义、模糊和迷信的东西。短处则在于与人的真实内心生活的隔膜。在极端的情况下，科学实验的方法很易于肢解人的心理生活的原貌，科学语言变得与日常语言格格不入，科学技术则把人当成被动的受控体。

---

① Pedersen, P., No-western psychology: The search for alternatives [A]. In A. J. Marsella, R. G. Tharp &T. J. Ciborowski (Eds.). *Perspectives on cross-cultural psyehology*. New York: Academic Press, 1979.

② Pedersen, P., No-Western psychology-The search for alternatives [A]. In A. J. Marsella, R. G. Tharp &T. J. Ciborowski (Eds.). *Perspectives on cross-cultural psyehology*. New York: AeademiePerss, 1979.

三 科学心理学的借鉴

无可否认,科学心理学在短短一个多世纪的学科历史中取得了长足的进步。那么,时至今日,科学心理学有必要回过头重新审视本土心理学,是为了从本土心理学中获取什么呢?这可以通过考察科学心理学的发展来确定。

在科学心理学诞生之前,对人的心理行为的解释存在着两种不同的水平。一是前科学的心理学解释,如普通人根据经验常识的理解;二是科学的生理学的解释,科学家依根据神经生理的理解。美国加利福尼亚大学的著名哲学教授塞尔(J. Searle)曾指出,在前一水平(他称为祖母心理学或意向性心理学)和后一水平(他称为神经生理学)之间,就好像存在着一道间隔或空隙。科学心理学则自命为是在努力弥补这个间隔或空隙。[①]那么,如此看来,科学心理学成为独立的实证科学之后,就从来没有统一过,其中包含各种不同的尝试。当代西方的科学心理学存在两极的研究定向,即科学主义的定向和人文主义的定向。科学主义的定向是主流,主流心理学接受的是自然科学的观念,把心理现象等同于其他的自然现象,其早期的理论主张带有明显的还原论倾向,因此与神经生理学的解释水平有着千丝万缕的联系。人文主义的定向是非主流,非主流心理学反对自然一元论和机械还原论,把心理现象看作人主观经验着的整体,强调人的存在、人的价值、人的精神和人的潜能实现,是按特定的人文价值构筑人的心理生活,因此与前科学心理学的解释水平有着千丝万缕的联系。

从主流心理学的发展来看,20世纪初期兴起的行为主义心理学是其第一次革命。行为主义致力于对人类行为的客观揭示,尽管成绩斐然,但也付出了非常沉重的代价,即把人的内在心理意识排除在了心

[①] Searle, J., Mind sand brains without programs [A]. In C. Blakemore & S. Greenfield (Eds.). *Mindwaves*. Oxford: BasilBaekwell. 1987.

理学的研究对象之外。因此，后来的许多研究者均认为，行为主义不是科学心理学的十分成功的尝试。20世纪中期兴起的认知心理学是主流心理学的第二次革命。认知心理学重返对人的内在心理的探索，关注人的认知活动的心理机制，较好地克服了原有的把心理活动的机制归结为生理或神经机制的还原论倾向。但是，这在深入揭示人的内在心理的进程中，还是把认知看作客观的自然过程，而不是主观的经验世界。当然，认知心理学的探索在由前者向后者逼近，只是仍存在着难以逾越的障碍。这可以从认知心理学的理论进展来看。20世纪70年代占主导性理论地位的是认知主义（Cognitivism），或称为符号的研究定向；20世纪80年代再兴的是联结主义（Connectionism），或称为网络的研究定向。[1] 可以从中看到一个清晰的思想脉络。认知主义的符号定向是以计算机的符号加工系统作为理论启示，或者说是通过计算机的物理操作来类比人的认知活动，把作为媒介的符号及符号的运算看成认知加工。联结主义的网络定向则是以神经的网络加工系统作为理论启示，或者是通过脑的生物活动来类比人的认知活动，把作为基础的单元及单元的联结看成认知加工。这显然更贴近人的真实认知过程。但是，认知主义和联结主义均揭示的是计算的心灵（Computational mind），而与体验的心灵（Experiential mind）尚有相当的距离。杰肯道夫就曾指出，认知心理学目前的研究，在心身关系问题之外又引出一个心心关系问题，即计算的心灵与现象的心灵（或经验意识）之间的关系问题，而这是人的完整认知的两个方面。[2] 因此，认知心理学乃至认知科学下一步的发展，就可以把本土的传统形态心理学作为理论启示，使揭示出的人的认知活动能够吻合人的意识经验。当然，这还仅仅是一个有待开创的研究设想，但却可以肯定是十分有价值的。

非主流的人本主义定向对主流的科学主义定向持批判的态度。非

---

[1] 葛鲁嘉：《联结主义：认知过程的新解释与认知科学的新发展》，《心理科学》1994年第4期。

[2] Jackendoff, R., *Consciousness and the computational mind* [M]. Cambridge, Mass.: The MIT Press.

主流心理学反对把人的心理现象等同于其他的自然现象，坚持人的心理或精神活动具有独特的性质、功能和价值。非主流心理学也反对把人的心理现象分解为一些碎片，坚持人的心理或精神活动是经验着的整体，具有不可分割的完整性。非主流心理学并不反科学，而把自身的探索也看作科学的事业。但是，非主流心理学是要扩展主流心理学的科学界限，选取更适当的科学方法去系统地研究人的主观经验和心理生活。正因为如此，非主流心理学才受到主流心理学对其科学性的非议和批评。应该承认，属非主流的心理学流派，如人本主义心理学，均是按西方的社会人文价值去探索和构筑人的心理生活。西方的社会人文价值的核心可以说是个人主义。个体是最终的实在，个体的心理经验是独特和完整的。但是，马斯洛（A. H. Maslow）等人本心理学家在考察个体的心理成长中发现，当个体进入自我实现的境界时，那他就不是把自己与其所处的世界分开，而是在心理上与之融为一体。这就是为什么马斯洛在创立了超越行为主义和传统精神分析的人本主义心理学这一第三思潮之后，又积极倡导和发起了第四思潮，即超个体心理学。超个体心理学关注的是人类的最高潜能，是认识、理解和实现统一的、神圣的和超越的意识状态。[①] 首先，这是着重于对超个体过程、状态和价值的科学研究。其次，这是相通于大众文化中对心灵成长的追求，不仅吸纳常识中的理解，而且提供满足的途径。最后，这是求助起源于不同文化的哲学和宗教的心理学体系，特别是东方的思想。显然，非主流心理学已通过超个体心理学把一只脚跨入了本土的传统形态心理学。

---

① Lajoie, D. H. & Sapier, S. I., Difinitions of transpesrooal Pseyhology [J]. *The Journal of Transpersonal Psychology*, 1992 (1).

四 本土心理学的启示

最后的问题则在于，本土的传统形态心理学可以为科学心理学的发展提供什么。这也就是其具有什么样的理论功能和研究价值。本土心理学也是一种系统的心理学求索，为科学心理学所放弃、所忽略和所不及的人类心理生活的许多方面，都在本土心理学中得到了不同程度的探讨。本土心理学并非一种超本土的努力，而是源于特定的文化历史，是对本文化圈的心理生活的独有的理解和构筑。但是，不能否认，这其中可以蕴含着超越本土界限的和具有普遍意义的启示。本土心理学能够区分两个不同的水平，即常识的心理学和哲学的心理学。[①]简单来说，前者是普通人手中的心理学，这使常人理解自己和他人的心理生活，达成交互的心理沟通和影响成为可能。后者是哲学家、宗教家和社会理论家手中的心理学，这使更为深入、系统地理解人的内心和精神活动，更为广泛、全面地构筑、规范和协调大规模的社会心理生活成为可能。

那么，可以分别就常识心理学和哲学心理学来看本土心理学的理论启示功能。常识心理学是普通人在日常生活中，对自己和他人的心理活动做出的意向性推论和与心理内容有关的因果解释。常识心理学使用了大量说明心理生活的日常用语，如信念、欲望、感受、喜欢、害怕、意图、打算、思考、想象等。行为主义心理学排除了人的意识经验，也就把常识心理学扔进了垃圾箱。认知心理学替代行为主义之后，使科学心理学又重新回到了探讨人的内在心理。因此，认知心理学必须面对常识心理学的解释。目前，常识心理学和认知心理学的关系问题，成了许多哲学家和心理学家关注的焦点。认知心理学兴起之后，采纳了信息加工的观点，把人的心理意识看作内在表征，即由表

[①] 葛鲁嘉：《本土的经验心理学与实证的科学心理学的分野》，《吉林大学社会科学学报》1993年第5期。

征着外在事物的符号和符号运演的规则所构成的信息加工系统。德国哲学家和心理学家布伦塔诺（F. Brentano）早就谈到过，心理现象与物理现象的根本区别在于其意向性。常识心理学恰好因其对人的心理活动的意向性推论而被称为意向性心理学（intentionalistic psychology）。因此，许多研究者认为，常识心理学可以有益于认知心理学的理论建构。一种观点主张，常识的理解突出了心理学解释的自主性，可以避免把认知活动还原到认知的装置和硬件上去。另一种观点认为，尽管常识的观念并没有告诉人们的心灵是怎样运作的，但如果要考察心灵的运作，常识的观念则提供了怎样去看待心灵。还有一种观点较为彻底，持有这一观点的被称为意向实在论者（intentional realists）。他们提出，常识心理学的框架从根本上来说是正确的。认知加工不仅是符号的句法的关联，同时也是语义的关联，常识心理学便通过意向性推论给出了对此的模糊解释。因此，常识心理学不仅启迪了认知科学，而且终将被吸收和归并于认知科学。正如福多（A. Fodor）所说，人们没有理由怀疑，科学心理学有可能证实常识的信念或愿望的解释。当然，也有持相反观点的人，他们被称为意向消除论者（intentional eliminativists）。他们认为，常识的观念是错误的，因而不可能在认知科学中占有一席之地。但是，即便如此，对常识心理学是否一无是处，意向消除论者亦认为现在下结论为时尚早。

　　哲学心理学是哲学家、宗教家和社会理论家对日常心理生活经验的总结和概括，其对人的内心或精神活动的揭示要比常识心理学更为明晰、深入和透彻。当然，有的研究者会认为，相对于常识心理学而言，哲学心理学反而没有什么价值。常识心理学与普通人的心理生活融为一体，哲学心理学则仅只是安乐椅中关于心灵的玄想。显然，有必要在此区分西方的哲学心理学与中国的哲学心理学。在西方文化中，理智的观念形态的探索与情感的实践体验的处理分属于哲学和宗教。前者由于既缺少科学的验证，又缺少践行的充实，故很易于堕为玄想。但是，在中国文化中，哲学心理学则融化和贯穿了理智的观念形态的探索与修行的体悟印证的工夫。因此，中国古代哲人对心理或精神生活的阐述，就不仅仅是思想观念的体系，同时也是心理或精神生活的践行方式。那么，中国传统哲学提供的对人的内心生活的探索就是极为有价值的，至少可以体现在以下两个方面。

首先，认知心理学只是把心灵当作一种假定，而心灵的过程和状态则是经验上可以分解的，能够为现有的科学方法所确定。这很易于把较低级的缺失性认知从完整的认知活动，乃至从圆满的心灵中分离。中国的儒家心理学、道家心理学和佛家心理学均把心灵的圆满当作一种境界，这不仅在认识上可达，在体认印证上也可及。科学心理学的探索把经验实证范围之外的都看作超验的思辨，而中国的哲学心理学则通过独特的精神修养，把西方文化中分割的经验和超验的存在变成了活生生的整体。其次，人本主义心理学只是把个体当作一种实在。个体心理经验的独立和完整性在于与外界、他人的分离。这很易于把个体与超越个体的整体性存在分离。中国儒家心理学强调个人的心理意识对义理之道的开放和容纳，道家心理学强调个人的心理意识对自然之道的开放和容纳，而佛家心理学则强调个人的心理意识对菩提之道的开放和容纳。这才有个体人生的永恒和完美。

瓦雷拉等人在探讨认知科学与人类经验的关系时，就东方的思想说过这样一段发人深省的话："我们的论点是，对亚洲哲学特别是佛学传统的重新发现，是西方文化历史中的第二次文艺复兴，其潜在地与欧洲文艺复兴时对希腊思想的重新发现具有同等的重要性。"[1] 显然，这就对于科学心理学与本土心理学之间的关联性，进行了最好的描述和确切的说明。科学的突破，研究的进展，都需要特定的文化传统的支撑，也都需要立足本土的学术资源的加持，以及更需要关键的重要思想的启示。在中国本土的文化传统中，有关人的心身的一体化的解说和设定，为当代心理学研究打下了非常关键的基础。

---

[1] Varela, P. I., Thompson, E., & Rosch, E., *The embodied mind – Cognitive science and human experience* [M]. Cambridge, Mass.: The MIT Press, 1991. p. 22.

第四章　本土与本土化的心理学[*]

探讨和研究本土的传统心理学是近年来西方心理学中异军突起的一种趋势。进而，西方或美国的科学心理学在其他国家的本土化，则成为近年来许多发展中国家心理学进步面对的焦点。尽管前者引发出了后者，但实际上两者无论在研究的定向、涉及的内容、发挥的作用上均有所不同。我国的心理学要想有长足的进步，也面临着怎样对待本土的传统心理学和怎样使西方或美国的科学心理学本土化的问题。那么，就需要弄清两者的不同重心，并分别简要阐述中国本土心理学和西方科学心理学的本土化。

一　传统与科学的心理学

在中国，热心于西方科学心理学中国本土化的许多心理学家混用了本土的心理学和本土化的心理学。实际上，这是两种不同形态的心理学，即传统形态和科学形态的心理学。当然，这两者有相互借鉴、相互促进和相互补充的关系。但是，混用却会使许多问题看不清，并引起许多没有必要的理论争执。例如，以中国文化圈中中国人的心理行为作为心理学的研究对象是否就是本土的研究呢？发掘和整理中国传统文化中的心理学文献和心理学思想是否就是本土化的研究呢？要搞清楚这样的问题，就必须弄清两种不同形态的心理学。

---

[*]　原文见葛鲁嘉《中国本土的传统形态心理学与本土化的科学形态心理学》，《社会科学战线》1994年第2期。

先来看什么是本土心理学。科学心理学家们认为，当心理学成为独立的实证科学之后，在此之前的非科学的心理学便理应为科学心理学所超越、所终结和所取代。但是，实际却并非如此，这在近来所兴起的本土心理学的研究中得到了反映。1981年，英国兰卡斯特（Lancaster）大学的两位学者希勒斯和洛克主编出版了一部重要的著作《本土心理学》①，带动了对本土的传统心理学的关注和探讨，使文化传统形态的心理学重又出现在科学心理学的视野当中。法国心理学家莫斯考维西在为这本书所撰写的序言中就曾指出，科学心理学存在着几点严重的缺陷，这为本土心理学的存在留下了余地。科学心理学一是把一般的机制与特定的内容割裂开来，把人怎样觉知、怎样思考和怎样行动与人觉知什么、思考什么和行动什么分离了，而仅仅重视前者。二是科学心理学贬低背景在规定对象中的作用，特别是社会和文化的背景。心理行为按同样的解剖方式分解成了一些碎片。三是科学心理学放弃了对心理的现象描述，而是通过科学方法积累定量资料，并通过科学理论直接解释资料。那么，本土心理学便必然是人们了解和构筑自己心理生活所不可缺少的。重新面对传统形态的心理学，则是科学心理学中的"回归革命"（retro-revolution）。②

对于什么是本土心理学，希勒斯的定义是，这是有关心理学论题的文化的观点、理论、猜想、分类、假设，以及是体现在社会习俗中的观念喻示。这些心理学陈述的是人的本性及其人与世界的关系。这所包含着对人的行动和感受方式以及对人怎样能在生活中寻求幸福和成功的劝告和禁戒。③ 然而，希勒斯把本土心理学与专家心理学相对照，把科学心理学家、哲学家和宗教家的心理学解释都看成专家心理学。结果本土心理学仅仅成了习俗的理解。这实际上并不合理，本土

---

① Heelas, P. & Lock, A., *Indigenous Psychology* [M]. New York: Academic Press, 1981.

② Moscovici, S., Foreword [A]. In P. Heelas, & A. Lock (Eds.). *Indigenous Psychology*. New York: Academic Press, 1981.

③ Heelas, P., Introduction: Indigenous Psychology [A]. In P. Heelas & A. Lock (Eds.). *Indigenous Psychology*. New York: Academic Press, 1981.

心理学只与实证的科学心理学相对照。因此，所谓"本土的"就应该有两个基本的含义：一是前科学与科学的分界，本土心理学用来指前科学的心理学；二是不同文化圈的分界，本土心理学用来指属于不同文化圈的文化心理学。这样的心理学应包括习俗的理解和宗教哲学的解释。

实际上自从有了人类、有了人类的意识开始，人就有了对自身的心理行为的直观理解和解释。不同的人会对自身的心理行为有不同的理解和解释。同样，不同的种族、文化也会有对其心理生活的不同理解和解释。这种理解和解释是通过个人的体悟或特定的精神修养方式来加以掌握的。因此，人对自己的心理行为有什么样的解释和认定，就相应会有什么样的心理生活样式。本土心理学就是这样理解和影响人的心理生活的，这构成了不同文化圈中独有的心理文化。

分析起来，本土的心理学应有两种不同的存在水平。一是较低水平的、习俗的心理学理解，是普通人有关自己的心理行为、周围人的心理行为及其相互关系的经验常识，故可称之为常识心理学。普通人都是经验常识意义上的心理学家，他们对自己和周围人的心理生活有着直觉的理解，他们掌握和使用日常语言去描述和解释他们的心理生活，这形成了个体心理生活的社会习俗样式。二是较高水平的、哲学的心理学理解，是哲学家、宗教家对心理生活的经验常识的总结和概括，故可称之为哲学心理学。这提供了对人的心理和精神生活的更为深入、更为系统、更符合逻辑的解释和修养的方式，并由此而强有力地渗入和浸润了社会心理习俗，塑造了本土文化特有的心理生活样式。

再来看什么是本土化的心理学。现代科学心理学是从西方的智慧传统中起源和发展起来的。当其被引入和应用于非西方的文化和社会之后，科学心理学的知识普遍性和文化适用性受到了越来越多的质疑。不仅非西方的心理学家抱怨和批评西方心理学模式的不适当性，一些西方的心理学家也关注到了西方心理学的种族中心主义。当然，没有人否认现代西方心理学在一个多世纪的短短历史中取得的进步，以及传入非西方文化圈后对于发展世界心理学的作用，但其受到的批评主要在于如下。

首先，西方科学心理学从诞生之日起，就力图追随和模仿已相对成熟的自然科学。因此，许多心理学家仅仅把心理现象看成一种自然现象而不是一种文化现象，仅仅把心理学看作自然科学的分支而不是文化科学的构成。实际上，当心理学之父冯特创立科学心理学之时，他开拓了两种心理学的研究定向。一是以人类个体心理为对象，采用实验室实验的方法，因循自然科学的传统，即冯特的个体心理学。二是以文化群体心理为对象，采用文化产物分析的方法，因循文化科学的传统，即冯特的民族心理学。然而在冯特之后，后一研究定向便为心理学家所忽略和放弃。前一研究定向则成了心理学主流，其研究总是试图超越文化背景，寻求普遍的定律，带有还原论的明显倾向。

其次，西方心理学把自己的研究发现和知识体系看成普遍适用的。西方心理学，尤其是美国的心理学，在世界心理学中占有支配和权威性的地位，从而认为自己是发展科学心理学的楷模。其他国家只能全盘模仿，无批评地接受。同时，因为依循自然科学传统，强调使用科学方法和遵守科学的基本规则，便认为其研究成果是超越文化界限普遍适用的。实际上，有许多心理学家特别是非西方的心理学家认为，西方心理学是植根于西方文化，其学派和理论反映的是西方文化的核心价值，如个人主义的价值，个体被当作科学分析和说明的基本单位。以西方人为研究对象，采取适用于西方人的研究方法和技术，其适用性显然是有局限性的。

正因为这种对西方科学心理学的不满和批评，近年来在西方或美国以外的国家出现了心理学研究本土化的趋势。[1] 所谓本土化的心理学着重的是这样两个方面。首先，本土化的研究定向试图因循冯特开拓的文化科学传统，把具体人的心理现象看成特定文化具有的。那么，心理现象便带有文化的色彩，不同文化中的心理生活也会有所区别。据此，当非西方国家引入西方心理学时，就有必要考虑到西方心

---

[1] Kim, U., Indigenous Psychology: Science and application ［A］. In R. W. Brislin （Eds.）. *Applied Cross-cultural Psychology.* Newbury Park：SagePublications. 1990.

理学的文化适用性，其研究的方法论和理论知识体系就有必要按特定的社会文化加以改造，以建立本土化的心理学。本土化的定向有两个步骤：一是对心理现象的描述和解释应植根于特定的社会文化背景；二是对不同的本土化心理学的研究结果进行比较，以寻求普遍性。这后一阶段被称为超本土化的研究定向。其次，因为盲目地接受西方科学心理学的发现和理论对于发展特定文化圈中的科学心理学是有害的，所以许多心理学家均提倡，本土化定向是要考察本土文化中的特定心理行为，考虑反映本土社会文化系统的心理生活的意义，寻求适当的研究工具和方法，选择合理的理论假设和概念，发展能解释特定心理行为的理论和模式，和建立本土化的心理学知识体系，当然最终是为了充实和丰富统一的心理学。显然，本土心理学是传统前科学形态的心理学，而本土化的心理学是现代科学形态的心理学。两者的重点各有不同。

二　本土传统心理学特征

中国本土的传统形态心理学有什么特点、涉及什么内容、通过什么方式影响和塑造国人的心理生活呢？原有对中国古代心理学思想的研究并没有认识到和揭示出中国本土心理学作为一种特殊形态心理学的整体特点。许多研究者认为，中国文化传统中没有完整和独立形态的心理学，只有散见的心理学思想，是科学心理学的不成熟的前身。这无疑限制了人们对中国本土心理学的全面和深入的了解。

中国文明的核心是传统的中国哲学，而中国的本土心理学就集中体现在这里。需要指出的是，传统中国哲学不是一种客观的知识体系，而是一种包容心理生活的生活方式。尽管其中没有关于心理学的特定部分，但却有其独特的心理学理论阐述和精神修养的方式。甚至在某种意义上可以这样说，中国文化传统中的哲学就是一种特殊形态的心理学。

中国的本土心理学具有一些鲜明的特征，这与中国本土文化相吻合，并与起源于欧美文化的科学心理学相区别。中国本土心理学属于内在的探求与学问（internal discipline），不是把人的心理客观化为研究对象，不是把人放在实验室中加以客观考察，而是把"实验室"放在人的内心。任何对内心生活的理解和解释都直接构成了特有的内心生活定向，而达于这种理解和解释的体悟和修养则是实现其定向的特有途径。中国本土心理学属于生活智慧，是通过总结心理生活的直观经验得出的具体的普遍性。这种普遍性是对心理生活的价值认定，并且只有经由个人的直观体悟才能把握。因此，这常常不是心理生活的知识，而是心理生活的智慧或实在的方式。中国本土心理学着重于人的心理活动的内容方面，主要描述人的心理生活现实，阐明其可能达到的境界和途径。很少涉及心理的内在机制，而更多地涉及内容联系，去探寻能够生成意义的东西，这是整体主义（holism）的观点，与科学心理学中的还原主义（reductionism）观点相对立。中国本土心理学是以解决人的心理生活中的问题为中心，关心的是人的生活幸福。因此，心理学解释的合理性就在其能否解决问题。那么，人的主观心理体验就在其视野之中。所有的方法和技术都是附属于理论的，可按理论的要求来探求和改变人的心理生活。没有合理的理论就不可能有合理的方法和手段。中国的本土心理学是人本化和价值定向的，主要关心人的丰富复杂的内心生活，主要涉及人的生存意义和价值。从而，着重点不是对心理事实的客观说明，而是对心理生活样式的价值评判和构造。

在中国文明的发展史中，延续最久、传播最广、影响最大的便是儒家、道家和佛家的思想。这三家思想派别不仅相互区别和批评，而且相互吸收和合流。其中儒家在很长的一段历史时期里成为国家意识形态的主导，而道家和佛家则主要是流传于民间的宗教和哲学思想。

三家的目的都在于解释宇宙、社会和心灵。尽管对同样的论题有不同的强调，但其仍有共同之处。首先，每家都努力寻求理解贯穿宇宙万物，使万物共生并成为有机整体的普遍统一性或一般律法，道便被看作这样的存在。义理之道是儒家理论的根基，这体现在人际关系的伦常之中。道更是道家最基本的观念，是万事万物的根源。中国佛家所寻求的统一性不是虚幻世界的因果轮回链条，而是摆脱轮回，显现真实的内心佛性。其次，三家都认为，只有人才能把握普遍的统一性，从而获得人生的真实和完美。当然，人的存在是分离为个体的，这很容易使人陷入自私和偏狭。但是，人的心灵或精神却有可能体认道，这只有通过精神修养才能逐步求取。因此，每一家都强调人格的超升，成为圣人，成为真人，成为佛陀，从而达于永恒。

儒、道、释不仅有共同之处，也有其不同的重心。根据儒家的学说，义理之道具体体现为人心中的"仁"和社会中的"礼"，而对个人来说，仁便是克己复礼，经由内心中的自我修养和社会中的道德实践。所以儒家所关心的主要在于人与社会的关系，强调人心对社会的开放和容纳。按照道家的学说，普遍的道是万物源出的根本，而具体物分有的道则为德，德便是其天性。道家主张"无为"，这意味着要顺其天性或自发性，而去除人为和强制。当一个人的天性得到自由和充分发展，他就会感到幸福。然而，这达到的只是相对的幸福，绝对的幸福来自人融入普遍的道，而人必须去除心中的偏见、消弭我与非我的区别才能做到。所以道家所关心的主要在于人与自然的关系，强调人心对自然的开放和容纳。依照佛家的学说，人有菩提之心，可称为佛性，但在众生看来，世界幻生幻灭，一切都处于因果轮回之中，这也是人的苦难的根源。为了摆脱轮回，人就要超越众生，获得觉悟和解放，也就是体认本心或佛性。所以佛家所关心的主要在于人与心灵的关系，强调人心对自身本性的开放和容纳。

中国的本土心理学对人的心理生活提供了独特的理解和解释，这赋予了许多重要的心理学概念以相当不同于西方科学心理学的含义。人性假定是中国古代思想家理解心理现象的起点和出发点。尽管不同的思想家有不同的说明，但一般来说，人性被看作人的天性，这不仅包括人与动物共有的个体情欲追求的部分，也包括人类所独具的精神本质的部分。后者是根本性的，但又是潜在性的。因此，人要成为真正意义上的人，就必须超越个人的情欲追求，通过不断的精神修养来实现其人性的完美，与天道合一。自我是理解人的心理行为的一个重要概念，中国本土心理学也提供了对自我的带有独特文化色彩的解释。儒家认为自我修养是个人实现道德理想的途径。这包含两个相关联的基本方面。一是使自我向社会开放或融他人于自身；二是发展和实现自身的善性。道家则认为，自我与非我的分离会使人远离道，为了悟道和获得绝对的幸福，那就要忘我，与道融为一体。中国佛家也认为，自我不是真实的存在，而是虚幻的、可变的，获得觉悟、见其本性，实际便是达于无我的境界。人格是心理学中用来标志人的整体心理特征的概念。在中国本土心理学中，人格则有两个不同的含义。一是指人的理想精神境界，这使人与动物相区别；二是指人的个体性，使人与他人相区别。中国传统思想家均强调人格的超升，去实现伟大和理想的人格，达于崇高的精神境界。在这样的过程中，人与人又有高下之别。意识这个概念是普通人和心理学家最熟识但又最迷惘的。中国本土心理学一方面是把意识看作个人的普通意识状态，受到感知印象和感官欲望的限制；另一方面则是把意识看作绝对和真实的意识，这能够超越个体自身和普通的意识状态，使个体与天理、大道和佛性相体认。为此，中国古代思想家发展出了一整套入静和冥思的功夫。

三 科学心理学的本土化

中国的文化土壤中并没有生长出实证的科学心理学，我国现代科学形态的心理学是从欧美传入的，且在很长一段时间里和很大程度上是通盘照搬和全面模仿。不过，近十余年来，情况已有所改观，中国的一些心理学家已开始考虑和着手进行西方科学心理学在中国的本土化或中国化。这种努力已初见成效，构成了本土化心理学的一个模糊的轮廓。

在19世纪末到20世纪初，西方工业文明的强盛和中国封建王朝的衰落形成了鲜明的对照。这迫使中国的知识分子开始引进和吸收西方先进的科学技术和文化思想。许多中国学人奔赴欧美，去寻找拯救中国的真理。他们中的一些人留学海外学习的是西方科学心理学，他们抱有的目标是改造国人的心理，以使国家民主化和现代化。正是他们把西方的科学心理学引入中国，为中国科学心理学的起步和发展带来了科学的研究方法、理论知识和应用技术。他们回国后，在国内翻译出版了西方科学心理学家的许多重要著作，建立了心理学的实验室，还成立了心理学的教学和科研机构。

在中国大陆，翻译、介绍、传播、推广西方科学心理学有过两次高潮。第一次是20世纪前叶，随着中国心理学留学生的回国，开始全面输入西方科学心理学，几乎所有重要的心理学思想流派都得到了介绍。同时，也开始使用西方科学心理学家设计的科学实验方法进行心理学的研究。在这个时期，中国的科学心理学还仅仅是西方心理学的复制和模仿。尽管也有一些中国心理学家试图去发掘中国文化中的传统心理学思想和考察中国文化情境中的特定心理现象，但并没有形成有影响的趋势。第二次高潮是在20世纪后叶，即中国大陆开始改革开放之后，这是中国科学心理学在经过"文革"重创之后的新生时期。此时又进行了新一轮的对西方心理学的翻译和评介，西方科学心理学又重新被看作中国现代科学心理学发展的楷模。然而，中国的心理学家也开始注意到西方心理学本身的一些不足和跟随在西方心理学后面全面模仿的局限。近些年来，在中国大陆和港台出现了心理学本土化的趋势。

中国心理学家开始讨论科学心理学在中国的本土化是在1980年。当时，港台学者在台湾"中央研究院"民族学研究所召开了名为"社会及行为科学研究的中国化"的多学科研讨会。会上，台湾学者杨国枢教授宣读了题为"心理学研究的中国化：方向与问题"的论文。[①] 这被认为是正式揭开了中国心理学迈向本土化的第一步。1988年，在香港大学召开了名为"迈向中国本土心理学新纪元：认同与肯定"的研讨会，不但回顾了中国心理学本土化的研究，而且探讨了今后可能的发展方向。目前，对于本土化的问题中国心理学家已不仅仅

---

① 杨国枢：《心理学研究的中国化：方向与问题》，杨国枢、文崇一主编：《社会及行为科学研究的中国化》，台北："中央研究院"民族学研究所1982年版。

是停留在一般的理论讨论上，而且已开始实证的研究，并已取得了许多研究成果。

尽管中国大陆学界对西方学术心理学的批评由来已久，但这更多的是反映社会意识形态的要求，而不是有意识地建立本土化的科学心理学。但如今，许多中国大陆和港台的心理学家已经意识到了西方心理学由其自身性质所导致的局限性。那就是盲目地追随自然科学的传统而放弃了文化科学的传统，把心理现象看成自然现象而不是文化现象。那就是把对西方人在西方文化中的心理行为的研究结果当成普遍适用的东西，而忽视其他文化圈的不同视野中的东西。中国的本土化心理学仍然承继西方心理学的科学努力，即必要的科学方法、理论建构和应用技术，但却是一种文化延伸，是文化科学的定向，是对中国人的心理行为的科学考察，是试图建立有关中国人心理生活的客观知识体系。这已在许多研究成果中得到了体现，其中特别重要的是两部著作。一是邦德（M. H. Bond）主编的英文著作《中国人的心理学》。正如该书前言中所说："本书是试图填补一个空白。目前，尚无合适的著作概括和综合有关中国人的心理活动的实证资料。"[1] 的确，这本书汇总了关于中国人的认知、人格、社会行为等许多方面的实证研究。二是杨中芳和高尚仁博士主编的中文著作《中国人·中国心》[2]，集中概括了中国大陆和港台的本土化心理学研究成就。

的确，中国本土化心理学已经迈开了坚实的脚步，但如果从整体上来看，目前的研究还不是非常成功的。本土化的心理学把心理现象看作文化现象。中国文化圈中的心理文化是由两方面构成的，一是中国人带有文化印记的心理现象，二是中国传统带有独特含义的心理学理解和解释。实际上，中国人的心理生活与中国本土非科学形态的心理学是一个完整有机的整体。那么，问题主要如下。

首先，本土化的研究定向是以中国人作为研究的对象，但只是把

---

[1] Bond, M. H., *The Psychology of the Chinese People* [M]. New York: Oxford University Press, 1986.

[2] 杨中芳、高尚仁主编：《中国人·中国心》，台北：远流出版公司1991年版。

带有文化印记的心理现象从心理文化中分离放在科学研究的聚光点上。如何去考察和了解这样的心理现象呢？本土化定向力求维护自身的科学性质，采取的是科学的研究方法和手段。但是，研究者还未能设计出适合研究中国人心理行为的特定研究方法，他们依然使用那些西方心理学家设计的实验手段和测量工具。当然，这样做的另外一个原因，是他们想就同类现象的研究结果在中国人和西方人之间进行比较。问题在于这很容易曲解中国人的心理行为。

其次，本土化的研究定向也挖掘中国本土心理学的思想理论，但只是将其从心理文化中分离，看作已被科学心理学所超越和取代的历史遗迹，仅供参考而已。与此同时，研究者们并不能建立一个有效的理论框架，可用来解释、预测和控制中国人的心理行为。当然，也有某些中国学者经历了从使用西方的心理学观点到发展中国本土的概念，以确切反映中国人的心理生活，但仅是采取一些零星的概念，而没有建立起概念体系。这一方面在于他们多学习掌握的是西方心理学，对中国本土心理学所知不多。另一方面在于他们力求符合科学的规则，使用科学语言和概念，而本土传统的心理学理论被归为非科学或前科学的，难以进行科学验证。因此，在血缘关系上，中国本土化的心理学更靠近西方科学心理学，而远离中国本土的传统形态心理学。

实际上，我国本土传统形态的心理学以其特有的方式强有力地渗透和浸润着国人的心理生活，塑造着本土文化独具的心理生活样式。这种独特的影响力也在引起西方科学心理学家的兴趣，其理论观点和精神修养方法也正通过各种渠道传入欧美发达国家。我国的心理学工作者应该说面临着这样一种特殊任务，那就是寻求兼并传统形态和科学形态的心理学，以开拓我国心理学发展的新道路。

第五章 本土传统心理学的存在*

　　本土的传统心理学与实证的科学心理学之间既是有彼此分野的,[①]进而两者之间也存有关联。[②]本土的传统心理学是经典的和前科学的心理学,应该包括实证的科学心理学以外的各种心理学传统。实际上自从有了人类,有了人类的意识开始,人就有了对自身心理生活的经验直观的理解、解释和构筑。这不仅仅是普通人在日常生活中的心理常识,也是哲学家、宗教家和社会理论家涉及人类心理的哲学理论阐释和精神修养方式。因此,可以从本土的传统心理学中区分出两个不同水平的存在,即常识心理学的存在和哲学心理学的存在。对这两者分别加以分析和阐述,是十分必要的。

一　常识心理学的存在

　　常识心理学是普通人的心理学,是普通人对自身的心理生活、他人的心理生活及其相互关联的素朴理解和解释。这使常人有可能涉及自己和他人的心理生活,达成交互的心理沟通和影响。虽然普通人不是科学意义上的心理学家,但他们却是常识意义上的心理学家。在日常生活中,常人时常在观察自己和他人的心理行为,对其进行必要的

---

* 原文见葛鲁嘉《本土传统心理学的两种存在水平》,《长白学刊》1995年第1期。
① 葛鲁嘉:《本土的经验心理学与实证的科学心理学的分野》,《吉林大学社会科学学报》1993年第5期。
② 葛鲁嘉:《本土的传统心理学与实证的科学心理学的关联》,《吉林大学社会科学学报》1994年第2期。

因果解释，试图改变自己的和影响他人的心理状态和行为方式。常识心理学就来自常人的心理生活经验，并通过日常交往得以传递和流行。常识心理学与社会个体的生活密不可分，但它们却很少受到学者的关注。实证的科学心理学家为了维护心理学的实证科学性质，要么忽略常识心理学的重要性，要么否认外行的理解的意义。应该说，常识和科学存在着特殊的关联，并非有如水火。著名的哲学家和数学家怀特海（A. N. Whitehead）就曾这样认为："……科学就植根于我们说的整个常识的看法。那是基本的材料，科学就开始于此，并必然借助于此。……你也许是修饰常识，也许是在细节上反驳常识，也许是惊动常识，但是最终，你的全部任务就是去满足常识。"① 心理学也并不例外，正如著名社会心理学家海德所说，实际上，所有的心理学家都在他们的科学思考中运用常识的观念；但是，他们这样做时，通常并不分析它们和使它们明确化。②

在日常生活中，常人拥有的心理学是由大量心照不宣的原则和范式构成的松散网络，这制约着各种常识术语的使用，如感受、愿望、意图、信念，希望、担忧、痛苦、快乐等。许多心理学家都借用常识心理学的词汇。当然，实证的科学心理学主要采纳自然科学的定向，把心理科学的进步看作抛弃常识、神话和迷信的过程。特别是行为主义心理学的兴起，把常识心理学的心灵主义的用语都当作前科学的怪物。行为主义不仅把常识心理学扔进了垃圾箱，而且力图设计新的术语和概念取而代之。行为主义的创始人华生（J. B. Watson）就认为，常识心理学的概念是未开化的过去的遗留物，是迷信、魔法和巫术的拼凑物。

不过，也有某些科学心理学家强调了常识心理学对常人生活的重要性，及其对科学心理学具有的意义。德国心理学家柯勒把常识心理学称为"外行的想法"。他认为，外行通过他的经验就能够说明他的

---

① Whitehead, A. N., *The aims of education and other essays* [M]. New York: The New America library, 1929. p. 110.

② Heider, F., *The psychology of Interpersonalrelations* [M]. London: Wiley, 1958. p. 6.

心理状态，知晓他为什么在这样的情境中做这样的事情和在那样的情境中做那样的事情。可叹的是，心理学家却常常看不到这样的事实，并忽略外行的见识。柯勒为此而在半个世纪之前就向心理学家提示了外行理解的重要性。他说："外行声称拥有的那类经验在现代的科学心理学中几乎无容身之地。我觉得我必须站在外行的一边，在此，外行而不是我们的科学意识到了基本的真理。外行的理解很可能会成为未来的心理学、神经学和哲学中的主要问题。"①

海德把常识心理学也称为素朴心理学（naive psychology）。他认为，研究常识心理学是非常有价值的。首先，常识心理学引导我们针对他人的行为。在日常生活中，我们形成有关他人和有关社会情境的想法，我们解释他人的行动和预见他人在某些情境做什么。尽管这些想法通常并未得到详尽的论证，但它们却恰当地发挥着作用。它们所实现的，在某种程度上就是科学家应该实现的。其次，尽管许多心理学家怀疑，甚至轻视这种对人的行为的非学院的理解，但常识心理学包含着真理。科学心理学家指出，常识心理学中存在着许多矛盾之处。但实际上，科学心理学的实验发现和理论解释中也是矛盾百出。

乔恩逊（R. B. Joynson）也把常识心理学称为"外行对心理的理解"。他很明确地指出了："我们每个人都拥有理解自己和他人的能力，这种能力给心理学家提出了一个自相矛盾的任务。对一个已经理解他自己的生物，心理学家寻求的是什么样的理解呢？心理学家对这个问题的反应常常是忽略它，或者是否认外行的理解需要加以认真对待。但是，此等反应的结果是灾难性的，并且心理学家迟早必面临着挑战。"②

显然，常识心理学既是普通人心灵活动的指南，也是普通人理解心灵的指南。常识心理学也体现出不同的形式、意义和功能。英国学者希勒斯和洛克便指出，常识的独特之处就在于其既是模糊的，也是

---

① Kohler, W., *Gestalt psychology* [M]. New York: Liveright, 1947. p. 323.
② Joynson, R. B., *Psychology and Comnionsease* [M]. London: Routledge & Kegan Paul, 1974. p. 2.

明确的。① 一方面，这种日常的知识构成了人们看世界的框架。例如，人们所看到的是心理事件，但支配着人们这样去看的是常识心理学提供的参照系。因此，常识心理学隐退到了背后，正是在这个意义上它是模糊的。另一方面，这种日常的知识就是人们对看到的世界的描述、说明和解释。例如，人们看到了心理事件，可以直接地陈述、判定、推论它们。因此，常识心理学浮现了出来，正是在这个意义上它又是明确的。

韦格纳（D. M. Wegner）和瓦莱切（R. R. Vallacher）更全面地和更深入地探讨了常识心理学的两种形式，即隐含的形式（implicit form）和外显的形式（explicit form）。正像他们理解的那样，"在我们所说的常识心理学的隐含的形式中，理论家把'常识'用作社会认知的简单的同义词；常识心理学被看作人们怎样思考社会生活。常识心理学的外显形式则用常识来指人们给予心理现象描述、解释和说明，常识心理学被看作人们怎样思考他们对社会生活的思考"②。常识心理学作为隐含的理论，决定着个体对社会生活现象的意识觉知。个体着眼的不是理论本身，理论的作用是隐含的，它们构造了意义，并把意义提供给个体的意识经验。社会个体可以拥有"隐含的人格理论"，这是一个人推断他人性格特征的根源，把一个人认定为是外向的，就会相应地把他看作是大方的、主动的、热情的等。但是，知觉者并没有意识到他所拥有的人格理论。常识心理学作为外显的理论，常人对心理过程的想法就处在了核心的位置，像对心理事件的描述、说明、假设、归因和解释等。海德在研究中所揭示的归因，就涉及社会个体的外显理论。例如，当一个人生气的时候，他会认为这是别人对他的打扰所造成的。

博格丹（R. J. Bogdan）则是从另外一个角度区分了常识心理学，

---

① Heelas, P. & Locke, A. *Indigenous Psychology* [M]. New York: Academic Press, 1981.

② Wegner, D. M. & Vallacher, R. R., "common-sense psychology" [A]. In J. P. Forgas (Eds.). *Social Cognition – Perspectives on Everyday understanding*. London: Academic Press, p. 2.

一种是主观素朴的心理学，一种是常识公认的心理学。[1] 运用主观素朴的心理学是基于对人们心理生活的现象资料自发的、非反思的、直接的和一己的相通。实际上，每个社会个体都有他自己的心理生活经验，包括他自己的特定的感知印象、特定的情绪感受、特定的心理状态、特定的信念愿望等。每个人都是自然的和杰出的主观素朴心理学家。常识公认的心理学涉及大量主观素朴的心理经验，但又显然与之不同。常识公认的心理学是基于对认知和行为的人际归因和评价等多方的和有效的社会实践。常识的观念不仅反映认知和行为的特点，而且体现了社会规范、文化习俗和环境条件。成为社会的人，就要掌握常识。每个人也都是自然的和杰出的常识心理学家。

二 两类心理学的分界

常识心理学提供了有关日常心理生活的一套观念，这成为社会文化习俗的重要构成部分。任何生活在该社会文化习俗中的人，都会在习得、掌握和运用日常语言时，习得、掌握和运用常识心理学的那一套观念。科学心理学家也不例外，他们在从事科学研究之前，实际上就已经拥有了常识心理学的观念，这必然会不同程度地渗透到他们后来的科学心理学的研究中。斯梅茨兰德（J. Smedslund）便谈到了这样的问题，他把常识心理学定义为有关心理现象的，体现在日常语气中的概念网络。他指出："在我们社会化为人期间，我们获得了这些概念，因此，这些概念先于我们的观察和我们的理论解释。成为一个人就意味着成为社会的一员，而这又意味着他的活动要受到大量的制约，其他社会成员也是如此。对于可接受的觉知方式、行动方式、言语方式、思维方式和评价方式，也有严格的限定。进而，这些共有的制约形成了一个高度组织化的系统，这给定了一组知觉行动、言语、思想或价值，

---

[1] Bogdan, R. J., "The folklore of the mind [A]. In R. J. Bogdan (Eds.). *Mind and common sense*. New York: Cambridge University Press, 1991.

其他的要么必须跟从，要么必须排除。因此，社会化成为一个人，就涉及掌握一种隐含的心理学，这是个体所无法超越的。"[1]

在特定的社会文化当中，存在着特定的常识心理学。那么，不同的社会文化便会有不同的常识心理学。这样，常人思考他们的心理生活的出发点就会有很大的差异。应该说，常识心理学根源于本土的社会文化历史，特别是连通于本土传统心理学的哲学心理学的水平。

哲学心理学是由哲学家、宗教家和社会理论家建立起来的，是对普通人日常心理生活经验的总括和提升，并提供了对人的心理或精神活动的更为系统、更为深入、更为明晰和更为透彻的理解和解释。哲学心理学与常识心理学的不同之处在于，哲学心理学使用更为确切的概念来说明人的心理生活，注重阐述概念的含义和建立概念的体系，因而带有更高程度上的连续性和逻辑性。此外，哲学心理学还超出了个体的心理生活范围，是更为广泛的和更为全面的对社会心理生活的构筑、规范和协调。这还可以通过独特的精神修养途径，引导出本土文化独特的心理生活样态。

这里所说的本土传统心理学，是由希勒斯等人阐述的本土心理学引申而来的。但是，希勒斯等人仅仅把本土心理学看作本土文化中人对心理生活的理解。希勒斯把本土心理学与专家心理学相对照，而专家心理学则是科学心理学家、哲学家和宗教家的杰作。这一方面并没有深入揭示出本土心理学的基本性质和特征；另一方面则把哲学的心理学、宗教的心理学与实证的心理学混为一类。实际上，应该把本土的传统心理学与实证的科学心理学相对照。本土的传统心理学是一类心理学，这不仅包括普通人对自己的心理行为的理解和解释，也包括哲学家、宗教家和社会理论家的理解和解释。实证的科学心理学是另一类心理学，这不仅是心理学家通过实证的方法得出的客观知识，也是立足于实证心理学的理论心理学和心理学哲学的探索。

---

[1] Smedslund, J., "Bandura's theory of self-efficacy: a set of common-sense theorems" [J]. Scand. J. *Psychol*, 1978 (19).

三 哲学心理学的存在

对人的心灵、精神、心理、行为、认知等的哲学探索从来就没有停息过，但可以从中区分各不相同又都十分重要的两大类。一大类是建立在科学心理学的实证知识体系基础之上的哲学探索，可以将其称为心理学哲学。另一大类则是建立在心理生活的经验直观基础之上的哲学探索，可以将其称为哲学心理学。

心理学哲学的灵感来源、对象内容、结果回归都是科学心理学的实证知识。心理学哲学主要涉及两个方面的探索。一是科学哲学式的探索，主要考察心理科学的研究目的和为达到这一目的而采取的研究策略，为心理学科学事业的努力提供元理论的观点。这包括分析心理科学使用的方法，形成的概念，采纳的科学语言，建构的理论体系，发明的技术手段等；还包括追踪心理科学的历史发展，探讨其流派的分合，思想的演变、范式的更替、未来的趋势等。二是心灵哲学式的探索，主要考察心理科学在对心理现象的实证研究中所引出的一些重大的理论问题。这些问题的解决至少在目前是超出了实证研究的限度的，为此而需要哲学家的参与。这包括阐释精神现象的基本性质、活动方式和运作原理，与对象世界的关系，与神经基础的关系，与语言的关系等。如心身关系问题，一直就是心理科学中哲学探索的热点。总之，心理学哲学原则上不属于本土的传统心理学，其不过是实证的科学心理学的理论延伸。

哲学心理学的灵感来源、对象内容、结果回归则是心理生活的直观经验。哲学心理学原则上属于本土的传统心理学，实际上是心理生活的直观经验或是常识心理学的理论延伸。实证的科学心理学家历来对哲学心理学抱有排斥的态度。他们认为，相对于科学心理学来说，哲学心理学的探索毫无价值，甚至都不如常识心理学。常识心理学与普通人的心理生活融为一体，哲学心理学则只是哲学家在安乐椅中关于心灵的玄想，是一堆毫无用途的思想垃圾。但是，哲学心理学体现为两种不同的探索,即西方文化中的哲学心理学传统和中国文化中的哲学心理学传统。

区分西方的哲学心理学传统与中国的哲学心理学传统是十分必要的。在西方文化中,理智的观念形态的探索与情感的实践体验的处理分属于哲学和宗教。那么,西方的哲学心理学由于既缺少科学的验证,又缺少践行的充实,很易于堕为玄想。西方的哲学心理学家通常是把心灵、精神、心理或行为从自身分离,将其作为思辨解说的对象,然后构造出概念化和体系化的理论说明。这种理论思辨的体系与其所解说的对象是游离的,是无法或很难贯通的。实际上,这类哲学的思辨已经随着科学心理学的诞生和发展而越来越趋弱化。

在中国文化中,哲学心理学则融通和贯穿了理智的观念形态探索与修行的体悟印证的工夫。中国古代哲人对心理或精神生活的阐述,不仅仅是思想观念体系,同时也是精神生活的践行方式。中国文明的核心是传统的中国哲学,而中国传统哲学提供的对人的内心生活的探索是极为有价值的。这既不是西式的科学,也不是西式的宗教,而是一种反身内求的学问。尽管其中并没有特定的心理学部分,但却有其独特的心理学理论阐述和精神修养的方式,并强有力地渗入和浸润了社会心理习俗,塑造和构筑了本土文化特有的心理生活样式。某些西方的心理学家也承认,在非西方的文化中,也发展出了不同于西方科学心理学的对人类心理生活的系统解释。[①]

中国的哲学心理学传统强调了人的心灵与其存在本体或天道内在相通,通过人的内心修养,就可以达到某种精神境界,与内心潜在的存在本体或天道相体认。一方面,中国的哲学心理学传统以其独特的理论解释和精神修养,把西方实证的科学心理学所分割的心灵经验的存在(得到探索的)和超验的存在(受到抛弃的)变成了活的整体。与西方实证的科学心理学外观人的心理不同,中国的哲学心理学传统

---

① Pedersen, P., Non–Western psychology: the search for alternatives [A]. In A. J. Marsella, R. G. Tharp, & T. J. Ciborowski (Eds.). *Perspectives on Cross–Cultural Psychology*. NewYork: Academic Press, 1979.

给出了内心自我超越的精神发展道路。另一方面，中国的哲学心理学传统以其独特的理论解释和精神修养，把西方实证的科学心理学所分离的个体的存在与超越个体的整体性存在自然连通起来。与西方实证的科学心理学把个体当作一种实在所不同，中国的哲学心理学传统给出了个体与群体、社会、世界、宇宙相和谐的心理生活发展道路。

由于中国的哲学心理学传统不仅是思想观念体系，而且是生存的方式和生活的道路，所以其也就广泛地渗透于社会生活之中，成为文化的习俗。从而，中国本土的常识心理学或民俗心理学常常就是从哲学心理学中直接演化而来的。当然，不能否认这种演化也带来了庸俗化和迷信化。例如，中国本土民俗中的天命观，就是来自天人合一的哲学思想。由天命观引申而来的缘分、报应等想法，也很自然地影响了中国人的人际关系和人际恩怨。正因为中国本土的常识心理学或民俗心理学常常是根源于哲学心理学传统，那么更集中地涉及和更深入地探讨中国本土的哲学心理学，就是一项十分重要和十分必要的研究课题。全面展开这方面的研究，相信对于完整地了解中国人的心理生活，明确地揭示中国本土的民俗心理学，详尽地说明西方实证的科学心理学的理论难题及其在中国本土化的实际可能，广泛地探索心理学未来发展的新道路，都具有非同寻常的意义。

第六章　实证与心性概念的范畴[*]

在西方实证心理学和中国心性心理学的发展和演变过程中，创造和运用了大量的心理学概念，这些概念汇总为一些重要的心理学概念范畴。这些重要的概念范畴包括实证与体证、实验与体验、心理与心性、人格与人品、生理与生活、性格与品格、感觉与感受、感知与感悟、知觉与知道、思维与思考、情绪与情理、情感与情义、思想与思念、本能与情欲、心境与心情、动机与欲望、意志与意念。对西方心理学和中国心理学的概念范畴进行比较研究，会促进科学心理学的发展和中国心理学的创新。

一　核心概念的比较

追踪心理学的源流、演变和发展，可以根据不同的线索。[①]其中，非常重要的就是文化的线索。西方的科学心理学可以称为实证心理学，这是起源和发展于西方本土文化的心理学传统。中国的传统心理学可以称为心性心理学，这则是起源和发展于中国本土的心理文化传统。其实，在西方的科学心理学或西方的实证心理学中创建和运用了大量的心理学术语或概念，这些术语和概念有其特定的含义和使用的范围。同样，在中国的本土心理学或中国的心性心理学中也创建和运

---

[*]　原文见葛鲁嘉《西方实证心理学与中国心性心理学概念范畴的比较研究》，《社会科学战线》2005年第6期。

[①]　葛鲁嘉：《追踪现代科学心理学发展的十个线索》，《心理科学》2004年第1期。

用了大量的心理学术语和概念，这些术语和概念的含义与西方的科学心理学有着根本的和明显的不同。① 对西方的心理学传统与中国的心理学传统进行比较是非常重要的研究工作。② 其中，比较西方实证心理学与中国心性心理学的概念范畴，对科学心理学的发展和我国心理学的创新有十分重要的意义和价值。

筛选心理学探索和研究中的重要概念，包括西方科学心理学中的和中国本土心理学中的重要概念，并不是一件很容易的事情。可以采纳一些基本的原则，通过这些原则所筛选出来的心理学概念，应该是能够反映出心理学探索、研究基本和核心的内容。一是代表性的原则。所谓代表性是指，所筛选出来的这些概念或概念范畴是心理学研究或探索中具有代表性的概念。这些概念或概念范畴代表了西方科学心理学和中国传统心理学的基本立场、基本主张、基本思想、基本理论、基本内容、基本观点、基本方法、基本技术等。二是典型性的原则。所谓典型性是指，所筛选出来的这些概念或概念范畴是心理学研究或探索中能够揭示和说明研究对象的，以及能够代表和体现研究方式的。任何的心理学探索都可以体现在针对研究对象和针对研究方式这两个基本方面。关于研究对象和研究方式的理解分别决定了其在心理学研究领域中所能够确立的性质、内涵、构成、特征等。三是核心性的原则。所谓核心性是指，所筛选出来的这些概念或概念范畴在其心理学的研究或探索之中，起着核心的作用。这就是所谓核心概念。心理学中的核心概念支撑着其整个的理论构想、理论探索、研究方式、研究方法、应用技术、干预手段等。其实，心理学的理论、方法和技术正是围绕着这些核心的概念或概念范畴构建起来的。四是功能性的原则。所谓功能性是指，所筛选出来的这些概念或概念范畴所起到和发挥的作用，这包括在学术的研究中和现实的生活中。在学术的研究中，这些概念和概念范畴支配了研究者的探索方向、思想取向、

---

① 葛鲁嘉：《本土心性心理学对人格心理的独特探索》，《华中师范大学学报》（人文社会科学版）2004 年第 6 期。
② 葛鲁嘉：《心理文化论要——中西心理学传统跨文化解析》，辽宁师范大学出版社1995 年版。

考察内容、理论构想、理论假设、理论构造等。在现实生活中，这些概念和概念范畴支配了普通人的日常思考、日常想象、日常解说、日常看法等。五是对应性的原则。所谓对应性是指，所筛选出来的这些概念或概念范畴是分别从属于西方的科学心理学和中国的本土心理学，这些概念具有明显的相互对应的特性。或者说是关于相同内容领域的不同的描述、不同的概括，是关于相同研究范围的不同的偏重、不同的探索。可以从这些相互对应的概念和概念范畴中，得出不同的结论，获取不同的启示，形成不同的延伸。

西方的科学心理学是在西方文化传统中诞生和发展起来的，在早期一直隐身在西方哲学之中。到了近代，心理学才从哲学中分离成为独立的科学门类。西方的科学心理学创造了大量的心理学术语和概念来描述和说明人的心理行为。中国本土文化中并没有产生出西方意义上的科学心理学。但是，其中也蕴含着一种独特的心理学，这也是一种系统的心理学探索。当然，对中国本土的心理学传统有着不同的学术理解。[1] 有许多学者认为，在中国本土文化中，没有什么心理学，而只有心理学的猜测或思想。[2][3][4] 实际上，要确定有没有或者是不是心理学，主要看三个方面。一是有没有解释和说明人的心理行为的系统的概念和理论；二是有没有揭示和探索人的心理行为的实际方法和工具；三是有没有影响和干预人的心理行为的实用技术和手段。按照这样的三个方面来考察，中国的本土文化中也有自己独特的心理学传统。中国本土的心理学传统有自己的一套理论阐释，有自己的一套探索方法，有自己的一套技术手段。当然，西方的科学心理学与中国的本土心理学有不同的研究内容和研究方式。

---

[1] 葛鲁嘉：《对中国本土传统心理学的不同学术理解》，《东北师大学报》（哲学社会科学版）2005 年第 3 期。
[2] 潘菽、高觉敷主编：《中国古代心理思想研究》，江西人民出版社 1983 年版。
[3] 高觉敷主编：《中国心理学史》，人民教育出版社 1985 年版。
[4] 杨鑫辉：《中国心理学思想史》，江西教育出版社 1994 年版。

二 心理概念的对应

科学心理学诞生之后，在短短一百多年的时间里就有了突飞猛进的发展。其实，西方的科学心理学继承了实证心理学的传统，提供了一整套理论、方法和技术，特别是提供了一系列的心理学的概念和概念范畴。例如，实证、实验、心理、人格、生理、性格、感觉、感知、知觉、思维、情绪、情感、思想、本能、心境、动机、意志等。这些概念和概念范畴都有其明确的含义或定义。中国本土的心理学传统也可称为心性心理学的传统，其在长期的历史演变和发展中，也形成了自己独特的一整套理论、方法和技术，同样也提供了一系列的心理学概念和概念范畴。[①] 例如，体证、体验、心性、人品、生活、品格、感受、感悟、知道、思考、情理、情义、思念、情欲、心情、欲望、意念等。

其实，上述的西方科学心理学与中国本土心理学所涉猎的这些重要的心理学概念和概念范畴都可以匹配成对。但是，其含义却有重要的区别，并形成鲜明的对照。这些成对的心理学概念和概念范畴包括：实证——体证，实验——体验，心理——心性，人格——人品，生理——生活，性格——品格，感觉——感受，感知——感悟，知觉——知道，思维——思考，情绪——情理，情感——情义，思想——思念，本能——情欲，心境——心情，动机——欲望，意志——意念。

实证与体证相对应，二者都是证实的方式或证实对象的方式。实证的方法是建立在研究的客体与研究的主体相分离的基础之上。研究者对研究对象的考察是通过感官的感知印证。体证的方法则是建立在研究的客体与研究的主体相统一的基础之上。研究者对研究对象的把

---

① 葛鲁嘉：《中国本土传统心理学术语的新解释和新用途》，《山东师范大学学报》（人文社会科学版）2004年第3期。

握是通过意识的自觉，是通过心灵的体验，是通过身体的践行。①

实验与体验相对应，二者都是考察的方法或考察对象的方法。实验的方法是立足于感官观察的研究，是通过对研究对象的定量把握，来获得关于研究对象的认识。体验的方法则是立足于心灵自觉的研究，是通过对研究对象的定性把握，来获得关于对象的理解。实验的方法是取决于研究者与研究对象的分离化，研究者不能把自己的意向投射给研究对象。体验的方法则取决于研究者与研究对象的一体化，二者通过心灵的自觉活动而合为一体。

心理与心性相对应，二者都是心理学的研究对象或考察对象。心理也可以称为心理现象，是研究者的感官所把握到的。心性也可以称为心理生活，是生活者的心灵所自觉到的。心理现象与心理生活尽管都是对人的心理的概括，但无论在其性质、内涵、构成、演变等方面，都是有所不同的。心理现象是研究者感知到的，而心理生活则是生活者体验到的。

人格与人品相对应，二者都是关于人的心理整体特性的描述与说明。但是，人格更多的是关于个体心理特性的描述与说明，或者说是关于个体差异的心理学研究，是横向比较的结果。人品则更多是关于个体融入集体的心理品行的描述与说明，或者说是关于精神境界的心理学研究，是纵向比较的结果。人格有不同，人品有高下。这就是人格与人品最根本的不同或区别。

生理与生活相对应，二者都是关于人的心理基础或者心理根源的描述与说明。当然，生理是人的心理行为的自然基础，而生活则是人的心理行为的社会基础。人是自然生物的存在，也是社会关系的存在。其实，所谓心理生理和心理生活完全是着眼于不同的基础，并且有着不同的内涵。原来心理学的研究更着重于心理生理的研究，而忽视心理生活的考察。

性格与品格相对应，二者都是关于人的心理特性的描述和说明。

---

① 葛鲁嘉：《中国本土传统心理学的内省方式及其现代启示》，《吉林大学社会科学学报》1997 年第 6 期。

不过，性格涉及的是人的态度和行为方式中独特而稳定的心理特征的总和，是个体对现实的稳定的态度和习惯化的行为方式。品格涉及的则是人的精神境界、道德品性，是个体与他人和社会的融入程度，是个体对他人和对社会的实际奉献。

感觉与感受相对应，二者都是对现实对象或生活现实的觉察。但感觉更多是着眼于实际的对象，而感受则更多是着眼于实际的体验。感觉是依据感觉者的感官，如视觉是依据感觉者的眼睛，听觉是依据感觉者的耳朵，等等。感受则是依据感受者的意识自觉或意识体验，如美好是依据感受者的审美体验，崇高是来自感受者的意义评判，等等。

感知与感悟相对应，二者都是对实际事物或事件历程的心理把握。但感知是取决于感知的对象，而感悟则是取决于感知的主体。感知的来源是现实的对象，没有对象的存在，就没有人的感知。感悟的来源则是主体的理解，没有理解的加入，就没有人的感悟。感知是认识，而感悟是体验。感知是事实的评判，而感悟则是价值的评判。

知觉与知道相对应，二者都是对实际对象的认识和理解。但知觉是就对象的表面现象的把握，而知道则是就对象的内在道理的把握。当然，没有知觉就没有可能达于知道。但是，有了知道才有真正理解了的知觉。知觉是对象推动的，是来自感官把握到的对象。知道则是思想推动的，是来自思维把握到的道理。

思维与思考相对应，二者都是对认知对象的判断和推理的心理过程。但思维是理性的心理过程，是与思维的实际内容相脱离的思维的内在心理机制。思考则不仅仅是理性的心理过程，而且也是涵纳思考的实际内容和思考的完整心理过程。

情绪与情理相对应，二者都是对人的心理的情感过程或情感体验的认识和理解。但是，情绪是指具有情境性的短暂和强烈的心理感受，是附带有生理反应的心理感受；情理则是指具有理性化的弥久和持续的心理体验，是附带有理性思考的心理体验。

情感与情义相对应，二者都是对心理的情绪感受的描述和说明。但情感是人对对象是否符合自己的需要而产生的态度体验，情义则是人对事物是否符合实际的道理而产生的心理体悟。

思想与思念相对应，二者都涉及心理的推论和推想的过程。但思想是人的心理的更为理性化的过程，而思念则是人的心理的更为情绪化的过程，思想是理性的推论，是观念的推演。思念则是情感的附着，是感受的附加。

本能与情欲相对应，二者都是对心理动力或心理能量的描述和说明。但本能更着重于生物性的内在动力，情欲则更着重于心理性的内在动力。所谓本能是遗传获得的，是生来具有的。所谓情欲则是后天形成的，是后天具有的。

心境与心情相对应，二者都是对心理状态或情绪状态的描述和说明。但心境是指比较微弱、相对持久、具弥散性的情绪状态，而心情则是指比较强烈、相对短暂、具指向性的情绪体验。

动机与欲望相对应，二者都是指心理行为的内在推动力量。但动机更偏重于指向目标的心理动力，而欲望则更偏重于指向对象的心理意向。动机包含的是心理的能量，而欲望则包含的是心理的导向。

意志与意念相对应，二者都涉及人的心理的指向性，是人的心理的目的性，是人的心理的调节性。但意志是着重于有目的性的支配和调节，是指有意识的志向；而意念则是着重于有自主性的想法和打算，是指有意识的念头。

三　学术理念的发展

比较不是为了分离或分裂西方的科学心理学与中国的心性心理学，而是为了推动科学心理学的学术发展，是为了促进中国心理学的理论创新。正是通过比较，才有可能认识到心理学发展中的不同根源和基础，不同探索和创造。

首先，关系心理学研究所凭借的文化和社会的学术资源。无论是西方的科学心理学，还是中国的心性心理学，都是特定文化社会背景中产生出来和发展延续的思想资源。心理学毫无疑问是立足于其社会

第六章　实证与心性概念的范畴　73

文化资源的。① 但是，怎样挖掘、怎样提炼、怎样运用、怎样扩展心理学的社会文化资源，是中国心理学的发展所必须面对的重大问题。中国心理学的发展在很长的时间里，都是复制和模仿西方的科学心理学。因此，中国心理学缺少创新、缺少理论的创新。同时，中国心理学也缺乏对创新的文化和社会资源的发掘。其实，正是在中国的文化传统和文化土壤中，蕴含着中国心理学理论创新的资源。其次，涉及对西方传入的科学心理学的重新认识和理解。中国现代的科学心理学是从西方传入的，中国心理学对西方的科学心理学有崇拜和模仿的历程。这非常容易导致缺乏对西方科学心理学合理和正确的认识和理解。但是，要想合理地把握西方的科学心理学，就必须寻找到一个相对应的参照系。这就是与西方的文化相对应的中国文化，以及与西方的科学心理学相对应的中国本土的传统心理学。② 最后进行对中国本土心理学传统的贡献的分辨和考察。中国本土的文化传统中，也有自己的十分独特的心理学传统。③ 这包括有自己独特的心理学探索的思想和理论，有自己独特的心理学考察的方式和方法，有自己独特的心理学应用的技术和手段。可以根据这三个方面，来确定中国的本土文化中有自己的心理学传统。问题就在于，中国本土的心理学传统的独特性在哪里，这就必须与西方的科学心理学进行系统的比较。

其实，在任何的心理学探索之中，都创造和运用了一系列的心理学的概念和概念范畴。这成为特定的心理学传统的核心内容。如果掌握和理解了这些核心的内容，就可以真正借助于这些心理学的遗产，而促进心理学的当代发展。可以说，中国的本土文化中，并不缺少心

---

① 葛鲁嘉、陈若莉：《当代心理学发展的文化学转向》，《吉林大学社会科学学报》1999年第5期。
② 葛鲁嘉：《中国心理学的科学化与本土化——中国心理学发展的跨世纪选择》《吉林大学社会科学学报》2002年第2期。
③ 杨鑫辉主编：《心理学通史》，山东教育出版社2000年版。燕国材：《关于中国古代心理学思想研究的几个问题》，《心理科学》2002年第4期。燕国材：《中国心理学史》，台北：台湾东华书局1996年版。

理学的资源,但却缺少对这些传统资源的挖掘和阐释。① 所以,我国文化中可能有丰富的心理学传统资源,但却缺乏对这些传统资源的认识;可能有对本土心理学传统资源的认识,但却缺乏对这些心理学传统资源的挖掘;可能挖掘了本土的心理学传统资源,但却缺乏在此基础之上的心理学理论创新。

正是因为如此,才会立足于对西方的实证心理学与中国的心性心理学的概念范畴进行比较研究。并且,给出一种合理的和深入的认识和理解。进而,为中国心理学发展中的理论创新提供养分充足的土壤,使中国心理学的发展能够为世界心理学的进步做出自己的实际贡献。可以说或应该说,心理学的发展并没有固定的恒久不变的模式,但却有巨大的学术创新的空间。正是通过拓展这样的学术创新的空间,才会促进中国心理学的突破性和创新性发展。

---

① 葛鲁嘉:《心理学的五种历史形态及其考评》,《吉林师范大学学报》(人文社会科学版)2004年第2期。

第二编

心理学文化学转向

导论：心理学与文化的关联性探索

所谓心理学与文化的关系是指心理学在自身的研究、发展和演变的过程中，与文化的背景、与文化的历史、与文化的根基、与文化的条件、与文化的现实等，所产生的关联。心理学与文化的关系有着特定的内涵。心理学与文化的关系也经历了历史的演变。经历了文化的剥离、文化的转向、文化的回归、文化的定位。心理学与文化的关系性质涉及文化心理学、跨文化心理学、本土心理学、后现代心理学。心理学与文化的关系界定涉及心理学的单一文化背景和心理学的多元文化发展。心理学与文化的关系意义涉及心理学的新视野、新领域、新理论、新方法、新技术、新发展。

一　心理学与文化的关系内涵

心理学的发展和心理学的研究都与文化有着十分密切的关系。[①] 但是，无论是关于心理学的发展，还是关于心理学的研究，研究者关于心理学与文化的关系的理解却千差万别。合理地理解心理学与文化的关系，是决定心理学的发展和研究十分重要的方面。应该说，心理学的学科、心理学的研究、心理学的发展，都是植根于文化的土壤之中的。但是，不同的心理学研究者关于心理学与文化的关系的理解和认识是十分不同的。甚至于在很长的历史时段中，很多的心理学家并

---

① 纪海英：《文化与心理学的相互作用关系探析》，《南京师大学报》（社会科学版）2007年第4期。

没有意识到文化对于心理学研究和心理学发展的重要意义和价值。

尽管实证科学的心理学是在心理学实验室中诞生的,但是心理学学科本身的历史发展和演变却是在特定的文化生态环境中进行的。对于心理学的研究来说,无论是研究对象,还是研究方式,都有着文化的体现。或者说,都有着文化的性质、文化的特征。可以说,如果没有对心理学与文化的关系的合理理解,就会使心理学的研究和发展具有很大的盲目性。其实,当心理学的发展依附于自然科学的传统,而忽视自己的社会科学和文化科学的传统时,心理学关于对象的理解和关于学科的理解都曾经是扭曲的。

有研究把跨文化心理学、文化心理学和本土心理学看作涉及心理学与文化关系的三种不同的心理学研究,是有关文化与心理学关系的三种主要的研究模式。跨文化心理学的研究对象是不同文化群体的心理行为比较,文化心理学研究文化对人的心理行为的影响,本土心理学研究本土背景中与文化相关的和从文化派生出来的心理行为。它们从不同的角度阐明了文化与心理学的关系。[1]

对人的心理行为的研究有两极。一级是自然生物的,一级是社会人文的。因此,在心理学的分支当中,就有从属于这两极的学科分支。从属于自然生物的心理学分支学科有生物心理学、生理心理学、神经心理学;从属于社会人文的心理学分支学科有社会心理学、跨文化心理学、文化心理学。

尽管心理学是把心理行为作为本学科的研究对象,但是心理学的早期目标却是把近代自然科学的成功研究方式移植到心理学中,而没有考虑到心理学研究对象的独特性质。这导致一个直接的后果,就是按照近代自然科学的方式来理解和对待人的心理行为。显然,心理学的研究因此而忽略和无视人的心理行为的文化特性,也因此而忽略和无视心理科学的文化特性。[2] 心理学当代的目标应该有一个重要的转

---

[1] 乐国安、纪海英:《文化与心理学关系的三种研究模式及其发展趋势》,《西南大学学报》(社会科学版)2007年第3期。

[2] 孟维杰、葛鲁嘉:《论心理学文化品性》,《心理科学》2008年第1期。

折,那就是从研究对象的独特性质出发,去开创心理科学的独特研究方式,而不是以放弃人的心理行为的某些性质和特点去贯彻自然科学的研究方式。人类心理与自然物理既有彼此的关联,又有彼此的区别。最根本的关联在于,人类心理也是自然的存在,也是自然发生和变化的历程。最根本的区别在于,人类心理具有自觉的性质,这种自觉的心理历程也是文化创生的历程。正是由于人类心理的特殊性质,导致了人类心理的多样性和复杂性,也导致了心理学研究在理解人类心理时的困难、局限、分歧、争执、对立和冲突。

在心理学科学化的进程当中,西方主流心理学的研究就倾向于把人的心理理解为自然现象,或者说具有与自然现象类同的性质。这一方面促进了心理学成为独立的科学门类和使心理学越来越精密化,但另一方面也使心理学的研究具有一定的缺陷。缺陷主要体现在两个方面。一是无文化的研究,或者说是弃除了人类心理的文化性质。如心理学早期的实验研究中,所运用的刺激是物理的刺激而不是文化的刺激,所着眼的反应是生理心理的反应而不是文化心理的反应。二是伪文化的研究,或者说是扭曲了人类心理的文化性质。如心理学的一些研究中,仅仅把文化看作一种外部的刺激因素,或者说假定了人类心理的共有机制,文化的内容只是其千变万化的表面现象。这也是在心理学的研究中还原论十分盛行的一个重要的原因,亦即把复杂多样的人类心理还原到了生理的甚至是物理的基础上。

显然,对心理学研究对象的理解应该和必须发生一个重要的改变或转折。那就不仅是把心理理解为自然的和已成的存在,而且是把心理理解为自觉的和生成的存在。如此看来,人拥有的心理就不仅是能够由研究者观察到的现象,而且是拥有心理的人自觉生成的生活。人的心理生活是通过心理的自主活动构筑的,也是人的心理自觉体验到的。这强调了人与其他自然物的不同,人的心灵具有自觉的性质,而其他的自然物则不具备这样的性质。其他的自然物只能成为研究者认识和改造的对象,而不能成为自己认识和改造的对象。心理生活是常人自主生成和自觉体验到的,它不仅可以成为研究者认识和改造的对象,而且可以成为生活者自己认识和改造的对象。心理生活的生成历程实际上就是文化的生成历程，所以说心理生活具有文化的性质，或者说文化不过是心理生活的体现。当然，对于人类个体来说，作为人类生活产物的文化可以成为背景或环境。但是，无论是就人类整体而言还是就人类个体而言，脱离了心理生活的文化只能具有自然物理的属性，脱离了人类文化的心理也只能具有自然物理的属性。

正是近代自然科学的研究方式使心理学迈进了科学阵营的门槛，但这也使心理学的研究受到了局限。这种局限不在于是否揭示了心理学的研究对象与其他自然科学门类的研究对象的共同之处，而恰恰在于无法揭示它们的不同之处。心理学研究中的自然科学方式主要表现在三个方面。一是追求心理学研究的客观性；二是依赖研究者感官经验的普遍性；三是确立实证方法的中心地位。

从第一个方面来看，对心理学研究的客观性的追求强调的是，研究者与研究对象是分离的，追求客观性是为了消除研究者的主观性臆造或主观性附会，是为了从对象出发而完全真实地说明对象。这对于自然科学的研究来说无疑是成功的，但在心理学的研究中却引起了出人意料的后果。那就是在否弃研究者的主观性的同时，也否弃了研究对象的主观性。或者说，是在强调研究对象的客观性的同时，也否弃了研究对象的主观性。物理学中有过反幽灵论的运动，生物学中有过反活力论的运动，心理学中也相应地有过反目的论或反心灵论的运动。这就使得心理学研究对客观性的追求变成了对研究对象的客观化，而客观化甚至导致了对研究对象的物化。

从第二个方面来看，对研究者感官经验的普遍性的依赖强调的是，研究者面对与己分离的研究对象，或者说研究者作为分离的研究对象的旁观者，他对于研究对象的认识应始于他的感官经验。那么，研究的科学性就是建立在研究者感官经验的普遍性上。一个研究者通过感官把握到的现象，另一个研究者通过相同的感官把握到的也会是相同的现象。这对于自然科学的研究来说也无疑是成功的，但在心理学的研究中也引起了出人意料的后果。那就是人的心理也是内在的自觉活动，这通过外在观察者的感官是无法直接把握到的。或者说，依赖于研究者感官经验的普遍性，使心理学无法把握到人的心理的完整面貌。

从第三个方面来看，确立实证方法的中心地位强调的是，为了保证研究者感官经验的可靠性和可信性，只有通过实证的方法来确立心理学的科学性质。心理学的研究运用实证方法是心理学的一个重大进步。但是，运用实证方法和以实证方法为中心具有不同的含义。发展和完善实证方法是十分必要的，而以实证方法为中心则涉及的是把实证方法摆放到什么位置的问题，即摆放到了一个支配性的地位。在心理学中，以实证方法为中心导致了研究不是从对象本身出发，而是从实证方法出发；实证的方法不是附属于对人的心理的揭示，而是对人的心理的揭示附属于实证的方法。显然，对实证方法的关注超出了对研究对象的关注。

正是上述的三个方面构成了心理学的小科学观，使心理学跨入了实证科学的阵营，但也使心理学的研究忽视了人类心理的文化特性，忽视了心理学研究的文化特性。心理学常常是盲目地追求有关人类心理的普遍规律性，盲目地追求有关心理科学的普遍适用性。那么，心理学的研究方式就要面临变革，这也是心理学现行科学观的变革。这种变革就体现在上述的三个方面。

第一个方面是使心理学研究从对客观性的追求延伸到对真实性的追求。这也就是说，心理学的研究不仅要追求客观性，而且要追求真实性。人类心理的性质不在于它是客观性的存在还是主观性的存在，而在于它是真实性的存在。原有的研究仅仅是把物化或客观化看作真实的，其实这是对人类心理的真实性的歪曲。从心理学研究对象的角度来看，心理的主观性或自觉性都是真实性的存在，也都是真实性的活动。

第二个方面是使心理学研究从对实证（感官）经验的普遍性的依赖，延伸到对体证（内省）经验的普遍性的探求。[①] 人类心理的基本性质在于其自觉性，这涉及两个重要问题。一是从研究对象的角度，

---

① 葛鲁嘉：《体证和体验的方法对心理学研究的价值》，《华南师范大学学报》（社会科学版）2006 年第 4 期。

心理的自觉活动是研究者的感官经验所无法直接把握到的。二是从研究者与研究对象不加分离的角度，心理都是自觉的活动。问题是这种自觉活动能否把握到心理的性质和规律。显然，心理的内省经验具有私有化的特征，换句话说，心理的内省自觉具有分离性和独特性。所以，关键在于探求和达到内省经验的普遍性。

第三个方面是使心理学研究从以方法为中心转向以对象为中心。实证心理学曾经有过以研究方法来取舍对象，甚至是以研究方法去歪曲对象。因此，心理学的研究必须以对象为中心。以对象为中心涉及如下两点。一是心理学的研究必须如实地揭示人类心理的原貌；二是心理学的研究必须从对象的独特性质引申出心理学的独特研究方式。方法是为揭示对象服务的。心理学研究的科学性不在于是否运用了客观化的研究方法，而在于是否合理地确立了心理学的研究对象和研究者之间关系的性质，以及是否符合在此基础之上确立起来的研究规范。

上述三个方面的转变，最终都体现为要重新理解和确立心理学的研究对象和研究者之间的关系。心理学现有的研究都建立在研究对象与研究者分离的基础之上。这对于研究非心灵的对象来说是必要的和充分的，但对于以心灵为对象的研究来说可能就是不完备的或有缺陷的。那么，心理学的研究能否进一步建立在研究对象与研究者不分离的基础之上。以心灵为对象的研究无疑对科学的发展提出了挑战。中国本土的心理学传统可以为此提供重要的启示。当然，这样的工作是非常艰巨的。这也是心理学本土化所必须面临的任务，是当代心理学研究的文化学转向的核心部分。

二 心理学与文化的关系演变

从哲学的怀抱中脱离出来之后，西方心理学直接继承了西方近代自然科学的科学观，或者说直接贯彻了西方近代自然科学的研究方式。这直接决定心理学家所采纳的研究目标，也直接决定心理学家为达到目标而采纳的研究策略。此时的心理学家不是通过人的心理的独特性质引申出心理学的研究方式，而是通过贯彻引进的自然科学研究方式来对待人的心理。近代自然科学的研究方式使心理学迈进了科学阵营的门槛，但这也使心理学的研究受到了局限。这种局限不在于是否揭示了心理学的研究对象与其他自然科学门类的研究对象的共同之处，而恰恰在于无法揭示它们的不同之处。心理学研究中的自然科学方式主要表现在三个方面。一是追求心理学研究的客观性；二是依赖研究者感官经验的普遍性；三是确立实证方法的中心地位。

从第一个方面来看，对心理学研究的客观性的追求强调的是，研究者与研究对象是分离的，追求客观性是为了消除研究者的主观性臆造或主观性附会，是为了从对象出发而完全真实地说明对象。这对于自然科学的研究来说无疑是成功的，但在心理学的研究中却引起了出人意料的后果。那就是在否弃研究者的主观性的同时，也否弃了研究对象的主观性。或者说，是在强调研究对象的客观性的同时，也否弃了研究对象的主观性。物理学中有过反幽灵论的运动，生物学中有过反活力论的运动，心理学中也相应地有过反目的论或反心灵论的运动。这就使得心理学研究对客观性的追求变成了对研究对象的客观化，而客观化甚至导致了对研究对象的物化。

从第二个方面来看，对研究者感官经验的普遍性的依赖强调的是，研究者面对与己分离的研究对象，或者说研究者作为分离的研究对象的旁观者，他对于研究对象的认识应始于他的感官经验。那么，研究的科学性就是建立在研究者感官经验的普遍性上。一个研究者通过感官把握到的现象，另一个研究者通过相同的感官把握到的也会是相同的现象。这对于自然科学的研究来说也无疑是成功的，但在心理学的研究中也引起了出人意料的后果。那就是人的心理也是内在的自觉活动，这通过外在观察者的感官是无法直接把握到的。或者说，依赖于研究者感官经验的普遍性，使心理学无法把握到人的心理的完整面貌。

从第三个方面来看，确立实证方法的中心地位强调的是，为了保证研究者感官经验的可靠性和可信性，只有通过实证的方法来确立心理学的科学性质。心理学的研究运用实证方法是心理学的一个重大进步。但是，运用实证方法和以实证方法为中心具有不同的含义。发展和完善实证方法是十分必要的，而以实证方法为中心则涉及把实证方法摆放到什么位置的问题，即摆放到了一个支配性的地位。在心理学中，以实证方法为中心导致了研究不是从对象本身出发，而是从实证方法出发；实证的方法不是附属于对人的心理揭示，而是对人的心理揭示附属于实证的方法。显然，对实证方法的关注超出了对研究对象的关注。

当代心理学发展的文化学转向已经成为重要的研究课题。[1][2][3] 当然，有研究认为心理学文化转向有方法论的意义。[4] 有研究认为心理学文化转向还存在着方法论的困境。[5][6] 有研究认为心理学发展的新思维应是从文化转向到跨文化对话。[7] 当然，这并不是要否弃现有的心理学研究，而是对现有的心理学研究的不合理延伸的限制，或是对现有心理学研究的合理部分的延伸。那么，心理学研究中的研究对象与研究者的关系就应该得到反思和改变。要限制绝对分离，要推动相对分离。所谓相对分离是指彼此统一基础上的分离。所谓彼此统一是指心理学的研究对象与研究者共有的价值追求和共同的创造生成。这就是心理学的文化学要义。心理学曾经靠摆脱、放弃、回避或越过文化的存在来发展自己，但心理学现在必须靠容纳、揭示、探讨或体现文化的存在来发展自己。心理学早期是排斥文化的存在来保证自己对

---

[1] 葛鲁嘉、陈若莉：《当代心理学发展的文化学转向》，《吉林大学社会科学学报》1999 年第 5 期。

[2] 叶浩生：《试析现代西方心理学的文化转向》，《心理学报》2001 年第 3 期。

[3] 麻彦坤：《文化转向：心理学发展的新契机》，《南京师大学报》（社会科学版）2003 年第 3 期。

[4] 霍涌泉、李林：《当前心理学文化转向研究中的方法论困境》，《四川师范大学学报》（社会科学版）2005 年第 2 期。

[5] 麻彦坤：《当代心理学文化转向的动因及其方法论意义》，《国外社会科学》2004 年第 1 期。

[6] 霍涌泉：《心理学文化转向中的方法论难题及整合策略》，《心理学探新》2004 年第 1 期。

[7] 孟维杰：《从文化转向到跨文化对话：心理学发展新思维》，《南通大学学报》（教育科学版）2006 年第 2 期。

所有文化的普遍适用性，而心理学目前则是包容文化的存在来保证自己对所有文化的普遍适用性。这是一个历史性的变化。

心理学研究应该从以方法为中心转向以对象为中心。实证心理学曾经有过以研究方法取舍研究对象，甚至是以研究方法扭曲研究对象。因此，心理学的研究必须以对象为中心。以对象为中心涉及以下两点。一是心理学的研究必须如实地揭示人类心理的原貌，二是心理学的研究必须从对象的独特性质引申出心理学的独特研究方式。方法是为揭示对象服务的。心理学研究的科学性不在于是否运用了实证的研究方法，而在于是否合理地确立了心理学的研究对象和研究者之间关系的性质，以及是否符合在此基础之上确立起来的研究规范。

三　心理学与文化的关系性质

文化心理学是通过文化来考察和研究人的心理行为的心理学分支学科。[①] 近些年来，文化心理学有较为迅猛的发展，正在受到人们越来越多的关注。[②③] 文化心理学的兴起与主流心理学面对的困境有关。[④] 文化心理学有着自己的发展线索和方法论困境。[⑤⑥⑦] 按照余安邦的考察，文化心理学实际上经历了三个重要的发展时期或阶段。在不同的时期里，文化心理学的知识论立场、方法论主张、研究进路特色及研究方法特征都有重要的变化。20 世纪 70 年代之前，是文化心理学发展的第一个时期。在这个时期，文化心理学的研究目标是追求

---

① 李炳全、叶浩生：《文化心理学的基本内涵辨析》，《心理科学》2004 年第 1 期。
② 田浩、葛鲁嘉：《文化心理学的启示意义及其发展趋势》，《心理科学》2005 年第 5 期。
③ 余德慧：《文化心理学的诠释之道》，《本土心理学研究》1996 年第 6 期。
④ 李炳全、叶浩生：《主流心理学的困境与文化心理学的兴起》，《国外社会科学》2005 年第 1 期。
⑤ 田浩：《文化心理学的发展线索》，《内蒙古师范大学学报》（哲学社会科学版）2005 年第 6 期。
⑥ 田浩：《文化心理学的方法论困境与出路》，《心理学探新》2005 年第 4 期。
⑦ 王明飞：《文化心理学发展历史及其三种研究取向》，《科教文汇》2006 年第 6 期。

共同和普遍的心理机制。当时的文化心理学假定了人类有统一的心理机制，从而致力于从不同的文化中去追寻这一本有的中枢运作机制的结构和功能。研究者通常是采用跨文化的理论概念和研究工具，来验证人类心理的中枢运作机制的普遍特性。20 世纪 70 到 80 年代中期，是文化心理学发展的第二个时期。在这个时期，文化心理学开始关注人类心理的社会文化的脉络。当时的文化心理学转而重视人的心理行为与文化母体的联系，特别是从社会文化的脉络去考察和说明人的心理行为。这就不是从假定的共有心理机制出发，而是从特定的社会文化出发。这一方面是指有什么样的社会文化，就有什么样的心理行为模式。另一方面是指运用特定文化的观点和概念来探讨和说明人的心理行为的性质、活动和变化。20 世纪 80 年代中期之后，是文化心理学发展的第三个时期。这个时期，文化心理学强调人的主观建构、象征行动及社会实践的文化意涵。那么，文化就不再是外在地决定人的心理行为存在，而是内在于人的觉知、理解和行动的存在。社会文化的环境和资源的存在和作用，取决于人们捕捉和运用的历程和方式。正是人建构了社会文化的世界，人也正是如此而建构了自己特定的心理行为方式。此时的文化心理学开始更多地从解释学的观点切入，通过解释学来建立文化心理学的知识。[1] 文化心理学也被认为是心理学在方法论的突破。[2]

跨文化心理学是通过文化的变量来研究人的心理行为异同的一门心理学分支学科。[3][4][5] 这是研究和比较不同文化群体中的被试，以检验现有心理学知识和理论的普遍性，其根本目的是建立普遍适用的心

---

[1] 余安邦：《文化心理学的历史发展与研究进路》，《本土心理学研究》1996 年第 6 期。
[2] 李炳全：《论文化心理学在心理学方法论上的突破》，《自然辩证法通讯》2005 年第 4 期。
[3] 郭英：《跨文化心理学研究的历史、现状与趋势》，《四川师范大学学报》（社会科学版）1997 年第 4 期。
[4] 万明钢：《文化视野中的人类行为跨文化心理学导论》，甘肃文化出版社 1996 年版。
[5] Berry, J. W., Poortinga, Y. H., Segall, M. H. and et al., *Cross-cultural psychology: Research and applications* [M]. Cambridge University Press, 1992.

理学或人类的心理学。① 显然，跨文化心理学涉及人的心理行为的文化特性，但它目前的研究立场和研究方式却仍然存在着较大的争议。② 大部分的跨文化心理学研究都是以西方心理学为基调，采纳的是西方心理学的理念、框架、课题、理论及方法等。那么，通过此类研究所得出的普遍适用的心理学或全人类的心理学，就只能是西方心理学所支配的心理学。③

目前跨文化心理学研究的确在方法论上存在着重大的困难与障碍。例如，跨文化心理学有两种不同的研究策略，即"主位的"（emic）研究和"客位的"（etic）研究。通常的理解，主位的研究是指从本土的文化或某一文化的内部出发来研究人的心理行为，而不涉及在其他文化中的适用性问题。客位的研究则是指超出特定的文化，从外部来研究不同文化之中的人的心理行为。显然，大部分的跨文化心理学研究是采取了客位的研究策略。但是，这样的研究策略常常是以西方的文化为基础或以西方的心理学为基调。杨国枢先生后来曾仔细地分析过主位的研究取向与客位的研究取向的内在含义。他认为这两个研究取向有三个对比的差异：一是所研究的现象或是该文化特有的，或是该文化非特有的；二是在观察、分析和理解现象时，研究者或是采取自己的观点，或是采取被研究者的观点；三是在研究设计方面，或是采取跨文化的研究方式，或是采取单文化的研究方式。杨先生认为，原有的跨文化心理学研究主要采取的是以研究者的观点探讨非特有现象的跨文化研究。在这样的研究方式中，来自某一文化的心理学者（通常是西方学者，特别是美国学者）将其所发展或持有的一套心理行为概念先运用于本国人的研究，进而再运用于他国人的研究，然后就所得出的结果进行跨文化的比较。这种研究方式正在受到批评，一些跨文化心理学者也正在寻求更好的研究方式，如客位和主

---

① 杨莉萍：《从跨文化心理学到文化建构主义心理学》，《心理科学进展》2003 年第 2 期。
② Vijver, F. V. D., The evolution of cross-cultural research methods [A]. In David Matsumoto. *The handbook of culture & psychology.* Oxford University Press, 2001. pp. 78–92.
③ 李炳全：《文化心理学与跨文化心理学的比较与整合》，《心理科学进展》2006 年第 2 期。

位组合的研究策略、跨文化本土研究策略等。①

本土心理学潮流的兴起和本土心理学研究的推进，是对西方心理学唯一合理性和普遍适用性的质疑和挑战。② 这体现在了三个重要的努力方向上：一是反思和批判西方的实证心理学缺失；二是挖掘和整理本土的传统心理学资源；三是创立和建设本土的科学心理学研究。心理学本土化是一个世界性的潮流，中国心理学的本土化是其中的重要努力。下面就以中国心理学的本土化发展历程作为论述的对象。中国心理学的本土化研究在一个比较短的时期里，取得了相当数量和相当重要的成果。从中国心理学本土化的发展历程来看，可以将其大致分为两个阶段。第一个阶段是保守的本土化研究时期，大约是从 20 世纪 70 年代末期到 80 年代末期。第二个阶段是激进的本土化研究时期，大约是从 20 世纪 90 年代初期到现在。③④

在保守的本土化研究时期，中国本土的心理学者主要是反思和批判西方心理学在研究内容上的偏狭；检讨和重估西化的中国心理学对解释中国人心理的缺陷；开辟和推动本土化的心理学具体研究。但是，这仍然是一个保守的时期，其主要的特征在于仅仅试图扩展西方心理学的研究内容，使中国心理学转而考察中国人的心理行为。这在科学观上并不能够超越西方心理学，或者说仍然是受西方心理学研究方式的限制。这个阶段的研究是以中国人作为被试，但使用的工具、方法、概念和理论还是西式的。

在激进的本土化研究时期，中国本土的心理学者主要是反思和批判西方心理学在研究方式上的局限；力图摆脱西方心理学和舍弃西化心理学；尝试建立真正本土的心理学。这进入了一个激进的时期，其

---

① 杨国枢：《我们为什么要建立中国人的本土心理学》，《本土心理学研究》1993 年第 1 期。

② Kim, U. Culture, science, and indigenous psychologies: Anintegrated analysis [A]. In David Matsumoto. *The handbook of culture & psychology*. Oxford University Press, 2001. pp. 54 – 58.

③ 葛鲁嘉：《中国心理学的科学化和本土化——中国心理学发展的跨世纪主题》，《吉林大学社会科学学报》2002 年第 2 期。

④ 葛鲁嘉：《心理学中国化的学术演进与目标》，《陕西师范大学学报》2007 年第 4 期。

主要的特征在于开始试图扩展西方心理学的研究方式，使中国心理学开始突破西方心理学小科学观的限制，寻求更超脱的和多样化的研究方法和理论思想。但是，这个阶段的研究还带有相当的盲目性。研究更为多样化，但更具杂乱性。研究带有更多的尝试性，而缺少必要的规范性。当前的研究没有相对一致的衡量和评价研究标准。

心理学的发展曾经建立在单一文化的背景或基础之上。多元文化论者认为传统西方心理学建立在一元文化的基础上，只能适合西方白人主流文化。因此，他们主张文化的多元性，强调把心理行为的研究同多元文化的现实结合起来。[①] 就世界范围来讲，存在着不同的国家和地区，有着不同的文化传统。如东方国家的集体主义文化传统，强调群体的一致性、个人的献身精神、群体成员之间的相互依赖等。如西方国家的个体主义文化传统，强调个人的独立、个人的目标、个人的选择和自由等。就一个国家来说，由于存在着不同的种族，因而也存在着不同的文化。美国这样的移民国家，文化的多元性就十分明显，存在着白人文化、黑人文化、亚裔人文化、同性恋文化、异性恋文化等多种文化，是典型的多元文化国家。在多元文化的国家里，如果仅以一种文化作为研究的范例，其研究结论就无法解释其他群体的行为。所以，多元文化论者反对心理学中的"普遍主义"（universalism）的观点。传统的心理学研究排斥了文化的存在，其发现和成果被认为是可以忽略文化因素而"普遍"通用的。也有很多的研究者对普遍主义的假设有质疑，但由于文化因素在实验研究中很难控制，也就采纳了普遍主义的假设。这在社会心理学的研究中十分严重，尽管文化对群体行为有十分重要的影响，但实验的社会心理学家仍热衷于在实验室中研究社会行为，以得到一个普遍主义的研究结论。从反对心理学的普遍主义出发，多元文化论者对西方心理学中的"民族中心主义"提出了强烈批评。[②]

[①] 叶浩生：《多元文化论与跨文化心理学的发展》，《心理科学进展》2004年第1期。
[②] 叶浩生：《西方心理学中多元文化论运动的意义与问题》，《山东师范大学学报》（人文社会科学版）2001年第5期。

心理学的发展面对的是多元文化的资源和多元文化的发展。心理学中的多元文化论运动强调文化的多样性，认为传统的西方心理学仅仅建立在白人主流文化的基础上。多元文化论反对心理学中的"普遍主义"，认为一种文化下的心理学研究不能无选择地应用到另一种文化中，心理学的研究应该同多元文化的现实结合起来。①② 多元文化论运动被称为继行为主义、精神分析和人本主义心理学之后心理学的"第四力量"。这一运动目前面临着许多问题。

四 心理学与文化的研究价值

对心理学与文化的关系进行反思、探讨、揭示，从而对心理学与文化的关系能够有更全面和深入的理解和明确，对于心理学学科的发展和拓展，对于心理学应用的推动和推进来说，都具有十分重要的意义和价值。

这可以提供心理学研究的新视野。考察和探讨心理学与文化的关系，可以更好地理解心理学与文化的实际关联性，可以更好地理解心理学与文化的关系的演变和发展，可以为心理学的考察和研究提供新的视野。在心理学的研究中，对文化的忽略和排斥，对文化的曲解和误解，都大大限制了心理学研究者的眼界。这使心理学的研究很难更为完整和深入地把握人的心理行为，很难更为系统和全面地理解人的心理行为。合理地说明和解释人的心理行为的文化属性，深入地考察和理解心理学研究的文化性质和文化根基，都有助于心理学的学科建设和学科发展。

这可以提供心理学研究的新领域。考察和探讨心理学与文化的关系，可以更有利于开辟和拓展心理学研究的新领域。近些年来，与文

---

① 叶浩生：《关于西方心理学中的多元文化论思潮》，《心理科学》2001年第6期。
② Adamopoulos, J. and Lonner, W. J., Culture and psychology at acrossroad: Historical perspective and theoretical analysis [A]. In David Matsumoto. *The handbook of culture & psychology*. 2001. pp. 15–25.

化有关的心理学研究领域和心理学研究分支都有了扩大和增加。这可以包括后现代心理学的研究热潮、本土心理学的研究推进、多元文化论的研究纲领，都极大地扩展了心理学的研究领域。这也可以包括文化心理学分支学科的迅猛发展、跨文化心理学分支学科的快速成熟、社会心理学分支学科的极大扩张。这都使得心理学学科得到了很好的发展和壮大。

这可以催生心理学的新理论。心理学厘清自己与文化的关联性和依赖性，确立自己的文化基础和文化资源，为心理学的理论建构和理论创新提供了资源和养分，提供了灵感和想象的空间和平台，提供了理论应用的途径和方式。长期以来，心理学由于缺乏关于文化的探讨和探索，使心理学忽略和放弃了许多重要的文化滋养。这不仅使心理学的理论建设非常薄弱，也使心理学参与文化创建的功能受到了严重限制。心理学学科发展壮大的重要标志，就在于其理论学说的建构和创造。心理学理论学说的提出和创造，就在于获取更大和更好的平台和资源。挖掘心理学的文化资源，是心理学理论新生的一个重要的前提。[1][2]

这可以催生心理学的新方法。对心理学与文化关系的探讨，可以革新心理学的方法论，可以衍生心理学研究的新方法，可以把心理学的研究方式和研究方法放置在新的研究框架和研究范式之中。对于心理学的研究来说，其研究方法的确立和更新，曾经在很大程度上借鉴了自然科学的研究。这给心理学的研究带来了精确性，但也有对人的心理行为的曲解。那么，如何把社会科学和文化科学的研究方法引入到心理学的研究中来，如何更好地确定心理学研究方式和方法的文化属性、文化优势和文化缺失，这决定了心理学研究方法的丰富化和多样化。

这可以催生心理学的新技术。心理学的技术应用包括心理学技术

---

[1] 葛鲁嘉：《新心性心理学的理论建构——中国本土心理学理论创新的一种新世纪的选择》，《吉林大学社会科学学报》2005 年第 5 期。

[2] 葛鲁嘉：《新心性心理学宣言——中国本土心理学原创性理论建构》，人民出版社 2008 年版。

手段和技术工具的发明和创造，也包括心理学技术手段和技术工具的使用和推广。这都要涉及心理学应用的文化背景、文化条件、文化环境。心理学技术应用的文化适用性决定了心理学的社会影响和生活地位。并不是说心理学的技术和工具是可以普遍适用的，是可以跨越文化背景和文化差异加以运用的。怎样使心理学的技术应用更为有效和实用，对心理学与文化的关系的探讨就起着重要的作用。心理学的新技术的发明，新工具的创造，都要考虑到特定文化环境和文化传统的容纳和接纳问题。

这可以促进心理学的新发展。心理学学科曾经在自然科学的基础上得到了快速推进和发展，心理学学科也曾经在社会科学的基础上得到了快速推进和发展，心理学学科还应该在文化科学的基础上得到快速推进和发展。这必将使心理学的研究更加贴近人的生活和人的发展。这也必将使心理学担负更重的社会责任和社会使命。文化历史的问题、文化背景的问题、文化环境的问题、文化差异的问题，是心理学学科发展的重大的问题。心理学越是贴近文化、越是体现文化、越是促进文化，就越是能够发展和壮大。这应该成为心理学研究者的明确的意识。

第一章　当代心理学文化学转向[*]

当代心理学的发展面临着一个无法回避的重大问题，那就是文化的问题。心理学研究中的文化问题主要体现在两个方面：一是涉及心理学的对象，即怎样对待人的心理行为的文化内涵的问题；二是涉及心理学的学科，即怎样对待一门独立科学门类的文化特性问题。这两个方面常常是紧密结合在一起的。心理学曾经靠摆脱、放弃、回避或超越文化的存在来发展自己，但心理学现在必须靠容纳、揭示、探讨或体现文化的存在来发展自己。心理学早期是排斥文化的存在来保证自己对所有文化的普遍适用性，但心理学目前则是包容文化的存在来保证自己对所有文化的普遍适用性。这是一个历史性的变化。

一　历史的考察

心理学成为独立的科学门类之后，其对待心理行为的文化内涵和对待心理科学的文化特性的态度和方式曾经有过重大的变化。从开始的力求包容，到其间的极端排斥，再到今日的重新审视，这可以看作心理学探索的一种曲折的发展，也可以看作心理学探索的一种历史的进步。心理学如何才能"科学地"揭示人的心理行为，心理学如何才能成为真正意义上的"科学"，心理学显然必须正视文化的问题，或者说文化显然是一个必须逾越的阶梯。

---

[*] 原文见葛鲁嘉、陈若莉《当代心理学发展的文化学转向》，《吉林大学社会科学学报》1999年第5期。

1. 冯特的创建：两类心理学

德国心理学家冯特被看作科学心理学的创立者，他使心理学既不再从属于哲学，也不再从属于生理学。他不仅建构了第一个系统的科学心理学的思想体系，他也是世界上第一个真正意义上的科学心理学家。

冯特在他开创性的心理学探索中考虑了文化的问题，但也正因为如此，他对人的心理做出的是分离的和双重的理解，他设计和建立的是两类不同的和对应的心理学。因此，可以这样说，冯特的确是力求包容对文化的考察，只不过他对文化的涉猎还存在着许多难以克服的障碍。

冯特的学术生涯分成了两个部分。在前一部分，冯特致力于个体心理学的创立和建设，研究心理复合体的构成元素和形成规律，这被认为开辟了心理学的实验科学的传统。在后一部分，冯特致力于种族心理学的创立和建设，研究语言、艺术、神话、宗教风俗、习惯等文化历史的产物，这被认为开辟了心理学的文化科学的传统。

心理学后来的发展走入了实验科学的轨道，而放弃了文化科学的努力。这似乎是肢解了冯特建构的合理的和完整的心理学。有研究就曾经认为："科学心理学后来的发展，只推进了个体心理学，而忽略了民族心理学。"[1] 但是，现在经过进一步的研究发现，冯特以个体心理学和种族心理学的划分来确立实验科学的心理学和文化科学的心理学，实际上是不合理的。

人的种族属性都是通过个体体现的，人的种族属性有两种不同的存在方式和传递方式，那就是自然属性和文化属性。自然属性是以"生物遗传"的方式传递给个体的，而文化属性则是以"社会遗传"的方式传递给个体的。换句话说，人类个体能够由生物遗传来体现种族的属性，也能够经由社会教化来体现种族的属性。那么，对于个体来说，个体既可以接受自然的刺激和产生自然的反应，也可以接受文

---

[1] 葛鲁嘉：《心理文化论要——中西心理学传统跨文化解析》，辽宁师范大学出版社1995年版。

化的刺激和产生文化的反应。对于种族来说，种族既具有自然性质的共有属性，也具有文化性质的共有属性。显然，问题不在于个体与种族的划分，而在于心理学去追寻人类心理的共有性质和普遍规律时怎样去对待文化的存在。其实，在冯特之后，心理学的发展在相当长的时间里，放弃了对文化的关注，或者说跨越了文化的差异。这也是心理学在寻求成为严格意义上的实证科学的曲折途径中所付出的一种代价。

2. 实证的传统：文化的跨越

由冯特开始，心理学从哲学中独立了出来，成为独立的实证科学门类，这是心理学发展的一个历史性进步。那么，在心理学诞生之后相当长的时间里，心理学的一个主要的奋斗目标就是科学化，也就是使心理学成为一门真正意义上的科学。心理学科学化的努力是以当时已有长足进步和取得了巨大成就的近代自然科学为楷模的。心理学家采纳了传统自然科学得以立足的理论基础，例如物理主义的世界观。

物理主义是有关世界图景的一种基本的理解。物理主义的世界观把自然科学探索的自然世界看作由物理事实构成的，而物理事实也是可以由人的（研究者的）感官经验把握到的物理现象。物理主义理解的自然世界是按照严格的机械式因果规律运行的，自然科学所揭示的自然规律的普遍适用性是依据还原主义的合理性。这种物理主义的世界观伴随着近代科学化的历程而得到了广泛的传播。在物理科学之后发展起来的生物科学和心理科学中都得到了努力的贯彻，并体现为反活力论、反心灵论、反目的论的运动。

心理学科学化的努力也曾力求使心理学成为一门自然科学，它也采纳了物理主义关于世界图景的理解。因此，心理事实不过是一种物理事实，心理现象也在性质上类同于其他的物理现象。尽管心理现象具有高度的复杂性，但也仍然按照严格的因果规律活动。心理科学所揭示的心理规律的普遍适用性也是立足于还原主义，使心理规律的解释可以还原为生成心理的生理和物理的基础。这曾经在心理学中演变成清除非物理的意识论和清除非因果的目的论的运动。经典的行为主义心理学就是如此。

当心理学的科学化成了自然科学化，当自然科学化在于接受物理主义的世界观，心理学中就必然出现把人当作物来对待和把人的心理还原为生理或物理的研究倾向。显然，人的文化历史的存在和人的心理的文化历史的属性就受到了排斥。心理学也正是靠排斥或跨越文化历史来保证自己的研究的合理性和普遍的适用性。那么，这就使得心理学对科学性的追求和维护是以排除和超越文化为代价的。

3. 本土的努力：新兴的趋向

心理科学的发展有一个十分明显的特征，那就是社会发展的水平越高，心理学就越发达。不同国家的社会发展水平是不一致的，所以心理科学的发达程度也就有地域上的不平衡。现代意义上的科学心理学在19世纪下半叶诞生于德国，从20世纪初开始，科学心理学的研究中心从德国转向了美国。发达国家的心理学家从来都是把自己的心理学当作具有科学性的或者具有普适性的心理学，是超越文化的心理学。这种以牺牲心理的文化品性为代价的科学心理学也越出了发达国家的边界，传播到了其他不发达的国家。

到了20世纪的下半叶，世界心理学的发展状况才开始有了巨大的改观。一方面，随着心理科学的进步和发展，心理学家开始反思心理学研究中把人物化，把人的心理类同于物理，以研究方式来限定研究对象等的缺陷。另一方面，随着次发达和不发达国家心理科学的壮大和成熟，其心理学家也对发达国家的心理学是否就是唯一正确的和普遍适用的提出了疑问。20世纪80年代，心理学本土化迅速成为世界心理学发展的一个重要的口号和趋势。

但是，心理学本土化潮流的兴起，无论是积极的倡导者、冷眼的旁观者，还是坚决的反对者，都更多地把心理学的本土化看作次发达或不发达国家的心理学家对发达国家心理学霸权主义的反抗，都更多地把心理学的本土化看作心理学的发展在地域界线上的转移。反对心理学本土化所持有的理由就包括：心理学本土化仅仅是落后国家心理学家的呐喊，是一种边缘心态的表达；科学无国界，心理科学不可能也不应该有地域的划分。

这显然还仅仅是对心理学本土化的一种非常表面化的理解。实际上，心理学的本土化可以说是对西方心理学的现行科学观的挑战。从根本上来看，心理学本土化并不是为了扶弱敌强，也不是为了地域保护，而是为了消除"科学的"心理学以其科学性为名对心理的和心理学的文化特性的轻视、排斥和歪曲等，是为了寻求对心理的和心理学的文化特性的合理的或合适的对待方式。所以，心理学研究本土化的真正立足点应该是心理学的科学化，或者说应该是心理学科学观的变革。

二 现实的考察

在心理学中，除了上述是否要研究文化的问题，更进一步的就是如何去研究文化的问题。心理学以及与心理学相关的一些分支学科也有专门探讨文化和文化心理的，但研究者却可以采取不同的方式去处理文化的存在。这既有不同研究取向或分支学科之间的差异，也有相同研究取向或分支学科中的不同主张和观点之间的差异。

简单来说，跨文化心理学是通过文化的变量来研究人的心理行为异同的一门心理学分支学科，是研究和比较不同文化群体中的被试，以检验现有心理学知识和理论的普遍性，其根本目的是建立普遍适用的心理学或属于人类的心理学。

显然，跨文化心理学涉及人的心理行为的文化特性，但它目前的研究立场和研究方式却仍然存在着较大的争议。杨国枢先生是本土心理学研究的倡导者和力行者，他就认为："目前的跨文化心理学并不是一种真正的、正常的或应然的跨文化心理学，而是沦为一种以西方心理学为主、以西方化心理学为辅的'拟似跨文化心理学'。"[1] 在杨国枢先生看来，形成拟似跨文化心理学的根本原因，就在于西方的心理学家建立了居优势地位的理论和方法之后，想进一步在非西方国家或文化中验证其理论和方法的跨文化有效性，以扩展其跨文化的适用

---

[1] 杨国枢：《我们为什么要建立中国人的心理学》，《本土心理学研究》1993年第1期。

范围。正因为如此，大部分的跨文化心理学研究都是以西方心理学为基调，采纳的是西方心理学的理念、框架、课题、理论及方法等。那么，通过此类的研究所得出的普遍适用的心理学或全人类的心理学，就只能是西方心理学所支配的心理学。杨国枢先生给了这种跨文化心理学许多称呼，如"拟似跨文化心理学""西化跨文化心理学""伪装的跨文化心理学""旅游式跨文化心理学研究"等。①

目前的跨文化心理学研究的确在方法论上存在着重大的困难与障碍。例如，跨文化心理学有两种不同的研究策略，即"主位的"（emic）研究和"客位的"（etic）研究。通常的理解，主位的研究是指从本土的文化或某一文化的内部出发来研究人的心理行为，而不涉及在其他文化中的适用性问题。客位的研究则是指超出特定的文化，从外部来研究不同文化之中的人的心理行为。显然，大部分的跨文化心理学的研究是采取了客位的研究策略。但是，这样的研究策略常常是以西方的文化为基础或以西方的心理学为基调。

杨国枢先生后来曾仔细地分析过主位的研究取向与客位的研究取向的内在含义。② 他认为这两个研究取向有三个对比差异：第一，所研究的现象或是该文化特有的，或是该文化非特有的；第二，在观察、分析和理解现象时，研究者或是采取自己的观点，或是采取被研究者的观点；第三，在研究设计方面，或是采取跨文化的研究方式，或是采取单文化的研究方式。杨国枢先生认为，原有的跨文化心理学研究主要采取的是以研究者的观点探讨非特有现象的跨文化研究。在这样的研究方式中，来自某一文化的心理学者（通常是西方学者，特别是美国学者）将其所发展或持有的一套心理行为概念先运用于本国人的研究，进而再运用于他国人的研究，然后就所得出的结果进行跨文化的比较。这种研究方式正在受到批评，一些跨文化心理学家也正在寻求更好的研究方式，如客位与主位组合的研究策略、共有性客位

---

① 杨国枢：《我们为什么要建立中国人的心理学》，《本土心理学研究》1993 年第 1 期。
② 杨国枢：《心理学研究的本土契合性及其相关问题》，《本土心理学研究》1998 年第 9 期。

研究策略、离中研究策略、跨文化本土研究策略等。①

文化心理学也是通过文化来考察和研究人的心理行为的一门心理学分支。近些年来，文化心理学有较为迅猛的发展，其成果正在受到人们越来越多的关注。按照余安邦先生对最近30年来的文化心理学发展历程的考察，文化心理学实际上经历了三个重要的发展时期或阶段。在不同的时期里，文化心理学的知识论立场、方法论主张、研究进路特色及研究方法特征都有重要的变化。②

1970年之前，是文化心理学发展的第一个时期。这个时期，文化心理学的研究目标是追求共同和普遍的心理机制。当时的文化心理学假定人类有统一的心理机制，从而致力于从不同的文化中去追寻这一本有的中枢运作机制的结构和功能。研究者通常是采用跨文化的理论概念和研究工具，来验证人类心理的中枢运作机制的普遍特性。

1970年到1980年中期，是文化心理学发展的第二个时期。这个时期，文化心理学开始关注人类心理的社会文化脉络。当时的文化心理学转而重视人的心理行为与文化母体的联系，特别是从社会文化的脉络去考察和说明人的心理行为。这就不是从假定的共有心理机制出发，而是从特定的社会文化出发。这一方面是指有什么样的社会文化，就有什么样的心理行为模式；另一方面是指运用特定文化的观点和概念来探讨和说明人的心理行为的性质、活动和变化。

1970到1980年中期之后，是文化心理学发展的第三个时期。这个时期，文化心理学强调人的主观建构、象征行动及社会实践的文化内涵。那么，文化就不再是外在地决定人的心理行为的存在，而是内在于人的觉知、理解和行动的存在。社会文化的环境和资源的存在和作用，取决于人们捕捉和运用的历程和方式。正是人建构了社会文化的世界，人也正是如此而建构了自己特定的心理行为的方式。此时的文化心理学开始更多地从解释学的观点切入，通过解释学来建立文化心理学的知识。

---

① 杨国枢：《心理学研究的本土契合性及其相关问题》，《本土心理学研究》1998年第9期。

② 余安邦：《文化心理学的历史发展与研究进路》，《本土心理学研究》1996年第6期。

本土心理学的潮流兴起于对西方心理学的唯一合理性和普遍适用性的质疑和挑战。这体现在三个重要的努力方向上：一是反思和批判西方心理学；二是挖掘和整理本土的传统心理学资源；三是创立和建设本土的科学心理学。心理学本土化是一个世界性的潮流，中国心理学的本土化是其中的重要努力。可将中国心理学的本土化发展历程作为探讨的对象。

中国心理学的本土化研究在一个比较短的时期里，取得了相当数量的和相当重要的成果。从中国心理学本土化的发展历程来看，可以将其大致分为两个阶段。第一个阶段可称为保守的本土化研究时期，大约是从20世纪70年代末到80年代末。第二个阶段可称为激进的本土化研究时期，大约是从20世纪90年代初到现在。

在保守的本土化研究时期，中国本土的心理学家主要从事的研究在于：反思和批评西方心理学在研究内容上的偏狭；检讨和重估西化的中国心理学对解释中国人心理的缺陷；开辟和推动本土化的心理学具体研究。但是，这仍然是一个保守的时期，其主要的特征在于仅仅试图扩展西方心理学的研究内容，使中国心理学转而考察中国人的心理行为。这在科学观上并不能够超越西方心理学，或者说仍然是受西方心理学的研究方式的限制。这个阶段的研究是以中国人作为被试，但使用的工具、方法、概念和理论还是西式的。

在激进的本土化研究时期，中国本土的心理学家主要从事的研究在于：反思和批评西方心理学在研究方式上的局限；力图摆脱西方心理学和舍弃西化心理学；尝试建立"内发性本土心理学"[①]，其主要的特征在于开始试图扩展西方心理学的研究方式，使中国心理学开始突破西方心理学的小科学观的限制，寻求更超脱的和多样化的研究方法和理论思想。

但是，这个阶段的研究还带有相当的盲目性，研究更为多样化，但更具杂乱性；研究带有更多的尝试性，而没有必要的规范性。那么，当前的研究缺少的是相对一致的衡量和评价研究的标准。正如杨

[①] 杨国枢：《我们为什么要建立中国人的心理学》，《本土心理学研究》1993年第1期。

中芳指出的那样，研究者对于如何深化本土心理学研究感到彷徨。①研究者各做各事，自说自话，各种研究就像失去了连线的一串落地的珠子。显然，重要的是为中国心理学的本土化研究建立或设置规范。杨国枢先生的"本土契合性"的判定标准就是这样的努力。②③ 葛鲁嘉则认为，变革和拓展心理学科学观是更根本的努力。④⑤

三 理论的考察

显然，心理学的研究是否应该涉及文化问题和如何能够涉及文化问题，这是有关心理学发展的重大的和关键的问题。因此，可以说心理学本土化的潮流预示着心理学本身正在发生深刻的变化。这种深刻的变化主要体现在对心理学研究对象的重新理解和对心理学研究方式的积极变革上。

1. 研究对象的性质

尽管心理学是把心理行为作为本学科的研究对象，但是心理学早期的目标却是如何把近代自然科学成功的研究方式移植到心理学中，而很少考虑到心理学研究对象的独特性质。这导致的一个直接的后果，就是按照近代自然科学的方式来理解和对待人的心理行为。显然，心理学的研究因此而忽略或无视人的心理行为的文化特性，也因此而忽略或无视心理科学的文化特性。心理学当代的目标应该有一个重要的转折，那就是从研究对象的独特性质出发，去开创心理科学的独特研究方式，而不是以放弃人的心理行为的某些性质和特点去贯彻自然科学的研究方式。

---

① 杨中芳：《试论如何深化本土心理学研究》，《本土心理学研究》1993年第1期。葛鲁嘉：《心理学研究本土化的立足点》，《本土心理学研究》1998年第9期。
② 杨国枢：《我们为什么要建立中国人的心理学》，《本土心理学研究》1993年第1期。
③ 杨国枢：《心理学研究的本土契合性及其相关问题》，《本土心理学研究》1998年第9期。
④ 葛鲁嘉：《大心理学观——心理学发展的新契机与新视野》，《自然辩证法研究》1995年第9期。
⑤ 葛鲁嘉：《心理学研究本土化的立足点》，《本土心理学研究》1998年第9期。

人类心理与自然物理既有彼此的关联，又有彼此的区别。最根本的关联在于，人类心理也是自然的存在，也是自然发生和变化的历程。最根本的区别在于，人类心理具有自觉的性质，这种自觉的心理历程也是文化创生的历程。正是由于人类心理的特殊性质，导致了人类心理的多样性和复杂性，也导致了心理学研究在理解人类心理时的困难、局限、分歧、争执、对立和冲突。

在心理学科学化的进程当中，西方主流心理学的研究就倾向于把人的心理理解为自然的现象，或者说具有与自然现象类同的性质。这一方面促进了心理学成为独立的科学门类和使心理学越来越精密化，但另一方面也使心理学的研究具有了一定的缺陷。缺陷主要体现在两个方面。一是无文化的研究，或者说是弃除了人类心理的文化性质。如心理学早期的实验研究中，所运用的刺激是物理刺激而不是文化刺激，所着眼的反应是生理心理反应而不是文化心理反应。二是伪文化的研究，或者说是扭曲了人类心理的文化性质。如在心理学的一些研究中，仅仅把文化看作一种外部的刺激因素，或者说假定了人类心理的共有机制，文化的内容只是其千变万化的表面现象。这也是在心理学的研究中还原论十分盛行的一个重要原因，亦即把复杂多样的人类心理还原到了生理的甚至是物理的基础上。

显然，对心理学研究对象的理解应该和必须发生一个重要的改变或转换。那就不仅仅是把心理理解为自然的和已成的存在，而且是把心理理解为自觉的和生成的存在。如此看来，人拥有的心理就不仅仅是能够由研究者观察到的现象，而且是拥有心理的人自觉生成的生活。人的心理生活是通过心理的自主活动构筑的，也是人的心理自觉体验到的。这强调了人与其他自然物的不同，人的心灵具有自觉的性质，而其他自然物则不具备这样的性质。其他自然物只能成为研究者认识和改造的对象，而不能成为自己认识和改造的对象。心理生活是常人自主生成和自觉体验到的，它不仅可以成为研究者认识和改造的对象，而且可以成为生活者自己认识和改造的对象。

心理生活的生成历程实际上就是文化的生成历程，所以说心理生活具有文化的性质，或者说文化不过是心理生活的体现。当然，对于人类个体来说，作为人类生活产物的文化可以成为背景或环境。但是，无论是就人类整体而言还是就人类个体而言，脱离了心理生活的文化产物只能具有自然物理的属性，脱离了人类文化的心理现象也只能具有自然物理的属性。

2. 研究方式的性质

从哲学的怀抱中脱离出来之后，西方心理学直接继承了西方近代自然科学的科学观，或者说直接贯彻了西方近代自然科学的研究方式。正是近代自然科学的研究方式使心理学迈进了科学阵营的门槛，但这也使心理学的研究受到了局限。这种局限就在于心理学家是通过贯彻引进的自然科学研究方式来对待人的心理，而不是通过人的心理的独特性质引申出心理学的研究方式。心理学研究揭示了心理学的研究对象与其他自然科学门类的研究对象的类同之处，却恰恰难以或无法揭示它们的不同之处。心理学研究中的自然科学方式主要表现在两个方面，一是追求对心理学研究对象的客观化；二是确立实证方法在心理学研究中的核心地位。

从第一个方面来看，对心理学研究对象的客观化的追求直接导致两个后果。一是把心理学的研究对象等同于其他的自然物；二是心理学研究者的价值无涉或价值中立的立场。

科学研究对客观性的追求是为了消除研究者的主观性臆造或主观性附会，是为了从对象出发而完全真实地说明对象。这对于自然科学的研究来说无疑是成功的，但在心理学的研究中却引起了出人意料的后果。那就是在否弃研究者的主观性的同时，也否弃了研究对象的主观性。或者说，是在强调研究对象的客观性的同时，而否弃了研究对象的主观性。物理学中有过反幽灵论的运动，生物学中有过反活力论的运动，心理学中也相应地有过反心灵论或反目的论的运动。这就使得心理学研究对客观性的追求变成了对研究对象的客观化，而客观化甚至导致了对研究对象的物化。

科学研究对客观性的追求强调的是与研究对象相分离的研究者应持有价值无涉或价值中立的立场。价值取向或价值追求是属于人的。正因为自然科学的研究对象是没有价值取向或价值追求的，所以研究者仅需提供纯粹的客观知识，而无须涉及主观价值。心理学的研究对象是拥有价值追求的人的心理，但研究者却也同样放弃了对价值的涉猎。价值中立的立场也使心理学者处于旁观或隐身的位置，使心理科学无法为人提供价值说明和价值导向。

从第二个方面来看，确立实证方法在心理学研究中的核心地位也会直接导致两个后果。一是对研究者感官经验的普遍性的依赖；二是以实证方法作为心理学研究的科学性的唯一尺度。

研究者面对与己分离的研究对象，或者说研究者作为分离的研究对象的旁观者，他对于研究对象的认识应始于他的感官经验。那么，研究的科学性就是建立在研究者感官经验的普遍性上。一个研究者通过感官把握到的现象，另一个研究者通过相同的感官把握到的也会是相同的现象。这对于自然科学的研究来说也无疑是成功的，但在心理学的研究中也引起了出人意料的后果，那就是人的心理也是内在的自觉活动，这通过外在观察者的感官是无法直接把握到的。或者说，依赖于研究者感官经验的普遍性，使心理学无法把握到人的心理的完整面貌。

确立实证方法的中心地位强调的是，为了保证研究者感官经验的可靠性和可信性，只有通过实证的方法来确立心理学的科学性质。心理学的研究运用实证方法是心理学的一个重大进步。但是，运用实证方法和以实证方法为中心具有不同的含义。发展和完善实证方法是十分必要的，而以实证方法为中心则涉及把实证方法摆放到了一个绝对支配性的地位。在心理学中，以实证方法为中心导致了研究是从实证方法出发，而不是从对象本身出发；实证的方法不是附属于对人的心理的揭示，而是对人的心理的揭示附属于实证的方法。显然，这使心理学家对实证方法的关注超出了对研究对象的关注。

3. 心理科学的转向

心理学科学观的变革说到底是要重新理解和确立心理学的研究对象和研究者之间的关系。自然科学有史以来的研究是建立在研究对象与研究者绝对分离的基础之上。心理学现有的研究也同样是建立在研究对象与研究者绝对分离的基础之上。这对于研究自然的对象来说也许是很必要的和有成效的，但对于以心理为对象的研究来说可能就是不完备的或是有缺陷的。那么，心理学的研究能否建立在研究对象与研究者相对分离或者彼此统一的基础之上，这就要对心理学研究中的研究对象与研究者的关系进行重新的思考和确定彼此的关联。显然，以心理为对象的研究无疑对科学的发展提出了重大的挑战。中国本土的心理学传统可以为此提供重要的启示。[1][2]

文化的最根本的性质体现在两个方面：第一在于文化是价值追求的导向；第二在于文化是创造生成的过程。文化的这两方面的根本性质正是根源于人的心理。人类心理的最根本的性质是其自觉性，而自觉性带来的是价值的追求和创造的生成。这也是人的心理与其他自然物的最根本的区别。对心理学来说，它的考察者是人，它的考察对象也是人，所以是人对自身的了解。更进一步来说，去认识的是人的心灵，被认识的也是人的心灵，所以是心灵对自身的探索。这显然决定了心理学也应该成为一门文化科学。心理学不仅要揭示出人类心理的自然基础，而且应导引和创造出人类的心理生活。那么，心理学的任务就是把"日常的"心理生活逐步地演变为"科学的"心理生活。

当代心理学发展的文化学转向不是要否弃现有的心理学研究，而是对现有心理学研究的不合理延伸的限制，或是对现有心理学研究的合理部分的延伸。那么，现有心理学研究中的研究对象与研究者的关系就应该得到改变，要限制绝对的分离，要推动相对的分离。所谓相对的分离是指彼此统一基础上的分离，所谓彼此统一是指心理学的研究对象与研究者共有的价值追求和共同的创造生成。这就是心理学的文化学要义。

第一是使心理学的研究从对客观性的追求延伸到对真实性的追求。也就是说，心理学的研究不仅要追求客观性，而且要追求真实性。人类心理的性质不在于它是客观性的存在还是主观性的存在，而在于它是真实性的存在。原有的研究仅仅是把物化或客观化的存在看

---

[1] 葛鲁嘉：《心理文化论要——中西心理学传统跨文化解析》，辽宁师范大学出版社1995年版。

[2] 葛鲁嘉：《中国本土传统心理学的内省方式及其现代启示》，《吉林大学社会科学学报》1997年第6期。

作真实的，其实这是对人类心理的真实性的歪曲。从心理学研究对象的角度来看，心理的主观性或自觉性也都是真实性的存在，也都是真实性的活动。

第二是使心理学的研究从价值无涉的立场延伸到价值涉入的立场。这不仅在于肯定人类心理的价值追求特性，不仅在于揭示人类心理的价值追求活动，而且在于使研究者提供价值的关切，而且在于使研究者参与价值生成的创造过程。心理学的研究不仅是得出有关心理的客观知识，而且是要引导和创造人的心理生活。这也是人类心灵的个体性自我超越和整体性自我超越的过程。

第三是使心理学的研究从对感官经验的普遍性的依赖延伸到对内省经验的普遍性的探求。人类心理的基本性质在于其自觉性，这涉及两个重要的问题。一是从研究对象的角度，心理的自觉活动是研究者的感官经验所无法直接把握到的。二是从心理都有内省自觉活动的角度，这种内省自觉的活动能否把握到心理的性质和规律。显然，心理的内省经验具有私有化的特征，换句话说，心理的内省自觉具有分离性和独特性。所以，关键在于探求和达到内省经验的普遍性。

第四是使心理学的研究从以方法为中心转向以对象为中心。实证心理学曾经有过以研究方法取舍研究对象，甚至是以研究方法扭曲研究对象。因此，心理学的研究必须以对象为中心。以对象为中心涉及以下两点：一是心理学的研究必须如实地揭示人类心理的原貌；二是心理学的研究必须从对象的独特性质引申出心理学的独特研究方式。方法是为揭示对象服务的。心理学研究的科学性不在于是否运用了实证的研究方法，而在于是否合理地确立了心理学的研究对象和研究者之间关系的性质，以及是否符合在此基础之上确立起来的研究规范。

显然，以心理作为研究对象不完全等同于以自然作为研究对象，但它们都应当是科学研究的对象。人类心理兼具自然、社会和文化的性质，那么心理科学就可以突破原有自然科学的界限，突破自然科学、社会科学和人文科学之间的鸿沟，重塑传统的科学观。当然，这样的工作是非常艰巨的。这也是心理学本土化所必须面临的任务，也是当代心理学研究的文化学转向的不懈追求。

第二章　文化心理学的多元理解[*]

文化心理学的多重含义与多元取向，一是涉及心理学研究对象的文化属性，即怎样对待人的心理行为的文化内涵的问题；二是涉及心理学研究方式的文化属性，即怎样对待一门独立科学门类的文化特性的问题；三是涉及心理学研究领域的文化分支，文化心理学、跨文化心理学、本土心理学等，都是涉及文化的重要的心理学研究；四是涉及心理学研究取向的文化多元。文化心理学的兴起意味着心理学本身正在发生深刻的变化。这主要体现为对心理学研究对象的重新理解，对心理学研究方式的积极变革，对心理学理论、方法和技术的原创性建构。

在心理学当代的或目前的发展中，文化心理学作为心理学研究的一个分支、一个学科、一种潮流、一种取向，正在呈现出暴热的态势。对文化心理学的关注和研究，是心理学研究者不可忽视和不容轻视的热点。当然，如何理解文化心理学及其演变，其中涉及多重的含义与多元的取向。有研究论述了文化心理学的内涵，文化心理学的发展与启示，文化心理学对心理学方法论的突破。显然，文化心理学具有双重内涵。一种内涵可以表达为"文化心理"学，关注研究对象的文化特征，以"文化心理"为主要研究内容；另一种内涵可以表达为心理文化，心理学强调研究者的文化负载，以"心理文化"为主要研究内容。当前文化心理学的研究未能有效整合"文化心理"与"心

---

[*] 原文见葛鲁嘉《文化心理学的多重含义与多元取向》，《阴山学刊》2010年第4期。

理文化",这妨碍了对文化心理学的整体理解。① 作为心理学研究的一种重要视角,文化心理学蕴含着对心理学的研究对象、研究方法、研究目标及学科性质的独特理解。由于文化心理学兴起的时间较短,这必然还要不断吸取各种养分,实现内部取向的不断整合,提出更加明确的研究纲领。② 文化心理学作为一种新的心理学研究取向,在方法论上对主流心理学有很大的突破。它突破主流心理学研究的还原论、简化论范式,突出生态学研究方法,重视在实际语境中研究;突破主客二分范式,强调主位研究;超越文化中立、价值中立范式,重视同文化研究;重视解释学方法,用本体论解释学突破或替代精神分析的方法论解释学。③

一 研究对象的文化属性

尽管心理学是把心理行为作为本学科的研究对象,但是心理学早期的目标却是如何把近代自然科学成功的研究方式移植到心理学中,而没有考虑到心理学研究对象的独特性质。这导致一个直接的后果,就是按照近代自然科学的方式来理解和对待人的心理行为。显然,心理学的研究因此而忽略和无视人的心理行为的文化特性,也因此而忽略和无视心理科学的文化特性。心理学当代的目标应该有一个重要的转折,那就是从研究对象的独特性质出发,去开创心理科学的独特研究方式,而不是以放弃人的心理行为的某些性质和特点去贯彻自然科学的研究方式。

人类心理与自然物理既有彼此的关联,又有彼此的区别。最根本的关联在于,人类心理也是自然的存在,也是自然发生和变化的历程。最根本的区别在于,人类心理具有自觉的性质,这种自觉的心理

---

① 田浩:《文化心理学的双重内涵》,《心理科学进展》2006 年第 5 期。
② 田浩、葛鲁嘉:《文化心理学的启示意义及其发展趋势》,《心理科学》2005 年第 5 期。
③ 李炳全:《论文化心理学在心理学方法论上的突破》,《自然辩证法通讯》2005 年第 4 期。

历程也是文化创生的历程。正是由于人类心理的特殊性质，导致了人类心理的多样性和复杂性，也导致了心理学研究在理解人类心理时的困难、局限、分歧、争执、对立和冲突。

在心理学科学化的进程当中，西方主流心理学的研究就倾向于把人的心理理解为自然的现象，或者说具有与自然现象类同的性质。这一方面促进了心理学成为独立的科学门类和使心理学越来越精密化，但另一方面也使心理学的研究具有了一定的缺陷。缺陷主要体现在两个方面。一是无文化的研究，或者说是弃除了人类心理的文化性质。像心理学早期的实验研究中，所运用的刺激是物理的刺激而不是文化的刺激，所着眼的反应是生理心理的反应而不是文化心理的反应。二是伪文化的研究，或者说是扭曲了人类心理的文化性质。像在心理学的一些研究中，仅仅把文化看作一种外部的刺激因素，或者说假定了人类心理的共有机制，文化的内容只是其千变万化的表面现象。这也是在心理学的研究中还原论十分盛行的一个重要原因，亦即把复杂多样的人类心理还原到了生理的甚至是物理的基础上。

显然，对心理学研究对象的理解应该和必须发生一个重要的改变或转折。那就不仅仅是把心理理解为自然的和已成的存在，而且是把心理理解为自觉的和生成的存在。如此看来，人拥有的心理就不仅仅是能够由研究者观察到的现象，而且是拥有心理的人自觉生成的生活。人的心理生活是通过心理的自主活动构筑的，也是人的心理自觉体验到的。这强调了人与其他自然物的不同，人的心灵具有自觉的性质，而其他的自然物则不具备这样的性质。其他的自然物只能成为研究者认识和改造的对象，而不能成为自己认识和改造的对象。心理生活是常人自主生成和自觉体验到的，它不仅可以成为研究者认识和改造的对象，而且可以成为生活者自己认识和改造的对象。

心理生活的生成历程实际上就是文化的生成历程，所以说心理生活具有文化的性质，或者说文化不过是心理生活的体现。当然，对于人类个体来说，作为人类生活产物的文化可以成为背景或环境。但是，无论是就人类整体而言还是就人类个体而言，脱离了心理生活的文化只能具有自然物理的属性，脱离了人类文化的心理也只能具有自然物理的属性。

二　研究方式的文化属性

由冯特开始，心理学从哲学中独立了出来，成为独立的实证科学门类。这是心理学发展的一个历史性进步。那么，在心理学诞生之后的相当长的时间里，心理学的一个主要奋斗目标就是科学化，也就是使心理学成为一门真正意义上的科学。心理学科学化的努力是以当时已有长足进步和取得了巨大成就的近代自然科学为楷模的。心理学家采纳了传统自然科学得以立足的理论基础，即物理主义和实证主义。

物理主义是有关世界图景的一种基本理解。物理主义的世界观把自然科学探索的自然世界看作由物理事实构成的，而物理事实也是可以由感官经验把握到的物理现象。物理主义理解的自然世界是按照严格的机械式因果规律运行的，自然科学所揭示的自然规律的普遍适用性是依据还原主义的合理性。这种物理主义的世界观伴随着近代的科学化的历程而得到了广泛的传播。这在物理科学之后发展起来的生物科学和心理科学中都得到了努力的贯彻，并体现为反活力论、反心灵论、反目的论的运动。

心理学科学化的努力也曾力求使心理学成为一门自然科学，它也采纳了物理主义关于世界图景的理解。因此，心理事实不过是一种物理事实，心理现象也在性质上类同于其他的物理现象。尽管心理现象具有高度的复杂性，但也仍然按照严格的因果规律活动。心理科学所揭示的心理规律的普遍适用性也是立足于还原主义，使心理规律的解释可以还原为生成心理的生理和物理的基础。这曾经在心理学中演变成清除非物理的意识论和清除非因果的目的论的运动。经典的行为主义心理学就是如此。

当心理学的科学化成了自然科学化，当自然科学化在于接受物理主义的世界观，心理学中就必然出现把人当作物来对待和把人的心理还原为生理或物理的研究倾向。显然，人的文化历史的存在和人的心理的文化历史属性就受到了排斥。心理学也正是靠排斥或跨越文化历史来保证自己研究的合理性和普遍的适用性。那么，这就使得心理学对科学性的追求和维护是以排除和超越文化为代价的。

心理学跨入了实证科学的阵营，但使心理学的研究忽视了人类心理的文化特性，也使心理学家忽视了心理学研究的文化特性。心理学常常是非常盲目地追求有关人类心理的普遍规律性，非常盲目地追求有关心理科学的普遍适用性。那么，心理学的研究方式就要面临着变革，这也是心理学现行科学观的变革。这种变革就体现在三个方面。

第一个方面是使心理学研究从对客观性的追求延伸到对真实性的追求。这也就是说，心理学的研究不仅要追求客观性，而且要追求真实性。人类心理的性质不在于它是客观性的存在还是主观性的存在，而在于它是真实性的存在。原有的研究仅仅是把物化或客观化看作真实的，其实这是对人类心理真实性的歪曲。从心理学研究对象的角度来看，心理的主观性或自觉性也都是真实性的存在，也都是真实性的活动。第二个方面是使心理学研究从对感官经验的普遍性的依赖延伸到对内省经验的普遍性的探求。人类心理的基本性质在于其自觉性，这涉及两个重要的问题。一是从研究对象的角度，心理的自觉活动是研究者的感官经验所无法直接把握到的。二是从研究者与研究对象不加分离的角度，心理都有内省自觉的活动，这种内省自觉的活动能否把握到心理的性质和规律。显然，心理的内省经验具有私有化的特征，换句话说，心理的内省自觉具有分离性和独特性。所以，关键在于探求和达到内省经验的普遍性。第三个方面是使心理学研究从以方法为中心转向以对象为中心。实证心理学曾以研究方法来取舍对象，甚至是以研究方法扭曲了对象。因此，心理学的研究必须以对象为中心。以对象为中心涉及如下两点：一是心理学的研究必须如实地揭示人类心理的原貌；二是心理学的研究必须从对象的独特性质引申出心理学的独特研究方式。方法是为揭示对象服务的。心理学研究的科学性不在于是否运用了实证的研究方法，而在于是否合理地确立了心理学的研究对象和研究者之间关系的性质，以及是否符合在此基础之上确立起来的研究规范。上述三个方面的转变，其实最终都体现为要重新理解和确立心理学的研究对象和研究者之间的关系。心理学现有的研究都是建立在研究对象与研究者分离的基础之上。这对于研究非心灵的对象来说是必要的和充分的，但对于以心灵为对象的研究来说可能就是不完备的或有缺陷的。那么，心理学的研究能否进一步建立在研究对象与研究者不分离的基础之上？以心灵为对象的研究无疑对科学的发展提出了挑战。中国本土的心理学传统可以为此提供重要的启示。当然，这样的工作是非常艰巨的。这也是心理学本土化所必须面临的任务，是当代心理学研究的文化学转向的核心部分。

三　研究领域的文化分支

文化心理学的研究是属于跨学科的和多学科的探索。这不仅是取决于文化心理的多样化的存在性质和多元化的表达形态，而且也是取决于关于文化心理研究的多视角的考察探索和多学科的研究取向。文化心理学的研究几乎是横跨了自然科学、社会科学、人文科学，等等诸多的学科门类和系列的科学分支。在文化心理学相关学科的研究领域之中，这就可以具体化到文化神经心理学、文化社会心理学、文化适应心理学、文化建构心理学、文化心理人类学、跨文化精神病学，等等一系列不同的学科分支。这些不同视角、取向、侧面、层面、内容、方式的关于文化心理的探索，组合成的就是文化心理研究和探索的系列化的学科群。从而给揭示和解释复杂和多样的文化心理，带来了系统化的和多元化的内容和内涵。文化心理学的探索展现了非常广阔的学术空间、思想视域、学科前景。这体现了文化心理学与不同的探索内容、与不同的学科门类、与不同的研究方式、与不同的生活应用，等等的非常紧密的和彼此互动的关联。文化心理学的研究是属于跨学科的和多学科的探索。这不仅是取决于文化心理的多样化的存在性质和多元化的表达形态，而且也是取决于关于文化心理研究的多视角的考察探索和多学科的研究取向。

文化神经心理学是一门新兴的交叉学科，是通过整合文化学、遗传学、文化心理学、神经科学，等的理论和方法，研究心理、神经、基因过程中的文化差异，并阐明这些过程及其突现性质之间的双向关系。有研究对文化神经科学的发展与未来进行了考察。研究指出了，文化神经科学研究文化价值、习俗、信念是如何塑造脑功能的，研究人脑的文化能力是如何产生并在宏观与微观的时间尺度上传递。文化神经科学在知觉、记忆、情绪及其社会认知等心理学研究领域取得了一系列重要进展。文化神经科学对于促进"科学"与"人文"两种文化的融合有着独特的示范意义，同时也有利于促进不同文化族群之间的交流和理解。[1] 文化神经科学，进而是文化神经心理学，是大跨度的跨学科研究和探索，是将自然与社会、大脑与文化、神经与心理，等等，都交叉和整合在了科学研究更为完整的框架和更为统一的路径之中。这不仅对于文化心理学来说是提供了一个全新的理论框架，而且也是为神经科学的研究提供了一个全新的发展路径。

文化社会心理学是从文化视角出发的社会心理学的探索。有研究是通过社会心理学的视域考察了文化的作用和影响。研究指出了，文化是思想和实践的知识传统。文化所具有的思想和实践是彼此关联的，并围绕着重要的主题而得到整合的，例如个体主义的和集体主义的主题，独立的自我与依附的自我的主题，等等。这被看作是系统的文化的观点。[2] 文化社会心理学的文化人类学和心理人类学的视角，所关注和涉及的核心概念包括：种族心理、民族心理、国民性格、人格模式、生活方式、代际差异。文化社会心理学关注和涉及的是文化的独特构成、独特产物、独特机制、独特发展。文化人格是与文化传统、文化体制、文化构成、文化规范、文化价值，等等相一致的人格模式、性格特质、行为习惯。人的存在就是文化的存在，个体也是文化的承载者和体现者，群体也是文化的实现者和创造者，其心理也就具有文化的性质。文化学的社会心理学所关注的就是文化传统、文化

---

[1] Chiao, J. Y. (Ed.) *Cultural neuroscience: cultural influences on brain function* [M]. New York: Elsevier, 2009. p. 17.

[2] Leung, A. K. Y., Chiu, C. Y. & Hong, Y. Y. (Eds.) *Cultural processes – A social psychological perspective* [M]. New York: Cambridge University Press, 2011. p. 4.

变迁、价值取向、行为规范、文化人格。文化传统是指社会文化的历史积累和历史传承。文化变迁是指或由于民族社会内部的发展，或由于不同民族之间的接触，而引起一个民族的文化的改变。价值取向是社会和文化的价值定位和价值赋予，这决定了社会中的成员的心理行为的定向和定位。某种价值观一旦对人的认知与行为具有经常的导向性，就称为价值取向。所谓价值取向，即价值标准所取的方向，也即价值的指向性。从价值观的角度，价值的指向性就是价值取向。无论是取向还是指向，其实质都是以谁为价值主体，并对价值主体的需要、目标和理想作何理解的问题。价值信念或价值取向组成一套互相关联的系统，则可称为价值体系。价值信念、价值取向和价值体系可统称为价值观。行为规范是社会、群体和个体的行为准则和行为标准，是社会生活、群体生活或个体生活中，对成员心理和角色行为的约束。文化人格则是指在文化塑造下的人的心理行为的稳定特征。

文化适应心理学则是伴随着文化开放、文化交流、文化互动，等等的人类活动而迅速发展起来的和不断加以扩展的探索研究。这有研究总结了文化适应的心理学研究。研究指出了，随着越来越多的心理学家开始关注主流文化群体之外的少数族群移民的心理健康状况，文化适应（acculturation）已成为跨文化心理学研究中最重要的领域之一。文化适应的过程，包括各种环境、文化、社会和心理的适应。个体从一种文化移入另一种文化时，会面临很多变化和冲击。第一，要面临日常生活环境的变化。第二，要面临文化的变化。新文化与传统文化对人们期望的行为和价值观是截然不同的，如美国文化强调个人主义和独立，而东方文化（如中国）则强调集体主义和相互依赖。第三，要面临多种社会变化，如先前建立的社会网络和人际关系要随之改变。[①] 有研究考察和探讨了文化适应心理学研究的困境与出路。研究认为，有关文化适应的研究，是始于上个世纪初期的美国。在美国这样一个多元文化并存的国家中，各个不同的文化群体在相互交往、相互融合的过程中，往往要面临着文化适应的问题，特别是主流文化

---

① 徐光兴、肖三蓉：《文化适应的心理学研究》，《江西社会科学》2009年第4期。

背景下的少数民族或弱势群体，其文化适应及心理健康的问题尤其突出。早期的文化适应研究主要由人类学家和社会学家所完成，一般探讨的是群体层面上文化特征的改变历程，即由于与发达文化群体进行接触，较原始的文化群体或是弱势群体改变其原有习俗、传统及价值观等文化特征的过程。之后不同的学科研究出现了进一步的分化，文化生态学重点关注人类社会群体与环境的适应关系，文化进化论强调纵向的"普遍进化"与适应机制，语言学家从双语和外来语的存在，考查群体成员间进行语言、文化接触的过程和结果。心理学家则注重个体在文化接触过程中文化认同、态度、价值观及行为等的改变，关注文化适应对个体心理过程的影响。[1] 文化适应心理学不仅成为一个重要的研究热点，而且也成为一项重要的研究课题。尽管这是在跨文化心理学的领域所分离出来的一个重要的研究分支，但是却很快就超出了跨文化心理学的研究范围，而成为文化融合、心理融合、行为融合的跨学科和多学科的研究领域。

　　文化建构心理学是将社会建构论确立为了自己的根基。哲学思想潮流之中的建构主义的兴起、演变和发展，给传统心理学所带来的是建构主义心理学、文化建构心理学，等等的新的突破，新的转换，新的探索，新的创造。这成为心理学新发展的新的思想基础，新的理论预设、新的学说建构。心理的存在就是社会的建构。传统心理学把认知、记忆、思维、人格、动机、情绪，等等心理现象，视为人体内部的一种精神实在，这些精神实在如同物质实在那样，简简单单的就在那里，正等待着研究者去认识和发现。传统心理学把知识归结为一种个体占有物的个体主义倾向，以及把知识的起源归结为外部世界的反映论观点，使得心理科学呈现出了下列的特点。第一，心理学追求的是自然科学的客观性、精确性，强调方法的严格性。第二，是从个体内部寻找行为的原因，试图超越历史和文化的制约性。第三，为了获得客观的结论，研究者力求摆脱价值偏见和意识形态的影响，努力做

---

[1] 岑延远：《文化适应心理学研究的困境与出路》，《西北师大学报》（社会科学版）2014年第1期。

到客观公正、价值中立。第四,也是最重要的,镜像隐喻(mirror metaphor)成为心理科学的根本隐喻(root metaphor),心理学家坚信,心理的内容来自于外在世界,心理学的真正知识是对精神实在的精确表征或反映。正因为如此,社会建构论心理学具有四个核心的理念,每个理念都代表着一个重要的思想层面,并以此构造出了社会建构论心理学的体系。一是批判,心理不是对客观现实的"反映";二是建构,心理是社会建构的产物;三是话语,话语是社会实现建构的重要媒介;四是互动,社会互动应取代个体内在心理结构和心理过程而成为心理学研究的重心。[①] 建构主义、社会建构主义,都是对本质主义的反叛。这也就是说,并没有所谓的先在的本质的存在,也没有普适性的关于研究对象本质的理解,一切都是建构出来的。那么,对于人来说,对于人的心理来说,也就并没有先在的人的本质,也没有先在的人的心理的本质,人、人的心理,都是建构出来的,都是社会建构的过程所形成的。这也就给心理学的发展带来了根本性的改观。

　　文化心理人类学的探索是从心理人类学的角度,探讨了文化理论的考察进展。研究指出了,在人脑与世界的关系中,文化所经历的是"内化"。这包括了人的认知活动,也就是怎样将个体的认知转换成为集体的认知,该过程就包括了关键的进化的构造,特别是语言沟通的能力,以及共有的意向性,这依赖于将他人理解为与自己一样拥有意向和目标。[②] 人类学的研究与心理学的研究有着重要的关联。两个学科的交流和汇聚也带来了新的分支学科的出现和发展。在人类学的分支中,心理人类学的研究为心理学提供了重要的学术资源。韩忠太等学者在涉及心理学与文化人类学的关系时谈到,心理学与文化人类学之间的互动使两个学科都得到了长足的进步,并分别在两个不同的领域形成两个新的学科,一个是民族心理学,一个是心理人类学。民族心理学采用文化人类学的观点研究心理学,心理人类学则用心理学的

[①] 杨莉萍:《析社会建构论心理学思想的四个层面》,《心理科学进展》2004 年第 6 期。

[②] Quinn, N. (Ed.) *Advances in culture theory from psychological anthropology* [M]. Macmilan: Palgrave, 2018. pp. 13–15.

观点研究文化人类学。① 有研究对心理人类学进行了探讨。研究特别通过本地生物学和心智中的文化,对种族进行了解释。进而,则是依据文化人类学、心理人类学、精神分析学、医学人类学、科学文化学的视角,去把握种族。种族具有的生理的和文化的差异被确立在了生物学的基础之上,并将其看成是种族的文化心理学的核心要素。在不同的地域,有不同的生物学,也就有着不同的关于种族的概念。② 文化心理人类学对于人类种族的文化心理存在、文化心理构成、文化人格形成、国民性格改变,等等的研究都带来了重要的影响。

跨文化精神病学揭示了、说明了和解释了,在不同的文化背景、不同的种族民族、不同的社会群体和不同的发展进程之中,精神病的发病、病因、病种、症状、治疗、预防,等等一系列相关的方面。这所考察的、比较的、揭示的和解释的,实际上是与特定的文化密切相关联的精神病的致病原因、诊断标准、具体症状、对待方式和治疗方法。这不仅成为精神病学发展可供借鉴的内容,而且也成为文化心理学进步可供吸纳的资源。有研究探讨了跨文化的精神病学。研究考察了移民、教养、代差,等等显现出文化差异的心理疾病,以及对于心理疾病的临床治疗。研究指出了,精神病学反映的是一个系统,在这个系统之中体现出来的是广泛流行的社会的、政治的和经济的结构。这成为重要的跨文化精神病学的背景。文化与心理病理学、文化与心理治疗学,等等都有着密切的和直接的关联。这其中就包括了在文化与病理之间所显现的文化的差异化,文化的特定化,文化的规范化,等等。③ 很显然的重心在于,精神疾患到不仅可界定为是生物意义上的疾患,也可界定为是心理意义上的疾患,还可界定为是文化意义上的疾患。

---

① 韩忠太、张秀芬:《学科互动:心理学与文化人类学》,《云南社会科学》2002 年第 3 期。

② Casey, C. and Edgerton, R. B. (Eds.) *A companion to psychological anthropology – Modernity and psychocultural change* [M]. Oxford: Blackwell Publishing, 2007. pp. 274 – 278.

③ Bhugra, D. and Bhui, K. *Cross – cultural psychiatry – A practical guide* [M]. London: Arnold, 2001. pp. 1 – 5.

对于文化心理学的研究来说，已经形成了和组合了一系列相关学科的学科群。学科群吸纳了不同学科研究中的相应资源，这成为了文化心理学研究的科学的和学科的强力支撑。这也预示了文化心理学本身的快速发展和走向繁荣的必然的和重要的趋势。伴随着学科的分化和细化，关于文化心理的研究和探索进入了跨学科和多学科的领域。从而，提供了更为多样性的和多元化的资源。

四　研究取向的文化多元

实际上，心理学的发展在当代还面对着多元化的文化。对多元文化的存在、对多元文化的价值的肯定和推崇，这就是多元文化主义的潮流。异质文化或不同的文化资源会给心理学提供什么样的发展根基，是心理学的研究者必须要面对的重大问题。单一文化霸权的削弱，多元文化格局的形成，必然会极大地影响心理学的发展、演变和未来。

20世纪60年代，多元文化的风潮、多元文化主义在美国、加拿大和澳大利亚等西方发达国家广泛兴起。在几十年的时间中，就迅速成为世界性的文化潮流、文化思潮、文化趋向。就多元文化兴起的背景而言，主要涉及以下几个重要的方面。首先，就在于种族的、民族的、国家的文化多样性迅速显露和快速发展。有研究指出，在过去的几十年中，世界范围内的现代化运动是最为显著的社会文化变迁。所谓现代化运动是由现代化理论所引导的。但是，有研究者在研究中却发现，经典的现代化理论有着一个非常致命的弱点，那就是对文化的多样性或对文化的多元性的忽视。应该说，人类文化的多样性与自然生物的多样性一样，对人类自身和人类社会的发展都是至关重要的。因此，为了人类社会的可持续发展，就应该在不同民族、不同文化相处时，倡导文化的多样性和文化的多元性的原则。① 其次，是民权运动在全世界范围内的广泛兴起，弱势的少数民族要求承认和争取平等的呼声日益高涨。最后，是世界范围内的种族和文化的同化政策普遍失败，种族纯洁与文化同质的建国理想破灭。

多元文化主义的兴起不仅是一种思想潮流，也被世界性组织落实为全球一种社会发展政策。1995年，联合国教科文组织的一个项目组完成了一个重要的文件：《多元文化主义——应对民族文化多样性的政策》。该文件对多元文化主义的开展进行了总体性评估。在同一年，世界文化与发展委员会提出了以多元文化主义作为处理民族文化多样性的基本原则。多元文化随后成为人们关注的重心和中心。1998年，在瑞典的斯德哥尔摩召开的"文化发展政策政府间会议"也认可了多元文化的原则。2000年，联合国教科文组织编写了《2000年世界文化报告》，集中地讨论了"文化的多样性、冲突和多元共存"。2001年，联合国教科文组织在巴黎举行的会议上，发表了《世界文化多样性宣言》，指出"尊重文化多样性、宽容、对话及合作是国际和平与安全的最佳保障之一"。2005年，联合国教科文组织第三十三届大会以压倒性多数通过了《保护文化内容和艺术表现形式多样化公约》（简称《文化多样性公约》）。公约确认了"文化多样性是人类的一项基本特征""是人类的共同遗产""文化多样性创造了一个多彩的世界"等一系列有关人类文化的基本理念，强调各国有权利"采取它认为合适的措施"来保护自己的文化传统和文化遗产。②

多元文化论或多元文化主义（multiculture）是流行于现代西方社会科学的一种文化潮流、一种文化转向、一种学术思潮、一种学术探求。所谓多元文化论强调的是文化的多样性，反对把欧美的白人文化看成世界文化强制统一的标准和唯一合理的尺度，反对单一文化的霸权，强调所有的文化群体和各种类型的文化价值观的多元性和平等

---

① 钟年：《不同民族不同文化的相处之道——现代化问题与文化多样性》，《世界民族》2001年第6期。
② 杨洪贵：《多元文化主义的产生与发展探析》，《学术论坛》2007年第2期。

性。所谓多元文化主义则是把文化的多元化存在和文化的多元化发展看作文化的历史进步和文化的演变趋势。多元文化的探索是把文化多元性的现实和文化多元性的原则体现和贯彻在了不同的学术领域和学术研究之中。

在当今世界的发展中，与经济全球化相对应的就是对文化多样性的强调，就是对文化多元性的认可。这已经成为文化发展和文化研究的一个十分重要的课题。文化的发展与进步导致的是文化多样性的现实和文化多元化的发展。对于许多研究者来说，全球的一体化和文化的多元化是现实发展的两极。这成为社会发展、科学发展，包括心理学发展所必须面对的文化现实。亨廷顿（Hwntington）指出，经济全球化和全球一体化正在接受文化多元化的挑战。文化的多样性实际上就是全球化过程的文化动力。[①] 当然了，也有研究者认为，亨廷顿的理论存在着多元文化主义的悖论。这是指既主张文化的多元性和文化是多元的，又认为文化的多元化是不可行的，是必须反对的。[②]

有研究者界定和区分了多元文化、文化多元主义和多元文化主义等概念，认为这三个概念既有联系，也有区别。[③] 所谓多元文化是人类社会生活中存在的一种客观事实，是当今世界各国业已存在的一种文化现实。特别是在美国这样一个多种族、多民族、多文化的社会之中，多种或多元的文化共同存在。那么，文化多元主义和多元文化主义则是指民族理论演进过程中，不同阶段的应对多元文化社会客观现实的两种不同理论思潮。"文化多元主义"是世界范围内对"美国化"的抵制，是对在不同文化传统中发展自身文化的呼声。文化多元主义反对贯彻文化的一元性，鼓励文化的多样性。在美国的社会中，则更为强调互不联系的不同社会集团的独特经历与贡献，更为强调移

---

① [美] 亨廷顿、佰杰等主编：《全球化的文化动力：当今世界的文化多样性》，康敬贻、林振熙、柯雄译，新华出版社 2004 年版。
② 黄力之：《多元文化主义的悖论——对亨廷顿理论的再评价》，《哲学研究》2003 年第 9 期。
③ 韩家炳：《多元文化、文化多元主义、多元文化主义辨析——以美国为例》，《史林》2006 年第 5 期。

民或少数族裔集团无法同化的部分，寻求和要求的是白人社会或欧洲文明内部各种文化之间的平等地位和价值。但是，这还没有或极少涉及那些处于人口少数地位的非白人民族集团文化和利益的问题。"多元文化主义"则不仅明确地认识到决定不同国度社会生活多元化的各种不同种族、族裔和文化集团的存在，还将这种多元文化之间的关系同引起社会变化的其他因素联系起来加以考察。

心理学中的多元文化论者认为，心理学就其本质来讲是西方主流文化的产物，因此，应该摆脱心理学对西方主流文化的单一依赖性，把心理学的理论和实践建立在多元文化论的基础上，建立一种多元文化的心理学。[1] 西方心理学中的多元文化论思潮被称为继行为主义、精神分析和人本主义心理学之后心理学中的第四力量，或心理学的第四个解释维度。[2]

心理学研究中，有所谓普适主义，也可称为通用主义。这是主张在心理学的研究中，寻求单一的研究原则和研究标准，追求普遍适用的方法和技术，强调对心理行为的唯一描述和解说。这成为心理学研究的支配性的与核心性的通则。那么，从反对心理学的普适主义出发，多元文化论的持有者和传播者也对西方心理学中的"民族中心主义的一元文化论"提出强烈的批评。认为民族中心主义的一元文化论显然是从自己的民族或种族的文化背景出发，以自身的标准衡量和判断来自其他文化条件下的人，这种"文化霸权主义"必然会扼杀本应丰富多彩的世界心理学。研究者也实际指出了，多元文化论的以文化为中心的观点，促进了心理学家对行为与产生这种行为的文化环境之间的关系的认识，促使心理学家重视行为同本土文化关系的研究，强调心理学研究要紧密联系本土文化的实际，考虑本土文化的特殊需要，研究本土特殊文化条件下的人的心理特征等。这就有助于心理学同社会文化之间建立紧密联系，对于心理学在世界范围内的发展是有

---

[1] 叶浩生：《关于西方心理学中的多元文化论思潮》，《心理科学》2001 年第 6 期。
[2] Pedersen, P. (Eds.). *Multiculturalism as a fourth force* [M]. Washington, DC: Taylor & Francis, 1999. p. 429.

着积极意义的。①

有的研究者认为，无论是单一的西方文化或单一的东方文化都无法独立地解决目前心理学所面临的问题，这就必须在全球化与本土化互动之间重新建构一种多元文化的现代心理学观。② 一是西方科学心理学已经面临重重危机，从其文化自身内部无法根本地加以解决，一些西方心理学家也已明显地意识到这一问题，开始关注文化的影响。二是心理学本土化运动的兴起既是对西方科学心理学的反叛，但更是一种启示和补充。三是全球化时代的到来使不同文化之间的交流成为可能，为建构多元文化的现代心理学观提供了历史的契机。但是，与此同时也出现了一些新的问题，这些问题用单一文化已经很难加以解释。例如，有关移民的文化适应问题。因此，就非常迫切地需要一种多元文化的心理学观。四是后现代思潮和多元文化论的影响。后现代心理学秉承后现代的思想精神和理论精髓，试图"解构"现代科学心理学的"中心化"地位和"合法性"身份。倡导从文化、历史、社会和环境等方面考察人的心理和行为，提倡研究视角的多样化和研究方法的多元化，反对把西方白人的主流文化看成唯一合理和正确的，强调所有的文化群体和各种类型的文化价值观的平等性。这些观点为建构一种多元文化的心理学观提供了理论上的支持。

在有的研究看来，多元文化论与本土心理学是完全可以在人类心理学的理论前景中相遇的。③ 至少包含三种历史的和逻辑的根源。第一，多元文化论与本土心理学都是心理学文化转向的组成部分；第二，本土心理学尚缺乏坚实的理论基础，多元文化论则缺乏现实的知识支撑；第三，文化的特殊性与文化的多样性之间的内在逻辑关联，将多元文化论与本土心理学变成了一个问题。它们不得不面对根本上相同的问题。这一问题表达为互相牵制的两个方面。一方面，心理学

---

① 叶浩生：《关于西方心理学中的多元文化论思潮》，《心理科学》2001年第6期。
② 陈英敏、邹丕振：《在全球化与本土化之间：建构一种多元文化的现代心理学观》，《山东师范大学学报》（人文社会科学版）2005年第3期。
③ 宋晓东、叶浩生：《本土心理学与多元文化论——在人类心理学理论前景中的相遇》，《徐州师范大学学报》（哲学社会科学版）2008年第1期。

必须同时考虑多元化、多样化的文化现实，因而不能陷入任何形式的文化中心主义。另一方面，心理学必须面对和表达文化的特殊性，即必须能够居于特定文化的主位立场。这两个方面的辩证统一，逻辑地要求某种"去文化"的多元文化论立场。对于本土心理学来说，这种立场意味着多元理论的文化基础；对于多元文化论来说，这种立场则是知识学的具体途径。正是在这个意义上，所谓"去文化"的多元文化论，可能意味着心理学中某种研究范式或知识类型的转移。

其实，在心理学的研究中，多元文化主义心理学的出现和滥觞，给心理学发展和演变带来一个重要的转机和提示。心理学的发展也就不再是具有唯一标准和唯一尺度，也就不再是具有唯一根源和唯一基础。把多元文化纳入心理学的研究视野，多元文化就会成为心理学的研究基础。把多元文化汇入心理学的研究内容，就会在各个层面或侧面改变心理学的实际研究进程。这在心理学研究中凸显的是文化的存在，是文化的功能，是文化的性质，是文化的价值。

第三章　从文化人格到文化自我[*]

心理人类学是心理学与人类学之间的跨界学科。文化与人格的研究一直是心理人类学的主题，但近些年来，这一主题发生了改变，文化与自我的研究开始占据了重要的地位。这一研究重心的转移不仅加深了对人类文化环境、人类心理行为，以及对两者之间相互关系的理解，而且开启了许多新的研究思路，涌现了一些新的理论探索。文化与人格之间关系的探索强调了文化对人格的塑造和决定，文化与自我之间关系的研究则强化了自我对文化的理解和把握。

一　文化与人格的文化决定论

人类学和心理学的前期研究中，许多人类学家和心理学家受到了达尔文（C. R. Darwin）生物进化论和弗洛伊德（S. Freud）生物本能论的影响。他们普遍认为，人类种族的发展是从原始形态到现代形态的单程进化，这是种族生物遗传特征的变化而导致的对环境适应能力的提高，就像个体的生理发育所构成的发展一样。显然，文化的异质性被忽略了。人类个体的人格则是根源于生物本能，文化不过是生物本能寻求满足的副产品。

美国文化人类学之父博厄斯（F. Boas）首先对进化论式的人类学研究提出疑问。他对生物决定论的怀疑首先来自对因纽特人与花库弗岛瓦奎特印第安人的研究。在《原始人的心理》一书中，博厄斯谈到

---

[*] 原文见葛鲁嘉、周宁《从文化与人格到文化与自我》，《求是学刊》1996年第1期。

决定人类行为习惯的不是遗传因素，而是文化因素。① 以印第安人为例，白人文化的入侵，部落生活的解体，不能不导致他们的后代与其祖先相比在心理上产生这样或那样的变化。博厄斯认为，人类之所以有各种不同的行为模式，不是由其生物特性决定的，而是由各自独特的文化背景决定的。博厄斯明确提出了文化决定论。

博厄斯学派通过对弗洛伊德的批判研究，去除了弗洛伊德的泛性论与生物决定论，强调文化对人格的决定作用。从此，文化决定论便具体化为文化决定人格论。博厄斯学派认为，通过对文化决定人格的研究，可以解释不同的社会行为模式，使文化与社会行为真正结合起来。为此，他们做了大量的实地调查研究。博厄斯的两位女弟子米德（M. Mead）和本尼迪克特（R. Benedict）收集了翔实的第一手材料，为文化决定论提供了证据。

本尼迪克特否定了生物决定论，她指出，建于由环境或人类自然需要所提供的暗示之上的人类文化制度，并不像我们易于想象的那样与原始冲动保持着密切联系。② 她认为人的行为是由文化决定的，个人与社会并不是弗洛伊德宣称的那样水火不相容。个体在其特定的文化背景下被塑造成具有特定文化性质的存在物。每一种文化不过是所有文化中的一小节。每一种文化都有其特殊的选择，这种选择在其他的文化看来可能是荒谬的或怪诞的。例如金钱，在一种文化中是最基本的价值，在另一种文化中也许就意识不到它的价值。文化给个人提供了生活的素材，个人正是被局限在这种素材中发展。在长期的生活过程中，形成了符合自己文化特点的人格特征。本尼迪克特的研究发现，不同部落的不同文化类型造就了不同的人格差异。新墨西哥州的祖尼印第安人属于日神型人，他们节制、中和，热衷礼仪以及个性淹没在社会之中。温哥华岛上的夸库特耳人则属于酒神型人，他们偏爱个人竞争，自我炫耀，嗜好心醉神迷，以财富的积聚来衡量社会地位，粗暴、富于攻击性，不择手段来追求优越性。本尼迪克特还进一

---

① Boas, F., *The mind of primitive man* [M]. New York：Macmillan. 1938.
② ［美］本尼迪克特：《文化模式》，王炜译，华夏出版社1987年版。

步指出，不同社会中的价值标准是不同的。同性恋在某一种文化中是严格禁止的，而在另一种文化中却是非常合理正常的。不同的文化背景对正常与异常行为的判断标准显然是不同的。本尼迪克特明确地把文化与人格的研究结合起来了。

米德进一步拓展了文化与人格的研究。博厄斯曾和米德共同制订了调查"生物学上的性成熟与文化形态的相对力量"的专门计划，试图寻找更多的证据来证明文化对人格的塑造作用。米德调查了萨摩亚人的青春期问题。1918年《萨摩亚人的青春期》一书出版，副标题是"为西方文明所作的原始人类的青年心理研究"。这本书全面阐述了文化塑造人格的思想。从此，文化决定论广泛地为人类学和心理学的学者所接受。

对西方人来说，青春期是一个动荡不安的"危险"时期。青少年迅速进入性成熟，可心理承受力相对较弱，面对不同的角色转换和各方面的压力，易于冲动，富于反叛精神，对权威充满怀疑。这是人生最容易"走火入魔"的阶段。米德通过对南太平洋波利尼西亚群岛的萨摩亚人的调查发现，萨摩亚人的青春期并未出现上述的特点。相反地，那里的女孩度过的是一个毫无生活情趣、安静而无骚动的青春期。由于没有父母的约束，没有因性的困惑而产生的闷闷不乐，因此丝毫没有西方社会所见到的那种紧张、抗争和过失。在萨摩亚人的社会中，青春期本身没有被社会所重视，社会的态度或期待也没有发生变化。青春期不仅未经任何仪式在文化上被忽视了，在孩子的情感生活中也毫无重要性而言。因此米德指出，青春期只是一个文化意义上的事实。生理上的共同变化并不能得出同样的结果，可由文化的差异给出不同的青春期定义。

米德还通过对三个原始部落的性别与气质的研究，进一步指出性别与气质同样是文化的产物。在此之前，关于性别角色及其差异的最流行观点是由弗洛伊德提出的。他认为，男女不同的心理状态、行为模式是男女不同的生理解剖特征所决定的。米德在调查了新几内亚的三个原始部落后发现，那里的性别差异与西方社会不同。三个部落彼此间也是有差异的，尽管部落之间是相邻的。阿拉佩什人无论男女都十分顺从,攻击性极低。蒙杜古马人的男女则都冷酷残忍,带有强烈的攻击性。德昌布利人的男女角色恰恰相反,女人在经济生活中占统治地位,而男子很少有责任心,多愁善感,依赖性极强。

米德的研究有力证明了文化对人格的塑造作用。她在《性别与气质》一书中写道:人类的天性是那样具有可塑性,可以精确地,并有差别地应答周围多变的文化环境的刺激,性别之间的标准化的人格差异也是由文化监制的。每一代男性与女性都要在文化机制的作用下,适应他们所处的文化环境。①

博厄斯学派全面阐述了文化对人格的塑造作用,开辟了心理人类学研究的新领域。文化人类学注重对文化制度的研究,但忽视了文化主体的研究,而心理学只注重个体的研究,却忽略了文化背景的作用。博厄斯学派则试图弥补两方的不足,把文化与人格结合起来。但是,博厄斯学派的理论并没有解决好文化与人格的关系,没有真正使二者有机结合起来。首先,文化决定论一味强调文化对人格的塑造作用,描述不同文化塑造出各自独特的人格特征。在逻辑上,已经把人格假定为文化的产物,人格是被动地由文化塑造出来的。文化与人格的关系是因与果的决定关系,是决定与被决定的单向关系。其次,文化决定论把文化与人格割裂开了和抽象化了,把二者仅仅外在地对应起来,缺乏对二者具体内容的分析,也没有对二者之间具体过程的解释。

二 文化与人格的交互作用论

精神分析人类学的代表人物林顿(R. Linton)和卡丁纳(A. Kardiner)都意识到了博厄斯学派在理论上的缺憾,并试图进一步努力,使文化与人格有机地相结合。他们提出了文化与人格交互作

---

① [美]米德:《性别与气质》,宋正纯、吴安其、傅东起等译,光明日报出版社1989年版。

用的理论，不仅强调文化在人格形成中的作用，而且重视人格在文化创造和变迁中的作用。他们对文化影响的分析主要着眼于决定个体童年早期经验的养育方式，他们对个体人格的分析，主要着眼于受文化影响而共同形成的基本人格类型或基本人格结构。

由于受精神分析的影响，林顿与卡丁纳都认为，童年期的经验对人格有着持久的作用；具有相同经验的个体，倾向于发展相同的人格。基于这点，林顿认为，一个社会所有成员由于共同的早期经验的影响，形成了一种共有的人格类型，即"基本人格类型"。基本人格类型是文化的产物，不同的文化背景下有不同的基本人格类型。但是，基本人格类型仅仅是个体人格的构成部分，而不是全部。否则，一个社会中的所有成员都将是同一个模子里铸出来的。林顿认为，基本人格类型为个体人格的发展提供了一种普遍的趋势，一种投射系统。个体正是在这种共同趋势的影响下，为了适应其在社会系统中的特定位置，形成了一种相同的理解事物的趋势，有相似的价值体系与情感反应。文化通过基本人格类型塑造着并控制着建立在社会生活基础上的个体兴趣与活动，赋予它们特定的文化意义。

同时，基本人格类型并不完全决定个体人格，它只为个体提供了一种共同的发展趋势和相同的投射系统，即基础价值与态度。个体通过这种投射系统，以不同的行为方式来表现文化。林顿还进一步认识到："文化只对那些拥有和参与社会活动的人才有意义，所以文化的各种性质都来自社会成员的人格与活动。每一个体的人格都是在与其文化的持续联系中发展和产生作用的，所以，人格影响文化，文化也影响人格。"[1] 个体通过基本人格类型赋予的投射系统，以各自不同的方式赋予文化以现实意义。这样，林顿的整个思路在于，文化塑造了基本人格类型，并通过它来影响个体人格。但基本人格类型又不完全决定个体人格，只是提供了一种发展趋势。文化正是由个体人格表现出来，个体人格通过基本人格的投射系统，以不同方式影响文化。这样，文化与人格构成了交互作用的关系。

---

[1] Linton, R., *The Study of Man* [M]. New York: Appleton, 1936. p. 464.

当然，卡丁纳对文化的论述更为细致。他采用风俗的概念来说明文化，把风俗又进一步区分为初级风俗和次级风俗。初级风俗指儿童出生时所面临的最基本的行为规则总和，它是形成个体基本人格结构的文化基础。次级风俗是个体基本人格结构的投射物，包括宗教信仰、神话传说等。卡丁纳在个体人格中区分出了基本人格结构，用来指同一风俗中每个个体都具有的共同的心理丛或行为丛的集合。[1] 在初级风俗的影响下，形成社会个体相似的早期经验。相似的早期经验构成基本人格结构。基本人格结构成为个体适应外部世界的有效工具，并成为次级风俗的心理基础。那么，不同的社会风俗就会造就不同的基本人格结构。卡丁纳通过对马克萨斯文化等不同文化形态的考察证实了这一点。

显然，在卡丁纳看来，个体的基本人格结构是现存风俗塑造的结果，反过来，已形成的基本人格结构决定个体对周围事物的反应，从而导致现存风俗的改变或新风俗的创造。卡丁纳认为，文化风俗与个体正是通过基本人格结构来发生双向作用。具体地说，初级风俗产生心理丛，从而引起个体的需要和紧张，个体的基本人格结构由投射出的次级风俗来描述个体的需要并缓解紧张。

林顿与卡丁纳在理论上已经超越了文化决定论，他们不仅考虑到了米德和本尼迪克特反复论证的文化的决定作用，还注意到了个体对文化的影响，并在理论上作了论证。基本人格的确兼顾了文化与个体两者，在一定程度上还把文化引入了个体内部来考察。但是，这仅仅是一个开端，并没有得到深入的研究。

精神分析的人类学理论虽然强调了文化与人格的交互作用，但还是存在严重的不足或缺陷。林顿和卡丁纳的理论仍然在很大程度上受到弗洛伊德经典精神分析理论的影响。首先，他们在基本人格的形成上都过分重视童年早期经验。文化对基本人格的构成作用在童年早期就已经完成，这无疑忽视了个体日后的社会化。文化的决定还是外在

---

[1] Kardiner, A., *The individual and his society* [M]. New York: Columbia university Press, 1939. p. 12.

的和先在的，而不是个体的主动掌握。精神分析人类学的另一位学者杜波依斯（C. Du Bois）看到了这一点，他坚决反对把基本人格视为童年经验的产物，并提出了"众数人格"的概念。众数人格是"由生理与神经因素决定的基本倾向和文化背景决定的人类的共同经验交互作用的产物"。① 其次，林顿和卡丁纳认为，形成于童年早期的基本人格类型或结构，成为个体日后潜意识的支配力量。正如卡丁纳所说，基本人格结构可以经由宗教信仰、神话传说等投射出来，这无疑忽视了个体意识经验的地位和作用。文化的影响虽然被引入个体的内在心理，但却是潜意识的存在，是被推断出来的，或是被抽象出来的，这在某种程度上脱离了人的经验意识的现实。显然，要想真正地理解文化背景与个体心理的内在关联，就必须开辟新的思路。

三 文化与自我的自主决定论

涉及人与文化，人的心理意识的主动性和完整性就应该成为人理解文化、掌握文化乃至创造文化的内在根据。随着文化人类学的研究进展，一些研究者开始更多地从文化主体的角度来看待文化的性质、地位和作用。20世纪60年代兴起的符号人类学和认知人类学就体现了这种从文化主体的内在心理意识入手的研究方向。②

符号人类学从符号出发，认为符号是意义的浓缩形式。符号是文化的载体，包含着特定的意义，社会成员是通过理解符号所含的意义来理解文化的，从这个意义上讲，文化是社会成员对符号做出的某种解释，符号人类学关心的是符号如何作为文化的载体来表达意义的，试图找出一种内在的符号结构。他们反对孤立地研究符号，而是试图在行为情景中通过对符号的研究，来发现符号是如何相互结合形成体

---

① Du Bois, C., *The people of Alor: A social - psychological study of an East Indian island* [M]. Minnesota University Press, 1944. p. 3.

② 王海龙、何勇：《文化人类学的历史导引》，学林出版社1992年版。

系以及符号如何影响社会行为者觉察世界、看待世界和思考世界的。

认知人类学认为，文化不是那些制度和事物，也不是人的行为和情感。文化是人脑中的组织原则，即文化不过是人脑的产物。文化存在于文化所有者的头脑中，每个社会成员的头脑中都有一张"文化地图"。正是这张"文化地图"把社会成员组织在一起，每个成员才有可能交流往来。每一个社会成员都依照"文化地图"对自己的文化做出各自的理解。文化离开了文化主体，便失去了意义。认知人类学正是基于这种假设，把研究重点放在文化地图上，力图揭示文化主体组织和理解文化的原则。

可以看出，符号人类学和认知人类学有一个共同之处，即都从个体内部来考察文化，强调个体对文化的理解。这表明，文化人类学在向文化主体倾斜。这样的倾向也体现在了心理人类学的研究中，其研究重心开始从探讨文化与人格的关系转向探讨文化与自我的关系。甚至有的研究者提出要以文化与自我的研究替代文化与人格的研究。[1]

美国哲学家和心理学家詹姆士（W. James）、美国哲学家和社会心理学家米德早就考察过人的自我。实际上，人格和自我是从不同的角度说明人的心理构成的概念。人格更多的是指心理行为特征的集合或内在心理稳定的结构。自我更多的则是指心理意识的动态活动，突出的是其主动性、整体性和创造性。米德创立了符号互动的理论，阐述了自我是如何在符号互动的过程中形成和发展的。[2] 后来的研究者对此进行了扩展，认为符号系统是文化的构成，文化的差异显然会通过互动过程影响到自我。

马塞拉（A. Marsella）等人于1989年主编出版了《文化与自我》一书，汇总了有关文化与自我的研究。这些研究者通过跨文化的比较，特别是对东西方文化的比较，考察了自我在不同文化中的差异。他们指出，自我是"一个在一定社会文化结构中不断进行调节以寻求

---

[1] ［美］马塞拉等：《文化与自我》，九歌译，江苏文艺出版社1989年版。
[2] ［美］米德：《心灵、自我与社会》，九歌译，上海译文出版社1992年版。

心理平衡的系统"①。自我不是固定不变的，而是构成性的和动态的，始终处在与外界互动的状态之中。对于每一个体来说，这都不是固定的实体，而是呈现一种动态平衡状态。每一个人都在寻求维持心理和人际平衡的满意水平。人的自我是以一种开放的形式与文化发生作用的，文化不断持续地作用于自我，而自我经过对文化的理解再现或再造文化，从而影响或改变文化的某些方面。从这个意义上讲，文化与自我的研究避免了文化与人格的研究的主要缺陷。

显然，文化与自我是相互依赖的关系。文化不是外在于人的存在，而是通过人展现出来的。一个社会的文化，不取决于文化的抽象意义是什么，而取决于社会成员对文化的理解和解释。同样，人的自我也不是独立于文化的存在，而是通过文化形成和发展起来的。

自我的实际构造和活动是因文化而异的。在不同的文化中，人的自我构造就会不同。马库斯（H. R. Markus）和吉塔雅玛（S. Kitayama）在其《文化与自我——对认知、情绪和动机的含义》一文中，就指出了西方文化和非西方文化中的自我构造是不同的。这会影响或决定个体的意识经验，包括个体的认知、情绪和动机。② 他们把西方文化中的自我构造称为"自我的独立构造"，将非西方文化中的自我构造称为"自我的相互依赖构造"。在许多西方文化中，信奉的是个人的独立，即独立于他人和确定自己。为达成这一文化目标，个体就要使自己立足于自身的思想、感受和行动。在许多非西方文化中，强调的是人与人彼此的相互联结和相互依附。体验到相互依赖会使个体把自己看作包容性社会关系的一部分，并使自己立足于关系中的他人的思想、感受和行动。

在对文化与自我的探讨中，人们应该认识到，文化并没有直接给定人的心理生活。人的心理生活是自我构筑的。这种自我构筑在于对自身心理生活的了解和解释。当然，文化本身也延续着对人的心理行

---

① ［美］马塞拉等：《文化与自我》，九歌译，江苏文艺出版社 1989 年版。
② Markus, H. R. & Kitayama, S., *Culture and the self*: Implications for cognition, emotion and motivation [M]. Psychological Review, 1991 (2). pp. 224–253.

为的基本假定和说明。这即心理文化,是自我构筑内心生活的文化基础。自我所认定的心理生活是什么样式的,它就会构筑相应样式的心理生活。英国学者希勒斯和洛克在其主编出版的《本土心理学——自我人类学》一书中,就于包罗甚广的文化里,区分出了一个重要的构成部分,这就是有关人类心理的假设、理论、观点、猜想、分类和体现在习俗中的常识。这些本土的心理学涉及的是人的本性及其人与世界的关系,包含着对人的感受和行动方式及人怎样在生活中寻求幸福和成功的告诫。① 希勒斯还强调了本土心理学在人类生活中的重要地位和作用。他指出:"本土心理学事实上是必要的,这在于实现其三个相互关联的功能:维系内在的'自我',维系涉及社会文化的自我,使社会文化习俗得以运转。"②

实际上,自从有了人类和有了人类的意识开始,人就有了对自身心理行为的直观理解和解释。这作为心理文化而积淀下来和传承下去。任何不同的种族和文化,都会有其对心理生活的不同理解和解释,即拥有植根于本土文化的心理学传统。本土的传统心理学可以有两种存在水平,即常识心理学的水平和哲学心理学的水平。③ 社会个体可以通过日常的交往活动和特定的精神修养来掌握本土的心理学传统。个体自我可以依此来理解、解释和构筑自己的心理生活。

对文化与自我的深入考察,带来了对本土文化中的独特心理学传统的关注和研究。例如,对东方文化特别是中国文化中的心理学传统的探索已在不断扩展和深入。中国文化中的哲学心理学不仅给出了对人的内心生活的理论说明,而且给出了提升精神境界的修养方式。这强调的是达于无我、大我或真我的自我状态,指出了内心自我超越的精神发展道路。中国文化中的民俗心理学是在文化习俗中表现出来的常识心理学,它规范和制约着社会民众的日常生活,包括怎样获取内

---

① Heelas, P. & Lock, A., *Indigenous psychology – The anthropology of the self* [M]. New York: Academic Press, 1981.
② Heelas, P. & Lock, A., *Indigenous psychology – The anthropology of the self* [M]. New York: Academic Press, 1981.
③ 葛鲁嘉:《本土传统心理学的两种存在水平》,《长白学刊》1995 年第 1 期。

心的快乐和幸福，怎样处理人际恩怨，怎样形成满意的人际关系，怎样把握自己的未来和命运等。探讨本土的心理学传统，展示了特定文化背景中的人的心理生活，展示了心理学理解、解释和构筑心理生活的特有方式。这无疑会给实证的科学心理学带来有益的启示。①②

总之，心理人类学的研究重心从文化与人格转向文化与自我，体现了如下两点。首先是人类文化的回归，亦即从立足于文化，通过文化来看人，转向立足于人，通过人来看文化。文化不再是一种外在于人的抽象存在，不再是从外部对人的塑造和控制，而是人的创造、人的自我决定。其次是日常生活的凸显，亦即从立足于人的抽象人格，转向了立足于人的日常心理生活。人的心理生活是人最直接的现实体验，它可以是人主动构筑的。人对自身的心理生活有什么样的把握和理解，也就会构筑什么样式的心理生活，而这种把握和理解则有其文化的传承。上述两点，对于全面、探入地理解文化与人、文化与人的心理生活的关系，具有重要的学术和生活意义。

---

① 葛鲁嘉：《本土的经验心理学与实证的科学心理学的分野》，《吉林大学社会科学学报》1993年第5期。

② 葛鲁嘉：《本土的传统心理学与实证的科学心理学的关联》，《吉林大学社会科学学报》1994年第2期。

第四章　超个人心理学文化超越[*]

超个人心理学（transpersonal psychology）是 20 世纪 60 年代末期兴起和形成的西方心理学派别，是立足于人文立场的西方非主流心理学。超个人心理学在自身的发展过程中，突破了西方实证心理学的界限，扩展了心理学的研究对象，拓宽了心理学的研究方式，洞开了与东方智慧沟通的门户，从而实现着对西方文化的超越。

一　西方和东方文化的交汇

超个人心理学是从人本心理学的发展中分化出来的。所以也被看作人本心理学的后代子孙。人本心理学对人、人性、人的潜能、潜能的实现、人生的价值、心理的成长、内心的体验等的探索，着眼的是个人，是个人的自我，是自我的实现。但是，当人本心理学家涉及个人获得充分的发展，达到高度的自我实现，成就丰满的人性等问题时，便会发现这时的个人已经在消除自我与身体、心身统一体与所处的世界之间的界限。这说明，个体能够超越自己，与更大的整体相体认、相融合，并可以得到超越带来的种种美好、高尚、圣洁、完善、永恒、极乐的体验。

马斯洛对人类的优秀分子的考察和对个人的自我实现的研究，已经发现了超个人的倾向。他在逝世前不久，也在人本心理学的发展中看到了超个人的走势。他较明确地区分出了超个人的研究，并将其命

---

[*] 原文见葛鲁嘉《超个人心理学对西方文化的超越》，《长白学刊》1996 年第 2 期。

名为"第四种势力"或"第四种思潮"(fourth force)。他提到:"我认为,人本主义的、第三种力量的心理学是过渡性的,是向更高的第四种心理学发展的准备阶段。后者是超个人的,以宇宙为中心,而不是以人的需要和兴趣为中心。超越人性、超越自我同一性和自我实现等概念。……没有超越,不能超越个人,我们就会成为病态的、狂暴的和虚无的,或者成为绝望的、冷漠的。我们需要某种'大于我们的东西'作为我们敬畏和献身的对象。"①

超个人心理学的兴起反映了学术研究的兴趣变化,也反映了现实生活的迫切需要。实证心理学开始于对意识的研究,但由于从近代自然科学借用了不适当的研究方式,使早期的意识心理学归于失败。行为主义的做法是强化由自然科学借用来的研究方式,但放弃以意识作为心理学的研究对象。这使实证心理学在很长时间里,无力涉及那些重大的人类意识问题。人本的和存在的心理学又使对意识的研究回到了中心的位置,并且使心理学又重新成为关于意识的科学。他们又回到了那些基本问题上,心灵是怎样活动的?人的意识都有哪些主要的维度?意识是个人的还是宇宙的?有什么方法可以扩展人的意识?许多研究又开始关注起那些被心理学研究领域所抛弃的意识现象,如转换的意识状态、宗教的意识体验等。

超个人心理学的兴起不仅是学术研究的兴起,而且是现实生活的需要。20世纪中期,西方文化正处于危机之中,西方社会笼罩在核毁灭、环境污染、生态失衡、种族冲突、价值瓦解、理想泯灭的阴影之中,造成这一切的根源,实际上正在于人自身。人了解的最不够的也是他自己,而心理学则是人理解自己和解救自己的钥匙。尽管实证心理学在短短的历史中取得了巨大的进步,但与了解人的现实需要相比,实证心理学还处在非常幼稚的阶段。现今的心理学还不足以为解决人所面临的大问题提供有效的解释和抉择。"如果我们没有构造出一个合适的心理学,那我们就永远不会构造出一个美好的世界。"② 因

---

① Maslow, A. H., *Toward a psychology of being* [M]. Prineceton, NJ: Nostrand. 1968.
② Tart, C. T., *Transpersonal psychologies* [M]. New York: HarperandRow, 1975. p. 4.

此，超个人心理学也就应运而生，顺势而长，并试图更有效地参与到人的生活之中。

超个人心理学也是西方的科学心理学与东方的传统心理学努力结合的产物。正如超个人心理学家塔特所指出，西方的科学心理学有它的文化局限性，使之无法适当地涉及人的精神方面，即人的潜能的巨大领域，它关系到对终极目的、上帝存在、生命意义、慈悲仁爱等的体验。西方科学心理学的不适当性的原因之一，是其从近代自然科学中接受的物理主义的观点。物理主义对于发展物理科学是十分成功的，但对于促进心理科学则并不是成功的。东方的传统心理学，像禅宗心理学、道家心理学、瑜伽心理学等，都是拥有悠久历史又解决精神问题的知识体系。在这些知识体系中，就包含着对超越自我的意识和体验的论述和实践。塔特便指出："如果我们运用传统的超个人心理学作为灵感的来源，既不是毫无批判地接受它们，也不是不假思索地排斥它们，那我们就将有一个良好的开端去发展我们自己本土的超个人心理学。"[①]

正如林方所说：超个人心理学家的研究目的是要把西方的科学和东方的智慧结合起来，用西方的心理学概念和实证方法研究东方的意识观和意识训练所提出的深邃问题。[②] 因此，超个人心理学是产生于西方和东方文化彼此的交汇和交叉，也是产生于科学和人本彼此的交汇和交叉。

二 个体和整体存在的融合

从人本心理学中分离出来的超个人心理学，1969 年创办了《超个人心理学期刊》，后来又成立了超个人心理学会。该学会目前正力图加入美国心理学会（APA），希望成为其中一个分会，以获得美国

---

① Tart, C. T., *Transpersonal psychologies* [M]. New York: Harper and Row, 1975. p. 5.
② 林方：《心灵的困惑与自救》，辽宁人民出版社 1989 年版。

心理学界正统势力的承认。苏蒂奇（A. Sutich）曾经是人本心理学学派创办期刊和创立学会的马前卒，后来他又成为超个人心理学的急先锋。他在《超个人心理学期刊》创刊号上，对超个人心理学进行了定义。超个人心理学是一个称号，一组心理学家和来自其他领域的专业人员把这个称号赋予了心理学领域中的一个新出现的力量，他们感兴趣的是那些终极的人的能力和潜能，而这在实证的或行为的理论中（第一种力量），在古典的精神分析理论中（第二种力量），在人本心理学中（第三种力量），都没有得到系统的考察。新出现的超个人心理学（第四种力量）特别关注对成长、个体和种族的超越的需要、终极价值、统一的意识、高峰体验、存在价值、出神入化、神秘体验、敬畏、存在、自我实现、本质、极乐、惊叹、终极意义、超越自我、精神、一体性、宇宙意识、个体和种族的协同、最高的人际知遇、日常生活的神圣化、超越的现象、宇宙的自我幽默和嬉戏，对最高的觉知、反应和表达，对相关的观念、经验和活动等的实证的和科学的研究，以及认真地贯彻实施其研究发现。[1]

从兴起到今天，超个人心理学已经得到了重大的发展，已经取得了重要的成果，也已经运用到了许多重要的人类生活领域。许多超个人心理学家又陆陆续续对超个人心理学进行了多方面的阐述。拉乔依（D. H. Lajoie）和夏皮罗（S. I. Shapiro）曾对1968年到1991年期间的超个人心理学的定义进行了总结，列出了40个定义。这些定义大同小异地说明了超个人心理学的研究领域和学科特点。他们自己最后给出了一个要更为简明和清楚的定义："超个人心理学关注对人性的最高潜能的研究，关注对一体的、神圣的和超越的意识状态的认识、理解和实现。"[2]

超个人心理学所涉及的内容领域或范围主要包括，注重超越自我和超越个人，追究人的终极潜能和潜能实现能达到的最高境界，探讨

---

[1] Sutich, A. J., "Some considerations regardingtranspersonalpsychology" [J]. *The Journal of Transpersonal Psyehology*, 1969 (1). pp. 15 – 16.

[2] Lajoie, D. H. & Shapiro, S. I., "Definitions of transpersonal psychology: The first twenty – three years" [J]. *The Journal of Transpersonal Psyehology*, 1992 (1). p. 91.

转换的意识状态和相关的意识训练。首先，在西方心理学原有的研究中，独立的个人和内在的自我一直就是重心。独立的个人是与他人和与外界相分离的，内在的自我则是自我中心主义的，把个人的心理意识限定在了非常有限的范围内。超个人心理学十分关注对个人和自我的超越，强调人能够成为完满的人。人不仅可以消除与他人和外界的分离，而且可以达于一种无我或拥有超个人大我的状态。其次，在西方心理学原有的研究中，对人的潜能和潜能实现的认识还局限于个人的成长和个体自我的实现。超个人心理学力图追究人超越性的人性根源，寻求揭示人的终极潜能，并争取最大限度地开发人的潜能，从而实现完满的人性。最后，在西方心理学原有的研究中，基本上涉及的是人通常的清醒意识或有限的自我意识。超个人心理学则深入探索人的转换意识状态（altered states of con‐sciousness），他们坚信人拥有意识的超越力量，并可以实现超个人的或完满的意识状态，从而转变人的体验方式和扩展人的心灵。

三　浅层和深层意识的交汇

行为论是行为主义的理论核心，潜意识论是精神分析的理论核心。同样，意识论是超个人心理学的理论核心。这与西方传统的意识论观点的不同之处在于，西方传统的意识论观点只关注通常觉醒的意识状态，或者说只关注表层水平上的意识，而把超出日常意识状态的其他转换的意识状态都看作病态的或有害的。超个人心理学家则认为，这种西方的意识观是非常狭隘的。他们的看法正好相反，他们认为意识是有层次的或多层次的。日常的意识仅仅是分化的意识状态，或者说是低层次的意识。转换的意识状态可以超越虚幻的分化意识，亦即进入高级的意识状态。当然，人的意识状态应该经过训练和可以经过训练来加以改变。

意识的不同层次是与现实的不同深度相应的，所以人的意识状态决定着人对现实的理解和把握。同一事物对于不同的意识状态，可能具有完全不同的意义。例如，对于一尊佛像，处于艺术观赏中和处于宗教信仰中，看到的是完全不同的东西。同一事物引起的印象都是真实的，但它的意义层次却可以随意识状态而变动。因此，对现实的探索与对意识的探索应该是一致的或者是同步的。

维尔伯（K. Wilber）综合各方面的研究成果，提出了他的意识谱（spectrum of consciousness）理论。他把人的意识划分为了心灵层、存在层、自我层、影像层四个不同的层次，从而构成了对意识的多层次、多维度的理解和研究。[①] 第一，在心灵层，亦即宇宙意识层或最高本体层，人的意识和宇宙合为一体，我和非我的界限消失在这一层次。这一水平不是意识的异常状态，而是意识的唯一的真实状态，一切其他状态实际上都是幻觉。第二，在存在层，人仅仅与存在于时空中的心身机体认同，这也是我和非我、机体和环境之间划开界限的层次。在这一水平，人的理性思维开始活动，他的个人意愿开始发展。同时，他的意识范围也在缩小。第三，在自我层，人仅仅和他的自我意象认同。在这个层次，人的有机整体分裂为一个与肉体脱离的精神或自我和一个作为自我奴仆的身躯。这一有机整体自身的心身分裂，进一步缩小了人的意识范围。第四，在影像层，人仅仅和自我意识的某些部分认同，或和特定的角色认同，而把其余的部分当作不合意的影像排斥在自我之外。这实际上更进一步缩小了人的意识范围。从最低的影像层到最高的心灵层，各层之间可以转换。最为真实的是心灵和宇宙相统一的心灵层，它会经由二重的分割，像主客分割，而演化为其他虚幻的意识层。

人日常的和觉醒的意识状态是分化的、流动的、虚幻的，但人能够超越这种意识状态，进入到一体的、清静的、真实的高级意识状态。不过，这种意识状态的转换要经过训练和实践才能达到，才能稳定。东西方的许多宗教体系都发展出了能够使人的日常意识转换为超越意识的方法，并已有了漫长历史的实践积累。这就是入静（medita-

---

[①] Walsh, R. N. & Vaughan, F., *Beyond ego: Transpersonal dimensions in psychology* [M]. Los Angeles: J. P. Tarcher, 1980.

tion），像禅宗的禅定功夫。超个人心理学从一开始就把入静作为一个重要的研究课题。超个人心理学家对带有神秘色彩的入静进行了系统的科学考察，试图寻找到适合于西方人非宗教需要的改变意识状态和促进心理成长的意识训练方法。他们发展出了称为超越性入静（transcendental meditation，缩写为 TM）的理论与实践。

入静的具体技巧和过程可以多种多样，但有两种最基本的和相对立的方法常被用来诱发入静状态。第一种方法是把注意力集中于某一对象，像集中于自己的呼吸；第二种方法是把注意力扩展到所有方面，像对所有的内外刺激无选择地开放。无论使用哪种方法，都可以使人逐渐摆脱日常意识的纷扰，进入一种超然的状态。这会改变人的觉知水平。入静者会发现，日常的意识觉知往往是虚幻不定的，是对现实的歪曲，而自己却常常受此摆布而不自觉。现在则达于宁静、明晰、全面地承受。这也会改变人的体验方式。入静者会从日常的情绪波动和内心冲突，转而体验到安宁、欣喜、愉悦、幸福。

从虚幻的意识状态推进到或转换到真实的意识状态，也是穿越一系列相对的现实，而推进到或转换到真正的现实。相对的现实是人的各种分化和狭隘的意识的歪曲觉知。深沉的入静可以不断扩展意识的领域，最终与真正的现实相体认。长期和有效的入静训练，入静者会进入超个人意识状态，达到顿然觉悟（enlightenment）和心灵丰满（mindfulness）。超个人心理学家认为，人由此可成长为超越自我的人。他拥有的是一种新的世界观和人生观。超越自我的人由自我认同转变为宇宙认同，由增强自我转变为无私奉献。

四 心理与智慧研究的融合

超个人心理学家为了更为全面和深入地了解人的本性，为了更为完善和圆满地推进人的生活，他们大胆地突破了西方实证心理学的界限，突破了西方传统文化的围墙，他们也热切地吸取了东方的心理文化，吸取了东方文化传统的智慧。当他们力图在西方科学与东方智慧之间架起桥梁的时候，他们也就在改变着或扩充着西方心理学的研究对象和研究方式。当然，这实际上还有很长的路要走。在西方的心理科学与东方的心理文化之间，并不适合于建立简单的联系和简单的对应。但可以肯定的是，西方的心理科学自有它自身的局限和相应的不足，而东方的或中国本土的心理文化自有它不凡的魅力和不绝的生命。

超个人心理学关注和重视的是人的终极能力和潜能、人生的最高意义和价值，并力图认识、理解和实现统一的、崇高的和超越的意识状态。人们甚至可以认为，超个人心理学作为一个心理学流派和运动，在于对转换意识状态的研究。超个人心理学家最感兴趣的是这样的可能性，即人类拥有意识的超越力量。然而，西方心理学实证主义的研究方式和自恋主义的文化传统，难以胜任全面和深入地揭示人类的意识，特别是转换的意识。

毫无疑问，意识是人的心理生活中最少得到了解的方面之一。它作为我们存在的组成部分，既是最为熟悉的，也是最为神秘的。许多人，包括普通人和心理学家，都对西方的学院心理学非常失望，重要的原因就在于，学院心理学很少对人的意识经验有所揭示。当然，目前已有一些心理学家认识到了，对意识的研究不应受到某些研究方式和西方文化传统的限制，对意识的研究最好应包容范围最为广泛的意识活动和最好能寻求其他可能的研究方法论。这有助于超越西方主流心理学对人类心灵的客观化，深入到人类的主观意识体验。这也有助于超越西方非主流心理学对个体意识的偏重性，涉及人类意识的超个人力量。

超个人心理学的研究主要在如下几个方面。第一，它特别关注对超个人的过程、状态和价值的科学考察，如形上的需要、神秘的体验、自我的超越、意识的转换、精神的成长、完善的人生等。第二，它强调精神训练的重要性，提倡追求精神的成长。因此，超个人心理学家事实上参与到了大众文化之中。第三，它特别重视对世界各地哲学和宗教内涵的心理学体系的探索，其中也包括中国本土的传统心理学。

超个人心理学放大了西方心理学的视野，吸取了东方文化中有关人类心灵的理论和实践。它试图综合西方的科学和东方的智慧，去得出新的知识和见解，以促进人的成长和创造。中国本土的传统心理学，特别是禅宗心理学和道家心理学，也被纳入到了超个人心理学的视野之中。超个人心理学对中国本土的传统心理学的研究有这样两个特点。一是把中国文化背景中独具的心理生活与相应的心理学学说看作一个统一体，亦即一种特有的心理文化。例如，当超个人心理学家考察禅宗的意识觉悟、无我境界等时，他们也涉及理解和实现这种心灵活动的理论和实践。二是不仅把中国本土的传统心理学当作研究的对象，也将其当作可供选择的研究方式，包括采纳其了解人类心灵活动的方法，阐释人类心灵本性的理论，促进人类心灵成长的手段。

总之，超个人心理学的学术努力表明，心理科学的发展需要不同研究方式之间的相互沟通和借鉴，需要不同文化传统之间的相互交流和融汇。超个人心理学也成为平衡实证心理学对人类的心理意识认识上的缺失和不足。

第五章　心理学多元化思想根源*

　　心理学的思想根源是多元的、复杂的，而不是单一的、简明的，具体来说，这涉及对心理学的思想历史根脉、哲学思想根底、科学思想根系、文化思想根由、学术思想根基等的考察。心理学有自己的思想演变和发展，这构成了心理学的思想历史根源。心理学的研究都是依据或建立在特定的哲学思想的根底之上。心理学的研究有自己的理论预设和思想前提，这需要在心理学哲学的反思层面得到考察和探索，得到批判和建构。回顾心理学独立前后，会发现心理学与其他学科门类或分支的关系发生了根本改观。心理学的研究都有自己相应的文化历史资源。西方心理学和中国心理学事实上都拥有自己独特的、可以深入挖掘的文化历史资源。心理学作为一个学科的发展和演变会形成一种独特的学术传统，而学术传统形成的就是特定的学术资源。

　　心理学自身的研究与发展都有其独特的思想根基。心理学不单是一个孤立学科，心理学的发展也不仅是其单一学科的发展，心理学还是一种思想理论、一种思想演变。当然，这就要涉及对心理学思想历史根脉的考察，涉及对心理学的哲学思想根由的考察，涉及对心理学的科学思想根系的考察，涉及对心理学的文化思想根源的考察，也涉及对心理学的学术思想根基的考察。

---

*　原文见葛鲁嘉《心理学的多元化思想根源》，《吉林师范大学学报》（人文社会科学版）2015年第1期。

一 心理学的思想历史根脉

心理学的探索、建构和发展都是学术的活动，都可以体现为学术思想的创造、发展和传承。在心理学百年的发展史中，心理学家可能更注重的是心理学的理论、方法和技术，而轻视或无视心理学的思想脉络的流变。事实上，心理学的发展一直体现在心理学思想的演变上。从根本上说，心理学思想史与心理学学科史并不是一个含义。更为重要的是，心理学思想史也并不就是在科学心理学诞生之前的思想家关于人的心理行为的猜测和思辨的历史。这种说法的推论是：从科学心理学诞生之日起，心理学思想史的进程随即被终结。事实上，心理学思想是心理学思想家所提供的。

心理学思想既是关于心理行为的理解，又是关于心理学研究的思考。在人类思想史的演进历程中，心理学思想史是非常重要的组成部分。思想家们提供了在自己的特定思想基础之上的关于人的心理行为的解说、解释和解析，也提供了在自己的特定研究基础上的关于心理学探索的思考、思索和思想。

思想的起源、演变、发展、历史，都会成为可供挖掘、借鉴、运用、创新的资源。如此，心理学思想的起源、演变、发展、历史，就是后来心理学研究可供挖掘、借鉴、运用、创新的资源。

心理学的思想资源是心理学学术积累、学术演进、学术成长的非常重要的内容。其实，在心理学史的研究中，曾经就出现过把心理学的历史发展分为心理学思想史、心理学科学史。这种区分实际上是把科学心理学的诞生作为重要的分水岭，在此之前的就是心理学思想史，在此之后的就是心理学科学史。这似乎是表明，心理学思想是非科学的思辨和猜测。应该说，这种理解是不合理的。心理学作为一门学科或者作为一门科学，也仍然有自己的思想创造和思想历程。甚至于可以说，心理学的思想创造和思想历程反而是心理学发展最为重要的创造和历程。

心理学思想史的研究常把心理学思想的历史演变仅作为学术追踪的内容。这也就是一种当代对历史的还原，所谓还历史以本来的面目。思想史的研究也就是思想演变的历史呈现。这种研究目的最根本的缺失是没有把心理学思想的发展史作为心理学发展的思想资源。因此，必须重新定位心理学思想史的研究，必须重新认识心理学思想的价值，必须重新理解心理学思想的内涵。把心理学思想的形成和发展看作心理学的思想资源，这是一个根本性的变化。

首先是文化传播与文化转换。当代科学心理学产生和发展的思想根源是西方文化。科学心理学诞生之后，就一直面临着快速传播和扩张。但是，在西方心理学的发展过程中，非西方文化中的心理学发展被强行植入了西方心理学，抵抗文化侵略，反对文化霸权，促进文化交流，达成共享，就成为当代心理学发展中的重要问题。

其次是文化历程与文化形态。到目前为止，心理学的发展经历了从前现代到现代，再从现代进入后现代的发展历程。不同时代，心理学存在的形态不同，发展的任务也不同。在前现代时期，心理学隐身在哲学等其他学科母体中，其发展任务是借助其他学科的理论成果。至现代，心理学作为一门独立的学科从其他母体学科中分离，同时创立了自己的理论、方法和技术。而到了后现代，心理学不仅作为一门独立的重要的学科而存在，反过来开始为其他学科门类提供自己的贡献。

再次是文化侵略与文化霸权。现代科学心理学源于西方文化，受西方文化的强势地位所影响，因而，在西方心理学发展及其壮大的过程中，在西方心理学向外传播和扩展的历程中，一直彰显着其所具有的文化侵略和文化霸权的特质。一方面，科学心理学表现出对其他非西方文化中心理学传统的排挤、排斥、轻视与歧视。另一方面，又以其强大的科学理性强制输出，从而要求非西方文化的强迫性接受。如今，在许多非西方文化的国家中，居于霸主地位的西方科学心理学，引发了本土心理学发展的诸多困境。

最后是文化共享与文化交流。当今世界，共享与交流是重要主题。而如何达成心理学文化传统的共享与交流，已经成为心理学发展的重要目标。心理学要积极拓展自己的视野,要积极放开自己的边界,吸纳不同文化传统中的心理学资源,提取不同科学门类中的心理学贡献。从而,为自身的发展奠定坚实的基础,壮大自身发展的规模,提供自身对科学的促进作用,最终为人类社会的发展做出自己的贡献。

二 心理学的哲学思想根底

心理学研究都是依据或建立在特定的哲学思想的根底之上。心理学的探索都有自己的理论预设、思想前提。这实际上也就是哲学思想,需要在理论心理学或心理学哲学的反思层面得到考察和探索,得到批判和建构。那么,对于当代的心理学研究来说,不同的哲学立场就决定了心理学不同的研究取向、研究思路,也就决定了心理学不同的研究结果、研究发展。事实上,不同的文化传统总是孕育着不同的哲学心理学的探索。比如,可以把哲学心理学分为西方文化传统中的哲学心理学和中国文化传统中的哲学心理学,这显然是哲学心理学的两种文化样式。①

从哲学研究的角度看,有人曾探讨过心灵哲学、哲学心理学与心理学哲学三者之间的关系或异同。在该研究看来,这三个概念是属于同类的概念,之间并没有什么根本性的区别。② 但是,此看法不仅混淆了哲学心理学和心理学哲学,而且将两者与心灵哲学归为同类。事实上,心灵哲学(philosophy of mind)是属于哲学的一个分支学科。按照这样的逻辑,心理学哲学的研究便成为哲学家的专利。但是,与心灵哲学有区别的是,心理学哲学是对现代科学心理学理论基础或理论预设的哲学反思。

---

① 葛鲁嘉:《心理文化论要——中西心理学传统跨文化解析》,辽宁师范大学出版社1995年版。
② 高新民:《现代西方心灵哲学》,武汉出版社1996年版。

当代心理学的哲学基础表现为实证哲学与人文哲学的分离。当代心理学或科学心理学从诞生之日起，就表现为两种研究取向，即物理主义取向和人本主义取向，也可以称为实证论取向和现象学取向。显而易见，心理学研究的根本是心理学的研究立场。心理学作为一门科学独立之后，其研究的立场一直认为自己是中性的或中立的。换句话说，心理学家希望自己保持中立，或者不应该把自己的偏见带入心理学的研究中，应该按照心理学研究对象的本来面目去揭示其规律。因此，心理学研究中盛行的就是客观的描述。但是，在心理学实际的研究中，研究者总是会把自己的思想和意向带入自己的研究中。事实上，只要是研究就会有立场。研究者总是从既定的起点出发，从特定的视角切入，以独特的思考开始。心理学的研究立场有时候也被称为研究取向，在心理学的发展进程中，出现了许多不同的研究取向，这是不争的事实。在西方心理学的发展历程中，就出现过实证取向的和人本取向的研究。

当然，实证论的研究方式是心理学研究中的主导。与心理学研究中的物理主义世界观相吻合的就是实证论的研究方式。所谓实证论的研究方式有两个隐含的理论前提或理论假设。首先设定了研究客体与研究主体的分离，研究主体亦即研究者只能是旁观者。旁观者不能把自己的主观意向或者主张观点带入对客观对象的研究中。其次设定了研究主体或研究者必须通过其感官来把握研究客体或研究对象，只有感官的印证才是可靠和可信的。这种理论假设为心理学研究带来的是方法中心、实验主义和操作主义。所谓方法中心是指把心理学的实证研究方法放在了决定性的位置上。也就是说，是心理学的实证研究方法决定了心理学的科学性质、实际发展、未来道路。所谓实验主义是指把实验方法的运用、实验程序的确定，看作心理学研究的根本或者唯一的方式。所谓操作主义是指把理论的合理性建立在实证研究的具体操作程序的合理性上。

现象学的研究方式是非主流心理学的研究主导。与心理学研究中的人本主义世界观相吻合的就是现象学的研究方式。所谓现象学的研究方式也有两个隐含的基本理论前提或基础理论假设。首先设定了研究客体与研究主体的统一，研究主体同时也可以是研究对象。其次设定了研究主体或研究者必须通过体验来把握研究对象，只有内省的体验才是真实的。这种理论假设为心理学的研究带来的是问题中心、心灵主义和整体主义。首先是问题中心。所谓问题中心是指心理学的研究不应该从方法出发，而应该从问题出发。不是方法决定问题，相反地，是问题决定方法。其次是心灵主义。所谓心灵主义是指心灵不同于其他事物，心灵具有独特的性质。心灵的独特性质决定了心理学研究具有的独特性质。最后是整体主义。所谓整体主义是指对人的心灵的研究不能采取肢解的方式，不能去割裂人的心理，而必须完整地把握人的心理。

思想是需要理论前提的，同样科学也是需要思想前提的。科学本身的发展，非常重要的是属于科学的思想前提或理论前提的合理化和明确化。这就决定了心理学演进的出发点和到达点。心理学是属于科学的门类，同时也是依赖一系列基础的理论预设或前提假设。那么，只有基于合理和明确的理论预设或前提假设，心理学才能更好地发展，更快地进步。

哲学家的心灵探索具有非常重要的学术价值和理论意义。尽管哲学家的研究立场、理论预设、思想基础、学术主张等，存在着重大的差异和区别，但这并不影响哲学家的心灵探索所具有的思想价值和学术价值。哲学家的心灵探索对于心理学研究者来说，并不是无足轻重的。哲学家的心灵探索不仅对人类理解自身的心理行为具有思想引导的意义，对各个不同学科的学者研究人类的心理行为也具有理论预设的价值。

三　心理学的科学思想根系

心理学是属于科学研究的特定分支。因而，心理学是在科学的根系上生长出来的。这不仅决定了心理学与总体的科学思想是贯通的，而且也导致了心理学与特定的科学分支是关联的。可以说，在不同的科学门类、科学分支、科学思想、科学理论、科学知识、科学方法和科学技术之中，不但有着关于人的心理行为的不同思想探索和理论解说，而且有着关于人的心理行为的不同应用引导和现实干预。科学的发展、思想、理论、方法、技术、工具都直接或间接地影响到了心理学的科学进步。心理学在成为独立的科学门类之前，就曾经长期从属或隐身在不同的科学门类和科学分支的探索和研究中。同样，心理学在成为独立的科学门类之后，则一直不断吸纳和融合不同科学门类和科学分支的知识和方法。这也就使得心理学从不同的科学创造和科学发展中，从不同的科学考察和科学思想中，从不同的科学理论和科学知识中，从不同的科学技术和科学工具中，获得了重要的科学资源和科学支撑。

心理学的研究是关系到复杂对象的考察，因此，心理学的研究所需要的就是跨学科的或多学科的研究组合。这就决定了心理学的研究必然要与相关的学科形成互动的关系，形成交叉的关系，形成聚合的关系，形成合作的关系。这种互动的关系实际上也就是相互促进的关系。这就不仅是别的学科促进心理学的发展，而且也是心理学促进别的学科的发展。不同学科之间的相互启发、相互补充、相互交叉、相互支撑、相互促进，将会成为心理学的重要的思想、理论、方法和技术的创新源泉。

在心理学成为一门独立的学科前后，总是会与其他学科发生某种特定的关联，这种关联同时也决定了心理学的学科发展。然而遗憾的是，学界目前对心理学与其他相关学科之间关联的探索与研究尚不够深入与系统。

心理学与其他相关学科的关系问题，是一个涉及心理学自身的演变和发展的重大问题。经过了历史长时期的演变，心理学才有了当代的重新定位，以及与其他相关学科的明确关系。这种学科自身的成熟发展，在极大程度上推动了心理学的发展，也会使心理学开始为其他学科的发展提供相应的学术资源。

心理学与相关学科之间的关系是一种彼此合作的关系。特别是横断科学的研究，常常是跨越多个学科的探索。因此，这种相互之间的合作所带来的是相互促进和彼此支撑。那么，对于心理学的研究来说，能够推动这种合作关系的就是一个理论的平台。

四 心理学的文化思想根由

关于界定心理学与文化的关系问题，从根本上说，涉及的是心理学的单一文化背景和心理学的多元文化发展的问题。具体来说，心理学与文化的关系涉及心理学自身的新视野、新领域、新理论、新技术、新方法、新发展等。这包括了跨文化研究的方法[1]，也包括了文化、科学和本土心理学的关系[2]，还包括了关于心理学与文化关系的历史探讨与理论分析[3]。

显然，心理学自身的发展拥有丰富的社会与文化资源。就其根本而言，之所以有心理学本土化运动，一个重要目标就是要内在地建立心理学与社会和文化之间的关联。换句话说，心理学本土化的根本目的就是使心理学植根于本土的社会发展脉络及本土文化的土壤里。心理学的研究中，经常会遭遇资源短缺的状态。当然，这并不意味着心理学没有或者缺少相应的社会文化资源，而更多的是因为，心理学并没有意识到或自觉地去把握自身的社会文化资源，或者是由于没有去探寻、挖掘和萃取自身的社会文化资源。反观西方心理学的发展不难发现，西方心理学就是植根于西方文化传统之中，它汲取本土的文化资源，获取了自身不断发展的动力和不断更新的研究方式。由此可见，中国心理学的发展与创新也同样应该根植于中国的文化传统。

心理学的发展史告诉我们，心理学的研究都有自身的文化历史资

---

[1] Vjver, F. V. D., The evolution of cross-cultural research methods [A]. In David Matsumoto. *The handbook of culture and psychology*. Oxford: Oxford University Press, 2001. pp. 78–92.

[2] Kim, U., Culture, science, and indigenous psychologies: Anintegrated analysis [A]. In D. Matsumoto. *The handbook ofculture and psychology*. Oxford: Oxford University Press, 2001. pp. 54–58.

[3] Adamopoulos, J. & Lonner, W. J., Culture and psychologyat acrossroad: Historical perspective and theoretical analysis [A]. In D. Matsumoto. *The handbook of culture and psychology*. 2001. pp. 15–25.

源。西方科学心理学有自身的西方文化的历史资源，而中国的心理学也同样具有自身的东方文化的历史资源。这种文化历史资源从根本上决定了心理学存在与发展的土壤，决定了心理学演变的根基，也决定了心理学研究的方式、应用的途径和心理学未来的发展路径。

心理学的发展和心理学的研究都与文化有着十分密切的关系。[①] 对心理学与文化的关系进行反思、探讨、揭示、阐释，从而对心理学与文化的关系能够有更全面和深入的理解，对于心理学的发展和拓展，以及它的应用推动来说，都有着十分重要的意义。心理学的研究或者发展如果脱离或排除关于文化的理解和思考，就会受到极大的限制和束缚。因此，探讨心理学与文化的关系，既可以给心理学本身的实际发展，也可以给本土心理学的发展，带来一系列重要的改观。

五 心理学的学术思想根基

自然的资源、社会的资源、文化的资源、历史的资源、思想的资源，这些资源的存在并不是最为重要的，关键是资源的开发和利用。因此，开发资源或开发心理学的资源，是促进心理学的壮大和发展的核心部分。

对于心理学资源的开发，当然不是要回到心理学的过去，也不是要还原心理学的历史，而是要把资源运用于心理学的研究和创造，就是要把资源转用于心理学的扩展和成熟。这样的话，心理学会面对大量资源的存在，但是心理学更需要面对的是深度的资源开发。

显然，存在着心理学不同方式和不同方面的探索和研究，这可以分散在许许多多不同学科和不同探索的考察和解说之中。问题就在于，怎样才能在一个统一的框架下，在一个完整的原则中，去汇总这些不同的心理学探索和研究，不同的心理学考察和解说。问题更在

---

① 纪海英：《文化与心理学的相互作用关系探析》，《南京师大学报》（社会科学版）2007年第4期。

于，怎样才能在一个全新的平台上，在一个创新的思路内，去沿用这些不同的心理学资源，去扩展这些资源的价值。那么，不同资源的开发就需要如下的一系列的步骤和程序来完成。

首先，要开放心理学的学科边界、研究视野，以及探索的思路。在心理学的发展过程中，心理学为了保证自己的学科的独立性，一度封闭了自己的学科边界；为了保证自己的研究的精确性，一度收缩了自己的研究眼界；为了保证自己探索的明确性，一度禁锢了自己的探索思路。但是，从心理学资源开发的角度去理解，心理学只有开放边界、开放视野、开放思路，才能够获取自己学科的、学术的、历史的、思想的、学术的资源。

其次，要挖掘心理学的学科资源，提取其中有价值的内容，获得其中有传承的文化。在心理学的探索中，心理学不仅要面对自己的研究对象、研究内容，而且要依据自己的研究基础、研究传统、研究历史。其实，心理学研究所能够汇总的资源含量，会决定心理学探索的厚度和深度。心理学不缺少肤浅的研究，反而极度缺少厚重的研究。这就需要掌握和发掘更多的心理学资源。

最后，要转换心理学的学科资源，促进心理学的原始性学术创新。心理学资源的存在重要的不是展览或展示，而是突破和创新。这实际上是心理学资源开发的核心价值和关键内涵。因此，资源的汇总不仅仅是集合，还是形成创造的前提。这是把握资源的真正价值，也是运用资源的真正意义。

当然了，心理学资源的存在是多样化、多元化、多重性、多面性的。怎样才能够把零散、分散、细碎、破碎的资源集合、整合、汇聚、会通起来，这就成为心理学研究和探索中一个十分艰难又极其重要的任务。资源的价值就在于利用或运用。充分地挖掘、提取、转用这些资源，就成为心理学发展和壮大中的全新学术任务。

学术的资源包括学术制度、学术传统、学术思想、学术创造等。在这些非常广泛的学术资源中，最为核心和重要的就是学术思想的资源。这正与前面所述的思想资源是相通的。挖掘作为学术资源的学术思想，是思想史研究的内容。心理学思想史研究应该是对心理学学术资源的提取、挖掘和阐释。这就应该超脱关于学科发展历史史实和历史资料的研究和积累。

拥有学术传统的学科才会拥有学科的学术资源。心理学学科也是如此。心理学的研究重视自己的研究对象、研究方法、应用技术，这是心理学研究非常重要的方面。但是，同样重要的还有重视自己的学术资源、理论传统、心理文化。

心理学学科的发展和演变会形成一种独特的学术传统。学术传统形成的就是特定的学术资源。学术的活动、心理学的学术的活动，会涉及学术思想的创造、学术研究的推进、学术研究方法的定位、学术干预技术的发明等活动。这些特定的学术活动都会与心理学的学术资源有着特定的关联。那么，分解、了解、理解心理学的学科和学术的基础和根基就是十分重要的学术研究目标和研究内容。学术资源、心理学学术资源是有待挖掘、有待提取的。

心理学的学术研究和学术思想，都会植根于本土的文化历史传统或文化历史土壤。心理学研究，特别是本土的心理学研究，如果是有意地去回避或放弃自己的本土文化和本土思想的根基，那就会失去本土文化或本土思想的滋养。中国本土心理学的研究和探索所需要的是中国本土的学术思想根基。

第六章　民族心理学的研究方式[*]

因为民族心理学的研究所涉及的研究对象和所汇聚的相关学科，所以民族心理学的研究方式可以按照不同形态的心理学来进行定位和考察。进而，在民族心理的基本构成中，常识、宗教、哲学、文化、科学、资源，都可以成为重要的视角、特定的方式。因此，民族心理学的研究可以通过不同的方式来进行。这包括了以民族常识为基点和本源、以民族宗教为侧重和依据、以民族哲学为核心和原则、以民族文化为根本和关键、以民族科学为尺度和规范、以民族资源为主旨和理念等。这就可以大大扩展关于民族心理行为的探索范围、关注内容和挖掘深度。

一　民族心理学基本研究方式

民族心理学是在西方科学心理学诞生之时，就已经现身的探索和研究。西方科学心理学的奠基人是德国的著名心理学家冯特。冯特所创始和创建的心理学则包含了两个重要部分，个体心理学和民族心理学。从个体心理学延伸出来的是后来的实验心理学的传统，从民族心理学则延伸出的是后来的文化心理学的传统。冯特的民族心理学涉及四个重要部分，原始人类的心理考察、图腾制度的心理考察、英雄时

---

[*] 原文见葛鲁嘉《民族心理学研究的基本方式》，《苏州大学学报》（教育科学版）2017年第4期。

代的心理考察、人性发展的心理考察。① 有研究指出,当今的世界,不同民族和不同文化之间的接触、交叉和互动已经超越了历史上的任何一个时期。进而,不同民族和不同文化之间的分离、对立和冲突也已经成为现今的一个常态。② 目前,在中国本土强化民族心理学的研究,也成为中国心理学发展的重要的共识。③ 有研究指出,中国民族心理学的发展应正确处理十种关系。这包括民族学研究取向与心理学研究取向的关系,质的研究范式和量的研究范式的关系,科学观与文化观的关系,历史与现实的关系,传统与现代化的关系,人类共同心理特征与民族特异心理特征的关系,个体与群体的关系,态度与行为的关系,外显与内隐的关系,政治与学术的关系。一种综合的、包容的、折中的、交叉的、整合的研究取向和研究范式更有利于民族心理学研究的繁荣与发展。④

有研究指出,探讨文化、种族和民族的心理学,实际上是文化学与生物学彼此交叉的研究。不仅与生物科学、遗传学、神经生物学的探索密切相关,而且与文化科学、社会学、社会文化学的研究紧密相连。这带来的是文化学与生物学的彼此交叉,所产生的是文化生物学、文化神经科学等交叉科学的门类。⑤ 有研究表明,民族心理学是一门跨心理学与民族学两大学科的交叉学科,其研究对象与方法论基础的多元性与独特性构成了学科本身的特殊性。民族心理除了要关注民族心理过程以及民族性格结构的研究之外,更要注重对民族心理活动结果的研究,同时也要注意民族心理构成要素之间的互动关系。在研究方法上,民族心理有独立的、区别于民族学与心理学的田野实验

---

① 张世富:《冯特的〈民族心理学〉:体系、理念及本土意义》,《西北师大学报》(社会科学版) 2004 年第 1 期。
② Lee, Y. T., The global challenge of ethnic and cultural conflict [A]. *The psychology of ethnic and cultural conflict*. Westport: Praeger, 2004. pp. 3 – 20.
③ 张积家:《加强民族心理学研究促进中国心理科学繁荣》,《心理科学进展》2012 年第 8 期。
④ 张积家:《论民族心理学研究中的十种关系》,《华南师范大学学报》(社会科学版) 2016 年第 1 期。
⑤ Causadias, J. M., Telzer, E. H., and Lee, R. M., Culture and biology interplay: introduction [J]. *Cultural diversity and ethnic minority psychology*, 2017 (1). pp. 1 – 4.

法，将民族心理放置于真实的田野场景中去研究。① 在心理学的特定分支的探索中，例如在社会心理学有关民族心理的探索中，有研究就专门探讨了关于民族同一性和文化多元性的社会心理学的研究。很显然，社会心理学的多元研究也提供了关于民族同一性问题的不同水平、理论、观点、方法的探索。②

民族心理学研究的基本方式决定的是关于民族心理考察的基点和本源、侧重和依据、核心和原则、根本和关键、尺度和规范、主旨和理念。对于民族心理学的探索而言，导致的是可以和应该从哪里入手，怎样和如何去把握研究对象，采纳和运用什么研究方式，创造和发明哪些技术手段，去考察和探索、揭示和解说、干预和引导民族心理。因此，关于民族心理学研究的基本方式的探讨，可以极大地丰富关于民族心理的理解和阐释。

在民族心理学的研究中，研究对象和研究视野、研究内容和研究方式，都应该是一体的和一致的，也都应该是匹配的和呼应的。因此，民族心理学的思想基础和研究方式实际上也就决定着自身的研究对象和研究内容，从而也就规定着自身的发展方向和研究走向。

其实，在不同民族的生活之中，民族的心理、行为与生活的、心理的常识等密切相关，与宗教的信仰、崇拜紧密关联，与哲学的理念、思想不可分割，与文化的背景、传统彼此一体，与科学的发展、影响相互一致，也都与传统的、心理的资源彼此共生。因此，这实际上所涉及的民族常识、民族宗教、民族哲学、民族文化、民族科学、民族资源，也就成为民族心理学基本研究方式的关键。这很显然就是民族心理学探索的入手方式、关注方式、考察方式、理解方式、把握方式、干预方式。

---

① 李静、张智渊：《民族心理研究的理论与实践》，《甘肃社会科学》2014 年第 5 期。
② Verkuyten, M., *The social psychology of ethnic identity*, New York: Psychology Press, 2005. pp. 224 – 227.

二 以民族常识为基点和本源

在不同的民族文化的背景之中，在不同的民族生活的方式之中，在不同的民族心理的构成之中，存在着属于特定民族文化和民族生活的独特的常识形态的心理学。可以说，常人日常生活的基本内容和基本方式，就内在包含着常识形态的心理学。在特定民族的生活常识之中，具备了有关心理行为，以及有关民族心理行为的思想理论、探索方式、工具手段和干预技术。常识形态的心理学包含两个相互关联的基本构成部分。一是常人的日常生活经验关于心理行为的理解，二是专家的科学研究关于心理行为的理解。

在民族心理学的研究中，生活常识或心理常识就可以成为理解民族心理和把握民族行为重要的基点和本源。这实际上取决于常识形态的心理学对于民族生活、民族心理和民族行为的实际影响。那么，常识形态的心理学对常人的日常生活的影响主要有如下的几个途径。

一是通过生活方式的影响。人的社会活动包括生产方式和生活方式。生活方式是人满足自身生活需要的全部活动形式与行为特征。生活方式包括人的日常生活的方向选择，人的社会生活的传统习惯，人的心理生活的生成方式。常识形态的心理学认可和给出一种基本的或特定的生活方式或生活样态。特别是常识形态的心理学认可和给出的是一种基本的或特定的心理生活方式或心理生活样态。或者说，人的生活方式或心理生活方式，可以按照常识形态的心理学来进行建构。日常的生活方式、日常的心理生活方式可以是在常识的引导之下。

二是通过日常语言的影响。人是通过语言进行互动和沟通的社会存在。在人的日常语言中，有着人类生活长期积累起来的关于世界万物和社会生活的语义表述。常识心理学关于人的心理行为的解说，是通过日常语言得到表达和传输的。在人的日常生活和日常语言中蕴含大量的心理学语汇，这些语汇不仅可以描绘和说明人的心理行为，而且可以影响和引导人的心理行为。特别是在科学心理学的研究中，许多心理学的专业术语都在日常生活中有特定的含义。

三是通过心理生活的影响。常识形态的心理学就是普通人的心理生活的重要构成部分。常人的心理生活就是人所觉知、觉解、建构、创造的心理体验或体尝。在人的心理生活中，常识形态的心理学会框定一种模式，一种流向，一种形态。那么，在特定的或独立的社会生活中，每一社会个体的心理生活都会对他人的心理生活产生重要的或多样的影响。因此，在常人的心理交流和互动之中，常识形态的心理学就会影响社会生活中每个人的心理行为和日常生活。

四是通过生活意义的影响。常识形态的心理学所拥有的心理常识是具有生活意义的内涵的。常识具有的意义就是生活具有的意义。意义是人的生活的现实，或者说人的生活都是由各种不同的意义构成的。意义的现实决定了人的心理和行为。常识形态的心理学关于人的心理行为的理解具有特定的生活含义，具有特定的心理生活的含义。常识形态的心理学给出的关于人的心理行为的定义是生活意义上的，是生活意义在人的心理行为方面相应的或独特的体现。

五是通过心理互动的影响。在常人的日常生活中，人与人之间的社会互动就包括人与人之间的心理互动。这种心理互动包括每一社会个体所具有的常识形态的心理学基础之上的心理交流、心理理解和心理影响。常识形态的心理学提供了不同社会个体之间共同的心理学常识。这会引导社会个体在自己的社会交往或社会交流的过程中，影响他人的心理行为和改变自己的心理行为。具有了常识形态的心理学，掌握了常识形态的心理学，就会对人与人之间的心理互动形成特定的解说和引导。

六是通过心理建构的影响。每个普通人都是常识意义上的心理学家，都有可能和机会去建构自己、他人和社会的心理生活。对于社会个体、社会群体、社会生活的心理学理解和解说，会影响和引导社会个体、社会群体、社会整体的心理生活。并且，这在已有的基础之上去形成新的建构。这种心理建构也是共生历程中的创造。常识形态的心理学就是进行新的心理建构的生活依据和心理基础。个体心理建构、群体心理建构、社会心理建构，会在常识形态的心理学提供的平台上进行。

三 以民族宗教为侧重和依据

不同民族的宗教形态的心理学，成为该民族考察、解说、影响和干预该民族成员的心理行为的非常重要的途径、方式和方法。特定民族的普通成员可以在共同信奉的宗教教义之中，获得关于世界、人生、心理、人格的共同的或普遍的解说。近些年来，宗教心理学的研究正在回归。[①] 这其中也就包括了有关民族宗教心理的探索。

有研究探讨了宗教与民族心理的关系。研究指出，宗教与民族心理的关系可以从两个方面来考察。首先，某种宗教的产生和传播，与当时当地的民族心理是有密切联系的。为什么基督教不是发轫于东方？为什么伊斯兰教能在阿拉伯民族中生根？佛教又为何在其原产地印度衰落而在别处得到发展？以上种种说明各地区的人民创造及接受某种宗教是有条件的，他们要选择能适合自己民族文化、民族心理的宗教信仰形式。其次，一个地区或一个民族一旦选择了某种宗教信仰形式，在其后的历史发展中，该宗教就会对这些民族的文化和心理产生一定影响，从而制约着他们日后对各种事物的反应。

佛教在我国的传播过程，反映出宗教与民族心理之间相互调适的关系。佛教要真正扎根，必须吸收和顺应儒教和道教的传统。佛教确实也这样做了，如在佛经翻译上采取"格义"的方法，亦即比较和类比的方法，即用儒、道的概念和范畴来比附和阐述佛经；佛教还表示拥护儒家的一些基本的理念或观念，例如，仁、义、礼、智、信等五常，把儒家的一些观念纳入佛学，例如，孝道、中庸等；佛教也吸收了道教的一些法术性宗教仪式；甚至在供奉神祇上，佛陀也越来越居于次要地位，而让位于迎合我国民众心理的菩萨。

---

① Belzen, J. A., *Psychology of religion: autobiographical accounts* [M]. New York: Springer, 2012. pp. 1 – 18.

基督教在全世界传播和流行的过程中，也做出了对当地民族文化和民族心理的顺应和调适。各民族的传统宗教形式并未被彻底摧毁，而是当地的宗教、礼俗、神话、规范等与基督教相融合，形成了所谓宗教混融体，即双重的信仰。基督教对西方文化和民族心理的形成和发展产生了极大的影响。对西方的各民族来说，在人一生中的重大转折时刻，皆可以看到基督教的影子。人们出生时，受洗礼、取教名、认教父；人们结婚时，拜耶稣、听福音、宣誓词；人们逝世后，安葬礼、行祷告、唱赞歌。这些宗教的仪式都需在教堂中来正式进行。在日常生活中，教徒要参加教堂的礼拜，《圣经》则成为教徒信众们耳熟能详的典籍。毋庸置疑，基督教已成为西方文化和民族心理中不可分割的组成部分。

伊斯兰教在阿拉伯半岛的创立和传播，很明显是迎合了阿拉伯人民要求民族统一和生活安定的心理，也说明半岛其他的氏族部落宗教均无力承担起统一阿拉伯民族意识形态的任务。正是与民族文化的顺应，伊斯兰教吸收了阿拉伯民族原始宗教的一些内容，以及阿拉伯古代先知的故事传说，这从其根本经典《古兰经》中就可以看出来。伊斯兰教的一个明显特点，就是用宗教的手段干预穆斯林生活的各个方面，包括从个人到家庭，从社会生活到心理行为。因此，在阿拉伯民族（包括其他信仰伊斯兰教的民族）的文化上和心理上，均带有伊斯兰教的明显痕迹。[①]

很显然，不同民族的宗教心理行为，进而不同民族的宗教理论学说，不仅是民族心理行为的重要构成部分，也是民族宗教学说的核心思想构成。关于民族宗教心理行为的思想解说、理论构造、探索方式、干预手段、技术工具，可以有两个不同的来源、两种不同的传统，宗教的传统和科学的传统。不同的宗教中都具有丰富的关于人的宗教心理行为的宗教的探索、解说和干预，现代的科学中也形成了关于人的宗教心理行为的新系统化的探索和阐释。这两个不同的部分进

[①] 钟年：《试论宗教与民族心理》，《中南民族学院学报》（哲学社会科学版）1991年第4期。

而也就共同构成了特定民族所具有的宗教形态的心理学。民族宗教心理行为、民族宗教心理学说实际上也是涉及民族心理的重要内容和关键构成。

四 以民族哲学为核心和原则

哲学是关于世界和生活的思想。在哲学的探索之中，包括心理学的内容。这是以哲学思辨的方式对心灵的性质、构成、动力和发展的理解、解说和阐释。尽管实证的科学心理学对哲学的思辨不屑一顾，但是哲学家关于心灵的思考依然有其特定的地位和价值。至少在心理学的研究中，哲学家的心灵探索是十分重要的思想前提和理论假设。这可以决定心理学研究的进展方向和基本内涵。心灵显然是非常重要的哲学研究主题。关于心灵的哲学阐释构成了明确的或隐含的有关心灵的理论预设或思想前提，这些理论预设或思想前提可以成为关于心灵的研究，特别是心理学研究者关于心理探索的思想和理论的基础。这包括了关于心灵性质、构成、发展、迷失、修养的探索等。

有研究考察和论述了哲学的民族性。研究指出，哲学是关乎人的。但是，哲学对人的关注主要涉及人的内心世界，主要关乎人的理想、价值和意义。哲学并不像科学那样具有"纯然"的客观性，哲学并不是关于客体和客观世界本身的学说，而是关于人类与世界之间关系的学问，是从人出发对世界的理解。哲学具有鲜明的主体价值和主体尺度的特征，不同的认识主体、不同的民族从各自不同的民族背景、生存价值和实践意义的角度去理解世界以及人与世界的关系，从而形成各具民族性的哲学。哲学具有民族特色和个性。

哲学以民族的生命实践为源泉和基础。一个民族的哲学浓缩地反映了该民族特有的民族性格、社会心理、风俗习惯、思维方式和实践活动方式，民族的宇宙观、人生观和价值观以及他们赖以安身立命的终极根据，无不透过哲学加以反映和提升。民族性差异是各种哲学形态差异的重要方面，因而也可以认为，各民族差异的一个重要方面就是民族哲学的差异。哲学的差异是判断、把握民族差异的重要方面和根据,这是因为,哲学是各民族的精神支柱和文化内核,是民族实践生活、精神生活的沉淀和浓缩。

民族性是哲学的重要特征,没有民族性的哲学与文化根本不存在。虽然有超越于具体的民族性的哲学价值和观念,但任何现实的哲学都必须以民族哲学的形式才能存在。无论是哲学观念还是哲学形态,都有其特定的民族归宿和民族性格,即使在当代,虽然哲学的非民族性趋势日益增强,但要理解和体验具有非民族性的哲学观念和哲学价值,也仍然要从特定的民族背景出发。各民族生存与生活方式的不同,是造成哲学民族差异性和民族特色的重要原因。①

有研究对我国少数民族的哲学进行了考察。研究指出,随着民族学研究的不断拓展和深入,少数民族哲学研究的问题日益凸现,这不仅制约着整个民族学研究的思想深度和学理价值,也关系到民族问题研究的现实意义和社会作用。毫无疑问,民族学研究的价值取向是为了挖掘和整理蕴含在少数民族传统文化和现实生活中极为丰富的思想资源;保护、传承和发扬、光大少数民族文化的精华;探寻实现少数民族地区社会生活和文化观念进行现代转型的有效途径,最终实现各民族事实上的平等地位和共同繁荣。然而,离开了对作为各少数民族"时代精神精华"和"文明鲜活灵魂"的哲学思想的解读和理解,忽视了对各民族作为自己"安身立命之本"和精神的"最高思想支撑"的哲学理念的领悟和把握,难以做到对少数民族文化的深刻诠释和合理阐发,因而也就不可能找到一条使少数民族文化"返本开新"的正确道路。

如果说,少数民族通过神话、宗教、艺术、伦理道德、科学技术、风俗习惯等文化样式为自己构建了丰富多彩、各异其趣的"意义世界",那么,少数民族哲学就是他们"意义世界"的"普照光"。正是这一"普照光"使他们的各种文化样式获得了深层的根据和意义

---

① 曾凡跃:《略论哲学的民族性》,《广西社会科学》2003年第8期。

的显现。①

有研究考察了中国少数民族哲学研究困境与出路。研究指出，哲学的民族性就在于哲学是民族精神的结晶，换言之，民族精神的自觉认识和理论表达，是一个民族所特有的哲学。任何一个民族必有其特殊的哲学思想和精神文化形式。一个民族的历史，既是民族物质文明不断发展和进步的历史，同时又是民族文化积淀、丰富和发展的历史。民族文化的传承性正是民族文化在历史积淀中的扬弃，民族文化的精华因此而得到不断延续和发展。这体现在了如下两个方面。

第一，中华民族多元一体的格局决定了各民族思想文化的共生性和多元性。这样，既可以在共时态上获得对一些民族文化的总体性把握，也能够在历时态上辨析各民族文化历史性演变的逻辑和规律；在多样性中发现统一性，在统一性中展现多样性，使人们不至于沉醉于扑朔迷离的文化现象而止步不前，而是能够理性地捕捉到一种文化的内在逻辑。少数民族哲学研究应当以凝聚民族精神的宗教信仰为主线，注重从宏观上把握问题。

第二，宗教文化对中国少数民族哲学思想的影响颇大，形成了富有特色的宗教哲学。尤其是原生型宗教、藏传佛教、南传佛教、伊斯兰教对少数民族的影响极大。宗教文化是少数民族哲学研究的重要组成部分，这不仅因为哲学被概括地理解为"对一切存在的反思"，当然也包括对宗教的反思，而且，在一定程度上对少数民族宗教信仰从哲学的视域进行研究，可以更为集中地揭示和把握少数民族关于宇宙存在、社会历史、人生价值的思考。②

特定民族文化传统中的哲学思想或哲学理念，成为该民族共同的思想基础和理论资源。这对于解说世界、解说生活、解说人生，都是共有的基础和依据。因此，对于不同民族的哲学思想的研究，也成为理解该民族的基本生活理念的重要依据。当然，民族哲学中最为重要

---

① 李兵：《少数民族哲学：何为？为何？》，《云南民族大学学报》（哲学社会科学版）2004年第3期。

② 宝贵贞：《从合法性到新范式——中国少数民族哲学研究困境与出路》，《内蒙古师范大学学报》（哲学社会科学版）2009年第1期。

的成分，就是民间的哲学思想或哲学理念。这可以成为该民族最为重要的思想预设或理论依据。尤其是对于人的灵魂、人的心灵、人的智慧、人的认知、人的情感、人的志向、人的品格的解说，成为不同民族最为重要的哲学形态心理学的内容。

五　以民族文化为根本和关键

有研究探讨了对民俗进行心理分析的可能性与可行性。研究指出，民俗是人类在不同的生态—文化环境中和心理—智慧背景下创造出来的，并在独特的历史发展过程中积累、传递、演变成为不同的类型和模式。民俗不仅建构了不同民族独有的文化心理行为，还构成了各个民族特定的社会文化背景。一般而言，民俗作为人类社会群体固有性的、传承性的文化生活现象，在社会现实中展现出来，就是民众生活里那些没有明文约定的规矩，或是那些在民众群体中自行传承或流转的程式化的不成文的社会规范，或是那些已经被普遍接受的流行的模式化的行为方式。任何民族中每个心智健全的人，都无法脱离一定的民俗圈而生活。通过对民族心理进行分析，就可以从对某一特定民族的民俗研究中，获得该民族心理活动或行为模式特点的线索。一个民族的普遍价值和稳定态度常常就明显地表现在民俗中。

民俗自身的一些特点，也使得对民俗的心理分析成为可能。民俗的这些特点可以从以下三个方面进行考察。一是民俗是人类生活中既普遍又特殊的一种社会存在。与一般的文化意识不同，民俗是人类文化意识的原型。二是民俗既是文化意识的基本构成，又是社会生活的组成部分。民俗从生活中形成，反馈回去又成为生活的特定样式。以独特和习常的文化意识和民族心理为内核，以稳定和固化的生活样式和行为方式为外表，表现为一种对现实生活的心理态度以及与之相适应的稳定的生活方式。古老的神话是人类各民族在早期生活中的心理活动的产物，是氏族社会人们解释和征服生活环境的思想、情感、态度与愿望的表现。这是把人们的宗教信仰、价值观念、生活需要、心理愿望、现实态度和人际关系，以非常奇妙和无穷魅力的形式表现了出来。三是民俗是各民族个体社会化的重要因素。民俗作为民族文化形态之一，具有鲜明的世界观、人生观和价值观的性质。将相应的关于自然、人类、社会和生活的认识与判断作为自己的组成部分，对本民族的儿童、少年和青年进行教育、训练和培养。对于具有某种民俗的民族来说，民俗实质上起着一种文化传承的作用。民俗意味着某一民族所选择的文化和生活，包含着某一民族对周围现实的态度和看法，也渗透着某一民族关于生产、生活的技能与知识。

一个民族的民俗心理可以具体表现为该民族的人生观、价值观；可以具体表现为该民族的愿望与需要，可以具体表现为该民族中所有成员对周围现实的态度与看法，可以具体表现为该民族所有成员共有的思维方式与行为模式。民俗心理具有自身的特点，这具体表现在如下三个方面。一是民俗心理具有特定的民族性。由于民族的生活地域、历史文化不同，各民族在历史发展中，在各自生活中，所形成的民俗各不相同，因而任何民俗心理首先都体现为民族心理。二是民俗心理具有鲜明的相符性。民俗心理还以民族成员对所属族群的社会规范、生活期望、价值尺度的相符为重要特征。三是民俗心理具有极大的稳定性。民俗心理一旦形成，便具有相对不变的趋势。

从事民俗分析的民族心理学家认为，探讨社会民俗和民族心理之间关系的研究，大致可以分为三种不同途径。一是精神分析的途径。精神分析的研究途径最早关注了潜意识在人类民俗生活和文化形成中的重大作用，比起古典民族学派的唯理论来说，无疑是向前跨出了巨大的一步。同时，精神分析在考察人类心理的潜意识内容时，合理地指出了性欲和情感的重要意义。从而，研究深入到原本为巨大空白的领域，并且进行更为深入和细致的探索。二是文化比较的途径。文化比较的研究途径更多的是对民俗与文化进行跨文化的横向比较，对于理解和把握不同的民俗心理，有着非常重要的比较优势。三是深度分析的途径。深度分析的研究途径在于对社会民俗与心理行为的关系进行深度的考察与研究。深度分析所依据的材料几乎都是民间的文学作品，这也就是把神话、传说和故事作为主要的研究对象。[①] 这实际上是试图挖掘民族传统和民族生活背后的、内在的、深层的心理构成、心理结构、心理动力。

因此，特定民族的文化传统和民族习俗之中的文化心理学内容，就成为支配和理解特定民族所具有的文化心理、文化行为、文化认知、文化情感、文化人格、文化互动、文化理念、文化影响等的最为根本和有效的依据。民族心理行为的特殊性常常与特定的文化传统和文化习俗，与特定的文化构造和文化演变紧密关联。

六 以民族科学为尺度和规范

以民族科学为尺度和规范包含有两个既有所不同的，又相互关联的方面。一是民族心理学的学科和研究的科学性质方面。强调的是将民族心理学确立为科学，采纳的是实证科学的研究方式。二是民族心理学的对象和内容的科学现实方面。强调的是特定民族的科学化程度，亦即心理行为的科学容量。

无论是民族学的探索，还是民族心理学的研究，实证科学都已经成为主导的方面。有研究对我国民族心理学研究的困境及出路进行了探讨。研究指出，我国的民族心理学研究起步于 20 世纪初期。但是，一直到 20 世纪晚期，在中国社会的改革和开放以后，民族心理的研究才有了真正的和快速的发展。目前，中国民族心理的研究对象已经扩展到国内的 56 个民族，研究的课题也相当广泛，主要包括各民族儿童认知发展的比较研究、各民族的社会人格的比较研究、各民族儿童及青少年品德形成的比较研究、民族社会心理的比较研究、民族心理卫生和精神病研究、民族心理的基本理论研究、民族心理与地域开发和社会发展的关系、民族心理与社会稳定和社会和谐的关系研

---

① 刘毅:《论民俗及其心理分析的可能性与途径——民族心理学研究的新视角》,《贵州民族研究》1994 年第 1 期。

究等。

在涉及我国民族心理学研究的困境时，该研究指出民族心理学的学科定位模糊不清。在国内较早的民族心理学著作中，民族心理学被认为是建立在普通心理学与社会心理学理论基础上的心理学科。这既要以心理学的理论为思想指导，又要以心理学的方法为研究手段，还要以人类学、民族学、社会学的探索为基本参照。这种观点强调民族心理学是属于心理学科范畴。之后，随着越来越多民族学的研究者开始涉足民族心理的研究，并认为民族心理学虽然偏重心理学研究内容，但其研究对象又是以民族为基础，因此民族心理学应该属于民族学研究范畴。

民族心理学研究在不断地走向深入，但其学科的定位还并不明确，民族心理学的学科性质、研究内容等都没有一个明确的界定，这些都直接影响对民族心理研究的全面理解和对民族心理科学的深入发展。促进相邻学科的彼此对话、精诚合作和相互借鉴，达成各学科在研究理论、研究方法和研究思路等多方面的优势互补，是提高我国民族心理学研究质量的重要路径。[①]

当然，要能够提取和把握不同民族对待科学、传播科学、贯彻科学、科学创造、科学理念和科学应用，从而能够实现将科学贯通于民族传统、民族生活、民族文化、民族创造和民族发展等之中，就是理解一个民族的最为重要的方面、层面和侧面。这也是有关民族心理探索涉及特定民族在心理行为层面接纳科学、贯彻科学和依据科学的生活和心理的现实。对于特定民族的现实社会生活来说，科学的创造、科学的发现、科学的研究、科学的理论、科学的传播、科学的应用等，都可以打上不同民族的印记。心理学也不例外。这就为在不同民族的科学文化之中，去追寻心理科学存在和普及打下了十分重要的基础。

---

① 植凤英、张进辅：《我国民族心理学研究的困境及出路》，《心理学探新》2008年第1期。

七 以民族资源为主旨和理念

我国的民族学界在宏观研究民族心理方面，以及我国的心理学界在微观研究民族心理方面，均取得了一定的成果。但是，在民族心理学研究的定位、内容、方法方面，仍然存在着各种不足。那么，民族学界和心理学界联合起来共同研究民族心理也就势在必行，个体民族心理研究将进一步发展，民族心理学理论将日益完善，民族心理学的研究方法将向多元化方向发展。

在学科定位方面，目前民族心理学的定位不正确，即民族心理学应该属于哪个学科并没有解决。多少年来，心理学研究者总是认为，民族心理学虽然是以民族或民族心理为研究对象，但民族心理学在心理学方面的内容便决定了民族心理学属于心理学科范畴；民族学研究者则一直认为民族心理学虽然偏重心理学研究内容，但其研究对象又是以民族为基础，因此民族心理学应该属于民族学研究范畴。其实，这两种看法均存在缺陷。民族心理学虽然偏重对民族心理的研究，但民族心理学是以民族作为研究对象，因此民族心理学应该是一门集民族学和心理学为一身的交叉性的学科。

在理论概念方面，关于"民族心理"和"民族共同心理素质"的认识分歧很大。从20世纪80年代初到90年代有关民族心理和民族共同心理素质的辩论来看，有关民族心理和民族共同心理素质的概念多达数十种。这些概念均具有一定的说服力，但无论是从外延还是内涵来看，均缺乏普遍意义上的规定性和概括性。在"民族共同心理素质"概念研究方面，有研究将其与民族心理概念等同使用，有研究则认为民族共同心理素质就是民族自我意识或民族意识，还有一些研究认为民族共同心理素质就是指民族情感、民族精神、民族性格等。

在思想内容方面，民族学界重视民族心理的宏观研究，心理学界则重视民族心理的微观研究。多年来民族学研究者一直投身于民族共同心理素质的研究，近年来许多学者开始将其纳入民族心理的研究范畴，并且构建中国民族心理研究的理论框架，但是民族共同心理素质仍是许多研究者热衷探讨的问题，即使在研究个体民族心理时，也要冠以"某某民族共同心理素质"的名称。可以说，民族学界在民族心理研究方面，主要重视对民族心理理论的研究，而对一些个体民族心理的研究，也遵循民族心理理论的指导；心理学界在民族心理研究方面，主要重视对个体民族心理现象和个体民族成员心理现象的探讨。这种状况的存在，虽然表明我国民族心理研究在宏观和微观方面均取得一定成就，但是同时也说明民族学和心理学在民族心理研究内容方面存在着差异。

在研究方法方面，民族学界和心理学界各行其是：互不借鉴。我国民族学经过一个世纪的发展，已经建立了自己的方法论体系和具体的研究方法，这就是实地调查法。该方法是民族学研究最为基本和最为主要的方法。心理学的民族心理研究方法和其他心理学研究方法相同，心理学者使用这些比较规范的研究方法，在个体民族成员心理和个体民族心理的研究过程中取得了一定的成绩。但是，由于心理学在民族心理研究方面内容很分散，很难从这些分散的研究成果中总结某一民族或整个中华民族的心理发展规律。[1]

有研究指出，现在的民族心理学研究，还处于比较不同民族之间的差异，探讨形成某个民族心理的文化和社会因素的阶段。这些研究结果很重要，但还没有形成民族心理学自身的理论脉络。民族心理学研究要进一步整合不同的研究模式，挖掘和形成自身独特性的研究手段。[2]

其实，在不同民族的文化传统、思想传统、生活传统、民俗传统中，有着非常丰富的心理学资源。这些心理学资源不仅对特定民族理解本民族个体、群体和整体的心理行为是非常重要的，而且对理解人的心理行为也有着生活的价值、学术的价值、理论的价值和应用的

---

[1] 徐黎丽：《关于民族心理学研究的几个问题》，《民族研究》2002年第6期。
[2] 胡平、张积家：《学科比较视角下民族心理学的研究理路与发展趋势》，《华南师范大学学报》（社会科学版）2016年第1期。

价值。

并且，无论是对于民族学，还是对于心理学来说，都需要自身发展的学术资源，也需要去提取和运用民族心理研究的生活资源、文化资源、社会资源、科学资源、心理资源。从资源入手和从资源出发也就成为民族心理学研究最为重要的基础层面。理解和把握民族心理行为，建构和发展民族心理科学，都需要在现实生活和科学发展中，去寻求和寻找核心的和根本的资源。民族心理学的资源会带来学科本身的焕然一新的面貌，也会带来民族心理的不断丰富的未来。

第三编

理论心理学的研究

导论：理论心理学研究的理论热点

理论心理学的研究中，有着一系列重要的研究课题。其中包括人性的理论预设、女权的理论预设、科学理论的反思、心理隐喻的研究、具身认知的研究。这些研究课题具体地探讨心理学研究中的思想前提、理论基础、学术价值和现实影响。人性的理论预设应该成为心理学研究的逻辑起点。女性主义心理学是以女性主义立场和态度重新解读和审视主流心理学科学观与方法论。心理学理论实际上也兼有支配的理论框架、深层的理论预设、宏观的理论模型、具体的理论假说、操作的概念定义等基本内容和理论构成。心理学的发展始终伴随着心理隐喻的变迁，每一种理论、每一个流派背后都蕴含着一个独特的心理隐喻，支撑着研究领域的共同理解。在认知科学中，存在一个具身认知的运动，这个运动正在成为心理学研究的重要进路和纲领。理论心理学的研究中，有着一系列重要的研究课题。在上述成为心理学研究者理论预设和反思对象的大量的或多样的研究内容中，可以举出人性的理论预设、女权的理论预设、科学理论的反思、心理隐喻的研究、具身认知的研究，来具体探讨心理学研究中的思想前提和理论基础的价值和影响。

一　人性的理论预设

有研究者指出，心理学研究中的实证主义取向的科学主义心理学和现象学取向的人文主义心理学都否定了人性问题，心理学至今没有统一的范式是因为心理学没有确立自己的逻辑起点。当代心理学家应从学科统合的角度,登高望远,努力寻找心理学统一的理论支点。回顾与审视心理学的发展,从人性的基本含义与心理学的关系,以及从传统人性论与现代心理学的关系来看,人性应是构建心理学统一范式的逻辑起点。

人性意味着人的存在依据和人对终极的关怀,这是与心理学直接对应的两个方面的问题。因为心理学是源于人类对自身问题的关注,其中有两个问题对心理学的诞生特别的重要,一是人类如何认知包括自身在内的主客世界,考察这个问题使得心理学家去关注人如何组织和运用知识,对这个问题的回答构成心理学"中心地带"的知识系统;二是人类如何生活得更加幸福,对此问题的关注则使得心理学家开始探讨人类的不幸及其防治,其答案构成的知识系统形成心理学的"边缘区域"。这两个问题也可以表述为:第一,什么是心理以及心理变化所能够达到的程度和范围;第二,心理学知识能够解释什么,以及人们如何利用这些知识。回答第一个问题确定心理学的研究内容("中心地带"),回答第二个问题明确心理学的目标和任务("边缘区域")。可以说,人性论是传统的心理学,心理学是现代的人性论。心理学本来是建立在以人性为根本研究对象的基础上的,从这个意义上,也说明人性应成为心理学研究的逻辑起点。[1]

有研究者指出了人性观对心理学理论与研究的影响。心理学的基本理论,尤其是人格理论,通常都蕴含着对人性的假设。人性观的差异常常导致其理论建构的差异。而且人性观影响心理学研究的方式、方法,影响对心理成因的认识、对心理疾病的理解,及对异常矫正策略的选择。心理学基本理论,尤其是人格理论,通常都蕴含着研究者对人性的基本看法或假设。研究者所持的特定的人性观是决定其理论建构的核心要素之一。在西方人格理论中,存在四种不同的人性思想,即生物动力论、积极向善论、机械运作论和交互决定论。生物动力论是以弗洛伊德为代表的精神分析理论的基本人性观。积极向善论

---

[1] 刘华:《人性:构建心理学统一范式的逻辑起点》,《南京师大学报》(社会科学版) 2001 年第 5 期。

是人本主义心理学派的基本人性观。机械运作论是行为主义心理学派对人的基本看法。交互决定论不单纯强调一方而忽视另一方,认为人是决定的,又是被决定的;是驱策的,又是被驱策的;既受生理的、遗传的影响,又受社会实践和行为的影响;既注重行为获得,又重视心理、意识和认知的影响和决定。持这种人性观者当推凯利(G. Kelly)和班都拉(A. Bandura)。[①]

有心理学的研究者指出,"人性"是指人所普遍具有的属性;"人性论"是指关于人性的理论、观点。心理学中研究人性论存在两种基本视角:一是从人之所以为人的本质特征论人性;二是从生命初始便具有的本来能力或欲望论人性。人性论对于心理学的作用在于:一方面作为心理学的前提假设,决定着心理学理论的方向。另一方面,由于人性论的差异,导致心理学理论之间的差异、不同,甚至分裂。

心理学中研究人性论的第一个视角是以人的本质属性为最重要的人性。强调人之所以为人的本质特征,或者人区别于他物的本质属性。事实上,以本质属性为基本视角的人性论经常出现于哲学以及哲学心理学中。心理学中研究人性论的第二个视角是以人的本来属性为最重要的人性。如果说本质属性的人性论是在人生命的内在最深处寻找人的本性,那么本来属性的人性论则是在时间起点处寻找人的本性。在时间的起点处寻找的人性,从理论上说有两种方式。一是强调人一出生便具有什么能力,也就是"本能";二是强调人在生之初始是善还是恶。不过因为心理学自从诞生之初,便一直期望进入自然科学的殿堂。因此,科学心理学虽然没有抛弃人性的善恶问题,但更关注人的"本能"问题。

可以说,有多少种人性论,便有多少种心理学。这必然导致心理学不太可能像物理学那样,具有某种统一的、固定的范式。因此,心理学的统一,必然会归结到人性论的统一上来。心理学不是全部人性论,人性论也不是全部心理学。但是对于人性论来说,心理学是不可或缺的,因为它提供了独特的研究视角、研究方法;同时,对于心理

---

① 况志华:《人性观对心理学理论与研究的影响》,《心理学动态》1997年第3期。

学来说，人性论也是不可或缺的，因为人性论是心理学的理论基石、前提假设。有什么样的人性论，便有什么样的心理学。[①]

心理学是有关人的心理行为的研究和探索，那么关于人的基本思想理解和理论预设就会决定着关于人的理解，进而就会决定着关于人的心理行为的理解。心理学的人性论理论预设可以有各种不同的来源，包括不同的文化来源、思想来源、传统来源。因此，心理学的人性论理论预设也就可以是多样化的。这也就导致了心理学的探索和研究的多样化。探索心理学的人性论的前提或假设，可以很好地把握心理学的思想、理论、方法和技术的建构和运用。

二 女权的理论预设

女权主义也被称为女性主义。在表述上，女权主义与女性主义并没有根本的区别。因此，在研究中，这是可以通用的概念。当然，女权主义心理学中的"女权主义"更偏重于社会性和政治性的含义，而女性主义心理学中的"女性主义"则更偏重于学术性和学科性的含义。但在此处，女权主义心理学与女性主义心理学是可以互换的同义性表述。有研究者考察了西方女性主义心理学的发展。研究中指出，女性主义心理学（feminist psychology）是在20世纪60—70年代的西方女性主义运动中形成和发展起来的一个心理学分支。女性主义心理学是以女性主义立场和态度重新解读和审视主流心理学科学观与方法论，着重批判父权制社会体系下主流心理学中所表现出来的男性中心主义的价值标准，揭示主流心理学及其研究行为对女性经验的排斥与歪曲理解。[②] 女权主义是在西方社会和文化的背景下出现的。因此，女性主义心理学也是西方心理学的发展潮流。[③]

[①] 熊韦锐、于璐、葛鲁嘉：《心理学中的人性论问题》，《心理科学》2010年第5期。
[②] 郭爱妹、叶浩生：《西方父权制文化与女性主义心理学》，《妇女研究论丛》2001年第6期。
[③] 叶浩生、郭爱妹：《西方女权心理学评介》，《心理学动态》2001年第3期。

有研究指出，女性主义心理学是女性主义思潮在心理学领域的渗透与扩张所取得的积极成果。为了区分女性主义实践与女性主义理论，研究者用"女权主义"来指实践运动层面的"feminism"，旨在表达一种改变性别不平等的政治诉求；而用"女性主义"来指理论发展与学术研究层面上的"feminism"，以表达对人类知识的反思、批判和重建。这种主张认为，女性主义实际上是对女权主义的深化，其内涵更深刻，外延更广大。由于这是以女权主义作为社会来源的学术思潮，因而也可视为女权主义向文化界、学术界的扩张。女性主义比女权主义涵盖更宽泛的领域，具有更丰富的内涵，已经超越了"妇女问题"或"性别问题"本身，而指向造成这些问题的父权制制度和男性中心文化，成为反主流文化中具有代表性的文化视角和研究方法之一。因此，女性主义心理学正是女性主义对心理学理论与实践的反思、批判与重建。[1]

有研究指出，与女性相关的理论都是以男性为标准建立的，女性的行为被解释为男性标准的一种偏离。通常，关于女性的刻板印象是不被质疑的，而且被当作对女性行为的准确解说。心理学领域内展开的有利于女性的调整体现在性别规范适用上。当女人表现得不同于男人的时候，这种不同往往被归因于生物性差异，而不是社会影响。这些问题虽然不是世界性的，却相当普遍。心理学家们认识到，大部分关于妇女与性别的心理学知识是以男性为中心的，他们开始反思心理学的概念和方法，着手开创一种新的以女性为学科对象的研究。此外，他们还开始研究一些与女性有关的重要课题，探索解析两性社会关系的方法。心理学也因之开辟了研究女性问题的新思路，拓展了研究方法，开创了治疗与咨询的新途径。[2]

很显然，女权主义思潮在心理学研究中的体现包括两个层面。一是针对整个心理学的基本理论预设或研究前提假设的，因为在心理学

---

[1] 郭爱妹：《女性主义心理学》，上海教育出版社2006年版。
[2] ［美］玛丽·克劳福德、罗达·昂格尔：《妇女与性别：一本女性主义心理学著作》，许敏敏、宋婧、李岩译，中华书局2009年版。

的传统研究中包含男性中心的研究立场或理论预设，并且在相当长的时间里支配了心理学的具体研究和研究结果。二是针对女性心理学学科研究的，因为在传统的女性心理学研究中，关于女性心理行为的考察传统都是以男性作为衡量和评判的尺度。或者说，对于女性心理行为附加了男性价值的评价。当然，这两个层面是一个统一的结果，那就是需要重新思考心理学的研究，进而重新思考女性心理学的研究。

三 科学理论的反思

科学理论是以客体为原型而形成的主体描述客体的模型图景，社会科学理论是以客体为中心而形成的使主体实践活动客体化的叙述图景。一个科学理论的建构首先必须在科学原则的指导下观察客观事实；其次是描摹这个可观察系统；再次是将科学理论模型还原于原型并进行检验；最后是对检验的结果放之于理论场中，受到其他辅助性理论的检验，并看它的覆盖面有多大，只有做到这样，一个科学理论的建构才算是比较全面了。社会科学理论是主体在征服自然、改造自然过程中人的社会关系实践的客体化叙述图景，展现的是人与人的多重复杂关系，归纳起来为三点：一是时间上的分离关系，指一定时代的主体与不同时期或时代的社会历史运动之间在时间链条上的不同步性；二是空间上的分离关系，指特定地域、国度、民族中的认识主体与其他地域、其他国度和其他民族社会历史客体之间在存在的空间上的异地性；三是存在方式上的异质性，主体在主体实践活动客体化过程中寻求的语言符号系统、民族心理中文化积淀和传统思想观念的方式，掌握和再现客观对象的方式、方法都各有千秋。

符号化和形式化的人工语言决定了科学理论覆盖面的内敛，抽象化和人工化的自然语言决定了社会科学理论覆盖面的相关。科学理论是由科学语言所构成的，这既具有一般语言的特征和功能，又具有作为一种特殊语言的特点：第一，科学语词意义的单义性。科学语词（科学术语）是专门用于科学认识中作为表达科学认识成果意义的固定的词语。例如，电子衍射、波函数、基因等，它们一般不会因科学劳动者的主观意识去影响词义。第二，科学语句意义的确定性。科学语句的确定性是由科学语词的单义性决定的，科学理论通常由科学思想、科学认识过程、科学推理过程、科学命题、科学定理和定律所组成，它们之间的关系是一种确定关系，也就是说任何一个科学劳动者在理解科学语句所陈述的意义时都是相同的。第三，科学语言形式的单纯性。在科学语言中，科学词语意义的固定性、科学语句意义的稳定性，必然决定着科学语句在结构形式上的单纯性。第四，科学语言具有一定的国际性，国际性的科学语言是以前三者为前提条件的。

科学理论的建构是从假设到定律的纯化过程，社会科学理论的建构是从抽象事实到普遍原理的泛化过程。所谓假说是在科学事实上的猜测，从假说到定律的纯化实质上就是在选择中建构科学理论。科学理论的形成过程是由建构目标（科学理论）↔科学定律↔科学概念↔科学事实组成的能进行循环往复的自我组织、自我调节和自我反馈的动态系统。

一般来说，形成科学理论的逻辑方法有三种。一是解释建构法。即在认识秩序上是从个别→特殊→一般，来发展科学理论，从经验事实到科学定律，然后再建构一定的理论，来解释客观的自然现象。解释建构法是服从于实践的需要而产生的，这种需要常常是从解释新的事实和新的矛盾开始的。二是模型描述法。这种形成科学理论的逻辑方法是把模型作为原型客体的再现，并视为建构科学理论的中介。从认识研究对象的外部表现入手，然后通过分析和综合深入了解事物的内部机制，并为这种内在机制构造一个模型，进而再用这个模型来描述和解释该对象，从而达到现象与本质、内容与形式、必然与偶然之间的有机统一。三是假说竞争法。科学理论的真理性最终要通过实践来检验，科学理论的发现和形成总要经历一个历史过程。面对主客观条件的限制，对于复杂的科学问题无法一下子建立起一种在解释、描述和预测等功能方面都满意的理论来，因而，科学概念和理论的形成只能在实践中不断前进。

社会科学理论由社会科学事实，社会科学概念、范畴，社会科学规则、规律所组成。社会科学事实就是指社会关系之网，社会科学概念、范畴即社会关系之网上的纽结，社会科学规则、规律即贯穿于纽结之间的经纬。如何才能建构起社会科学理论呢？一般来说，社会科学理论是由抽象的事实，到普遍原理的泛化过程，抽象的事实就是从社会关系中找到社会科学理论的生长点。这个生长点是个别和一般、个性和共性、现象和本质、必然和偶然、内容和形式的统一体，是研究的起点，但不一定是逻辑的起点。逻辑的起点是最抽象、最本质、最必然的概括。这必然会使后面的概念、范畴、规则、规律包容在逻辑的起点中。[1]

科学理论是科学的内在骨架，是科学解说世界、社会和人类的基本方式。无论是自然科学的理论、社会科学的理论，还是人文科学的理论，都具有理论自身的基本性质、核心内涵和逻辑基础。理论的创建、构成、演变、扩展，都需要不断的理论反思。那么，哲学的探索、思辨、反思、推论，就是科学理论的重要根基。

心理学成为一门科学，也是以理论的方式去再现、解说、阐释、预测和掌控自己的研究对象，也即心理行为或心理生活。心理学理论实际上具有极其多样的性质，以及非常复杂的构成。例如，心理学理论实际上兼具自然科学、社会科学、人文科学、综合科学等的构成性质和基本特征。心理学理论实际上也兼有支配的理论框架、深层的理论预设、宏观的理论模型、具体的理论假说、操作的概念定义等的基本内容和理论构成。通过理论心理学的反思活动，通过科学理论的反思，使心理学的研究者能够获取和具有特定的思想引领、明晰的理论思路、合理的理论建构、透彻的理论阐释。

四 心理隐喻的研究

心理学科学化以来，精致性、确定性和中立性的科技理性和逻辑思维一直拥有着绝对的话语权，剥夺、放逐了心理学语言中另一种权

---

[1] 陈波：《科学理论与社会科学理论建构方法比较研究》，《求索》1991年第5期。

力——隐喻权力。在心理科学领域，隐喻的存在总有其道理。隐喻既是一种语言现象，也是一种文化现象。作为一种思维方式，隐喻是对逻辑演绎和科技理性的一种超越，是对事物以另外视角的深层次理解和求索。其创造、代替、表达及模式等作用，越来越以一种丰富性、内隐性及不可穷尽性等特征，使心理学流溢出民族文化品性。在承认由逻辑语言所构建心理学科学世界伟大的同时，也会深感到心理科学离弃隐喻的失落，因为心理学遗失的不仅仅是一种语言权力的诉求，更重要的是丢弃了一个世界——人文世界，消解了理解人类心灵的平台，也弃绝了一种视野，关闭了通往人性世界的大门。

隐喻具有如下特性。一是隐喻具有表达性。隐喻不像逻辑语言那样清晰和直白，而是抛开了严格的逻辑界定，以语言本身的特有功能，淋漓尽致地表达内心感受。隐喻的任务不只是描摹事物，还理解事物；不只是传递观念或思想，还促使人们去行动。二是隐喻具有内隐性。隐喻无法言传，不能简单化约为字面陈述。隐喻蕴含着丰富的意义，超越逻辑结构，以一种无法演说的洞见，寻求"弦外之音"，任何企图以逻辑语言来解读隐喻的想法都是不现实的。三是隐喻具有归属性。隐喻是人类首先创造出来用以表述心灵之声，寄托家园精神的一种语言形式。四是隐喻具有民族性。隐喻作为一种词语表达方式，是以一定的民族文化背景为前提、为基础的。民族的思维方式、民族习俗、民族传统文化等方面无一不会影响、制约着隐喻的表达样式，并构成隐喻表达的不同民族特点和差异。五是隐喻具有日常性。以一种浅显的道理支持和架构着人类日常生活中深刻的"道"或理念，无处不有，无时不在。六是隐喻具有创造性。隐喻不仅仅是一种意义转换，更是一种意义创造。

心理学隐喻具有特定的价值与意义。首先，人类的心理是一种自然存在，也是一种文化存在。其次，心理学所面对的不仅仅是可见、可知和可感的心理现象世界，还要面对无法感知、无法视听，但能体验和自觉的心理生活世界。再次，与其说隐喻是一种说明事物的独特用法，不如说隐喻是一种独特的思维方式。最后，心理学隐喻的存在，凸显了心理学文化意义。①

有研究者考察了心理隐喻的变迁与心理学的发展。研究指出，心理学的发展始终伴随着心理隐喻的变迁，每一种理论、每一个流派背后都蕴含着一个独特的心理隐喻，支撑着研究领域的共同理解。心理隐喻经历了由物到人、由被动到主动、由消极到积极、由个体到社会的历史变迁，影响了心理学研究对象的转移、研究方法的变化与研究取向的更替。

在某种意义上说，心理学发展的历史就是心理隐喻变迁的历史，心理隐喻的变迁成为心理学发展的历史见证。一是行为主义的隐喻为人是机器。这样的隐喻引发了心理学发展史上一次哥白尼式的革命，华生宣称传统的意识心理学为安乐椅上的玄思，与科学精神背道而驰，旗帜鲜明地提出心理学不是研究无法观察的内部意识，而是研究可以观察的外部行为。以机器为隐喻内在地决定了行为主义心理学必然具有的机械论、还原论、环境决定论。二是精神分析的隐喻为人是动物。达尔文的生物进化论声称人由动物发展而来，动物与人具有发展上的连续性。弗洛伊德深受进化论思想的启发，创立了精神分析学派，开创了心理学发展的新纪元。提出心理学研究的对象不是意识而是潜意识，人的潜意识活动的能量是本能，本能是所有潜意识活动的终极原因或者主要源泉和动力。三是信息加工心理学的隐喻为人是计算机。信息加工认知心理学将人脑与计算机进行类比，认为智能的本质就是对信息的加工，人的认识过程就是信息加工过程。四是人本主义心理学的隐喻为人是自我实现者。这倡导了一种崭新的人性论，强调人性的积极向上，强调社会、环境应允许人性潜能的实现。五是社会建构主义的隐喻为人是创造者。在社会建构主义者眼中，知识、观念不是对客观现实的反应、表征，而是人的主观建构，这种建构不是个人的而是社会的，产生于人际交往之中，发生在具体的历史文化背景之下，建构于受特定文化制约的话语实践。心理现象并不是存在于

---

① 孟维杰、马甜语：《论心理学中的"隐喻"》，《南京师大学报》（社会科学版）2005 年第 5 期。

人的内部，而是存在于人与人之间，是人际互动的结果，是社会建构的产物。

心理学理论的发展始终伴随着心理隐喻的变迁。一是由物到人的变迁。早期的心理学范式的隐喻主要为物。行为主义心理学、精神分析学派、信息加工认知心理学的隐喻范式集中于物，"目中无人"，其研究是一种"无人化"或"非人化"研究，虽不乏成就，但毕竟偏离了"研究人的心理现象与行为"的根本宗旨。人本主义心理学坚持以人为本，相信人有自我实现的潜能，第一次将人真正作为人来研究。社会建构主义心理学作为后现代心理学的代表将人视为知识的发明家、创造者，对于真正恢复人作为万物之灵的神圣地位居功至伟，为告别传统心理学的机械论、还原论、因果决定论扫清了障碍。心理学隐喻由"物的范式"向"人的范式"的转换，可以视为心理学发展的一座新的里程碑。二是由被动到主动的变迁。精神分析、行为主义、信息加工认知心理学将人比喻为动物或机器，完全无视人作为人的本质属性。人本主义心理学坚信人具有自我实现的内在积极性，人可以充分利用优良的社会条件主动寻求内在的发展。社会建构主义心理学将人比喻为发明家、创造者，对人的主动性、积极性推崇备至。由被动反应、表征转变为主动建构、发明，心理隐喻的这一转移再次升华了人性，影响了心理学研究范式的变更。三是由消极到积极的变迁。精神分析以动物喻人，描绘了人如何像动物一样屈从于本能，为本能所奴役。行为主义以机器作比，否认人的任何积极性、能动性的存在，人只能消极地接受刺激、被动地做出反应。认知心理学将人的大脑由普通的机器升级为计算机，能够利用认知结构对行为进行一定的调节和控制。人本主义心理学以宣扬人的积极性为基本宗旨，肯定人的价值与尊严，突出人的自我实现，人完全成为心理与行为的主人。社会建构主义心理学将人的积极性发挥到了极致，人不再是世界的反映者、表征者，而是世界的建构者、创造者。四是由个体到社会的变迁。精神分析、行为主义、认知心理学将人比喻为动物、机器、计算机，都是个体水平上的类比与分析。人本主义心理学自我实现论的探讨也是局限于个体之内。现代心理学的心理隐喻及其理论分析都是个人主义的,社会建构主义摆脱了个体主义心理学的局限,将研究目光投向社会文化历史的广阔天地。研究重心由个体到社会的转向为心理学的发展开辟了光明前景,带来了无限生机。

心理隐喻的变迁直接影响心理学研究对象的转移、研究方法的变化与研究取向的变更,心理隐喻变迁的轨迹反映了心理学发展的历程,预示着心理学发展的方向。心理隐喻由物到人的变迁,实现了心理学研究对象的返璞归真。心理隐喻由被动到主动的变迁,促进了心理学方法论的进步。心理隐喻由消极到积极的变迁,助长了积极心理学的发展。心理隐喻由个体到社会的变迁,推动了心理学研究中文化转向的出现。心理隐喻由个体到社会的变迁,昭示了心理学研究范式从个体到社会的转变,心理学研究发生了由"个体的""心理的"视角向"社会的""文化的"视角的转变。心理隐喻与心理学发展相伴始终,休戚相关,只要心理隐喻在延伸,心理学理论就在发展。[1]

孟维杰在研究中对心理学隐喻进行了文化分析。研究指出,"隐喻"的基本词义是把一个对象的诸多方面"传送"或"转换"到另一个对象上去,使第二个对象可以等同于第一个对象,以便更好地去理解第一个对象。隐喻并不是严格的逻辑、纯粹的理性,而是借助联想和相似的言语机制,以独特性、生动性和表达性来解说一件事情、一种现象、一类物质。隐喻正是以其独特的思维方式和语言现象,以传递和表达某种逻辑语言无法陈述的内在意义,努力寻求言外之意,成为人们话语方式独特的表达。这不仅仅是一种意义转换,更是一种意义创造。在逻辑语言力量强盛的科学心理学领域,隐喻以其顽强的生命力寻找属于自己的生存与发展的空间,这不能不说即便是科学心理学抽象逻辑思维的形成与发展,也离不开隐喻思维。心理学为了弘扬其科学精神而借助常规的逻辑语言追求"明晰"和"雄辩",正在将隐喻压制到边缘境地,这对于心理学来说,无疑是失去了一种独特思维的表达方式,一种创新的现实力量,一种人文精神的独特表征。

---

[1] 麻彦坤:《心理隐喻的变迁与心理学的发展》,《西南师范大学学报》(人文社会科学版)2003年第6期。

心理学发展离不开隐喻思维方式，心理学创新呼唤心理学隐喻思维方式的彰显和回归。

首先，隐喻可扩展理解人类心理的视野。人类心理既是一种自然存在，有着与自然同样的发生和变化问题，又是一种文化存在，文化提供了人类适应生态环境与社会环境，建构自我心理的工具，带有一定的自觉性。概括来说，人类心理不仅仅是一个自然进化和社会化过程，也是一个内在价值、意义体验和获得过程。隐喻则既可以避免逻辑语言之所短，又可发挥其相似性、内隐性和创新性之所长，不但可以解说复杂的心理问题，而且借以表达作者独特的见解和见地，扩展心理学理论视野。其次，与其说隐喻是一种说明事物的独特用法，不如说是一种独特的思维方式。隐喻有着逻辑思维所不具备的优势，如果说逻辑是一种表层说明，那么隐喻则是直接认同；逻辑以明晰规则表征事物，而隐喻以想象力量达至事物本质；逻辑思维善于说明，追求严谨和雄辩，隐喻重于创造，追求独特性和生动性；掌握逻辑依赖于专业知识学习和应用，理解隐喻则需依赖于个体文化背景和生活经验。最后，心理学隐喻构筑起心理学人文精神殿堂。心理学作为一门科学，具有深刻的自然科学精神与独特的人文价值。

从数字化、符号化、机械化的逻辑语言中重拾心理学隐喻，并非要以隐喻语言取代心理学科学术语，而是期望隐喻与逻辑共存，理性与非理性同在，使之能更好地传达人类心灵之声，实现心理学科学精神与人文精神的融合与统一。[①]

赵宗金探讨了隐喻研究进入心理学的途径。研究指出，心理学与隐喻两者之间关系密切。隐喻研究进入心理学的途径至少有以下两种方式。一种方式是横向和纵向考察心理学的隐喻。每一种心理学形态都有其根本的隐喻。在不同的隐喻基础上，不同的心理学理论形态才得以建立，并可以相互区别。此外，也可以对于不同层面和水平的心理现象进行隐喻式的考察。另一种方式是对于隐喻的心理基础的考

---

① 孟维杰：《心理学与人文精神——心理学隐喻文化分析》，《心理科学》2010年第2期。

察。一方面，隐喻成为反思心理学研究本身的手段，具有的是方法论意义。另一方面，隐喻也成为心理学研究的直接对象，作为研究客体而存在。隐喻作为一种思维的方式或过程，本身有其独特的心理基础。隐喻的心理发生以及隐喻理解的过程，都是对隐喻过程进行心理考察的内容。

传统的看法是把隐喻单纯看作一种修辞手段。当代的隐喻研究则表明，隐喻概念的重要性已经远远超出了最初的设定。隐喻研究成为文学、语言学、心理学、文化学和哲学的一个重要交汇点和热点。心理学的隐喻是对心理学研究过程中所采用的隐喻方法的考察和分析。隐喻对于心理学而言所具有的基本意义，就是从第三者的角度，去考察心理学知识的获得过程，亦即具有方法论上的反思与批判的意义。

隐喻研究进入心理学的途径——心理学的隐喻。首先是心理学历史中的隐喻。每一种心理学理论，或者说每一种心理学形态都有其根本的隐喻。在不同的隐喻基础上，不同的心理学理论形态才得以建立并相互区别。在心理学历史上，存在着机械隐喻、生物隐喻、计算机隐喻等几种主要的隐喻观念。其次是知识社会学角度的切入。知识社会学是考察知识获得过程影响因素的一个学派。在隐喻与心理学的关系上，知识社会学从心理学知识的获得过程入手，分析隐喻在这个过程中所起的作用和机制。知识社会学研究考察知识获得与隐喻的关系。这种考察的理论前提是，隐喻思维是一种基本的认知方式，人们对于新现象的认知不能够脱离隐喻性。从知识社会学的角度出发，可以考察心理学研究方法所隐含的隐喻思维。可以从心理过程和心理状态的角度，从不同心理现象的具体研究过程出发，考察心理学家们所使用的隐喻思维。最后是从心理学内部对不同层面和水平的心理现象进行隐喻式的考察。

隐喻研究进入心理学的途径——隐喻的心理学。隐喻的心理学指对于隐喻的心理基础的考察。隐喻作为一种思维的方式，本身有其独特的心理基础。隐喻的心理发生以及隐喻的理解过程，都是对隐喻过程进行心理考察的内容。首先是隐喻的心理发生，其次是隐喻的理解过程。对隐喻的理解过程进行分析，所解决的主要问题是，描述和分析如何获得隐喻的意义。在隐喻的理解过程中存在以下几个重要的因素：字面意义、表达意向、共同心态以及语义理解规则等。意向分析是隐喻理解过程的关键。

隐喻思维作为人的基本的思维方式，体现了认识过程和意义过程的统一。事实上，对心理学的隐喻的考察本身就是对心理学研究方式的一种反思和重估，或者说是对于研究心理过程与状态的方式和途径本身的考察。此外，中国文化的研究从一开始就明确奠定了隐喻的三个方向，即认知、修身和教化。[①]

有研究者考察了语境论与心理学的叙事隐喻。研究指出，隐喻是人类认识世界的一种思维形式。扎根隐喻方法勾画了四类基本的世界假说：形式论、机械论、机体论和语境论。语境论作为反对占统治地位的机械论的一种看待世界的方式，对现今心理学和其他社会科学有着广泛影响。作为语境论的扎根隐喻的叙事在认识人的精神世界中发挥着日益独特的作用。

隐喻被认为在人类认知过程中起着关键作用。隐喻在近代科学概念的形成和发展、科学理论的建构和陈述上，也起着无法替代的重要作用。"语境"术语是基于达尔文把语境作为"行为意义和作用的历史情境"的观点。当前行动的作用反映了过去事件的影响，并以不断变化的、动态的方式影响着将来。当形式论、机械论、机体论这三副作为科学主义看世界的眼镜受到越来越多的质疑后，语境论这副眼镜便受到了青睐。

语境是语言环境和言语环境的总称或简称，指语言存在和运用的环境。从语言学的角度看，语境既包括语言本身的语内环境，又包括语言以外的语外环境。语内环境包括语音环境、词语环境、词篇环境等。语外环境既指语言所依赖的社会环境、文化环境等客观条件，又指说话者的年龄、身份、职业、信念、个性等主观环境。当语境作为观察世界事物的基点时，便成为一种称为"语境论"的科学实践观和

[①] 赵宗金：《隐喻研究进入心理学的途径》，《内蒙古民族大学学报》（社会科学版）2006年第1期。

方法论。语境论在科学实践中结构性地引入了历史的、社会的、文化的和心理的要素，吸收了语形、语义和语用分析各自的优点，借鉴了解释学和修辞学的方法论特征。因此是一个有前途的、可以融合各种趋向而集大成的倾向。

语境论是从语言学走出来的方法论，必然也与语言学的本家——叙事走到了一起。由于叙事原理引导着对人类事件的解释以及人类行为的实施，因此叙事实际上成为人类组织情节、行为和对行为思考的一种方式。叙事的组织原则作为一种方法取向运用于社会科学研究中，便形成了称为叙事研究的范式。叙事研究不是任何单个学科内的东西，而原本就是跨学科的。叙事研究扩展了社会科学中的"解释转向"。当自然科学方法的现实主义对理解社会生活有一定的限制时，学者便转向把叙事当作人类行为的组织原则，从而在理论发展中，形成了所谓"叙事转向"。

心理学不管是偏于自然科学还是社会科学，作为认识、理解人的精神世界的学科，要了解精神世界中所充满的作为主体的人的情感、想象、意志、观念、价值、目的等，要超越科学主义强调精确观察、测量和严格控制的方法论的束缚，走向与其研究对象的本性更为相容的方法。人不仅生活在现实的物质世界中，而且生活在由生活体验构成的自己的世界中。叙事充满着对生活经验的体验、表达和理解，具有建构自我和认识他人的双重作用。

叙事对叙事者来说，是一种人格的重构过程。在叙事的过程中人们重新整理自己的经验，当片断的情节连接和组织成完整的故事时，隐藏在情节后面的意义便凸现出来，潜意识中的观念被推到意识的前台。许多问题在这一过程得到澄清，从而建构出新的自我。当人们在倾听他人叙说时，也就进入理解他人内心世界并进而理解更广阔世界的过程。人类活动产生着各种各样的叙事文本（故事）。这是作为主体的文本生产者，即叙事者与客观环境交互作用的产物，蕴含着特定时空条件下的特定意义。研究者（阅读者）通过对这些文本的体验和理解而复活文本原先体验和象征的生活世界，展现出叙事者当初的心理世界。

因此，叙事可以成为作为精神科学的心理学的方法。作为一种方法，叙事的作用可以概括为：一是叙事可以反映人类复杂而丰富多彩的心理世界；二是研究者可以通过倾听研究对象的故事进入其内心世界，获得对研究对象的全息了解，特别是包括对极其隐蔽的情感侧面和动机结构的了解；三是在干预性研究（如心理辅导与治疗）中，研究者可以通过引导研究对象重构个人生活故事而达到重构人格的目的；四是通过叙事的表达，发掘具有客观性和一般性的真理。[1]

心理隐喻的探讨原本是在两个不同的层面上。在心理存在的层面，心理隐喻是人心理活动的一个非常基本的和重要的方式。在心理研究的层面，心理隐喻成为心理学研究的思想前提和理论预设的表达。这可以影响到心理学研究者的具体的研究。

五 具身认知的研究

有研究探讨了认知的具身观。研究指出，在认知科学中存在一个具身认知的运动。认知的具身观认为，心智和理性能力是具身的。与认知的具身观相对立的是"第一代认知科学"的认知主义（cognitivism）的观念，这是一个基于"客观主义"意义的认知观。客观主义的意义理论认为认知过程和结果独立于进行认知活动的人的身体结构和认知发生于其中的认知情境。与之相对，认知的具身观认为认知是身体—主体在实时的环境中的相互作用活动。认知科学的当代发现表明，意义在认知中处于中心地位：认知活动是通过意义和世界紧密关联的。心智的本质在于其构成意义的活动。

认知科学中，存在一个具身认知（embodied cognition）的运动，这个运动正成长为一个坚定的研究进路和纲领。具身认知运动的基本见解是人的心智、理性能力都是具身的（embodied），有赖于身体的

---

[1] 施铁如：《语境论与心理学的叙事隐喻》，《华南师范大学学报》（社会科学版）2004年第4期。

具体的生理神经结构和活动图式（schema）；认知过程、认知发展和高水平的认知深深地根植于人的身体结构以及最初的身体和世界的相互作用中。第一代认知科学或传统的认知主义将心智（mind）视为一个按照一定规则处理无意义符号的抽象的信息处理器。第一代认知科学认为，心智能够根据其认知功能来研究，而无须考虑源于身体和大脑的这些功能的实现方式。从功能主义（functionalism）的观点看，心智被形而上地视为一种抽象的计算机程序，能够运行在任何一种合适的硬件上。这个隐喻的结果就是，硬件——或者不如说"湿件"（wetware）——被认为一点都不决定程序的本质。这就是说，身体和大脑的特性对人类的概念和理性不起任何作用。

心智的一切能力（知觉、注意、记忆、思维、想象、情感等）始终以具身的方式实现与世界的交往，同时也制约与世界交往的可能性。心智是身体的心智，而不是无形质的心智，心智是具身的心智。瓦雷拉等人的生成观点强调，认知并不是先定的心智能力对先定的世界的表征，而是在人所从事的各种活动历史的基础上，由心智和世界共同生成的。作为一个正在成长的运动，具身认知观强有力的辐射力源于贯穿了一些对心智、理性和认知的重要观念，特别是关于意义的相互作用的、建构的、进化的和历史的思想。认知是具身的，理性是具身的，心智是具身的。[1]

李其维对认知科学中和对心理学中的认知革命与第二代认知科学进行了考察。研究指出，以计算隐喻为核心假设的传统认知心理学以及联结主义心理学，均不能克服离身心智（disembodied mind）的根本缺陷，当代认知心理学正面临着新的范式转换。以具身性和情境性为重要特征的第二代认知科学将日受重视，并促使认知神经科学进入新的发展阶段。研究认为，在身心关系上应该坚持生理只是心理的必要条件，而非充分条件的立场，克服生理还原论的危险；应该重新审视基于二元论的生理机制这种说法；心理学传统中的科学主义和人文主义有可能在第二代认知科学强调认知情境性的基础上达成某种融

---

[1] 李恒威、肖家燕：《认知的具身观》，《自然辩证法通讯》2006年第1期。

合；第一代认知科学对意识的研究是不成功的，因为对知觉、注意、记忆、思维等心理过程的研究不能代替意识的研究，同时还应避免以意识内容的研究取代心理学研究的倾向。第二代认知科学中的动力系统理论关于变量（因素）之间的耦合（coupling）关系完全不同于变差分析中的变量之间的交互作用关系，其动力系统模式可能更有助于破解意识的产生（涌现）之谜，并引发心理学研究方法论的变革新潮。第二代认知科学的兴起将启发人们对身心关系、生理还原论、意识研究在心理学中的地位、人工智能对心智完全模拟的可能性等重大问题重新思考。[①]

自20世纪80年代以来，"具身的"（embodied）几乎已成为认知科学所有领域中的重要的概念。在哲学、心理学、神经科学、机器人学、教育学、认知人类学、语言学和研究行动和思维的认知动力系统方案中，人们越来越多地谈到"具身的"概念。

传统的认知观或多或少地具有以下特征：认知是计算的，其哲学基础是功能主义；认知科学可以独立于生物学和神经科学而取得发展；在对认知能力进行研究时，无须考虑诸如生物学的、知觉运动的、物理的背景或需要。但是现在，研究者们已普遍认为具身性是任何形式的智能（自然的或人工的）不可或缺的条件之一。智能不仅仅是一种抽象的运算法则形式，而且需要身体的示例（physical instantiation）和肉体的介入。有的研究者提出了四个具身认知观的论题：（1）关注身体在认知实现中的作用；（2）要理解身体、大脑和世界之间复杂的互相影响，就必须运用一些新的概念、工具和方法来研究自组织和涌现现象；（3）如果新的概念是恰当的，那么这些新的概念、工具和方法可能会取代（不仅仅是挑战）计算和表征分析的旧的解释工具；（4）需要对知觉、认知和行动之间以及心智、身体和世界之间的区别进行反思，甚至抛弃这些区别。

温和的具身认知进路与传统认知观纲领有着共同的形而上学的核

[①] 李其维：《"认知革命"与"第二代认知科学"刍议》，《心理学报》2008年第12期。

心：根据内部表征的计算来处理信息。一方面，虽然温和的具身观也重视智能行为中环境的作用，但是仅仅把环境看作思维系统、大脑输入的一个来源。这仍然与大脑的计算理论相容。另一方面，具身观并没有从根本上触及形而上学的核心。非具身化依据的是实践的理由，尽管这并不是传统认知观形而上学核心中显而易见的部分。

激进的具身认知进路的核心是放弃了表征性分析。可以用以下三个观点来概括：第一，世界是模拟计算机的，而非数字化的。第二，认知不是由内部的表征而是由行动来导向的。因而，以表征为开端的分析对理解认知来说是错误的。第三，智能行动是复杂系统和复杂环境之间连续互惠作用的结果。[1]

有研究者把具身认知看成认知心理学的新取向。研究认为，具身认知强调身体在认知的实现中发挥着关键作用。认知存在于大脑，大脑存在于身体，身体存在于环境。具身认知最初仅仅是一种哲学思考，有深刻的哲学思想渊源，但是现在这种哲学思考已经开始走向实证领域，实验的认知心理学家开始从具身的角度看待认知，形成了具身认知研究思潮。但是，具身认知研究也面临着许多亟待解决的问题。

具身认知（embodied cognition）也译为"涉身"认知，其中心含义是指身体在认知过程中发挥着关键作用，认知是通过身体的体验及其活动方式而形成的。认知是包括大脑在内的身体的认知，身体的解剖学结构、身体的活动方式、身体的感觉和运动体验决定了人们怎样认识和看待世界，认知是被身体及其活动方式塑造出来的，而不是一个运行在"身体硬件"上并可以指挥身体的"心理程序软件"。

认知是具身的，其含义可以从三个方面加以理解：第一，认知过程进行的方式和步骤实际上是被身体的物理属性所决定的。第二，认知的内容也是身体提供的。第三，认知是具身的，而身体又是嵌入（embedded）环境的。认知、身体和环境组成一个动态的统一体。[2]

---

[1] 何静：《具身认知的两种进路》，《自然辩证法通讯》2007 年第 3 期。
[2] 叶浩生：《具身认知：认知心理学的新取向》，《心理科学进展》2010 年第 5 期。

其实，所谓"具身认知"从英语到汉语的翻译还是存在着问题。最好还是表述为具体化的心灵、具体化的心智，或者具体化的认知。因为这里的"具体化"是与原本认知研究中的抽象化的心灵、抽象化的心智，或者抽象化的认知，是相互对应的。在西方认知科学家最早关于具体化心智的表述中，核心的含义并不仅仅是将认知与身体关联起来，而且将认知与人的生活关联起来，与人的生活史衔接起来。这早就在关于认知心理学研究范式演变的讨论中，得到了表述。[①] 这也就是认知心理学研究范式从认知主义，到联结主义，再到共生主义的转换。这种转换使认知心理学的研究范式，经历了从计算机的隐喻，到脑神经的隐喻，再到生活史的隐喻的一个连续的或接续的转换。这种转换就使得认知心理学的研究更加贴近人在现实生活中的认知。从抽象化的认知到具体化的认知，从实验室中的认知到生态场中的认知，从片段化的认知到生活史中的认知，这都是认知心理学或认知科学的重大研究进步。

尽管目前从离身认知到具身认知的表述，已经成为被广为接受的关于认知心理学研究进步的表述。但是，从抽象认知到具体认知的过渡，从实验认知到生活认知的转换，从抽象认知到具体认知的表述，从分离认知到生态认知的演变，都应该是能够更好地表述认知心理学研究的进程和进步。

[①] 葛鲁嘉：《认知心理学研究范式的演变》，《国外社会科学》1995年第10期。

第一章　理论心理学的本土根基 *

理论心理学是心理学研究的基本构成部分和重要分支学科。在西方心理学占据主流和主导的背景下，理论心理学也同样是由西方心理学和西方理论心理学家所建构和推动的。在中国本土心理学的创新发展进程中，开辟中国本土的理论心理学的探索，就成为新理论心理学的努力和方向。中国的本土文化有其对人的心灵活动或心理生活的基本设定。新理论心理学研究突破涉及五个基本方面：理论心理学的新基础、新视角、新建构、新思想和新内容。这五个基本方面体现了新理论心理学不同于传统理论心理学或西方理论心理学的新的研究突破。

一　理论心理学的开展

心理学是独立的学科门类。理论心理学则是心理学研究的基本构成部分和重要分支学科。理论心理学的研究主要涉及三个方面或三个层面的内容。一是哲学反思的方面或层面：这是哲学家或理论家对心理学研究者所持有的，关于研究对象和研究方式的理论预设或前提假设进行的理论反思或哲学反思。二是研究原则的方面或层面：这是心理学思想家或研究者在心理学研究中所贯彻的，决定心理学思想、理论、方法和技术的基本原则或理论尺度。三是具体理论的方面或层

---

* 原文见葛鲁嘉《理论心理学研究的本土根基》，《苏州大学学报》（教育科学版）2016年第1期。

面：这是关于具体心理行为的理论建构、理论描述和理论解说。理论心理学是心理学作为科学门类的基本理论框架、基本理论原则和基本理论内容，也是心理学成为成熟学科的基本理论预设、基本理论内涵和基本理论知识。任何一门科学分支的确立、发展和成熟，都取决于理论、方法和技术的成熟。心理学也同样如此，理论心理学成为心理学关键的和核心的分支，成为心理学的思想框架、理论依据和知识支撑，是心理学走向成熟最为鲜明的标志。理论心理学的分支领域和学术探索在心理学的研究中占据着非常重要的地位和位置。

在当代世界心理学研究的前沿，理论心理学的探索已经成为非常稳定的热点，已经成为多学科或跨学科共同研究的领域。有研究就指出和划定了理论心理学研究的内容、领域和论题。这也就关系到科学性质、科学解释、科学语言等方面；关联到科学哲学、科学社会学、科学语言学等学科；牵涉到心理与世界、心理与社会、心理与身体、心理与环境等关系；牵连到心理意识与自由意志、心理行为与社会环境、心理人格与文化历史等层次。心理学研究在上述的所有方面都具有或确定了一系列的理论课题、理论问题、理论难题。这都是理论心理学的研究领域和研究内容。[1] 有研究考察了多种不同的心理学研究取向。[2] 有研究涉及了理论心理学所面对的挑战，并对21世纪的理论心理学进行了展望。[3] 有研究探讨了心理学中的理论问题，涉及了大脑、心灵和认知的哲学问题。[4] 有研究考察了理论心理学的重要贡献，进而涉及了哲学与心理学的关系。[5] 有研究是将理论心理学放置在后经验主义时代进行了考察。[6] 有研究对西方理论心理学的复兴、特点

---

[1] Bem S, Looren de Jone H., *Theoretical issues in psychology: An introduction* [M]. London: Sage Publications, 2013. p. 2.

[2] Jarvis, M., *Theoretical approaches in psychology* [M]. London: Taylor&Francis, 2006.

[3] Mayers, W., Bayer, B., Esgalhado, B. D., & et al., *Challenges to theoretical psychology* [M]. Toronto: Campus Press, 1999. p. 35.

[4] Morss, J. R., Stephenson, N. & Rappard, H. V., *Theoretical issues in psychology* [M]. Boston: Kluwer Academic Publishers, 2001. p. 141.

[5] Stephenson, N., Radtke, H. L., lorna, R. & et al., *Theoretical psychology: Critical contributions* [M]. Concord: Captus Press, 2003. p. 69.

[6] 叶浩生：《后经验主义时代的理论心理学》，《心理学报》2007年第1期。

和心理学理论研究的范式转换进行了探讨。①②③ 有研究则探讨了心理学发展的理论观。④ 有研究是从理论心理学的视角，考察了历史的和哲学的心理学。这方面的研究已经成为理论心理学探索的重要的内容。⑤ 有研究则探讨了理论心理学的方法，涉及了心理学研究中的理论与数据之间的关系，心理学理论的建构与评价，经验假设的形成和检验，理论的扩展和理论的简化，必要的命题，概念的问题等。⑥ 理论心理学的研究包含一系列核心性的课题。⑦ 例如，这其中就包括关于常识这一古老问题的新探索。⑧

理论心理学的研究是心理学作为科学门类的基本理论框架、基本理论原则、基本理论建构、基本理论内涵。理论心理学有属于自己的研究对象、研究内容、研究方式、研究历史和研究未来。任何一门科学的确立、发展和成熟，都取决于理论、方法和技术的成熟。心理学也同样如此。理论心理学作为心理学的学科分支，是心理学的理论框架和理论内容。⑨ 理论心理学的研究在心理学中具有非常重要的和不可替代的功能。⑩

---

① 霍涌泉、安伯欣：《西方理论心理学的复兴及其面临的挑战》，《陕西师范大学学报》（哲学社会科学版）2002 年第 6 期。

② 霍涌泉、梁三才：《西方理论心理学研究的新特点》，《心理科学进展》2004 年第 1 期。

③ 霍涌泉、刘华：《心理学理论研究的范式转换及其意义》，《陕西师范大学学报》（哲学社会科学版）2007 年第 4 期。

④ 陈少华：《从心理学理论到理论心理学——心理学发展的理论观》，《西南师范大学学报》（人文社会科学版）2000 年第 2 期。

⑤ Chung, M. C. &Hyland, M. E., *History and philosophy psychology* [M]. Malden: Wiley - Blackwell, 2012. pp. 1 - 4.

⑥ Kukla, A., *Methods of theoretical psychology* [M]. Cambridge: The MIT Press, 2001. pp. 1 - 10.

⑦ 葛鲁嘉：《理论心理学研究的核心性课题》，《陕西师范大学学报》（哲学社会科学版）2014 年第 3 期。

⑧ Rescher, N., *Common - sense: A new look at an old philosophical tradition* [M]. Milwaukee: Marquette University Press, 2005. p. 129.

⑨ 葛鲁嘉：《理论心理学研究的理论内涵》，《吉林师范大学学报》（人文社会科学版）2011 年第 1 期。

⑩ 葛鲁嘉：《理论心理学研究的理论功能》，《山西师大学报》（社会科学版）2005 年第 4 期。

理论心理学研究的开展需要有文化的传统根基、学科的知识积累、自己的探索依据、切入的理论视角、创新的理论建构、思想的启示作用、构成的基本内容。所有的这些方面实际上都取决于立足本土的根基和资源，也就是立足于本土的文化和创新。

二　西方的理论心理学

实证的心理学就是通常心理学家所说的科学的心理学，其一直把自己看成超越本土的、跨越文化的。但是，实证的心理学实际上是在西方的文化土壤中生长出来的，是在西方的智慧传统中发展起来的，是西方文化历史的产物，是西方科学文化的构成。实证的心理学主张客观实证的研究，强调价值中立的立场和持有客观公正的态度。这似乎表明，实证的心理学可以在研究中摆脱所有的文化设定。超个人心理学家塔特把实证心理学称为正统的西方心理学（orthodox western psychology），并在研究中揭示，正统的西方心理学是建立在西方文化的一些基本假定上，只不过这些假定是隐含的，而不是明确的，没有被心理学家研究者清楚地意识到。他指出，正是西方正统心理学中这些隐含的基本假定，限制了心理学的发展，只有使之明确化，才能看清其结果，才能对其提出疑问，才能逃脱其控制性的影响。[1] 在此，可以列举出两条塔特指明的正统的西方心理学所持有的假定。

一是假定物理学研究的是实在的世界，所以物理学是根本的科学。心理学则是派生的科学，研究的是派生的现象。宇宙是在时空框架中变换的物质和能量，人的经验在某种意义上则是副现象和不真实的。人的经验成为"主观的"，这个术语对心理学家来说是贬义的，这意味着不真实和不科学。要想成为"真正的"科学，心理学就必须最终把心理行为还原为生理数据，然后还原为更为基础性的物理数据。

---

[1] Tart, C. T., "Some assumptions of orthodox Western psychology" [A]. In C. T. Tart. *Transpersonal psychologies*. New York: Harper, 1975. pp. 61 – 111.

二是假定能够由感官感知或物理工具捕捉到的才是真实的，而且能够由感官觉知到，也就能够由物理工具探查到。这导致如果研究者提出一个主张，给出了研究者的证据，其他的研究者也能够以相应的感官观察或物理工具得到这些证据。如果得不到，那就是不真实的或不确切的。结果对心理学来说，许多在人们的心理生活中十分重要的心理存在内容，如仁爱、慈悲、快乐、痛苦、智慧，等等，都是心理观念、思辨推论，而无法直接被感官观察或物理工具探查到。

显然，正统的西方心理学是按西方的科学文化建构起来的。西方的实证心理学立足的是主观与客观的分割、主体与客体的分割，是研究专家与研究对象的分离。研究对象是客观实在的，而客观的实在就是物理的实在。由研究者的感官观察或物理工具所捕捉到的物理实在就是物理现象。对心理学来说，其研究对象也被看成客观实在，亦即物理实在。由心理学家的感官观察或物理工具捕捉到的就是心理现象。所以，心理现象也可以等同于物理现象，或者可以还原于生理或物理。心理学则被定义为研究心理现象的科学。

正统的西方心理学家主张通过获得客观知识来预见和控制人的心理行为，强调通过一定的技术手段来转变和改进人的心理行为。激进的行为主义心理学家斯金纳便设想进行文化设计，主张把行为技术运用于文化设计，进而能够控制和改造人们的习俗行为和生活方式。他这样提到:"文化非常类似于在行为分析中运用的实验空间。两者都是一套强化性相倚联系。如同有机体被置放在实验空间中一样，孩子也出生在一种文化里。设计文化犹如设计一种实验，即安排相倚联系并研究其功效。"所以，斯金纳一再谈及"文化犹如用来研究行为的实验室。"[1] 显然，这主张的是一种心理文化，构筑的是与之相应的心理行为。

正统的西方心理学体现了西方科学文化的主旨。西方心理学跻身于自然科学之列，强调自己的普适的合理性和普遍的适用性。突出的

---

[1] [美]斯金纳:《超越自由与尊严》，王映桥、栗爱平译，贵州人民出版社1988年版。

是自己的跨文化性质，并且也的确跨文化广泛传播到了其他文化圈。所以，可以将实证的心理学传统与其他本土的心理学传统相对照来加以讨论。

当然，西方的心理学并非一个统一的整体，人本主义的心理学便属于非正统的西方心理学。人本主义的心理学反对心理学的自然科学化，批评正统的西方心理学把人降低为物理客体或生物客体等自然物，并按自然科学的方式来研究和控制人。人本主义的心理学承继了西方文化中的人道主义传统，强调人的地位和尊严，确信人的自由本质和创造能力，探索人的生活体验和生命意义。人本主义的心理学也强调科学研究方法的重要性，但却力图将科学研究方法与实证主义和机械主义的元理论相分离，将科学研究方法与自己的人本主义和人性哲学的元理论相统一。因此，人本主义的心理学在方法上更接近科学心理学，而在思想上更接近其他本土心理学传统。人本主义心理学的两只脚，一只脚跨在实证心理学中，另一只脚跨在本土心理学中。

三　东方的理论心理学

东方的或非西方的心理学也被看成本土心理学（indigenous psychologies）。这是由本土文化延续着的对人的内心生活的基本假定和理论解说。实际上自从有了人类和有了人类的意识开始，人就有了对自己的心理生活的直观了解和把握，有了对自己的心理生活的主动认定和构筑。这作为心理文化积淀下来和传承下去，成为植根于本土文化的心理学传统。那么，特定文化背景中的社会个体就能够通过掌握本土文化中的心理学传统，来了解、认定和构筑自己的心理生活。本土心理学不仅在不同的文化之间存在差异，而且在同一文化中的不同历史境况中也存在差异。

中国的本土文化有其对人的心灵活动或心理生活的基本设定。例如，中国文化的精神是强调普遍的统一性，即强调"道"。儒家的义理之道、道家的自然之道和佛家的菩提之道均究此理。但是，"道"

并非外在于人的心灵，与之相分离；而是内在于人的心灵，与之相一体。心灵内在地与宇宙本体相贯通。人类个体只有反身内求，把握和体认"道"，才能够获取人生的真实和永恒。这必须通过精神修养，来不断提升自己的精神境界和完善自己的心理人格，从而相融于天道。这给探求和构筑人的心理生活提供了特定的文化基础。

植根于西方文化历史的现代心理学，长期被当成世界心理学。随着西方心理学的壮大和成熟，西方的本土心理学也传播到了世界各地。但是，西方心理学家所创立的心理学是否就是唯一合理的和普遍适用的，近年来则正在受到非西方国家特别是发展中国家心理学者的质疑。针对西方心理学毫无限制的扩张，针对非西方心理学者对西方心理学十分盲目的模仿，目前兴起了影响深远的两大研究趋势。一是对本土心理学传统资源的学术性挖掘，试图使被西方心理学所排斥的东西重放光彩；二是对西方心理学知识构成的本土化改造，试图使被非西方心理学家所效仿的东西更为适用。本土心理学的研究正是相应于推动最新的学术发展和进步，并致力于开辟全新的研究视角和思路。

对中西心理学传统进行跨文化解析，需要一种宏大的理论视野。这就必须开创性地揭示西方心理学科学观的问题，突破性地摆脱西方心理学小心理学观的限制，去设置一个更为宏观的文化历史框架，从而将西方实证心理学和中国本土心理学看成具有同等价值的探索。对西方实证的心理学传统，研究通常总是迷陷在其所制造的大量文献资料中。因此，进一步的研究应力图对西方心理学进行深入的理论透视，以把握其发展进程所具有的内在症结。对中国本土的心理学传统，研究通常总是按西方心理学的标准进行衡量和切割。所以，进一步的研究则应力图将其看成独立的心理学体系，揭示其独具的合理性贡献。涉及中西心理学传统的跨文化交流和互动，目前还缺乏总括性的考察和更深入的理解。进一步的研究则将会从心理学的研究对象和研究方式上，对心理学的新发展进行阐述，以推动中国本土心理学的新创造，开辟中国本土心理学的新道路。

四　理论心理学新基础

新理论心理学需要的和奠定的是新的基础。这是中国本土理论心理学创新发展的最为重要的根源和依据。中国本土的新理论心理学应该建立在中国本土文化的基础上，应该立足在中国本土心性心理学的基础上，应该植根在中国本土新心性心理学理论创新的基础上。

首先，新理论心理学的探索是建立在中国本土文化的基础上，或者是建立在中国本土文化的心性学说的基础上。其实，心理学的文化根基是心理学本土化的资源问题。"心理文化"的概念是用以考察心理学成长的文化根基，探讨心理学发展的文化内涵，挖掘心理学创新的文化资源。心理学的产生和发展都是立足于特定的文化。或者说，文化是心理学植根的土壤和养分的来源。过去，无论是心理学的发展还是对心理学发展的探索，都缺失了文化的维度。其实，文化是考察当代心理学发展和演变的重要视角。当代心理学的发展越来越重视对文化、心理文化、文化心理的探讨。西方科学心理学和中国本土心理学生长于不同的文化根基，植根于不同的心理生活。起源于西方文化的科学心理学，立足实证的研究方法和客观的知识体系，提供了对心理现象的某种合理理论解释和有效技术干预。但是，西方的心理学仅仅揭示了人类心理的一个部分或侧面。起源于中国文化的本土心理学也是自成体系的心理学探索，并揭示了具有意义的内心生活和给出了精神超越的发展道路。

其次，新理论心理学的探索是建立在中国本土心性心理学的基础上，或者是依赖于中国本土心性心理学的理论框架或理论预设。其实，任何根源于本土文化的心理学发展，都有自己的历史传统。心理学的生存和演变不可能完全放弃或脱离自己的传统。或者，心理学的发展和变革都是在传统的基础上进行的。但是，心理学的发展又必须是对传统的超越，必须是基于传统的更新。例如，在中国的文化历史中，有着十分重要的心理学传统，这就是心性心理学。当然，在中国的文化传统中，不同的思想派别有不同的心性学说。不同的心性学说，发展出了不同的对人的心性或心理的解说。儒家的心性说实际上就是儒家的心性心理学。儒家强调的是仁道。仁道不是外在于人的存在，而就存在于个体的内心。那么，个体的心灵活动就应该是扩展的活动，体认内心的仁道。只有觉悟到了仁道，并按仁道行事，才可以成为圣人。这就是内圣外王的历程。那么，中国心理学在21世纪的发展并不是要回到原有的老路上去，而是一种创新。但是，这又是在汲取中国本土文化资源基础上的心理学创新。所以，将其命名为"新心性心理学"。

五　理论心理学新视角

中国本土的新理论心理学的探索是从中国本土新心性心理学的视角进行的理论探索。新心性心理学是一种植根于本土文化资源的创新努力，试图开辟中国心理学本土发展的道路。新心性心理学有其基本的内涵和主张，对于心理学研究对象的理解和对于心理学研究方式的确立有一个基本的变化。

这涉及对中国本土心理学的新挖掘，可以体现为对中国心理学思想史，对中国心理学史，对中国古代、近代和当代心理学思想、理论、学说、方法、技术、工具等的考察和探索。重要的是系统梳理中国文化历史、文化传统、思想创造中所包含的心理学思想、心理学解说、心理学内容。这实际上是在与西方心理学或与国外心理学所不同的中国本土的文化历史、文化思想、文化传统、文化创造的基础上，去重新认识心理学、理解心理学、把握心理学。对中国本土文化传统中的心理学的挖掘、考察和探索，一直在研究的尺度、评判的标准、理论的依据、学术的把握等方面，存在学术上的争议。有按照西方文化或西方科学文化的尺度，按照西方心理学或西方实证科学心理学的尺度，来筛淘衡量中国本土文化传统中的心理学内容。进而，也有研究者是强调按照中国本土自己的文化传统、价值尺度、学术标准，来重新衡量、梳理、探讨中国本土的心理学传统。

中国本土心理学正在寻求自身的创新性发展。这种创新倡导的是中国心理学的发展，不仅仅是对国外心理学的修补和改进，这种创新也不仅仅是对中国历史传统中的心理学思想的解释和解说。中国本土心理学真正需要的是寻求本土文化的心理学根基和心理学资源，并立足于和植根于这种本土文化中的心理学核心内容，去建构真正属于中国本土的创新的心理学。关于中国本土心理学的发展应该倡导和推动原始性的创新，特别是原始性的理论创新，已经开始由最初微弱的呼吁，逐渐成为付诸行动的追求。中国心理学这种原始性创新的努力，也开始由不同分支学科、不同理论知识、不同研究方法、不同技术手段的分散的方面，开始转向更宏大的心理学理论原则、理论框架、理论构成的整合的方面。

六 理论心理学新建构

在中国本土文化资源的基础上，在中国本土心性学说的原则下，在中国本土原始创新的氛围中，需要解决五个基本问题，确立五个分支课题，包括五个基本内容：即挖掘和确立中国本土的心性心理学；创立和建构新心性心理学；明晰和探索心理学的不同形态；重构和搭建理论心理学的框架；开拓和形成东方心理学的探索。

挖掘和确立中国本土的心性心理学所涉及的是，在中国本土的文化传统之中，存在丰富的心理学的资源。内容包括心性心理学、智慧心理学、儒家心理学、道家心理学和佛家心理学。这是中国本土文化中的心性学说在心理学领域中的体现和展现。

创立和建构新心性心理学所涉及的是，新心性心理学是一种植根中国本土文化资源或中国本土心性学说的创新努力，试图开辟中国心理学自己的发展道路。新心性心理学有其基本的内涵和主张，对于心理学研究对象的理解和对于心理学研究方式的确立有一个创新的变化。研究包括了六个部分的基本内容：心理资源论析、心理文化论要、心理生活论纲、心理环境论说、心理成长论本、心理科学论总。

明晰和探索心理学的不同形态所涉及的是，中国本土心理学的研究关系到心理学创新和建构的学术资源或资源获取。心理学的发展有自己的文化历史资源。这体现为不同的心理学历史形态、现实演变和未来发展。当代心理学的发展应该将不同形态的心理学当作自己学术创新的文化历史资源，从而扩大自己的视野、挖掘自己的潜能、丰富自己的研究、完善自己的功能。这包括常识形态的心理学、哲学形态的心理学、宗教形态的心理学、类同形态的心理学、科学形态的心理学、资源形态的心理学等六种不同的心理学形态。

重构和搭建理论心理学的框架所涉及的是，理论心理学的探索是心理学研究的主干部分，支撑着心理学众多分支的具体研究。中国本土的理论心理学应该超越西方理论心理学的探索，并对心理学科学观、心理学新思潮、心理学本土化、心理学方法论和心理学价值论进行深入的探析。

开拓和形成东方心理学的探索所涉及的是，对心理学现存的方式进行创新探索，并考察心理学的本土根基，探讨东方心理学的独特之处，开辟文明心理学的探索内容，挖掘体证心理学的新的考察和探索的方式。

七　理论心理学新思想

理论心理学的发展需要新的思想。新的思想引领和开辟的是中国本土心理学研究的新的研究领域、研究课题和研究内容，引领的是中国本土心理学的全新研究走向、研究定位和研究突破。心理学核心理论的突破与建构将会长久地影响中国本土心理学的发展道路、发展进程和发展前景。

关于心理学研究的理论前提的反思所涉及的是，对心理学研究中关于心理学研究对象的前提假设或理论预设的反思，以及对心理学研究中关于心理学研究方式的前提假设或理论预设的反思。研究强调了这种自我反思是心理学学科走向成熟的重要体现。特别是关于心理学科学观的研究，在国内学术界首次提出了要通过对心理学科学观的研究，来确定心理学的科学性问题，来定位心理学本土化研究的基本立足点。率先倡导了心理学科学观从小心理学观到大心理学观的转换，进而又推进到倡导了心理学科学观从封闭的心理学观到开放的心理学观的转换。

关于心理学研究方法论的扩展研究所涉及的是，对心理学的方法论问题给出了全新的探索和理解，拓展了心理学方法论的研究范围和思路。这使得心理学方法论的研究从仅仅关注心理学研究方法，扩展到了涉及关于心理学研究对象的理解，关于心理学思想理论的构造，关于心理学研究方法的探讨，以及关于心理学技术应用的考察。

关于理论心理学内涵与功能的探讨所涉及的是，全面论述理论心理学研究不同层面的基本内容。理论心理学的理论反思层面，是心理学哲学的研究，是有关心理学的学科对象、研究方法和技术手段的理论预设的探讨。理论心理学的理论建构层面，是有关心理行为的心理学理论建构。这包括整合性的理论、分类性的理论、具体性的理论。理论反思与理论建构是理论心理学两个彼此相互关联的基本内容。理论心理学的系列研究，理论心理学的深入探索，是心理学研究的主干部分，支撑着心理学众多分支的具体研究。中国本土的理论心理学应该超越西方理论心理学的探索。

关于心理学应用基础与方式的考察所涉及的是，对心理学的应用基础、应用理论、应用技术和应用手段进行考察。心理学应用的技术基础涉及科学与技术之间的关系。心理学应用的技术思想涉及心理学的理论研究、方法研究和技术研究的顺序。心理学应用的技术手段涉及工具和程序的设计和发明，体证和体验的方式和方法。

关于心理学本土化的深入探讨研究所涉及的是，提出对心理学本土化问题和心理学本土化研究的独特的理解、主张和观点，推动中国心理学的本土化进程，建构中国本土心理学的核心理论，系统挖掘中国本土文化中的心性心理学传统，将其看成中国心理学发展最为重要的心理学文化、历史和传统的资源。中国本土文化传统中的心性论、心性说、心性学，强调的是天人合一、心道一体、心性修养和创造演生。这是中国本土心理学核心理论建构的基础和资源。

关于新心性心理学的理论开拓建构所涉及的是，提倡和推动中国本土心理学的原始性理论创新，创立基于中国本土文化资源的心理学理论。新心性心理学的原创性理论构想与核心性理论建构，对心理学研究的学术资源、文化基础、研究对象、环境影响、心理成长、心理科学等进行了全面考察、深入探讨和创新建构。对心理学资源进行了系统考察和探究，全面和详尽地涉及了六种心理学的历史、现实和未来的形态，即常识形态的心理学；哲学形态的心理学；宗教形态的心理学；类同形态的心理学；科学形态的心理学；资源形态的心理学。

关于心理学理论创新的突破与探索所涉及的是，对心理学现存的方式进行创新探索，并考察心理学的本土根基，探讨东方心理学的独特之处，开辟文明心理学的探索内容，挖掘体证心理学的新的考察和探索的方式。这一共包括了五个相关专题的研究，即科学心理学；本土心理学；东方心理学；文明心理学；体证心理学。

关于中国本土心理学的梳理与挖掘所涉及的是，在中国本土的文化历史传统之中，存在丰富的心理学资源，应该将中国本土文化中的心性学说引入、引进、体现和展现在心理学的不同领域中。这一共包括五个专题的研究，即心性心理学；儒家心理学；道家心理学；佛家心理学；智慧心理学。

八　理论心理学新内容

新理论心理学涉及理论心理学的新内容。理论心理学的内容包含三个基本内容层面。一是理论心理学的理论反思的层面，这是以心理学科作为反思对象的心理学哲学的反思研究；二是理论心理学的理论原则的层面，这是涉及心理学理论原则、方法原则和技术原则；三是理论心理学的理论建构的层面，这是有关心理行为作为研究对象的心理学理论建构。理论反思、理论原则和理论建构是理论心理学的三个彼此相互关联的基本内容。

　　心理学的理论反思涉及三个方面的问题。一是心理学的学科问题。这涉及心理学的学科性质、心理学的研究对象、心理学的学科发展、心理学的未来趋势、心理学与其他学科的关系、心理学与社会发展的关系、心理学研究的社会意义和伦理规范，等等。二是心理学的方法问题。这包括心理学研究的方法论、心理学研究的指导原则、心理学选择方法的依据、心理学理论的评价标准、心理学研究的哲学基础、心理学研究的指导原则、心理学研究中的方法与对象的关系，等等。三是心理学的框架问题。这包括心理行为的基本分类、心理学分支学科的内在联系、不同研究方式的相互交叉、不同理论学派的思想框架，等等。

　　心理学的理论原则关系到心理学的理论中心的原则、心理学的方法中心的原则、心理学的技术中心的原则；也关系到心理学统一的问题、心理学价值的问题、心理学资源的问题；还关系到心理学的前提批判的原则、心理学的思想引导的原则、心理学理论解说的原则。

　　心理学的理论建构应该包括三个方面内容。一是整合性的理论，如心理学研究中的混沌学、系统论、信息论、决定论，等等。二是分类性的理论，如感觉理论、知觉理论、意识理论、学习理论、情绪理论、人格理论、能力理论，等等。三是具体性的理论，如特定生活情境中的特定心理行为的解说理论。这些心理学的理论建构的共同点是，理论的思维同实证的研究是相互结合的，即从实证研究中获取数据和资料等，从中抽象概括出一般的规律和特点。[①]

　　心性心理学是本土心理学的探索，是一种中国本土的心理学，涉及的是心理学的文化基础，也是中国心理学的思想根源。心性心理学有自己的源流。中国本土的文化有自己的文化传统、文化演变、文化预设、心理文化和心性探索。心性论的基本内涵在于天人合一的原则、心道一体的设定。心性论有其理论构造、理论延伸。这就是心性

---

① 葛鲁嘉：《理论心理学研究的理论内涵》，《吉林师范大学学报》（人文社会科学版）2011年第1期。

论的心理学。关于心性心理学的探索涉及本土心理学的资源，这是文化历史的资源、思想理论的资源、心理科学的资源，这是心理学的资源化和形态化。心性心理学立足于中国文化传统中的心性论的探索。包括儒家、道家和佛家的心性论探索。这所涉及的是儒家、道家和佛家的心性论的预设、解说、演变。其中所内含的是儒家、道家和佛家的心性心理学和心理学传统。所谓心性论的心理学关系到心性心理学的结构、特点、重心、建构和演变。

　　中国本土心理学属于智慧心理学。这涉及智慧心理学的界定，即有关智慧的多学科探索、心理学探索和心理学内涵。这涉及智慧与智力的关系。智力心理学的研究有自己的缺失，智慧心理学的研究则有自己的长处。智慧心理学的研究涉及智慧与知识的关系、知识到智慧的转换。西方文化的智慧说关系到西方文化的基本内核、哲学智慧、科学取向和智慧缺失。中国文化的智慧说则关系到中国文化的智慧传统、中国哲学的智慧探索和中国历史的智慧流传。关于智慧有哲学家的思考，这就是智慧的哲学思辨、哲学反思、哲学思路和哲学思想。那么，关于智慧的心理学研究涉及智慧心理学的定位、内容、理论、方法和技术。智慧是属于多元化的存在，因此关于智慧就应该是多元化的研究和多学科的探索。关于智慧有普通人生活中的智慧，这是普通人的智慧、生活中的智慧和常识中的智慧。智慧心理学的应用涉及日常生活的智慧、心理生活的智慧、心理环境的智慧、心理成长的智慧和心理创造的智慧。

第二章 理论心理学的理论内涵[*]

心理学是独立的学科门类。理论心理学则是心理学研究的基本构成部分和重要分支学科。理论心理学的研究主要涉及两个方面内容。一是对心理学研究对象和研究方式的理论预设或前提假设的哲学反思；二是对心理学研究对象的理论描述、理论解说和理论建构。这是心理学作为科学门类的基本理论框架、基本理论原则、基本理论建构、基本理论内涵。理论心理学的研究包括理论心理学的研究内容、研究方式和研究历史。任何一门科学分支的确立、发展和成熟，都取决于理论和方法的成熟。心理学也同样如此。理论心理学作为心理学的分支学科，是心理学的理论框架和理论内容。

一 理论心理学的研究内容

理论心理学是心理学的重要分支学科，该学科是从非经验的角度，通过分析、综合、归纳、类比、假设、抽象、演绎或推理等多种理论思维的方式，对心理现象进行探索，对心理学学科本身发展中的一些问题进行反思。这在心理学中的地位就像理论物理学、理论化学在物理学和化学中一样，是心理学学科体系中不可缺少的一个部分。就理论心理学的范围来说，理论心理学包含两个大的方面：元理论（Metatheory）和实体理论（Substantive theory）。元理论是学科的基础

---

[*] 原文见葛鲁嘉《理论心理学研究的理论内涵》，《吉林师范大学学报》（人文社会科学版）2011年第1期。

理论，是心理学学科性质的高度理论概括，是心理学的实体理论和心理学研究方法的指导思想和指导原则。实体理论不同于元理论之处在于，其研究对象不是心理现象或心理科学的整体，而是一些特殊的和具体的心理现象或问题。如果说元理论的探讨主要依赖抽象思辨的方法，那么实体理论的探讨则更多地依赖逻辑推理和数学演绎的方法。心理学恰恰处在这样一种阶段，需要理论心理学发挥其在理论思维方面的优势，为建成统一的心理科学发挥自己的作用。①

理论心理学成为心理学的分支学科，既是心理科学的发展历程，也是学科不断完善的标志。理论心理学的兴起表明，心理学开始拥有自己的理论框架，寻求自己的理论根基，致力自己的学科统一，确立自己的学科地位。建构理论心理学的内容体系，应该汇聚心理学的理论资源，迎合学术发展的历史潮流，扶持高素质的理论心理学家，开展更深入的理论研究。应该说，中国本土心理学的发展，需要自己的原始性的理论创新和本土化的理论建构。②

心理学作为一门学科，一直都有自己的理论学说、理论建构、理论发展。但是，把心理学的理论探索汇聚在理论心理学的学科门类下，并支撑心理学的学术体系，这是心理学学科成熟的重要标志。作为一门新兴的心理学分支学科，理论心理学是从非经验的角度，以理论思维的方法对心理学研究中的基本问题进行探索。这些问题不仅包括心理现象发生、发展的一般规律，而且还包括心理学自身的学科问题，如心理学的学科性质，心理学与其他学科的关系以及心理学的方法论问题，如研究方法的指导思想、理论的评价标准、方法与对象的关系等。前者构成了理论心理学的实体理论，即关于意识和心理的特性以及各种具体的心理现象和心理过程的理论；后者则构成了心理学中的元理论，即通常所说的基本理论，是心理学理论与方法的指导思想和指导原则。建构理论心理学体系，应同时包括元理论和实体理论

---

① 葛鲁嘉：《理论心理学研究的理论功能》，《山西师大学报》（社会科学版）2005年第4期。
② 叶浩生：《理论心理学辨析》，《心理科学》1999年第6期。

两部分。①②

由于理论心理学是一门非经验性的学科，同以经验方法研究为主的实验心理学、教育心理学、发展心理学不相同，后者往往通过观察与实验、统计与测量等经验方法对各种心理现象进行实证研究，而理论心理学则是从非经验的角度，通过分析、综合、归类、比较、抽象等方法，以富于思辨、符合逻辑的思维方式，对心理现象及心理学学科发展中的一些基本问题进行理论探讨，理论构成了学科的核心。

元理论是理论的理论，是学科体系建构的指导原则，也是理论心理学的思想核心。元理论是对整个学科体系有影响的理论框架，它的研究成果将有助于心理科学的统一与整合。因此，所倡导的理论心理学更多的是指元理论的理论心理学。元理论探讨心理学的哲学基础、心理学研究的指导思想、心理学学科的科学性等问题，这些问题对于心理学发展具有重大理论意义，是当代心理学发展的迫切需要。③④

有研究者对理论心理学研究中的元理论研究和实体理论研究进行了如下的界定。心理学的元理论应该包括以下问题：一是心理学的学科问题，包括心理学学科及其研究对象的性质问题，心理学发展过程中的经验教训，未来的发展趋势和方向，心理学与哲学、生理学、物理学等自然科学的关系，心理学与其他社会科学的关系，心理学与社会的关系，心理学研究的社会意义和伦理意义等；二是心理学的方法论，包括研究方法的指导思想、选择方法的依据、理论的评价标准、科学哲学对心理学的影响、方法与对象的关系、研究方法的利弊得失、心理学研究所应遵循的指导原则等；三是心理学的基本框架，包括心理现象的分类，各分支学科的内在联系，沟通不同分支学科、不同心理现象、不同理论学派之间的概念框架等。实体理论包括两个方

---

① 叶浩生：《论理论心理学的概念、性质与作用》，《湖南师范大学教育科学学报》2003 年第 3 期。
② 葛鲁嘉：《新心性心理学的理论建构——中国本土心理学理论创新的一种新世纪的选择》，《吉林大学社会科学学报》2005 年第 5 期。
③ 燕国材：《关于理论心理学的几个问题》，《心理学探新》2000 年第 3 期。
④ 叶浩生：《理论心理学的界定与厘正》，《南通师范学院学报》（哲学社会科学版）2001 年第 2 期。

面内容。一是一般理论，例如心理学中的混沌理论、人工智能理论、心理学的系统论、心理过程的信息论、项目反应理论、决定论和意识论，等等。二是具体理论，如感觉理论、知觉理论、学习理论、情绪理论、人格理论、能力理论和创造力理论，等等。这类理论的一个共同特点是理论思维同实证研究是相互结合的，即从其他实证学科中获取数据和资料，从中抽象概括出一般规律和特点。但是目前这类理论的一个明显缺陷在于，由于缺乏元理论的指导，这类理论往往相互矛盾，难以构成完整的理论体系。① 可以说，元理论是理论心理学形上学的探索，实体理论是理论心理学形下学的探索。

二　理论心理学的研究方式

理论心理学也有自己的研究方式和研究方法。② 随着经验实证主义的衰落，心理学迎来了后经验主义时代。在后经验主义时代，人们对理论和经验观察的关系有了新的理解。理论不再是经验观察的附属物，相反地，经验事实是被理论决定的。理论不是经验事实的概括和归纳，而是一种文化历史的建构。后经验主义时代的理论心理学以库恩（T. S. Kuhn）的范式论、现象学、释义学和社会建构论作为自己的哲学基础。理论的评价标准不再是与经验事实的一致性。经验事实由于受到理论的污染，不再是一种客观的标准。在后经验主义条件下，理论的评价标准可建立在概念和逻辑、价值观和意识形态、修辞与叙事以及实践和应用的水平上。③④

---

　　① 陈少华：《从心理学理论到理论心理学——心理学发展的理论观》，《西南师范大学学报》（人文社会科学版）2000年第2期。
　　② 霍涌泉、刘华：《心理学理论研究的范式转换及其意义》，《陕西师范大学学报》（哲学社会科学版）2007年第4期。
　　③ Kukla, A., *Methods of theoretical psychology* [M]. CambridgeMA: The MIT Press, 2001. pp. 10 – 11.
　　④ 叶浩生：《实证主义的衰落与理论心理学的复兴》，《南京师大学报》（社会科学版）1998年第1期。

在经验主义的思想体系中，心理学家对理论的理解是非常狭隘的：第一，理论是对事实的归纳和抽象。这是心理学家对理论最流行的看法。依据这种观点，理论不是独立存在的，而是依附事实，是心理学家在经过长期艰苦的事实搜集之后的归纳整理工作。心理学家对所得到的经验事实进行分析和综合、归纳和抽象，从中概括出概念、定律和思想观念等一般性的原理，这些一般性的原理组合起来的体系就构成了理论的雏形。第二，理论是对事实的解释。科学的首要活动是经验事实的搜集，但是经验事实是零散的，有时事实与事实之间存在着矛盾与冲突，因此需要理论家来做"勾缝"的工作，找出经验事实之间的联系，解释矛盾与冲突的事实。第三，理论是实验假设的来源。实验作为经验观察的最高和最科学的形式，是经验主义最推崇的研究方法。但是，心理学家在实验进行之前，总是首先具有某种假设，其次通过实验去验证这个假设，如果这个假设通过了实验验证，则成为某种真理性的认识，如果不能通过，假设则被抛弃。

在后经验主义时代，理论的首要功能是评价和批判，是心理学家对自己经验工作的反思和反省。与经验主义的观点相反，后经验主义时代的理论并非来源于观察与实验等经验操作活动。它不是经验事实搜集之后的概括和归纳。后经验主义时代的一个典型特征是强调理论的社会建构特性。后经验主义条件下，理论本身是独立的，是思想家在科学活动和社会实践中的建构和发明。理论概念不是经验归纳的产物，而是一种社会建构，是植根于特定历史和文化的人们协商、对话的结果。总之，理论是"发明"的，而不是对经验资料的"归纳和概括"。后经验主义时代的理论是一种对话。在后经验主义时代，理论既然是一种社会建构，那么由于不同的历史时期、不同的学派和人物各自有其理论的建构，因而任何一种建构都没有特权宣称自己的理论观点是永恒的真理。相反地，理论仅仅是暂时性的，是一个不断展开的对话过程，可根据实践的需要进行补充和修正。

后经验主义时代"理论"的评价标准产生的变化。在后经验主义条件下，由于经验事实及其验证的方法本身都是由理论决定的，因而与经验证据的相符不再是唯一的理论评价标准。理论的评价除了传统的简约性、概括性、紧凑性等标准外，还可以考虑下列标准。一是概念与逻辑的标准。这是一种最简单、最实用的评判标准。它采用概念水平的逻辑分析方法，这种方法具有判断和鉴别概念、命题、理论真伪的功能。概念和逻辑水平上的分析包括三个方面：第一，分析理论内部各要素之间在逻辑上是否相容和一致；第二，分析该理论与处于背景知识中的其他理论的相容和一致性；第三，分析理论与该理论建立者所持认识论、方法论的相容性。二是价值和社会的标准。价值无涉的心理科学观支持了经验主义的理论评价标准，认为心理学理论的唯一评价标准是与心理事实的客观一致性。价值评判和意识形态功能的分析是科学心理学所不允许的。但是，心理学的所有理论都不能逃脱价值和意识形态的束缚。理论的评价是在价值和意识形态的水平上进行的。通过分析理论的社会价值和意识形态的功能，可以判断理论的好坏优劣。[1] 三是修辞和叙事的标准。修辞和叙事作为一种文学表现手法一直受到经验实证科学观的排斥。后现代主义揭示出真理的社会建构特性：真理不是通过客观方法"发现"的，而是一种"发明"，是一种文化历史的建构。修辞和叙事具有方法论的意义。它不仅是一种文字的修饰与表现，也是一种本质的陈述与建构。四是实践和应用的标准。在后经验主义时代，理论与实践不是处在分离的状态。这意味着，理论同社会实践是交融的：理论话语是社会互动中的人们协商和建构的产物，同时，社会生活的实践者也利用理论话语为自己的行动提供理由。[2]

近年来，西方的理论心理学在强调心理学研究方法的科学性方面做出了非常积极的探索，其中的元分析技术方法和质性研究方法是心理学理论研究富有成效的研究方式和研究方法。

所谓元分析技术方法是对已有研究结果的总体分析。元分析使用测量和统计分析技术，对一些研究或实验进行定量化的总结，并寻找

---

[1] 严由伟、叶浩生：《论西方理论心理学复兴的历史必然性》，《无锡轻工大学学报》（社会科学版）2001年第4期。

[2] 贾林祥：《论西方心理学的价值取向》，《南京师大学报》（社会科学版）2000年第3期。

出相同内容的研究结果所反映的共同效应。这已成为理论心理学总结和评价研究的有效手段，被认为是研究方法的重要革新。元分析的研究步骤是由对以往研究文献的检索、对研究的分类与编码、对研究结果的测定、分析与评价效果四个部分组成，对心理学的研究有着重要意义，为理论心理学研究提供了严谨、规范的研究程序。后实证主义心理学中的质性研究方法的兴起，也为理论心理学的研究提供了新的认识工具。长期以来，物理主义的统一性定量研究范型，经常在不断地烦扰着心理学。心理学中的许多"鸿沟与争论"，均起源于这一障碍。后实证主义心理学认为，心理学的规律不同于物理学的规律，企图用几个基本公式概括所有的心理现象和行为模式是不切实际的。而且其他自然科学的规律也不一定都是定量规律，多数属于定性结构规律。心理学规律类似于生物学规律。生物学的知识依赖于对千百万种动植物的研究，许多生物学的规律都只适用于单一物种。因此，只有在最抽象的和质的水平上，才能谈论生物学的最一般规律。心理学理论应从生物学理论中得到启发。运用质性研究方法，可以建构心理学中的许多定性结构规律。[1] 很显然，理论心理学有特定的方法论路径。

三 理论心理学的研究历史

理论心理学研究的复兴是近年来西方心理学发展的新特点。西方理论心理学研究的重点，并不是通过理论化的简单转向来克服心理学发展中的困难，或以总体的、一般的抽象术语重新发明元理论；而是力图在提高理论研究方式的科学化水平基础上，加强对具体的、中等水平的亚理论问题的整合性学术探讨。进一步寻求心理学理论研究走向繁荣的学科内在发展机制。

在科学的发展历程中，理论总是某一学科的重要组成部分。理论心理学是以理论思维的方法对心理学的基本问题和规律进行探索的一

---

[1] 叶浩生：《后经验主义时代的理论心理学》，《心理学报》2007年第1期。

门学科，是心理学各分支学科的理论基础。心理学的理论研究虽然一直伴随科学心理学的发展，但是作为一门独立的分支学科，理论心理学则是诞生于 20 世纪 60 年代末期。

20 世纪 80 年代中期以后，北美、欧洲等国的心理学界可以说才真正地进入"理论研究热潮"发展时期。最为突出的特点是，形成了比较统一的研究力量，出版了专门的理论学术刊物，建立了理论心理学的国际组织。近 20 年来理论心理学研究在西方的复兴，实际上与文化心理学、认知科学、认知科学哲学、生态心理学、质性研究方法学等理论分支学科的复兴与繁荣并行不悖。综观当前欧美国家理论心理学的发展特点，主要反映在以下几个方面。

实体理论的整合研究成为理论心理学发展的重点。从注重元理论研究向实体理论的整合探讨的转变，是目前西方理论心理学发展的重点。心理学的元理论研究一度被认为是理论心理学的发展重心。理论心理学本应属于一种新的知识形态，其长远目标当然应该是建构统一的元理论，形成所谓"大心理学观"。但是就理论心理学近期和中期发展目标而言，其研究重点应该加强对实体理论及亚理论的整合，以便为实现长期的学科发展目标做好科学理论上的准备。近十年来西方的理论心理学对于亚理论的整合性研究内容主要集中于 12 个主题：（1）认知、知觉和符号学；（2）方法学，假设检验、数学模型；（3）临床心理学和心理病理学、精神病学的和疾病的研究；（4）心理学的哲学；（5）社会心理学与发展心理学；（6）女权主义、性别社会实体；（7）社会建构主义与推论的心理学；（8）历史研究或涉及编史工作的研究；（9）批判性理论与心理学的社会性评论；（10）精神分析与新精神分析；（11）解释学和现象学；（12）后现代主义和解构主义。今后理论心理学的研究有五大任务：一是专注于方法论的假设；二是理解学科的分裂；三是整合后现代主义；四是阐明全球化；五是探讨理论和模式假设的应用。

后基础论运动汇成当前西方理论心理学发展的新潮流。当前西方理论心理学的另一个重要发展变化特点是，理论研究的"后基础论"运动趋势的日益高涨。这一"后基础论"运动研究势力的主要代表是社会建构主义、解释学、女权运动、后认知主义、后实证心理学和推论心理学。

积极探索理论心理学的研究技术方法。寻找把主观性转变为客观性的途径是理论心理学的基本任务之一，也就是要运用新的知识和技术方法去阻止心理学的解体。近些年来，西方的理论心理学在研究方法方面做出了许多积极的探索。例如，社会建构主义者提出要将话语分析方法作为心理学研究的基本方法。与这种基本方法相关的方法还有访谈法、叙述—写作法、介入观察法、协调理解法、争论研究法等。理论心理学的研究在方法上的另一个突出成就是元分析技术的大量运用。所谓元分析是对已有研究结果的总体分析，其使用测量和统计分析技术，对已经进行过的一些研究或实验进行定量化的总结，寻找出一组相同内容研究的结果所反映的共同效应，发现中间变量，评价主效应，理解异质获得效应。元分析的基本步骤是由对已有研究文献的检索、对研究的分类与编码、对研究结果的测定、分析与评价效果四个部分组成。这已成为理论心理学总结和评价研究的有效手段，被认为是研究方法方面的重要革新。为理论心理学的研究提供了一个比较严谨而规范的程序。此外，质性研究运动的日益勃兴也为理论心理学重新认识人的心理活动规律提供了新的方法工具。

为建立专门的理论心理学学科而努力。近年来西方理论心理学者正在为建立一个专门而独立的理论心理学分支学科建制而积极努力。[①]实证主义的衰落和理论心理学的复兴，是近年来西方心理学发展的一个新的重要的特点。当前西方理论心理学发展的重点是力图在提高理论研究方式的科学化水平基础上，加强对具体的、中等水平的亚理论问题的整合性学术探讨，进一步寻求心理学理论研究走向繁荣的学科内在发展机制。现代西方理论心理学面临的挑战，首先是要面对实证主义心理学的诘难；其次是要克服当前心理学研究的"离心与分裂"的现实局面，探求有效的范型和工具进行元理论与实体理论的统一及

---

① 霍涌泉、安伯欣：《西方理论心理学的复兴及其面临的挑战》，《陕西师范大学学报》（哲学社会科学版）2002年第6期。

整合。

　　传统的理论心理学是以心理学的学科性质、研究对象、方法论和涉及全学科范围的理论问题为研究领域的心理学分支。现代意义上的理论心理学主要是指从非经验的角度，通过分析、综合、归纳、类比、假设、抽象、演绎或推理等多种理论思维的方式，对心理现象进行探索，对心理学学科本身发展中的一些问题进行反思。

　　有理论心理学家提出，理论心理学的研究可以包括三种类型：唯理论（逻辑的一致性）、经验论（经验的证实性）和隐喻论（理解的建构性）。在20世纪80年代中期以后，北美、欧洲等国的心理学界可以说真正地进入了"理论研究热潮"时期。最为突出的标志是形成了比较专门的研究力量，出版了专业的学术刊物，建立了理论心理学的国际性的组织。20世纪末期理论心理学在西方的复兴，实际上与哲学心理学、人文心理学、文化心理学、认知科学、认知科学哲学、生态心理学、质性研究等理论分支学科的复兴与繁荣并行不悖。西方20世纪80年代涌现出的质性研究运动，为理论心理学的研究注入了新的科学研究方法纲领和方法论武器。这一新的研究方法不同于旧的以思辨推理和经验的常识性描述为主的定性研究方法，而是从研究对象的内在意义来定义抽象的概念，从中分析出结构性的一般关系，然后再来建构理论。[①]

　　总之，如果没有理论心理学的研究，心理学的研究和心理学的发展就会存在盲目和陷入迷惘，就会支离破碎和四分五裂。启动和促进理论心理学的探讨，则会推进心理学的快速发展、强化心理学的学术创新、提升心理学的学术地位。[②][③][④] 可以说，一个人的成熟在于其有了自我意识、自我监控、自我约束、自我调整、自我促进，等等。同

[①] 章忠民：《基础主义的批判与当代哲学主题的变化》，《哲学研究》2006年第6期。
[②] 霍涌泉、梁三才：《西方理论心理学研究的新特点》，《心理科学进展》2004年第1期。
[③] 欧阳常青：《理论心理学应然功能的实现》，《天中学刊》2007年第1期。
[④] 迟延萍、霍涌泉：《试论理论心理学及其应用价值》，《心理学探新》2008年第2期。

样，心理学的成熟也在于心理学的自我了解、自我反思、自我认识、自我推动、自我构建，等等。那么，理论心理学的研究就是承担着这样的使命。强化理论心理学的研究，强化心理学哲学的研究，实际上就是在促进心理学能够走向成熟。对于心理学的发展来说，理论心理学经历了重大的历史性转折。历史上，心理学的研究曾经靠摆脱哲学的思辨而走向新生和独立。现如今，心理学的研究正是靠推进理论的反思而走向成熟和壮大。未来中，心理学的研究必将靠理论的支撑而走向成功和辉煌。

第三章　理论心理学的理论功能 *

理论心理学的研究主要涉及两个方面内容：一是对心理学研究对象和研究方式的理论预设或前提假设的哲学反思；二是对心理学研究对象的理论描述、理论解说和理论建构。理论心理学研究最为基本的和最为直接的功能，是对当代心理科学发展的引导和促进作用。具体体现在：其一，构建心理学的理论基础，强化心理学的基础研究；其二，促进心理学的理论创新，搭建心理学的创新平台；其三，推动心理学的学科统一，提供心理学的统一前提；其四，强化心理学的生活应用，实现心理学的社会价值。

一　心理学理论反思

理论心理学的研究涉及对心理学研究的理论前提的反思。这部分的研究实际上就是心理学哲学的研究。[①]从心理学学科的历史发展的角度来看，心理学与哲学有着十分独特的关系。这种独特的关系仍然决定着心理学和哲学的学科发展。那么，了解和认识心理学与哲学的关系，对于揭示理论心理学的内涵与功能，显然具有十分重要的意义。心理学与哲学的关系经历了三个重要发展阶段。第一个阶段是哲学完全包含或基本包容心理学的阶段，心理学完全从属于哲学，是哲学家

---

*　原文见葛鲁嘉《理论心理学研究的理论功能》，《山西师大学报》（社会科学版）2005年第4期。

①　葛鲁嘉、陈若莉：《论心理学哲学的探索——心理科学走向成熟的标志》，《自然辩证法研究》1999年第8期。

以哲学思辨的方式对心理或心灵的性质、内涵、活动等的猜测和推论。第二个阶段是哲学与心理学彼此分离或相互排斥的阶段，心理学从哲学中独立了出来，成为实证科学，但却把哲学当成垃圾抛弃了。第三个阶段是心理学与哲学重新组合或相互促进的阶段，心理学意识到了自己的研究有许多隐含的理论预设，必须通过哲学的理论反思来厘清和矫正。所以，科学心理学的研究就不是逃避或回避哲学的研究，而应该是接纳或立足于心理学哲学的探索。

心理学哲学是一个特殊的研究领域，该领域中的研究具有特殊的内涵。①②③ 心理学哲学的研究主要涉及两个方面内容：一是对有关心理学研究对象的理论预设或前提假设的反思；二是对有关心理学研究方式的理论预设或前提假设的反思。无论是关于心理学研究对象还是关于心理学研究方式的理论预设，都决定着心理学研究者的研究，或者说决定着心理学研究者关于研究对象的理解和把握，决定着心理学研究者关于研究方式的确定和运用。

关于心理学研究对象的理论预设或前提假设的理论反思，可以涉及如下方面。一是心理与物理的关系。人类心理与自然物理既有彼此的关联，又有彼此的区别。④ 最根本的关联在于，人类心理也是自然的存在，也是自然发生和变化的历程。最根本的区别在于，人类心理具有自觉的性质，这种自觉的心理历程也是文化创生的历程。二是心理与人性的关系。心理学研究的主要是人的心理，那么心理学家有关人性的主张就会成为理解人的心理的理论前提。或者说，心理学家对人性有什么样的看法，就会对人的心理有什么样的理解。三是个体与群体的关系。人的心理非常独特的方面在于，每个人都拥有完整的心理，或者说没有脱离开个体的所谓人类群体的心理。但反过来，人类

---

① 章士嵘：《心理学哲学》，社会科学文献出版社1990年版。
② 周宁：《心理学哲学视野中的主体心理学与存在心理学》，《学习与探索》2003年第4期。
③ 周宁：《本土心理学的两种哲学视野》，《西北师大学报》2003年第4期。
④ Boden, M. N., *The philosophy of artificial intelligence* [M]. New York: Oxford University Press, 1990.

群体又拥有共同的心理，或者说不存在彼此隔绝的和截然不同的个体心理。这给理解心理学的研究对象带来了分歧。四是心理与生理的关系。人的心理不仅是为人类个体所拥有，而且是与个体的身体相互关联。心身关系或心理与生理的关系一直是困扰着心理学研究者的重大问题。在西方心理学的发展历史中，流行着心身一元论和心身二元论的观点，包括唯物的心身一元论、唯心的心身一元论、平行的心身二元论、交互作用的心身二元论等。五是内容与机制的关系。人的心理活动是内容和机制的统一体。但如何对待心理的内容和机制却有着不同的观点。在心理学的研究中，曾经有过研究人的心理内容与研究人的心理机制的对立。六是元素与整体的关系。可以说，人的心理是由许许多多的要素构成的，但又是一个相互关联和不可分割的整体。在对心理学研究对象的理解中，就有着相互对立的元素主义的观点和整体主义的观点。七是结构与机能的关系。人的心理是依照特定原则构成的结构，而该结构也具有特定的功能。八是意识与行为的关系。人的心理有内在的意识活动，也有外在的行为表现。心理学的研究曾偏重对意识的揭示，着眼于说明和解释人的内在意识活动。但是，心理学的研究后来也曾抛弃意识，把意识驱逐出心理学的研究领域，而把人的行为当作心理学的唯一研究对象。

关于心理学研究方式的理论预设或前提假设的理论反思，可以涉及如下方面。一是关于心理学科的科学性质的问题。这也称为科学划界，即如何在科学与非科学之间做出区分的问题。[①] 其实，心理学历来就面对着如何确定科学心理学的边界，即确定什么是科学的心理学、什么是非科学的心理学、什么是伪科学的心理学。在西方科学心理学诞生后，曾给科学心理学划定了一个非常狭小的边界。这就把许多非常有价值的心理学探索排除在科学心理学之外。目前，心理学的发展必须扩展自己的边界，放大自己的视野，寻求自己的资源。二是关于心理学研究中的研究者与研究对象关系的问题。在科学心理学诞生和发展的过程中，总是强调心理学研究的客观性。研究对象与研究

---

① 陈健：《科学划界——论科学与非科学及伪科学的区分》，东方出版社1997年版。

者是分离的。研究者处于中性的地位，或者说研究者是隐身的。对研究者来说，重要的仅仅是对研究对象的客观描述。但是，在后现代的文化背景下，则强调的是研究者与研究对象的统一。二者是共生的关系，是共同变化的历程。人的心理行为不仅是已成的存在，更是生成的存在。这个生成的过程就是共生的结果。三是关于心理学的研究方式和方法的问题。在心理学的研究中，心理学家所使用的方法总是依据相应的理论设定。这些理论设定被用来确定心理学研究方式和方法的性质和功能。四是关于心理学的理论概念和理论体系的定义和建构的问题。在心理学的研究中，心理学家在运用心理学的概念和通过概念来建立心理学的理论时，总是力求坚持合理性的原则。曾强调对心理学概念的操作性定义，对心理学理论的实证性验证。五是关于心理学的社会应用的干预方式和技术手段的问题。心理学的研究不仅要揭示、说明和预测人的心理，而且还要通过相应的技术手段影响和改变人的心理。从而，提高人的心理生活的质量。

二　心理学理论建构

理论心理学的研究还有另外一个重要的方面，那就是关于对象的理论建构，提供的是关于对象的理论学说。心理学的研究是对心理行为的理论探索、理论描述、理论解说、理论阐释。那么，心理科学提供的是关于研究对象的理论知识体系。所以，对于心理学的研究来说，理论建构的能力在某种程度上决定了其学科发展的水平。

中国现代科学心理学的起步不在于独立的理论建构，而在于对国外特别是西方科学心理学理论学说的引进。这为中国科学心理学的发展奠定了理论的基础，但也使中国科学心理学的发展被限定在外国心理学的框架中。当然，这也许是非常重要的发展步骤。但是，却给中国心理学的发展带来了各种隐患。

首先是理论建构的学说与理论建构的原则之间的彼此脱节。中国现代科学心理学的发展经历了十分曲折的道路。以新中国的成立为分水岭，中国的心理学经历了以西方心理学的引进为主到以苏联心理学的引进为主。从西方科学心理学引进的是心理学的理论学说，从苏联唯物心理学引进的是心理学的理论原则。问题就在于，这两个部分实际上是相互脱节的。所以，中国的心理学家习惯说两种心理学的学科语言。一种是来自西方科学心理学的所谓心理学学术语言，另一种是来自苏联心理学的所谓唯物主义语言。这两种语言几乎是无法交流的。所以，在中国心理学的现代发展中，心理学理论建构的学说与理论建构的原则就是分离的和脱节的。理论心理学的研究则可以消除理论建构的学说与理论建构的原则之间的脱节。这使心理学的理论学说能够基于特定的理论原则，使心理学的理论原则能够针对特定的理论学说。

其次是心理学理论复制与心理学理论创新之间的彼此对立。中国现代科学心理学的起步和发展，就是建立在对外国的特别是对西方的心理学引进和复制上。[1] 长期的理论复制，使中国现代心理学的发展节省了大量的学术资源。但是，这带来最主要的问题，就是中国心理学的学术创新或理论创新的长期走弱。显然，中国心理学对外国心理学的理论复制，导致了对本土心理学的理论创新的抑制。反之，中国心理学的理论创新的弱化也导致了对国外心理学理论的疯狂引进。这构成了限制中国心理学理论发展的恶性循环。甚至，中国的心理学研究者反而不习惯心理学的理论创新，对任何创新的尝试都横加阻拦和指责。心理学的学术创新因此真的成为胡编乱造的地下活动。这导致了中国心理学的发展最缺少的就是理论创新，特别是原始性的理论创新、立足于本土文化的原始性理论创新。强化理论心理学的研究则可以促进中国心理学的理论创新，特别是原始性理论创新。

最后是心理学基本理论研究与方法技术研究之间的缺乏联系。在中国心理学的现代演变中，基本理论的研究曾经一度成为哲学的附庸，搬弄的是哲学的空洞字眼，而不需要方法和技术的支持。方法和技术的研究则成为空中楼阁，要弄的是技巧的花拳绣腿，而没有基础

---

[1] 葛鲁嘉：《中国心理学的科学化和本土化——中国心理学发展的跨世纪主题》，《吉林大学社会科学学报》2002年第2期。

理论的支撑。这形成了一种特有的习惯,那就是照搬的习惯或模仿的习惯。这失去的是一种优良的品质——创造的品质或创新的品质。这导致的是心理学的基础理论研究对方法和技术研究的轻视,以及方法和技术研究对基础理论研究的歧视。理论心理学的研究则试图确立理论创新与方法验证和技术应用之间的联系。这可以使中国本土心理学的研究能够建立起自己的学派和学说。

三 心理学理论功能

理论心理学的研究对心理学的发展来说,具有十分重要的理论功能。[①] 当然,理论心理学的研究更为直接的功能是对当代心理科学发展的引导和促进作用。[②] 心理学的研究不可否认地有着自己的理论前提或前提假设。当然,在心理学独立成为实证的科学之后,心理学家就一直矫枉过正,在反对哲学思辨的同时,强烈地反对所有形式的哲学研究进入心理学的研究领域,认为这是安乐椅中玄想的心理学,没有任何科学的意义和价值。这在某种程度上维护了心理学的实证科学的性质,但也在相当程度上使心理学一直缺乏对自己的理论基础或理论前提的反思。这导致心理学实证研究的资料得到了迅速增加,但理论根基和理论建树却一直十分薄弱。这体现在心理学缺失统一的理论根基,缺少多样的理论创造。心理学从诞生之日一直到目前为止,始终处在四分五裂的境地。[③] 对心理学的学科性质和学科发展的理解,对心理学的理论概念和理论学说的建树,对心理学的研究方式和研究方法的确立,对心理学的应用手段和应用技术的实施等,都没有统一

[①] 葛鲁嘉:《理论心理学研究的理论功能》,《山西师大学报》(社会科学版) 2005 年第 4 期。

[②] 叶浩生:《论理论心理学的概念、性质与作用》,《心理学探新论丛》(第 1 辑),南京师范大学出版社 1998 年版。

[③] [美] 威廉姆斯:《理论心理学探索》,俞蕾等编译,载《心理学探新论丛》(第 1 辑),南京师范大学出版社 1998 年版。

的和普遍的认识、理解和采纳等。那么，理论心理学的研究可以在如下四个方面引导和促进心理学的发展。

一是构建心理学的理论基础。科学心理学在诞生之后，在短短一百多年的历史中，经历了非常迅猛的发展、壮大和扩张。例如，心理学的分支学科高度分化，到目前为止已经有了数百个分支。心理学通过这些分支学科广泛深入人类心理和社会生活的方方面面。当然，尽管这在某种程度上代表了心理学的繁荣，但是这也在某种程度上显示出了心理学理论基础的薄弱。这就是所谓枝繁叶茂，但主干虚弱。这已经开始极大地限制了心理学的进一步发展。可以说，科学心理学在很大程度上是受其研究对象多样化和复杂化的影响，因此在对研究对象的客观描述和说明上迅速地积累了大量的客观知识。但是，这些所谓客观知识却缺乏彼此的关联，甚至相互矛盾和彼此冲突。这充分显示出了心理学的发展其实还受到自身的思想根基或理论根基的影响。这决定了心理学研究的思想取向、研究立场、理论构想、方法设置、技术运用等。心理学哲学的研究或探索有助于构建心理学的理论基础，强化心理学的理论根基，挖掘心理学的理论资源。其实，任何学科的科学研究都有自己的理论核心或理论内核，心理学的研究也不例外。心理学哲学的研究理应成为心理学研究的理论核心或理论内核。

二是促进心理学的理论创新。心理学成为独立的学科门类之后，一直没有摆脱对其他成熟科学门类的模仿和跟进。例如，对物理学的模仿。把心理事实等同于物理事实，按照解释物理事实的方式来解释心理事实。例如，对化学的模仿，去分割心理的元素，去探讨心理元素化合和分解的规律。例如，对生理学的模仿，以神经系统的活动规律去解释人的心理行为等。这都在很大程度上使心理学习惯了对其他相对成熟学科的模仿和复制，也使心理学的研究中一直十分盛行还原论。把对心理行为的说明还原到物理的基础、化学的基础、生物的基础、生理的基础，等等，从而极大地限制了心理学的理论创新。同样，中国心理学的起始，也是来自对外国心理学的引进和模仿，这使中国的心理学缺少创新的根基和动力。中国心理学的发展已经习惯了引进、复制、借用、照搬外国心理学现成的模式、理论、方法和技术，反而却不那么容忍和接受新的思想、新的理论、新的方法、新的技术。其实，心理学的学术创新必须要有自己的理论平台，而心理学哲学的研究就可以使心理科学建立起自己理论创新的平台。提高心理学哲学研究的水平，实际上就是强化心理学的学术创新。这对于中国心理学的学术发展是至关重要的。

三是推动心理学的学科统一。心理学从诞生成为独立的科学门类之日起，一直没有统一过，或者说一直处在四分五裂的状态中。心理学的研究无论是它的学说流派，还是它的思想观点、理论主张、研究方法、考察手段、应用技术，等等，都是五花八门、层出不穷的。也许在心理科学诞生之初，这还是受到赞扬、得到鼓励的，因为这说明了心理科学的壮大和繁荣。但是，这很快就成了心理学发展的制约和负担。已经有心理学家指出，一门陷入分裂和缺乏统一的学科，根本就不可能是真正意义上的科学。心理学学科独立之后，一直受到这样的指责或责难。因为，在心理学的研究中，更为多见的是彼此对立、相互指责，甚至是彼此攻击、相互拆台。目前，探讨心理学统一的可能，寻求心理学统一的实现，开辟心理学统一的途径，已经成为心理学的十分重要的理论工作。心理学应该寻求什么样的统一，已经成为十分重大的发展问题。其实，心理学的统一应该追求科学观上的统一。① 在统一科学观的基础上，心理学可以有不同的理论探索、不同的研究方法、不同的技术手段。那么，心理学哲学的研究就会给心理学的统一提供必要的思想基础或理论基础，使心理学在一个特定的平台上寻求统一的可能。②

四是强化心理学的社会应用。应用心理学就是运用心理学的实用技术、考察方法和理论知识对心理行为的干预或影响，以改变心理行为、提高心理生活的质量。心理学的应用研究也同样涉及一些重大的理论问题。这些问题的解决要依赖理论心理学的探讨，而这些问题的

---

① 葛鲁嘉：《心理文化论要——中西心理学传统跨文化解析》，辽宁师范大学出版社1995年版。

② 葛鲁嘉：《大心理学观——心理学发展的新契机与新视野》，《自然辩证法研究》1995年第9期。

恰当解决又会推动心理学的实际应用。例如，心理学的基础研究与应用研究的关系问题。心理学的基础研究与应用研究既相互区别又相互联系。区别主要体现在研究目的不同，评价标准也不同。基础研究的目的是说明对象，形成知识体系。应用研究的目的是解决问题，提高生活质量。基础研究的评价标准是合理性，在于衡量心理学的理论学说、研究方法和应用技术是不是合理的。应用研究的评价标准是有效性，在于衡量心理学的理论学说、研究方法和应用技术是不是有效的。心理学的基础研究和应用研究又有着密切的联系。脱离任何一个方面，心理学的研究都是不完整的。基础研究为应用研究提供了必要的基础，而应用研究则是基础研究的延伸。科学世界是科学家通过科学研究构造出来的。生活世界则是普通人通过日常活动实践出来的。其实，这两个世界就是一个世界，是通过不同的方式展现出来的世界。脱离了生活世界的科学世界是抽象的世界，而脱离了科学世界的生活世界则是盲目的世界。所以，生活世界与科学世界必然是紧密地联系在一起。心理学哲学的研究可以探讨心理学应用当中重大的理论问题。例如，有关人的心理的本性，即人的心理既是自然的存在，也是自觉的存在。例如，有关基础研究与应用研究的区别和联系；科学世界与生活世界的关系；心理学研究的理论、方法和技术之间的关联。从而，使心理学的社会应用更为合理和更为有效，以发挥其更大的社会作用。

总之，如果没有理论心理学的研究，心理学的发展就会存在盲目和迷惘。启动和促进理论心理学的探讨，则会推进心理学的快速发展，强化心理学的学术创新，提升心理学的学术地位。可以说，一个人的成熟在于其有了自我意识、自我监控、自我约束、自我调整、自我促进，等等。同样，心理学的成熟也在于心理学的自我了解、自我反思、自我认识、自我推动、自我构建，等等。那么，理论心理学的研究就是承担着这样的使命。强化心理学哲学的研究，实际上就是在促进心理学的成熟。昨天，心理学的研究曾经靠摆脱哲学的思辨而走向新生和独立；今天，心理学的研究正是靠推进理论的反思而走向成熟和壮大；明天，心理学的研究必将靠理论的支撑而走向成功和辉煌。

第四章　理论心理学的核心课题*

在理论心理学的发展和演变的过程中，在理论心理学的变革和完善的进程中，都会面对一系列核心性的课题。可以说，这些课题的破解能够为心理学带来新的局面，也能够给心理学注入新的动力，还能够给心理学提供新的思路。这些核心性的课题包括：理论心理学研究的三个基础，即生活基础、文化基础和思想基础；理论心理学研究的三个层次，即理论前提、理论方法和理论假设；理论心理学研究的三个问题，即统一问题、价值问题和资源问题；理论心理学研究的三个中心，即问题中心、方法中心和技术中心；理论心理学研究的三个功能，即反思功能、建构功能和成长功能。

在当代世界心理学研究的前沿，理论心理学的探索已经成为稳定的热点，已经成为心理学、哲学、逻辑学、语言学、历史学等多学科共同的研究领域。有研究者就指出和划定理论心理学研究的内容、领域和论题，这也就是说，在科学性质、科学解释、科学语言；在科学哲学、科学社会学、科学语言学；在心理与世界、心理与社会、心理与身体、心理与环境；在心理意识与自由意志等方面，心理学研究都具有或存在一系列的理论课题、理论问题、理论难题。这都是理论心理学的研究领域和研究内容。[1]有研究是从理论心理学的视角，考察了历史的和哲学的心理学。[2]有研究则是探讨了理论心理学的方法，涉

---

* 原文见葛鲁嘉《理论心理学研究的核心性课题》，《陕西师范大学学报》（哲学社会科学版）2014 年第 3 期。

[1] Bem, S. & Loobet De Jone, H., *Theoretical issues in psychology: A introduction* [M]. London: Sage Publications, 2013.

[2] Chung, M. C. & Hyland, M. E., *History and philosophy psychology* [M]. Malden, Mass.: Wiley–Blackwell, 2012.

了心理学研究中的理论与数据之间的关系，心理学理论的建构与评价，经验假设的形成和检验，理论的扩展和理论的简化，必要的命题，概念的问题，等等。[1] 例如，这其中就包括了关于常识这一古老问题的新探索。[2] 理论心理学的研究主要涉及两个方面的内容：一是对心理学研究对象和研究方式的理论预设或前提假设的哲学反思；二是对心理学研究对象的理论描述、理论解说和理论建构。这是心理学作为科学门类的基本理论框架、基本理论原则、基本理论建构、基本理论内涵。理论心理学的研究包括理论心理学的研究内容、研究方式和研究历史。任何一门科学的确立、发展和成熟，实际上都取决于理论、方法和技术的成熟。心理学也同样如此。理论心理学作为心理学的学科分支，是心理学的理论框架和理论内容。[3] 可以说，理论心理学的研究有着众多的课题，面对着复杂的问题。归纳起来，可以概括为三个基础、三个层次、三个问题、三个中心、三个功能。这构成了理论心理学研究的核心性的课题。

一 理论心理学研究的三个基础

心理学的研究或探索必须立足于特定的基础之上。理论心理学的研究最为重要的方面就是要确立心理学研究的基础。这同时就在于确立理论心理学自身的基础，这也是理论心理学创新和发展最为重要的根基。心理学研究以及理论心理学的研究所立足的基础，是生活基础、思想基础和文化基础。这是心理学，进而也是理论心理学，所共同具有的和最为重要的研究基础。

---

[1] Kukla, A., *Methods of theoretical psychology* [M]. Cambridge MA: The MIT Press, 2001.

[2] Resche, R. N., *Common-sense: A new look at an old philosophical tradition* [M]. Milwaukee: Marquette University Press, 2005.

[3] 葛鲁嘉：《理论心理学研究的理论内涵》，《吉林师范大学学报》（人文社会科学版）2011年第1期。

第一是生活基础。人类的心理行为都是在生活中生发的，因而心理学的研究也是在生活中进行的。心理学的任务就在于揭示、解释和创造人的生活和人的心理生活。理论心理学的任务则在于考察、探索和确立心理学研究的生活基础。人不仅仅是自己心灵的被动体验者，而且也是自己心灵的主动创建者。人的心理生活是人所创造的，是人所体验的，是人所拥有的。因此，"心理生活"应该替代"心理现象"成为新心性心理学研究的对象。这是关于心理学研究对象的重大转换。因而，也就是理论心理学研究的重大担当。当然，这种转换是建立在中国本土心理学传统的心性学说的基础上，是立足于心道一体的研究设定的基础上。因此，人的心理生活有自己特定的研究假设、理论前提、思想框架。这就是人类的本心，这就是心理的本性，这就是本性的创造，这就是创造的生成。

涉及人的心理生活，就要涉及心理生活的质量。所谓心理生活的质量，并非仅仅指有无内心的冲突、有无矛盾的认识、有无痛苦的体验、有无病态的心理，等等。心理生活质量也是指有无生活的意义、有无价值的定位、有无自我的实现、有无心理的扩展、有无心理的成长、有无心理的丰满、有无境界的提升，等等。这实际上是将心理生活质量的探讨扩展到病态心理之外，也是将心理生活质量的探讨扩展到心理学的范围之外。随着我国社会的发展和进步，重要的问题不但是要不断地提高物质生活的水平，而且是要不断地提高心理生活的质量。心理生活的质量所涉及的是心理生活的健康、心理生活的成长、心理生活的环境、心理生活的创生。

第二是思想基础。心理学的研究以及理论心理学的研究，都是建立在特定的思想基础上。这可以成为人类心理生活和科学心理学探索的思想基础。对于这种思想基础的考察是心理学与哲学的跨界的研究领域。可以说，在心理学与哲学这两个学科之间，完全可以打破人为的隔绝和相互的排斥，而形成相互的贯通。这就能够使彼此成为对方的重要的学术资源。从心理学的学科的视角，哲学形态的心理学仍然还是一种特殊形态的心理学。当然，需要的是去梳理这些不同形态的心理学。

其实，在哲学的研究和心理学的研究中，有许多著名的或重要的学者都身兼多重的身份，既是心理学家，也是哲学家。这并没有削弱他们的学术地位和学术影响，反而使得他们在跨界的研究中游刃有余。当然，心理学与哲学研究的贯通可以体现在不同的方面，也可以体现为不同的方式。这包括以哲学的方式吸纳心理学的研究内容，也包括以心理学的方式吸取哲学的研究内容。

在心理学的研究中，研究者实际上会以隐含的方式或明确的方式，来确立或运用自己的研究的理论基础、理论预设、理论根源、理论框架、理论思想。在隐含的方式中，心理学的研究者并没有明确意识到或自觉运用到特定的理论预设。但是，他们仍然会在自己的研究中去立足于特定的思想理论预设。当然，这样的运用带有很大的盲目性。在明确的方式中，心理学的研究者会明确地意识到和运用到特定的理论预设，使自己的研究尽可能在合理的范围和方式内发展。

第三是文化基础。对于心理学来说，心理学的考察者是人，心理学的考察对象也是人，所以心理学研究就是人对自身的了解。更进一步说，去认识的是人的心灵，被认识的也是人的心灵，所以是心灵对自身的探索。人类的心灵既是自然创造的自然历史的产物，也是人类创造的文化历史的产物。分开来看，得到考察的心灵活动所展示的是文化的濡染，进行考察的心灵活动透显的则是文化的精神。合起来看，成为对象的心理行为与阐释对象的心理学探索是共生的关系。不仅对特定心理行为的把握就是特定的心理学传统，而且特定的心理学传统构筑的就是特定的心理行为。二者共同形成的就是心理文化（mental cultures）。不同的文化圈产生和延续的是独特的心理文化。那么，特定文化圈拥有的心理文化就会与其他文化圈拥有的心理文化存在着很大的差异。这表现为心理行为上的差异，也表现为心理学性质上的差异。

人类的心理行为不仅具有人类共有的性质和特点，而且具有文化特有的性质和特点。冯特在创立科学心理学时，就构想了心理学是由两个部分共同组成的。一是个体心理学，通过对个体心理意识的考察，探讨人类心理行为的共有的性质和特点。二是民族心理学，通过对民族文化历史产物，像语言、神话、风俗等的分析，了解人类心理行为的文化特有的性质和特点。但是，科学心理学后来的发展，只推进了个体心理学，而忽略了民族心理学。揭示给人们的，似乎只有唯一的心理学——实验的个体心理学。实验的个体心理学所揭示的是人类心理行为共有的性质和规律。无论是实证科学意义上心理学家，还是其他意义上的心理学家，都生活在特定的文化圈中。那么，在他们的探索之中所隐含着的理论框架或理论设定，无不体现其独特的文化精神。进而，心理学家了解和认识心理行为或心理生活的途径，解释和理解心理行为或心理生活的理论，影响和干预心理行为或心理生活的手段，都属于相应的文化方式。所以，可以将心理学看作文化历史的构成，文化历史的传统。

文化历史中的心理学与其所涉及的心理行为或心理生活是一体的。或者说，人的心理行为或心理生活的存在，与心理学的传统或心理学的解说，都是一体的。有什么样的心理生活就会有什么样的心理学学说。反过来也是如此，有什么样的心理学传统或心理学的学说，就会生成和构筑什么样的心理生活。当然，对心理行为或心理生活的探讨或研讨是心理学家的任务，在此主要是考察心理学的文化意蕴。

二 理论心理学研究的三个层次

心理学成为一门科学，也是以理论的方式去再现、解说、阐释、预测和掌控自己的研究对象，亦即心理行为或心理生活。心理学理论实际上具有极其多样的性质，以及非常复杂的构成。例如，心理学理论实际上兼具自然科学、社会科学、人文科学、综合科学等构成性质和基本特征。心理学理论实际上也兼有支配的理论框架、深层的理论预设、宏观的理论模型、具体的理论假说、操作的概念定义等基本内容和理论构成。通过哲学的反思活动，通过科学的建构理论，使得心理学的研究者能够获取和具有特定的思想引领、明晰的理论思路、合理的理论建构、透彻的理论阐释。对心理学的理论建构的考察，实际上包括了心理学的概念形成、理论语言、逻辑规则、理论模型、理论模式、理论构成、思想演变，等等。这在心理学的研究常常是被隐匿在心理学研究者的具体研究的背后。因此，理论心理学的研究包含三个层次的内容，即理论心理学给出的理论前提的层次、理论方法的层次和理论假设的层次。

第一是理论前提。在心理学的长期的和多样的研究中，在心理学的多元的和多向的发展中，心理学的研究者不自觉或自觉地采纳了各种不同的和特定的理论预设。这成为心理学研究的思想前提或理论基础，这决定心理学研究的出发点和立足点，并且这导引心理学研究的实际进程和理论走向。心理学研究曾经采纳过或实际运用了多样化的理论预设，这体现为多种多样的学说论点、多种多样的思想主义、多种多样的科学反思。在心理学的演进过程中，出现过或流行过各种各样的"论点"、"主义"和"反思"。观点的纷杂、立场的分歧、思想的多元，都使心理学发展充满了五彩斑斓的景象。正因为心理学家的理论建构和实证研究，都会实际持有和内在包含各种不同的理论预设，所以在心理学各种纷繁复杂的和多元取向的探索中，总能找得到某一种或某几种理论预设。这在心理学研究的理论、方法和技术中得到了贯彻。甚至会决定着具体的心理学研究的结果和走向。

在心理学研究中，成为心理学研究者理论预设的可以包括：唯物论、唯心论、客观论、主观论、实证论、现象学、存在论、解释学、心性论、建构论、一元论、二元论、多元论、实在论、唯灵论、人性论、意志论、先验论、本体论、机械论、生机论、科学观、方法论、范式论、还原论、目的论、知识论、进化论、认知论、符号论、信息论、系统论、控制论、耗散论、协同论、突变论、生态论、辩证法、真理观、语境论、后现代、隐喻论、怀疑论、互动论、超越论。

在心理学研究中，成为心理学研究者理论预设的可以包括：形而上学、经验主义、理性主义、非理性论、科学主义、人文主义、实用主义、后实证论、逻辑主义、证伪主义、自然主义、结构主义、解构主义、历史主义、批判主义、男权主义、女权主义、个体主义、集体主义、现代主义、物理主义、操作主义、行为主义、认知主义、联结主义、普遍主义、特殊主义、元素主义、完形主义、联想主义、机能主义、实验主义、技术主义、工具主义、本质主义、怀疑主义、元素主义、心理主义、意志主义、归纳主义、演绎主义、折中主义、关系主义、整体主义。

第二是理论方法。西方的理论心理学在强调心理学研究方法的科学性方面做出了非常积极的探索，其中的元分析技术方法和质化研究方法是心理学理论研究富有成效的研究方式和研究方法。所谓元分析技术方法是对已有研究结果的总体分析。元分析使用测量和统计分析技术，对一些研究或实验进行定量化的总结，并寻找出相同内容的研究结果所反映的共同效应。这已成为理论心理学总结和评价研究的有效手段，被认为是研究方法的重要革新。元分析的研究步骤是由对以往研究文献的检索、对研究的分类与编码、对研究结果的测定、分析与评价效果四部分组成，这对心理学的研究具有重要意义，为理论心理学研究提供了严谨、规范的研究程序。后实证主义心理学中的质性研究方法的兴起，也为理论心理学的研究提供了新的认识工具。后实证主义心理学认为，心理学的规律不同于物理学的规律，企图用几个基本公式概括所有的心理现象和行为模式是不切实际的。而且其他自然科学的规律也不一定都是定量规律，多数属于定性结构规律。心理学规律类似于生物学规律。生物学的知识依赖于对千百万种动植物的研究，许多生物学的规律都只适用于单一物种，因此，只有在抽象的和质化的水平上，才能谈论生物学的最一般规律。心理学理论应从生物学理论中得到启发。运用质化研究方法可以建构心理学中的许多定性结构规律。[①]

在心理学研究中，成为心理学研究者反思对象的还可以包括：科学划界、科学特征、科学思想、科学认识、科学语境、科学隐喻、科学修辞、科学解释、科学理论、科学语言、科学概念、科学方法、科学技术、科学工具、科学观察、科学测量、科学发展、科学历史、科

[①] 霍涌泉、安伯欣：《西方理论心理学的复兴及其面临的挑战》，《陕西师范大学学报》（哲学社会科学版）2002年第6期。

学结构、科学社会、科学文化、科学哲学。

第三是理论假设。科学理论既是关于对象的描述，也是一般性的说明。然而，这却并不是形而上学的说明。因此，借助于归纳法所建立的经验归纳结构的科学理论，是由事实和定律所构成的。成熟的或高级的科学理论都是由科学公理（基本概念和基本假设）、导出命题或科学定律、科学事实三大部分所组成的严密的逻辑演绎体系。在前科学和科学的幼年时期，或者在一门科学的初创阶段，其理论形态往往呈现为经验归纳的结构。这种结构的科学理论主要是由事实和定律两种要素所构成。这满足于经验事实的收集、整理、分类和抽象。仅有的科学定律基本上是从经验事实直接归纳概括而来，其涵盖性和普适性不是很大。一般而言，假设演绎结构是科学发展到成熟时期的产物，即科学理论开始步入公理化、形式化、系统化的形态。假设演绎结构的理论取代经验归纳结构的理论，可以说是科学发展的必然结果。[①]

心理学研究的理论前提、理论方法和理论假设实际上就是理论心理学研究三个基本的和重要的层次。那么，在心理学的实际的探索和研究中，忽略或排斥任何一个层次，都会弱化或畸化心理学对自身的研究对象和研究方式的掌控和解释。因此，心理学的研究者不应该仅仅成为一个研究的操作者，而且还应该成为研究的引领者。

三　理论心理学研究的三个问题

理论心理学的研究或探索面对着众多的重大的问题。这些问题的破解会影响到心理学自身的发展。所谓理论心理学研究的三个问题，实际上是在众多的问题中筛选出来的核心性的问题。这样的三个核心问题决定着、制约着和引导着整个心理学学科的发展、进步和未来。理论心理学的研究就提供了对这样三个核心问题的各种不同的解说解

---

① 李醒民:《论科学理论的要素和结构》,《中国政法大学学报》2007 年第 1 期。

释、各种不同的解决方案、各种不同的目标路径。

第一是统一问题。科学形态的心理学从一诞生就不是统一的科学门类。心理学探索的流派众多、观点纷杂，一直就处在四分五裂和内争不断中。心理学能否成为统一的科学，是心理学发展面对的重大问题。心理学的不统一体现在学科发展的许多方面。理论的不统一涉及心理学拥有互不相容的理论框架、理论假设、理论建构、理论思想、理论主张、理论学说、理论观点，等等。方法的不统一涉及心理学的研究采纳了各种各样的研究方法，而且方法与方法之间有相当大的差异和分歧。技术的不统一则涉及心理学进入现实社会、干预心理行为、引领生活方式、提供实用手段的途径和方式的多样化。其实，心理学的不统一并不在于多样化，而在于多样化形态和方式之间的相互排斥和倾轧。这使得心理学内部争斗不断。随着心理科学的进步、发展和成熟，促进心理学的统一就成为重大问题。

目前，心理学发展最重要的努力是科学化和统一化，以使心理学成为一门统一的科学门类。心理学成为独立的科学门类后，统一心理学就成为一个重大学术目标。如何才能统一心理学，心理学家之间却有着重大的分歧。在心理学的发展史上，出现过各种不同的统一尝试。其实，心理学统一的核心问题是心理学科学观的问题。科学观的差异导致了对什么是科学心理学的不同认识和理解。心理学科学观涉及心理学科学性质的范围和边界，心理学研究方法的可信和有效，心理学理论构造的合理和合法，心理学技术手段的适当和限度等。心理学科学观的建构关系到研究目标和研究策略的制定和实施。心理学的发展应该确立起大心理学观，或心理学的大科学观。[1] 这可以使心理学从实证主义的小科学观中解脱出来，从而容纳不同的心理学探索。所以，心理学统一的努力应是建立统一的科学观。[2]

第二是价值问题。当代心理学是否有价值的取向和定位，或者心

---

[1] 葛鲁嘉：《大心理学观——心理学发展的新契机与新视野》，《自然辩证法研究》1995 年第 9 期。

[2] 葛鲁嘉：《心理学的科学观与统一观》，《吉林大学社会科学学报》1996 年第 3 期。

理学是价值无涉的科学,还是价值涉入的科学,这是心理学研究所必须面对的一个重大问题。心理学作为一门科学的出现,受到传统自然科学的影响。所以,心理学力求在其研究中,确立价值的无涉,避免价值的涉入。这无疑给心理学带来了巨大的进步,使心理学的研究力求避免主观性和思辨性。但是,心理学在涉及心理行为时,必然要有价值的涉入。价值无涉的立场限制了心理学的影响力,甚至限制了心理学研究的科学性。心理学如何和怎样才能成为价值涉入的科学,就成为心理学发展中的一个至关重要的问题。其实,所谓价值无涉是指一种中立的立场和客观的立场。要求研究者不能在研究中把自己的偏见、好恶、情感、主张等强加给研究对象。相反地,所谓价值涉入是指一种价值的导向和引领。所强调的是研究者和研究对象的一体化,突出了人的意向性和主观性,注重了人的自主性和主动性。心理学的研究要涉及人的价值取向,要涉及人的意向问题。人的意向在科学心理学的研究中得到了回避。意向、意向性问题成为心理学研究中难以逾越的障碍。所以,许多心理学家选择了放弃。因此,怎样面对价值的问题、怎样解决价值的问题,是心理学未来发展的核心问题。

第三是资源问题。无论是人类心理,还是心理学的研究,或是心理学的发展,都需要自己的资源。心理学的资源可以提供给心理学的研究者作为自己研究的基础和前提,作为自己研究的内核和内容,作为自己研究的骨架和构架。心理学的研究重视过自己的方法、自己的工具、自己的技术,但还应该重视自己的资源、自己的养分、自己的根基。

任何心理学的发展都需要文化与社会的资源。其实,心理学本土化的一个非常重要的目的,就是建立起心理学与文化、与社会资源的关联。或者说,就是为了使心理学植根于本土文化与社会的土壤之中。其实,心理学的研究常常是处在资源短缺的状态中。这并不是说心理学没有或者缺乏相应的社会文化资源,而是说心理学并没有意识到或自觉到自己的社会文化资源,或者是并没有去挖掘和提取自己的社会文化资源。中国的文化传统中蕴藏着丰富的心理学资源,问题是并没有得到充分挖掘和利用。心理学的发展需要资源或需要文化资源。西方心理学就是植根于西方的文化传统,从本土的文化资源中获取了心理学发展的动力和研究的方式。中国心理学的创新和发展也同样应植根于中国的文化传统,从本土文化资源中获取心理学发展的动力和研究的启示。

正是通过深入挖掘中国本土的心理学传统,可以使心理学的发展拥有自己的资源。问题在于,如何去开发和利用心理学的学术资源。心理学的研究者常常会把自己的学科资源看作没有任何用途的垃圾。其实,任何的垃圾都是放错了地方的资源。获得资源,就等于是获得了未来。

中国是一个历史悠久的文明古国,有着博大精深的文化传统。但是,在现代文明的进程中,中国曾经一度落在后边。在中国本土传统文化的框架中,并没有诞生出现代意义上的科学。中国的现代科学是从西方传入的。同样地,在中国本土文化中,也没有诞生出西方现代意义上的科学心理学。中国现代的科学心理学也是从西方传入的,也带有西方文化传统的印记。

那么,在中国发展自己的科学心理学时,所面临的一个非常重要的问题就是,中国的本土文化中有没有自己的心理学传统。如果有,那么这种本土的心理学传统具有什么性质、包含什么内容。如果有,那么应该如何去理解、解说、阐释和对待这种本土的心理学传统。可以肯定的是,中国本土的文化传统中,也有自己独特的心理学传统。因此,最为重要的问题就在于,中国本土的心理学传统能否成为中国科学心理学发展和创新的有益资源。所以,如何理解中国本土的心理学传统,就成为决定中国心理学未来发展的一项基础性的和发展性的研究任务。

四 理论心理学研究的三个中心

在心理学的研究中,研究者会对研究的中心或重心有不同侧重。在理论心理学的研究进程中,在理论心理学关注的问题中,不同的思想流派、不同的研究学者、不同的理论观点，有对心理学研究的思想核心的不同偏重或不同强调，这对心理学的研究产生了决定性的影响。

第一是问题中心。在心理学中，研究是应该以问题为中心，还是应该以方法为中心，这是决定心理学发展的非常重要的理论问题，也是心理学发展所必须面临的非常重要的现实问题。问题中心和方法中心一直就是衡量心理学研究或者评判心理学研究的重要尺度。

当然，在心理学的发展和演变的过程中，有过问题中心主义占有支配地位的时期。在这样的时期中，衡量心理学研究是否具有价值和意义最为根本的尺度，就是看心理学研究所着眼的问题和所解决的问题。心理学的研究就是为了发现和解决心理行为的问题、确定心理的问题，能够解决心理的问题，是心理学存在的价值。那么，相对于心理学所要考察的问题来说，方法和技术都是附属性的，都是为解决问题服务的。那么，心理学的研究就应该以问题为中心。

心理学研究以问题为中心和心理学研究持有的问题中心主义是有区别的。心理学研究以问题为中心指的是，心理学研究的主要目的是针对问题的，是解决人的心理行为的问题，是从问题出发的。心理学研究持有的问题中心主义则是指，心理学的研究以问题或以解决问题替代了方法的重要性，取消了方法的规范性，忽视了方法的科学性。应该说，心理学的研究应该强调问题中心，但是应该反对问题中心主义。而且，心理学的研究更应该警惕以反对问题中心主义来取消问题中心。

第二是方法中心。在心理学的研究中，方法中心与问题中心是相对应的，甚至是相互对立的。有的研究者主张心理学的研究应该以方法为中心，有的研究者主张心理学的研究应该以问题为中心。这成为心理学发展中延续了很长时间的论争。方法中心主义则是将心理学的研究方法确立为核心的科学性标准。

美国的人本主义心理学家马斯洛曾经考察了科学研究中的问题中心与方法中心。在他看来，方法中心就是认为科学的本质在于科学的仪器、技术、程序、设备以及方法，而并非科学的疑处、问题、难点、功能以及目的。持有方法中心论的科学家往往不由自主地使自己的研究问题适合于自己的方法技术，而不是相反。方法中心论的另一个强烈的倾向，是将科学分等级。在这个等级中，物理学被认为比生物学更"科学"，生物学又比心理学更"科学"，心理学则又比社会学更"科学"。那么，只有依据技术的完美、精确和成功，才可能设想这样的等级。其实，分离不同的科学等级是非常有害的。方法中心论往往过于刻板地划分科学的各个部门，在科学门类之间筑起高墙，使之分属于彼此分离的疆域。科学中的方法中心论在科学家与其他寻求真理的人之间，在理解问题和寻求真理各种不同方法之间制造了巨大的分裂。方法中心通常不可避免地产生一种科学上的正统，并因此而划分和制造出异端。[1]

心理学研究以方法为中心和方法中心主义也是有所不同、有所区别的。以方法为中心是强调心理学的研究应该把方法的合理性、科学性、适用性放在重要的位置上。保证心理学研究可以通过科学的方法来有效地揭示和解释人的心理行为。方法中心主义则是在心理学研究中把方法放在决定性的位置上，方法的合理性和科学性决定心理学研究的合理性和科学性。那么，在心理学研究中，研究的中心和重心就放在方法的规范化和精致化上，而忽视问题的重要性和合理性，忽视理论建构的核心性和创造性。应该说，方法中心主义给心理学的研究和发展带来了严重的负面影响，使心理学的研究长期排斥和脱离理论的根基和理论的建构。这使心理学重视对心理的描述，而轻视对心理的解释。问题中心主义与方法中心主义的对立和对抗，使得心理学研究一直分庭抗礼和残缺不全。

第三是技术中心。关于现代科学心理学的不同研究类别和研究类别的不同顺序，可以有不同的设想和设计，这决定了心理学研究的定位和发展。当然，在科学心理学的研究中，原有的关于研究顺序的理解和认识曾给心理学带来影响和促进，但也一直给心理学带来不利和阻碍。所以，重要的是了解原有的研究顺序，并且给出应有的研究

---

[1] 参见［美］马斯洛《动机与人格》，华夏出版社1987年版。

顺序。

在心理学的研究和心理学的演变中，心理学的理论研究、方法研究和技术研究的顺序，曾有不同的变化。首先是理论、方法、技术的顺序。在这个顺序中，理论占有首要的位置或支配的地位。理论的范式、理论的框架、理论的假设、理论的主张、理论的观点，等等，成为心理学研究的核心的部分。其次是方法、理论、技术的顺序。在这个顺序中，方法占有首要的位置或支配的地位。方法的性质、方法的构成、方法的设计、方法的运用、方法的评判，等等，成为心理学研究的支配的部分。在这样的两个不同的甚至是对立的心理学研究类别的研究顺序中，技术都处在最末端的位置上。显然，技术被认为具有附属的性质和从属的地位。这在心理学的当代发展中，是应该受到颠覆的。

心理学研究应有的顺序是技术、理论和方法。这是技术优先的思考。所谓技术优先或心理学研究的技术优先，重视的是心理学研究中的价值定位、需求拉动、问题中心、效益为本。价值定位是指在心理学的研究中，研究者和研究者的研究都应该拥有其非常明确的价值取向。在原有的实证主义心理学的研究中，是主张价值中立的，或者是价值无涉的。研究者必须在研究中持有客观的立场。但是，技术中心必然要有价值的取向。需求拉动是指心理学的研究是人的现实生活的需要所拉动的。其实，越是发达的社会，越是高质量的生活，越是重视人的心理生活，就越是重视人的心理生活的质量。满足人的需求，满足人的心理需求，是心理学研究的根本的目的。问题中心是指，心理学的研究必须要以确定问题、研究问题、解决问题作为自己的核心。效益为本则是指心理学的研究也必须要考虑自己的投入和产出，即怎样以最少的投入获得最大的收益。在技术、理论、方法的顺序中，技术是由理论所支撑的，理论是由方法所支撑的。因此，所谓技术优先也并不是脱离了理论和方法的单纯的技术研究。

五 理论心理学研究的三个功能

理论心理学的研究具有重要的理论功能。那么，概括各种不同的功能，可以归结为三个重要功能。这体现了理论心理学的研究价值，也体现了理论心理学的现实应用。因为这些重要的功能，使得理论心理学逐渐在心理学的研究中，占据越来越为重要的位置和地位，并对心理学的研究产生决定性的影响。

第一是反思功能。理论心理学的研究涉及对心理学研究的理论前提的反思。这部分的研究实际上就是心理学哲学的研究。[①] 从心理学学科的历史发展的角度来看，心理学与哲学有着十分独特的关系。这种独特的关系仍然决定着心理学和哲学的学科发展。那么，了解和认识心理学与哲学的关系，对于揭示理论心理学的内涵与功能，具有十分重要的意义。心理学与哲学的关系经历了三个重要发展阶段。第一个阶段是哲学完全包含或基本包容心理学的阶段，心理学完全从属于哲学，是哲学家以哲学思辨的方式对心理或心灵的性质、内涵、活动等的猜测和推论。第二个阶段是哲学与心理学彼此分离或相互排斥的阶段，心理学从哲学中独立了出来，成为实证科学，但却把哲学当成垃圾抛弃了。第三个阶段是心理学与哲学重新组合或相互促进的阶段，心理学意识到自己的研究有许多隐含的理论预设，必须通过哲学的理论反思来厘清和矫正。所以，科学心理学的研究不是逃避或回避哲学的研究，而是接纳或立足于心理学哲学的探索。

心理学哲学是一个特殊的研究领域，它的研究具有特殊的内涵。这体现在关于心理学哲学的专门的研究和理解中。[②] 这也体现在关于

[①] 原文见葛鲁嘉、陈若莉《论心理学哲学的探索——心理科学走向成熟的标志》，《自然辩证法研究》1999 年第 8 期。

[②] 章士嵘：《心理学哲学》，社会科学文献出版社 1990 年版。

主体心理学与存在心理学的考察和评述中。① 这还体现在关于本土心理学的探索和把握中。② 心理学哲学的研究主要涉及两个方面内容：一是对有关心理学研究对象的理论预设或前提假设的反思；二是对有关心理学研究方式的理论预设或前提假设的反思。无论是关于心理学研究对象还是关于心理学研究方式的理论预设，都决定着心理学研究者的研究，或者说决定着心理学研究者关于研究对象的理解和解说，决定着心理学研究者关于研究方式的确定和运用。

第二是建构功能。理论心理学的研究具有的一个重要方面，是关于心理学研究对象的理论建构，提供的是关于心理学研究对象的理论学说、关于心理学研究对象的理论假说和关于心理学研究对象的理论解释。心理学的研究是对心理行为的理论探索、理论描述、理论解说、理论阐释。那么，心理科学提供的是关于研究对象的理论知识体系。所以，对于心理学的研究来说，理论建构的能力在某种程度上决定其学科发展的水平。

有研究者指出理论心理学的基本作用，认为理论心理学的非经验性质并不妨碍对心理科学的贡献。它对心理科学的作用有如下三个方面：第一，理论心理学具有提出假设或做出预测，为实验心理学提供研究课题的功能。理论心理学正具有这种功能，它提出一种理论或假设，或对某种实验的结果做出预测，这些假设和预测本身也是实验心理学的研究课题。第二，理论心理学所采用的逻辑分析方法具有判断和鉴别概念、命题、理论真伪的功能。对理论概念的判断和鉴别并非时时处处需求助于实验验证，可以采用逻辑分析的方法去判断理论概念的真伪。第三，理论心理学还具有抽象和综合功能。抽象和综合是寻求真理的重要方法，由于心理现象的复杂性和多样性，对于心理本质的了解不能仅靠零零碎碎的经验材料，而必须对来自经验的材料进行去粗取精、去伪存真、由此及彼、由表及里地制作和改造，舍去次

---

① 周宁：《心理学哲学视野中的主体心理学与存在心理学》，《学习与探索》2003 年第 4 期。

② 周宁：《本土心理学的两种哲学视野》，《西北师大学报》（社会科学版）2003 年第 4 期。

要的、偶然的因素，发现心理生活的本质和一般特点。这种抽象和综合的过程是理论心理学的重要功能。心理学发展到今天仍处在分裂和破碎状态，在很大程度上是由于缺乏理论心理学的抽象和综合作用，没有把具体的经验发现和研究结论上升到一般性的理论高度。①

第三是成长功能。理论心理学的研究对于心理学学科的成长来说，具有十分重要的促进功能。从而使心理学的社会应用更为合理和更为有效，可以发挥其更大的社会作用。② 当然，理论心理学的研究更为直接的功能就是对当代心理科学发展的引导和促进作用。③ 心理学的研究不可否认地有着自己的理论前提或前提假设。当然，在心理学独立成为实证的科学后，心理学家就一直矫枉过正，在反对哲学思辨的同时，强烈地反对所有形式的哲学研究进入心理学的研究领域，认为这是安乐椅中玄想的心理学，没有任何科学意义和价值。这在某种程度上维护了心理学的实证科学的性质，但也在相当程度上使心理学一直缺乏对自己理论基础或理论前提的反思。这导致心理学实证研究的资料得到了迅速增加，但理论根基和理论建树却一直十分薄弱。这体现在心理学缺失统一的理论根基，缺少多样的理论创造，缺乏基本的理论共识。心理学从诞生之日一直到目前为止，始终就处在四分五裂的境地。④ 从而，对心理学的学科性质和学科发展的理解，对心理学的理论概念和理论学说的建树，对心理学的研究方式和研究方法的确立，对心理学的应用手段和应用技术的实施，等等，都没有统一的和普遍的认识、理解和采纳。理论心理学的研究就在于能够提供统一的可能、统一的探索、统一的路径、统一的未来。

---

① 叶浩生：《论理论心理学的概念、性质与作用》，南京师范大学出版社1998年版。
② 周宁：《本土心理学的两种哲学视野》，《西北师大学报》（社会科学版）2003年第4期。
③ ［美］威廉姆斯：《理论心理学探索》，俞蕾译，南京师范大学出版社1998年版。
④ 叶浩生：《理论心理学辨析》，《心理科学》1999年第6期。

第五章　心理学科学观的新转换*

可以毫不夸张地说，心理科学在其一百多年的发展中，一直患有较为严重的体虚症。这主要在于缺乏必要的理论建设。显然，这不仅影响心理学自身的迅速成长，而且也影响心理学在人类生活中所能发挥的作用。但是，近一段时期里，可以认为心理学迎来了一个有利于其理论突飞猛进的合适的发展契机，问题是心理学家必须相应地改变自己的小心理学观，而拥有一种大心理学观。

一　不统一的危机

心理学从来没有摆脱危机的困扰，危机就在于心理学从来没有成为一门统一的学问。当代心理科学的发展也同样面临这一危机，而且这种不统一正在变本加厉和不断恶化。

一些心理学家对科学心理学的支离破碎和形同散沙深感忧虑。斯塔茨曾经痛陈心理学所面对的这种"不统一的危机"。他认为，除非我们统一整个心理学，否则心理学就不可能"被认为是一门真正的科学"[1]。正如他所说，心理学具有现代科学多产的特征，但却没有能力去联结自己的研究发现。结果是越来越严重的分歧，形成越来越多毫无关联的问题、方法、发现、理论语言、思想观点、哲学立场。心

---

*　原文见葛鲁嘉《大心理学观——心理学发展的新契机与新视野》，《自然辩证法研究》1995年第9期。

[1]　Staats, A. W., "Unified positive and unification psychology" [J]. *American Psychologist*, 1991 (9). pp. 899–912.

理学拥有如此之多的四分五裂的知识要素，以及如此之多的相互怀疑、争执和嫌弃，使得心理学面临的最大问题就是得出一般的理论。混乱的知识，亦即没有关联、没有一致、没有协同、没有组织的知识，并不是有效的科学知识。心理学作为一门科学的地位，在很大程度上便取决于自身的统一程度。或者说，要想被看作一门真正的科学，心理学就必须成就严密的、关联的、一致的知识。显然，不统一的危机已经带来了对心理学的科学性质的怀疑。

在目前美国心理学界，对统一问题的兴趣不断地增长，为心理学的进步和发展提供了推动力。美国心理学会的好几个分会都已突出地强调了统一的目标。美国心理学会第一分会，即普通心理学分会，还设立了威廉·詹姆士奖（William James Award），以鼓励为统一工作所做出的贡献。1984年美国心理学会年会上，一个心理学家小组开会讨论了如何推进考察心理学的统一问题。他们决定在1985年的年会上组织关于统一的专题讨论会。然后，他们于1985年发起成立了"心理学统一问题研究会"。

实际上，心理学家并没有放弃过统一心理学的努力，但至今这仍然是个无法实现的梦想。问题在于，他们没有从心理学科学观上去追究不统一的根源。心理学从哲学怀抱中脱离出来成为独立的实证科学之后，就一直以成熟的自然科学学科为偶像。心理学从近代自然科学中直接继承了一种科学观，即实证科学观，可以将其称为小心理学观。小心理学观力求把心理学建设成为一门纯粹的自然科学，并且是以此来划定科学心理学与非科学心理学的界限，从而把心理学限定在一个非常狭小的边界里。小心理学观与其说是统一心理学的保障，不如说是心理学不统一的隐患。甚至可以这样说，心理学以小心理学观来统一自己，统一就永远是个梦幻。那么，心理学不放弃自己的小心理学观，就不会成为统一的科学门类。

小心理学观体现在对实证方法（或实验方法）的崇拜上，把实证方法看作心理学研究的核心。心理学的理论知识就来自实证方法，并接受实证方法的检验。科学心理学的诞生，通常是以冯特1879年在德国莱比锡大学建立心理学实验室为标志。这反映了以实证方法为核心的主张，结果使心理学的研究方法不断地精致，但研究的问题水平却不断地下降。小心理学观还体现为自己的反哲学倾向，这割断了心理学与哲学的天然联系，使心理学长期失去了对自己的理论基础的关注和研讨。然而，小心理学观本身却从近代自然科学中继承了物理主义和实证主义的理论框架。只不过这一理论框架是隐含的，而不是明确的。

正因为小心理学观重方法和轻理论，心理学家重视实证资料的积累，贬低理论构想的创造，导致了自身极度膨胀的实证资料和极度虚弱的理论建设之间日益增大的反差。应该说，心理学发现的支离破碎与心理学缺乏理论建设是两个相关联的问题。自从美国科学哲学家库恩指出，成为科学在于形成为科学共同体所共有的统一的理论范式，许多心理学家才开始意识到理论基础的重要性。斯塔茨曾提到，心理学的统一需要有统一的哲学，并认为这个统一的哲学就是统一的实证主义（unified positivism）。[①] 当然，这只不过是把小心理学观的理论框架由隐含的变成显明的，而且这也肯定排斥基于其他理论框架的心理学研究。

从心理学史上来看，以物理学为样板，以小心理学观为引导，去建立统一的心理科学的努力是不成功的。行为主义心理学是个典型的例子，行为主义不仅无力涉及人类心理的广阔领域，也无法容纳已有的关于人类心理的研究成果。

实证心理学由于科学观的偏狭，给其他心理学探索留下余地，使之保留生机。不同的心理学探索涉及人类心理的不同方面和侧面，共同提供人类心理的更为完整的图景。问题在于，如何才能在一个新的基础上消除心理学四分五裂的危机和消除心理学科学性质的危机。

[①] Varela, F. J., Thompson, E., & Roseh, E., *The embodied mind: Cognitive science andhumanexperience* [M]. CambridgeMass.: The MIT Press, 1991.

二　认知潮的冲击

西方科学心理学主流的发展，经历了几次重大的转折。最初占有支配性地位的是内省主义（introspectionism）。在研究对象上，这是以心灵为实在，考察的是人的意识经验，故可称为意识心理学。在方法上，这是实验加内省，但仍然是通过内省的途径来引导研究，故也可称为内省心理学。20世纪初期，行为主义掀起了一场革命，推翻了内省主义对心理学的统治。在对象上，行为主义反对心理学研究人的意识经验，而代之以可客观观察的行为。在方法上，行为主义清除了内省法，贯彻了客观的观察和实验，以确立心理学的科学地位。行为主义以其自诩的科学性支配了主流心理学的发展。但是，行为主义所弃掉的人的内在心理意识，仍然在其他的心理学传统中得到了考察。

20世纪50年代到60年代，心理学又发生了一场认知革命，推翻了行为主义对心理学的统治。一开始，这场革命并不是那么引人注目，许多心理学家都没有意识到，他们的努力为心理学带来了一个重大的转折。只是后来，他们才惊异地发现自己打破了行为主义的禁锢。直到20世纪70年代初期，认知革命才形成了一股迅猛的洪流，并促成了由认知心理学、人工智能、语言学、神经科学和哲学等跨学科合作的认知科学的诞生。心理学中的认知革命，把被行为主义所排斥的心理意识、内在经验又重新确定为心理学的研究对象，把被行为主义贬低为非科学的那些主题和术语又重新纳入心理学的研究视野。这给心理学的新发展带来重大的改变和注入无限的生机，其冲击性作用的后效，有许多至今仍难以估量。

当然，认知心理学改变了行为主义为心理学确定的研究对象，但没有改变行为主义为心理学确立的实证研究方式。为此有些学者认为认知心理学还是把认知过程当作行为来加以研究。[1] 的确，心灵的活

---

[1] 葛鲁嘉：《人工智能与人类心理》，《自然辩证法研究》1994年第7期。

动常常被看作神秘的和不可分析的，很难加以实证地把握和进行客观研究。但是，认知心理学采纳了信息加工的观点。信息加工亦即物理符号的操作。符号具有双重的性质，一是拥有物理的或形式的特征，二是表征或代表一定的内容或意义。表征一定内容的符号可以按照一定的规则进行变换，这就是符号的计算。认知过程便被看作符号的计算过程，从而使对心灵的工作原理进行客观的揭示成为可能。

这种被称为认知主义（cognitivism）的符号研究范式是以计算机作为理论的启示，或者说是建立在人工智能与人类心理类比的基础上。尽管人工智能和人类心理分别是由计算机硬件和脑神经系统实现出来的，但两者在机能水平上却被认为具有相同的信息加工性质。那么，人的心灵活动便没有什么神秘之处，其符号的计算过程完全可以由计算机复制或模拟出来。认知主义的观点不仅支配了认知心理学的研究，而且也被许多研究者当成统一认知科学多学科探讨的理论基础。但是，也有研究者反对人工智能与人类心理的类比，认为二者具有截然不同的性质，人工智能的理论语言不足以解释人类心理。认知主义能否成为统一认知科学的理论基础也受到怀疑和批评。[①] 很显然，认知主义为认知心理学设定的仍然是小心理学观。

不过，认知革命还是带来了强烈的震撼力，不仅打开了被行为主义关闭了许久的探索内在心灵的窗户，而且打开了实证心理学能与其他探索内在心灵的心理学传统进行沟通的窗户。尽管认知心理学乃至认知科学走的仍是实证科学的道路，但许多心理学家也开始较为大胆地复兴和审视其他不同的心理学传统。他们越来越频繁地涉及在日常生活中由人所掌握的常识心理学，在精神生活中由哲学家、宗教家等建构的哲学心理学，以及在特定文化圈中由二者构成的本土心理学传统。这种对不同心理学传统的关注，反过来已在影响科学心理学的发展道路。例如认知心理学及认知科学，仍是把心灵的活动看作客观的自然过程而不是主观的经验世界，这大大限制了对人类心理全面和完整的揭示和把握。本土的心理学传统则不仅有助于丰富实证心理学的

[①] 葛鲁嘉：《认知科学的性质与未来》，《吉林大学社会科学学报》1995 年第 1 期。

研究内容，而且有助于改进实证心理学的研究方式。

认知革命使常识心理学及其心灵主义的用语恢复活力。认知心理学的兴起是会取代还是会容纳常识心理学，近年来成了心理学和哲学的一个争论热点。认知心理学也使东方思想中的心理学传统恢复青春。实证心理学无力深入主观的经验世界日益成为一个大的弱点。中国本土的心理学传统是从人的直观体验入手，探讨人的心灵自觉的内在根据，人的内心生活的意义根源和人的精神境界的提升途径。因而，具有十分重要的理论启示性。

显然，认知革命带来了对其他心理学传统的关注。法国心理学家莫斯考维西在为两位英国学者主编的《本土心理学》一书所作的序言中，就把重新面对本土的心理学传统称为科学心理学中的"回归革命"（retro – revolution）。[1] 这为重构心理学科学观提供了可能和必要。

三 后现代的精神

20世纪中期，西方发达国家开始由现代工业社会步入后工业社会或信息社会。与之相应地，其文化思潮也由现代主义转向后现代主义。后现代主义思潮被看作西方文化精神和价值取向的重大变革，并很快风靡欧美、震撼学界。科学心理学的发展显然无法脱离这一大的文化氛围。

文艺复兴之后，西方社会不仅大踏步迈向现代大工业社会，而且逐步确立起理性至高无上的地位和科学统观一切的权威，并以此构造了西方的现代文明。但是，当今的后现代主义运动则是对现代文明的批判和解构，即着手摧毁理性的独断和科学的霸权，强调所有思想和文化平等并存的发展。正如著名法国哲学家利奥塔德（J. F. Lyotard）

---

[1] Moscovici, S., Foreword. In P. Heelas & A. Lock (Eds.). *Indigenous Psychology* [M]. New York: Academic Press, 1980.

主张的，后现代的精神在于"去中心"和"多元化"。①

利奥塔德对后现代知识状况的分析，对于人们理解心理学可能的发展具有十分重要的启示性。在他看来，当科学知识（自然科学）与叙事知识（人文科学）从同源母体中分离出来后，科学知识便一直对叙事知识的正确性和合法性提出疑问和挑战，认为叙事知识缺乏实证根据，无法证明其合理性。叙事知识则把科学知识看作叙事家族的变种，而对其采取宽容退让的态度。这造成科学的霸权主义扩张。不过，科学本身也并不能证明自己的合理性，它反而是借助于启蒙运动以来的两大堂皇叙事来确定自己的合理性——自由解放和追求本真。自由解放导致的是以人为中心的主体性膨胀，追求本真导致的是理性至上的科学独霸。因此，科学在破坏叙事知识基础的同时，也给自己的合理性带来危机。后现代主义文化思潮带来的就是这种元叙事的瓦解。人们不再需要一个统一的标准去衡量所有产生知识和传述知识的活动，各种知识和文化都可以并行不悖。

的确，近代科学兴起后，建立了一套理性的真理判据或科学的游戏规则，并将其当作唯一的合理性标准，把不符合这一标准的实践知识和文化传述都看作原始和落后的东西，是应该为实证科学所铲除的垃圾。实际上，人类构建了关于世界的不同的阐释，这很难用一个共同的标准去衡量。那么，问题就不在于去确定哪一种阐释是唯一合理的，而在于去确定怎样促进各种不同阐释的并行发展和怎样在各种不同阐释之间建立沟通。

西方心理学自成为独立的学科后，发展出两种不同的研究取向，即科学主义取向和人文主义取向。德国心理学家艾宾浩斯倡导自然科学的、分析的、解释的心理学，德国哲学家狄尔泰（W. Dilthey）则倡导人文科学的、描述的、理解的心理学。二者构成了一种对立和对抗。② 马斯洛将其称为机械主义的科学和人本主义的科学。③ 金布尔

---

① 王岳川、尚水编：《后现代主义文化与美学》，北京大学出版社1992年版。
② [美] 墨菲、柯瓦奇：《近代心理学历史导引》，林方、王景和译，商务印书馆1980年版。
③ [美] 马斯洛：《科学心理学》，林方译，云南人民出版社1988年版。

将其说成当代心理学中的"两种文化",即科学文化与人文文化。[1]

当然,这两个研究取向并非平等的。科学主义取向占有主导地位,成为主流心理学;人文主义取向不占主导地位,成为非主流心理学。主流心理学一直力求成为自然科学家族中的一员,坚持运用客观的研究方法和遵循科学的基本规则。确立的是分析的和还原的研究方式,立足的是物理主义或机械论的观点,采取的是霸权扩张的姿态。非主流心理学则努力引导心理学跃出自然科学的轨道,坚持探索各种可能的心理学研究方法和拓展心理学研究的理论视野。非主流心理学反对的是分析和还原的研究方式,立足的是心灵主义或现象学的观点。

西方的实证心理学一直把自己看作超越本土文化的科学努力,并且也陆续输入或传入其他文化圈,这为在其他文化圈中建立和发展实证的心理学做出了巨大的贡献。但是,这也在很多时候表现为一种科学帝国主义的入侵,实证心理学对本土的心理文化采取了一种歧视甚至是敌视的态度。这不仅常常忽略本土具文化色彩的心理生活,而且极力排斥本土具文化价值的心理学传统。但是,近来针对实证心理学毫无限制的称霸扩张,出现了两股强有力的反叛力量。一是迅速扩展对西方实证心理学的本土化改造,试图使之更贴近特定文化圈中的心理行为。二是逐渐升温对本土心理学的关注,试图使被实证心理学所排斥的东西重放光彩。这两方面不可忽视的努力也出现在我国的心理学界,其中也许就孕育着我国心理学发展的新的生命。[2]

实际上,西方的实证心理学并未能终结,也不可能终结其他心理学传统。当然,也许有人会认为,我国并非处于后现代社会,无后现代文化氛围,所面对的问题在于实证科学的弱小,而不在于实证科学强大到足以侵吞人文精神。但是,我国从西方发达国家引入了先进的实证心理学,又富有深植于本土文化和社会生活之中的心理学传统资

---

[1] Kimble, G. A., "Psychology's two cultures" [J]. *American Psychologist*, 1984 (8). pp. 833–839.

[2] 葛鲁嘉:《中国本土的传统心理学与本土化的科学心理学》,《社会科学战线》1994年第2期。

源，只有避免相互的对立、排斥和削弱，促进彼此的沟通、交流和发展，才会有助于在我国开拓出心理学成长的新道路。

四　心理学的视野

心理学科学观是对如何建设和发展心理科学的基本认识，这决定着心理学家采纳的研究目标，以及为达成目标而采取的研究策略。这体现在这样一些问题的解决上，如什么是心理科学，什么是心理学的研究对象，怎样确定心理学的研究方法，怎样构造心理学的理论知识，怎样干预人的心理现象或心理生活。可以这样说，心理学科学观构成了心理学家的视野，决定了心理学家的胸怀。

如前所述，在心理科学的开创和发展中，占有主导性和具有支配性的科学观是小心理学观。这是从近代自然科学传统中抄袭而来的，并广泛地渗透到了心理学家的科学研究之中。小心理学观在实证的（科学的）和非实证的（非科学的）心理学之间划定了分明的边界，心理学要想成为科学，就必须把自己限制在边界之内。实证的心理学是以实证方法为核心建立起来的，客观观察和实验是有效地产生心理学知识的程序。实证研究强调的是完全中立地、不承担价值地对心理或行为事实的描述和说明。实证心理学的理论设定是从近代自然科学承继的物理主义和机械主义的世界观。这都大大缩小了心理学的视野。

科学心理学以小心理学观来确立自己，就在于其发展还是处于幼稚期。这与其说是为了保证心理学的科学性质，不如说是为了抵御对心理学不是一门严格意义上的实证科学的恐惧。但是，这种小心理学观正在衰落和瓦解，重构心理学科学观已经成为心理科学十分重要的基础性工作。心理学的发展已经进入了迷乱的青春期，并正在经历寻找自己道路成长的痛苦。

心理学的新科学观应该是大心理学观，心理学走向成熟也在于其能够拥有自己的大心理学观。所谓大心理学观，不是要否定心理学的实证性质，而是要开放实证心理学自我封闭的边界。大心理学观不是要放弃实证方法，而是要消解实证方法的核心性地位，使心理学从仅仅重视受方法驱使的实证资料的积累，转向也重视支配方法的使用和体现文化的价值的大理论建树。大心理学观也将改造深植于实证心理学研究中的物理主义和机械主义的理论内核，使心理学从盲目排斥转向广泛吸收其他心理学传统的理论营养。大心理学观无疑会拓展心理学的视野。

大心理学观已经在一些心理学理论探索中得到了体现。例如，行为主义是小心理学观的典型代表。行为主义者斯金纳（B. F. Skinner）就曾认为，相比较于人对外部世界的了解和控制，人对自身的了解和控制是微乎其微的，主要的原因就在于那种心灵主义的推测和臆断。[①]然而，近些年来，著名的脑科学家斯佩里（R. W. Sperry）却认为，心理学新的心灵主义范式使心理学改变了对内在心理意识的因果决定的解释。传统的解释是还原论的观点，即通过物理的、化学的和生理的过程来说明人的心理行为。这是与进化过程相吻合的由下至上的决定论，他将其称为"微观决定论"。新的心灵主义范式则是突现论的观点，即人的内在心理意识是低级的过程相互作用突现的性质，这反过来对于低级的过程具有制约或决定作用。他将这种由上至下的因果决定作用称为"宏观决定论"。他十分乐观地认为，心灵主义范式在于试图统一微观决定论与宏观决定论、物理与心理、客观与主观、事实与价值、实证论与现象学。[②]

更进一步来看，在心理学研究对象方面，小心理学观未能带来对研究对象的完整的认定，从而未能提供对人类心理的全面理解。大心理学观则有助于克服那种切割、分离和遗弃，有助于提供人类心理的全貌。在心理学研究方法方面，小心理学观强调方法的客观性和精致化，强调以方法为标尺、核心。大心理学观倡导方法与对象的统一，

[①] ［美］斯金纳：《超越自由与尊严》，方红译，贵州人民出版社1988年版。
[②] Sperry, R. W. Psychology's mentalist paradigm and the religion/science tention [J]. *American Psychologist*, 1988（8）. 607–613.

鼓励方法的多样化；倡导方法与思想的统一，突出科学思想的地位。在心理学理论建设方面，小心理学观带来了十分严重的理论贫弱和难以弥补的理论分歧。大心理学观则有助于推动心理学的理论建设，并容纳多元化的理论探讨，强化对各种理论框架的哲学反思，以促进不同理论基础间的沟通。在心理学的应用方面，小心理学观使心理学与日常生活相分离和有距离，而通过技术应用来跨越这一距离。大心理学观则在此基础之上，也倡导那种缩小和消除心理学与日常生活的距离，使心理学透入人的内心的应用方式，以扩展心理学的应用范围。

总之，大心理学观会带给心理学一个大视野。这不是要铲除而是要超越小心理学观，从而使心理学全面改进自己的研究目标和研究策略，重新构造自己的研究方式和理论内核，以全面深入地揭示人类心理，以有力有效地参与到社会发展和人类进步的事业中。

第六章　对心理学科学观的反思*

有研究对大心理学观的主张进行了批评，这包括了两个方面的问题。一是对现有的实证心理学研究的辩护，二是对反思和批判现有心理学研究的批评。这实际上都牵涉有关心理学的研究和心理学的发展中的重大问题，所以就有必要对此进行更进一步的分析和阐释。心理学科学观实际上是科学心理学探索，是实证心理学研究，是理论心理学课题，等等之中最为根本的问题。抱残守缺并不就能够促进心理学的发展，也并不就能够克服心理学研究中所存在的问题。

一　对实证心理学的态度

有研究指出了，大心理学观的研究"有诸多指责科学心理学的观点"，"有对实证心理学的贬低"。[①]先来考察科学心理学和实证心理学两个概念。在心理学的小科学观或实证科学观看来，实证心理学就是科学心理学。而在心理学大科学观看来，实证心理学并非就等于科学心理学，科学心理学的边界应该得到扩展。所谓大心理学观，实际上已经阐明了这种观点。[②]将对实证心理学的一些批评，就当作对科学心理学的指责，是一种误读和曲解。重新认识心理学科学观的问题，正

---

* 原文见葛鲁嘉《对心理学科学观的反思》，《自然辩证法研究》1996年第12期。
① 王身佩：《科学的心理学观——与葛鲁嘉先生商榷》，《自然辩证法研究》1996年第11期。
② 葛鲁嘉：《大心理学观——心理学发展的新契机与新视野》，《自然辩证法研究》1995年第9期。

是为了重新认识什么是"科学"心理学。这能对科学心理学有新的理解，或者说科学心理学应该有新的内涵。那么，简单地说大心理学观是在指责科学心理学，说明了根本就没有理解和把握大心理学观的原意。

至于说到实证心理学，大心理学观是否在极力贬低实证心理学呢？其实并不是。正相反，大心理学观的研究引导下的本土心理学研究，曾一再地肯定实证心理学的地位和贡献。[①] 可以认为，西方心理学中的实证科学观为心理学成为现代科学知识门类奠定了基础。"这剥去了遮盖人类心灵的神秘面纱和五彩幻象，清除了围绕人类心灵的无谓争执和痴想妄见，给心理学带来了清晰性和精确性，使心理学获取了实证科学的地位和尊严。"[②] 批评实证心理学的用意并不在于贬低实证心理学，而在于指出实证心理学的不足和限度。在此，至少可以肯定如下两点。首先，很难说实证心理学从一诞生就是完美无缺的，其本身也在经历一个发展过程。关键在于揭示出其存在的问题。实证心理学走的是自然科学道路。在实证心理学发展早期，是以当时相对成熟的近代自然科学为楷模。实际上，近代自然科学到当代自然科学已经发生了巨大的变革。但是，实证心理学的发展则明显滞后，心理学仍然显示出了机械论的观点和还原论的倾向。许多西方的心理学家也已经清醒地认识到了这一点，而并不是大心理学观的研究强加给实证心理学的。

其次，实证心理学并不是唯一合理的心理学探索。这也就是说，实证心理学是有限度的，仅仅可以揭示人类心灵的一个侧面。实证心理学的"实证"是有其特定含义的。实证是指通过感官来获取经验事实，亦即必须由研究者的感官加以印证。这对于研究自然物来说是非常有效的。但是，人的心灵与其他自然物既有相同之处，又有不同之处。相同在于人的心灵也是自然的存在，也是自然发生的过程。不同

---

① 葛鲁嘉：《心理文化论要——中西心理学传统跨文化解析》，辽宁师范大学出版社1995年版。
② 葛鲁嘉：《心理学科学观与统一观》，《吉林大学社会科学学报》1996年第3期。

在于人的心灵能够自觉到自身，心灵的自觉是超脱感官把握的存在。实证心理学仅能通过某种转译来揭示其一个侧面。实证心理学之外的一些心理学传统则探索了人类心灵的自觉活动，例如中国本土文化资源之中独特的心理学传统。[①] 但是，实证心理学却将其挡在门外，要么将其看作思想垃圾，要么将其看作神秘思辨。

综上所述，主要涉及两个问题。一是科学心理学是否等于实证心理学，回答是不等于，否则就没有必要在心理学科学观上做文章。二是实证心理学是否有自己的不足和限度，回答是有不足和限度，否则也就没有必要反思其发展。有研究者对这样的问题过于敏感。一批评实证心理学，就认为是对科学心理学的攻击，是对实证心理学的贬低。在我国的心理学发展中，这也是很好理解的。因为在我国，科学心理学的发展被寄托在了实证心理学身上，而实证心理学又实在太弱小了。那么，现在需要的是扶持，而不是批评。不过，必须清醒意识到的是，我国是应该大力发展实证心理学，但不等于这是科学心理学探索的唯一途径，也不等于仍然要重复实证心理学已有的不足和忽略其存在的限度。实际上，发展实证心理学的良好愿望，应该与对实证心理学的清醒认识结合起来，这样，就不必去重复西方心理学家走过的老路。

二 对研究方法论的认识

该文为实证心理学运用实证方法做了许多辩护，批评大心理学观的观点没有看到实证方法给心理学带来的新生和繁荣，所以是"缺乏历史的考证，是不科学的"[②]。该文还认为，大心理学观的观点提到小心理学观是来自近代自然科学，这是没有看到哲学所起的作用。因

[①] 葛鲁嘉：《心理文化论要——中西心理学传统跨文化解析》，辽宁师范大学出版社1995年版。
[②] 王身佩：《科学的心理学观——与葛鲁嘉先生商榷》，《自然辩证法研究》1996年第11期。

而，认为实证心理学有反哲学倾向是"不公正的、不科学的"①。这涉及在心理学的研究中运用实证方法和进行哲学思辨的问题。下面分别来看。

关于实证方法，大心理学观的主张并没有反对过心理学引入实证方法，更没有否定过实证方法的有效性，也没有提出过要取代和放弃实证方法。反而，大心理学观的研究认为："所谓大心理学观，不是要否定心理学的实证性质，而是要开放实证心理学自我封闭的边界。大心理学观不是要放弃实证方法，而是要消解实证方法的核心性地位……"② 不知道相关的研究者是从哪里得出了自己的结论。这里体现出的如果不是一种误解的话，也是一种凭空想象。大心理学观认为，引入实证方法是心理学的重大进步，心理学不应该也不可能放弃实证方法。可在某种程度上赞成超个人心理学家塔特（C. T. Tart）的主张，西方正统心理学需要抛弃的是其物理主义的世界观，而不是其强有力的实证方法。③

当然，如此看来，有两个重点必须加以澄清。首先，坚持实证方法与坚持以实证方法为中心是有所不同的。以实证方法为中心或为核心的含义在于，心理科学的性质决定于研究的实证方法，实际上也就是把心理科学与实证方法看作同义的。这里的问题是分离了实证方法与理论构想，片面强调了实证方法的决定性地位。这造成了在心理学研究中方法与理论之间的不平衡。马斯洛（A. H. Maslow）等人早就指出了这一点。④ 心理学中的认知革命就再次强调了理论建构的重要性。⑤ 实证心理学偏重实证方法，轻视理论构想。这可以实证心理学

---

① 王身佩：《科学的心理学观——与葛鲁嘉先生商榷》，《自然辩证法研究》1996 年第 11 期。

② 葛鲁嘉：《大心理学观——心理学发展的新契机与新视野》，《自然辩证法研究》1995 年第 9 期。

③ Tart, C. T., "Science, states of consciousness, and spiritual expience: The need for state-specific science" [A]. In C. T. Tart (Ed.). Transpersonal psychologies. New York: Harper and Row, 1975. pp. 9 – 58.

④ [美] 马斯洛：《科学心理学》，林方译，云南人民出版社 1988 年版。

⑤ Baars, B. J., The cognitive revolution in psychology [M]. New York: The Guilford Press, 1986.

典型代表行为主义心理学和认知心理学为例。行为主义仅强调对行为事实的描述，而反对任何进一步的理论解释。赫尔（C. L. Hull）建立的假设—演绎的理论体系是行为主义最为积极和最为宏大的理论努力。但是，这一理论体系的迅速衰落就被认为是"理论太多了"。认知心理学革命就开始于有说服力的实验，而不在于有说服力的理论。这一点直到认知科学大学科群兴起后才得到改变。[①] 认知心理学的理论框架，如表征理论和计算理论，并非心理学家的杰作，而是从信息论和计算机科学中引入的。[②] 正是因为轻视理论构想，才导致了实证心理学研究问题水平的下降。这是指实证心理学更多地着眼于问题的微观细节，而缺少问题的宏观透视。强调实证心理学不放弃实证方法，实际上是没有理解所要讨论的内容。

其次是坚持实证方法与确定实证方法的地位是有所不同的。毫无疑问，心理学应该坚持实证方法。但是，更进一步，也应该承认实证方法严格说来是定量研究的方法。为了保证研究者感官经验的可靠，必须对其进行精确的分解和测定，从而使之可公开和可重复。定量研究的方法必须在所研究的对象性质确定的情况下才是有效的。然而，人的心灵的特性就在于是自我定性的。或者说，人的心理生活是人的心灵自我构筑的。那么，如何才能确定心灵的性质，这不是有了实证方法就能够解决的问题。所以，实证方法并不是心理学研究唯一合理和唯一有效的研究方法。这里面牵扯着许多重大理论问题，而绝非"观点之谬一看即明"。[③]

关于哲学思辨，反对的观点对心理学和哲学的关系的看法过于含糊，在此可以做一下澄清。大心理学观的研究曾提到，小心理学观是西方心理学从近代自然科学中继承而来的科学观，反对的观点认为

[①] Baars, B. J., *The cognitive revolution in psychology* [M]. New York: The Guilford Press, 1986.

[②] 葛鲁嘉：《心理文化论要——中西心理学传统跨文化解析》，辽宁师范大学出版社1995年版。

[③] 王身佩：《科学的心理学观——与葛鲁嘉先生商榷》，《自然辩证法研究》1996年第11期。

"这不符合心理学的历史事实",因为哲学也是心理学科学观的来源。① 显然,这是没有搞清所谓科学观就是哲学层面上的问题。实证心理学采纳了近代自然科学得以立足的物理主义和实证主义哲学。物理主义是有关世界图景的一种基本理解,把世界看作由物理事实所构成,物理事实是能由人的感官(或作为人的感官延长的物理工具)直接把握到的。实证主义是有关知识获取的一种基本立场,认为知识必须依据来自观察和实验的经验事实。这两方面体现在心理学中,则涉及对心理学研究对象的理解和对心理学研究方式的主张。

实证心理学有反哲学倾向。反对的观点认为这"当属无稽之谈",因为"科学心理学是延续在哲学基础上的","认知心理学对哲学问题的解决帮助越来越大"。② 在这里,该主张没有弄清两个重要方面。首先是自觉地采纳与不自觉地采纳哲学的理论基础的区别。实证心理学的反哲学倾向是在自觉的层面上,实证心理学拥有某种哲学基础是在不自觉的层面上。实证心理学从哲学中分离出来之后,就力图把哲学的思辨驱逐出心理学的研究。的确,西方传统的哲学心理学对人的心灵的解说缺乏验证的方法和干预的手段。实证心理学则解决了这样的问题。因此,实证心理学为此而宣判了哲学心理学的死刑。

其次是心理学研究与哲学研究之间的关系。实际上,讨论的问题关键不在于心理学的研究为哲学提供了什么,而在于哲学的研究为心理学提供了什么。对实证心理学家来说,哲学家对人的心灵的解说是多余的。但是,无法否认,任一心理学理论和心理学流派都有自己的哲学基础。心理学家在从事自己的研究时,皆可能不自觉地采取一些哲学设定。这些隐含的设定体现在两个方面。一是关于心理学研究对象的设定,如什么是人类心理的本性。二是关于心理学研究方式的设定,如什么是"科学的"心理学研究。那么,哲学研究在心理学研究中的地位,就不在于直接说明人的心理,而在于揭示和探讨研究者关

---

① 王身佩:《科学的心理学观——与葛鲁嘉先生商榷》,《自然辩证法研究》1996 年第 11 期。
② 王身佩:《科学的心理学观——与葛鲁嘉先生商榷》,《自然辩证法研究》1996 年第 11 期。

于心理学对象和心理学科学隐含的设定。这可以使心理学家从盲目走向自觉。对心理学科学观的探讨就属于这样的性质。

三 心理学科学观的反思

所谓心理学观,亦即心理学科学观。正如多次提到的,心理学科学观是有关"科学的"心理学的基本设定。心理学家会自觉或不自觉地贯彻某种科学观。[①] 心理学科学观也决定着心理学的分裂和统一。[②] 对于什么是"科学的"心理学,心理学家的认识不是一开始就完美无缺的,也不是一成不变的,如此看来,心理学旧有的科学观是一种小心理学观,新有的科学观则应是一种大心理学观。这里的小和大,并非如批评者所认为的那样是"搬弄文字游戏"。如果这是一种文字游戏,那批评者也就不必为此而动干戈了。

那么,在此要讨论的,并非是否需要与追求心理学科学观的问题,而是需要与追求什么样的心理学科学观的问题。从小心理学观到大心理学观,是心理学科学观变革的重要特征。这是关系到心理科学进步和发展的重大理论问题。西方心理学原有的科学观是狭隘的科学观,所以将其称为小心理学观。这可以从两个方面来看。首先,西方心理学的小科学观是来自近代自然科学。这是采纳了近代自然科学的物理主义的世界观和实证主义的方法论。体现在心理学研究中,物理主义的世界观在于把人类心理类同于或等观于其他的自然现象或物理事实,在于把各种现象还原到或统一到物理实在的基础上。实证主义的方法论则在于强调感官把握的经验事实的证实或证伪,在于把科学概念的有效性建立在进行证实或证伪的操作程序的有效性上。这揭示的是人类心理的客观性的侧面。但是,心理学旧有的科学观认为,只

[①] 葛鲁嘉:《大心理学观——心理学发展的新契机与新视野》,《自然辩证法研究》1995 年第 9 期。

[②] 葛鲁嘉:《心理学科学观与统一观》,《吉林大学社会科学学报》1996 年第 3 期。

有这样的探索才是唯一合理的或科学的。这显然是狭隘的。人本主义心理学就曾批评，把人非人化或物化，否定人类心理的主观性侧面的真实性，才是"不科学的"。

其次，正因为西方心理学的小科学观，使之在科学性问题上排斥其他心理学探索或心理学传统。正是在这个意义上，才说实证心理学采取的是霸权扩张的姿态。结果，所谓"科学的"心理学是在一个受到局限的范围之内。通常，"科学的"总是与"进步的""正确的"等同义，"不科学的"则总是与"落后的""错误的"等同义。批评者就曾多次指责大心理学观的主张是"不科学的"。因此，当受小心理学观支配的心理学家批评其他心理学探索或心理学传统不科学的时候，他们实际上也将其放在了"前科学"、"非科学"或"伪科学"的位置上。在此对科学性的理解显然是最为关键的。批评者否认科学心理学的发展中有排斥存在，认为不管什么理论框架下的心理学研究，只要"货真价实"，就会有一席之地。① 这里的"货真价实"是非常含糊的说法。所举出的精神分析和人本主义心理学，正是在科学性的问题上受到了实证心理学的各种责难。批评者最后曾提到，在科学心理学之外还有描述心理学，即一种人文科学的心理学。② 这就更加使人迷惑。描述心理学或人文科学的心理学是不是科学的呢？实际上，只有对心理学科学观进行变革，才有可能解决这样的问题。

心理学科学观决定着对心理学研究对象的理解和对心理学研究方式的确定。心理学的实证科学观体现在把人的心理看作客观性的存在，而对人的心理的科学研究就是感官经验的实证。然而，这实际上并没有完全涵盖心理学的研究对象和研究方式。由于人的心理的自觉的性质，本身还是主观性的存在，而对心理的研究还可以是内省经验的体证。关键的问题有两个：一是客观性存在和主观性存在的真实性问题，二是感官经验和内省经验的普遍性问题。前者涉及心灵的性

---

① 王身佩：《科学的心理学观——与葛鲁嘉先生商榷》，《自然辩证法研究》1996 年第 11 期。

② 王身佩：《科学的心理学观——与葛鲁嘉先生商榷》，《自然辩证法研究》1996 年第 11 期。

质，后者涉及科学的性质。心灵的性质在于其是真实性的存在，而不在于其是客观性的还是主观性的存在。科学的性质在于达到经验的普遍性，而不在于其是感官经验的还是内省经验的普遍性。这里面牵连了许多重大的理论问题。

那么，之所以提出心理学科学观问题，目的就在于解决心理学的本土化问题。西方心理学旧有的科学观一直把自己看作唯一合理的和普遍适用的。在这种科学观的支配下，本土化的努力就是多余的。许多人批评心理学的本土化也是在这个意义上。实际上，西方心理学正是因为科学观的问题，才会受到心理学本土化运动的冲击。中国心理学本土化目前走到这一步，即不仅使研究的内容从西方人换成中国人，而且必须对西方心理学的小科学观做出变革。[①] 从而走出心理学的新道路。很显然，挖掘中国本土自生的心理学传统，会对改造西方心理学旧有的科学观具有重要的启示性。西方的心理文化传统割裂了人类心理的客观性一面和主观性一面，这造成了强调客观性的研究方式和强调主观性的研究方式，亦即实证立场的心理学和人文立场的心理学的分裂。中国的心理文化传统则强调在心灵基础上的主客观统一性。这有助于矫正实证取向中客观机制与主观经验的脱离，也有助于矫正人文取向中个体经验与整体经验的脱离。这有助于克服感官经验的唯一性，也有助于达到内省经验的普遍性。这是一个大论题，关系对心理学本土化与科学化的一系列核心和重要问题进行更为深入的探索。

[①] 葛鲁嘉：《心理文化论要——中西心理学传统跨文化解析》，辽宁师范大学出版社1995年版。

第七章　心理学科学观与统一观[*]

　　心理学的发展取决于心理学科学观的变革。这会导致重新理解心理学的研究对象和改变心理学的研究方式。心理学的研究应涉及心理现象和心理生活，并应采取不同的探索途径。心理学的统一应为有差别的统一，亦即建立统一的科学观，为心理学的研究提供统一的规范，容纳不同的心理学探索。许多心理学家似乎从来就没有怀疑过西方心理学的科学性质，以及带来这一科学性质的心理学科学观。但是，这一继承于近代自然科学的狭隘科学观，并没有给心理学的天下带来太平和大同。心理学一直处于四分五裂和前途茫然的状况。人们也许有理由相信，心理学根本不可能成为单一色调和完全一致的知识门类。按这样的要求来统一心理学，肯定是不切实际的幻想。但是，这并不等于心理学不能成为统一的科学。人的大脑有两个半球，两个半球的功能存在着差异，而两个半球又彼此相连。与此相类似，心理学由于其研究对象的特殊性质，导致其必然是一种有差别的知识存在，但又完全可以在其存有差别的知识类别间建立起联系。这样的心理学也同样是统一的心理学。这样的认识将会导致心理学发展上的变革。

一　心理学科学观的重构

　　心理学科学观是对如何建构和发展心理科学的基本认识，涉及的

---

[*]　原文见葛鲁嘉《心理学的科学观与统一观》，《吉林大学社会科学学报》1996年第3期。

是心理科学的范围和边界，研究方法的可信性和有效性，理论构造的合理性和适用性，知识体系的评价标准和评价程序，应用技术的效果和限度等。在心理学的研究当中，心理学科学观常常是隐含的，亦即许多心理学家会不自觉地追随和贯彻某种特定的科学观。

心理学科学观可以体现在心理学家所采纳的研究目标和为达到该目标而采纳的研究策略上。或者更进一步地说，心理学科学观可以决定对心理学研究对象的理解和对心理学研究方式的确定。

西方心理学从哲学的怀抱中脱离出来成为一门独立的科学门类之后，直接继承了西方近代自然科学的科学观。这种科学观一直延续至今，是心理科学的传统旧科学观，或称狭隘的小科学观。通过这种科学观，心理科学接受了传统自然科学中的物理主义的世界图景，采取了传统自然科学中实证主义的研究方式。那么，人的心理行为便类同于其他自然现象，也属于客观性和机械式的存在。心理学家与其研究对象是分隔开的，心理学家力图保持与研究对象的距离，使自己成为客观和冷静的研究者。心理学研究使用客观的研究方法和进行客观的理论抽象，以清洗掉研究者可能带入的主观臆想成分，从而获得心理学家公认的客观知识体系。

西方心理学的这种小科学观为心理学成为现代科学知识门类奠定了基础。这种科学观剥去了遮盖人类心灵的神秘面纱和五彩幻象，清除了围绕人类心灵的无谓争执和痴想妄念，给心理学带来了清晰性和精确性，使心理学获取了实证科学的地位和尊严。但是，这种小科学观也大大限制了心理学家的眼界和胸怀，在某种程度上阻碍了心理学的进一步扩展和深入。

心理学的旧科学观必然面临衰落，也正在走向衰落。科学心理学自诞生，其主流就一直力图把心理学建设成一门严格意义上的自然科学门类。它在科学的（实证的）心理学与非科学的（非实证的）心理学之间划定了一条边界。实证心理学有借用于自然科学的客观的方法，以及接受该方法检验的合理理论。这被当作唯一正确的研究方法和唯一合法的知识形式。它把不适合该方法进行研究的人类心理和不符合该理论衡量标准的心理学探索，都推出了心理学的门外。但是，这种小科学观并未能使心理学获得纯洁和统一，反而使之支离破碎、未来堪忧。

例如，行为主义心理学最为彻底地贯彻了小心理学观，这曾经给科学心理学的发展带来了新世纪的曙光，但这实际带来的却是一些相当消极的后果。一是对人类心理的客观化。为了贯彻使用客观的研究方法，行为主义把可以进行客观研究的行为确立为心理学的研究对象。这使心理学成了"无心灵"的心理学。二是对理论构想的轻视。为了排除心理学研究者的主观臆想，行为主义仅主张对行为进行客观描述，而反对进行理论构想和对理论基础的哲学反思。这导致了心理学盲目的实证研究和严重的理论贫弱。三是对其他心理学探索和心理学传统的排斥。为了保持心理学知识纯粹客观的性质，行为主义拒绝与其他心理学传统的沟通和交流，这使心理学的发展缺乏博大的包容胸怀、丰富的文化滋养和必要的高瞻远瞩。尽管目前行为主义已经隐退，但它所造成的后果仍然在影响心理学的发展。

不过，近些年来，心理学的这种小科学观已经被动摇。认知革命不仅打开了被行为主义关闭了许久的探索内在心灵的门户，也打开了实证心理学能与其他探索内在心灵的理论传统进行沟通的门户。西方后现代的文化精神在于反对实证科学对人文精神的侵吞。这使问题从去确定实证心理学是不是唯一合理和普遍适用的，转向去确定怎样在不同的心理学探索和心理学传统之间建立沟通。因此，已经有必要对心理学的小科学观进行清理和重构，以形成心理学的一种新科学观或大科学观。大科学观不是要消解心理学的科学性质，而是要开放实证心理学自我封闭的边界，改造其物理主义或机械主义的理论内核，扩展其客观主义或实证主义的研究方式。①

西方心理学有主流和非主流之分。西方的主流心理学是实证立场的心理学，其鲜明地体现了心理学的小科学观。这是立足于客观的研究方法以及由此而形成的客观知识体系，并力求成为唯一合理和普遍

---

① 葛鲁嘉：《大心理学观——心理学发展的新契机与新视野》，《自然辩证法研究》1995年第9期。

适用的心理学。西方主流心理学以成熟的自然科学为楷模，模仿自然科学的研究方式。这提供了对心理现象的合理理论解释和有效技术干预。但是，这还仅仅是把人的心理看成自然现象，从而仅仅是揭示了人类心灵的一个侧面，却忽视了人类心灵的内省自觉和主观体验的侧面。

西方非主流的心理学是人文立场的心理学，即试图突破心理学的小科学观，以扩展科学心理学的边界，消除心理学中的机械论和还原论的观点。非主流心理学强调人类心理与其他自然现象不同的性质和特点，反对以坚持客观性为名而否弃人的主观性世界的真实存在，提倡把人的心理体验放在研究的中心位置，力求心理学成为人性化的科学。西方的主流心理学一直对非主流心理学持排斥态度，主要在于怀疑其研究方法的科学性质和其研究结果的科学价值。尽管非主流心理学家踌躇满志，但实际上却根本无力填补与主流心理学之间的裂沟。

西方心理学的传统小科学观造成了自己的理论盲点，使之看不到其他心理学传统的长处，使之拒绝吸收其他心理学传统的养分。心理学的小科学观排斥和否定日常生活中的常识心理学，将其简单地当作庸俗之见和荒谬之说。常识心理学是常人心理生活中不可分割的组成部分，是立足于常人的心灵内省，流传于常人的日常交往。因此，这在日常生活中起着不可替代的作用，具有切实的有效性。[①] 常识心理学以其与人的心理生活的特殊和紧密的关联性，对心理学的研究有着十分重要的启示性。这是科学心理学难以跨越的。

心理学的小科学观也排斥和否定其他文化传统中的哲学心理学，如中国文化传统中的哲学心理学，将其简单地当作伪科学的神秘理论和历史垃圾。以西方心理学的小科学观审视和评判中国本土的哲学心理学，必然导致歪曲和肢解。这曾构成了中国心理学思想史研究的基调。中国本土的哲学心理学不同于西方的实证心理学，其也是独立的心理学体系，是关于人类心灵和精神生活的独特理论和实践，有着自己的文化内涵和文化色彩。并且，所涉及的是人的心灵的自我修养、

[①] 葛鲁嘉：《本土传统心理学的两种存在水平》，《长白学刊》1995 年第 1 期。

自我觉悟、自我提升。①

目前，已经有了重构心理学科学观的尝试。研究曾经明确提出了这一问题，并力图推动这方面的研究。② 对西方实证心理学进行的本土化改造就应包含这样的努力。作为心理学旧科学观的体现，西方心理学在考察人的心理时，忽略了特定的文化背景。为了把文化资源纳入心理学的视野，便有必要对西方心理学进行本土化改造，使之适合特定的文化圈。在中国本土文化圈中，本土化研究还停留在使研究被试由西方人换成中国人，但在研究方式上仍没有什么根本性的改变。目前，中国心理学的本土性研究已试图彻底摆脱西方心理学的宰制，但研究存在着相当的盲目性和混乱性。显然，本土化研究还应该使西方心理学能在科学观上有所变革和突破。

心理学科学观的重构需要思想启示。促进西方实证心理学与其他心理学传统的有效沟通，将有助于重构心理学科学观。一部分西方心理学家已开始对此采取宽容的态度。中西心理学传统是两类性质不同的心理学，两者各有其存在的合理性，并以完全不同的方式揭示了人类心灵的不同层面或不同侧面。③ 中西心理学传统现在还具有彼此的排异性，并因此而保留了各自的缺陷和不足。但是，这种情况正逐步得到改变。中国本土的心理学传统可以为改造西方心理学的小科学观提供独特的理论与实践的启示。这对重新确认心理学的研究对象和缩小心理学与日常生活的距离具有重要的启示性，也对破除现有的研究方式的局限和走出还原论的误区具有重要的启示性。

重构心理学科学观，在于重新理解心理学的研究对象，在于改变心理学原有的研究方式。心理学将从对人性的理解中引申出自己的研究对象，从而全面深入地揭示人的心理。心理学的研究方式也将多侧面化，从而更为完整和统一。心理学的新科学观在心理学研究中的贯彻，将导致心理学面貌的改观，包括在研究方法、理论构造、应用技

---

① 葛鲁嘉：《本土传统心理学的两种存在水平》，《长白学刊》1995年第1期。
② 葛鲁嘉：《大心理学观——心理学发展的新契机与新视野》，《自然辩证法研究》1995年第9期。
③ 葛鲁嘉：《中西心理学的文化蕴含》，《长白论丛》1994年第2期。

术上的改观，并为把心理学建设成一门统一的科学学科提供诱人的前景。

二　心理学的分裂和统一

人类心理与自然物理既相互关联，又相互区别。最根本的关联在于，人类心理是自然的存在，也是自然发生的过程。最根本的区别在于，人类心理能够自觉到自身，这种自觉的经验世界与物理世界有所不同。由于人类心理的多样性和复杂性，心理科学的发展充满了分歧、争执、对立和冲突。

人的心理原本是一体的，但是按不同的研究方式来考察，突出的就是它的不同侧面。那么，人的心理就可以相对区分为心理现象和心理生活。当然，这种区分不是把人的心理分成两个部分或两个层次。以实证或外观的方式来看，心理生活就成了心理现象；以内省或内观的方式来看，心理现象就成了心理生活。

心理现象是心理学研究者客观观察到的。这取决于心理学对象和心理学研究者之间的分离，心理学对象成为客体，心理学研究者成为主体。心理现象可由研究者的感官或相应的物理工具捕捉到，因此是心理学研究者外观到的。心理学研究者必须超脱出来，与所考察的对象保持分离和间隔，以保证公开和客观。在这个意义上，心理现象就属于自然现象，或者说在性质上类同于其他自然现象，都是研究者的感官所把握到的。那么，心理学就必然与心理现象保持一定的距离，而有自己的方法和使用自己的语言。当然，心理学也能返回到心理现象，对心理现象施加干预和影响，而这是通过应用技术来达到的。

心理生活则是人的心灵自觉到的，或主观内省到的。这取决于消除心理生活与生活者之间的分离，体验对象和体验者是一体的。心理生活不是由人的感官或相应的物理工具所捕捉到的，而是心灵自觉到的，因此是体验者内观到的。这强调了人与其他自然物的不同，人的心灵能够自觉，而其他自然物都不具备这样的性质。心理生活是常人直接体验到的，人不仅能体验到复杂多变的心理生活，而且能通过这种自觉的活动来改变或转换自己的心理生活。人对自己的心理生活的了解和认识，不同于他对自然现象的了解和认识。人对自然现象的了解和认识，如果不通过行动和工具，并不能直接地改变自然现象。人对自己的心理生活的了解和认识，却可以直接地改变心理生活，或者说，体悟本身的转换就构成了特定的心理生活的转换。所以，可以认为，人所拥有的常识心理学不同于其所拥有的常识物理学和常识化学等。科学物理学可以取代常识物理学，而科学心理学却无法取代常识心理学。

通过上述可以得出结论，实际上有两种心理学的研究对象：一是心理现象，二是心理生活。那么，相应地也就有两类心理学：一类是考察和探索心理现象的心理学，另一类是考察和探索心理生活的心理学。进一步讲，也就有两类不同的研究方法和两类不同的理论构造。一类是实证的方法和客观的知识，另一类是内省的方法和体悟的知识。实际上，内省的方法绝不会成为实证的方法。严格说来，内省也不只是考察内心生活的方法，而且是人的心理生活的构成。

实证立场的心理学和人文立场的心理学分属于两类不同侧重的心理学。当然，两类心理学也常有跨过自己界限的时候，使用对方的方法来充实和确证自己。实证立场的心理学通常确信，只有通过实证的研究，才能符合客观全面地揭示人的心理现象。人文立场的心理学则确信，只有通过内省的研究，才能符合人性地深入揭示人的心理生活。

马斯洛常常把自然的物理世界与自我的经验世界平列起来，并坚持认为那种物理学家的抽象世界并不比现象学家的经验世界更真实。马斯洛曾谈到，在心理学的研究中，心理学家可以达到另外一种不同于实证心理学的客观性，即不是冷静的分离，而是身心的投入。[1] 这就像母亲对孩子的了解和热恋者对恋爱对象的了解。确切地说，这样获得的了解是使对象成为自己内心生活的重要构成，是消除与对象的

---

[1] ［美］马斯洛：《科学心理学》，林方译，云南人民出版社1988年版。

分隔和距离，以及在心灵上与之成为一体。

实证立场的心理学认为人文立场的心理学对人的主观性研究是诗意心理学和哲学心理学，而不是科学心理学。人文立场的心理学则认为实证立场的心理学是自然科学方法不适当的套用，是歪曲和否定人的主观性，故不可能是科学的心理学。实际上，无论是实证立场的心理学还是人文立场的心理学，都在自己的研究中滤掉了对方的长处。因此，缺少任何一方，都构不成全面和深入的心理学探索。

心理学从来没有成为过一门统一的学问。这一直是许多心理学家感到忧心忡忡的方面。现在的问题在于，心理学能否成为一门统一的科学。想要回答这个问题，就必须澄清，统一是什么样的统一。一种统一是无差别性的统一，形成的是一致性的和单纯的心理学。这是不可能实现的。实证立场的心理学一直都有这样的梦想，但它的努力不但没有实现这样的梦想，反而它的小心理学观导致了心理学的四分五裂。另一种统一是有差别性的统一，形成的是多形态心理学的并存和共荣。这是完全有可能实现的。但是，应该怎样达到这样的统一呢？追踪西方心理学的发展，可以看到它的内在冲突，心理学分裂成了实证立场的心理学和人文立场的心理学。实证立场的心理学主要是基于实证论，人文立场的心理学主要是基于现象学。它们各自走入了一端。实际上，这构成了心理学的两翼。但是，目前西方心理学有两翼而无一体，亦即未能达到一体两翼。两翼是分开和割断的。那么，任何一翼都无法带来心理学的起飞。显然，关键就在于如何建立这"一体"。

实证立场的心理学侧重客观的研究范式，人文立场的心理学则侧重主观的研究范式，这正符合西方文化的特征。因此，在西方文化中，也就很难确立起心理学统一的整体。可以认为，使心理学得到统一的"体"应该是心理学科学观。但是，这并不是实证心理学的小科学观，而应该是一种大科学观。这种大科学观既可以为心理学的研究提供统一的规范，也可以容纳存有差异和不同形态的心理学。

从某种意义上来说，解决心理学统一问题的关键不在西方文化之内，而是在其之外。西方的实证心理学一直自诩唯一合理和普遍适用的心理学，是超越本土文化的。但是，实际上却是建立在西方文化的基础之上。目前，这正在其他文化圈中（如中国的文化圈中）经历本土化改造，这亦即对小心理学观的冲击。西方的人文心理学着眼于人的主观心理体验，但除了借助于实证方法外，并不能达到像实证科学那样的经验普遍性。其他文化圈中（如中国的文化圈中）的某些心理学传统则可以通过心灵的自我超越和意识的内省训练而达到另一种经验的普遍性。这亦即对小心理学观的挑战。显然，在我国，对西方心理学的本土化改造和对中国本土心理学传统的挖掘能够和应该走到一起，不仅建立起中国自己的心理学，而且提供一种合适的科学观，亦即建立连通两翼的"一体"。这样，两翼的展动，才能使心理科学起飞。

心理学建"体"的工作是十分重要的，它能够带来对心理学一些较为重大问题的解决。首先是知识论和价值论的关系问题。实证心理学是一种知识论的心理学，而人文心理学是一种价值论的心理学。知识论的心理学强调对心理现象的客观的考察，亦即价值无涉的研究立场，是把心理现象类同于其他自然现象。价值论的心理学则重视人的心灵觉悟，这也是心灵的自我提升和自我超越。心灵的自觉也是生成意义的活动，这是关涉价值的研究立场，是把心理生活看作人的生活。问题在于，知识论的心理学排斥价值，认为价值带有主观性。价值论的心理学则反对关于人的知识是价值无涉的，认为这样的知识具有客观性而远离人性。显然，关键还是在科学观上。心理学的新科学观应能在知识论的心理学和价值论的心理学之间建立起一个中枢。这个中枢可以实现知识论的心理学和价值论的心理学的相互容纳和相互过渡。

其次是心理学的学科性质问题。心理学究竟是属于自然科学、社会科学，还是属于人文科学。现在最通行的是认为心理学属于中间或跨界科学，这既属于自然科学，又属于社会科学，也属于人文科学。心理学也许早就过惯了敲敲生理学的门和敲敲哲学的门等沿街化缘的生活。实际上，这正是心理学无"体"的表现。心理学的建"体"，应该使心理学成为真正独立的科学门类，其既不属于自然科学，又不属于社会科学，也不属于人文科学，而是自立为心理科学。尽管它有一些分支与其他学科门类相跨界，但这些分支仍然属于一体的心理学。

目前，心理学仍然没有摆脱分裂和寄生的命运。不过，这仅仅是心理学发展的历程，而绝非是心理学学科的耻辱。那么，如何使心理学不至于因连绵不断的内讧而束缚住自己的前进脚步，不至于因势不两立的分裂而消散在其他学科的影子之中，这对于心理学家来说，无疑是激励人心的召唤和历史赋予的使命。

第八章　心理学本土化的立足点*

杨国枢先生主张建立中国人的本土心理学，并提出了"本土性契合"的概念[①]，对此也曾经进行过相关的评述。杨国枢先生还进一步专门就"本土契合性"问题进行了论述。[②]因为这不仅关系到本土化研究的评判标准，还需要更深入地思考一些问题。那么，重要的问题是衡量心理学研究本土化的立足点在什么地方？

还是从先前的评述"本土性契合"的思考出发。首先，按照本土性契合的标准，存在着两种程度不同的本土化研究。一种本土化研究是指对输入的西方心理学进行改造，建立适合于解说本地民众生活的心理学。另一种本土化研究是指摆脱西方心理学，舍弃西化的心理学，建立纯粹本土的心理学。这两种本土化研究现在共同存在，齐头并进。可以说，前一种更具现实性，后一种更为理想化。其次，按照本土性契合的标准，也存在着两种性质不同的本土心理学。一种是中国本土的传统心理学，这与中国民众的心理生活是一体的，共同构成了中国本土传统的心理文化。另一种是中国本土的科学心理学，这是在改造西方实证心理学和超越本土传统心理学的基础上形成的。那么，"这里最关键的问题在于，建立中国的本土心理学的努力没有与心理学科学观的变革联系起来。关于心理学的本土化研究，无论是舍

---

* 原文见葛鲁嘉《心理学研究本土化的立足点》，《本土心理学研究》（台湾）1997年第8期。

① 杨国枢：《我们为什么要建立中国人的本土心理学？》，《本土心理学研究》1993年第1期。

② 杨国枢：《心理学研究的本土契合性及其相关问题》，《本土心理学研究》1998年第8期。

弃西方心理学的本土化研究,还是改造西方心理学的本土化研究,目前都没有考虑到心理学科学观。前者着眼于本土性而不是科学性,后者着眼于研究内容的变换而不是研究方式的变换。关于本土心理学,中国本土的传统心理学和中国本土的科学心理学都没有自觉到心理学科学观。前者是一种前科学的研究。不过,这里的前科学是指在西方心理学的小科学观的范围之外。后者是一种拘守于西方心理学的小科学观的研究。显然,心理学的研究需要一种大心理学观。大心理学观是心理学发展的新契机与新视野。心理学科学观的变革必将会有助于中国本土心理学的发展,以及与其他文化圈中的心理学的沟通和衔接"[1]。

显然,杨国枢先生又进一步扩展了他对本土性契合的阐述,使之变得更加明确和系统。这里可以就心理学科学观问题做进一步的讨论。心理学研究的本土契合性只是一个下设的概念,而心理学科学观则是一个上设的概念。只有恰当地解决了心理学研究的科学性标准问题,才有可能恰当地解决心理学研究的本土化标准问题。

在当代心理学的发展中,实际上有两个主题。一个是心理学的科学化,另一个是心理学的本土化。从时间的历程上看,在20世纪初期,心理学的科学化是热门话题,心理学家力图把心理学建设成一门严谨的科学,使之能够在科学的家族中占有一席之地。在20世纪末期,心理学的本土化是热门话题,心理学家力图把心理学改造成一门适用的科学,使之能够在不同的文化传统中占有一席之地。从文化的分界上看,当代西方心理学着眼的是心理学的科学化,在心理学的研究中全面贯彻实证主义的精神和价值中立的立场,追求方法的精确、概念的合理、技术的有效等,把立足于西方文化的科学心理学看作跨文化普遍适用。当代非西方心理学着眼的是心理学的本土化,在心理学的发展中力图摆脱西方心理学的宰制,拒绝简单地照搬和模仿西方心理学,寻求从本土文化出发,来揭示本土社会文化中独特的心理

---

[1] 葛鲁嘉:《心理文化论要——中西心理学传统跨文化解析》,辽宁师范大学出版社1995年版。

行为。

在中华文化圈中,心理学的发展也有上述两个主题。从时间的历程上看,在19世纪末和20世纪初,中国从西方引入了实证科学的心理学,中国心理学家全面接受了西方心理学科学观,他们据此而努力捍卫心理学的科学性。到了20世纪后期,中国的心理学家逐渐感受到了西方心理学中蕴含的文化霸权主义,逐渐意识到了照搬和模仿西方心理学的不足,他们因此开始投身心理学本土化的潮流。从地域的分界上看,中国大陆与台湾、香港的心理学者关注的重心也有所不同。在中国大陆,心理学的发展经历了曲折的过程,其发展水平也相对滞后,许多从事心理学工作的人很少受过严格的实证科学训练。为此,在心理学界更关注的是心理学的科学化或规范化,亦即如何使心理学的研究更符合科学或更符合规范。在台湾、香港,心理学的发展长期追随西方的学术潮流,心理学研究的规范程度也相对较高,许多从事心理学工作的人在西方国家受过严格的实证科学训练。为此,在心理学界更关注的是心理学的本土化,亦即如何使心理学的研究摆脱西化印记或深入本土文化。

如果单就表面而言,当代心理学发展的这两个主题似乎不是直接相关的,而是并行存在的。实际上,从杨国枢先生的论文中就能够体会到这一点。文中明确涉及的是心理学本土化的问题,或者说是本土心理学的本土性判定标准的问题。杨先生提出了本土契合性的概念,并围绕着这一概念给出了一套系统的论述。按照杨先生的理解,"研究者之研究活动及研究成果与被研究者之心理行为及其生态/经济/社会/文化/历史脉络密切或高度配合、符合及调和的状态,即为本土契合性(或本土性契合)。只有具有本土契合性的研究,才能有效反映、显露、展现或重构所探讨的心理行为及其脉络"[①]。显然,对杨国枢先生来说,心理学的科学性或科学观的问题并不在视野之内,甚至可以说心理学的科学性或科学观的问题并不成为问题。那么,西方心理学

[①] 杨国枢:《心理学研究的本土契合性及其相关问题》,《本土心理学研究》1998年第8期。

的问题就不在于自身的科学性或科学观，也不在于自身的本土契合性，而在于其只具有本土契合性的研究成果的跨文化运用。中国本土心理学的问题不在于自身的科学性或科学观，也不在于自身的外来继承性，而在于其研究活动和研究成果是否能够具有本土契合性。

与此不同，可以认为心理学研究本土化的立足点不仅仅在于揭示本土的心理行为及其脉络，也在于怎样才能揭示本土的心理行为及其脉络。这就是心理学科学观的问题，其所涉及的是什么样的心理学或什么样的心理学研究方式才是合理和有效的。对这个问题的回答，答案就不只是心理学研究的本土契合性，还应该是心理学研究的普遍科学性。心理学的本土化直接关系心理学的科学化，或者说心理学的本土化实际取决于心理学的科学化。这可以分解为如下的三个问题：为什么西方的实证心理学没有成为具有普适性的科学？为什么心理学本土化的发展目前面临的是建立科学规范？为什么中国本土心理学的贡献还应包括发展心理学的科学研究方式？

首先来看为什么西方的实证心理学没有成为具有普适性的科学。在西方实证心理学的早期发展中，心理学家有两个基本追求：一是使心理学成为一门严格意义的实证科学；二是使心理学成为一门普遍适用的实证科学。在他们看来，只有实现前一个追求，才有可能实现后一个追求。但是，为了实现前者，许多心理学家并不是从心理学研究对象的特性出发，而是简单地模仿其他相对成熟的自然科学门类。这也就是以物理主义的观点看待心理学的研究对象，以使用实证方法作为衡量自身科学性的标准。这导致的直接后果是，对心理学研究对象的理解过于贫乏化和简单化，机械论和还原论十分盛行。正是在这样的基础之上，实证心理学家追求心理学的普遍适用性。显然，如此的普遍适用性抽取了人的心理行为的许多丰富内涵。例如，抽取了人的心理行为的文化内涵。那么，西方的心理学家是通过排除文化或文化的差异来保证心理学研究的普遍适用性，而不是通过追究文化或文化的差异来达到心理学研究的普遍适用性。后者正是心理学本土化运动追求的目标。西方的实证心理学之所以没有成为具有普适性的科学，表面上看是研究内容中的某种不足或缺陷，但深究起来则是研究方式上的某种不足或缺陷，而这正是根源于西方心理学家持有的实证科学观。这一科学观隐含在具体的心理学研究背后，支撑着具体的心理学研究的进行。这一科学观又深植于西方文化之中，是现代西方文化透显出来的生存论的关怀、认识论的原则和方法论的运用。当然，西方心理学家也在反思和修正这一科学观，特别是在后现代的背景之下和后现代的思潮之中。

其次来看为什么心理学本土化的发展目前面临的是建立科学规范。中国心理学的本土化研究在一个比较短的时期内，取得了相当数量的和相当重要的成果。从中国心理学本土化的发展历程来看，可以将其大致区分为两个阶段。第一个阶段可称为保守的本土化研究时期，大约是从20世纪70年代末到80年代末。第二个阶段可称为激进的本土化研究时期，大约是从90年代初到现在。在保守的本土化研究时期，中国本土的研究者主要试图扩展西方心理学的研究内容，使中国心理学转而考察中国人的心理行为，但在科学观上并未能够超越西方心理学，或者说仍然受西方心理学的研究方式的限制。这个阶段的研究是以中国人为被试，但使用的工具、方法、概念和理论还是西方式的。在激进的本土化研究时期，中国本土的研究者开始试图扩展西方心理学的研究方式，使中国心理学开始突破西方心理学的小科学观的限制，寻求更超脱和多样化的研究方法和理论思想。这个阶段的研究力图摆脱西方心理学，舍弃西化心理学，以建立"内发性本土心理学"。但是，这个阶段的研究还带有相当的盲目性。研究更为多样化，但更具杂乱性。研究带有更多的尝试性，而缺少必要的规范性。那么，当前的研究没有相对一致的衡量和评价研究的标准。正如杨中芳指出的那样，研究者对于如何深化本土心理学研究感到彷徨。研究者各做各事，自说自话，各种研究就如失去了连线的一串落地的珠子。[①] 显然，重要的是为中国心理学的本土化研究建立或设置规范。杨国枢先生的"本土契合性"的评判标准就是这样的努力，但开创一种科学观是更高的努力。

---

① 杨中芳：《试论如何深化本土心理学研究》，《本土心理学研究》1993年第1期。

最后来看为什么中国本土心理学的贡献还应包括推进心理学的科学研究方式。无论是在中国本土心理学研究的保守阶段还是激进阶段，杨国枢先生都是倡导者和旗手。早在1975年，杨先生就开始思考心理学研究中国化的问题，并随之推动了心理学研究中国化的潮流。1988年，杨先生赴美国访问研究时痛感建立中国本土心理学的迫切性，进而鼓动摆脱西方心理学和放弃西化心理学，使本土心理学研究从保守阶段转入激进阶段。杨先生也开始着手为本土化研究建立评判标准，并提出了"本土契合性"的概念。杨国枢先生并不认可中国心理学本土化研究应确立其科学观，理由就是，没有必要事先确立什么样的研究是科学的或不科学的，而不应该限制或应该允许各种研究的尝试。此后，就是对心理学科学观问题的更深入的探讨。研究认为，拓展和变革西方心理学科学观，不但不是对本土心理学研究的限制，反而正是为其拓展了无限发展的空间。这也正是应该把确立新的科学观称为"大心理学观"的含义。"心理文化"的概念详尽地考察了西方的心理学传统和中国的心理学传统。所谓心理文化是由两个方面构成的，一是特定文化中的心理行为，二是特定文化中的心理学探索。[①] 中国本土有自己的心理文化和心理文化传统，这同样也符合本土契合性的标准。中国心理学本土化的研究把本土文化中的心理行为纳入了自己的视野，但却缺乏对本土传统心理学的研究方式的关注和探索。对此已经有了一些初步的探索，并打算用以改造西方心理学的研究方式，以及引申用以规范对本土文化中的心理行为的研究。这不仅能够充实心理学的研究内容，而且能够拓展心理学的研究方式。

当然，这并不是主张为心理学本土化研究确立一个更适当的科学观与确立一个本土契合性的标准是不相关的或相矛盾的。但是，仍然可以认为，深入探讨和重新确立心理学科学观，要比仅仅为心理学本土化研究或本土化研究的程度设置本土契合性的标准更广泛和更深切。显然，心理学本土化问题只能通过心理学科学化去加以解决。杨

---

① 葛鲁嘉：《中国本土传统心理学的内省方式及其现代启示》，《吉林大学社会科学学报》1997年第6期。

国枢先生对本土契合性的探讨相当全面和系统，对于理解心理学本土化的研究和深化提高本土化的程度都具有重要的指导意义。但是，如果仔细深究的话，就可以发现本土契合性所涉及的内涵都可以从心理学科学观中引申出来。心理学科学观是对如何构造和发展心理科学的基本设定，这可以是隐含的，也可以是明确的。或者说，心理学家可以是不自觉地运用，也可以是自觉地运用。这体现为心理学家所采纳的研究目标，以及为达到目标而采纳的研究策略。或者说，这决定着对心理学研究对象的理解，以及对心理学研究方式的确定。那么，从心理学科学观中，可以引申出三个方面的基本内容。一是对心理科学研究对象的基本性质的预先设定；二是对心理科学研究方式的基本性质的预先设定；三是对研究者与研究对象关系的基本性质的预先设定。杨国枢先生所说的本土契合性涉及的也正是这三个方面的基本内容。

首先是对心理科学研究对象的基本性质的预设。应该说，心理学研究对象的性质实际决定着心理学研究活动的性质。心理学家必须从人类心理的独特本性出发，而不是凭空或随意地从事自己的研究活动。但是，人类心理的本性并不是昭然若揭的，心理学家通常拥有的是对人类心理本性的基本预设。西方心理学的主导科学观接受了传统自然科学中的物理主义和机械主义的世界图景。那么，心理学家也就把人的心理行为类同于其他自然物，将其仅仅看成客观性和机械式的存在。这必然导致：心理学以对待自然物的方式来对待人的心理。这既是西方主流心理学获取科学性的途径，也是其缺乏科学性的根源。杨国枢先生提出的本土契合性，也是立足于对人类心理本性的理解。他采用的是"文化生态互动观"，以及"人类/环境互动论"，也就是从人与环境互动的角度来理解人的心理行为。考察心理学学科，才有可能为心理科学制定新的发展方略。但是，这应该奠基于考察人类心理的本性，包括探讨人的心理生活。尽管这也是主张人与环境的互动，但是还应该认为，人之所以能够与环境结成特定的关系，就在于人类心理的特殊性质。人类心理既是自然的存在，也是自觉的存在。这使人类心理既是客观性的存在，也是主观性的存在。这也同样使人类心理既受自然生态环境的制约，也创造带来自身发展的社会文化历史。

其次是对心理科学研究方式的基本性质的预设。应该说，心理学研究方式的性质决定了对人类心理的可能的揭示和干预。那么，心理学家采取什么样的研究方式，就会得出有关人类心理的什么样的研究结果。无论心理学家采取什么研究方式，都会有对该研究方式的隐含或明确的预设。西方心理学的主导科学观倡导实证的研究方式，研究者必须原样再现人类心理。这是重视和强调操作定义的理论概念、客观精确的实验方法和严格控制的技术手段。从表面上来看，这是把研究者当成纯净和空白的，并割除或阻断了研究者有可能带入研究的社会文化历史的蕴意。但实际上，一方面这种揭示和干预人类心理行为的理论、方法和技术本身就是一种特有的文化方式，另一方面研究者仍然会以各种形式把社会文化历史的含义带入自己的研究。杨国枢先生提出的本土契合性标准，探讨了研究者之日常心理及行为、研究者之本土化研究活动和研究者之本土化研究成果之间的关系。他对研究活动（包括研究方法的设计、理论概念的建构和技术手段的运用等）和研究成果（包括本土化的研究发现）采取了十分宽容的态度，只要能够高度地配合、符合或吻合所研究的对象，以及能够有效地反映、显露、展现或重构所研究的对象，就都可以采纳。应该认为，心理学的研究方式可以更为开放。这既可以是客观的研究，也可以是与被研究对象共有的构筑活动。这种构筑活动的结果不仅可以展露人类心理，而且可以带来人类心理生活的变化和创造。

最后是对研究者与研究对象关系的基本性质的预设。可以说，这种关系的预定性质决定着心理科学研究对象的预定性质，也决定着心理科学研究活动的预定性质。西方心理学的主导科学观分离了研究对象和研究者，或者说分离了研究客体和研究主体。研究客体是已定的存在，是客观的现象。研究主体则是如实描摹的镜子，是冷漠的、中立的旁观者。这样的分离是基于异己的自然物与人作为认识者的区分。但是，心理学的研究对象与研究者却具有共同的性质。这可以按研究对象与研究者加以区分，也可以形成超越这种区分的特定联系。

杨国枢先生所说的本土契合性则直接涉及研究者与被研究者之间的一种密切关联。研究者与被研究者可以处于共同的生态/经济/社会/文化/历史的脉络之中，或者说拥有共同的生活。被研究者的心理行为会随其脉络而有所变化，研究者也会受所处脉络的影响、制约或决定，并将其渗透到实际的研究活动和研究结果中。可以认为，在心理学的研究中，研究者与被研究者也是一体化的，那就是心灵的自我超越活动和自我创造活动。这不仅是个体化的过程，也是个体超越自身的过程。这不仅是心灵的自我扩展，而且是心灵与心灵的共同构筑。正是在这种共创中，才呈现出科学追踪的道体。

当本土化成为中国心理学的明确目标之后，为本土化确立一个标准就是十分必要的。但是，本土化目标的达成，不仅在于其是本土化的，还在于其是科学化的。中国本土心理学应该内含着科学精神，也应该为发展这种科学精神做出贡献。这也正是所谓规范化、科学化或科学观的真正意义所在。

第九章　心理学演进的思想潮流[*]

在心理学的当代演变和演进中，涌现出了一系列重要的思想潮流。这些心理学思潮令人眼花缭乱，带来了巨大冲击，对心理学的现代发展和当代演进产生了十分重要和不容忽视的影响和引导。追踪、考察、探索、驾驭这些思想潮流，是当代心理学发展，特别是当代中国本土心理学发展的基本和重要任务。特别是中国本土心理学的创新性发展，需要把握和扣紧时代的脉动。如果从独特性、分立性、时代性、影响性、冲击性、关联性等方面，可以将心理学的一系列演变，定位为七大心理学思潮。这也就是后现代主义心理学思潮、多元文化论心理学思潮、社会建构论心理学思潮、女权取向的心理学思潮、进化取向的心理学思潮、积极取向的心理学思潮、本土取向的心理学思潮。那么，聚拢、梳理、考察、解说、分析、揭示这些特定的心理学思潮，对于理解和促进心理学的发展，特别是对于理解和促进中国本土心理学的发展，都是极其重要和非常重大的。

一　后现代主义心理学思潮

文艺复兴之后，西方社会不仅大踏步迈向现代大工业社会，而且逐步确立起理性至高无上的地位和科学统观一切的权威，并以此构造了西方的现代文明。但是，当今的后现代主义运动则是对现代文明的

---

[*] 原文见葛鲁嘉《心理学演进的当代思想潮流》，《陕西师范大学学报》（哲学社会科学版）2012年第2期。

批判和解构，即着手摧毁理性的独断和科学的霸权，强调所有的思想和文化平等并存地发展。后现代的思潮、后现代的文化、后现代的精神，就在于"去中心"和"多元化"。

现代科学兴起之后，便建立了自己的一套理性的真理标准或科学的游戏规则，并将其当作唯一的合理性标准，把不符合这一标准的实践知识和文化传述都看作原始和落后的东西，是应该为实证科学所铲除的垃圾。有研究者指出，"现代的"西方心理学显然具有以"现代性"为特征的问题，这包括如下几个方面。首先是以实证主义为基础的研究思路；其次是以机械论、还原论和自然论为基础的"人性假设"；再次是以价值无涉为基础的心理学研究的价值中立观点。其实，后现代主要不是指时代性意义上的一个历史时期，而是指一种思维方式。[1] 这种思维方式以强调否定性、去中心、不确定、非连续和多元化为特征，大胆的标新立异和彻底的反传统、反权威精神是这种思维方式的灵魂。后现代心理学的观点和主张包括：批评和放弃心理学的普适性和唯一性，承认和接受心理学的历史性和具体性，提倡和坚持心理学的多元性和差异性，追求和促使心理学的跨界性和中间性。倡导心理学后现代转向的心理学研究者，都对科学主义心理学的研究法则和理论设定深感不满。这些研究者主张用整体论、建构论、或然论、去客观化和定性研究，来取代心理学研究中因袭已久的原子论、还原论、客观论、决定论和定量分析等。[2] 这在某种或特定的程度上开启了心理学研究多元化、系统化的局面，为心理科学在后现代境遇中真切、多样和系统地研究人的心理与行为提供了可能。后现代主张和现代主张的区别和对立，就在于整体论对原子论，建构论对还原论，去客观化对客观论，或然论对决定论，定性研究对定量分析。从

---

[1] 刘金平：《试论后现代主义思潮与后现代心理学》，《河南大学学报》（社会科学版）2003年第5期。

[2] 霍涌泉：《后现代主义能否为心理学提供新的精神资源》，《南京师大学报》（社会科学版）2004年第2期。

现代主义到后现代主义，心理学的发展经历了一系列的转换。①

在心理学的当代发展中，后现代主义的思潮对心理学的走向和趋势产生了十分重要的影响或冲击。甚至于可以说，后现代主义思潮开启了实证主义心理学自我封闭的大门，使心理学的研究开始能够直接面对各种不同的心理学传统、心理学探索和心理学资源。原本弱小的心理学开始有了壮大的机遇，开始有了多元的尝试。

二　多元文化论心理学思潮

心理学的发展和心理学的研究都与文化有着十分密切的关系。所谓心理学与文化的关系是指，心理学在自身演变的过程中，与文化的背景、历史、根基、条件、现实，等等，所产生的关联。心理学与文化的关系有着特定的内涵，也经历了历史的演变。这包括经历了文化的剥离、文化的转向、文化的回归、文化的定位。心理学与文化的关系性质涉及文化心理学、跨文化心理学②、本土心理学、后现代心理学，等等。心理学与文化的关系界定涉及心理学的单一文化背景和心理学的多元文化发展。③ 心理学与文化的关系意义则涉及心理学的新视野、新领域、新理论、新方法、新技术、新发展。④ 有研究者是从历史与理论分析了文化与心理学的交会。⑤

跨文化心理学、文化心理学和本土心理学被看成涉及心理学与文化关系的三种不同的心理学研究，是有关文化与心理学关系的三种主

---

① 叶浩生：《西方心理学中的现代主义、后现代主义及其超越》，《心理学报》2004年第2期。

② 叶浩生：《多元文化论与跨文化心理学的发展》，《心理科学进展》2004年第1期。

③ 叶浩生：《西方心理学中多元文化论运动的意义与问题》，《山东师范大学学报》（人文社会科学版）2001年第5期。

④ 叶浩生：《关于西方心理学中的多元文化论思潮》，《心理科学》2001年第6期。

⑤ Adamopoulos, J. & Lonner, W., "Culture and psychology at Acrossroad: Historical Perspective and Theoretical Analysis"［A］. In D. Matsumoto（Ed.）. *The Handbook of Culture and Psychology*. New York: OxfordUniversity Press, 2001.

要的研究模式。跨文化心理学的研究对象是不同文化群体的心理行为比较，文化心理学研究文化对人的心理行为的影响，本土心理学研究本土背景中与文化相关的和从文化派生出来的心理行为。这就从不同的角度阐明了文化与心理学的关系。①

心理学曾经靠摆脱、放弃、回避或越过文化的存在来发展自己，但现在心理学必须靠容纳、揭示、探讨或体现文化的存在来发展自己。早期心理学是以排斥文化的存在来保证自己对所有文化的普遍适用性，而当代心理学则是以包容文化的存在来保证自己对所有文化的普遍适用性。这是一个历史性的变化，也就是心理学发展的文化学转向。② 心理学在自己的发展和演变历程中，是需要不断地去转换自己的研究取向、研究中心和研究重心。③ 这是心理学发展的新契机。心理学的文化转向不仅有方法论的意义，实际上也存在着方法论的困境。④ 有研究探讨了心理学文化转向的方法论的整合原则和策略，⑤ 有研究探讨了文化心理学具有的启示意义和未来的发展趋势。⑥

心理学的发展曾经建立在单一文化的背景或基础之上。多元文化论主张，传统的西方心理学是建立在西方一元文化的基础上。因此，多元文化论强调文化的多元性，强调把心理行为的研究同多元文化的现实结合起来。多元文化论者反对心理学研究中的"普遍主义"的立场或"普世主义"的主张。心理学中的多元文化论运动强调文化的多样性，认为传统的西方心理学仅仅是建立在白人主流文化的基础之上，是立足于西方文化资源的心理学探索。多元文化论主张，文化的

---

① 乐国安、纪海英：《文化与心理学关系的三种研究模式及其发展趋势》，《西南大学学报》（社会科学版）2007年第3期。
② 原文见葛鲁嘉、陈若莉《当代心理学发展的文化学转向》，《吉林大学社会科学学报》1999年第5期。
③ 叶浩生：《试析现代西方心理学的文化转向》，《心理学报》2001年第3期。
④ 霍涌泉、李林：《当前心理学文化转向研究中的方法论困境》，《四川师范大学学报》（社会科学版）2005年第2期。
⑤ 霍涌泉：《心理学文化转向中的方法论难题及整合策略》，《心理学探新》2004年第1期。
⑥ 田浩、葛鲁嘉：《文化心理学的启示意义及其发展趋势》，《心理科学》2005年第5期。

多元化就是心理行为的多元化,也是心理学研究的多元化。这也就导致了认为在一种文化下的心理学研究结果,不能够被无条件地和无选择地应用到另一种文化之中去。①② 文化心理学的兴起是与主流心理学的困境相关联的。③ 文化心理学带来了心理学方法论上的突破。④ 心理学的研究应该同多元文化的现实结合起来。心理学的多元文化论运动是继行为主义、精神分析和人本主义心理学之后,心理学中的"第四力量"。这一运动目前还面临着许多问题。⑤ 有研究者进而探讨了跨文化研究方法的演进。⑥ 有研究者认为,心理学发展的新思维应从文化转向跨文化对话。⑦ 很显然,从剥离文化到包容文化,从单元文化到多元文化,是心理学发展中的重大进步。

三 社会建构论心理学思潮

社会建构论是西方心理学中的后现代取向的主要代表,其基本特征如下。一是反基础主义,认为心理学的概念并没有一个客观存在的"精神实在"作为其基础。二是反本质主义,认为人并不存在一个固定不变的本质,所谓人的本质是社会建构出来的。三是反个体主义,认为个体并不是脱离社会的存在。四是反科学主义,认为科学主义对

---

① 田浩、葛鲁嘉:《文化心理学的启示意义及其发展趋势》,《心理科学》2005年第5期。
② 叶浩生:《社会建构论与西方心理学的后现代取向》,《华东师范大学学报》(教育科学版)2004年第1期。
③ 叶浩生:《社会建构论及其心理学的方法论蕴含》,《社会科学》2008年第12期。
④ 叶浩生:《社会建构论与心理学理论的未来发展》,《心理学报》2009年第6期。
⑤ 杨莉萍:《析社会建构论心理学思想的四个层面》,《心理科学进展》2004年第6期。
⑥ Adamopoulos, J. & Lonner, W., *Culture and psychology at Acrossroad: Historical Perspective and Theoretical Analysis* [M]. D. Matsumoto. The Handbook of Culture and Psychology. New York: Oxford University Press, 2001.
⑦ 叶浩生:《试析现代西方心理学的文化转向》,《心理学报》2001年第3期。

客观性的追求是脱离了现实存在的。① 研究者探讨了社会建构论及其心理学的方法论蕴含,指出了依据社会建构论的观点,实在是社会建构的产物。实在的知识并非"发现",而是"发明",是特定社会和历史中的人互动和对话的结果。这种观点认为,心理不是一种"精神实在",而是一种话语建构,服务于一定的社会目的。② 这一观点颠覆了传统心理学的本体论基础,对心理学的认识论和方法论产生了深远的影响。③

传统心理学把知识归结为一种个体占有物的个体主义倾向,以及把知识的起源归结为外部世界的反映论观点,使得心理科学呈现出以下特点。第一,心理学追求的是自然科学的客观性、精确性,强调方法的严格性。第二,是从个体内部寻找行为的原因,试图超越历史和文化的制约性。第三,为了获得客观的结论,研究者力求摆脱价值偏见和意识形态的影响,努力做到客观公正、价值中立。第四,也是最重要的,镜像隐喻(mirror metaphor)成为心理科学的根本隐喻(root metaphor),心理学家坚信,心理的内容来自外在世界,心理学的真正知识是对精神实在的精确表征或反映。

社会建构论则认为,心理并没有先在和不变的基础,而是建构生成的。首先,实在是社会的建构。说实在是社会建构的结果,其深层的含义就是说,如果人没有去建构,实在就根本不存在,或者至少说,实在就不是现在这个样子。此外,建构的过程是通过语言完成的,那么由于语言符号的社会文化属性,随着社会和文化历史的不同,就出现了不同的实在。其次,知识是社会的建构。社会建构论认为,知识不是一种"发现",而是思想家的"发明",是人们在社会交往中对话和互动的结果。最后,心理是社会的建构。传统心理学把认知、记忆、思维、人格、动机、情绪等心理现象,视为人体内部的一种精神实在,这些精神实在如同物质实在那样,简简单单地就在那

---

① 叶浩生:《社会建构论与西方心理学的后现代取向》,《华东师范大学学报》(教育科学版)2004 年第 1 期。
② 叶浩生:《社会建构论及其心理学的方法论蕴含》,《社会科学》2008 年第 12 期。
③ 叶浩生:《社会建构论与心理学理论的未来发展》,《心理学报》2009 年第 6 期。

里，正等待着研究者去认识和发现。正因为如此，社会建构论心理学具有四个核心理念，每个理念都代表着一个重要的思想层面，并以此构造出了社会建构论心理学体系。一是批判，心理不是对客观现实的"反映"；二是建构，心理是社会建构的产物；三是话语，话语是社会实现建构的重要媒介；四是互动，社会互动应取代个体内在心理结构和心理过程而成为心理学研究的重心。① 社会建构论为心理学确立了新的构成性的历程，从而转变了心理学的研究重心和发展道路。

四 女权取向的心理学思潮

女权主义心理学是在 20 世纪 60 年代末至 70 年代初的西方女权主义运动中形成和发展起来的一个心理学分支。女权主义心理学是以女权主义的立场和态度重新解读和审视主流心理学科学观与方法论，着重批判了父权制或男权制社会体系下主流心理学中所表现出来的男权中心主义的价值标准，深入揭示了主流心理学的研究对女性经验和女性心理的排斥、贬低和歪曲。女权主义心理学基于女性主义经验论，关注点是对心理学中性别不平等现象的批判，以及揭示心理学理论与实践中所包含的男性中心主义的偏见。尽管经验论的女权主义心理学家对科学方法提出了批判，但却认同现代主义的科学方法以及科学主义关于"什么是好科学"的实践。

20 世纪 80 年代，由于女权主义立场认识论的影响，女权主义心理学开始从"性别中立、平等基础上的"心理学发展为"以女性为中心的"心理学。② 作为女权主义心理学中的激进派，立场认识论者不满于经验主义倾向的保守性，认为传统的主流心理学的科学方法是基于男性中心主义的世界观，而应为心理学中的性别歧视和男性中心

---

① 杨莉萍：《析社会建构论心理学思想的四个层面》，《心理科学进展》2004 年第 6 期。

② 郭爱妹：《当代西方女性主义心理学的发展》，《国外社会科学》2003 年第 4 期。

主义偏见负责的是心理学自身的概念框架和规范准则。因此，必须推翻心理学研究传统中的主流男性话语，建立女权主义心理学理论。因此，研究者希望创建一种关于女性、由女性自己及为女性说话的全新的和以女性为中心的心理科学。女权主义心理学或女性主义心理学本身的研究也存在着不同的研究取向。这导致不同的女权主义心理学研究。有研究者指出，有三种不同的女性主义心理学研究取向，即实证主义取向、现象学取向和后现代取向。[①]

西方的女性主义心理学对许多的研究领域进行了新的探索。女性主义在进入心理学之初是以批判正统和填补空白的姿态而出现的，即批判心理学领域对女性及相关议题的忽略与歪曲。第一，对男性化假设、方法与研究结果的经验主义批判是女性主义心理学所采用的重要策略。第二，女性主义心理学以社会性别为中心，关注女性的经验与议题，拓展了心理学的研究领域。第三，女性主义还积极进行心理学史的重建工作，将女性在心理学发展史中的地位问题作为一个重要的学术领域，研究那些参与心理学发展的女性心理学家的生活、工作及贡献，以及使她们处于无形化与边缘化地位的社会力量，并且努力将女性观点与女性主义意识整合进心理学课程。女性主义心理学希望通过方法论的变革，创建一个关于女性、归女性自己以及为女性说话的全新的心理科学。[②] 无论女性主义心理学有多少不同的重建与变革的方案，从根本上说都可以归结为一种源于日常生活经验，强调作为"他者"的女性主体价值的反思心理学、批判心理学。

女性主义对当代心理学施加了影响。在心理学的知识生产方面，女性主义的触角已经延展到心理学的所有领域，并充当了心理学学科变革的发起者。第一，女性主义对主流心理学的性别主义模式的批判和对心理学理论以及研究视野的丰富和拓展。第二，女性主义是对现代心理学中占主导性地位的自然科学研究模式的祛魅。第三，女性主

---

① 郭爱妹：《试析女性主义心理学的三种研究取向》，《南京师大学报》（社会科学版）2001年第6期。

② 郭爱妹：《"他者"的话语与价值——女性主义心理学的探索》，《徐州师范大学学报》（哲学社会科学版）2009年第1期。

义心理学以社会性别视角为基本分析范畴，透视主流心理学中所包含的男性中心主义偏见，使社会性别和社会性别理论成为女性研究与心理学研究的革命性工具。第四，女性主义心理学有着明确的政治目标与社会行动倾向，强调"个人即政治"，认为女性主义心理学的研究目的就在于促进有益于女性的社会与政治变化。[①] 女权取向或女性主义转变了心理学的重心和偏见，改变了心理学的立足基础和价值取向。

五 进化取向的心理学思潮

进化心理学是对主流心理学的反思和批判。进化心理学认为，人的生理和心理机制都应受进化规律制约，心理是人类在解决生存和繁殖问题的过程中演化形成的，科学的进化论应该成为对人类心理起源和本质研究的一个重要理论依据。随着心理学的新发展，进化心理学的发展也必将成为"21世纪心理学研究的新方向"[②]。

进化心理学者普遍认同以下基本观点：一是心理机制是进化的结果，过去是理解心理机制的关键。要充分理解人的心理现象，就必须了解这些心理现象的起源和适应功能，即心理机制的产生及其作用。"过去"不只是指个体的成长发展经历，更主要的是指人类的种系进化史。二是生存与繁衍是人类进化过程中的主要问题。三是心理进化源自适应压力，功能分析有助于理解心理机制。人的心理是适应的产物，某种心理之所以存在，是因为它能解决适应问题。四是心理机制是由特定功能的"达尔文模块"构成的"瑞士军刀"结构。五是心理机制是在解决问题的过程中演化形成的。人的心理机制是演化形成的解决适应问题的策略。六是行为是心理机制和环境互动的结果。进

---

① 郭爱妹：《"他者"的话语与价值——女性主义心理学的探索》，《徐州师范大学学报》（哲学社会科学版）2009年第1期。
② 彭运石、刘慧玲：《超越传统：动态进化心理学研究进展》，《心理学探新》2008年第2期。

化心理学者反对外源决定论，但他们并不认为自己是内源决定论或遗传决定论者。他们主张人的行为是心理机制和环境相互作用的结果。

动态进化心理学的产生，一方面源自传统进化心理学的缺陷，另一方面则得益于动态系统理论提供的新视角。[①] 进化心理学假定，有机体的形态结构、生理过程和行为特征在基因程序中就已预先指定。这虽然并不否认环境、经验对心理、行为的影响，有时还承认基因和环境的交互作用。但是，在大多数情况下，环境只不过是基因指令的"催化剂"或"启动装置"。动态系统理论是一种复杂的跨学科理论，是关于复杂的多元系统（从微观组织到宏观组织）如何随时间而变化的研究。这强调非线性过程的普遍存在，重视双向因果关系的研究。这种主张认为，并不存在某种能控制有机体发展的力量，有机体也不具有某种预成的特征。发展是一种自我组织的、或然性的过程，引起发展过程中形式和顺序变化的是有机体内、外成分间复杂的动态的交互作用。动态系统理论中，最令进化心理学家感兴趣的是自我组织和社会空间几何图的概念。自我组织指在系统各成分的交互作用中自发出现新行为结构和模式的动态变化过程。社会空间几何图是指社会系统动态交互作用的模式，其形状受环境、生物因素及心理因素影响。动态进化心理学展示了一种更为鲜活、完整的心理学图景：心理过程与心理内容研究的整合，解释目标与预测目标的整合，生物人形象和社会人形象的整合，静态研究与动态分析的整合。

六 积极取向的心理学思潮

积极心理学目前在西方心理学界引起了普遍的兴趣和关注。积极心理学关注于力量和美德等人性中的积极方面，致力于使生活更加富有意义。西方关于积极心理学的研究，当前主要集中在积极的情绪体

[①] 彭运石、刘慧玲：《超越传统：动态进化心理学研究进展》，《心理学探新》2008 年第 2 期。

验、积极的个性特征、积极的心理过程对于生理健康的影响以及培养天才等方向。研究者关注到了积极心理学作为一种新的研究思潮，指出了从 20 世纪 50 年代开始，一些心理学研究者就开始探索和研究人的积极层面，大大地推动了积极心理学的发展。特别是马斯洛和罗杰斯等人所倡导的人本主义心理学思潮，及其所激发的人类潜能运动，对现代心理学的理论产生了深远影响，引起了心理学家对人类心理的积极层面的重视，为现代积极心理学的崛起奠定了理念基础，① 形成了心理学研究的一个新思潮。

当前，关于积极情绪的研究有很多，主观幸福感、快乐、爱等，都成了心理学研究的新热点。其中，研究涉及最多的积极情绪是主观幸福感和快乐。主观幸福感是指个体自己对于本身的快乐和生活质量等"幸福感"指标的感觉。快乐这种积极情绪也是积极心理学的重点研究方向之一，很多研究者从不同角度对其进行了研究。在积极心理学中，积极的人格特征也引起了越来越多的研究者的兴趣。在积极的人格特征中，引起较多关注的是乐观，因为乐观让人更多地看到好的方面。进而是积极情绪与健康的关系研究。对于情绪和身体健康的了解大多局限于负面情绪是如何导致疾病的，而对于积极情绪如何增进健康却知之甚少。在积极心理学的研究中，还有许多研究是关于创造力与天才的培养的。

有研究者指出，积极心理学是 20 世纪末兴起于美国的一股重要心理学力量，也是当今心理学舞台上比较活跃的一个领域。对于积极心理学的出现，有人认为这是一场心理学革命或心理学研究范式的转变。积极心理学研究范式的出现不仅是对前期消极心理学的反动，也是对消极心理学的一种发展和超越，在一定意义上体现了当代心理学研究的核心价值。② 但是，通过仔细分析积极心理学与传统主流心理学、人本主义心理学的关系，并对心理学发展中的革命性和非革命性

---

① 李金珍、王文忠、施建农：《积极心理学：一种新的研究方向》，《心理科学进展》2003 年第 3 期。

② 任俊、叶浩生：《积极：当代心理学研究的核心价值》，《陕西师范大学学报》（哲学社会科学版）2004 年第 4 期。

变化的特点做个概括，最终可以得出的结论是，积极心理学从目前来看不是心理学发展史上的一场革命，其本身并不存在研究范式上的根本转变。美国所兴起和发展的积极心理学运动，是以人的积极力量、善端和美德作为研究的对象，强调心理学不仅要帮助那些处于某种"逆境"条件下的人知道如何求得生存并得到良好的发展，更要帮助那些处于正常环境条件下的普通人学会怎样建立起高质量的社会和个人生活。

但是，如果认为"积极心理学"思潮的出现，就意味着传统的主流心理学是一种消极心理学，因而积极心理学就是一场心理学的革命，这其实是一种误解。积极心理学确实对传统主流心理学表现出了不满，而且也在多种场合对传统进行了批判。但是，这种不满和批判仅限于抱怨传统主流心理学在过去的一段时间内变得失衡了，过分关注了人类心理的"问题"或"缺失"，而忘记了人类还有自己的积极力量和积极品质等。因此，从某种程度上说，积极心理学只是对传统主流心理学的一种修正，或是一种完善式的发展。

七　本土取向的心理学思潮

心理学中国化是指中国心理学发展的本土化。中国本土并没有产生出现代科学心理学，而是从西方文化中引入的。中国现代科学心理学的发展经历了非常曲折的过程。可以把中国心理学发展的本土化历程分为三个阶段。这主要体现为三次大的模仿、复制和跟随，三次大的批判、转折和重建。第一次大的模仿、复制和跟随是在19世纪末和20世纪初。许多中国的学人奔赴欧美和留学海外，学习西方的科学心理学。他们抱有的目标是改造和建设国人的心理，以使国家现代化和民主化。正是他们把西方的科学心理学引入中国，为中国心理学的起步和发展带来了研究方法、理论知识和应用技术。第一次大的批判、转折和重建是在新中国成立之后，特别是在思想改造运动和反右斗争的时候，这就包括对西方心理学的批判。第二次大的模仿、复制和跟随是在 20 世纪中期。新中国成立之后,苏联的心理学家进入中国的大学和研究机构。大学的心理学教学开始讲授苏联的心理学,特别是巴甫洛夫学说。巴甫洛夫的高级神经活动学说成为心理学的代名词。第二次大的批判、转折和砸烂是在 20 世纪 60 年代的"文化大革命"时期。心理学被看作唯心主义的伪科学,被彻底清除了。第三次大的模仿、复制和接受是在"文化大革命"结束之后。中国又开始了新一轮对西方发达国家的心理学的翻译、介绍和评价。西方的科学心理学重又被看作中国心理学发展的楷模。第三次大的批判、转折和改造是在 20 世纪的后期。中国的心理学者开始意识到中国心理学中所具有的西方心理学的文化印记,以及跟随在西方心理学之后的不足。在此之后,心理学本土化的呼声开始高涨,心理学本土化的努力开始兴起,新的突破和创新已在酝酿之中。①

　　心理学本土化的热点与难题包括科学观的问题②、本土契合问题③、文化基础问题、文化转向问题、多元文化问题、方法论的问题、全球化的问题、原始创新问题。心理学本土化的演变与趋势涉及不同文化中的本土心理学,本土心理学的隔绝与交流,心理学的文化与社会资源,心理学发展的传统与更新,心理学演变的分裂与融合。④ 中国心理学的科学化与本土化是其新世纪的主题。⑤ 心理学本土化的出路与结局,就在于将其定位为文化的心理学、历史的心理学、生活的心理学、创新的心理学、未来的心理学。⑥ 那么,在中国的文化传统

---

　　① 葛鲁嘉:《新心性心理学宣言——中国本土心理学原创性理论建构》,人民出版社 2008 年版。
　　② 葛鲁嘉:《大心理学观——心理学发展的新契机与新视野》,《自然辩证法研究》1995 年第 9 期。
　　③ 杨国枢:《心理学研究的本土契合性及其相关问题》,《本土心理学研究》1997 年第 8 期。
　　④ Adamopoulos, J. & Lonner, W., *Culture and psychology at Acrossroad: Historical Perspective and Theoretical Analysis* [A]. D. Matsumoto. The Handbook of Culture and Psychology. New York: Oxford University Press, 2001.
　　⑤ 葛鲁嘉:《中国心理学的科学化和本土化——中国心理学发展的跨世纪主题》,《吉林大学社会科学学报》2002 年第 2 期。
　　⑥ 葛鲁嘉:《心理学中国化的学术演进与目标》,《陕西师范大学学报》(哲学社会科学版)2007 年第 4 期。

中，文化背景下，文化框架里，如何理解心理学，如何发展心理学，也成了关注的中心和重心。这包括了中国文化语境①，中国文化传统②，中国文化典籍③。

新心性心理学就是一种植根于本土文化资源的创新努力，试图开辟中国心理学自己的新世纪发展道路，新心性心理学有其基本的内涵和主张，对于心理学研究对象的理解和对于心理学研究方式的确立有一个基本的变化。新心性心理学论及六个部分基本的内容：心理资源论析、心理文化论要、心理生活论纲、心理环境论说、心理成长论本、心理科学论总。这六个部分的内容涉及心理学的学科资源、心理学的文化基础、心理学的研究对象、心理学的环境因素、心理学的对象成长、心理学的学科内涵。

"心理资源论析"是对心理学发展的文化历史资源的考察。心理学有着自己历史发展和长期演变的形态。所有不同的心理学形态都是心理学的发展可以借用的文化历史资源。心理学资源可以体现为不同的心理学历史形态，也可以体现为不同的心理学现实演变，还可以体现为不同的心理学未来发展。这其中包括常识形态的心理学、哲学形态的心理学、宗教形态的心理学、类同形态的心理学、科学形态的心理学、资源形态的心理学。当代心理学的发展不应该是抛弃其他历史形态的心理学，而应该是将其当作自己学术创新的文化历史资源，从而扩大自己的视野，挖掘自己的潜能，丰富自己的研究，完善自己的功能。

"心理文化论要"是从跨文化的角度，对生长于不同文化根基和相应于不同心理生活的心理学传统进行比较和分析，探讨其彼此沟通的可能性和心理学发展的新道路。起源于西方文化的科学心理学，为立足于客观的研究方法和客观的知识体系，提供了对心理现象的合理的理论解释和有效的技术干预，但仅仅揭示了人类心灵和精神生活的

---

① 钟年：《中文语境下的"心理"和"心理学"》，《心理学报》2008 年第 6 期。
② 高岚、申荷永：《中国文化与心理学》，《学术研究》2008 年第 8 期。
③ 申荷永、高岚：《〈易经〉与中国文化心理学》，《心理学报》2000 年第 3 期。

一个部分或一个侧面。起源于中国文化的本土心理学，也是自成体系的心理学探索，揭示了有意义的内心生活和给出了自我超越的精神发展道路。西方的心理学传统是中国现代科学心理学的直接来源，正经历着本土化的历程和改造。中国本土的心理学传统在西方文化中的流传，也使西方的科学心理学得到了启示和受到了影响。促进二者的沟通，将有助于形成一种新的心理学科学观，并推动心理学的新发展。

"心理生活论纲"是将心理学的研究对象确定为心理生活。这就必须改变研究者与研究对象的绝对分离，改变科学心理学现有关于研究对象的分类标准和分类体系。中国的本土文化传统提供了一种独特的解说心理生活的心性学说。心理生活是立足于人的心理的"觉"的性质。"觉"的活动是一种生成意义的活动，这实际上就是一种创造性生成的活动。心理生活有其基本的内涵和体证的方法。心理学的研究就在于引领创造心理生活，提高心理生活的质量。心理学一直在向相对成熟的自然科学特别是物理学靠拢。如同自然科学对自然现象的理解和物理科学对物理现象的理解，心理科学是把研究对象理解为心理现象。所谓心理现象建立在两个基本设定上。一是研究者与研究对象的绝对分离，研究者仅是旁观者，是观察者，是中立的，是客观的。二是研究者必须通过感官来观察对象，而不能加入思想的臆断推测。心理现象的分类分离了人的心理过程和个性心理，分离了智力因素和非智力因素。这种分类标准和分类体系，导致对人的心理的理解和干预，对人的心理的培养和教育，都产生了严重问题。这必然迫使心理学去重新进行研究对象的定位和分类。新心性心理学把心理学的研究对象确立为是心理生活。所谓心理生活也建立在两个基本设定上。一是研究者与研究对象的彼此统一，二是生活者是通过心理本性的自觉来创造心理生活。心理生活的性质是觉解，方式为体悟，探索在体证，质量是基本。

"心理环境论说"是对心理学研究中环境的考察。心理学研究常常是把环境理解为外在于人的心理的存在，是客观的、独立的、自然的。对于心理的、意识的、自我意识的存在来说，环境并不仅仅是物理意义的、生物意义的、社会意义的，而且也是心理意义的。心理环境即被觉知到、被理解为、被把握成、被创造出的环境。心理环境是对人来说的最贴近的环境。这种环境超出了物理、生物和社会意义上的环境。环境决定论和心理决定论都无法真正揭示人的心理发展的实际过程。环境对人来说，常被看作自生自灭的过程，是独立于人的存在。但是，如果从心理环境去理解，环境的演变就是属人的过程，是人对环境的把握，是人对环境的作为，是人对环境的创造。环境与心理是共生的过程。这不仅是环境决定或塑造了人的心理，而且也是心理理解或创造了人的环境。心理与环境是共生的关系，这就是中国文化传统中的天人合一。

"心理成长论本"是对人的心理演变的考察。这包括把着重于成熟和发展转向着重于成长和提升，把着重于生物和生理转向着重于心理和心性，把强调心理的直线发展转向全面扩展，把强调心理的平面扩展转向纵向提升。心理成长的概念涉及心理成长的基础、过程、目标、阻滞。心理成长有着特定的文化内涵、文化创造、文化思想、文化方式、文化源流、文化价值。心理成长与心理资源的关系就在于心理资源是心理成长的基础和源泉。心理成长与心理文化的关系就在于心理成长的心理文化资源、心理文化差异、心理文化沟通、心理文化促进。心理成长与心理生活的关系就在于人的心理生活的含义、扩展和丰满。心理成长与心理环境的关系就在于探索人的心理环境的含义、建构和影响。心理成长与心理科学的关系就在于心理科学的保障和促进。心理成长就是心理生成的过程，是生成的存在，是创造的生成。心理成长会关系个体的心理成长，是个体生活的建构，是心理生活的建构。心理成长也关系群体的心理成长，是群体的共同成长，是群体的心理互动，是群体的心理关系，是群体的成长方式。心理成长也会关系人类的心理成长，是种族的心理，是民族的性格，是心理的成熟，是生活的质量。

"心理科学论总"则是新心性心理学关系心理科学本身的学术反思、学术突破和学术建构。这可以带来关于如何推进心理学的学术进步，如何扩展心理学的学术空间，如何引领心理学的学术未来，如何确立心理学的本土根基，如何激发心理学的学术创新，等一系列最为重要的学术突破。对于心理科学和心理科学的发展来说，最为重要的是心理学科学理念。这涉及心理学科学观，包括科学观的含义、功能、变革和确立。心理学科学观存在着对立，亦即小科学观与大科学观的对立，封闭的科学观与开放的科学观的对立。心理学科学观经历了和经历着演变和变革，其中就包括自然科学的科学观、社会科学的科学观、人文科学的科学观。科学观或者心理学科学观具有文化的内涵或性质。心理学的科学尺度彰显着心理学的科学内核和科学标准。这在心理学的研究中具有强调和偏重理论中心、方法中心和技术中心的不同。心理学有着自己的科学基础，这包括哲学思想的基础、科学认识的基础、科学技术的基础、科学创造的基础、科学发展的基础。心理学的科学内涵涉及学科的科学性、研究的科学性、应用的科学性。心理学具有自己的学科或科学的资源，这涉及心理资源、资源分类、文化资源、思想资源、历史资源。心理学的科学发展涉及追踪的线索、心理学的起源、科学心理学的起源、心理学的演变、科学心理学的演变和心理学的发展前景。心理学拥有的科学理论涉及心理学的理论建构、理论构造、理论形态、理论演变、理论创新。心理学的科学方法涉及心理学的方法论，心理学的方法中心、心理学的研究方法、研究方法的科学性、研究方法的多样性、研究方法的适用性。心理学的科学技术涉及心理学的技术思想、技术应用、技术手段、技术工具、技术变革。心理学的科学创新则涉及基础、途径、氛围、方法、体现。

中国本土心理学的命运与希望就在于创新性的发展。新心性心理学就是中国本土心理学的理论创新，就是原创性的理论建构。当然，中国本土心理学的创新性的发展，可以体现在理论、方法和技术等各个方面。中国本土心理学的理论创新涉及心理学的理论框架、理论范式、理论探索、理论核心、理论思想、理论内容、理论体系、理论构造、理论发展、理论更替、理论变革、理论演进、理论突破、理论建构。心理资源论析、心理文化论要、心理生活论纲、心理环境论说、心理成长论本、心理科学论总，就是新心性心理学核心性的理论构成。中国本土心理学将会告别没有自己的系统理论的时期，而会迎来和进入自己的理论繁荣时代。

中国心理学的发展在很长的时段中，一直是在步西方心理学的后尘。追踪西方心理学的思潮，曾经是中国心理学发展的核心性任务。但是，当本土化成为中国心理学发展的主题和主流，西方心理学的新思潮就可以转换成中国本土心理学的文化、历史、思想、传统、现实、学术的资源。特定和丰富的资源基础之上的创新性发展，才是中国本土心理学的必由之路。

第十章　心理学研究的还原主义 *

还原主义是主导心理学研究的非常重要的理论原则。其核心思想认为，世界是分层的梯级系统，可以通过已知的、低层级的事物或理论来解释与说明未知的、高层级的事物或理论。实证的科学心理学在自己的起步阶段，曾经把物理学当成自己的榜样，当成自己的标准。心理学在解说人的心理行为的过程中，就把心理行为的规律归结为物理主义的规律。生物决定论观点认为人的心理行为主要受人的生物因素所决定，人类的社会行为、人格乃至社会生活的基本方面都决定于这些个体、群体、种族或人种的生物因素。还原论与还原方法既有联系又存在着质的差别。还原论在心理学的研究中有其合理的地方。这也就可以区分出所谓物理主义的还原，化学分析的还原、生物决定的还原、生理机制的还原、社会决定的还原、文化制约的还原，等等。表面上看，心理学研究中的还原主义是一种简单化或简约化的研究处理。但是，从深层上看，心理学研究却借助于还原论而形成了自己的研究框架。并且，这也是将各自不同学科的相关的探索转换成心理学的学术性资源。

在心理学的研究中，还原论一度非常盛行。还原主义一直就是科学哲学研究中的重要课题，是心灵哲学探索中的思想主题[1]，是心理

---

　　* 原文见葛鲁嘉、陈雷：《心理学研究中的还原主义问题考察》，《心理学探新》2018年第4期。

　　[1] Horst, S., *Beyond reduction – Philosophy of mind and post – reductionist philosophy of science* [M]. New York: Oxford University Press, 2007.

学阐释中的基本原则[1]，是心理学理论中的核心内容[2]，是认知心理学考察中的主要依据[3]。国内也有关于还原论的专门学术探讨[4]，包括关于还原论的基本论证和核心信念的探索[5]，也有对科学主义心理学中还原论的考察[6]。心理学正是因为心理的存在与其他存在有着密切的关系，也正是因为心理的存在可以归因于其他存在，还原主义就成为主导心理学研究的重要理论原则。还原主义问题涉及研究的还原主义，还原主义的体现包括物理主义的还原，也包括生物主义的还原，还包括其他不同的还原，重要的在于还原主义的理解，在于还原主义的去留。

一 心理学还原研究

有研究对心理学研究中的还原论进行了考察。研究指出，还原论可以表现为多种理论形式，如果不计其分类标准及范畴，可以随意地罗列出许多种类：本体论的还原论、方法论的还原论、理论性的还原论、语言学的还原论、科学主义的还原论，等等。尽管这些还原论的形式各异，但其核心思想却是一样的：均认为世界是分层的梯级系统，可以通过已知的、低层级的事物或理论来解释与说明未知的、高层级的事物或理论。

---

[1] Brattico, P., "*Shallow Reductionism and the Problem of Complexity in Psychology*" [J]. *Theory & Psychology*, 2008 (4). pp. 483 – 504.

[2] Hayes, N., "Reductionism in Psychological Theory" [A]. *Psychology in Perspective*, Macmillan Education UK. 1995, pp. 1 – 18.

[3] Notterman, J. M., "Note on reductionism in cognitive psychology: Reification of cognitive processes into mind, mind – brain equivalence, and brain – computer analogy" [A]. *Journal of Theoretical & Philosophical Psychology*, 2012 (2), pp. 116 – 121.

[4] 刘明海：《还原论研究》，中国社会科学出版社 2012 年版。

[5] 李庆平、刘明海：《还原论的论证和核心信念》，《自然辩证法研究》2009 年第 1 期；史文芬：《心灵的还原》，《福建论坛》（人文社会科学版）2006 年第 3 期。

[6] 王海英：《论科学主义心理学研究中的还原论倾向》，《社会科学战线》2009 年第 9 期。

心理学还原论是哲学还原论思想在心理学中的反映，其思想传统几乎同心理学的历史一样悠久。心理学还原论就是坚信以下最基本信念的一种理论，即心理学的研究对象（人的心理行为）是一种更高层级的现象，关于心理行为的研究可以用低层级事物（如原子、基因、神经元等）及其相关理论（如物理学、生物学、生理学等）来加以解释与说明。

与哲学还原论一样，心理学中的还原论也有本体论的还原论与方法论的还原论之分。本体论的还原论坚持"实体的还原"，把心理行为当作实体，将其还原到、归结为基本的物理、生理实体或粒子（如原子、基因等），企图通过对这些终极构成成分的分析来达成对心理行为的最终了解。方法论的还原论坚持"知识的还原"，认为心理学是跨越物质运动层次较多的一门学科，心理学的知识可以由低层级事物的相关知识来说明。方法论的还原论又可以分为两种主要类型。第一种称为"元素主义还原论"，主张把心理行为划分为多个部分或元素，通过对这些部分或元素的研究来了解整个心理行为。第二种称为"理论的还原论"，主张通过低层级学科的理论来解释、说明心理学的研究对象，获得心理学知识。根据将心理学理论还原为低层级事物理论的不同，又可以将其划分为将心理学理论还原为物理学理论、生物学理论及生理学理论三种还原论类型。

还原论是心理学方法论的必然选择之一，但并不是适用于研究所有心理行为问题的方法论，而是有着自己适用的边界范围与特定的前提条件。具体说来，还原论有两个基本的理论前提与预设。首先，世界是由低级向高级发展的层级系统，心理、行为现象与物理、生理现象是不一样的，这一点已经得到人们的普遍认同。其次，这些层级之间是连续的，低层级事物与高层级事物之间存在着因果关联。事实上，还原论之所以能揣着足以致命的顽疾而依然生机勃勃地存活在心理学中，其根本原因是到目前为止，人们尚无法找到一种比其更为行之有效的方法论来取而代之。①

---

① 杨文登、叶浩生：《论心理学中的还原论》，《心理学探新》2008 年第 2 期。

有研究对还原论的概念进行了多维的解说。研究指出,应该从更广义、较狭义、最狭义三个层次理解还原论概念。第一个层次是更广义的还原论:这是对自然的一种哲学思考,一种探索自然的哲学研究纲领。人类在对自然的探索中,逐渐形成了一些使大多数人都认可的解释自然的模式,即认为自然界中的各种现象有一种潜在的基础规律,比其表面实在更为根本。科学的目的就是要揭示这种潜在的规律来解释自然,这种解释自然的模式便是广义还原论。广义还原论的最基本内涵是,自然界中所有的现象都能够被还原为某种自然的基本规律,它的总特征是自然的复杂性的祛魅。隐藏在广义还原论后面的基本预设是:自然现象存在着结构。无论这些结构的本质是什么,但有一种结构是最基本的、不可还原的,即自主存在的结构。第二个层次是较狭义的还原论:多视角探索自然规律的方法论。广义还原论伴随着具体科学的进步也呈现出多视角探索自然规律的具体形态,这也就是较狭义层次上的还原论。首先是本质还原论。本质还原论主张,现实中的一切最终仅仅由一种东西所构成,这种东西可能是神、精神或者物质。其次是方法还原论。这种还原论是和作为研究现象方法的分析相关联的,即将一个复杂的整体解构成该整体更为简单的部分或认识一个现象更低层次的基础,然后研究这些部分或基础的特征和组成,了解它们是如何运作的。再次是结构还原论。这种还原论涉及组成一切基本结构的层次问题,其基本主张是,所有现实中的并非真实的结构都可以还原成物理结构。最后是描述还原论。这涉及对现象的再解释,被还原的观点的术语不得不被转换成新的还原观点的词汇。第三个层次是最狭义的还原论:不同层次理论间的演绎,一种科学认识论的模型。这主要表现为探讨不同学科间的演绎问题,这时的还原论试图在不同的理论间建立起某种科学认识论的模型。这种最狭义的理论还原论至今仍是还原论探讨的最主要方向。对于还原论的概念并不能单从某一个层次来理解,因为,还原论概念的三个层次并不是彼此孤立的,它们在还原论思想的发展过程中既有联系,又有区别,是一种辩证统一的关系。这正体现了还原论概念的多面性和广泛性,它们共同彰显着还原论的本质性含义。①

实际上，还原可以成为研究的方法，还原还可以成为研究的原则，还原也可以成为研究的思路。在心理学的研究之中，无论是方法、原则，还是思路，都曾经得到了不同的贯彻和体现。

二 心理学还原基础

有研究指出，在本体论方面，物理主义将自然中的一切事物、性质和关系都看作依赖于、附随于或者实现于物理的事物、性质和关系；在解释方面，则坚持各门知识以物理学为基础组成一个解释的等级结构，其中每一个层次的现象都可以由较低层次的现象得到解释，而物理学则是所有这些解释的最终根据。这种物理主义的立场反映在当代心灵哲学的研究中，就是一方面在本体的层次对身心关系从还原的物理主义到非还原的物理主义的种种解决方案，另一方面在理论的层次对常识心理学或者大众心理学这种"心的理论"能否被还原为低层次自然科学理论，或者是否与低层次自然科学理论相一致的关于常识心理学及其所预设的信念、欲望等命题态度的实在性问题的探讨，以及心灵哲学家们对这个问题所作出的种种回答。②

有研究是从哲学的角度考察了物理主义。研究指出，在认知哲学中，物理主义与心理主义形成了理论争论的基调和焦点。认知科学等众多子学科中，物理主义成了其行动本体与方法推论的主要论证基础。无论作为方法体系还是本体理论，物理主义显现了科学逻辑的谱系框架，这始终是重大哲学争论中的核心问题症结。在哲学逻辑主义浪潮下的科学逻辑化或"统一科学"运动中，物理主义方法论是其核心纲领。统一科学的可能性在于，所有科学的规律都根源于基本的观

---

① 严国红、高新民：《还原论概念的多维诠释》，《广西社会科学》2007年第8期。
② 田平：《物理主义框架中的心和"心的理论"——当代心灵哲学本体和理论层次研究述评》，《厦门大学学报》（哲学社会科学版）2003年第6期。

察陈述，科学语言与物理过程可以有机地联系起来。统一科学的语言是物理学的语言，这种过程和方法，就被称为"物理主义"（physicalism）。因而，物理语言是所有科学的统一语言，"是物理主义的核心"，而哲学的目的就在于用物理主义语言，凭借逻辑形式化的研究方法和路径，为科学研究创立恰当的语义框架和研究准则。通过把所有的事象翻译成科学化的或者物理学家的陈述，就能够消除一切无意义的形而上学。

对物理主义方法论进行理论化实践的主要人物有卡尔纳普（P. R. Carnap）。卡尔纳普师从弗雷格（F. L. G. Frege），也是继罗素（B. Russell）和早期维特根斯坦（L. J. J. Wittgenstein）之后哲学逻辑主义的主要代表。卡尔纳普指出，物理学的语言是科学的普适语言，任何门类科学的语句都可以翻译成对等的物理语言陈述，这种翻译规则就是逻辑。但是，无论是纽拉特（O. Neurath）还是卡尔纳普，他们把物理主义方法论应用于社会与心理问题时，都不可避免地暴露出一种唯形式主义或"唯科学主义"的内在缺陷。面对关于心理与意识的信念与行为问题，他们提出了统一科学的"行为主义"研究路径。[1]

实证的科学心理学在自己的起步阶段，曾经把物理学当成自己的榜样，当成自己的标准。这在心理学史的研究中，被描绘为"物理学妒羡"。这除了心理学家希望心理学能够像物理学那样精密和可靠之外，也给心理学研究带来了物理主义还原的研究方式。显然，物理学所揭示的物理世界被认为是属于最为实在和可靠的存在，物理学所揭示的物理规律是最基本的规律。因此，心理学在解说人的心理行为的过程中，就把心理行为的规律归结为物理主义的规律。

---

[1] 邹顺宏：《物理主义：从方法到理论》，《自然辩证法研究》2007年第12期。

三 心理学还原本体

有研究对心理学中的生物决定论进行了探析。研究指出，生物决定论是决定论思想的近代发展。决定论认为世界上一切事物都存在着普遍的因果制约性、必然性和规律性，其理论的核心假设是事发必有因，有因必有果，因果关联决定了事物的发生、发展以及灭亡的整个过程。自然科学所遵循的决定论实质上还是一种机械主义的、物理学的决定论，被决定的范围还只是"自在"的自然界。随着生物学的迅猛发展及技术的不断进步，人们开始将决定论思想的触角延伸到人类自身。将生物因素当作解释动物或人类行为及其差异的主要甚至是唯一原因的理论就是生物决定论。心理学进一步将生物决定论观点运用到人类的心理、行为的解释中，认为人的心理或行为主要受人的生物因素所决定，人类的社会行为、人格乃至社会生活的基本方面都决定于这些个体或群体（种族的或人种的）生物因素，进而形成了心理学中的生物决定论。

生物决定论是远古决定论思想运用到人类心理与行为的解释过程中的一种理论形态，是从生物学角度解释心理学问题，将心理学理论还原为生物学理论时所产生的一种理论结果。在实践中，生物决定论为改善人类健康，预防与治疗疾病，了解人类战争与利他等社会行为的动机等均有不错的效果。在理论上，生物决定论为了解人类心理行为的历史演进及其生物学基础，为解决复杂的心理学理论问题提供了一种新的视角，与社会决定论、文化决定论一道同自由意志论等非决定论思想之间形成了一种促进学术进步的张力。

但是，生物决定论也存在着巨大的问题。首先，生物决定论存在着先天的理论缺陷。如果说将心理学理论还原为生物学理论，从生物学层面来把握心理学还是一种可以理解的研究方式的话，生物决定论却违背了还原的初衷，忘记了进行还原的条件，转而一切从生物因素出发，把心理与行为现象的因果解释来源唯一化、绝对化。生物因素线性地决定了一切，一切心理与行为的解释都能而且只能从生物学的角度（尤其是基因角度）来进行说明。这在方法论上并没有摆脱古老决定论的顽疾，混淆了基因、环境与有机体的关系，把遗传的或"基因的"等同于"不可变的"，明显地表露出机械论的痕迹。其隐含的本体论承诺更是认为生物因素（包括大脑、神经元、基因等身体因素）是心理与行为现象产生的绝对唯一合法来源，即心理是身体的副现象，甚至本身就是身体的物质现象与生理现象。其次，生物决定论容易被误用而导致社会问题。生物决定论将继续存在并推动心理学的发展，作为一种学术的张力也许永远不会消失。反对生物决定论，不是反对从生物学的角度来考察心理学，否认生物因素对人类心理与行为的影响，而是反对把生物因素当作心理学解释的唯一来源，认为生物因素与人类的心理或行为有着因果线性的决定关系。总之，反对的是一种生物决定论的理论霸权。

因此，生物决定论常常导致生物还原论的流行。把人的心理行为的性质、特征、变化、功能，等等，都归结为是人类的生物机体的性质、特征、变化、功能。这曾经在心理学的研究中变得非常流行。在很长的历史时段之内，生物决定论都支配着心理学的研究和心理学的解说。

四 心理学还原方法

有研究对还原方法与还原论进行了区分。研究指出，还原论与还原方法既有联系又存在着质的差别。还原作为一种方法对科学研究来说是必要且有效的，但就对事物的认识而言并不充分；还原论则是对还原方法的认识功能不加限制地扩大所形成的一种哲学思想，主张运用还原方法就能够对世界获得完美的认识，相应地各学科间也能实现完美的统一。

近几十年来，在科学共同体内出现了一种要求超越还原论的强烈呼声，并形成了以探索复杂性为主要目标的研究群体。然而，在科学的认识和实践中，不论是研究简单现象还是复杂现象，人们又发现其实都离不开运用还原方法。由于目前在许多科学和哲学文献中经常不加区别地使用还原论和还原方法，结果给人们的思想和交流造成了不少困难甚至误解。因此有必要就还原论和还原方法的内涵及两者之间的联系和差异进行梳理，并在此基础上再来探讨还原论所面临的种种挑战。

就建立统一科学的纲领而言，其所依据的还原论前提是：一种科学的理论可以用另一种更为基本的科学理论来进行系统的解释，或者复合体的定律可以还原为关于构成复合体的部分定律。所谓还原的对象既可以指物理世界中的存在物，也可以指人类所创造的知识体系，因而存在着两个不同层面上的还原论，即本体论上的还原论和认识论或方法论上的还原论。本体论上的还原论以物质世界的本体"同一性"为前提，认为各种物质形态归根到底可以约化为一个最基本的层次，并从支配这一基本层次的物理规律出发来解释更高层次的规律。

方法论上的还原则是针对科学知识体系而言，主要指在理论或学科之间的还原。这类还原一般可以分为同类还原和非同类还原。同类还原（同种类的减少）指的是：被还原的理论是还原理论的一部分，同种类的理论最终达到统一。非同类还原（不同类的减少）是指：被还原的理论和还原的理论分析覆盖了不同的现象领域。认识论或方法论上的还原论提倡从理论的基本规律出发的严格的自上而下的演绎法，用单一视角来建立描述和解释不同组织层次上的现象的大统一理论，从而达到统一科学的目标。①

有研究指出，还原论存在几种不同的类型：第一是"本体还原论"，如前所述，现今绝大多数哲学家都坚持唯物主义一元论，认为世界只存在一种实体，即物质。第二是"结构还原论"，即使宇宙只有一个实体，但其丰富多彩，包含各种不同的现象，每种现象都有自己特殊的结构，那么这些结构中哪一种最为根本和真实呢？结构还原论认为，物理现象或结构决定其他一切现象或结构，其一切现象或结

---

① 周维刚：《论还原方法与还原论》，《系统辩证学学报》2005年第1期。

构都可以还原为物理现象或结构。第三是"理论还原论",这是指理论之间的一种关系,认为完全可由物理学术语来解释和代替别的理论。第四是"方法还原论",这是将分析作为科学研究的唯一方法。以上几种还原论并不始终一致,坚持本体还原论的哲学家同时可能是理论、结构、方法上的反还原论者;即使是在本体、结构、理论上的还原论者也有可能主张方法还原论;但如果是承认结构还原论的哲学家,他必定也赞同理论还原。[1]

关于还原论的细致研究和深入挖掘,可以从更为宽广的视域中去理解和把握心理学中的还原论。不同种类的还原论实际上体现在了心理学研究的不同的理论之中。多种不同类别的还原论,所表明的是还原论成为流行的科学思维方式。当然,可以肯定的是,还原论在心理学的研究中有其合理的地方。

五　心理学还原分类

有研究考察了科学还原论及其历史的功过。研究指出,著名的美国科学哲学家奥本海默(P. Oppenheim)与普特南(H. Putnam)从四个不同的方面概括了还原论纲领的基本内容:(1)一个很好发展的还原概念,与部分—整体关系的观念是不矛盾的;(2)科学的有秩序的不同分支描述了实在的不同水平,特定水平上的事情是由属于较低水平上的简单元素所组成的;(3)科学统一性的方案是建立在科学的基本的水平——物理学之上的;(4)在宇宙的进化过程中,给定水平上的客体相互结合,构成属于较高水平的整体,时间上较晚出现的事情可以根据时间较早的事情和过程来解释。那么,以上的纲领包含了三种意义上的还原:(1)组成的还原论:在自然系统中,高层次事物是由低层次的事物构成的;(2)解释的还原论:可以根据较低水平上的事物的性质解释和预言较高层次事物的性质;(3)理论的还原论:不

---

[1] 史文芬:《心灵的还原》,《福建论坛》(人文社会科学版)2006年第3期。

同科学分支描述的是实在的不同水平,但最终都可建立在关于实在的最基本水平的科学——物理学之上。

可以从四个不同角度对还原论进行分类。首先,根据还原论所涉及的学科范围,还原论可以分为狭义还原论和广义还原论。狭义还原论特指物理学中的近代力学还原论,以及其后发展而成的物理化学还原论;广义还原论则是指涉及一切科学领域的一般哲学意义上的还原论。其次,根据还原论所包含的本体论意义、方法论意义以及还原的具体实现途径,又可分为本体还原论、方法还原论和理论还原论。本体还原论是指不同运动形式间高级运动形式归结为低级运动形式之观念;同一运动形式内的高级层次归结为低级层次之观念。方法还原论是指一种科学认识与研究的原则,即以较低级的物质层次、较简单的物质运动形式,去分析和认识较高级的物质层次、较复杂的物质运动形式。理论还原论则是指用较为成熟的理论去理解和表达较不成熟的理论。再次,理论还原论又依理论间的异同关系分为不同理论间的同一理论内部的同类还原与非同类还原。同类还原指的是:被还原的理论是还原理论的一部分,同种类的理论最终达到统一。非同类还原指的是:被还原的理论和还原的理论分析覆盖了不同的现象领域,例如化学还原为物理学。通常次级理论中包含了基本理论中不存在的术语和概念,就像心理学概念在物理学中不存在一样。最后,依据理论间还原的强弱程度不同,还原论又分为强还原论与弱还原论。强还原论体现的是一种无条件的、绝对的、完全的还原观念。这是指一个理论的全部术语、规律还原为另一理论的术语、规律,而不借助于任何附加条件和原理。与此对应,弱还原论则是一种有条件的、相对的、部分的还原观念。这是指两理论间还原之实现须依赖于一定的附加条件与原理。[①]

关于还原主义的理解、还原主义的分类,都是深入探讨还原论的必要进程。可以说,在心理学研究中,心理还原论的体现和分类还缺乏必要的研究。但是,可以肯定的是在西方心理学研究中,在中国心

---

① 黄欣荣:《科学还原论及其历史功过》,《江西财经大学学报》2008年第4期。

理学研究中，都有各种不同的还原的主张和观点。这已经成为解说人的心理行为的一个基本的理论原则。

正是因为人的心理行为与物理、化学、生物、生理、社会、文化等，都有着非常密切的关联，所以心理学研究关于人的心理行为的解说，就可以体现出不同的还原层次和阶梯。这也就可以区分出所谓物理主义的还原、化学分析的还原、生物决定的还原、生理机制的还原、社会决定的还原、文化制约的还原，等等。

这构成了一个向基层还原的顺序。这实际上是设定了世界构成顺序的一个等级。高端的存在可以向低端还原。或者说，低端的层级可以解说高端的层级。心理学研究中，还原论的设定常常受到批评或批判。但是，心理学实际上在很大层面上是得益于各种不同的还原论。

六　心理学还原功过

有研究指出还原论的思维方式已经在终结。研究表明，从近代科学产生至今，还原论不仅一直是科学思维中的重要成分，还在人类社会生活的各个领域支配着人们的思想观念。最迟也是在19世纪中叶以后，理论自然科学的发展全面证明了还原论的失败。但是，由于科学本身的光辉，直到今天还原论还被视为具有某种合理成分的方法论。实际上，只要正视科学的历史和现状，就不难得出这样的结论：还原论彻底终结的时代已经到来；未来科学的突破性进展，取决于摒弃还原论的程度。

首先，20世纪科学从一开始就强调自己的非终极性，即不承认有绝对不可逾越的物质结构层次和终极世界图景。其次，现代科学越来越注重个体性，即强调粒子的个性，而不把在晶体结构中那样的分子结构重复性看作普遍。最后，现代科学在更深刻的层次上说明，复杂运动形式不能被归结为简单运动形式。

按照目前人们的普遍看法，还原论可以区分为三个不同层次：一是组成性还原论（或本体论的还原论）；二是解释性还原论（或认识论的还原论);三是理论性还原论。组成性还原论是还原论最弱的命题,主张高层系统的物质组成同低层系统的物质组成完全一样,否认超物质的实在。解释性还原论是还原论的基本命题,主张要在尽可能低的层次上解释系统整体的行为。例如,在分子水平上理解生命现象就比在细胞水平上的理解更为可靠。理论性还原论主张,科学的进步就是把一个科学分支还原为另一分支的过程,试图以物理学或其他具体学科的规律统一整个科学,这是还原论最强的命题。

从历史的观点看,还原论如同机械论一样,在帮助人们贯彻唯物主义路线时起到过"矫枉过正"的作用。但是,还原论所带来的益处,也仅此而已。从现实来看,还原论的思维方式还牢牢地禁锢着人们的思想,已经到了严重阻碍人类认识进步的程度。在迎接下个世纪到来之际,人们期待着科学能如同上个世纪末那样取得决定性的突破。[①]

有研究指出,心灵哲学中的还原论是一般还原论的典型表现,也就是完全秉承了一般还原论精神,强调低层级事件、状态、过程对高层级事件、状态、过程的先在性、决定性。反还原论赋予心灵完全的独立性、真实性,认为这才是行为的原因,即使心灵的产生依赖于神经生理过程,也不可将其还原于神经生理过程。

反还原论对还原论的批驳,实际上是一种信念对另一种信念的批驳,与还原论相比,反还原论更缺乏理论逻辑和科学证据。尤其面对意识如何产生、意识与物质两种不同质的事物如何相互作用这些问题时,反还原论者暴露出严重的神秘主义和不可知倾向。相反,还原论的态度要科学严谨得多,具体来讲表现在以下两个方面。一方面,还原论倡导意识研究的科学机制。另一方面,还原论坚持彻底的一元论,反对各种形式的二元论。[②]

批评或评判还原论,包括在心理学研究中批评和批判还原论,常

---

① 孙革:《还原论思维方式的终结》,《哈尔滨师范大学学报》(自然科学学报)1995年第1期。

② 史文芬:《心灵的还原》,《福建论坛》(人文社会科学版)2006年第3期。

常是一个不言而喻的研究倾向。但是，真正能够合理地评判和评价还原论，却并不是一个简单的任务。那么，在心理学研究中，怎样合理地界定和评价还原论的功过，是理论心理学研究中一个极其艰难的任务。因此，心理学理论的研究，理论心理学的课题，都在于把握还原论要比取消还原论更为重要和更有意义。从表面上看，心理学研究中的还原主义是一种简单化的或简约化的研究处理。但是，从深层上看，心理学研究却借助于还原论而形成了自己的研究框架。并且，这也是将不同学科的相关探索转换成心理学的学术性资源。

第四编

心理学方法论考察

导论：扎根理论与心理学的本土化

　　心理学的研究方式和研究方法也可以有本土的特性和特征。方法论的探索是关系心理学学科发展的核心问题。方法论是任何科学研究的基础。这既是思想的基础，也是方法的基础，更是技术的基础。扎根理论研究方法论是在社会科学中使用最为广泛却误解最深的研究方法论之一。扎根理论研究方法论的要素，一是阅读和使用文献；二是自然呈现；三是对现实存在但不容易被注意到的行为模式进行概念化；四是社会过程分析；五是一切皆为数据；六是扎根理论可以不受时间、地点和人物等的限制。"扎根理论"是一种质化研究的方式或方法，其主要的宗旨是从经验资料的基础上建立理论。在心理学的研究中，在心理学本土化的追求中，扎根理论也同样被置于一个突出和焦点的位置。那么，对扎根理论研究的方法论考察，就成了重要课题。

一　心理学本土化方法论

　　心理学本土化涉及方法问题或方法论问题。方法论是任何科学研究的基础。这既是理论的基础，也是方法的基础，更是技术的基础。因此，心理学的方法论也是心理学研究的基础。

　　方法论的探索是关系心理学学科发展的核心问题。原有的心理学方法论的研究仅仅涉及心理学研究方法的探索。其实，心理学研究的方法论应该得到扩展。方法论的探索包括关于对象的立场，关于方法的认识，关于技术的思考。① 心理学的研究可以包括三个基本部分：一是关于对象的研究，涉及的是心理学研究对象，是对心理行为实际的揭示、描述、说明、解释、预测、干预等；二是关于方法的研究，涉及的是心理学研究者，探讨的是心理学研究者所持有的研究立场，所使用的具体方法；三是关于技术的研究，涉及的是对研究对象的干预和改变。那么，心理学研究的方法论也就应该包括三个基本方面：一是关于心理学研究对象的理解。这亦即研究内容的确定，是力求突破对人的心理行为的片面理解。二是关于心理学研究方式和方法的探索。这亦即研究方法的创新，是力图突破和摆脱西方心理学科学观限制，为心理学的研究重新建立科学规范。三是关于心理学技术手段的考察。这亦即干预方式的明确，是力争避免把人当作被动接受随意改变的客体。

方法论是任何科学研究的基础。所以，心理学方法论的探讨是关系心理学学科发展的核心问题。心理学研究基础的和核心的方面就是方法论的探索。但是，传统心理学中的方法论的探讨主要是考察心理学研究所运用的具体研究方法。这包括心理学具体研究方法的不同类别、基本构成、使用程序、适用范围、修订方法等。随着心理学的发展和进步，心理学方法论的探索必须跨越原有的范围，应该包括关于心理学研究对象的立场，关于方法的认识，关于技术的思考。对心理学方法论的新探索，可以说就是反思心理学发展的一些重大的理论问题和方法问题。这些问题的解决关系中国心理学的发展，也关系整个心理学的命运与未来。

心理学本土化，中国心理学的本土化发展，也需要有方法论上的考察、探讨、突破和创新。其中，扎根理论方法论是涉及中国本土心理学的理论创新发展的核心方面。因此，这也受到许多研究者的关注和探讨。或者说，中国心理学本土化的研究应该通过扎根理论，去寻求自己的理论创新的方法论依据和根基。

---

① 葛鲁嘉：《对心理学方法论的扩展性探索》，《南京师大学报》（社会科学版）2005年第1期。

二 扎根理论研究方法论

扎根理论研究方法论（grounded theory methodology）是早在20世纪60年代由格莱瑟（B. G. Glaser）和斯特劳斯（A. Strauss）提出的质化研究方法。但是，很快就受到了不同学科学者的关注。该方法论属于质化研究的程序，目前是社会科学研究中使用最为广泛，也得到了研究者专门的探讨，并已经有了较为深入的考察。[①] 但是，扎根理论研究方法论却也是受到误解最深的研究方法论之一。目前，该方法论在许多学科领域，特别是在社会科学领域，得到了研究者的较为普遍的青睐，如在教育学和在心理学的研究中。

现有的研究方法论文献中，存在着不同的扎根理论研究方法论。格莱瑟（B. G. Glaser）和斯特劳斯（A. Strauss）在他们出版的《扎根理论的发现：定性研究的策略》专著中，对扎根理论进行了最早的阐述。全书共分为三个部分。一是通过比较分析生成理论：包括生成理论，理论取样，从实体理论到形式理论，定性分析的不断比较的方法，分类和评估比较研究，阐述和评估比较研究。二是资料的灵活运用：包括定性资料的新来源，定量资料的理论阐释。三是扎根理论的含义：包括扎根理论的可信性，对扎根理论的分析，洞察和理论的发展。[②]

斯特劳斯（A. Strauss）和科宾（J. Corbin）在《定性研究基础：发展扎根理论的技术和程序》的著作中，共分三个部分系统考察了扎根理论。该著作包括如下基本内容：一是基本的考虑，包括导言，描述、概念序列、理论化，理论化的定性和定量的相互作用，实践的考虑。二是编码的程序，包括对资料的微观考察的分析，基本操作，提

[①] Charmaz, K., *Grounded theory: A practical guide through qualitative analysis* [M]. London: Sage Publications Ltd, 2006. pp. 4 – 8.

[②] Glaser, B. G. and Stauss, A. L., *The discovery of grounded theory: Strategies for qualitative research* [M]. New York: Aldine de Gruyter. 1967. p. 9.

出了问题和进行了比较，涉及分析工具、开放编码、主轴编码、选择编码、加工编码、条件和序列矩阵、理论取样、备忘录和图表。三是获得的结果，包括写作的论文、著作和关于本研究的讨论，评价的标准，学生的问题及回答。[①]

国内目前关于扎根理论的介绍中，有对国外的学者的系统研究的翻译介绍。[②] 关于扎根理论具体运用的研究中，有涉及在深度访谈中运用的考察。[③] 国外关于扎根理论的研究中，有研究者则把扎根理论方法论看成或当成方法论的解释学。[④]

有研究者对质性研究中传统的扎根理论方法和新兴的势头正盛的解释现象学分析进行比较，尤其是考察了二者在抽样、资料收集和资料分析等方面的差异。扎根理论和解释现象学分析都认为研究应该是一个动态的过程，强调研究者悬搁先定的假设和框架，通过对资料的分析结合对自身的反省，以深入探讨现象的意义。在具体的操作思路方面，扎根理论的抽样是针对同一个社会过程的现象有不同经验的参与者，而解释现象学分析则由于更关注个体对经验的理解方式，所以抽样主要是经历过同一经验的同质性样本，并且一般来说样本量较小。在资料分析方面，由于扎根理论追求生产适合资料的理论，所以分析是遵守细致的操作程序，并且是限定在资料中的。而解释现象学分析更偏重于灵活性，并没有提出分析的具体操作程序，在分析中也允许研究者在一定范围内偏离初始问题，关注资料分析过程中显现的新奇主题，并认为这些被参与者忽略的新奇主题更可能带给人们熟悉的生活经历以不平常的意义。[⑤]

[①] Strauss, A. and Corbin, J. (1998). , *The basics of qualitative research*: *Techniques and procedures for developing grounded theory* [M]. Newbury Park, CA: Sage. 1998. pp. 12 – 13.

[②] ［英］卡麦兹:《建构扎根理论——质性研究实践指南》，边国英译，重庆大学出版社2009年版。

[③] 孙晓娥:《扎根理论在深度访谈研究中的实例探析》，《西安交通大学学报》（社会科学版）2011年第6期。

[④] Rennie, D. L., "Grounded theory methodology as methodological hermeneutics" [J]. *Theory and Psychology*, 2000 (10). pp. 481 – 502.

[⑤] 潘威:《扎根理论与解释现象学分析的比较研究》，《西华大学学报》（哲学社会科学版）2010年第3期。

有研究者是从认识论的层面比较了实证研究与质性研究的差异，重点介绍了作为质性研究方法的扎根理论的源起、理论基础和研究程序。表明扎根理论为质性研究的理论建构，为填平经验研究与理论研究之间的鸿沟提出了一整套程序与技巧。当然，该研究是着眼于扎根理论的研究方法对于传播研究的方法论和弱势群体研究所具有的有益启示。研究指出，由于强调经验观察与实验，实证研究受限于经验及理论模式，缩小了研究的范围。对方法的执着及对思辨的避讳也同样使得实证研究技术化，趋于烦琐而难有长足进步。

质性研究有以下特性：一是透过被研究者的视角看待社会，只有掌握被研究者个人的解释，才能明了其行事的动机。但是，这并不意味着可以否决研究者"二度建构"的可能。二是研究过程的情景描述被纳入研究中，场景描述能够提供深层发现。三是将研究对象放置于其发生的背景和脉络之中，以对事件的始末做通盘的了解。四是质性研究具有弹性，任何先入为主的或不适当的解释架构都应当避免，采用开放或非结构方式。五是质性研究的资料整理主要依赖分析归纳，先使用一个大概的概念架构，而非确切的假设引领研究，然后再依研究的发现而归纳成主题。在理论形成方面，扎根理论提供了分析、描述及分类的方向。

扎根理论就是为了填平理论研究与经验研究之间存在的令研究者非常尴尬的鸿沟。这为弥补质性研究过去只偏重经验的传授与技巧的训练，提供了一套明确的和系统的策略，以帮助研究者去思考、分析、整理资料，挖掘并建立理论。扎根理论严格遵循归纳与演绎并用的科学原则，同时也运用了推理、比较、假设检验与理论建立。扎根理论是一个一面收集资料，一面检验假设的连续循环过程，研究过程中蕴含着检验的步骤。扎根理论的主要目的是在理论研究与经验之间架起一道桥梁，其严格的科学逻辑原则，开放的理论思考，研究多组和多变量复杂关系的视野，以及在实际工作中开展研究的过程，都为质性研究理论的建构提供了一个发展的空间。①

扎根理论的方法论已经在许多学科的学术成长和理论发展中，得到了越来越广泛的关注和重视。这成为寻求理论突破的一个重要选择点或突破口。在心理学的研究中，在心理学本土化的追求中，扎根理论也同样被置于一个突出和焦点的位置。那么，对扎根理论研究的方法论考察，就成为重要的课题。

三　扎根理论方法论要素

有研究者指出，在现有的研究方法论的文献中，至少存在着三个扎根理论研究方法论版本：一是格莱瑟（B. G. Glaser）和斯特劳斯（A. L. Strauss）的原始性版本（original version）；二是斯特劳斯和科宾（J. Corbin）的程序化版本（proceduralised version）；三是查美斯（K. Charmaz）的建构论版本。对于运用不同版本扎根理论的研究者而言，鉴于在社会科学中，研究范式、学科背景、探索领域、面对问题等方面的差异，学术界在扎根理论的版本选择问题上，还缺乏基本共识。

那么，按照相关学者的研究，扎根理论研究方法论的要素，涉及一系列相关的重要方面。这些方面对于理解扎根理论研究的方法论和运用扎根理论研究的方法论，都是非常重要的。

一是阅读和使用文献。文献回顾可谓是扎根理论研究方法论较之其他研究方法论最具差异性和争议性的研究步骤。避免一个特定的、研究项目之前的文献回顾，其目的是让扎根理论研究者尽量自由、开放地去发现概念、研究问题并对数据进行分析。这样做的目的也是防止已知的文献对后来数据分析和解读所带来的污染。在研究开始就把已知文献放在一边，同时也容许研究者进行理论取样并不断进行其他

---

① 王锡苓：《质性研究如何建构理论？——扎根理论及其对传播研究的启示》，《兰州大学学报》（社会科学版）2004 年第 3 期。

相关数据比较。

二是自然呈现。通过对不断涌现的数据保持充分的注意力，以便使研究者保持开放的头脑来对待研究对象所关注的问题，而不是研究者本身的专业问题，这是扎根理论研究者所要具备的基本条件之一。

三是对现实存在但不容易被注意到的行为模式进行概念化。扎根理论是提出一个自然呈现的、概念化的和互相结合的、由范畴及其特征所组成的行为模式。形成这样一个围绕着特定中心范畴的扎根理论的目标，既不是描述，也不是验证。它的目的在于形成新的概念和理论，而不仅仅是描述研究发现。原则上讲，扎根理论研究分析的社会世界中所存在的实证问题，是在最抽象的、最概念化的和最具有结合性的层面。

四是社会过程分析。扎根理论是对抽象问题及其（社会）过程（processes）的研究，并非问卷调查和案例研究等描述性研究那样针对（社会）单元（units）的研究。扎根理论的分析关注重点是社会过程分析（social process analysis），而非大多数社会学研究中的社会结构单元（social structural units），例如个人、团体、组织等。所以，扎根理论研究者所形成的是关于社会过程的范畴，而非社会单元。基本社会过程（Basic Social Process）可以分为两种：基本社会心理过程（Basic Social Psychological Process）和基本社会结构过程（Basic Social Structural Process）。后者有助于在社会结构中存在的基本社会心理过程的运作。

五是一切皆为数据。在扎根理论研究方法论中，所有的一切都是数据。这个要素是极其重要的。在这个研究方法论中，数据包含了一切，可以是现有文献、研究者本身、涉及研究对象的思想观点、历史信息、个人经历。无论是什么研究方法论，研究者本身的主观参与都是一直存在的。

六是扎根理论可以不受时间、地点和人物等的限制。正如上述社会单元和社会过程之间的分析比较中所指出的，扎根理论因其侧重于对社会心理或结构过程的分析，故可以不受时间、地点或人物的限制。扎根理论可以跨场景、跨人物和跨时间加以应用。与其他研究方法论有所不同的是，扎根理论研究的成果应该具有更大的可推广性（generalisability）、全覆盖性（coverage）、可转移性（transferability）和可持久性（durability）。[①]

有研究者对扎根理论在科学研究中的运用进行了分析。研究指出，扎根理论方法对资料的分析过程可以分为三个主要步骤，依次为开放译码、主轴译码和选择译码。这三重译码虽然在形式上体现为三个阶段，但在实际的分析过程中，研究者可能需要不断地在各种译码之间来回转移和比较以及建立链接。

开放译码的程序为定义现象（概念化）—挖掘范畴—为范畴命名—发掘范畴的性质和性质的维度。经过以上的第一层译码分析，得出的概念和范畴都逐次暂时替代了大量的一手资料内容，对资料的精练、缩编和理解也在逐渐深入，继而分析和研究复杂庞大的资料数据的任务转而简化为考察这些概念，尤其是这些范畴间的各种关系和联结。

主轴译码是指通过运用"因果条件→现象→脉络→中介条件→行动/互动策略→结果"这一典范模型，将开放译码中得出的各项范畴联结在一起的过程。主轴译码并不是要把范畴联系起来构建一个全面的理论架构，而只是要发展"主范畴"和"副范畴"。换言之，主轴译码要做的仍然是发展范畴，只不过比发展其性质和维度更进一步而已。

选择译码是指选择核心范畴，将其系统地和其他范畴予以联系，验证其间的关系，并把概念化尚未发展完备的范畴补充整齐的过程。该过程的主要任务包括识别出能够统领其他所有范畴的"核心范畴"；用所有资料及由此所开发出来的范畴、关系等，扼要说明全部现象，即开发故事线；继续开发范畴使其具有更细微、更完备的特征。选择译码中的资料统合与主轴译码差别不大，只不过它所处理的分析层次

[①] 费小冬：《扎根理论研究方法论：要素、研究程序和评判标准》，《公共行政评论》2008年第3期。

更为抽象。①

扎根理论方法论有较为完备的构成要素，并有较为系统的运用程序。进而，在众多学科中都有实际的采纳。

四 扎根理论方法论评判

有研究者详尽考察了扎根理论的思路和方法。该研究认为，"扎根理论"（grounded theory）是一种质化研究（qualitative research）的方式或方法，其主要宗旨是从经验资料的基础上建立理论。研究者在研究开始之前一般没有理论假设，直接从实际观察入手，从原始资料中归纳出经验概括，然后上升到理论。这是一种从下往上建立实质理论的方法，即在系统收集资料的基础上寻找反映社会现象的核心概念，然后通过这些概念之间的联系建构相关的社会理论。扎根理论一定要有经验证据的支持，但扎根理论最主要的特点不在于其经验性，而在于扎根理论是从经验事实中抽象出新的概念和思想。在哲学思想基础上，扎根理论方法基于的是后实证主义的范式，强调对目前已经建构的理论进行证伪。

扎根理论的基本思路主要包括如下几个方面。一是扎根理论强调从资料中提升理论，认为只有通过对资料的深入分析，才能逐步形成理论框架。这是一个归纳的过程，从下往上将资料不断地进行浓缩。与一般的宏大理论不同的是，扎根理论不对研究者自己事先设定的假设进行逻辑推演，而是从资料入手进行归纳分析。二是扎根理论强调对理论保持敏感性。由于扎根理论的主要宗旨是建构理论，因此扎根理论强调研究者对理论的高度关注。不论是在研究设计阶段，还是在收集分析资料阶段，研究者都应该对自己现有的理论、对前人的理论以及对资料中呈现的理论保持敏感，注意捕捉新的建构理论的线索。三是不断比较的方法。扎根理论的主要分析思路是比较，在资料与资

---

① 李志刚：《扎根理论方法在科学研究中的运用分析》，《东方论坛》2007年第4期。

料之间、理论与理论之间不断进行对比,然后根据资料与理论之间的相关关系提取出有关的类属及属性。四是理论抽样的方法。在对资料进行分析时,研究者可以将从资料中初步生成的理论作为下一步资料抽样的标准。这些理论可以指导下一步的资料收集和分析工作,如选择资料、设码、建立编码和归档系统。五是灵活运用文献。使用有关的文献可以开阔视野,为资料分析提供新的概念和理论框架。与此同时,也要注意不要过多地使用前人的理论。

扎根理论的操作程序一般包括以下方面。一是从资料中产生概念,对资料进行逐级登录;二是不断地对资料和概念进行比较,系统地询问与概念有关的生成性理论问题;三是发展理论性概念,建立概念和概念之间的联系;四是理论性抽样,系统地对资料进行编码;五是建构理论。力求获得理论概念的密度,亦即理论内部有很多复杂的概念及其意义关系,应该使理论概念坐落在密集的理论性情境之中。力求获得理论概念的变异度。力求获得理论概念的整合性。①

应该说,在社会和行为科学的研究中,关于研究方法也是非常重要的。在运用不同研究方法的研究中,理论也同样是不容忽视的。正如研究者所指出的:"在科学中,理论占有极其重要的地位。事实上,经过证实的科学理论就是科学知识的本身。而从比较广阔的观点来看,理论至少具有以下几项重要的功能:一是统合现有的知识;二是解释已有的事项;三是预测未来的事项,四是指导研究的方向。"②

心理学的本土化,本土心理学的研究,需要扎根理论的方法论。③可以说,在心理学本土化的历程中,科学的创意、研究的突破、思想的创造、理论的建构,等等,同样都是至关重要的。这几乎决定了本土心理学实际的走向和未来的前途。因此,在本土心理学的研究中,扎根理论受到了研究者的极大关注和认真对待。杨中芳就把扎根理论研究法归类在了本土化心理学的研究方法中,指出了扎根理论方法与

---

① 陈向明:《扎根理论的思路和方法》,《教育研究与实验》1999 年第 4 期。
② 杨国枢(主编):《社会及行为科学研究法》(上册),重庆大学出版社 2006 年版。
③ 黄囇莉:《科学渴望创意,创意需要科学:扎根理论在本土心理学中的运用与转化》,载杨中芳《本土心理学研究论丛》,台北:远流图书公司 2008 年版。

其他方法的不同，在于扎根理论方法的主要目的是理论的发展建构，而不是验证已发展完成的理论。同时，运用这一策略得到的理论抽象性及普及性都比较低，属于解释具体内容之说法型的理论。①

显然，心理学本土化的理论研究所希望的是，理论的建构能够直接来自关于本土心理行为的资料，而不是从外来的理论中去借用和引申。当然，扎根理论也会有严重的问题，那就是会在经验资料的基础之上，忽视其他学术性资源。本土心理学资源会提供基本的理论框架、理论预设、理论前提、理论建构。这是本土心理学的学术性创新或原始性创新的基础。扎根理论希望抛弃原有的学术基础或理论预设，但如果因此而抛弃了自己的学术资源或理论资源，那就会得不偿失。这实际上在本土心理学的研究者中，已经得到了明证。

---

① 杨中芳：《本土化心理学的研究方法》，载《华人本土心理学》（上册），重庆大学出版社2008年版。

第一章　心理学方法论扩展探索[*]

方法论是任何一门科学研究的基础。它既是理论的基础，也是方法和技术的基础，因此，心理学方法论也是心理学研究的基础。方法论的探索，是关系到心理学学科发展的核心问题。原有的心理学方法论的研究仅仅涉及心理学研究方法的探索，其实，心理学研究的方法论应该得到扩展。方法论的探索包括关于对象的立场、方法的认识、技术的思考。

心理学研究包括三个基本部分：一是关于对象的研究，涉及的是心理学的研究对象，是对心理行为实际的揭示、描述、说明、解释、预测、干预等；二是关于方法的研究，涉及的是心理学研究者，探讨的是心理学研究者所持有的研究立场、所使用的具体方法；三是关于技术的研究，涉及的是对所涉及的研究对象的干预和改变。那么，心理学研究的方法论也就应该包括三个基本方面：一是关于心理学研究对象的理解。这也就是研究内容的确定，是力求突破对人的心理行为的片面理解。二是关于心理学研究方式和方法的探索。这也就是研究方法的创新，是力图突破和摆脱西方心理学科学观的限制，为心理学的研究重新建立科学规范。三是关于心理学技术手段的考察。这也就是干预方式的明确，是力争避免把人当作被动接受随意改变的客体。

传统心理学中的方法论的探讨主要是考察心理学研究所运用的具体研究方法。这包括心理学具体研究方法的不同类别、基本构成、使用程序、适用范围、修订方法等。随着心理学的发展和进步，心理学

---

[*] 原文见葛鲁嘉《对心理学方法论的扩展性探索》，《南京师大学报》（社会科学版）2005年第1期。

方法论的探索必须跨越原有的范围，应该包括关于心理学研究对象的立场，关于方法的认识，关于技术的思考。因此，对心理学方法论的新探索，可以说就是反思心理学发展的一些重大的理论问题和方法问题。[1] 这关系中国心理学的发展与进步，也关系整个心理学的命运与未来。[2] 因此，方法论的研究就成为心理学学科以及本土心理学突破的核心或枢纽。

一　关于对象的立场

　　心理学家对心理学研究对象的考察和研究是建立在对心理学研究对象的理论预设的基础之上，或者说是取决于心理学家对心理学研究对象的基本性质的预先理解。心理学家关于心理学研究对象的理论预设可以是隐含的，也可以是明确的。但是，无论是隐含的还是明确的，它都决定着心理学家对心理学研究对象的理解。有什么样的关于研究对象的理论预设，就会有什么样的对研究对象的理解。心理学家关于心理学研究对象的理论预设可以有两个来源。第一个是来自心理学家提供的研究传统。在后的心理学家可以把在先的心理学家的学说理论作为自己的理论前提或理论预设，例如后弗洛伊德的学者都把精神分析创始人弗洛伊德的某些理论观点作为自己的关于研究对象的理论预设。第二个是来自哲学家提供的理论基础。哲学家对人类心灵的探索也可以成为心理学家理解心理学研究对象的理论前提或理论预设。这包括哲学心理学和心灵哲学的探索。[3] 关于对象的立场涉及如下的一些重要方面。

---

　　[1]　杨中芳：《如何研究中国人：心理学本土化论文集》，台北：桂冠图书股份有限公司1997年版。

　　[2]　杨国枢、文崇一主编：《社会及行为科学研究的中国化》，台北："中央研究院"民族学研究所1982年版。

　　[3]　葛鲁嘉、陈若莉：《论心理学哲学的探索——心理科学走向成熟的标志》，《自然辩证法研究》1999年第8期。

自然与自主。显然，人是自然演化过程的产物，那么，人的心理也就是自然历史的产物。但与此同时，人的心理也是意识自觉的存在，是自主的活动，是自主创生的结果。这就是自然与自主的内涵。其实，在心理学的研究中，既有心理学家把人的心理设定为自然历史的产物，也有心理学家把人的心理设定为自主创生的结果。这就导致了对人的心理行为的完全不同的理解和解释，也导致了对人的心理行为的完全不同的引导和干预。这就是心理学研究中的自然决定和自主决定的区别。

物理与心理。西方科学心理学的诞生直接采纳了近代自然科学得以立足的理论基础。在涉及对心理学研究对象的理解方面，西方科学心理学采纳的是近代自然科学中的物理主义的世界观。物理主义是一个有歧义的提法，在此主要泛指传统自然科学有关世界图景的一种基本理解。物理主义的世界观把自然科学探索的世界看作由物理事实构成的，物理事实能为研究者的感官或作为感官延长的物理工具把握到。西方心理学的主流采纳了物理主义观点，把人的心理现象类同于其他物理现象。尽管心理现象具有高度的复杂性，但却可以还原为构成心理现象的更为简单性的基础。在自然科学贯彻物理主义的过程中，物理学中有过反幽灵论的运动，生物学中有过反活力论的运动，心理学中也相应地有过反心灵论或反目的论的运动。这就使得西方心理学对研究对象的理解存在着客观化的倾向，而客观化甚至导致了对研究对象的物化。实际上，人类心理与自然物理之间既有关联，又有区别。最根本的关联在于，人类心理也是自然的存在，也是自然发生和变化的历程。最根本的区别在于，人类心理具有自觉的性质，这种自觉的心理历程也是文化创生的历程。[①]

人性与人心。心理学研究的主要是人的心理，那么心理学家有关人性的主张就会成为理解人的心理的理论前提。或者说，心理学家对人性有什么样的看法，就会对人的心理有什么样的理解。涉及有关人

---

① 葛鲁嘉：《中国本土传统心理学的内省方式及其现代启示》，《吉林大学社会科学学报》1997年第6期。

性的主张，可以体现在如下两个维度上：第一个维度是有关人性的本质属性。这基本上有三种不同的主张：一是主张人性的自然属性；二是主张人性的社会属性；三是主张人性的超越属性。以人性的自然属性为理论前提，在心理学的研究中就有心理学家通过生物本能来理解人的心理行为。以人性的社会属性为理论前提，在心理学的研究中就有心理学家通过社会环境或人际关系来理解人的心理行为。以人性的超越属性为理论前提，在心理学的研究中就有心理学家通过心理的自主创造来理解人的心理行为。第二个维度是有关人性的价值定位。这基本上也有三种不同的主张：一是主张人性本善；二是主张人性本恶；三是主张人性不善不恶或可善可恶。以人性本善作为理论前提，在心理学的研究中就有心理学家把人的心理理解为向善的追求。以人性本恶作为理论前提，在心理学的研究中就有心理学家把人的心理理解为向恶的追求。以人性可善可恶作为理论前提，在心理学的研究中就有心理学家把人的心理理解为受后天环境的制约。

客观与主观。人的心理意识和心理行为都可以成为客观的对象。但与此同时，人的心理意识和心理行为也可以成为主观的自觉。其实，所谓客观与主观，是在心理学的研究中研究对象与研究者之间的关系的确立。客观的研究在于从研究对象出发，不加入研究者主观的看法、见解、观点等。主观的研究则是从研究者出发，主张和强调心理的承载者、表现者、运作者也可以同时成为心理的体察者、体认者、体验者。其实，这是人的心理与物的存在的一个非常重要的区别。

被动与主动。人的心理行为可以是被动的，也可以是主动的，或者说人的心理既可以是由外在推动的，也可以是自己内在发动的。在心理学的研究进程中，有的研究者把人的心理看作被动的，是受外界的条件所决定的。环境决定论就是这样的主张。也有的研究者是把人的心理看作主动的，是人的心理自己推动的。心理决定论就是这样的主张。这成为心理学研究中对立的两极。

生理与社会。人的心理行为一方面有其实现的基础，那就是人的神经系统。神经生理活动是人的心理活动的基础。人的心理行为另一方面有其表演的舞台，那就是人的社会生活。涉及心理与生理的关系，人的心理不仅为人类个体所拥有，而且与个体的身体相关联。身心关系或心理与生理的关系一直是困扰着心理学研究者的重大问题。在西方心理学的发展历史中，流行着身心一元论和身心二元论的观点，包括唯物的身心一元论，唯心的身心一元论，平行的身心二元论，交互作用的身心二元论等。这无疑制约着心理学家对研究对象的理解。涉及心理与社会的关系，人的心理不仅为个体所具有，而且为人类社会所共同拥有。

动物与人类。人是地球的生物种群中的一种，或者说人也是动物。但是，人又是超越动物的独特的物种。这就是说，人既有动物的属性，也有超越动物的属性。在心理学的发展历程中，既有过把动物的心理拟人化的研究，或者说是按照对人的心理的理解来说明动物的心理；也有过把人的心理还原为动物心理的研究，或者说是按照对动物心理的理解来说明人的心理。无论是哪一种理解，都是对心理发展和演变的界限的忽视和忽略。

个体与群体。对人来说，人首先是个体的存在，是在身体上分离的独立个体。但是，从另外一个方面来说，人又是种群中的个体，是群体的存在。人的心理非常独特的方面在于，每个人都拥有完整的心理，或者说没有脱离开个体的所谓人类群体的心理。但反过来，人类群体又拥有共同的心理，或者说不存在彼此隔绝和截然不同的个体心理。这给理解心理学的研究对象带来了分歧。在西方心理学的研究中，个体主义观点就十分盛行。这种观点强调通过个体的心理来揭示整体的心理，而否定了从整体的心理来揭示个体的心理。这无疑限制了心理学从更大的视野入手去进行科学研究。

内容与机制。人的心理可以内含其他事物于自身。这就是人的心理活动的内容。但是，人的心理又有对内容的运作过程。这就是人的心理活动的机制。人的心理活动是内容和机制的统一体。但如何对待心理的内容和机制却有着不同的观点。在心理学的研究中，曾经有过研究人的心理内容与研究人的心理机制的对立。例如，内容心理学与意动心理学的对立和争执。相比较而言，心理活动的内容是复杂多样的和表面浮现的。因此，科学心理学的研究常常是倾向于抛开内容而去探索心理的机制。这成为心理学研究中一个似乎是定论的研究倾向。但是，实际上心理活动的内容是心理学研究所必须面对的十分重要的方面。

元素与整体。可以说，人的心理是由许许多多的要素构成的，但又是一个相互关联和不可分割的整体。在对心理学研究对象的理解中，有着相互对立的元素主义的观点和整体主义的观点。元素主义是要揭示心理的最基本的构成元素，以及这些基本元素的组合规律，从而认识人的复杂的心理活动。整体主义则认为人的心理是完整的，如果加以分割就会失去人的心理的原貌，从而主张应揭示人类心理的整体。

结构与机能。人的心理是依照特定原则构成的结构，而该结构也具有特定的功能。在心理学的研究中，就有过构造主义心理学与机能主义心理学的对立和争执。构造主义强调心理学是研究人的心理结构的，包括心理结构的构成要素和构成规律。机能主义则强调心理学是研究人的心理机能的，包括心理机能的适应环境和应对生活的作用。

意识与行为。人的心理有内在的意识活动，也有外在的行为表现。心理学的研究曾经偏重过对意识的揭示，着眼于说明和解释人的内在意识活动。但是，心理学的研究后来也曾经抛弃过意识，把意识驱逐出心理学研究领域，而把人的行为当作了心理学的唯一研究对象。行为主义心理学曾经一度支配了整个心理学的研究。

二 关于方法的认识

科学的研究是通过研究方法来进行的。那么，对方法的认识就会决定方法的制定和运用。这也是心理学中的方法论和方法学的内容。[1] 有关心理学研究方式的理解涉及心理学作为一门科学的预先设定。这个预先的设定可以是隐含的，也可以是明确的。无论是隐含的还是明确的，都决定着心理学家对心理学研究方式的理解和运用。有关心理

---

[1] 陈宏:《科学心理学研究方法论的比较与整合》，《东北师大学报》（哲学社会科学版）2002 年第 6 期。

学研究方式的理论前提也有两个主要来源。一是来自心理学家对自己所从事的科学事业所持有的立场或依据。当他们接受了一套心理学科学研究的训练，他们实际上也就确立了关于什么是心理学科学研究的理论设定。二是来自科学哲学家以科学为对象的哲学探讨，他们提供了什么是科学的研究、什么是科学研究的方法论等基本认识。例如，实证主义哲学就成了心理学科学研究的基本立场。[①]

在心理学的研究中，心理学家所使用的方法总是依据相应的理论设定。西方主流的心理学家坚持可验证性原则。这种原则体现在两个重要方面：一是感官经验的证实，二是以方法为中心衡量研究的科学性。心理学研究者作为与己分离的研究对象的旁观者，他对于研究对象的认识应始于他的感官经验。那么，研究的科学性就是建立在研究者感官经验的普遍性上。因此，心理学的研究总是力图排斥内省的研究方法，极力推崇实验的研究方法。这在某种程度上来说无疑是成功的，但也有不尽如人意的后果。那就是人的心理也是内在的自觉活动，这通过外在观察者的感官是无法直接把握到的。或者说，依赖于研究者感官经验的普遍性，使心理学无法把握到人的心理的完整面貌。确立实证方法的中心地位强调的是通过实证的方法来确立心理学的科学性质。心理学的研究运用实证方法是一个重大的进步。但是，运用实证方法和以实证方法为中心具有不同的含义。发展和完善实证方法是十分必要的，而以实证方法为中心则涉及把实证方法摆放到一个绝对支配性的地位。在心理学中，以实证方法为中心导致了研究是从实证方法出发，而不是从对象本身出发。

科学与谬误。运用科学方法的一个最为重要的问题，就是如何划定或区分科学与谬误的问题。心理学家正是依据科学的划界而区分出所谓科学的心理学、前科学的心理学、非科学的心理学和伪科学的心理学。任何解决科学划界问题的方案都要回答以下问题：第一，具体的划界标准是什么？划界的依据是什么？第二，进行划界的出发点是

[①] 陶宏斌、郭永玉：《实证主义方法论与现代西方心理学》，《心理学报》1997年第3期。

什么？从事科学划界是为了达到什么目的？第三，科学划界的单元是什么？是针对什么进行划界的？第四，科学划界的元标准是什么？这涉及划界理论的预设或前提。在西方科学哲学的探讨中，科学划界理论大致经历了四个发展阶段：第一，逻辑主义的绝对标准，这以逻辑经验主义和证伪主义为代表，强调科学与非科学非此即彼的标准，而划分科学的标准或是可证实性或是可证伪性。第二，历史主义的相对标准，这以范式演进和更替的理论为代表，强调的不是超历史的标准，而是对科学进行历史的分析。所谓科学就是指科学共同体在共有的"范式"之下的释疑活动，而科学的进步就是科学共同体特有的范式的转换。第三，无政府主义的取消划界，这以怎么都行的主张为代表。该主张认为没有办法也没有必要划分科学与非科学，科学方法是怎么都行，科学理论是不可通约。第四，多元标准的重新划界，强调仍要进行科学划界，但其所提供的是多元的标准。[①] 心理学从哲学当中分离出来之后，就一直存在着确立自己科学身份的问题。[②] 所以，心理学的科学性质就一直缠绕着心理学研究者。在心理学内部，一直持续的是对彼此研究的科学性的相互指责。例如，科学主义取向的心理学对人本主义取向的心理学的指责，就是否认其研究的科学性质。[③] 心理学家总是依据自己对科学的理解来对待心理学的探索。[④]

　　方法与问题。在心理学的研究中，或者说在心理学的发展历程中，方法中心和问题中心是两种不同的立场和主张。所谓方法中心是指在心理学研究中，能够起决定作用并能够引导研究的是方法。心理学研究是否科学，要看是否采用了科学的方法。所谓问题中心是指在心理学研究中，能够起决定作用并能够引导研究的是问题。心理学研究是否科学，要看提出问题和解决问题的科学性。

　　[①] 陈健：《科学划界》，东方出版社1997年版。
　　[②] 葛鲁嘉：《中国心理学的科学化和本土化——中国心理学发展的跨世纪主题》，《吉林大学社会科学学报》2002年第2期。
　　[③] 单志艳、孟庆茂：《心理学中定量研究的几个问题》，《心理科学》2002年第4期。
　　[④] Ratner, C., *Cultural psychology and qualitative methodology* [M]. New York: Plenum Press, 1997.

实证与体证。心理学的科学研究有的时候也被称为实证研究，所以科学心理学有的时候也被称为实证心理学。所谓实证研究，实际上是指研究者感官经验的证实，而不是任意地想象和推测。这被看作科学研究，特别是广义物理科学研究的基本性质，亦即其科学性的基本保证。但是，心理科学的研究对象有其独特的性质，那就是人的心理意识的自觉性。这种自觉导致了人的心理包含着自我体察和自我体验。与实证相对应，人的心理的自我意识、自我引导、自我提升也可以被称为体证。

实验与内省。在心理学的科学研究中，目前实验的方法占据着主导地位。但是，在心理学的历史发展中，内省的方法也曾经占据主导地位。或者说，在心理学研究早期，内省的方法被当作主导方法。因为人的心理意识虽无法直接观察到，但却可以被人自己体察、体验或内省到。但是，在心理学成为独立的科学门类之后，由于内省的个体性、不可重复性、无法验证性，内省的方法逐渐地被实验的方法所替代。但是，实验的方法也在某种程度上受到实验工具和实验者感官观察的某些限制。那么，内省能否超越个体性，或者说通过内省的方法能否达到普遍性，也就成了内省方法能否被心理学研究重新启用的重要问题。[1]

定性与定量。无论是在心理学研究性质上，还是在心理学研究方式上，都有定性研究和定量研究之分。定性研究与定量研究也可以称为质化研究与量化研究。定性研究是对研究对象性质的推论或断定。定量研究则是对研究对象数量关系的确定和计算。[2] 在心理学研究中，既包含着定性研究，也包含着定量研究。问题在于对二者优先地位的确定。也就是说，是定性研究占据决定地位，还是定量研究占据决定地位。[3]

---

[1] 葛鲁嘉：《中国本土传统心理学的内省方式及其现代启示》，《吉林大学社会科学学报》1997 年第 6 期。

[2] 单志艳、孟庆茂：《心理学中定量研究的几个问题》，《心理科学》2002 年第 4 期。

[3] Ratner, C., *Cultural psychology and qualitative methodology* [M]. New York: Plenum Press, 1997.

思辨与操作。心理学研究中所谓操作研究与思辨研究是两种完全不同的研究方式。在心理学早期形态中，思辨的研究方式占据着主导地位。所谓思辨研究，是指研究者根据自己的理论立场和经验常识，预先设定了对象的性质。并通过这种预先的设定来进一步推论对象的活动和规律。在科学心理学后来的发展中，操作研究后来居上占据了主导地位。所谓操作研究，是指把研究建立在操作程序的合理性和合法性上。

客位与主位。所谓客位与主位，是关于心理学研究中研究者与研究对象的关系问题。西方心理学的主导科学观分离了研究对象和研究者，或者说分离了研究客体和研究主体。研究客体是已定的存在，是客观的现象。研究主体则是如实描摹的镜子，是冷漠的、中立的旁观者。显然，在心理学研究中，这是占有支配性的理论预设。这给心理学带来了巨大的进步，但也限制了心理学研究的发展。例如，这可以导致对心理学研究对象的客观化，也可以导致价值无涉的研究立场。实际上，研究对象与研究者的分离是基于异己的自然物与人作为认识者的区分。但是，心理学的研究对象与研究者却具有共同的性质。它们可以按研究对象与研究者加以区分，也可以形成超越这种区分的特定联系。可以认为，在心理学研究中，研究者与被研究者也可以是一体的，那就是心灵的自我超越活动和自我创造活动。这不仅是个体化的过程，而且是个体超越自身的过程。这不仅是心灵的自我扩展，而且是心灵与心灵的共同构筑。

概念与理论。在心理学研究中，心理学家在运用心理学的概念和通过概念来建立心理学理论时，总是力求坚持合理性的原则。这种原则体现了两个重要方面：一是对概念进行操作定义，二是强调理论符合逻辑规则。心理学中的许多概念常常是来自常识或日常语言，那么对于心理学的研究者来说，就存在着如何将日常语言转换为科学概念的问题。心理学中流行过操作主义，许多心理学家都希望借助操作主义来严格定义心理学的概念。操作主义的长处在于保证了科学概念的有效性，亦即任何科学概念的有效性取决于得出该概念的研究程序的有效性。心理学理论的构成则强调逻辑的一致性。这需要的是科学语言的明晰性和科学理论的形式化。

三 关于技术的思考

在心理学研究中，心理学家不仅要揭示、说明和预测人的心理，还要通过相应的技术手段影响、干预和改变人的心理。要对人的心理进行技术干预，西方主流的心理学家坚持的是有效性原则。这个原则也涉及两个重要方面：一是被干预对象的性质，二是技术干预的限度。显然，心理科学的技术干预对象与其他自然科学门类的技术干预对象有类同的地方，也有很大的甚至是根本的不同。人对其他自然对象的技术干预是为了给人谋福利，那么对象就具有为人所用的性质。然而，心理科学对人的心理的干预则是直接为心理科学的对象谋得福利，技术干预的对象不具有为人所用的性质。这就是人的尊严问题，或者是人的价值问题。同样，人作为心理科学的技术干预对象，不是被动的，不是可以任意加以改变的。那么心理科学的技术手段就是有限度的。这就是人的自由问题，或是人的自主问题。实际上，心理科学研究对象是人的心理生活，心理生活是人自主引导和自主创造的生活。

附属与中心。对心理学的研究有两种区分的方式：一种是把心理学的研究区分为基础研究和应用研究，另一种是把心理学的研究区分为理论研究、方法研究和技术研究。基础研究与应用研究的区分主要有两个方面。一是研究目的的区别。基础研究的研究目的是说明和解释研究对象，构建和形成知识体系。应用研究的研究目的则是确定和解决问题，改进和提高生活质量。二是评价标准的区别。基础研究的评价标准是合理性，即心理学的理论学说、研究方法和应用技术是否合理。应用研究的评价标准则是有效性，即心理学的理论学说、研究方法和应用技术是否有效。理论研究、方法研究、技术研究的区分则主要体现在如下三个方面。心理学理论研究可以是在两个层面上：一个是在哲学反思或思想预设的层面，另一个是在理论构想或理论假设的层面。理论构想或理论假设可以涉及概念、理论、学说、学派，也可以涉及框架、原则、假说、模型。心理学的方法研究则可以是在三个层面上：第一个是哲学方法或思想方法的层面，这涉及方法论与方法；第二个是一般科学方法的层面，这涉及横断科学的方法，像系统论、信息论、控制论等；第三个是具体研究方法的层面，这涉及心理学研究的各种具体的研究方法，像观察法、实验法、测量法等。心理学技术研究则可以是在两个层面上：一个是思想层面，包括技术设计的思路、技术运用的理念；另一个是工具层面，包括技术运用的手段、技术实施的步骤等。

其实，在心理学研究中，有一个基本顺序或基本次序的问题。德国的哲学家康德曾经有一个关于心理学研究性质的基本结论。那就是心理意识只有一个维度，即时间维度，而没有空间维度，所以无法测定和量化。为此，心理学只能是内省的研究，而不能成为实验的科学。其实，康德关于心理学的结论具有的含义是：一是人的心理是独特的，其完全不同于物理；二是实验的方法是有限度的，不可能无限度地运用。康德的结论给心理学的研究带来了一个难以克服的障碍。这导致心理学研究中还原论的盛行。心理学的还原论涉及把心理的存在还原为物理的、生理的，像还原为脑、神经元、遗传基因等方面。其实，在心理学研究中有一个非常重要的问题，那就是以什么为中心。心理学研究有过以理论为中心。这在研究中强调哲学思辨、理论构想、理论假设和问题中心。心理学的研究有过以方法为中心的做法。这在研究中强调方法决定理论、方法优先问题。对于心理学研究顺序应该有新的设想。原有的研究顺序是理论、方法、技术，也就是理论优先。原有的研究顺序也有过方法、理论、技术，也就是方法优先。其实，心理学应有的研究顺序应该有一个重要变化，那就是技术、理论、方法。技术优先的思考涉及价值定位、需求拉动、问题中心、效益为本。所谓技术、理论、方法的顺序也表明，技术应由理论支撑，理论应由方法支撑。对于人的心理生活来说，重要的是生活的规划、规划的实施和实施的评估。

干预与引导。对人的生活亦即对人的心理生活，科学亦即心理科学可以有两种方式加以影响，那就是干预和引导。所谓干预是以研究者为主导的过程，所谓引导则是以生活者为主导的过程。干预是使生活者按照研究者的预测和方法而得到改变。引导则是使生活者按照自己的意愿和方式朝研究者制定的目标变化。这是两种不同施加影响的方式：干预带有强制性，而引导强调自主性。

问题与目标。心理学应用是对现实中具体问题的解决。所以，最为重要的就是确定问题。但是，应用心理学对现实生活中问题的解决，还必须确立自己的实际目标。所谓问题是从现实出发的，所谓目标是从学科出发的。问题决定了心理学应用的意义，而目标决定了心理学应用的导向。心理学的应用总是针对问题的过程，而心理学的应用又总是实现目标的过程。

工具与程序。心理学的应用要涉及具体的技术工具。工具的发明和运用是心理学应用的一个核心的方面，也是决定心理学的应用程度和应用效果的一个重要方面。当然，任何工具的运用都要涉及一套具体的应用程序或实施步骤。正是通过具体的应用程序或实施步骤，来完成对人的心理行为的改变。

规划与实施。在心理学应用过程中，要有对应用方案的规划、设计和制订。在制订方案之后，最为重要的就是实施方案。对应用方案或应用程序的制定主要有四个确定。一是确定问题与目标。这包括问题情境与实际问题，也包括长期目标与短期目标。二是确定原理和原则。这包括心理学科的原理和原则，也包括其他学科的原理和原则。三是确定方式与方法。这包括需要了解的内容范围，也包括需要采纳的研究方法。四是确定技术和工具。这包括参照其他应用的成功案例，也包括拟定所需的合适手段。

评估与修正。心理学应用方案的实施过程中，以及实施了之后，还要对实施的结果进行评估。评估过后，还要对原方案进行修正。对心理学应用方案的评估种类有两种：一种是建构性评估，主要是评估应用方案的基本构成。另一种是总结性评估，主要是评估应用方案的实施结果。对心理学应用方案的评估，内容涉及四个方面：一是应用方案的目标，二是应用方案的构造，三是应用方案的作用，四是应用方案的效率。

　　投入与效益。在心理学应用过程中，还有个非常重要的方面就是投入与效益，也就是怎样以最小的投入，来获得最大的效益。任何对心理问题的解决，都需要投入人力、物力、时间、精力和资金，等等。这就是投入的问题。任何对心理问题的干预，都会求取变化、改进、结果、收获和提升，等等。这就是效益的问题。

第二章　心理学的生态学方法论[*]

生态学的出现不仅仅是一个新的学科的诞生，而且是一种新的思考方式的形成。生态学与心理学的结合形成了一个新生学科，也构成了新的研究方法论。这就是生态心理学学科和心理生态学方法论。生态的核心含义是指共生。生态的视角是指从共生的方面来考察、认识和理解环境、生物、社会、生活、人类、心理、行为等。在中国的文化传统中，一个非常重要的原则性主张就是天人合一。这是原初的生态学方法论，强调人与天的合一，我与物的同一，心与道的统一。这应该成为中国本土心理学研究的重要方法论原则。

一　生态学和心理学的交叉

生态学的出现是对生态问题的科学考察和研究。生态的核心含义是指共生。所谓共生不仅是指共同生存或共同依赖的生存，而且是指共同发展或共同促进的发展。其实，生态学的含义不仅仅是指生物学意义上的，而且包含文化学、社会学和心理学的意义。当然，生态学的含义在一开始的时候，更多的是在生物学意义上的理解。只是随着生态学的进步和发展，其意义才开始扩展到其他学科领域，才开始进入人类生活的各个方面。其实，正因为有了生态的含义，才使得科学的研究和思考有了更为宽广的域界。

人的生存和人的心理所具有的含义是多样性的，不应该也不可能

---

[*] 原文见葛鲁嘉《心理学研究的生态学方法论》，《社会科学研究》2009 年第 2 期。

被限定在某一个特定方面。那么，多样化地理解人的生存和心理的含义，或者说统合性地理解人的生存和心理的含义，就是非常必要的。人的生存和成长并不仅仅就是物理意义的、生物意义的和社会意义的，而在很大程度上是心理意义的。任何一个人都既拥有个体的生命，也拥有种族的生命。这就是所谓性命和使命的含义。生命的最直接含义是个人或个体的生存，这是人的最现实的形态。当然，在西方和中国的文化中，对个体存在的指称是不同的。西方文化中的个体是按照心来划分的。中国文化中的个体则是按照身来划分的。个体的生命是有限的，是短暂的，但个体的生命却可以与种族的延续关联在一起。这就使个体的生命成为无限的和永恒的。其实，种族的延续是由个体汇聚而成的，而个体的发展不过是种族历史的重演。关于发展可以有多种多样的理解。其实，无论是变化、变迁、演变、流变、生长、成长等，都与发展有着某种关联。当然，发展的含义可以被理解为是扩展，是升级，是多样化，是复杂化。

生态学的出现不仅仅是一个新兴学科的诞生，而且是一种思考方式的形成。[①] 这种新的思考方式突破了传统分离的、孤立的、隔绝的思考，建立了当代系统的、联结的、共生的思考。这种思考方式不仅带来了对世界和事物理解上的变化，也带来了研究者的视野和思路的扩展，还带来了对待世界和改变生活的方式和行动的变化。这是导致生态和谐和繁荣非常重要的思想前提或理论前提。

生态学诞生之后，就与心理学有了非常重要的结合。这形成了全新的学科领域，提供了特殊的研究定向。这就是作为学科的生态心理学和作为方法论的心理生态学。这是十分重要的学科，是有着发展前景的学科，是应该得到贯彻的方法论，是改变人类生活的方法论。无论是生态心理学，还是心理生态学，都是人类为了解决心理与环境关系的问题，都是人类为了解决环境的健康发展与人类的心理成长的问题。目前，环境心理学和心理环境学都正在以非常快的速度发展和壮

---

① 薛为昶：《超越与建构：生态理念及其方法论意义》，《东南大学学报》（哲学社会科学版）2003 年第 4 期。

大。作为新近兴起和迅速发展的学科门类，作为具有重要生活意义和学术价值的科学研究，生态心理学是考察生态背景下人的心理行为，研究环境问题、环境危机、环境保护等背后的心理根源，探索生态环境对人的心理问题的解决、对人的心理疾病的治疗的价值。[1][2] 因此，所谓生态心理学是从生态学出发的研究，去考察生态环境和生态危机中人的心理行为问题。所谓心理生态学则是从心理学出发的研究，去考察心理生活过程中的生态环境问题。这是把人的心理生活看作包容性的和完整性的生态系统。

当生态学的研究迅速地成为研究界的显学，生态学就不仅是一个学科的出现，而且是一种研究方法论的形成。这种方法论不仅可以带来理解世界的特定思考方式上的变革，而且可以带来特定学科的基本研究视野上的扩展。有的研究者就认为，生态心理学本身目前还并没有一个统一的研究范式。那么，把生态心理学看作一种取向，要比将其看作一个学科更为合适，更能反映生态心理学本身的现状。[3]

生态心理学一方面试图去寻找导致生态危机的人类心理行为的根源，另一方面则试图去寻求导致人类心理危机的生态学的根源。这其实表明，正是因为人类毫无节制地和最大限度地满足自己的需求，而消耗和破坏了自然的和生态的链条。正是因为人类人为地割断了自己与自然的有机联系，而导致了自身的生理和心理的失衡和疾病。所以，自然的和生活的生态系统的平衡，决定了人的生活的实际质量，也决定了人的心理生活的实际质量。对生态系统的破坏不仅导致了人的生活环境的恶化，而且也导致了人的心理生活的损害。

在西方科学心理学诞生之后，完形主义心理学和机能主义心理学是导致了和促进了生态心理学产生和发展的重要心理学派别。[4] 这两

---

[1] 肖志翔：《生态心理学思想反思》，《太原理工大学学报》（社会科学版）2004 年第 1 期。
[2] 易芳：《生态心理学之界说》，《心理学探新》2005 年第 2 期。
[3] 易芳、郭本禹：《心理学研究的生态学取向》，《江西社会科学》2003 年第 11 期。
[4] 易芳：《生态心理学之背景探讨》，《内蒙古师范大学学报》（教育科学版）2004 年第 12 期。

个心理学派别所强调的整体不可分割和心理对环境的适应,就是后来生态心理学的整体主义和共生主义的基本主张和观点。但是,生态心理学的研究也反对环境心理学把人的心理看作自足的系统,也反对机能心理学把环境看作自足的存在。生态心理学强调环境与心理是交互依存的。在认知科学和认知心理学的演变和发展过程中,也有研究者主张采纳生态学的研究方法论,反对把人的认知活动从人的生活活动中分离出来,放到实验室中进行孤立的研究。这就是认知研究中强调的生态效度。这重视的是对人的生活认知的考察。[1]

心理学研究中的生态学方法论反对传统心理学的二元论的思想前提或哲学设定,反对把心理与环境、个体与社会看作分离和分裂的存在,反对把生理与心理、认知与意向看作分离和分裂的存在。心理学研究中的生态学方法论强调贯彻整体主义和共生主义的观点和主张。近些年来,越来越多的心理学家通过多元的和互动的观点来理解人的心理,来理解人的心理与环境的关系。[2] 那么,生态学所理解的生态系统,是把系统中的存在看作相互依赖、相互制约、相互促进、共同生存、共同成长、共同繁荣。那么,如果人为地割断人类与自然的联系,就会导致人的生活的失调和人的心理疾病。"生态心理学将深层生态学与心理学和治疗学相结合,一方面探寻人们的环境意识和环境行为背后的心理根源,为解决生态危机开辟新的途径;另一方面研究自然对人类的心理价值,在保护生态的更深层次上重新定义精神健康和心智健全的概念。"[3] 按照生态心理学的理解,人类与自然有着天然的联结。这体现在人类心理方面,就是所谓生态潜意识。这是人的天性或本性。然而,这种生态潜意识在后天很容易受到压抑、抑制和扭曲。目前,人类正面临着严重的环境危机,也正面临着严重的精神危

---

[1] Neisser, U., The future of cognitive science: an ecological analysis [A]. In D. M. Johnson &C. Emeling (Eds.). *The future of the cognitive revolution.* New York: Oxford University Press, 1997. pp. 245–260.

[2] 傅荣、翟宏:《行为、心理、精神生态学发展研究》,《北京师范大学学报》(人文社会科学版)2000年第5期。

[3] 刘婷、陈红兵:《生态心理学研究述评》,《东北大学学报》(社会科学版)2002年第2期。

机。生态心理学是要解除对人的生态潜意识的压抑，使人在意识层面上与自然达成和谐。生态心理学也是要促进人的生态自我的建立，这会使人合理地面对环境，合理地满足需求。在良好的生态环境中，可以使人增进心理健康，消除心理压力，治愈心理疾病，促进心理成长，形成健康人格。显然，生态心理学为理解人类与环境的关系提供了新的视野和方法。

二 生态学的视角及其方法

生态学的视角是指从共生方面来考察、认识和理解环境、生物、社会、人类、生活、心理、行为等。这否定的是割裂的、片面的、分离的和孤立的认识和理解，而强调的是联系的、系统的、动态的、发展的认识和理解。生态学的方法论是指以生态的或共生的观点、手段和技术来考察、探讨、干预生活世界、生活过程和生活内容。也就是说，生态学的方法论对于人和人的生活来说，既可以是考察的方式和方法，也可以是解说的方式和方法，还可以是干预的方式和方法。

生态学给出了特定的看待世界、看待事物、看待社会、看待人生的视角、视野、视域或视界。人的认识或人的认知常常是开始于朦胧的、模糊的、笼统的了解。但是，随着人的成长，随着人的认知的发展，人又去分析、分解、分离不同的事物。这使人会形成一种特定的认知习惯，那就是对事物进行分门别类的定位，把事物按照其构成的单元来理解。生态的视角则恰好相反，是试图把事物理解成是相互关联的整体，是彼此互惠的整体，是共同促进的整体。这样，分离的部分、分解的存在、分开的理解就要让位于整体的互动、互动的整合、整合的理解。

其实，生态学的方法论提供的是整体观、系统观、综合观、层次观、进化观、同生观、共生观、互惠观、普惠观等一些重要的思路、思想、思考。这可以改变原有心理学研究中盛行的思想方法和研究方式。整体观是通过整体来理解部分，或者是把部分放到整体中加以理解。系统观是把系统的整体特性放在优先的位置上。综合观是相对于分析观而言的，是把构成的或组成的部分统合或统筹地加以理解。层次观是把构成的部分看作或分解成不同水平的、不同层次的、不同阶梯的存在。进化观是从发展的方面、接续发展的方面、上升发展的方面、复杂化发展的方面、多样化发展的方面等，去理解事物的进程、进展、优化和优胜。同生观是把生命或生物的生长和发展看作相互支撑的、互为条件的、互为因果的、互为前提的。共生观是把发展看作彼此促进的、协同发展的、共同生长的。互惠观是把自身的发展看作对其他发展的促进，同时又反过来推动自身的发展和进步。普惠观则把个体成员的成长和发展看作整体成长和发展不可或缺的条件，一个整体中的个体的变化和发展都是具有整体效应的。生态学的方法论可以带来心理学研究中理解对象或心理的重大改变，可以带来心理学研究中理解心理与环境关系的重大改变，可以带来心理学研究中理解心理学研究方式的重大改变。

生态学是作为一门学科出现的，同时也是作为一种方法论出现的。生态学作为一门学科是考察和研究生态现象的。生态学作为一种方法论则是看待世界、理解对象、提出问题、提供思考、给出结果、提供方案的特定方式和方法。生态学方法论是指以共生的主张、观点、方式、方法、手段和技术来考察、探讨、影响和干预人的生活世界、生活过程和生活内容。也就是说，生态学方法论既可以是解说的方式和方法，也可以是考察的方式和方法，还可以是干预的方式和方法。在生态学的研究中，也有学科自身所运用的方法。生态学的方法可以包括野外观察和实验观察两大类。但是，这里所说的生态学方法论，重心并不在于生态学的研究所使用的方法是什么，关键在于生态学的研究为心理学的研究所提供的方法论的重要改变。这种生态学带来的方法论的改变包括哲学思想方法的改变，包括一般科学方法的改变，也包括具体研究方法的改变。

生态学方法论就是一种生态学的整体观、发展观、科学观、历史观、心理观。这对于心理学的学科、心理学的发展、心理学的研究来说，都是非常重要的改变。这是眼界视野的开阔，这是进入思路的扩展，这是研究方式的变革，这是探索途径的转向，这是考察重心的挪移，这是关注内容的丰富。生态学方法论使心理学家有可能在相互关联的、相互制约的、相互促进的、相互构成的方式下，去理解人的心理行为，去理解人的心理行为与环境的关系，去理解心理学学科与其他学科之间的关系，去理解心理学的研究所应包含的内容，去理解心理学研究者所能看到的生活。这也就是生态学方法论的根本含义。科学心理学的研究一直在寻求自己的研究内容的定位，一直是试图从纷繁复杂的人的生活中去分离出自己的研究对象。这常常是带来分离和分割的考察和理解，而不是关联和互惠的考察和理解。但是，生态学的方法论则可以提供那种关联性和互惠性的考察视野和理解方式。

三 文化学的含义及其原则

在中国的文化传统中，一个非常重要的原则性主张就是天人合一。中国的文化传统并没有区分和割裂主体与客体或主观与客观。中国的文化传统强调的是，心道是浑然不分的，是自然一体的，是生生不息的。道不远人。按照中国思想家的理解，道并不是在人心之外，而是在人心之内。这就是所谓心道一体，就是心性论的思想。人对道的把握，并不是到人心之外去寻找。所谓道，就是人的本心。但是，人在现实生活中，常会蒙蔽、迷失、放弃自己的本心。例如，人会受到自己的欲望驱使，人会受到自己的贪念引导，人会受到外界的刺激干扰，人会受到外界的多种诱惑。因此，人就会随波逐流、得过且过、见利忘义、泯灭良心。这就会偏离正道，误入歧途。

人的生活或人的心理生活，实际上都是寻找和追求意义的生活。对意义的理解、把握和创造就是人的心理生活。人的心理生活是建立在人的意识觉知的基础之上的，是形成和发展于生存的体验和生活的创造，是对生活意义的体验和对生活意义的创造。有意义的生活就是有道理的生活，那么有意义的心理生活就是有道理的心理生活。所以，人的心理生活都应该是寻求道理、合乎道理、具有道理的生活。

生活的道理就在于适应和创造。人可以在心理上接受自己的生活赋予自己的意义，并按照这样的意义来理解和接受自己的生活。这就是个体对生活的适应。人还可以在心理上改变自己的生活所具有的意义，并创造新的意义来赋予和充盈自己的生活。这就是个体对生活的创造。

对于人的心理生活来说，非常重要的是适应。适应就是人改变自己或改变自己的心理行为，来适应环境的条件和达到环境的要求。没有适应，就没有人的正常生活。在人的现实生活中，有着许多对环境的适应问题。许多不适应环境的就会被环境淘汰。对于人类个体来说，他从一降生就开始了对外界、对环境、对社会、对他人的适应过程。个体必须适应自己所处的生活世界，他才能够生存和发展。对于人的心理生活来说，更为重要的是创造。创造是人改变自己的生活环境、现实境遇、心理行为，创造是人建构自己的生活环境、心理生活、人生命运、未来发展。

人的心理生活并不是单一个体的封闭生活，而是群体性或社会性的生活。在群体性或社会性的生活中，重要的不仅是空间上的接近，而且在于对生活意义的共同理解和沟通。对于人的生活来说，非常重要的是理解。人要通过理解达到和解，通过和解达到和谐。人与物的分隔，或者是物与我的分隔，是在人具有了意识、主体意识、自我意识之后才开始有的。当人能够把自己的存在、身体、心理与外界、他物、他人区分开之后，就是所谓主体意识、独立意识、自我意识的产生。这表明个人或个体的成长、成熟、自立、自主，这也就意味着个体可以把自己与外界、事物、社会、他人等，区分和分离开。但是，这种区分和分离也带来了分割和分裂，也就是主与客的分裂、心与物的分裂、我与他的分裂。分裂带来的是，在主体之外的存在，在人心之外的存在，在个体之外的存在，就是外在影响人的存在，就是与人心对立的存在，就是异于个体的存在。那么，对人来说，要么就是人受物的压迫，要么就是物受人的支配。要么就是物影响了人，要么就是人利用了物。对于心理学的研究来说，要么是环境决定论的观点，环境塑造了人的心理和行为。要么是心理决定论的观点，心理改变了环境的性质和条件。这就是人与物的对立、主体与客体的对立、自我与他人的对立、主我与客我的对立。任何的分裂和对立，都意味着一种被占有和占有、被征服和征服、被消灭和消灭。这是一种原始的关系、原始的关联、原始的关切、原始的关涉、原始的关注。这是一种你死我活的关系、你消我长的关联、你失我取的关涉、你无我有的关注。

但是，在中国的文化传统中，重要的、重大的、重视的，是人与天的合一、我与物的同一、心与道的统一。人在自己的心理成长过程中，经历了逐渐把自己与外界、环境、社会、他人分离开的过程。这是人的成长历程和成熟过程。但在这个过程中，人也很容易把自己分离开的对象看作自己的对立面，是自己要征服、占有、利用的对象。那么，人也就孤立、隔绝、膨胀、放纵了自己。实际上，在人的成长过程中，最为重要的就是消除我与物的分裂，就是促进物与我的融通。这就是中国的文化传统的核心内涵，强调的是统一的、和谐的、容纳的文化。在这样的文化背景或文化环境之中，重要的就不是征服和占有、索取和利用，而是和谐和统一、融汇和融通、容忍和容纳。

四 心理学的追求及其目标

天人合一、心道一体是指在根源上和发展中人与天、心与性是一体的。当然，这里的天不是指自然意义上的天，不是指宗教意义上的天，而是指生活意义上的道理。天道是指自然演化、生物进化、人类实践过程中的道理。这里的人不是指自然意义上的人，也不是指生物意义上的人，而是指创造意义上的人。天人合一的含义就是指人的心理行为与人的生活环境的共生关系。如果单纯说环境创造了人是不完整的。环境决定论把人看作被动地受到环境的影响、制约和塑造。那么，人就会成为环境的奴隶和附属，就会成为环境任意宰割和挤压践踏的对象。同样，如果单纯说人创造了环境，也是不完整的。主体决定论把人看作无所不能的主宰者，人可以任意妄为和无所不为。那么，人就成了不受约束的主人，成了破坏的源头，成了自然的敌人，成了自毁前程的存在。人与环境是共生的关系，是共同成长的历程。人是通过创造了环境而创造了自己。或者说，环境通过改变了人而改变了自身。人与环境是要么共荣，要么共损的关系，是或者共同成长，或者共同衰退的历程。

　　天人合一的基本体现就是心道一体。道是容含的总体，但道又不在人心之外，而在人心之内。所以，人心可以包容天地、包容天下、包容世界、包容社会、包容他人。这就是人在自己的内心中体道的过程，也是人在自己的践行中证道的过程。但是，人在生活中却常常会失去自己的本心，被利欲所蒙蔽。从而，人就会背道而驰、倒行逆施、见利忘义、为富不仁。那么，怎么才能复归本心、明心见性、仁爱天下，这就是体道的追求、证道的工夫、践道的过程、布道的行为。当然，心道一体可以有许多不同的理解和特定的含义。

　　首先，心道一体的重要含义在于，道并不是在人心之外，道并不是外在的对人心的奴役，也不是人迫不得已接受的外在限制，也不是人无可奈何接受的外在存在，也不是人力所不及的天生存在。其实，道就是心，心就是道。道是人心的根本、根基和根源。人只要觉悟到内心道的存在，人只要遵循着内心道的引导，人就会随心所欲、创造世界、无中生有、促进新生。其次，心道一体的重要含义在于，心与道是共生的，是共同创生的。心迷失了道就会迷失了自己生长的根基，道离开了心就会失去自己演出的舞台。正因为人心中有道，才会有所谓心正、心善、心诚、心真。道为正，道为善，道为诚，道为真。人心可以包容天下，正是因为人心中有道。所以，在人的生存中、生存境遇中，在人的生活中、生活追求中，在人的心理中、心理生活中，也就是对人而言，心正而正天下，心善而善天下，心诚而诚天下，心真而真天下。最后，心道一体的重要含义在于，道创生了万物，创造了世界，而心也同样是创生了生活，创造了人生。道是万物演生的根本，心则是人生演化的根本。人通过自己的心来体认道的存在，来创造自己的生活，来建构社会的生活。人可以通过心理文化、心理生活、心理环境、心理资源、心理成长，来建构自己的生活和心理的根基和平台，来生成自己的生活和心理的意义和价值。这是人体认道的根本方面。

这就是人的文化，心理文化，创造所形成的文化，决定了人的生活和环境的文化。这就是人的生活，心理生活，有质量的心理生活，有追求的心理生活，有成长的心理生活，有成就的心理生活。这就是人的环境、心理环境，有和谐的心理环境，有建构的心理环境，有意义的心理环境。这就是人的资源，心理资源、可以转用的心理资源。这就是人的成长，心理的成长，无止境的心理成长。对社会个体来说，心理文化、心理生活、心理环境、心理资源、心理成长都是其安身立命的根本。对特定社会来说，心理文化、心理生活、心理环境、心理资源、心理成长也都是其必不可少的构成。

"新心性心理学"就是以探讨和揭示心理文化、心理生活、心理环境、心理资源和心理成长为目标，以开创和建立中国自己的心理学学派、理论、方法和技术为己任，以推动和促进中国心理学的创新、创造、发展和繁荣为宗旨。① 因此，新心性心理学就是把生态学方法论纳入自己的研究视野和研究范围。并且，新心性心理学就是把心理生态学作为自己的理论、方法和技术的核心内容和核心原则。

---

① 葛鲁嘉：《新心性心理学宣言——中国本土心理学原创性理论建构》，人民出版社2008年版。

第三章 心理学研究定性与定量*

在心理学研究中，有定性研究和定量研究之分，或者有质化研究和量化研究之分。定性或质化研究通常被认为是一种人文社会科学的主观研究范式，定量或量化研究通常被认为是一种实证自然科学的客观研究范式。在心理学历史中，有过定性研究占主导的时期，也有过定量研究占主导的时期。出现过定性研究对定量研究的排斥，也出现过定量研究对定性研究的排斥。在心理学理论中，重要的是寻求定性或质化研究与定量或量化研究的关系定位。在心理学方法中，重要的是寻求定性或质化研究与定量或量化研究的研究定位。

一 心理学研究中的定性与定量

近些年来，在社会科学的研究中，质化研究和量化研究得到了较多探讨。[①][②]有研究曾经比较过在社会科学研究中的定性研究与定量研究。[③]那么，在心理学研究中，方法论的研究也已经受到更多的重视。朱宝荣关于心理学方法论的研究，则不仅涉及心理学方法论的研究对象、研究内容、现实意义和历史概况，而且涉及心理学的研究课题、

---

* 原文见葛鲁嘉《心理学研究中定性研究与定量研究的定位问题》，《西北师大学报》（社会科学版）2007 年第 6 期。

① 沃野：《关于社会科学定量、定性研究的三个相关问题》，《学术研究》2005 年第 4 期。

② 秦金亮、李忠康：《论质化研究兴起的社会科学背景》，《山西师大学报》（社会科学版）2003 年第 3 期。

③ 陈向明：《质的研究方法与社会科学研究》，教育科学出版社 2000 年版。

研究策略，还涉及心理学的经验事实、研究资料，更涉及心理学的理论假说、理论构造。朱宝荣按照心理学的研究活动，对心理学现有的研究方法进行了分类和组合。这也就是按照选择心理学研究课题，确定心理学研究策略，获取心理学经验事实，提出心理学理论假说，形成心理学理论构造，完善心理学研究方法，进行的考察研究。① 当然，这种集合式或罗列式的方法论研究，按照心理学哲学方法、心理学一般方法、心理学特殊方法的分类，是比较传统的研究视野和研究方式。葛鲁嘉则把心理学方法论的研究推展到了关于心理学对象的立场，关于心理学理论的构造，关于心理学方法的认识，关于心理学技术的思考。这是对心理学方法论的扩展性的探索。②

无论是在心理学研究的性质上，在心理学研究的方式上，还是在心理学研究的方法上，都有定性研究和定量研究之分。甚至于在心理学史的研究中，也有质的研究和量的研究。③ 定性研究与定量研究也可以称为质化研究与量化研究。定性研究是对研究对象性质的断定、推论、考察、说明、解释。④ 定量研究则是对研究对象数量关系的确定和计算。在心理学研究中，既包含定性研究，也包含定量研究。⑤⑥ 问题在于心理学研究对二者优先地位的确定。这也就是说，是定性研究还是定量研究应该占据优先或决定的地位。⑦

关于定性研究或质化研究，有着将其划分为不同自然工程学科的研究。这也就在定量研究或量化研究与定性研究或质化研究之间划分了界线。那么，这也就将定量研究与定性研究这两种不同性质的研

---

① 朱宝荣：《现代心理学方法论研究》，华东师范大学出版社 1999 年版。
② 葛鲁嘉：《对心理学方法论的扩展性探索》，《南京师大学报》（社会科学版）2005 年第 1 期。
③ 高觉敷主编：《西方心理学史论》，安徽教育出版社 1995 年版。
④ 张梦中、[美] 马克·霍哲：《定性研究方法总论》，《中国行政管理》2001 年第 11 期。
⑤ 单志艳、孟庆茂：《心理学中定量研究的几个问题》，《心理科学》2002 年第 4 期。
⑥ 秦金亮：《心理学研究方法的新进展——质的研究方法》；郭本禹主编：《当代心理学的新进展》，山东教育出版社 2003 年版。
⑦ 王京生、王争艳、陈会昌：《对定性研究的重新评价》，《教育理论与实践》2002 年第 2 期。

究，划分到了自然科学学科与人文社会科学的不同门类中。这也就导致了两种研究方式的分离或分裂。定性研究或质化研究被看作一种人文社会科学的主观研究范式。①② 质化研究强调对研究对象的定性描述，主要的研究方法包括参与观察、深度访谈、传记研究、个案研究、社区研究、档案研究、生活史研究、民族学研究、人种学研究、民族志研究、口语史研究、现象学研究，等等。关于心理学的质化研究方法的考察认为，质化研究最为主要的特征在于：人文主义的研究态度③、整体主义的研究策略、主位研究的独特视角、主体互动的研究立场、解说对象的表现手段、研究问题的文化性质。④ 在心理学研究中，质化研究方法近年来也得到了探讨。⑤ 侧重定性研究的许多研究者认为，定量研究有着许多不足和缺陷，如人文性的否弃、还原论的盛行、价值说的缺失、简约化的追求。然而，这都是定性研究所具有的优势。

定量研究或量化研究被看作一种实证自然科学的客观研究范式。量化研究强调对研究对象的定量描述，主要的研究方法包括实验研究、量表测量、统计分析，等等。量化研究最为主要的特征在于其客观实证的研究态度、价值中立的研究立场、客位研究的考察视角、分析主义的研究策略、定量描述的表达方式。在心理学研究中，侧重定量研究的一些研究者认为，心理学中的质化研究有着许多不足和缺陷，如科学性的不足、思辨性的推论、主观性的猜测、假设性的说明。这都是定量研究所要克服的问题。

近年来，在心理学研究中，研究者不仅在研究范式上寻找质化研究与量化研究的对话与融通，在具体操作上也在探讨质化研究与量化

---

① 陈向明：《社会科学中的定性研究方法》，《中国社会科学》1996 年第 6 期。
② 凌建勋、凌文辁、方俐洛：《深入理解质性研究》，《社会科学研究》2003 年第 1 期。
③ 秦金亮：《论质化研究的人文精神》，《自然辩证法研究》2002 年第 7 期。
④ Ratner, C., *Cultural psychology and qualitativemethodology* [M]. New York: Plenum Press, 1997.
⑤ 秦金亮：《心理学研究方法的新趋向——质化研究方法述评》，《山西师大学报》（社会科学版）2000 年第 3 期。

研究相整合的方式。①②③ 两种研究范式的整合将对我国本土心理学的研究和发展起到重要的推动作用。严格说来，对于心理学研究，定性研究与定量研究都是必要的和重要的。问题在于，怎样使两者的关系得到合理确认，怎样使两者的运用实现相互配合。这是两个不同的问题。前者是心理学方法论所要探讨的问题，后者是心理学方法学涉及的问题。

心理学方法论的研究是心理学关于自己的研究基础的探讨。这既包括思想的基础，也包括方法的基础，还包括技术的基础。所以，心理学方法论的探讨是关系心理学学科发展的核心问题。心理学研究基础和核心就是方法论的探索。心理学研究的方法论应该包括四个最基本的方面：一是对关于心理学研究对象的理解。这亦即对心理学研究内容的确定，是力求对心理学研究对象能够有全面、深入的理解。二是关于心理学理论解说的构造。这涉及心理学的思想与主题，预设与假设，范式与框架，历史与趋势，价值与取向，概念与理论，描述与解释，构成与检验。三是关于心理学研究方法的探索。这亦即对心理学研究方法的确定，是力求对心理学研究方法能够有规范、明确的理解。四是关于心理学技术手段的考察。这亦即对心理学干预方式的确定，是力求对心理学的技术手段能够有合理、适当的理解。从心理学的方法论入手，就是要理解定性研究与定量研究的关系，并把对两者关系的合理理解带入到心理学的具体研究中。

心理学方法学的研究则涉及心理学方法论的第三部分，也就是关于心理学具体研究方法的考察和探讨。所以，心理学方法学也包含在心理学方法论当中，是其中的一个重要组成部分。心理学方法学的探

---

① 张红川、王耘：《论定量与定性研究的结合问题及其对我国心理学研究的启示》，《北京师范大学学报》（人文社科版）2001 年第 4 期。
② 秦金亮、郭秀艳：《论心理学两种研究范式的整合趋向》，《心理科学》2003 年第 1 期。
③ 向敏、王忠军：《论心理学量化研究与质化研究的对立与整合》，《福建医科大学学报》（社会科学版）2006 年第 2 期。

讨主要就是考察心理学研究所运用的具体研究方法。[①] 例如，在心理学研究中所运用的具体研究方法可以包括观察法、调查法、档案法、测量法、实验法等。心理学方法学的研究可以涉及心理学研究所运用到的这些具体研究方法的不同类别、基本构成、使用程序、适用范围等。从心理学的方法学入手，则是要涉及在心理学研究中，如何使定性或质化研究与定量或量化研究有合理的组合。

二 心理学历史中的定性与定量

心理学成为严格意义上的实证科学的时间并不长。心理学在相当漫长的历史演变中，有着十分不同的历史形态。这包括常识的心理学、哲学的心理学、宗教的心理学、类科学心理学、科学的心理学。在原有理解中，都认为常识的心理学、哲学的心理学、宗教的心理学属于定性研究。类科学心理学、科学的心理学则属于定量研究。那么，更进一步，这导致的认识是把思辨的研究等同于定性研究。例如，在心理学历史发展过程中所出现的哲学心理学研究就应该属于立足日常经验的思辨研究。

那么，按照这样的理解，哲学思辨就属于立足于日常经验的定性研究，是脱离了定量研究的定性研究。但是，这实际上是一种误解。这种误解不仅会导致对定性研究的不正确理解，而且会导致对合理的哲学反思的不正确理解。严格说来，思辨的研究并不等于定性研究。思辨的研究是与实证研究相对应的。在实证研究中，定性研究是与定量研究相对应的。问题的关键在于对哲学思辨和哲学反思的定位。

从学科历史发展的角度来看，心理学与哲学的关系经历了三个重要发展阶段。那就是哲学完全包含或基本包容心理学阶段；哲学与心理学彼此分离或相互排斥阶段；心理学与哲学重新组合或相互促进

[①] 崔丽霞、郑日昌：《20年来我国心理学研究方法的回顾与反思》，《心理学报》2001年第6期。

阶段。

　　第一个阶段是哲学完全包含或基本包容心理学的阶段。心理学成为独立学科门类的时间很短，仅有一百多年历史。在这之前，心理学主要包含在哲学当中。这个阶段的心理学可称为哲学心理学。哲学心理学是哲学家通过思辨的方式对人的心理行为的说明、阐述和解释。这种思辨方式带有推测、推论和推断的性质。当然，哲学心理学是一种最古老形态的心理学。这种心理学在历史上存在了相当长的时间，并且是历史上对人的心理行为最具有主导性的解说和解释。所以，心理学在相当长的历史时期都是从属于哲学的。

　　第二个阶段是哲学与心理学彼此分离或相互排斥的阶段。科学意义上的心理学是在19世纪中后期才诞生的。至今不过一百多年的历史。心理学成为独立的学科门类之后，是以实证科学或实验科学自居的。那么，在心理学成为独立的科学门类之后，心理学与哲学曾经有过彼此的分离和相互的排斥。为了维护自己的独立学科地位，心理学在相当长的时间里强烈拒斥哲学，并把自己与哲学严格地区分开来，否定自己与哲学有任何关联。甚至在当今，仍然有许多心理学家持这种态度。这甚至成了心理学家的一种病态的反应和一种病态的排斥。

　　第三个阶段是心理学与哲学重新组合和相互促进的阶段。到了20世纪末，随着哲学研究的转折，心理学学科的迅速扩展和壮大，心理学与哲学的关系又有了新的变化。在众多科学学科从早期的哲学中分离出去之后，哲学就已经放弃了自己包罗万象的研究心态和研究方式。这就是哲学的转向。哲学开始致力于对人的思想前提或理论前提的反思。其实，这并不是哲学的畏缩或萎缩，而是哲学的重新定位。同样，心理学在经历了急速的发展和扩展之后，也发现了自己的学科理论基础的极度薄弱。学科理论基础的建设有一个十分重要的任务，那就是对学科的思想前提或理论前提的分析、考察和反思。这不仅决定了心理学科进行理论建构的能力，也决定了心理学家提出理论假设的水平。当然，心理学与哲学关系的改变，并不等于说明心理学与哲学就脱离了关系，没有了关系。相反，只能说明心理学与哲学有了更为特殊、更为密切的关系。这不仅对哲学家的研究提出了更高的要求,而且对心理学家的研究同样提出了更高的要求。

同样,心理学的理论研究也并不等于就是心理学的定性研究。其实,心理学既是理论的科学,也是实证的科学。理论心理学是科学心理学研究的基本构成部分和重要分支学科。理论心理学是由两个部分的内容所构成的。一是关于心理学研究的理论前提的反思;二是关于心理学对象的理论解说的建构。

理论心理学的研究涉及关于心理学研究的理论前提的反思。这部分的研究实际上就是心理学哲学的研究。心理学哲学是一个特殊的研究领域,它的研究具有特殊内涵。心理学哲学的研究主要涉及两个方面的内容。一是对有关心理学研究对象的理论预设或前提假设的反思;二是对有关心理学研究方式的理论预设或前提假设的反思。无论是关于心理学研究对象还是心理学研究方式的理论预设,都决定着心理学研究者的研究,或者说决定着心理学研究者关于研究对象的理解和把握,决定着心理学研究者关于研究方式的确定和运用。

理论心理学的研究还涉及关于心理学对象的理论解说的建构。理论心理学关于对象的理论建构提供的是关于对象的理论学说。心理学研究是对心理行为的理论探索、理论描述、理论解说、理论阐释。那么,心理科学提供的是关于研究对象的理论知识体系。所以,对于心理学的研究来说,理论建构的能力在某种程度上决定了其学科发展的水平。可以说,理论心理学关于心理行为的理论解说是属于定性研究或质化研究。理论心理学的这部分内容涉及心理学研究对象的理论假说,是关于心理行为的理论构造。

三 心理学理论中的定性与定量

在心理学的理论视野中,定性研究与定量研究应该寻求互通和互容。其实,无论是心理学的定量研究,还是心理学的定性研究,彼此的排斥和走入极端后,都会存在自己的缺失和不足。例如,在心理学发展历史上,定量研究或量化研究就曾经占有过支配性的地位,并曾经排斥过质化研究。有研究者对心理学研究中的量化研究或定量研究占有的支配性地位提出了疑问。当然，这种质疑着眼于两个方面。一是量化研究或定量研究本身存在的不足；二是量化研究或定量研究排斥质化研究或定性研究所导致的偏颇。

量化研究或定量研究如果走入极端，如果脱离或排斥质化研究或定性研究，其本身就会存在一些研究的缺失和不足。这在心理学研究中，特别是在西方实证心理学研究中，都是有所体现的。[①]

首先是价值中立的研究立场。所谓价值中立是指在心理学研究中，研究者必须是价值无涉的。表面上来看，这是为了避免研究者把自己的主观意向、主观好恶、主观猜测、主观假设等，强加在研究对象上。但是，实际上心理学的研究者或心理学的研究并不是在真空之中，并不能摆脱自己的文化背景、思想基础和研究视野，并不会如镜子那样原样描摹、简单反映和直接表现研究的对象。心理学的研究肯定是价值涉入的。其实，对于心理学的研究来说，研究者并不是对已成的存在的描述，而是对生成的存在的创造。人的心理生活是人创造出来的。心理学本身是在参与创造人的心理生活。

其次是还原主义的研究方式。所谓还原主义就是指心理学研究中的还原论。心理学研究中的还原论是把复杂多样的人的心理行为还原为实现人的心理行为的基础条件上。这可以是物理的还原，还可以是生物的还原，又可以是社会的还原，也可以是文化的还原。心理学研究中的还原主义是把人的心理行为的实现基础所具有的性质、特征、构成、规律等，直接用来说明和解释人的心理行为的性质、特征、构成、规律等。例如，人的心理行为是有其生物遗传基础的，还原论则是直接把人的心理行为归结为生物遗传的结果。人的心理行为也有其人脑生理的基础，还原论则是用人脑生理的构造和功能来说明人的心理行为。

质化研究或定性研究如果走入了极端，脱离或排斥量化研究或定

---

① 秦金亮：《论西方心理学量化研究的方法学困境》，《自然辩证法研究》2001年第3期。

量研究，其本身也会存在一些研究的缺失和不足。这在心理学的具体研究中，也是有所体现的。在心理学研究中，坚持定量研究的许多研究者认为，心理学中的质化研究也是有着许多不足和缺陷，如科学性的不足、思辨性的推论、主观性的猜测、假设性的说明。这都成为定量研究所要克服的方面。

首先是价值侵入的研究立场。质化研究或定性研究通常是立足于研究者的定性推论，这就会把研究者的价值尺度和价值判断带入到关于研究对象的理解中。这就与研究者个人的文化背景、知识经验、生活态度、处世经验、理解程度等具有直接关系或关联。那么，在这个过程中，就很容易出现研究者在自己的研究中对研究对象的价值侵犯。这就是研究者把自己的价值取向强加在研究对象身上。这也很容易出现研究者对被研究者的价值取向的价值替代。这就是用研究者自己的价值尺度和价值判断来替代研究者的价值尺度和价值判断。这也很容易出现不同研究者之间和研究者与被研究者之间的价值冲突。这就是不同价值取向的对立、对抗。

其次是自然主义的研究方式。质化研究或定性研究强调在自然的情景中对人的心理行为的考察，而不是对各种条件的控制，不是对无关变量的剔除。研究者通常也是情景事件的参与者或亲历者，并且研究者通常是在理解自己的研究对象或研究内容。研究者是把自己的研究思路和研究设定，生活理解和生活主张，学术定位和学术观点，都融合在了自己的研究对象和研究内容之中。

当然，在心理学理论研究中，有过对心理学质化研究或定性研究的推崇和强调，从而贬低和排斥心理学量化研究或定量研究。相反，也有过对心理学量化研究或定量研究的推崇和强调，从而贬低和排斥心理学质化研究或定性研究。这给心理学的具体研究带来了许多不足和不利。这很容易导致心理学研究的片面性和缺失性。从而，大大限制了心理学本身的发展。

那么，心理学的理论研究就应该着重去考察和探讨心理学研究中的质化研究与量化研究或定性研究与定量研究的关系。对这种关系的准确定位或合理定位，就可以大大促进心理学的研究进步，就可以带来心理学的研究繁荣。这强调心理学研究的多元性和开放性，心理学研究的多样性和组合性，心理学研究的合理性和科学性。当然，这需要心理学理论研究的深入和扩展。

四　心理学方法中的定性与定量

在心理学的具体研究操作过程中，在心理学的具体研究方法的贯彻中，心理学流派、心理学思想、心理学主张、心理学研究、心理学专家、心理学学科等，都会采纳不同的心理学研究方法，都会对心理学方法中的定性研究与定量研究有不同的定位。

在心理学作为独立学科门类诞生之后，曾经有过学派林立、学派冲突、彼此纷争、彼此对立的时期。最为核心的对立就是所谓心理学中的两种文化的对立，即物理主义的文化与人本主义的文化。这是西方心理学的两极对立。在心理学研究方式上的对立则是自然科学的研究方式与人文科学的研究方式的对立。

所谓物理主义科学或传统的自然科学，是将自然界看作具有机械性质的存在，人的存在、人的心理行为也不例外。在研究方式上，强调感官和物理工具获得的证据，强调对条件和变量进行精确分析和控制的实验室实验，强调对现象背后的因果规律的理性抽象。在实际应用上，采纳严格的、准确的技术手段和程序进行干预。西方的主流心理学，特别是行为心理学和认知心理学，就全盘照搬和模仿传统的自然科学。它把心理学的研究对象看作客观自然现象，研究者可以由感官和物理工具旁观到，可以进行分析和实验控制，可以抽象出因果制约的规律，也可以通过技术手段干预心理现象。

所谓人本主义科学或传统的人文科学，是将人放在神圣的位置上，重视人的自由和尊严。在探讨方式上，强调人的心理体验和意识自觉，强调对生活的意义和价值的主动构筑。在实际应用上，倡导人的自我选择和自我实现。这构成了西方非主流心理学，像精神分析和人本主义心理学。非主流心理学把心理学的研究对象看作意识经验或心理体验，这无法以研究者的感官或物理工具捕捉到，也无法进行分析肢解而不失去原义，故研究者必须进行整体考察，必须深入到人的心理生活之中，揭示其内在的意义和价值。心理学家可以通过启迪人的意识自觉，使之主动地构筑自己的心理生活。

通常来说，物理主义、自然科学传统中的心理学研究所采纳的是量化研究或定量研究的思路和方法。人本主义、人文科学传统中的心理学研究所采纳的是质化研究或定性研究的思路和方法。构造主义心理学、行为主义心理学、认知主义心理学等心理学派主要采纳的是量化研究或定量研究的方式和方法从事的研究。精神分析心理学、人本主义心理学、超个人心理学主要采纳的是质化研究或定性研究的方式和方法从事的研究。

在心理学成为独立的学科门类之后，心理学也迅速地发展出来和分解成为大量的分支门类。不同的心理学分支学科有着不同的研究领域、研究对象、研究内容、研究课题。这是取决于心理学研究对象的复杂性、系统性、多样性、多变性等重要的特性。在众多的心理学分支学科中，像实验心理学、测量心理学、感知心理学、神经心理学等，更多地采纳的是量化研究或定量研究的方式和方法。像社会心理学、教育心理学、咨询心理学、组织心理学、犯罪心理学、文化心理学等，则更多地采纳的是质化研究或定性研究的方式和方法。

当然，随着心理学学科的进步和成熟，心理学研究的扩展和深入，心理学研究中的质化研究或定性研究也在不断地改进和完善。同样，心理学研究中的量化研究或定量研究也在不断地改进和完善。在心理学研究中，质化研究和量化研究、定性研究与定量研究也在不断地寻求融合、组合、配合。从而，提高心理学研究的合理性和精确性。与心理学发达的国家相比，我国的心理学研究中，无论是心理学的定性研究还是定量研究，都还存在着非常明显的缺失和不足。当然，更大的问题是，我国心理学的研究者还缺少对心理学研究中定性研究与定量研究关系的细致和深入的考察和研究。实际上，在科学研究中或在心理学研究中，定性研究和定量研究关系问题，最根本的体现在这两种研究方式和研究方法的主导性问题上。心理学研究在相当漫长的历史时期，是哲学思辨占主导地位。在心理学成为科学的门类之后，心理学研究是定量研究占主导地位。在科学心理学的发展和演变当中，应该是定性研究和定量研究共同主导。这将会给心理学的研究带来根本性的变化。

对心理学研究中的质化研究与量化研究或定性研究与定量研究的定位问题，涉及在心理学理论探讨中的定位，也涉及在心理学具体研究中的定位。合理的定位，会给心理学研究带来重要的改善和推进。这是关系心理学学科进步和研究发展的重大问题和关键课题。

第四章　中国本土心理学的内省*

　　中国本土传统心理学的独特之处和突出贡献，在于给出揭示人的心灵性质和活动，以及提升人的心灵修养和境界的内省方式。这种内省方式提供了心灵把握自身、引导自身和扩展自身的理论、方法和技术。这种内省的现代启示性在于可以达到对人的心灵的普遍性的了解和把握，可以达到心理学探索知识和价值的统一，可以达到心理学与日常生活的密切结合。这是一种强有力的传统，给中国现代心理学的建设提供了深厚的文化资源。

　　涉及中国本土心理学传统，曾有一种较流行的观点认为：按照科学心理学来衡量，在中国文化历史长河中没有心理学，只有一些心理学思想；按照科学心理学来衡量，心理学史应该是科学史，有关心理的具有明显科学性的思想才应该算是心理学思想。[1]这种观点所导致的结果，便是在研究中仅在于按西方实证心理学的框架来切割和筛淘中国古代思想家的思想，仅在于为引入的西方实证心理学提供某些中国经典的例证和中国历史的说明。

　　这实际上并不是合理的观点。[2]必须放弃西方实证心理学的参考构架。这样才能够看到，尽管在中国的文化土壤里，并没有生长出实证科学的心理学，但中国也有自己本土的心理学传统。中国本土的心理学传统与西方实证的心理学传统一样，也具备了解人类心理的方法，解释人类心理的理论和干预人类心理的手段。当然，二者之间探索的

---

　　* 原文见葛鲁嘉《中国本土传统心理学的内省方式及其现代启示》，《吉林大学社会科学学报》1997年第6期。

　　[1]　高觉敷主编：《中国心理学史》，人民教育出版社1985年版。
　　[2]　葛鲁嘉：《中西心理学的文化蕴含》，《长白论丛》1994年第2期。

内容有所不同，研究的方式也大相径庭。

那么，作为根源于本土文化的独立和系统的心理学探索，中国本土传统心理学便有着自己的探索内容和研究方式，而其探索的内容和研究的方式又是一致的。可以认为，中国本土传统心理学的独特之处和突出贡献，在于给出了揭示人的心灵性质和活动，以及提升人的心灵修养和境界的内省方式。

西方近代以来的自然科学传统建立在物理主义和实证主义的基础之上。物理主义的世界观把科学探索的世界看作由物理事实所构成的，世界相对于人而言是异己的世界，但人可以通过外观和外求来认识和把握世界。这种科学传统也波及西方现代心理学。西方主流心理学把人等观于其他自然物，把人的心理等观于物理，并通过外观和外求来认识和把握人的心理。

中国古代以来的文化传统则与此不同。这一传统并非把世界看作对人来说异己的世界，而是看作与人的心灵内在相通的和一体化的。那么，人就无须通过外观和外求来认识和把握世界，而是通过内观和内求来体认和呈显世界的根本。这强调了人的心灵自觉或觉悟的性质和活动。这种文化传统也体现在本土的心理学中。中国本土的传统心理学不是通过外观和外求来认识和把握人的心理，而是强调心灵的内观和内求，从而通过心灵的自觉和内在的超越来引导个体的心灵活动，提升个体心灵的境界，以体认终极本体，获取人生幸福。因此，中国本土传统心理学注重的是意识的训练、内心的修养、心灵的觉悟。

一　内省的方式

作为心理学的研究方法，心理学家对内省有各种各样的理解和对待。正是这些不同的理解和不同的对待，使人们很难看清内省方法在心理学中的地位和前途，导致在心理学发展过程中对内省的褒贬不一和长期争执。因此，澄清这些理解和对待是十分必要的。

首先，一种理解是把内省等同于自我观察。在心理学方法中，可以分离出一类方法叫观察法。而在观察法中又可以区别为客观观察和主观观察（也称为自我观察）。内省也就是主观观察或自我观察，是人对自己的心理行为的直接了解和陈述。这种分法表面看起来很明确，实际却存在着严重问题。关键就在于，无论是客观观察和自我观察都属于观察，都可以按观察来对待。然而，从客观观察的角度，观察是指观察者对所观察对象的感官印证或把握。所谓自我观察则超出了这个含义。一方面，观察者可有对自身心理行为的感官印证和把握；另一方面，人又可以有心灵的自觉活动，这并非通过感官的印证和把握。例如，人内心的观念活动是人自己看不见的，只能通过心灵的自觉活动印证和把握。这与客观观察意义上的观察根本不是相同的。因此，把内省等同于自我观察，实际上混同了完全不同的含义。

其次，一种理解是把内省等同于自我意识。这种理解在于肯定人的心理具有意识的属性，而意识也能够以自身为对象。人可以通过自我意识来觉知自己内心的感觉、感情、意愿、意向等。这种理解也同样存在问题。关键在于，只要把内省等同于自我意识，那么把内省作为心理学的研究方法，就要建筑在划分客我和主我的基础之上。客我是被主我觉知和把握的对象，是被知和被动的。主我则是觉知和把握客我的发出者，是主知和主动的，但却在研究的视野之外。主我可以有后退的活动，把自己放入客我，但仍有发出这一活动的主我脱离出被觉察的心理活动。应该指出的问题是：主我分离出去之后，客我是否就是人的心理活动的原貌；由隐藏着的主我提供的研究内容，是否就是可以公开认证的研究资料。答案不可能是肯定的。

最后，还有一种理解是把内省看作人心灵的存在和活动方式。立足于人的心灵具有的自觉性质，依据人的心灵的自觉活动，能够将内省确定为一种心理学的研究方式。这样的研究方式强调人的心灵的自我呈现、自我引导、自我扩展、自我提升和自我超越。那么，内省就不是心灵把自己的一部分分离出去作为对象，然后通过内省予以了解和描述。内省是心灵直接针对自身的活动，心灵本身仍然是一个完全的整体，并通过内省来把握、扩展和提升自身。这种对内省的理解，是中国本土传统心理学的理解。

在涉及把内省作为研究方式的三种不同理解之后，还必须更进一步地探讨，西方心理学传统也同样采取过内省的方法，那么中国心理学传统的内省方式与之有什么不同呢？最根本的不同在于，西方心理学传统采纳内省的方法，是以分离研究主体和客体或是以分离研究者和研究对象为特征的。中国本土传统心理学则没有这样的区分，而是强调一体化的心灵自觉活动，或者说是一体化的心灵内省方式。

西方科学心理学采取过实验内省的研究方法、言语报告的研究方法。但是，仔细追究就可以发现，实验内省法中的内省，言语报告中的报告，都不是研究者采取的研究方式，而是被研究者呈现自己的意识经验或内心过程的手段。作为研究者来说，被研究者的内省提供的仍然是其客观观察和实验的对象，或者说研究者仍然是通过客观观察和实验来获取和分析被试的资料。当研究者的客观观察和实验的方法是合理的，无论被研究者是通过行为还是内省来呈现其心理，只要适合观察和实验就足够了。行为主义心理学家放弃内省，是因其无法为观察和实验提供有效资料。

中国本土传统心理学的内省方式则没有区分出研究主体与研究客体，或者研究者与研究对象。每个人的生存和发展都必须是通过内省的方式来得以进行。这就是心灵的内在超越活动，使本心得以呈现，境界得以提升，心灵得以丰满。这里，没有旁观的、中立的、客观的、冷漠的研究者，只有超越自我、大公无私、心灵丰满的人格典范。这里，没有与己无关、自行演变的研究对象，只有心灵自觉、体悟人生的成长历程。

在涉及研究者和研究对象的分离性和一体性问题之后，还必须更进一步地探讨有关心灵的基本理论设定。中国本土传统心理学的基本理论设定，在人的心、性、命、天的内在贯通为一。这使人的心灵活动朝向于如何内在地扩充自己，提升心灵的境界，使一己之心扩展为天地之心。这就决定了一种特有的心理学传统。

西方科学心理学诞生之前的哲学心理学也曾设定心灵的实体，以此来演绎和推论心灵的性质和活动。由于事先把心灵分离出去作为观照的对象，因而建立的仅仅是概念化的思辨体系，这种思辨体系存在着两个致命缺陷。一是无法确证有关对象的理论解说是否说的就是对象，这是缺乏实证方法的问题。二是无法按照有关对象的理论解说来控制和改变对象，这是缺乏技术手段的问题。西方实证心理学诞生之后，便彻底放弃了形而上学的思辨，而开辟了描述对象的实证方法和干预对象的技术手段。

中国本土心理学传统则并没有把心灵分离出去作为观照的对象。因此，尽管其设定了心灵本体，但也给出了心灵本体呈显自身或者个体体认本心的进路。一方面，中国本土传统心理学以其独特的理论解释和精神修养，把西方实证心理学所抛弃的超验的存在和所探索的经验的存在，变成了一个活的整体。与西方实证心理学外观人的心理不同，中国本土传统心理学给出了内求超越的心灵发展道路。另一方面，中国本土传统心理学以其独特的理论解释和精神修养，把西方实证心理学所分割的个体存在和超个体的存在联通在了一起。与西方实证心理学重视个体有所不同，中国本土传统心理学给出了个体与世界相和谐的心理生活道路。

中国本土传统心理学的根本之处，在于使每个人都能够成为真正意义上的人。这可以通过内省的方式去觉解生存的意义，去体认更高的存在，去成就天人合一的境界。在中国文化传统中，儒家、道家和佛家均认为，心灵与天道是内在贯通的。那么，心灵对天道的把握就不是外求而是内求。内求就是觉解、呈显、体认本心、本性、天命、天道。这亦即儒家所说的"下学上达"，道家所说的"照之于天"，佛家所说的"明心见性"。实际上，心灵与天道的内在贯通是潜在的，是求则得之，舍则失之。因此，存在着人的精神境界的高下之分。

在涉及有关心灵的基本理论设定，还必须更进一步探讨内省的性质。西方的心理学传统所运用的内省属狭义的认识论和方法论，仅关乎觉知和了解心灵的活动。中国的心理学传统所运用的内省则属生存论和心性论，其关乎生存的意义和心灵的境界。

中国本土心理学传统论及内省，在于体认本心或内求道体。有关这种内省方式的提法则有很多，如反身内求、反求诸己、尽心、体道、明心、觉悟、顿悟、豁然有觉、豁然贯通等。这种内省方式不是要获取有关心灵的知识，而是要印证生存的道理，体悟人生的境界。这强调心灵自悟的直觉，亦即心灵的自我觉解和心灵的自我呈现。这强调的是"以内乐外"的体验，亦即非外物引动的情感，而是体道的至乐体验。这强调的是"正心诚意"的志向，亦即非物欲和私心，而是崇高的精神志向。①

例如，儒家的孟子所说的"尽心、知性和知天"。"尽心"涉及两个重要方面：一是本心的自觉，称作思，二是心性的修养，称作"养"。② 心的作用是思，亦即内省反思，求其内心的善性。孟子说："耳目之官不思，而蔽于物。物交物，则引之而已矣。心之官则思，思则得之，不思则不得也。此天之与我者。先立乎其大者，则其小者不能夺也。"③ 思则得之，就是呈显人心中的善性。然而，人的本心则易受物欲和习性的蒙蔽。这就要进行心性的修养，亦即根本转变人的气质习性。显然，孟子的"尽心"便体现了中国本土传统心理学的特有内省方式。

在涉及有关内省的性质之后，还必须更进一步探讨内省方式的特征。中国本土传统心理学提供的内省方式是极其独特的，这表现在两个重要方面。首先，这种内省方式与其理论阐释是一体的。中国本土传统心理学对人类心灵的理论阐释不仅仅是一种理论知识，也是心灵的活动方向和活动方式。那么，掌握了这样的理论，便引导了内省的超越活动。这是一种生活的道理，也是一种生活的方式，又是一种生活的境界。因此，中国心理学传统给出的理论，只有通过内省才能得以体悟印证，只有通过内省才能得以贯彻实行。

其次，这种内省方式与干预手段是一体的。中国本土传统心理学正是以其特有的内省方式来引导人的内心生活，促进人的心灵成长，提升人的心灵境界。这种对人的心理的干预不是外在强加给人的，而

---

① 蒙培元：《中国的心灵哲学与超越问题》，《学术论丛》1994 年第 1 期。
② 陈庆坤主编：《中国哲学史通》，吉林大学出版社 1995 年版。
③ 孟子《告子上》。

是人的内在成长历程。这给了人以心灵的自主权，使之通过内省活动来塑造自己的生命历程，觉解自己的生命意义。

总之，中国本土传统心理学提供的内省方式，就是心灵的存在和活动方式。那么，了解、说明、干预的方法、理论、手段都融合在了这种内省方式中。这提供了心灵把握自身活动的性质和过程的方法，提供了心灵引导自身活动的方向和内容的理论，提供了心灵提高自身活动的境界和丰满程度的手段。

二 现代的启示

中国本土传统心理学的内省方式是独特的，所采用的方法不是外观对象的客观方法，而是心灵自觉活动的呈现，所得出的理论不是纯粹思辨的概念体系，而是心灵体悟印证的生活道理，所实施的干预不是外在强加给心灵的，而是心灵的自我扩充和提升。那么，这种独特的内省方式有什么重要的现代启示性呢？为了回答这个问题，必须先解决如下两个问题。

首先，尽管可以将中国本土传统心理学称为"传统的"，或者将其看作"古代的"心理学，但是并不是说，随着时代的发展和历史的进步，这已经成为历史的陈迹和收藏的古董。这里所说的"古代的"或"传统的"，是指其早就产生出来了，并且是一种古老的或传统的形态。但是，其并没有消亡，而是有着强大的生命力。这一直延续了下来，并广泛地渗透到中国的民俗文化之中。即使是在近代，中国引入了西方现代科学心理学之后，这一"古代的"或"传统的"心理学也没有被终结、被替代、被抛弃；而是依然存有其影响力。当然可以肯定的是，这种"古老的"或"传统的"心理学，还没有被合理地揭示出来。

其次，尽管可以把中国本土的传统心理学称为"古老的"或"传统的"，但这也并不是说，就应该将其看作或当作前科学、非科学，甚至是伪科学的东西而加以放弃或抛弃。没有疑问，如果按照西方实证科学的心理学来衡量，中国本土心理学传统显然不属于科学的行列，甚至多不过仅有某种萌芽形态的科学思想。但是，如果放弃这种参考构架，便可以看到，中国本土心理学传统也是一种具有某种合理性和有效性的心理学。这是以其特有的理论、方法和手段而进入中国人的心理生活。中国的现代心理学是从西方引入的，这种西式的心理学建立了一个围墙，这个围墙阻挡了中国本土文化的渗入。那么，心理学本土化的努力也在于打破这个围墙，还中国本土传统心理学以应有的地位。

中国本土传统心理学的内省方式的现代启示性可以体现在如下三个方面。首先，这种内省方式可以达到对人的心灵的普遍性的了解和把握。西方实证科学的心理学通常回避和排斥内省，关键在于内省的主观性和私有化的特点。内省的主观性常常是与虚假性或不真实性相联系的，内省的私有化常常是与个别性或非普遍性相联系的。

西方实证心理学传统把人的心理看作客观性的存在，而认为对人的心理的科学研究就是感官经验的实证。然而，这实际上并没有完全涵盖心理学的研究对象和研究方式。由于人的心灵自觉的性质，人的心理还是主观性的存在，而对其进行研究还可以是内省经验的体证。关键的问题有两个：一是客观性存在和主观性存在的真实性问题；二是感官经验和内省经验的普遍性问题。前者涉及心灵的性质，后者涉及科学的性质。心灵的性质在于其是真实性的存在，而不在于其是客观性的还是主观性的存在。科学的性质在于达到经验的普遍性，而不在于其是感官经验的还是内省经验的普遍性。

中国本土传统心理学的内省则给出了通过内省而达于普遍性的途径。如果仅仅把内省看作个体觉知和体察内心活动的方法，那内省就无法消除其私有化的特点。但是，如果把内省看作心灵自我超越的生活道路，那就有助于达到内省经验的普遍性。因为，无论哪一个体，只要按照这种内省方式，就可以实现一种普遍共有的结果。这无疑会引导心理学的研究走向另一种不同的路径。

其次，中国本土传统心理学的内省方式可以达到心理学探索的知识与价值的统一。西方实证科学的心理学通常回避和排斥价值，以保证心理学知识的客观和价值中立的性质。实证心理学分离了研究者和研究对象，强调对人的心理进行客观考察，亦即坚持价值无涉的研究立场。这是西方近代以来的自然科学的发展而具有的一种思想倾向。知识与价值的分野，以及给知识戴上了力量的王冠，也许大大强化了人对物理世界的探索和征服，但也造成了物理世界与属人世界的割裂和疏远。当这种探索和征服扩展及属人世界时，知识更彻底脱离人，并凌驾于人。实证心理学在关涉人的心理时，由于回避和排斥价值，而有两个直接的后果。一是难以深入探索被研究者的价值取向问题，二是难以给出合适的和有益的价值导向。

中国本土传统心理学的内省方式则强调心理学探索的主客一体性，立足于心灵的自觉活动，给出了心灵的内在发展道路。这本身就内含着价值取向，提供的是价值追求和实现的道理和途径。显然，这没有分离知识和价值，而是将其合为一体。心灵的自觉活动、心灵的自我超越、心灵的自我提升，这都是关涉价值的探索。这不仅涉及每个人所拥有的价值追求，也涉及心理学可提供的价值导向。

最后，中国本土传统心理学的内省方式也可以达到心理学与日常生活的密切结合。西方实证科学的心理学通常与日常生活存有距离，而坚持心理学纯粹学术的性质，这是通过实证方法来探求人的心理，通过技术手段来干预人的心理。那么，实证科学的心理学不能直接进入人的日常生活。人要想科学地了解、说明、干预人的心理世界，就必须成为专业的心理学家，接受心理学知识、方法和技术的训练。

中国本土传统心理学的内省方式则使心理学很自然地成为生活中的心理学。这没有分离出研究者，也没有分离出一个纯粹的学术领域，而是提供了生活和人格的典范，提供了一个所有人都可以参与其中的生活道路。这是一种"日常人性的心理学"。[1] 可以说，中国本土传统心理学的内省方式是把"实验室"放在了人的心中，是把心理学引入了日常生活。

总之，中国本土传统心理学的内省方式既是中国人日常心理生活

---

[1] Murphy, G. & Murphy, L., *Asian Psychology* [M]. New York: Basic Book, 1968.

的方式，也是中国本土思想家探索人心灵活动的方式。这是一种强有力的传统，给中国现代心理学的建设提供了深厚的文化资源。那么，延续这一传统，挖掘这一资源，开拓新的道路，就是中国心理学家的一个使命。

第五章　体证与体验的研究方法*

　　心理学研究有自己的研究方法。那么，科学心理学所运用的方法就是科学的研究方法。但是，在特定科学观的限定下，所谓科学就是实证的科学。在中国本土文化中的传统心理学所运用的方法并不是实验的方法，而是体验的方法；所运用的方法并不是实证的方法，而是体证的方法。所谓体证的或体验的方法，就是通过心性自觉的方式，直接体验到自身的心理，并直接构筑了自身的心理。实证与体证在心理学具体研究中的体现，就是实验与体验的分别与不同。

一　心理科学的实证方法

　　心理学的研究有自己的研究方法。那么，科学心理学所运用的方法就是科学的研究方法。但是，在特定科学观的限定下，所谓科学就是实证的科学，所谓科学心理学就是实证的心理学。[1]其实，在科学心理学诞生之后，心理学就是通过运用实证的研究方法来确立自己的科学性质和科学地位。因此，所谓科学的心理学就与实证的心理学有同样的含义。实证的科学运用的是实证的方法。心理学在成为独立的科学门类之后，就力图以实证主义的科学观来衡量自己的科学性。这样，是否运用实证方法，就成为心理学研究是否科学的一个

---

　　* 原文见葛鲁嘉《体证和体验的方法对心理学研究的价值》，《华南师范大学学报》（社会科学版）2006年第4期。

　　[1] 葛鲁嘉：《大心理学观——心理学发展的新契机与新视野》，《自然辩证法研究》1995年第9期。

根本的尺度。① 这就是把实证的方法放置在了决定性的位置，也就是在科学心理学的发展过程中曾经盛行的方法中心主义。那么，心理学的研究是否使用了实证的方法，就成为心理学是不是科学的唯一尺度。②

可以说，心理学正是通过使用实证的研究方法而确立了自己的科学性质和科学地位。其实，在心理学发展史的研究中，就把世界上第一个心理学实验室的建立，看作科学心理学诞生的标志。正是德国的心理学家冯特，他于1879年在德国莱比锡大学建立了世界上第一个心理学实验室。这被后来的心理学史学家当作科学心理学诞生的标志。那么，心理学研究运用了实证的方法或者实验的方法，就成为衡量心理学学科的科学性的基本标尺。这表明了实证方法在心理学研究中的中心地位。③④ 许多心理学家都持有方法中心主义的立场和观点。心理学中的方法中心主义就是把科学方法在心理学研究中的运用与否，看作心理学是不是科学的基本标准。

科学研究中方法中心的主张，就是立足于实证主义哲学的方法论。可以说，科学心理学在西方文化中诞生之后，就把自己的研究建立在了实证主义的基础之上。所谓实证主义有两个基本理论设定。一个是主观与客观的分离，或主体与客体的分离。这体现在科学的研究中就是研究对象与研究者的分离。研究者必须客观地或原样地描述和说明对象，而不能够把研究者自己主观性的东西掺入其中。一个是把主观对客观的把握或主体对客体的把握，建立在感官验证的基础之上。这就是所谓实证的含义。感官的证实就能够去除研究者的主观臆断。那么，客观的观察或者严格限定客观观察的实验就成为科学研究的科学性的保障。没有被感官所验证的，没有被感官的观察所证实的存在就都有可能是虚构的存在。或者说，无法被感官所把握的存在就

---

① 葛鲁嘉：《心理文化论要——中西心理学传统跨文化解析》，辽宁师范大学出版社1995年版。
② 葛鲁嘉：《中国心理学的科学化和本土化——中国心理学发展的跨世纪主题》，《吉林大学社会科学学报》2002年第2期。
③ 郭本禹主编：《当代心理学的新进展》，山东教育出版社2003年版。
④ 叶浩生主编：《西方心理学研究新进展》，人民教育出版社2003年版。

都有可能是受到质疑的存在。为了在科学研究中弃除虚构的东西，就必须贯彻客观主义原则。所以，科学研究就是证实的活动，就是客观证实的活动，就是感官证实的活动。近代科学的诞生，强调实证主义原则，进行感官证实的活动。

现代科学心理学的一个重要起源就是哲学对心灵的探索。在科学心理学诞生之前，哲学心理学对人的心理的探索是着眼于对观念的考察。那么，观念的活动就是心理的活动。观念的存在是无法通过人的感官来把握的，而只有通过心灵的内省来把握。所以，在哲学心理学的研究中，就运用了内省的方法。西方的哲学心理学就是西方的科学心理学的前身。就在西方科学的或实证的心理学诞生之初，也采纳和运用了内省的方法，或者说是把内省的方法与实验的方法进行了结合。这就是在科学诞生时期所盛行的实验内省的方法。但是，在科学心理学的发展过程中，当科学心理学彻底贯彻了客观性原则之后，就把内省方法从心理学当中驱逐了出去。内省的方法从此成为非科学方法的同义语。内省的主观性和私有性使之被认为是不科学的，是非科学的。因此，在科学的或实证的心理学研究中，也就彻底清除了内省的方法。在实证的心理学看来，内省不仅是非科学的研究方法，甚至是科学所无法涉及的对象。在实证心理学的视野中，根本就没有内省的位置，更不可能有对内省的探讨，更不可能有对内省的揭示。

二 本土传统的体证方法

在中国本土文化传统中，也有自己的不同于西方科学心理学的心理学传统。①②③ 这是属于东方的心理学传统，是西方心理学所必须面

---

① 杨鑫辉：《中国心理学思想史》，江西教育出版社1994年版。
② Paranjpe, A. C., *Theoretical psychology: the meeting of Eastand West* [M]. NewYork: Plenum, Press, 1984.
③ 葛鲁嘉：《心理学的五种历史形态及其考评》，《吉林师范大学学报》（人文社会科学版）2004年第2期。

对的心理学传统。①② 中国的传统心理学也有自己独特的理论、方法和技术。那么，中国本土心理学传统所确立的方法就不是实证的方法，就不是实验的方法，就不是感官证实的方法，就不是实验验证的方法。其实，中国本土的心理学传统所运用的方法是体验的方法或体证的方法。这不是西方科学的心理学或实验的心理学所确立和所运用的实验的方法或实证的方法，也不是西方科学心理学所放弃的内省的方法。这种体证或体验的方法实际上是心灵觉悟的方法，是意识自觉的方法，是境界提升的方法。③

实证与体证是相互对应的，实验与体验是相互对应的。进而，现代科学心理学中的实证的方法是与本土传统心理学中体证的方法相对应的，现代科学心理学中实验的方法是与本土传统心理学中体验的方法是相对应的。在科学心理学诞生之后，实证的方法和实验的方法就成为确立和保证心理学科学性最为基本的准则。这包括对文化心理的研究和考察。④ 那么，除此之外其他的方法或内省的方法就被抛弃到了非科学的范围之中。受到连带影响，体验和体证的方法也就没有了存在的根基。⑤

中国本土文化传统倡导的是天人合一的基本理论设定，倡导的是心道一体的基本理论设定。所谓天人合一或心道一体，强调不要在人之外或心之外去寻求所谓客观的存在。道就在人本身之中，就在人本心之中。那么，人就不是到身外或心外去求取道，而是反身内求。所以说，人就是通过心灵自觉或意识自觉的方式，直接体验到并直接构

---

① Ratner, C., *Cultural psychology and qualitative methodology* [M]. NewYork: Plenum Press, 1997. p. 27.

② 葛鲁嘉:《对心理学方法论的扩展性探索》，《南京师大学报》（社会科学版）2005年第1期。

③ Varela, E. J., Thompson, E. & Rosch, E., *The embodied mind: Cognitive science and human experience* [M]. Cambridge Mass.: The MIT Press, 1991. pp. 21–23.

④ 葛鲁嘉:《中国本土传统心理学的内省方式及其现代启示》，《吉林大学社会科学学报》1997年第6期。

⑤ 葛鲁嘉:《中国本土传统心理学术语的新解释和新用途》，《山东师范大学学报》（人文社会科学版）2004年第3期。

筑自身的心理。① 中国本土文化中的心理学传统所确立的内省方式，强调一些基本原则或基本方面。② 这成为理解体证或体验方式和方法的最为重要的和无法忽视的内容。这就是内圣与外王，修性与修命，渐修与顿悟，觉知与自觉，生成与构筑。③

一是内圣与外王。中国本土的心理学传统都强调知行合一原则，都主张人内在对道的体认和外在对道的践行。这就是所谓内圣外王。内修就是要成为圣人，体道于自己的内心。外王就是要成为行者，行道于公有的天下。那么，体道和践道就是内圣和外王最基本的含义。内圣就是要提升心灵的境界，能够与道相体认。外王就是要推行大道的畅行，能够与道相伴随。所以，对于人的心理来说，怎么样超越一己之心，怎么样推行天下公道，就是最为基本的和最为重要的。

二是修性与修命。正因为人心与天道是内在相通的，所以个体的修为实际上就是对天道的体认和践行。天道贯注给个体，就是人的性命。那么，对天道的体认和践行就是修性与修命。其实，应该说修性与修命的概念带有宗教和迷信色彩。在中国本土宗教和迷信活动中，就有对修性与修命的渲染。但是，如果把这两个概念的基本含义与人的心理生活和生活质量联系起来，就可以消除其宗教和迷信色彩。人的心理有其基本的性质，也有不同的质量。

二是渐修与顿悟。个体的修为或个体的体悟有渐修与顿悟的不同主张。渐修是认为修道或体道的过程是逐渐的，是一点一滴积累而成的。顿悟则是认为道是不可分割的，只能被整体把握，被突然觉悟到。这成为个体在体道过程中的不同途径和不同方式。那么，无论是渐修还是顿悟，实际上都是人的心灵修养与境界提升的过程。这是人对本心的觉知和人对本心的遵循。

---

① Varela, F. J., Thompton, E. & Rosch, E., *The embodied mind: Cognitive science and human experience* [M]. Cambridge Mass.: The MIT Press, 1991. pp. 21–23.

② 葛鲁嘉:《中国本土传统心理学的内省方式及其现代启示》，《吉林大学社会科学学报》1997 年第 6 期。

③ 葛鲁嘉:《中国本土传统心理学术语的新解释和新用途》，《山东师范大学学报》（人文社会科学版）2004 年第 3 期。

四是觉知与自觉。在中国本土心理学传统中，"觉"是一个非常重要的概念。觉的含义在于心灵的内省。当然，这不是西方心理学研究中所说的内省，而是中国本土文化意义上的内省。觉的含义也在于心灵的构筑。这是指心理的自我创造和自我创建。因此，觉知与知觉不同，自觉也与自知不同。觉知和自觉强调的是觉，而知觉和自知强调的是知。觉是心灵的把握，而知是感官的把握。心灵把握的是神，而感官把握的是形。

五是生成与构筑。人的心理是自然演化的产物。因此，人的心理是生成的。正是在这个意义上，人的心理具有自然的性质，是自然的产物，循自然的规律。但是，人的心理又是人所创造的，是意识自觉的构筑。正是在这个意义上，人的心理具有创造的性质，是人文的产物，循社会的规律。所以，没有一成不变的心理行为，也没有被动承受的心理行为。人的心理生活就是人的创造的体现。

三　实证方法的研究运用

实证与体证在心理学的具体研究中的体现，就是实验与体验的分别与不同。所谓实验是在实证的基础之上建立的具体研究方式和方法。所谓体验是在体证的基础之上建立的具体研究方式和方法。

实验的方法被认为是现代科学心理学建立的标志。在心理学研究中，所谓实验的方法是指对所研究的人的心理行为进行定量考察、分析和研究。这也就是通过研究者控制实验条件，来观察研究对象的实际变化。这包括实验的技术手段或实验的工具仪器，也包括实验者的感官的实际观察。实验的方法对于其他自然科学的发展来说，是至关重要的。或者说，对于自然的对象来说是客观的，精确的。但是，对于人的心理来说，人的意识自觉的心理活动，却是观察者所无法直接观察到的。这给心理学的实验研究带来了很多困难和障碍，也使心理学的实验研究一直在寻求更好的方法和工具。

作为科学心理学的研究方法，实证的方法或实验的方法都是建立在如下几个基本理论假设或基本理论前提基础之上的。这些基本理论前提或理论假设决定了心理学研究方法的基本性质和基本功能。当然，这些理论前提或理论假设可以是明确的，是研究者所明确意识到的。这些理论前提或理论假设也可以是隐含的，是研究者所没有意识到的。但是，无论是明确的还是隐含的，这些理论前提或理论假设都会影响到研究视野、研究方式、研究结果等。其实，心理学哲学和理论心理学的研究，就在于揭示和评判这些理论前提或理论假设，使之明确化和合理化。

一是客体与主体的分离。或者说，就是研究对象与研究者的分离。这是为了保证研究的客观性，是为了消除研究者的主观臆断。那么，心理学的研究者在研究心理行为的过程中，就必须把心理学的研究对象看作客观的存在。心理学的研究就必须是对心理行为的客观描述和说明。问题在于，心理意识与物理客体存在着根本的不同或区别。人的心理意识的根本性质在于"觉"。无论是感觉、知觉，自觉、觉悟和觉解，都具有觉的特性。当然，在科学心理学传统的研究中，对感觉的研究是在研究"感"，对知觉的研究是在研究"知"，对自觉的研究是在研究"自"，而不是在研究"觉"。更不用说觉悟和觉解，根本就不在心理学的研究范围之中。因此，在心理学的研究中，一直存在着把人的心理物化的倾向。

二是感官和感觉的确证。科学心理学对于人的心理行为的研究，必须是客观的呈现和客观的描述，而不能有虚构的成分和想象的内容。那么，最为重要的就是客观的观察或客观的证实。客观的观察或证实就确立于研究者感官的观察或感官的把握。这就是心理学中的客观观察的方法。在心理学的研究中，定量的研究和定性的研究都是建立在客观观察的基础之上。那么，无法直接观察到的意识活动和内省活动，就曾经被排斥在心理学的研究对象之外。这使心理学的研究不得不把人的心理许多重要的部分排除在研究的视野之外。或者说，在心理学研究中，是通过还原论的方式，把人的高级和复杂心理意识都还原为实现的基础之上。如物理的还原，生物的还原，神经的还原，社会的还原，文化的还原，等等。

正是基于以上两个方面，所以心理学研究对象就被限定为是心理现象，是可以被研究者的感官所印证的客观存在。但是，如果采取另外的不同研究方式和方法，也就是体证和体验的方法，那心理学的研究对象就不是心理现象，而应该是心理生活。心理生活是可以被体验到的心理存在，是可以加以证实的心理存在，也是可以生成、创造和建构的心理存在。其实，心理生活的创造性决定了心理生活就是文化的存在，就是文化的心理，就是文化的创造。因此，心理生活也就可以成为文化心理学的研究对象。①② 显然，从心理现象到心理生活是心理学研究对象的重要和重大转换。

四　体证方法的研究运用

体证的方法与实证的方法有所不同，体验的方法则与实验的方法有所不同。体验是人的心理具有的一个十分重要的性质。所谓体验是人的有意识心理活动把握心理对象的一种活动。这不仅仅是关于对象的认知，不仅仅是关于对象的理解，也包含关于对象的感受，也包含关于对象的意向。体验的历程也是人的心理的自觉活动，也是人的心理的自觉创造，也是人的心理的自主生成。人通过心理体验把握心理自身时，可以是一种没有分离感知者与感知对象，没有分离认识者与认识对象的活动。在这样的心理活动中，人是感受者，是体验者。体证与体验的方法体现了几个统一。一是主体与客体的统一；二是客观与真实的统一；三是已成与生成的统一；四是个体与道体的统一；五是理论与方法的统一；六是理论与技术的统一；七是方法与技术的统一。

体验是主体与客体的统一。体验就是人的自觉活动或心灵的自觉

---

① Markus, H. R. & Kitayama, S., Culture and the self: Implications for cognition, emotion, and motivation [J]. *Psychological Review*, 1991 (2). pp. 224–253.

② Shweder, R. A., *Thinking through cultures: Expeditions in cultural psychology* [M]. Cambridge, MA: Harvard University Press, 1991. p. 31.

活动，因此体验并没有分离研究主体与研究客体，并没有分离研究者与研究对象。体验不同于西方心理学早期研究中所说的内省。内省严格说来，仅仅是对内在心理的觉知活动。这是分离开的心理主体对分离开的心理客体的所谓客观把握。这只不过是把对外部世界的观察活动转换成为对心理世界的观察活动。因此，体验实际上就是心理的自觉活动。通过心理体验把握的是心理自身的活动。

体验是客观与真实的统一。实证的科学心理学一直强调研究的客观性，强调把心理学的研究对象当作客观的对象。为了做到这一点，甚至不惜把人的心理物化。这种所谓客观性常常是以歪曲或扭曲人的心理体现出来。体验实际上强调的不是客观，而是真实。真实性在于反对以客观性来物化人的心理行为。当然，体验应该是客观性与真实性的统一。客观性是对虚构性和虚拟性的排斥，而真实性是对还原性和物化性的排斥。体验通过超越个体的方式来达到普遍性。

体验是已成与生成的统一。原有的实证心理学的研究是把人的心理看作已成的存在，或者说是已经如此的存在。心理学的研究不过就是描述、揭示和解说这种已成的存在。但是，实际上人的心理也是生成的存在，是在创造和创新中变化的存在。那么，体验就不仅仅是对已成的心理进行的把握，而且是促进创造性生成的活动过程。正是通过体验，使人能够创生自己的心理生活。

体验是个体与道体的统一。人的心理存在是直接以个体化的方式存在的。个体的心理是相对独立和完整的。但是，在心理学的研究中，这种个体化或个体性就变成了一种基本原则，即个体主义的原则。这在很长的时段中支配了心理学的研究，包括对人的群体心理和社会心理的研究。实际上，人的心理存在就内含着整体存在。这在中国本土心性心理学看来，道就隐含在个体心中，这就是心道一体学说，这就是心性学说。

体验是理论与方法的统一。体验是建立在特定理论基础之上，是由特定的理论提供的关于心理的性质和活动的解说。同时，这种特定的理论又是一种特定的改变或转换心灵活动的方法。那么，理论与方法就是统一的。人在心理中对理论的掌握，实际上就是心理对自身的改变。心理学理论的功能也就在于能够在被心理所掌握之后，实际上改变人的心理活动的内容和方式。

体验是理论与技术的统一。技术活动是发明、创造和使用工具的活动。对于心理学来说，人的心理生活作为观念的活动，理论观念就变成了一种塑造的技术。体验本身就是理论的活动。或者说，体验就是建立在理论基础之上。所以，这样的理论就不是纯粹认知的产物，就不是纯粹的认知把握。心理学理论包含认知、情感和意向，包含对心理的形成、改变和发展的影响力。

体验是方法与技术的统一。体验本身是一种验证的活动，是验证的方法。体验带来的是对理论的验证。通过体验，可以验证理论的性质和功能。同时，体验又是一种技术，这种技术是一种软技术。通过特定的体验方式，就可以内在地改变人的心理活动的性质、内容、方式和结果。这就决定了体验实际上也是体证的活动，可以证明理论的性质和功能。体验也是心理活动的基本方式，可以构建、改变和生成人的心理生活。

总之，在心理学研究发展中，体证和体验都是非常值得重视和关注的研究方式和研究方法。在现代科学心理学的诞生和发展的过程中，内省的方法曾经有过从占有支配性地位到因科学性而受到排斥的遭遇。可以说，在科学心理学发展的相当长的时段里，就一直对与内省有关的方式和方法持有排斥和反对的态度。这就是所谓一朝被蛇咬，长年怕井绳。科学心理学家要么是不齿于谈论和研究，要么是害怕地回避和躲避。其实，内省有完全不同的文化根基、学术内涵和方式方法，有完全不同的结果结论。体证和体验就是独特的研究方式和研究方法。因此，正视和重视体证和体验的方法，挖掘和开发中国本土文化资源中的心理学传统，创造性和发展性地运用研究方式和方法，从而去开辟中国心理学发展的创新道路，这就是研究和探讨体证和体验方法的最根本的目的。

第六章 心理学研究类别与顺序[*]

心理学研究的类别有两种不同区分方式。一种是把心理学研究划分为基础研究和应用研究。一种是把心理学研究划分为理论研究、方法研究和技术研究。基础研究和应用研究的研究目的不同，评价标准不同。心理学的基础研究与应用研究都涉及理论、方法、技术。心理学的理论研究涉及哲学反思或思想前提层面，涉及理论构想或理论假设层面。心理学的方法研究涉及心理学的方法论、方法学和方法。心理学的技术研究涉及技术设计或技术思想层面，涉及技术手段或技术工具层面。心理学的理论研究、方法研究和技术研究的顺序，曾经有过不同变化。首先是理论、方法、技术的顺序。其次则是方法、理论、技术的顺序。心理学研究应该有的顺序是技术、理论和方法。这是技术优先的思考。所谓技术优先重视的是价值定位、需求拉动、问题中心、效益为本。

一　心理学研究初级分类

对于心理学研究可以有不同区分方式，或者说可以依据不同尺度来划分心理学研究的类别。基本上，存在两种不同区分方式。从而，就能够把心理学研究按照两种尺度进行区分。一种是初级分类，是把心理学研究划分为基础研究和应用研究。一种是次级分类，是把心理

---

[*] 原文见葛鲁嘉《心理学研究划分的类别与优先的顺序》，《吉林师范大学学报》（人文社会科学版）2005年第5期。

学研究划分为理论研究、方法研究和技术研究。

任何的科学学科，其研究都有基础研究和应用研究的区分。心理学也同样如此。心理学研究也有基础研究和应用研究之分。心理学的基础研究和应用研究是有区别的，其区别在于研究目的不同和评价标准不同。心理学的基础研究和应用研究又有着密切的联系。脱离任何一个方面，心理学研究都是不完整的。基础研究为应用研究提供了必要的基础，而应用研究则是基础研究的延伸。涉及心理学的基础研究和应用研究的关系，一个非常重要的方面是要涉及生活世界与科学世界的关系。科学世界是科学家通过科学研究构造出来的。生活世界则是普通人通过日常活动实践出来的。其实，这两个世界就是一个世界，是通过不同方式展现出来的世界。脱离了生活世界的科学世界是抽象的世界，而脱离了科学世界的生活世界则是盲目的世界。[①] 所以，生活世界与科学世界必然是紧密地联系在一起。

心理学基础研究的研究目的是说明和解释对象，形成知识体系。任何科学门类或科学学科都有自己独有的研究对象。基础研究就是通过特定的研究方式和方法，来考察、描述、说明和解释本学科的研究对象。正是通过基础研究的扩展和深入，形成关于研究对象的知识体系。正是通过基础研究的扩展和深入，促成相关知识体系的不断积累。所以，没有基础研究，就不可能有关于对象的科学知识。基础研究在于透视对象的性质，揭示对象的规律，以形成关于对象的知识体系。心理学的研究对象是心理行为。那么，心理学的基础研究就在于描述心理行为，解释心理行为，透视心理行为的性质，揭示心理行为的规律，以形成关于心理行为的知识体系。

心理学应用研究的研究目的是确定和解决问题，提高生活质量。应用研究在于干预对象，改变对象，影响对象的活动，完善对象的内容，以提高生活质量。心理学的干预对象是心理行为。那么，心理学的应用研究就在于干预心理行为，改变心理行为，影响心理行为的过

[①] Varela, F. J., Thompson, E., & Rosch, E., *The embodied mind: Cognitive science and human experience* [M]. Cambridge Mass.: The MIT Press, 1991.

程，完善心理行为的内容，以提高心理生活的质量。心理学应用研究就在于按照心理学的知识原理，通过心理学的技术手段，来干预心理行为，改变心理行为，塑造心理行为，引导心理行为。所以，没有应用研究，就不可能有合理和合意的心理生活。①

基础研究的评价标准是合理性。如何评价心理学的基础研究，其标准在于衡量心理学的理论学说、研究方法和应用技术是否合理。应用研究的评价标准是有效性。如何评价心理学的应用研究，其标准则在于衡量心理学的理论学说、研究方法和应用技术是否有效。在心理学的实际研究中，合理性的标准和有效性的标准并不总是匹配的。例如，弗洛伊德开创的精神分析学派，既是一种解释人类心理的心理学理论和学说，也是一种治疗心理疾病的方法和技术。精神分析学说后来既受到许多人的极力推崇，也受到许多人的极力贬低。但是，无论是推崇还是贬低，都有可能是仅仅涉及一个方面的标准。有的人推崇精神分析是依据有效性的标准，它能够有效地治疗或改善人的精神状况。有的人排斥精神分析是依据合理性的标准，它的概念、理论、方法等缺乏合理的来源。

二　心理学研究次级分类

心理学的基础研究与应用研究都涉及理论、方法、技术。基础研究要依赖理论、方法和技术，应用研究也同样要依赖理论、方法和技术。问题在于，基础研究的次序是理论—方法—技术。而应用研究的次序则是技术—方法—理论。

心理学的理论研究涉及心理学研究中哲学反思或思想前提层面，涉及心理学研究中理论构想或理论假设层面。理论心理学的探索涉及哲学反思或思想前提层面。这包括两个方面的内容。第一是心理学家

---

① 葛鲁嘉：《心理学应用的理论、方案和领域研究》，《河南师范大学学报》（哲学社会科学版）2004年第6期。

关于心理学研究对象的预先理论设定；第二是心理学家关于心理学研究方式的预先理论设定。① 心理学家关于心理学研究对象的理论预设可以是隐含的，也可以是明确的。但是，无论是隐含的还是明确的，它都决定着心理学家对心理学研究对象的理解。有什么样的关于研究对象的理论预设，就会有什么样的对研究对象的理解。有关心理学研究方式的理解涉及心理学作为一门科学的预先设定。这个预先设定可以是隐含的，也可以是明确的。无论是隐含的还是明确的，都决定着心理学家对心理学研究方式的理解和运用。理论心理学的研究还涉及心理学的理论构想或理论假设层面。其实，心理学研究非常重要的方面是提供理论构想和提出理论假设。心理学的理论研究要涉及心理学的概念、模型、假说、理论、框架、学说、学派等。例如，心理学的概念最为重要的是界定或定义的问题。学术心理学所面临的最大问题是，心理学的概念有学术概念和常识概念。学术概念是心理学家在学术研究中所定义的心理学概念，是十分规范和含义明晰的心理学概念。常识概念是常人在日常生活中通过日常生活经验的积累，形成和传递的常识心理学概念，是在日常语言中通用的关于人的心理行为的解说。②

　　心理学的方法研究涉及心理学方法论、心理学方法学、心理学方法。在很多心理学研究者看来，心理学方法论和方法学是没有任何区别的，是同样的含义，都是关于心理学研究方法的探索。但是，实际上方法论和方法学是有区别的。严格说来，心理学方法论要更为宽泛。③ 心理学方法学则是对心理学具体研究方法的考察和探索。因此，可以说心理学方法论包含了心理学方法学，而心理学方法学包含了心理学方法。第一是哲学思想方法。心理学诞生之后，心理学与哲学的

---

　　① 葛鲁嘉、陈若莉：《论心理学哲学的探索——心理科学走向成熟的标志》，《自然辩证法研究》1999 年第 8 期。
　　② 葛鲁嘉：《常识形态的心理学论评》，《安徽师范大学学报》（人文社会科学版）2004 年第 6 期。
　　③ 葛鲁嘉：《对心理学方法论的扩展性探索》，《南京师大学报》（社会科学版）2005 年第 1 期。

关系发生了根本性的变化。在心理学从哲学中分离出来成为独立的科学门类之前，心理学就包含在哲学之中，是哲学研究的一个组成部分。此阶段心理学探索也被称为哲学心理学的探索。这是哲学家或思想家对人类心灵的性质与活动的解说和阐释，是哲学家或思想家建立起来的有关人类心灵的性质与活动的明确的概念体系。在心理学从哲学中分离出来成为独立的科学门类之后，心理学哲学的研究则不再去直接探索人的心理行为，而是去直接探索心理科学的立足基础，去反思心理学研究的理论前提或理论预设。心理学哲学的探索涉及两个方面的内容。一是心理学家关于心理学研究对象的预先理论设定；二是心理学家关于心理学研究方式的预先理论设定。第二是一般科学方法。在任何科学门类的研究中，都可以有共同的科学方法。这就包括系统论、信息论、控制论。其实，系统论、信息论和控制论都对心理学研究产生了十分重要的影响，或者说影响了心理学所运用的方法、建构的理论、发明的技术。例如，在信息论的影响下，产生了信息加工的心理学，或狭义的认知心理学。这是把心理看作信息的接收、加工、存储、提取、运用的过程。心理学成为科学的一个重要的标志就是使用了科学的研究方法。第三是具体研究方法。心理学具体研究方法有很多，包括观察法、实验法、测量法、访谈法等。任何一种具体的心理学研究方法都会涉及方法的基本构成、使用程序、实际效果等。[1]

心理学的技术研究涉及技术设计或技术思想层面和技术手段或技术工具层面。第一是技术设计或技术思想层面。任何科学门类都有对研究对象的技术干预，这可以使研究对象按照研究者的认识和理解加以改变。在心理学研究中，也有对自己的研究对象的改变，使之按照研究的预想加以改变。其实，在技术研究中，最为重要和最为核心的就是技术思想的研究。第二是技术手段或技术工具层面。对于研究对象的干预，需要通过一定的技术手段或技术工具，因此，技术研究最

---

[1] Ratner, C., *Cultural psychology and qualitative methodology* [M]. New York: Plenum Press, 1997.

为重要的就是技术的设计和工具的发明。在心理学发展历史中，就有过技术手段的改变和更新而导致的心理学的突破性发展。例如，计算机的出现就给心理学带来了根本性的变化。[①] 心理学的技术研究与技术应用是心理学研究和应用中的最为重要的部分，决定了心理学的生活价值和社会意义。

三　以理论或方法为中心

18世纪德国的思想家和哲学家康德（I. Kant）曾经在自己的研究中指出，心理学只能是对心灵的内省研究或哲学研究，它不可能成为实验的或实证的科学。在康德看来，人的心理意识只有一个维度，那就是时间维度，会随着时间而流变。人的心理意识不具有空间维度，不占有空间，所以无法在时空中对人的心理意识加以测定和量化。因此，心理学就只能是内省的研究，而不能成为实验的科学。心理学就只能是哲学的思辨，而不能成为实证的科学。

康德对心理学的认识和理解，有其十分明确的含义。这种含义给心理学带来了十分重大的影响。首先，康德结论的含义就在于，人的心理意识是十分独特的，心理意识的存在完全不同于物理事实的存在。物理的存在不但具有时间维度，随着时间的流逝而变化；而且具有空间维度，占有一定的空间。所以，物理学可以成为科学，物理学家可以对物理对象进行时空定位。心理意识的存在则只有一个时间的维度，根本无法进行时空定位，所以心理学只能成为哲学思辨的对象，而根本不可能成为实验科学的对象。其次，康德结论的含义就在于，实验的方法是有限度的。科学实验只能对时空定位的事物进行定量的研究。但是，对于心理学的研究对象来说，科学实验就无法对随着时间流变的人的心理意识进行定量研究。所以，按照康德的结论，心理学只能是哲学反思的学科，是哲学的一个分支，心理学必须要从

---

① 郭本禹主编：《当代心理学的新进展》，山东教育出版社2003年版。

属于哲学。

康德的结论并没有阻挡住心理学成为一门实验科学的脚步。但是，在心理学研究中却导致了还原论的盛行。在心理学成为独立的科学门类之后，康德结论的阴影就一直笼罩在心理学研究之中。许多心理学家为了使心理学成为一门现代意义上的实验科学，在理论上采取了还原论的研究立场。[①] 所谓还原论就是把人的心理行为还原到实现它的更为原始的基础上。这在心理学研究中就体现为物理的还原，生物的还原，社会的还原，历史的还原，等等。物理的还原表现为把人的心理意识看作物理的实在，与物理的规律相一致。生物的还原表现为把人的心理意识看作实现其活动的生物的基础，例如人的大脑、人的神经系统，构成神经系统的神经元，人的生物细胞中的遗传基因，等等。所以，在心理学研究中就曾经盛行过生物决定论、生理决定论、遗传决定论。社会还原论则表现为把人的心理行为还原为社会的性质、社会的结构、社会的演变，等等。历史还原论则表现为把人的心理行为还原为历史的条件、历史的背景、历史的过程，等等。

在心理学研究中，曾经一直存在着以心理学研究的什么类别为中心的问题。在心理学演变和发展中，曾经出现过以理论为中心的研究，也曾经出现过以方法为中心的研究。并且，以理论为中心的研究和以方法为中心的研究曾经相互排斥。

心理学以理论为中心的研究十分重视哲学思辨。在心理学成为实证科学之前，心理学就依附在哲学之中。这时的心理学是以哲学思辨的方式考察和探讨人的心理行为。所谓哲学思辨，首先是立足于日常生活的经验，其次是建构于理性思想的推论。这种立足于哲学思辨的心理学也可称为哲学心理学。哲学心理学有两个重要的缺失或致命的缺陷。第一，哲学心理学家缺乏验证的手段，而无法证实自己阐释人类心灵的理论揭示的就是对象本身的特性和规律。第二，哲学心理学家缺乏干预的手段，而无法使自己阐释人类心灵的理论控制和改变对象本身的属性和活动。后来的西方科学心理学的建立，就在于突破了

---

① 高觉敷主编：《西方心理学史论》，安徽教育出版社1995年版。

哲学心理学的这两个缺陷。一方面科学心理学采用了实证的方法来验证理论的假设，另一方面科学心理学采用了技术的手段来干预心理活动。心理学中以理论为中心的研究十分重视问题中心。在心理学研究中，是以方法为中心，还是以问题为中心，这成为完全不同的研究立场。以问题为中心的研究，强调心理学研究是以发现问题、探讨问题、解释问题、解决问题等作为最重要的工作。① 心理学中以理论为中心的研究十分重视理论构想。以理论为中心的研究是通过建构关于心理行为的理论解说为核心。那么，理论的构想就成为心理学研究的最为根本性的工作。所谓理论构想就是建立研究的思想基础，建立关于对象的理论解说，建立彼此连贯的思想体系。最后，心理学中以理论为中心的研究十分重视研究假设。因此，在心理学研究中，最为重要的工作就是提出理论假设。心理学的研究假设可以是关于所研究的对象的性质、构成、功能、活动、演变等方面的理论解释。

在心理学成为实证的科学门类之后，曾推翻了心理学研究以理论为中心的方式，而是把实证的研究方法放在了核心地位。这就是以方法为中心的心理学研究。科学心理学诞生的标志，是德国心理学家冯特1876年在德国莱比锡大学建立了世界上第一个心理学实验室。② 实验方法的运用，实验工具的发明，实验程序的确立，成为心理学独立的象征，成为心理学发展的起点。这也开启了心理学研究中以方法为中心的先河。心理学中以方法为中心的研究十分重视方法优先问题。以方法为中心的心理学研究认为，心理学研究中最为重要和起决定作用的是所确立和运用的方法。那么，从事心理学研究，优先考虑的就是研究方法。心理学研究中的问题是从属于方法的。心理学中以方法为中心的研究十分重视方法决定理论。以方法为中心的心理学研究认为，有什么样的研究方法就会有什么样的理论构造。方法决定了理论的假设、理论的性质、理论的内容、理论的探索。这也被称为方法中心主义。

---

① 车文博：《人本主义心理学》，浙江教育出版社2003年版。
② 杨鑫辉主编：《心理学通史》，山东教育出版社2000年版。

四 心理技术优先的思考

关于现代科学心理学的不同研究类别和研究类别的不同顺序，可以有不同的设想和设计，这决定了心理学研究的定位和发展。当然，在科学心理学研究中，原有的关于研究顺序的理解和认识曾经给心理学带来了影响和促进，但也给心理学带来了不利和阻碍。所以，重要的是了解原有的研究顺序，并且给出应有的研究顺序。

在心理学研究和演变中，心理学的理论研究、方法研究和技术研究的顺序，曾经有过不同变化。首先是理论、方法、技术的顺序。在这个顺序中，理论占有首要位置或支配地位。理论的范式、框架、假设、主张、观点等，成为心理学研究的核心部分。其次是方法、理论、技术的顺序。在这个顺序中，方法占有首要位置或支配地位。方法的性质、构成、设计、运用、评判等，成为心理学研究的支配部分。

心理学研究应有的顺序是技术、理论、方法。这是技术优先的思考。所谓技术优先重视的是价值定位、需求拉动、问题中心、效益为本。价值定位是指在心理学研究中，研究者和研究者的研究都应该有其取向。在原有的实证心理学研究中，是主张价值中立，或者是价值无涉的。研究者必须在研究中持有客观的立场。需求拉动是指心理学的研究是人的现实生活的需要所拉动的。其实，越是发达的社会，高质量的生活，就越是重视人的心理生活，重视人的心理生活质量。问题中心是指心理学研究必须以确定问题、研究问题、解决问题作为自己的核心。效益为本是指心理学研究也必须考虑自己的投入和产出，即怎么样以最少的投入获得最大的收益。在技术、理论、方法的顺序中，技术是由理论所支撑的，理论是由方法所支撑的。所以，所谓技术优先也并不是脱离了理论和方法的单纯技术研究。

心理学研究对象应该有一个重大或重要的转变，那就是要从以心理现象为研究对象，转向以心理生活为研究对象。所谓心理现象是建立于心理学研究中研究对象与研究者的绝对分离。研究者通过自己的感官的观察而得到的就是心理现象。所谓心理生活则是建立于心理学研究中研究对象与研究者的相对统一。研究者就是生活者。生活者通过自己的心灵自觉来把握、体验和创造自己的内心生活。[①] 对于心理生活来说,最为重要的就是生活规划、规划实施和实施评估。人的心理生活是以创造为前提的,或者说人的心理生活是人自主创造出来的。

其实,人的心理并不是自然天生的,也不是遗传决定的,更不是固定不变的;而是后天形成的,是创造出来的,是生成变化的。那么,把人的心理看成已成的存在与看成生成的存在,就存在根本的不同。所以,心理学研究不应该是着重于已成的存在,而应该是着重于生成的存在。或者说,人的心理意识不仅仅是已成的存在,而且更重要的是生成的存在。心理学研究不应该是仅仅着重于他人生成的心理意识的存在,而更应该是着重于研究者促使生成的心理意识的存在。心理科学通过生成心理生活而揭示心理生活,心理科学促使生成的心理生活才是合理的心理生活。

---

① 葛鲁嘉:《心理生活论纲——关于心理学研究对象的另类考察》,《陕西师范大学学报》(哲学社会科学版) 2005 年第 2 期。

第七章　心理学应用的技术考察[*]

心理学应用的核心部分是技术基础、技术思想和技术手段。心理学应用的技术基础涉及科学与技术之间的关系。科学与技术的目的、对象、语汇和规范都存在着不同。这也体现在心理学学科中的科学与技术之间的不同。心理学应用的技术思想涉及心理学的理论研究、方法研究和技术研究的顺序。心理学研究应有的顺序是技术、理论、方法。这是技术优先的思考。心理学应用的技术手段涉及体证方法与体验方法。

心理学研究包括基础部分和应用部分。心理学应用是通过技术的方式来进行的。这也就涉及心理学应用的技术基础、技术思想和技术手段。对于心理学的应用研究来说，强化心理学的技术考察是非常重要的学术目标。在心理学的方法论的探讨之中，就包含了关于心理学应用技术的考察。[①]这涉及心理学研究有关技术理念的生态学方法论。[②]这也涉及心理学研究划分的类别与优先顺序。[③]心理学的应用研究有特定的理论、方案和领域的问题。[④]心理学的技术研究有需要关注

---

[*] 原文见葛鲁嘉《心理学应用的技术基础、技术思想和技术手段》，《心理技术与应用》2013年第1期。

[①] 葛鲁嘉：《对心理学方法论的扩展性探索》，《南京师大学报》（社会科学版）2005年第1期。

[②] 葛鲁嘉：《心理学研究的生态学方法论》，《社会科学研究》2009年第2期。

[③] 葛鲁嘉：《心理学研究划分的类别与优先的顺序》，《吉林师范大学学报》（人文社会科学版）2005年第5期。

[④] 葛鲁嘉：《心理学应用的理论、方案和领域研究》，《河南师范大学学报》（哲学社会科学版）2004年第6期。

的核心问题。① 心理学的技术应用具有独特的途径和方式。② 例如，心理学研究中的体证和体验的方法。③ 将心理学应用的技术考察突出出来，是把握心理学应用研究的核心部分，是推动心理学生活应用的重要环节。

一 心理学应用的技术基础

科学是科学共同体采取经验理性的方法而获得的有关自然和社会的规律性和系统化的知识体系。技术也是一种特殊的知识体系，一种由特殊社会共同体组织进行的特殊社会活动。不过技术这种知识体系指的是设计、制造、调整、运作和监控各种人工事物与人工过程的知识、方法与技能的体系。

科学的目的与技术的目的并不相同。科学的目的与价值在于探求真理，弄清自然界或现实世界的事实与规律，求得人类知识的增长。技术的目的与价值则在于通过设计与制造各种技术工具或人工事物，以达到控制自然、改造世界、增长社会财富、提高社会福利、增加人类福祉的目的。

科学的对象与技术的对象并不相同。科学的对象是自然界，是客观的独立于人类之外的自然系统，包括物理的系统、化学的系统、生物的系统和社会的系统。科学就是要研究它们的结构、性能与规律，理解和解释各种自然现象。技术的对象则是人工的自然系统，即被人类加工过的、为人类的目的而制造出来的人工物理系统、人工化学系统、人工生物系统和社会组织系统，等等。

科学的语汇与技术的语汇并不相同。科学与技术在处理问题和回

---

① 葛鲁嘉：《浅论心理学技术研究的八个核心问题》，《内蒙古师范大学学报》（哲学社会科学版）2005年第4期。
② 葛鲁嘉：《心理学技术应用的途径与方式》，《科学技术与辩证法》2008年第5期。
③ 葛鲁嘉：《体证和体验的方法对心理学研究的价值》，《华南师范大学学报》（社会科学版）2006年第4期。

答问题时所使用的语词方面有很大的区别。在科学中只出现事实判断，从来不出现价值判断和规范判断，只出现因果解释、概率解释和规律解释，不出现目的论解释及其相关的功能解释。因而，科学只使用陈述逻辑。技术回答问题就不仅要使用事实判断，而且要进行价值判断和规范判断，不仅要用因果解释、概率解释和规律解释，而且要用目的论解释和相关的功能解释。

科学规范与技术规范并不相同。科学与技术有不同的社会规范。科学共同体的基本规范具有普遍主义、知识公有、去除私利和怀疑主义等四项基本原则。技术的发明却在一定时期是私有的，是属于个人或专利人的。科学无专利，保密是不道德的，而技术有专利，有知识产权保护，泄露技术秘密、侵犯他人专利、侵害知识产权等，都是不道德的，甚至是违法的。

有研究指出，技术哲学问题可以涉及下列六个方面的内容。一是技术的定义和技术的本体论地位；二是技术认识的程序论；三是技术知识结构论；四是常规技术与技术革命；五是技术与文化；六是技术价值论与技术伦理学。[①]

学术界一直就存在技术"中性论"与技术"价值论"之争。那么，技术到底是价值中立的，还是负载价值的，这是一直都没有厘清的问题。纵观技术"中性论"者与技术"价值论"者的观点，不难看出，之所以有这样的争论，主要源于对技术本质的不同理解。换句话说，技术中性论者与技术价值论者眼中的技术可能是根本不同的，两者之间存在着"知识分裂"，而这一点可能正是造成技术中性论者与技术价值论者不能达成观点共识的根本原因。

在技术工具论者看来，技术即工具、手段，技术工具论者并不否认技术的应用和技术的应用后果是有善恶之分的，是存在价值判断的，但技术本身即技术工具。手段却是价值中立的，中立的技术工具只有效率高低之分，而不应从善恶等价值尺度出发去衡量，即应该把

---

① 张华夏、张志林：《从科学与技术的划界来看技术哲学的研究纲领》，《自然辩证法研究》2001年第2期。

技术本身同技术应用区别开。

　　技术建构论与技术决定论的技术价值观是价值论。技术价值论主要表现为社会建构论和技术决定论两种观点。从社会建构论者对技术本质的理解出发，自然会得出技术是负载价值的结论。现代技术自主地控制着社会和人，决定着社会发展和人类命运。技术成为一种强大的力量，左右着人类的命运，技术的发展和进步无须依赖人类力量和社会因素，技术有着自身独立的意志与目的，负载独立于人的客观存在价值。

　　技术过程论的技术价值观是主张内在价值与外在价值的统一。从过程论的观点来看，显示技术最初表现形态的技术发明不是单纯的手段，而是合目的的手段，手段承载了人的目的，因此也就承载了人的价值。体现在技术手段中的人的价值也是潜在的，是没有成为现实的价值，因此技术发明不仅体现了内在的真价值，同时也体现了潜在的外在的社会价值。从技术发明到生产技术是技术形态的又一次转化，从技术发明转化为生产技术的过程，是技术社会价值实现的过程，即技术原理与技术发明中所承载的潜在价值转化为现实的过程。[①] 心理学应用的技术基础就涉及从科学到技术的一系列重要的问题。这些问题的探讨就决定了心理学的技术创造和发明，技术应用和结果。

二　心理学应用的技术思想

　　心理学应用是通过特定的应用技术来实现的。因此，应用心理学的最为重要的方面就是应用技术的发明或创造。这实际上所涉及的包括了心理学的技术研究的方向、技术问题的核心、技术应用的基础、技术设计的思路、技术工具的发明、技术手段的确定。心理学技术的核心关联到一系列重要的问题和方面。心理学应用的技术基础牵连到科

---

　　① 张铃、傅畅梅：《从技术的本质到技术的价值》，《辽宁大学学报》（哲学社会科学版）2005年第2期。

学与技术之间的关系。科学与技术的目的、对象、语汇和规范都存在着不同。这也体现在心理学学科中的科学与技术之间的不同。心理学应用的技术思想则涉及心理学的理论研究、方法研究和技术研究的顺序。心理学研究应有的顺序是技术、理论和方法。这是技术优先的思考。心理学应用的技术手段涉及体证的方法与体验的方法。

技术的发明创造和现实应用，实际上是最为重要的把握对象，改变对象，引导对象，提升生活品质，促进社会进步，具有掌控能力，等等的途径和手段。针对人的心理行为的心理技术也同样是如此。其实，心理学应用技术的最为根本的方面或特征，并不是去改变现有的心理行为的存在，而是去创造未来心理行为的存在。心理学应用技术的基础也是立足于特定的有关心理技术的理念、目的、对象、语汇、规范，等等一系列重要的基础。这实际上决定的是心理学技术应用的基本的方面。

关于应用技术的研究可以从两个不同的方向去进行。一是关于应用技术的心理学的研究，一是关于心理技术的技术学的研究。当然，对于心理学应用技术的发明来说，两者之间也是可以贯通的。有研究探讨了关于科学与技术的心理学研究。研究指出了，关于技术的心理学研究与关于科学的心理学研究是平行的，而有时也是相交的。但是，20世纪的心理学在对人类经验和行动中的关于机器、系统和技术的心理意义方面的研究，却显然是缺席的。不过，在近些年来，完整的技术心理学才有了大的发展。这与心理学原来曾片面重视实验、定量和统计的方法论有关，因为这导致了对心理行为的现实情境的忽略，割裂了心理行为与世界的关联，包括与科学的和技术的世界的关联。有关科技与社会的研究已经开始强调，对科学研究的实践与技术创造的产物之间的关系，应该加入人的主观性的层面，应该去整合物质的、文化的和主观的方面。[①] 有关于技术的心理学研究。研究指出了，在不同的文化之中，关于技术的重要性有着不同的主张和观点。

---

① O'Doherty, K. C. and etc. (Eds.) *Psychological studies of science and technology* [M]. Macmillan: Palgrave, 2019. pp. 12–13.

通常认为，技术的进步，如计算机技术，对人的文化，对人的生活，都产生了重要的影响。技术也大大促进了不同文化中的人们之间的沟通，互联网为人们创造了更多的新的机遇，也导致了人们的价值观的重大改变。特别是对于原有的个体主义的和集体主义的文化中的人来说，对技术的喜好是有所不同的。技术心理学的重要性就在于文化的变迁与技术的发展之间的关系。人们正在扩展想象人类文明走向的能力，而心理学则正是这一切的催生之母。①

心理学应用技术的发明是应用心理学研究中的最为核心的课题和内容。这关系到应用心理学的一系列最为根本的方面和方向。有研究探讨了应用心理学目前的问题和全新的方向。研究考察了，在应用心理学家的生涯之中，其研究、理论和实践之间的关系。应用心理学家既是科学家，也是实践者。那么最为重要的就是应用心理学家能否将应用的实践也当成是证据。这也就在学术的研究者与应用的实践者之间形成了一种张力。这实际上也就是基于实践的研究与基于研究的实践之间所具有的关系。② 心理学是通过应用技术的发明而对社会、生活、心理、行为进行技术干预。有研究曾经考察了技术与心理幸福之间的关系。该研究指出了，所谓的技术就是社会所具有的通过工具和工艺而建立起来的关系。技术的概念含义可以有广义和狭义的。幸福则是可与快乐、幸福、舒适、安全，等等交换运用的概念，并包含了生活的满意和心理的幸福，等等。常用来描述幸福还的包括生活的质量。生活质量是多维的构造，包含了生理的、情感的、精神的、社会的和行为的。互联网技术带来了对幸福感的巨大的影响。③ 应用心理学的技术是应用的最为重要的层面。那么，应用心理学的技术研究就成为最为核心的方面。无论是应用心理学的技术探索、技术发明、技

---

① Kool, V. K. & Agrawal, R. *Psychology of technology* [M]. Cham: Springer, 2016. pp. 333 – 335.

② Bayne, R. & Horton, I. (Eds.) *Applied psychology – Current issues and new directions* [M]. London: Sage Publications, 2003. p. 158.

③ Amichai – Hamburger, Y. (Ed.) *Technology and psychological well – being* [M]. Cambridge: Cambridge University Press, 2009. pp. 1 – 3.

术创造、技术设计、技术工具和技术操作，都会关联到或是涉及一系列的核心论题。对这些核心论题的把握和设定，将直接决定应用心理学的生活应用。这包括了心理学技术问题的核心，心理学技术应用的基础，心理学技术设计的思路，心理学技术工具的发明，心理学技术手段的确定。

三　心理学应用的技术手段

有研究者认为，应该确立现代心理技术学的心理学研究门类。这是应用现代心理学原理及心理测验、测量、统计等技术手段，研究社会生活实际部门中个体和群体心理问题的综合应用理论学科。就个体来说，这是人员心理素质测评技术。人员心理素质测评是对人的心理属性的量化研究，就是运用心理测量、测验的方法对各类人员进行心理过程与特质的测量和评价。就群体来说，这是社会心理测查技术。社会心理测查是对社会中群体的心理倾向性进行测量与调查。心理倾向主要包括社会需要心理、对人与事的态度、群体人际关系等。就个体和群体的心理失常来说，这是心理咨询与治疗技术。心理咨询通过心理商谈，使咨询对象的认识、情感、态度等有所变化，从而能适应环境保持身心健康。心理治疗则运用心理学理论和技术，矫治心理、行为障碍、精神（心理）疾病。就经济是个体和群体的社会活动中心说，这是经济心理技术。[①]

有研究者阐述了心理技术学的构成，认为心理技术学应该是一个完整的系统体系。这个完整的系统体系应该包括如下三个子系统：实验心理技术系统、心理测量技术系统和心理训练技术系统。实验心理技术系统的实验手段包括仪器、设备、器械、实验装置和相应工具，现代实验心理学除自身不断创造先进的仪器外，还广泛使用相关学科的先进仪器进行研究。心理测量技术体系包括智力测量体系、人格测

---

① 杨鑫辉：《略论现代心理技术学的体系建构》，《心理科学》1999 年第 5 期。

量体系、非智力因素测量体系、能力倾向测量体系和神经心理测量体系，等等。心理指导与训练技术系统又分为三个子系统：心理硬技术体系、心理软技术体系、心理技术经济体系。心理硬技术体系运用现代各种物质性技术手段，构建心理硬技术系统。如物理、工程、生化、医学、生理、计算机等领域的物质手段综合利用，进行心理学服务体系构建，提高服务的物质化水平。心理软技术体系是将心理科学知识转化为应用心理的技能与技巧，不能是经验的东西，而是要建构成套的完整技术体系。心理技术经济体系是要进行心理技术的开发，培育心理技术市场，增强心理学自身的应用功能，增进心理学自身的发展动力。同时，心理技术市场机制的调节作用，又会促进心理指导和训练的技术水平的提高。①

　　人的心理不是已成的存在，而是生成的存在。所谓已成的存在是指，人的心理就如同自然天成的产物，是现成如此的存在，是客观不变的对象。但是，生成的存在则与之有所不同。所谓生成的存在是指，人的心理不过是后天建构的结果，是朝向未来的存在，是共同合成的结果，是不断变化的过程。那么，如果从生成的方面来看，人的心理生活就与人的心理现象有着根本的不同。心理生活是人自主建构的，或者说是人自主创造的。所以，心理生活是生成的。心理现象则是被动变化的，是生来如此的，是自然天成的。所以，心理现象是已成的。生成心理生活的根本的方式就是人的心理体悟或者心理体验。心理体悟或心理体验不是现成接受的结果，而是心理创造的建构。

　　实证与体证是相互对应的，实验与体验是相互对应的。这也就是说，现代科学心理学中的实证的方法是与本土传统心理学中的体证的方法相对应的，现代科学心理学中的实验的方法是与本土传统心理学中的体验的方法是相对应的。正是在科学心理学诞生之后，实证的方法和实验的方法就成为确立和保证心理学科学性的最为基本的准则。②

---

　　① 罗杰等：《论建构中国心理技术学体系》，《贵州师范大学学报》（自然科学版）2002年第1期。

　　② 郭本禹主编：《当代心理学的新进展》，山东教育出版社2003年版。

这也成为考察西方心理学的研究进展的重要方面。① 实证和实验方法的运用也成为对文化心理进行研究和考察的核心。这体现在了关于文化与自我的研究之中。② 这也体现在了文化心理学研究中的质化研究方法的运用中。③ 这也体现在了文化心理学研究的核心原则、基本理念和思想预设之中。④ 那么，除此之外的另类方法或内省方法就被抛弃到了非科学的范围之中。受到连带的影响，体验和体证的方法也就没有了存在的根基。因此，发展中国心理学的十分重要的任务是对心理学研究的方法论进行扩展。

在中国本土的文化传统中，倡导的是天人合一的基本理论设定，倡导的是心道一体的基本理论设定。所谓天人合一或心道一体，强调不要在人之外或心之外去寻求所谓客观存在。道就在人本身之中，就在人本心之中。那么，人就不是到身外或心外去求取道，而是反身内求。所以说，人就是通过心灵自觉或意识自觉的方式，直接体验并直接构筑自身的心理。中国本土文化中的心理学传统所确立的是内省方式。这种内省方式强调一些基本原则或基本方面。这成为理解体证或体验方式和方法的最为重要和无法忽视的内容。这就是内圣与外王，修性与修命，渐修与顿悟，觉知与自觉，生成与构筑。

但是，体验的方法则有所不同。体验是人的心理所具有的一个十分重要的性质。所谓体验就是人的有意识心理活动把握心理对象的一种活动。这不仅仅是关于对象的认知，关于对象的理解，也包含关于对象的感受，还包含关于对象的意向。体验的历程也是人的心理的自觉活动，也是人的心理的自觉创造，还是人的心理的自主生成。人通过心理体验把握心理自身时，可以是一种没有分离感知者与感知对象，没有分离认识者与认识对象的活动。在这样的心理活动中，人是

---

① 叶浩生主编：《西方心理学研究新进展》，人民教育出版社2003年版。
② Markus, H. R. & Kitayama, S., *Culture and the self*: Implications for cognition, emotion, and motivation [J]. *Psychological Review*, 1991 (2). pp. 224-253.
③ Ratner, C., *Cultural psychology and qualitativemethodology* [M]. New York: Plenum Press, 1997. p. 9.
④ Shweder, R. A., *Thinking through cultures*: Expeditionsin cultural psychology [M]. Cambridge, MA: Harvard University Press, 1991. p. 35.

感受者，是体验者。

体证的方法与体验的方法体现出来的是如下几个方面的特性或特征。首先，体验是一体性的。体验就是人的自觉活动或心灵的自觉活动，因此，体验并没有分离研究主体与研究客体，并没有分离研究者与研究对象。体验不同于西方心理学早期研究中所说的内省。内省严格说来，仅仅是对内在心理的觉知活动。这是分离开的心理主体对分离开的心理客体的所谓客观把握，这不过是把对外部世界的观察活动转换成对心理世界的观察活动。因此，体验实际上就是心理的自觉活动，通过心理体验所把握的就是心理自身的活动。其次，体验是真实性的。实证的科学心理学一直强调研究的客观性，强调把心理学研究对象当作客观对象。为了做到这一点，甚至于不惜把人的心理物化。这种所谓客观性常常是以歪曲或扭曲人的心理体现出来。体验实际上强调的不是客观，而是真实。真实性在于反对以客观性来物化人的心理行为。当然，体验应该是客观性与真实性的统一。客观性是对虚构性和虚拟性的排斥，而真实性则是对还原性和物化性的排斥。体验通过超越个体的方式来达到普遍性。再次，体验是生成性的。实证心理学的研究是把人的心理看作已成的存在，或看作已经如此的存在。心理学研究就是描述、揭示和解说已成的心理存在。但是，实际上人的心理也是生成的存在，是在创造和创新中变化的存在。那么，体验就不仅是对已成的心理进行把握，而且是促进创造性生成的活动过程。正是通过体验，使人能够创生自己的心理生活。最后，体验是整体性的。人的心理是直接以个体化的方式存在着的。个体的心理是相对独立和完整的。但是，在心理学研究中，这种个体化或个体性就变成了一种基本原则，即个体主义原则。这在很长的时段中支配了心理学研究，包括支配对人的群体心理和社会心理的研究。实际上，人的心理的存在就内含着整体的存在。这在中国本土心性心理学看来，道就内含或隐含在个体心中，这就是心道一体的学说，这就是心性自证的学说。那么，体验或体证就是体道，就是证道，就是弘道。这是心理生成、心理创造、心理建构的历程。

第八章　心理环境生态共生原则*

人的心理与人的环境有着重要的关联。人的心理成长与人的心理环境也就有着重要的关联。人的心理不仅是外在的环境所决定的，非常重要的是心理也具有对环境的独特理解和建构，这就是人的心理环境。"心理环境"的概念是从人类心理的视角理解环境。心理学怎样理解环境就决定其怎样理解心理。在心理学研究中，非常重要的是应该把环境与心理理解为共生的过程。这就不仅是环境会对人的心理形成影响，心理也会对人的环境加以建构。这种交互的作用就是一体化的过程，也就是共生性的历程。任何一方的演变或发展，都会带来另一方的演变或发展。心理与环境就是共同的变化和成长的历程。心理环境的概念就是有关共生历程的最好描述。

一　心理与环境关系

人的心理与人的环境的关系是心理学研究中最为重要的课题。[①]这是理解人的心理非常重要的方面和基础。从环境的角度去理解心理，从心理的角度去理解环境，这是涉及心理与环境关系最为重要的变化。显然，把人的心理存在与人的心理环境关联起来，是理解和解说人的心理存在的一个关键。在心理学研究中，涉及环境与心理关系的

---

* 原文见葛鲁嘉《从心理环境的建构到生态共生原则的创立》，《南京师大学报》（社会科学版）2011 年第 5 期。

① 葛鲁嘉：《人的心理与人的环境》，《阴山学刊》2009 年第 4 期。

研究一直受到心理学家的重视。环境心理学的学科目前也已经成为心理学研究中的热门学科。环境心理学的研究课题也受到了越来越多的关注。[1][2] 怎样理解环境与心理的关系，或者说怎样通过环境来理解人的心理，一直就是心理学研究的中心和重心。同样，心理环境学也应该受到更广泛的关注。怎样从心理方面来理解环境，来把握环境，来创造环境，也将成为心理学研究的核心。[3]

生态心理学的滥觞与趋热，也给扩展心理学的研究和改变心理学的探索带来了重大和重要的变化。当然，所谓生态心理学可以有不同的含义，不同的指向，不同的影响，不同的定位。有研究者指出，生态心理学可以区分为生态的心理学（ecological psychology）和生态心理学（ecopsychology）。生态的心理学就是指心理学研究领域的生态化倾向，把生态学的系统性、整体性、互动性、真实性、自然性这些基本原则，应用到对心理学具体问题的探讨中，用生态学的方法和原则研究心理学问题。生态心理学是在全球环境问题日益严重的背景之下，受后现代主义思潮的影响，在生态哲学的价值观引导下，从人的心理和行为层面探讨生态危机的解决之道。生态心理学是生态学、心理学、生态哲学的交叉学科。生态心理学试图寻找人类心灵危机与地球生态危机的关系，寻找生态危机的心理根源。生态心理学有广义和狭义之分。按照生态心理学对环境关注的程度和方式的差异，可将其分为两大类。一类把环境只看作研究对象的考察背景；另一类把环境和人的交互关系作为研究对象。包括这两类理论的生态心理学被称为广义的生态心理学。只研究环境和人的交互关系的理论被称为狭义的生态心理学。"生态心理学"从某种意义上说，还是一个宽泛概念，一种研究态势，一种研究取向，一种研究思路。人们现在使用这个概

---

[1] Stern, P. C., *Psychology and the Science of Human-environment Interactions* [J]. *American Psychologist*, 2000 (5). pp. 523–530.

[2] Bechtel, R. B. & Churchman, A. (Eds.). *Handbook of Environmental Psychology* [M]. New York: John Wiley & Sons Press, 2002. pp. 3–13.

[3] 葛鲁嘉：《心理环境论说——关于心理学对象环境的重新理解》，《陕西师范大学学报》（哲学社会科学版）2006年第1期。

念,可以用来指心理学研究的生态学取向,也可以用来指在后现代思潮影响下,寻找解决环境危机的心理学根源的研究。有人认为,生态心理学家关注的问题也是环境心理学家关注的问题,所以也用生态心理学来指称环境心理学。在关注环境危机问题这一主题上,环境心理学与生态心理学正在走向融合。①

共生是人类之间、自然之间以及人类与自然之间形成的一种相互依存、和谐、统一的命运关系。共生的基本类型可分为包括生物世界的共生和人类社会的共生等类型。前者是指生物学性的异种之间的关系,后者则是指以人类这一生物学上的同种为前提的,并有着不同质的文化、社会、思想和身体的个体与团体之间的关系。共生理念的核心内涵则是指互依、互惠、协同、合作。共生体内的各共生单元之间可以互惠互利,在合作中得到优化、进化和发展。② 有研究者对环境心理学的研究进展与理论突破进行了探讨。③ 有研究者指出,生态心理学就是借用生态学理论与方法的心理学,是生态学化的心理学,也是理论型的生态心理学。生态危机的生态心理学则是针对生态危机的心理学研究,是问题型的生态心理学。从具体理论上来说,生态心理学致力于研究生态环境问题的心理根源,提出了"生态潜意识""生态自我"等概念,主张转变人的观念,解除对生态潜意识的抑制,建立生态自我,保护生态环境,走向人与自然的和谐发展。生态心理学是从心理学层面理解人与自然的关系,对提高人们的环境意识,培养良好的环境行为,支持可持续发展思想的实施,都具有重要的实践意义。④

对于人、人的生活、人的心理、人的心理生活来说,最直接和最

---

① 吴建平:《生态心理学探讨》,《北京林业大学学报》(社会科学版)2009 年第 6 期。
② Varela, F. J., Thomption, E. & Rosch, E., *The Embodied Mind: Cognitive Science and Human Experience* [M]. Cambridge, Mass.: The MIT Press, 1991. pp. 205–213.
③ 罗玲玲、任巧华:《环境心理学研究的国际进展与理论突破的方法论分析》,《建筑学报》2000 年第 7 期。
④ 谷金枝、陈彦垒:《生态心理学的新进展:生态危机的生态心理学》,《江西社会科学》2009 年第 9 期。

重要的环境存在就是心理环境的存在。心理环境就是人所觉知到的，所理解到的，所创造出的，对人来说最为直接的、最为现实的、最为切身的环境。涉及对人的心理环境的理解，就要涉及人的生存与心理环境，社会生活与心理环境，心理生活与心理环境，心理创造与心理环境，心理成长与心理环境。对心理环境的考察和探索是理解人的心理非常重要的方面，也是理解人的心理与人的环境关系非常重要的方面。

其实，人就是生存和生活在自己所处的环境中的。人的存在或人的心理的存在与环境的存在是无法分离的，也是共存和共生的。但是，在心理学研究中，环境与心理的关系却并不是简明和清晰的。心理学传统的理解都是把环境看作人之外的存在，都是把环境理解为外在于人的影响，都是把环境理解为客观的条件。心理学对于环境的这种理解是非常有限的。或者说，仅仅是对外在的环境条件怎样影响人的内在心理的理解。其实，对于人来说，对于人的心理来说，最直接和最切近的环境不是物理的环境，生物的环境，社会的环境，文化的环境，而是心理的环境。这就有必要区分环境心理的概念与心理环境的概念。①② 心理环境是人的心理所觉知到的，所理解到的和所创造出的。如果没有人的心理觉知、心理理解和心理创造，也就没有具有实际心理意义的环境。当然，在传统心理学研究中，都是把环境理解为外在于人和人的心理的存在，而并没有理解为内在于人和人的心理的存在。因此，对于心理环境的考察和研究就成为当代心理学发展应该重视和关注的课题。其实，在中国本土文化的心理学传统中，就蕴含着关于心理和心理环境的重要资源。中国心理学的发展也在通过本土化的路径去关注文化的传统和文化的资源。③ 心理学本土化是当代

---

① 申荷永：《心理环境与环境心理分析》，《学术研究》2005年第11期。
② 葛鲁嘉：《心理环境论说——关于心理学对象环境的重新理解》，《陕西师范大学学报》（哲学社会科学版）2006年第1期。
③ 葛鲁嘉：《新心性心理学宣言——中国本土心理学原创性理论建构》，人民出版社2008年版。

第八章　心理环境生态共生原则　413

心理学发展的必然趋势。①②③ 其中，最为重要的发展则是本土心理学的原始性理论创新。

在科学研究和心理学研究中，在对人的心理行为的研究中，分析、分离、分解、分裂常常占有重要的位置。这就是把原本作为一个整体的对象进行了分门别类的细致考察和研究。但是，问题就在于，把分析的方法转换成一种研究原则，会导致对研究对象的扭曲和歪曲。为了克服这样的研究缺失，共生主义原则应运而生。共生是指，原本是一个整体的存在，被人为分割成不同的部分，又重新组合和整合为一个整体。这就是共生主义的研究原则。

有研究者总结了认知科学的发展，在认知主义取向和联结主义取向之外，又提出了一个新的取向，即共生主义取向。这一取向强调，认知不是预先给定的心灵对预先给定的世界的表征，而是在世界或现实中的人所从事的各种活动史的基础上，世界和心灵的共同生成的过程。因此，按照这一观点，认知就是具体化的活动，或者也被称为具身化的活动。这提出了一个构造性的任务，即扩展认知科学的视野，使之包容更为深广的人类生活体验。④

把个人的心理行为与环境的影响作用分离或分裂开来，显然不利于对个体心理和对生活环境的合理理解。那么，在心理学研究中，非常重要的是应该把环境与心理理解为交互作用或共同生成的过程。这种交互作用就不仅仅是环境对人的心理的影响，而且人的心理也会作用于环境的变化。如果进一步去分析，就会发现，这种交互的作用实际上就是一体化的过程。这种一体化的过程实际上也就是共同生长的历程。任何一方的演变或发展，都会带来另一方的演变或发展。或者

----

① 葛鲁嘉：《中国心理学的科学化与本土化——中国心理学发展的跨世纪主题》，《吉林大学社会科学学报》2002 年第 2 期。

② Heelas, P. & Lock, A., *Indigenous Psychology: The Anthropology of the self* [M]. New York: Academic Press, 1981. p. 35.

③ Kim, U., *Culture, science and indigenous psychologies* [A]. In D. Matsumoto (Ed.). *The Handbook of Culture and psychology*. NY: Oxford University Press, 2001. pp. 51 - 75.

④ Varela, F. J., Thomption, E. & Rosch, E., *The Embodied Mind: Cognitive Science and Human Experience* [M]. Cambridge, Mass,: The MIT Press, 1991. pp. 205 - 213.

说，心理与环境就是共同的变化和成长的历程。那么，心理环境的概念就是有关共生历程的最好描述。

天人合一是中国本土文化中非常重要的心理或心理学资源。天人合一不仅是指在根源上天与人是一体的，而且是指在发展中人与天也是一体的。当然，这里的天不是指自然意义上的天，不是指宗教意义上的天，而是指生活意义上的道理。天道就是自然演变过程中、生物进化过程中、人类实践过程中的道理。这里的人也不是指自然意义上的人，不是指生物意义上的人，而是指创造意义上的人。所谓天人合一，就是指人的心理行为与人的生活环境的共生关系。如果单纯说是环境创造了人，显然是不完整的。同样，如果单纯说是人创造了环境，显然也是不完整的。人与环境是共生的关系，是共同成长的历程。

二　心理环境的建构

心理环境的概念是从人类心理的视角理解环境。心理学怎样理解环境就决定其怎样理解心理行为。物理环境对人是外在的和间接的，心理环境对人是内在的和直接的。人的心理不是孤立和封闭的，心理学应重视环境的作用和影响。但是，却很少有心理学家专门考察和分析环境。心理学直面心理行为，却忽视环境内容。随着心理学学科的成熟、研究的扩展和理解的深入，对环境的把握就会扩展和深化，也就有必要重新考察环境。心理环境是人最直接的环境，是超出物理意义、生物意义、社会意义和文化意义的环境。人可以在心理上分离出自己所处的环境，并针对该环境调整或调节自己的心理行为。意识觉知到、自我意识到、自主建构出的环境，其含义超出了原有关于环境的理解。人的创造性活动主要体现为意识主导的创造性构想和意识支配的创造性行为。这可以突破物理、生物、社会和文化环境的限制，改变物理、生物、社会和文化环境的现实。

环境历来为心理学家所关注。心理学要考察人的心理行为，就要涉及影响人的心理行为的环境因素。在心理学研究中，尽管心理学家对环境的性质、构成、作用等的理解有很大不同，但基本上都是把环境理解为外在于人的存在。相对于人类的心理，环境就是客观的、独立的、自然的。相对于客观的环境，人类就是被动的、受制的、渺小的。随着心理学研究的发展和深入，也有心理学研究意识到了上述理解的不足和缺陷。

心理学对人的心理行为的研究显然要涉及人的心理行为所处的环境。然而，不仅怎样对待环境的影响对心理学家来说十分重要，怎样理解环境的含义对心理学家来说也同样十分重要。如何理解环境，或者如何确定环境的含义，不同的心理学家，可能就会得出不同的结论。其实，在心理学发展历史中，心理学家对环境就有着完全不同的理解。环境可以区分为物理的环境、生物的环境、社会的环境、文化的环境和心理的环境。

物理的环境是指物理的存在，物理的性质，物理的刺激。心理学研究通常是把环境理解为物理意义上的环境。物理的环境是可见的，直接的，有形的。物理环境一度成为心理学家所最为关注的，甚至唯一含义。在许多心理学研究中，所涉及的环境因素就是物理的环境，所涉及的环境刺激就是物理的刺激。其实，不仅人所处的环境具有物理的性质，人也可以被当作物理客体。例如，对人而言的物理的力。环境是受地球引力的制约，人也就会承受地球的引力。物理客体的打击会使人体受到直接的伤害，如骨骼的断裂等。

生物的环境是指直接关系有机体生存和发展的生物意义上的环境，或者说是对于生物有机体来说，具有最直接生物学意义的环境。物理的环境仅仅是最基础意义上的环境。涉及心理行为，就必然要涉及有机体，也就是生物意义上的存在。那么，与生物有机体直接相联系的环境并不是物理意义上的环境，而是生物意义上的环境。例如，食物对于生物有机体来说，就不具有物理意义，或是物理的存在，而是具有生物意义，或是生物的存在。食物是生物有机体获取营养和能量的最基本的来源。在心理学研究中，有许多研究者就是把人的存在或人的心理理解成为生物学意义上的存在。进而涉及与生物有机体有关的环境，就是生物的环境。

社会的环境是指由人和人与人之间的关系所构成的，这也就是社会含义上的环境条件。人不仅是生物意义上的，也是社会意义上的人。人是个体化的存在，每个个体都是相对独立的。但是，人又都是群体化的存在，个体又结合成社会群体。每一个体都是在社会中生存和生活。所谓社会至少可以包含如下含义，即社会是物质的存在、社会是关系的存在、社会是心理的存在。人类的生活是由物质生活作为基础的。因此，人类社会从事的必然是对自然物的摄取和改造的活动。人类的生活又是以社会生活为源流的，人类的个体是生活在人际关系之中。

文化的环境是指人通过改变和改造自然而构成的。这是属于人自己的，或自己创造的，或具有意义的环境。这就是文化的环境。文化是人自己创造的。人正是通过创造文化，而创造了自己的历史，也创造了自己的环境。文化是具有意义的。文化的存在内含人所创造出来的价值和意义。文化是传承延续的。文化通过人与人之间的交往和互动，而在代与代之间传递生活的价值和意义。文化是决定生活的。文化通过特定的方式来定位生活和塑造心理。文化是心理学研究所必须面对的重大的和根本的问题。

心理的环境是指心理意义上生成、建构和呈现的。对于心理的存在，对于意识的存在，特别是对于自我意识的存在，所谓心理环境就是被觉知到的、被理解到的、被把握到的、被创造出的环境。心理环境是对人来说的最切近的环境，并已经超出了物理意义、生物意义、社会意义、文化意义上的环境。心理环境对人的影响是最切近的和最直接的。人可以在心理上分离出自己所处的环境，并针对这样的环境调整或调节自己的心理行为。所以，意识觉知到的或自我意识到的环境是人构造出来的环境。当然，心理环境加入了人的创造性活动，这就使得心理环境的含义远远超出了其他环境的存在。人的创造性活动主要体现在两个方面。一是心理呈现出的创造性构想，这可以自主突破环境限制。二是心理支配下的创造性行为，这可以实际改变现实环境。环境对于人的生存、成长和发展来说，具有非常重要的意义。人不是孤立的存在，人不可能脱离环境。其实，对人而言，环境是人所依赖的。

所谓心理环境学是指对人在心理中所把握、所理解、所构建的环境的研究。这样的环境是人所建构的环境，是人心理构成中的环境，是人赋予了意义的环境，是人与之共生的环境。心理环境学考察的是人的心理所构筑和内含的环境，探索的是心理环境的基本性质、构成方式、表现形态、变化过程、实际影响，等等。心理环境学研究的就是心理与环境的一体化过程，这也就是中国文化传统和中国文化资源中所强调的天人合一、心道一体、物我为一的心境、意境、情境、化境，等等。在心理学的本土化或中国化历程中，中国本土文化中的心理学传统会为心理与环境关系的理解，带来完全不同于西方心理学的变化。心理环境学不是对环境进行的物理学的考察、生物学的考察，社会学的考察，文化学的考察，而是对环境进行的心理学的考察。心理环境学所涉及的是人对环境赋予的心理意义，是人对环境建构的心理价值，是人对环境索取的心理资源。

三 共生主义的原则

把个人的心理行为与环境的影响作用分离或分裂开来，显然不利于对个体心理和生活环境的合理理解。在心理学研究中，非常重要的是要把环境与心理的关系理解为交互作用的过程。这种交互作用就不仅是环境对心理的影响，心理也会改变和生成环境。如果进一步分析，就会发现，这种交互作用实际上就是一体化的过程。这种一体化的过程实际上也就是共同生长的历程。任何一方的演变或发展，都会带来另一方的演变或发展。或者说，心理与环境就是共同的变化和成长的历程。那么，心理环境的概念就是有关共生历程的最好描述。

在目前社会和人类发展进程中，人类已经开始意识到，现实世界中，没有单一方面的任意发展，没有你死我活的生存竞争，没有消灭对手的成长机会，没有互不往来的现实生活。正与之相反，有的是互惠互利的彼此支撑，有的是共同繁荣的生存发展，有的是恩施对手的成长资源，有的是互通有无的现实社会。其实同样，在科学研究中，无论是研究自然的、生物的、植物的、动物的，还是人类的，都要面对各种不同对象之间的关联性。生态学的兴起就反映了这样的趋势，生态学的方法论则成为引导科学的研究能够在相互关联的方面去揭示对象的原则。[1]

人的心理并不是一成不变的，而是不断发展变化的。但是，心理的变化并不是零乱的和纷杂的，而是有序的和系统的。能够说明这种有序扩展和系统变化的术语就是成长或心理的成长。与心理成长相关联的另一个重要心理学术语就是心理的丰满或境界的提升。这也就是说，人的心理发展是没有止境的。不断地成长就是不断地丰满或不断地扩展。所以，心理的成长是终身的，是传代的。

中国本土的心理学传统资源就是心性的学说，就是一种心性的心理学。在此基础之上的创新和发展就是新心性心理学。新心性心理学的探索包含六个基本内容，或涉及六个方面的基本探索，那就是心理资源、心理文化、心理生活、心理环境、心理成长和心理科学。

对心理环境的理解和解说是新心性心理学最为重要的构成部分。心理环境的研究就是试图在新的基点和从新的视角去揭示环境，去揭示环境对人的心理影响。对于心理与环境的关系的理解来说，共生的概念是非常恰当和重要的。共生就是共同的变化，共同的成长，共同的创造，共同的扩展，共同的命运，共同的结果。共生的方法论是理解环境或理解心理环境最基本和最根本的原则。正是通过共生的概念，才有可能真正理解心理环境的概念。

把人类的心理行为与环境的影响作用分裂开来，显然不利于对心理和环境的合理解说。那么，非常重要的是应该把环境与心理理解为交互作用的过程。这种交互作用就不仅仅是环境对人的心理的影响，人也会作用于环境的变化。如果进一步去深入分析，就会发现，这种交互作用实际上就是一体化的过程。这种一体化的过程实际上也就是

---

[1] 葛鲁嘉：《心理学研究的生态学方法论》，《社会科学研究》2009年第2期。

共同生长或共同成长的历程，也就是任何一方的演变或发展，都会带来另一方的演变或发展。心理环境的概念就是有关共生历程的最好描述。

生态学的出现不仅仅是一个新的学科的诞生，而且是一种新的思考方式的形成。这种思考方式是突破了传统的、分离的、孤立的、隔绝的思考，而是建立了联结的、共生的、和谐的思考。这种思考方式不仅仅带来了对事物的理解上的变化，而且带来了研究者的眼界和胸怀的扩展。生态的核心含义是指共生。所谓共生不仅是指共同生存或共同依赖的生存，而且是指共同发展或共同促进的发展。其实，生态学的含义不仅仅是指生物学意义上的，而且包含文化学、社会学和心理学的意义。当然，生态学的含义在一开始的时候，更多的是在生物学意义上的理解。只是随着生态学的进步和发展，其意义才开始扩展到其他学科领域，才开始进入到人类生活的各个方面。其实，正因为有了生态的含义，才使得科学的研究和思考有了更为宽广的域界。

其实，生态学的方法论所提供的就是整体观、系统观、综合观、层次观、进化观、同生观、共生观、互惠观、普惠观等一些重要思路、思想、思考。这可以改变原有心理学研究中盛行的思想方法和研究方式。整体观是通过整体来理解部分，或者是把部分放到整体中加以理解。系统观是把系统的整体特性放在优先的位置上。综合观是相对于分析观而言的，是把构成的部分或组成的部分统合或统筹地加以理解。层次观是把构成的部分看作或者分解成不同水平的、不同层次的、不同阶梯的、不同构成的存在。进化观是从发展的方面、接续发展的方面、上升发展的方面、复杂化发展的方面、多样化发展的方面等，去理解事物的进程、进展、优化和优胜。同生观是把生命或生物的生长和发展看作相互支撑的、互为条件的、互为因果的、互为前提的。共生观是把发展看作彼此促进的、协同发展的、共同生长的。互惠观是把自身的发展看作对他方发展的促进，同时又反过来促进自身的发展和进步。普惠观则把个体成员的成长和发展看作对整体的不可或缺的条件，在一个整体中，个体的变化和发展都具有整体效应。

生态学的方法论就是一种生态学的整体观，就是一种生态学的发展观、科学观、历史观、心理观。这对于心理学的学科、发展和研究来说，都是非常重要的改变。这是眼界视野的开阔，这是进入思路的扩展，这是研究方式的变革，这是探索途径的转向，这是考察重心的迁移，这是关注内容的丰富。

生态学的方法论使心理学家有可能在相互关联、相互制约、相互促进、相互构成的方式下，去理解人的心理行为、心理行为与环境的关系，去理解心理学学科与其他学科之间的关系，去理解心理学研究所应包含的内容，去理解心理学研究者所能看到的生活。这也就是生态学方法论对于心理学的根本含义。科学心理学的研究一直在寻求自己的对象内容的定位，一直是试图从纷繁复杂的人的生活中分离出自己的研究对象。这常常带来分析、分离和分割的考察和理解，而不是综合、关联和互惠的考察和理解。但是，生态学的方法论则可以提供那种关联性和互惠性的考察视野和理解方式。

其实，在中国本土文化传统中，有着天人合一的思想传统，有着心道一体的理论建构，有着心灵扩展的心性学说，有着境界提升的心理修养，有着自我引导的体证方式。这提供的是一种非常重要和非常有价值的心理学传统资源。这种资源可以成为中国心理学在新时代创新发展的根基。或者说，本土心理学的发展可以从传统的资源和历史的根基上去求取新的内涵。

第五编

本土心理学的探索

导论：中国本土心理学的原始创新

涉及本土心理学研究的原始性创新，则需要了解原始性创新的基本含义。本土心理学的创新包括理论的创新、方法的创新和技术的创新。本土心理学的理论创新决定了本土心理学研究的理论预设，也建构了本土心理学研究的理论框架，还形成了本土心理学研究的对象解说，又延续了本土心理学研究的理论传统。在本土心理学的学术探索中、研究方法中、科学创造中，描述的方法、证明的方法、探索的方法、合理的方法、有效的方法、契合的方法，都需要在本土心理学的方法创新中得到落实。本土心理学的技术创新是本土心理学现实应用的保证。本土心理学的技术思想、技术构思、技术工具、技术发明，都需要通过本土心理学的技术创新来实现。中国心理学的发展尤其需要原始性创新，这就在于中国心理学走了很长一段引进、翻译、介绍、模仿、追随、照搬等的道路。这导致了中国本土心理学的创新力和创造力的弱化。创新应该成为心理学的基本学科追求。心理学的原始性创新可以体现在理论、方法和技术的变革、突破、更新、建构、重塑等重要方面。

一 创新的心理学研究

人的创新活动本身就是心理学研究重要的对象内容。这也就是创新心理学作为心理学重要分支学科的探索。然而，回归到心理学学科、心理学研究，创新也同样是决定了心理学学科和研究发展的关键方面。这实际上也是一个双向促进的过程，既是推动心理学关于创造或创新心理的探索和揭示,也是引发心理学学科,特别是中国本土心理学探索,能够创新性发展的推动和促进。

关于创造、创新、创造性、创新性等的学术研究和科学探索,可以有不同的研究取向,正如有学者所涉及的,这其中就包括了个体的研究取向,情境的研究取向。个体的研究取向涉及的是生物心理学的探索,人格心理学的探索,以及认知心理学的探索。情境的研究取向则涉及的是社会学的探索,文化学的探索,以及历史学的探索。将个体取向和情境取向这两个方面整合起来进行考察,就可以用来揭示和解释包括日常的创造、艺术的创造、科学的创造,等等。①

在特定的心理学分支的研究之中,就有专门的关于或针对人的创造心理和活动的考察和探索。有研究通过认知心理学的观点考察了人的想象、创造和发明。特别是想象在人的创造和发明中的作用。这其中就包括视觉和听觉过程对创造和发明的影响。研究区分了创造和发明,有观点主张发明包含在创造之中。创造的过程就涉及了发明,发明则包括了解释和探索。但是,不同的主张均认为,无论是发明还是创造,认知过程都是最基本的。②

当然,关于创造和创新的研究应该是多学科的和多侧面的探索。有研究就考察了创造性思维科学的多学科研究的贡献。这实际上就包括了个体的、社会的和文化的不同层面的内容。进而,有关创造性探索也涉及了科学研究和工程技术,这也就是在科学研究领域中的创造性问题,以及在工程技术领域中的创造性问题。这涉及的是问题及其解决,关联的是发现和发明。③

反过来,心理学探索和研究也同样是需要创新的。特别是在中国本土心理学的研究中更是需要原始性的创新。这种原创性实际上就决

---

① Sawyer, R. K., *Explaining Creativity – The Science of Human Innovation* [M]. New York: Oxford University Press, 2006. p. 35, p. 113, p. 173, p. 259.

② Roskos-Ewoldsen, B., Intons-Peterson, M. J. & Anderson, R. E., *Imagery, Creativity, and Discovery – A Cognitive Perspectives* [M]. New York: North-Holland, 1993. p. 313.

③ Corazza, G. E. & Agnoli, S. (Eds.). *Multidisciplinary Contributions to the Science of Creative Thinking* [M]. New York: Springer, 2016. pp. 5–12.

定了，中国本土心理学不能再去走简单的引进和模仿的老路，而必须要去走突破和创新的新路。因此，探新和原创就应该成为中国本土心理学的核心性追求。中国本土心理学在走过了引进、翻译、综述、借用、复制、模仿、转换，等一系列最为现成、快捷、省力、便利的捷径之后，要想重生、新生、创生的最为艰难和痛苦的蜕变。

那么，从对创造和创新心理行为的心理学研究，转换到对心理学研究的创新和原始性创新的探索，就成为中国本土心理学发展和突破的最为核心和关键的方面。中国心理学已经行走了太多的捷径，习惯了太久的鹦鹉学舌，而目前则站在了生死攸关的路口。是走安逸性跟随的道路，还是走原始性创新的道路?！因此，本土心理学研究的原始性创新就成为必须涉及的主题。

二 原始性创新的含义

关于研究创新和原始创新的探索，已经成为科学进步、学术发展、研究推进和技术突破的重要关注热点。有对创新结构进行的考察，[①] 还有对技术进步与关键创新的探索。[②] 有研究对相关的原始性创新的研究文献进行了综述。研究指出，国外对于原始创新内涵方面的研究表明，原始创新是由系统内部的驱动要素所决定的，其自身具有较强的难于预测性和较高的动态性等特点。从一般意义上来讲，可以将原始创新看成一种"问题的解决方案"。第一，对于偏重于应用研究的领域来讲，这种"问题的解决方案"更多地表现为通过新技术获得新工艺和新产品。第二，对于偏重于基础研究的领域来讲，原始创新是通过"问题的解决方案"的引入，构建一种全新的运行规则，进而产生对传统科学实践的挑战，形成新常规科学。

---

① Arthur, W. B., The structure of invention [J]. Research Policy, 2007 (2). pp. 274 – 287.

② Sood, A. and Tellis, G. J., Technological evolution and radical innovation [J]. Journal of marketing, 2005 (3). pp. 152 – 172.

从国外已有的文献来看，原始性创新的相关研究主要集中在原始创新的内涵、原始创新的能力等方面，整体研究成果数量不多，且多集中在经济发达国家。从国内现有的研究角度，关于原始创新的研究成果相对比较集中，是对原始创新的内涵、能力、模式等进行的研究。在这其中，对于原始创新能力的研究比较深入，主要是从创新能力评价、创新能力不足的原因和相应的对策进行的研究。[①]

有研究对原始性创新研究进行了综述。研究指出，原始性创新已经成为科技竞争的制高点。要突破科技发展的瓶颈，获得全面超越的机会，就应从科技发展战略上重视原始性创新，实现科技发展从跟踪模仿为主向自主创新为主转变，从而提高我国核心竞争力。学术研究的原始性创新涉及创新机制的研究、评估体系的研究、激励措施的研究，等三个方面综合论述当前原始创新的研究成果。

一是创新机制的研究。对原始性创新的形成过程及其演化机制进行研究，可由此发掘出重要的影响因素，因而显得尤为重要。与一般创新机制相比，原始性创新过程中存在两个显著特征，即创新源广泛，创新过程漫长且需要持续的激励。创新理论产生的方式可分为逻辑推论型和高度概括型两大类。前者是根据少量试验结果或仅凭原有理论做出的合乎逻辑的推论；后者是根据大量的试验结果做出的概括性总结，这些结果可能来自在一般人看来互不相干的领域。逻辑推论型又可分为两类：一是根据少量试验结果做出的合乎逻辑的推论。二是仅凭原有理论做出的合乎逻辑的推论。原始性创新成果的获得是一个积累——突破的过程。这个过程往往是相对漫长的。科学创新始于问题，孕于积累。科学积累又是一个广泛的概念，带来成功创新成果的科学积累，往往需要整个社会的积累、科学传统的积累、学术思想的积累、个人经历的积累、研究者知识遗传的积累，等等。

二是评估体系的研究。到目前为止对原始性创新的界定仍没有明确，许多学者的概念都是定性的，而不是定量的。在学术界较为普遍的是对原始性创新特征的讨论。典型的观点认为，"原始性创新"主

---

① 苏屹、李柏洲：《原始创新研究文献综述》，《科学管理研究》2012年第2期。

要是强调研究活动,特别是研究成果的"原创性"和对科学进步的重要性。这具有如下特征:首先是一种不连续事件和小概率事件。其次是在基本观念、研究思路、研究方法和研究方向上有根本的转变,结果就是或者实现"范式"的变革,导致科学革命,或者开辟新的研究方向和研究领域,创建新的学科。再次是往往在一段时间内会导致与之相关的创新簇群或知识生产的"连锁反应"。最后是其效果通常不是短时段内能够准确估量的。这些特征可以用来描述原始性创新,但却难以完全用于评估体系的建立,尤其难于量化测评。

三是激励措施的研究。第一是重视创新人才。优秀人才是科学创新之根本,创新人才对形成原始性创新成果极为重要。原始性创新的研究者应该具备这样的素质:必须对科学和真理有执着的追求,必须突破理论禁区和人类习惯领域的束缚,求真务实,锲而不舍地探索和实践。第二是形成原始性创新文化氛围。良好适宜的文化氛围对原始性创新具有巨大促进作用。由于原始性创新成果往往与已有成果不那么相近,因此原始性创新更需要容错的、大胆思维的文化氛围。第三是完善绩效评估体系。第四是增强专利和知识产权意识。第五是推进研究的开放与交流。①

有研究认为,原创性是心理学研究的理性诉求。研究指出,心理学研究的原创性问题主要是指,当前国内心理学研究在研究问题、方法论、理论指导等方面,对西方心理学具有强烈依附。如此一来,国内的心理学研究就注定是一种验证性、跟踪型的研究,其研究结论充其量也只是对西方心理学理论或思想的修补或润饰而已,其内在的话语权的感召力和震撼力与西方心理学相比,自是不可同日而语。

一是研究问题缺乏原创性。前沿问题才是具有原创性的问题。综观当前已有的心理学研究文献,对于心理学研究中研究问题的原创性,心理学界似乎并没有过多的考虑。二是研究方法缺乏原创性。国内当前心理学的研究方法仍旧是固守以自然科学为取向的实证主义方

---

① 陈劲、谢靓红:《原始性创新研究综述》,《科学学与科学技术管理》2004年第2期。

法论，即强调对象的可观察性，笃信客观普适性真理，坚持以方法为中心，尊奉价值中立的立场等。三是理论指导一元化。当前，我国的心理学研究缺乏一种哲学上的多元文化思考，表现在进行心理学理论建构时，许多研究者大多自觉或不自觉地凭借实证主义哲学指导自己的心理学理论的建构。[①]

有研究思考了我国心理学研究的原创性问题。研究指出，心理学研究的原创性是衡量心理学发展的重要指标。从某种意义上说，追求原创性不仅是时代发展对心理学研究的根本要求，同时也是心理学未来发展的重要走向。原创首先是一种创新，具有创新的特征，但不是所有的创新都可以称为原创，只有那些"原始性创新"——前所未有的新思想或新发现才能称得上是"原创性"。

在研究思想、内容、手段和方法的"模仿"和"迁移"过程中，中国心理学的研究渐渐失去了自己的学科根基，原创意识、原创能力和原创成果日渐匮乏，具体表现在以下几方面。第一是对西方主流心理学的过分追随。第二是本土化心理学研究的"非系统性"。心理学的本土化研究起步较晚，而且没有形成稳定的概念、理论和方法体系。第三是心理学研究原创性的机制不够健全。我国心理学原创性不足也表现在体制、机制与创新目标不相适应上。第四是心理学研究的学科积累不深厚。学科积累是学科原创的重要前提，没有深厚的学科积累，提升心理学研究的原创性是难以想象的。[②]

本土心理学研究的原始性创新已经成为中国心理学发展的必由之路。这才有可能使得中国本土心理学的发展能够超越引进、跟随和模仿，追求突破、变革和开拓，实现独立、自主和强盛，达成带头、示范和引领。这也就成为中国本土心理学发展最为核心、最为艰难和最为光荣的任务。

[①] 欧阳常青：《原创性：心理学研究的理性诉求》，《心理学探新》2005年第4期。
[②] 杨伊生：《对我国心理学研究原创性的思考》，《内蒙古师范大学学报》（哲学社会科学版）2006年第2期。

三 心理学理论的创新

有研究对中国理论心理学的原创性进行了反思。研究指出，我国理论心理学研究的原创性水平不足，这严重阻碍了中国心理学的发展。要提高中国理论心理学的原创性水平，理论研究就必须要回归到人本身；研究者要有坚定的理论信念；要提倡批判思维，鼓励建构思维；理论与实证不能走入相互怨恨的歧途；要鼓励多途径理论创新；研究者要相互合作、共同攻关。

心理学的根本问题是研究人的心理与行为问题，因此无论是理论创新还是实证研究都要紧紧围绕着人本身进行。但是，理论研究的异化常常在于离开了人本身的心理与行为，而被各种已有的研究资料所遮蔽、所淹没。理论创新最需要的是坚定的理论信念。坚定的理论信念是创造一个理论、一个学派不可缺少的。纵观心理学研究的历史，当然也包括心理学理论和理论心理学研究的历史，凡是自成一派或一家之言的理论大家，一个基本的素质就是他们选择到了自己的价值信仰，并且一以贯之守护自己的价值信仰。他们绝不会去跟风向、赶时髦，原因就是他们坚信自己的价值信仰。理论研究不仅要提倡批判思维，尤其要鼓励建构思维。在我国的理论心理学界，在提倡批判思维的同时，尤其要鼓励和提倡建构思维，需要根据中国人的实际提出新概念，建立新体系。这是目前中国理论心理学研究最缺乏的，最需要的，最迫切的，务必要引起重视。理论心理学需要理论心理学家相互合作、共同攻关。鼓励多途径理论创新。理论的形成是可以多途径的：可以从分析已有的理论入手，创造出属于自己的新理论，这是一种从理论到理论的创造；也可以从实验或实证开始创造出自己的理论；还可以从观察形而下的现实开始逐步提炼成形而上的理论。[1]

无论是西方心理学研究，还是中国心理学探讨，理论创新都是其

---

[1] 燕良轼、曾练平：《中国理论心理学的原创性反思》，《心理科学》2011年第5期。

发展和进步的最为基本的方面。心理学的理论创新决定了心理学研究的前提预设，也建构了心理学研究的思想框架，也形成了心理学研究的对象解说，也延续了心理学研究的理论传统。在实证科学的视野之中，对实证方法的强调，并不等于把理论建构看成安乐椅中的思辨和冥想，也并不等于说理论建构是最为随意和最为容易的胡思乱想。

心理学理论的创新实际上是最为艰难的探索和最为重要的环节。这不仅需要非常深厚的理论修养，而且需要非常敏锐的理论眼光，进而需要非常丰富的理论资源，更加需要非常宽广的学科视野，特别需要非常协同的学科合作。心理学的理论框架的构成性和更替性，心理学的理论思路的扩展性和开阔性，心理学的理论解说的建设性和更迭性，心理学的理论概念的明确性和精确性，心理学的理论发展的更替性和延续性，都是在心理学的理论创新中得到实现的。

四　心理学方法的创新

有研究对方法创新进行了考察。研究指出，方法创新是以人的活动方式与程序为对象的创新，它扩大了人生存与活动的世界。方法创新是原有方法从普遍到特殊、从继承到扬弃、从模仿到创造的转化，是对正确的、先进的、高效的、简洁的方法的选择。方法创新的手段主要有方法的发明、移植、借鉴与组合。方法创新源于实践创新的要求，依靠对固有方法的突破，是方法博弈的产物。

人在与世界交往的活动中形成了一个复杂多样的方法空间。方法是人进行创新活动的手段，方法本身又成为创新的对象。"工欲善其事，必先利其器。"方法创新是创新的重要内容与形式，是创新发展水平的一个重要尺度。方法是主体把握客体的手段、方式与途径的总和，是主客体相关联、相结合、相统一的中介与条件。方法是由活动目的、主体能力、客体形式、工具手段等因素共同组成的结构，这种结构决定了人的活动方式，即方法样式。

创新有多种表现形式，方法创新是一种特殊的创新形态。方法创

导论：中国本土心理学的原始创新 | 431

新就属于以人的活动方式和操作程序为对象的创新，这直接创造出的是新的方法，并派生出活动结果的改变、活动对象的增值。很多的对象创新都离不开方法的创新，是方法创新推动了对象的创新。因为方法创新选择了新的活动方式，开辟了新的活动途径，也就自然进入了新的活动区间，产生了新的活动结果。

方法创新不像物化创新那样具有直观的和凝固的形态，而是一种操作性的、过程性的形态。因此，界定方法创新要在动态中把握，从方法使用与运行的过程中区别出发生的变化；要在结构中把握，从方法要素的改变看引起的整个方法模式的转型；要在样式中把握，从方法类型的整体转变判断方法的根本变革；要在输出端把握，从方法的效果变化由果溯因分析方法的创新。

方法创新首先表现为方法的内容本身的创新，也就是方法的核心要素与运行机制的创新。方法创新是活动程序的创新，方法就是由一定的程序构成的，方法创新则改变了原有的程序，确立了新的程序。方法创新是活动工具的创新，工具是方法的核心要素，工具的性质决定了方法的性质，方法创新必然要表现为工具创新。方法创新是活动规则的创新，方法可以由各种各样的规则所表述，这些规则限定了人的活动方向与方式，方法创新则是修改或废除了原有的规则，而代之以新的规则。

方法创新是以方法为对象的创新，根据对象的自身特性，可以采取多种手段对方法做出创造或改造。一是方法发明。这是方法创新的基本途径，属于开发式的创新。方法是人工的产物，需要发明出来。二是方法移植。不同领域的各种方法的集合构成了一个方法群，方法具有开放性，不同的方法可以相互吸收、借鉴以致移植，在方法群中表现出相互渗透、相互包含的趋势。三是方法借鉴。面对科学的分界不断被打破，学科不断重新组合，交叉学科、横断学科不断出现，方法的建构也要跨越学科的鸿沟，以实践本身为基础，以解决问题为目的，运用多学科的成果，依靠方法的系统融合来把握对象。四是方法组合。对各种方法进行新的组合也是一种创新方式，这是对现有的不同方法进行交叉、融合，组成新的方法。①

在心理学具体研究中，在心理学研究方法中，在心理学科学创造中，描述的方法、证明的方法、探索的方法、合理的方法、有效的方法、契合的方法，都需要在心理学方法创新中得到落实。心理学方法的创新往往会带来心理学研究的重大改观或重要进步。这在心理学的发展历程中已经得到证实。

五　心理学技术的创新

有学者对有关技术创新内涵的研究进行了述评。研究指出，技术创新是指技术的新构想经过研究开发或技术组合，到获得实际应用，并产生经济、社会效益的商业化全过程的活动。第一，技术创新是一个技术经济概念，是一种以技术为手段、实现经济效益为目的的活动。第二，技术创新是一个过程，始自科技新发现，经过技术经济构思、研发、中试、试生产、正式生产、产品销售以及售后服务，最终实现其商业利益。第三，技术创新的多要素组合特征决定了这是一个跨越多组织的活动过程。在现代技术经济条件下，技术创新已经突破了原有的组织方式和活动范围，从单一组织的内部走向社会。这种多组织与网络化的新特征，使技术创新更体现为一种"跨组织"的社会过程。第四，技术创新的核心是科技与经济的结合，其最终结果不仅仅是获得研究与开发成果，而且是研发成果的商品化。技术创新的实质是为企业生产经营系统引入新的要素组合，以获得更多利润。第五，技术创新不仅是一种技术经济现象，而且是一种制度现象。任何技术创新都是在特定的制度环境中进行的活动，技术创新的成败是包括制度因素在内的多重因素综合作用的结果，在很大程度上依赖于一

---

① 颜晓峰：《论方法创新》，《科学技术与辩证法》2002年第1期。

导论：中国本土心理学的原始创新 | 433

定的制度安排。①

有研究区分了经验技术与科学技术。研究指出，技术有两个来源：经验和科学。可以把来自经验的技术称为"经验技术"，把来自科学的技术称为"科学技术"。前者是一种知其然的技术，是一种以感性认识为基础的技术；后者是一种知其所以然的技术，是一种以理性知识为基础的技术。在古代社会，由于人类的自然知识相当贫乏，科学还远未诞生，因而人类的几乎一切实践活动只能凭经验行事，在这种情况下理所当然地就出现了以经验为基础的技术——经验技术。自然科学诞生后，技术又有了另一个来源——科学。科学与经验的最大区别是，科学的本质在于，是对自然现象产生原因的一种猜测或解释，而以这种猜测或解释为前提推导出的公式、定律等可以得到人类经验的证实。

由于经验技术和科学技术是在不同基础上创造出来的，因而在两者之间呈现出许多不同的特点。一是经验技术是模仿技术，科学技术是创造技术。二是经验技术是渐进技术，科学技术是突变技术。经验是人们在长期观察自然现象和与客观世界相互作用的过程中所获得的，因而必然要受到客观世界发展水平的制约。由于人类的实践范围是在逐渐扩大、逐渐深入的，不会在较短的时间内出现显著的飞跃，因而人类的经验通常是逐渐积累。这就决定了以经验为基础的技术在整个古代社会也只能以渐进的形式向前发展，不可能在较短的时间内出现飞跃。以科学为基础的技术完全有可能随着科学假说（或理论）的诞生而作跳跃式的发展。三是经验技术是后生技术，科学技术是前生技术。经验技术以经验为基础，没有经验就没有技术。科学技术之所以被称为前生技术，是因为它是以科学的"预见"为基础发明的技术。四是经验技术是单生技术，科学技术是多生技术。经验技术是一种经验只能产生一种技术。一种技术的产生与其他技术的产生基本没有什么联系。科学技术由于以科学假说（理论）为基础，因此一

---

① 杜伟：《关于技术创新内涵的研究述评》，《西南民族大学学报》（人文社科版）2004年第2期。

种科学假说（理论）可以为多种"应用"开辟道路，即促使与此相关的多种技术的诞生，从而产生一个技术群。五是经验技术是技能技术，科学技术是知识技术。这是对于技术的使用和改进而言的。[①]

按照关于心理技术学的理解，德国心理学家斯腾（L. W. Stern）于1903年最早提出心理技术学（Psycho－technology）的名称。侨居美国的德国心理学家闵斯特伯格（H. Munsterberg）在1913—1914年出版的《心理学与工作效率》和《心理技术学原理》两本专著，可视为西方心理技术学的开端。心理技术学在美国的兴起，与机能主义学派出现的影响是分不开的。

涉及心理学技术的创新，有研究对中国现代心理技术学的重建和发展进行了回顾和展望。研究认为，必须在中国重建心理技术学，其必要性主要表现在下述的四个方面：一是从科学学理论看，每门科学都有技术科学层次。发展心理技术学及其应用，也将是心理学的一个重点。二是从心理学的理论与应用的关系看，必须发展心理技术学。理论都是以应用为基础，理论是由应用发展而来的。三是从社会生活需要看，要求提供心理技术的帮助与服务。人们不满足于解释和说明心理现象，更在于掌握一些心理技术来解决生活、工作中的实际问题。四是从经典心理技术学的局限性看，需要重建与发展。现代心理技术学应为包括已有各种心理技术的综合学科。

那么就个体来说，有人员心理素质测评技术，并包括人力资源开发与管理技术。就群体来说，有社会心理测查技术，包括群体心理、社会心理倾向性和民意调查技术。就个体与群体心理是否正常来说，有心理健康、心理咨询与心理治疗技术。就经济是个体和群体的社会活动中心来说，有经济心理技术，包括金融、保险、广告、营销与企业形象策划等技术。此外，从人的社会活动来说，还可以有军事心理技术、司法心理技术、工程心理技术、运动心理技术、艺术心理技术等。它们构成一个整体而与心理学各种具体应用问题发生联系。心理技术学的相关学科主要有工业心理学、工程心理学、医学心理学、心

[①] 钱兆华：《经验技术和科学技术及其特点》，《科学·经济·社会》2001年第2期。

理卫生学、社会心理学、管理心理学、经济心理学等。①

可以说,心理学的技术创新是心理学的现实应用的保证。无论是心理学的技术思想、技术构思、技术工具,还是技术发明,都需要通过心理学的技术创新来实现。把心理学的技术层面提取出来,能够在创新的思路中得到改换,这会给心理学的现实应用带来根本变革。

心理学的应用价值,心理学的现实影响,心理学的生活意义,都需要通过心理学的丰富和多样的技术手段来实现和保证。从心理学的基础研究到心理学的现实应用,就是通过心理学的技术创新和技术发明来贯通和完成的。

六　心理学的创新本性

心理学的发展,中国本土心理学的发展,需要进行学术创新,需要通过创新去推动自己的理论、方法和技术的进步。心理学学科本身就应该内在地具有创新的本性。这也就是把创新贯穿在心理资源的开发、心理文化的开拓、心理生活的创造、心理环境的建构、心理成长的引导、心理科学的发展等之中。

有研究就知识创新与心理学的发展进行了探讨。研究指出,在知识经济时代,创新能力决定国家的前途命运,建设国家创新体系是提高国家创新能力的重要举措。知识创新是国家创新体系的一个重要组成部分,是提高我国整体创新能力的关键所在。心理学是一门横跨自然科学和社会科学的交叉科学,其成果在人类生活的许多方面有重要影响。根据当前国家需求和心理学的发展前沿,在知识创新活动中,应当将心理健康与创新能力、认知与复杂信息环境、社会经济与心理行为作为重要研究方向。②

---

① 杨鑫辉:《中国现代心理技术学的回顾与展望》,《宁波大学学报》(教育科学版) 2007 年第 2 期。

② 杨玉芳:《知识创新与心理学的发展》,《心理与行为研究》2003 年第 1 期。

有研究对中国理论心理学的原创性进行了反思。研究指出，理论心理学已成为一门国际性学科。中国理论心理学在世界理论心理学的发展中具有重要地位。我国心理学工作者对该学科的发展做出了较大贡献。但是，我国理论心理学研究的原创性水平不足，这严重阻碍了中国心理学的发展。要提高中国理论心理学的原创性水平，研究必须回归到人本身；研究者要有坚定的理论信念；要提倡批判思维，鼓励建构思维；理论与实证不能走入相互怨恨的歧途；要鼓励多途径理论创新；研究者要相互合作、共同攻关。①

有研究是从中国心理学文化根基和当代命运的角度，探讨心理学的理论创新。研究指出，对中国心理学文化根基重新评析和释义是心理学理论重建的重要学术资源和创新资源，也是现代心理学建设与发展不可或缺的启示和借鉴之源。从 20 世纪科学心理学与中国心理学传统的关联与互动中，或许能找到心理学文化理论创新的精神与资源。②

有研究还从心理学研究对象扩展性探索考察了心理学的理论创新。研究指出，心理学理论创新离不开心理学研究对象扩展性探索，即心理学研究对象边界与范畴的延伸。从科学意义上，心理学研究对象是可证实的心理现象，这是以本体论为前提预设，以可证实性研究方式，以实验方法为技术支持，体现的是研究者价值无涉的研究立场。心理学研究对象扩展性探索新视野在于心理学研究对象还具有主观性、价值性以及常识性水平，体现的是研究者价值涉入的研究立场。从价值无涉到价值涉入转向不仅是心理学研究领域和研究视域的扩张，也是思维方式的根本性转换，引领和推动心理学理论创新。③

有研究则从心理学方法论扩展性探索的角度，考察了心理学的理论创新。该研究明确指出，心理学理论创新离不开心理学方法论创

---

① 燕良轼、曾练平：《中国理论心理学的原创性反思》，《心理科学》2011 年第 5 期。
② 孟维杰：《心理学理论创新——中国心理学文化根基分析及当代命运》，《河北师范大学学报》（哲学社会科学版）2011 年第 5 期。
③ 孟维杰：《心理学理论创新——心理学研究对象扩展性探索》，《心理学探新》2011 年第 1 期。

新。那么，要实现心理学理论的创新，就必须要突破传统心理学的方法论局限，实现心理学方法论边界与范畴的扩展。心理学方法论的扩展性探索意味着心理学观正由科学主义实证观向多元文化心理观转向。这导致心理学研究对象的边界和内涵的拓伸，研究方式的多元化，研究主体生存方式的转换，等等。继而推动和引领心理学理论的不断演变与传承。①

因此，创新应该成为心理学的基本追求。心理学的研究者应该把创新变成自己自觉的意识和自觉的行动。心理学在自己的初期发展中，是在追求研究的规范性。但是，心理学在自己后期的发展中，则应用去追求研究的创新性。心理学的创新本性应该在如下方面得到体现。这包括心理学去创造和建构人的全新心理生活，这也包括心理学去创造和建构自己的理论思想、研究方法和技术工具。这也包括能够在人的心理生活与心理学的研究之间去创造更好的联通和结合。

中国本土心理学在自己的创造性学科建设和创新性学术发展中，才有可能会真正地成为保持学术独立的学科，才有可能真正地成为具有科学担当的学科，才有可能真正地成为体现思想引领的学科，才有可能真正地成为参与生活导向的学科。

---

① 孟维杰：《心理学理论创新——心理学方法论扩展性探索》，《社会科学战线》2010年第11期。

第一章　本土心理学的不同理解 *

在中国本土文化中，有着非常独特的心理学探索和心理学传统。对中国本土传统心理学存在着十分不同的学术理解。有在西方科学心理学框架下的理解，有从中国本土文化传统出发的理解，有片段破碎和语录摘引的理解，有完整系统和深入全面的理解，有限于传统和解释传统的理解，有立足发展和力求创新的理解。中国本土心理学传统应成为中国科学心理学发展有益的文化资源、思想资源、学术资源。新心性心理学就是立足于本土心性学说资源的心理学创新。

我国是一个历史悠久的文明古国。因此，我国有着博大精深的文化传统。但是，在现代文明进程中，我国曾经一度落在了后边。在中国本土传统文化框架中，并没有诞生现代意义上的科学。中国的现代科学是从西方传入进来的。同样，中国本土文化中，也没有诞生西方现代意义上的科学心理学。中国现代的科学心理学也是从西方传入的，也带有西方文化传统的印记。

那么，在中国发展自己的科学心理学时，所面临的一个非常重要的问题就是，中国的本土文化中有没有自己的心理学传统。如果有，那么这种本土心理学传统具有什么性质，包含什么内容。如果有，那么应该如何去理解、解说、阐释和对待这种本土心理学传统。可以肯定的是，中国本土文化传统中，也有自己独特的心理学传统。因此，最为重要的问题就在于，中国本土心理学传统能否成为中国科学心理学发展和创新的有益资源。所以，如何理解中国本土心理学传统，就

＊ 原文见葛鲁嘉《对中国本土传统心理学的不同学术理解》，《东北师大学报》（哲学社会科学版）2005 年第 3 期。

成为决定中国心理学未来发展的一项基础性和发展性的研究任务。[①]到目前为止，在对中国本土传统心理学的研究中，出现过一些十分不同的见解和观点。总结起来，共有如下几种不同理解。

一　在西方心理学框架下的理解

在中国发展自己的心理科学过程中，走的是一条十分曲折的发展道路。但是，如果去除新中国成立初期的苏联化过程，去除"文化大革命"时期的政治化过程，就其根本的方面和主流的发展来说，中国现代的心理学一直都是在引进和模仿西方的科学心理学。可以说，中国的现代科学心理学就是外来的，传入的。伴随着这个进程，尽管有一些学者曾经试图去发掘、提取和阐释中国历史上和文化传统中的心理学思想，但是他们持有的框架、衡量的标准、评价的尺度，提取的内容等，仍然是西方科学心理学提供的。实际上，这些研究者就是在按照西方科学心理学的筛子去筛淘中国本土文化传统中的心理学内容。正是按照西方科学心理学的标准或尺度来看，关于中国本土传统心理学的研究至少得出了如下几个相关结论。

一是认为在中国的文化传统中，并没有诞生所谓现代意义上的心理学，所以也就谈不上什么中国的心理学传统。或者说，在中国的文化传统中，只有一些孤立的、零碎的和片段的心理学猜测和心理学思想，而并没有出现现代意义上的心理科学。或者说，在中国的文化传统中，就根本没有或并不存在什么心理学的东西。例如，高觉敷主编的《中国心理学史》中就提到，在西方的科学心理学传入中国之前，中国根本就没有什么心理学，有的只是某种关于人的心理的思想猜测。[②]

[①] 葛鲁嘉：《中国心理学的科学化和本土化——中国心理学发展的跨世纪主题》，《吉林大学社会科学学报》2002 年第 2 期。

[②] 高觉敷：《中国心理学史》，人民教育出版社 1985 年版。

二是认为在中国的文化传统中，存在和具有的是一些思辨猜测和主观臆断的心理学思想。这些心理学的思辨猜测缺乏科学依据和科学证明。所以，此类心理学思想只具有历史意义，而不具备现实意义；只具有哲学意义，而不具备科学意义。在这样的主张和观点看来，中国古代的思想家所提供的心理学猜测，至多不过是安乐椅中的玄想，根本就是无法确证或无法证实的推论。所谓心理学思想是应该被科学心理学所抛弃的和取代的。

三是认为在中国的文化传统中，那些心理学思想完全可以按照西方科学心理学的尺度来进行挖掘、分类和梳理。从而，在对中国本土传统心理学思想的研究中可以看到，从中国古代思想家的所谓心理学思想中分离出来的，是所谓普通心理学思想、教育心理学思想、社会心理学思想、生理心理学思想、发展心理学思想、管理心理学思想等。[1][2][3] 因此，充斥在中国心理学思想史研究中的都是贴标签式的方法，得出的都是一些十分费解和特别奇怪的结果，如孔子的普通心理学思想等。

可以肯定地说，在中国本土文化传统中，并没有产生西方意义上的科学心理学，也不应该按照西方心理学的理论框架来理解中国本土文化中的心理学。[4] 那么，最为重要的就是框架的转换。从而带来关于心理学的立足于本土的不同视域。

二 从中国本土文化出发的理解

如果完全放弃西方科学心理学的框架，而是从中国本土文化传统出发去理解；或者说，如果重新确立一个更为合理和适用的参考系，

---

[1] 杨鑫辉主编：《心理学通史》，山东教育出版社 2000 年版。
[2] 杨鑫辉：《中国心理学思想史》，江西教育出版社 1994 年版。
[3] 燕国材：《中国心理学史》，台北：台湾东华书局 1996 年版。
[4] 葛鲁嘉、陈若莉：《当代心理学发展的文化学转向》，《吉林大学社会科学学报》1999 年第 5 期。

那就可以得出完全不同的研究结果和研究结论。① 其实，中国本土文化传统中也有一套自己独特的心理学。这实际上也是系统的心理学，而不仅仅是一些零碎的和片段的心理学思想。在特定的文化传统中，有没有或者是不是系统的心理学，可以按照如下三个标准来衡量。第一个标准是看有没有一套独特的心理学术语、概念和理论，可以用来描述、说明和解释人的心理行为；第二个标准是看有没有一套独特的心理学研究方式和研究方法，可以用来考察和揭示人的心理行为；第三个标准是看有没有干预人的心理行为的手段和技术，可以用来影响和改变人的心理行为。那么，按照这三个标准来衡量，中国的文化历史或文化传统中也同样具有系统的心理学。这种心理学传统有自己的理论建树，有自己的探索方式，有自己的干预技术。只不过这种心理学不是西方文化中的所谓科学心理学意义上的。

中国本土文化传统中的心理学有自己独特的理论概念和理论解说。当然，这套概念和解说不同于西方科学心理学所提供的。例如，中国思想家所说的心、心性、心理，所说的行、践行、实行，所说的知、觉知、知道，所说的情、心情、性情，所说的意、意见、意识，所说的思考、思想、思索，所说的体察、体验、体会，所说的人格、性格、人品、品性，所说的道理、道德、道义、道统等，都有其独特的含义。对这些独特心理学术语的探讨，可以为中国心理学的发展提供十分重要的学术资源。把中国本土心理学术语和概念与西方外来的心理学术语和概念进行比较的话，就可以得出对心理学新的理解。

中国文化传统中的心理学也有自己独特的验证理论假说的方式和方法，而不仅仅就是思辨和猜测。当然，在中国本土文化当中，并没有产生西方科学意义上的实证方法或实验方法。但是，中国古代的思想家却提出了知行合一的原则，也就是践行或实践的原则。任何的理论解说或理论说明，包括心理学的理论解说和理论说明，其合理性要看能否在生活实践中获得预期的结果，或者说行动实现的是否就是理

---

① 葛鲁嘉：《大心理学观——心理学发展的新契机与新视野》，《自然辩证法研究》1995 年第 9 期。

论的推论。这形成的是另外一套验证理论的途径。把西方科学心理学的研究方法与中国传统心理学的验证方法相对比的话，那就是实验与体验的对应，那就是实证与体证的对应。体验的方法或体证的方法就是中国本土心理学独特的方式和方法。

中国文化传统中的心理学也有自己独特的干预心理行为的手段和技术，并形成了对人的心理生活的引导、扩展和提升。人的心理就有了横向扩展和纵向提升的可能。心理的横向扩展就在于能够包容更多的内涵，包容天地，包容他人，包容社会，包容自己等。心理的纵向提升就在于能够提高心灵的境界。这是一种纵向比较心性心理学。人与人不是等值的，而是有心灵境界的高下之分。境界最为低下的就不是人，而是畜生。境界最为高尚的就是圣人。因此，中国本土心性心理学是境界等差的学说，是境界高下的学说，是境界升降的学说。心理的差异实际上就成了德行的差异、品德的差异、人品的差异、为人的差异、境界的差异。反思、反省就成为重要的手段和技术。

三　片段破碎和语录摘引的理解

正因为是按照西方的科学心理学作为尺度和标准，所以在抽取和摘引中国古代思想家的心理学思想过程中，得出的就是一些破碎的片段和摘引的语录。这等于是打碎了一个完整的东西，又把一些碎片按照不同的方式进行了重新组合。所以，在中国古代心理学思想的研究中，最为常见的就是摘引中国古代思想家的语录，然后对其进行从古代汉语到现代汉语的翻译和解释。进而，对其进行从心理猜测到心理科学的对照和转换。

对中国本土心理学传统的这种片段破碎和语录摘引式的理解，使人们看到中国古代思想家仅仅是以非常肤浅的形式，或者仅仅是以非常幼稚的话语，所表达出来的某种前科学形态的心理学猜想。如果按照西方科学心理学的标准，这些萌芽形态的"心理学思想"只具有历史遗迹的意义，而没有现代科学的价值。这仅仅表明了中国文化历史中有过一些关于人的心理行为的某种猜想或猜测。这满足的是某些人的十分幼稚的文化虚荣心。对中国本土心理学传统的研究就成了考古发掘和博物展览，就成了历史清理和装订造册。

在这种方式下对中国古代心理学思想史的研究程序，就是着重翻阅中国古代的历史典籍，从古代典籍中去寻找古代思想家说明和解释人的心理行为的话语段落，然后把古代的文言文翻译成现代的白话文，然后再按照现代的科学心理学去理解其中的所谓心理学含义，然后再去评价这些含义对科学心理学的意义和价值。甚至就仅仅是为了证明中国古代心理学猜想是在西方科学心理学之前，是比西方心理学思想家更为高明和更为伟大的发现。

这样的关于中国古代心理学思想史的研究方式和方法，就常常演变成非常肤浅的文字游戏、语言游戏、智力游戏、思想游戏、猜想游戏、组装游戏。而且，更为严重的问题还在于，这种类型的研究已经变成了一种研究习惯、研究方式、研究思路、研究态度、研究定势。这使得对中国本土心理学思想的研究变成了考证活动，变成了翻译活动，变成了猜想活动，变成了解释活动。

四　完整系统和深入全面的理解

如果放弃片段破碎和语录摘引的理解，而采纳完整系统和深入全面的理解，那就可以看到，在中国本土文化传统中，也存在着一种十分独特的心理学。尽管这种心理学不是西方意义上的科学心理学，但也是一种非常系统的心理学探索。中国古代思想家提供的心理学可以称为心性学说。如果进一步引申，这种心性学说就是心性心理学，就是一种独特的心理学传统，就是中国本土文化对心理学事业的独特贡献。

中国文化的非常独特和非常重要的理论贡献就是心性学说。当然，在中国的文化传统中，不同思想派别有不同心性学说。不同的心性学说，发展出了不同的对人心理的解说。首先是儒家心性说。儒家学说是由孔子和孟子创立的。在中国传统文化的儒、道、释三家中，儒家学说的重心在于社会，或者说在于个体与社会的关系。儒家强调的是仁道。当然，仁道不是外在于人的存在，而就存在于个体的内心。那么，个体的心灵活动就应该是扩展心灵的活动，是超越一己之心来体认内心仁道的过程，是践行内心仁道来行道于天下的经历。只有觉悟到了仁道，并且按仁道行事，才可以成为圣人。这就是内圣外王的历程。其次是道家心性说。道家学说是由老子和庄子创立的。在中国传统文化的儒、道、释三家中，道家学说的重心在于自然，或者说在于个体与自然的关系。道家强调的是天道。当然，天道也不是外在于人的存在，而就潜在于个体的内心。那么，个体也可以通过扩展自己的心灵，而体认天道的存在，并循天道而达于自然而然的境界。再次是佛家心性说。佛家学说是由释迦牟尼创立的，是从印度传入中国的。在中国传统文化的儒、道、释三家中，佛家学说的重心在于人心，或者说在于个体与心灵的关系。佛家强调的是心道。当然，心道相对于个体而言是潜在的，是人的本心。那么，个体可以通过扩展自己的心灵而与本心相体认。

　　心理学的研究有自己的研究方法。那么，科学心理学所运用的方法就是科学的研究方法。但是，在特定科学观的限定下，所谓科学就是实证的科学。实证的科学运用的是实证的方法。心理学在成为独立的科学门类之后，就力图以实证主义的科学观来衡量自己的科学性。那么，是否运用实证方法，就成为心理学研究是否科学的一个根本尺度。但是，在中国文化中的传统心理学所运用的方法不是实证的方法，而是体证的方法。所谓体证的方法，就是通过意识自觉的方式，直接体验自身的心理，并直接构筑自身的心理。所以说，体证至少有两个重要特点。一个是意识的自我觉知，一个是意识的自我构筑。①首先是内圣与外王。中国本土心理学传统都强调知行合一的原则，都主张内在对道的体认和外在对道的践行。这就是所谓内圣外王的基本

----

① 葛鲁嘉：《中国本土传统心理学的内省方式及其现代启示》，《吉林大学社会科学学报》1997年第6期。

含义。内修要成为圣人，体道于自己的内心。外为要成为王者，行道于公有的天下。其次是修性与修命。正因为人心与天道是内在相通的，所以个体的修为实际上就是对天道的体认。天道贯注给个体，就是人的性命。那么，对天道的体认就是修性与修命。再次是渐修与顿悟。个体的修为或个体的体悟有渐修与顿悟的不同主张。渐修是认为修道的过程是逐渐的，是一点一滴积累而成的。顿悟则认为道是不可分割的，只能被整体把握，被突然觉悟到。这是体道的不同途径和方式。

五 限于传统和解释传统的理解

从认为中国本土文化中根本没有自己的心理学传统，到认为中国本土文化中有自己独特的心理学传统，这是一个根本性的进步和变化。这可以导致对中国本土心理学的完全不同的探索和研究。但是，从认为中国本土文化中有自己独特的心理学传统，到从学术研究出发去挖掘、梳理和阐释中国本土传统心理学时，却常常存在仅仅限于传统和仅仅解释传统的局限。[1][2][3] 无论是回到传统，还是遵循传统，这都是变成了一种自我封闭的心理学史或中国心理学思想史的研究。这在很大程度上不是推进了中国心理学的发展，而是大大限制了中国心理学的发展。

限于传统和解释传统就是回到传统和遵循传统。也许，在心理学研究中，承认中国传统文化中也有自己独特的心理学，这是一种进步。但是，在心理学研究中，如果仅仅是限于传统、解释传统和回到

---

[1] 杨鑫辉：《诠释与转换——论中国古代心理学思想史研究方法的新发展》，《南京师大学报》（社会科学版）2002年第4期。

[2] 杨鑫辉：《中国心理学史论研究》，《江西师范大学学报》（哲学社会科学版）2001年第4期。

[3] 葛鲁嘉：《心理文化论要——中西心理学传统跨文化解析》，辽宁师范大学出版社1995年版。

传统，那也是一种倒退。承认在中国本土的文化传统中有自己独特的心理学，并不是要贬低和放弃现代科学心理学，并不是要证明和确定现代科学心理学的学术贡献早在中国文化历史中就已经完成了。其实，对中国本土文化中的心理学传统的研究和探索，就是要立足于本土的传统，就是要借用本土传统的心理学资源。对于中国本土心理学传统的挖掘，不是为了展示，而是为了创新。任何学科的发展都需要资源，心理学的发展也是如此。那么，中国本土文化和传统中的心理学对中国心理学的发展来说，就是一种十分有益的学术资源。

当然，任何资源都是需要利用和转化。对中国心理学的发展来说，本土文化资源也是需要筛选和提炼的。重新去发现古典文献，仔细去阅读古典文献，认真去解释古典文献，详尽去分析古典文献，这都不是心理学研究最终的目的。其实，对中国本土传统心理学进行研究的最终目的，就是要奠定创新的基础，就是要挖掘创新的资源，就是要确立创新的立场，就是要启动创新的程序，就是要获得创新的结果。这就必须要突破限于传统和解释传统的理解，而必须要明确立足发展和力求创新的理解。

六 立足发展和力求创新的理解

中国本土文化传统中的独特心理学就是心性学说，这种心性学说也可以称为心性心理学。那么，在此基础之上的新发展就可以命名为新心性心理学。中国本土文化中的心性心理学仅仅是传统意义上古老的心理学。那么，中国心理学在新世纪的发展并不是要回复到原有的老路上去，而是一种创新。但是，这又是在汲取中国本土文化资源基础上的创新。所以，将其命名为新心性心理学。新心性心理学是立足于中国本土文化中的心性学说，但又是一种全新的和独特的心理学的探索和创造。"新心性心理学"初期的探索主要由三部分内容构成，分别涉及心理学的学科基础、研究对象、对象背景。第一部分涉及心理文化，是对西方心理学传统和中国心理学传统的跨文化解析。第二部分涉及心理生活，是对心理学研究对象的一种新的理解和新的视野。第三部分涉及心理环境，是对心理与环境关系的一种新的思考和分析。

心理文化的探索是从跨文化的角度，对生长于不同文化根基和相应于不同心理生活的中西心理学传统进行比较和分析，探讨它们彼此之间沟通的可能性和心理学发展的新道路。起源于西方文化的科学心理学，立足于客观的研究方法和客观的知识体系，提供了对心理现象的合理理论解释和有效技术干预，但其仅仅揭示了人类心灵和精神生活的一个部分或一个侧面。起源于中国文化的本土心理学也是自成体系的心理学探索，而其揭示了有意义的内心生活和给出了自我超越的精神发展道路。西方心理学传统是中国现代科学心理学的直接来源，目前则正在经历本土化的历程和改造。中国本土心理学传统在西方文化中的流传，也使西方的科学心理学得到了启示和受到了影响。促进二者的沟通，将有助于形成新的心理学科学观，并推动心理学的新发展。确立心理文化的概念，在于重新审视西方心理学的文化适用性，并推进对其进行改造；在于重新审视中国本土心理学传统，并推进对其进行挖掘。这有利于正确对待从西方引入的心理学，开创中国自己的心理学发展道路。

心理生活的探索是试图从中国心理文化的传统入手，重新理解和认识心理学的研究对象。原有的西方式的科学心理学，是从研究者感官印证的角度出发，把心理学的研究对象确立为心理现象。这把人的心理类同于物的物理，而忽视了人的心理一个非常重要的特性。那就是人的心理是自觉的，心理活动能够自觉到自身。这种心理的自觉不仅仅是自我的觉知和意识，而且是自我的建构和创造。这就不是把人的心理理解为心理现象，而是理解为心理生活。心理生活不是已成的存在，而是生成的存在。心理生活在人的生活中处于核心地位，所以应该成为心理科学关注的中心。但是，心理科学诞生之后，为了使之成为所谓真正意义上的科学，许多心理学研究者力求心理学向当时相对成熟的自然科学靠拢。这就使得心理学把心理现象定位为心理学的研究对象，而放弃或忽略了心理生活的意义和价值。这其中一个非常重要的原因是人们已经习惯了按西方心理学设立的标准来衡量和建设心理学。一旦放大了视野，特别是从中国本土文化的视角出发，就会认识和理解到有关心理学研究对象的完全不同的内容范围。因此，心理生活应该在心理科学中占有重要位置，成为当代科学心理学发展的核心性内容。

　　心理环境的探索是试图从人类心理的视角重新理解环境。对于心理学研究来说，如何理解环境，决定了如何理解人的心理行为和生存发展。物理环境对人来说，仅仅是外在的，间接的。然而，心理环境对人来说，才是内在的，直接的。人的心理行为不是孤立的存在，不是封闭的存在。但是，在心理学发展历史中，心理学家却很少系统地和深入地考察和分析过环境。也许，心理学所直接面对的是人的心理行为，环境并不是心理学所应该关注的内容。但是，随着心理学的成熟和发展，随着对人的心理行为的了解和理解的深入和细致，心理学的研究领域也在扩展和放大，对环境的理解和解释也就必然要发生变化。显然，有必要对环境进行重新思考。那么，一个重要的心理学概念就是心理环境。心理环境是人的心理觉知和觉解的环境，是人赋予了意义和价值的环境。这已经超出了物理意义上和生物意义上的环境。心理环境对人的影响是最切近的和最直接的。人可以在心理上分离出自己所处的环境，并针对这样的环境调整或调节自己的心理行为。所以，心理觉解到的环境是人建构出来的环境。融入了人的创造，就使得心理环境的含义超出了物理和生物环境的界限。人对心理环境的创造体现在心性主导的创造性构想，这可以突破物理的或生物的环境；也体现在心性支配的创造性活动，这可以改变物理的或生物的环境。

　　随着研究的进展和扩展，深化和细化，目前，新心性心理学的探索已经由上述的三个部分增加到了六个部分。这也就是心理资源、心理文化、心理生活、心理环境、心理成长、心理科学。

第二章　心理学本土资源的挖掘*

　　心理学发展有着自己的文化历史资源。心理学有着十分不同的历史发展和长期演变的特定形态。所有不同心理学形态都是心理学发展可以借用的文化历史资源。心理学资源可以体现为不同的心理学历史形态，也可以体现为不同的心理学现实演变，还可以体现为不同的心理学未来发展。这包括常识形态的心理学、哲学形态的心理学、宗教形态的心理学、类同形态的心理学、科学形态的心理学。当代科学心理学的发展不应该是抛弃其他形态的心理学，而应该是将其当作自己学术创新的文化历史资源，从而扩大自己的视野，挖掘自己的潜能，丰富自己的研究，完善自己的功能。

一　心理资源概述

　　所谓心理资源是指可以生成和促进心理学发展的基础条件，如心理学的成长要有自己植根的社会文化土壤，这就是心理学的社会文化资源。心理资源既可以成为心理生活的资源，也可以成为心理科学的资源。心理学面临如何理解、看待、保护、挖掘、提取、转用资源的问题。科学心理学只有很短的一百多年的历史。但是，心理学的探索却有着久远的过去。通常认为，心理学发展只是连续的线性更替关系，现代的科学心理学淘汰和取代了原有的传统形态的心理学。但

---

　　* 原文见葛鲁嘉《中国本土传统心理学术语的新解释和新用途》，《山东师范大学学报》（人文社会科学版）2004 年第 3 期。

是，实际情况并非如此。科学心理学诞生之后，其他不同形态的心理学仍然与其并存着，仍然各自发挥着自己的功能。通常还认为，历史上只有哲学心理学和科学心理学。科学心理学从哲学的母体中脱胎之后，就取代了哲学心理学，成为唯一合理和合法的心理学。其实，历史上出现过多种形态的心理学。这些不同形态的心理学并没有随着现代科学心理学的出现而消亡，而是依然存在于现实生活和学术研究之中，并在不同的生活领域和学术领域中发挥着重要的作用。从人类文化史的角度来看，共出现了五种不同形态的心理学。这就是常识形态的心理学、哲学形态的心理学、宗教形态的心理学、类同形态的科学心理学和科学形态心理学。[①] 解读这些不同形态的心理学，考察科学心理学与其他形态心理学之间的关系，对科学心理学的发展有着至关重要的作用。

人的心理生活是生成性和创造性的，生成与创造的过程则需要特定资源。所谓心理资源的一个含义就是指人的心理生活建构的基础、生成的养分以及拓展的依据。人的物质生活需要自然资源，而人的心理生活则需要文化资源、社会资源、历史资源和现实资源。心理资源具有自己独特的存在方式和存在形态。

任一学科的生成、发展、进步、拓展，都需要文化、社会、历史和现实的资源。心理学也同样如此。例如，心理学的发展和研究都与文化有着十分密切的关系。[②][③][④][⑤] 在心理学研究中，与文化相关的分支学科也在快速地扩展和成长，如文化心理学和跨文化心理学的研究等。心理学与文化的关系是指心理学在自身的研究、发展和演变过程

[①] 葛鲁嘉：《心理学的五种历史形态及其考评》，《吉林师范大学学报》（人文社会科学版）2004 年第 2 期。

[②] 葛鲁嘉、陈若莉：《当代心理学发展的文化学转向》，《吉林大学社会科学学报》1999 年第 5 期。

[③] 叶浩生：《试析现代西方心理学的文化转向》，《心理学报》2001 年第 3 期。

[④] 麻彦坤：《当代心理学文化转向的动因及其方法论意义》，《国外社会科学》2004 年第 1 期。

[⑤] 霍涌泉：《心理学文化转向中的方法论难题及整合策略》，《心理学探新》2004 年第 1 期。

中，与文化的背景、历史、根基、条件及现实等所产生的关联。心理学与文化的关系经历了文化的剥离、转向、回归、定位。心理学与文化的关系不仅涉及文化心理学、跨文化心理学、本土心理学、后现代心理学的研究①②③④⑤⑥，还涉及心理学的单一文化背景和心理学的多元文化发展。心理学与文化的关系定位将会带来心理学的新视野、新领域、新理论、新方法、新技术和新发展。再如，心理学在成为独立学科前后，与其他学科一直有着特定的关系。这种关系决定了心理学的发展和演变。但是，学术界对心理学与相关学科的关系却缺乏系统和深入的探索。心理学与相关学科的关系经历了一种历史的演变过程，即从心理学依附于其他学科的发展，到心理学排斥其他学科来保证自己的学术独立性，再到心理学寻求与其他学科的合作关系，并与其他学科建立起共生的关系。这既标志着心理学学科的成熟，也标志着心理学开始容纳所有的学术资源。这意味着心理学不仅借助于其他学科来发展自身，而且又为其他学科的发展提供了可用的资源。从不同学科的学术独立到不同学科的学术共生，这是一个新旧时代的重大学术转换。

---

① 田浩、葛鲁嘉：《文化心理学的启示意义及其发展趋势》，《心理科学》2005 年第 5 期。
② 余德慧：《文化心理学的诠释之道》，《本土心理学研究》1996 年第 6 期。
③ 李炳全、叶浩生：《主流心理学的困境与文化心理学的兴起》，《国外社会科学》2005 年第 1 期。
④ Vijver, F. V. D., The Evolution of Cross-cultural Research Methods [A]. In David Matsumoto. *The Handbook of Culture & Psychology*. Oxford University Press, 2001. pp. 78 – 92.
⑤ Kim, U., Culture, Science, and Indigenous Psychologies: An integrated Analysis [A]. In David Matsumoto. *The Handbook of Culture & Psychology*. Oxford University Press, 2001. pp. 54 – 58.
⑥ Adamopoulos, J. & Lonner, W. J., Culture and Psychology at Across road: Historical Perspective and Theoretical Analysis [A]. In David Matsumoto. *The Handbook of Culture & Psychology*, 2001. pp. 15 – 25.

二 心理资源考察

心理学无论是对人的心理行为的研究，还是对心理学自身的反思，都需要挖掘、提取和转用自己的资源。这就是关于心理资源的考察。对心理资源的考察首先涉及考察的视角。这是指研究者的研究立场和研究根基。对于心理资源，不同的研究者可以有自己看待和理解问题的出发点和立足点，可以有自己揭示和解释问题的着眼点和着重点。即便是否认、忽视和歪曲心理资源的存在，也是对待或看待心理资源的一种特定视角。考察的视角决定了研究者所获取的关于心理资源的内涵和内容。眼界与视域的不同，都决定着研究者所捕捉到的和所提取出的心理资源的差异。

其次，对心理资源的考察还涉及考察的学科。心理资源是文化的存在、社会的存在、历史的存在、生活的存在和人性的存在。这就给不同学科分支提供了多学科交叉和交会的研究内容。由于不同学科有不同的研究领域和研究方式，因此对心理资源的揭示和解释也有所侧重与不同。例如，哲学、社会学、人类学、历史学、政治学、文学、文化学等学科对心理资源的考察，都会有不同的视角与方法。

最后，对心理资源的考察还涉及考察的内容。心理资源具有非常丰富的内涵、思想、解说与积累。分离和分解心理资源，解释心理资源的基本性质，确定心理资源的基本方面，追踪心理资源的演变发展，说明心理资源的特征、特点等，都是考察心理资源的最基本内容。对如何定位、分析、揭示、解释、说明、借用心理资源，可以有不同的方式。这既可以是哲学反思的方式，考察关于心理资源作为心理学研究的思想前提和理论设定；也可以是实证研究的方式，通过实证科学的手段来定性和定量地分析和考察心理资源的存在和变化；还可以是历史研究的方式，通过历史和未来的定位和定向来揭示和解释心理资源的演变和演化。

心理资源的考察结果可以成为人理解自身存在的重要内容，也可以成为发展关于人的心理研究的重要学术内容。人的心理生活的创造、建构和拓展需要资源的支撑。提供心理资源不仅是丰富人的心理生活、提升心理生活质量所必需的,而且是心理科学进步与发展所必须依赖的基石和基础。

三 心理资源分类

心理学的五种形态不仅仅反映着心理学的历史、现实和未来的演变,更是一种资源。可以说这种观念转变是心理学研究上的重大进步。

第一,常识形态的心理学(又称为民俗心理学、素朴心理学等)是普通人在日常生活中创建的心理学,是存在于普通人生活经验中的心理学。这有两个存在水平,一是个体化的存在水平,是个体在自己的生活经历和经验中获得的,是个人对心理行为独特的认识和理解。二是社会化的存在水平,是不同个体在交往和互动的过程中共同形成和具有的,个体可以在社会化过程中接受和掌握隐含于社会文化之中的心理常识。常识心理学既是普通人心灵活动的指南,也是普通人理解心灵的指南,并且是科学心理学发展的文化资源。[1]

第二,哲学形态的心理学也是一种心理学资源。在科学心理学诞生之前,心理学就寄生在哲学之中,是哲学的一个探索领域。哲学心理学最重要的研究方式是思辨和猜测。正是通过思辨和猜测,哲学心理学探索了人类心理行为大部分重要的方面。当心理学成为科学门类之后,哲学心理学在哲学研究中转换为心灵哲学的研究。心理学哲学的研究则转而去反思心理学研究中关于对象、方法和技术的理论前提或思想预设。[2]

---

[1] 葛鲁嘉:《常识形态的心理学论评》,《安徽师范大学学报》(人文社会科学版)2004年第6期。

[2] 葛鲁嘉:《哲学形态的心理学考评——心理学的五种历史形态考察之二》,《河北师范大学学报》(教育科学版)2005年第4期。

第三，宗教形态的心理学亦是心理学资源。宗教心理学可以有两种不同的含义，一是科学的含义或是科学传统中的宗教心理学，是科学家运用科学方法对宗教心理的研究。这是科学心理学的一个分支。二是宗教的含义或是宗教传统中的宗教心理学，是宗教家按照宗教的方式对人的心理行为的说明、解释和干预。这既是宗教活动提供的传统文化资源，同时也是现代科学心理学的传统历史资源。宗教中的心理学提供了关于人的信仰心理方面的重要阐释以及干预人的心理皈依的重要方式。这为科学心理学的发展和进步提供了非常丰富和重要的心理学思想理论、研究方法和干预技术。心理学的创新就必须提取宗教心理学中的资源。①

第四，类同形态的心理学也是心理学资源。所谓类同形态的心理学也可称为类科学心理学，是指在与心理学相类同或相接近的科学分支或科学学科当中，也有关于人类心理行为的相关研究和研究成果。这是在与科学心理学相类同或相类似的其他科学分支中的心理学思想、理论、方法与技术。这些研究和成果也在特定的角度、特定的方面或特定的层次上，以特定的方式、方法或技术，揭示和阐释人类的心理行为，并为心理科学的诞生和发展提供了十分重要和不可忽视的基础和内容。因此，这些相关或相近的学科门类也都与科学心理学有着非常密切的关联。② 并不是只有心理学才关注对心理行为的研究，其他类同形态的心理学也从各个不同的学科视角，对人的心理行为进行多维度、多视角、多方面、多层次的探索。蕴含在不同学科门类中的心理学探索，得出了关于人的心理行为的不同思想学说、不同理论阐释、不同影响方式以及不同干预技术。这种对人的心理行为的分门别类的研究给科学心理学提出了一个重要任务，就是怎样使科学心理学不至于分解、分裂、消失和消散在其他类同学科中，以及怎样使科学心理学去吸取、提炼、接受、消化、融会类同形态的心理学研究。

---

① 葛鲁嘉：《宗教形态的心理学述评》，《华中师范大学学报》（人文社会科学版）2007年第1期。

② 葛鲁嘉：《类同形态的心理学总评》，《西北师大学报》（社会科学版）2005年第3期。

如在物理学的发展过程中，无论是光学还是声学的研究成果都为心理学关于视觉和听觉的研究提供了丰富的内容；生物学特别是进化论对人类心理的发生和发展，对人类心理与遗传和环境的关系等，也提供了重要的理论解释框架和细致的特定学说；还有生理学特别是神经生理学的研究成果，也对心理学的发展产生过巨大影响。例如，俄国生理学家巴甫洛夫（I. P. Pavlov）的高级神经活动学说，美国科学家斯佩里（R. W. Sperry）关于裂脑人的研究，都深刻影响了科学心理学的发展和进步。精神病学的发展也揭示了以异常形式表现出来的心理行为，为全面认识和了解人的心理行为提供了重要内容。当代计算机科学特别是人工智能的研究，也提供了对人类智能活动的基本认识，推动了现代认知心理学的发展。社会学对社会个人、人际关系、社会群体、人类社会的研究，也提供了关于群体心理、社会心理、文化心理、国民性格的成果。生态学对科学心理学的影响则在于提供了共生发展的生态学方法论。生态学的出现不仅仅是一个新的学科的诞生，而且是一种新的思考方式的形成。在生态学的框架中，人的心理与他人、社会、环境、世界等，都是彼此共存、相互依赖、共同成长的。生态学与心理学的结合形成了生态心理学和心理生态学。生态的核心含义是指共生。生态的视角是指从共生的方面来考察、认识和理解环境、生物、社会、人类、生活、心理、行为等。在中国的文化传统中，一个非常重要的原则性主张就是天人合一。这是人与天的合一，是我与物的同一，是心与道的统一。

第五，科学形态的心理学也是心理学资源。心理学作为科学是通过科学的理论、方法和技术来描述、说明和干预心理行为。科学形态的心理学虽然在短时间内取得了飞速发展，但依然面临着重大问题。从诞生之日起，科学形态的心理学就存在着物理主义和人本主义、实证论和现象学两种不同研究取向，并一直处于四分五裂的状态，统一是其一直不懈的努力。科学心理学既有基础研究和应用研究的分类，也有理论、方法和技术的分类，关键是心理学研究类别的顺序。其研究方式和方法存在着实验和内省的地位和作用之争。① 科学形态的心理学常常将自己确立为唯一合理的心理学。从而，排斥其他形态的心理学。这无疑丢弃了重要的心理学资源。

四　心理资源提取

在当代心理学发展中，后现代是心理学研究者所处和面对的历史时代、历史阶段、当代风潮、当代思潮。如何理解后现代的来临，如何面对后现代的问题以及如何引领后现代的发展，是心理学发展所必须要经历的。20世纪中期，西方发达国家开始由现代工业社会步入后工业社会或信息社会。与之相应，其文化思潮也由现代主义转向后现代主义。后现代主义思潮被看成西方文化精神和价值取向的重大变革，并很快风靡欧美、震撼学界。科学心理学的发展显然无法摆脱这一大的文化氛围。文艺复兴之后，西方社会不仅大踏步迈向现代大工业社会，而且逐步确立起理性至高无上的地位和科学统观一切的权威，并以此构造了西方的现代文明。但是，当今的后现代主义运动则是对现代文明的批判和解构，是对理性独断和科学霸权的摧毁，强调所有的思想和文化平等并存的发展。后现代精神在于"去中心"和"多元化"。这无疑打破了西方心理学的独霸地位，带来了不同心理资源的互惠互利。

心理学的本土化是心理学发展过程中的一种思潮，一种定位，一种寻求。②③ 当然，从提出关于本土心理学的研究开始，心理学的本土化就经历了不同的历程，并体现出不同的目的。心理学本土化的目

---

① 葛鲁嘉：《科学形态的心理学议评——心理学的五种历史形态考察之五》，《华东师范大学学报》（教育科学版）2005年第4期。
② 葛鲁嘉：《中国心理学的科学化和本土化——中国心理学发展的跨世纪主题》，《吉林大学社会科学学报》2002年第2期。
③ 葛鲁嘉：《心理学中国化的学术演进与目标》，《陕西师范大学学报》（哲学社会科学版）2007年第4期。

的在于，一是对科学心理学或正统心理学之外的其他心理学探索的关注和考察。这是所谓本土心理学的最为基本的目的，也是本土心理学最开始的基本含义。二是对西方实证心理学的霸权地位的挑战。三是对根源于本土社会文化的心理行为和研究方式的探索。四是对本土心理学资源的挖掘和创造。五是对心理学研究的原始性创新的追求。希望能够在心理学理论、方法和技术等方面，有新的创造。

当今世界正面临着日益突出的国际化趋势，国际社会的联系日益紧密，地球已经成了"地球村"，同时也面临着越来越多的全球化的经济问题、社会问题和环境问题等。这些问题已经不单单是某一国家或某一民族各自的问题，而且是整个人类共同的问题。全球化既是产生全球性问题的历史前提，同时又孕育着解决全球性问题的可能性。不同学科视野中的全球化概念是不同的。在这样的背景下，心理学正经历着一场转变，即由只关心单一文化背景转向多文化的融合，由方法中心论转向问题中心论，由单一理论转向复合理论。心理学不能回避现实问题。要使心理学的研究具有现实性，必须以研究的问题为中心，抛开传统的理论派别之争，摒弃对抗，一切围绕解决现实问题展开。这就是心理学全球化的内涵。

在中国本土传统文化的框架中，并没有诞生现代意义上的科学。中国的现代科学是从西方传入的。同样，在中国本土文化中，也没有诞生西方现代意义上的科学心理学。中国现代的科学心理学也是从西方传入的，也带着西方文化传统的印记。那么，在中国发展自己的科学心理学时，所面临的一个非常重要的问题就是，中国本土文化中有没有自己的心理学传统。如果有，那么这种本土心理学传统具有什么性质，包含什么内容。如果有，那么应该如何去理解、解说、阐释和对待这种本土心理学传统。可以肯定的是，在中国本土的文化传统中也有自己独特的心理学传统。因此，最为重要的问题就在于，中国本土心理学传统能否成为中国科学心理学发展和创新的有益资源。所以，如何理解中国本土心理学传统，就成为决定中国心理学未来发展的一项基础性和发展性的研究任务。

中国心理学的跨世纪发展面临着一个重要选择，那就是从对西方或对外国心理学的模仿中解脱出来，去寻找和挖掘中国本土心理资源。新心性心理学就是一种植根本土文化资源的创新努力，试图开辟中国心理学自己的新世纪发展道路，新心性心理学对心理学研究对象的理解和心理学研究方式的确立有一个基本的变化。[①] 新心性心理学涉及心理资源、心理文化、心理生活以及心理环境，即涉及心理学的文化资源、学科性质、研究对象、对象背景。心理资源是关于心理学发展中的文化历史资源和文化历史形态的考察。心理文化是关于西方的心理学传统和中国的心理学传统的跨文化解析。心理生活是关于心理学研究对象的一种新视野、新认识和新理解。心理环境是关于心理与环境关系的一种新的思考和分析。

总之，心理学的未来发展应该是把自己建设成为资源合理开发和有效利用的新型学科。心理学的未来形态就是资源形态的心理学，这可以称为心理学的第六种形态，是立足于心理资源的开发和利用的心理学形态。

---

① 葛鲁嘉：《新心性心理学宣言——中国本土心理学原创性理论建构》，人民出版社2008年版。

第三章 心性心理学的人格探索*

中国文化传统中有自己独特的人格探索，这就是心性学说或心性心理学，其提供的是对心性的理论阐释、探索方式和干预技术。这包括对心性性质的理解和解说；对心性特征的理解和解说；对心性觉解的理解和解说；对心性体验的理解和解说；对心性意向的理解和解说；对心性践行的理解和解说；对心性失常的理解和解说。新心性心理学就是立足于本土资源的创新，其探索包含三部分内容，涉及心理学的学科本身、心理学的研究对象、心理学的环境背景。一是心理文化，是对西方的和中国的心理学传统的新认识和新解释。二是心理生活，是对心理学研究对象的一种新理解和新视野。三是心理环境，是对心理与环境关系的一种新思考和新阐释。

一　不同的文化传统

中国本土心理学传统提供了对人格不同的理论解说，或者提供了对人格独特的理解阐释。中国本土心理学传统提供了对人格的不同的探索方式，或者提供了考察人格独特的方式方法。中国本土心理学传统提供了对人格的不同干预技术，或者提供了影响和培育人格的独特

---

* 原文见葛鲁嘉《本土心性心理学对人格心理的独特探索》，《华中师范大学学报》（人文社会科学版）2004年第6期。

的技术手段。①②③④⑤ 其实，准确地说，中国本土心理学传统提供的不是西方科学心理学意义上的人格学说或人格心理学，而是中国本土传统意义上的心性学说或心性心理学。西方科学心理学探讨的是人格，而中国本土心理学探讨的是心，或者说，西方科学心理学是把人格作为个体的完整心理，而中国本土心理学则是把心性作为超越个体的完整心理。所以，其提供的是对心性的理论阐释，对心性的探索方式，对心性的干预技术。

西方科学心理学的人格理论植根于西方的文化传统。⑥ 西方文化是以个体主义为核心的。所以，科学心理学在19世纪后期诞生，最早的人格心理学研究就是对个体差异的研究。这是一种横向比较的人格理论。人与人是平等的，或者说在价值上是等值的。人与人仅仅是心理行为特征上的差异。不论个体有什么样的心理行为差异，这些差异并没有高下之分和贵贱之别。或者说，个体心理行为的差异仅仅是个体心理行为的特征。中国本土心理学传统则是植根于中国的文化传统。中国文化是以集体主义为核心的。那么，怎样使个人从一己之私到包容天下，人与人之间的心性差异就体现在心性境界的高低上。⑦⑧ 这是一种纵向比较的心性学说。人与人不是等值的，而是有心灵境界的高下之分。境界最为低下的就不是人，而是畜生，甚至是猪狗不如。因此，中国本土文化传统中提供的心性学说是境界等差的学说，

---

① 葛鲁嘉：《心理文化论要——中西心理学传统跨文化解析》，辽宁师范大学出版社1995年版。

② 王登峰、崔红：《中西方人格结构的理论和实证比较》，《北京大学学报》（哲学社会科学版）2003年第5期。

③ 王登峰、方林、左衍涛：《中国人人格的词汇研究》，《心理学报》1995年第4期。

④ 崔红、王登峰：《中国人人格结构的确认与形容词评定结果》，《心理与行为研究》2003年第2期。

⑤ 黄希庭、范蔚：《人格研究中国化之思考》，《西南师范大学学报》2001年第6期。

⑥ 陈少华、郑雪：《西方人格心理学的困境与出路》，《自然辩证法通讯》2002年第3期。

⑦ 杨中芳：《试论中国人的"自己"：理论与研究方向》，载《中国人中国心——社会与人格篇》，台北：远流出版公司1991年版。

⑧ 杨中芳：《如何研究中国人：心理学本土化论文集》，台北：桂冠图书股份有限公司1997年版。

是境界高下的学说，是境界升降的学说。人格的差异实际上就成了德行的差异、品德的差异、人品的差异、为人的差异、境界的差异。西方的人格理论在人格的动力上强调内在的推动，是本能，是内驱力，是心理能量，是内推的力量。中国本土心理学传统的心性学说则强调外在的引导，是目标，是外引力，是心理志向，是外拉的力量。这是两种不同的人格动力说。西方的人格理论在人格的发展上强调人格的成熟，中国本土心理学传统的心性理论则强调心灵的成长。西方科学心理学的人格研究是把人的人格心理当作客观的研究对象。它强调研究人格的客观方法，或者说强调客观的观察、测验和实验。西方科学心理学的应用技术是把人格看作可以外在干预的对象。研究者可以通过相应的技术手段去矫正人格的缺陷，去塑造人格的特性。那么，个体的人格就成为被动的或受动的。但是，在中国本土传统心理学中，则倡导自我推动的成长和扩展，是榜样引导的登高过程。在中国的文化传统中，从生活中确立起来的心性成长的榜样，成为普通人的生活向导。儒家学说倡导心性修养，儒家学说的创始人孔子就是一个践行者。这就是中国文化中所倡导的知行合一。

可以说，中国本土心理学传统提供了揭示、衡量、考评、判定心性的不同尺度或维度。这不同于西方科学心理学的尺度或维度，这包括价值的正和负的尺度或维度；德行的好和坏的尺度或维度；为人的善和恶的尺度或维度；境界的高和低的尺度或维度；品行的优和劣的尺度和维度；追求的雅和俗的尺度和维度。正是可以通过上述的尺度和维度，来排列和分析前述中国本土心理学传统关于心性的理解和解说。

中国心理学在新世纪的发展并不是要回复到原有的老路上去，而是一种创新。[①] 但是，这又是在汲取中国本土文化资源基础上的心理学创新。所以，将其命名为新心性心理学。新心性心理学应该是一种全新的和独特的心理学探索。它的基本内涵和基本主张包括如下几个方面。

---

① 葛鲁嘉：《中国心理学的科学化和本土化——中国心理学发展的跨世纪主题》，《吉林大学社会科学学报》2002年第2期。

首先，新心性心理学对于心理学的研究对象的理解有一个基本变化。在心理学成为独立学科门类之后，就把心理学的研究对象确立为心理现象。无论是把心理现象理解成意识，还是理解成行为，所谓心理现象都是同样的含义。这种含义就在于，所谓心理现象是由心理学研究者的感官所捕捉到和把握到的。这至少是建立在如下前提假设的基础之上。一是假定了研究对象与研究者的绝对分离，研究对象是与研究者无关的存在，或者是独立于研究者的存在。二是假定了研究者感官经验的真实性、确证性和无疑性。这就是说，只有能够被心理学研究者感官把握到的，才能够成为心理学的研究对象。在心理学发展历史中，就出现过行为主义学派把人的心理意识排除出心理学的研究对象，而把人的行为当作心理学的研究对象。这其中的原因就是，人的意识无法被研究者的感官捕捉到，而只有人的行为才能够被研究者的感官捕捉到。但是，人的心理有一个基本的性质，那就是"觉"；无论是觉知、觉察、觉悟、觉解，还是感觉、知觉、警觉、自觉，都体现了人的心理的这一最基本性质。"觉"是心理学研究中最难以把握的。一是"觉"只有时间维度，没有空间维度。或者说，它不占有空间，只会随着时间而流变。所以，在心理学诞生为独立的学科门类之前，著名的哲学家康德就说过，心理学不可能成为实证的科学，就因为人的心理只具有时间维度，随着时间而流变，而不具有空间维度，不占有空间位置。所以，人的心理无法被研究者的感知所完整地把握。二是"觉"只是个体化的心理历程，是个体的私有性的体验，所以无法达到科学所必需的公证。因此，新心性心理学把心理学的研究对象理解为心理生活。心理生活就是人的心理的自觉活动，是自觉的理解，是自觉的创造，是自觉的构筑。

其次，新心性心理学对于心理学的研究方式的确立有一个基本变化。心理学成为独立的学科门类之后，就一直靠近自然科学，曾经全面照搬了自然科学的研究方式。这促进了心理学的科学化进程，但也限制了心理学的进一步成长。新心性心理学则会开放心理学研究方式的边界，容纳多样化的研究方法。新心性心理学使心理学的研究次序有一个基本的变化。心理学原有的研究次序是基础研究和应用研究，也就是说先有基础研究，然后才有应用研究。或者说，在研究方法、理论建构、技术干预这三个方面的次序上，是先有研究方法，然后才有理论建构，最后才有技术干预。这就是传统心理学研究的次序。新心性心理学则反转了上述次序。心理学研究应该是先有应用研究，然后才有基础研究或者说是先有技术干预，然后才有理论建构，最后才是方法检验。新心性心理学的重心就是构建心理生活，以推动提高心理生活的质量。

二　独特的心理语汇

中国本土文化中有自己的心理学传统。[①] 中国本土传统心理学提供了关于心性的独特描述、说明、理解和解释。当然，这种对心性的探索，就蕴含在中国思想家的理论学说之中，也流传于中国文化包含的常识的心理学、宗教的心理学、哲学的心理学、类科学心理学、科学心理学之中。[②]

一是对心性性质的理解和解说。例如，人是指与物、与动物相区别的高等存在。在中国本土文化传统中，人不是等同性质的平等的存在，而是有等差的存在。高尚品质的是人，而低劣品质的就不是人，而是动物，或者是禽兽不如。同样，人不仅是个体化的存在，而且是类的存在，群体的存在与人相应的术语有人道、人才、人品、人格、好人、坏人等。"人性"中的"性"在中国文化中，不是与快感、与生殖、与繁衍联系的，而是与天道、天命相联系的。正是天道贯注给万物包括人，而使之具有自己的"性"，像性命、性情、性格、个性等，都说明了一种定位、一种确定、一种本质、一种特征。"人心"中的"心"在中国的文化传统中不是指心脏器官，而是指心理活动。当然，心的含义也不

[①] 葛鲁嘉：《心理文化论要——中西心理学传统跨文化解析》，辽宁师范大学出版社1995年版。

[②] 葛鲁嘉：《心理学的五种历史形态及其考评》，《吉林师范大学学报》2004年第2期。

仅是指个体所拥有的，因为心也可以扩展自己的边界，而包容天地，像有心、无心、心情、心意、心思、诚心、成心、好心、坏心等。"人品"中的"品"是一种质、一种级、一种特性、一种辨别、一种体尝，这相当于分类分级，像人品、品位、品行、品性等。"人格"中的"格"是指一种组合的特性，像人格、性格、品格等，是用来说明与众不同的方面。

二是对心性特征的理解和解说。例如，"德"是用来说明人的心性和品行，像道德、品德、德行等。"仁"是指慈爱、宽厚、正义等的心理品性，像仁义、仁爱、仁慈、仁厚等。"慈"是指和善、爱怜、安详等，像慈善、慈爱、慈悲、慈祥、仁慈等。"诚"是指真实、朴实、真切、恳切的心理品行，像诚心、诚意、诚朴、诚恳、诚挚等。"忠"是指尽心、尽意，像忠厚、忠诚、忠心、忠实、忠顺、忠勇、忠贞、忠言、忠告、效忠等。"厚"是深重、宽广、推崇优待的心理品性，像厚道、厚意、宽厚、仁厚、淳厚等。"豪"是指才能杰出、气魄宏大、直爽痛快等，像豪放、豪爽、豪迈、豪情、豪壮、豪气、自豪等。"才"是指能力、智慧等，像人才、才气、才智、才能、才略、才情、才识、才学、才子等。"大"是指范围、程度、心胸等，像大气、大度、大方、大胆、大量、大我、大意等。"小"与大相对应，也是指范围、程度、心胸等，像小气、小人、小心、胆小等。"清"的含义是纯净、寂静、明白、廉洁、单纯等，像清楚、清醒、清净、清白、清醇、清淡、清高、清廉等。

三是对心性觉解的理解和解说。例如，"思"是推想、推论、推理的过程，像思考、思念、思虑、思路、思量、思索、思绪、思维等。"想"是考虑、算计、筹划，像想法、想念、思想、猜想等。"知"是了解、认识、求解的过程，像知道、知识、知晓、无知、求知等。"观"的含义是看法、认识、了解、查看等，像乐观、悲观、达观、观望、观察、观测、观赏、观感、观念等。"糊"的含义是指不清楚、不明白，像含糊、迷糊、糊涂等。"盲"是指看不见、认不清、不明确、不清楚等，像盲目、盲从、盲动、盲干等。"精"的含义是指纯、灵、细、通、完美，像精神、精气、精明、精通、精干、精悍、精力、精深、精细、精心等。"灵"是活泛、智巧、机动等，像灵活、灵魂、机灵、精灵等。

　　四是对心性体验的理解和解说。例如，"喜"是愉悦的情绪和情感，是欢乐，是快乐，是爱好、偏好，像喜爱、喜悦、喜庆、喜事、欢喜等。"乐"是欢快、喜悦、高兴、愿意的情绪和情感，像欢乐、娱乐、快乐、乐观、乐趣、乐意等。"悲"是哀痛、伤感、怜悯等情绪，像悲哀、悲痛、悲伤、悲愁、悲愤、悲观、悲酸、悲凉等。"虑"的含义是指思考、担忧、发愁，像思虑、考虑、忧虑、焦虑、疑虑、顾虑等。"怒"是激愤的情绪状态，像愤怒、恼怒、盛怒、怒火、怒气等。"哀"是悲痛、悲伤、怜悯的情绪表达，像哀伤、哀痛、哀怨、哀愁、哀叹、悲哀等。"怨"是悲愤、责怪等情绪表现，像埋怨、悲怨、哀怨、怨气、怨恨、怨愤、怨尤等。"忧"是烦恼、愁闷、不如意的情绪，像忧虑、忧伤、忧郁、忧愁、忧愤、悲忧等。"苦"本是味觉，但在中国本土文化中，苦也是难受、忍痛的情绪状态，像苦闷、苦楚、苦恼、苦思、苦想、苦心、悲苦、痛苦等。"甜"是与苦相对应的，本是指味道，但引申为感受、心情等，像甜蜜、甜美、甜头、甜言蜜语、忆苦思甜等。"酸"原本是指味道，但被引申为感受、心情等，像辛酸、心酸、酸楚、酸痛、酸软等。"恐"是害怕、畏惧的情绪反应，像惊恐、恐怖、恐怕、恐慌、恐惧、惶恐等。"愤"是不满发怒、憎恨等的情绪反应，像气愤、义愤、激愤、愤怒、愤慨、愤懑等。"痛"是难受、悲伤、尽情的情绪，像伤痛、哀痛、悲痛、痛楚、痛苦、痛心、痛恨、痛快等。"恨"是指怨悔、仇视等心情，像怨恨、悔恨、痛恨、愤恨、仇恨等。"厌"是指嫌弃、反感、憎恶等情绪和情感，像讨厌、生厌、厌恶、厌烦、厌倦、厌弃、厌世等。"愉"是指快乐、舒畅、喜悦等心情，像愉快、愉悦、欢愉等。"悦"是指高兴、愉快等，像喜悦、愉悦、悦服、悦目、悦耳等。"欢"是指快乐、高兴、活跃等，像欢快、欢乐、欢畅、欢欣、欢跃、喜欢等。

　　五是对心性意向的理解和解说。例如，"勤"是与懒相对应的，是指尽力、经常等，像勤奋、勤快、勤恳、勤勉、勤俭、勤劳等。"霸"是指强横无理、仗势欺人，像霸气、霸道等。"懒"是指与勤相对应的，是指有惰性的、疲惫的，像懒惰、懒散、懒汉、偷懒等。"忍"是指耐受、抑制、容让等，像忍受、忍耐、忍让、忍心、容忍、残忍、忍气吞声、忍辱负重等。"定"的含义是平稳、确立、必然等，像坚定、决定、肯定、安定、确定、定心、定神等。"强"是与弱相对应的，是指优势、优越、力量大、程度高等，像坚强、图强、强迫、强横、强暴等。"弱"是与强相对应的，是指不足、不够、不行等，像软弱、脆弱、衰弱、弱点、弱小等。"慎"的含义是指小心、注意等，像谨慎、慎重、慎独等。

六是对心性践行的理解和解说。例如，"气"是指精神状态、作风习惯、发怒的表现、遭受的欺压等，像生气、气愤、气恼、气度、义气、大气、小气、怒气、习气、受气、朝气、淘气、气概、气节等。"静"是指安定、没有声息等，像安静、沉静、平静、清净、静穆等。"动"是指行为、改变、移挪、受感染、受改变等，像冲动、激动、感动、动心、动情、动怒、动机、动气、动容、动听、动念等。"活"是指机动、灵动等，像活动、活泼、活力、活跃、活泛、活络、活现等。"火"是用来指气盛、生气、暴躁、愤怒等，像上火、虚火、冒火、火气、火暴、火热、火急、火性等。"随"的含义是跟着、任凭、顺便等，像随和、随便、随心、随同、随意、随从、跟随、顺随等。"实"是指满、真、具体、确切等，像实力、实心、实在、实行、老实、诚实等。"虚"是指空、徒然、不真、弱等，像谦虚、空虚、虚心、虚幻、虚度、虚构、虚假、虚夸、虚荣、虚伪等。"阳"是指光明、外露等，像阳刚、阳奉阴违等。"阴"是指暗、隐背等，像阴柔、阴险、阴毒、阴郁等。"正"是指循道而思、循道而行，像正气、正大、正当、正经、正派、正义等。"邪"是指不正当、不正常，也指疾患、病灾等，像邪恶、邪念、邪气等。"冷"的原义是指温度，但被引申用来指心情或心态，像冷静、冷淡、冷酷、冷漠等。"热"的原义是指温度，但被引申用来指心情或心态，像热情、热烈、热爱、热诚、热心、热衷等。"度"是指计量、界限、容量等，像大度、气度、有度、无度、算度、度量等。

七是对心性失常的理解和解说。"狂"是指心理放荡、无拘无束、纵情、放任等，像狂傲、狂妄、狂暴、狂放、狂热、疯狂、癫狂等。

"疯"是指神经错乱、精神失常等心理表现，像疯癫、疯狂、发疯、疯子等。"奸"是指不忠、狡诈、自私等，像奸佞奸猾、奸诈、奸险、奸邪等。"猾"是指诡计多端，像油滑、奸猾、狡猾等。"木"是指质朴、迟钝、失去感觉，像木讷、木然、麻木等。"呆"是指心理活动的迟缓、不够灵活，像呆傻、发呆、痴呆等。"痴"是指愚、笨、傻、迷等，像痴迷、痴情、痴心等。"幻"通常是指不现实、不真实、虚假、奇境等，像幻觉、幻想、幻象、幻境、幻灭、梦幻、变幻等。

三　创新的发展道路

在新的千年里，中国心理学的发展必须要开辟自己的道路。[1][2][3] 其实，在中国本土文化中，也有着自己的心理文化传统。问题是怎样把这种传统转换成心理学创新的资源。[4] 新心性心理学就是立足于本土资源的创新。

心理学应该是一个开放的和容纳的学科概念和学科门类，应该是一个依赖创新和依赖创造的学科概念和学科门类。中国本土的心理学也同样和更应该是如此。原本认为，本土的就是传统的。现在则认为，本土的就是创新的。人类正是通过创新而赢得了自己在大千世界中的重要的位置，科学也正是通过创新来理解、把握和控制世界，心理学也应该和必然是通过学术创新，来获得自己在科学之林中的地位，中国本土的心理学也必须是通过自主创新，来迈进世界心理学的大门。这应该就是中国本土心理学的学科性的追求，也应该就是新心

---

[1] Marsella, A., Devos, G., & Hsu, F. L. K., *Culture and self: Asian and Western perspectives* [C]. London: Tavistock, 1985.

[2] Paranjpe, A. C., *Theoretical psychology: the meeting of east and west* [M]. New York: Plenum, 1984.

[3] Paranjpe, A. C., Ho, D. Y. F., & Rieber, R. W., *Asian contributions to psychology* [C]. New York: Praeger, 1988.

[4] 葛鲁嘉：《中国心理学的科学化和本土化——中国心理学发展的跨世纪主题》，《吉林大学社会科学学报》2002年第2期。

性心理学的学术性追求。

在中国本土文化的传统和根基之上，进而对于中国本土文化传统之中的心性学、心性心理学，还需要顺应当代心理学的发展需要，还需要迎合中国本土心理学的成长要求，进行创新的建构和突破的发展。因此，这也就不再是回归为"心性心理学"，而应该创造性建构为所称的"新"心性心理学。这个"新"就是创新，就是更新，就是出新。新心性心理学有自己的基本目标、基本结构、基本内容、理论创新和理论演进。新心性心理学将会开辟中国本土心理学、中国理论心理学、中国文化心理学，等等研究中的新道路和新局面。

在中国本土心理学的研究中，关于中国本土文化传统中的心理学理论根基和学术资源的探索，是最为重要和关键的走向，是最为核心和根本的未来。本课题的研究就在于推动和引领中国本土心理学的创新性发展，去挖掘和把握中国本土的心理学资源、心理学传统、心理学根基。在中国本土的、古老的和悠久的心性文化传统之中，就存在着丰富的心理学资源、特定的心理学传统和深厚的心理学根基。这就是中国文化的心性学说。从心理学的角度考察和挖掘，可以将这种心性学说转换为心性心理学。这是中国文化非常独特和重要的心理学理论贡献。中国本土文化中的心性学说和心性心理学有着非常重要的心理学学术性价值，问题是怎样将这种心性心理学的传统转换成为中国心理学理论创新的资源。本课题的研究就是对中国本土心理学的研究进行重新的定位，就是要厘清中国本土心性心理学的内涵，就是要对中国本土心性心理学进行深入挖掘，就是要将心性心理学的思想框架和核心理论引入到中国本土心理学的具体研究中。

在中国本土心性心理学基础之上的创新发展就是新心性心理学。这其中的"新"字就在于强调学术思想、理论核心的创新和突破。这也就是将原本是属于传统文化、传统思想和传统理论的原则、内容、方式、方法，都引入到中国心理学的核心理论的建构之中。这也就是新心性心理学的基本内涵新心性心理学是中国本土心理学的理论创新。这种理论创新或理论突破，就在于能够将中国本土心理学的理论框架、理论预设、理论解说、理论阐释纳入到特定的研究思路和研究路径，并能够形成理论的突破和学术的创新。新心性心理学的理论创新所体现的研究思路和研究路径主要体现在如下的重要方面。

一是新心性心理学的理论创新需要立足中国本土的文化学基础。这就要着眼于中国心理学当代发展和理论创新的文化基础、历史传统、思想资源和理论根源。中国现代的心理学是从西方或国外引入进来的，这种引入的心理学有着西方或国外文化的基础和资源。问题在于如何立足于中国本土来发展心理学，来构造心理学，来从事心理学研究。二是新心性心理学的理论创新需要挖掘中国本土的心理学传统。在中国本土文化的历史传统之中，心性论、心性说、心性学是其核心的内容。中国本土心理学可以把自己立足于中国本土文化的心性资源、心性思想、心性设定的根基和传统之中。对中国本土的心理学传统的探讨，应该能够确立中国本土文化的核心内容，以及这种核心内容的心理学定位。三是新心性心理学的理论创新需要开发本土心性心理学的资源。中国本土的心性心理学就是一种具有本土文化独特性的心理学传统，可以从中开发出心理学的特定资源。从而，这可以导出中国本土心理学的本土文化的源流，可以奠定中国本土心理学理论建构的本土文化的基础。四是新心性心理学的理论创新需要形成本土心性心理学的框架。中国本土心理学需要的是理论的预设、理论的前提、理论的原则、理论的构造。中国本土心性心理学就可以构成这样的思想理论的基础。这可以成为中国本土心理学理论构成的一个基本的框架。这个框架可以容纳中国本土心理学的基本理论预设，以及重要理论路径。四是新心性心理学的理论创新需要探讨心性心理学的研究方式。新心性心理学的探索关系到理论与历史的研究，研究涉及心理学的思想前提、理论基础、研究框架。因此，重要的研究方法就在于采纳理论建构、前提反思、理论预设、思想架构、历史考察、历史文献、当代解读、当代转换，等等多种理论心理学的研究方式和方法的组合。五是新心性心理学的理论创新需要理清心性心理学的研究内容。中国本土心理学的创新和发展目前最为需要的，就是厘清自己的本土历史传统、本土文化根基、本土哲学基础、本土思想方法。对心性心理学的研究考察，可以明确心性心理学的基本研究内容的构成。

第四章　中国本土心理学新突破*

在中国本土文化中没有产生现代科学心理学，中国现代科学心理学是从西方引入的。中国现代科学心理学的发展经历了非常曲折的过程。这主要可以体现为三次大的模仿、复制和跟随，三次大的批判、转折和重建。中国缺少心理学，中国缺少自己的心理学，中国缺少自己独创的心理学。中国需要心理学，中国需要自己的心理学，中国需要自己独创的心理学。中国本土心理学的历史性转折包括从政治化到学术化，从西方化到本土化，从依附性到独立性，从模仿性到原创性，从精英化到大众化，从学理化到生活化。

一　中国本土心理学的发展性历程

中国心理学的跨世纪主题是科学化和本土化。在中国心理学发展初期，中国心理学的科学化是通过西方化完成的。但是，在新世纪发展中，中国心理学的科学化则应该通过本土化来完成。[①]其实，心理学的本土化原本也是在西方心理学的研究中被推动起来的。[②③]当然，心

---

* 原文见葛鲁嘉《中国本土心理学三十年的选择与突破》，载王胜今、吴振武主编《回顾与展望——吉林大学纪念改革开放三十周年学术论文集》，吉林大学出版社2008年版。

① 葛鲁嘉：《中国心理学的科学化和本土化——中国心理学发展的跨世纪主题》，《吉林大学社会科学学报》2002年第2期。

② Heelas, P., & Lock, A., *Indigenous psychology: the anthropology of the self* [C]. New York: Academic Press, 1981. p. 187.

③ Kim, U. & Berry, J. W. (Eds.). *Indigenous psychologies: Research and experience in cultural context* [C]. Newbury Park, CA: Sage Publications, 1993. pp. 240-259.

理学中对文化研究和跨文化研究的关注也是与心理学研究中的文化缺失相呼应的。①②③ 心理学研究中已经有了文化学的转向。④ 其实，就是西方心理学的当代发展，也在寻求东方心理学传统资源。⑤ 对西方和东方心理学的对比也是研究的一个重心。⑥

中国现代科学心理学的发展历经了诸多磨难。首先，在中国本土文化中，并没有产生现代科学心理学。中国现代意义上的科学心理学是从西方引入的。当然，这使中国科学心理学的发展一开始就有了很高的起点。但是，这也使得中国现代心理学的发展一直走的是翻译、照搬、模仿、复制、修补的道路。在中国心理学的文献中太多看到的是对西方科学心理学的介绍、引证、解说、评述、跟随。其次，中国现代科学心理学的发展缺少自己的立足根基，没有自己的学术立场，常常受政治气候的影响而摇摆。这使得中国现代心理学的发展走了许多弯路。如在 20 世纪中期，为了贯彻当时的思想教条，中国心理学的发展引进了苏联的巴甫洛夫的高级神经活动学说。结果，生理学或者神经生理学的内容就充斥在了心理学的研究之中。心理学变成了狗流口水的学说。"文化大革命"之中，心理学更是沦为资产阶级的伪科学。

在中国本土文化中没有产生现代科学心理学，中国现代科学心理学是从西方引入的。中国现代科学心理学的发展经历了非常曲折的过程。这主要可以体现为三次大的模仿、复制和跟随，三次大的批判、

---

① Cole, M., *Cultural psychology* [M]. Cambridge, Mass.: Harvard University Press, 1998.

② Markus, H. R. & Kitayama, S., Culture and the self: Implications for cognition, emotion, and motivation [J]. *Psychological Review*, 1991 (2). pp. 224 – 253.

③ Paranjpe, A. C., Ho, D. Y. F., & Rieber, R. W., *Asian contributions to psychology* [M]. New York: Praeger, 1988. pp. 53 – 78.

④ 葛鲁嘉、陈若莉:《当代心理学发展的文化学转向》,《吉林大学社会科学学报》1999 年第 5 期。

⑤ Varela, F. J., Thompson, E., & Rosch, E., *The embodied mind: Cognitive science and human experience* [M]. Cambridge Mass.: The MIT Press, 1991. pp. 21 – 33.

⑥ Paranjpe, A. C., *Theoretical psychology: the meeting of east and west* [M]. New York: Plenum, 1984.

转折和重建。①

  第一次大的模仿、复制和跟随是在 19 世纪末期和 20 世纪初期。当时，西方工业文明的昌盛与中国封建王朝的衰落形成了鲜明的对照。当时，许多中国学人奔赴欧美，去寻找拯救中国的真理。他们中的一些人留学海外，学习的就是西方科学心理学。他们抱有的目标是改造和建设国人的心理，以使国家现代化和民主化。正是他们把西方的科学心理学引入中国，为中国心理学的起步和发展带来了研究方法、理论知识和应用技术。正是由于他们的努力，使中国开始有了科学心理学。这包括有了心理学的教学和科研的机构，有了心理学的实验室，有了心理学的期刊和著作等文献。第一次大的批判、转折和重建是在新中国成立之后。特别是在 50 年代初期和中期的思想改造运动和反右斗争的时候，当时的知识分子必须确立自己的政治立场，反对和批判西方资产阶级的东西，接受无产阶级思想的改造。这就包括对西方心理学的批判。

  第二次大的模仿、复制和跟随是在 20 世纪中期。当时，新中国成立之后，开始接受苏联大规模的援助，大批的苏联专家进入中国。这其中就包括苏联的心理学家进入中国的大学和研究机构。这时的大学心理学教学开始讲授苏联所谓唯物主义心理学，特别是巴甫洛夫学说。渐渐地，巴甫洛夫的高级神经活动学说就成为心理学的代名词。第二次大的批判、转折和砸烂是在 20 世纪 60 年代中期"文化大革命"时期。当时，心理学被看作唯心主义的伪科学。毫无疑问，这是必须要清除的。心理学的教学和研究机构都被解散了，心理学的研究人员都被遣散了，心理学的出版和期刊都被打散了。

  第三次大的模仿、复制和接受是在"文化大革命"结束之后。中国又开始了新一轮的对西方发达国家的心理学的翻译、介绍和评价。西方科学心理学重又被看作中国现代科学心理学发展的楷模。第三次大的批判、转折和改造是在 20 世纪后期。中国心理学者开始意识到

---

  ① 葛鲁嘉：《新心性心理学宣言——中国本土心理学原创性理论建构》，人民出版社 2008 年版。

中国心理学中具有西方心理学的文化印记，以及跟随在西方心理学之后的不足。此时，心理学本土化的呼声开始高涨，心理学本土化的努力开始兴起。

中国心理学的本土化运动已经从艰难的起步阶段走向茁壮的成长阶段，亦即从探讨是否进行心理学本土化研究，转向探讨如何进行本土化研究。从探讨如何进行本土化研究，转向进行原创性研究。本土化研究课题不断推新和增加，本土化研究成果也日益积累和丰硕。致力于心理学本土化的中国心理学家已经在积极建立中国人自己的心理学，已经在积极创造中国本土心理学理论。当然，目前所谓中国人的心理学包容着各种各样的本土化研究成果，其本土化的程度是有所不同的。中国文化圈中的心理文化是由两方面构成的，一是中国人带有文化印记的心理生活，一是中国传统带有独特含义的心理学阐释。那么，目前本土化研究定向是以中国人的心理和行为作为研究对象，但仅只是把带有文化印记的心理生活从心理文化中分离出来，放在了科学考察的聚光点上。目前本土化研究也挖掘中国本土传统心理学，但只是将其从心理文化中分离出来，看作已被现代心理学所超越和取代的历史古董。不过，新的突破已在酝酿之中，新的创造已在生成之中。

二 中国本土心理学的根本性缺失

中国缺少心理学。中国的文化传统有非常突出和极其强大的自我复制能力，其自身并没有产生出现代意义上的科学，同时也就包括没有产生出现代意义上的科学心理学。因此，可以说中国缺少现代意义上的科学心理学。或者，在中国文化的传统中，在中国文化的土壤中，并没有生长出西方科学传统中的那种心理学。可以说，按照西方科学的标准或尺度，中国文化中就没有心理学。正是在这个含义上说，中国缺少心理学，缺少自生的心理学。中国现代意义上的科学心理学是从西方传入的，或者说是从西方引入的。那么，在相当长的历史时段里，中国的心理学一直就是在介绍和模仿西方的或外国的心理学。所以说，中国不但缺少心理学，而且是缺少属于自己的心理学，缺少植根于本土文化土壤中的心理学，缺少具有本土契合性的心理学。[①] 中国缺少自己独创的心理学，正因为中国缺少自己的心理学，或者中国心理学的发展长期借助于引进和模仿，所以中国心理学有着非常严重的创造力缺失。甚至现在可以说，中国不是没有心理学，而是缺少自己独创的心理学。在中国现代心理学的发展过程中，其最为缺乏的是原始性的创新，缺少的是原创性的研究。心理学在中国的发展算得上是新兴的学科。即使是作为新兴学科，这也不是中国本土自生的科学门类，而是地地道道的舶来品。这是从西方文化传入的，或者说是从西方国家引入的。这给中国科学心理学初期发展所带来的就是全面的引进、介绍和模仿。那么，中国科学心理学就长期缺少独立的创造和自主的创新。

中国需要心理学。中国的社会发展和生活水平在很短的时间里，已经有了突飞猛进的进步和提高。但是，随着这个进程或过程，人的心理层面或者人的心理问题就被突出了出来。在中国当代的社会生活中，非常重要的问题就是提高社会生活质量。其中，就包括心理生活质量。因此，当代的中国社会非常需要心理学，这已经成为普通民众和专家学者的共识。中国需要自己的心理学。其实，在当代中国，对于心理学来说，社会的需要与学科的发展之间存在着一道巨大的鸿沟。对西方科学心理学的复制和模仿，导致了心理学学科所能提供的内容常常与中国的文化背景和民众的社会生活相距甚远。因此，中国现在不仅仅需要心理学，而且需要自己的心理学。中国需要自己独创的心理学。所谓中国自己的心理学，也就是自己的具有独创性的心理学。那么，增进中国心理学的创造性，就成为非常重要的问题。所谓独创性的心理学，不是漫无边际的胡思乱想，而是应该立足于自己本土深厚的文化土壤和社会根基。中国当代心理学应该有自己独创的心

---

① 杨国枢：《心理学研究的本土契合性及其相关问题》，《本土心理学研究》1997 年第 8 期。

理学理论、方法和技术。

中国社会的发展和中国人生活的进步是飞跃式的。当社会生活进步到一定阶段，就要涉及心理生活质量的提高。中国已经发展到了这样的阶段，也就是把心理层面的问题突出了出来。所以，中国需要心理学。但是，中国需要的是自己的心理学。外来的东西总是与本土文化和本土生活有着距离或鸿沟。所谓自己的心理学，就是有自己独创性的心理学，是从自己的本土文化土壤中生长出来的心理学。当然，全面引进和模仿西方科学心理学，也给中国科学心理学的发展和创新奠定了十分重要的基础。如果没有这样的基础，就根本无法推动中国心理学的创新。但是，仅仅有引进和模仿，却在某种程度上，限制了中国心理学的发展和进步。复制和模仿不是进步和发展，中国心理学对西方心理学的复制和模仿，也不是中国心理学的进步和发展。

三 中国本土心理学的历史性转折

从政治化到学术化。中国本土心理学的发展曾经受到中国本土政治生活的重大影响。在中国改革开放之前的历史时期中，中国心理学的发展一直是在政治气候的重压之下。这体现在新中国成立之后的历次政治运动中，心理学曾经被当作资产阶级的伪科学，曾经被当作唯心主义的异端邪说。在改革开放之后，心理学才开始了自己的学术化历程。心理学才开始被当作一门科学。心理学研究才开始走入科学的轨道。从而，摆脱了自己被当作伪科学和唯心主义学说的命运。这是中国心理学走入国际心理学大家庭的开始。心理学的学术研究才成为真正的学术追求。当然，去政治化并不等于脱离中国的社会背景、社会现实和政治进程，而是通过自己独立的学术品格，来更好地进入现实生活。这也是心理学学术化最为重要的体现。

从西方化到本土化。中国本土文化的土壤中没有生长出西方意义上的科学心理学，中国现代科学心理学是从西方传入的，其科学化在早期是通过西方化来完成的。目前，中国心理学的科学化的努力正在从追求西方化转向追求本土化。中国心理学本土化应立足于突破和变革西方心理学的偏狭科学观，这不仅可以给本土化带来必要的规范，而且可以推动整个心理学的科学性发展，使其成为真正意义上的科学。心理学科学观的变革就体现在对心理学研究对象的重新理解和对心理学研究方式的重新确立上。在整个西方化时期，也就是在19世纪后期到20世纪后期，西方科学心理学的传入和中国科学心理学的建立是合一的过程。中国现代心理学的科学化历程实际上就是西方化的历程，或者说中国现代心理学的科学化实际上就是通过西方化来完成的。可以说，中国心理学一直就走的是学习、引进、模仿和改造西方心理学的道路。只是到了本土化时期，也就是从20世纪后期开始，中国现代心理学的科学化才转向通过本土化来完成。中国心理学才开始走向探索、开创、建构和传播本土科学心理学的道路。西方心理学倡导的科学性实际上带有西方文化的偏狭性，而非西方心理学倡导的本土性则应该立足于扩展西方心理学的科学性。进而，对科学性的追求，也是中国心理学的本土化摆脱尝试性和盲目性，以及走向理性化和自觉化的保证。

从依附性到独立性。中国心理学的发展道路是从依附开始的。这种依附性体现为对政治生活和政治思想的依附，也体现为对权力或权威的依附，也体现在对其他相关学科分支的依附。所以，在中国心理学研究中，在中国心理学思想中，在中国心理学理论中，能看到大量政治哲学的比附，能看到政治人物的语录和观点，能看到物理学、生物学、生理学、遗传学等学科的内容，也能看到中国文化传统中的所谓心理学思想，例如孔子的心理学思想，道家的心理学思想，[1] 先秦的普通心理学思想，[2] 并依此建立起中国心理学史的研究分支。[3] 但是，却很少能够看到属于心理学自身的独立探索、独立的思想、独立的创造。中国心理学的长期依附性，导致独立性的缺失，导致创造性

---

[1] 高觉敷主编：《中国心理学史》，人民教育出版社1985年版。
[2] 杨鑫辉主编：《心理学通史》（第一卷），山东教育出版社2000年版。
[3] 杨鑫辉：《中国心理学史研究的新进展》，《心理学报》1988年第1期。

的弱化。如何对待和挖掘中国本土心理学资源，存在着完全不同的学术理解。①

从模仿性到原创性。中国心理学在新世纪的发展必须走自己的道路。在新的千年里，中国心理学没有现成的道路好走，所以重要的是要开辟自己的道路。对中国心理学的发展来说，只有创新，原始性创新，才能够使中国的心理学摆脱跟随、复制和模仿的命运。其实，在中国本土文化中，也有着自己的心理文化传统。问题是怎样把这种传统转换成心理学创新资源。新心性心理学就是立足于本土资源的创新。中国心理学的跨世纪发展面临着一个重要选择，那就是从对西方心理学或对外国心理学的模仿中解脱出来，使之植根于中国本土文化资源。新心性心理学就是一种立足于本土文化资源的心理学理论创新的尝试和努力，试图开辟中国心理学自己的新世纪发展道路。新心性心理学有其基本的内涵和主张，对于心理学学科根基的挖掘，对于心理学研究对象的理解，对于心理学研究方式的确立，都有创新性的突破。新心性心理学涉及的基本内容包括：心理资源、心理文化、心理生活、心理环境。这一系列内容涉及心理学的文化资源、学科基础、研究对象、对象背景。心理资源是对文化历史传统中不同心理学形态的挖掘和考察。心理文化是对西方心理学传统和中国心理学传统的跨文化考察、解析和比较。② 心理生活是对心理学研究对象的一种新的视野、认识和理解。心理环境是对心理与环境关系的一种新的思考、分析和阐释。新心性心理学以探讨和揭示心理资源、心理科学、心理文化、心理生活和心理环境为目标，以开创和建立中国自己的心理学学派、思想、理论、方法和技术为己任，以推动和促进中国心理学的创新、创造、突破、发展和繁荣为宗旨。新心性心理学的探索主要由三部分内容构成。这三部分内容涉及心理学的学科本身、研究对象、对象背景。心理文化是对西方心理学传统和中国心理学传统的跨文化

---

① 葛鲁嘉：《对中国本土传统心理学的不同学术理解》，《东北师大学报》（哲学社会科学版）2005 年第 3 期。

② 葛鲁嘉：《心理文化论要——中西心理学传统跨文化解析》，辽宁师范大学出版社1995 年版。

解析。心理生活是对心理学研究对象的一种新的认识和理解，提供的是一种新视野。心理环境是对心理与环境关系的一种新的思考和分析。

从精英化到大众化。心理学的发展是与社会的整体发展水平相关联的。或者说，只有当一个社会的物质生活水平达到了相应水平，社会的大多数人才有可能关注人的心理方面，才有可能关注人的心理生活质量的问题。因此，在中国社会还处于贫穷和落后的阶段，心理学研究和心理学应用就只能是少数社会上层精英的关注内容。社会的大多数人关注的就是温饱问题，是生存问题。那么，心理问题、心理生活问题、心理生活质量问题就不在大多数人的视野之中。但是，在中国改革开放之后的时间中，中国社会发生了翻天覆地的变化，人民的物质生活水平有了极大的提高。普通人在自己的生活中，已经不仅仅关注自己的衣食住行，关注自己的身体健康，也开始关注自己的心理生活，关注自己的心理健康。因此，中国心理学的发展就开始了自己的大众化的历程。心理学开始从研究者的实验室，从大学专业教师的课堂上，进入了普通人的日常生活，成为普通人的生活常识。

从学理化到生活化。在心理学研究和演变中，心理学的理论研究、方法研究和技术研究的顺序，曾经有过不同的变化。首先是理论、方法、技术的顺序。在这个顺序中，理论占有首要位置或支配地位。理论的范式、框架、假设、主张、观点等，成为心理学研究的核心部分。其次是方法、理论、技术的顺序。在这个顺序中，方法占有首要位置或支配地位。方法的性质、构成、设计、运用、评判等，成为心理学研究的支配部分。心理学研究应有的顺序是技术、理论、方法。这是技术优先的思考。所谓技术优先重视的是价值定位、需求拉动、问题中心、效益为本。价值定位是指在心理学研究中，研究者和研究者的研究都应该有其取向。在原有的实证心理学研究中，是主张价值中立，或者是价值无涉。研究者必须在研究中持有客观立场。需求拉动是指心理学研究是人的现实生活的需要所拉动的。其实，越是发达的社会，越是高质量的生活，就越是重视人的心理生活，就越是重视人的心理生活的质量。问题中心是指心理学的研究必须以确定问题、研究问题、解决问题作为自己的核心。效益为本是指心理学的研究也必须考虑自己的投入和产出，即怎么样以最少的投入获得最大的收益。在技术、理论、方法的顺序中，技术是由理论所支撑的，理论是由方法所支撑的。所以，所谓技术优先并不是脱离理论和方法的单纯技术研究。对于心理生活来说，最为重要的就是生活规划、规划实施和实施评估。人的心理生活是以创造为前提的，或者说人的心理生活是人自主创造出来的。其实，人的心理不是自然天生的，不是遗传决定的，不是固定不变的；而是后天形成的，是创造出来的，是生成变化的。把人的心理看成已成的存在与看成是生成的存在，存在着根本的不同。所以，心理学研究不应该是着重于已成的存在，而应该是着重于生成的存在。或者说，人的心理意识不仅仅是已成的存在，更重要的是生成的存在。心理学的研究不应该仅仅着重于他人生成的心理意识的存在，而且更应该着重于研究者促使生成的心理意识的存在。心理科学通过生成心理生活而揭示心理生活，心理科学促使生成的心理生活才是合理的心理生活。

第五章　中国本土心理学的主题[*]

中国心理学的跨世纪发展有科学化和本土化两大主题。中国本土文化的土壤中没有生长出科学心理学，中国现代科学心理学是从西方传入的，其科学化在早期是通过西方化完成的。但目前，中国心理学科学化的努力正从追求西方化转向追求本土化。中国心理学的本土化应立足于突破和变革西方心理学的偏狭科学观，这不仅可以给本土化带来必要的规范，而且可以推动整个心理学科学性的发展，使其成为真正意义上的科学。心理学科学观的变革就体现在对心理学研究对象的重新理解和对心理学研究方式的重新确立上。中国现代心理学的发展，明示了中国心理学科学化和本土化的历程和要义。

一　心理学发展的双重主题

心理学从哲学当中脱离出来成为独立的科学门类之后，心理学家就一直试图确立心理学的科学地位，科学化就一直是心理学家努力奋斗的目标。随着西方科学心理学在世界各地的传播，其文化适用性逐渐受到了质疑，本土化便开始成为世界性的潮流。

中国心理学的发展也面临着科学化和本土化两个重大问题。表面上，两者是矛盾和冲突的。科学化在于强调心理学作为一门科学是无国界的，是普遍适用的，因此本土化就是多余的和毫无价值的口号。

---

[*] 原文见葛鲁嘉《中国心理学的科学化和本土化——中国心理学发展的跨世纪主题》，《吉林大学社会科学学报》2002年第2期。

本土化在于强调心理学的发展应消除西方心理学的霸权，而寻求和确立本土文化的根基和建立本土的心理学。这是心理学的发展在地域上的转移，而与科学化并无关联。实际上，心理学的科学化和本土化并不是无关和矛盾的，而是相关和一致的。强调科学化就是要推进本土化，强调本土化也就是要确立科学化。

心理学的科学化是为了更为合理和有效地揭示和干预人类心理，包括以文化样式体现的人类心理。那么，心理学的科学化还必须通过本土化来完成。心理学曾经靠摆脱、放弃、回避或越过文化的存在来追求自己的科学化，但心理学现在必须靠容纳、揭示、探讨或体现文化的存在来达到自己的科学化。科学心理学早期是排斥文化的存在来保证自己对所有文化的普遍适用性，而目前则应是包容文化的存在来保证自己对所有文化的普遍适用性。

心理学的本土化也是为了更为合理和有效地揭示和干预人类心理，特别是以文化样式体现的人类心理。心理学的本土化并不是落后国家的心理学家建立自尊的方式，也不是心理学研究在地域上的转移，如从"西方的"转向"中国的"。心理学本土化应该是整个心理学发生的深刻变化，是对西方心理学传统科学观的挑战。心理学的本土化并不是为了建立地域性的心理学，像中国的心理学等，也不应该是盲目的研究尝试，而应该是确立一种新的心理学科学观，倡导一种新的对心理学科学性的追求。

在中国的文化土壤中，并没有生长出实证科学的心理学，我国现代科学形态的心理学是从欧美传入的。中国现代心理学的学术发展历程大致可以区分为两个时期和四个阶段。（1）西方化时期：一是引进和模仿西方心理学阶段；二是反思和批判西方心理学阶段。（2）本土化时期：一是保守阶段，试图转换西方心理学的研究内容，把研究被试从西方人转换成中国人，把心理行为的背景从西方的社会文化转换成中国的社会文化；二是激进阶段，开始突破西方心理学的研究方式，寻求和尝试多样化的思想理论和研究方法。

二 西方科学心理学的传入

中国现代科学心理学是从西方引进的，因此中国心理学经历了相当长的西方化时期。在这个时期，中国心理学对科学化的追求是通过西方化完成的。当然，在西方化时期，中国心理学既有对西方心理学的引进和模仿，也有对西方心理学的反思和批判。

在中国，翻译、介绍、传播和推广西方科学心理学有过两次高潮。第一次是在20世纪初期，随着早期赴西方学习心理学的中国留学生的回国，开始了全面输入西方科学心理学，几乎所有重要的心理学思想流派都得到了介绍。同时，也开始了使用西方心理学所确立的科学方法进行心理学的研究。在这个时期，中国的科学心理学还仅仅是西方心理学的复制和模仿。尽管也有一些中国心理学家试图去发掘中国文化中的传统心理学思想和考察中国文化环境中的特定心理行为，但并没有形成有影响的趋势。第二次高潮是在20世纪后期，即中国开始改革开放之后，这是中国科学心理学在经过"文革"重创之后的新生时期。此时又进行了新一轮的对西方心理学的翻译和评介，西方科学心理学重又被看作中国现代科学心理学发展的楷模。然而，中国的心理学家也开始注意到西方心理学本身的一些不足，以及跟随在西方心理学后面全面模仿的局限。

19世纪末到20世纪初，西方工业文明的昌盛和中国封建王朝的衰落形成了鲜明对照。这迫使中国的知识分子开始引进和吸收西方先进的文化思想和科学技术。许多中国学人奔赴欧美，去寻找能够拯救中国的真理。他们中的一些人留学海外学习的就是西方科学心理学，他们抱有的目标是改造和建设国人的心理，以使国家民主化和现代化。正是他们把西方的科学心理学引入中国，为中国科学心理学的起步和发展带来了科学的研究方法、理论知识和应用技术。他们回国后，在国内翻译出版了西方心理学的许多重要著作，建立了心理学实验室，还成立了心理学的教学和科研机构。

当然，在中国现代心理学的早期发展阶段，也有心理学家在两个不同方向上做过一些另具特色的研究。第一个方向上的努力是试图使中国现代心理学与中国心理文化相关联，像挖掘中国文化传统中的心理学思想，考察中国文化背景中的特定心理现象。张耀翔在《中国心理学的发展史略》一文中，曾探讨了中国古代的心理学。他说："中国古时虽无'心理学'名目，但属于这一科的研究，则散见于群籍，美不胜收。"他在该文的最后，提出了中国心理学发展的九条建议，其中第一条提出："发扬中国固有心理学，尤指处世心理学，期对世界斯学有所贡献。"[①] 艾伟等心理学家进行的汉字心理学研究，对提高汉字的学习效能，推动汉字简化以及汉字由竖排改为横排等均做出了重要贡献。不过，这个方向上的研究，并没有形成有影响的趋势。

第二个方向上的努力是试图以唯物辩证法作为中国心理学研究的理论指导。当中国的知识分子开始从西方寻找解救古老中国的真理时，他们中的一部分人找到了马克思主义。这也是源出于西方文明，但却坚决反对和试图推翻西方盛行的资本主义制度。很显然，这给了中国人以希望，去建立一个新的社会，它能够超过和战胜西方的资本主义社会。当时，以马克思主义为旗帜建立的新社会是苏联。20世纪二三十年代，中国的一些心理学家也开始钻研马列主义，并把苏联的心理学介绍到国内。潘菽在20世纪30年代就自觉学习马列著作，认为这是心理学的出路所在，提出以马克思主义来批判和改造西方心理学，来进行心理学研究。郭一岑于1934年编译出版了《苏俄新兴心理学》一书，是中国介绍苏联心理学较早的一本译著。曹日昌在20世纪30年代末就提倡把唯物辩证法作为新心理学的方法。在新中国成立前，这个方向上的研究一直很弱小。

新中国成立后，国家政治生活中的"左"倾思潮愈演愈烈。心理学也从西方化开始走向苏联化和政治化，并开始脱离出了学术的轨道。那些受西方心理学系统训练的中国心理学家开始接受思想改造。西方心理学受到越来越严厉的批判，甚至一度被看成唯心主义的伪科

[①] 张耀翔：《中国心理学的发展史略》，《学林》1940年第1期。

学。西方心理学的命运江河日下。在早些时候，主要是试图把西方心理学改造成马克思主义心理学。在晚些时候，亦即"文化大革命"期间，则是彻底摧毁和抛弃了西方心理学。这是引入西方心理学的一段沉寂时期，也是中国心理学发展的一段中断时期。

第二次引进和传播西方心理学的高潮是在20世纪70年代末。从1978年开始，中国开始了大踏步的社会改革，并向世界开放自己的大门。这造成了一个非常适宜的环境，使心理学作为一门学术研究而得到复兴。中国科学心理学的发展所遭受的挫折和重创，使之拉大了与西方发达国家科学心理学的差距。因此，西方科学心理学重又被看作中国当代心理学发展的楷模。重新聚集起来的心理学者再一次开始大量地引进、翻译、介绍和传播西方科学心理学。各种教学和科研的机构也在迅速地恢复，而教学的课程内容和科研的基本方式主要还是套用西方的心理学。

正是在这个时期，西方心理学在非西方文化圈中的普遍适用性已开始受到越来越多的质疑，并面临着非西方国家的心理学发展的严重挑战。这一切都使中国心理学家开始关注如何对西方心理学进行本土化改造，如何使中国当代心理学的发展与中国传统文化相衔接。中国心理学者潘菽明确提出中国心理学要走自己的路，要建立具有中国特色的心理学理论体系。他指出实现这一目标有四个途径：（1）坚持辩证唯物主义思想指导；（2）密切联系我国建设实际；（3）继承我国古代思想中有关心理学的可贵观点、论断和学说；（4）有批判地吸收外国心理学中一切有价值的东西。[①] 随之对这一问题进行了一系列理论研讨。

三 中国本土心理学的兴起

由于对西方心理学适用性的不满，由于对现存心理学局限性的认识，在许多发达和发展中国家出现了日益高涨的心理学本土化呼声和

[①] 潘菽：《论心理学基本理论问题的研究》，《心理学报》1980年第1期。

逐渐深入的心理学本土化努力。

中国心理学也从西方化时期转向了本土化时期。在此之后，中国心理学的科学化就从追求西方化开始转向追求本土化。从中国心理学本土化的发展历程来看，可以将本土化时期大致分为两个阶段。第一个阶段可称为保守的本土化研究阶段，大约是从20世纪70年代末到80年代末。第二个阶段可称为激进的本土化研究阶段，大约是从20世纪90年代初期到现在。

在保守的本土化研究阶段，中国本土的研究者主要试图扩展西方心理学的研究内容，把研究的内容从考察西方人的心理行为转向考察中国人的心理行为，把研究的背景从立足于西方的社会文化转向立足于中国的社会文化。但是，这个时期的研究并未能够突破西方心理学科学观，或者说仍然是受西方心理学研究方式的限制，仍然是持有西方心理学的实证主义科学观，而没有摆脱出这种小科学观的制约。这个阶段的研究是以中国人为被试，但还是采用的西方心理学的研究方式。

这个阶段的研究主要是两个方面。第一是以中国人为研究被试，以中国人的心理行为作为研究内容，其目的就在于发现那些独特的心理事实，它们并没有包含在被西方心理学家看作普遍存在或普遍适用的法则当中。本土化研究也试图在中国本土文化背景中去理解和解释中国人的心理。毫无疑问，这重视的是心理行为与文化历史之间的关系，重心放在了与文化密切相关的中国人心理的独特性上。这些努力在于确定，西方心理学中有许多理论和法则，主要是来自对有限的心理现象的研究，以至于不具有普遍的适用性。可以说，本土化的研究者是想通过研究中国人的独特心理，对有关人类心理的普遍理解做出贡献。然而，这个阶段的研究工具、研究方法、理论概念和理论框架仍然是直接从西方心理学中借用的。这类研究在本土化努力的初期非常多见。第二则不但是以中国人为研究被试，并把中国人的心理行为放置在中国的社会文化背景之下，而且为了适合于考察中国人的心理行为而试图修补西方心理学的研究工具、研究方法、理论概念和理论框架。但是，这类研究并没有改变西方心理学基本的研究性质或研究方式，追求的仍然是西方科学心理学研究的有效性和理论的合理性。

在这个阶段，中国心理学的本土化运动从艰难的起步走向了茁壮成长，亦即从探讨是否进行心理学本土化的研究，走向了探讨如何深入地进行本土化研究。本土化研究课题不断推新和增加，本土化研究成果也日益积累和丰硕。致力于心理学本土化的中国心理学家已在积极建立中国人的心理学。当然，心理学本土化研究并没有停留在理论探讨上，而是更着重于进行中国人心理与行为的具体研究上。这类研究涵盖了相当广泛的课题，主要包括像社会取向、关系取向、权威取向、家族主义、集体主义、面子、人情、缘分、孝道、做人、友谊、悲怨、算命、施与报、道德观、价值观、正义观、公平观、自我观、社会化、控制点、成就动机、宗教心理、汉语心理、组织行为、分配关系、慈善观念、心理病理、体罚现象、古人心理、民族性格、助人行为、古代心理学、中医心理学、气功心理学、书法心理学等。

很显然，该阶段的研究已经积累了大量有关中国人心理行为的研究成果。尽管应该承认，这些研究成果有益于对中国人心理行为的理解，但已有的努力还不是非常成功的。这还仅仅是在研究的内容上进行本土性转换，而在研究的方式上仍未能超脱西方心理学的制约。

在激进的本土化研究阶段，中国本土的心理学研究者开始试图扩展西方心理学的研究方式，使中国心理学开始突破西方心理学的小科学观的限制，使本土心理学研究开始寻求更超脱的和多样化的研究方法和理论思想。这个阶段的研究力图彻底摆脱西方心理学，完全舍弃西化心理学，以建立本土心理学。但是，这个阶段的研究目前还是带有相当的盲目性。研究更为多样化，但显出杂乱性。研究更具尝试性，而缺少规范性。

那么，当前显然没有相对一致的衡量和评价研究的标准。正如杨中芳指出的，目前，研究者对如何深化本土心理学研究感到彷徨。研究者各做各事，自说自话，各种研究就像失去了连线的一串落地的珠子。杨中芳认为，要深入本土心理学的研究，当务之急是要把文化、历史放到研究的思想架构中去。然后去考察中国人的具体心理行为，去引导一系列连贯的研究,去建立中国人自己的心理学知识体系。①但是,杨中芳把文化、历史植入思考架构的努力,是试图使之与中国人现代的心理行为建立起联系,而不是为了改造或重构心理学科学观。因此,本土心理学到底是什么样的心理学,仍然让许多学者感到迷惑。显然,重要的是为中国心理学的本土化研究建立或设置规范。杨国枢先生的"本土契合性"的判准就是这样的努力,②③但葛鲁嘉认为对心理学科学观的变革是更根本性的努力。④⑤

从保守的本土化阶段到激进的本土化阶段并没有明显的分界标志,而只是一种逐渐的变化和过渡,反映了心理学本土化研究的趋势。这个趋势就在于一些中国心理学者开始试图放弃西方心理学,以寻求完全本土性的研究;就在于本土化研究开始突破西方心理学实证主义小科学观的限制,而寻求多样化或多元化的研究方法和理论思想。这个阶段的研究也可以分成两类。一类是对西方心理学的小科学观的带有盲目性的突破,这使多样化变成了杂乱性。现在的一部分研究就缺少必要的规范性,而具更多的尝试性。另一类则是试图有意识地清算西方心理学的实证主义小科学观,而努力建立心理学的大科学观,为中国心理学的本土化研究建立或设置规范,变革和创立新的研究方式。

要想突破西方心理学的小科学观,要想开创本土心理学新的研究方式,一个重要的方面是挖掘和借鉴中国本土的传统心理学。中国本土的心理文化是由带有文化印记的心理行为和带有文化含义的心理学传统构成的。在保守的本土化研究阶段,仅是把带有文化印记的心理行为分离了出来,使之成为科学研究的对象,但却并没有把带有文化含义的心理学传统看作探索中国人心理行为可供选择的方式。西方心

---

① 杨中芳:《试论如何深化本土化心理学研究》,《本土心理学研究》1993年第1期。
② 杨国枢:《我们为什么要建立中国人的本土心理学》,《本土心理学研究》1993年第1期。
③ 杨国枢:《心理学研究的本土契合性及其相关问题》,《本土心理学研究》1997年第8期。
④ 葛鲁嘉:《心理文化论要——中西心理学传统跨文化解析》,辽宁师范大学出版社1995年版。
⑤ 葛鲁嘉:《心理学研究本土化的立足点》,《本土心理学研究》1997年第8期。

理学在关于人类心灵的科学探索和非科学探索之间划定了截然分明的界线。中国本土的传统心理学显然被归之于非科学的探索。无疑,中国的学术心理学强烈地希望能够从属于现代科学的阵营,这使之斩断了与中国本土传统心理学的血缘关联。实际上,中国心理学从本土化走向科学化,完全可以从本土的传统心理学中得到重要的启示。葛鲁嘉在这方面进行了一些初步的探索。[①]

可以说,反思和清算西方心理学的小科学观,或者建构和确立心理学的大科学观,是为了使心理学的本土化研究能够符合科学性的要求,或心理学本土化的研究必须依赖于对科学性的追求。但更进一步,中国心理学的本土化不仅在于建立中国本土的心理学,而且在于推动整个心理学的深刻变革。那么,心理学的本土化就不仅是心理学研究在地域上的转移,而且是心理学研究真正走向科学化的努力。

四　西方心理学科学性偏向

自从西方的科学心理学被引入和运用于非西方的文化背景和社会生活,其所谓唯一合理性和普遍适用性就一直面临着考验。不仅非西方的心理学家抱怨和批评西方心理学模式的不当,许多西方心理学家也关注到西方心理学的种族中心主义。当然,没有人怀疑,西方科学心理学在短短一个多世纪的历史中取得了巨大的进步,也没有人怀疑,西方心理学传入非西方国家之后,对世界各地心理学的发展起到了巨大的推动作用。但是,西方科学心理学仍然受到了许多批评。

首先,在西方科学心理学的早期发展中,心理学家有两个基本追求:一是使心理学成为一门严格意义的实证科学;一是使心理学成为一门普遍适用的实证科学。只有实现前一个追求,才可能实现后一个追求。但为了实现前者,许多心理学家并不是从心理学研究对象的特

[①] 葛鲁嘉:《中国本土传统心理学的内省方式及其现代启示》,《吉林大学社会科学学报》1997年第6期。

性出发，而是简单地模仿其他相对成熟的自然科学门类。他们以物理主义的观点看待心理学的研究对象，以实证主义的原则作为衡量自身科学性的标准。显然，西方心理学把对科学化的追求简化成了对自然科学化的追求。这对心理学的后期发展造成了深远的影响。

自从西方心理学脱离了哲学怀抱之后，就一直试图跟随和模仿自然科学传统中的成熟学科，特别是物理学。黎黑将其称为"物理学妒羡（physics envy）"，并指出物理学妒羡是 20 世纪美国心理学的标记。① 当然，冯特把心理学建成独立的科学分支时，就已认识到心理学应有两个传统，即自然科学传统和文化科学传统。作为自然科学传统，心理学是实验的个体心理学。作为文化科学传统，心理学是文化的民族心理学。他确信，实验的个体心理学不可能是完整的心理学。他认识到自然科学取向和实验研究方法的局限性。

但是，西方心理学后来的发展，其主流实际上循沿的是自然科学传统，而根本就放弃了文化科学传统。心理学对自然科学化的追求，使之接受了物理主义的世界观和实证主义的方法论。那么，心理学研究中，就必然会出现把人的心理类同于其他自然物和把人的心理还原为生理或物理的研究倾向。显然，人的文化历史的存在和人的心理的文化历史的属性就受到了排斥。因此，大部分西方心理学家试图超越文化的界限，以寻找人类心理行为的普遍规律。心理学也正是靠排斥或跨越文化历史来保证自己研究的合理性和普遍的适用性。这就使得心理学对科学性的追求和维护是以排除和超越文化为代价的。显然，这忽视了人类心理根本不同于其他自然现象，也忽视了心理学根本不可能靠自然科学化来保证自己的科学性。

仅把心理学作为自然科学分支是有其局限性的。金（U. Kim）和伯里（J. W. Berry）认为："严格地依附于自然科学传统，阻碍了心理学作为科学的发展。"② 他们强调需要使心理学重新定向，使之从严格

---

① 黎黑：《心理学史——心理学思想的主要趋势》，上海译文出版社 1990 年版。
② Kim, U. & Berry, J. W., The indigenous psychologies approach and the scientific traditions [A]. In U. W. Berry (Eds.). *Indigenous psychologies: Research and experience in cultural context*. Newbury Park, CA: Sage Publications. 1993.

的依附于自然科学取向，转向也定位于文化科学的传统。关系到对自然科学传统的理论和方法的不适当迁移，一些心理学家强调，本土化的心理学应该属于文化科学传统，应该揭示人的心理及其社会文化背景，也应该植根于特定的社会文化背景。其实，当代心理学的发展已出现了文化学的转向。①

其次，西方心理学不但通过对自然科学化的追求来确立自己的科学地位，而且随其在世界各地的传播而确立自己的种族中心主义的文化霸权。自从心理学成为科学门类之后，西方心理学特别是美国心理学，就一直在世界心理学中占据着支配性和权威性的位置。问题在于，西方心理学按照自己的科学观，在有关人类心灵的科学观点和非科学观点之间划定了一条清晰的边界。它把那些植根于和起源于非西方文化的心理学体系都推入了非科学一类。作为结果，它表现出了对来自世界其他地方的心理学研究和贡献的有意忽视和缺乏兴趣。这种状况部分地导致了非西方国家对西方心理学的全盘化的输入和无批判的接受。何有晖将其称为"文化帝国主义"和"心灵的殖民化"。②

实际上，西方心理学科学观是有问题的。它的研究取向并不是唯一合理的，而只可能是多种可供选择的研究取向的一种。在这些研究取向中，并没有哪一种是最好的，也并没有哪一种拥有最终的权威性。因此，非西方的学者希望，西方心理学能够开放门户，正视其他不同文化中的心理学贡献。尽管西方心理学把自己看作普遍适用的心理学，但许多心理学家特别是非西方的心理学家，确信西方心理学是植根于西方的文化传统，从而并不是有关人类心灵的完备知识体系。

大部分正统的西方心理学家都隐含地持有一些基本假定。③ 换句话说，西方的心理学理论和流派持有的是西方文化的核心价值。像个

---

① 葛鲁嘉、陈若莉：《当代心理学发展的文化学转向》，《吉林大学社会科学学报》1999年第5期。

② Ho, D. Y. F., Asian psychology: A dialogue on indigenization and beyond [A]. In A. C. Paranjpe, D. Y. F. Ho, &R. N. Rieber (Eds.). *Asian contributions to psychology*, New York: Preager, 1988.

③ Tart, C., Some assumptions of orthodox Western psychology [A]. In C. Tart (Ed.). *Transpersonal psychologies*, New York: Harper, 1975.

体主义，就是把个体当作基本的分析单位。这迥异于非西方的民族精神，像中国的文化精神；这不适合或不适用于非西方的心灵，像中国人的心灵。西方心理学的许多发现都是基于西方的文化价值和出自对西方人的研究考察，所以无法用来描述和解释产生于不同文化背景中的心理行为。进而，西方心理学的理论、方法和技术是植根于西方的文化传统，因此只适用于研究或揭示人类心灵的某些层面或侧面，而不适用于说明和阐释人类心灵的其他层面或侧面。

为了反抗对其他文化传统中心理学的忽视，许多心理学家试图去系统发掘非西方文化中的重要心理学思想和理论。尽管科学心理学植根于和源出于欧美文化，但应该承认，对人的心理行为的说明和解释并非只是西方的发明。还存在有其他的心理学知识，这些知识出自非西方社会，可以体现在社会理论、宗教学说和哲学思想之中。近些年来，不仅在东方，而且在西方，佛教心理学都逐渐吸引了广泛的关注。作为一种心理学的理论与实践，佛教心理学提供了对基本心理过程的说明，并提供了理解心灵的创新和开放的方法论。无可否认，对非西方心理学思想和实践的兴趣正在不断地增长。[1]

由于现代科学心理学的西方文化色彩，许多心理学家特别是非西方心理学家均告诫，盲目接受西方心理学的发现和理解，对特定文化背景中的心理学发展是有害的。

五 中国心理学本土化要义

中国心理学对科学化的追求从西方化走向本土化之后，本土化就不仅是心理学的发展在地域上的转移，而且是对西方心理学设定的科学观的突破。显然，正是因为西方心理学在科学观上存在着问题，才

---

[1] Pedersen, P., Non-western psychology: The search for alternatives [A]. In A. T. Matsella, R. G. Tharp, & T. J. Ciborowski, (Eds.). *Perspectives on cross-cultural psychology*, New York: Academic Press, 1979.

会有心理学本土化运动的兴起。那么，心理学本土化最终依赖的就不是地域文化，而是心理学研究的科学化。这种依赖有两个基本点：一是为本土心理学的研究建立规范，使其能够有序地发展；二是推动整个心理学科学观的变革，使之成为一门真正意义上的科学。

为了给中国心理学的本土化建立规范，对什么是本土心理学，什么是心理学的本土化研究，杨国枢先生提出了"本土性契合"的标准。在杨先生看来，本土性契合是指特定的文化性和生物性因素一方面会影响当地民众（被研究者）的心理与行为，另一方面又会影响当地心理学者（研究者）的问题、理论与方法。那么，研究者的研究活动及知识体系可以而且应该与被研究者的心理及行为之间形成一种契合状态。"这样一种当地之研究者的思想观念与当地之被研究者的心理行为之间的密切配合、贴合、接合或契合，可以称为本土性契合。"杨先生将本土性契合看作衡量本土心理学和心理学本土化研究的标准。他指出："我们所说的'本土心理学'，就是一种能达到本土性契合境界的心理学。心理学研究的本土化，重点即在使心理学的研究能够达到本土性契合的标准。"

按照本土性契合的标准来看，西方心理学就是一种本土心理学，是从自己社会、文化、历史及种族的特征中直接演发而来，因而所探讨的现象、所采用的方法、所建构的理念都是本土性的。这一历程被称为"内发性本土化（endogenous indigenization）"，这建立的是"内发性本土心理学"。"此种本土心理学是以自己的社会、文化及历史作为思想的活水源头，而不是以他国的社会、文化及历史作为思想的活水源头"。西方心理学传输到第三世界国家之后，经过进口加工而形成的是"西化心理学"。这种历程被称为"外衍性本土化（excenous indigenization）"，建立的是"外衍性本土心理学"，"此种心理学是以他国的社会、文化及历史作为思想的活水源头，而不是以自己的社会、文化及历史作为思想的活水源头"。

杨先生认为，"外衍性本土心理学"不是真正的本土心理学，只有"内发性本土心理学"才是真正的本土心理学。但是，西方心理学的发展并没有受外来强势心理学的影响，而非西方本土心理学的发展则面对着输入的西方心理学的影响。为了区分，杨先生把前者称为"本态性内发本土化"，把后者称为"反应性内发本土化"。他认为，经过不断的努力，反应性内发本土心理学可以逐步达到本态性内发本土心理学。发展本土心理学，最终目标是建立人类心理学。①

尽管杨先生给出了他所说的本土心理学或心理学本土化的方向和道路，但仍存在着一些问题值得思考。首先，按照本土性契合的标准，存在着两种本土化的研究。一是对输入的西方心理学进行改造，建立适合于解说当地民众生活的心理学。一是摆脱西方心理学，舍弃西化心理学，建立纯粹本土的心理学。这两种本土化研究现在共同存在，齐头并进，甚至可以说前一种更具现实性，后一种则更为理想化。其次，按照本土性契合的标准，也存在着两种本土心理学。一是中国本土传统心理学，这与中国民众的心理生活是一体的，共同构成了中国本土传统的心理文化。当然，这里的"传统"不仅是指古代的心理学，而且是指古老形态的心理学。这一直存在着，并没有因中国现代科学心理学的诞生而终结和绝迹。一是中国本土科学心理学，这则是在改造西方科学心理学和超越本土传统心理学的基础上形成的。

这里的关键在于，建立中国本土心理学的努力，没有与心理学科学观的变革联系起来。关于心理学的本土化研究，无论是改造还是舍弃西方心理学的本土化研究，目前都没有考虑心理学科学观。前者着眼于研究内容的变换而不是研究方式的变换。后者着眼于本土性而不是科学性。关于本土心理学，中国本土的传统心理学和科学心理学都没有自觉到科学观。前者是前科学的研究。不过，这里的前科学还是指在西方心理学的小科学观的范围之外。后者是居守于西方心理学小科学观的研究。显然，心理学需要一种大科学观。这是心理学发展的新契机和新视野。② 科学观的变革必将会有助于中国心理学的发展，以及与其他文化圈中的心理学的沟通和衔接。

---

① 杨国枢：《我们为什么要建立中国人的本土心理学》，《本土心理学研究》1993 年第 1 期。

② 葛鲁嘉：《大心理学观——心理学发展的新契机与新视野》，《自然辩证法研究》1995 年第 9 期。

心理学本土化的潮流预示着心理学本身正在发生深刻的变化。这就是心理学科学观的变革，这体现在对心理学研究对象的重新理解和对心理学研究方式的重新确立上。

尽管心理学是把心理行为作为研究对象，但其早期的目标却是如何把近代自然科学成功的研究方式移植到心理学中，而很少考虑心理学研究对象的独特性质。这导致的后果，就是按照近代自然科学的方式来理解和对待人的心理行为。心理学研究因此忽略或无视人的心理行为的文化特性和心理科学的文化特性。心理学当代的目标应该有一个重要的转折，那就是从研究对象的独特性质出发，去开创心理科学的独特研究方式，而不是以放弃人的心理行为的某些性质和特点去贯彻自然科学的研究方式。

人类心理与自然物理既有关联，又有区别。最根本的关联在于，人类心理也是自然的存在，也是自然发生和变化的历程。最根本的区别在于，人类心理具有自觉的性质，这种自觉的心理历程也是文化创造的历程。正是这种特殊性质，导致了人类心理的多样性和复杂性，也导致了心理学研究在理解人类心理时的困难、局限、分歧、争执、对立和冲突。

在心理学科学化的进程中，西方主流心理学的研究就倾向于把人的心理理解为自然现象，或具有与自然现象类同的性质。这一方面促进了心理学成为独立的科学门类和使心理学越来越精密化，但另一方面也使心理学的研究具有了一定缺陷。缺陷主要体现在两个方面。一是无文化的研究，或弃除了人类心理的文化性质。如心理学早期的实验研究中，所运用的刺激是物理刺激而不是文化刺激，所着眼的反应是生理心理反应而不是文化心理反应。二是伪文化的研究，或扭曲了人类心理的文化性质。如在心理学的一些研究中，仅把文化看作一种外部刺激因素，或假定了人类心理的共有机制，文化的内容只是其千变万化的表面现象。这也是心理学研究中还原论十分盛行的一个重要原因，亦即把复杂多样的人类心理还原到生理的甚至是物理的基础上。

显然，对心理学研究对象的理解应该和必须发生一个重要的改变或转折。这就是不仅把心理理解为自然和已成的存在，而且把心理理解为自觉和生成的存在。那么，人的心理就不仅是能够由研究者观察到的现象，而且是拥有心理的人自觉生成的生活。人的心理生活是通过自主活动构筑的，也是人的心理自觉体验到的。这强调了人与其他自然物的不同，人的心灵具有自觉性，而其他自然物则不具备这样的性质。其他自然物只能成为研究者认识和改造的对象，而不能成为自觉认识和改造的对象。心理生活是常人自主生成和自觉体验到的，这不仅可以成为研究者认识和改造的对象，而且可以成为生活者自己认识和改造的对象。

心理生活的生成历程实际上就是文化的生成历程，所以说心理生活具有文化性质，或者说文化不过是心理生活的体现。当然，对于人类个体来说，作为人类生活产物的文化可以成为背景或环境。但是，无论是就人类整体还是人类个体而言，脱离了心理生活的文化产物只能具有自然物理属性，脱离了人类文化的心理现象也只能具有自然物理属性。

西方心理学研究不仅对研究对象的理解忽视了人类心理的文化特性，而且对研究方式的确立也忽视了心理学研究的文化特性。其研究方式常是非常盲目地追求有关人类心理的普遍规律性和有关心理科学的普遍适用性。那么，心理学要进行变革，还必须对现行研究方式进行变革。

心理学研究方式的变革说到底是要重新理解和确立心理学的研究对象和研究者之间的关系。自然科学有史以来的研究是建立在研究对象与研究者绝对分离的基础上。心理学现有的研究也同样是建立在研究对象与研究者绝对分离的基础上。这对于研究自然的对象来说也许是很必要和有成效的，但对以心理为对象的研究来说可能就是不完备或有缺陷的。那么，心理学研究能否建立在研究对象与研究者相对分离或彼此统一的基础上，这就要对二者的关系进行重新的思考和确定。以心理为对象的研究无疑对科学的发展提出了重大挑战。

科学化与本土化就相当于中国心理学的两条腿，如果缺少任何一条腿，都会影响中国心理学的进步。只有两条腿走路，才会使中国心理学有长足的发展。

第六章　中国心理学新世纪选择＊

中国本土心理学在新世纪的发展面临着一个重要选择，即从对西方或外国心理学的模仿和复制中解脱出来，使之植根于中国本土心理文化的传统和挖掘中国本土心理文化的资源。新心性心理学就是一种来自当代心理学演变和根源于本土心理文化的创新努力，试图开辟中国心理学新世纪发展的道路。新心性心理学涉及的基本主张和核心内容包括：心理文化是对心理学本土传统的新挖掘；心理生活是对心理学研究对象的新理解；心理环境是对心理学环境因素的新探索。

一　心理学本土化：中国心理学的原始性理论创新

当代的科学心理学是在西方文化的背景中诞生的。科学心理学诞生之后，就一直向当时相对成熟的自然科学特别是物理学靠拢。这导致了两个必然结果。一是把心理学的研究对象类同于其他自然现象，或者是把人的心理还原于物理或生理的基础。这无疑否弃了人的心理的社会文化属性或社会文化根源。二是把心理学的研究方式等同于西方心理学的研究方式，或者是等同于自然科学的研究方式，而排除了其他不同方式的心理学探索。20世纪末兴起的心理学本土化思潮，开

＊ 原文见葛鲁嘉《新心性心理学的理论建构——中国本土心理学理论创新的一种新世纪的选择》，《吉林大学社会科学学报》2005年第5期。

始是为了探索在所谓正统的科学心理学之外的其他不同类型的心理学①，随后是为了抵御西方科学心理学对其他文化的入侵，再后是为了改造西方心理学科学观和扩展科学心理学的边界和范围，最后是为了促进科学心理学发展中的多样化学术创新。②

中国心理学当代发展的一个重要目标是从对外国心理学的引进和模仿中解脱出来。中国现代心理学不是本土自生的，而是国外引入的，其发展经历了曲折的过程。这主要体现为三次模仿、复制和跟随，三次批判、转折和重建。第一次模仿、复制和跟随是在20世纪初期。当时，西方工业文明的昌盛与中国封建王朝的衰落形成了鲜明对照。许多中国学人奔赴欧美，寻找拯救中国的真理，其中一些人学习的就是科学心理学。他们的目标是唤醒、改造和建设国人的心理，以使国家现代化、科学化和民主化。正是他们把西方科学心理学引入中国，使中国开始有了科学心理学，为中国心理学的起步和发展带来了理论知识、研究方法和应用技术。第一次批判、转折和冲击是在新中国成立初期。当时知识分子必须确立极"左"的立场，接受思想的改造，打击反动的学术，包括批判西方的心理学。第二次模仿、复制和跟随是在20世纪中期。当时苏联专家进入中国，包括苏联的心理学家进入中国的大学和科研机构。大学的心理学教学开始讲授苏联的唯物主义心理学，特别是巴甫洛夫的高级神经活动学说。第二次批判、转折和砸烂是在"文化大革命"期间。心理学当时被看作唯心主义的伪科学，教研机构都被解散了，专业人员都被打散了，出版期刊都被遣散了。第三次模仿、复制和接受是在20世纪后期。"文化大革命"结束后，中国又开始新一轮对西方心理学的引进。西方心理学重被看作中国心理学的楷模。第三次批判、转折和创建是在世纪交替时期。中国的心理学者意识到了中国心理学的西方文化印记，以及盲从西方心理学的不足。此时，心理学本土化的呼声高涨、探索兴起。

---

① Heelas, P. & Lock, A., *Indigenouspsychology: the Anthropology of the Self* [M]. New York: Academic press, 1981.
② 葛鲁嘉：《中国心理学的科学化和本土化——中国心理学发展的跨世纪主题》，《吉林大学社会科学学报》2002年第2期。

中国心理学的学术发展缺少创新，特别缺少理论框架或研究范式上的创新；缺少原始性创新，特别缺少植根于本土文化资源的原始性创新。中国现代科学心理学的发展，也走过了一个世纪的道路，但一直没有真正摆脱对西方心理学的跟随和模仿。目前，中国心理学的发展面临着跨世纪的选择，那就是进入原始性创新阶段，进入思想框架和理论纲领的建构时期。新心性心理学的构想就是这样的学术努力。中国本土心理学传统是心性学说或心性心理学，但这仅是传统意义的古老心理学。心性心理学是对人的心灵的性质、特征和活动的独特理解和解说。强调人心同时是心、同时是性、同时是道。人可以通过心灵的内求来体认本性、体认天道。这是心灵的内在扩展，是精神的境界提升。但是，这还是传统意义上的心性学说。当代中国心理学的发展应开发传统资源和立足理论创新。因此，可以将新的探索称为新心性心理学。新心性心理学会带来对学科性质、研究对象、生活环境新的认识。中国心理学在新世纪的发展并非要回到老路上去，而是怎样把本土的传统转换成创新的资源，怎样开辟中国心理学创新发展的道路。新心性心理学就是立足于本土资源的创新。

新心性心理学寻求超越物本与人本的分裂。当代西方心理学有物本和人本两种取向，即实证论和现象学两种立场。两者相互对立和竞争，构成心理学演变的独特景观。心理学研究取决于研究者的学术立场。这体现为关于研究对象和研究方式的理论设定。研究总是从特定起点出发，从特定视角入手，从特定预设开始。心理学理论、方法和技术会因立场的区别而不同。物本的取向持有物理主义的世界图景，运用实证论的研究方式。这是西方心理学主流，走自然科学的道路，使心理学研究盛行对心理的物化研究和还原阐释，为心理学研究带来方法中心、实验主义和操作主义。人本取向持有人本主义的人生图景，运用现象学的研究方式。这是西方心理学非主流，走人文科学的道路，使心理学研究以人为本和从人出发，关涉人的本性、地位、尊严、价值、存在、潜能、自由、创造等，为心理学研究带来问题中心、心灵主义和整体主义。

新心性心理学倡导构建大科学观和统一观。当代西方心理学从诞生起就处于四分五裂之中，心理学能否统一和怎样统一是其发展面对的课题。心理学的不统一体现在价值定位方面，即心理学是价值无涉的还是价值涉入的科学。价值无涉是指中立和客观的立场。这要求研究者不能把自己的取向强加给研究对象。价值涉入是指价值的导向和定位。这强调研究者与研究对象的一体化，突出人的意向性和主观性，重视人的自主性和主动性。心理学的不统一也体现在理论、方法和技术方面。理论不统一在于心理学拥有不相容的理论框架、假设、建构、思想、主张、学说、观点、概念等。方法不统一在于心理学容纳了多样化的研究方法，而方法之间有巨大差异和分歧。技术不统一在于心理学进入现实社会、引领生活方式、干预心理行为、提供实用手段的途径和方式多样化。

心理学不统一不在于多样化，而在于多样化形态和方式之间相互排斥和倾轧。随着心理学的进步、发展和成熟，促进其统一就成为重大问题和目标。心理学有过各种统一尝试，包括知识论的统一、价值论的统一和知识与价值的统一。心理学统一的关键是建立共有的科学观。正是不同的科学观导致了不同的心理学。心理学科学观涉及心理科学的边界和容纳性，理论构造的合理和合法性，研究方法的可信和有效性，技术手段的限度和适当性。

新心性心理学倡导方法的多元性和多样化。心理学的研究方法是实验还是内省，怎样确立实验方法和内省方法的地位和作用，这是心理学演进中的重大问题。把实验或内省方法推向极端，排斥其他合理的方法，就是实验主义和内省主义。前者把实验看作衡量科学的唯一尺度，这限制了科学的范围，也限制了科学的途径。后者把内省看作把握对象的唯一方式，这限制了心理学成为现代意义上的科学。实验方法的运用重要的是定量与定性的问题。内省方法的运用重要的是私有与普遍的问题。心理学独立之后，逐渐放弃了内省方法。心理学家认为内省是个体私有化的，无法达到科学追求的普遍性。心理学力图以实证科学观来衡量自身的科学性，是否采纳实证方法就成为研究是否科学的根本尺度。中国本土文化中的心理学运用的不是实证的方法，而是体证的方法。体证就是通过意识自觉的方式，直接确立起自身的目标，直接体验自身的活动，直接构造自身的心理。所以，体证包含心理的自我觉知和自我筑构。中国本土心理学传统强调知行合一原则，主张内在对道的体认和外在对道的践行。体道于自己的内心，行道于公有的天下。人心与天道是内在相通的，个体的修为就是对天道的体认。天道贯注给个体成为人的性命。对天道的体认就是修性与修命。个体的修为或体悟有渐修与顿悟。这是体道的不同途径和方式。

新心性心理学力求拓宽视野，放开边界，吸纳文化资源，奠定学科基础，扩展应用规模，提供对科学的促进，贡献对人类的服务。科学心理学诞生后，其基本追求就是科学化或成为符合规范的科学，其重要发展就是本土化或成为普遍适用的科学。为了追求科学化，西方心理学走向自然科学化，把人类心理等同于其他自然物和还原为物理或生理，排斥和超越了人类的文化历史存在和心理的文化历史属性。为了达到普适性，西方心理学通过世界性传播来确立文化霸权。它按照自己的科学观，划定了科学与非科学心理学的边界，并把植根和起源于非西方文化的心理学都推入了非科学，忽视和排斥了其他文化中的心理学贡献。心理学的发展不但经历了科学化和西方化，也经历了地域化和本土化。中国心理学的发展就面临科学化和本土化两大主题。两者表面是矛盾和冲突的。科学化强调心理学作为科学是没有国界和普遍适用的，因此本土化就十分多余和毫无价值。本土化强调心理学研究应消除西方霸权和寻求本土根基。这是心理学发展在地域上的转移，与科学化无关。两者其实是相关和一致的。强调科学化就要推进本土化，强调本土化就要确立科学化。中国心理学对科学化的追求从西方化走向本土化后，本土化就不仅是心理学发展在地域上的转移，而且是对西方心理学科学观的突破。正因为心理学科学观存在着问题，才会有心理学本土化的兴起。心理学当代的主题是反对文化侵略和霸权，促进文化交流和共享。现代科学心理学是在西方文化中产生的，在其传播和扩展过程中，既表现出对非西方心理学传统的轻视、歧视、排挤和排斥，也表现出要求非西方文化对西方心理学的输入、接受、照搬和套用。目前在许多非西方国家，西方心理学仍具有霸主地位，本土心理学仍面临发展困境。① 但是，交流与共享已成为文化的主题，已是文化发展、科学发展和心理学发展的重要目标。

新心性心理学探索心理学的学科基础即心理文化，心理学的研究对象即心理生活，心理学的对象背景即心理环境。心理文化是对心理学文化资源的新解析。心理生活是对心理学研究对象的新理解。心理环境是对心理学对象环境的新思考。新心性心理学以探讨和揭示心理科学、心理文化、心理生活和心理环境为目标，以开创和建立中国本土心理学学派、理论、方法和技术为己任，以推动和促进中国心理学的创新、创造、发展和繁荣为宗旨。

二 心理文化论要：新心性心理学关于传统的解析

心理文化的概念是用以考察心理学成长的文化根基，探讨心理学发展的文化内涵，挖掘心理学创新的文化资源。心理学的产生和发展都立足于特定的文化。或者说，文化是心理学植根的土壤和养分的来源。在过去，无论是心理学的发展还是对心理学发展的探索，都缺失了文化维度。其实，文化是考察当代心理学发展和演变的重要视角。当代心理学的发展越来越重视对文化、心理文化、文化心理的探讨。[2][3][4] 西方科学心理学和中国本土心理学生长于不同的文化根基，植根于不同的心理生活。起源于西方文化的科学心理学，立足实证的研究方法和客观的知识体系，提供了对心理现象的某种合理理论解释和有效技术干预，但其仅揭示了人类心理的一个部分或侧面。起源于

---

[1] 杨中芳：《如何研究中国人：心理学本土化论文集》，台北：桂冠图书股份有限公司1997年版。

[2] 葛鲁嘉、陈若莉：《当代心理学发展的文化学转向》，《吉林大学社会科学学报》1999年第5期。

[3] Shweder, R. A., *Thinking Through Cultures: Expeditions in Cultural psycology* [M]. Cambridge: Harvard University Press, 1991.

[4] Cole, M., *Cultural psychology* [M]. Cambridge: Harvard University Press, 1998.

中国文化的本土心理学也是自成体系的心理学探索，其揭示了具有意义的内心生活和给出了精神超越的发展道路。心理文化概念的提出有利于探明不同文化传统中蕴藏的心理学资源和推进对其挖掘，有利于审视西方心理学的文化适用性和推进对其改造，有利于考察中国本土心理学传统和推进对其解析。中国现代科学心理学主要来自西方科学心理学，问题是中国本土也有自己的心理学资源。探查该资源，就要扩展心理学的视野和设置文化学的框架，将中国本土心理学看作与西方实证心理学具有同等文化价值的探索。要发展中国的心理学，就有必要追踪中国本土文化中的心理学传统，确定其所含的资源，具有的性质，包括的内容，起到的作用。心理文化的探索力图找到和深入挖掘心理学创新的文化根基。中国有自己的文化传统、心理文化、心理学探索、创新性资源。

中国的文化传统中蕴藏着丰富的心理学资源，问题是没有得到充分挖掘和利用。心理学的发展需要资源或文化资源。西方心理学就是植根于西方的文化传统，从本土的文化资源中获取心理学发展动力和研究方式。中国心理学的创新和发展也同样应植根于中国的文化传统，从本土文化资源中获取心理学发展动力和研究启示。中国的文化传统中并没有专门研究和探讨人的心理行为的学科。中国心理学的发展长期是引进和模仿西方心理学。中国现代科学心理学是外来的和传入的。尽管有学者去发掘中国历史上和文化传统中的心理学思想，但他们持有的框架、衡量的标准、提取的内容、评价的尺度等，仍是西方科学心理学提供的。按照西方心理学的筛子去筛淘，研究者得出的是如下结论。一是中国的文化传统中没有自己的心理学，只有零碎的和片段的心理学思想，所以无所谓中国的心理学传统。二是中国的文化历史中具有的是思辨猜测和主观臆断的心理学思想，缺乏科学的依据和证明。这样的心理学思想只具有历史意义，而不具备现实意义；只具有哲学意义，而不具备科学意义。中国古代思想家提供的不过是安乐椅中的玄想，是无法确证或证实的推论。三是中国文化思想中包含的心理学可按照西方科学心理学的尺度来分类和梳理，可从中分离出所谓普通心理学思想、教育心理学思想、社会心理学思想、生理心理学思想、发展心理学思想等。结果，充斥在中国心理学思想史研究中的是贴标签式的方法，得出的是奇怪的结果。

所以，如果按照西方科学心理学的标准来衡量，中国并没有自己的心理学。一些学者就此认为，在中国古代的典籍中，在古代思想的演变中，在思想理论的论述中，只有一些零散的心理学猜测。[①] 但是，如果放弃西方心理学的衡量标准，去重新认识中国的文化传统，其中也有独特和系统的心理学。在中国文化传统中，思想家提供了对心理行为进行解说的概念和理论、进行考察的方式和方法、进行干预的技术和手段。当然，中国的心理学家还没有把中国本土的心理学传统当作创新和发展的资源。中国心理学思想史的研究还是按照西方心理学的尺度，来衡量中国古代思想家的所谓心理学思想，去筛淘中国古代思想家的所谓心理学建树。[②] 例如，孔子是中国古代思想家、儒家创始人、儒学奠基者。按某些中国心理学思想史研究者的理解，孔子也提供了心理学的思想，其中包括普通心理学的思想、教育心理学的思想、发展心理学的思想、人格心理学的思想、社会心理学的思想等。[③] 这就是按照西方科学心理学的分类去切割孔子的思想。其实，儒家提供的是一种心性学说，是心道一体的理论假设，是内省体道的心理历程，是心灵境界的提升途径，是心理生活的构筑方式。同样，道家和佛家也都提供了独特的心性学说。

如果放弃西方心理学的框架，从中国本土文化出发重新确立一个更合理和适用的参考系，就可以得出完全不同的结论。中国本土文化中不仅有零碎和片段的心理学思想，也有独特和系统的心理学。有没有系统的心理学，可按三个标准衡量。一是有没有一套心理学的概念和理论，可用来说明和解释人的心理行为；二是有没有一套心理学研究的方式和方法，可用来考察和揭示人的心理行为；三是有没有干预心理行为的手段和技术，可用来影响和改变人的心理行为。由此来

---

① 高觉敷主编：《中国心理学史》，人民教育出版社1985年版。
② 杨鑫辉：《中国心理学思想史》，江西教育出版社1994年版。
③ 杨鑫辉主编：《心理学通史》，山东教育出版社2000年版。

看，中国文化传统中也同样有并非西方科学心理学意义的系统心理学。中国本土传统心理学有独特的理论概念和理论解说。例如，中国思想家所说的心、心性、心理，行、践行、实行，知、觉知、知道，情、心情、性情，意、意见、意识，思考、思想、思索，体察、体验、体会，人格、性格、品格、人品，道理、道德、道义、道统等，都有其独特的含义。中国本土传统心理学也有独特的验证理论假说的方式和方法，而不仅只是思辨和猜测。当然，中国文化中并没有产生西方科学意义上的实证方法或实验方法。但是，中国古代思想家却提出了知行合一原则，即践行或实践的原则。理论解说的合理性要看能否在实践中获得预期结果，或行动实现的是否为理论的推论。这是验证理论的不同途径。中国本土传统心理学也有独特的干预心理行为的手段和技术，并成为对人的心理生活的引导、扩展和提升。

由于原有的研究在抽取和摘引中国古代思想家思想的过程中，是按照西方科学心理学作为标准，结果就是一些破碎的片段和摘引的语录。这等于是打碎了一个完整的东西，又把碎片按西方心理学的标准进行重新组织。这种片段破碎和语录摘引的理解，出示的仅是中国古代思想家以肤浅的形式或幼稚的话语表达的某种前科学的猜想。按西方科学心理学的标准，这些萌芽形态的"心理学思想"只具有历史遗迹的意义，而没有现代科学的价值。这仅表明中国文化历史中有过某些关于心理行为的零星猜想和思辨推论。这种方式的对中国古代心理学思想史的研究程序，就是从古代典籍中寻找说明和解释心理行为的话语，然后把古代文言文翻译成现代白话文，然后按照科学心理学去理解其中的含义，然后去评价对科学心理学的意义和价值。这甚至仅是为了证明中国古代心理学猜想的久远和古老，高明和伟大，深刻和奥妙。这样的研究方式常常会进一步演变为非常肤浅的文字游戏、语言游戏、智力游戏、思想游戏、猜测游戏、组装游戏、想象游戏、学术游戏。

如果是完整系统和深入全面的理解，就可以看到一种独特的心理学。这不是西方的科学心理学，但也是系统的心理学探索。中国古代思想家提供的心性学说就是独特的心理学，是对心理学事业的独特贡献。在中国文化传统中，不同的思想派别有不同的心性学说，给出了对人的心理的不同解说。首先是儒家心性说。儒学的重心在社会，在个体与社会的关系。儒家强调仁道。仁道不在人心之外，而潜在人心之内。个体的心灵活动就是扩展自身，体认内心的仁道。觉悟仁道，按仁道行事，就可以成为圣人。这就是内圣外王的历程。其次是道家心性说。道学的重心在自然，在个体与自然的关系。道家强调天道。天道也不在人心之外，而潜在人心之内。个体可以通过扩展心灵而体认天道的存在，并循天道而达于自然而然的境界。再次是佛家心性说。佛学的重心在人心，在个体与心灵的关系。佛家强调心道。心道相对于个体而言是潜在的，是人的本心。个体可以通过扩展自己的心灵而与本心相体认。心理学的研究有自己的方法。西方科学心理学运用的是实证的方法。中国本土心理学运用的则是"体证"的方法。体证就是通过意识自觉，直接体验和构筑自身的心理。体证的重要特点是意识的自我觉知和自我构筑。中国本土心理学强调知行合一原则，主张内在对道的体认和外在对道的践行。这就是所谓内圣外王。内修要成为圣人，体道于自己的内心。外为要成为王者，行道于公有的天下。因为人心与天道内在相通，所以个体的修为就是体认天道。天道贯注给个体，就是人的性命。对天道的体认就是修性与修命。个体的修为或体悟有渐修与顿悟的不同。渐修在于修道是逐渐的，是点滴积累的。顿悟在于道只能整体把握和突然觉悟。这是体道的不同途径和方式。

　　从认为中国本土文化中没有自己的心理学传统，到认为有自己独特的心理学传统，这是一个根本性的进步和变化。但是，当心理学者去挖掘、梳理和阐释中国本土传统心理学时，却常常是仅仅限于传统和解释传统。限于传统和解释传统就是回到传统和遵循传统。也许承认中国传统文化中有自己独特的心理学，是一种进步。但是，如果仅仅是限于传统和解释传统，那也是一种倒退。承认中国本土文化传统中有自己独特的心理学，不是要放弃现代科学心理学，不是要证明现代科学心理学的学术贡献早在中国文化历史中就已经完成，而是要立足于传统，借用本土传统的心理学资源。任何的发展都需要资源，心理学的发展也是如此。文化和文化传统就是一种有益的学术资源。但是，资源是需要利用和转化的，文化资源是需要筛选和提炼的。重新发现、仔细解读、详尽分析、系统阐释古典文献，这不是心理学研究的最终目的。对中国本土传统心理学进行研究，就是要奠定创新的基础、明确创新的立场、启动创新的程序。

中国本土传统心理学可称为心性心理学。在此基础上的新探索和新发展可命名为"新"心性心理学。心性心理学仅是传统和古老的心理学。新心性心理学不是重走老路而是力求创新。只有从发展和创新的视角去理解，中国本土传统心理学才有现代的意义和价值，才能成为学术的资源和资本。

三 心理生活论纲：新心性心理学关于对象的阐释

心理生活的概念是用来从中国心理文化资源入手，去重新认识和理解心理学的研究对象。西方的实证心理学是从研究者感官观察和印证的角度出发，将心理学研究对象确定为心理现象。对心理现象的分类，分离了人的心理过程与个性心理，分离了智力因素与非智力因素。这种分类标准和分类体系，使对人的心理的理解和干预，特别是对青少年心理的培养和教育，都产生了非常严重的问题。这必然迫使心理学要重新考虑对研究对象的认识和分类。人的心理具有自觉性。人的心理在本质上是意识自觉、自我觉解和体验体悟的活动。心灵活动能够自觉到自身，这不仅是觉知和觉解，而且是构造和创造。因此，应该把人的心理理解为心理生活。心理生活在人的生活中处于核心地位，所以应该成为心理科学关注的中心。历史上，心理生活一直是普通人、思想家、宗教家、文学家等探讨的内容。在目前，心理学越来越重视科学探索与人类经验之间的关系。[1] 因此，心理生活应成

---

[1] Varela, F. J., Thompson, E., & Rosch, E., *The embodied mind: Cognitive science and human experience* [M]. Cambridge Mass.: The MIT Press, 1991.

为当代科学心理学的研究重心。心理学应通过对心理生活的探索，来引领当代人的生活。心理学应通过重新理解研究对象来开拓新方向和新道路。那么，探讨和阐释心理生活就是新心性心理学对心理学研究对象的重新理解和重新定位。

在中国本土的文化传统中，非常独特和重要的心理学思想贡献就是心性学说或心性心理学。当然，中国文化中有不同的思想派别，也就有不同的心性学说，发展出了不同的对人心理的解说。一是儒家心性说。儒家学说的重心在于社会，或在于个体与社会的关系。儒家强调仁道。当然，仁道不是外在于人的存在，而是内在于人的本心。个体的心灵活动就应该是扩展的活动，体认内心的仁道。只要觉悟了仁道，并按仁道行事，就可以成为圣人。这就是内圣外王的历程。二是道家心性说。道家学说的重心在于自然，或在于个体与自然的关系。道家强调天道。当然，天道也不是外在于人的存在，而就潜在于个体内心。个体可以通过扩展自己的心灵，而体认天道的存在，并循天道而达于自然而然的境界。三是佛家心性说。佛家学说的重心在于人心，或在于个体与心灵的关系。佛家强调心道。当然，心道相对于个体而言是潜在的，是人的本心。个体可以通过扩展自己的心灵而与本心相体认。中国本土心理学传统都强调知行合一原则，都主张内在对道的体认和外在对道的践行。这是内圣外王的基本含义。内修要成为圣人，体道于自己的内心。外为要成为王者，行道于公有的天下。正因为人心与天道是内在相通的，所以个体的修为就是对天道的体认。个体的修为或体悟有渐修与顿悟的不同主张。渐修主张体道的过程是逐渐积累的。顿悟主张道不可分割，只能整体把握，豁然觉悟。这是体道的不同途径和方式。

科学心理学现有的研究对象分类系统是研究性的，而不是生活性的分类系统。研究性分类系统是为了研究方便对研究对象进行的分割。生活性分类系统则强调"生活原态"或"生活本态"，是按生活的实际样式进行的分类。科学心理学现有对人的心理的研究是对心理基础的研究。所谓心理基础是指构成人的心理生活的基础，而不是人的心理生活本身，如生理基础、社会基础等。心理学研究还应该有对基础心理的研究。所谓基础心理是指人的心理生活本身的样式，而非经过分解和还原的基础。人的心理行为作为心理学研究对象，可以为研究者的感官所把握。这就如自然事物作为自然科学研究对象可以为研究者的感官所把握一样。那么，由自然科学研究者的感官所把握到的自然事物可称为自然现象。同样，由心理学研究者的感官所把握到的心理行为可称为心理现象。心理学成为独立科学门类之后，就定义为是研究心理现象及其规律的科学。所谓心理生活是由人自主体验和感受的，或是由人自主创造和生成的。人不是自己心理的被动承载者或呈现者，而是主动创造者和生成者。人的心理本性就在于"觉"，人的心理活动就是觉解的活动。这包括以外部事物为对象的觉知和以人自身为对象的自觉。人的"觉"或"自觉"是一种生成意义的活动或创造生成的活动。人的意识活动是以"觉"作为基本特征。日常语言中的"觉悟"就是对"觉"的对象的创造性把握。当说到人要提高"觉悟"时，就是要增进对"觉"的对象进行创造性把握的程度。人的生活是人的生存、发展和创造的过程。正因为人不仅是自然的存在，而且是自觉的存在，所以人的生活也是自觉体验和自觉创造出的。那么，心理生活就是人的生活中的主导部分。这也就是自主的含义。当然，人也有失去自主的时候，而成为环境或他人的奴隶，成为任人宰割和随波逐流的存在。但是，只要人意识到自己的生存状态，确立起自己的生活目标，付出了自己的意志努力，人就会成为自己生活的主导者。所以，心理生活是人的生活的核心内容、实际走向和创造主宰。因此，心理生活应该在心理科学中占有重要位置和成为核心内容。心理科学应该通过对人的心理生活的探索，而在人的实际生活中占有重要地位。

　　西方科学心理学确立的研究方法是实证的方法。这建立在研究者与研究对象分离的基础之上。相对于研究对象来说，研究者是不相干的旁观者。研究者通过感官来把握对象。中国本土的心性心理学强调统一性或一体化，是主观与客观的统一性，是主体与客体的一体化。这种对一体化的强调，重视的不是旁观的认识，而是心灵的体悟，是意识的自觉。这就是体证的方法。与实证相对应，体证不是通过感官的感知,而是通过意识的自觉。因此,体证至少有两个重要特点。一是意识的自我体验,二是意识的自我构筑。体证的方法是立足于心灵活动的自觉性,人的心灵最基本的特性就是自觉性。"觉"是具有丰富内涵的本土心理学概念,如"感觉""知觉""警觉""自觉""觉悟""觉醒""觉察"等。体证的方法是立足于心理生活的创生性;人的心灵最核心的特性就是创生性。没有一成不变的心理意识和生来如此的心理行为。人的心理也不是被外部推动和被动应答的,而是通过意识觉知、觉解和构筑而自我创生的。体证的方法是立足于心理生活的共生性。人的心灵不是封闭和孤立的,而是与所处或所创的环境是共同成长的历程。

心理学在其发展历程中确立了一整套研究的方式、方法和工具。特别是实证的方法,曾被认为是唯一科学的方法,是确立心理学科学地位的唯一保证。正是以实证方法为核心,使心理学贬斥其他方法,贬斥理论建构。心理科学以往的研究追求的是客观性。所谓客观性是指在研究中不能加入研究者主观的参与,这被认为会歪曲或误解研究对象。但是,如果从共生的基础出发,心理学的研究就不是追求客观性,而是追求真实性。尽管创造的历程是无中生有的历程,但它是真实的历程。在科学心理学的成长中,无论是方法的确立、理论的建构还是技术的发明,追求的都是普遍性。心理学曾经极力排斥内省的方法,就是因为内省的私有性。其实,内省的方法也同样可以达到普遍性。这就是中国本土心理学传统所提供的内省方法,即心灵的自我超越活动。这也是内心体道的过程,使潜隐不明的道得到彰显。这也是超越个体的私有性而达到普遍性的过程。心灵的内省既是觉知的过程,也是更新的过程。通过内省不仅可以知晓、了解和把握内心活动,而且可以调节、改变和构筑内心活动。所以,内省实际上是知与行合一的内心活动。正是心灵的内省活动构筑了人的内心生活,构成了人的内心世界,构想了人的生活目标,构造了人的生活现实。人的认识或智慧很容易形成分离或分裂的结果。因为,人总是要进行区分。这不仅是认识上的问题,也是行动上的问题。最为重要的就是共生或共荣。心理学常常把对象看作被动的,是被技术手段所干预或影响的。其实，人的心理也是主动和自主的，是自我改变和创造的，这给心理学的应用提供了新的途径。心理学原有的应用是以干预者与被干预者的分离为前提的，或者干预者与被干预者是有间隔的。但是，心理生活的概念却消除了研究者与被研究者、干预者与被干预者之间的分离或间隔，这也就没有了主动者和被动者的区分。心理学原有的应用中，研究者是主动的干预者，而被研究者是被动的被干预者。但是，心理生活所强调的一体化则消除了被动者，也就消除了被动性。心理生活的承受者也是心理生活的构筑者。当然，人的心理生活的引导者不是外在的，自主的引导也不是为所欲为，而是与环境的共同成长和发展。

四 心理环境论说：新心性心理学关于环境的探索

心理环境的概念是从人类心理的视角理解环境。心理学怎样理解环境就决定其怎样理解心理行为。物理环境对人是外在的和间接的，心理环境对人是内在的和直接的。人的心理不是孤立和封闭的，心理学应重视环境的作用和影响，但很少有心理学家专门考察和分析环境。心理学直面心理行为，却忽视环境内容。随着心理学学科的成熟、研究的扩展、理解的深入，对环境的把握就会变化，就有必要重新考察环境。心理环境是人最直接的环境，是超出了物理意义和生物意义的环境。人可以在心理上分离出自己所处的环境，并针对该环境调整或调节自己的心理行为。意识觉知到、自我意识到、自主建构出的环境，其含义超出了物理环境和生物环境的界限。人的创造性活动主要体现为意识主导的创造性构想和意识支配的创造性行为。这可以突破物理或生物环境的限制，改变物理或生物环境的现实。

环境历来为心理学家所关注。心理学要考察人的心理行为，就要涉及影响人的心理行为的环境因素。在心理学研究中，尽管心理学家对环境的性质、构成、作用等的理解有很大不同，但基本上都是把环境理解为外在于人的存在。相对于人及其心理行为，环境是客观的、独立的、自然的。相对于客观的环境，人是被动的、受制的、渺小的。随着心理学研究的发展和深入，也有研究意识到上述理解的不足和缺陷。西方心理学中的完形学派就对环境做出了新的理解。① 当然，这并未给心理学带来根本性变化。随着完形心理学的衰落，这种理解变成了历史矿藏中的化石。今天去重新挖掘，会使之成为心理学发展的有益资源。完形心理学家提供了一个典故，说明对环境的不同理解和环境对人的实际作用。典故说的是在冬天，大雪茫茫。一旅行者长途跋涉越过一片平坦的大雪原。当他精疲力竭地来到一户人家，那家的人问他是从哪里走过来的。旅行者说是从那片大草原上走过来的。那家的人告诉他，那不是大草原而是大湖泊。旅行者听完极度惊恐，倒地身亡。② 这个典故区分了物理环境与心理环境。物理环境是独立于人而自在的环境，心理环境则是人所觉知和理解的环境，心理环境会对人的心理行为产生十分重要的影响。

对心理学研究来说，如何理解环境，决定了如何理解人的心理行为。物理环境对人来说仅是外在的和间接的，心理环境对人来说才是内在的和直接的。不过，心理学却很少系统深入地考察、分析和解说过环境。随着心理学的成熟和发展，随着对心理的深入了解和理解，心理学的研究领域也在扩大，就有必要对环境进行重新思考。那么，一个非常重要的心理学概念就是心理环境。

心理学研究必然要涉及人的心理行为所处的环境。对心理学家来说，不仅怎样对待环境的影响是重要的，怎样理解环境的含义更是重要的。环境通常被理解为物理环境或物理意义上的环境，即把环境看作物理的存在和物理的刺激。物理环境是可见的和直接的。所以，心理学家最关注的就是物理环境，甚至将其当成环境的唯一含义。在许多心理学研究中，涉及的环境因素就是物理环境。其实，这仅是最基

---

① ［德］勒温：《拓扑心理学》，竺培梁译，浙江教育出版社1997年版。
② Koffka, K., *Principles of gestalt psychology* [M]. New York: Harcourt, Brace & World, 1963. pp. 27–28.

础意义上的环境。涉及心理行为，就必然要涉及有机体，也就是生物意义上的存在。那么，与生物有机体直接相关的环境不是物理意义上的环境，而是生物意义上的环境，即生物环境。生物环境是直接关系到有机体生存和发展的环境，或是对生物有机体具最直接生物学意义的环境。对心理的存在、意识的存在、自我意识的存在来说，环境不仅是生物意义上的，也是心理意义上的。这就是心理环境，即被觉知、被理解、被创造、被把握的环境。对人来说，心理环境是最切近的环境，是超出物理和生物意义的环境。心理环境对人的影响是最直接的。人可以在心理上分离出自己所处的环境，并针对该环境调整或调节自己的心理行为。所以，意识觉知到或自我意识到的环境是人构造出的环境。心理环境作为人的创造超出了物理环境和生物环境的界限。人的创造性活动可体现为有意识的创造性构想和有意识的创造性行为。前者可以突破环境的限制，后者可以改变环境的条件。心理学中有环境决定论的观点，认为只有理解环境的作用，才可理解心理的变化。有什么样的环境，就有什么样的心理行为。古典行为主义学派就是环境决定论的提倡和主张者。心理学中也有自主决定论的观点，认为心理是自主发展和自我决定的。心理学的研究对象是人的心理行为。相对于人的心理行为，环境只是外在的影响或外在的干预。研究者习惯了把环境看作外在的干预，是不以人的意志为转移的客观力量。那么，环境就成了异己的力量，是强加于人的奴役。人的心理行为是环境任意所为的对象。环境就是天意，就是强权。但是，把环境仅看作外在的干预，显然无法完整理解环境的内涵和作用。那么，非常重要的是应该把环境与心理理解为交互作用的过程，是共生的历程。共生就是一体化，就是共同生长或共同成长，即任一方的演变或发展都会带来另一方的演变或发展。心理环境的概念就是共生历程的最好描述。

　　心理环境是为人的心理把握到的环境，或者说心理意识与环境条件是一体化的。人可以通过意识活动分离出环境，或者说是构建出环境。环境不仅是物理的存在、生物的存在，也可以是心理的存在。人的心理意识理解和把握的环境融入了人的目标，或含纳了人的意向。

环境是围绕着人的目标而被组织起来的。人的心理意识理解和把握的环境含纳了人的意义。意识的觉悟实际上就是指目标形成之后，人通过目标来确定自己活动的意义。围绕着生活目标被组织起来的心理生活所具有的就是生活意义。所谓生活意义是超出了物的含义的心理预期结果。当然，仅仅是意义的改变并不会改变客观的或现实的环境，但是却可以改变人对环境的理解和把握。

可以从生态的视角来看心理与环境的关系。生态的核心含义是指共生，这不仅是指共同支撑或共同依赖的生存，而且是指共同合作或共同促进的发展。生态的视角是指从共生的方面来认识和理解环境、社会、人类、生活、心理、行为等。这否定的是片面的和孤立的认识和理解。生态的方法是指以共生的观点、手段和技术，来考察、探讨、干预生活世界、生活过程和生活内容。人的生活实际上都是寻找和追求意义的生活。对意义的理解、把握、创造，就是人的心理生活。人的心理生活是建立在人的意识觉知的基础之上的。生活的道理就在于适应和创造。没有适应，就没有人的正常生活。同样，没有创造，也就没有人的合意生活。所谓适应就是人改变自己，改变自己的心理行为，来适应环境的条件，达到环境的要求。所谓创造则是人改变环境，改变自己的现实境遇，把握自己的命运，把握自己的未来。心理与环境是共生的关系，这就是中国文化传统中的天人合一。天人合一不仅是指在根源上天与人是一体的，在发展中人与天也是一体的。当然，这里的天不是指自然意义上的天，不是指宗教意义上的天，而是指生活意义上的道理。所谓天道是指自然演化过程中、生物进化过程中、人类实践过程中的道理。这里的人也不是指自然意义上的人，不是指生物意义上的人，而是指生成意义上的人，是指创造意义上的人。人创造了世界，也创造了自己。人创造了环境，也创造了心理。

第七章　心理学中国化学术演进[*]

心理学的中国化是指中国心理学发展的本土化。中国本土文化中并没有产生现代科学心理学，而是从西方文化中引入的。中国现代科学心理学的发展经历了非常曲折的过程。这主要体现为三次大的模仿、复制和跟随，三次大的批判、转折和重建。可以把中国心理学发展的本土化历程分为三个阶段。心理学本土化的热点与难题包括科学观问题，本土契合问题，文化转向问题，多元文化问题，方法论问题，全球化问题，原始创新问题。心理学本土化的演变与趋势涉及不同文化中的本土心理学，本土心理学的隔绝与交流，心理学的文化与社会资源，心理学发展的传统与更新，心理学演变的分裂与融合。心理学本土化的出路与结局就在于将其定位为文化的心理学，历史的心理学，生活的心理学，创新的心理学，未来的心理学。

一　中国心理学的本土化发展史

中国心理学的本土化发展，经历了一系列的重要转换。这不仅体现在更为广泛和深入地揭示和解释本土文化中特定的心性行为，也开始致力于去改变和创造本土心理学研究的独特的研究方式、理论建构、研究方法、技术工具，等等。倡导心理学本土化的中国心理学家

---

[*] 原文见葛鲁嘉《心理学中国化的学术演进与目标》，《陕西师范大学学报》（哲学社会科学版）2007年第4期。

第七章 心理学中国化学术演进 515

已在积极建立中国人的心理学。①②③④⑤⑥ 当然，目前的所谓心理学的中国化包容着各种各样的本土化研究成果，其本土化的入手点、着眼点、关注点、突破点、创新点等，都是不同的。有探索中国人独特心理行为的，有对中西方特定心理行为的跨文化比较的，有考察中国本土的文化和社会环境的，有挖掘中国本土文化传统中心理学思想的，有注重中国本土传统心理学资源的，有从事本土心理学的理论、方法和技术的创新的。上述不同方面的心理学研究都已经成为心理学中国化历程中特定的努力。实际上，中国本土文化圈中的心理文化是由两方面构成的，一是中国民众带有文化印记的心理行为，一是中国传统带有独特含义的心理学阐释。那么，目前的本土化研究定向是以中国人的心理和行为作为研究对象，但仅只是把带有中国本土文化印记的中国人的心理行为从心理文化中分离出来，放在了科学考察的聚光点上。目前的本土化研究也挖掘中国本土的传统心理学，但只是将其从心理文化中分离出来，看作已被现代心理学所超越和取代的历史古董。⑦⑧⑨ 不过，新的突破已在进行之中。这也就是通过中国本土心理学的原始性的创新或原创性的研究，去构建既植根于中国本土的文化土壤，又能够解说中国人的心理行为，又可以建构中国人的心理生活，又迎合世界心理学的发展潮流的中国化心理学。这才是心理学中国化的现实追求。

---

① 杨国枢、余安邦：《中国人的心理与行为——理念及方法篇》，台北：桂冠图书股份有限公司1993年版。
② 李亦园、杨国枢：《中国人的性格——科际综合性的讨论》，台北："中央研究院"民族学研究所1992年版。
③ 杨中芳：《试论如何深化本土心理学研究》，《本土心理学研究》1993年第1期。
④ 杨中芳：《如何研究中国人——心理学本土化论文集》，台北：桂冠图书股份有限公司1997年版。
⑤ 高尚仁、杨中芳主编：《中国人·中国心——传统篇》，台北：远流出版公司1991年版。
⑥ 杨中芳、高尚仁主编：《中国人·中国心——人格与社会篇》，台北：远流出版公司1991年版。
⑦ 高觉敷：《中国心理学史》，人民教育出版社1985年版。
⑧ 杨鑫辉：《中国心理学思想史》，江西教育出版社1994年版。
⑨ 杨鑫辉：《心理学通史》（第1卷），山东教育出版社2000年版。

二　心理学本土化的起点与进程

所谓心理学中国化，也就是指中国心理学发展的本土化。中国心理学的本土化研究在一个相当短的时段里，取得了相当数量和相当重要的成果。对心理学中国化或本土化可以有不同的总结和概括，可以有不同的理解和阐述。[①] 但是，纵观心理学中国化的历史演进，则适合于把中国心理学发展的本土化历程分为三个阶段。第一个阶段是对西方心理学研究对象的扩展，第二个阶段是对西方心理学研究方式的改造。第三个阶段是推动中国本土心理学的原始性理论创新。目前，中国心理学的本土化发展经历了第一个阶段，进入了第二个阶段，迈向了第三个阶段。

第一个阶段的研究是试图扩展西方心理学的研究内容，使中国心理学转而考察中国人独特的心理行为，但是在科学观上并未能超越西方科学心理学，或者说仍然是持有西方心理学的实证科学观，没有脱出这种小科学观的限制。这个阶段的研究可以分成两类。一类是以中国人为被试，但研究工具、方法、概念和理论仍然是西方式的。这类研究在本土化努力的初期非常多见。另一类则不但以中国人为被试，而且试图寻找适合于考察中国人的心理行为的研究工具、方法、概念和理论。[②] 但是，这类研究也只是做到了改变研究工具、方法、概念和理论的内容，而没有改变其基本的实证科学的性质或方式，追求的仍然是西方科学心理学研究方法的有效性和理论解释的合理性。

第二个阶段的研究则是试图扩展西方心理学的研究方式。这个阶段与前一阶段并没有明显的分界标志，而只是一种逐渐的变化和过渡，反映出研究的趋势。这个阶段的研究开始突破西方心理学的实证科学观限制，寻求超脱和多样化的研究方法和理论思想。这个阶段的研究也可以

---

① 林崇德、俞国良：《心理学研究的中国化：过程和道路》，《心理科学》1996年第4期。
② 翟学伟：《中国人行动的逻辑》，社会科学文献出版社2001年版。

分成两类。一类是对西方科学心理学小科学观的带有盲目性的突破，这使多样化变成了杂乱性。现在的一部分研究就缺少必要的规范性，而具更多的尝试性。另一类则是试图有意识地清算西方心理学的实证科学观，建立一种大科学观，为中国心理学的本土化研究设置新的规范。

第三个阶段的研究是寻求立足于中国本土文化资源的原始性理论创新。其实，在目前阶段，中国心理学的发展最缺少的就是原始性的创新。长期的引进和模仿，使中国的心理学研究者习惯了引经据典，习惯了用别人的语言说别人的研究。当然，再进一步是用别人的语言说自己的研究。更进一步就是用自己的语言说自己的研究。这需要的就是学术创新，而学术的生命就在于创新。没有创新，就没有学术。当然，创新的努力是非常的艰难。越是全新的突破，越需要深厚的基础。没有深厚基础的创新，实际上就是胡言乱语，就是痴人说梦。所以，创新需要积累，学术的创新需要学术的积累，心理学的学术创新需要心理学的学术积累。心理学的创新可以是理论上的创新，可以是方法上的创新，也可以是技术上的创新。

三　心理学本土化的热点与难题

心理学的科学性质是心理学本土化的核心问题。立足于西方文化传统的"科学的"心理学一直就认为自己是唯一合理的心理学。除此之外的心理学探索，或者是立足于不同文化传统的心理学探索，就都可以划归"非科学的"心理学。这涉及心理学的科学性质问题。关于心理学科学性质的理解就是心理学科学观的问题。所谓心理学科学观是对如何建设和发展心理科学的基本理念，其决定着心理学家采纳的研究目标，以及为达成目标而采取的研究策略。它体现在这样一些问题的解决上，像什么是心理科学，什么是心理学的研究对象，怎样确定心理学的研究方法，怎样构造心理学的理论知识，怎样干预人的心理现象或心理生活。可以这样说，心理学科学观构成了心理学家的视野，决定了心理学家的胸怀。在心理科学的开创和发展中，占有主导性和具有支配性的科学观是小心理学观。这是从近代自然科学传统中抄袭而来的,并广泛地渗透到了心理学家的科学研究之中。小心理学观在实证的(即科学的)和非实证的(即非科学的)心理学之间划定了截然分明的边界,心理学要想成为科学,就必须把自己限制在边界之内。实证的心理学是以实证方法为核心建立起来,客观观察和实验是有效的产生心理学知识的程序。实证研究强调完全中立地、不承担价值地对心理或行为事实的描述和说明。实证心理学的理论设定是从近代自然科学承继的物理主义和机械主义的世界观。这都大大缩小了心理学的视野。科学心理学以小心理学观来确立自己,就在于其发展还是处于幼稚期。这与其说是为了保证心理学的科学性质,不如说是为了抵御对心理学不是一门严格意义上的实证科学的恐惧。但是,这种小心理学观正在衰落和瓦解,重构心理学科学观已经成为心理科学十分重要的基础性工作。心理学的发展已经进入了迷乱的青春期,它正在经历寻找自己道路的成长的痛苦。心理学的新科学观应该是大心理学观,心理学走向成熟也在于它能够拥有自己的大心理学观。所谓大心理学观,不是要否定心理学的实证性质,而是要开放实证心理学自我封闭的边界。大心理学观不是要放弃实证方法,而是要消解实证方法的核心性地位,使心理学从仅仅重视受方法驱使的实证资料的积累,转向也重视支配方法的使用和体现文化的价值的大理论建树。大心理学观也将改造深植于实证心理学研究中的物理主义和机械主义的理论内核,使心理学从盲目排斥转向广泛吸收其他心理学传统的理论营养。大心理学观无疑会拓展心理学的视野。科学观的问题在心理学中国化的历程中也体现为所谓本土化的标准问题,这也就是本土性契合的问题。[①]

　　心理学的文化转向是心理学本土化的方向问题。心理学曾经靠摆脱、放弃、回避或越过文化的存在来发展自己,但心理学现在必须靠容纳、揭示、探讨或体现文化的存在来发展自己。可以说,在心理学

[①] 杨国枢:《心理学研究的本土契合性及其相关问题》,《本土心理学研究》1998年第9期。

成为独立的科学门类之后，在心理学追求自己科学性的过程中，是把科学的客观性和普遍性与文化的建构性和独特性对立了起来。心理学早期是排斥文化的存在来保证自己对所有文化的普遍适用性，而心理学目前则是通过包容文化的存在来保证自己对所有文化的普遍适用性。① 毫无疑问，这是一个历史性的变化。问题就在于揭示这一变化的历程及其对发展心理科学的意义和价值。② 心理学研究中的文化问题主要体现在两个方面。一是涉及心理学的研究对象，即人的心理行为的文化内涵的问题。二是涉及心理学的研究方式，即心理学理论、方法和技术的文化特性的问题。这就是要摆脱原有的心理学研究把人的心理行为理解为自然现象，而不是理解为文化生活。这就是要摆脱原有的心理学研究把心理学的研究方式确立为自然科学的研究方式，而不是社会和文化科学的研究方式。那么，心理学的中国化就是要把心理学的研究定向在文化传统、文化资源、文化建构、文化互动、文化融合的方向上。

心理学的文化根基是心理学本土化的资源问题。心理文化的概念是用以考察心理学成长的文化根基，探讨心理学发展的文化内涵，挖掘心理学创新的文化资源。心理学的产生和发展都是立足于特定的文化。或者说，文化是心理学植根的土壤和养分的来源。在过去，无论是心理学的发展还是对心理学发展的探索，都缺失了文化的维度。其实，文化是考察当代心理学发展和演变的重要视角。当代心理学的发展越来越重视对文化、心理文化、文化心理的探讨。西方科学心理学和中国本土心理学生长于不同的文化根基，植根于不同的心理生活。起源于西方文化的科学心理学，立足实证的研究方法和客观知识体系，提供了对心理现象的某种合理理论解释和有效技术干预。但是，这仅揭示了人类心理的一个部分或一个侧面。起源于中国文化的本土心理学也是自成体系的心理学探索，这揭示了具有意义的内心生活和给

---

① 葛鲁嘉、陈若莉：《当代心理学发展的文化学转向》，《吉林大学社会科学学报》1999年第5期。

② 叶浩生：《试析现代西方心理学的文化转向》，《心理学报》2001年第3期。

出了精神超越的发展道路。心理文化概念的提出有利于探明不同文化传统中蕴藏的心理学资源和推进对其挖掘，有利于审视西方心理学的文化适用性和推进对其改造，有利于考察中国本土心理学传统和推进对其解析。中国现代科学心理学主要来自西方科学心理学，问题是中国本土也有自己的心理学资源。探查该资源，就要扩展心理学的视野和设置文化学的框架，将中国本土心理学看作与西方实证心理学具有同等文化价值的探索。要发展中国的心理学，就有必要追踪中国本土文化中的心理学传统，确定其所含的资源，具有的性质，包括的内容，起到的作用。心理文化的探索力图找到和深入挖掘心理学创新的文化根基。中国有自己的文化传统、心理文化、心理学探索、创新性资源。[①] 这已经在认知科学、认知心理学的演变过程之中，开始认识到东方文化中的心理学传统将会带来最为核心和最为重要的学术思想的启示。[②]

心理学的研究方式是心理学本土化的方法问题。方法论是任何科学研究的基础。这既是理论的基础，也是方法的基础，还是技术的基础。因此，心理学的方法论也是心理学研究的基础。方法论的探索是关系心理学学科发展的核心问题。原有的心理学方法论的研究仅仅涉及心理学研究方法的探索。其实，心理学研究的方法论应该得到扩展。方法论的探索包括关于对象的立场，方法的认识，技术的思考。[③]心理学的研究可以包括三个基本部分：一是关于对象的研究，涉及心理学的研究对象，是对心理行为实际的揭示、描述、说明、解释、预测、干预等；二是关于方法的研究，涉及心理学的研究者，探讨心理学研究者所持有的研究立场、所使用的具体方法。三是关于技术的研究，涉及对所涉及的研究对象的干预和改变。那么，心理学研究的方法论也就应该包括三个基本方面：一是对关于心理学研究对象的理

---

① 郭永玉：《精神的追寻：超个人心理学及其治疗理论研究》，华中师范大学出版社2002年版。

② Varela, F. J. Thomption, E., & Rosch, E., "*The Embodied Mind: Cognitive science and human experience*" [M]. Massachusetts: The MIT Press, 1991. p. 23.

③ 葛鲁嘉：《对心理学方法论的扩展性探索》，《南京师大学报》（社会科学版）2005年第1期。

解。这亦即研究内容的确定，是力求突破对人的心理行为的片面理解。二是关于心理学研究方式和方法的探索。这亦即研究方法的创新，是力图突破和摆脱西方心理学科学观的限制，为心理学的研究重新建立科学规范。三是关于心理学技术手段的考察。这亦即干预方式的明确，是力争避免把人当作被动接受随意改变的客体。方法论是任何科学研究的基础。这既是思想的基础，也是方法的基础，还是技术的基础。所以，心理学方法论的探讨是关系心理学学科发展的核心问题。心理学研究基础和核心的方面就是方法论的探索。但是，传统心理学中的方法论的探讨主要是考察心理学研究所运用的具体研究方法。这包括心理学具体研究方法的不同类别、基本构成、使用程序、适用范围、修订方法等。随着心理学的发展和进步，心理学方法论的探索必须跨越原有的范围，应该包括关于心理学研究对象的立场，关于方法的认识，关于技术的思考。因此，对心理学方法论的新探索，可以说就是反思心理学发展的一些重大理论问题和方法问题。这些问题的解决关系中国心理学的发展，也关系整个心理学的命运与未来。

心理学的原始创新是心理学本土化的生命问题。其实，在目前的阶段，中国心理学的发展最缺少的就是原始性的创新。相当长时期对西方发达国家的心理学研究的引进和模仿，使中国心理学研究者习惯了在西方心理学中引经据典，习惯了用西方的语言复述西方的研究。当然，再进一步是用西方的语言叙述自己的研究。更进一步则是用自己的语言阐述自己的研究。这对于中国本土的心理学发展来说需要的就是学术的创新。学术的生命就在于创新。没有创新，就没有学术。当然，创新的努力是非常艰难的。越是全新的突破，越需要深厚的基础。没有深厚基础的创新，实际上就是胡言乱语，就是痴人说梦。所以，创新需要积累，学术的创新需要学术的积累，心理学的学术创新需要心理学的学术积累。心理学研究的原始性创新可以是理论上的创新，可以是方法上的创新，也可以是技术上的创新。

四　心理学本土化的演变与趋势

不同的文化传统、文化现实和文化发展中，显然具有不同的本土心理学。这是与文化相吻合的特定心理行为和心理阐释。所谓心理学本土化，就是为了建构植根于特定文化土壤中的心理学。那么，文化是具有多样性的存在，文化又是具有独特性的存在。这就必须承认在不同的文化中有着不同的心理学。其实，在西方心理学的发展历程中，西方心理学就曾经把自己当成唯一合理的心理学，进而对其他文化传统中的心理学要么视而不见，要么极力排斥。[1][2] 但是，事实在于，在不同的文化传统和文化历史中，确实存在着不同的本土心理学。

首先是本土心理学的隔绝与交流。心理学的本土化进程导致了心理学与本土文化建立起了密切的联系。但是，不同社会文化之间的差异和区别，也很容易造成不同本土心理学之间的相互隔绝和相互分离，甚至是相互对立和相互排斥。那么，不同本土心理学之间的交流就成为重要的任务。其实，任何的交流都要有共同的基础。如何寻找到共同的基础，就成为本土心理学之间有效交流的重要任务。这就必须开创性地揭示西方心理学科学观的问题，力图突破小心理学观的限制，设置一个更为宏观的文化历史框架，从而将西方实证心理学和中国本土心理学看作具有同等价值的探索。

其次是心理学的文化与社会资源。其实，心理学本土化的一个非常重要的目的，就是建立起心理学与文化和社会资源的关联。或者说，就是为了使心理学植根于本土文化与社会的土壤之中。其实，心理学研究常常处于资源短缺的状态之中。这并不是说心理学没有或者缺乏相应的社会文化资源，而是说心理学并没有意识到或自觉到自己

---

[1] 叶浩生主编：《西方心理学研究新进展》，人民教育出版社2003年版。
[2] 郭本禹主编：《当代心理学的新进展》，山东教育出版社2003年版。

的社会文化资源，或者是并没有去挖掘和提取自己的社会文化资源。中国的文化传统中蕴藏着丰富的心理学资源，问题是没有得到充分挖掘和利用。心理学的发展需要资源或需要文化资源。西方心理学就是植根于西方的文化传统，从本土的文化资源中获取了心理学发展动力和研究方式。中国心理学的创新和发展也同样应植根于中国的文化传统，从本土文化资源中获取心理学发展动力和研究启示。

再次是心理学发展的传统与更新。其实，任何根源于本土文化的心理学发展，都有自己的历史传统。心理学的生存和演变，都不可能完全放弃或脱离自己的传统。或者说，心理学的发展和变革，都是在传统的基础之上进行的。但是，心理学的发展又必须是对传统的超越，又必须是基于传统的更新。例如，在中国的文化历史中，就有着十分重要的心理学传统，那就是心性心理学。当然，在中国的文化传统中，不同的思想派别有不同的心性学说。不同的心性学说，发展出了不同的对人心理的解说。例如，儒家的心性说实际上就是儒家的心性心理学。儒家强调的是仁道。仁道不是外在于人的存在，而就存在于个体内心。那么，个体的心灵活动就应该是扩展的活动，体认内心的仁道。只有觉悟到了仁道，并按仁道行事，才可以成为圣人。这就是内圣外王的历程。那么，中国心理学在新世纪的发展并不是要回复到原有的老路上去，而是一种创新。但是，这又是在汲取中国本土文化资源基础上的心理学创新。所以，将其命名为新心性心理学。新心性心理学以探讨和揭示心理科学、心理文化、心理生活和心理环境为目标，以开创和建立中国自己的心理学学派、理论、方法和技术为己任，以推动和促进中国心理学的创新、创造、发展和繁荣为宗旨。①

最后是心理学演变的分裂与融合。科学的心理学或者是西方的科学心理学从诞生之日起，就处于分裂的状态之中。那么，心理学能否成为统一的学问，能否成为统一的学科，就成为心理学发展中的重大问题。对心理学本土化的发展来说，不同的本土心理学是否会延续或

---

① 葛鲁嘉：《新心性心理学的理论建构——中国本土心理学理论创新的一种新世纪的选择》，《吉林大学社会科学学报》2005年第5期。

加重心理学的分裂，就成为重要问题。心理学能否统一和怎样统一是其发展面对的课题。心理学的不统一体现在价值定位方面，即心理学是价值无涉的还是价值涉入的科学。价值无涉是指中立和客观的立场。这要求研究者不能把自己的取向强加给研究对象。价值涉入是指价值的导向和定位。这强调研究者与研究对象的一体化，突出人的意向性和主观性，重视人的自主性和主动性。心理学的不统一也体现在理论、方法和技术方面。理论的不统一在于心理学拥有不相容的理论框架、假设、建构、思想、主张、学说、观点、概念等。方法的不统一在于心理学容纳了多样化研究方法，而方法之间有巨大差异和分歧。技术的不统一在于心理学进入现实社会、引领生活方式、干预心理行为、提供实用手段的途径和方式多样化。心理学不统一不在于多样化，而在于多样化形态和方式之间相互排斥和倾轧。随着心理学的进步、发展和成熟，促进其统一就成为重大问题和目标。心理学有过各种统一尝试，包括知识论的统一、价值论的统一和知识与价值的统一。心理学统一的关键是建立共有的科学观。正是不同的科学观导致了不同的心理学。心理学科学观涉及心理科学的边界和容纳性，理论构造的合理和合法性，研究方法的可信和有效性，技术手段的限度和适当性。

五　心理学本土化的出路与结局

　　心理学的本土化出路与结局是对中国心理学发展的一种本土化的定位。这使得中国心理学的发展必然要有自己本土的性质和特征，必然要有自己独特的偏重和特色，必然要有自己强调的内涵和方式。心理学本土化的出路与结局就在于将其定位为文化的心理学、历史的心理学、生活的心理学、创新的心理学、未来的心理学。

　　心理学本土化的发展是把心理学确立为广义的文化心理学。文化心理学也是通过文化来考察和研究人的心理行为的一门心理学分支。近些年来，文化心理学有较为迅猛的发展，正受到人们越来越多的关注。文化心理学实际上经历了三个重要发展时期。在不同时期里，文化心理学的知识论立场、方法论主张、研究进路特色及研究方法特征都有重要的变化。在文化心理学发展的第一个时期，文化心理学的研究目标是在追求共同和普遍的心理机制。当时的文化心理学假定了人类有统一的心理机制，从而致力于从不同文化中去追寻这一本有的中枢运作机制的结构和功能。在文化心理学发展的第二个时期，文化心理学开始关注人类心理的社会文化的根源，转而重视人的心理行为与文化背景的联系，从社会文化出发去考察和说明人的心理行为。这一方面是指有什么样的社会文化，就有什么样的心理行为模式。另一方面是指运用特定文化的观点和概念来探讨和说明人的心理行为的性质、活动和变化。在文化心理学发展的第三个时期，文化心理学强调人的主观建构。那么，文化就不再是决定人心理行为的外在存在，而是人的觉知、理解和行动的内在存在。正是人建构了社会文化，人也正是如此建构了自己特定的心理行为的方式。[①] 其实，所谓文化心理学不仅仅是一个心理学的分支，而且可以作为心理学研究和发展的理论范式。这就会实际上影响对心理学研究对象的理解和对心理学研究方式的确立。

　　心理学本土化的发展是把心理学确立为广义的历史心理学。任何心理学的发展都有自己的历史渊源、历史演变、历史传统和历史延续。所谓心理学的本土化，也是在为心理学确定其历史的传统。这种历史的传统给定了科学心理学的发展历程、发展道路、发展形态、发展方向、发展可能。其实，所谓历史的心理学，并不就是指过去的心理学，被超越的心理学，被扬弃的心理学，而是指心理学的历史根基、历史流变、历史进步、历史道路。当然，最为重要的是，心理学应该有自己的历史资源。本土心理学应该成为自身未来发展的历史资源。

　　心理学本土化的发展是把心理学确立为广义的生活心理学。中国

[①] 余安邦：《文化心理学的历史发展与研究进路》，《本土心理学研究》1996 年第 6 期。

本土的心理学有着十分清晰的引进国外发达国家心理学的标签，常常是与中国本土的生活有着十分重要和清晰的界线。这就把生活本身出让给了常人的常识心理学。科学心理学的研究就成为象牙塔中少数人的特权。中国心理学的本土化一个十分重要的目标，就是能够使科学心理学的研究走入本土文化中的普通人的日常生活。那么，科学的心理学能不能体现为生活的心理学，就成了心理学本土化一个十分重要的定位。中国本土的心理学应该成为生活的心理学。

心理学本土化的发展是把心理学确立为广义的创新心理学。其实，中国心理学的本土化并没有现成的道路好走，并没有现成的东西可以继承，并没有现成的方式可以照搬。这就决定了中国心理学的本土化历程必然和必须要走创新的道路。那么，对于中国本土心理学来说，原始性的创新就应该成为所要追求的重要学术目标。然而，对于中国现代心理学来说，这却是非常薄弱的环节。对于许多心理学的研究者来说，引进的才是心理学，创新的却很难被看作心理学。

心理学本土化的发展是把心理学确立为广义的未来心理学。严格来说，中国心理学的本土化并不仅仅就是为了解决心理学发展的现实问题，而且是为了解决心理学发展的未来问题。这种未来心理学应该代表着中国心理学的发展方向、发展可能、发展潜力、发展定位。那么，中国心理学的本土化并不仅仅是要确定自己发展的道路，而且是要提供自己发展的可能。这包括创立新的学说理论、研究方法和技术手段。

本书由吉林大学哲学—社会学一流学科建设项目资助

新本土心理学

NEW INDIGENOUS
PSYCHOLOGY

下 册

葛鲁嘉 著

中国社会科学出版社

下册目录

第六编　中国本土心理学的根基

导论：心理学中国化的寻根 ………………………………… 529

第一章　人类心理的哲学探索 ……………………………… 532

　　一　哲学心理学的思辨 ………………………………… 533
　　二　心理学哲学的反思 ………………………………… 535
　　三　心理逻辑学的融汇 ………………………………… 538
　　四　心灵哲学的新探索 ………………………………… 541
　　五　认知哲学的新思路 ………………………………… 544

第二章　本土心理的哲学基础 ……………………………… 552

　　一　儒道释学派 ………………………………………… 552
　　二　心性的学说 ………………………………………… 555
　　三　互补与互动 ………………………………………… 557
　　四　本土的资源 ………………………………………… 560

第三章　中西传统哲学心理学 ……………………………… 564

　　一　西方文化的哲学心理学 …………………………… 564
　　二　中国文化的哲学心理学 …………………………… 568
　　三　中西合璧的哲学心理学 …………………………… 570

第四章　中国文化的心性学说 ·········· 575

- 一　心性学思想传统 ·········· 576
- 二　儒家心性学传统 ·········· 579
- 三　道家心性学传统 ·········· 582
- 四　佛家心性学传统 ·········· 585
- 五　传统的创新发展 ·········· 590

第五章　本土心性心理学源流 ·········· 592

- 一　心性论的心理内涵 ·········· 592
- 二　儒家的心性心理学 ·········· 594
- 三　道家的心性心理学 ·········· 596
- 四　佛家的心性心理学 ·········· 598
- 五　心性心理学的创新 ·········· 602

第七编　中国本土心理学的资源

导论：心理学中国化的源流 ·········· 607

第一章　心理学多学科的汇聚 ·········· 610

- 一　不同学科的心理学 ·········· 610
- 二　学科的分类与界限 ·········· 613
- 三　学科的互涉与互动 ·········· 615
- 四　学科的交叉与跨界 ·········· 619

第二章　心理学多形态的评判 ·········· 623

- 一　心理学的多元形态 ·········· 623
- 二　不同形态评判视角 ·········· 625
- 三　不同形态评判学科 ·········· 626

- 四　不同形态评判内容 ………………………………… 629
- 五　不同形态评判方式 ………………………………… 632
- 六　不同形态评判结果 ………………………………… 634

第三章　文化心理学演变历程 ………………………………… 636
- 一　文化心理学学科演变 ……………………………… 636
- 二　无文化的文化心理学 ……………………………… 638
- 三　有文化的文化心理学 ……………………………… 642
- 四　分文化的文化心理学 ……………………………… 646

第四章　常识心理学学科启示 ………………………………… 649
- 一　常识心理学关联哲学 ……………………………… 649
- 二　常识心理学关联文学 ……………………………… 654
- 三　常识心理学关联医学 ……………………………… 656
- 四　常识心理学与历史学 ……………………………… 658
- 五　常识心理学与宗教学 ……………………………… 662
- 六　常识心理学与社会学 ……………………………… 664

第五章　宗教心理学两种类别 ………………………………… 666
- 一　宗教形态的心理学 ………………………………… 666
- 二　不同的宗教心理学 ………………………………… 669
- 三　宗教的宗教心理学 ………………………………… 670
- 四　科学的宗教心理学 ………………………………… 673
- 五　两者的学术性关联 ………………………………… 676

第六章　宗教心理学学科资源 ………………………………… 679
- 一　宗教哲学论的理论反思 …………………………… 679
- 二　宗教人类学的种族探索 …………………………… 681
- 三　宗教社会学的社会把握 …………………………… 684
- 四　宗教文化学的文化考察 …………………………… 685

下册目录

　　五　宗教历史学的传统挖掘 …………………………… 687
　　六　宗教语言学的符号分析 …………………………… 690
　　七　宗教艺术学的审美表达 …………………………… 694
　　八　宗教民俗学的风习流变 …………………………… 695

第八编　中国本土心理学的内涵

导论：心理学中国化的理解 ……………………………… 703

第一章　心理学的文化学取向 …………………………… 706
　　一　心理学与文化关系的研究 …………………………… 706
　　二　心理学与文化关系的内涵 …………………………… 709
　　三　心理学与文化关系的性质 …………………………… 714
　　四　心理学与文化关系的反思 …………………………… 720

第二章　后人类时代的心理学 …………………………… 723
　　一　后人类时代来临 …………………………………… 723
　　二　从人类到后人类 …………………………………… 726
　　三　后人类主义时代 …………………………………… 728
　　四　后人类主义原则 …………………………………… 730
　　五　后人类与心理学 …………………………………… 733
　　六　心理学的新突破 …………………………………… 735

第三章　心理学本土化的演变 …………………………… 738
　　一　心理学研究的本土定位 ……………………………… 738
　　二　心理学研究的本土资源 ……………………………… 742
　　三　心理学研究的本土理论 ……………………………… 746
　　四　心理学研究的本土方法 ……………………………… 749

第四章　心理学研究学科性质 ················ 755

    一　自然科学的心理学研究 ················ 755

    二　社会科学的心理学研究 ················ 758

    三　人文科学的心理学研究 ················ 761

    四　中间科学的心理学研究 ················ 765

    五　心理学的基本学科性质 ················ 768

第五章　心性论的心理学内涵 ················ 772

    一　中国本土的心性论 ················ 772

    二　心性心理学的结构 ················ 775

    三　心性心理学的特点 ················ 776

    四　心性心理学的要义 ················ 778

    五　心性心理学的建构 ················ 779

    六　心性心理学的创新 ················ 780

第六章　中国本土心性心理学 ················ 783

    一　心道一体的设定 ················ 783

    二　心性论理论构造 ················ 785

    三　心性论理论扩展 ················ 788

    四　心性心理学走向 ················ 790

    五　心性心理学重心 ················ 792

第九编　中国本土心理学的考察

导论：心理学中国化的探求 ················ 797

第一章　地理与心理关系探索 ················ 800

    一　地理环境 ················ 800

二　人地关系 ……………………………………………… 803
　　三　风水文化 ……………………………………………… 805
　　四　风水学说 ……………………………………………… 806
　　五　图式理论 ……………………………………………… 809
　　六　地域心理 ……………………………………………… 811

第二章　精神境界特性与提升 …………………………………… 814
　　一　心灵的境界 …………………………………………… 814
　　二　境界的分类 …………………………………………… 817
　　三　境界的阶梯 …………………………………………… 821
　　四　生活的引领 …………………………………………… 826

第三章　常人智慧心理学考察 …………………………………… 829
　　一　智慧心理学的研究 …………………………………… 829
　　二　普通人的生活智慧 …………………………………… 832
　　三　普通人的交往智慧 …………………………………… 834
　　四　普通人的洞察智慧 …………………………………… 836

第四章　心理成长与心理生成 …………………………………… 841
　　一　已成的存在 …………………………………………… 841
　　二　生成的存在 …………………………………………… 847
　　三　创造的生成 …………………………………………… 851
　　四　成长的内涵 …………………………………………… 853
　　五　文化的差异 …………………………………………… 856
　　六　文化的沟通 …………………………………………… 858

第五章　人的心理生活的质量 …………………………………… 861
　　一　心理生活的质量 ……………………………………… 861
　　二　心理生活的拓展 ……………………………………… 868
　　三　心理生活的幸福 ……………………………………… 874

第六章　多元存在的心理环境 …… 886

　　一　心理自然境 …… 887
　　二　心理物理境 …… 889
　　三　心理生物境 …… 891
　　四　心理社会境 …… 893
　　五　心理文化境 …… 895
　　六　心理生态境 …… 899

第十编　中国本土心理学的建构

导论：心理学中国化的未来 …… 905

第一章　还原论的原则与超越 …… 908

　　一　研究的还原主义 …… 908
　　二　物理主义的还原 …… 910
　　三　生物主义的还原 …… 911
　　四　还原主义的理解 …… 913
　　五　还原主义的去留 …… 915
　　六　共生主义的超越 …… 917

第二章　心理学的生态化思潮 …… 919

　　一　心理学的生态学转向 …… 919
　　二　心理学的生态学原则 …… 922
　　三　心理学的生态自我研究 …… 925
　　四　心理学的生态方法论 …… 929
　　五　心理学的生态发展观 …… 931

第三章　心理学共生主义原则 ……………………………… 937

　　一　共生主义的滥觞 ……………………………………… 937
　　二　共生主义的含义 ……………………………………… 939
　　三　共生主义的原则 ……………………………………… 942
　　四　共生主义的影响 ……………………………………… 944

第四章　大数据时代的心理学 …………………………… 948

　　一　大数据时代的基本特征 ……………………………… 949
　　二　大数据时代的科学发展 ……………………………… 952
　　三　大数据时代的心理科学 ……………………………… 955
　　四　大数据时代心理学研究 ……………………………… 956
　　五　大数据时代心理学应用 ……………………………… 958

第五章　本土心理学理论创新 …………………………… 961

　　一　心理学创新的历史使命 ……………………………… 961
　　二　心理学理论范式的创新 ……………………………… 963
　　三　心理学理论构造的创新 ……………………………… 967
　　四　心理学本土理论的创新 ……………………………… 970
　　五　新理论心理学研究突破 ……………………………… 972

第六章　本土心理学核心理论 …………………………… 980

　　一　本土系列的探索 ……………………………………… 982
　　二　心性系列的探索 ……………………………………… 984
　　三　形态系列的探索 ……………………………………… 986
　　四　理论系列的探索 ……………………………………… 988
　　五　新探系列的探索 ……………………………………… 990
　　六　分支系列的探索 ……………………………………… 992

第六编

中国本土心理学的根基

导论：心理学中国化的寻根

本土心理学显然是在不同的文化土壤中生长出来的心理学。那么，在不同的文化中就会有不同的本土心理学。所谓的心理学本土化，就是为了导向和建构植根于特定文化土壤中的心理学。然而，文化是具有异质性的存在，或者说文化是具有多样性的存在，也可以说文化又是具有独特性的存在。这就必须承认，在不同的文化传统中，在不同的文化根基上，在不同的文化环境里，就会生长出和存在着不同的心理学。

中国本土心理学的探索应该去确立自己的根基。这不仅是心理学中国化的最为根本的支撑力量，而且也是心理学中国化的最为重要的养分来源。无论是心理学的本土化，还是心理学的中国化，还是心理学的本地化，还是心理学的本源化，心理学的起源、发展和壮大都需要明确自身的根基，这也就可以称之为心理学中国化的寻根。中国心理学的发展和壮大需要引进、介绍、模仿、复制和学习，但更为需要突破、更新、创造、开拓和自立。

任何的心理学的起源和发展，实际上都是立足于本土的文化。那么，本土文化中的核心理念、基本框架和理论预设等等就都会体现在心理学的探索和研究之中。西方的心理学探索、西方的科学心理学、西方的实证心理学，实际上就是立足于西方的文化传统、西方的思想文化、西方的学术资源。但是，在西方的科学心理学或西方的实证心理学、西方的人文心理学或西方的人本心理学、传入到中国本土之后，就必然要与中国的文化传统、中国的思想文化、中国的学术资源等等产生差异、形成对立、导致冲突。那么，了解、理解、考察和把握心理学的文化基础、思想基础、哲学基础和理论基础的差别，就成为了核心的和重要的任务。

很显然，中西方的文化存在着重要的和根本的差别，这也就使得成为心理学发展的哲学根基的，以及成为中国心理学发展的哲学根基的，西方的哲学和中国的哲学是存在着重要差异的。西方的哲学心理学是哲学家以哲学思辨的方式对人的心理行为的探索。西方的哲学心理学是建立在西方文化主体与客体相分离，主观与客观相对立的基础之上的。中国的哲学心理学则与西方的哲学心理学有所不同。中国哲学的思想家提供的不仅仅是关于人的心理行为的思辨猜测。中国的哲学心理学是建立在中国文化主体与客体相一体，主观与客观相统一的基础之上的。在中西文化的跨文化沟通和交流的过程中，有过中西方文化传统的汇集和汇合，也有过中西方哲学思想的碰撞和交锋，也有中西方心理学传统跨界的互通和互动。这也在许多不同的理论尝试中促成了中西合璧的哲学心理学探索。

中国本土文化中的非常独特的和非常重要的理论贡献就是心性的学说。当然，在中国的文化传统中，不同的思想派别有不同的心性学说。不同的心性学说，发展出了不同的对人的心灵或心理的解说。首先是儒家心性说。儒家的学说是由孔子和孟子创立的。在中国传统文化的儒、道、释三家中，儒家学说的重心在于社会，或者说在于个体与社会的关系。儒家强调的是仁道。当然，仁道不是外在于人的存在，而就存在于个体的内心。那么，个体的心灵活动就应该是扩展的活动，体认内心的仁道。只有觉悟到了仁道，并且按仁道行事，才可以成为圣人。这就是内圣外王的历程。其次是道家心性说。道家的学说是由老子和庄子创立的。在中国传统文化的儒、道、释三家中，道家学说的重心在于自然，或者说在于个体与自然的关系。道家强调的是天道。当然，天道也不是外在于人的存在，而是潜在于个体的内心。那么，个体也可以通过扩展自己的心灵，而体认天道的存在，并循天道而达于自然而然的境界。再次是佛家心性说。佛家的学说是由释迦牟尼创立的，是从印度传入中国的。在中国传统文化的儒、道、释三家中，佛家学说的重心在于人心，或者说在于个体与心灵的关系。佛家强调的是心道。当然，心道相对于个体而言是潜在的，是人的本心。那么，个体可以通过扩展自己的心灵而与本心相体认。

中国本土心理学的发展，心理学中国化的学术建构，需要深厚的根基，需要文化的资源和需要创新的发展。心性心理学的思想，心性心理学的源流，心性心理学的传统，就可以为中国心理学的当代创新和创造提供最为重要的根基。天人合一、主客统一、心道一统、心性一体，也就可以成为心性心理学构建人的心理生活、把握人的现实生活、创造人的生活世界、提升人的心理质量、构造人的心理环境、促进人的心理成长、达成人的心理共生等等的最为重要的根基和最为核心的根本。

第一章 人类心理的哲学探索

哲学是探索人类心灵、心理、心智的最为重要和核心的学科分支。哲学心理学的思辨是哲学家或思想家对人类心灵的性质与活动的解说和阐释，是他们建立起来的有关人类心灵的性质与活动的明确的思想体系。心理学哲学是在哲学心理学之后诞生的，或者说是在实证的科学心理学形成之后而出现的。心理学哲学不再是哲学家关于人类心理的直接的解说或解释，而是哲学家对心理学研究中的关于心理学研究对象和心理学研究方式的理论预设的哲学反思。在认知科学的框架下，心理学与逻辑学交叉融合，产生了逻辑心理学和心理逻辑等新兴学科。心灵哲学有时被称为心智哲学。认知哲学是从属于认知科学学科群的。人工智能哲学仍然以自己的方式，涉及了人工智能研究中的重大思想前提的问题，重大理论预设的问题。这些思想前提或理论预设影响到了人工智能的研究走向、学术影响和现实价值。

在哲学探索长期的历史演变和进程中，已经积累了大量的相关方面的研究成果。那么去梳理探索人类心灵、心理、心智的哲学分支学科，对于理解哲学相关探索的价值都是至关重要的。其实，在相关领域的研究中，在关于人类心灵或心智的探索中，也还有不同的研究取向、研究分支、探索的内容、探索的方式。除了哲学心理学，还有心灵哲学、心智哲学，以及心理学哲学。无论是心灵哲学，还是心理学哲学，都是特定的研究的分支学科，都具有特定的含义或特定的指称。那么，哲学形态的心理学就与心灵哲学、心理学哲学，存在着特定的关系。

一 哲学心理学的思辨

哲学心理学并不是心理学的一个分支学科，而是心理学一种特定的形态。从哲学心理学到哲学形态的心理学，这是一种跃升。哲学形态的心理学有更大的和更广的容纳。哲学形态的心理学从产生来看，有着十分久远的历史。这也就是说，哲学形态的心理学是伴随着哲学思考的出现而形成的。通常认为，自从实证的科学心理学诞生之后，哲学心理学就被淘汰和替代了。哲学心理学已经成为了历史的遗迹和学术的垃圾。但是，这种理解是过分简单化了和极端理想化了。问题就在于，哲学心理学并没有在人类的思想界消失，也没有在科学的研究中灭亡。无论是在哲学的探索之中，还是在心理学的研究之中，哲学形态的心理学都在不断变换着自己的身形和面孔。但是，重要的是要能够合理地定位哲学形态的心理学。

哲学形态的心理学是心理学的早期的形态。所谓"早期的"并不是指只在早期存在，现在已经消亡了，而是指出现的时间，也是指延续的时段，存在的形态，探索的方式。哲学形态的心理学是伴随着人类思想家关于世界的思考而开始的。人要想了解和认识世界，就要解决人关于世界的认识问题。人类的认识怎样才能把握自己所面对的世界。这种哲学认识论的探索就包含了关于人的心理行为的认识和理解。

因此，这就是最早的关于人的心理的哲学探索。这也就是哲学心理学的产生。哲学心理学就是哲学家关于人类心理行为的思辨解说。在哲学家的视野中，关于心灵的探索是非常重要的内容。无论是在人类文明的早期，还是在文化发展的当代，解说和阐释心灵都是哲学家的重要任务。

哲学家的心灵探索具有非常重要的学术价值和理论意义。尽管哲学家的研究立场、理论预设、思想基础、学术主张等存在着重大的差异和区别，但这并不影响哲学家的心灵探索所具有的思想价值和学术价值。哲学家的心灵探索对于心理学研究者来说，并不是无足轻重的。哲学家的心灵探索不仅对于人类理解自身的心理行为具有思想引导的意义，而且对于各个不同学科的学者研究人类的心理行为也具有理论预设的价值。

当然了，哲学关于人类心灵的探索可以体现在不同的学术分支之中，每一种研究分支都有自己独特的关注和探索的内容。这形成了不同的研究侧重和研究关联。但是，汇聚起来却构成了理解心灵的多样化的知识和思想。

从哲学中分离出来成为独立的科学门类之前，心理学就包含在哲学之中，是哲学研究的组成部分。在这个阶段中的心理学探索也被称为哲学心理学的探索。这是哲学家或思想家对人类心灵的性质与活动的阐释，是他们建立起来的有关人类心灵的性质与活动的明确的思想体系。哲学心理学是建立在心理生活经验的直观基础上的哲学探索。实际上，在不同的文化传统中，存在着不同的哲学心理学的探索。例如，可以区分为西方文化传统中的哲学心理学和中国文化传统中的哲学心理学两种文化样式。[①]

西方文化传统中的哲学心理学是建立在主体与客体相分离的基础之上，或者说是建立在研究者与研究对象相分离的基础之上。西方的哲学心理学是把人的心灵、精神、心理或行为作为哲学思辨的对象，并构造出概念化和体系化的理论说明。这样的哲学心理学理论仅仅是有关人类心灵的一种直观推论或思辨猜测。那么，西方哲学心理学的理论就存在着两个致命的缺陷。第一，哲学心理学家缺乏验证的手段，而无法证实自己阐释人类心灵的理论揭示的就是对象本身的特性和规律。第二，哲学心理学家缺乏干预的手段，而无法使自己阐释人类心灵的理论控制和改变对象本身的属性和活动。后来的西方科学心理学的建立，就在于突破了哲学心理学的这两个缺陷。科学心理学一方面采用了实证的方法来验证理论的假设，另一方面采用了技术的手

[①] 葛鲁嘉：《心理文化论要——中西心理学传统跨文化解析》，辽宁师范大学出版社1995年版。

段来干预心理的活动。

中国文化传统中的哲学心理学则是建立在主体与客体的一体化的基础之上，或者说是建立在研究者与研究对象的一体化的基础之上。中国的哲学心理学强调的是心灵的自觉或自我的超越。这是一种反身内求的学问，是通过人的内心修养，提升人的精神境界，去体认内心潜在的天道，从而达于天人合一。显然，中国古代哲人对人的心灵的阐释就不仅是思想观念的理论体系，同时也是精神生活的践行方式。中国的哲学心理学从根本上来说就不存在西方的哲学心理学的那两个缺陷。第一，中国的哲学心理学提出的思想理论本身就是心灵的自觉活动过程的结果，那么形成一种思想理论的过程，实际上也就是体悟印证这种思想理论的过程。第二，中国的哲学心理学提供的思想理论本身就是心灵自我超越的精神发展道路，任何个人对它的掌握实际上都是在践行着一种心理生活的方式。可以说，西方科学心理学的诞生不可能终结中国的哲学心理学。它依然有其生命力。在19世纪的中后期，心理学脱离了哲学的母体，成为了独立的学科。显然，此后心理学便不再从属于哲学，而与哲学之间有了清晰的边界。这使心理学与哲学的关系发生了根本的变化。科学心理学借用了最早从哲学中分离出来的自然科学的研究方式，并力图把心理学建设成一门经验科学和使之完全立足于经验事实。一方面，心理学研究运用了实证的方法，以证实关于人的心理行为的理论说明。另一方面，心理学研究运用了技术的手段，以干预或影响人的心理行为。因此，科学心理学家开始排斥哲学心理学，认为哲学心理学的探索毫无价值，仅仅是哲学家在安乐椅中关于心灵的玄想，是没有任何意义的思想垃圾。

二 心理学哲学的反思

表面上来看，哲学心理学与心理学哲学仅仅是字面上的顺序不同。但是，这两者之间却有着重要的不同或区别。哲学心理学是心理学的早期的形态，是哲学家关于人类心灵的思辨猜测或哲学推论。哲学家的心灵探索也构成了关于人的心灵性质、构成、活动、演变等等的解说。但是，在实证的科学心理学诞生之后，哲学心理学就被放弃或抛弃了。被当成了安乐椅中的玄想，是无法证实的关于心理的解说。

心理学哲学则与哲学心理学不同。心理学哲学是在哲学心理学之后诞生的，或者说是在实证的科学心理学形成之后而出现的。心理学哲学不再是哲学家关于人类心理的直接的解说，而是哲学家对心理学研究中的关于心理学研究对象和心理学研究方式的理论预设的哲学反思。

从哲学中分离出来成为独立的科学门类之前，心理学就包含在哲学之中，是哲学研究的组成部分。在这个阶段中的心理学探索也被称为哲学心理学的探索。这是哲学家或思想家对人类心灵的性质与活动的解说和阐释，是他们建立起来的有关人类心灵的性质与活动的明确的思想体系。哲学心理学是建立在心理生活经验的直观基础上的哲学探索。

在科学与哲学分离开之后，哲学就在改变着自己的探索方式。哲学家不再去直接说明经验的对象，而把经验的对象交给了经验科学去研究。哲学的探索则是反思经验科学家进行科学研究的理论前提或理论预设。心理学的研究不可能是空中楼阁，而是必然要有自己的理论基础或理论前提。对心理学研究的理论前提或理论预设的反思就是心理学哲学的探索。心理学哲学不再去直接探索人的心理行为，而是去直接探索心理科学的立足基础。这种探索的目的就在于使心理学的研究能够从盲目性走向自觉性。心理学哲学的探索一是反思心理学家关于心理学研究对象的预先的理论设定，二是反思心理学家关于心理学研究方式的预先的理论设定。[①]

因此，从哲学心理学的思辨到心理学哲学的反思，这是一种重要的学术原则的转换、学术思想的转变、学术思路的转折。那么，在早

---

① 葛鲁嘉、陈若莉：《论心理学哲学的探索——心理科学走向成熟的标志》，《自然辩证法研究》1999 年第 8 期。

期是哲学心理学的思辨，在后期则是心理学哲学的反思。哲学的探索因此而发生了重大的变革。

心理学与哲学的关系并不是固定不变的，而是随着时代的发展在不断地演变。大致上可以分成两个发展阶段来看心理学与哲学的关系，区分这两个阶段的标志就是心理学作为独立的科学门类的诞生。在前后两个不同的阶段，心理学与哲学的关系发生了重大的改变。

但是，科学心理学脱离了哲学并不等于与哲学没有了关系，而仅仅是改变了与哲学的关系。其实，在科学与哲学分离开之后，哲学就在改变着自己的探索方式。哲学家不再去直接说明经验的对象，而把经验的对象交给了经验科学去研究。哲学的探索则是反思经验科学家进行科学研究的理论前提或理论预设。

可以说，心理科学使人的心理行为成为经验科学的对象，使心理学的探索成为经验科学的方式。但在心理科学的研究中，任何一个心理学家都有自己从事研究的理论前提或理论预设。这是心理学家的研究立场，决定其对心理学研究对象的理解和对心理学研究方式的理解。当然，心理学研究的理论预设可以是隐含的，心理学家没有明确地意识到自己的理论立场，或者说是不自觉地运用了相应的理论前提。心理学研究的理论预设也可以是明确的，心理学家能够清楚地意识到自己的理论立场，或者说是自觉地运用了相应的理论前提。

实际上，心理学从哲学中独立出来成为经验科学中的一员之后，并没有就此摆脱了对哲学的依赖，而仅是改变了对哲学的依赖方式。心理学的研究不可能是空中楼阁，它必然要有自己的理论基础。对心理学研究的理论前提或理论预设的反思就是心理学哲学的探索。心理学哲学不再去直接探索人的心理行为，而是去直接探索心理科学的立足基础。这种探索的目的就在于使心理学的研究能够从盲目性走向自觉性。

三 心理逻辑学的融汇

有研究者指出了，早在20世纪50年代初，皮亚杰就提出了"心理逻辑学"。皮亚杰的心理逻辑有广义和狭义之分。广义的心理逻辑，包括与感知运算阶段相对应的动作逻辑，与前运算阶段相对应的直觉逻辑，与具体运算阶段相对应的类逻辑、关系逻辑，与形式运算阶段相对应的命题逻辑。以不同类型的逻辑语言来描摹不同发展水平上的认知结构，反映出皮亚杰的泛逻辑思想。狭义的心理逻辑只研究运算逻辑，即具体运算阶段的类逻辑、关系逻辑以及形式运算阶段的命题逻辑。尤以命题逻辑为其研究的重点，所以人们有时也称心理逻辑为形式运算逻辑。皮亚杰创立的心理逻辑学除了运用逻辑语言对主体的整个认知结构的发生过程作了一般性的描述以外，最主要的或者说探讨得较为深入细致的，是对命题运算的组合性系统以及同一、反演、互反、对射四元转换群功能的描述和阐释。

皮亚杰所创立的心理逻辑学，在一些人看来是一种不伦不类的东西。如有的心理学家认为，皮亚杰的工作是以思维的逻辑学研究来代替思维的心理学研究的"明显例子"，有的逻辑学家则否认皮亚杰的心理逻辑是科学的逻辑学研究。[①]

有研究者考察了认知科学框架下心理学、逻辑学的交叉融合与发展。研究指出，20世纪70年代中期，认知科学的建立和发展，为心理学和逻辑学的交叉融合提供了科学依据和学科框架。在认知科学的框架下，心理学与逻辑学交叉融合，产生了逻辑心理学和心理逻辑等新兴学科。逻辑推理受心理因素的影响，是由人参与的、涉身的经验科学。认知逻辑是逻辑学与认知科学交叉发展的新领域，其中心理逻辑、文化与进化的逻辑、神经系统的逻辑尤其值得关注。

---

① 杜雄柏：《皮亚杰"心理逻辑学"述评》，《湘潭大学学报》（社会科学版）1990年第2期。

对认知科学有"广义"和"狭义"两种理解。狭义的理解是把认知科学当作心智的计算理论。广义的理解是在上述研究领域的基础上，增加一些相关学科。认知科学是将那些从不同观点研究认知的追求综合起来而创立的新学科。认知科学的关键问题是研究对认知的理解，不论其是真实的还是抽象的，是关于人的还是关于机器的。认知科学（cognitive science）就是研究心智和认知原理的科学。认知科学由哲学、心理学、语言学、人类学、计算机科学和神经科学6大学科支撑，是迄今为止最大的学科交叉群体，在某种意义上，可以说是数千年来人类知识的重新整合。

认知科学诞生以后，由于研究领域的交叉，发生了众多学科的交叉和融合。心理学与逻辑学也重新融合起来，其结果是心理逻辑学和逻辑心理学的诞生。心智哲学不仅关注和研究与心智和语言相关的认知现象（被称为高阶认知），也关注和研究与身体和无意识相关的认知现象（被称为低阶认知）。这样，在心智哲学中，逻辑学和心理学融合起来了。

现代逻辑与认知科学交叉所得到的新的研究领域和学科群体就是"认知逻辑"。认知逻辑包括哲学逻辑、心理逻辑、语言逻辑、文化与进化的逻辑、人工智能的逻辑和神经网络逻辑。心理学与逻辑学的交叉和融合产生了逻辑心理学和心理逻辑这样一些重要的新兴领域，其发展与认知科学同步。可能的交叉融合形式有两种，即逻辑心理学和心理逻辑学。

逻辑心理学以逻辑要素为自变量，心理要素为因变量。或者说，逻辑心理学把逻辑思维映射到人的心理活动当中去。因此，逻辑心理学把人的心理活动看作是某种形式的逻辑推理的反映，认为人的心理行为受逻辑思维或逻辑推理的影响。逻辑心理学具有以下的特征：其一，逻辑心理学是逻辑因素的心理函数；其二，逻辑心理学以逻辑要素为自变量，心理要素为因变量；其三，逻辑心理学认为，人的心理行为受其逻辑思维或逻辑推理的影响。

心理逻辑学就是逻辑学，可以简称为心理逻辑。所谓心理逻辑以心理要素为自变量，逻辑要素为因变量。换句话说，心理逻辑把人的心理活动看作一种逻辑思维，或者把人的心理活动映射到逻辑推理中。因此，认为逻辑思维或逻辑推理受心理因素的影响。心理逻辑有以下特征：其一，心理逻辑以心理要素为自变量，以逻辑要素为因变量；其二，心理逻辑是逻辑学。心理逻辑是心理因素的逻辑函数；其三，逻辑思维或逻辑推理受心理因素的影响。①

有研究者考察了认知科学背景下逻辑学与心理学的融合发展。研究指出了，19世纪末弗雷格创立的现代逻辑主张排除逻辑学中的一切心理因素，这一观点使得逻辑学与心理学渐行渐远。直到1975年认知科学产生之后，逻辑学和心理学才实现了真正意义上的融合发展，产生了心理逻辑（学）这一新的学科。众多逻辑学家和心理学家进行了大量心理逻辑实验来证明这一观点：人们在进行逻辑推理时要受到心理因素的影响。从心理逻辑的经典实验中，可以得出这样的结论：人类的推理过程并不是严格按照演绎逻辑的规则进行的，还要受到心理因素的影响，心理和逻辑是密切相关的。

认知科学产生之前的逻辑学关注的是如何在逻辑学科体系之下，针对不同类型的语词建立严密的逻辑系统，关于系统是否能够完全反映现实思维则不在研究范围之内；认知科学产生之后，思维或认知成为研究的重心，由此产生的心理逻辑将目光投向人类的实际思维过程，心理因素成为研究的焦点之一。②

应该说，心理逻辑学是以逻辑学的方式探索了人的心理的相关的内容。这是将人的认知活动、人的推理活动、人的情感活动和人的意向活动等，纳入了逻辑学的考察范围和研究内容。

---

① 蔡曙山：《认知科学框架下心理学、逻辑学的交叉融合与发展》，《中国社会科学》2009年第2期。
② 张玲：《心理逻辑经典实验的认知思考——认知科学背景下逻辑学与心理学的融合发展》，《自然辩证法研究》2011年第11期。

四 心灵哲学的新探索

心灵的哲学有时被称为心灵哲学，有时被称为心智哲学。当然，无论是称为心灵哲学，还是称为心智哲学，其含义都是相同的。只不过，心灵哲学更具有历史的气息，心智哲学则更具有现代的气息。

高新民在关于心灵哲学的研究中，提供了关于心灵哲学的基本研究构想。在他看来，心灵哲学可由两大研究领域有机构成。一是以心灵之"体"为对象的心灵哲学，这主要是从"体"的方面研究心理语言的本质特征、所指的对象及范围、表现形式及其特殊本质，各种心理现象的共同本质、不同于物理现象的独特特征，心与身的关系等。这一领域是关系到心灵的科学精神的体现。二是以心灵之"用"为研究对象的心灵哲学。这主要是从"用"的方面研究人类心灵在其生存中的无穷妙用，从幸福观、苦乐观、价值观、解脱论等角度研究人的心态与人的生存状态的关系，心理结构、感受结构对生活质量高低、幸福与否、苦与乐、价值判断与体验、解脱与自由的程度的作用等。这一研究是心灵研究中的人文精神的张扬。

研究心灵之"体"的心灵哲学实际上是由许多不同的研究领域所构成的。在这些研究领域之中，心灵哲学的研究提供了大量的研究成果，并且研究还正在以非常迅猛的速度增加和扩展着。

第一是语义学问题与心理语言的本质。这是心灵哲学的逻辑起点。之所以如此，主要是由描述、指称心理现象的语言即心理语言的本质特点所决定的。心灵哲学的逻辑起点就应该是对心理语词的语言分析。探讨心理语词的语义学问题，即心理语词的意义与所指问题。这包括心理语词是怎样起源的？心理语词与物理语词有何区别与联系？通常关于心理现象的常识术语在什么地方获得自己的意义？用于自己和其他有意识的造物的那些心理语词的恰当的语词定义是什么，指称的是什么？

第二是心理现象的分类和表现的问题。这主要包括了如下的一些问题。这包括心理语词所描述的心理现象有哪些？可以将其概括为哪些种表现形式？如何对心理现象进行分类？传统的知、情、意的三分法是否合理？如果按照三分法，相信、期望、后悔等应该包括在哪一类？心理表现形式的本质与关系是什么？心理现象的基质或主体是什么，是人类、机器、身体、大脑、心灵、精神吗？

第三是本体论问题或心身关系的问题。心身问题也就是被称为心理的东西，或所说的心灵，或所界定的精神，各种心理语词的所指中有没有共同的本质，如果有，这种共同的本质与物理的本质有何关系，心理现象与物理现象是什么关系，心理的功能与身体的机能是什么关系？究竟是物质决定精神，是身体决定心理，反过来，还是精神决定物质，还是心理决定身体？心物或心身是一元的，还是二元的？等等。

第四是认识论问题或他心和我心问题。显然，存在有两个特别令人困惑的问题。一个就是"他心知"的问题。如果人们相信在我心以外还有他心，那么如何予以证明？换言之，人们能否认识自心以外的他人的心灵及心理活动、过程、事件和状态？如果能认识，是怎样认识的？认识的基础、根据、过程是什么？一个就是"我心知"的问题。这也就是内省与自我意识的问题，即有意识的存在是怎样得到关于自己的思想、情感、信念等的直接知识的？这种知识如何可能，有什么价值？内省能不能作为认识自己心理的方式和途径？如果能，内省本身是如何可能的？怎样回答"意识流"之类的责难？如果内省不可能，人又是怎样得到关于自我的意识的？

第五是心理现象独特性质与特征问题。这包括了如下的主要问题：心理现象有没有不同于物理现象的独特的特征？如果有，心理现象有哪些独特的特征？现在一般认为，心理现象有四个基本的特征，分别是意识性、意向性、感受性和随附性。围绕着这些特征，正进行着激烈的争论，因而这是一个最为活跃、最富成果的研究领域。意识性就关系到意识与心理的关系。例如，意识并不等同于心理，心理还包含了潜意识。意向性就是心理状态指向一定对象的特征。这既是把心理现象与非心理现象区别开来的标志，同时对意向性的研究也成了语言哲学与心灵哲学的交会点。感受性是主体在经历某种心理过程如看、听等时所体验到的主观经验的质的特征或现象学特征。随附性是指心理现象由物理现象所决定、所依存的伴随或附带发生的特征。

除了上述重要领域之外，心灵哲学还有许多横断性的和相对独立性的问题。这主要可以包括如下的一些问题。第一是命题态度和意识内容问题。心理不仅作为一种机能、运动、属性、过程和状态而存在，而且还会表现为内容，即具有语义性。因为一定的心理状态也就是一种特定态度，如相信、知道，而态度总有其内容，后面可以跟随着命题，如"相信天要下雨"。这也就是命题态度。第二是思维语言或心灵语言问题。这是在心灵哲学和认知科学中谈论得非常多的概念，所表示的是一种假设的、不同于自然语言的、类似于计算机所用的形式化语言的东西，这是大脑唯一能够直接把握、理解、加工和操作的东西。许多研究者推断心灵、思维一定拥有自己独特的不同于自然语言的语言。如果是这样，那么这种特定语言的形式、结构、本质是什么？遵循什么样的规则？这种语言的语法、语义向度与自然语言有什么联系？这是怎样起源的，是天赋的还是习得的？

以心灵之"用"为研究对象的心灵哲学，就是对人的生存的内在心理方面的哲学心理学研究。换言之，这也就是从哲学心理学的角度对作为生存之内在构成的心理现象的结构、作用及其机制的研究，就是探讨在任何既定的外在条件下，怎样通过心理调节达到改善生存状况、提高生活质量的目的。这一研究的资料来源除了现当代西方的心灵哲学和有关的科学成果之外，主要是传统的东方生存智慧和心灵哲学。在这一领域所应该做的工作主要包括了如下的方面。一是现代人类生存状况考察。二是存在的心灵哲学分析。三是心灵状态对存在状态、生活质量的作用研究。四是心态结构及其生存价值研究。这也就是对各种与生存感受有关的心理现象及其体验进行全面的现象学考察，像描述性心理学所倡导的那样对人的各种心理过程、状态、作身临其境的描述。五是心态优劣及其生成研究。心态优劣是生存质量高低的重要条件和标志。六是奠定于心灵哲学基础上的幸福观、价值观、境界论和理想人格论之重构。七是人性、人的本质与人的最终解放研究。[①]

很显然，哲学心理学是更为传统的研究领域，这个研究领域在当代的心灵哲学的研究中已经得到了极大的扩展。因此，哲学心理学与心灵哲学就成为了相互缠绕的研究关系。这共同形成了一个日益广阔的探索领域和研究范围。当然，表面上看起来，心灵哲学似乎正在取代哲学心理学的研究。但是，实际上哲学心理学正在扩展成为哲学形态的心理学，而哲学形态的心理学完全可以包容心灵哲学的探索。

五 认知哲学的新思路

认知科学是当代发展最为迅猛的大学科群。关于人的认知的研究和探索汇聚了自然科学、社会科学和人文科学的一系列学科分支。在认知科学中含纳了心理学、语言学、神经科学、计算机科学、人类学和哲学的研究。尽管哲学的研究常常受到具体实证科学研究者的质疑，但是，哲学的探索也属于认知科学中的重要组成部分，认知科学本身经历了研究纲领或研究取向的重大转折。从基本的研究范式上，可以说认知科学经历了认知主义、联结主义和共生主义的演进过程。

在研究的早期，有研究者从人工智能与人类智能的关系上，开展了关于人工智能的哲学探讨。这应该说是一个非常初级的和非常简单的层面。研究指出，人工智能就是以控制论、心理学、仿生学、语言学、计算机技术等学科为基础发展起来的新兴学科。人工智能的目标是研究并模拟人的智能，进一步扩展人类的智能。人工智能就是用人工制造的机器——智能机模拟人脑的思维，也就是把人的推理、学习等功能赋予机器。智能模拟机虽然非常复杂，包括了很多部分，但其主要部分是计算机。所以，也可以把智能模拟机叫作智能计算机。应该说，人工智能与人的智能是有不同的，本质区别就在于：第一，人工

[①] 高新民：《广义心灵哲学论纲》，《华中师范大学学报》（人文社会科学版）2000年第4期。

智能虽然在功能上与人的思维是等效的，但是人工智能包括不了思维的本质。人脑和电脑是两种不同的运动过程：人脑是复杂的生理—心理过程，电脑则是机械—物理过程。第二，人的思维具有社会性和主观能动性，而智能机不具备这些属性。思维是社会实践的产物，只有在社会中实践着的人才能有思维。智能机再复杂也不是实践活动的主体。人工智能与人类智能相比较，人工智能在局部上可以超过人的智能，而在整体上则不及人的智能。机器的"智慧"不过是人的智慧的"物化"，从总体上讲这并不能超出人类智慧的界限。人工智能同人的智能相比，也有着一定的局限性。人工智能只能模拟人的某些自然属性，而人的社会属性是不能模拟的。对人工智能系统的研究应该采取"人机结合"的方针。人机智能系统是人脑与电脑构成的统一体，是人与计算机各自完成自己最擅长的任务、优势互补的统一体。人机智能系统就是使智能计算机与人之间形成一种合作关系，系统的智能是人机合作的产物。①

有研究者考察的是人工智能的界限，也就是人工智能能实现的和不能实现的。研究指出了，在严格意义上，机器智能只能部分放大而不能取代人的思维。人类思维有多种形式：逻辑思维、直觉思维、形象思维、辩证思维，在人脑中结成网络并不断发展。人工智能仅能放大人的悟性活动中的演绎方法，这是有极限的，不可能取得真正的主体性，更不能超越人的理性思维和价值主体性界限。

人工智能研究的目的，就是把人智赋予机器，这就是机器智能。机器智能与机器思维是两个概念。从过程上来看，机器智能一开始是分离的，而机器思维进程是非分离的。思维能把系统（包括人—机系统）的行为高度地限定在任务目标中，并能从环境中提取线索，以便指示过程沿着目标前进，将知识转化为方法，去处理、控制、变革变化着的对象，并从中诊断自己的错误予以修正，肯定和分析自己的成绩，以便提高自己今后的能动性。这是人类的实践推理即思维的智慧，是机器智能无可企及的。从结构上来看，机器结构的分离性与人

---

① 张云台：《人工智能及其前景的哲学思考》，《科学技术与辩证法》1995年第6期。

脑结构的分离性具有的不同之处在于，机器智能不在于离散处理信息的方式，而只在于机器能"理解"的信息的形式，而人类能理解信息的内容。

研究者认为，在严格的意义上，机器智能只能部分放大而不能取代人的思维。所谓"严格意义"，是指人类理性的本质特征是辩证思维。辩证思维是与逻辑思维相对应的一种思维方式。对概念本性的辩证思维是人类理性的本质内容，使人类从偶然中发现了必然，从形式中理解了内容，从现象中抽象出本质，从而得以认识客观世界的规律性。在这个意义上说，辩证思维是人工智能不可逾越的鸿沟。

计算机不能模拟人的"价值观"。广义价值论者将价值主体扩展到生物界，也适用于智能机器。但是，广义价值论并不能说明人工智能将拥有价值观，这种扩展而来的主体只是存在的主体，广义价值论将其直接提升为价值主体，而不是像传统价值论那样经过认识主体这一中介。广义价值论并不能说明人工智能将拥有价值观，由于没有意识、没有自由意志，这个目的，这个"善"就不是主观性的，因而仍然只是一种系统变换的终态。广义价值论并不能说明人工智能将拥有价值观，还在于道德与价值论域只能是有伦理意识的人这一唯一的主体，将其扩展到人工智能论域是毫无意义的。[①]

有研究者是考察了科学哲学的探索对人工智能所带来的影响。研究指出，在近半个世纪人工智能的发展过程中，对其产生了广泛而深刻影响的哲学分支主要有三个，那就是认识论、逻辑学和科学哲学。科学哲学对人工智能的作用在于，传统人工智能以符号处理为核心，故与强调对科学知识作合理重建的逻辑经验主义具有较强的相关性，这样由逻辑经验主义者所提出和发展的确证概念和归纳逻辑等便早早成了传统人工智能的组成部分。20世纪70年代后期掀起了知识工程的热潮，结果波普尔的证伪主义和拉卡托斯的科学研究纲领成了一些人工智能工作者设计专家系统的方法论原则。20世纪80年代以后随

---

① 李亚宁:《关于人工智能极限研究的哲学问题》,《四川大学学报》（哲学社会科学版）1999年第6期。

着分布式人工智能的出现，科学共同体的思想又开始融入人工智能研究的主流。由于科学活动是人类智能的集中体现，而其产品则是人类智慧的结晶，故当人工智能研究者试图通过建构智能系统以达到对人类智能的模拟和理解时，便自然要关注人所从事的科学研究过程和科学知识的结构、功能，可见人工智能与科学哲学之间天然地存在着关联。

当人工智能的研究者去建构人类的智能系统，需要相应的知识时，便自然会倾向于从科学哲学这样已经相对成熟的学科中寻求有用的概念、理论和方法。这样，科学哲学就能对人工智能的发展产生实实在在的影响。另外，作为一门学科，人工智能形成和发展的规律及方法论上的特质本身就可成为科学哲学的研究对象。由于建构人工智能系统本身是一个探索性和实践性都很强的研究过程，因此在这个过程中必然会形成新的概念、理论和方法。所有这些反过来又可为科学哲学工作者所利用和借鉴，并给科学哲学研究带来新的机遇。就科学哲学工作者而言，对人工智能这样尚未成熟而又日趋兴旺的学科作理性思考和分析应该特别具有吸引力，并有可能开辟出科学哲学研究的新方向，而这将进一步加强科学哲学与人工智能的关联，从而在科学哲学与人工智能之间形成相互作用、相互促进的局面。作为哲学的一个分支，科学哲学能够发挥其特有的批判功能，从而为人工智能的研究和发展提供方法论上的指导。对于人工智能来说，科学哲学的另一个作用，就是及时地从实践活动和研究成果中揭示其方法论意义，剖析由于智能产品的问世而会产生的社会影响和对人类进化历程所可能引起的改变。

不仅科学哲学对人工智能的发展能起到积极的推动作用，反过来人工智能也可以为科学哲学的繁荣和发展做出贡献，而且这种贡献随着人工智能的日趋成熟和兴旺将不断增大。由于人工智能是一门经验性和技术性都很强的学科，因而借助科学哲学或其他途径所具体实现的智能产品，转而又可以成为检验科学哲学中已有模型和理论有效性的手段，甚至有条件充当鉴别不同学派对立观点之优劣的试验床。人工智能中所形成和发展起来的新概念、新理论和新方法可为科学哲学工作者所利用或借鉴，从而能够开创科学哲学研究的新局面。随着人工智能的发展，智能自主体在认识和改造世界方面的能力将会进一步提高。这样一来，不仅需要对人在科学研究中所扮演的角色重新加以审视和定位，而且必将改变科学哲学的研究对象之侧重点、范围和研究方法，从而为科学哲学的繁荣起到很好的催化作用。[1]

有研究者是从人工智能去理解科学技术哲学关于科学发展和科学进程的理解。研究表达和指出了人工智能的研究在什么层面或侧面，体现了科学哲学研究中的实证主义、证伪主义、历史主义、多元主义关于科学技术发展的思想、解说和阐释。

首先是从人工智能看作为方法论的证实与证伪主义。就人工智能的整体发展来看，单纯的逻辑经验主义和波普尔的证伪主义思想，都只能在某些方面切近真实的科学历程，而在另外的方面又有着明显的偏离甚至扭曲。这种过于严格的证实要求和过于武断的批判理性，对尚在发展阶段的新兴科学而言是十分不利的，因此，作为方法论来说，就对人工智能这类新兴学科的发展有着很大的局限性。

其次是从人工智能看科学哲学中的历史主义思想。人工智能中确实形成了库恩意义上的范式，确实发生了革命并且有着新的范式产生，产生了理论的革命性突变和飞跃。然而，新兴学科中的这些新范式却并没有如库恩所指出的那样，是一种格式塔的转换，从而完全取代旧的范式，而是以多个范式并存的形式，从不同的侧面和不同的时空阶段，发展和推进着科学的历程。

最后是从人工智能看科学哲学中的多元主义思想。实际上，人工智能中联结主义、行为主义、进化主义对一直占主导地位的传统逻辑主义的挑战，以及人工智能科学家在一定时期置反常于不顾，而坚持一种理论以推动人工智能发展的历史已经表明，作为普遍性标准的一元主义方法论，都有其一定的适用范围和内在的历史局限性。科学中事实与理论不一致，绝不是抛弃理论的理由，而是发展更多理论的源泉。科学理论确实是一个开放的系统。要在科学中剥夺反对的权利，

---

[1] 郦全民：《科学哲学与人工智能》，《自然辩证法通讯》2001年第2期。

就一定会损害科学的发展，反之，被设想为一种批判性事业的科学将会从这些活动中受益匪浅。这样，新兴科学在任何时候都表现出理论的"坚韧性"，并在不断地"增生"，理论在任何时候都是多元的且只有理论多元论才符合科学发展的实际情况。[①]

有研究者考察了人工智能中知识获取面临的哲学困境及其未来走向。研究指出，所谓知识获取就是把问题求解的专门知识，如事实、经验、规则等，从专家头脑或其他知识源，如书本、文献中提取出来，然后将其转换成计算机系统内部展示的过程。知识获取的任务是：获取领域专家或书本上的知识，在对其理解、选择、分析、抽取、汇集、分类和组织的基础上，转换成某种形式的系统内部表示；对已有的知识进行求精；检测并消除已有知识的矛盾性和冗余性，保持知识的一致性和完整约束性；通过某种推理或学习机制产生新的知识，扩充知识库。

知识获取面临哲学困境。在人工智能的发展过程中，曾经盛行的认识论是符号主义、联结主义和行为主义。符号主义又称逻辑主义和物理符号系统假设，这种假设本质上认为知识是由客体的符号和这些符号之间的关系组成的，智能是这些符号及其符号之间关系的适当操作。在符号主义指导下的专家系统在发展过程中，会遇到三大难题。首先，在研制专家系统时，知识工程师要从领域专家那里获取知识，这是一个非常复杂的从个人到个人的交互过程，没有统一的办法。其次，知识工程师在整理、表达从领域专家处获得的知识时，用产生式规则表达局限性太大，知识表达又成为一大难题。最后，人类专家的知识是以拥有大量的常识为基础的，常识的运用成为第三大难题。联结主义是一种基于神经网络及网络间的连接机制与学习算法的智能模拟方法。这一方法从神经心理学和认知科学的研究成果出发，把人的智能归结为人脑的高层网络活动的结果，强调智能活动是由大量简单的单元通过复杂的相互联结后并行运动的结果。联结主义者工作的目

[①] 盛晓明、项后军：《从人工智能看科学哲学的创新》，《自然辩证法研究》2002年第2期。

标从用符号模拟大脑,转变成用大规模并行计算建构大脑。即使经历了从符号主义到联结主义范式的转变,模拟人类高级智能的目标依然遥远。其中的一个重要原因是,大脑结构是经历了长期生命进化与环境的交互作用形成的,试图通过机器程序建立一个与大脑功能类似的人工网络,实在是过于困难。造成困难的另一个重要原因是,联结主义仍然难以摆脱常识知识问题。行为主义是一种基于"感知—行动"的行为智能模拟方法。这一方法认为智能取决于感知和行为,取决于对外界复杂环境的适应,而不是表示和推理;不同的行为表现出不同的功能和不同的控制结构,期望认知主体在感知刺激后,通过自适应、自学习、自组织方式产生适当的行为响应。

  知识获取会面临着一系列的挑战。一是生态学的挑战。生态学的研究范式来自于一些人工智能专家、认知科学家、心理学家与人类学家的共同信念,这些信念在许多方面与符号加工范式、联结主义范式相对立,认为认知过程不是发生在每个人头脑或智能机内部的信息加工过程,否定在人为环境中研究认知现象的价值,认为认知并不会发生在所处的文化背景之外,即所有的认知活动都是由文化背景塑造的。二是社会学的挑战。知识获取倾向于忽视认知或知识的社会方面。认知科学专家都极力地避免考虑某些本不可以忽视的因素,如环境背景、经验情感、文化历史等因素对人的行为和思维的影响。三是现象学的挑战。时下的知识获取没有适当考虑人类思维或认知中意识经验的作用。现象学分析的基本问题是避免把注意力集中于物理事件本身,而是更多地注意这些事件是怎样被知觉到和经验到的。四是解释学的挑战。知识获取专家大都忽视了对人类认知现象进行叙述性和解释性说明,缺乏解释学的维度。哲学领域日益关注"社会认识论",批评西蒙等人的认知个体主义,主张在认识论中加入一个"社会"的维度。[①]

  国外有研究者在《人工智能哲学》一书中,汇集了人工智能思想

[①] 高华、余嘉元:《人工智能中知识获取面临的哲学困境及其未来走向》,《哲学动态》2006年第4期。

界的著名学者的代表性研究。这都是在人工智能的半个世纪的发展历程中，所陆续发表的影响了人工智能研究的重要论文。这些论文中的思想涉及了有关人工智能的非常重要的方面，都是非常有创建的和具有开拓性的研究。这表达出了人工智能研究与哲学探索之间的非常密切的关系。这也表明了，人工智能的研究具有迥然相异的哲学方法论。或者说，在科学的家族之中，没有哪一个学科能比人工智能与哲学的关系更为密切。正如在该书的导言中所说的，人工智能哲学与心灵哲学、语言哲学、认识论等紧密相联，同时又是认知科学哲学，特别是计算心理哲学的核心。该文集中的研究论及了人工智能的发展历史，简述了人工智能所遇到的困难和当今的困惑，论述了经典人工智能哲学的基本概念、主要问题和相关结论，阐述了经验知识的重要性及其在智能模拟中的作用。尤为独特的是，研究还涉及了人工智能研究中的对立的思想和观点。特别是涉及了有关人类心灵与计算心灵之间的类比和模拟、联系和差异、表征和计算、大脑和心灵、符号和联结、心理和物理等一系列重大的问题。①

人工智能的研究已经成为一个汇集众多学科的大科学研究。尽管在人工智能的具体研究中，有许多属于科学阵营的科学家对哲学的参与有着各自不同的排斥态度，但是人工智能哲学仍然以自己的方式，涉及了人工智能研究中的重大思想前提的问题，重大理论预设的问题。这些思想前提或理论预设影响到了人工智能的研究走向、学术影响和现实价值。显然，人工智能的发展非常需要思想的突破和支撑。

在人工智能的研究中，哲学的探索实际上起着非常重要的作用。无论是心灵哲学、语言哲学、符号哲学、思维哲学，还是逻辑哲学、宗教哲学、文化哲学等，都在人工智能的研究中扮演着重要的角色。

---

① ［英］博登：《人工智能哲学》，刘西瑞等译，上海译文出版社2001年版。

第二章 本土心理的哲学基础

　　心理学的文化哲学基础，既包括了西方文化传统中的哲学思想派别，也包含了中国本土文化传统中的独特文化哲学基础。这可以成为中国本土心理学发展的重要文化资源。中国传统文化中，有百家的思想，但占主流和主导地位的则是儒、道、释三家。儒、道、释的心性学说，就是中国本土心理学研究的文化哲学基础。儒家、道家和佛家均不是把一以贯之的道看作人之外或心之外的对象化存在，而把一以贯之的道看作与人或与心相贯通的人本化存在。中国文化中的非常独特和非常重要的理论贡献就是心性的学说。不同的思想派别，有不同的心性学说。不同的心性学说，发展出了不同的对人的心理的解说。儒、道、佛的心性论实际上也有着相互或彼此之间的互补与互动。中国的文化传统中，有自己的独特的心理学传统。从中国本土心性心理学，或者说从中国儒家、道家和佛家的心性心理学传统，可以提取、发展和创新的是心道一体或心性统一的心理学。所以，没有必要按照西方的方式来开发中国本土的心理学。

一　儒道释学派

　　儒家、道家和佛家各有其不同的思想源流，但它们同作为中国文化的重要组成部分，也有其共同的探讨主题。它们均把心灵、社会和宇宙作为一个整体来加以阐释，它们也常常吸收和借鉴别家的思想观点，进而更体现出了它们的许多共同之处。儒家、道家和佛家都努力寻求理解普遍的统一性。中国古代思想家通常把道看作体现着这样的统一性。义理之道是儒家学说的根本和核心。自然之道是道家学说的根本和核心。菩提之道是佛家学说的根本和核心。

儒家、道家和佛家均不是把一以贯之的道看作人之外或心之外的对象化存在，而把一以贯之的道看作与人或与心相贯通的人本化存在。蒙培元先生提到，中国哲学的儒、道、佛三家都把心灵问题作为最重要的哲学问题来对待，并且建立了各自的心灵哲学。三家均认为，天道与心灵是贯通的。天道内在于人而存在，内在于心而存在。心灵对天道的把握，就不是通过外求的对象性认识，而是通过内求的存在性认识。那么，中国哲学关注的就是心灵的自我超越，是以心灵的自觉来提高精神境界，体认自身更高的存在，和实现人的存在的意义和价值。①

儒家学派的主流所讲的心，是心，是性，是理，同时是道。人的本心即是性，所谓心性合一；而性则出于天，所谓天命之谓性。那么，心、性、天就是合而为一的。正如蔡仁厚先生所说，"这样的心，不但是一个普遍的心（人皆有之），是自身含具道德理则的心（仁义内在），而且亦是超越的实体性的心（心与性天通而为一）"。② 尽管人心与本性，与天道是相通的，但这却是潜在的，它求则得之，舍则失之，人必须通过自己的内心修养来觉解和实现它。所以儒家强调"下学上达"。即孟子所说："尽其心者，知其性也。知其性，则知天矣。"（《孟子·尽心上》）儒家内圣成德的工夫就在于"存心养性""养其大体""先立其大"等，由此而达到"天人同德"或"天人合一"，所谓"唯天下至诚，为能尽其性，能尽其性，则能尽人之性。能尽人之性，则能尽物之性。能尽物之性，则可赞天地之化育。可以赞天下之化育，则可以与天地参矣"。（《中庸》第二十二章）

道家学派也主张道内在于心而存在，即与道合一的道德心。道德心来源于宇宙生生之道，它具有超越意。道德心的活动表现为神明心，它具有创生意。道德心是潜在的，而神明心则可以将其实现出

---

① 蒙培元：《儒、佛、道的境界说及其异同》，《世界宗教研究》1996年第2期。
② 蔡仁厚：《儒家心性之学论要》，台北：文津出版社1980年版。

来。道家的成圣之路，也是要达于天人合一的境界。与道合一，实际上是心灵不断的内在觉解，即老子所说的"涤除玄览"的功夫，亦即庄子谈到的"弃知"或"坐忘"，进而便能做到"致虚极，守静笃"，或"照之于天"。只要实现了道德心，或体认于道，就可以进入无为而无不为的境界。这也是心灵的自我超越，是精神境界的提升。

　　佛家学派则讲宇宙之心，这是宇宙同根、万物一体的形上学本体，这也称为"本心"或"佛性"。禅宗主张众生皆有佛性，佛性就在每个人的心中，或者说每个人的心中本来就有佛性。佛家也讲"作用之心"，作用之心是本性之心的作用，它是现实的或经验的，可以实现本体之心。佛家注重禅定修证的工夫，通过作用之心的活动，来觉悟内心的佛性，从生死轮回中解脱出来，这种解脱也叫"涅槃"，即与佛性或宇宙之心相合一。佛家中有渐修成佛或顿悟成佛的修证上的分别。渐修成佛强调逐渐地禅定修行，积累的境界提升。顿悟成佛则强调自然的不修之修，一跃的大彻大悟。当然，也有强调渐顿并举的，渐修是养心，顿悟是见佛。

　　儒家、道家和佛家均认为，人可以通过内心修养来提升自己的精神境界，可以通过超越自我来实现"大我"或"真我"，可以通过明心见性来体认普遍的统一性，可以通过意义觉解来获取人生的真意和完美。人的存在是作为不同的个人或个体，很容易陷入一己的偏见，一己的私情，一己的利欲，这无疑会阻碍其觉悟和实现内心潜在的道。尽管每个人都有可能与道相合一，但并不是每个人都会实现这种潜在性。因此，存在着人的精神境界的高下之分，达到最高境界的人是理想的人或拥有理想化的人格，儒家将其称为圣人，道家将其称为真人，佛家将其称为佛祖。每一家都强调由自我超越而实现的人格的超升。只有超越了一己之我，一个人才能成为圣人，成为真人，成为佛祖，从而把握宇宙的真实和融于永恒的道体。

二 心性的学说

　　中国文化中的非常独特和非常重要的理论贡献就是心性的学说。当然，在中国的文化传统中，不同的思想派别有不同的心性学说。不同的心性学说，发展出了不同的对人的心理的解说。首先是儒家心性说。儒家的学说是由孔子和孟子创立的。在中国传统文化的儒、道、释三家中，儒家学说的重心在于社会，或者说在于个体与社会的关系。儒家强调的是仁道。当然，仁道不是外在于人的存在，而就存在于个体的内心。那么，个体的心灵活动就应该是扩展的活动，体认内心的仁道。只有觉悟到了仁道，并且按仁道行事，才可以成为圣人。这就是内圣外王的历程。其次是道家心性说。道家的学说是由老子和庄子创立的。在中国传统文化的儒、道、释三家中，道家学说的重心在于自然，或者说在于个体与自然的关系。道家强调的是天道。当然，天道也不是外在于人的存在，而就潜在于个体的内心。那么，个体也可以通过扩展自己的心灵，而体认天道的存在，并循天道而达于自然而然的境界。再次是佛家心性说。佛家的学说是由释迦牟尼创立的，是从印度传入中国的。在中国传统文化的儒、道、释三家中，佛家学说的重心在于人心，或者说在于个体与心灵的关系。佛家强调的是心道。当然，心道相对于个体而言是潜在的，是人的本心。那么，个体可以通过扩展自己的心灵而与本心相体认。

　　在中国的文化传统中，哲学就是无所不包的学问。正如有学者所指出的，从某种意义上来说，中国的哲学就是一种心灵哲学，就是回到心灵，解决心灵自身的问题。中国哲学赋予了心灵特殊的地位和作用，认为心灵是无所不包的和无所不在的绝对主体。[①] 其实，中国本土的文化中的心性说，就是关于人的心灵的重要学说。

[①] 蒙培元：《心灵的开放与开放的心灵》，《哲学研究》1995年第10期。

儒家的心性论也是儒学的核心内容。通常认为，儒学就是心性之学。① 也有学者认为，心性论是儒学的整个系统的理论基石和根本立足点。所以，儒学本身也就可以称之为心性之学。② 儒家的心性论强调人的道德心和仁义心是人的本心。对本心的体认和践行，就是对道德或仁义的体认和践行。那么，人追求的就是尽心、知性、知天。这也就是孟子所说的"尽其心者，知其性也。知其性，则知天矣"。（《孟子·尽心上》）这也就是孔子所说的下学上达。儒家所说的性是一个形成的过程，即"成之者性"，所以孔孟论"性"是从生成和"成性"的过程上着眼的。③

道家的心性论把"无为"看作根本的存在方式，也是人的心灵的根本的活动方式。"无为"强调的是道的虚无状态，强调的是"致虚守静"的精神境界。无为从否定的方面意味着无知、无欲、无情、无乐。无为从肯定的方面意味着致虚、守静、澄心、凝神。道家也强调"逍遥"的心性自由境界。④ 老子强调的是人的心性的本然和自然，庄子强调的是人的心性的本真和自由。⑤

佛教的心性论强调佛性就在人的心中，是人的本性或本心。禅宗是佛教的非常重要的派别。参禅的过程就是对自心的佛性的觉悟的过程。这强调的是自心的体悟、自心的觉悟的过程。禅宗也区分了人的真心和人的妄心，区分了人的净心和染心。妄心和染心会使人迷失了真心和污染了净心。⑥ 禅宗的理论和方法可以有两个基本的命题。一是明心见性，一是见性成佛。禅宗的修行强调的是无念、无相、无住。"无念为宗，无相为体，无住为本。"⑦

中国本土心理学的发展和演变应该是立足于本土的资源，应该是

---

① 杨维中：《论先秦儒学的心性思想的历史形成及其主题》，《人文杂志》2001年第5期。
② 李景林：《教养的本原——哲学突破期的儒家心性论》，辽宁人民出版社1998年版。
③ 李景林：《教养的本原——哲学突破期的儒家心性论》，辽宁人民出版社1998年版。
④ 郑开：《道家心性论研究》，《哲学研究》2003年第8期。
⑤ 罗安宪：《中国心性论第三种形态：道家心性论》，《人文杂志》2006年第1期。
⑥ 方立天：《心性论——禅宗的理论要旨》，《中国文化研究》1995年第4期。
⑦ 汤一介：《禅宗的觉与迷》，《中国文化研究》1997年第3期。

提取本土的资源，应该是利用本土的资源。在本土文化的基础之上来建构特定的心理学，也是近些年来许多学者努力的方向。在中国本土文化的基础之上来建构中国本土的心理学，这也是当前中国心理学研究者追求的目标。回到中国本土文化之中，挖掘中国本土文化中的心理学资源，这已经成为许多中国心理学研究者的自觉的行动。当然，不同的研究者着眼点也就不同，关注的内容也就不同，思考的方向也就不同。

三　互补与互动

儒、道、佛的心性论实际上也有着相互或彼此之间的互补与互动。这在众多学者的研究中，都得到了体现。方立天先生就探讨了儒、佛以心性论为中心的互动互补。研究进而指出，儒、佛思想主旨决定了心性论必然成为两者成就理想人格的理论基础，儒、佛心性论内涵的差异又为双方互动互补提供了可能，而儒、佛心性论内涵的局限又决定了两者互动互补成为了各自思想发展的需要。儒、佛在互相碰撞、冲突、贯通、融会的过程中，在心性思想上寻觅到了主要契合点，儒、佛在心性论上互动互补的四个基本内容：推动了儒、佛的学术思想重心分别向性命之学或佛性论转轨；促进佛家突出自心的地位、作用和儒家确立心性本体论；广泛地调整、补充、丰富两者心性论思想的内涵，增添了新鲜内容；彼此互相吸取容摄对方的心性修养方式方法。

从儒、佛心性论互动的全过程来看，其最基本的特色是鲜明的互补性，即双方的互相借鉴、吸收、融会和补充。儒、佛心性论的互补现象不是偶然的：首先，从儒、佛学说的主旨、结构来看，儒家学说主要是教人如何做人，如何成为君子、贤人、圣人，为此它强调在现实生命中去实现人生理论，追求人生归宿，也就是要求在现实生命中进行向内磨励，完善心性修养。这样，心性论也就成为儒家理想人格和伦理道德学说的理论基础。佛教是教人如何求得解脱，成为罗汉、菩萨、佛，为此它强调修持实践，去恶从善，摆脱烦恼，超越生死，这也离不开主体的心性修养，离不开主观的心理转换，心性论也成为佛教转凡成圣、解脱成佛学说的理论基础。心性论作为儒、佛分别成就理想人格的理论基础，为双方在这一思想领域进行互动互补提供前提。其次，儒、佛两家由于重入世或重出世的区别，追求理想人格的不同，以至原来在心性思想的内涵界定、心性修养的途径、方法等方面都存在差异，这种差异为双方互动互补提供可能。再次，印度佛教心性论的内容虽然十分丰富，但是与中国重现实的人生哲学传统并不协调，为此，中国僧人必须作适当的调整，使之中国化。先秦儒家心性学说虽然也有一定的规模和基础，但是不够细密、深刻，缺乏体系化，而且后来一度衰落，亟须充实、发展，就是说，儒、佛心性论的互动互补也是各自思想文化发展的需要。

在心性修养方式方法上，儒佛两家的互相影响是广泛而深刻的。一是儒学的"道中庸"与佛学的"平常心"。"中庸"，平庸，平常。意思是说，君子尊崇天赋的性理，同时讲求学问而致知，使德性和学问臻于博大精微的境界，而又遵循平常的中庸之道。这里包含着强调在日常生活中实现境界提升的意义。这是一种在严酷的现实世界中的安身立命之道，是成就人生理想人格的重要模式，成为了中国古代士大夫为人处世的基本原则。由此形成的思维定式，必然影响到轻视印度佛教经典，重视自我心性修养的禅宗人的修持生活轨迹，这也就是在平常心态中实现内在超越，在平常生活中实现精神境界的飞跃。二是儒学的"尽心知性"与佛学的"明心见性"。儒家的"尽心知性"说给中国佛教宗派心性修养方法以启示。儒家重视伦理道德，提倡"反求诸己"，向内用功。孟子倡导的尽心知性就是一种反省内心的认识和道德修养方法。儒家这种修养方法对中国佛教的影响是深刻的。中国佛教宗派的心性修养方法与儒家尽心知性的修养方法，在内涵界定、具体操作、价值取向和终极关怀等方面都是有所不同的，但是儒佛两家都重视发明心或善心，都重视认知或体证人的本性，都重视反省内心（内省），在心性修养问题的思维方式和思维方法上是一致的。三是儒学的"情染性净"与佛学的"灭情复性"。四是儒学的"发明本心"与佛学的"识得本心"。五是儒学的"神悟"与佛学的"顿悟"。六是儒学的"静坐"与佛学的"禅定"。①

佛教与道教之间也有着彼此的重要的影响。方立天先生论述了佛教对道教心性论的思想影响。研究指出,老庄道家和魏晋玄学影响了佛教尤其是禅宗的心性论,随后佛教特别是禅宗的思想又反过来影响了道教的心性论。研究从轮回果报与形亡性存、万法皆空与忘身无心、心生万法与心为道体、明心见性与修心炼性诸方面,分析了佛教对道教心性论的影响,强调了佛教对道教在转变人的形体、生命、人性、心性修养、人生理想的看法上起了巨大的推动作用,并指出就心性思想影响的深度和广度来说,佛教尤其是禅宗都超过了儒家对道教的影响。

一是轮回果报与形亡性存。佛教对道教发生影响最早的是轮回果报观念。佛教从自身的基本理论缘起论出发,强调善有善报,恶有恶报,众生依其善恶行为所得之报应,在过去、现在、未来三世中生死轮回,或超越生死轮回而进入涅槃境界。由于因果报应是上推前生下伸来世,在理论上似乎更为"精致",在实践上,又无从检验,也就为道教所接纳。道教学者修改了长生不死的说法,提出人的形体都不可避免地要死亡,长生不死的当是人的神性、精神。这种说法为道教日后转向重视心性修养埋下了重大的理论契机。

二是万法皆空与忘身无心。佛教大乘空宗学派从缘起论出发,阐扬一切事物都无自性,万法皆空,认为现象、本体、工夫、境界都是空无自性的。这种思想体现出佛教的脱俗出世、追求外在超越的基本立场,成为佛教的主导思想之一。道教认为宇宙万物皆由"道"演化而成,是真实的、实有的。但是随着万法皆空思想在东晋和南北朝时代获得广泛的流传,道教也受到了冲击和影响,导致道教学者对道教原来的身心理论的重新调整和修改。道教还吸收佛教"空无自性"的学说来阐述一切事物的本性,强调人的心灵本性是空寂的。由于佛教万法皆空思想的影响,道教学者还阐发了"无滞""无心"的观念。

---

① 方立天:《儒、佛以心性论为中心的互动互补》,《中国哲学史》2000年第2期。

三是心生万法与心为道体。受佛教唯心思想的影响，为了突出"心"在道教修炼中的重要作用，道教学者首先把"心"与"道"沟通起来，把"心"界定为"道"的内涵，宣扬"心为道本"的思想。在修道问题上，道教学者也仿照佛教把修持的重心转向提倡"识心""观心""灭心""虚心""炼心""治心""修心"等诸方面来，强调在心上用工。

四是明心见性与修心炼性。道教的修心炼性说有其内在的思想演变根据，同时也是受儒、佛两家心性论思想影响的结果。佛教，尤其是禅宗的明心见性思想对道教修心炼性说的导引、启示作用最为显著。佛教的佛性论与禅宗明心见性说的阐扬，对道教的道性论与性命双修说的提出产生了直接的影响，进而推动了道教从贵生养身向修心炼性转轨。

佛教对道教在转变人的形体、生命、人生、人生理想的看法上起了巨大的推动作用，使之转向于心性修养；佛教尤其是禅宗对道教所论述的心性内涵、心性与外境、心性与道、心性与空、心性与形体等之间的关系和心性修养及其境界等，也都产生了深刻的影响。①

其实，正是儒、道、佛的心性论之间的相互影响和相互促进，推动了中国本土的心性论、心性说或心性学的扩展和完善。这也就特别地关注到了人的心性在日常生活之中的展现和表达，以及修养与成长。

四 本土的资源

有学者的研究指出，"心"或"心理"等词语在汉语中有相当长的历史，对这些词语的理解反映了中国人关于"心理"的认识和理解。中文的"心"往往不是指一种身体器官而是指人的思想、意念、情感、性情等，故"心理学"这三个汉字有极大的包容性。任何学科

---

① 方立天：《略论佛教对道教心性论的思想影响》，《世界宗教研究》1995年第3期。

都摆脱不了社会文化的作用,中国心理学亦曾受到意识形态、科学主义和大众常识等方面的影响。近年中国学者对心理学自身的问题进行了反思。从某种意义上说,中国人对"心理"和"心理学"的理解或许有助于心理学的整合,并与其他国家的心理学一道发展出真正的人类心理学。①

其实,中国的文化传统中,有自己独特的心理学传统。这也是独立的和自成系统的心理学探索。在中国的心理学传统中,也有着特定的和大量的心理学术语。当然,最为重要的是提供对本土的心理学概念的考察和分析,并能够从中找到核心的内涵和价值。②

有研究者考察了中国文化与心理学,在他们看来,"东—西方心理学"作为心理学的一个术语,那么它的基本内涵是要把东方的哲学与心理学思想传统,包括中国的儒学、道家、禅宗以及印度佛教和印度哲学、伊斯兰的宗教与哲学思想、日本的神道和禅宗等,与西方的心理学理论及实践结合起来。由于"东—西方心理学"这一概念主要是西方心理学家们提出来的,所以,它所强调的是对东方思想传统的学习与理解。③

中国本土的学者也探讨了《易经》与中国文化心理学,他们认为,中国文化中包含着丰富的心理学思想和独特的心理学体系,那么这种中国文化的心理学意义,也自然会透过《易经》来传达其内涵。他们在"《易经》与中国文化心理学"一文中,以《易经》为基础,分"易经中的心字""易传中的心意""易象中的心理"等几个方面阐述了《易经》中所包含的"中国文化心理学"。同时,他们也将比较与分析《易经》对西方心理学思想所产生的影响,尤其是《易经》与分析心理学所建立的关系。例如,汉字"心"的心理学意义可以是在心身、心理和心灵三种不同的层次上,表述不同的心理学的意义,但以"心"为整体,却又包容着一种整体性的心理学思想体系。比

---

① 钟年:《中文语境下的"心理"和"心理学"》,《心理学报》2008年第6期。
② 葛鲁嘉:《中国本土传统心理学术语的新解释和新用途》,《山东师范大学学报》(人文社会科学版)2004年第3期。
③ 高岚、申荷永:《中国文化与心理学》,《学术研究》2008的第8期。

如，在汉字或汉语中，思维、情感和意志，都是以心为主体，同时也都包含着"心"的整合性意义。这也正如"思"字的象征，既包容了心与脑，也包容了意识和潜意识。①

应该说，中国文化、中国哲学、中国传统中的心理学是非常值得挖掘的。当然，这不仅仅是文化、哲学和传统中的心理学思想和心理学古董，而且也是特定的心理学形态和心理学资源。问题的关键在于找寻中国本土心理学的核心理论。这就是心性学说，这就是心性心理学。而在此基础之上的发展就是中国心理学的当代创新。

有的研究者曾试图把中国的新儒学看作中国的人文主义心理学。但是，这种研究仍然没有很好地说明西方的人本主义心理学与中国的人本主义心理学的联系和区别。在该研究者看来，与西方心理学以科学主义为主体的"由下至上"的研究思路不同，中国传统心理学探究走的是"由上至下"的研究路线，即从心理及精神层面最高端入手，强调心理的道德与理性层面，故其实质是人文主义的。现代新儒学作为人文主义心理学研究典范，具有心理学研究"另一种声音"的独特价值与意义。现代新儒学研究背景及思路的展开，呈现出以传统心理学思想为深厚根基的中国近代心理学的独特个性与自信。这是现代新儒学对中国心理学的最大贡献。中国心理学发展由于其特殊的历史条件，在进入近代时期开始明显地区分为两条路线：一条是直接从西方引进的科学主义心理学，如果说这一路线是外铄的结果，那么另一条则是自生的人文主义心理学。近代时期不仅是中国科学心理学的确立与形成期，更是中国人文主义心理学在与外来文化的对撞、并融中，对自身特质的首次自觉、反省与确证，而现代新儒学无疑是担当这一重任的主角。西方心理学中的科学主义和人文主义主要是源自心理学学科的双重属性，且人文主义更多是科学主义的附属与补充。中国近代心理学的科学主义和人文主义，从根本上来看，则是由本土文化繁衍的人文主义对自西方外铄而来的科学主义的抗衡，相比于西方人文主义的阶段性与工具性，本土人文主义具有更多的主动性与自觉性。

---

① 申荷永、高岚：《〈易经〉与中国文化心理学》，《心理学报》2000 年第 3 期。

作为中国思想文化组成之一的中国心理学，将以其独步样式影响并带动西方心理学共同实现人性的真实回归也并非奢望。而这也是现代新儒学之于中国心理学的最大贡献所在。[1]

儒学也好，新儒学也好，其最大的心理学贡献应该是儒学的心性学说，是儒学的心性心理学。科学主义和人文主义的分离、分裂和分立是西方文化传统的特产。在中国的文化传统中，原本就没有这样的分离、分裂和分立。从中国本土心性心理学，或者说从中国儒家、道家和佛家的心性心理学传统，可以提取、发展和创新的是心道一体或心性统一的心理学。所以，没有必要按照西方的方式来开发中国本土的心理学。

---

[1] 彭彦琴：《另一种声音：现代新儒学与中国人文主义心理学》，《心理学报》2007 年第 4 期。

第三章 中西传统哲学心理学

西方的哲学心理学是哲学家以哲学思辨的方式对人的心理行为的探索、解说和阐释。西方的哲学心理学是建立在西方文化主客体相分离的基础之上的。中国的哲学心理学则与西方的哲学心理学有所不同。中国的哲学思想家所提供的并不仅仅是关于人的心理行为的思辨猜测。中国的哲学心理学是建立在中国文化主客体相一体的基础之上的。在中西文化的跨文化沟通和交流的过程中，有过中西方文化传统的汇集和汇合，也有过中西方哲学思想的碰撞和交锋，也有中西方心理学传统跨界的互通和互动。这也在许多不同的理论尝试中促成了中西合璧的哲学心理学探索。

一 西方文化的哲学心理学

西方的哲学心理学是哲学家以哲学思辨的方式对人的心理行为的探索。西方的哲学心理学是建立在西方文化主客体相分离的基础之上的。人的心理行为被当作客观的研究对象，研究者只是毫不关己的旁观者。哲学家依据日常生活的经验，来说明和解释人的心理行为。问题在于，这种关于心理行为的描述、解说和理论是不是心理行为作为客观对象的实际状况。显然，研究者没有办法去证实。显然，经验直观的研究必然是揣测、猜测、预测，必然是推论、推断、推演等等。所以，在科学心理学诞生之后，科学心理学家就放弃、抛弃、舍弃了哲学心理学，把其当成了历史的垃圾。

有研究者认为，西方哲学心理学的研究实际上为后来心理学的发展提供了理论基础和发展生机。哲学思辨具有方法论的作用,哲学阐释具有启蒙性的作用,哲学理论具有导向性的作用。哲学心理学的思辨性通过理性的分析,也阐发了许多有见地的心理学思想。[1]

西方的哲学心理学包括联想主义心理学和官能主义心理学。联想主义心理学的基本主张在于,一是所有的心理都可以由联想加以说明;二是以简单的心理活动的联合来解释复杂的心理活动;三是联想遵循着一定的规律,可以分为联想主律和联想副律。联想主律如接近律、相似律、对比律等。联想副律也有许多研究细分。联想主义心理学是西方近代最早的心理学流派,17 到 19 世纪盛行于英国,为英国哲学家霍布斯和洛克所发端,代表人物有英国学者哈特莱、穆勒父子、布朗、培因,等等。

官能主义心理学的基本主张在于,一是注重心理活动的内在基础;二是把心灵看作一个完整的和能动的整体;三是心灵具有各种不同的官能,而不同的官能决定着不同的心理活动。官能主义心理学也是西方近代最早的心理学流派,17 到 18 世纪盛行于德国,主要代表人物有德国哲学家沃尔夫、苏格兰哲学家黎德、德国医学家加尔等。

西方的哲学心理学的一个非常重要的学派就是联想主义心理学。联想主义心理学实际上是西方的哲学心理学的历史性的贡献。对后来的心理学发展产生了深远的影响。联想主义心理学起源于古希腊时期,形成和发展于西方近现代哲学和心理学中的一种心理学理论。如果从产生的时间来看,联想主义心理学是西方心理学思想史中历史最为悠久的心理学思想流派。联想主义心理学一方面继承了古希腊哲学家柏拉图和亚里士多德提出的联想律,另一方面则一直延续在近现代西方心理学思想发展和演变之中。联想主义心理学产生于 18 世纪的英国。在西方心理学思想史中是一个时间延续长久、影响十分广泛的学派。联想主义心理学把人的心理活动都看作观念的联想。所谓联想,即各种观念之间的联结。观念联想的形成遵守三个基本规律:相似律:相似的观念易形成联结;接近律:时间上接近的观念易形成联

---

[1] 杨鑫辉主编:《心理学通史》(第三卷),山东教育出版社 2000 年版。

结；对比律：有着鲜明对比的观念易形成联结。早期的联想主义心理学是在 17 世纪中叶到 19 世纪末叶，代表者有英国哲学家霍布斯。他被认为是联想主义心理学学派的创始者。霍布斯认为人的一切心理活动实质上有两种，即感觉和联想。外部的事物运动影响人的感官，形成人的感觉，感觉通过神经的传导过程，在人脑引起内部运动。当外部运动的影响停止后，所引起的内部运动由于惰性的作用，仍会继续存留，这种残存的内部运动就是表象和观念。英国哲学家洛克、贝克莱、休谟等人则发展了联想主义心理学的思想，认为各种经验都是由感觉或观念的联想形成的。

当然，西方文化中的哲学心理学还体现在了现代西方哲学和当代西方哲学的发展中。在各种不同的现当代西方哲学流派之中，都包含着或拥有着大量的、系统的、深入的关于人的心灵性质、特征、演变、功能等方面的探索。这仍然是属于哲学的思辨考察和思想的理性推论。这包括了怀疑论哲学、经验论哲学、唯理论哲学、意志论哲学、实用论哲学、存在论哲学，等等。

有研究者系统探索了西方马克思主义心理学取向的特点与成就。研究指出，世纪之交以来，随着西方新马克思主义和社会主义研究运动的悄然升温，在西方心理学中又崛起了许多马克思主义的研究流派。除以往的精神分析马克思主义、人本心理学马克思主义和辩证法心理学等思潮之外，还涌现出了实证主义心理学的马克思主义、女权主义心理学的马克思主义、批判心理学的马克思主义和多元主义辩证法等新取向。西方马克思主义心理学新取向乃是西方学者试图从更广阔的视野以新的视角来解读和推进马克思主义心理学的一种努力，是一种现实感非常强烈的社会思潮，其核心是探讨心理学的理解方式和科学发展道路问题。这种理解方式不仅可以为认识西方主流心理学的发展提供新的思考线索，而且也可以为国内学者研究马克思主义心理学的新发展提供理论资源。

探讨西方马克思主义心理学取向的新特点，首先需要区分西方马克思主义心理学取向与西方心理学的马克思主义取向，这是既有联系又有区别的概念。前者主要是指国外马克思主义运动中的心理学发展思潮，而后者则是指在西方心理学领域中兴起的马克思主义研究取向。这里重点讨论的是在西方心理学范畴中的马克思主义研究取向。

一是实证主义心理学的马克思主义研究取向。实证主义心理学的马克思主义是在继承实证主义的马克思主义传统基础上，形成一种突出经验内容和科学实践的心理学流派。他们站在经验主义、实证主义、解构主义和科学主义立场上，对马克思主义的经典文本进行解读，热心推行一种经验性的科学研究和发展计划，同时采纳了辩证唯物主义及其解释经验特性的一般概念，进而形成一种突出经验内容和科学实践的马克思主义，即综合辩证唯物主义的经验科学。在科学观和认识论领域，实证主义的马克思主义心理学取向强调辩证唯物主义是心理学研究的科学基础，认为唯物主义原理是以实证研究为导向的心理学价值观。在方法论上，实证主义的马克思主义心理学研究取向重视以社会历史的方法考察研究心理学。

二是女权主义心理学的马克思主义研究取向。女权主义心理学是在西方女权主义运动中形成和发展起来的一个心理学分支。女权主义心理学者在解读心理学科发展过程中，运用马克思主义对资本主义的深刻批判，以及消灭压迫、消灭异化、实现人的全面发展一系列武器，对传统心理学发起了猛力抨击。女权主义心理学取向的马克思主义者秉承女权主义运动的基本信念，以社会性别视角为基本分析范畴，透视主流心理学中所包含的男性中心主义偏见，使社会性别和社会性别理论成为女性研究与心理学研究的革命性工具，进而力图改变在父权制社会体系下心理学知识领域中要么看不到女性的作用，要么扭曲、病态化妇女形象的不合理状况。

三是批判心理学的马克思主义研究取向。批判心理学在当今世界各地正如火如荼地发展。受批判理论、拉丁美洲解放运动、后现代主义思潮以及女权主义和反种族主义运动的影响，批判心理学分化为许多不同的研究方向和不同的派别。他们普遍强调理论的反思和批判功能，认为主流心理学需要来自基于哲学本质的批判作为一种急救措施。批判心理学的马克思主义取向批评西方主流心理学本质是一种"富人的心理学"，即把抽象孤立的个体看作"人类的全部"或者

"全部有机体"。科学心理学真正的研究对象应当为全体的人。

西方马克思主义心理学取向的主要特点。第一，批判性成为西方马克思主义心理学发展的主要趋势。第二，强调心理学研究对象的社会关系和文化历史性问题是西方马克思主义心理学发展的一大重要特点。第三，研究关注的元素和概念出现了下移。当前西方马克思主义心理学研究出现的另一个显著特点是，所关注的元素与概念较之传统的元素与概念出现了下移的趋势，即不再只研究大的宏观叙事问题，而是微观具体层面，使得马克思主义的概念更贴近心理学的话语系统。①

西方的文化历史、西方的文化传统、西方的文化创造、西方的文化影响，都给西方的心理学，以及世界的心理学，带来了重要和重大的影响。那么，在西方文化中的哲学心理学通过自己独特的理论思辨和理论预设，影响到了西方心理学的长远发展和演变。这可以表达和体现在心理学研究的方方面面。

二 中国文化的哲学心理学

中国的哲学心理学则与西方的哲学心理学有所不同。中国哲学的思想家提供的不仅仅是关于人的心理行为的思辨猜测。中国的哲学心理学是建立在中国文化主客体相一体的基础之上的。在这样的哲学心理学中，没有所谓的研究者与研究对象的分离。每个人都可以既是研究者，也是被研究者。物我不分的道就在每个人的心中。心道一体导致的是对人的心理的揭示就是内心体道的过程，是心灵境界的提升，是人对内心道的体悟和体验，是人对内心之道理的实践或实行。这就是中国文化传统中的内圣和外王。内心体道才能成为圣人，外在行道才能成为王者。那么，如何体道和践道，中国本土的传统心理学就给

---

① 霍涌泉、魏萍：《试论西方马克思主义心理学取向的特点及成就》，《心理学报》2011年第12年版。

出了理论的解说和实践的行使。

有研究者指出，概括地说，中国文化传统的核心或基本精神是以人生为主题，以伦理为本位，以儒家学说为主线，充满着内在的人文精神。中国心理学文化根基以其旺盛的动力和不竭的生命气息，彰显着独具特色的魅力，其核心价值或基本精神成为今天心理学文化理论创新的资源与源头，具体表现在以下几方面。

一是关注人生命的完整性。与西方现代心理学贯穿的二分对立思维方式和本体论所造成的人与自然、主体与客体两极对立的紧张关系不同，中国心理学以中国文化传统中一以贯之的"道"为线索，以意向方式或体悟方式来把握人、人的本性、人的生命、人与外部世界的关系，创造出迥异于西方心理学的中国心理学。西方现代心理学讲求逻辑理性，试图以理服人，这就将人的心理程式化、规则化和抽象化，衍生成一种普遍性外在尺度。中国心理学注重讲求道德践行，试图以情感人，这样就将人个性化、人本化和整体化，衍生出一种理解人心特殊性的内在标准。这样，西方心理学思维方式向外，指向人的外在行为，中国心理学思维方式向内，指向人的精神修行。中外心理学各有各的长处和特点，其思维方式对解读和重构心理学也都需要，不可偏废。

二是目标的人本性和价值性。受西方本体论哲学和理性思维的影响和支配，西方现代心理学假定人的心理以外存在着一个实体，实体性质便是心理性质，实体的机制便是心理机制，实体的规律便是心理规律。中国心理学则以存在本身、万象变化源泉的"道"为根本，将其视为生命的本性，力求以无处不在的"道"贯注人心，提升人生质量，化腐朽为神奇，并以人本化和价值定向，深入人的内心世界，关注人的生存意义和价值。无论是儒家的心性学说，还是道家的心性学说，抑或是佛家的心性学说，都主张只有人超越自己内心的羁绊，以不断的精神修养才能实现人性的完善，体认天道，实现天人合一。

三是方法论的关系化取向。西方现代心理学为了实现和确立自然科学研究模式，将个体从生活现实背景中抽离出来，执意于心理学科学形象树立。但是，西方现代心理学的方法论个体主义取向在将个体放置于实验室后,其实,已经将个体所生长和依存的文化根基与土壤剥离了,研究视野中被架空后的个体演变成为"抽象化、平面化和符号化"的"人"。中国心性学说始终观照着现实生活中的人,从其所依存和生活的社会关系之中来考察人,并没有将其从文化背景中剥离出来。儒家思考方式背景化取向分析元素就不再是单纯的个人或单纯的情境,而是"一般关系"中的个人和"特定关系"中的人群,从中所衍生出的关系性概念如相互性、面子、人缘等。[①]

中国本土的心性心理学是非常重要的心理学的资源,这是思想的资源,是理论的资源,是传统的资源,是文化的资源。这种独特源头的心理学的思想、心理学的建树、心理学的探索,无论是对于现实民族心理、文化心理和大众心理,还是对现实的心理探索、心理研究和心理建构,都具有根本性和广泛性的影响和决定。

三 中西合璧的哲学心理学

在中西文化的跨文化沟通和交流的过程中,有过中西方文化传统的交会,有过中西方哲学思想的碰撞和交锋,也有过中西方心理学传统跨界的互通和互动。这也在许多不同的理论尝试中促成了中西合璧的哲学心理学探索。当然了,这种中西合璧的哲学心理学的探索并不是在哲学心理学的源头里,而是在哲学心理学的源流中。这特别体现在长期的中西文化交会、互动的过程之中。这之间也形成过汇集了中西方哲学心理学探索的心理学传统。

有研究者对心性现象学的研究领域与研究方法进行了考察。研究指出,"心性现象学"包含两方面的内容:其一,以意识及其本质、心的逻辑、"心的秩序"或"心之理"为其研究对象,就是说,在内容上是事关"心性"的;其二,以现象学的结构描述和发生说明为其

---

① 孟维杰:《心理学理论创新——中国心理学文化根基论析及当代命运》,《河北师范大学学报》(哲学社会科学版) 2011 年第 5 期。

基本研究方法，这意味着，在方法上是事关"现象学"的。心性现象学的主要任务在于：在反思的目光中，通过观念直观把握心识的本质因素与诸因素之间的本质联系。这种本质联系，既意味着各个本质因素在静态结构方面的联系，也意味着在发生历史方面的联系。与之相应的方法是横向本质直观和纵向本质直观。

欧洲笛卡儿以来近代哲学的主体性转向，与明清儒学的心学转向和明末清初佛教唯识学复兴是基本同步的，都代表着一个内向哲学或心性哲学或意识哲学的维度，一个自身反思的、内省的、观心的维度。但是，直到 20 世纪，现象学才为这样一门心性哲学或意识哲学提供了作为结构描述和发生说明的意识本质直观的方法，从而使一门跨文化的心性现象学的可能性得以显露出来。

一是人同此心：心之性（意识的本质）以及对其进行反思和反省。心性现象学或心性研究也可以称作内在哲学、心智哲学、主体哲学。世界思想史上曾出现过各种类型的心性哲学。"心"或"人心"在这里是指：心识、心智、意识、心理。在特定的意义上，胡塞尔的意识现象学本身就是心学。二是心同此理：心性以及心性直观的方法。与"人同此心"这个命题并列的，通常还有"心同此理"的命题。前者表达的是内向、反思的朝向，后者表达的是本质直观的取向。三是心性的纵横两方面：普遍的结构与普遍的发生。智性直观之所以有结构描述的和发生解释的之分，或者说，有横向本质直观和纵向本质直观之分，乃是因为心性或意识本质的展开，不外乎这两个方向。这与意识的两种统一问题相关：意识的共时统一或同时统一，以及意识的历时统一或演替统一。与这两种统一相应的是意识的共时性结构和历时性的发生。四是横意向性与横向的本质直观。意识有一个最一般的结构：意向活动—意向相关项。当胡塞尔说"任何意识都是关于某物的意识"时，他指的是这个意义上的意向性，即横意向性。横意向性主要涉及心识活动对心识对象的建构，用胡塞尔现象学的术语来说，是意向活动对意向相关项的构造；用佛教的术语来说，是见分对相分的建构，或能见对所见的建构。五是纵意向性与纵向的本质直观。意识分析一旦进入宽泛意义上的情感行为的领域，就会面临纵意向性的问题。应当可以说，不需要对象的情感或情绪是本性的、先天的，需要对象的情感或情绪是习得的、后天的。前者是本性现象学的研究课题，后者是习性现象学的研究课题。

不是直接地面对世界，而是反思地回返人心。这实际上就是"心"的意思，也是胡塞尔通过超越论还原所要获得的东西。不是表面地停留在人心的事实，而是努力地去把握人心的本质。这实际上就是"性"的意思，也是胡塞尔通过本质还原所要获得的东西。在本质直观的横向与纵向目光中让"心性"显现出来，这是"现象学"的意思，也是胡塞尔现象学的方法主张与诉求。①

有研究者考察了西方的超个人心理学对于中西方的哲学形态的心理学的汇合。研究指出，超个人心理学试图消除东方与西方、宗教与科学、人文学科与自然科学、社会科学与自然科学、理论与应用的界限。心理学就其本性而言就是处在多学科多文化背景之间，单一的学科架构（自然科学）、单一的文化背景和价值标准（西方）逐渐被抛弃，这种趋势在社会学、人类学等领域早已被广泛接受，成为后现代的一种潮流。超个人心理学顺应了这种潮流，架起了东西方心理学传统的桥梁，促进了各学科之间的交流。超个人心理学一开始就试图超越单一的源于西方的自然科学的局限，试图整合不同文化在有关增进对人性的理解、提升人的精神品质、解决各种病痛等各方面的知识和智慧。超个人心理学尤其重视东方传统的哲学和宗教，包括印度教、佛教、道家学说等。通过对东方宗教哲学及其实践体验的研究，超个人心理学试图在心理学的架构中融合东西方人性理论和通向良好状态的践行策略。超个人心理学认为，充分有效的理论与治疗系统是在所有的发展阶段或水平上都能有效地解决病理学和治疗学的问题，包括能促进人的身体、心理和精神的发展。西方传统心理学主要集中于前个人和个人水平上，而东方的传统则侧重于超个人的水平。超个人心理学主张，彻底放弃将心理学视为科学的立场，而将心理学定位于关

---

① 倪梁康：《心性现象学的研究领域与研究方法》，《华东师范大学学报》（哲学社会科学版）2011年第1期。

于人性的知识的研究，包括科学的研究，但不仅仅是科学的研究。①

有研究者对中国传统的精神哲学进行了阐述。研究中也指出了中西精神哲学的差异性、共同性和共通性。中国传统精神哲学包括精神形上学和精神修养学两大部分，其旨趣在于人的精神提升与精神超越。儒、道、佛三家分别将道德心、自然心和清净心当成精神生活的基点，并提出入世、隐世和出世三种精神超越之路。这些学说虽有历史的局限性，同时亦包含普遍性与恒久性的思想成分，对于现代精神哲学的理论建构和现代人的精神修养具有重要价值。

中国传统哲学极为关注人的精神生命与精神理想。无论在儒家的道德修养理论中，还是在道家的修道得道理论中，佛教的解脱人生烦恼理论中，都曾对人的精神活动与精神现象进行过形上的追寻和具体的研究，由此形成了一种具有中国特色的精神哲学。

中西精神哲学面对同一对象，其思想内容必有一定的共同性或共通性。中西哲学都承认人的精神特征及其种种精神活动与精神现象，并以此为出发点。因此都有形神之辨、心物之辨、主客之辨，都要讨论人的意志、情感、欲望、才能以至道德、智慧、艺术等问题。但由于文化传统和思维方式的不同，中西精神哲学的具体眼界、视域和研究方法又有很大的差异。例如，中国哲学总是心性并举，把精神问题与人性问题放在一起来考察，西方哲学则把精神问题与人性问题分开来考察。中国哲学既研究精神的意识层面，又研究其潜意识层面，西方哲学则主要研究意识层面，对潜意识层面长期不予过问。中国哲学特别重视人的道德心、自然心和清净心，西方哲学则特别重视人的理智心与逻辑心。中国哲学强调内省直觉与心理体悟，西方哲学强调实证经验与逻辑分析。

中西的理论旨趣不同，价值取向不同，思想体系的结构也不同。中国传统精神哲学一般包括精神形上学与精神修养学两大部分，两大部分互渗互补，构成一个统一的整体。西方精神哲学一般包括精神对

---

① 郭永玉：《超个人心理学观评析》，《南京师大学报》（社会科学版）2003年第4期。

象学与精神现象学两大部分，精神现象学实际上也是一种精神对象学。

从理论上看，中国传统精神哲学的思想资料与理论成果，既是建构中国现代精神哲学重要的智慧资源，也是推动现代世界精神哲学重要的智慧资源。中国现代精神哲学诚然要吸收西方精神哲学的优秀成果，同时也要继承中国传统精神哲学的优秀成果。这两方面不但应该结合，而且必须结合。

中国古代所谓精神修养，包括道德修养、艺术修养、宗教修养、哲学修养诸多方面。对现代人来说，宗教修养并非每个人所必需，但道德、艺术、哲学修养都是不可缺少的。从现代文明的发展来看，还必须向西方学习，加强以智能心、逻辑心为标志的科学修养。所有这些修养，对于提高人的精神素质，丰富人的精神生活，无疑具有重要意义。①

很显然，中西的哲学心理学的合流还是在于中西文化的互通。中西文化之间的互相交流和互相影响，也给关于人的心灵或心理的理解和解说带来了共同的冲击和影响。这也就是心灵哲学的沟通和互动。关于人类心灵的理性的认识和理解，与关于人类心灵的实践的认识和理解，这两者之间存在着彼此的对应和相互的补充。西方的认知与东方的体悟，西方的心理与东方的心性，西方的理性与东方的感悟，这是互相不同的和彼此互补的文化偏重和文化差别。

---

① 刘文英：《中国传统精神哲学论纲》，《中国哲学史》2002年第1期。

第四章　中国文化的心性学说

从心性论的学说中，去挖掘出独特的心性论的心理学，这就是中国本土心理学发展所必须面对和所必须做到的。因此，需要在研究中明确的就是心性心理学本身的结构、特点、重心、建构和演变。中国本土文化传统中的心理学有自己独特的理论概念和理论解说，也有自己独特的验证理论假说的方式和方法，也有自己独特的干预心理行为的手段和技术，并形成了对人的心理生活的引导、扩展和提升。儒家学说中也就有自己的心性心理学，有自己的心理学传统。道家有自己的心性心理学，有自己的心理学传统。佛家也有自己的心性心理学，有自己的心理学传统。心性心理学实际上是在天人合一、心道一体的思想前提和理论设定的基础之上，对人的心理的性质、内涵、特征、变化、发展、活动等的系统的解说和阐释。在中国的文化传统中，不同的思想派别有不同的心性学说。不同的心性学说，发展出了不同的对人的心理的解说。

立足于或根基于中国本土的心性论，所形成和建构起来的心理学，就是心性心理学。这种心性论的心理学或心性学的心理学，有着属于自己的独特的结构、特点、重心、建构和演变。那么，从心性论的学说中，去挖掘出独特的心性论的心理学，这就是中国本土心理学发展所必须面对和所必须做到的。因此，需要在研究中明确的就是心性心理学本身的结构、特点、重心、建构和演变。在中国的文化传统中，哲学就是无所不包的学问。正如有学者所指出的，从某种意义上来说，中国的哲学就是一种心灵哲学，就是回到心灵，解决心灵自身的问题。中国哲学赋予了心灵特殊的地位和作用，认为心灵是无所不包的和无所不在的绝对主体。① 其实，中国本土文化中的心性说，就是关于人的心灵的重要的学说。

一 心性学思想传统

中国是一个历史悠久的文明古国。因此，我国有着博大精深的文化传统。但是，在现代文明的进程中，中国曾经一度落在了后边。在中国本土传统文化的框架中，并没有诞生出现代意义上的科学。中国的现代科学是从西方传入进来的。同样，中国本土文化中，也没有诞生出西方现代意义上的科学心理学。中国现代的科学心理学也是从西方传入的，也带有西方文化传统的印记。

那么，在中国发展自己的科学心理学时，所面临的一个非常重要的问题就是，中国的本土文化中有没有自己的心理学传统。如果有，那么这种本土的心理学传统具有什么性质，包含什么内容。如果有，那么应该如何去理解、解说、阐释和对待这种本土的心理学传统。可以肯定的是，中国本土的文化传统中，也有自己独特的心理学传统。因此，最为重要的问题就在于，中国本土的心理学传统能否成为中国科学心理学发展和创新的有益资源。所以，如何理解中国本土的心理学传统，就成为决定中国心理学未来发展的一项基础性的和发展性的研究任务。② 到目前为止，在对中国本土传统心理学的研究中，出现过一些十分不同的见解和观点。总结起来，共有如下几种不同的理解。

第一种是心理学的文化历史资源的土壤说。这实际上是将心理学的文化历史资源看成是心理学植根和生长的文化历史土壤。这成为一种非常重要的理解心理学的文化历史资源的隐喻。该隐喻能够支配关

---

① 蒙培元：《心灵的开放与开放的心灵》，《哲学研究》1995年第10期。
② 葛鲁嘉：《中国心理学的科学化和本土化——中国心理学发展的跨世纪主题》，《吉林大学社科学报》2002年第2期。

于中国本土心理学资源的研究和探索。文化的创造、文化的历史、文化的传统和文化的发展，都是在文化土壤之中生发出来的。心理文化的创造、心理文化的历史、心理文化的传统和心理文化的发展，都是在心理文化土壤之中生发出来的。

第二种是心理学的文化历史资源的氛围说。这实际上是将心理学的文化历史资源看成是心理学存在和运作的文化历史氛围。氛围会产生特定的约束，会形成特定的结果，会导致基本的涵养。在人的社会生活中，在人的心理生活中，文化历史氛围构成了对人的心理行为的最基本的引导。文化历史氛围实际上所构成的是有关心理学学科的价值定向、价值引导、价值评判、价值创造的活动。文化历史氛围实际上所提供的是有关心理学研究的历史条件、当代制约和未来走向。

第三种是心理学的文化历史资源的环境说。文化历史环境是人所面对的环境构成中的最为根本和重要的环境条件。这些环境条件会制约心理学的学科探索、学术研究、学科发展和学术创造。当然，心理学的学科所生存的环境可以是多元化的或多样化的。无论是硬环境，还是软环境；无论是物质环境，还是思想环境；无论是自然环境，还是意义环境；文化历史环境在其中都占有着非常重要的位置或地位。显然，文化历史环境更多地属于软环境，思想环境，意义环境。

第四种是心理学的文化历史资源的思想说。这所强调的是，心理学是一种特定的思想理论，是一种设定的思想解说，是一种独特的思想形态，是一种独创的思想文化。在人类文化的构成中，心理学应该占有一席之地。无论是在思想的创造，在思想的传统，还是在思想的传承中，心理学都是非常重要的人类文化思想。

第五种是心理学的文化历史资源的传统说。心理学是一门科学学科，但也是文化创造的产物，也构成了文化历史的传统。这体现在心理学创造了特定的心理生活的方式，创造了特定的心理解说的方式，创造了特定的心理干预的方式。这通过文化的方式存在，通过文化的形态延续。

心理学的研究都有自己相应的文化历史资源。西方的心理学有自己的西方文化历史的资源，中国的心理学也同样有自己的中国文化历史的资源。这种文化思想资源实际上决定了心理学存在的土壤，决定了心理学演变的根基，决定了心理学探索的方式，决定了心理学应用的途径，也决定了心理学未来的走向。

如果放弃西方科学心理学的框架，而是从中国本土文化传统出发去理解；或者说，如果重新确立一个更为合理的和更为适用的参考系，那就可以得出完全不同的研究结果和研究结论。[①] 其实，中国本土的文化传统中也有一套自己独特的心理学。这实际上也是系统的心理学，而不仅仅是一些零碎的心理学思想。在特定的文化传统中，有没有或者是不是系统的心理学，可以按照如下三个标准来衡量。第一个看有没有一套独特的心理学术语、概念和理论，可以用来描述、说明和解释人的心理行为；第二个看有没有一套独特的心理学研究方式和研究方法，可以用来考察和揭示人的心理行为；第三个看有没有干预人的心理行为的手段和技术，可以用来影响和改变人的心理行为。

中国本土文化传统中的心理学有自己独特的理论概念和理论解说。当然，这不同于西方科学心理学所提供的。例如，中国思想家所说的心、心性、心理，所说的行、践行、实行，所说的知、觉知、知道，所说的情、心情、性情，所说的意、意见、意识，所说的思考、思想、思索，所说的体察、体验、体会，所说的人格、性格、人品、品性，所说的道理、道德、道义、道统，等等，都有其独特的含义。对这些独特心理学术语的探讨，可以为中国心理学的发展提供十分重要的学术资源。把中国本土的心理学术语和概念与西方外来的心理学术语和概念进行比较的话，就可以得出对心理学的新的理解。

中国文化传统中的心理学也有自己独特的验证理论假说的方式和方法，而不仅仅就是思辨和猜测。当然，在中国的本土文化当中，并没有产生出西方科学意义上的实证方法或实验方法。但是，中国古代的思想家却提出了知行合一的原则，也就是践行或实践的原则。任何的理论解说或理论说明，包括心理学的理论解说和理论说明，其合理

[①] 葛鲁嘉：《大心理学观——心理学发展的新契机与新视野》，《自然辩证法研究》1995年第9期。

性要看能否在生活实践中获得预期的结果,或者说行动实现的是不是理论的推论。这形成的是另外一套验证理论的途径。把西方科学心理学的研究方法与中国传统心理学的验证方法相对比的话,那就是实验与体验的对应,那就是实证与体证的对应。体验的方法或体证的方法就是中国本土心理学独特的方式和方法。

中国文化传统中的心理学也有自己独特的干预心理行为的手段和技术,并形成了对人的心理生活的引导、扩展和提升。人的心理就有了横向的扩展和纵向的提升的可能。心理的横向扩展就在于能够包容更多的内涵,包容天地,包容他人,包容社会,包容自己等。心理的纵向提升就在于能够提高心灵的境界。这是一种纵向比较的心性心理学。人与人不是等值的,而是有心灵境界的高下之分。境界最为低下的就不是人,而是畜生。境界最为高尚的就是圣人。因此,中国本土的心性心理学是境界等差的学说,是境界高下的学说,是境界升降的学说。心理的差异实际上就成了德行、品德、人品、为人和境界等等方面的差异。反思、反省就成为重要的手段和技术。

二 儒家心性学传统

在中国本土的文化传统之中,儒家的学派和思想一直就占据着主流和主导的地位。儒家的学说和理论也就成为了核心性的和支配性的学说理论。那么,儒家思想中的心性论就属于关键的探索。儒家的天人合一和心道一体的学说,就给出了有关人性和心性的系统化的理解和解说。那么,也正是在儒家心性论的基础之上,才具有儒家心性心理学的独特解说。儒家心性论具有属于自己的独特的理论预设、理论解说和理论演变。儒家学说中也就有自己的心性心理学,有自己的心理学传统。

有研究者曾考察过儒家人格与心理发展观。研究指出,以"仁"为核心和以"礼"为外壳的儒家人格,可一言以蔽之,即称之为儒家圣人所追求的"内圣外王"之道。这是重个人内在品德修养以实现其人生理想和社会理想的儒家人格。儒家人格模型分内外两层。其内层为"内圣",以"仁"为核心,以正心修身的道德修养为本。其外层为"外王",以"礼"为外壳,以齐家治国平天下的社会实现为要。合称内仁外礼的内圣外王之道。

具体说来,这一模型的内层包括四个层次或向度,即格物、致知、诚意、正心,而以正心最为重要。正心修身的内在工夫乃是以格物致知的社会认识为前提的。以儒家为代表的传统式中国求知方式作为儒家正心诚意的修养基础,可以包括观察和内省两个方面。在儒家看来,获得知识的方式既有博览群书熟读精思的书本学习,但更重要的还是了解社会和身体力行的社会学习。①

有研究者探讨了儒家的人格结构及心理学扩展。研究指出,人生儒学的核心是"成人"。"成人"的构成因素和结构如何?这是理解儒家学理、中国人精神面貌的重要方面。该研究从儒家典籍入手,归纳出其人格结构因素为"仁""礼""知"三因素。"仁""礼""知"体现出"德"属性,互动决定了儒家人格结构的"仁道"终极目标和"知命"社会功能——"命"可行时,外在事功,实现"外王";"命"不可行时,内在超越,完善心灵。"仁""礼""知"的充分发展并"知命",即为圣人、君子;不完全发展,即为民;缺乏则为小人。研究进而尝试从儒家的人格结构拓展出现代心理学意义的人格结构理论。

现代学科对人格的理解是建立在西方文化之上的。虽然这些理论能够说明很多现实问题,但是鉴于人的文化性,要理解中国人的人格结构,有必要从中国文化的角度进行分析。从中国文化角度分析,不能不从儒家入手。儒家人格要素为"仁""礼""知"三要素。在这个结构中,"仁"决定了"人"的价值的性质和方向。"礼"则对人的行为具有规范作用。"知"在孔子人格结构中的作用表现为:首先,它是形成"君子"品质的心理前提。其次,更重要的是,由于"知"是智慧的或理性的状态,"知"也就成为衡量君子的一个标准。"仁"

---

① 王宏印:《中国儒家人格与心理发展观》,《西安教育学院学报》1997年第2期。

"礼""知"构成的整体所表现的性质是"德"。

就终极目标来看，具有"德"属性的"仁""礼""知"要达到的目的是体悟"道"。就人格结构的社会功能看，它具有"知命"的社会功用。孔子的"时命"有显著的心理调节功能。"时命"实际上是孔子或儒家对人生困境的一种解释。以"知命"为中介，儒家的人格结构因素"仁""礼""知"与外在环境，构成了互动的、积极的关系。

儒家的"仁"，其实质是对美好人性的信仰、追求和体悟，这具有人生的终极性，亦即心理学中的精神性。儒家的"知"是生命的智慧，特别是社会生存的智慧，这可以拓展为人生的智慧（不一定是狭义的"智力"）。儒家的"礼"是个体对社会规范的体认，在现代社会就是对法律和约定俗成的社会规范的遵从。儒家的"命"是"时命"，实际上是外在环境对人的限制，也是人对环境的制约。对于现代人来说，人生的追求应该是自我成长和成就追求。这样，"内圣外王"就可以转化为"自我成长"和"成就贡献"，即精神充实和社会贡献。[1]

儒家学者确信，求知和有为才会有助于人格的成长。儒家提供了人内圣外王的修养和践行的步骤。它可以使社会个体的心灵得以充实。这就是格物、致知、诚意、正心、修身、齐家、治国、平天下。这明确地表明了导致理想人格乃至理想社会的自我实现的过程。

根据儒家的学说，成为一个圣人应该拥有这样一些品质："知者不惑，仁者不忧，勇者不惧。"（《论语·子罕》）那么，圣人君子也就是不惑、不忧、不惧和大智、大仁、大勇之人。儒家学者确信，如果一个人以德性之知而达天理，就可以明辨善恶和是非，而绝不迷惘和疑惑；如果一个人以仁爱之心而配天德，就可以有坦荡胸怀，行忠恕之道，而绝不患得和患失；如果一个人以非凡勇气而循天命，就可以立于天地之间，而绝不担惊和惧怕。

在中国文化当中，儒家思想关注的是社会关系或社会伦理。但是

---

[1] 景怀斌：《儒家的人格结构及心理学扩展》，《现代哲学》2007年第5期。

值得注意的是，儒家传统也十分重视自我怎样与他人或与社会关系相联系、相适应和相同化。这具有深远的心理学含义。自我修养会不断地深化和扩展对他人存在的意识，或者是使自我向他人开放。否则的话，个人就是以自我为中心的，这很容易导致一个封闭的世界，或者是导致一种麻木不仁的状态。孔子曾说过："己欲立而立人，己欲达而达人。"（《论语·雍也》）杜维明由此而指出，在我们的自我修养中涉及他人，就不仅仅是利他的，而且也是我们的自我发展的要求。[①]儒家思想假定了自我的结构中就拥有超越的强有力渴求，它也是自我超越的推动力量，以超越现存的自我，达于更高的境界。所以，自我既是内在的，又是超越的。显然，儒家的自我拥有自我精神发展的内在根源。人性中的天性是潜在的，只有通过长期的和努力的道德实践或学会自我调节，才能够被实现为体验到的实在。

儒家学者确信，人道紧密地联系和依赖于天道，人的道德本性就根源于天道。心灵或意识是个体实现自己的心性和使自己体认天道的途径。人心中的善性是潜在的，可以通过心灵的意识自觉来体悟和实现。这样的话，意识就是心灵的自我指向和自我超越的活动。意识就是一种心灵的内求真理，克尽私欲，体认天道。

儒家对于人的心性、心理、人格、成长、交往等，都提出了系统化的解说。就构成了儒家心性心理学的最为核心的内容。在中国本土社会生活之中和在社会个体的心理生活之中，形成和延续了长期和深远的影响。这也就给了普通人解说自己的生活，研究者解说社会的生活，一个最为重要的思想框架和理论依据。

三 道家心性学传统

在中国本土的文化传统之中，道家学说也是重要和关键的理论学

[①] Tu, W. M., Selfhood and otherness in Confucian thought [A]. In A. Marsella, G. Devos, &F. L. K. Hsu (Eds.), *Culture and self. London*: Tavistock. 1985.

说。道家心性论也有着属于自己的独特的理论预设、理论解说和理论演变。道家的"道"通过不同的探索和把握，实际上也就成为了中国本土文化传统之中的核心性和支配性的理念和概念。道家对"心"的把握和理解也就立足于"道"的根基。道家的心性心理学也就成为了中国本土独特的心理学传统。

　　道家的思想和学说提供了一种独特的中国本土的心理学传统。这种心理学传统对人的心理本性、心理行为，都给出了独特的解说，也给出了独特的引导。蒙培元认为，"道"的境界是老子哲学的深层意蕴。研究指出了，老子哲学的深层意蕴是着眼于人生价值问题的境界说。老子之"道"不是西方哲学意义上的绝对的实体，而是实存或实在，是生命的源泉和根本，是由主体性的"德"、通过主体的修养而实现的价值原则、价值本体；"道"不是一物，不是具体的认识对象，因而它不可指称、不可言说，不是感性知觉和概念分析所能认识，对"道"只能体认、体验，也就是由自我的"反观"、修养而实现心灵的超越，达到"同于道"的境界；老子用"婴儿"和"朴"来比喻"道"的境界，这不是向原始自然状态的简单回复，而是指由"守静"的工夫而超越人为的欲望、知识、伦理，实现人的本真的心灵整体和谐。

　　在中国哲学的开创期和形成期，老子和孔子曾经是齐名的两位哲学家，二人虽有不同的哲学旨趣，但是在着眼于人生问题、提倡一种心灵境界学说这一点则是相同的。孔子以"仁"为最高境界，老子以"道"为最高境界；"仁"的境界着眼于人的伦理道德价值而走向善美合一的"天人合一"之境，"道"的境界则着眼于人的超伦理超道德的"自然"之性而走向德美合一的精神自由之路。这两种发展道路都是由后来的儒家和道家逐步完成的，但孔子和老子无疑是开创者。

　　老子提出"道论"的同时，又提出"德论"，其意义即在于此。"道"是宇宙本体论的，但是必须要落实到人生的问题。进而，就人生问题而言，则实现为主体性的"德"。"德者得也"，即得之于"道"，而成为了人之所以为人之道。"德"是"道"的实现，也是"道"的主体化。"德"就是人的德性，老子的道德哲学就是德性之学。"德"虽然来源于"道"，但不再是自然宇宙论的范畴，而成为了一个主体的实现原则，变成了人生修养问题，变成了境界问题。

"道"可以体认、体验，但不能作为对象去认识，去名言，因此，关于"道"的种种描述或解释，都不是概念分析式的认识，只能是本体显现或"透视"。因为"道"实际上就在主体之中，所谓"观"只能是自我反观。反观则是一种自我修养的实践活动。人能够"体道"，"从事于道"，所谓"从事"，就是体认、体会、体验，包括亲身实践。只有亲身实践和体验，才能"同于道"或与道合一。这也就是人的精神境界。境界不是对象认识，而是一种自我修养、自我认识、自我体验所达到的心灵境地。[①]

有研究者考察了老庄哲学身心修养模式的发展基础之上的"中国道家认知疗法"并指出，道家面对残酷的现实，不是去力求改造世界，而是深入到人的心灵深处，从自然中寻找一条自我拯救的人生道路，使自我获得一种超越现实的精神自由，因此，老子和庄子推崇"自化"的身心修养模式。老庄的"自化"身心修养方法是建立在老子自然主义的"天道观"和外"无为"内"无己"的认知结构基础之上的。老庄的"自化"实为追求人的本性的回归，即"返璞归真"。他们把人的本性理解为人的原始性，具体表现为质朴、淳厚、少私、寡欲、无知、愚昧、混沌。老庄找到了"自化"身心修养方法的运作程序，即"顺其自然"→"绝学弃智"→"少私寡欲"→"虚静"→"无为"→"忘我"→"无己"→"返璞归真"。最后便达到了"无天怨，无人非，无物累"的境界，获得人性的复归，并达到修身养性之目的。

老庄"自化"身心修养方法的基本要求是"朴""啬""和""柔"。"朴"，即保持自然的纯朴状态，一切都顺从"万物之自然"。啬，即爱惜、节俭。"治人、事天莫若啬"才能"长生久视"。老庄认为，生命是天地之精气，要保持人的健康，就要保持精气不失，这就必须爱惜、节约生命之气。"和"，即和气、和谐。老子认为"知和曰常"。即"一身器官机器，协调和谐，这就是生命活力正常。识

[①] 蒙培元：《"道"的境界——老子哲学的深层意蕴》，《中国社会科学》1996年第1期。

得和与不和之理，便认得生命的永恒规律。""柔"，即"守柔曰强"。

在具体运作时，老庄"自化"身心修养方法采取"致虚极，守静笃"的"坐忘""心斋"方法，通过"缘督为经"（丹田之气沿着脊椎部位的督脉运行的气功修炼功夫，达到"专家凝神"、"心就"与"心和"）。这也就是采取放松静坐、呼吸吐纳、养气存神等方法，达到精神上完全不受外界干扰，行动上消除主观精神，顺其自然的身心完全超脱现实的境地，以求得身心的极度虚无清静与和谐愉悦。①

道家的心理学成为了中国本土心理学的非常独特的表现形态。这实际上就是道家通过从"道"出发，来解说人的心性和心理。这所提供的不仅是有关人的心理行为的非常独特的解说，而且也提供了引导人的心理行为的非常独特的方式。这不仅成为了普通人在日常生活之中的心理行为的一种基本守则和基本，而且也成为了心理学家在心理学探索之中所要依循的思想框架和理论原则。因此，道家的心理学传统是中国本土心理学传统中非常重要和不可或缺的构成部分。

那么，从道家的心理学传统之中不仅可以挖掘出，而且可以发展出，有关人类和个体的心理行为的丰富的理论概念、研究方法、干预技术、应用手段、影响途径等诸多的内容和工具。这实际上在现实生活之中，在心理学的应用的领域之中，就已经发展出了众多的心理学技术思想、技术手段、技术工具，等等。这已经被运用到了现实生活的管理、教育、医疗、体育等众多的活动领域之中，并且发挥出了巨大的和深远的影响力。

四　佛家心性学传统

在中国本土的文化传统之中，佛家学说是外来的或传入的，但也很快就本土化为中国的文化传统。佛家的文化成为了非常重要的理论

---

① 胡凯、肖水源：《"中国道家认知疗法"对老庄哲学身心修养模式的发展》，《湖南医科大学学报》（社会科学版）1999 年第 2 期。

学说。佛家更为偏重于对人心的探索、把握和理解。佛家的心性论提供了关于人的心性和心理的独特解说。佛家心性论确立了属于自己的独特的心性论的理论预设、理论解说和理论演变。佛家有自己的心性心理学，有自己的心理学传统。这种心理学所强调的是内心佛性的弘扬，是心灵境界的提升，是人对内心佛性的体悟和体验，是人对内心佛性的实践或实行。

关于佛教的心理学传统，不同的研究者有不同的理解和解说。有研究者对佛教的心理学进行了探讨。研究指出，释迦牟尼在修世间离欲道的一般禅定和坐菩提树下修顺逆观十二缘起的出世道，其实质都是在用最殊胜的瑜伽禅定方法，对浩瀚无涯的心理现象和不可思议的心理作用，进行认真彻底的探究；其由观心而顿成大菩提，就是对浩瀚无涯的心理现象和难可思议的心理作用认真探究，而有了登峰造极的伟大成就。其后在四十九年转法轮的过程中，虽然对人天乘说五戒十善业法，对声闻乘说四谛法，对缘觉乘说缘起法，对菩萨乘说六度四摄等法，其所说法门无量无边，而总不外一佛乘法。一佛乘法者，就是一即一切，一切即一，一心开而为万法，万法总摄于一心的大总持法。释迦说如是等法，无形中就形成了一套最极圆满、完善的心理学。这门伟大的心理学其大致内容有染净诸法皆由心造、心有染净二分、杂染的心理现象、清净的心理现象、观心与识心以及舍去染心依止净智与改造世界升华人生六方面的要义。

佛教心理学的中心要义，是在于对"三界唯心""万法唯识"的阐述，也就是在于说明染净诸法皆由心造的道理。宇宙间无论是善的恶的、好的丑的、大的小的、抽象的具体的种种事物，皆由心所变现，或为心所造作，是之谓染净诸法，皆为心造。佛教心理学对心的实质所下的确切定义是：自类相续，随缘生灭，错综复杂而又有条不紊的有机的认识功能系统。[①]

佛教心理学常说心有二种：一者妄心，二者真心。妄心所知，虚妄不实；其行颠倒乖理，故其现象，杂而不纯，染而不净，亦名染

---

① 唐仲容：《佛教的心理学》（上），《法音》1990 年第 3 期。

心。真心反是，其所知真实不虚；其行如理如量，故其现象，纯而无杂，净而不染，亦名净心。染心与净心，其表象虽不相同而相互渗透，相互依持，不是彼此绝缘、始终对立的两心，而实乃一心的染净二分。

所谓一心是指一切有情或一切人皆各有一心。但是这样的一心，又不是笼笼统统浑然为一，感觉思维用别体同的一心；而是各从自种生、各有体用的眼、耳、鼻、舌、身、意、末那和阿赖耶八识相互依存、紧密结合所构成的一个统一整体的一心，也就是积集名心的转识与集起名心的本识由紧密的内在联系相依共存所形成一独立体系的心。

一心而有染净二分，意谓一心法有性有相，心性无生无灭，本来寂静，清净无染，常如不变，是为真如门，意即其清净分。心相有生有灭，万象纷纭，杂而不纯，秽浊不净，是其生灭门，意即其杂染分。如是二分皆各总摄一切法，而染中有净，净中有染，辗转渗透，不相舍离，故又是一心。一是八识心王。如前所说，眼、耳、鼻、舌、身、意、末那和阿赖耶的八识，都是心王。原因是每一识都由自种生，都各有体用，都各有其与之相应的心所为助伴，在了别境相时识缘总相（缘是觉了义），心所缘别相，心为主如王，心所为臣，如臣之从王，故八识皆得名为心王。心以识为其别名，而识以了境为其专司，故与心发生最密切最首要的关系的就是境相，故心识为能缘，境相为所缘，彼无则此无。二是六位心所。心识起时，必有与之相应而为其助伴、为其所从属的心所有法。此法品类有其六种，即五遍行、五别境、十一善法、六根本烦恼、二十随烦恼和四不定，共五十一种。遍行心的具体内容有"作意、触、受、想、思"五法。别境心的具体内容有"欲、胜解、念、定、慧"五法。善心心所的具体内容有"信、惭愧、无贪、无镇、无痴、精进、轻安、不放逸、行舍、不害"十一种。根本烦恼有"贪、嗔、痴、慢、疑、恶见"六种。随烦恼有"忿、恨、恼、嫉、害、覆、诳、谄、悭、怀"十小随烦恼；"无惭、无愧"二中随烦恼；"不信、掉举、散乱、昏沉、懈怠、放逸、失念、不正知"八大随烦恼。不定心有"悔、眠、寻、伺"四种。三是心色同源，因果相续。心色同缘就是说心物同源，而有心物一体的意义。八识心王的境、量、受和性等的种种表现与六位心所的种种行相是心理现象的差别相，以心色同源、因果相续为内容的阿赖耶缘起，是心理现象的总体相。把这两种现象结合起来而加以系统的阐述，就是佛教心理学内容上最根本最中心的一环。①

佛陀得大转依，依其所证清净真如，建立教法，即戒定慧三学。三学是由清净法界平等流出，亦属清净，因而戒学之戒得名净戒，定学之定得名净定；慧学之慧得名净慧。由戒生定，故次戒学而定学，定谓禅定，以静虑为相，以止观为内容，专注一境，令心寂静轻安，于所观义理，谛审思维，了了分明，是之谓定。由定发慧，故次定学而有慧学。"慧"是别境心所之一，佛典对彼所下的定义是"于所观境，简择为性，断疑为业"。这是说，对于所观事理分析思维得出肯定的结论，而有着坚定不移的见解，是之谓慧。但是慧通世俗胜义，也就是有世出世间之分，佛学所讲的慧，主要是胜义的、出世的无漏智慧。世俗一般都是以自我为中心，以文字语言为工具，对一些事理进行分析和推断。这种智慧是有过失的、多谬误的，而佛学中的慧学就是从无我角度出发，彻底澄清名言，于诸事理现观实证而又善巧地利用名言分别的无漏妙慧，这就是无分别智。此智有加行、根本、后得三种，小乘的无分别智是对于色、受、想、行、识五蕴，反复观察，悟入和亲证无我真理，断由我执引起的烦恼障。大乘所讲慧学，是依于万法唯识和缘起性空的真理，反复思维观察，悟入和亲证我空和一切法空的胜义，也就是现观二空所显真如，因而大乘所讲的无分别智无论是"加行"、"根本"或"后得"，都是以清净为相。

成了佛，其心理完全清净而无少分杂染，因为到此地步，其心理结构已彻底有着由染而净的变革。人们在未转依前，八识心王居于主导地位，而慧仅仅是一般心所，性通三性，从属于心王；既得转依，慧性是善，由原来从属的地位而上升到主导的地位，八识心王由原来主导的地位，下降为从属于智的心品，以净智为主的心理结构其内外

---

① 唐仲容：《佛教的心理学》（中），《法音》1990 年第 4 期。

全体无不清净。

佛教心理学在方法上，特重"观心"；因为"观心"才能"识心"。怎样观心呢？观心多术，而主要当从缘起的道理观察，佛陀特立"痴观缘起"的法门。三界唯心、万法唯识的教理，皆依缘起义而建立。人们的心通常向外逐物，而不反观自心，因而不明了心及心所变现诸境，皆由内因缘生，如梦境，如幻相，有而非真，虽有实无，这就叫作"无明"。由"无明住地"引生一切烦恼和执着。佛教的心理学认为观心识心之后，必能赢得最终美满、最终究竟而有最积极意义的硕果，也就是促使人生进入至真、至善、至美的理想领域。

佛教的心理学主张舍去染心、依止净智，就能从本质上彻底改造世界、升华人生。舍染依净有四种不可思议的优越性：（1）生命体的不可思议优越性；（2）生活的不可思议优越性；（3）生活环境的不可思议优越性；（4）智能的不可思议优越性。所谓生命体的不可思议优越性是指佛身而言。佛有法、报、化三身。"法身"亦名"自性身"。"报身"亦名"受用身"。"化身"是真身佛的智力、愿力和通力之所示现或变化，是真身佛的无穷妙用。所谓生活的不可思议优越性是指，诸佛的生活殊胜相主要体现于"大涅槃"的"常、乐、我、净"。所谓生活环境的不可思议优越性是指，此中优越首先是佛身所依的刹土庄严美丽，无以复加；其次是佛生活环境的最极优异，然佛于此环境，不取不舍，心无所住，而逍遥于清虚常寂的真性之中。所谓智能的不可思议优越性是指，佛于一切法自相共相皆善观察，说法断疑皆极善巧，分析有情诸根胜劣而因机施教，这是佛智能一系列的表现。二是佛有"五眼""六通"最极殊胜的特异功能，以说明其智能的至极优越。"五眼"为"肉眼""天眼""慧眼""法眼""佛眼"。"六通"为"天眼智通""天耳智通""他心智通""宿命智通""神境智通""漏尽智通"。[①]

佛家的心理学传统就是建立在佛教的心性论的基础之上，并成为了系统化的和深入化的关于人的心理行为的探索。这无论是在理论概

---

① 唐仲容：《佛教的心理学》（下），《法音》1990 年第 5 期。

念，研究方法，还是在干预技术等方面，都呈现出了系统和深入的建树。佛教心理学早就成为了一个独立的研究领域和学术科目。无论是在西方心理学的发展中，还是在东方心理学的发掘中，佛教心理学都成为了非常稳定的学术探索。

佛家心理学传统所涉及的许多具体的研究课题，许多具体的研究内容，也已经被主流的心理学所接纳，并从中开辟出了揭示人的心理行为的重要的研究内容。这其中就包括关于"禅定""正念""解脱""顿悟""涅槃""解脱"的探究。这实际上是在佛教心理学传统的引导之下，对人的心理行为的更为宽广、更为系统和更为深入的探索、理解、把握、解说和阐释。

五 传统的创新发展

心理学本土化是世界性的潮流，已经成为世界各国心理学追求的重大目标。中国本土心理学的演进阶段和发展道路经历了从全盘引进和照搬国外的心理学，到从自己的本土文化中寻找和挖掘心理学的资源，再到启动和引发中国心理学的原始性创新。中国本土心理学最为重要和最为必要的是寻求和立足本土的根基。这是中国心理学的文化的根基、历史的根基、思想的根基、理论的根基、学术的根基、研究的根基、创新的根基。

在中国本土的文化根基中，有着独特的学术资源、历史资源、思想资源、理论资源和社会资源。这种资源也完全可以成为中国本土心理学发展的重要心理学资源。中国文化的非常独特和非常重要的理论贡献就是心性的学说。从心性论、心性说或心性学中，可以确立和引出的是心性心理学。心性心理学实际上是在天人合一、心道一体的思想前提和理论设定的基础之上，对人的心理的性质、内涵、特征、变化、发展、活动等的系统的解说和阐释。在中国的文化传统中，不同的思想派别有不同的心性学说。不同的心性学说，发展出了不同的对人的心理的解说。儒、道、释的心性学说，就是中国本土心理学研究的独特的文化资源，也是中国本土心理学创新的思想基础。中国的文化所具有的是崇尚"道"的传统。但是，道的存在与人的存在，道的存在与心的存在，道都并不是远人的或外在的。道就是人心中的存在，心与道是一体的。道就是人性的根本，就是人心的本性。中国本土的心性学与中国本土的心理学是内在相通的。或者，中国本土心性学可以成为中国本土心理学创新的基础、学术的资源、思想的传统、理论的源泉、方法的依据、技术的启示。当然，从中国本土的心性学到中国本土的心理学并不是简单的延展，而是需要一种创新的心理学转换。这种转换就决定了中国本土心理学的现实与未来的发展。

显然，在中国本土文化中的心性学的基础之上，可以创造出或建构出一种全新的心理学思想理论和方法技术。称为新心性心理学。新心性心理学的创新发展完全有可能提供有关中国本土的心理行为的解说、阐释、引领、变革、创造。本土心理学的创新包括了理论的创新、方法的创新和技术的创新。本土心理学的理论创新决定了本土心理学研究的理论预设，也建构了本土心理学研究的理论框架，也形成了本土心理学研究的对象解说，也延续了本土心理学研究的理论传统。在本土心理学的学术探索中、研究方法中、科学创造中，描述的方法、证明的方法、探索的方法、合理的方法、有效的方法、契合的方法，都需要在本土心理学的方法创新中得到落实。本土心理学的技术创新是本土心理学的现实应用的保证。本土心理学的技术思想、技术构思、技术工具、技术发明，都需要通过本土心理学的技术创新来实现。中国心理学的发展尤其需要原始性创新，这就在于中国心理学走了很长一段时间引进、翻译、介绍、模仿、追随、照搬等道路。这导致了中国本土心理学的创新力和创造力的弱化。创新应该成为心理学的基本的学科追求。心理学的原始性创新可以体现在理论、方法和技术的变革、突破、更新、建构、重塑等重要的方面。

第五章　本土心性心理学源流

中国本土的文化传统中，也有自己独特的心理学传统。中国本土文化之中的心性学或心性论，非常独特的文化视角，是从非常系统的思想论域，涉及了特定的心理学的内容。心性论就在于给心理学的研究提供了理解人的心理行为的思想根基、文化根源、心理基础、意义来源等合一或统一的方式和方法。因此，所谓的心性心理学就是在天人合一或主客统一的基础之上，去重新确立或确定心理学研究的内容和方式。研究根基的转换也就带来了心理学研究和心理学创造的更为广大的空间。儒学的心性论是一种心与性的合一论。道家心性论也从心上去说性，心有真心和尘心、本心和贪心之分。道家修炼便是灭尽尘心，显出本心，以本性合真性。心性心理学是中国本土心理学的文化根基，新心性心理学是中国本土心理学的理论创新，是中国本土心理学的核心理论的建构和创造。

一　心性论的心理内涵

中国本土文化之中的心性学或心性论，是从非常独特的文化视角，是从非常系统的思想论域，涉及了特定的心理学的内容。或者说，是给出了有关人的心理行为的有价值的理论解说。这包括了一系列在西方心理学的传统之中属于空白或弱点的心理学的重要和重大的课题。

应该说，心性论并不是专门的心理学的探索，而是属于哲学的探索。但是，通过特定的学科之间的转换，仍然能够从中理解到心理学的内容。这实际上可以成为独特的心性心理学的探索。心性论的心理内涵就在于给出了人的心理的基本思想预设，核心理论根据，系统理论推演。这其中就包括了在西方的科学心理学探索和研究之中，所一直受到忽视和排斥的内容。

心性论给出了有关人的心理的内容或意义的阐释。杨国荣先生论述了心性之学与意义世界的关系。研究指出，就人与对象世界的关系而言，心性论的进路不同于对存在的超验构造。在超验的构造中，世界往往被理解为知行过程之外的抽象存在。相对于以上的超验进路，心性之学更多注重世界对人所呈现的意义，而不是如何在人的存在之外去构造一个抽象的世界。较之于无极、太极或理气对于人的外在性，心性首先关联着人的存在；进入心性之域，则同时表明融入了人的存在之域。与之相联系，从心性的视域考察世界，意味着联系人自身的存在以理解世界。人不能在自身的存在之外去追问超验的对象，而只能联系人的存在来澄明世界的意义；换言之，人应当在自身存在与世界的关系中，而不是在这种关系之外来考察世界。

以人与对象的关系为出发点，心性之学难以悬空地去构造一种宇宙的图式，也无法以思辨的方式对世界的结构作逻辑的定位。这并非让意识在外部时空中构造一个物质世界，而是通过心体的外化（意向活动），赋予存在以某种意义，并由此建构主体的意义世界；与之相关的所谓心外无物，亦非指本然之物（自在之物）不能离开心体而存在，而是指意义世界作为进入意识之域的存在，总是相对于主体才具有现实意义。

心性之学对意义的追寻，当然并不限于化对象世界为心性之域的存在。从更内在的层面看，以心性为出发点的意义追寻所进一步指向的，是精神世界的建构和提升。作为精神世界的具体形态，境界更多地与个体相联系，并以个体的反省、体验等为形式。如果说，化对象世界为心性之域的存在首先伴随着对存在意义的理解，那么，物我一体之境则更多地包含着对存在意义的个体领悟。

作为意义世界的表现形式之一，精神之境蕴含了对存在的体与悟，同时又凝结并寄托着人的"在"世理想。与存在及"在"的探寻相联系，境界表现了对世界与人自身的一种精神的把握，这种把握体现了意识结构的不同方面（包括理性与情意等）的综合统一，又构成了面向生活实践的内在前提。就人与世界的关系而言，境界展示了人所体验和领悟的世界图景；就人与内在自我的关系而言，境界又表征着自我所达到的意义视域，并标志着其精神升华的不同层面。[1]

对于心理学的研究来说，探索心理的机制与探索心理的内容，一直就是科学心理学或实证心理学非常难以面对和解决的问题。现代实证心理学实际上是抛弃了心理的内容，而仅仅是探索心理机制。这给心理学的研究和发展带来了许多难以克服的障碍。将天人合一与心道一体的理念引入心理学的探索和研究，就可以吸纳能够融心理机制与心理内容为一体的新的研究理念和探索方式。

心性论就在于给心理学的研究提供了理解人的心理行为的思想根基、文化根源、心理基础、意义来源等合一或统一的方式和方法。因此，所谓的心性心理学就是在天人合一或主客统一的基础之上，去重新确立或确定心理学研究的内容和方式。研究根基的转换也就带来了心理学研究和心理学创造的更为广大的空间。

心性论心理内涵所体现和表达的就是心性心理学所涉及的基本的内容，所涉及和所考察的就是心性心理学基础之上的新心性心理学的创造和创新。这就将心性论的思想内容和理论内容汇入了心理学的探索和研究，并入了新心性心理学的理解和理论之中。

二　儒家的心性心理学

有研究者曾对儒学心性论进行了论述。研究认为，儒学的心性论是一种心与性的合一论。在人的精神、生命的动态展开、生成、创造历程中显现人性和人的存在的整体性，而不是作预成性的抽象静态分析，这是儒学理解人或人性的方式。"心"的反思功能不是单纯对象

---

[1] 杨国荣：《心性之学与意义世界》，《河北学刊》2008 年第 1 期。

性的理论认知。心被理解为一个自觉和体验、感受着自身的意志情感表现。通过教养的创造活动重现身心、知情的本原合一，在体验性的直觉中亲证和展现性体，是儒学心性合一论的根据。

儒学是一种形而上学，但却不是西方传统意义上的形而上学。它不是以单纯认知的、抽象逻辑的共时性分析方式理解人。与西方哲学对人的理解相比照，儒学的心性论可以称作一种心性合一论。尽其心，便能知性知天，心与性并未构成矛盾。儒学以人为核心，可称作人学。但在儒学的著作中，却很难找到一种关于人的抽象定义。在儒家看来，人性不是一种预先设定的分析对象。在动态的、历时性的展开、生成中显示其整体性，以确立人的存在的形上基础，这是儒学理解人、理解人性的方式。

儒学关于人性的基本概念就是"诚"。诚即性，即道，即理。诚即如其所是，是其所是。与自身相符合的诚，就是性之本然和全体。儒家凡论性，莫不从"感通""流行""生成"的过程上着眼。"成性""成之者性"，也就是在生生不已的生成历程中实现性，显现性的全体。这样看来，儒家论性，强调的是对人、对性的动态的、历时性的具体把握，而不是静态的共时性分析。按《中庸》的话说，诚即性，"诚之"，也就是"成性""成之者性"。"诚之"，就是要在生生不已的创造历程中实现"诚"。"诚之"即"思诚"，由思而达诚。思，就是反省、反思，"求其放心"，或反思其本心。因此，"诚之"，也就是在人的反思的过程中实现"诚"或性。

《中庸》说，"自诚明，谓之性；自明诚，谓之教。诚则明矣，明则诚矣。""明"即人的真智慧，对性体的自觉。诚与明是相互界定，不可或分的。性体的实现必表现为性的自觉（诚则明）；而真正的智慧和自觉亦必表现为性体的完全实现（明则诚）。所以，儒家所谓思、知、智慧，便不是抽象的认知，而是一种理性的、体验性的整体直观、直觉。

儒学主张"道即肉身"。与此相应，人亦被理解为一性体与气察、气性、气质本原统一的整体。这样，作为肉体组织的气禀、气性、气质，既非被动的、机械的物质，同时，作为心灵作用的精神活动，亦非与价值、实践相分离的单纯理论活动。可以把这种对性体的理解称为肉体的精神化，精神的肉体化。因此，在对人心的理解上，儒学是以价值先在为前提的，把意志、实践置于核心位置，心，被理解为一个自觉和体验、感受着自身的意志、情感表现。性体便是通贯和展开在心灵的上述情、志实践活动中的全体。在人心这个整体创造活动里，性体既是"寂然不动"的，又是"感而遂通"的。[①]

儒家的心性心理学是在儒家心性论的基础之上的确立、形成和建构起来的。儒家的心性心理学就是从人的心性出发，涉及的是人的心性、人的心理、人的志向、人的品格、人的人格、人的心智、人的理性、人的情感等的论说。这也就构成了儒家的心理学传统。这种传统的心理学在中国的文化历史中，在社会的发展演变中，在普通人的现实生活中，都起到了独特的作用。这成为了普通中国人衡量人的心理行为的基本的和重要的尺度，日常生活中心理成长的基本的和重要的引导，自我约束和自我激励的基本的和重要的原则。

三 道家的心性心理学

道家以道作为天地万物的根源，每一具体事物拥有的道也可称为德。那么，人性实际上也就是人内在拥有的道，亦即德。它是人的本性，也是人的天赋中的最为本质的方面。它使人成为人，并制约着人的存在和成长。人应该顺德而行，或者说应该遵循自己的本性。人可以体认道的存在，并使自己在变化万千的世界中自如生活。但是，他必须抛弃种种欲念，忘掉事物差别，达到高度的虚静和纯一。也就是说，人可超越虚幻事物遮蔽，觉悟化生万物的道体。

当然，在道教的早期发展中，道家学者还主要着重于对道体的揭示，但仅有对道体的探讨，尚不足以为精神超越和人生修养提供根据。因此，后来的道教也发展出了自己的道性论、人性论、心性论，

[①] 李景林：《儒学心性论述义》，《吉林大学社会科学学报》1991年第3期。

为道教的体道和修道提供了必要的根据。儒释道三教的相互影响和合流，特别是儒释对心性问题的讨论，都推动了道教对道性、人性、心性的阐说。

道家的心性说主张人性即道性，或者说人的真性根源于天道，主张人性与天道为一体。当然，这里所指的天道与儒家所指的天道不同。儒家的天道是指善，是仁义道德之内涵，归于人性，则人性本善。道家的天道则是指虚，是寂静本然之内涵，归于人性，则人性清明。但就人性与天道相通和天道为人性根源来说，道家与儒家有共同之处。道家的人性论也认为人性有本性和识性的区分，或本然之性与血气之性的区分。本性或本然之性是真体，与道体相通，但后天受识性或血气之性所蒙蔽。道家心性论也从心上去说性，心有真心和尘心、本心和贪心之分。道家修炼便是灭尽尘心，显出本心，以本性合真性。也就是使心地清静，真性朗现。

按照道家的观点，成为一个真人在于超越有限的知识，去除偏见的成心，摆脱有限的束缚，达于空灵明觉的心境，与大道通融为一，参与到大道循环之中，效法天道自然，大公无私。成为有道之人，就会像老子所说："圣人不行而知，不见而名，不为而成。"（《老子》第四十七章）通过修道，就可以进入无为而无不为的境界。"为学日益，为道日损，损之又损，以至于无为，无为而无不为。"（《老子》第四十八章）无为不是不为，而是顺其自然，不加干预，圆通自如。从而，超拔俗世，游于无穷。

根据道家的观点，自我存在的前提条件是自我与外界之间的分离。但是，当人把自己与外界分离开之后，他实际上就远离了道。正是在这个意义上，自我是废道的结果。那么，由于自我的限制，人就无法获得有关道的真知，无法获得人与道的认同，无法获得绝对的自由和幸福。要想获得上述，人就必须消除自我的限制，忘掉障碍体道的自我，与道融为一体。庄子曾经说："至人无己，神人无功，圣人无名。"（《庄子》逍遥游）这就是说，至人超越了自我与外界的区别，亦即我与非我的区别，所以至人无己。他与道合一，道为无，所以无功，所以神人无功。他与道合一，道无名，所以圣人无名。由道来看，我与非我是通而为一的，故"天地与我并生，而万物与我为一。"（《庄子》齐物论）当然，道家也强调从心上下功夫，心既是主体也是道体。那么，无我就不是使我成为非我，而是达于一种真我或大我，即体存天道的境界。

道家主张，道是浑然的虚空，它是无法感知到的（无形），它也是无法言说的（无名），但它又是万物之根源，其中蕴含着所有的潜在性和原本的自发性。根据道家的思想，人能够通过他的心灵来体认天道。可是，他必须使他的心灵从普通的意识状态转换为虚静的意识状态。首先，因为道是无法感知到的，所以人就不能通过感知觉来了解道。其次，因为道是无法言说的，所以人就不能通过他的理智性的和概念性的意识来了解道。语言的问题在于，它是立足于对事物和意义的分类，而道却是无差别的整体，所以"知者不言，言者不知"。（《老子》第五十六章）为此，老子强调人应该虚静其心。庄子也指出，如果人要合于道，就必须忘却事物的差别和语言的分割，从而达到"不知之知"，以成为真人。最后，因为道无为而无不为，所以人体认了道之后，就会处在一种转变的意识状态，把握事物之变迁，顺其本性之自发。尽管他是无为的，但他能驾驭发展。一方面，人可以经过明觉的意识，使他的身体进入大道循环，从而他就能依据道的自发力量来协调、保持，甚至激发身体的功能。另一方面，人可以通过明觉的意识，使事物进入大道循环，从而他就能依据道的自发力量来领悟和引导事物的变化进程。总之，道家发展出了复杂的入静技术或方法，开发出了特定的意识状态或精神境界。

四　佛家的心性心理学

考察和探索佛家的心性心理学，可以通过不同的途径，可以依据不同的参照，可以按照不同的标准。因此，对佛教的宗教学说与心理学的思想流派的比较研究，就存在着不同的探索。不同的研究关注的是佛教的不同的宗派学说，不同的探索涉及的是心理学的不同的思想。例如，有研究者就对佛教中的禅宗的心性论与心理学中的罗杰斯的心理治疗进行了比较。研究认为，禅宗的心性体系可以概括为本心论、迷失论、开悟论、境界论。通过这四论去把握《坛经》就可以使其既不失其原滋原味，又能得到现代性的解读，并和罗杰斯心理治疗思想的人性论、病因论、治疗论、实现论形成一种一一对应的关系，使系统而不零散，全面而不片断地比较东西方这两种思想成为可能。

一是本心论与人性论。这强调的是超于善恶的至善。一般认为，《坛经》主张本心自性是超于善恶应然判断的无二之性。这种无二之性，人人皆有。这无二之性在以下两种意义上又是绝对的善，一是回归本心是其最高目标；二是只有由本心生发出来的行为才是真正的慈悲与道德。对于罗杰斯的人性论，一般都认为是性善论。禅宗本心论看似超于善恶，而实际上也是至善论；罗杰斯的人性论看似至善论，而实际上却也超于善恶。两者都认为人的本性是至善的，但当它实现时又都具有主观上超于善恶的品质。二是迷失论和病因论。这强调的是执于善恶的盖覆。六祖和罗杰斯都认为，执着于已经内化于自我的善恶应然的价值标准，是人迷失本性，不能自我实现，产生心理疾病的根本原因。如果说本心论和自我论是探究的真我问题，那迷失论和病因论探究的就是假我问题，而无论禅宗还是罗杰斯接下来应该做的都是去假归真，回复本性，达到开悟或治愈的效果。三是开悟论与治疗论。这强调的是不思善恶的心法。在禅宗里本心迷失的过程是：执于善恶→著境生念→妄念浮云→本性盖覆。那么，解脱开悟的逻辑过程从根本上来说自然就是：不思善恶→离境观照→于念无念→自见本性。不思善恶是罗杰斯治疗论的核心宗旨。觉察是罗杰斯疗法中的灵魂性的因素。这是将由善恶应然构成的自我概念放在一边，去觉察而不是去染著种种体验。平直是开悟的操作性原则。平直可以成为罗杰斯疗法的根本原则的通俗讲法，而且平直是不思善恶在人际关系中的具体表现。平，平等，帮助病人的唯一办法是以自己的真实面目和生命去与病人创造一种平等的关系，这句话贯彻到底就是非指导性原则。直，就是直接，直率。四是境界论与实现论。这是尽泯善恶的通流。开悟者一是对体验的日益开放；二是更为实存的生活；三是益发信赖自身的有机体；四是增加功能发挥的过程。

总之，两者在本性论和人性论上都认同超于善恶的至善观；在迷失论和病因论上都是执于善恶而产生的盖覆论；在寻回本性的修行观和治疗论上都是以不断善恶作为心法大要；在本性大显的境界论和实现论上，都呈现出万物通流体验与和光混俗的外观。①

燕国材先生曾考察了佛教心理学的基本范畴。研究表达和指出了，佛教是世界主要的宗教之一，其思想博大精深、奥妙无穷，佛教心理学思想也十分丰富。佛教心理学的八对基本范畴，即属于基本观点的有心身论与心物论，认识心理有知虑论与知行论，意向心理有情欲论与思行论，个性心理有性习论与智能论。研究阐述了佛教心理学的八对范畴各自的性质及其关系。

心身论又叫形神论，讨论心理与身体的性质及其关系问题。佛教把大千世界的万事万物分解为色（色法）与心（名）两大部分，前者即物质，包括身体（形体）与外部事物两个方面；后者为心理、精神。心物论探索心理与物质的性质及其关系问题，即心理决定着物质，还是物质决定着心理。佛教心理学涉及了"六根"、"六尘"和"六识"。所谓六根即眼根、耳根、鼻根、舌根、身根和意根。所谓六尘即色尘、声尘、香尘、味尘、触尘、法尘。所谓六识即眼识、耳识、鼻识、舌识、身识和意识。知虑论所说的"知"，为感知、感性认识；"虑"，指思维、思虑、理性认识。知虑论研究感知与思维的性质及其关系问题。知行论所"知"，指认识，包括感知与思维；"行"，为行为、行动、实践活动。知行论解决认识与实践活动的性质及其关系问题。佛教通常以"境、行、果"组织自己的思想体系。应对认识来说，当取此体系中之"行"的意思，即指佛教的修习与践行。而佛教的所谓"修行"，是指佛教徒修习行持，包括三项内容：戒——依据种种戒规，用以防非止恶，推动行善；定——心专注一境而不散乱；慧——通达事理、决断疑念，以取得决断性认识。情欲论

---

① 王求是、刘建新：《不思善恶，本性自现——禅宗的心性思想与罗杰斯的心理治疗理论之比较》，《宗教学研究》2007 年第 3 期。

讨论感情与欲求的性质及其关系问题。人的情与欲总是伴随在一起的，可以说是情生欲、欲生情，情中有欲、欲中有情。大体说来，佛教对情欲关系的基本观点也莫非如此。思行论的"思"为意念、意志，犹今之活动动机；"行"，指志行、志意，犹今之活动目的。思行论探索动机与目的的性质及其关系问题。佛教的意志心理思想蕴含在"思"与"行"这对范畴之中。性习论的"性"，指先天具有的生性；"习"，为后天习得的习性。性习论研究生性与习性的性质及其关系问题。佛教的佛性思想体现在"性"与"习"之中。佛教所说的"性"，显然就是人与生俱来的生性。众生通过修行引发的佛性，便是习性。智能论的"智"，指智力、才智；"能"，为能力、才能；"智能"一词为智力与能力合在一起的简称。智能论解决智力与能力的性质及其关系问题。佛教很重视对智、慧、智慧的思考与研究，并将三者看作是修习践行、实现解脱的完美之道。[①]

应该说，从当代的心理学的视角去探讨佛教心理学，那么，上述所说的佛教心理学还不是佛教的心性心理学。佛教心理学实际上还没有确立佛教的理论根基，也就是佛教的心性论或佛教的心性心理学。所以，实际上存在着两种佛教心理学。一种是按照当代的科学的方式和尺度所理解和探讨的佛教心理学，另一种是按照传统的佛教的方式和尺度所理解和探讨的佛教心理学。后者实际上就可以称之为佛教心性心理学。当然，可以说很难在佛教的心性心理学与西方的心理学传统之间进行简单的对比。这本身也存在着牵强附会的风险。但是，有一点可以肯定，佛教的心学传统，佛教心学传统之中的心理学的内容和方式，也传入到了西方心理学界，并对西方众多的心理学研究者产生了重要的影响。

---

① 燕国材：《佛教心理学的基本范畴》，《南通大学学报》（社会科学版）2012年第1期。

五　心性心理学的创新

心性心理学是中国本土心理学的文化根基，新心性心理学是中国本土心理学的理论创新。从心性心理学推进到新心性心理学，或是从心性心理学跨越到新心性心理学，是中国本土心理学的核心理论的建构和创造。从心理学的不同形态的资源获取，到理论心理学基于本土文化的重新建构，到中国本土心理学基本理论的创新突破，再到心理学不同分支学科的本土化重构，这也就给出了中国本土心理学未来的发展蓝图。

新心性心理学是中国本土心理学的理论突破或理论创新。这种理论突破或理论创新，就在于能够将中国本土心理学的理论框架、理论预设、理论解说、理论阐释纳入特定的研究思路和研究路径，并能够形成理论的突破和学术的创新。新心性心理学的理论创新所体现的研究思路和研究路径主要体现在如下几个重要方面。

1. 立足中国本土的文化学基础。这就是要着眼于中国心理学当代发展和理论创新的文化基础、历史传统、思想资源和理论根源。中国现代的心理学是从西方或国外引入进来的，这种引入的心理学有着西方或国外文化的基础和资源。问题在于如何立足于中国本土来发展心理学，来构造心理学，来从事心理学研究。

2. 挖掘中国本土的心理学传统。在中国本土文化的历史传统之中，心性论、心性说、心性学是其核心的内容。中国本土心理学可以把自己立足于中国本土文化的心性资源、心性思想、心性设定的根基和传统之中。对中国本土的心理学传统的探讨，应该能够确立中国本土文化的核心内容，以及这种核心内容的心理学定位。

3. 开发本土心性心理学的资源。中国本土的心性心理学就是一种具有本土文化独特性的心理学传统，可以从中开发出心理学的特定资源。从而，这可以导出中国本土心理学的本土文化的源流，可以奠定中国本土心理学理论建构的本土文化的基础。

4. 形成本土心性心理学的框架。中国本土心理学需要的是理论的预设、理论的前提、理论的原则、理论的构造。中国本土心性心理学就可以构成这样的思想理论的基础。这可以成为中国本土心理学理论构成的一个基本框架。这个框架可以容纳中国本土心理学的基本理论预设，以及重要理论路径。

5. 探讨心性心理学的研究方式。新心性心理学的探索关系到理论与历史的研究，研究涉及心理学的思想前提、理论基础、研究框架。因此，重要的研究方法就在于采纳理论建构、前提反思、理论预设、思想架构、历史考察、历史文献、当代解读、当代转换等多种理论心理学的研究方式和方法的组合。

6. 厘清心性心理学的研究内容。中国本土心理学的创新和发展目前最为需要的，就是厘清自己本土的历史传统、文化根基、哲学基础、思想方法。对心性心理学的研究考察，可以明确心性心理学的基本研究内容的构成。

中国本土心理学的未来出路和走向，也就是中国本土心理学研究的突破与创新，主要体现在以下几个方面。

1. 问题选择。研究是对中国本土心理学创新发展过程中的核心性和关键性环节的把握。中国本土心理学的命运与希望就在于创新性的发展。新心性心理学就是中国本土心理学的理论创新，就是原创性的理论建构。中国本土心理学的创新性的发展，可以体现在理论、方法和技术等各个方面。中国本土心理学的理论突破涉及心理学的理论框架、理论范式、理论探索、理论核心、理论思想、理论内容、理论体系、理论构造、理论发展、理论更替、理论变革、理论演进、理论突破、理论建构。中国本土心理学将会告别没有自己的系统理论的时期，而会迎来和进入自己的理论繁荣的时代。

2. 学术观点。为中国本土心理学的发展提供全新的思想基础、创新的理论追求和推新的研究理念。填补中国本土心理学研究中所具有和所遗留的全方位的理论空白，搭建中国本土心理学合理的理论框架，形成中国本土心理学研究的系统理论，奠定中国本土心理学未来发展的理论根基。从而，极大地激发中国的理论心理学的研究、本土心理学的研究、文化心理学的研究、跨文化心理学的研究、心理学思想史的研究、心理学方法论的研究，等等。研究成果将力求达成中国本土心理学核心理论的独立自主的创新性发展，引领中国本土心理学未来百年的发展历程，并为世界心理学的进步提供中国的样板和理论的模式。

3. 研究方法。研究是以理论心理学的研究方法为主导。这包括了在心理学方法论的层面，对心理学方法论进行扩展，内容涉及有关心理学研究对象的理解、有关心理学研究方式的理解和有关心理学技术手段的理解。研究强调文化主义的研究立场、整体主义的研究策略、主位研究的独特视角、研究问题的文化性质。

4. 文献资料。研究将汇集中外关于中国本土文化传统的心理学资源的相关文献。这包括在不同的文化背景中的相关研究，如在中国文化背景中关于中国本土心理学传统的探索，也包括在西方文化背景中有关中国本土文化的心理学内容的考察。本课题的研究也将在跨学科的范围内涉及有关中国本土心理学传统的研究文献。如心理学、哲学、历史学、社会学、文化学，等等。

5. 话语体系。探索将会突破在心理学研究领域中，由西方心理学的话语体系为主导的研究导向。研究将寻求建构和确立中国本土心理学的新的话语体系。这种新的话语体系是将中国本土心性心理学的核心理念确立为理论心理学的基础性理念，并将其融会贯通到新的理论建构之中。

第七编

中国本土心理学的资源

导论：心理学中国化的源流

　　心理学中国化需要特定的资源，需要文化的资源，需要传统的资源。中国本土心理学应该具有和置身文化的源流。心理学本身由于研究对象的特殊性质，也由于研究方式的复杂构成，其研究必然要汇聚多学科的探索。这包括了自然科学的、社会科学的、人文科学的等诸多的学科门类，以及分属于这些不同学科门类之中的大量的分支学科。这些学科分支也都从各自不同的学科视角涉及了人的心理与行为的探索。

　　所谓心理资源是指可以生成和促进心理学发展的基础条件，如心理学的成长要有自己植根的社会文化土壤，这就是心理学的社会文化资源。心理资源既可以成为心理生活的资源，也可以成为心理科学的资源。心理学面临着如何理解、看待、保护、挖掘、提取、转用资源的问题。心理学的发展不应该抛弃自己的文化历史传统，而应该将其当作可以借用的文化历史资源，从而扩大自己的视野，挖掘自己的潜能，丰富自己的研究，完善自己的功能。

　　中国本土心理学的发展和演变应该是立足于本土的资源，应该是提取本土的资源，应该是利用本土的资源。在本土文化的基础之上来建构特定的心理学，也是近些年来许多学者努力的方向。在中国本土文化的基础之上来建构中国本土的心理学，这也是当前中国心理学研究者追求的目标。回到中国本土文化之中，挖掘中国本土文化中的心理学资源，这已经成为许多中国心理学研究者的自觉的行动。当然，不同的研究者着眼点不同，关注的内容也就不同，思考的方向也就不同。

　　任何一个学科的生成、发展、进步、拓展，都需要文化、社会、历史和现实的资源。心理学的学科发展也同样如此。在心理学的研究中，与文化相关的分支学科也在快速地扩展和成长，如文化心理学和跨文化心理学的研究等。心理学与文化的关系是指心理学在自身的研究、发展和演变的过程中，与文化的背景、文化的历史、文化的根基、文化的条件及文化的现实等所产生的关联。心理学与文化的关系经历了文化的剥离、文化的转向、文化的回归、文化的定位。

心理学的发展曾经是建立在单一文化的背景之中或一元文化的基础之上。多元文化论者认为，传统西方心理学就是建立在一元文化的基础之上，只能是适合西方白人主流文化。因此，多元文化论主张和坚持文化的多元性，强调把心理行为的研究同多元文化的现实结合起来。就世界范围来讲，存在着不同的国家和地区，具有着不同的文化创造和传统。例如，东方国家的集体主义的文化传统，强调的是群体的一致性质、个人的献身精神、群体成员之间的相互依赖，等等。西方国家的个体主义的文化传统，强调个人的独立、个人的目标、个人的选择和个人的自由，等等。就一个国家来说，由于存在着不同的种族，因而也存在着不同的文化。在美国这样的移民国家，文化的多元性就十分明显，存在着白人文化、黑人文化、亚裔文化、同性恋文化、异性恋文化等多种文化，是典型的多元文化国家。在多元文化的国家里，如果仅以一种文化作为研究的范例，其研究的结论就会无法解释其他群体的心理行为。所以，多元文化论者反对心理学中的"普遍主义"（universalism）的观点。传统的心理学研究排斥了文化的存在，其发现和成果被认为是可以忽略文化因素而"普遍"通用的。有很多研究者对普遍主义的假设有过质疑，但由于文化因素在实验研究中很难加以控制，也就采纳了普遍主义的假设。这在社会心理学的研究中十分严重，尽管文化对群体行为有十分重要的影响，但实验的社会心理学家仍热衷于在实验室中研究社会行为，以得到一个普遍主义的研究结论。从反对心理学的普遍主义出发，多元文化论者对西方心理学中的"民族中心主义"提出了强烈批评。

心理学的发展，或者说心理学的全球化的发展，所面对的是多元文化的存在、多元文化的资源和多元文化的发展。这也是心理学所必须面对的文化的多元化的影响，以及在多元文化背景之下的，人的心理行为的多元化的体现和心理学在多元文化中的发展。心理学中的多元文化论运动强调文化的多样性，认为传统的西方心理学仅仅是建立在白人主流文化的基础之上的。心理学研究中的多元文化论的主张，反对心理学研究中所盛行的"普遍主义"。文化的多元化也就是心理行为的多元化，也就是心理学研究的多元化。这也就导致了认为在一种文化下的心理学研究的结果，不能够被无条件地和无选择地应用到另一种文化之中去，心理学的研究应该同多元文化的现实结合起来。

第一章　心理学多学科的汇聚

尽管心理学早已经成为独立的学科门类，心理学也不再依附于别的学科分支，但是由于心理学研究对象的高度复杂性和关联多样性，所以心理学的研究还是需要多学科的加入。那么，心理学的研究和发展就必然要面对着不同学科的多元汇聚的问题。这实际上要涉及不同学科的心理学，学科的分类与界限，学科的互涉与互动，学科的交叉与跨界。这不仅会丰富心理学的研究，而且会带动心理学的探索。这实际上也是心理学研究多元化的一个非常重要的方面。

一　不同学科的心理学

现代科学已经发展到高度分化的阶段。在许多科学分支当中，也有在各自分支领域中对人的心理行为的直接或间接的探讨。其实，无论是在历史上，还是在现实中，在对人的心理行为进行考察时，科学的心理学并没有独揽对人的心理行为的研究。心理学各种不同的学科分支在许多角度中，在许多层次上，在许多侧面里，也揭示和阐释了人的心理行为的某个侧面，某个方面，某个层面。这样的研究成果也同样可以汇集成一种心理学的历史和传统的资源。当代心理学的发展实际上就面对着其他科学门类或科学学科所给出的心理学思想、理论、学说、概念、方法、技术、工具等。这就需要去扩展心理学的科学观，或者说心理学需要的是大心理学观。[①] 这才能够体现或表达现

---

① 荆其诚：《现代心理学发展趋势》，人民出版社1990年版。

代心理学的发展趋势。①

可以说,并不是只有心理学才关注心理行为的研究,其他类同形态的心理学也从各种不同的学科视角,也以各个不同的探讨方式,也用各种不同的技术手段,对人的心理行为进行了多维度、多视角、多方面、多层次的探索。蕴含在不同学科门类中的心理学探索,得出了关于人的心理行为的不同的思想学说,理论解说,影响方式,干预技术。这种对人的心理行为的分门别类的研究给科学心理学提出了一个重要的任务。那就是怎样使科学心理学不至于分解、分散、消失在其他类同学科的研究中。但同时,也使科学心理学怎样去吸取、提炼、接受、消化、融会类同形态的心理学研究。其实,现在就有心理学家认为,科学心理学早晚会被类同的学科所分解,因而消散在其他的学科之中。心理学学科的发展不过是从一个依附性的学科,发展到一个独立性的学科,再进展到一个消失了的学科。

尽管心理学面临着其他不同学科分支的研究的挑战,但是心理学并不会失去自己在科学世界中的位置,心理学也不会被其他的类同学科所肢解。问题在于,心理学怎样去对待其他类同学科提供的关于人的心理行为的研究成就和成果。或者说,心理学能从其他类同学科的研究中获得什么。毫无疑问,类同形态的心理学提供了一些对科学心理学来说非常重要的研究立场、研究视角、研究方式、研究方法、研究内容、技术手段、技术工具、技术干预、技术方案、技术应用等。但是,问题就在于这些涉及人类心理行为的研究方式和研究成果,是各自归属于不同的学科门类,是各自孤立的和相互分离的,还没有在科学心理学的视野之内或还没有被纳入科学心理学的研究之中。

心理学曾经有过还原论盛行的时期。心理学的研究被还原成了物理学的研究,生物化学的研究,遗传学的研究,生理学的研究,病理学的研究等。这实际上是接受其他类同学科研究的不正确的方式。在心理学的发展历史上,有许多研究者是立足于其他不同的学科去研究

---

① 朱滢、杨治良等:《当代心理学研究》,北京大学出版社1993年版。

人的心理行为。[①] 因此，他们是从其各自不同的学科出发，去探讨和研究人的心理行为。科学心理学完全可以去吸收和借鉴其他不同学科所涉猎的心理学的理论、方法和技术，但不应该是以还原论的方式。还原论给了科学心理学许多相当重要的东西，但是还原论也使心理学的研究无法合理地揭示人的心理行为。显然，正是还原论使心理学的研究总是曲解人的心理行为。

其他类同形态的心理学所提供的各种不同的理论、方法和技术，有助于心理学扩展自己的研究视野，丰富自己的理论建构，提升自己的研究方法，增加自己的技术手段。在心理学的科学观上，这使科学心理学必须确立自己的大科学观。心理学的科学观涉及心理学学科的性质、边界，涉及心理学研究的理论、方法和技术的建构、运用。大心理学观可以使心理学放开自己封闭的边界，去广泛吸取其他类同形态的心理学提供的研究成果，并把这些研究成果转化成自己的学术资源。任何一个学科的发展，都需要自己的学术资源，心理学也同样如此。例如，对意识与大脑的多学科研究，就汇聚了哲学的研究，脑科学的研究，人工智能的研究，医学的研究，语言学的研究，人种学的研究，人类学的研究，等等。[②]

在科学心理学成为独立的学科门类之后，心理学曾经极力排斥过其他学科的研究，以维护自己刚刚获取的学科独立性。但是，在经历了这样的过程之后，心理学还必须作为独立的学科去吸取其他类同学科的学术养分和学术精华。心理学必须有能力去积聚、汇集、合并、综合那些类同学科中的有关心理学的知识、理论、方法，等等。其他类同形态的心理学还只是分散的而不是完整的整体，还只是原始的而不是现成的部分，还只是独特的而不是吻合的内容。但是，只要心理学能够放开自己的门户，能够汇聚相关的研究，能够提取有益的部分，心理学就能够长足地进步。可以说，类同形态的心理学就是心理

---

① 郭本禹主编：《当代心理学的新进展》，山东教育出版社2003年版。
② 杨云九、杨玉芳等：《意识与大脑——多学科研究及其意义》，人民出版社2003年版。

学创新所需要的资源，就是心理学学术的资源，就是心理学创新的资源。

二 学科的分类与界限

有研究者指出，心理学学科就是一个由多种视角、多种成分、多元方法、多元理论、多样技术、多样探索、多边合作、多边参与、多方协调、多方协同等组成的多维度、多分支的学科。作为一门科学，心理学缺乏一个共同的基础。心理学不像物理学和化学那样，有统一的学科框架，有共同的概念和术语，有学科群体都接受的理论基础。心理学从来就不是统一的学科，而今日心理学的内部冲突变得更加严重，未来统一的希望也十分渺茫。

学科内部的恶性分化是心理学分裂和破碎的表现之一。分化是科学进步的表现。通过分化，科学研究能在更深、更细的层次上进行。但心理学的分化趋势却令人担忧。心理学家局限于狭窄的知识领域，各自为政，彼此之间知之甚少，缺乏共同的语言相互交流。完整的心理现象被分割成互不联系的小块，不同的心理学家各执一端，为各自的结果而争论不休。

分裂的另一表现是研究课题的破碎。从表面上看，西方心理学欣欣向荣、蒸蒸日上，但深层次的问题是：心理学家所研究的课题互不相干，对于同一问题的研究往往得出相互矛盾的结论，而且各自都有自己的经验研究的支持。所得到的研究结论更是琐碎和缺乏体系，研究成果从数量上讲极为可观，但从总体上对行为和心理本质的认识却没有突破性的进展。

研究方法的破碎是心理学分裂的又一表现。心理学从没有自己独特的方法，主流心理学所崇尚的实验法也并非心理学家的创造，而是借鉴于物理学等其他自然科学。由于实验方法是物理学在研究物质现象时所使用的方法，当这种方法被应用于研究心理现象时必然有它的局限性，因而随着人们对实验法信心的动摇，人们开始把各种各样的方法引入心理学，出现了现象学的方法、叙述的方法、释义学的方法、话语分析的方法、神话学的方法、访谈法、问卷法、个案法、计算机模拟法等多种多样的多元化方法。心理学的问题是，多样化的方法并非建立在一个共同的基础上，而是各有自己的基本假设和哲学基础，因而多样化的方法所带给心理学的不是研究的突破，而是研究结果的破碎。心理学家应用不同的方法，得到不同的结论，导致了心理学更加分裂。

学派林立并进而导致派系之间的矛盾冲突是心理学分裂的另一个重要表现。在心理学的历史上曾经产生过许多心理学学派。大的学派有构造主义、机能主义、行为主义、新行为主义、格式塔学派、精神分析、新精神分析、皮亚杰学派、人本主义心理学和认知心理学。小的学派诸如联结主义、目的主义、个体心理学、分析心理学等更是数不胜数。

心理学科的年轻和不成熟是心理学分裂和破碎的一个重要原因，但却不是唯一的原因。造成心理学破碎和分裂的原因还有这样一些方面。第一，心理学家指导思想的分裂。研究方法和研究课题的破碎、学派的分裂、学科分支的恶性分化等只是一种表面现象，分裂和破碎的深层机制是心理学家的指导思想或世界观和方法论上的分裂。第二，心理学的职业强化结构。许多心理学家在讨论心理学的分裂和破碎的原因时，都认为心理学职业强化结构方面的缺陷是导致心理学破碎的重要原因。心理学的职业强化结构包含三个方面的因素，即项目基金的审批系统、学术声望的鉴别标准和期刊杂志的用稿导向。心理学家不得不寻找一个与他人不同的狭小领域，使用别具一格的研究方法，设计新颖独特的研究程序，以便出版更多的研究成果。第三，主流心理学的困境和由此而引发的不满也是导致心理学分裂和破碎的另一个重要原因。

心理学的确需要整合，但这种整合观不是一元的、极权的、一统的，而是多元的。这种多元化的整合观又是有着一个共同基础的，多元成分之间是互补的、和谐的，而不是对立的和不相容的。这样一种建立在共同基础上的多元化整合才是心理学整合的现实图景。心理学的整合需要整合的思维方式，而不能局限于传统的还原论的思维方式。这就需要心理学家的思维方式实现从还原思维向整合思维的转变。一是从线性思维到非线性思维的转变。二是从元素组合认识方式到综合分析认识方式的转变。三是从"上向因果关系"的单向思维到"双向因果关系"思维的转变。①

可以说，心理学的不同的分支学科有着明确的分类和界限，这给了心理学的研究一个极其广大的空间。但是，这也确实带来了关于心理学的分化、分裂和分解的忧虑和担心。心理学需要学科的分类与界线，但是心理学却不需要学科的对立与对抗。心理学分支的繁荣的发展，并不仅仅是心理学的壮大，也给了心理学以内在混乱的可能。

三 学科的互涉与互动

复杂对象的研究都需要多学科的合作。这就要牵涉到不同学科之间的互涉和互动。心理学的研究对象就属于复杂对象的研究，就需要多学科和跨学科的研究。因此，学科的互涉与互动就成为非常重要的方面。

心理学的研究会涉及不同学科或跨学科的合作。有研究者考察了跨学科的发展与实践。跨学科的定义与学科相对应。它涉及跨越学科界限，开辟新的领域，处理现实世界的问题。跨学科研究的基本立场在于，关于特定对象的研究并不能够按照人类创造的学科结构来进行限定。研究应该是动态的、灵活的、创新的。跨学科的思想源出于四种重要的驱力。这四种驱动力量是自然和社会的内在复杂性，对不限于单一学科的问题和答案进行探索的愿望，解决社会问题的需求，新技术的力量。跨学科研究在方法和关注点上是多元化的，是由科学求知欲或是实际需求所驱动的。跨学科工作出于实用的需求，超越学科

---

① 叶浩生：《论心理学的分裂与整合》，《陕西师范大学学报》（哲学社会科学版）2002年第6期。

的边界，以便观察和处理那些因单一学科的局限所不能观察和应对的问题。跨学科的方法可以对一些习以为常的狭隘观念或学科内的知识工作的限制造成冲击，并在一定程度上重新发现学科研究的遗漏。除此之外，跨学科的倡导者呼唤统一性，即将各学科的知识融会贯通，以作为解释的共同基础，并认为这是科学进步、知识发展和人类觉悟的最有希望的道路。

有研究者指出，可以把跨学科研究活动分成三种类型。第一种类型是基于知识的工具观点，即为了应对特殊的问题而借用其他学科的工具和方法，这类活动仅涉及工具和方法在学科之间的转移，而不直接产生综合的知识成果。第二种类型将跨学科视为概念性的，导向一种新的知识的综合，然而却是坚定地基于学科的基础，目的在于扩展学科的知识，而并非对学科知识进行挑战。这一类型可以称为"跨学科的学科的观点"。第三种类型是通过跨学科（探索知识的统一理论）以公开挑战学科和批判性地进行跨学科研究（寻求批判的、有改革能力的知识而非一致性）。基于这一观点，跨学科的益处在于打破传统，瓦解正统性，以及开启新的探索主题。除了不同类型的跨学科活动，有的学者还尝试分析跨学科研究的不同模式。有将跨学科的研究分为四种不同的模式。在第一种模式中，鉴于认识到两个事物是基于相同基础结构的不同现象，因此学者们得以将零碎的知识融会贯通。第二种模式表现为从各种不同的领域获取知识来解决某个问题，强调的是来自不同学科的相关知识的积累。第三种模式要求来自不同领域的知识的投入，但是不存在解释和评价的共同基础。例如，社会的可持续性可以通过研究资源的循环得到观察，但是经济学家会强调商品和资本的流动，生态学家则更关注能源和生物的流动。这里不存在公认的模式，进行系统分析通常是取得进展的基础。第四种模式所适用的研究活动在于，不仅其理论建构是不同的，而且其基本假设也是不同的。因此，只有通过发展新的理论，或者是只有综合了两者的理论发展才能将研究推向前进。①

---

① 刘霓：《跨学科研究的发展与实践》，《国外社会科学》2008年第1期。

这就是学科互涉的问题。学科互涉是指不同学科之间边界的重叠，是指不同学科之间研究的互动，是指不同学科之间知识的借鉴，是指不同学科之间方法的通用，是指不同学科之间技术的共享。但是，最为重要的问题就在于怎样消除学科之间的相互排斥、相互倾轧和相互贬低。

近些年来，有国外的学者提出要建立所谓的跨学科学，亦即专门的跨学科研究的科学门类。有学者区分了两类不同的跨学科研究。一是同时运用两门或多门已经成熟的知识，来解决某一特殊问题的跨学科研究；二是形成跨越学科界限的新理论、新知识和新方法的跨学科研究。后一类的跨学科研究是非常值得重视和探索的。目前，在科学研究中，作为一门学科的跨学科学（Interdisciplinology）已经建立，并且已经产生了一些跨学科的影响。跨学科的研究有不同的种类或类型。一是有时在一门科学中的思想能以改进别门科学的方式影响另一个科学中的思想。二是有时两门科学中的思想能以改进两者的方式分别影响每一门科学。三是有时新思想是来自于两门科学的相互影响。当这些新思想变得稳定和可以利用时，就能够构成一门新的科学。在这种类型中，有些思想是在两门合作科学的每一门当中都是不存在的。四是有时新实现的思想将反过来重新影响两门合作学科中的一门或两门。这就是说，除了一门学科可以直接从另一门学科中接受不同的思想外，每一门科学也可以受合作所产生的新思想的影响。①

学科互动的最为重要的方式就是学科交叉。有研究者曾对交叉科学进行了考察。该研究指出，交叉学科是由远缘的（非本学科内部的）理论簇之间发生非线性相互作用所构成的独立系统。因为，不同理论之间的线性迭加并不能形成新的理论。不同理论之间发生交叉、融合、渗透，实质上就是发生非线性相互作用，这样就能够形成不同于原理论的新理论。众多的新理论自成系统，就形成交叉学科。交叉科学是在众多的不同学科之间、不同交叉学科之间发生非线性相互作用所构成的系统。按照交叉途径、形成的特点可分为如下几种。一是

---

① 巴姆：《跨学科学：跨学科研究的科学》，《天津师范大学学报》1994年第5期。

边缘科学，即在两门以上专门学科的交界处生长起来的学科群，如生物物理学、生物物理化学、生物化学、经济法学、科学社会学、技术经济学等。二是横断科学，即在各个专门学科中对具有普遍性、共同性的问题进行研究而发展起来的学科群，如数学科学、系统论、控制论和信息论等。三是综合科学，即通过多学科的理论和方法对同一客体进行研究产生的学科群，如海洋科学、空间科学、环境科学等。①

交叉学科首先是一门具有对象跨越性、方法多重性和内容整合性等特性的独立自存的学科。其一，研究对象上的跨越性。即交叉学科的研究对象往往横跨两种或两种以上单一学科的对象，探测个中独特的规律。其二，探测方法上的多重性。即交叉学科的研究方法往往要融合和移植两种或两种以上单一学科的研究方法。其三，表述内容上的整合性。即交叉学科由于研究对象上的跨越性，致使其昭示的内容和规律往往是涵盖两门或两门以上单一学科所表述的理论构架和概念体系基础上所形成的整合性内涵。其四，主体能力上的组合性。即从事交叉学科研究的科学主体并非单一学科的专门家，而是通晓两门或两门以上学科精专博学之才，抑或由若干专家形成共同体，实现知识叠加、能力组合，使得科学主体群拥有探索科学交叉问题所必备的能力矩和知识库。

交叉学科是科学主体凭借概念的移植、理论的渗透和智能的组合等途径，而建构起来的一组跨越单一学科界限的学科群。这可以包括一系列不同的类型。一是单元交叉型。即自然科学，或工程技术，或社会科学，或思维科学内部在对象、方法和内容上交叉而成的学科群。二是二元交叉型。即自然科学、工程技术、社会科学和思维科学两两交叉而成的学科群。三是多元交叉型。即自然科学、工程技术、社会科学和思维科学三者或四者相互交叉而成的学科群。交叉学科作为一种累积的知识传统，经历了一个新旧递嬗、自我扬弃、不断精进的历史流程，而这一流程又是交叉学科群体从单元交叉向二元交叉，再向多元纵横交叉，渐次铺延与升华的现实在历史中的重演与彰显。

---

① 李喜先：《论交叉科学》，《科学学研究》2001年第1期。

交叉学科是在两种或两种以上单一学科基础上，科学主体凭借对象整合、概念移植、理论渗透和类比推理等方法，对对象世界及其变化进行探测、体认和再现后形成的跨越单一学科性的独立的科学理论体系，它是个性与共性的统一、理论与方法的统一、历史与逻辑的统一。①

心理学的研究关系到复杂对象的考察，因此，心理学的研究所需要的就是跨学科的或多学科的研究组合。这就决定了心理学的研究必然要与相关的学科形成互动的关系，形成交叉的关系，形成聚合的关系，形成合作的关系。这种互动的关系实际上也是相互促进的关系。这就不仅是别的学科促进心理学的发展，而且也是心理学促进别的学科的发展。不同学科之间的相互启发、相互补充、相互交叉、相互支撑、相互促进，将会成为心理学的重要的思想、理论、方法和技术的创新源泉。

四 学科的交叉与跨界

目前的科学发展，学科的分化和整合导致了大量交叉学科的出现。那么，交叉学科是在交叉科学和科学交叉的基础之上产生的。有研究对交叉科学和科学交叉进行了探讨。研究指出，对于交叉学科的理解存在着较大的分歧。根据意义的相近特征，可以将其归纳为三种不同的类型。

一是认为新学科、新兴学科、边缘学科、横向学科、横断学科就是"交叉学科"或包含于其中。共有三种不同的表述。第一，具有明显的交叉性和边缘性，是在某些传统学科的交叉点和边缘部分重合的基础上产生、发展起来的，或称为交叉学科或称为边缘学科。第二，就新学科而言，已形成分支学科、交叉学科、边缘学科、综合学科、横断学科、新层学科和比较学科等类型。第三，由于科学发展出现了

---

① 炎冰、宋子良:《"交叉学科"概念新解》,《科学技术与辩证法》1996年第4期。

明显的饱和现象，人类强大的科学能力又不能弃置不用，于是就产生了一系列交叉学科（边缘学科、综合学科、横断学科）。

二是认为"交叉学科"是一种学科群，有三种不同的表达。第一，交叉学科是覆盖众多学科的新兴学科群，包括边缘学科、横断学科、综合学科、软学科、比较学科和超学科共六种类型，是所有有交叉特点的学科的总称。第二，所谓交叉学科，是指由不同学科、领域或部门之间相互作用，彼此融合形成的一类学科。第三，交叉科学本质上说来，乃是在社会科学和自然科学之间宽阔的交叉地带出现的包括边缘学科、横断学科、综合学科在内的新生学科群落。

三是认为交叉学科是一种跨学科性的协作攻关和跨学科研究性的科学实践活动，有四种不同的表述。第一，凡是突破一个专门学科的原有界限，研究内容或研究方法涉及两门或两门学科以上的这种研究领域都可归到交叉科学名下。第二，交叉学科是对学科交叉规律、方法、趋势的总体研究。第三，交叉学科不仅是一个理论的概念，也是一种实践活动，是不断修正学科概念的组织活动。第四，交叉学科是指具有不同学科背景的专家所从事的联合的、协调的、始终一致的研究。

现代科学发展的特征可以概括为：大量分化、高度综合、纵横交叉、相互渗透。从微观方面看，科学的分类越来越细化；从宏观方面看，科学的综合越来越强；从纵向角度看，各门学科的延伸越来越长，都在追溯自己的始祖，创立自己的历史学。预测自己的前景，开拓本学科的未来；从横向角度看，各门学科之间的相互结合越来越紧密，互相融合的范围不断拓宽，形成了三股强大的交叉潮流。一是自然科学内部的相互交叉潮流；二是社会科学内部的相互交叉潮流；三是自然科学与社会科学之间相互交叉的潮流；与此相伴随的是形成了大量的各种类型的交叉学科、交叉综合技术和交叉研究方法。

从"交叉"活动的方式、结果和过程来看，发生在学科之间，或者学科之内，只涉及学科这一对象群的"交叉"活动，可称之为学科交叉。交叉学科则是对通过各种交叉途径而形成的学科的指称。交叉学科只是一种指称，不是学科，涉及四个对象群，即学科、技术、方法、问题。科学交叉是一种跨涉科学—技术—生产三个部门,并引导其协同发展的科学研究活动。科学交叉属于历史的范畴。科学交叉的广义化发展,既表明了科学的纵向分化与综合的对立统一,也体现了科学的横向分化与横向综合的对立统一,两者纵横交错,成立体网状结构。因此,科学交叉是一种大交叉,包括内交叉、际交叉和外交叉。①

有研究者对跨学科研究进行了探讨。研究指出了,在 20 世纪中叶以后,跨学科研究已形成为一门专门的学科,叫跨学科学。跨学科学倡导各学科间通力合作,为进一步提高科学体系的系统综合程度而积极进行理论探索和学科建设。跨学科学包括基础研究和应用研究,这在两个方面很活跃:一是跨学科科研,二是跨学科教育。基础研究含跨学科原理、跨学科分类和跨学科研究方法,其中跨学科研究方法尤其值得重视,具有方法论意义。跨学科研究方法揭示不同学科间的相关性、相似性和统一性,拓展学科之间渗透、融汇的具体途径,促进各学科研究方法的沟通、借鉴和社会科学研究方法与自然科学研究方法的联姻,从科学方法论上指导跨学科研究工作的开展。跨学科研究的进一步开展,对科学整体化趋势的发展起着重要作用,将不断拓展甚至开发新的研究领域,引导、促进新兴学科特别是新兴交叉学科的孕育发展。②

有研究者考察了心理和行为研究中的学科交叉。研究指出了,现代心理学尤其关注心理行为及其神经机制的研究。心理学家也越来越多地运用计算机模拟技术、脑功能成像技术、遗传学和生物化学技术来研究心理行为。因为运用其他学科的技术和工具可以为解决本学科的问题提供很大的帮助。自 20 世纪 50 年代以来,心理学研究经历了两次大的变革:一次是认知科学革命,是指将信息加工的概念引入心理学研究的主流中;另一次是认知神经科学革命,是指从 20 世纪 80

---

① 杨永福等:《"交叉科学"与"科学交叉"特征探析》,《科学学研究》1997 年第 4 期。
② 张明根:《交叉学科、跨学科研究及其启示》,《国际关系学院学报》1994 年第 1 期。

年代中期到现在,心理学研究把心理活动的神经基础作为自己的目标。可以看出,这两次变革都是学科交叉带来的结果。[①]

心理学的研究已经被引入到了多学科交叉和跨界的领域之中,因此,心理学就必须要开放自己的学科边界,积极去汇聚不同学科的关于人的心理行为的相关的研究内容、研究思路、研究方式、研究手段、研究工具。

[①] 曹河圻:《心理和行为研究中的学科交叉》,《心理发展与教育》2003年第4期。

第二章　心理学多形态的评判

心理学具有多元的形态。这包括了常识形态、宗教形态、哲学形态、类同形态、科学形态和资源形态的心理学。这都是属于心理学的资源。在心理学的研究中，关于心理资源的评判应该成为重要的内容，应该引起心理学研究者的高度重视。当然，如何评判心理资源，是首先要确定的问题。关于心理资源的评判或是关于心理学的多元形态的评判，涉及评判的视角，评判的学科，评判的内容，评判的方式，评判的结果。这是关系到心理资源研究的方法论的问题。

一　心理学的多元形态

科学心理学诞生和独立之后，许多心理学家就认为，科学心理学已经和必然与其他形态的心理学划清了界限，其他形态的心理学都已经成为了历史，只有现代意义上的科学心理学成为唯一合理的心理学。其实，这是一种谬误。各种不同历史形态的心理学不仅有其独特的历史意义和价值，而且有其重要的现实意义和价值。现代科学心理学实际上并不是简单地清除和埋葬了其他历史形态的心理学。相反，那些不同历史形态的心理学实际上成为了被埋藏的矿产，它们仍然存在着，并在特定的领域里发挥着各自的作用。只要有效地开发和利用这些不同形态的心理学，就会推动和促进科学心理学的发展或飞跃。心理学是当代最有发展潜力的学科。这不仅在于它有着巨大的社会应用的前景，而且在于它有着深厚的文化历史的资源。但是，当代心理学的发展重视的是它的未来前途和未来前景，而轻视和忽略了它的历史的和文化的资源。这无疑大大限制了心理学的进一步发展，或者说大大限制了心理学的眼界或视野。其实，科学心理学的独立，并不等于说就是横空出世，独来独往，而是说它仍然是植根于文化和历史的土壤之中。关键的问题在于，科学心理学应该从中吸取什么样的养分，并把这种养分变成自己成长的动力和内容。在科学心理学之外，其他历史形态的心理学传统对当代心理学发展的实际意义和价值主要体现在如下一些方面。一是提供了某种特定的透视人的心理行为的角度，这为全面和深入地理解人的心理行为带来了可能。任何一种心理学传统都是在特定的方面或特定的层面去理解人的心理，尽管带有片面性，但却具有独特性。这无疑会启发科学心理学的探索。二是提供了解释人的心理行为的独特的概念、理论、思想。这其中有着多样的说明人的心理行为的内涵和意义。这些内涵和意义都是在长期的生活实践中累积和积淀起来的。三是提供了揭示和了解人的心理行为的非常独特的方式和方法。如中国文化中的儒家、道家和佛家都提供了特有的心灵内省的方式和方法。这不仅仅是心灵认识自身的方式和方法，而且也是心灵改变和提升自身的方式和方法。四是提供了影响和干预人的心理行为的技术和手段。任何一种心理学传统都有其改变或提升人的心灵的技术手段。从上述来看，科学心理学的发展其实拥有非常深厚的文化资源。舍弃这些文化资源，是科学心理学发展的一种不幸。任何心理学的创新，都不是凭空的飞跃，而应该是广泛地吸收所有可能的营养。这是心理学创新的必由之路。中国心理学不仅缺少创新，创新的根基，对创新根基的认识、理解和把握，也缺少对创新资源的挖掘、提炼和再造。这就是探讨心理学各种历史形态的基本价值和实际意义。

　　在心理学的研究中，关于心理资源的评判应该成为重要的内容，应该引起心理学研究者的高度重视。当然，如何评判心理资源，是首先要确定的问题。关于心理资源的评判涉及评判的视角，学科，内容，方式，结果。这是关系到心理资源研究的方法论的问题。

二　不同形态评判视角

对心理资源的考察涉及研究者的视角问题。所谓考察的视角是指研究者的立场、根基、出发点、立足点。对于心理资源，不同的研究者可以有自己不同的看待和理解问题的出发点和立足点，也可以有自己的揭示、解释和解决问题的着眼点和着重点。其实，包括否认、忽视和歪曲心理资源的存在，也是对待或看待心理资源的一种特定的视角。考察的视角决定了研究者所获取的关于心理资源的内涵、内容。那么，眼界的不同、视域的不同，都决定着研究者所捕捉到的和所提取出的心理资源的差异。

对心理资源的考察，决定研究者的考察视角的是研究者的研究立场。不同的研究立场也就会决定研究者的不同的研究视角。其实，在心理学的研究中，并不存在绝对中立的研究立场。任何研究者都有自己的独立的和独特的研究出发点。所谓研究立场的差异，体现为研究者侧重的是不同的研究内容，获取的是不同的历史资源，发展的是不同的研究思路，得到的是不同的研究结果。

关于心理资源的考察视角可以有历史主义的考察视角、现实主义的考察视角和未来主义的考察视角；可以有哲学的考察视角、历史学的考察视角、社会学的考察视角、文化学的考察视角；也可以有心理学史的考察视角、理论心理学的考察视角、普通心理学的考察视角、文化心理学的考察视角，等等。

历史主义的考察视角。这是把心理资源看作文化的发展演变和心理学研究的历史进程所积累起来的，是历史的过程，也是历史的事实。那么，所谓心理资源就是历史的或传统的资源。这是研究者从历史过程或进程中去追踪历史资源的形成、积累和改变。而且，所谓研究的结果也就不过是复原心理资源形成和演变的历史过程。其实，心理学史的研究就是从历史起源和历史发展的角度去理解心理学的学科。当然，对心理学历史发展和演变的追踪可以依据不同的线索。追踪现代科学心理学的发展可以有十个方面的线索：文化、国别、时间、组织、人物、事件、器物、思想、学说、学科。这是理解和把握现代科学心理学产生、演变和发展的十分重要内容。①

现实主义的考察视角。这是把心理资源看作心理学研究的现实基础，是现实的存在，是现实的形态。有现实的意义，也有现实的表达。那么，心理学对心理资源的考察就是以现实的方面来考虑的。心理学发展的从历史到现实和从现实到未来的历程，其实都是在现实的基础之上。对于现实主义来说，历史主义是复古的考察，是用古代的或过时的内容来炫耀过去。未来主义则是虚无的考察，是把尚不存在的和仅具可能的内容来约束现在。

未来主义的考察视角。这是从未来的心理学发展和心理学形态来考察和研究心理资源。把心理资源看作心理学未来发展的、新的形式、新的用途。把未来的需要、演变、命运，都确立为是获取、提取、解析、解释、转换、转用的出发点和立足点。对于未来主义的考察视角，历史和现实都是不重要的，不稳定的，不确切的。只有从未来出发的，才有可能真正理解和把握心理学的传统资源。

三　不同形态评判学科

对心理资源的考察还涉及考察的学科问题。这说明心理资源可以是多学科交叉和交会的焦点。心理资源的存在是文化的存在，社会的存在，历史的存在，生活的存在，也是人性的存在。这就给不同的学科分支提供了研究的内容。而且，由于不同的学科有不同的研究领域和研究方式，因此不同的学科就会有对心理资源的不同的揭示和解释的侧重。例如，哲学、社会学、人类学、历史学、政治学、文学、文化学、心理学对心理资源的考察等，都会有十分不同的地方，也会有彼此交叉的地方。

---

① 葛鲁嘉：《追踪现代科学心理学发展的十个线索》，《心理科学》2004年第1期。

当然，如果从不同学科来看，每一个学科都有自己的研究领域，都有自己的侧重内容，都有自己的研究方法，都有自己的技术手段。那么，从不同的学科出发对心理资源的研究和揭示就很有可能得出的是不同的结果。

高新民和刘占峰专门探讨了哲学关于民众心理学的研究，以及所牵涉的当代哲学研究的新问题。在他们看来，"民众心理学"是当代心灵哲学和认知科学争论的热点和焦点。"民众心理学"（Folk Psychology）原本是心灵哲学中的一个很专门的术语。由于它的出现引发了广泛的哲学问题，因此现已成为英美哲学中使用频率最高的概念之一。在我国，这一术语也不陌生，常被译为"民族心理学""民间心理学""种族心理学""常识心理学"等。

与其他理论知识一样，民众心理学也有自己的理论实在，如信念、愿望、意图等命题态度，它也由形式和内容两方面所构成。民众心理学的形式问题是指人们在归属心理概念、解释预言他人行为时所诉诸的心理资源是什么？目前，研究者主要有三种答案：第一种是"理论—理论"（Theory–Theory），认为民众心理学是一种根据刺激、假设的心理状态与行为的因果关系来解释行为的理论或知识体系，是由一系列存在命题、普遍原则和理论术语所组成。第二种是"模仿论"（Simulation），认为人们在解释和预言行为的过程中借助的不是一种理论，而是在运用自己心理资源的基础上对他人行动的模仿，即通过想象"进入"被解释者的情境，设身处地模仿他们的内在过程，从而对他们的行为作出身临其境的解释和预言。第三种是"混合论"。这是一种把"理论—理论"与模仿论结合起来的观点，认为在人们解释和预言行为过程中起作用的民众心理学是理论知识与模仿能力的混合。

关于民众心理学的内容，目前占主导地位的是丘奇兰德（P. M. Churchland）的所谓标准的观点。他认为民众心理学是人们关于心理现象的常识概念框架，其核心是命题态度，即关于心理命题的态度。命题态度中最重要、最常见的是信念、愿望和意图。此外，民众心理学还包括这样的内容，如认为信念等存在于心灵之中，信念等的存在由内省所确认,它们是行动的原因等。

对民众心理学地位和命运的探讨,是心灵哲学向心灵深处探幽发微以揭示其内在结构、运作过程和机制的重大课题,也是涉及面最广、分歧最大的一个领域。目前关于民众心理学的地位和命运主要有悲观主义、乐观主义和工具主义三种主张。

悲观主义的主要表现是取消主义(eliminativism)或者说取消式的唯物主义,其倡导者主要有罗蒂、费耶阿本德、丘奇兰德和斯蒂克(S. Stich)等人。取消主义认为,认知科学可从根本上提供关于人脑或心灵运作的正确说明,无须求助于常识心理状态和概念。大多数心灵哲学理论对民众心理学的地位、命运抱持乐观主义态度。它们在意向实在论的基础上肯定具有语义性质和因果效力的命题态度的实在性,肯定了命题态度的意向性质和因果效力。关于民众心理学的工具主义是介于悲观主义和乐观主义之间的一条中间路线。工具主义原本是实用主义的核心内容。它认为思想、概念、术语、理论是人为了某种目的而设计的工具。因此其真理性不在于它们与实际的一致,而在于能有效地充当人们行动的工具。

当代心灵哲学围绕民众心理学的探讨和争论既涉及常识层面的问题,如怎样描述常人的行为解释和预言过程,怎样对这一过程作出阐释,同时又提出了纯学理性、高层次的哲学乃至交叉问题,如人的内在认知结构、心理活动的过程、机制和动力学问题,心理状态的因果性、意向性、语义性及其根源问题,信念等命题态度的模块性、可投射性等。而且它还明确提出了心理世界的结构图景、心理的本质、地位和命运以及心理、物理关系问题。因此,关注和参与有关的讨论具有以下不可低估的理论和实践意义。

首先,对民众心理学的反思,实质上是对传统心理观之根本和核心的反思。这对于重新认识心理世界的结构、功能,探索和揭示真实、客观的原因论、心理地形学、地貌学、生态学无疑具有重要意义。

其次,对民众心理学的研究有助于认识人、重建人的概念图式。我们常说"人是有意识的存在者""人的全部尊严在于思想",人与动物的根本区别在于人有理性，但这种关于人的概念图式是建立在民众心理学基础之上的。民众心理学所展现的这幅心理图景既涉及心理世界，又涉及心与身、心与外部世界的关系，因此是关于什么是人的一种常识性概括，一幅关于人的概念图式。

最后，对民众心理学的研究孕育着未来哲学变革的契机和动力。从哲学的发展历程看，传统哲学是在民众心理学基础上构建自己的理论体系和概念框架的，如哲学中的同一论、二元论、唯心主义的一元论、功能主义都默认了常识的心理概念图式。马克思主义哲学在其形成和发展过程中也吸取了民众心理学的因素，如认为哲学的基本问题是物质与意识、存在与精神的关系问题；人是有意识的类存在物；意识是人脑的机能；认识是人脑对外界事物的反映，认识要经历从感性认识到理性认识的过程；等等。很显然，围绕民众心理学的争论直接关系到这些与心理概念有关的哲学问题的命运。例如，如果真的取消主义和工具主义所说，心理或精神状态是虚妄不实的，那么哲学基本问题就是一个假命题，对它的一切研究只是做无用功。[1]

在不同的或特定的学科领域和视域中，会从不同的方面或侧面去把握和理解不同形态的心理学。这实际上也给了不同形态的心理学以不同的学科地位和学科价值。当然，从心理学的学科来说，如何去汇总或综合不同学科的研究内容、理论侧重、特定考察，就成为了非常重要和关键的方面。

四　不同形态评判内容

对心理资源的考察还涉及考察的内容问题。那么，如何分离和分解心理资源，解释心理资源的基本性质，确定心理资源的基本方面，追踪心理资源的演变和发展，说明心理资源的特征和体现等，都是考

---

[1] 高新民、刘占峰：《民众心理学研究与当代哲学的新问题》，《哲学动态》2002 年第 12 期。

察心理资源的最为基本的内容。其实，心理资源是非常丰富的，有非常丰富的内涵、思想、体现和积累。

任何一种心理学的形态都可以成为心理资源。那么，不同形态的心理学都有自己存在和发展的多样化的体现。将多样化的心理学的形态都看成是心理学的资源，将资源化的心理学的形态都看成是心理学的存在，就会给心理学的研究带来一个更为广阔的空间，就会给心理学的未来带来一个更为光明的前景。

常识心理学是心理学的第一种形态。常识心理学也常被称为民俗心理学、素朴心理学等。这是普通人在日常生活中创建的心理学，是存在于普通人生活经验中的心理学。常识心理学有两个存在水平。一是个体化的存在水平，是个体在自己的生活经历和经验中获得的，是个人对心理行为独特的认识和理解。二是社会化的存在水平，是不同个体在交往和互动的过程中共同形成和具有的，个体可以在社会化的过程中接受和掌握隐含于社会文化之中的心理常识。常识心理学既是普通人心灵活动的指南，也是普通人理解心灵的指南。常识心理学是科学心理学发展的文化资源。

哲学的心理学是心理学的第二种形态。在科学心理学诞生之前，心理学就寄生在哲学之中，是哲学的一个探索的领域。哲学的心理学的最重要的研究方式是思辨和猜测。正是通过思辨和猜测，哲学的心理学探索了人类心理行为几乎所有重要的方面。当心理学成为科学门类之后，哲学的心理学在哲学研究中成为心灵哲学的研究。但是，心理学哲学的研究则仍然在考察心理学研究中关于对象、方法和技术的理论前提或前提假设。

宗教的心理学是心理学的第三种形态。宗教心理学可以有两种不同的含义。一是科学的含义或是科学传统中的宗教心理学，是科学家运用科学方法对宗教心理的研究。二是宗教的含义或是宗教传统中的宗教心理学，是宗教家按照宗教的方式对人的心理行为的说明、解释和干预。后者既是宗教活动提供的传统文化资源，同时也是现代科学心理学的传统历史资源。宗教中的心理学提供了关于人的信仰心理方面的重要阐释以及干预人的心理皈依的重要方式。这为科学心理学的发展和进步提供了非常丰富和重要的心理学思想理论、研究方法、干预技术。心理学的创新就必须提取宗教的心理学中的资源。

类同的心理学是心理学的第四种形态。这是在与科学心理学相类似的其他科学分支中的心理学思想、理论、方法和技术。在与心理学相类同的科学分支或科学学科当中，也有关于人类心理行为的相关研究和相关成果。这些研究和成果也在特定的角度、特定的方面或特定的层次揭示和阐释了人类的心理行为，并为心理科学的诞生和发展提供了不可忽视的内容，十分重要的方法和实用便利的技术。

科学的心理学是心理学的第五种形态。该形态从诞生起，就有物理主义和人本主义、实证论和现象学两种不同的研究取向，就一直处于四分五裂的状态，统一是其一直不懈的努力。该形态有基础研究和应用研究的分类，也有理论、方法和技术的分类，关键是心理学研究类别的顺序。该形态的研究方式和方法有实验和内省的地位和作用之争。该形态从诞生就有科学化的问题，科学化的延伸是本土化的问题。

资源的心理学是心理学的第六种形态。心理学的未来发展应该是把自己建设成为资源合理开发和有效利用的新型学科门类。心理学的未来形态就是资源形态的心理学。这可以称为心理学的第六种形态，是立足于心理资源的开发和利用的心理学。所谓心理资源是指可以生成和促进心理学发展的基础条件。如心理学的成长要有自己植根的社会文化土壤。这就是心理学的社会文化资源。心理资源既可以成为心理生活的资源，也可以成为心理科学的资源。心理学面临着如何理解、看待、保护、挖掘、提取、转用资源的问题。心理学的发展不应该抛弃自己的文化历史传统，而应该将其当作可以借用的文化历史资源，从而扩大自己的视野，挖掘自己的潜能，丰富自己的研究，完善自己的功能。

五　不同形态评判方式

　　对心理资源的考察还涉及考察的方式问题。如何定位、如何分析、如何揭示、如何解释、如何说明、如何借用心理资源，这都可以有不同的方式。这可以是哲学反思的方式，考察关于心理资源的思想理论中体现的思想前提和理论设定。也可以是实证研究的方式，通过实证科学的手段来定性和定量地分析和考察心理资源的存在和变化。还可以是发展研究的方式，通过历史和未来的定位和定向来揭示和解释心理资源的演变和演化。

　　哲学的反思是对心理资源能够作为人的心理行为的存在基础的反思，也是对心理资源能够作为心理学探索的立足基础的考察。其实，哲学的探索或哲学的研究体现在关于常识的心理学、哲学的心理学、宗教的心理学、类科学心理学和科学的心理学作为思想资源、理论资源、文化资源的考察中。

　　心理学的研究可以通过实证研究的方式来考察具体的心理学形态在个体的或群体的现实生活中的具体体现。从而，心理学可以描述、揭示和解释特定的心理学资源在个体或群体的心理行为方面的表达。例如，常识心理学是普通人理解自己和他人的心理行为的重要的日常心理学学说。那么，常人在自己的生活中是怎样获得常识心理学的，是怎样运用常识心理学来解说自己和他人的心理行为的，常识心理学对常人的心理行为会有什么样的影响和作用，常人在自己的生活中是构造和改变自己所拥有的常识心理学的，这都可以成为心理学研究的对象内容。

　　在心理学的研究中，心理学史的考察方式是特定的。但是，如果是对心理学资源的考察，其考察方式就应该有所推进。当然，了解关于心理学史研究的考察方式，对了解关于心理资源的考察方式是有重要借鉴的。心理学史的研究是把心理学的资源看作心理学的历史遗产。心理学史也有自己的研究方式和方法的问题。这在研究中被称为史论，如西方心理学史论和中国心理学史论。这方面的研究以高觉敷主编的著作和杨鑫辉发表的论文为代表。在高觉敷主编的著作中，涉及了西方心理学史研究的方法论、西方心理学史的历史编纂学和西方心理学史的专题研究。在西方心理学史研究的方法论中探讨的是实证主义、现象学、释义学和科学哲学与心理学研究的关系。在西方心理学史的历史编纂学中则探讨的是时代说与伟人说、厚古说与厚今说、内在说与外在说、量化说与质化说。[①] 在杨鑫辉撰写的论文中，提出了中国心理学史论的内容体系由价值论、方法论、范畴论、专题论、体系论、文献论和学史论七个有机部分组成。他在专题论文中讨论了方法论、范畴论和体系论。他提出了"一导多维"的方法论，是指坚持一个指导思想，遵循多维研究原则，采用多种具体研究方法。坚持一个指导思想，就是用唯物的、辩证的、历史的观点做指导来考察历史上的心理学思想。提出中国心理学思想史的基本研究原则，可以通过三个维度去建构：即对象维度——以心理实质为主线的原则；框架维度——以现代心理学概念和体系为参照的原则；评价维度——科学历史主义的原则。具体研究方法方面包括归类排比法、史料考证法、纵横比较法、系统分析法、实证检验法、义理诠解法、计量研究法等。[②]

其实，资源的考察方式要比历史的考察方式更广泛。这不仅仅是对历史的追踪，而且是对现实的考察和对未来的探索。这就决定了关于心理资源的考察应该有独特的方法论。很显然，关于心理学的存在、演变、探索，资源化的处理都给了心理学研究更为丰富和更为合理的方式。

[①] 高觉敷主编：《西方心理学史论》，安徽教育出版社1995年版。
[②] 杨鑫辉：《中国心理学史论研究》，《江西师范大学学报》（哲学社会科学版）2001年第4期。

六　不同形态评判结果

　　对心理资源的考察还涉及考察的结果。关于心理资源的考察结果可以成为人理解自身存在的重要内容，也可以成为发展关于人的研究的科学学科的重要的学术内容。人的心理生活的建构和拓展是需要资源的。每个社会个体在自身的存在和生活中，都有对自身的心理生活的创造和建构，这是需要资源的支撑的活动。提供心理资源是丰富人的心理生活，提升人的心理生活的质量所必需的。同样，心理学学科的进步和发展也是需要资源的，心理资源实际上也就是心理学资源。这种资源是心理学学科所必须依赖的基石和基础。

　　科学心理学诞生和独立之后，许多心理学家就认为，科学心理学已经和必然与其他形态的心理学划清了界限，其他形态的心理学都已经成为了历史的垃圾，只有现代意义上的科学心理学成为唯一合理的心理学。其实，这是一种谬误。各种不同历史形态的心理学不仅有其独特的历史意义和价值，而且有其重要的现实意义和价值。现代科学心理学实际上并不是简单地清除和埋葬了其他历史形态的心理学。相反，那些不同历史形态的心理学实际上成为了被埋藏的矿产，它们仍然存在着，仍然演变着，仍然是在特定的领域里发挥着各自的作用。只要能够有效地开发和利用这些不同形态的心理学，就会推动和促进科学心理学的发展或飞跃。

　　心理学是当代最有发展潜力的学科。这不仅在于它有着巨大的社会应用的前景，而且在于它有着深厚的文化历史的资源。但是，当代心理学的发展重视的是它的未来前途和未来前景，而轻视和忽略了它的历史的和文化的资源。这无疑大大限制了心理学的进一步发展，或者说大大限制了心理学的眼界或视野。其实，科学心理学的独立，并不等于说就是横空出世，独来独往，而是说它仍然是植根于文化和历史的土壤之中。关键的问题在于，科学心理学应该从中吸取什么样的养分，并把这种养分变成自己成长的动力和内容。

在科学心理学之外，其他历史形态的心理学传统对当代心理学发展的实际意义和价值主要体现在如下一些方面。一是提供了某种特定的透视人的心理行为的角度，这为全面和深入地理解人的心理行为带来了可能。任何一种心理学传统都是在特定的方面或特定的层面去理解人的心理，尽管带有片面性，但却具有独特性。这无疑会启发科学心理学的探索。二是提供了解释人的心理行为的独特的概念、理论、思想。这其中有着多样的说明人的心理行为的内涵和意义。这些内涵和意义都是在长期的生活实践中累积和积淀起来的。三是提供了揭示和了解人的心理行为的非常独特的方式和方法。如中国文化中的儒家、道家和佛家都提供了特有的心灵内省的方式和方法。这不仅仅是心灵认识自身的方式和方法，而且也是心灵改变和提升自身的方式和方法。四是提供了影响和干预人的心理行为的技术和手段。任何一种心理学传统都有其改变或提升人的心灵的技术手段。

从上述来看，科学心理学的发展其实有着非常深厚的文化资源，有着非常丰富的历史积淀，有着非常宽广的学术背景。如果抛弃了这些文化资源、历史积淀、学术背景，那将是科学心理学发展的一种不幸和一种损失。其实，任何心理学的创新，包括理论的创新、方法的创新、技术的创新，都不是凭空的飞跃，而应该是广泛地吸收所有可能的营养。这是心理学创新的必由之路。中国心理学不仅是缺少创新，也缺少创新的根基，缺少对创新根基的认识、理解和把握，更缺少对创新资源的挖掘、提炼和再造。这就是探讨心理学各种历史形态的基本价值和实际意义。[①]

将不同的心理学探索纳入心理资源的理解和把握的框架之中，就给了心理学的研究一个更为开放的空间。心理学曾经依赖于排斥和回避，而保持和坚持自己的科学性质和实证方向。但是，这却导致了心理学的自我封闭和自我限制。心理学有自己的巨大的学术空间，但是这却是需要全新的资源化的视野。

---

① 葛鲁嘉：《心理学的五种历史形态及其考评》，《吉林师范大学学报》（人文社会科学版）2004年第2期。

第三章 文化心理学演变历程

　　文化心理学也是通过文化来考察和研究人的心理行为的一门心理学分支。文化心理学经历了一系列重要的发展时期。现代实证科学的心理学曾经一度忽视和排斥了文化的存在。这就体现在了西方心理学中早期所盛行的还原主义之中。在心理学的研究中，文化与心理的关系、文化与心理学的关系，都是非常重要的关系和方面。心理学研究者已经开始重视文化的存在和文化的问题，并开始重视关于文化心理和文化心理学的研究。文化心理学也在特定文化背景、文化环境、文化历史、文化传统、文化活动、文化指向、文化内涵之中，探索和研究人的心理行为。文化心理学是心理学一个非常重要和发展迅猛的分支学科。当然，文化心理学自身经历了从弱小到壮大，从默默无闻到影响日隆的变化。文化心理学在自身的发展进程之中，已经经历了从限于自身学科的边界到溢出自身影响的边界的改变。因此，把握文化心理学的演变历程，对于了解该学科的探索、内涵、重心、功能、作用、影响等，都是非常重要和必要的。

一　文化心理学学科演变

　　文化心理学的多种含义与多元取向，一是涉及心理学研究对象的文化属性，即怎样对待人的心理行为的文化内涵的问题；二是涉及心理学研究方式的文化属性，即怎样对待一门独立科学门类的文化特性的问题；三是涉及心理学研究领域的文化分支，文化心理学、跨文化心理学、本土心理学等，都是涉及文化的重要的心理学研究；四是涉及心理学研究取向的文化多元。文化心理学的兴起意味着心理学本身正在发生深刻的变化。这主要体现为对心理学研究对象的重新理解，对心理学研究方式的积极变革，对心理学理论、方法和技术的原创性建构。[1]

文化心理学是通过文化来考察和研究人的心理行为的一门心理学分支。近些年来，文化心理学有较为迅猛的发展。文化心理学的研究成果正在受到人们越来越多的关注。按照余安邦先生对最近30年来的文化心理学发展历程的考察，文化心理学实际上经历了三个重要的发展时期或阶段。在不同的时期里，文化心理学的知识论立场、方法论主张、研究进路特色及研究方法特征都有重要的变化。[2]

在20世纪的70年代之前，是文化心理学发展的第一个时期。在这个时期，文化心理学的研究目标是在追求共同和普遍的心理机制。当时的文化心理学假定了人类有统一的心理机制，从而致力于从不同的文化中去追寻这一本有的中枢运作机制的结构和功能。研究者通常是采用跨文化的理论概念和研究工具，来验证人类心理的中枢运作机制的普遍特性。

在20世纪70年代到20世纪80年代的中期，是文化心理学发展的第二个时期。在这个时期，文化心理学开始关注人类心理的社会文化的脉络。当时的文化心理学转而重视人的心理行为与文化母体的联系，特别是从社会文化的脉络去考察和说明人的心理行为。这就不是从假定的共有心理机制出发，而是从特定的社会文化出发。这一方面是指有什么样的社会文化，就有什么样的心理行为模式；另一方面是指运用特定文化的观点和概念，来探讨和说明人的心理行为的性质、活动和变化。

在20世纪的80年代中期之后，是文化心理学发展的第三个时期。在这个时期，文化心理学强调人的主观建构、象征行动及社会实

---

[1] 葛鲁嘉：《文化心理学的多重含义与多元取向》，《阴山学刊》2010年第4期。
[2] 余安邦：《文化心理学的历史发展与研究进路》，《本土心理学研究》（台湾）1996年第6期。

践的文化内涵。那么，文化就不再是外在地决定人的心理行为的存在，而是内在于人的觉知、理解和行动的存在。社会文化的环境和资源的存在和作用，取决于人们捕捉和运用的历程和方式。正是人建构了社会文化的世界，人也正是如此而建构了自己特定的心理行为的方式。此时的文化心理学开始更多地从解释学的观点切入，通过解释学来建立文化心理学的知识。

二 无文化的文化心理学

现代实证科学的心理学曾经一度忽视和排斥了文化的存在。这就体现在了西方心理学中早期所盛行的还原主义之中。还原论成为了心理学研究中有关人的心理行为的基本解说的原则。这实际上就是心理学探索和研究对文化的回避。王海英考察了科学主义心理学研究中的还原论倾向。研究指出，科学主义心理学是心理学自独立以来占据主流地位的心理学。但是，由于科学主义心理学的哲学基础，使其在研究中存在着一种还原论倾向。其核心是对人性的物化，把人的复杂心理现象简化为物理、化学、生理过程，试图用生物、生理或者机械运动形式来解释人的复杂心理过程。由此存在着物理还原论、生物还原论和化学还原论。还原论在心理学研究中具有正反两方面的意义。在科学主义心理学研究中，还原论的核心是对人性的物化。具体指在研究人的心理时，忽视人的社会属性以及人的价值，把人的复杂的心理现象简化为物理、化学、生理过程，试图用生物、生理或者机械运动形式来解释人的复杂心理过程，由此存在着物理还原论、生物还原论和化学还原论。[①]

在心理学的研究中，还原论一度非常盛行。正是因为心理的存在与其他的存在有着密切的关系，也正是因为心理的存在可以归因于其

[①] 王海英：《论科学主义心理学研究中的还原论倾向》，《社会科学战线》2008 年第 9 期。

他的存在，还原主义就成为了主导心理学研究的重要的理论原则。还原主义的问题涉及研究的还原主义，还原主义的体现包括了物理主义的还原，生物主义的还原，还包括了其他不同的还原，重要的问题在于还原主义的理解，在于还原主义的去留。

有研究者对心理学研究中的还原论进行了考察。研究指出，还原论表现出多种理论形式，如果不计其分类标准及范畴大小，可以随意地罗列出许多种类：本体论的还原论、方法论的还原论、理论的还原论、语言学的还原论、科学主义的还原论，等等。尽管这些还原论的形式各异，但其核心思想却是一样的：它们均认为世界是分层的梯级系统，可以通过已知的、低层级的事物或理论来解释与说明未知的、高层级的事物或理论。

心理学中的还原论是哲学还原论思想在心理学中的反映，其思想传统几乎同心理学的历史一样悠久。心理学中的还原论就是坚信以下最基本信念的一种理论，即心理学的研究对象（人的心理或行为）是一种更高层级的现象，对它的研究可以用低层级事物（如原子、神经元、基因等）及其相关理论（如物理学、生理学、生物学等）来加以解释与说明。

与哲学还原论一样，心理学中的还原论也有本体论的还原论与方法论的还原论之分本体论的还原论坚持"实体的还原"，把心理或行为当作实体，把它还原到、归结为基本的物理、生理实体或粒子（如原子、基因等），企图通过对这些终极构成成分的分析来达成对心理或行为的最终了解。方法论的还原论坚持"知识的还原"，认为心理学是跨越物质运动层次较多的一门学科，心理学的知识可以由低层级事物的相关知识来说明。方法论的还原论又可以分为两种主要的类型。第一种可以称为"元素主义还原论"，主张把心理或行为划分为多个部分或元素，通过对这些部分或元素的研究来了解整个心理或行为。第二种可称为"理论的还原论"，主张通过低层级学科的理论来解释、说明心理学的研究对象，获得心理学知识。根据它将心理学理论还原为低层级事物理论的不同，又可以将其划分为将心理学理论还原为物理学理论、生理学理论及生物学理论三种还原论类型。

还原论是心理学方法论的必然选择之一，但并不是适用于研究所有心理学问题的方法论，它有着自己适用的边界范围与特定的前提条件。具体说来，还原论有两个基本的理论前提与预设：第一，世界是由低级向高级发展的层级系统，心理、行为现象与物理现象、生理现象是不一样的，这一点已经得到人们的普遍认同；第二，这些层级之间是连续的，低层级事物与高层级事物之间存在着因果关联。事实上，还原论之所以能揣着足以致命的顽疾而依然生机勃勃地存活在心理学中，其根本的原因是到目前为止，人们尚无法找到一种比它更为行之有效的方法论来取代它。[①]

有研究者对还原论的概念进行了多维的解说。研究指出，应该从广义、较狭义、最狭义三个层次理解还原论概念。第一个层次是广义的还原论：这是对自然的一种哲学思考，一种探索自然的哲学研究纲领。人类在对自然的探索中，逐渐形成了一些使大多数人都认可的解释自然的模式，即认为自然界中的各种现象有一种潜在的基础规律，比其表面实在更为根本。科学的目的就是要揭示这种潜在的规律来解释自然，这种解释自然的模式便是广义还原论。广义还原论的最基本内涵是，自然界中所有的现象都能够被还原为某种自然的基本规律，它的总特征是自然的复杂性的祛魅。隐藏在广义还原论后面的基本预设是：自然现象存在着结构。无论这些结构的本质是什么，但有一种结构是最基本的、不可还原的，即自主存在的结构。第二个层次是较狭义的还原论：多视角探索自然规律的方法论。广义还原论伴随着具体科学的进步也呈现出多视角探索自然规律的具体形态，这也就是较狭义层次上的还原论。首先是本质还原论。本质还原论主张，现实中的一切最终仅仅由一种东西所构成，这种东西可能会是精神或者物质。其次是方法还原论。这种还原论是和作为研究现象方法的分析相关联的，即将一个复杂的整体解构成该整体更为简单的部分或认识一个现象更低层次的基础，然后研究这些部分或基础的特征和组成，了解它们是如何运作的。再次是结构还原论。这种还原论涉及组成一切

[①] 杨文登、叶浩生：《论心理学中的还原论》，《心理学探新》2008年第2期。

基本结构的层次问题，其基本主张是，所有现实中的并非真实的结构都可以还原成物理结构。最后是描述还原论。这涉及对现象的再解释，被还原的观点的术语不得不被转换成新的还原观点的词汇。第三个层次是最狭义的还原论：不同层次理论间的演绎，一种科学认识论的模型。这主要表现为探讨不同学科间的演绎问题，这时的还原论试图在不同的理论间建立起某种科学认识论的模型。这种最狭义的理论还原论至今仍是还原论探讨的最主要方向。对于还原论的概念并不能单从某一个层次来理解，因为，还原论概念的三个层次并不是彼此孤立的，它们在还原论思想的发展过程中既有联系，又有区别，是一种辩证统一的关系。这正体现了还原论概念的多面性和广泛性，它们共同彰显着还原论的本质性含义。[1]

实际上，还原可以成为研究的方法，还原也可以成为研究的原则，还原也可以成为研究的思路。在心理学的研究之中，无论是方法，原则，还是思路，都曾经得到了不同的贯彻和体现。

实证的科学心理学在自己的起步的阶段，曾经把物理学当成了自己的榜样，当成了自己的标准。这在心理学史的研究中，被描绘为"物理学妒羡"。这除了心理学家希望心理学能够像物理学那样精密和可靠之外，也给心理学研究带来了物理主义还原的研究方式。显然，物理学所揭示的物理世界被认为是属于最为实在和可靠的存在，物理学所揭示的物理的规律是最基本的规律。因此，心理学在解说人的心理行为的过程中，就把心理行为的规律归结为物理主义的规律。

生物决定论常常导致的就是生物还原论的流行。把人的心理行为的性质、特征、变化、功能等，都归结为是人类的生物机体的性质、特征、变化、功能。这曾经在心理学的研究变得非常的流行。在很长的历史时段之内，生物决定论都支配着心理学的研究和心理学的解说。

---

[1] 严国红、高新民：《还原论概念的多维诠释》，《广西社会科学》2007年第8期。

三 有文化的文化心理学

在心理学的研究中，文化与心理的关系、文化与心理学的关系，都是非常重要的关系和方面。这两种关系是相互贯通，但又是有所区别的关系。文化与心理学的关系是涉及心理学的发展和未来的十分重要的关系。在探讨文化与心理的关系时，有研究者指出文化与心理的关系是相互作用的关系。这也就是说，心理过程影响社会文化的形成与发展，社会文化又给心理过程打上文化的烙印，使其折射出所在文化的色彩。因此，它们之间是一种动态交互作用的关系。心理学研究者已经开始重视文化的存在和文化的问题，并开始重视关于文化心理和文化心理学的研究。

当然，在实际的研究进程中，大多数的心理学研究关注的是文化与心理的关系在动态过程中的稳定的部分，通常使用静态的术语使文化概念化，因此加强了对文化的刻板形象，忽视了文化与人类心理过程相互作用的动态的发展变化的一面。为了更充分和更准确地理解文化与心理学之间的关系，在将来的研究中，有必要更明确地关注于文化与心理的动态交互作用过程。一些研究阐述了考察这个动态交互作用过程的几个策略。其中一个策略是考察目前的文化模式如何影响了人际交流过程，而这些人际交流过程又如何对目前文化的发展产生影响。还有一个策略是运用动态系统理论中的逻辑与数学工具，来考察人际互动在个体和文化水平上的纵向结果。[①]

但是，这种关于文化与心理学关系的探讨，是一种非常简单的相互作用或交互影响的定位。这实际上是关于文化与心理的关系的探讨，而不是关于文化与心理学关系的探讨。严格说来，所谓文化与心理的关系同文化与心理学的关系是既有关联，也有区别。文化与心理

[①] 纪海英：《文化与心理学的相互作用关系探析》，《南京师大学报》（社会科学版）2007年第4期。

的关系是指人类文化与人类心理之间的关联，而文化与心理学的关系则是指人类文化与心理学探索之间的关系。一方面涉及的是心理学的研究对象，另一方面涉及的是心理学的学科本身。这两个方面都是十分重要的。

文化学的研究是关于人类文化的考察和探索。这是对人类文化或社会文化的性质、构成、演变、发展、内涵、功用的研究。当然，文化学是多学科或大学科的研究领域。许多学科都要涉及文化的问题，都要涉及文化的研究。那么，文化学研究与心理学研究的关系，应该是两个学科的研究及研究结果的互涉的问题。

其实，在心理学的研究中，无论是关于人的心理行为的理解和解说，还是关于心理学学科的理解和解说，都会与文化产生重要的关联。在心理学成为实证科学的门类之后，心理学的研究曾经以物理学、化学为榜样，也曾经以生物学、生理学为根基和依据。这给心理学力求成为精密科学带来了希望。但是，心理学在这样做的同时，却忽略、扭曲了人的心理的文化的性质和内涵。

那么，在心理学的研究中，文化心理学的兴起就至少可以关系到两个重要的方面。一方面是关于心理学的研究对象的理解，另一方面就是关于心理学的学科本身的理解。前者使文化成为研究的内容，后者使文化成为研究的取向。前者是对象化意义上的，后者是方法论意义上的。

同样，在心理学的研究中，关于多元文化论的探讨，关于多元文化论对心理学研究和探索的影响，也是非常重要的。

有学者考察了心理学中的文化意识的演变，认为心理学中的文化意识经历了跨文化心理学、文化心理学、文化建构主义心理学三次重大的演变。跨文化心理学视文化为心理规律的干扰因素，认为理论研究应力求"去文化"；文化心理学认为心理是文化的"投射"，寻求理论的"文化敏感"；文化建构主义心理学则认为心理与文化是相互影响、相互建构的关系，因而更加关注"心理"、"意义"与"现实"

的双向建构过程。①

跨文化心理学预设了贯通性、普适性的心理学规律的存在,所谓"跨文化的"就是"贯通"所有文化的,也就是对所有文化都通用的。跨文化心理学的主要功能在于阐述适用于一切个体的规律,因为跨文化心理学家相信,在一定数量个体中的研究结果就代表一个逻辑层次,它将适用于一切个体,并因而适用于人性。所以,尽管跨文化心理学采用了跨文化比较的研究方法,但就其本质而言,它还不属于文化取向的研究范畴,而是一种完全的经验主义范式。

20世纪80年代末至90年代初,真正文化取向的心理学研究开始出现,其主要的理论形态就是"文化心理学(cultural psychology)"。与早期跨文化心理学谋求对理论的"去文化"不同,文化心理学的"文化取向"表现在以下几方面:一是把心理看作是文化的投射。正因为将心理视为文化的投射物、对应物,文化心理学坚决反对跨文化心理学把文化作为寻找具有普遍意义的心理规律所要规避、排除、克服的"干扰因素",文化心理学认为人的任何内在的和深层的心理结构及其变化不可能独立于文化的背景和内容,心理和文化既有着相对区分的各自不同的动态系统,又彼此贯穿、相互映射、相互渗透。心理学永远不可能将自己的研究对象与文化情境相剥离。二是凸显"文化敏感"对心理学研究的重要性。文化心理学不再以一种心理学理论为研究背景,去寻求理论在异域文化中的检验,而是从某种社会文化背景下特有的社会问题、心理问题出发,以社会化过程、人际互动过程为研究重点,以"本土心理学"取代"普遍性心理学"。随着文化心理学研究成果的不断增加,对心理的文化负载、文化内涵(content)的理解的不断深化,"文化敏感"对于心理学研究的重要性也愈益凸显出来。三是实地的研究方法由边缘走向中心。以对文化与心理关系的认识转变为导引,实地研究方法作为实验方法的重要补充,正逐步由边缘走向中心,成为文化心理学最常用的研究方法。实地研究

---

① 杨莉萍:《从跨文化心理学到文化建构主义心理学——心理学中文化意识的衍变》,《心理科学进展》2003年第2期。

更加关注不同文化背景下的心理过程、心理机制和人格品性的个别性、特殊性和差异性。因此它更倾向于选择一种文化，一个对象加以深入研究，并不期望对其他文化加以概括。实地研究的研究者首先必须对所研究的社会结构、文化传统、价值偏好有深入的了解，要参与、融入被研究者的日常生活世界，并与对象建立互信互赖关系。研究者不再企图对被研究者的行为进行纯客观的描述，而是力图"理解"和"体验"研究对象的真情实感，并能站在被观察者的立场上对行为或问题做出合理的"解释"。

文化建构主义思潮与文化心理学几乎同步发生和发展。文化心理学视心理为"文化的投射"，而文化建构主义则视心理为"文化的建构"。文化建构主义视心理为"文化的建构"。这并不是对"文化的投射"的简单否定，而是对其的超越。作为后现代精神与后现代文化在当代心理学中的体现，文化建构主义从一开始就谋求消解外源论、内成论所隐含的主、客体二元论局限，试图在外成论—内源论的两极钟摆之外，构造一种全新的理论框架。这一框架既不视心理为单纯的精神表征，即对客观事实的经验性描述（经验主义），也不视其为一种先验的结构性存在（理性主义），而是将心理置于社会互动过程中，将其作为一种建构过程的结果加以理解。文化建构主义心理学不仅否定了实证的客观主义范式，也否定了文化心理学的主观主义范式，是一种超越主客对立的后现代取向。以批判为基础，文化建构主义试图在心理学现代叙事的对立面上创建一种全新的反基础主义、反本质主义的后现代的心理学理论与思想构造。文化心理学强调以本土的心理学取代普适的心理学，重视对心理的文化内涵的分析。与之不同，文化建构主义则以作为知识、理论、心理的载体的"话语"作为自己的突破口，通过阐释语言的生成、本质、意义，深刻揭示了知识、理论、心理作为社会文化建构的本质。除了话语分析之外，建构主义关注的另一个焦点是人的内在、外在世界的双向建构过程。建构主义认为"人"、"自我"、"情感"乃至一切"人对现实的信念"，都是通过社会互动建构起来的。

四 分文化的文化心理学

分文化的文化心理学是指在特定文化背景、文化传统、文化活动、文化指向、文化内涵中，有关人的心理行为的探索和研究。可以从如下几个方面来理解。首先是属于不同国别的文化心理学。这可以包括美国的文化心理学、法国的文化心理学、中国的文化心理学，等等。其次是属于不同类别的文化心理学。这所涉及的不同类别是指不同心理行为的类别。这可以包括文化心理学探索的特定的心理行为，如人格的文化心理学、自我的文化心理学、动机的文化心理学、知觉的文化心理学、思维的文化心理学、治疗的文化心理学，等等。再次是属于不同科别的文化心理学。这关系到不同的或特定的学科门类之中的文化心理学的研究，如经济的文化心理学、法律的文化心理学、政治的文化心理学、文学的文化心理学、艺术的文化心理学，等等。最后是跨文化的文化心理学。这所涉及的是文化比较的文化心理学、文化冲突的文化心理学、文化融合的文化心理学、文化共生的文化心理学，等等。

分文化的文化心理学探索体现了文化心理学研究的非常广阔的空间，给出了文化心理学探索的非常广大的视域，也创造了文化心理学学科的非常广泛的前景。这体现了文化心理学不同的探索内容、不同的学科门类、不同的研究方式、不同的生活应用的紧密关联。

人类学的研究也与心理学的研究有着重要的关联。在人类学的分支中，心理人类学的研究为心理学提供了重要的学术资源。韩忠太等学者在涉及心理学与文化人类学的关系时谈到，心理学与文化人类学之间的互动使两个学科都得到了长足的进步，并分别在两个不同的领域形成两个新的学科，一个是民族心理学，一个是心理人类学。民族心理学采用文化人类学的观点研究心理学，心理人类学则用心理学的观点研究文化人类学。① 有的研究考察了心理人类学的核心课题，即文化与人格的关系问题。研究者指出，文化塑造个体的人格，而这种塑造作用在个体人格形成的不同阶段所发挥的作用有所不同，其实质是个体接受文化影响的过程，而且文化的变迁对人格又产生新的影响。同时个体又影响文化接纳和传承。如何在全球化趋势下合理推进不同文化相互作用，引领和预期健康的人格模式，避免诸如不可预期的"文化混血"的人格特征的影响，也是文化和人格关系研究中面临的一个挑战，也是未来研究的发展方向。② 人类学研究中，心理人类学的研究已经成为了独特的研究分支和研究领域。心理人类学对于人类种族的心理存在、心理构成、文化人格、国民性格等的研究，都产生了非常重要的影响。

正是因为民族心理学的研究所涉及的研究对象和所汇聚的相关学科，所以民族心理学的研究方式就可以按照不同形态的心理学来进行定位和考察。在民族心理学的构成中，常识、宗教、哲学、文化、科学、资源，都可以成为重要的视角，都可以成为特定的方式。因此，民族心理学的研究可以通过不同的方式来进行。这包括了以民族常识，民族宗教、民族哲学、民族文化、民族科学、民族资源等为基点。大大扩展了关于民族心理行为的探索的范围和关注的内容。民族心理学研究的基本方式决定的是关于民族心理的考察的依据或基点。这所导致的是可以和应该从哪里入手，去考察和探索民族心理，去揭示和解说民族心理，去干预和引导民族心理。因此，关于民族心理学研究的基本方式的探讨，可以极大地丰富关于民族心理的理解和阐释。特定民族的文化传统和民族习俗之中的文化心理学的内容，就成为了支配和理解特定民族所具有的文化心理、文化认知、文化理念、文化情感、文化人格、文化互动、文化影响等最为根本和有效的依据。

---

① 韩忠太、张秀芬：《学科互动：心理学与文化人类学》，《云南社会科学》2002 年第 3 期。

② 马前锋、孔克勤：《文化与人格：心理人类学的解释》，《心理科学》2007 年第 6 期。

文化心理学的探索已经进入到了心理学研究的各个不同的分支学科之中，并且已经成为了重要的研究取向，提供了多样的研究课题，形成了多元的研究范式，丰富了多重的探索方式，展现了广阔的应用空间，引领了丰富的生活创造。

第四章　常识心理学学科启示

　　常识形态的心理学是生活中的心理学，是普通人的心理学。但是，常识形态的心理学与许多学科都有着密切的关系，与许多的研究都有着特定的联系，对许多学科都有着重要的影响，对许多的方面都有着重要的启示。因此，常识形态的心理学是一种具有现实价值、学科价值、学术价值的心理学资源。常识形态的心理学的学科启示可以体现在常识心理学与哲学、与文学和与医学的关系中，也可以体现在常识心理学与历史学、与宗教学和与社会学的关系中。常识形态的心理学是心理学的一种特定的存在形态。这种形态的心理学不仅在心理学的研究中具有着独特的位置和价值，而且也与众多的学科有着十分密切和特定的关联。因此，对于许多学科的探索和研究来说，常识形态的心理学都应该得到关注。无论是对心理学科来说，还是对相关学科来说，常识形态的心理学都具有不可忽视的价值。

一　常识心理学关联哲学

　　有研究者指出，"常识"（common sense）一词在哲学上主要有两个不同的用法。常识的第一个用法所着重的是该词组中的"sense"一词的"感觉""感受"的含义，是指与肉体的视、听、嗅、味、触五种"外部感觉"不同的"内在感觉"。这是人心中普遍具有的能够将五官感觉区分开来，或对五官感觉进行统合，以形成关于对象的整体意识的能力或官能。"常识"的第二个用法所着重的是该词组中的"sense"一词的"理智""智慧"之意，是指人们行事时通常具有的理智能力、思想见识和理性判断等。相比较而言，第一种用法的影响相对是比较小的，第二种用法则有比较广泛的哲学意义。这主要表现在以下两个方面：一方面，常识可以作为一种有约束力的信念原则，在与政治、道德、法律等有关的实践哲学中起着规范和准则的作用；另一方面，常识与西方哲学的认识论有密切的联系，即常识表现为一种特定的认识能力和知识形态。不论是上述的哪一方面，常识都可以用判断或命题的形式表示出来。于是，在哲学的意义上，常识可以被定义为："理智正常的人通常所具有的、可以用判断或命题来表示的知识或信念。"

在哲学的理解中，常识有如下的特性。一是普遍性。因为常识是一切理智正常的人都有的，所以常识具有最大的普遍性或共同性。这种普遍性不是理论概括和抽象意义上的，而是人们的普遍"同意"意义上的。二是直接性。常识不需要推理或证明，而是"直接"被知道的。如果常识需要通过推理或证明来达到，就会因普通人不具备思辨推理的能力或因由此引起的争论和分歧而不能被人们普遍理解和接受。三是明晰性。常识必定是清楚明白的，没有任何疑义和含混，否则常识就不可能被人们直接而普遍地加以接受。因此，常识也往往被说成是"自明的"。

常人所拥有的最基本的常识主要有三大类。一类是关于外部世界存在的常识；一类是关于具有思想和行为的"我"（自我）存在的常识；一类是关于与"我"发生交往的、与"我"有同样属性的"他人"（他我）存在的常识。

虽然哲学家们一般不否认常识所涉及的问题是重要的，但在如何对待常识的问题上，他们的态度却并不一样。这些态度主要有三种。第一种态度认为，由于常识与人类生活的基本信念相关，而且具有直接性、明晰性和普遍性的特征，所以在哲学中可以将常识看作是可靠的和必要的理论"预设"，并赋予常识以哲学基本原则的地位，在这些原则的基础上建立系统的理论体系。第二种态度则相反，认为常识信念固然是重要的，但只是在日常生活的意义上，而不是在哲学思辨的意义上，因为常识并不能够满足哲学理论化的要求。常识的本性决定了常识排斥一切的证据和证明，常识并不具备哲学理论所必不可少的严密性、深刻性和系统性。因此，将常识当成理论的"预设"就是肤浅的、靠不住的。常识只能是将哲学引入歧途。第三种态度则居于前两种态度之间。持有这种态度的哲学家认为，常识并不是毫无根据的信念，常识的恰当性可以从常识对人类生活的普适性和共同性中得到某种程度的确证，因此常识具有作为真知识的基本特征。虽然常识的通俗化、非哲理化也是不争的事实，但这并不能够成为完全抛弃常识的理由。哲学应当是在对常识进行修正、批判和思辨论证的基础之上，接受常识，并将常识作为哲学的原则。①

有研究者认为，常识心理学是当代西方哲学中的"时髦哲学"。常识心理学也译成民众心理学，这本身并不是一种专门的心理学学科，而是一种心理学哲学或心灵哲学。这种哲学之所以引起当代西方哲学家、心理学家和认知科学家们的热烈讨论，主要原因是人们对精神的哲学本质见解不一，甚至针锋相对。常识心理学的拥护者们对人们日常所具有的心理或精神信念和愿望等采取一种肯定的实在论立场，即认为信念和愿望等精神现象是人所经历的真实不虚的实在的现象，它们是一种心理实在或"常识的意向实在"，是人类行为的基础或原因，因此它们不能被取消，也不能被还原。就其明确肯定精神意向等的实在性而言，人们有时也称之为"意向心理学"。相反，有一些哲学家和认知科学家在常识心理学的问题上持反实在论立场，即取消论唯物主义，他们反对常识心理学及其对精神实在的肯定立场。这种观点认为，根本就不存在信念、愿望、意图等这类事物，人并不经历这样的过程。这些表达就如同科学史上的"以太""燃素"一样，将随着科学的发展而被取消。

常识心理学或常识心理学实在论是对人类精神的常识性理解。常识心理学认为，或者是常识心理学的实在论或意向实在论主张，人们日常对人的心理进行的常识性的描述，总的说来是真实的，因此人通

---

① 周晓亮：《试论西方哲学中的"常识"概念》，《江苏行政学院学报》2004 年第 3 期。

常经历了常识心理学的事件、信念、愿望等那些人们通常归之于人的东西。常识心理学的基本观点可以概括如下。一是人是一种真正拥有内在信念的人，他确实经历了信念、愿望、痛苦、希望和恐惧等精神状态。二是人的信念和愿望等命题态度有自主性和因果性，对人的行为有着无法否认的因果控制作用。三是常识心理学与科学本身是一致的。诚然，常识心理学并不能够满足严格的科学标准，常识心理学也没有号称要成为一门科学，但是正如在语言学、经济学、决策理论、人工智能等社会科学中显示出来的一样，常识心理学中也包含着一些"思想资源"（conceptual resources），这就能够促进科学研究纲领的发展。

　　常识心理学的精神实在论面临的批评与反批评。与常识心理学的实在论相反，否定常识心理学的反实在论（即取消论唯物主义）认为，人的确并不会经历像常识心理学这样的事件或状态，因此，常识心理学完全是错误的。常识心理学的原则和本体论最终将被完善的神经科学所取代。第一，常识心理学是一种适合人们日常生活需要的"常识理论"，已经存在了两千五百多年。在这么长的历史时期以来，常识心理学解释行为的能力并没有提高多少。第二，常识心理学不能很好地与其他成熟的科学理论整合。第三，常识心理学尽管有很长的历史，但却只是在一些肤浅而狭窄的领域才有些作用，常识心理学并不能解释生活中大量的包括知觉、学习、推理、记忆和精神病等现象。

　　但是，上述的批评遭到了常识心理学实在论的捍卫者们的逐条反驳。首先，常识心理学在许多个世纪以来的确已经取得了有意义的经验上的进步，而不是停滞不前。其次，尽管常识心理学的概念框架与物理科学特别是物理主义观点很不符合，但这并不意味着常识心理学与整个科学大厦相抵触。不仅自然科学离不开常识心理学，而且经济学、政治学、社会学和人类学等社会科学和人文科学更是沉迷于意向性的语言中。意向性推论正是常识心理学的重要标志。再次，针对一些研究者认为重要的精神现象在常识心理学的框架中大部分还完全是神秘的观点，反驳的观点主张，来自常识心理学的概念和以其为基础的理论，却对这些精神现象有很好的说明。

常识心理学的实在论表现出了深邃的理论潜力和思想价值。首先，常识心理学明确肯定了精神的实在性和自主性，这是在新的科学和哲学条件下对精神在自然界和人类社会中的地位和作用的重新确认。其次，常识心理学对精神的意向性和因果性的说明，为真实地认识人和人的活动奠定了重要的基础。再次，常识心理学实在论不仅是人们解释心理行为的重要根据，而且是历史学、伦理学和其他社会科学存在和发展的重要依据。常识心理学是各种社会科学合法性的最好证明。最后，从根本上看，常识心理学的实在论和反实在论的争论，是两种不同的哲学本体论的争论。[①]

哲学有对常识的超越。常识是人类把握世界的最基本的方式。常识以人们世世代代的"共同经验"为内容，构成了人们常识的世界图景、思维方式和价值规范。在常识的世界图景、思维方式和价值规范中，人们的经验世界得到了最广泛的相互理解，人们的思想观念得到了最普遍的相互沟通，人们的行为方式得到了最直接的相互协调，人们的内心世界得到了最便捷的自我认同。常识对人类的存在和发展具有最重要的生存价值。应当看到，人们正是以常识的世界图景、思维方式和价值观念来规范自己日常生活中的所思所想和所作所为。同时，人类把握世界的其他任何一种基本方式——宗教的、艺术的、伦理的、科学的和哲学的——都是以人类的"共同经验"，即"常识"为基础的。离开"常识"，既不会形成人类把握世界的其他方式，也不会实现这些方式的发展。但是，来源于并依赖于"常识"的人类把握世界的其他方式，却既不是常识的"延伸"，也不是常识的"变形"，而是对常识的"超越"。

这里所说的"超越"，主要是指性质与功能的改变。就哲学与常识的关系而言，主要是指哲学改变了常识的世界图景、思维方式和价值规范，为人类提供了一种"哲学的"世界图景、思维方式和价值规

[①] 曾向阳：《略论常识心理学对精神实在的肯定及其哲学价值》，《自然辩证法研究》1997年第11期。

范。与此相反，这里所说的"延伸"或"变形"，则是否认了性质与功能的改变。就哲学与常识的关系而言，主要是指以常识的观点去看待哲学，从而把"哲学的"与"常识的"世界图景、思维方式和价值规范混为一谈，把"哲学"变成冠以哲学名词的"常识"。

这种从"思维和存在的关系问题"出发的思考，是一种"超越"常识的思考，即对常识的"存在论"、"认识论"和"价值论"的前提思考。这种思考，使"思想"与"现实"处于"否定性"的关系之中，即把"思维"和"存在"的"关系"当成"问题"来思考，也就是对"思维和存在关系问题"的"反思"。常识的突出特点，就在于常识是以单纯的"肯定性"的思维方式去看待"思维和存在的关系"，不去"反思"思维和存在之间的"关系问题"。如果人们用这种非反思的常识去看待超越常识的反思，当然会发现这种反思的超常识性；但是，这种以常识驳斥反思的结果，却会使人的思维滞留于常识，把"哲学"视为"常识"的"延伸"或"变形"。[①]

严格说来，在哲学研究面前，常识是没有任何地位的。常识中的常识心理学也同样是哲学家所讨伐的对象。常识本身的非反思的存在，就是哲学所不屑一顾的。但是，如果哲学不是把常识当成是自己的对手，而是把常识当成是心理的存在，那常识或常识形态的心理学就会有自己的独特的存在价值。

二 常识心理学关联文学

在文艺阐释中，心理学角度的研究具有了越来越重要的地位。有许多研究者认为，可以从作者和读者两方面切入文艺心理学的阐释主题。但是，如果文学活动的总体来看，能够体现出常识心理学的背景或基础的可以包括三个重要的方面。一是作者掌握的常识形态的心理学，二是读者具备的常识形态的心理学，三是作品或作品中的人物所

[①] 孙正聿：《哲学通论》，辽宁人民出版社1998年版。

体现出来的常识形态的心理学。因此，在没有心理学的专业学习或专业训练的前提之下，作者、作品、受众三个方面就可以在社会通行的常识形态的心理学的基础上达成交流和互动。

对文艺的心理学阐释有以下几方面。首先，是针对作者的心理学阐释。问题在于作者对于作品的含义并不是完全自主的。作者所思考的内容与作品形象实际表达的东西，或者与读者所理解的内容往往错位。在这里，作者颇像一位蹩脚的招灵巫师，他引来了祈祷的神灵，却又无法对它施行控制，也无法再将它驱走。其次，是针对读者的心理学阐释。对文艺的心理学阐释的另一个重点是关于接受心理的探究。对于接受心理的阐释是引导走出迷宫的向导，事实上，读者面对作品就是面对一座迷宫。或者读者不能理解作品，不知所云，或者读者深为所感，但却难以说出自己的理性认识。文艺作品并不是作为一种物质的存在而被人评说，文艺作品本身是一种精神的存在、是一件心理的事实。那么这个存在着的心理事实可以追溯到作者方面，可也更应关注到广大的接受者。因为只有接受者的认可和接受，才能使作品实现自身的价值，又因为接受者理解上的歧义，才使作品显示出复杂性质和丰富含义。作品存在的意义就在于读者理解的可能性的范围之中，作品是面向接受者、为了接受者而存在的。从读者心理出发，接受美学将重点放在读者的阅读理解中的期待视野、游移视点、读者对作品意义的"填空"等问题上。对文艺进行心理学的阐释时，创作心理与接受心理都是其所应探究的重要方面。不过，这并不是文艺心理学的全部内容，因为作品中人物心理也应是心理分析的重要内容，而且有些文学批评也是这样来做的。但是，问题是人们在分析作品中人物的心理时，基本上将其归附于作者心理投射的范围。因此，在基础理论上，创作心理的方面已基本包括这一内容。[①]

文学作品的作者也许并不是心理学专业的掌握者，他仅仅就是把握了社会文化和日常生活中流行的常识形态的心理学。他可以依据于

[①] 张荣翼等：《文艺心理学阐释的两极：创作与接受》，《中南民族大学学报》（人文社会科学版）2005 年第 5 期。

常识形态的心理学，在自己的作品中来表达人物的、事件的等等一系列的心理行为。这甚至就包括了直接的关于人的心理行为的解说和阐释。把文学作品就变成了心理学的著述，心理学的解说，和心理学的干预，这在古今中外的大量文学作品中，也都可以时常见到。

三 常识心理学关联医学

医学的范围可以有狭义和广义的不同划定。广义的医学包含了狭义的医学，其中就可以涉及养生、健身、诊断、疗病等不同的层面或侧面。那么，如果从广义医学的视角，中国本土医学中就有着非常丰富的养生的思想理念，有着独具特色的心理治疗，有着深入细致的精神探讨。

有研究者指出，中国传统养生心理思想有着自己的基本主张或基本理念。首先，中国传统养生心理思想中一致认可的整体养生模式，即兼顾生理—心理—自然—社会的整体养生模式。中国传统的思想家（佛家除外）和医学家多强调天人合一和形神合一的思想，运用的是整体的思维方式，主张兼顾生理、心理、自然和社会四个方面的因素。一是就个体而言，主张形（生理）神（心理）合一，把人看成是一个小系统，认为人的生理和心理是相互依赖、相辅相成的，主张身心兼养，既重视生理因素，也要重视心理因素对人的影响。二是就个体与环境而言，环境包括自然环境和社会环境两方面，把人与其生存的环境作为一个具有生命力的整体，认为人体内部的活动既与外界天地万物的自然变化相一致，又与所生存的社会环境的变迁息息相关，因此主张的是顺应四时和气功养生等。三是就养生中运动和清静的关系来看，主张以动养形，以静养神，动静结合，二者辩证统一的观点。

其次，尽管中国传统有关养生的文献浩如烟海，但是在具体操作层面上，不同时期的各个养生流派和各种养生思想的具体操作原则及方法在基本精神上是相通的，具体表现在：养生心理观上，多主张形神兼顾的共养观、动静结合的养神观和顺应自然的调神观等；养生心理原则上，多主张养神为主、养生与养德相结合、平和适中、以物养性和预防为主等；养生心理方法上，多主张运动养形怡神法、气功养形调神法、节制情欲法、修养道德法、精神陶冶法、清静养神法和顺时调神法等。

概括而论之，中国传统养生心理思想的基本理念具体为：顺时调神、形神兼顾、动静结合、顺应自然、养神为主、平和适中、以物养性、预防为主、以情制情、节制情欲、清静养神、修养道德、精神陶冶。①

有研究者对中国人的传统心理与中国特色的心理治疗进行了考察。研究指出了中国道家的处世养生法有以下四条原则。第一条原则是利而不害，为而不争：只作利己利人利天下之事，不做危害自己他人与社会的事；尽力而为，量力而为，不与人争，不与人攀比，不嫉贤妒能。这样，可大大改善人际关系，消除"窝里斗"的现象。第二条原则是少私寡欲，知足知止：降低利己私心与过高的争权争名争利欲望，制定经过努力可以实现的为社会与个人的奋斗目标，不安排过多任务，对人和对己都不作过高要求，有所不为然后有所为，适可而止，知足常乐。第三条原则是知和处下，以柔克刚：海纳百川，水容万物，求同存异，百花齐放；不同而和，兼容并蓄；不言自明，不战而胜。第四条原则是清静无为，顺其自然：掌握事物发展的客观规律，预测进程，预测结局，因势利导，达到游刃有余。不倒行逆施，不强迫蛮干，不拔苗助长，不急于求成，在危机面前，做好出现最坏情况的精神准备，努力寻求较好的结局。②

有研究者对精神心理学进行了较为全面和细致的界定。第一，精神心理学不是研究意识的科学。所谓精神是意识与无意识协调活动的集中体现，是以意识（包括无意识）为基础形成的。因此，精神心理

---

① 彭彦琴等：《中国传统养生心理思想对现代生活的影响研究》，《南通大学学报》（教育科学版）2006 年第 1 期。

② 杨德森：《中国人的传统心理与中国特色的心理治疗》，《湖南医科大学学报》（社会科学版）1999 年第 1 期。

学不直接研究意识，而意识乃是意识心理学研究的对象。第二，精神心理学不是研究心灵的科学。如果从心灵的褒义看，它就是心理，那它就应当是心理学研究的对象；如果从其贬义看，则它是心灵学研究的对象，而与科学的精神心理学没有什么关系。第三，精神心理学不是研究灵性的科学。灵性既然代表灵感水平，属于认知范畴，那就应当是由灵感学来研究，而不能成为精神心理学研究的对象。第四，精神心理学不是研究灵魂的科学。尽管人们还是从正面来使用灵魂一词，如说"作家是人类灵魂的工程师"，但科学认为，虚无缥缈的灵魂是不存在的。可见这就只能由宗教学去研究，而科学的精神心理学是不会研究灵魂的。第五，精神心理学也不是研究"超个人心理"的科学。既然精神与超个人心理不是一回事，那么，超个人心理就应当是超个人心理学的研究对象，而不能由精神心理学去研究。第六，精神心理学是研究人的心理之最高层次——精神——的科学。既然精神由心理——意识发展而来，是心理系统中的最高层次，也同心理与意识一样是一种实体，所以就应当由精神心理学去研究。当然，由于心理与意识是精神的基础，所以精神心理学在研究精神的过程中，也就不可避免地要涉及心理与意识的问题，要借助于一般心理学与意识心理学。[①]

在中国的文化传统之中，中医是非常重要的文化贡献。在中医之中，无论是医理还是医术，当进入了常人的理解和常人的生活之后，都有大量的常识形态的心理学的内容。这就包括了对人的日常心理行为的解说和干预，从而改变人的心理状态、心理表达、行为方式、行为习惯，来解决人的病理和病情。

四　常识心理学与历史学

心理历史学是结合了心理学与历史学研究的心理学的分支学科。

[①] 燕国材：《论精神心理学与东方文化及其关系》，《探索与争鸣》2008年第4期。

正是可以在心理历史学的研究领域中，去考察和探索常识心理学与历史之间的关联和关系。那么，什么是心理历史学呢？"心理历史学"在英语中的表述为 Psycho–History。在学术界，关于心理历史学一词存在有各种称法（或译法），一般将心理历史学简称为心理史学，也有学者把心理历史学称为心态史学。事实上，在广义的心理历史学的范畴之下，有心理史学（psychohistory）与心态史学（history of mentality）两个不同的概念，其差异不仅在于前者盛行于美国，后者勃兴于法国；还在于两者在关注人类的心理因素、精神状态在历史中的作用的同时，在具体的研究内容与方法上的分野，它们有着不同的学术渊源与侧重，是当代西方心理历史学的两个主要流派。

人的性格、心理在历史上究竟有何作用，长久以来始终是历史学家苦苦思索又不得其解的一个问题。直至上一世纪之交，这个问题才随着一门以人类心理为对象的学科的创立，更准确地说，随着其中的一个分支—精神分析学说的创立而似乎找到了一丝线索。随着弗洛伊德学说的异军突起，运用精神分析学说的理论与方法对历史人物进行心理分析式的品评成为历史研究新的热点。但心理史学的真正确立一直要到 20 世纪 50 年代，由心理史学的另一个重要的代表人物埃里克森所奠定。

正当心理史学在美国开始萌动崛起之时，在大洋另一边，法国的历史学家在完全独立的情况下也开始了对这个问题的关注。1938 年，法国年鉴学派的第一代大师吕费弗尔率先开始探索历史与心理学结合的问题，自此以后一种独特的心理历史学模式——"心态史学"（history of mentalities）开始在法国年鉴学派的倡导下逐渐兴起。心态史是一门研究历史上人们，特别是其中的某一群体或集团的心态结构及其演变过程和趋势的史学分支。它的研究对象主要是这种心态结构的各种表现，即历史上社会群体在社会生活中所共有的观念和意识，以及这种观念和意识与当时现实物质环境之间的关系。

心理史学与心态史学之间存在着差异。尽管可以将两者笼统地归诸于心理史学，或归诸于心理历史学的称谓之下，但是两者在学科范畴、研究对象、理论方法和传播地域等方面都并不相同。

首先，从两者的理论来源看，心理史学的理论基石主要是弗洛伊德的精神分析学说，而心态史学则是植根于法国史学悠久的历史积淀和传统，在理论上更偏重于集体心理学或社会心理学。其次，两者的研究对象和范畴也不同。由于精神分析学主要是一种个性心理学，因此传统的心理史学研究主要是以心理传记为主，往往偏重于一些在历史上曾经产生过重要影响和作用的精英人物。年鉴学派的历史学家在一开始就将眼光从个体转向集体，用"集体无意识"来取代或压倒弗洛伊德所说的个人的无意识。最后，两者传播的地区范围不一样，这是一个最明显也是较为模糊的特点。心理史学与心态史学的两个最主要的阵地分别是美国和法国，两者基本是在相对独立的范围内各自发展起来的，成为现当代西方史坛一种特有的史学景观。

整合心理与心态两个流派、吸纳非精神分析的其他心理学理论，以及进行更为广泛的多学科综合研究，成为近年来心理历史学发展的最新趋势，有研究者正是在此基础上提出了新的关于心理历史学的定义，即对历史的心理研究，就是要用来自心理学和社会科学的部分思想、方法和结论对过去进行考察。[①]

国内一些学者对心理史学、心态史学和历史心理学常作同义词使用，反映了三者密不可分的关系。但也有学者从研究内容、目的、侧重点、属性、起源、词性等方面说明三者有较大区别。心理史学、心态史学和历史心理学在起源、词性和侧重点等方面固然有所不同，但这仅是表层的差异，实质上三者等同。因为，三者都是心理学和历史学的相互交叉渗透。这种跨学科性决定三者兼具心理学和历史学的双重属性，研究内容和研究方法上必然存在交叉重叠，在实际研究中更无界限之分。

早期的心理历史学是运用精神分析理论解释历史上的个体和群体的历史行为，后又引入了行为主义、认知心理学等现代心理学理论，但都很少探讨历史心理现象本身及其来源。随着历史学的发展和社会

---

① 周兵：《心理与心态——论西方心理历史学两大主要流派》，《复旦学报》（社会科学版）2001年第6期。

变化，心理史学家日益感到此解释的缺陷，逐渐由强调内在的心理因素转向强调外在的社会因素。这种由心理因素决定论向外在环境决定论的转变意味着心理史学已不再局限于从心理学角度解释个人和群体的历史行为了，而是把历史上的个人和群体心理的发生、发展、演变的原因，及其对社会历史进程的影响作为研究对象。也就是说，把历史上的心理现象本身作为研究对象，而不只是把心理学理论作为解释历史现象的一种史学方法了。

心态史学作为西方史学流派，其目的虽是研究历史，但实质却是研究人类心理，确切地说，是研究历史上的社会心理现象。心态史学研究普通群众的心态状况，其研究内容是大量日常重复出现的现象。心态史学研究的这种日常生活中自发、无意识的群体心态显然属于社会心理范畴。

历史心理学是研究历史上的个体心理和群体心理的发生、发展及其变化规律。虽然心理学家、文化人类学家、社会学家、文学家对历史上的社会态度、人际关系、国民性进行的探讨，所采用的术语、概念及表达方式不同，但都是研究人类心理现象，从中概括的理论、规律一定程度上反映了人类心理演变的历程。

具有共同研究对象的心理历史学、心态史学和历史心理学实质上是同一学科的三种不同研究取向。有必要统一三者，建立一门综合性的新学科。有必要用统一称谓把心理史学、心态史学和历史心理学三者结合。采用历史心理学的名称较为妥当。历史心理学是研究历史上的个体心理和社会心理及其对历史事件、历史进程影响的边缘学科。历史心理学的主要研究对象是历史上人类的心理现象，包括个体心理和社会心理两个层面。[①]

问题就在于，无论是心理历史学、心态史学还是历史心理学的研究和考察，都不仅是采纳了科学心理学的研究内容，而且也在很大层面上是采纳了常识心理学的研究内容。历史学的研究者通过自己所掌握的常识形态的心理学，去理解历史人物、历史群体、历史事件、历

---

① 郑剑虹等：《再谈历史心理学》，《重庆大学学报》（社会科学版）1996 年第 2 期。

史进程之中的人的心理行为。

五　常识心理学与宗教学

　　常识心理学与宗教的关系可以体现在两个方面。一是常识心理学成为了宗教学说传播过程中解说人的心灵的重要依据，也就是常识心理学进入了宗教学说。二是宗教学说中关于人的心灵的解说转换成为了人的日常生活中的心理常识，也就是宗教的心灵学说进入了常识心理学。无论是涉及哪一个方面，常识心理学都与宗教有着密切的关联，并对心理学与宗教学都产生了影响。

　　有研究者比较了东方文化中佛教禅宗的心法与西方文化中思想家借用东方思想所采纳的冥想观。研究指出了两者之间的相同和不同之处。研究表明，佛教是用"禅定"来命名静修。禅定中的"禅"是印度梵语"禅那"的转音，禅那的中文意译是"静虑"。后来，取用禅的原音，加上一个意译的"定"字，便成为中国佛学的禅定。佛教对禅定有比较深入细致的研究，是按禅定功夫的深浅，将禅定分成了四禅八定等若干个层次，在浩如烟海的佛教经典中介绍了各种修持禅定的法门。

　　禅定是佛学修习的基础。佛教认为，宇宙万有和生命的根源是清静光明、吉祥圆满的东西，佛学称这种东西为"如来藏识"。一切生物的生命都是如来藏识的现象。个体的生命永远在各种生命现象中轮回。学佛修道的目的就是从周而复始的生命轮转的圈子中走出来，重新回到清静光明、吉祥圆满的本体。由于人的思想意识是主体与客体的相互作用的产物，而主体和客体本来就是虚妄不实的，所以宇宙万有和生命根源就不能用习惯的思想意识去把握，而必须从内心寂静上去做功夫，才能了解到生理和心理的作用与周围的客观世界一样变化无常、虚妄不实，以此节节求进，最终证到宇宙人生最初的究竟。

　　禅宗修证要以禅定为基础，但又不归结为禅定。禅定不是佛教独有的法门。远在释迦牟尼创立佛学之前，印度的其他宗教就有类似禅定的静修法门。在中国，静修也是儒家、道家修身养性学说中的非常重要的组成部分。《大学》中说："知止而后有定，定而后能静，静而后能安，安而后能虑，虑而后能得。"这段话按止、定、静、安、虑、得依次渐进的六个层次，对静修与起用的关系作了简明扼要的提示。

西方的存在主义哲学家和心理学家千方百计地想从禅师的修证经验中，去寻找能用以冥想的方法。然而，他们却并没有解决冥想结束以后，人们在现实生活中怎样继续保持平静心的问题。如果说在禅定的过程中，思想要平静下来就已经很难了，那么在生活中要保持平静超然的心态就更难了。佛学与禅的实质并没有把参禅打坐与现实生活截然分开。参禅打坐是在修持，行住坐卧也可以修持。

禅宗心法不拘一格，体现了高度的智慧和灵活性。禅修既不抛弃文字经教，又反对将教理变成脱离实证的学术思想，注重的是教理与修证的配合。禅修既以禅定为基础，又反对执着禅坐的相状，主张在行住坐卧的起心动念之处求证宇宙的本体，从平凡的生活机趣领悟玄妙的宇宙和人生的真谛。西方的存在主义哲学家和心理学家吸取了佛学与禅宗关于禅定的理论，使之成为能与现代心理学结合，能医治心理疾病的实证科学。但是他们忽略了禅宗心法中一些更为重要的方面，这些方面虽然与禅定有一定的联系，但却不是禅定所能完全包容和解决的。[①]

宗教具有对人的心理行为的解说和引导。这可以通过宗教学说灌输给普通人的过程来完成。宗教学说实际上可以整合人的日常生活的经验，也就可以整合包含在日常生活经验之中的常识心理学。在宗教传递给普通信众并被普通人所掌握的宗教教理之中，就含有大量和系统的关于人的心理行为的理解和解说。这可以在常识化之后，也进入到常识形态的心理学之中。

---

① 徐朝旭：《论禅宗心法及其与西方冥想观的异同》，《厦门大学学报》（哲学社会科学版）1996年第3期。

六　常识心理学与社会学

有社会学的研究者考察过社会学与常识的关系。研究分离出了三种不同的进行考察和透视的视角。一是从学科与常识的角度去进行考察和透视；二是从教师与学生的视角去进行考察和透视；三是从专家与大众的角度去进行考察和透视。

该研究中指出，根据美国社会学家的看法，常识性知识和科学性知识有三个基本的区别。一是目标的区别。常识性知识关注的是使用性的活动，是怎样以一种有意义的、可以预料的方式从事这些活动。相反，科学性知识的基本目标是为其本身的目的而追求知识。当科学家出于个人的原因而尽力"证明"某种理论时，指引着他的就是常识，而不是科学。二是证据的区别。对于支持其理论的证据，常识性知识建筑在现行事物的基础上。科学则需要远为广泛的证据，是按照明确的规则收集和获取的。在积累知识的过程中，科学家们甚至将努力证明其理论之不成立。正是通过这种方式，科学家们才能向任何一个接受所运用的证据的规则的人提供系统的令人深信不疑的证据，证明其理论的成立。三是系统的区别。科学理论就其本性而言是清晰的，并且是属于系统性的阐述。生活常识则是模糊的，并且是零散的表达。常识知识与科学知识之间的这种区别，适用于社会学与常识的关系，也同样适用于心理学与常识的关系。

社会科学的实践影响并非主要是技术的影响，而是通过社会科学的概念被吸纳到社会世界中，并成为社会生活的构成内容来发挥作用。当社会科学的概念为常人行动者所接纳并融入社会活动中，这些概念就自然成为社会例行实践中人人谙熟的要素了。这从社区、社区建设、社会指标、社会发展、弱势群体、社会支持等社会学的专业词汇，逐步推广变成了大众的日常用语的一部分这样一个过程中，就可以非常清晰地看出来。所以说，社会科学的概念不可避免地为常人行动者的理论和实践所熟悉，这些概念并不会就局限为一种专业的话语。

　　与自然不同，在社会与人文的环境中，每一个被专家视为"外行"的社会成员都是具有掌握知识和技能的行动主体，都是在时时处处地参与社会的建构过程；并且，这既是行动的过程，也是阐释的过程，而他们对在自己的行动参与下建构起来的社会生活的阐释，如果按照专家来看，这也许无非是"常识"而已。不过，情况也有正好掉转过来的时候，所谓的关于社会与人文的专业知识，如果按照常人的或外行的视角看来，这也不过是用某种学术语言讲述的常识。然而，最重要的问题还在于，由于常人也是知识者和阐释者，任何一种关于社会与人文的专业理论，都是在被常人从自己的眼光和角度不断进行着再阐释。正是这样的"双向阐释"，构成了社会不同于自然的基本品质。①

　　常识形态的心理学不仅是心理的存在，也是社会的存在。在人类社会的最为基本的构成中，包括社会制度、社会体制、社会法规、社会互动、社会交往、社会群体、社会关系、社会生活、社会文化，都会隐含着或内含着特定的常识形态的心理学内容。这实现着社会对人的心理行为的解说和引导，实现着社会对人的心理行为的框定和改变。因此，常识心理学与社会的关系就在于，常识心理学是社会和生活的重要组成部分，社会是常识心理学的重要存在方式。社会的生活、社会的运行和社会的变化，都会在常识和常识心理学中得到反映和体现。

---

① 罗国芬等：《社会学与常识：一个基本理论问题的三种透视》，《上海理工大学学报》（社会科学版）2005 年第 2 期。

第五章 宗教心理学两种类别

宗教心理学是一个十分重要的学科门类。宗教心理学有两种不同的含义，存在着两种不同的理解，也就有两种不同性质的宗教心理学。一是实证科学的含义和科学传统中的宗教心理学，是科学心理学家采纳科学的方式和运用科学的方法对宗教心理的研究。二是宗教体系的含义和宗教传统中的宗教心理学，是宗教学家按照宗教的方式和宗教的教义对人的心理行为的说明、解释和干预。关于宗教心理学研究的归类可以有不同的尺度和方式，形成的就是不同性质和类型的宗教心理学探索。宗教的宗教心理学是体现在不同的宗教流派或宗派中。世界的三大宗教，即基督教、佛教和伊斯兰教，都有自己的宗教教义，也都有宗教的心理学阐释。科学的宗教心理学是科学性质的或实证形态的心理学，这是科学心理学的一个分支学科，属于科学的阵营。两类宗教心理学既有着十分重要的区别，也有着不可忽视的联系。

一 宗教形态的心理学

宗教、宗教信仰、宗教活动等，都不仅仅是人重要的社会性信仰活动，而且也是人重要的精神性改变活动。或者说，宗教不仅仅是系列的组织、制度、活动、规范等，也不仅仅是多样的学派、思想、理论、学说等，而是特定的心理、意识、信仰、皈依、灵性、体验等，而且也是特定的行动、实践、作为、验证、弘扬，等等。①② 那么，宗教心理就是非常重要的人的心理存在。这不仅是科学心理学的研究对象，而且也是宗教学说的解说内容。

宗教形态的心理学是心理学的六种不同形态中的一种。这包含了两种不同含义和两种不同性质的宗教心理学。第一种是实证科学的含义和科学传统中的宗教心理学，是科学心理学家采纳科学的方式和运用科学的方法对宗教心理的研究。③④ 这实际上就是科学心理学的一个分支学科，形成的是科学形态的宗教心理学，或者可以称之为科学的宗教心理学。第二种是宗教体系的含义和宗教传统中的宗教心理学，是宗教家按照宗教的方式和宗教的教义对人的心理行为的说明、解释和干预。这是宗教历史的文化学创造，是宗教形态的心理学传统。这是宗教提供的心理学资源，是宗教涉及的心理学内容，是宗教开发的心理学方式。这形成的是宗教形态的宗教心理学，或者也可以称之为信仰的宗教心理学。

宗教的宗教心理学的含义就是指宗教传统中的或者宗教源流下的宗教心理学，即是由宗教所创立的宗教心理学，是宗教中所蕴含的宗教心理学。尽管这种宗教的心理学并不是科学心理学的方式，也不是科学形态的心理学，但却是十分重要的文化学的资源、宗教学的资源和心理学的资源。当然，科学心理学和科学心理学家长期以来并没有重视这种重要的心理学传统资源，也没有去开发和利用这种重要的心理学传统资源。⑤ 其实，这种宗教的心理学提供了非常丰厚的心理学的理论知识、探索方法和实用技术。这种宗教的心理学传统不仅考察

---

① 里奇拉克（许泽民等译）：《发现自由意志与个人责任》，贵州人民出版社 1994 年版。
② 梁漱溟：《人心与人生》，学林出版社 1984 年版。
③ Spilka, B. & McIntosh, D. N., *The psychology of religion: Theoretical Approaches* [M]. Westview Press, 1997.
④ Wulff D. M., *Psychology of Religion: Classic and contemporary view* [M]. John Wiley & Sons, Inc. 1997.
⑤ 葛鲁嘉：《心理文化论要——中西心理学传统跨文化解析》，辽宁师范大学出版社 1995 年版。

人的心理，解释人的心理，而且干预人的心理，影响人的心理。世界上有三大宗教，即基督教、伊斯兰教和佛教。中国的文化传统中也有三大流派，即儒家、道家和佛家。无论是哪一种宗教，还是哪一种派别，都非常关注人的心灵的性质、功能和活动，都有对人心理行为和内心生活的系统的阐述和全面的干预。[1][2] 这其中就包括了关于儒家心性之学的系统化的考察和阐释。[3]

以佛教为例，中国的禅宗是佛教的一个流派。禅宗的心理学对人的心理行为的阐述有着非常重要的意义和价值。[4][5][6][7] 禅宗心理学强调的是常心和本心的区分。那么，以"常心"去观察和以"本心"去观察，就会看到完全不同的东西，就会体悟和见证到完全不同的生活。从见山是山和见水是水，到见山不是山和见水不是水，再到见山还是山和见水还是水。这就是禅悟的过程，是一种心理的意义系统的转换。同样的山和同样的水，但它们的意义已经发生了根本性的转变。因此，人的心理生活就会发生根本性的变化。那么，怎样才能够从"常心"证见到"本心"，禅宗给出了一套修身养性的功夫。所谓"禅悟"，所谓"禅定"，所谓"解脱"，所谓"证见"等等，这都有其特定的心理学的含义和价值。因此，这就是根据禅宗的基本学说来阐释和改变人的心理的禅宗心理学。这种宗教的心理学显然就是科学心理学发展的非常重要的源流，心理学可以从宗教的源流中获得有意义的资源和启示。

---

[1] ［美］杜维明：《儒家思想新论——创造性转换的自我》，曹幼华等译，江苏人民出版社1991年版。

[2] 张广保：《金元全真道内丹心性学》，生活·读书·新知三联书店1996年版。

[3] 蔡仁厚：《儒家心性之学论要》，台湾：文津出版社1980年版。

[4] 方立天：《佛教哲学》，中国人民大学出版社1986年版。

[5] 南怀瑾：《禅宗与道家》，复旦大学出版社1991年版。

[6] 潘桂明：《中国禅宗思想历程》，今日中国出版社1992年版。

[7] ［日］铃木大拙、［美］弗洛姆著，孟祥森译：《禅与心理分析》，中国民间文艺出版社1986年版。

二 不同的宗教心理学

关于宗教心理学研究的归类可以有不同的尺度和方式。按照这些不同的尺度和方式来进行划分，就可以有不同性质和类型的宗教心理学探索。不同的学者也许就有对自己的研究的基本定位。在苏联的心理学研究中，就有把宗教心理学区分为马克思主义的宗教学研究和宗教心理学研究，非马克思主义的宗教学研究和宗教心理学研究。这构成的就是所谓马克思主义的宗教心理学和非马克思主义的宗教心理学。这是一个重要的研究尺度。在苏联的心理学研究中，也有把宗教心理学区分为心理学体系中的宗教心理学，以及宗教学体系中的宗教心理学。① 当然，这种区分或分类的论证和依据还存在着许多问题，或者说还缺少基本的论证。当然，把宗教心理学按照意识形态的标准进行分类，这超出了学术研究的界限和范围。但是，把宗教心理学按照不同的探索和考察的性质进行划分，区分为心理学的宗教心理学和宗教学的宗教心理学则是应该加以讨论的内容。应该说，宗教心理学的确存在着两种不同的类别，这两类宗教心理学是有着重要的区别的。当然，这两类宗教心理学也存在着特定的联系。

其实，宗教心理学的探索有两种不同的方式，也就形成两种不同的宗教心理学。一是按照宗教的方式探索的宗教心理学，即宗教的宗教心理学。二是按照科学的方式探索的宗教心理学，即科学的宗教心理学。这两种宗教心理学具有不同的性质，因而也就具有不同的内容。这成为宗教心理学探索的完全不同的路径，得出的也是完全不同的知识形态和理论构成。当然，科学与宗教是两种不同的，甚至是相互对立的关于世界、社会和人生的理解和认识。

美国是世界上心理学学科最为发达的国度。有研究者指出，在美国，宗教心理学的不同研究领域就造就和形成了两支不同的研究队

---

① ［苏］乌格里诺维奇：《宗教心理学》，沈翼鹏译，社会科学文献出版社1989年版。

伍。一支队伍由心理学家组成，其研究领域和研究取向可以称为"宗教心理学"（Psychology of Religion）。宗教心理学强调运用心理学的理论、方法和技术对宗教现象进行客观研究或科学研究。另一支队伍则是由宗教的神职人员所组成，其研究取向可以称之为"宗教的心理学"（Religious Psychology）。宗教的心理学强调依据于某种或某个特定的宗教教义，来解释或阐释宗教活动中和日常生活中的心理现象或心理行为。目前，这两个不同的研究领域和两支不同的研究队伍共存的不融洽局面仍在延续，这种不同源流的、不相融洽的、甚至是彼此对立和对抗的局面，还将会成为一种所谓的"趋势"。[①]

三 宗教的宗教心理学

宗教体系的含义和宗教传统中的宗教心理学，是宗教家按照宗教的方式和宗教的教义对人的心理行为的说明、解释和干预。这是宗教历史的文化学创造，是宗教形态的心理学传统。这是宗教提供的心理学资源，是宗教涉及的心理学内容，是宗教开发的心理学方式。这形成的是宗教形态的宗教心理学，或者也可以称之为信仰的宗教心理学。

宗教的宗教心理学是体现在不同的宗教流派或宗派中。对于世界的三大宗教，即基督教、佛教和伊斯兰教，都有自己的宗教教义，也都有宗教的心理学阐释。

例如，有的研究者就曾经探讨和考察了佛教的禅、禅定和禅悟。揭示和解释了佛教作为宗教的有关人的心理的内容和方式。[②] 研究者认为，从宗教心理的角度来看，禅的修持操作主要是"禅思"、"禅念"和"禅观"等活动。禅思是修禅沉思，这是排除思想、理论、

[①] 陈永胜、梁恒豪、陆丽青：《宗教心理学在美国的发展历程及态势探析》，《世界宗教研究》2006年第1期。

[②] 方立天：《禅、禅定、禅悟》，《中国文化研究》1999年第3期。

概念，以使精神凝集的一种冥想。禅念是厌弃世俗烦恼和欲望的种种念虑。禅观是坐禅以修行种种观法，如观照真理，否定一切分别的相对性，又如观佛的相好、功德，观心的本质、现象等。

在研究者看来，禅修的过程中，最为重要的就是开悟和悟入。开悟与悟入是悟的不同形态。开悟是依智慧理解佛教真理而得真知，也称"解悟"；悟入则是由实践而得以体证真理，主体不是在时空与范畴的形式概念下起作用，而是以智慧完全渗透入真理之中，与客体冥合为一，也称"证悟"。证悟和解悟不同，它不是对佛典义理的主观理解，不是对人生、宇宙的客观认识，不是认识论意义的知解，而是对人生、宇宙的根本领会、心灵体悟，是生命个体的特殊体验。也就是说，证悟是对人生、宇宙的整体与终极性的把握，是人生觉醒的心灵状态，是众生转化生命的有力方式。

研究者指出，中国禅宗还大力开辟禅悟的途径和创造禅悟的方法。禅宗历史悠久，派别众多，开创的途径和方法繁复多样，五花八门。然而概括起来，最可注意者有三：一是禅宗的根本宗旨是明心见性，禅悟的各种途径与方法，归根到底都是为了见性。二是性与理、道相通，悟理得道也就是见性。而理、道与事相对，若能理事圆融，事事合道，也就可见性成佛了。三是禅悟作为生命体验和精神境界具有难以言传和非理性的性质。与此相应，禅师们都充分地调动语言文字、动作行为、形象表象的功能，突出语言文字的相对性、动作行为的示意性、形象表象的象征性，以形成丰富多彩的禅悟方法，这又构成了禅悟方法论的一大特色。研究者还指出，悟的境界是追求对人生、宇宙的价值、意义的深刻把握，亦即对人生、宇宙的本体的整体融通，对生命真谛的体认。这种终极追求的实现，就是解脱，而解脱也就是自由。禅宗追求的自由，是人心的自由，或者说是自由的心态。这种自由不是主体意志的自由，而是意境的自由，表现为以完整的心、空无的心、无分别的心，去观照、对待一切，不为外在的一切事物所羁绊、所奴役，不为一切差别所束缚，所迷惑。

可以说，蕴含在宗教之中的或由宗教提供的宗教形态的心理学，存在着和拥有着十分丰富的心理学的学术意义，以及十分重要的心理学的学术价值。当然，这不是在贬低和忽视科学形态的心理学，而是在为其寻找和挖掘重要的学术资源。这主要可以体现在如下几个方面。

首先，宗教形态的心理学以宗教的方式给出了关于信仰、信念、价值定位、价值追求等人的心理的意向性方面的解释和阐释。这正是实证科学的心理学在自己的历史发展中有所回避、有所放弃、有所否定的方面。其次，在宗教形态的心理学中，宗教家或宗教学者还把人的一些独特的心理行为放置在了一个重要的位置上，给予了十分特殊的关注，进行了宗教方式的探索。可以说，这些独特的心理行为是在人的宗教以外的其他活动领域中很少存在的，或者说是在人的宗教以外的日常生活中很少出现的。但是，这些独特的心理行为却在人的日常宗教信仰的生活中占有着十分重要的地位。这实际上就包括在宗教活动中的那些奇异体验，茅塞顿开，出神入化，心悦神服，顿然开悟，宁静平和，幸福安详，超拔解脱，喜悦极乐。这也包括宗教信仰者实际上所得到的种种关于美好、高尚、圣洁、完善、永恒等的心理体验；种种对事物本质、对存在价值、对高峰体验、对终极意义、对神圣使命、对神人相合等等的心理体悟。[1][2][3] 对于这些独特的心理行为的考察，对于这些涉及内在体验和精神追求的解说，正是实证的科学心理学研究中所长期遗留的和缺少考察的研究空白，也正是实证的科学心理学所必须面对的研究难题。尽管宗教形态的心理学并不是以科学的方式去说明和解释上述那些独特的心理行为，但其却是以宗教的方式体现了这些心理行为的现实存在和宗教意义。再次，宗教形态的心理学还给出了各种各样的、十分独特的、特别不同的、力求实现的和达成目标的方式、手段、途径、步骤、程序等等。无论是基督教、伊斯兰教，还是佛教，都提供了净化人的心灵、提升人的精神境界、引导人心向善的方式和方法。

---

[1] 林方：《心灵的困惑与自救》，辽宁人民出版社1989年版。
[2] ［美］莫阿卡宁：《荣格心理学与西藏佛教》，江亦丽等译，商务印书馆1994年版。
[3] ［苏］瓦西留克：《体验心理学》，黄明等译，中国人民大学出版社1989年版。

四 科学的宗教心理学

科学的宗教心理学的研究内容涉及人的宗教心理行为的方方面面。其实，在当代科学心理学的研究中，宗教心理学就是众多分支学科中一个具体的分支学科。作为科学心理学的分支，宗教心理学就是科学心理学家通过科学的方式和方法，去揭示、描述、说明、解释、影响和干预人的宗教信仰活动中的心理行为。宗教心理学的研究考察宗教心理的性质和功能，宗教信仰的心理起因和功能，宗教意识的发展和演变，宗教心理的培育和教育，宗教活动中的皈依心理，信仰的心理特征和作用，祈祷的心理历程和功能，等等。宗教心理学的研究涉及宗教体验中的罪感和耻感，宗教培养中的良心与良知，宗教信仰中的意志与品质，宗教情感中的崇高与境界，宗教活动中的爱心与宽恕，宗教感受中的焦虑与恐惧，宗教成就中的幸福与满足，宗教引领中的成熟与美满，宗教活动中的合作与共享，宗教心理中的变态与罪恶。宗教生活中的质量与享受，宗教活动中的合作与共享，宗教意识中的成长与成熟。[①] 这都是科学心理学能够以科学的方式和方法去探讨和探索、去影响和干预的方面，并提供科学的理解和阐释，进行科学的干预和影响。科学的宗教心理学诞生的时间很晚，或者说宗教心理学成为独立学科的时间很短，至今不过一百多年的学科历史发展。

宗教心理学的研究内容可以涉及与人的宗教心理行为的方方面面。例如，宗教心理学涉及社会化的内容，宗教信仰、宗教信念、宗教观念、宗教认知、宗教情感、宗教体验、宗教行为等，都可以通过社会化的过程而进行代际之间的传递。宗教心理学也涉及宗教的人格特性的方面。通常，宗教性被看作人的人格品性的组成部分。这可以包括对宗教的态度、宗教的经验、宗教的信念、宗教的行为等等。人的宗教性是先天的还是后天的，这也是心理学的研究所关注的内容。

---

① [美] 梅多等：《宗教心理学》，陈麟书等译，四川人民出版社1990年版。

人的宗教性可以包括专制主义的人格、教条主义的人格，包括暗示感受、自我实现、寻求意义等，包括男女的宗教性的性别差异。宗教心理学也涉及人的宗教经验的研究，包括宗教经验的种类、宗教经验的形成和变化、宗教经验的影响和作用、宗教经验的解说和解释。宗教心理学考察人的宗教信念，包括对宗教信念的调查和测量，宗教信念与宗教情感，宗教信念与宗教行为，等等。宗教心理学也涉及关于崇拜、献祭和祈祷的研究。宗教心理学也考察宗教仪式和宗教治疗。宗教心理学也研究宗教的幸福感和恐惧感。宗教心理学也考察宗教与婚姻、宗教与工作、宗教与成就。宗教心理学也探讨宗教与身心健康的关系，包括身体健康、心理健康、自杀行为，等等。宗教心理学也考察宗教教育和宗教辅导。宗教心理学也涉及典型和重要的宗教行为，包括慈善行为、越轨行为、犯罪行为、两性行为、心理偏见、利他主义、道德观念，等等。①

美国心理学会在 1976 年建立了第 36 分会宗教心理学会。这标志着宗教心理学进入了快速发展时期。自 20 世纪 80 年代以来，有多种宗教心理学教材纷纷出版，这一趋势一直持续到 21 世纪初。以美国宗教心理学为代表的西方宗教心理学研究的重点和热点主要在于如下。一是宗教和精神性的概念化。在宗教心理学的研究中，有关精神性（spirituality）和宗教的含义就一直缺乏统一。但是，有研究者认为，对神圣的探求是宗教和精神性的共同基础。无论是宗教还是精神信仰都包括探索神圣事物而产生的主观感受、想法和行为。二是精神和宗教概念测量的进展。包括宗教信仰与实践、宗教态度、宗教价值观、宗教发展、宗教取向、宗教信奉与卷入、信仰和神秘主义、宽恕、宗教应对以及宗教的原教旨主义等。三是宗教和情绪。宗教一直是丰富情绪体验的源泉。如何界定宗教对情绪的影响，在宗教中历来就有两种不同的传统：一种是天赐神赋运动强调在宗教体验和集体宗教仪式中强烈积极情感的熏陶作用；另外一种则是注重冥想、默观、入静（contemplative）的传统强调平息欲望的躁动和培养情绪的宁静。

---

① ［英］阿盖尔：《宗教心理学导论》，陈彪译，中国人民大学出版社 2005 年版。

除这两种情绪调节方法以外,还有一种修行观,它把宗教和情绪的高度觉知(涉及的是情绪智力)以及情绪的创造性表达联系起来。禅宗的打坐、长期的精神信仰以及与宗教传统有联系的超个人状态的熏陶等,都对情绪调节有益处。四是宗教和人格。人格心理学和宗教心理学的关系一直很密切。人格心理学为宗教心理学引入了新的分析单位,从实证角度检验人们生活中的宗教意识和精神性。这突出体现在对"精神超验"和"终极关怀"的研究中。宗教信仰系统和宗教世界观的一个重要的功能,就是提供一个人们都应该为此奋斗终生的终极景象,以及为达到这一目标所采用的策略。宗教心理学目前正在进行和经历范式的转变,多水平的、多学科的交叉研究范式应是适合宗教心理学的研究范式。它结合各个交叉学科的研究,包括心理学其他领域的研究以及相关的学科,如进化生物学、神经科学、哲学、人类学和认知科学。这样,宗教心理学的发展就和这些相关科学领域的发展与进步紧密联系。同时,宗教心理学的发展也会促进其他学科的进步。[1]

在美国心理学的发展和演变中,心理学研究是划分为主流的心理学与非主流的心理学,或者说有科学主义的心理学研究和人文主义的心理学研究。应该说,在科学的宗教心理学和宗教的宗教心理学之间,主流的心理学是与科学的宗教心理学相关联的,非主流的心理学则与宗教的宗教心理学相关联。

在美国宗教心理学的研究中,宗教观念、宗教体验、宗教行为系三个基本的研究内容和研究维度。当前对宗教观念的探讨,主要是围绕精神性(spirituality)的含义及其与传统宗教信仰的关系展开学术上的争论。在宗教体验方面,研究者更加关注宗教体验的跨文化研究,并且在尝试建构宗教体验的理论模型或新的理论思路。对宗教行为的研究目前主要集中在祈祷的年龄特征与类型、神经生理机制、社会心理效应等方面。从近几年的研究态势看,宗教与人格的关系、宗教与心理健康的关系作为两个具有整合意义的研究主题,在美国宗

---

[1] 王昕亮:《当代西方宗教心理学研究综述》,《国外社会科学》2006年第3期。

心理学的研究中一直处于突出地位。[①]

五　两者的学术性关联

其实，两类宗教心理学，亦即科学的宗教心理学和宗教的宗教心理学，既有着十分重要的区别，也有着不可忽视的联系。区别在于，科学的宗教心理学是所谓的科学性质的或实证形态的心理学，这是科学心理学的一个分支学科，属于科学的阵营。宗教的宗教心理学则是所谓的宗教性质的或宗教形态的心理学。这是宗教学说的重要构成内容，属于信仰的阵营。所以，这两种不同的宗教心理学，其立足的基础不同，探讨的方式不同，说明的内容不同，干预的技术不同。但是，这两种不同形态的宗教心理学的联系在于，两者都是对宗教心理的研究和考察，都是对宗教心理的说明和解释，都是对宗教心理的干预和影响。当然，科学心理学和科学心理学家给予了实证科学的宗教心理学以系统的探索和全面的推进。在心理学成为科学的门类之后，在有了科学的宗教心理学之后，宗教的宗教心理学似乎就没有了存在的意义和价值。科学心理学的发展不但放弃了宗教形态的心理学，而且忽视了宗教形态的心理学所体现的学术价值和所具有的学术资源。这就使得宗教传统中的心理学并没有得到适当的考察和研究，或者说是受到了冷落和忽视。这成为了理解历史传统中的心理学和理解不同形态的心理学的一个十分薄弱的环节。

其实，科学的宗教心理学与宗教的宗教心理学之间的关系，就体现为科学与宗教之间的关系。科学与宗教之间的关系是一个非常古老的话题。这不仅在科学界有着长期的探讨，而且在宗教界也有着长期的探索。在长期的历史进程中，科学与宗教经历了复杂的关系演变。美国学者巴伯（I. Barbour）就提出过，科学与宗教的关系有对立、分

[①] 陈永胜、梁恒豪、陆丽青：《宗教心理学在美国的发展历程及态势探析》，《世界宗教研究》2006年第1期。

离、对话和整合四种关系。① 有研究者认为，科学与宗教的关系可以概括为五论。一是对立论。认为科学与宗教是对立的两面。这是一种传统的观点，认为两者一直处于不断冲突之中，在本质上是具有不相容性的。二是相关论。认为宗教与科学相互关联，具有走向综合理解的可能性。三是分离论。认为宗教与科学是人类精神的两种不同机能，各有其特定的领域，各司其职，并行不悖。四是单向论。认为宗教可能促进科学研究，两者是单向度的推动关系。五是互动论。认为宗教与科学是互动促进的，存在着互动机制。他们认为宗教在其发展的三个阶段中都是与科学存在着此种关系。在史前时期，科学理性与宗教情感是一个相互交会的融合体分化后，它们的内容依然相互渗透。到了近代，一方面宗教既对科学的发展起严重阻碍的作用，同时又不自觉地"膨胀"和扩大了科学的功能与价值。另一方面科学的发展也不断地证伪了宗教的教义。而现代宗教以其对宇宙秩序内在和谐的追寻促进了科学理论的发生和成长，同时科学技术的进步又滋养出越来越强烈的宗教感情。总之，该研究的结论在于，宗教和科学的关系是相辅相成、互相促进的关系。没有宗教，科学的发展便失去了它的根本动力。同样，没有科学，宗教就会因其愚昧、无知而失去前进的方向和目标。②

关于科学与宗教的关系的探讨有着各种不同的视角和主张。有研究认为，以往人们考察宗教与科学关系时，常常强调它们是对立的，但却忽略了它们在一定意义上是共生的关系。人类文明是不可分割的整体，各种文化知识之间总是存在着联系。研究指出，一是古代宗教孕育了科学技术的萌芽；二是宗教与科学曾长期混存；三是宗教为科学家提供信仰和研究的动力；四是科学与宗教的决裂；五是宗教与科学从对抗到对话。科学和宗教代表了人类思想的两大体系。宗教和科学相通的地方，在于人的认识过程中常常有非理性的因素起作用。在

---

① [美] 伊安·巴伯：《当科学遇到宗教》，苏贤贵译，生活·读书·新知三联书店2004年版。

② 杜红燕：《科学与宗教关系五论》，《世界宗教文化》2003年第4期。

科学时代，宗教需要接受科学的挑战，科学需要不断证明自身存在的意义，宗教与科学将不再是纯粹的对抗，而是对话。①

有研究者是从后现代语境考察了科学与宗教的关系。首先，语境分析方法是后现代主义者常用的基本策略。他们认为，从表面上来看，科学与宗教的关系所讨论的问题是世界观问题，实际上这完全是"普遍主义"立场的误导。因为对于科学与宗教关系的问题，由于二者都涉及多种多样的可能性而变得极其复杂。其次，从摈弃二元对立的思维方式出发，一些后现代主义者从单纯的反思和批判以科学技术为代表的现代性，转向了寻求解决矛盾的"视域融合"的基本观点。在后现代主义者看来，对于科学与宗教关系的语境化理解，表明科学与宗教在文化传统或意识形态中所具有的所谓优先或优越地位，这完全是一幅人为的、虚幻的图景。要打破这种图景，必须实现科学、技术、宗教、信仰与其他各种文化形式之间的"视域融合"。这是后现代文化区别于现代文化的根本特征之一。语境化已经成为科学哲学的方法论，也已经成为科学社会学的方法论。②③

显然，后现代主义者对科学与宗教关系的理论探讨，是有其积极和重要的意义的。他们摈弃了传统观念把二者看作"直面相对的关系"的简单做法，从科学与宗教各自意义的多元性出发，揭示了二者交互作用的历史复杂性。这也就是借助后现代主义的反思，去重新认识科学与宗教关系，确立科学与文化发展的新型关系，进一步去超越科学与宗教在具体问题上的历史纷争，揭示科学与宗教在意识形态、文化、社会价值观等层面的复杂关系。重新认识科学与宗教的关系，有助于破除对科学的"神"化，有助于破除对宗教的"异"化。重新认识科学与宗教关系，也有助于理解科学性与创造性的关系。④ 显然，学术上的贯通会形成一种科学的宗教心理学与宗教的宗教心理学的共生的学科关系，并会使科学和生活都获得益处。

---

① 胡春风：《宗教与科学关系探析》，《南京社会科学》2007年第12期。
② 魏屹东：《科学哲学方法论：走向语境化》，《洛阳师范学院学报》2002年第3期。
③ 魏屹东：《科学社会学方法论：走向社会语境化》，《科学学研究》2002年第2期。
④ 崔伟奇：《后现代语境下的科学与宗教的关系》，《学术研究》2006年第2期。

第六章　宗教心理学学科资源

宗教研究有不同学科的参与，有不同学科的视角，有不同学科的内容。因此，宗教心理学的探索，也就有着不同学科的资源。这些资源是宗教心理学的非常重要的研究基础和研究内容。这些不同的学科资源可以涉及大量的相关的学科，这些特定的学科资源都是从不同学科的角度，以不同学科的方式，按不同学科的探索，对宗教的信仰、心理、行为、活动、组织、传递、影响等，进行了独特和专门的研究。这其中主要包括宗教哲学论的宗教心理学理论反思，宗教人类学的宗教心理学种族探索，宗教社会学的宗教心理学社会把握，宗教文化学的宗教心理学文化考察，宗教历史学的宗教心理学传统挖掘，宗教语言学的宗教心理学符号分析，宗教艺术学的宗教心理学艺术表达，宗教民俗学的宗教心理学民俗流变，等等。应该说，这些宗教研究的不同学科，都包含着相应的心理的层面，都具有从特定学科分支入手的关于宗教心理行为的探索，也就都成为宗教心理学探索的多元的学科资源。

一　宗教哲学论的理论反思

在宗教学的研究中，哲学的思辨和哲学的反思是非常重要的构成部分和组成内容。这构成了宗教哲学论的基本的研究内容。宗教哲学论是宗教形态的心理学的最为基本的学科资源。哲学家对于宗教的考察包含了宗教心理学的探索，其中涉及了关于宗教心理行为的思辨猜测、思辨推论、思辨批判、思辨构想、思辨探讨等方式，其中也涉及了关于宗教心理行为的基本的理论预设、理论前提、理论假说、理论思想等核心的内容，其中还涉及了关于宗教心理行为的性质、构成、演变、功能、价值等重要的方面。

有研究者对宗教哲学进行了考察，该研究指出，宗教哲学这一概念是可以成立的。不过，因为哲学与宗教搭上关系的方式不一，遂形成了不同形态的宗教哲学，也在学术上产生了对宗教哲学的不同理解。分析起来，至少可以区分出三种宗教哲学。

第一种是将对宗教所作的哲理性思考称为宗教哲学。在这里，哲学是站在宗教之外，通过对宗教的哲理性透视而与宗教有关联的。显然，它区别于神学，因为神学是站在宗教之内为宗教信仰做辩护的。宗教哲学的目的并不在于削弱或支持任何一种宗教信仰，而是通过理解去判断它们有无合理的根据。宗教哲学立足于宗教之外，就是为了既能通过对宗教的思考获取真理和智慧，同时又能避免犯类似神学家的错误。

第二种是将对宗教信仰所作的哲理性论证和辩护称为宗教哲学。在这里，哲学是将自己作为工具交给宗教使用的，它完全为宗教信仰服务，并无独立的"人格"。从立场来看，它与前一种宗教哲学不同，是站在宗教之内说话的。就实质而言，它属于为宗教教义作论证的神学。宗教是可用以理性为特征的哲学方法来说明和论证的，这不仅在理论上说得通，而且事实上在人类的大多数宗教中都存在这样的宗教哲学。首先，哲学作为世界观，指明了人的生存处境和人与神、人与世界的关系，从而为人的宗教信仰提供了理论前提和依据。其次，运用哲学的思维方式可以使对宗教信仰的说明和论证系统化、理论化、明朗化。再次，哲学具有保护信仰的功能。当宗教欲维护自己的存在而又不能诉诸于武力或法术时，常常会借助哲学的力量来进行辩护。

第三种是将宗教中所蕴含的宇宙论、认识论、人生论等准哲学思想称为宗教哲学。在这里，宗教与哲学是通过类比而发生关联的，即认为宗教中存在与哲学相类似的内容和形式。宗教确实也有自己的哲学，这种哲学算得上是哲学大家族中的一员，可称之为宗教哲学。首先，哲学起源于宗教，说明从宗教到哲学有一定的连续性。其次，哲学又有演变为宗教的。如儒家哲学曾一度变为儒教，道家哲学后来演变成道教。再次，从宗教所包含的观念与思想中还可以看到，宗教与哲学探讨的问题多有对应和相通之处。①

有研究者对宗教哲学方法论进行了理论探索。研究指出，哲学是爱智之学，宗教哲学是以智慧思虑、认识无限或本体之学。智慧是如何认识无限的进路，或者说怎样实现终极关怀的合理性过程。就学术研究而言，宗教哲学显然是哲学的重要组成部分。宗教哲学的研究方法及领域可以概括为疑虑、设释、比较和体悟四个方面。②

宗教哲学的智慧是属于宗教形态的心理学探索的重要的思想资源、理论资源、学术资源、历史资源、传统资源、现实资源。因此，在宗教哲学论的资源中，就拥有关于宗教心理行为、宗教心理探索的丰富的内容。

二 宗教人类学的种族探索

人类学的研究是从生物、社会、文化等不同的方面，全面考察和探索人类的重要的学科群。在人类学的学科构成之中，就有关于宗教的考察和探索。这也就是宗教人类学的学科分支。宗教人类学是宗教学、人种学、人类学、民族学、社会学、心理学等多学科相互交叉的边缘学科。在人类学的考察和探索之中，就包括了关于种族心理行为的心理人类学的研究分支。因此，在宗教人类学的考察和探索之中，也就包括了关于宗教心理行为的宗教心理人类学的研究分支。

有研究者考察了宗教人类学的发展进程和学科转向。该研究指出，宗教可以通过文字传承的方式表达群体对于宇宙、人，以及社会的看法，并形成人类文化中丰富多样的宗教经典。此外，在建筑、绘画、雕塑、音乐、舞蹈等方面也常常可以看到宗教主题和信仰内容的

---

① 吕鹏志：《宗教哲学导论》，《四川大学学报》（哲学社会科学版）1997年第3期。
② 麻天祥：《宗教哲学方法论的理论探索》，《中国宗教》2006年第10期。

展现。值得注意的是，宗教信仰也常常在口传活动中得到表达，有时则以无声的语言——仪式行为的方式展开。然而，更为普遍的情形则是无声的语言和有声的口传同时并存。总而言之，离开对宗教的深刻理解，人们就无法真正认识人类文化的深层机制和内涵，也就无法达到对于人性的准确把握。

人类学研究的是广义的宗教，即所有的信仰形式。对人类学者而言，神灵信仰和仪式构成了文化的基本特质，也构成了社会形态的主要象征表现方式。因此，在人类学的田野工作和民族志写作中，信仰和仪式从来都是主要的观察焦点和论题。宗教信仰与社会组织、经济交换以及婚姻家庭亲属制度一道构成了人类学传统上的四大研究领域。

与其他学科的宗教研究相比，人类学在分析由信仰和仪式构成的宗教现象时，更多地强调"主位"的观点，尽量避免研究者主观的价值和意识形态判断，力图在被研究文化本身的逻辑中，从被研究者的角度出发参与到信仰和仪式的主体社会中去理解和阐释宗教。

从理论范式来看，人类学的宗教信仰研究经历了从进化论，到功能论，然后到象征论的发展过程。总体上说，人类学的宗教研究主要有三种研究进路：一是心理学进路，主张心理学进路研究宗教的人类学家试图用心理学方法来研究宗教的起源和功能，宗教意识的本质、起因与发展，宗教象征的心理作用等。二是功能主义进路。很多人类学者都同意所有的宗教都满足一定的社会和心理需求。三是象征主义进路。宗教仪式中形体动作、场所、偶像、法器等都蕴含着丰富的象征意义。①

有研究者考察了宗教人类学的现代转变。研究指出，宗教人类学是人类学的一个分支，西方的航海与地理大发现，传教与殖民统治，促进了宗教人类学的形成与早期发展。"二战"以后，随着殖民统治的结束，宗教人类学不得不发生转变。这主要表现为从研究未开化民族的宗教到研究文明国家和发达社会的宗教，从研究的进化学派、社

---

① 黄剑波：《宗教人类学的发展历程及学科转向》，《广西民族研究》2005年第2期。

会学派、功能学派到现代的结构学派、象征分析等学派，从静态的研究到动态的研究，从局部的研究到综合的研究，从实证的研究到哲理化的研究，等等。

早期宗教人类学家致力于研究那些生活在偏远地带的、未开化民族的原始宗教。因为他们相信，这些民族相当于人类发展进程中的早期进化阶段。因此，发达民族已经消失了的古老宗教，通过对现代未开化民族的宗教的研究，可以重构其历史并找到一些规律。在"二战"以后，人类学的转向还表现为人类学的本土化，即西方人类学家开始研究西方社会自身。过去有一种无形的分工，社会学研究西方本土的社会问题，人类学研究"异邦"的原始文化。21世纪中叶以来，美国人类学家的研究对象涉及了本国的亲属制度、宗教运动、族籍、文化价值、象征符号、结构、社会特征、国家特征、社会阶级、社区和语言、经济全球化、城市无家可归者等。欧美人类学家还探讨本国的移民群体、艾滋病群体、吸毒群体、志愿者群体等。宗教人类学的研究一开始关注宗教的起源，随后又致力于阐明宗教的社会学功能和心理学功能，最后转向探究宗教信仰和宗教思想的构造方式和表达方式。

早期宗教人类学家的主要工作是写民族志、宗教志，力图客观地将未开化民族的原始宗教活动描述出来。从一定意义上讲，这是静态的研究。在人类学转向以后，宗教人类学家开始重视宗教变化、宗教动力、宗教复振运动。当宗教人类学家离开未开化民族而回到西方本土时，他们更加需要综合地研究部落宗教与历史宗教。宗教人类学一直具有实证科学的特征，强调客观的态度，重视经验的检验。但是现代的发展使较传统的人类学中的刻板而客观的观点，转变为比较辩证的观点。这种辩证的观点在考察社会和文化时，尽可能地提醒人类学家和观察者注意到自己的主观性与文化的概念。[1]

心理人类学、宗教心理人类学的探索和研究，提供了关于宗教、宗教心理行为的特定的考察视角、研究思路和探索方式。这很显然就

---

[1] 宫哲兵：《宗教人类学的现代转变》，《世界宗教研究》1999年第4期。

成为了宗教形态的心理学的最为重要的学术资源。

三 宗教社会学的社会把握

在社会学的探索和宗教学的研究的交叉地带,就存在着关于宗教的社会存在、社会演变、社会特征的宗教社会学的探索。在宗教社会学中,也有着宗教社会心理学的研究。这是关于宗教社会心理行为的重要的宗教形态的心理学的资源。

有研究者考察了西方宗教社会学研究的新取向。研究指出,当代的西方宗教社会学研究,已经发生了一些重要的转向,其主要表现为:在研究立场上,经历了对宗教功能的全盘肯定到启蒙时代后的全盘否定,再到现代的重新定位;在研究视角上,经历了从世俗化到非世俗化再到多元化;在知识论取向上,经历了从理性批判到感性取向乃至灵性证明;在思维方式上,经历了从社会建构论到主体建构论。形成这种新取向的主要原因是西方社会的发展进入后工业时代,宗教在全球的新复兴以及后现代思潮的影响和一般人文社会科学研究旨趣变化等因素。[1]

有研究者探讨了宗教社会学的范式转换及其影响。研究指出,国际宗教社会学进入了当代时期,历经大浪淘沙,有两大研究范式成为当代宗教社会学的主要流派,这也是对中国宗教社会学影响最大的流派:一是世俗化理论范式,二是宗教市场论范式。

世俗化理论范式主张,现代化必然导致宗教多元化,宗教多元化会瓦解稳定的宗教信仰,进而导致宗教衰亡。这构成了世俗化理论的基石。客观地看,世俗化包括两个方面:社会的世俗化与宗教自身的世俗化。社会的世俗化指社会逐步摆脱教会的控制。宗教自身的世俗化则指宗教神圣性的降低。与世俗化密切相关的几个概念是多元化、

---

[1] 姚南强:《西方宗教社会学研究的新取向》,《华东师范大学学报》(哲学社会科学版)2009年第4期。

市场化与个人化，它们一并架构起了世俗化理论的大厦。

　　宗教市场论或宗教经济学理论主张，透过宗教主体的活动来解释宗教的发展。在宗教市场论中，宗教自身往往就是一个决定社会其他要素的自变量。可以说，宗教市场论是强调宗教主体性的理论。因为宗教信仰是人们理性选择的结果，宗教活动于是也就构成了一个市场，可以用经济学原理予以解析。[①]

　　实际上，宗教社会心理学的研究和探索，就是在宗教学、社会学、心理学的多学科的交叉中，通过采纳多元化的理论预设、多元化的研究思路、多元化的研究方法、多元化的技术手段，对人类的宗教心理行为的起源、功能、影响等进行的系统的考察。[②] 宗教社会心理学的考察包括了不同国度中的宗教，环境及情境对宗教心理行为的影响，不同年龄的宗教心理行为，不同性别的宗教心理行为，人格与宗教的关系，社会政治态度与宗教，宗教与心理健康，宗教与婚姻，社会、经济与宗教，宗教心理行为的相关理论。

四　宗教文化学的文化考察

　　有研究者论述了宗教文化。研究指出，宗教是大多数民族和民族国家的精神支柱和文化的精神方向，宗教文化是中华文化和人类文化的有机组成部分。宗教在经济全球化迅猛、科技高度发达、人文主义空前显扬的当代世界，其文化功能仍展示出巨大的特殊作用。宗教在民族文化中的地位和作用有不同类型。宗教的文化性与宗教的特质紧密相连。宗教文化与世俗文化的互动表现为良性与恶性的交替和并存。宗教文化论是中国特色社会主义宗教理论的新成果，其理论价值，深化了人们对宗教本质、结构和社会功能的认识。它推动了宗教

[①] 魏德东：《宗教社会学的范式转换及其影响》，《中国人民大学学报》2010年第3期。

[②] ［英］阿盖尔等：《宗教社会心理学》，李季桦等译，台北：巨流图书公司1996年版。

文化学研究，丰富了宗教史和文化史的内容。宗教文化论的现实意义，为引导宗教与社会主义社会相适应开辟了更广阔的空间，对于宗教的健康发展有助益作用。

说宗教是文化，一是相对于教义信仰而言，它要打破以往平面和狭窄的"宗教教义教理教派"的研究，即不局限于把宗教仅仅看成超世的信仰和信众的事情，或只满足于从认识论角度把宗教归结为唯心论和有神论，而要把宗教的研究扩展成广阔的文化学的视野，使宗教不单是一种精神信仰，还是一种社会活动和文化活动，是社会历史文化的有机组成部分，因而要从人类文化发展史研究世界宗教，从中华文化发展史研究中国宗教，揭示宗教丰富多彩的文化内涵；二是相对于政治话语而言，它要突破以往简单和片面的阶级分析，不能把宗教的社会功能只归结为私有制下"地主资产阶级麻痹人民反抗意志的思想工具"，即"宗教鸦片论"，那是对马克思主义宗教观的片面理解，而要看到宗教的多种功能，尤其是它创造人类文化的功能，即使它的政治功能也有正负两重性。在社会主义制度下的宗教，其积极的社会文化功能将会得到充分的发挥。宗教文化论对于改变人们只从负面看宗教，而能够与时俱进，视宗教为社会正常文化现象，并给予同情的理解，应有的尊重，起了很大的作用。

宗教是人类精神文化中的高层文化。宗教是原始文化"包罗万象的纲领"，是孕育后来各种精神文化门类如哲学、道德、文学、艺术、科学等的最初母胎。宗教是大多数民族和民族国家的精神支柱和文化的精神方向。宗教在经济全球化迅猛、科技高度发达、人文主义空前显扬的当代世界，其文化功能仍展示出巨大的特殊作用。宗教在民族文化中的地位和作用有不同类型。宗教的文化性与宗教的特质紧密相连。宗教文化与世俗文化的互动表现为良性与恶性的交替和并存。[①]

在宗教文化学的研究中，文化心理、文化行为、文化人格等，都是属于宗教文化心理学的研究内容。在特定的文化传统和文化构成

---

① 牟钟鉴：《宗教文化论》，《西北民族大学学报》（哲学社会科学版）2012年第2期。

中，就包含着特定的文化心理，也就包含着特定的宗教文化心理。

五　宗教历史学的传统挖掘

　　有研究者考察了史与宗教的关系。研究指出，"史"的文化原型最早是以宗教家的面目出现的。中国人的宗教观念由来已久。当中国人还处在蒙昧、洪荒世界之时，其自然宗教的意识便已产生。随着社会的两大分工——物质生产和精神生产的出现，中国出现了专门从事和执掌精神活动的人员——巫：祭司。由于其时精神活动的主要内容呈现出宗教、政治、艺术三位一体的特点，故巫不仅是政治家、艺术家，更主要的是宗教家。

　　社会的进步和理性的发展，使得人们对宇宙自然和社会人生的认识进一步提升，也导致中国原始的自然宗教形态的变革向着人为宗教形态的过渡。在这个过程中，一方面是体现自然宗教特质的诸多元素在上层管理体系之中逐渐地被淡化；另一方面则是人为的系统宗教因素日趋活跃起来：宗教神学的经学化正以高昂的势头适应着大一统帝国的急切需求而迅猛发展。这主要表现在三个方面：一是至高神的道德化，确立了"天"（太一）的最高地位，并将其塑造成了至高无上、主宰人间、有人格、有道德意志和目的的神；二是"天人感应"的经教化，从理论上沟通了天与人之间密切联系，完成了有如基督教圣父、圣子、圣灵三位一体，佛教佛、法、僧三位一体式的儒教"天、道、圣人三位一体"的经教过程；三是"天授君权"的学理化将王朝的更替归之于奉天承运的天道的必然性，完成了把儒家伦常的父权、宗教的神权和行政的皇权三位一体的学理化。而这三个方面的工作对于史以外的其他宗教家来说，几乎是无能为力的，而只有史家才能够以其"究天人之际，通古今之变"的历史叙事，参与到人为的系统宗教的构建之中。①

---

①　普慧：《史与宗教》，《南开学报》（哲学社会科学版）2007 年第 3 期。

研究者还考察了史与宗教信仰的关系。研究认为，史的最早形态是以宗教家的面目出现的。人类的宗教观念由来已久。宗教精神与人文理性的融会，是中国史家的一个非常重要的特征。史的职能是记言、记事。记言、记事的内容最早自然以宗教活动为主，但是随着宗教活动不断政治化、军事化、经济化、生活化，与宗教活动相关的世俗事务，尤其是对政治斗争的评价、人物道德的审判等，更多地进入史家的视野和笔下。[1]

有研究是从世界宗教的历史考察了宗教。研究提出，回顾数千年来人类宗教发展的历史，就会发现这样一个事实：每个时期宗教的内容和崇拜形式，总是随着人类社会的发展而变化着的。古往今来，概莫能外。就世界宗教史的范畴而言，无论何种民族，虽分属于不同的国度或处于不同的时代，他们的传统宗教总是从自然宗教向人为宗教发展；并且随着科学技术的发展，真正的宗教观念就愈来愈淡薄，宗教仪式遂向民俗节日演变。[2]

有研究者探讨了宗教思想的概念。研究指出，"宗教思想"这一概念，可以做宽窄不同的理解。一般所说的某宗教的"思想"，是指其教理层面，例如佛教的"缘起"思想，道教的"重玄"思想，等等。它们一般都具有严密的逻辑论证和一定的理论内涵。但宗教的核心内容是信仰；而信仰的根本特征是先验的、绝对的、非理性的，是属于人的直觉、感情等层次，所谓"下意识"的内心体验，并不是一般所谓"思想"的理智活动。宗教教理即一般所说的宗教"思想"及宗教实践（包括教团即宗教的组织实体、戒律、仪轨及其活动方式等等）则是根植于信仰、服务于信仰，因而是附属于信仰的。正因此，也就有必要对"宗教思想"做更宽泛的理解，即把信仰当作它的核心，包含从非理性的所谓"迷信"到高层次的理论等诸多层面。

人类的意识除了理性活动之外，还有直觉、灵感、感情等非理性

---

[1] 普慧：《史与宗教信仰》，《东方丛刊》2007年第3期。
[2] 张福：《从世界宗教史看宗教的异化及演变规律》，《云南师范大学学报》（哲学社会科学版）1999年第6期。

或不完全受理性支配的部分。宗教活动、文学艺术活动都不同程度地包含后一方面的内容。它们更多产生、作用于人们下意识的心灵体验。这一点也是使得宗教和文学艺术密切关联和相互沟通的重要原因。而正由于宗教信仰更多诉诸下意识的感情世界，也就更容易对人们的心灵发挥影响，进而作用于社会文化的方方面面，并成为构筑民族文化性格的重要因素。宗教信仰使人们形成敬畏心、感恩心、忏悔心，往往在很大程度上左右着人们的精神状态。

儒、道、佛"三教"具有共同的宗教思想方面的内容，也给后来的三教交流、三教融合提供了条件。祖灵信仰直到今天仍在广泛影响人们的精神与社会生活。考察这个课题，可以给中国的宗教思想研究提供多方面的启示。这样，"宗教思想"的研究，就不可局限于宗教理论（教义、教理）层面的研究，而应当把信仰层面的研究置于更重要的位置。中国是一个多种宗教、多种信仰并存的国度。在高度发达的文化传统之中，宗教思想特别发达和丰富，与思想、文化的各个领域、各个层面的关联也十分复杂和紧密。不过由于历史的和现实的诸多原因，我国的宗教学研究比较薄弱；而且，相对于宗教的教理与教团活动诸领域的研究，对于信仰层面的研究就更为欠缺。[①]

进而研究者还对中国宗教思想史进行了探讨。研究指出，中国的宗教思想史是指历代中国人具有的宗教观念、宗教思想发展、历史的演变，延伸开来，还应包括历代不同社会阶层认识、对待、处理宗教现象、宗教事务的历史，无神论与有神论相互斗争的历史，等等。宗教思想乃是整个思想意识形态的重要构成部分，对于历代政治、经济、文化和一般社会生活，特别是对于人们的精神世界发挥巨大的影响，往往直接决定他们的生活状态和实践活动。一定历史时期的宗教思想又和哲学思想、伦理思想、美学思想、史学思想、民族思想等相互关联和相互作用。如果说中国文化的全部发展要从先秦寻求源头，那么探讨历史上宗教思想的发展、演变会发现，浓厚的人文色彩、清

---

① 孙昌武：《关于"宗教思想"的研究》，《南开学报》（哲学社会科学版）2007年第3期。

醒的理性精神一直也是中国宗教思想传统的主要特色之一。从这样的角度讲，中国在人类宗教思想史上更取得丰硕的理论成果，做出了特殊贡献。①

应该说，宗教历史学与宗教心理学有着重要的关联。无论是宗教历史心理学，还是宗教心理历史学，都在特定的历史视野中，去考察和探索宗教历史传统中的心理层面的内容，以及宗教心理表达中的历史层面的内容。宗教历史学早就积累了非常丰富的思想资源和理论资源。这给了宗教心理学的探索一个历史的根基。

六　宗教语言学的符号分析

有研究者对当代西方宗教语言研究的方法论进行了分析。研究指出，自从20世纪的五六十年代开始，西方学术界出现了一股宗教语言研究热潮，综观当代西方宗教语言研究的现状，尽管研究者在理论立场和学术观点上尚存较大分歧，但也表现出一种相同的学术旨趣，即注重方法论的反思与构建。这种旨趣无论是对于人们寻求合理的哲学方法去解开宗教语言之谜，还是对历史唯物主义的宗教哲学研究来说，都有其值得借鉴的意义。当代西方宗教语言研究方法经历了语义分析、功能分析、生存论分析以及生存论—本体论分析的嬗变过程，这四种分析方法主要以分析哲学、存在主义现象学和解释学为方法论基础，是把现代西方哲学的"语言学转向"之后出现的语言哲学运用于宗教语言研究的逻辑产物。②③

有研究者对宗教语言进行了考察。研究认为，宗教语言具有的是

---

① 孙昌武：《关于中国宗教思想史的研究》，《南开学报》（哲学社会科学版）2006年第5期。
② 董尚文：《当代西方宗教语言研究方法论分析》（上），《哲学动态》2002年第7期。
③ 董尚文：《当代西方宗教语言研究方法论分析》（下），《哲学动态》2002年第8期。

象征性的性质。研究指出，宗教语言有广义和狭义之分。广义的宗教语言，不仅包括在宗教的典籍和各种宗教性质的活动中，信仰者之间彼此交流所使用的语言，而且包括实物符号和动作、行为符号，这些都可以视为"宗教语言符号"。也就是说，除了语言文字外，还有宗教实体礼仪、实体器物等，如向神祭献的礼仪行为及供物、庙宇、神像、法器；信仰者佩戴的挂有十字架的项链、佛珠，宗教的服饰，以及远古的"图腾"，等等，所有这些都是广义上的宗教语言符号。狭义的宗教语言，指在宗教领域中所使用的语言文字，是宗教典籍中所运用的相对世俗语言而言的"超世俗"的语言，它有特定的概念、范畴及相关的"语言链"，用来表达、阐释宗教的教义、教规以及作为"形而上"的宗教思想。

宗教语言不同于日常语言。宗教语言是在日常语言所提供的原本语义和经验基础上生成的，它从含有一切意谓指向的日常语言中，逐渐发展成一种专门化的语言。尽管日常语言中也有象征性的内容，但是宗教的"象征语言"完全反映、服从于宗教信仰，它虽不可"完全脱离"日常语言的痕迹，但是寓意却不同。

宗教语言不同于科学语言，后者是逻辑性、推理性的语言。科学语言不会与毫无根据的信条联系在一起，它是"实证性语言"。科学语言也是以日常语言作为经验基础，但科学语言向清晰、精确的方向进行了变体，直至完全排除了一切附带着的象征含义。

宗教语言不同于哲学语言。最初的哲学语言与宗教语言交混在一起，但它逐渐从宗教语言中分化出来而独立，当哲学分化出来之后，虽然二者研究的对象是同一的，但它们有着各自独立研究的问题，所以形成了不同的概念、范畴体系。哲学诉诸反思，形成了反思性的语言；宗教诉诸信仰，形成了象征性的语言。[①]

有研究者对宗教语言进行了探讨。研究指出，宗教语言是宗教思想的主要表达方式。在没有宗教信仰的人看来，宗教语言无非痴人说

[①] 魏博辉：《打开信仰者心灵的钥匙——论宗教语言的象征性》，《中国宗教》2010年第1期。

梦。要理解宗教思想，必须首先理解宗教语言。宗教信徒平常所使用的语言，即日常语言，与其在宗教生活中所使用的语言，即宗教语言，存在明显差异。很显然，差异性原则过分夸大了日常语言与宗教语言的不同。差异性原则是一种极端的单义理论。"单义理论"的意思是，语言，即日常语言与宗教语言，只有一种含义。类比理论以多义理论为前提。多义理论的意思是，语言具有两种含义，既能用于被造物，又能用于上帝。多义理论的缺陷是没有清楚地说明日常语言与宗教语言的关系。

类比理论以日常语言为榜样，以宗教语言与日常语言的相似性为出发点，较为明确地揭示了日常语言向宗教语言转化的语言学机制，进而揭示了宗教语言的独特本质——类比性，较为清楚地阐述了宗教语言是有意义的论点。有的哲学家从维特根斯坦的"语言游戏说"出发，捍卫宗教语言的合法性。他们认为，语言是人类生活的反映，不同的语言反映不同的生活。人们可以列举多种不同的语言，如科学语言、文学语言、艺术语言、道德语言、宗教语言等。这就是说，与科学语言一样，宗教语言有自己不可侵犯的领域，在这个领域内，它是普遍有效的，外来的规则不能对它产生任何影响。

首先，日常语言与宗教语言在很大程度上具有相似性，神学语言与日常语言的区别在于，前者是后者的变体，是特定语境中的日常语言。二者的基本含义是一致的。唯有如此，神学的世界既能为宗教信徒所理解，也能为非宗教信徒所理解，尽管后者的理解与前者有很大的差异。其次，宗教语言与日常语言之间又存在很大差异，因为宗教语言能够赋予日常语言新的含义。再次，除了"拓展"旧的词汇的含义，有时人们还使用类比法来描述事物，表达思想。最后，与日常语言一样，宗教语言在使用类比法时，也必须遵循"越少越好"的原则，否则宗教语言会变得无法让人理解。

从无神论的角度看，以类比的方式谈论上帝是不合理的；从有神论的角度看，这种谈论是完全合理的。这就牵涉到一个如何解释世界的问题。①

有研究者对语言与宗教的关系进行了探讨。研究指出，语言与宗教是两种人类文化现象，其历史也许同人类一样古老。二者有着极为密切的关系。这种关系可以表述为：语言创造了宗教，宗教也创造了语言。作为一种交际的工具和符号体系，语言是神圣世界建构的基础；作为神圣的体系，宗教以其特有的文化功能在创造着语言。二者无论缺少了哪一方，另一方的发展都会受到严重的影响。

语言创造了宗教，可从以下几个方面来理解。其一，从发生学的角度看，宗教的产生是建立在语言的基础上的。其二，从传播学的角度看，宗教的思想、观念、学说、理论，是通过语言文字传播出来的。其三，从社会心理的角度看，人们宗教情感的产生和语言符号的作用有关。社会学的"符号互动"理论认为，人们的全部社会活动都是符号作用的结果。语言文字作为人类的一种重要的文化符号，其情感功能、执行功能、认识功能等为人们宗教经验的产生、宗教心理的发生提供了"酵母"和"媒介"。

宗教创造了语言。宗教虽然是一个神秘而又神圣的领域，但是没有自己的交际工具，没有自己的语言体系。无论神学家怎么自诩为神圣人物及神圣境界，要想进行神学宣传，使人们能够了解其神学理论，起到教化的作用，都必须放下自己神圣不凡的架子，老老实实地使用全民语言。在使用全民语言的过程中，他们并非原封不动地照搬，而是出于某种特殊的目的，对全民语言进行改造、加工、创造，从而形成一些"神学的语言"；同时还精心研究语言交际手段，使其发挥更好的交际功能。这样，就使得宗教既丰富了全民语言的语汇，又丰富了语言的修辞手段。正由于宗教对语言的这种创造，所以在全民语言之外形成了一个神圣的社会方言区——宗教语言。②

宗教语言学是在一个特定的理论层面上，去揭示和解释人的宗教

---

① 胡自信：《宗教语言初探》，《北京第二外国语学院学报》2004 年第 6 期。
② 高长江：《语言与宗教关系初步探讨》，《云南师范大学哲学社会科学学报》1992 年第 5 期。

活动和宗教行为。这给出的是有关宗教中的语言和语言中的宗教的探索和研究。宗教语言是非常丰富的学术的资源和心理学的资源。这也就包括了宗教语言心理学和宗教心理语言学的不同方面和不同侧面的探索。

七　宗教艺术学的审美表达

有研究者对宗教艺术学进行了考察。研究指出，宗教艺术学是以宗教艺术为研究对象的一门学科。具体而言，宗教艺术学的研究对象包括宗教艺术概念的界定、宗教艺术的分类、宗教艺术的起源与发展规律、宗教艺术的创作与鉴赏，等等，此外，还涉及宗教艺术学的研究方法、目的、意义以及研究体系等。

宗教艺术与非宗教艺术之间有着明显的区别。宗教艺术的创作目的主要是宣扬宗教教义，传达宗教观念，它的创作作品一般都与宗教仪式活动有紧密的关联。宗教艺术包括宗教美术、宗教音乐、宗教舞蹈等类型。宗教艺术具有比较明确的为宗教服务的创作目的，宣扬宗教教义，表现宗教的观念在宗教艺术创作中得以充分体现。宗教艺术的创作、表演或宗教艺术作品的摆设一般都与宗教仪式活动密不可分。宗教艺术具有明显的教化功能，这种功能只有在特定的宗教情境中才能充分发挥出来。非宗教艺术则不具有明显服务于宗教的创作目的、功能。

宗教艺术学作为艺术学的分支学科，必须逐步建构比较合理的研究体系，这样有利于形成本学科的特色，推动本学科的发展。宗教艺术学研究体系主要包括宗教艺术志、宗教艺术史与宗教艺术论三个组成部分。宗教艺术志是宗教艺术研究的起点，也是宗教艺术学研究体系的基础性工作。宗教艺术志的主要任务是收集、记录、整理、编写宗教艺术资料，这些资料包括宗教艺术的作品、分布、传承、流派、制作或表演等方面情况。宗教艺术史是宗教艺术学研究体系中一个十分重要的组成部分。宗教艺术志侧重于客观的记录、整理等工作，宗教艺术史的编写、研究工作,则需要在宗教艺术志的基础上,更进一步对宗教艺术史料的内在关联进行深入思考。宗教艺术论是宗教艺术学研究体系的核心部分。相比宗教艺术志、宗教艺术史而言,宗教艺术论更偏重于抽象的理论思辨,涉及宗教艺术的概念、分类、特征、本质、功能、价值、创作、欣赏、起源、传播等方面。[1]

宗教艺术学的研究之中,就包括了宗教艺术心理学的探索。涉及在宗教艺术之中的宗教心理、宗教意识、宗教情感、宗教行为。宗教活动、宗教信仰、宗教组织、宗教传播,等等,都会多元化和多样化地体现在艺术创作、艺术作品、艺术欣赏、艺术感染、艺术传承之中。

八 宗教民俗学的风习流变

有研究者曾考察和探讨过宗教民俗学。研究指出,宗教民俗学与宗教社会学和宗教心理学,都属于宗教学边缘学科中经验学科的范畴。宗教民俗学以同样从属于边缘学科的工具学科中宗教社会调查,以及民俗调查方法为前提,借助于宗教哲学和宗教史学的研究成果,以民俗学的研究方法来研究宗教民俗事象和思想观念。这些宗教民俗事象,有的是在宗教观念的支配下进行的,譬如信神的民众在喜庆等场合举行祭祀活动,在婚、丧、农事中的祭祀活动;有些现在已变成纯粹是相沿成俗的习惯,譬如一些人并不相信有鬼神存在,但在特定的场合也有烧香祭祖的举动;节日燃放鞭炮本为驱鬼,后来演变成庆贺等习俗。

宗教民俗学是专门以宗教民俗事象和思想观念为研究对象,因此,也可以解释为对宗教民俗进行民俗学方法论的调查研究,即以民俗学的方法、观点来探究、解释宗教民俗事象的流变、历史、功能,

---

[1] 于向东:《宗教艺术学初探》,《东南大学学报》(哲学社会科学版)2010年第1期。

以及宗教与民俗的相互关系。宗教民俗学一方面要研究宗教如何与民俗结合，以及宗教对民俗的圣化（由世俗的变成神圣的）；另一方面又要研究民俗对宗教的俗化（由神圣的变成世俗的）、丰富、调适，两者共同传承；还要探究宗教民俗的变迁和社会规范的各种功能等方面的内容。

宗教民俗流变大体有四种形式。一是宗教信仰、宗教观念的民间习俗化，而使宗教事象演变为宗教形式与民俗内容结合的宗教民俗事象。二是宗教借用原有的民俗活动，在原有的民俗事象中输入宗教观念，而演变成民俗形式与宗教内容结合的宗教民俗事象。三是宗教观念和行为与民俗事象在流传过程中合流，两者相得益彰，互相补充而融合为宗教民俗事象。四是宗教和民俗的同源，而形成宗教与民俗共同产生、共同流传，相沿成俗的宗教民俗事象。①

有研究者考察了民俗系统的二重性结构。研究指出，民俗学是以民间传统的信仰、风俗、习惯、迷信、禁忌、传说、节俗、礼仪、技艺、日用等精神文化现象和物质文化现象作为具体研究对象，研究它们的起源、发展、承传、演变等表象及其深层结构，是一门有别于民族学、社会学、文化人类学、宗教学、方志学等学科的独立学科。这些作为民俗要素的精神文化现象和物质文化现象的存在形态及其间的有机联系，它们的发生、发展、流传、演变的历史过程，构成了一定民族的特定的民俗系统。研究民俗系统的特定结构形态，对于深化认识某一民族民俗的本质特征，掌握其发展变化规律，以便因势利导、移风易俗，有着重要意义。

民族民俗是与这一民族某一历史发展阶段上的社会物质生产相联系的，是这一民族的一定历史发展阶段上特定的经济基础的反映。作为精神文化现象的民风民俗，是一种特殊的社会意识形态，与其他精神文化现象相比较，它更加远离物质经济基础，在反映客观现实时，经过了更多的"中间环节"，带有更多的折射性和曲折性，

阶级社会中民族成员的阶级对立，便使得这一民族的民俗结构呈

---

① 张桥贵：《宗教民俗学刍议》，《宗教学研究》1992 年第 Z1 期。

现着对立性，但他们又生活在同一社会共同体中，因而又使这一民俗结构呈现着交融性。民俗的主体是民族成员，他们既是自己民俗的实行者，又是自己民俗的创造者。同一民族共同体中隶属于不同阶级的民族成员有着不同的经济收入形式、不同的社会身份和不同的生活方式，因而他们的风俗习惯便呈现出差异性。民族成员又都是社会的人，他们既然生活在同一个社会系统中，就不能不发生各种联系，存在着复杂的关系，因而各自所承传的那部分表现着差异性的风俗习惯又不能不产生碰撞和相互影响，而使得民俗结构表现着交融性。

民俗系统是一个动态结构，处在不停地运动、变化和不断地更新、发展中，旧的东西衰颓、消亡了，新的东西产生，发展起来。新产生的民俗成分同原民俗系统中仍有生命力的合理性要素结合起来，使整个民俗结构呈现出一种焕然一新的面貌。民俗系统是一个内部要素不停地消亡、流传、新生的运动过程。[①]

有研究者对汉族社会的民俗宗教进行了探讨。研究指出，所谓民俗宗教就是以民俗事象为载体，以民众信仰为核心，高度融合于日常生活之中并被全社会成员以多样性的方式所认同的宗教性文化体系。首先，民俗宗教是以民间习俗为基础建构起来的，民俗事象是民俗宗教的载体。民俗宗教的教义、仪式等都蕴含在丰富的民间习俗之中，没有民俗的存在为依托，也就无所谓民俗宗教了。其次，反映在众多民俗事象中的关于超自然的信仰是民俗宗教的核心成分，作为一种宗教，无论其形态如何，总是与超自然信仰相联系的，民俗事象中社会公众对于超自然对象的信仰，是使民俗具有超越性的宗教品质的关键所在。再次，民俗宗教是与日常生活高度融合的，民俗宗教是沿着生活的脉络编成并被利用于生活之中的。在民俗宗教中，宗教信念与世俗生活是水乳交融的，这种融合可以表述为：生活在宗教的逻辑中进行，而宗教则在生活的脉络里展开。最后，作为一个社会的民俗宗教无疑是被全社会成员所普遍地认同的，但是，由于各种民俗事象在不同地域中的变异，所以，在表现形式上往往具有多样性。

---

① 郑杰文：《论民俗系统的二重性结构》，《民俗研究》1991年第4期。

中国的民俗宗教也正是以蕴含于传统习俗中的超自然信仰为基础的。在不同时代、不同地域的民俗中，虽然超自然信仰的内容有很大的差异，但是，有两类超自然存在却是中国民俗宗教中普遍的信仰对象，这就是"天"和"祖灵"。对于天和祖灵的信仰构成了中国社会"敬天法祖"的宗教传统。汉族的神灵世界是由神明、祖先、鬼魂这三部分的超自然生物构成的。神明是受社会公众崇拜的对象，包括"玉皇大帝"等一系列被社会成员所普遍信仰、祭祀的神灵。祖先是受一家一姓祭祀、崇拜的对象，而鬼魂则是享受不到后人祭祀的死者的魂魄。

中国民俗宗教，作为一种特殊形态的宗教体系，具有不同于一般宗教的三大特征，认识这些特征将有助于更好地把握和理解中国民俗宗教的本质。第一个特征是中国的民俗宗教在起源上具有突出的原生性特征，即民俗宗教是自发产生的，不是创建形成的或"创生"的。所有包括在这一体系中的宗教信仰和观念，都是在一定的社会历史条件下，在各种社会结构要素的相互作用中自然而然地形成的。"约定俗成"是民俗产生和形成的基本机制，各种民俗事象在其演化过程中逐渐被人们所接受，并逐渐积淀成为人们自然而然地遵守的文化传统，民俗宗教也就是在这个过程中，以民俗事象的形成为契机而逐步建立起来的。第二个特征是在信仰对象上的多元性。这不仅是指对于多神的崇拜或祭祀，更重要的是在民俗宗教中，信仰和崇拜的对象并不是由单一的教派所规定的，而是呈现为一种兼容共生的多元格局。第三个特征是中国民俗宗教的教义和教理的非系统化和非理论化。中国传统的民俗宗教虽然在许多方面都起到了一种宗教应有的教化功能，但它并没有系统化的教义或教理。在这方面它与其他具有系统的教典和宗教理论的创生性宗教有着明显的区别。[①]

有研究者探讨了民间信仰的研究体系。研究指出，民间信仰研究至少应包括三个基本领域，即民间信仰志、民间信仰论、民间信仰史，它们又各有自己的支系，共同合成一个较完备的研究体系。其

[①] 任丽新：《汉族社会的民俗宗教刍议》，《民俗研究》2003年第3期。

中,"民间信仰志"是研究的基础,"民间信仰论"是总体系中的主体,而"民间信仰史"则是对这一研究的总结与深化。

百年来的民间信仰研究已为"宗教民俗学"的建立奠定了基础,不过,既往的成果多零散、单一、雷同,较少学理的、宏观的概括,严密、完整的研究体系尚未被提及,甚至一些相关著作也仅局限于类型、传承、特征等几个方面,远未能涵盖民间信仰的全部构架,也未能真正建立起理论系统。因此,在前人成果的基础上加以总结、概括、拓展,建构起民间信仰的研究体系,已成为当今的任务。

"民间信仰志"以事象的搜集、研究为主,包括空间性的记录整理、时间性的记录整理、类型与专题的归纳、文献与载体的研究等方面。"民间信仰论"作为民间信仰研究的主要部分,以理论探究为其要旨。它包括基本理论、发生论、功能论、应用论、比较论、田野作业论等主要支系。"民间信仰史"作为"宗教民俗学"中的史的研究,包括"民间信仰发展史""民间信仰专题史""民间信仰研究史"等方面,涉及事象史和学术史。"民间信仰史"的确立,是"民间信仰研究体系的丰富,也是其成熟的标志。

民间信仰研究的三大支点不是相互绝缘的独立范畴,而是互联互补的一个整体。其中,"民间信仰志"是研究的基础,不论是"论",还是"史",都要借助"志"的成果而获取其科学性;"民间信仰论"是总体系中的主体,正是它的存在与完备,使民间信仰的研究具备了学科的性质,并决定了"宗教民俗学"的形成;"民间信仰史"则是对这一研究的总结与深化,作为学术史,其存在本身就是学科成熟的标志。[①]

民俗的传统中有着非常丰富的民俗心理学的内容。这包括了在民间宗教民俗中的宗教心理学的内容。宗教本身就是以民俗的方式存在着,也是以民俗的方式延续着。民俗心理以及民俗宗教心理是民俗之中的重要的内容。

---

① 陶思炎、[日]铃木岩弓:《论民间信仰的研究体系》,《世界宗教研究》1999年第1期。

第八编

中国本土心理学的内涵

导论：心理学中国化的理解

　　心理学的文化转向是心理学本土化的方向问题。心理学曾经靠摆脱、放弃、回避或越过文化的存在来发展自己，但心理学现在必须靠容纳、揭示、探讨或体现文化的存在来发展自己。这也就是说，在心理学成为独立的科学门类之后，在心理学追求自己的科学性的过程之中，是将科学的客观性和科学的普遍性与文化的建构性和文化的独特性对立了起来。心理学早期是排斥文化的存在来保证自己对所有文化的普遍适用性，而心理学目前则是包容文化的存在来保证自己对所有文化的普遍适用性。毫无疑问，这是一个历史性的变化。问题就在于揭示这一变化的历程及其对发展心理科学的意义和价值。心理学研究中的文化问题主要体现在两个方面。一是涉及心理学的研究对象，即人的心理行为的文化内涵的问题。二是涉及心理学的研究方式，即心理学理论、方法和技术的文化特性的问题。这就是要摆脱原有的心理学研究把人的心理行为理解为自然现象，而不是理解为文化生活。这就是要摆脱原有的心理学研究，把心理学的研究确立为自然科学的研究方式，而不是社会科学和文化科学的研究方式。那么，所谓心理学的中国化就是要把心理学的研究定向在文化传统、文化资源、文化建构、文化互动、文化融合的方向上。

　　心理学的发展和心理学的研究都与文化有着十分密切的关系。心理学曾经是靠摆脱、放弃、回避或越过文化的存在来发展自己，但心理学现在必须靠容纳、揭示、探讨或体现文化的存在来发展自己。合理地理解心理学与文化的关系，是决定心理学的发展和研究的十分重要的方面。心理学早期是排斥文化的存在来保证自己对所有文化的普遍适用性，而心理学目前则是包容文化的存在来保证自己对所有文化的普遍适用性。最为根本的不是心理学是否与文化有关联，而是心理学与文化的关系是一种什么性质的关系。对心理学与文化的关系进行反思、探讨、揭示、阐释，从而对心理学与文化的关系就能够有更全面和更深入的理解和把握。这对于心理学学科的发展和拓展，对于心理学应用的推动和推进，都具有十分重要的意义和价值。

当代心理学的发展面临着一个无法回避的重大问题，那就是文化的问题。心理学研究中的文化问题主要体现在两个方面：一是涉及心理学的对象，即怎样对待人的心理行为的文化内涵的问题；二是涉及心理学的学科，即怎样对待一门独立科学门类的文化特性问题。这两个方面常常是紧密结合在一起的。心理学早期是排斥文化的存在来保证自己对所有文化的普遍适用性，而心理学目前则是包容文化的存在来保证自己对所有文化的普遍适用性。这是一个历史性的变化。

后人类主义的时代带来了从自然人类到机器人类，从自然智能到人工智能，从自然反映到生活创造等的一系列重要的转换。无论是在后人类主义的时代，还是依据后人类主义的原则，心理学的发展也同样要紧随时代的演变和扣紧时代的脉搏。后人类主义给心理学的研究、演变和发展所带来的也同样是十分巨大的和不容忽视的影响。首先是从物质主义到心理主义，其次是从自然心理到人工心理，再次是从直接反映到现实生成。后人类主义时代的心理学的新突破可以体现在三个基本的方面。首先是从环境决定到关系决定，其次是从心身关系到人机关系，最后是从反映主义到共生主义。

天人合一的基本体现就是心道的一体。所谓道就是容含的总体，但是道又并不是在人心之外，而就是在人心之内。心性论实际上是中国文化传统之中的非常成熟的理论类型和理论构造。这实际上是从天道、天命、天理、天性、天人等的理论预设和理论构造之中延续、延展、延伸而来的。中国本土文化中的心性说实际上涉及了人的心理的几乎是所有重要的方面。这在根本上是将人的心理内含在了心性之中。反过来，也就可以从中国本土的心性论或心性说之中，引出关于人的心理的系统化的解说和根本性的影响。因此，可以说，从心性论之中就内含有心性心理学，从心性心理学中则可以创造出"新"心性心理学。心性论实际上就在于给心理学的研究提供了理解人的心理行为的思想根基、文化根源、心理基础、意义来源等合一或统一的方式和方法。心性说或心性论就是中国本土文化传统之中，以及中国本土心理学传统之中，最为根本的或核心的部分。

第一章 心理学的文化学取向

心理学的发展和研究都与文化有着十分密切的关系。心理学曾经靠摆脱、放弃文化的存在来发展自己，但心理学现在必须靠容纳、揭示、探讨或体现文化的存在来发展自己。合理地理解心理学与文化的关系，是决定心理学的发展和研究的十分重要的方面。心理学早期是排斥文化的存在来保证自己对所有文化的普遍适用性，而心理学目前则是包容文化的存在来保证自己对所有文化的普遍适用性。最为根本的不是心理学是否与文化有关联，而是心理学与文化的关系是一种什么性质的关系。对心理学与文化的关系进行反思、探讨、揭示、阐释，从而对心理学与文化的关系能够有更全面和深入的理解和明确，对于心理学学科的发展和拓展，对于心理学应用的推动和推进来说，都具有十分重要的意义和价值。

一　心理学与文化关系的研究

当代心理学发展的文化学转向已经成为心理学研究的重大的变革。[1] 这也是现代西方心理学的重要转向。[2] 心理学发展的文化学转向已经成为研究者探讨的一个中心和焦点课题。心理学的发展和心理学的研究都与文化有着十分密切的关系。所谓心理学与文化的关系是

---

[1] 葛鲁嘉、陈若莉：《当代心理学发展的文化学转向》，《吉林大学社会科学学报》1999年第5期。
[2] 叶浩生：《试析现代西方心理学的文化转向》，《心理学报》2001年第3期。

指，心理学在自身的研究、发展和演变的过程中，与文化的背景、历史、根基、条件、现实等所产生的关联。心理学与文化的关系有着特定的内涵，心理学与文化的关系也经历了历史的演变。这包括经历了文化的剥离、文化的转向、文化的回归、文化的定位。

在心理学的研究发展之中，已然经历的是心理学研究的文化学转向。在心理学的研究深入之中，进而经历的则是心理学研究的文化学取向。心理学与文化的关系界定所涉及的是心理学的单一文化背景和心理学的多元文化发展。心理学与文化的关系性质所涉及的是文化心理学、跨文化心理学、本土心理学、后现代心理学，等等。心理学与文化的关系意义则涉及的是心理学的新视野、新领域、新理论、新方法、新技术、新发展。多元文化论成为西方心理学发展中的思潮。[1] 因此，有研究者分析了西方心理学中的多元文化论运动。[2] 这包括多元文化论对于跨文化心理学等特定心理学分支的影响。[3] 显然，文化研究与心理学研究交汇在了一起。[4]

有研究者把跨文化心理学、文化心理学和本土心理学看成涉及心理学与文化关系的三种不同的心理学研究，是有关文化与心理学关系的三种主要的研究模式。跨文化心理学涉及的是不同文化群体的心理行为的比较，文化心理学涉及的是文化对人的心理行为的影响，本土心理学涉及的是本土背景中与文化相关的和从文化派生出来的心理行为。这三者是从不同的角度阐明了文化与心理学的关系。[5]

文化转向被认为是心理学发展的新契机。[6] 心理学在自己的发展

---

[1] 叶浩生：《关于西方心理学中的多元文化论思潮》，《心理科学》2001 年第 6 期。

[2] 叶浩生：《西方心理学中多元文化论运动的意义与问题》，《山东师范大学学报》（人文社会科学版）2001 年第 5 期。

[3] 叶浩生：《多元文化论与跨文化心理学的发展》，《心理科学进展》2004 年第 1 期。

[4] Adamopoulos, J. and Lonner, W. J., Culture and psychology at acrossroad: Historical perspective and theoretical analysis [C]. In David Matsumoto, *The handbook of culture & psychology*. New York: Oxford University Press, 2001. pp. 15 – 25.

[5] 乐国安、纪海英：《文化与心理学关系的三种研究模式及其发展趋势》，《西南大学学报》（社会科学版）2007 年第 3 期。

[6] 麻彦坤：《文化转向：心理学发展的新契机》，《南京师大学报》（社会科学版）2003 年第 3 期。

和演变的历程中，需要不断地去转换自己的研究取向、研究中心和研究重心。有研究认为，心理学文化转向有方法论的意义。[1] 有研究认为，心理学文化转向还存在着方法论困境。[2] 有研究认为，心理学发展的新思维应是从文化转向到跨文化对话。[3]

文化心理学具有超越了单一心理学分支的重要的意义。[4] 这关系到主流心理学发展的困境。[5] 带来的是心理学方法论上的突破。[6] 心理学的发展曾经建立在单一文化的背景或基础之上。多元文化论认为，传统的西方心理学是建立在一元文化的基础上，只能适合西方白人主流文化。因此，多元文化论主张文化的多元性，强调把心理行为的研究同多元文化的现实结合起来。[7] 多元文化论者反对心理学研究中的"普遍主义"的立场或"普世主义"的主张。心理学中的多元文化论运动强调文化的多样性，认为传统的西方心理学不仅仅是建立在白人主流文化的基础之上，而且是立足于西方文化资源的心理学探索。多元文化论的主张，文化的多元化也就是心理行为的多元化，也就是心理学研究的多元化。这也就导致了认为在一种文化下的心理学研究的结果，不能够被无条件地和无选择地应用到另一种文化之中去，心理学的研究应该同多元文化的现实结合起来。这也是跨文化心

---

[1] 麻彦坤：《当代心理学文化转向的动因及其方法论意义》，《国外社会科学》2004年第1期。
[2] 霍涌泉、李林：《当前心理学文化转向研究中的方法论困境》，《四川师范大学学报》（社会科学版）2005年第2期。
[3] 霍涌泉：《心理学文化转向中的方法论难题及整合策略》，《心理学探新》2004年第1期。
[4] 田浩、葛鲁嘉：《文化心理学的启示意义及其发展趋势》，《心理科学》2005年第5期。
[5] 李炳全、叶浩生：《主流心理学的困境与文化心理学的兴起》，《国外社会科学》2005年第1期。
[6] 李炳全：《论文化心理学在心理学方法论上的突破》，《自然辩证法通讯》2005年第4期。
[7] 杨莉萍：《从跨文化心理学到文化建构主义心理学》，《心理科学进展》2003年第2期。

理学研究方法的进化。① 是文化与心理学之间的相互作用的关系。② 研究者认为,心理学的多元文化论运动是继行为主义心理学、精神分析心理学和人本主义心理学之后,心理学中的第四种力量。这一运动目前还面临着许多的争议。

所谓心理学与文化的关系是指心理学在自身的研究、发展和演变的过程中,与文化的背景、历史、根基、条件、现实等所产生的关联。心理学与文化的关系有着特定的内涵。心理学与文化的关系也经历了历史的演变。经历了文化的剥离、转向、回归、定位。心理学与文化的关系性质涉及文化心理学、跨文化心理学、本土心理学、后现代心理学。心理学与文化的关系界定涉及心理学的单一文化背景和心理学的多元文化发展。心理学与文化的关系意义涉及心理学的新视野、新领域、新理论、新方法、新技术、新发展。

二 心理学与文化关系的内涵

无论是关于心理学的发展,还是关于心理学的研究,研究者关于心理学与文化的关系的理解千差万别。合理地理解心理学与文化的关系,是决定心理学的发展和研究的十分重要的方面。所谓心理学与文化的关系是指心理学在自身的研究、发展和演变的过程中,与文化的背景、历史、根基、资源、现实等所产生的关联。应该说,心理学的学科、研究、发展,都是植根于文化的土壤之中的。但是,不同的心理学研究者关于心理学与文化的关系的理解和认识是十分不同的。甚至于在很长的历史时段中,很多的心理学家并没有意识到文化对于心理学研究和心理学发展的重要意义和价值。

---

① Vijver, F. V. D., The evolution of cross-cultural research methods [C]. In David Matsumoto, *The handbook of culture & psychology*. New York: Oxford University Press, 2001. pp. 78 - 92.
② 纪海英:《文化与心理学的相互作用关系探析》,《南京师大学报》(社会科学版) 2007 年第 4 期。

尽管实证科学的心理学是在心理学实验室中诞生的,但是心理学学科本身的历史发展和演变却是在特定的文化生态环境中进行的。对于心理学的研究来说,无论是研究对象,还是研究方式,都有着文化的体现。或者说,都有着文化的性质、文化的特征。可以说,如果没有对心理学与文化的关系的合理理解,就会使心理学的研究和发展具有很大的盲目性。其实,当心理学的发展依附于自然科学的传统,而忽视自己的社会科学和文化科学的传统时,心理学关于对象的理解和关于学科的理解都曾经是扭曲的。

有研究者把跨文化心理学、文化心理学和本土心理学看作涉及心理学与文化关系的三种不同的心理学研究,是有关文化与心理学关系的三种主要的研究模式。跨文化心理学的研究对象是不同文化群体的心理行为比较,文化心理学研究文化对人的心理行为的影响,本土心理学研究本土背景中与文化相关的和从文化派生出来的心理行为。这就从不同的角度阐明了文化与心理学的关系。[①]

人的心理行为有对应的两极,关于人的心理行为的研究也就有了两极。一极是自然生物的,一极是社会人文的。因此,在心理学的分支当中,就有了从属于这两极的学科分支。从属于自然生物的心理学分支学科有生物心理学、生理心理学、神经心理学;从属于社会人文的心理学分支学科有社会心理学、跨文化心理学、文化心理学;等等。

尽管心理学是把心理行为作为本学科的研究对象,但是心理学的早期目标却是把近代自然科学的成功研究方式移植到心理学中,而并没有考虑到心理学研究对象的独特性质。这导致的一个直接的后果,就是按照近代自然科学的方式来理解和对待人的心理行为。心理学的研究因此而忽略和无视人的心理行为的文化特性,也因此而忽略和无视心理科学的文化特性。[②] 心理学当代的目标应该有一个重要的转折,

---

① 乐国安、纪海英:《文化与心理学关系的三种研究模式及其发展趋势》,《西南大学学报》(社会科学版) 2007 年第 3 期。

② 孟维杰、葛鲁嘉:《论心理学文化品性》,《心理科学》2008 年第 1 期。

那就是从研究对象的独特性质出发，去开创心理科学的独特研究方式，而不是以放弃人的心理行为的某些性质和特点，去贯彻自然科学的研究方式。人类心理与自然物理既有彼此的关联，又有彼此的区别。其最根本的关联在于，人类心理既是自然的存在，也是自然发生和变化的历程。其最根本的区别在于，人类心理具有自觉的性质，这种自觉的心理历程也是文化创生的历程。正是由于人类心理的特殊性质，导致了人类心理的多样性和复杂性，也导致了心理学研究在理解人类心理时的困难、局限、分歧、争执、对立和冲突。

在心理学科学化的进程当中，西方主流心理学的研究就倾向于把人的心理理解为自然的现象，或者说具有与自然现象类同的性质。这一方面促进了心理学成为独立的科学门类和使心理学越来越精密化，但另一方面也使心理学的研究具有了一定的缺陷。缺陷主要体现在两个方面。一是无文化的研究，或者说是弃除了人类心理的文化性质。如心理学早期的实验研究中，所运用的刺激是物理的刺激而不是文化的刺激，所着眼的反应是生理心理的反应而不是文化心理的反应。二是伪文化的研究，或者说是扭曲了人类心理的文化性质。如心理学的一些研究中，仅仅把文化看作一种外部的刺激因素，或者说假定了人类心理的共有机制，文化的内容只是其千变万化的表面现象。这也是在心理学的研究中还原论十分盛行的一个重要的原因，亦即把复杂多样的人类心理还原到了生理的甚至是物理的基础上。

显然，对心理学研究对象的理解应该和必须发生一个重要的改变或转折。那就不仅是把心理理解为自然的和已成的存在，而且是把心理理解为自觉的和生成的存在。如此看来，人拥有的心理就不仅是能够由研究者观察到的现象，而且是拥有心理的人自觉生成的生活。人的心理生活是通过心理的自主活动构筑的，也是人的心理自觉体验到的。这强调了人与其他自然物的不同，人的心灵具有自觉的性质，而其他的自然物则不具备这样的性质。其他的自然物只能成为研究者的认识和改造的对象，而不能成为自己的认识和改造的对象。心理生活是常人自主生成和自觉体验到的，它不仅可以成为研究者的认识和改造的对象，而且可以成为生活者自己的认识和改造的对象。心理生活的生成历程实际上就是文化的生成历程，所以说心理生活具有文化的性质，或者说文化不过是心理生活的体现。当然，对于人类个体来说，作为人类生活产物的文化可以成为背景或环境。但是，无论是就人类整体而言还是就人类个体而言，脱离了心理生活的文化只能具有自然物理的属性，脱离了人类文化的心理也只能具有自然物理的属性。

正是近代自然科学的研究方式使心理学迈进了科学的阵营，但这也使心理学的研究受到了局限。这种局限不在于是否揭示了心理学的研究对象与其他自然科学门类的研究对象的共同之处，而恰恰是在于无法揭示它们的不同之处。心理学研究中的自然科学方式主要表现在三个方面。一是追求心理学研究的客观性，二是依赖研究者感官经验的普遍性，三是确立实证方法的中心地位。

从第一个方面来看，对心理学研究的客观性的追求强调的是，研究者与研究对象是分离的，追求客观性是为了消除研究者的主观性臆造或主观性附会，是为了从对象出发而完全真实地说明对象。这对于自然科学的研究来说无疑是成功的，但在心理学的研究中却引起了出人意料的后果。那就是在舍弃研究者的主观性的同时，也舍弃了研究对象的主观性。或者说，是在强调研究对象的客观性的同时，而舍弃了研究对象的主观性。物理学中有过反幽灵论的运动，生物学中有过反活力论的运动，心理学中也相应地有过反目的论或反心灵论的运动。这就使得心理学研究对客观性的追求变成了对研究对象的客观化，而客观化甚至导致了对研究对象的物化。

从第二个方面来看，对研究者感官经验的普遍性的依赖强调的是，研究者面对与己分离的研究对象，或者说研究者作为分离的研究对象的旁观者，他对于研究对象的认识应始于他的感官经验。那么，研究的科学性就是建立在研究者感官经验的普遍性上。一个研究者通过感官把握到的现象，另一个研究者通过相同的感官把握到的也会是相同的现象。这对于自然科学的研究来说也无疑是成功的，但在心理学的研究中引起了出人意料的后果。那就是人的心理也是内在的自觉活动，这通过外在观察者的感官是无法直接把握到的。或者说，依赖于研究者感官经验的普遍性，使心理学无法把握到人的心理的完整面貌。

从第三个方面来看，确立实证方法的中心地位强调的是，为了保证研究者感官经验的可靠性和可信性，只有通过实证的方法来确立心理学的科学性质。心理学的研究运用实证方法是心理学的一个重大的进步。但是，运用实证方法和以实证方法为中心具有不同的含义。发展和完善实证方法是十分必要的，而以实证方法为中心则涉及的是把实证方法摆放到什么位置的问题，即摆放到了一个支配性的地位。在心理学中，以实证方法为中心导致了研究不是从对象本身出发，而是从实证方法出发；实证的方法不是附属于对人的心理的揭示，而是对人的心理的揭示附属于实证的方法。显然，对实证方法的关注超出了对研究对象的关注。

正是上述的三个方面构成了心理学的小科学观，使心理学跨入了实证科学的阵营，但也使心理学的研究忽视了人类心理的文化特性，也使心理学家忽视了心理学研究的文化特性。心理学常常是盲目地追求有关人类心理的普遍规律性，盲目地追求有关心理科学的普遍适用性。那么，心理学的研究方式就要面临着变革，这也是心理学现行科学观的变革。这种变革就体现在以下三个方面。

第一个方面是使心理学研究从对客观性的追求延伸到对真实性的追求。这也就是说，心理学的研究不仅要追求客观性，而且要追求真实性。人类心理的性质不在于它是客观性的存在还是主观性的存在，而在于它是真实性的存在。原有的研究仅仅是把物化或客观化看作真实的，其实这是对人类心理的真实性的歪曲。从心理学研究对象的角度来看，心理的主观性或自觉性也都是真实性的存在，也都是真实性的活动。

第二个方面是使心理学研究从对实证（感官）经验的普遍性的依赖，延伸到对体证（内省）经验的普遍性的探求。[①] 人类心理的基本

[①] 葛鲁嘉：《体证和体验的方法对心理学研究的价值》，《华南师范大学学报》（社会科学版）2006 年第 4 期。

性质在于其自觉性，这涉及两个重要的问题。一是从研究对象的角度，心理的自觉活动是研究者的感官经验所无法直接把握到的。二是从研究者与研究对象不加分离的角度，心理都是自觉的活动。问题是这种自觉活动能否把握到心理的性质和规律。显然，心理的内省经验具有私有化的特征，换句话说，心理的内省自觉具有分离性和独特性。所以，关键在于探求和达到内省经验的普遍性。

第三个方面是使心理学研究从以方法为中心转向于以对象为中心。实证心理学曾经有过以研究方法来取舍对象，甚至是以研究方法去歪曲对象。因此，心理学的研究必须以对象为中心。并且涉及以下两点。一是心理学的研究必须如实地揭示人类心理的原貌，二是心理学的研究必须从对象的独特性质引申出心理学的独特研究方式。方法是为揭示对象服务的。心理学研究的科学性不在于是否运用了客观化的研究方法，而在于是否合理地确立了心理学的研究对象和研究者之间关系的性质，以及是否符合在此基础之上确立起来的研究规范。

上述三个方面的转变，最终都体现为要重新理解和确立心理学的研究对象和研究者之间的关系。心理学现有的研究都是建立在研究对象与研究者的分离的基础之上。这对于研究非心灵的对象来说是必要的和充分的，但对于以心灵为对象的研究来说可能就是不完备的或有缺陷的。那么，心理学的研究能否进一步建立在研究对象与研究者不分离的基础之上。以心灵为对象的研究无疑对科学的发展提出了挑战。中国本土的心理学传统可以为此提供重要的启示。当然，这样的工作是非常艰巨的。这也是心理学本土化所必须面临的任务，是当代心理学研究的文化学转向的核心部分。

三 心理学与文化关系的性质

心理学、心理学的研究、心理学的学科发展、心理学的学术演变，都与文化有着非常直接和极其重要的关联。当然，最为根本的不是心理学是否与文化有关联，而是心理学与文化的关系是一种什么性质的关系。在心理学的众多的分支学科中，有一些分支学科是与社会文化关联非常密切的。那么，考察和探讨这些分支学科有关文化的内涵，就可以理解和阐释心理学与文化的特定的关联。这其中就包括文化心理学的学科，跨文化心理学的学科。当然，要说明心理学与文化的关系的性质，除了考察特定的心理学分支学科，还可以考察在心理学发展中显露出来的特定的研究取向，特定的研究思潮。这其中就包括心理学的本土化的研究思潮，心理学的多元文化论的研究思潮。这都给心理学的发展带来了重要的和标志性的变化和进步。

文化心理学是心理学中原本默默无闻的和非常弱小的分支学科。但是，近年来却有大兴和暴热的趋势。文化心理学是通过文化来考察和研究人的心理行为的心理学分支学科。[①] 近些年来，文化心理学有较为迅猛的发展，正在受到人们越来越多的关注。[②] 文化心理学的兴起与主流心理学面对的困境有关。[③] 文化心理学有着自己的发展线索，[④] 也有自己的方法论困境。[⑤] 按照余安邦的考察，文化心理学实际上经历了三个重要的发展时期或阶段。在不同的时期里，文化心理学的知识论立场、方法论主张、研究进路特色及研究方法特征都有重要的变化。[⑥] 20世纪70年代之前，是文化心理学发展的第一个时期。在这个时期，文化心理学的研究目标是在追求共同和普遍的心理机制。当时的文化心理学假定了人类有统一的心理机制，从而致力于从不同的文化中去追寻这一本有的中枢运作机制的结构和功能。研究者通常是采用跨文化的理论概念和研究工具，来验证人类心理的中枢运作机制的普遍特性。20世纪70到80年代中期，是文化心理学发展的

[①] 李炳全、叶浩生：《文化心理学的基本内涵辨析》，《心理科学》2004年第1期。
[②] 余德慧：《文化心理学的诠释之道》，《本土心理学研究》1996年第6期。
[③] 李炳全、叶浩生：《主流心理学的困境与文化心理学的兴起》，《国外社会科学》2005年第1期。
[④] 田浩：《文化心理学的发展线索》，《内蒙古师范大学学报》（哲学社会科学版）2005年第6期。
[⑤] 田浩：《文化心理学的方法论困境与出路》，《心理学探新》2005年第4期。
[⑥] 余安邦：《文化心理学的历史发展与研究进路》，《本土心理学研究》1996年第6期。

第二个时期。在这个时期,文化心理学开始关注人类心理的社会文化的脉络。当时的文化心理学转而重视人的心理行为与文化母体的联系,特别是从社会文化的脉络去考察和说明人的心理行为。这就不是从假定的共有心理机制出发,而是从特定的社会文化出发。一方面是指有什么样的社会文化,就有什么样的心理行为模式。另一方面是指运用特定文化的观点和概念来探讨和说明人的心理行为的性质、活动和变化。20世纪80年代中期之后,是文化心理学发展的第三个时期。在这个时期,文化心理学强调人的主观建构、象征行动及社会实践的文化意涵。那么,文化就不再是外在地决定人的心理行为的存在,而是内在于人的觉知、理解和行动的存在。社会文化的环境和资源的存在和作用,取决于人们捕捉和运用的历程和方式。正是人建构了社会文化的世界,人也正是如此而建构了自己特定的心理行为的方式。此时的文化心理学开始更多地从解释学的观点切入,通过解释学来建立文化心理学的知识。文化心理学也被认为是心理学在方法论的突破。[①]

在心理学的众多的学科分支中,跨文化心理学也是越来越受到关注和重视的心理学学科分支。特别是在近些年来,跨文化心理学成为心理学研究中的一门显学。在一个不长的历史时段中,跨文化心理学也同样获得了非常迅猛的发展。所谓跨文化心理学,是通过文化的变量来考察和研究人的心理行为异同的一门重要的心理学分支学科。[②]这是研究和比较不同文化群体中的被试,以检验现有心理学知识和理论的普遍性,其根本目的是建立普遍适用的心理学或人类的心理学。[③]显然,跨文化心理学涉及人的心理行为的文化特性,但它目前的研究

[①] 李炳全:《论文化心理学在心理学方法论上的突破》,《自然辩证法通讯》2005年第4期。

[②] 郭英:《跨文化心理学研究的历史、现状与趋势》,《四川师范大学学报》(社会科学版)1997年第4期。

[③] Vijver, F. V. D., The evolution of cross-cultural research methods [C]. In David Matsumoto, *The handbook of culture & psychology*. New York: Oxford University Press, 2001. pp. 78 – 92.

立场和研究方式仍然存在着较大的争议。① 大部分的跨文化心理学研究都是以西方心理学为基调，采纳的是西方心理学的理念、框架、课题、理论及方法等。那么，通过此类的研究所得出的普遍适用的心理学或全人类的心理学，就只能是西方心理学所支配的心理学。

目前的跨文化心理学研究的确在方法论上存在着重大的困难与障碍。例如，跨文化心理学有两种不同的研究策略，即"主位的"（emic）研究和"客位的"（etic）研究。通常的理解，主位的研究是指从本土的文化或某一文化的内部出发来研究人的心理行为，而不涉及其他文化中的适用性问题。客位的研究则是指超出特定的文化，从外部来研究不同文化之中的人的心理行为。显然，大部分的跨文化心理学的研究是采取了客位的研究策略。但是，这样的研究策略常常是以西方的文化为基础或以西方的心理学为基调。杨国枢先生后来曾仔细地分析过主位的研究取向与客位的研究取向的内在含义。他认为这两个研究取向有三个对比的差异：一是所研究的现象或是该文化特有的，或是该文化非特有的；二是在观察、分析和理解现象时，研究者或是采取自己的观点，或是采取被研究者的观点；三是在研究设计方面，或是采取跨文化的研究方式，或是采取单文化的研究方式。杨国枢先生认为，原有的跨文化心理学研究主要采取的是以研究者的观点探讨非特有现象的跨文化研究。在这样的研究方式中，来自某一文化的心理学者（通常是西方学者，特别是美国学者），将其所发展或持有的一套心理行为概念先运用于对本国人的研究，进而再运用于对他国人的研究，然后就所得出的结果进行跨文化的比较。这种研究方式正在受到质疑和批评，一些跨文化心理学的研究者也正在寻求更好的和更合理的研究方式，如客位和主位组合的研究策略、跨文化本土研究策略，等等。②

心理学本土化的研究思潮，本土心理学的研究定位和研究策略，

---

① 李炳全：《文化心理学与跨文化心理学的比较与整合》，《心理科学进展》2006年第2期。

② 杨国枢：《我们为什么要建立中国人的本土心理学》，《本土心理学研究》1993年第1期。

不同于或区别于跨文化心理学的研究。本土心理学兴起于对西方文化的支配性地位和主导性约束的反叛和反抗，来自于对西方心理学的唯一合理性和普遍适用性的质疑和挑战。① 这体现在三个重要的努力方向上：一是反思和批判西方心理学，二是挖掘和整理本土的传统心理学资源，三是创立和建设本土的科学心理学。

心理学本土化是一个世界性的潮流，中国心理学的本土化是其中的重要努力。科学化与本土化是中国心理学发展的两个重大的主题。② 心理学中国化有着自己的学术演进和发展目标。③ 新心性心理学的理论建构就属于中国本土心理学的原始性理论创新。④ 中国心理学的本土化发展历程是非常值得探讨的学术标本。可以说，中国心理学的本土化起步的时间非常晚，但发展的速度却非常快。中国心理学的本土化研究和本土化历程，在一个比较短的时期里，取得了相当数量的和相当重要的成果。从中国心理学本土化的发展历程来看，可以将其大致地区分为两个阶段：第一个阶段是保守的本土化研究时期，时段大约是从20世纪70年代末期到80年代末期；第二个阶段是激进的本土化研究时期，时段大约是从20世纪90年代初期到现在。

在保守的本土化研究时期，中国本土的心理学者主要是反思和批判西方心理学在研究内容上的偏狭；检讨和重估西化的中国心理学对解释中国人心理的缺陷；开辟和推动本土化的心理学具体研究。但是，这仍然是一个保守的时期，其主要的特征在于仅仅试图扩展西方心理学的研究内容，使中国心理学转而考察中国人的心理行为。这在科学观上并未能够超越西方心理学，或者说仍然是受西方心理学的研

---

① Kim, U., Culture, science, and indigenous psychologies: Anintegrated analysis [C]. In David Matsumoto, *The handbook of culture & psychology*. New York: Oxford University Press, 2001. pp. 54 – 58.
② 葛鲁嘉：《中国心理学的科学化和本土化——中国心理学发展的跨世纪主题》，《吉林大学社会科学学报》2002年第2期。
③ 葛鲁嘉：《心理学中国化的学术演进与目标》，《陕西师范大学学报》2007年第4期。
④ 葛鲁嘉：《新心性心理学宣言——中国本土心理学原创性理论建构》，人民出版社2008年版。

究方式的限制。这个阶段的研究是以中国人作为被试，但使用的工具、方法、概念和理论还是西方式的。

在激进的本土化研究时期，中国本土的心理学者主要是反思和批判西方心理学在研究方式上的局限；力图摆脱西方心理学和舍弃西化心理学；尝试建立真正本土的心理学。这进入了一个激进的时期或者阶段，该阶段主要的特征在于开始试图评鉴和扩展西方心理学的研究方式，使中国心理学开始突破西方心理学的小科学观的限制，寻求更超脱的和多样化的研究方法和理论思想。但是，这个阶段的研究还带有相当的盲目性。研究更为多样化，但更具杂乱性。研究带有更多的尝试性，而缺少必要的规范性。当前的研究没有相对一致的衡量和评价研究的标准。

心理学的发展曾经建立在单一文化的背景或基础之上。多元文化论者认为，传统西方心理学建立在一元文化的基础上，只能适合西方白人主流文化。因此，他们主张和坚持文化的多元性，强调把心理行为的研究同多元文化的现实结合起来。就世界范围来讲，存在着不同的国家和地区，有着不同的文化传统。如东方国家的集体主义的文化传统，强调群体的一致性、个人的献身精神、群体成员之间的相互依赖，等等。如西方国家的个体主义的文化传统，强调个人的独立、个人的目标、个人的选择和个人的自由，等等。就一个国家来说，由于存在着不同的种族，因而也存在着不同的文化。在美国这样的移民国家，文化的多元性就十分明显，存在着白人文化、黑人文化、亚裔文化、同性恋文化、异性恋文化等多种文化，是典型的多元文化国家。在多元文化的国家里，如果仅以一种文化作为研究的范例，其研究的结论就无法解释其他群体的行为。所以，多元文化论者反对心理学中的"普遍主义"（universalism）的观点。传统的心理学研究排斥了文化的存在，其发现和成果被认为是可以忽略文化因素而"普遍"通用的。也有很多的研究者对普遍主义的假设有疑问，但由于文化因素在实验研究中很难加以控制，也就采纳了普遍主义的假设。这在社会心理学的研究中十分严重，尽管文化对群体行为有十分重要的影响，但实验的社会心理学家仍热衷于在实验室中研究社会行为，以得到一个普遍主义的研究结论。从反对心理学的普遍主义出发，多元文化论者对西方心理学中的"民族中心主义"提出了强烈批评。

心理学的发展，或者说心理学的全球化的发展，所面对的是多元文化的存在、多元文化的资源和多元文化的发展。这也是心理学所必须面对的文化的多元化的存在，以及在多元文化背景之下的，人的心理行为的多元化的体现和心理学在多元文化中的发展。心理学中的多元文化论运动强调文化的多样性，认为传统的西方心理学仅仅是建立在白人主流文化的基础之上的。心理学研究中的多元文化论的主张，反对心理学研究中所盛行的"普遍主义"。文化的多元化也就是心理行为的多元化，也就是心理学研究的多元化。这也就导致了认为在一种文化下的心理学研究的结果，不能够被无条件地和无选择地应用到另一种文化之中去，心理学的研究应该同多元文化的现实结合起来。

四　心理学与文化关系的反思

对心理学与文化的关系进行反思、探讨、揭示、阐释，从而对心理学与文化的关系能够有更全面和深入的理解和明确，对于心理学学科的发展和拓展，对于心理学应用的推动和推进来说，都具有十分重要的意义和价值。心理学的研究或心理学的发展如果脱离或排除关于文化的理解和思考，那就会受到极大的限制和束缚。因此，探讨心理学与文化的关系，可以给心理学的发展，可以给本土心理学的发展带来如下的一系列重要的改观。

一是可以提供心理学研究的新视野。考察和探讨心理学与文化的关系，可以更好地理解心理学与文化的实际关联性，可以更好地理解心理学与文化的关系的演变和发展，可以为心理学的考察和研究提供新的视野。在心理学的研究中，对文化的忽略和排斥，对文化的曲解和误解，都大大限制了心理学研究者的视野。这使心理学的研究很难更为完整和深入地把握人的心理行为，很难更为系统和全面地理解人的心理行为。合理地说明和解释人的心理行为的文化属性，深入地考察和理解心理学研究的文化性质和文化根基，都可以大大有助于心理学的学科建设和学科发展。

二是可以拓展心理学研究的新领域。考察和探讨心理学与文化的关系，可以更有利于开辟和拓展心理学研究的新领域。在近些年来，与文化有关的心理学研究领域和心理学研究分支都有了扩大和增加。这可以包括后现代心理学的研究热潮、本土心理学的研究推进、多元文化论的研究纲领，都极大地扩展了心理学的研究领域。这也可以包括文化心理学分支学科的迅猛发展、跨文化心理学分支学科的快速成熟、社会心理学分支学科的极大扩张。这都使得心理学学科得到了很好的发展和壮大。

三是可以建构心理学的新理论。心理学厘清自己与文化的关联性和依赖性，确立自己的文化基础和文化资源，为心理学的理论建构和理论创新提供了资源和养分，提供了灵感和想象的空间和平台，提供了理论应用的途径和方式。长期以来，心理学由于缺乏关于文化的探讨和探索，使心理学忽略和放弃了对自己来说至关重要的文化根基，遗弃和摒除了许多重要的文化滋养。这不仅使心理学的理论建设非常的薄弱，也使心理学参与文化创建的功能受到了严重的限制。心理学学科的发展壮大的重要标志，就在于其理论学说的建构和创造。心理学的理论学说的提出、创造和建构，就在于获取更大和更好的平台和资源。挖掘心理学的文化资源，是心理学的理论新生的一个重要的前提。

四是可以创造心理学的新方法。对心理学与文化的关系进行探讨，可以革新心理学的方法论，可以衍生心理学研究的新方法，可以把心理学的研究方式和研究方法放置在新的研究框架和研究范式之中。对于心理学的研究来说，其研究方法的确立和更新，曾经在很大程度上借鉴了自然科学的研究。这给心理学的研究带来了精确性，但是，这也有对人的心理行为的曲解。那么，如何把社会科学和文化科学的研究方法引入心理学的研究中来，如何更好地确定心理学研究方式和方法的文化属性、文化优势和文化缺失，这决定了心理学研究方法的丰富化和多样化。

五是可以催生心理学的新技术。心理学的技术应用包括心理学技术手段和技术工具的发明和创造，也包括心理学技术手段和技术工具的使用和推广。这都要涉及心理学应用的文化背景、文化条件、文化环境。心理学技术应用的文化适用性决定了心理学的社会影响和生活地位。但并不是说心理学的技术和工具是可以普遍适用的，是可以跨越文化背景和文化差异加以运用的。怎么样使心理学的技术应用更为有效和实用，对心理学与文化的关系的探讨就起着重要的作用。心理学的新技术的发明，新工具的创造，都要考虑到特定文化环境和文化传统的容纳和接纳的问题。

六是可以促进心理学的新发展。心理学学科曾经在自然科学的基础上得到了快速的推进和发展，心理学学科也曾经在社会科学的基础上得到了快速的推进和发展，心理学学科还应该在文化科学的基础上得到快速的推进和发展。这必将使心理学的研究更加贴近人的生活和人的发展。这也必将使心理学担负更重的社会责任和社会使命。文化历史、文化背景、文化环境、文化差异，是心理学学科发展面临的重大问题。心理学越是贴近文化，越是体现文化；越是促进文化，越是能够发展和壮大。这应该成为心理学研究者的明确意识。

第二章　后人类时代的心理学

心理学的演变面临着从人类主义的时代到后人类主义的时代转换。这涉及从自然人类到机器人类的变迁，从自然智能到人工智能的变迁，从自然反映到生活创造的变迁。从人类到后人类包含了研究立场的三个方面的重要的递进。首先是从人类主义到后人类主义的递进，其次是从科学实在论到社会建构论的递进，再次是从镜像反映论到共同生成论的递进。后人类主义是一个新的时代的来临，这所带来的是一系列的重要变革。这包括从自然进化到技术创造，从科学技术到人类文化，从科学理论到科学实践。后人类主义持有一些基本的原则，这体现为思想的原则，理论的原则，研究的原则，创造的原则，生活的原则。后人类主义给心理学的研究、演变和发展所带来的也同样是十分巨大的和不容忽视的影响。这包括从物质主义到心理主义，从自然心理到人工心理，从直接反映到现实生成。后人类主义时代的心理学的新突破在于：一是从环境决定到关系决定，二是从心身关系到人机关系，三是从反映主义到共生主义。

一　后人类时代来临

伴随着当代科技的迅猛发展，人类中心的理念已经开始被破除。人类与机器、生物人与机器人、人类智能与人工智能、孤立的存在与整合的存在，等等，已经出现了前所未有的整合、融合、契合。这实际上意味着一个新的时代的到来，也就是后人类主义时代的来临。

有研究追踪了后人类的发展轨迹。研究指出，人们已经生活在了后人类未来的风口浪尖之上。当代社会具有的鲜明标志就是不断增长的不确定性，这既涉及技术革新的最终结局，也涉及理解不确定的数字化未来的方式。①

这一新的时代，给当代科学和心理学的发展，都带来了巨大的冲击和彻底的改观。这也就成为心理学研究中的一个不可回避的和十分重大的研究课题。对于引导心理学的发展具有不可估量的价值和意义。其中包含了以下几方面重要的转换。

首先是从自然人类到机器人类的转换。有研究界定，所谓后人类主义，是一种以神经科学、人工智能、纳米技术、太空技术和因特网等高科技为手段，对人类进行物质构成改造、功能提升，使自然的进化让位于以遗传科学为基础的人工进化，达到"提高智能，增强能力、优化动机结构、减少疾病与老化的影响"，甚至达到延年益寿、长生久视之目的的理论思潮。简单地说，后人类主义的目的就是利用现代高科技手段制造出能够在体能、智能、寿命等方面超越人类极限的"后人类"，如电子人、机器人与生化人。与自然人类相比，后人类有以下三个主要特征：一是人工制造性，它不是通过自然遗传的生物人，而是建立在高科技基础上、按照人为的目标设计出来的存在物；二是打破了人与机器的界限，是介于人与机器之间的一种超人，如电子人、机器人与生化人；三是在功能上超越了现代人类，突破作为生物的人类在体力、智力以及生命力等方面的极限，这可以说是后人类主义思潮的最重要特征。② 有研究指出，后人类主义是这样的一个历史时刻，那就是标志着人类主义与反人类主义之间的对立的终结。当代的后人类思想有以下三个主要的主张。第一种是来自于道德哲学，并发展出了一种后人类的应对形式；第二种是来自于科学和技术的研究，实施的是后人类的分析形式；第三种是来自于反人本主义的主观性哲学的传统，提出了批判的后人本主义。③

---

① Kroker, A., *Exits to the Posthuman Future* [M]. Cambridge: Polity Press, 2014. p. 2.
② 刘魁:《超人、原罪与后人类主义的理论困境》，《南京林业大学学报》（人文社会科学版）2008 年第 2 期。
③ Braidotti, R., *The Posthuman* [M]. Cambridge: Polity Press, 2013. p. 38.

其次是从自然智能到人工智能的转换。有研究探讨了后人类主义的"后"所具有的两个不同的含义。那么，所谓"后"有后殖民的"后"，也有后人类的"后"。两者都意味着一种变迁，前面的被后面的所超越。因此，这表明后殖民主义是指殖民主义之后，后人类主义是指接续了人类主义。但是，从殖民主义到后殖民主义，两者是可以共存的关系。从人类主义到后人类主义，则是接续的或更替的关系。后人类是从泛人类的一种逃离。①

最后是从自然反映到生活创造的转换。有研究探讨了后人类主义与实验室研究。研究指出，实验室研究"双向性地重构"了自然秩序和社会秩序，即世界以我们建构它的方式重构着我们。在这种重构中，科学不仅受到了社会的介入，而且科学也介入了社会。科学、技术或社会之间就组成一个无缝之网，这是"大科学"阶段中科学技术国家化的主要特征，拉图尔用一个术语"技科学"（technoscience）来称谓它。这一术语就意味着，科学实践哲学不能把科学限制在纯粹理性的范围之内，它要求认识主体要对自身的界限、预设、权力和影响进行反思。人们的认识活动作为生活世界的一部分，不仅参与了自然的构成，而且参与了社会的重构。这就决定了科学在认识论、本体论与伦理结合的可能性。作为实践的科学，它在概念、方法和认识上总是与特定的权力相互交织在一起的。因此，科学，作为干预的认识活动，在当下全球化背景中，要对与认识相联系的参与者负责，要对生活世界负责，对世界的存在负责。②

后人类主义时代的心理学演进会面临着一系列重要的新课题。这些课题的探讨能够带来关于推进心理学发展的不同的理解、设定、方向、使命，以及不同的结果。

---

① Banerji, D. &Paranjape, M. R., *Critical Posthumanism and Planetary Futures* [M]. India: Springer, 2016. pp. 131 – 133.
② 蔡仲：《后人类主义与实验室研究》，《苏州大学学报》（哲学社会科学版）2015 年第 1 期。

二 从人类到后人类

从人类到后人类包含了研究立场和基本原则的三个方面的重要转换。这三个方面的转换带来的是根本性的、核心性的、不可逆的时代、社会、理念、原则、行动等重大的转变和转换。

首先是从人类主义到后人类主义的转换。人类主义也可以称为人类中心主义，这是在近现代占有主导地位的发展理念。这实际上也是人的主体性的确立，乃至于导致的是人的主体性的膨胀。后人类主义则是后现代发展所逐渐确立起来的重大的变革。

有研究表明，"后人类"就是指20世纪60年代，一些发达国家进入以信息社会为特征的后现代之后，利用现代科学技术，结合最新理念和审美意识对人类个体进行部分地人工设计、人工改造、人工美化、技术模拟以及技术建构，从而形成的一些新社团、新群体。这些人再也不是纯粹的自然人或生物人，而是经过技术加工或电子化、信息化作用形成的一种"人工人"。

当代高科技正日益将肉体和物体、人体和机器、人脑和电脑、生命和技术、生物和文化相互融合，构成新的人体，使人们普遍成为自然和科技的共同产品；这种"技术人"再也不是原先那种纯粹的自然肉体，而是对自然和机器的双重否定和超越。

后人类进化除了遵循一般的自然规律、生物规律和社会规律之外，还同时伴随着一种加速推动人类发展的技术过程。这种技术上介入的人类进化通常由三种不同的方式组成：一是借助基因工程或无性繁殖（如克隆技术）；二是通过技术种植或人工种植；三是利用虚拟技术制造虚拟主体、改造现实主体，将虚拟世界和现实世界、虚拟人和现实人合而为一。[①]

人类主义的科学论的出发点是自然与社会的截然二分，方法论上

---

① 张之沧：《"后人类"进化》，《江海学刊》2004年第6期。

走向了两种极端的不对称性,由此导致反映意义上的表象主义。这种表象主义的科学观不仅使我们始终处在"我们是否真实地反映了我们的世界"的"方法论恐惧"中,而且使我们漠视科学的时间性与历史性。"本体论对称性原则"打破了自然与社会的截然二分,在方法论上实现了彻底的对称性,因为它的基本的方法论要求就是在科学实践的本体论舞台上,"追踪"人类力量与非人类力量是如何对称性地建构出科学事实的,由此走向了实践意义上的生成论。为此,我们不仅消除了"方法论恐惧",而且展现出科学的时间性与历史性:即事实之所以成为"科学"的,是因为它是在物质力量与人类力量之间的辩证共舞过程中生成的,在不可逆的时间中真实地涌现出来的。这种生成同时也是开放式的稳定,是后续实践活动中的一次次去稳化,以及相应的一次次的再稳定化重建的基础,因此构成了科学演化的历史图景。[1]

其次是从科学实在论到社会建构论的转换。科学实在论强调的是科学与实在的关联,科学与真理的关联。这里强调的是客观的实在,是客观的反映,是真理的认识。科学是对真理的不断和逐渐的接近的过程。社会建构论则强调的是主客观的交互建构的过程,是人的社会活动的建构的结果。

社会建构论和社会建构论心理学的核心是将生成性提升到了重要的和决定的位置。建构论实际上是对本质论的否定。这在心理学的研究中,就不再是对心理本质的揭示与阐释,而是对心理的社会性的建构与生成。这也就给心理学的研究带来了一个研究基础、研究方法论、研究基本框架等方面的重要和重大的改变。

社会建构论心理学萃取了四个核心概念,各代表一个思想层面,以此指绘出社会建构论心理学思想体系的概观:一是批判:心理不是对客观现实的"反映";二是建构:心理是社会的建构;三是话语:社会借以实现建构的重要媒介;四是互动:社会互动应取代个体内在

---

[1] 邢冬梅、毛波杰:《科学论:从人类主义到后人类主义》,《苏州大学学报》(哲学社会科学版)2015 年第 1 期。

心理结构和心理过程成为心理学研究的重心。

最后是从镜像反映论到共同生成论的转换。镜像反映论是将科学认识看成对客观对象或客观事物的原样的和准确的描摹。共同生成论则认为科学真理是生成性的,这也就是主体与客体、主观与客观,通过活动而共同生成的过程。

后人类并不意味着人们不再是人类,而是变成了非人类。甚至是人们注定要抛弃自己的身体或肉身。进而,后人类主义是超越了人类主义的某些人类学的局限,而对人类进行的修正,也是对人们的最为重视的二元思维的质疑和突破,例如主观和客观,公开和私下,积极和消极,人类和机器。后人类主义试图跳出这种二元性,从而努力找到将社会和技术一体化的方式。后人类主义涉及重新理解我们关联到自己还不习惯的非人的世界。正是由于人类自己和周围环境之间的不断变化的和不够稳定的边界,后人类主义者所强调的是"成为人"而不是"某种人"。因而,后人类主义也就具有多重的兴致和重心。[①]生成论的或共生主义的重视的是建构性的,是创造性的,是演变性的,是历史性的,是过程性的。

三 后人类主义时代

后人类主义是一个新的时代的来临,这所带来的是一系列的重要转换和变革。在新的时代中,科学、技术、理论、方法、技术、工具等都会随之发生重要的转换和变革。这包括了从自然进化到技术创造,从科学技术到人类文化,从科学理论到科学实践。

首先是从自然进化到技术创造。自然的演变和进化是一个没有人工干预的天然的过程或进程,而技术的创造则是人类通过技术工具、技术手段、技术程序而后天创造和生成的。这就成为后人类主义时代

[①] Adams, C. & Thompson, T. L., *Researching a Posthuman World – Interviews with Digital Objects* [M]. London: Palgrave Macmillan, 2016. pp. 4–5.

的重要的特征。

有研究指出，后人类主义被界定为人类与技术的共生。许多人见识了生物与机器的交界是一种积极的发展，但是也有许多人担忧其所带来的潜在的负面结果。一个负面的结果就是对人性的不可逆的损害，以及对人性的灾难性后果，特别是通过损害性的技术。在《赛博格宣言》中，有研究者指出了在机器人与有机体之间的三个关键的突破。一是不会强化人类与动物之间的分离，包括运用工具、社会行为、语言进行推理；二是动物和人类有机体与机器之间的区分会得到弱化，因为自然和人工之间的差别会很模糊；三是物理的和非物理的之间的界限也是非常不明确的。[①]

有研究探讨了关于物种终结的设定，也就是关于没有了有机体的想象。所谓灭绝具有三个含义：一是气候变化所导致的灭绝，二是人类被其他的物种所灭绝，三是人类自身的能力进行的自我灭绝。[②]

有三个不同的场景，意味着三种不同的可能性，而且可以延续到下一代或下两代人。一是使用新的药物。作为神经药物学研究进展的结果，心理学家发现，人的人格要比之前认为的更为易于改变。二是干细胞研究的进展使得科学家实际上能够使人再生出任意的身体组织。从而将人的寿命推进到一百岁以上。三是生育辅助技术对婴儿的优化。人类的、植物的和动物的基因可以进行互换，从而达到延寿或抗病的结果。[③]

其次是从科学技术到人类文化。后人类主义的兴起带来的也是人类文化的巨大的变革和进步。有科学发展，特别是自然科学的巨大的进步，科学技术已经从各个层面影响到了人类社会和人类生活。后人类主义则是更进一步深入到了人类文化的核心层面和演进历程。

---

① Haney, W. S., *Cyberculture, Cyborgs and Science Fiction – Consciousness and the Posthuman* [M]. New York: Rodopi, 2005. pp. 2 – 3.

② Colebrook, C., *Death of the Posthuman – Essays on Extinction*1 [M]. Ann Arbor: Open Humanities Press, 2014. p. 9.

③ Fukuyama, F., *Our Posthuman Future – Consequences of the Biotechnology Revolution* [M]. New York: Farrar, Straus and Giroux, 2002. pp. 8 – 9.

后人类主义就是在后人类时代出现的话语集合体，是对 19 世纪以来的人文主义及其影响的批判，涉足其中的有哲学家、科学家、批评家、行动主义者。作为对人文主义遗产的回应，后人类主义打破、敲裂任性固执的"人"，使其去中心化，质疑人的主体统一性和认识论上的骄傲自满。在各种版本的后人类主义中，争论的焦点不再是"人"在物种、性属、阶级、种族等的差异，而是人是一系列过程和表演，是去中心的能动体，处于环境之中。[①]

最后是从科学理论到科学实践。人类主义是试图通过科学理论的理性把握和理性控制来达成现实的影响，而后人类主义则将重心转移到了人类活动或科学实践上，这也就将现实的变革和生活的实现放在了首位。

后人类的时代开始于人们已经不再认为区分人类与自然是必要的和可能的。在 21 世纪的开端，人类主义已经开始让位于和转向于后人类主义。这也就是从确定性的和可预见的普遍性转向了不确定性的和不可预见的普遍性。从而，人们也就可以开始有能力去安排和控制终极是有限的宇宙。偶然性、模糊性和相对性就成为共同构成宇宙过程的对立面。这是有关操作自然事件的解说无法去除和忽略的。[②]

很显然，后人类主义时代是一个带来了全面变革的新的历史时期。科学的发展，心理学的新进步，人类生活的创新创造，都会随之而呈现出完全不同的改变。心理学的发展是与时代的进步紧密关联的。

四 后人类主义原则

后人类主义持有一些基本的原则，这体现为思想、理论、研究、

[①] 杨一铎:《后人类主义：人文主义的消解和技术主义建构》，《社会科学家》2012 年第 11 期。

[②] Pepperell, R., *The Posthuman Condition – Consciousness Beyond the Brain* [M]. Bristol: Intellect Book, 2003. p. 167.

创造、生活的原则。这些原则实际支配着特定学科的发展和进步,也实际决定着现实生活的扩展和丰富。

1. 从主客二分到主客一体。在西方的文化传统之中,科学的探索、学术的研究,一直就依据主客分离的原则。后人类主义则吸纳了东方文化特别是中国文化的主客一体的基本原则。

有研究考察和倡导了起中介作用的后人本主义。研究认为,对方法论和根本性的后人本主义的仔细考察表明,尽管这将非人本主义的选择提供给了自由的后人本主义,但是这些取向却未能捕捉到新出现的生物技术含义的最为重要的方面,如主观性、自然性和人类性等理念。伴随着这种考察,一个新的观点,亦即中介的后人本主义得到了发展。这是奠基于非人本主义的基础,这一基础是由根本性的和方法论的后人本主义所建立的。其目的就在于克服原有的局限。[1]

2. 从自然进化到科学进化。自然进化、生物进化、社会进化,一直就是支配着人类思想、人类科学、人类生活的重要的思想理论。但是,科学的进步所导致的科学进化、技术进化、工具进化则将人类的创造和人类的干预放置在了核心的地位之上。

后人类主义是一种对人类中心论的排斥,强调的就是科学实践中人类力量和物质力量的共同作用。后人类主义是相对于人类中心主义和技术决定论而言的,这不同于否认人类作用的反人类主义。

新实验室理论力图通过描述科学实践来解释科学,反驳科学中心论,这种分析为元科学研究的进一步发展提供了一个开放的框架,为实验室理论逐步成熟奠定了理论基础。后人类主义实验室研究充满了理性思考和辩证法思想,它致力于解构实验室要素,说明科学的社会建构性,它又力图恢复科学稳定性;它强调自然因素,它又强调社会因素。

科学的发展要求从新的角度认识科学,把科学看作实践过程来分析,正确地把握科学实践还需要进一步的研究。从实验室理论发展历

---

[1] Sharon, T., *Human Nature in an Age of Biotechnology – The Case for Mediated Posthumanism* [M]. Nerthlands: Springer, 2014. p. 10.

程来看，缺乏理论综合性的实验室研究，或是缺乏经验研究的实验室研究都是不全面的。因此，经验研究和理论研究的结合是实验室研究的进一步发展方向。①

科学进化是一种加速的发展，是一种全方位的进步。这已经大大超越了自然的缓慢和试错的进化。科学的进化是对各种发展条件的创造，是将各种发展优势的集合，是就各种发展目标的设定。

3. 从文化时空到技术时空。文化的环境就内含着文化的时空。这实际上是一种复杂化的和稳定化的人类创造的过程。但是，技术的时空则是控制性的创造的环境。这实际上是一种工具和技术支配的人工的过程。

有研究者区分了三种不同含义的后人类。一是作为隐喻的"后人类"。本质上，"后人类"不只是一个实体概念，更是一种隐喻（Metaphor），是我们可赖以生存的隐喻，我们以"后人类"这一隐喻来感知和思维、认识和想象、体验和生活。首先，作为隐喻的"后人类"会影响我们的感知与思维方式。"后人类"在思维的内容上映射的是一系列联结，是人与非人、心智与肉身等之间的模糊地带，由此便会改变我们所看到的事物。其次，作为隐喻的"后人类"还会影响我们的体验与生活方式，因为"后人类"这一神话通过叙事产生了一个比喻的空间，在这个意义上，"后人类"的隐喻也就创建了一个体现"具身主体性"的概念空间。某种程度上可以说这样的概念空间创建了我们赖以生存的文化空间。在其中，人们将不再理所当然地认为自己凌驾于一切之上（包括新技术、自然物等），因为二者是共存的，而且人是被形塑的。

二是作为思想的"后人类"。没有纯粹的自然世界，也就没有纯粹的社会世界。于是，"后人类"开始作为一种思想四处渗透，深刻地影响着世界的存在以及我们的生存方式。在这个意义上，"后人类"已从"电子人"化身为"后人类主义"（posthumanism）。作为一种思

---

① 金俊岐、宋秋红：《后人类主义视野中的实验室研究》，《科学技术与辩证法》2006年第5期。

想的"后人类"(或者直接称为"后人类主义")是人类考虑到它在自然中的位置后可以采取的合理与必要的观点,它与这样的哲学相吻合:肯定事物之间的普遍联系并且肯定自然界所有事物的存在对整体而言都有价值。

三是作为时代的"后人类"。"后人类"是时代的产物,它所表征的是一个新时代。与现代社会相比,"后人类社会"也被赋予了人类永恒追求的价值和意义:自主的、开放的和永恒的发展。"自主"主要是表现为个人的自主。"开放"指的是社会的开放和思想的开放。"永恒"主要是指可持续的发展,包括人类自身、人类的文化和生存环境的可持续发展。[1]

后人类主义的原则是在后人类主义的时代所确立起来的,支配着人类的现实生活、科学研究、社会发展、理论进步、学术活动等重要的方面。把握和理解这些基本的原则就能够顺应时代的潮流。

五　后人类与心理学

无论是在后人类主义的时代,还是依据后人类主义的原则,心理学的发展也同样要紧随时代的演变和扣紧时代的脉搏。后人类主义给心理学的研究、演变和发展所带来的也同样是十分巨大的和不容忽视的影响。

首先是从物质主义到心理主义。人类主义时代重视的是实体,是客体,是物体,后人类主义时代则转而重视的是心灵,是精神,是心理。物质主义是一种特定的理论原则,心理主义也同样是一种特定的理论原则。

有研究者界定了什么是后人类。后人类主张的特征在于如下的假定。一是后人类的观点主张信息的模式优于物质的实例,从而生物基

---

[1] 左璜、苏宝华:《"后人类"视阈下的网络化学习》,《现代远程教育研究》2017年第2期。

质的具身性被看成历史的偶然而不是生命的必然。二是后人类的主张认为，意识实际上仅仅是一种镜像的反映。三是后人类的立场在于身体是我们所有人都运用的原初的设定，因此以其他的实体来延伸和取代身体是在我们出生之前就已开始的一个持续的过程。四是最为重要的，后人类的主张是对人的具体化，使其能够与智能机器无缝对接。①

其次是从自然心理到人工心理。人类主义时代重视的是自然的心理，是心理的自然呈现，是心理的自然规律。后人类主义时代则重视的是人工的心理，是人工的智能，是人造的行为。这就带来了自然心理与人工心理的分离，也就带来了自然心理与人工心理的对立。

如果借用"后人类"中一个流行且形象的观点，就是把所有在科技上进行过改良的人吸收到一个包含所有人的"蜂房心灵"中，个人能够像"天使"一样与其他人进行心灵感应，形成一个集体的大脑。而后者，则是借助时下风靡的可穿戴设备、信息过滤系统、虚拟现实视觉化软件等辅助性工具，以及智慧药物、神经学界面和仿生学意义上的大脑植入，最终导向一种人类心理和思想过程的加速发展。

当人们立于"后人类"已然成为现实的时代和情境，反身叩问人类自身存在的意义，并在此基础上葆有对人文主义诸种观念的反思批判及清理，重启人文主义传统和精神的遗产继承，才有可能建立一种全新的连接和认同，构造一种别样的人与人、自然以及其他种群的关系，创建一种另类的、更为合理的，涵括了生产、生活和分配的诸种理想方式。而恰在此处，"后人类"将不复是以深重危机与万般灾难所标识的某种"反人类"的结果，而意味着能够焕发一种全新的超越性力量，终而去想象、激活、赢得属于人类自己的未来。②

最后是从直接反映到现实生成。人类主义重视的是对环境、对客体、对对象的直接描摹或呈现，而后人类主义强调的则是依活动、依生活、依实践的共生创造或建构。这也就将生成性或共生性提升到了

---

① Hayles, N. K., *How We Became Posthuman – Virtual Bodies in Cybernetics, Literature, and Informatics* [M]. Chicago: The University of Chicago Press, 1999. pp. 2–3.

② 李宝玉：《反思与承继：后人类时代重启人文主义传统》，《学术论坛》2018年第2期。

决定性和支配性的位置上。

有研究探讨了克隆、赝品和后人类，涉及了复制的文化。研究指出，克隆技术对有关人的边界的文化想象和重新思考产生了独特的影响。伴随着技术的迅猛发展，关于人的确切性质和基本边界正在受到质疑。目前，涉及克隆的争论几乎就集中在了生物技术的维度和伦理含义的方面。心理克隆则深深影响到了人们看的方式。这所塑造、生成的是人们共有的视域。[1]

克隆技术给心理学的学术研究和现实应用带来了根本性的变革。从原有的针对已成的心理存在探索，转换到了针对生成的心理创造探索。说明了没有什么一成不变的心理行为存在，有的是创造生成的心理生活演变。

六　心理学的新突破

后人类主义的时代发展给心理学本身和心理学研究带来了巨大的冲击。这导致了心理学在一系列重大的和重要的核心理念和思想原则上的改变和突破。当然，许多的冲击性的效应还有待于进一步的观察和考察。那么，后人类主义时代的心理学的新突破可以体现在如下三个基本的方面。

首先，是从环境决定到关系决定。在人类主义的时代，人类心理的活动都是受制于环境的存在和影响。因此，环境决定论曾经在相当长的时间中支配或主导着心理学的研究。但是，在后人类主义的时代，环境的单面决定论已经被削弱，重要的方面已经转换到了人类与环境的关系，心理与环境的关系。这也就是关系决定的思想，关系决定的原则。

在心理学的研究中，如何理解环境的含义，如何确定环境的作

---

[1] Essed, P. & Schwab, G., *Clones, Fakes and Posthuman – Culture of Replication* [M]. New York: Rodopi, 2012. pp. 9–10.

用，存在着十分重要的差别。心理学发展史上有环境决定论的观点。这种观点认为环境对于人的心理行为来说是主导的、是支配的、是不可抗拒的、是决定性质的。这种观点认为只有承认了环境的地位，只有理解了环境的作用，才可以理解心理的性质、特征、发展、变化。也就是说，有什么样的环境条件，就会有什么样的心理行为。

尽管在心理学的研究中，心理学家非常重视环境的影响，非常重视环境的因素，但是对环境的理解却大多是把环境看作外在的影响和外在的干预。这种对环境的理解支配了心理学的研究，并决定了对人的心理行为的理解和研究。但是，把环境看作仅仅是外在的干预，显然无法完整地理解环境的内涵和作用，或者说只能是片面地理解环境的内涵和作用。

其次，是从心身关系到人机关系。在人类主义的时代，心理学的研究重视的是心身的关系，是心理与身体之间的联动。但是，在后人类主义的时代，心理学的研究面对的则是人机之间的关系。这也就是人类与非人类之间的关系。

所谓非人类（inhuman），意味着对后人类（posthuman）的背离。抛离了"后"，以及不可避免地重新抓取人类的遗存，"后"就意味着超越。非人类则将人们定向于所有非人的方面，也不仅仅就是在人类之后。这也就将推动人们去进行超越人类的度量，从短暂的和部分的，到深度的和全面的。[1]

最后，是从反映主义到共生主义。在人类主义的时代，心理学重视的是反映主义，强调人类的心理是对现实的反映。心理学的研究和结果也是对心理现实的如实的反映。在后人类主义的时代，心理学则将自己的中心转移到了共生主义。共生主义不仅是理解心理学的研究对象的基本思想原则，而且是现实生活创造的基本理论原则，进而是心理学研究的方法论的基本原则。

共生主义的研究原则是把原本一个整体的存在，但被人为分割成

---

[1] Weinstein, J. and Colebrook, C. (Eds.), *Posthumous Life – Theorizing beyond the Posthuman* [M]. New York: Columbia University Press, 2017. p. 5.

不同的部分，又重新组合或整合为一个整体。认知科学的发展，在认知主义取向和联结主义取向之外，又提出了一个新的取向，亦即共生主义取向。这一取向强调，认知不是预先给定的心灵对预先给定的世界的表征，而是在世界中的人所从事的各种活动史的基础上，世界与心灵彼此之间的共同生成。共生主义的原则给出了关于心理行为和关于心理科学的整合的理解。因此，对于心理学的发展来说至关重要的就是理解和把握共生主义的含义，贯彻和实施共生主义的原则，确立和扩展共生主义的影响。

第三章 心理学本土化的演变

心理学本土化是对心理学西方化的历史性的反叛，也是心理学在更大的范围内去寻求和寻找自己的学科和学术发展的资源。关于心理学的本土走向就要涉及心理学研究的本土定位、本土资源、本土理论、本土方法和本土技术。心理学的本土化实际上就是心理学的一个新生的过程。新心性心理学就是一种植根于本土文化资源的创新努力，试图开辟中国心理学自己的新世纪发展的道路。新心性心理学论及六个部分基本的内容：心理资源论析、心理文化论要、心理生活论纲、心理环境论说、心理成长论本、心理科学论总。这六个部分的内容涉及了心理学的学科资源、心理学的文化基础、心理学的研究对象、心理学的环境因素、心理学的对象成长、心理学的学科内涵。

一　心理学研究的本土定位

心理学的科学性质是心理学本土化的核心问题。立足于西方文化传统的"科学的"心理学一直就认为自己是唯一合理的心理学。除此之外的心理学探索，或者是立足于不同文化传统的心理学探索，就都可以划归"非科学的"心理学。这涉及的就是心理学的科学性质的问题。关于心理学的科学性质的理解就是心理学的科学观的问题。所谓心理学的科学观是对如何建设和发展心理科学的基本认识，它决定着心理学家采纳的研究目标，以及为达成目标而采取的研究策略。它体现在这样一些问题的解决上，像什么是心理科学，什么是心理学的研究对象，怎样确定心理学的研究方法，怎样构造心理学的理论知识，怎样干预人的心理现象或心理生活。心理学的科学观构成了心理学家的视野，决定了心理学家的胸怀。在心理科学的开创和发展中，占有主导性和具有支配性的科学观是小心理学观。它是从近代自然科学传统中抄袭而来的，并广泛地渗透到了心理学家的科学研究之中。小心理学观在实证的（科学的）和非实证的（非科学的）心理学之间划定了截然分明的边界，心理学要想成为科学，就必须把自己限制在边界之内。实证的心理学是以实证方法为核心建立起来，客观观察和实验是有效的产生心理学知识的程序。实证研究强调的是完全中立地、不承担责任地对心理或行为事实的描述和说明。实证心理学的理论设定是从近代自然科学承继的物理主义和机械主义的世界观。这都大大缩小了心理学的视野。科学心理学以小心理学观来确立自己，就在于其发展还是处于幼稚期。这与其说是为了保证心理学的科学性质，不如说是为了抵御对心理学不是一门严格意义上的实证科学的恐惧。但是，这种小心理学观正在衰落和瓦解，重构心理学的科学观已经成为心理科学十分重要的基础性工作。心理学的发展已经进入了迷乱的青春期，它正在经历寻找自己道路的成长的痛苦。心理学的新科学观应该是大心理学观，心理学走向成熟也在于它能够拥有自己的大心理学观。所谓大心理学观，不是要否定心理学的实证性质，而是要开放实证心理学自我封闭的边界。大心理学观不是要放弃实证方法，而是要消解实证方法的核心性地位，使心理学从仅仅重视受方法驱使的实证资料的积累，转向也重视支配方法的使用和体现文化的价值的大理论建树。大心理学观也将改造深植于实证心理学研究中的物理主义和机械主义的理论内核，使心理学从盲目排斥转向广泛吸收其他心理学传统的理论营养。大心理学观无疑会拓展心理学的视野。科学观的问题在心理学中国化的历程中也体现为所谓本土化的标准问题，这也就是本土性契合的问题。[①]

心理学的文化转向是心理学本土化的方向问题。心理学曾经靠摆

---

① 杨国枢：《心理学研究的本土契合性及其相关问题》，《本土心理学研究》1997年第8期。

脱、放弃、回避或越过文化的存在来发展自己，但心理学现在必须靠容纳、揭示、探讨或体现文化的存在来发展自己。这也就是说，在心理学成为独立的科学门类之后，在心理学追求自己的科学性的过程中，是把科学的客观性和科学的普遍性与文化的建构性和文化的独特性对立了起来。心理学早期是排斥文化的存在来保证自己对所有文化的普遍适用性，而心理学目前则是包容文化的存在来保证自己对所有文化的普遍适用性。[1] 毫无疑问，这是一个历史性的变化。问题就在于揭示这一变化的历程及其对发展心理科学的意义和价值。[2] 心理学研究中的文化问题主要体现在两个方面。一是涉及心理学的研究对象，即人的心理行为的文化内涵的问题。二是涉及心理学的研究方式，即心理学理论、方法和技术的文化特性的问题。这就是要摆脱原有的心理学研究把人的心理行为理解为自然现象，而不是理解为文化生活；摆脱原有的心理学研究把心理学的研究确立为自然科学的研究方式，而不是社会和文化科学的研究方式。那么，所谓心理学的中国化就是要把心理学的研究定向在文化传统、文化资源、文化建构、文化互动、文化融合的方向上。

心理学的原始创新是心理学本土化的生命问题。其实，在目前的阶段，中国心理学的发展最缺少的就是原始性的创新。相当长时期中的对西方发达国家的心理学研究的引进和模仿，使中国的心理学研究者习惯了在西方心理学中引经据典，习惯了用西方的语言复述西方的研究。当然，再进一步是用西方的语言叙述自己的研究。更进一步则是用自己的语言阐述自己的研究。这对于中国本土的心理学发展来说需要的就是学术的创新。学术的生命就在于创新。没有创新，就没有学术。当然，创新的努力是非常的艰难。越是全新的突破，越需要深厚的基础。没有深厚基础的创新，实际上就是胡言乱语，痴人说梦。所以，创新需要积累，学术的创新需要学术的积累，心理学的学术创

---

[1] 葛鲁嘉、陈若莉：《当代心理学发展的文化学转向》，《吉林大学社会科学学报》1999年第5期。

[2] 叶浩生：《试析现代西方心理学的文化转向》，《心理学报》2001年第3期。

新需要心理学的学术积累。心理学研究的原始性创新可以是理论上的创新，可以是方法上的创新，也可以是技术上的创新。

心理学本土化的发展是把心理学确立为广义的文化心理学。文化心理学也是通过文化来考察和研究人的心理行为的一门重要的心理学分支。近些年来，文化心理学有较为迅猛的发展，文化心理学的成果正在受到人们越来越多的关注。文化心理学实际上经历了三个重要的发展时期或阶段。在不同的时期里，文化心理学的知识论立场、方法论主张、研究进路特色及研究方法特征都有重要的变化。第一个时期，文化心理学的研究目标是在追求共同和普遍的心理机制。当时的文化心理学假定了人类有统一的心理机制，从而致力于从不同的文化中去追寻这一本有的中枢运作机制的结构和功能。第二个时期，文化心理学开始关注人类心理的社会文化的根源，转而重视人的心理行为与文化背景的联系，从社会文化出发去考察和说明人的心理行为。这一方面是指有什么样的社会文化，就有什么样的心理行为模式。另一方面是指运用特定文化的观点和概念来探讨和说明人的心理行为的性质、活动和变化。第三个时期，文化心理学强调的是人的主观建构。那么，文化就不再是决定人的心理行为的外在的存在，而是人的觉知、理解和行动的内在的存在。正是人建构了社会文化，人也正是如此而建构了自己特定的心理行为的方式。[①] 其实，所谓文化心理学不仅仅是一个心理学的分支，而且可以作为心理学研究和发展的理论范式。能够影响到对心理学研究对象的理解和对心理学研究方式的确立。

心理学本土化的发展是把心理学确立为广义的历史心理学。任何心理学的发展都有自己的历史渊源，历史演变，历史传统，历史延续。所谓心理学的本土化，也是在为心理学确定其历史的传统。这种历史的传统给定了科学心理学的发展历程、发展道路、发展形态、发展方向、发展可能。其实，所谓历史的心理学，并不就是指过去的心理学，被超越的心理学，被扬弃的心理学，而是指心理学的历史根

---

① 余安邦：《文化心理学的历史发展与研究进路》，《本土心理学研究》1996年第6期。

源、心理学的历史传统、心理学的历史进步、心理学的历史道路。当然，最为重要的就是，心理学应该有自己的历史资源。本土心理学应该成为自身未来发展的历史资源。

心理学本土化的发展是把心理学确立为广义的生活心理学。中国的学理的心理学有着十分清晰的引进国外发达国家的心理学的标签，常常是与中国本土的生活有着十分重要和清晰的界限。这就把生活本身出让给了常人的常识心理学。科学心理学的研究就成了象牙塔中的少数人的特权。然而，中国心理学本土化的一个十分重要的目标，就是能够使科学心理学的研究走入本土文化中的普通人的日常生活。那么，科学的心理学能不能成为生活的心理学，就成为心理学本土化的一个十分重要的定位。中国本土的心理学应该成为生活的心理学。

心理学本土化的发展是把心理学确立为广义的创新心理学。其实，中国心理学的本土化并没有现成的道路好走，并没有现成的东西可以继承，并没有现成的方式可以照搬。这就决定了中国心理学的本土化历程必然和必须要走创新的道路。那么，对于中国本土心理学来说，原始性的创新就应该成为自己所要追求的重要学术目标。然而，对于中国现代心理学来说，这却是非常薄弱的环节。对于许多心理学的研究者来说，引进的才是心理学，创新的却很难被看作心理学。

心理学本土化的发展是把心理学确立为广义的未来心理学。严格地来说，中国心理学的本土化并不仅仅就是为了解决心理学发展的现实问题，而且是为了解决心理学发展的未来的问题。这种未来的心理学应该代表着中国心理学的发展的方向，可能，潜力，定位。那么，中国心理学的本土化并不仅仅要确定自己发展的道路，而且要提供自己发展的可能。这包括创立新的学说理论、新的研究方法和新的技术手段。

二　心理学研究的本土资源

心理学的文化根基是心理学本土化的资源问题。"心理文化"的概念是用以考察心理学成长的文化根基，探讨心理学发展的文化内涵，挖掘心理学创新的文化资源。心理学的产生和发展都是立足于特定的文化。或者说，文化就是心理学植根的土壤和养分的来源。但在过去，无论是心理学的发展还是对心理学发展的探索，都缺失了文化的维度。其实，文化是考察当代心理学发展和演变的重要视角。当代心理学的发展越来越重视对文化、心理文化、文化心理的探讨。西方科学心理学和中国本土心理学生长于不同的文化根基，植根于不同的心理生活。起源于西方文化的科学心理学，立足于实证的研究方法和客观的知识体系，提供了对心理现象的某种合理理论解释和有效技术干预。但它仅揭示了人类心理的一个部分或侧面。起源于中国文化的本土心理学也是自成体系的心理学探索，它揭示了具有意义的内心生活和给出了精神超越的发展道路。"心理文化"概念的提出有利于探明不同文化传统中蕴藏的心理学资源和推进对其挖掘，有利于审视西方心理学的文化适用性和推进对其改造，有利于考察中国本土的心理学传统和推进对其解析。中国现代科学心理学主要来自西方科学心理学，问题是中国本土也有自己的心理学资源。探察该资源，就要扩展心理学的视野和设置文化学的框架，将中国本土心理学看作与西方实证心理学具有同等文化价值的探索。要发展中国本土的心理学，就有必要追踪中国本土文化中的心理学传统，确定其所含的资源，具有的性质，包括的内容，起到的作用。心理文化的探索力图找到和深入挖掘心理学创新的文化根基。中国有自己的文化传统、心理文化、心理学探索、创新性资源。[1][2]

中国本土心理学的发展和演变应该是立足于本土的资源，应该是提取本土的资源，应该是利用本土的资源。在本土文化的基础之上来建构特定的心理学，也是近些年来许多学者努力的方向。在中国本土文化的基础之上来建构中国本土的心理学，这也是当前中国心理学研

---

[1] 葛鲁嘉：《心理文化论要——中西心理学传统跨文化解析》，辽宁师范大学出版社1995年版。

[2] Varela, F. J. Thomption, E. and Rosch, E., *The embodied mind*: *Cognitive science and human experience* [M]. Massachusetts: The MIT Press. 1991. p. 23.

究者追求的目标。回到中国本土文化之中，挖掘中国本土文化中的心理学资源，这已经成为许多中国心理学研究者的自觉行动。当然，不同的研究者着眼点也就不同，关注的内容也就不同，思考的方向也就不同。

　　有研究指出，"心"或"心理"等词语在汉语中有相当长的历史，对这些词语的理解反映了中国人关于"心理"的认识和理解。中文的"心"往往不是指一种身体器官而是指人的思想、意念、情感、性情等，故"心理学"这三个汉字有极大的包容性。任何学科都摆脱不了社会文化的作用，中国心理学亦曾受到意识形态、科学主义和大众常识等方面的影响。近年中国学者对心理学自身的问题进行了反思。从某种意义上说，中国人对"心理"和"心理学"的理解或许有助于心理学的整合，并与其他国家的心理学一道发展出真正的人类心理学。[①]

　　其实，中国的文化传统中，有自己的独特的心理学传统。这也是独立的和自成系统的心理学探索。在中国的心理学传统中，也有着特定的和大量的心理学术语。当然，最为重要的是提供对本土的心理学概念的考察和分析，并能够从中找到核心的内涵和价值。[②]

　　有研究者考察了中国的文化与心理学，在该研究者看来，"东西方心理学"作为心理学的一个术语，基本的内涵就是要把东方的哲学和心理学的思想传统，其中包括中国的儒学、道家、禅宗以及印度佛教和印度哲学、伊斯兰的宗教与哲学思想、日本的神道和禅宗等，与西方的心理学理论及实践结合起来。由于"东西方心理学"的概念主要是西方心理学家们提出来的，所以，该概念所强调的是对东方思想传统的学习与理解。[③]

　　中国本土的学者探讨了《易经》与中国文化心理学。研究者认为，中国文化中包含着丰富的心理学思想和独特的心理学体系，那么

[①] 钟年：《中文语境下的"心理"和"心理学"》，《心理学报》2008年第6期。
[②] 葛鲁嘉：《中国本土传统心理学术语的新解释和新用途》，《山东师范大学学报》（人文社会科学版）2004年第3期。
[③] 高岚、申荷永：《中国文化与心理学》，《学术研究》2008年第8期。

这种中国文化的心理学意义，也自然会透过《易经》来传达其内涵。在《〈易经〉与中国文化心理学》一文中，研究者就是以《易经》为基础，分"易经中的心字"、"易传中的心意"和"易象中的心理"等几个方面阐述了《易经》中所包含的"中国文化心理学"。同时，研究者也比较和分析了《易经》对西方心理学思想所产生的影响，尤其是《易经》与分析心理学所建立的关系。例如，该研究指出，汉字"心"的心理学意义可以是在心身、心理和心灵三种不同的层次上，表述不同的心理学的意义，但是以"心"为整体，却又包容或包含着一种整体性的心理学思想体系。比如，在汉字或汉语中，思维、情感和意志，都是以心为主体，同时也都包含着"心"的整合性意义。这也正如"思"字具有的象征，既包容了心与脑，也包容了意识和潜意识。[①]

应该说，中国文化、中国哲学、中国传统之中的心理学是非常值得挖掘和提取的。当然，这不仅仅是文化、哲学和传统中的心理学思想和心理学理论，而且是特定的心理学形态和心理学资源。问题的关键在于找寻中国本土心理学的核心理论。这就是心性学说，这就是心性心理学。在此基础之上的新发展，就是中国本土心理学的当代创新，就是新心性心理学的本土理论创新，就是新心性心理学的核心理论建构。

有的研究者曾试图把中国的新儒学看作中国的人文主义心理学。但是，这种研究仍然没有很好地说明西方的人本主义心理学与中国的人本主义心理学的联系和区别。在该研究者看来，与西方心理学以科学主义为主体的"由下至上"的研究思路不同，中国传统心理学探究走的是"由上至下"的研究路线，即从心理及精神层面最高端入手，强调心理的道德与理性层面，故其实质是人文主义的。现代新儒学作为人文主义心理学研究典范，具有心理学研究"另一种声音"的独特价值与意义。现代新儒学研究背景及思路的展开，呈现出以传统心理学思想为深厚根基的中国近代心理学的独特个性与自信。这是现代新

[①] 申荷永、高岚：《〈易经〉与中国文化心理学》，《心理学报》2000年第3期。

儒学对中国心理学的最大贡献。中国心理学发展由于其特殊的历史条件，在进入近代时期开始明显地区分为两条路线：一条是直接从西方引进的科学主义心理学，如果说这一路线是外铄的结果，那么另一条则是自生的人文主义心理学。近代时期不仅是中国科学心理学的确立与形成期，更是中国人文主义心理学在与外来文化的对撞、并融中，对自身特质的首次自觉、反省与确证，而现代新儒学无疑是担当这一重任的主角。西方心理学中的科学主义和人文主义主要是源自心理学学科的双重属性，且人文主义更多是科学主义的附属与补充。中国近代心理学的科学主义和人文主义，从根本上来看，则是由本土文化繁衍的人文主义对自西方外铄而来的科学主义的抗衡，相比于西方人文主义的阶段性与工具性，本土的人文主义具有更多的主动性与自觉性。作为中国思想文化组成之一的中国心理学，将以其独特样式影响并带动西方心理学共同实现人性的真实回归也并非奢望。而这也是现代新儒学之于中国心理学的最大贡献所在。[①]

儒学也好，新儒学也好，其最大的心理学贡献应该是儒学的心性学说，是儒学的心性心理学。科学主义和人文主义的分离、分裂和分立是西方文化传统的特产。在中国的文化传统中，原本就没有这样的分离、分裂和分立。从中国本土心性心理学，或者说从中国儒家的心性心理学传统，可以提取、发展和创新的是心道一体或心性统一的心理学。所以，没有必要按照西方的方式来开发中国本土的心理学。

三　心理学研究的本土理论

本土心理学显然是在不同的文化土壤中生长出来的心理学。那么，在不同的文化中就会有不同的本土心理学。所谓心理学本土化，就是为了导向和建构植根于特定文化土壤中的心理学。然而，文化是

[①] 彭彦琴：《另一种声音：现代新儒学与中国人文主义心理学》，《心理学报》2007年第4期。

具有异质性的存在，或者说文化是具有多样性的存在，也可以说文化又是具有独特性的存在。这就必须承认，在不同的文化传统中，在不同的文化根基上，在不同的文化环境里，就会生长出和存在着不同的心理学。其实，在西方心理学的产生和发展历程中，西方心理学就曾经把自己当成唯一合理的心理学，进而对其他文化传统中的心理学要么视而不见，要么极力排斥。[1][2] 但是，事实在于，在不同的文化传统和文化历史中，确实存在着不同的本土心理学。

本土心理学的隔绝与交流。心理学的本土化的进程导致了心理学与本土文化建立起了密切的联系。但是，不同社会文化之间的差异和区别，也很容易造成不同的本土心理学之间的相互隔绝和相互分离，甚至是相互对立和相互排斥。那么，不同的本土心理学之间的交流就成为重要的任务。其实，任何的交流都要有共同的基础。如何寻找到共同的基础，就成为本土心理学之间的有效交流的重要任务。这就必须开创性地揭示西方心理学的科学观问题，力图突破小心理学观的限制，设置一个更为宏观的文化历史框架，从而将西方实证心理学和中国本土心理学看作具有同等价值的探索。

心理学的文化与社会资源。其实，心理学本土化的一个非常重要的目的，就是建立起心理学与文化及社会资源的关联。或者说，就是为了使心理学植根于本土文化与社会的土壤之中。其实，心理学的研究常常是处于资源短缺的状态之中。这并不是说心理学没有或者缺乏相应的社会文化资源，而是说心理学并没有意识到或自觉到自己的社会文化资源，或者是并没有去挖掘和提取自己的社会文化资源。中国的文化传统中蕴藏着丰富的心理学资源，问题是没有得到充分挖掘和利用。心理学的发展需要资源或需要文化资源。西方心理学就是植根于西方的文化传统，从本土的文化资源中获取了心理学发展的动力和研究的方式。中国心理学的创新和发展也同样应植根于中国的文化传统，从本土文化资源中获取心理学发展的动力和研究的启示。

---

[1] 叶浩生主编：《西方心理学研究新进展》，人民教育出版社2003年版。
[2] 郭本禹主编：《当代心理学的新进展》，山东教育出版社2003年版。

心理学发展的传统与更新。其实，任何根源于本土文化的心理学发展，都有自己的历史传统。心理学的生存和演变，都不可能完全放弃或脱离自己的传统。或者说，心理学的发展和变革，都是在传统的基础之上进行的。但是，心理学的发展又必须是对传统的超越，必须是基于传统的更新。例如，在中国的文化历史中，就有着十分重要的心理学传统。那就是心性心理学。当然，在中国的文化传统中，不同的思想派别有不同的心性学说。不同的心性学说，发展出了不同的对人的心理的解说。例如，儒家的心性说实际上就是儒家的心性心理学。儒家强调的是仁道。仁道不是外在于人的存在，而就存在于个体的内心。那么，个体的心灵活动就应该是扩展的活动，体认内心的仁道。只有觉悟到了仁道，并按仁道行事，那才可以成为圣人。这就是"内圣外王"的历程。那么，中国心理学在新世纪的发展并不是要回复到原有的老路上去，而是一种创新。但是，这又是在汲取中国本土文化资源基础上的心理学创新。

心理学演变的分裂与融合。科学的心理学或者是西方的科学心理学从诞生之日起，就处于分裂的状态之中。那么，心理学能否成为统一的学问，能否成为统一的学科，就成为心理学发展中的重大的问题。对心理学本土化的发展来说，不同的本土心理学是否会延续或加重心理学的分裂，就成了重要的问题。当代西方心理学从诞生起就处于四分五裂之中。心理学能否统一和怎样统一是其发展面对的课题。心理学的不统一体现在价值定位方面，即心理学是价值无涉的还是价值涉入的科学。价值无涉是指中立和客观的立场。这要求研究者不能把自己的取向强加给研究对象。价值涉入是指价值的导向和定位。这强调的是研究者与研究对象的一体化，突出的是人的意向性和主观性，重视的是人的自主性和主动性。心理学的不统一也体现在理论、方法和技术方面。理论的不统一在于心理学拥有不相容的理论框架、假设、建构、思想、主张、学说、观点、概念等。方法的不统一在于心理学容纳了多样化研究方法，而方法之间有巨大差异和分歧。技术的不统一在于心理学进入现实社会、引领生活方式、干预心理行为、提供实用手段的途径和方式多样化。心理学不统一不在于多样化，而在于多样化形态和方式之间相互排斥和倾轧。随着心理学的进步、发展和成熟，促进其统一就成为重大问题和目标。心理学有过各种统一尝试，包括知识论的统一、价值论的统一和知识与价值的统一。心理学统一的关键是建立共有的科学观。正是不同的科学观导致了不同的心理学。心理学科学观涉及心理科学的界限和容纳性，理论构造的合理和合法性，研究方法的可信和有效性，技术手段的限度和适当性。

新心性心理学就是一种植根本土文化资源的创新努力，试图开辟中国心理学自己的新世纪发展的道路。新心性心理学有其基本的内涵和主张，对于心理学研究对象的理解和对于心理学研究方式的确立有一个基本的变化。"新心性心理学"以开创和建立中国自己的心理学学派、理论、方法和技术为己任，以推动和促进中国心理学的创新、创造、发展和繁荣为宗旨。[①] 新心性心理学论及六个部分基本的内容：心理资源论析、心理文化论要、心理生活论纲、心理环境论说、心理成长论本、心理科学论总。这六个部分的内容涉及心理学的学科资源、心理学的文化基础、心理学的研究对象、心理学的环境因素、心理学的对象成长、心理学的学科内涵。

四 心理学研究的本土方法

心理学的研究方式和研究方法也可以有本土的特性和特征。这就是心理学本土化的方法问题或方法论问题。方法论是任何科学研究的基础。这既是理论的基础，也是方法的基础，也是技术的基础。因此，心理学的方法论也是心理学研究的基础。

方法论的探索是关系到心理学学科发展的核心问题。原有的心理学方法论的研究仅仅涉及关于心理学研究方法的探索。其实，心理学研究的方法论应该得到扩展。方法论的探索包括关于对象的立场，关

[①] 葛鲁嘉：《新心性心理学的理论建构——中国本土心理学理论创新的一种新世纪的选择》，《吉林大学社会科学学报》2005 年第 5 期。

于方法的认识，关于技术的思考。[①] 心理学的研究可以包括三个基本的部分：一是关于对象的研究，涉及的是心理学的研究对象，是对心理行为实际的揭示、描述、说明、解释、预测、干预；二是关于方法的研究，涉及的是心理学的研究者，探讨的是心理学研究者所持有的研究立场、所使用的具体方法；三是关于技术的研究，涉及的是对所涉及的研究对象的干预和改变。那么，心理学研究的方法论也就应该包括三个基本的方面：一是对关于心理学研究对象的理解。即研究内容的确定，是力求突破对人的心理行为的片面理解。二是关于心理学研究方式和方法的探索。即研究方法的创新，是力图突破和摆脱西方心理学的科学观的限制，为心理学的研究重新建立科学规范。三是关于心理学技术手段的考察。即干预方式的明确，是力争避免把人当作被动接受随意改变的客体。

方法论是任何科学研究的基础。这既是思想的基础，也是方法的基础，技术的基础。所以，心理学方法论的探讨是关系到心理学学科发展的核心问题。心理学研究基础的和核心的方面就是方法论的探索。但是，传统心理学中的方法论的探讨主要是考察心理学研究所运用的具体研究的方法。这包括心理学具体研究方法的不同类别、基本构成、使用程序、适用范围、修订方法等。随着心理学的发展和进步，心理学方法论的探索必须跨越原有的范围，应该包括关于心理学研究对象的立场，关于方法的认识，关于技术的思考。因此，对心理学方法论的新探索，可以说就是反思心理学发展的一些重大的理论问题和方法问题。这些问题的解决关系到中国心理学的发展，而且也关系到整个心理学的命运与未来。

扎根理论研究方法论（grounded theory methodology）是早在20世纪60年代由格莱瑟（B. G. Glaser）和斯特劳斯（A. Strauss）提出的质化研究方法。但是，很快就受到了不同学科的学者的关注。该方法论目前是在社会科学中使用最为广泛却误解最深的研究方法论之一。

[①] 葛鲁嘉：《对心理学方法论的扩展性探索》，《南京师大学报》（社会科学版）2005年第1期。

目前，该方法论在许多学科领域得到了广泛的应用，如在教育学和心理学的研究中。在现有的研究方法论文献中，至少存在着三个扎根理论研究方法论的版本：格莱瑟（B. G. Glaser）和斯特劳斯（A. Strauss）的原始版本（original version）；斯特劳斯和科宾（J. Corbin）的程序化版本（proceduralised version）；查美斯（K. Charmaz）的建构主义的扎根理论（The Constructivist's Approach to Grounded Theory）。

格莱瑟和斯特劳斯在他们于1967年出版的专著中，对扎根理论进行了最早的阐述。在他们所著的《扎根理论的发现：定性研究的策略》中，全书共分成了三个部分。一是通过比较分析生成理论：包括生成理论，理论取样，从实体理论到形式理论，定性分析的不断比较的方法，分类和评估比较研究，阐述和评估比较研究。二是资料的灵活运用：包括定性资料的新来源，定量资料的理论阐释。三是扎根理论的含义：包括扎根理论的可信性，对扎根理论的分析，洞察和理论的发展。①

斯特劳斯和科宾在1998年的著作《定性研究基础：发展扎根理论的技术和程序》中，共分三个部分系统考察了扎根理论：一是基本的考虑：包括导言，描述、概念序列、理论化，理论化的定性和定量的相互作用，实践的考虑。二是编码程序：包括对资料的微观考察的分析，基本操作：提出问题和作出比较，分析工具，开放编码，主轴编码，选择编码，加工编码，条件和序列矩阵，理论取样，备忘录和图表。三是获得的结果：包括写作的论文、著作和关于本研究的讨论，评价的标准，学生的问题及回答。②

那么，按照相关学者的研究，扎根理论研究方法论的要素，涉及一系列相关的重要方面。这些方面对于理解扎根理论研究的方法论和运用扎根理论研究的方法论，都是非常重要的。

一是阅读和使用文献（reading and using literature）。文献回顾可

---

① Glaser, B. G. and Stauss, A. L., *The discovery of grounded theory: Strategies for qualitative research* [M]. New York: Aldine de Gruyter. 1967. p. 9.

② Strauss, A. and Corbin, J. (1998), *The basics of qualitative research: Techniques and procedures for developing grounded theory* [M]. Newbury Park, CA: Sage. 1998. pp. 12 – 13.

谓是扎根理论研究方法论较之其他研究方法论最具差异性和争议性的研究步骤。避免一个特定的、研究项目之前的文献回顾，其目的是让扎根理论研究者尽量自由、开放地去发现概念、研究问题并对数据进行分析。这样做的目的也是防止已知的文献对后来数据分析和解读所带来的影响。在研究开始就把已知文献放在一边，同时也容许研究者进行理论取样并不断进行其他相关数据比较。

二是自然呈现（emergence）。通过对不断涌现的数据保持充分的注意力，以便使研究者保持开放的头脑来对待研究对象所关注的问题，而不是研究者本身的专业问题，这是扎根理论研究者所要具备的基本条件之一。

三是对现实存在但不容易被注意到的行为模式进行概念化（conceptualization of latent pattern）。扎根理论是提出一个自然呈现的、概念化的和互相结合的、由范畴及其特征所组成的行为模式。形成这样一个围绕着一个中心范畴的扎根理论的目标既不是描述，也不是验证。它的目的在于形成新的概念和理论，而不仅仅是描述研究发现。原则上讲，扎根理论研究分析的是社会世界中所存在的实证问题，体现在最抽象的、最概念化的和最具有结合性的层面。

四是社会过程分析（social process analysis）。扎根理论是对抽象问题及其（社会）过程（processes）的研究，并非问卷调查和案例研究等描述性研究那样针对（社会）单元（units）的研究。扎根理论的分析关注重点是社会过程分析（social process analysis），而非大多数社会学研究中的社会结构单元（social structural units）（譬如个人、团体、组织等）。所以，扎根理论家形成的是关于（社会）过程的范畴，而非（社会）单元。基本社会过程（basic social process）可以分为两种：基本社会心理过程（basic social psychological process）和基本社会结构过程（basic social structural process）。后者有助于在社会结构中存在的基本社会心理过程的运作。

五是一切皆为数据（all is data）。在这个研究方法论中，数据包含一切，可以是现有文献、研究者本身及其研究对象的观点、历史信息或个人经历。无论什么研究方法论，研究者本身的主观参与是一直存在的。

六是扎根理论可以不受时间、地点和人物等的限制（grounded theory is abstract of time, place and people）。正如上述社会单元和社会过程之间的分析比较中所指出的，扎根理论因其侧重于对社会心理或结构过程的分析，故不受时间、地点或人物的限制。扎根理论可以跨场景、人物和时间而应用。与其他的研究方法论有所不同的是，扎根理论研究的成果应该具有更大的可推广性（generalisability）、全覆盖性（coverage）、可转移性（transferability）和可持久性（durability）。[①]

有研究者详尽考察了扎根理论的思路和方法。该研究认为，"扎根理论"（grounded theory）是一种质化研究（qualitative research）的方式或方法，其主要的宗旨是从经验资料的基础上建立理论。研究者在研究开始之前一般没有理论假设，直接从实际观察入手，从原始资料中归纳出经验概括，然后上升到理论。这是一种从下往上建立实质理论的方法，即在系统收集资料的基础上寻找反映社会现象的核心概念，然后通过这些概念之间的联系建构相关的社会理论。扎根理论一定要有经验证据的支持，但扎根理论最主要的特点不在于其经验性，而在于扎根理论是从经验事实中抽象出新的概念和思想。在哲学思想基础上，扎根理论方法基于的是后实证主义的范式，强调对目前已经建构的理论进行证伪。

扎根理论的基本思路主要包括如下几个方面。一是扎根理论特别强调从资料中提升理论，认为只有通过对资料的深入分析，才能逐步形成理论框架。这是一个归纳的过程，从下往上将资料不断地进行浓缩。与一般的宏大理论不同的是，扎根理论不对研究者自己事先设定的假设进行逻辑推演，而是从资料入手进行归纳分析。二是扎根理论特别强调对理论保持敏感性。由于扎根理论的主要宗旨是建构理论，因此扎根理论特别强调研究者对理论的高度关注。不论是在研究设计阶段，还是在收集分析资料阶段，研究者都应该对自己现有的理论、

[①] 费小冬：《扎根理论研究方法论：要素、研究程序和评判标准》，《公共行政评论》2008 年第 3 期。

对前人的理论以及对资料中呈现的理论保持敏感，注意捕捉新的建构理论的线索。三是不断比较的方法。扎根理论的主要分析思路是比较，在资料与资料之间、理论与理论之间不断进行对比，然后根据资料与理论之间的相关关系提取出有关的类属及属性。四是理论抽样的方法。在对资料进行分析时，研究者可以将从资料中初步生成的理论作为下一步资料抽样的标准。这些理论可以指导下一步的资料收集和分析工作，如选择资料、设码、建立编码和归档系统。五是灵活运用文献。使用有关的文献可以开阔视野，为资料分析提供新的概念和理论框架。但与此同时，也要注意不要过多地使用前人的理论。

扎根理论的操作程序一般包括如下的方面。一是从资料中产生概念，对资料进行逐级登录；二是不断地对资料和概念进行比较，系统地询问与概念有关的生成性理论问题；三是发展理论性概念，建立概念和概念之间的联系；四是理论性抽样，系统地对资料进行编码；五是建构理论。力求获得理论概念的密度，哪怕理论内部有很多复杂的概念及其意义关系，也应使理论概念坐落在密集的理论性情境之中。力求获得理论概念的变异度，理论概念的整合性。[①]

中国心理学的本土化正在走向原始性创新的阶段。在这个阶段，中国本土的心理学将会寻求真正的学科的研究突破。这包括理论的创新、方法的创新和技术的创新。是中国本土心理学走向世界的唯一的出路。

[①] 陈向明：《扎根理论的思路和方法》，《教育研究与实验》1999年第4期。

第四章　心理学研究学科性质

心理学确立的科学观也经历了历史的演变。心理学在各种不同的科学研究框架中，去尝试走过不同的道路。可以将其看成心理学在自己的科学道路上的一种摸索或探索，也可以将其看成心理学的多样化的研究定位和定性。在对自己的学科性质的界定中，在对自己的发展历程的定位中，既持有和贯彻过自然科学的科学观，也持有和贯彻过社会科学的科学观，还持有和贯彻过人文科学的科学观。曾经有很多的研究者是把心理学归属于中间学科，是跨越自然科学、社会科学和人文科学的中间学科，同时具有自然科学、社会科学和人文科学的属性。这也就是自然科学的心理学、社会科学的心理学、人文科学的心理学和中间科学的心理学。心理学的研究可以体现为不同类型的研究。在现有的科学研究的类型中，有自然科学的研究，有社会科学的研究，有人文科学的研究，有中间科学的研究。那么，在其中也就包括了自然科学的心理学研究、社会科学的心理学研究、人文科学的心理学研究、中间科学的心理学研究。这也就关系到心理学的基本学科性质的问题。

一　自然科学的心理学研究

有研究者提出了自然科学心理学的困境。研究指出，回顾现代心理学发展的历史，可以看出，推动心理学迅速发展的主要力量，来自于自然科学的理念、技术和方法的进步。现代心理学的发展过程可以说是努力沿循自然科学的路线，不断引进自然科学的方法和技术，借以实现规范科学理想的过程。虽然在其发展过程中也曾间或地兴起过人文主义的取向，但是人文主义的心理学由于受自然科学心理学的科学观排斥，始终未能融入主流心理学的发展轨道，更没有取代自然科学的心理学而成为主流心理学。相反，大多数现代心理学家仍致力于将心理学建设成为自然科学的一个部门。

在 16 世纪的文艺复兴开始后，自然科学挣脱了宗教神学的桎梏，向自然界的各个领域进行了大胆的探索和研究。牛顿的天体物理学可谓是当时最辉煌的成就，它改变了人们对世界的看法，开始以一定的自然规律的眼光重新衡量世界万物，这是建立在经验主义原则基础上的理性主义的科学态度。受此影响，作为从西方哲学中孕育、分离出来的心理学，强调一切知识必须建立在观察和实验的基础上。因此，对自然科学的原则和方法的强调就成为探索人类心理的本质和规律的基本立场。可以说，心理学从开始脱离哲学而成为独立的科学研究领域的那一刻起，就奠定了其自然科学性质的基本立场。这些心理学家的理念中的共同信仰就在于：一是人是自然世界的一个组成部分，因此自然科学的对象体系中包含人似乎是合逻辑的。二是只有借助于自然科学的研究方法，才能使心理学成为自然科学群的一个合法成员。三是社会的公认使心理学成为自然科学似乎毋庸置疑。

应当承认，自然科学立场和方法技术对心理学的建立和发展的确功不可没，心理学从统治了几百年的神学和传统教条以及形而上学的思辨中得以解放出来，成为一门独立的学科，并能够确立它的自然科学的地位与尊严，首先应当归功于自然科学的贡献；迄今为止，心理学的理论建设依赖于自然科学基本理念在心理学中的延伸，心理学研究技术的更新更是染上自然科学方法的色彩。以至于大多数心理学家认为，现代心理学的每一进步都是自然科学发展的必然结果。然而，自然科学对心理学发展的所有上述意义都始终掩饰不了其中的一个缺憾：自然科学的基本立场和基本理念在心理学中的延伸导致了心理学基本理论观点上的陕隘和具体研究技术上的盲点。①

有研究者系统考察了现代心理学的自然科学品性。研究指出，心理学自然科学品性是指心理学本来具有的自然科学的品质和风格。心理学在短短一百余年科学化发展历程中，的确已经形成了自然科学模式的研究传统，这是心理学追求科学化的成功之处。心理学正是凭借着以下研究精神和理念，成功地构筑起自然科学品性。

一是研究方式的自然主义。自然主义是这样一种观点，任何现象最终都由自然法则所包容和解释，任何真实事物都属于物理自然或可以还原为物理自然。它成为包括心理学在内社会学科在追逐自然科学化过程中不可或缺的支持性知识背景和方法论。二是研究风格的本体论。这是关于存在本身的学说，即探讨和追问存在作为存在所具有的本性、永恒和规定的一种哲学理论。三是研究精神的简约性。"简约"是自然科学所致力于追求并张扬的一种和谐风格，极力推崇以数学方式和物理主义语言的简单、和谐来解释、说明世界的复杂性。它成为心理学力求以最简单的逻辑语言形式来阐释最复杂的人类心理行为，并追求普遍适用性的一种准则。四是研究理念的因果性。因果原则是人们认识世界和解释事物发展变化的一种方式，它表达了事物之间的一种连续性，认为两个事件之间的因果关系往往表现为一种有规则的变化。它成为心理学实现对研究对象控制和预测对象研究指南。五是研究方法的实证性。实验方法是证明和发展科学知识的有效手段，既是业已获得知识、真理性标准，又是产生理论原理的基础。它成为心理学走上了一条客观、开放和应用的研究发展道路，并维系和支撑着心理学科学化水平的标尺。②

显然，心理学在寻求学科的独立性和确立研究的科学性的进程，曾经栖身于自然科学之中，依赖于自然科学方式，确定于自然科学的性质。这给心理学带来了研究的引导和科学的定位。但是，这也使心

---

① 朱海燕、张锋：《作为自然科学的心理学的困境》，《云南师范大学学报》（教育科学版）2000 年第 5 期。

② 孟维杰：《现代心理学自然科学品性探析》，《南京师大学报》（社会科学版）2007 年第 5 期。

理学关于人的心理行为的理解走向了客观化、自然化、简单化等方向。这也使心理学关于自身学科的理解导向了去文化、轻社会、非人性等方向。

二 社会科学的心理学研究

有研究者对社会科学的方法论进行了考察。研究指出，社会学乃至整个社会科学都是现代性的产儿，因此自社会科学诞生的那天起，就试图将自己打造成像自然科学那样的"科学"，但事实上人类行为的主观与能动性始终使其无法摆脱人文主义的纠缠，成为一门纯粹的实证科学。不仅某种流行的理论范式始终制约着人们对现实社会的研究，在实证主义的探索之外，人文主义在社会科学的研究中也继续扮演着重要的方法论角色，而关于价值中立的无尽争议更是说明了这一原则的相对性。对社会科学方法论的探讨无意终结实证主义与人文主义之争，但却意在为这种非此即彼的争议提供一种相互包容的视角。[①]

心理学的研究中，也贯彻过社会科学的科学观。心理学也有过把自己归属于社会科学家族中的一员，并因此而持有社会科学的科学观。心理学与许多的社会科学门类都有着十分密切的关联和关系。因此，心理学具有社会科学的性质，也拥有社会科学的身份。心理学作为社会科学的门类，也确立了社会科学的科学观。其实，心理学的庞大的分支学科群中，许多是与社会科学门类相结合的心理学分支学科。这些心理学的分支学科也都确立了心理学在社会科学中的性质和地位。社会科学与自然科学有着特定的区别，这就取决于社会科学拥有的科学观，并决定了心理学作为特定的社会科学分支学科的科学属性。当然，这可以通过考察心理学与特定社会科学分支的关系来加以确定。

例如，经济学就是非常强盛和举足轻重的社会科学门类。近年

[①] 周晓虹：《社会科学方法论的若干问题》，《南京社会科学》2011年第6期。

来，经济学与心理学的学科汇合，已经成为经济学学科的重大发展契机，也必然会成为心理学学科的重大发展契机。经济学研究开始涉及大量的关于人的心理行为的探索，以求更为合理地说明和解释人类的经济活动和社会的经济现象。心理学家也加入到了关于经济行为和经济现象的探讨之中。在 2002 年，心理学家获得了诺贝尔经济学奖，就是经济学与心理学两个学科汇合的一个非常重要的标志和象征。这无论对于经济学、心理学，还是对于两个学科之间的交叉和跨界，都是非常重要的事件。这不仅表明了心理学对经济学的影响和贡献，而且表明了经济学对心理学的影响和贡献。可以说，经济学的研究显然也在促进和推进心理学研究的发展和扩展。①② 长期以来，经济学与心理学这两门同样研究人类行为的学科像两条平行线，各自遵循着自己的前进轨迹发展。传统经济学过度推崇和坚持固守理性的研究范式，躲在精心营造的"理想国"中闭门造车，丝毫不顾其"经济人"假设与逻辑演绎的方法论已面临越来越多的现实挑战和困境。心理学也囿于学科界限，迟迟不愿介入经济行为的研究，从而极大地影响了其研究领域的拓展和对于人类行为的理解与认识。20 世纪以来，在一批具有良好心理学素养的经济学家和具有良好经济学头脑的心理学家的积极倡议和参与之下，诞生了跨越经济学和心理学之间人为藩篱的新兴学科——经济心理学。

经济心理学与传统经济学的差异主要有三个方面。首先，从研究内容来看，经济心理学范围相对狭窄，它更关心形成消费、储蓄、投资等经济行为的过程，而不像传统经济学那样对经济活动的数据进行统计分析和研究。其次，从理论依据来看，传统经济学是试图揭示社会经济的理想状态下"应该发生什么"，经济心理学则是将心理变量引入经济学的研究，试图告诉那些给经济学披上了计量化和数学化等貌似严谨的公理化外衣的人，现实的社会经济"实际发生了什么"。

---

① 周国梅、荆其诚：《心理学家获 2002 年诺贝尔经济学奖》，《心理科学进展》2003 年第 1 期。
② 皇甫刚、朱莉琪：《Vernon Smith 开创的实验经济学及其对心理学研究的启示》，《心理科学进展》2003 年第 3 期。

最后，从研究方法来看，传统经济学通过建立数学模型，运用数理统计的方法来检验分析商品市场、货币市场、劳动力市场的经济现象，而经济心理学则以实验为依据对经济行为及心理活动规律展开研究。

国际经济心理学研究会认为，经济心理学作为一门科学，研究的是构成消费和其他经济行为基础的心理机制和过程，涉及人的偏好、选择、决策及其影响因素；同时还要研究与需求的满足有关的决策和选择的结果，包括外部经济现象对人类行为和幸福的影响。经济心理学的研究跨度是从个体和家庭的微观层次到社会和国家的宏观层次。

经济心理学的创新意义主要体现在研究领域的创新，它是对经济学和心理学研究领域的一体化拓展。建立在演绎推论基础上的传统经济学理论开始对人类的实际决策行为进行归纳和经验研究，而将理论重点置于个体行为的心理学也通过经济学的概念和工具将研究领域拓展到了群体行为。因此，一个完整的经济心理学框架涵盖了社会个体、社会群体、微观情境和宏观情境等所有四个层次的分析。[①]

社会学对人类社会、对社会群体、对人际关系、对社会个人的研究，也涉及了社会心理的方面，也提供了对人的群体心理和社会心理的描述和解说。所谓社会心理不同于个体心理，而是有新的性质、新的特征、新的表现和新的功能。社会心理包括社会生活环境中的个体化心理，小群体心理和大群体心理。社会学的研究包含社会文化、文化心理、文化人格等方面，也提供了对文化与心理、文化与行为、文化与人格、文化与自我的研究成果。对于社会心理学的学科来说，就有社会学中的社会心理学。这是从社会学的视角，以社会学的方式，对人的社会心理行为的研究。

社会学提供了考察人的社会心理的社会视角。这种社会视角的透视为心理学的研究提供了一系列的核心性概念。这些核心概念使心理学的研究有了解说人的心理行为的基本内容和方式。这些概念包括社会互动、社会关系、社会角色、社会群体、社会大众，等等。社会互

[①] 鲁直、陈卓浩：《两个傲慢绅士的握手——从传统经济学的困境到经济心理学的新地平》，《社会观察》2005年第3期。

动是指社会上个人与个人，个人与群体，群体与群体之间通过信息的传播而发生的相互依赖性的社会交往活动。社会关系或人际关系是指人们在人际交往过程中所结成的心理关系，它反映了个人或群体寻求满足需要的心理状态。这种关系的变化与发展取决于交往双方需要的满足程度。社会角色是由一定的社会地位所决定的，是社会地位的外在表现，是符合一定社会期望或行为规范的行为模式。它是人的多种社会属性或社会关系的反映，是构成社会群体或社会组织的基础。社会群体是指通过一定的社会互动和社会关系结合起来并共同活动的人群集合体。社会群体是构成社会的基本单位之一。社会群体的本质就在于其内部有一定的结构，即由规范、地位和角色所构成的社会关系体系。社会大众则是社会生活中的大多数社会个体的统称，是社会生活中的松散社会集合。

三 人文科学的心理学研究

有研究者对西方心理学中的科学主义心理学的向度与人文主义心理学的向度进行了考察。研究指出，西方心理学的发展围绕着心理学的科学观、对象观、方法学和理论观等基本理论问题，反映出科学主义心理学（亦称"自然科学心理学"）与人文主义心理学（亦称"人文科学心理学"）的对立和论争。

在科学心理学诞生后，冯特的心理学与布伦塔诺的心理学是西方心理学史上科学主义心理学与人文主义心理学的第一次对立。随后的构造心理学、机能心理学、行为主义心理学、皮亚杰学派、认知心理学、认知神经心理学、生态心理学、进化心理学等代表了科学主义心理学的发展道路，而精神分析心理学、格式塔心理学、现象学心理学、存在心理学、人本主义心理学、超个人心理学、后现代心理学、女性主义心理学、叙事心理学、文化心理学、积极心理学等则代表了人文科学心理学的发展道路。

科学主义心理学与人文主义心理学在心理学的科学观、对象观、方法学以及理论观等方面都存在着两极对立的倾向，表现出相互对立的理论特征，代表了心理学研究中的两种不同的价值取向，是西方心理学的两种向度。那么，人文主义的心理学与科学主义的心理学相对应，就在科学观、对象观、方法学和理论观方面体现出了自己独特的性质。

在科学观方面的对立，人文主义心理学重视人的世界的整体性与独特性。将世界视作有意义的世界，力图在忠于心理现象原本面目的前提下，通过描述和理解，来阐发其中所蕴含的意义与价值。在对象观方面的对立，人文主义心理学在人性观上坚持人文科学立场，强调人在世界中的独特地位，提倡从社会的、历史的、文化的和精神的视角去理解人，从而把人置于心理学研究的核心地位。人文主义心理学重视对心理体验的解释，强调心理学研究对象的主观性、意义性、整体性以及与情境的独特关联。在方法学方面的对立，人文主义心理学以现象学哲学为基础，使用人文社会科学研究方法，具体表现为现场研究、质化研究和特殊规律研究。人文主义心理学以现象学为方法论的哲学基础。现象学从生活世界出发，强调忠实于心理现象本身，提倡通过经验的描述和理解，来获得心理现象的本质和意义。人文主义心理学认为心理学研究应当走出实验室，走进日常生活情境，采用访谈和自然观察等现场研究方法。人文主义心理学不绝对排斥量化的方法，但对科学主义心理学过于量化的倾向进行了批评，大力倡导现象学方法等质化研究。人文主义心理学主张普适性的心理学通则并无太大意义，心理学研究不应离开特定的个体和具体的情境，而应重在发现适合个体的特殊规律。在理论观方面的对立，人本主义心理学则突出了人的主体性和主观性在心理学中的地位，倡导以整体分析法、现象学方法研究人性、价值、创造性和自我实现等高级心理过程。人文主义心理学则反对以方法为中心的倾向，主张以问题为中心，根据研究问题选择方法，既可采用实验法等定量分析的方法，也可采用个案、自陈、描述等定性的方法。人文科学心理学不赞成对人的心理进行静态的元素论的还原主义的分析，而主张用多元的动态的和整体的观点研究社会活动中的人。人文主义心理学强调人的自由意志和自由选择，认为人可以独立自主地做出决定，不受外在环境的干扰。正是由于人的心理具有自由选择和意向性的特点，人文主义心理学才采用了一些主观的方法来研究人的心理现象及其意义。人文主义心理学则坚持生机论的观点，强调心理现象的有机性，重视人类意识的积极性和主动性，认为对于心理与意识的机械分析无助于对其本质的分析。人文主义心理学取向反对价值中立说和无关说，认为价值观既是人性的基础和重要组成部分，又是心理学研究的重要任务，主张心理学是一门价值科学。[①]

在心理学的研究中，也贯彻过人文科学的科学观。心理学也有过把自己归属于人文科学的门类，并因此而持有人文科学的科学观。应该说，心理学也与人文科学的众多分支有着十分密切的关联。无论是人类学、语言学、文化学、文学、哲学，等等，都与心理学有着千丝万缕的联系。心理学也曾经跻身于这些人文科学的分支之中。那么，人文科学的科学观也就会渗透到心理学的研究中。

人类学的研究与心理学的研究一直有着十分重要的关联。在人类学或心理学的分支学科之中，心理人类学的研究为心理学提供了重要的学术资源。有研究者在涉及心理学与文化人类学的关系时就曾经谈到，心理学与文化人类学之间的互动使两个学科都得到了长足的进步，并分别在两个不同的学科领域中形成了两个新的学科，一个是民族心理学，一个是心理人类学。民族心理学采用的是文化人类学的观点研究心理学，心理人类学则采用的是心理学的观点研究文化人类学。

在心理学界，心理学家在长期从事民族心理研究的基础上已经积累了大量经验，而文化人类学家对民族心理的独到研究，则使心理学界对民族心理问题有了进一步的认识，特别是对民族文化与民族心理之间的相互关系有了更明确的认识。因此，心理学家在研究过程中越来越重视民族传统和民族文化对心理行为的影响，把民族文化作为一

[①] 方双虎、郭本禹：《西方心理学的两种向度——科学主义心理学与人文主义心理学》，《自然辩证法通讯》2011年第2期。

个重要的变量在实验设计和调查研究中加以考虑，并特别注意吸收文化人类学研究的理论成果，逐步建立和发展了文化心理学和跨文化心理学。在文化人类学界，文化人类学家应用心理学方法开展文化与人格研究，已把研究的范围从原来主要研究远离现代文明的、人口较少的原始族群，扩展到当代不同文明程度的、人口众多的民族，甚至把中国、日本、美国等不同国度的国民性也都纳入了研究的范围。

随着文化人类学界对民族心理研究的不断深入，一些文化人类学家已经不满足于把自己的研究限制在文化与人格的范围之内，他们希望通过改变学科名称来达到扩大研究范围的目的。在20世纪70年代，人类学家许烺光就建议将人类学中有关"文化与人格"的研究改称为"心理人类学"。美国人类学界采纳了这一建议。心理人类学独立以后，研究者把心理人类学定义为研究文化与心理、文化与行为关系的科学，认为心理人类学不仅研究文化与人格这一传统的课题，而且研究文化与认知、文化与情感、文化与意志、文化与态度、文化与行为、文化与心理发展、文化与精神异常等一系列的全新的课题。

心理学与文化人类学经过长期互动所形成的民族心理学和心理人类学，在研究对象、研究方法、研究内容、研究目的等方面日渐接近，使心理学与人类学两个学科之间的差别性越来越小，共同点却越来越多。因此，有研究者就认为和提出，有必要把两个学科合并成为一个学科，由心理学家和文化人类学家联手共同开展民族心理或种族心理的研究，把民族心理的研究提高到一个新的水平，为解决民族地区社会发展过程中出现的文化与心理问题提供有力的理论支持。①

有研究者是通过分析心理学的文化品性来解读心理学的性质，并且认为这是一种重新的解读。该解读认为，现代心理学出现的文化转向思潮似乎预示着该思潮试图成为现代心理学何去何从的有力注解。但是，现代性二元对立的思维一直若隐若现地贯穿于文化转向思潮当中，成为挥之不去的阴影。所以，该思潮还不是拯救心理学的一剂良

---

① 韩忠太、张秀芬：《学科互动：心理学与文化人类学》，《云南社会科学》2002年第3期。

方。分析心理学文化品性表达和解说了在一个文化解释框架下对心理学根本问题的认识,对逻辑和技术的外表下心理学诸要素的文化特征总体进行深入的概括和挖掘,从而实现对心理学的完整、深刻的把握,在根本上回答心理学到底是什么的问题。这既是对心理学文化转向的根本性超越,也是对心理学学科性质的独特探索和追问,其中折射的不仅仅是研究思路的根本转变,更重要的是心理学观的深刻变革。该解读主张,对心理学的文化品性的分析超越了对心理学文化转向的考察。该研究者把跨文化心理学、本土心理学、文化心理学、后现代心理学都纳入了心理学文化转向之中,认为跨文化心理学是以文化的名义,本土心理学是文化的自闭,文化心理学是文化的极致,后现代心理学是文化的消解。[1]

心理学显然也具有人文科学的性质,这决定了心理学是属于人的科学,是关系到人本身的科学。人文、人性、人道、人本,都可以成为人文科学的心理学的基本的理论设定和研究前提。

四　中间科学的心理学研究

中间科学的心理学所强调的是,心理学是具有多元化的性质。这体现出的是共生学的原则。心理学是从共生视角出发的探索。在心理学的历史发展中,在心理学的科学研究中,一直非常盛行的是分离的研究。或者说,对于心理行为与社会文化环境,对于个体心理与群体心理,对于小群体心理与大群体心理等,都是分离地去进行考察。这既带来了研究的精确性,也带来了研究的偏差性。研究的结果造成的是对社会心理的不合理的解说。共生主义的观点则把前述的不同的方面看作共生的过程,是共生的整体,是一个完整的过程,是一个互动的过程。

---

[1] 孟维杰:《心理学文化品性分析:心理学性质重新解读》,《山东师范大学学报》(人文社会科学版)2007年第1期。

有研究者认为心理学属于综合性的"人学"。研究指出，科学心理学自诞生以来，学者们对其学科性质、科学类别一直存在争议，至今尚未形成共论。研究从心理学是一门研究人的"人学"出发，对心理学的学科性质进行了再考察，并对心理学的知识领域及其在科学体系中的另类特征进行了分析与描述，认为心理学本质是一门综合性的"人学"，其学科性质是一门另类科学，其知识形态既是科学，又是文化。

心理学的研究内容、研究方法的另类性与其知识形态的多样性决定了心理学的学科性质与一般学科也是不同的，因此，有必要对其学科性质进行再认识。一是心理学的学科定性：综合性的"人学"。心理学理论的博大庞杂，研究对象、内容及方法的另类性，使心理学难以划入任一科学类别。心理学所研究的内容与使用的方法、手段，不断交叉、融合、借鉴而逐渐形成一门知识体系高层位，知识形态高水准，研究方法高交叉融合的一门类似于哲学的"人学"。二是心理学的学科发展：高度交叉与整合的无范式道路。心理学作为一门"人学"，由于其研究对象的极度特殊性、高深性和研究方法论的相应复杂性，使心理学研究领域、具体研究内容不断变化，研究人的不同侧面的心理学派、小型理论层出不穷，心理学领域中很难形成统一心理学所有研究领域的理论或思想，即库恩所说的范式。三是心理学的学科应用："工具性"与"非工具性"。心理学的特殊知识形态决定了其知识的应用具有两重性。一方面，心理学理论中的科学性知识为人类的生产、生活提供了工具性的服务，为日常问题的解决提供了具体的方法与手段。另一方面，由于人不仅是一种生物的存在，更是一种文化历史的存在，这使心理学的研究与人类的文化知识、风土人情、文学艺术结合在一起。再者，从事心理学研究的心理学家都生活在特定的文化圈中，他们了解和认识心理行为的途径、心理行为的原则、干预心理行为的手段以及在他们的探索中隐含的理论框架或理论设定都体现出独特的文化精神。①

有研究者考察了当代的交叉学科。研究指出，交叉学科是在一定的条件下，由不同学科或不同领域交叉渗透、彼此结合、相互作用而形成的新兴学科。与传统学科相比，交叉学科有以下几个主要特征。

一是交叉学科是在一定条件下，由不同学科或不同领域之间交叉渗透、彼此结合、相互作用的结果。科学发展历史表明，交叉学科生长在不同学科之间的边缘地带，是科学尚未开垦的处女地。交叉学科形成的途径多种多样，主要有以下几种：首先是移植组合。所谓移植组合，是指把某门学科的科学概念、理论、方法等学科的要素推广应用，转移嫁接到另一学科领域中，使之转化后的概念、理论、方法等成为后起学科理论体系的有机组成部分，组成新的交叉学科，使之有所突破，有所创新，有所前进。其次是交叉融合。交叉融合是指把两门不同学科的概念、理论、方法等学科要素交叉融合，开拓新的领域，促其发展，组成新兴交叉学科。常见情况是在同一学科领域各分支学科之间交叉融合产生的新兴交叉学科；在不同学科领域之间相互交叉融合而形成的新兴交叉学科。最后是多元综合。所谓多元综合是指多门学科的基本要素相互渗透、交叉综合而产生的新兴交叉学科。包括研究某一客观现象进行多元组合而产生的交叉学科；探讨重大理论问题进行多元组合而产生的交叉学科。

二是交叉内容丰富多彩，充分反映了自然科学与社会科学合流的新精神。当代交叉学科在新学科整体中占大多数，是现代学科发展的重要标志。交叉学科立足于当代，从学科的高度总结人们的新实践，反映新的学术思想，展现新的逻辑起点，表现新的思维方式，瞄准新的研究对象，开拓新的研究领域，使用新的术语概念，揭示新的客观规律，为人类认识世界提供新的知识体系。自然科学与社会科学合流所反映的交叉学科的内容，错综复杂，丰富多彩，其表现形态，归纳起来看，大体上可分为宏观合流、中观合流、微观合流。宏观合流是

---

① 蔡笑岳、于龙：《心理学：研究人的另类科学——对心理学学科性质的再认识》，《中山大学学报》（社会科学版）2005年第5期。

指自然科学与社会科学全局上的总体合流，这属于文化形态，其中涉及高层次的横断交叉学科，如系统论、信息论、控制论、耗散论、协同论、突变论等学科。中观合流是指自然科学的某一学科与社会科学的某一学科的合流，如社会心理学、科学社会学、科学法学、计量经济学、技术经济学、技术美学、政治数学等交叉学科。微观合流是指自然科学和社会科学的某一学科的某些成分或某一研究成果之间的交叉渗透，互相移植、嫁接、吸收等。有些自然科学的概念范畴被社会科学所吸收，建立起别开生面的新兴交叉学科，如自然科学的宏观和微观的概念被经济学吸收后，建立起宏观经济学和微观经济学。[①]

关于心理学的中间科学的定位，给了心理学与各种不同科学门类相衔接的可能和空间。心理学研究强调自己的中立地位和中间立场，不仅体现的是心理学学科的独特的研究对象的性质和特征，而且表达的是心理学可以根据自己的研究需要来运用不同的研究方法。

五　心理学的基本学科性质

心理学所确立的科学观也经历了历史的演变。或者说，心理学也在各种不同的科学研究框架中，去尝试走过不同的道路。可以将其看作心理学在自己的科学道路上的一种摸索或探索，也可以将其看作心理学的多样化的研究定位和定性。心理学在对自己的学科性质的界定中，心理学在对自己的发展历程的定位中，既持有和贯彻过自然科学的科学观，社会科学的科学观，也持有和贯彻过人文科学的科学观。或者说，关于自身的学科属性的归属，心理学曾经把自己归属于自然科学，社会科学，也曾经把自己归属于人文科学。当然，也曾经有很多的研究者是把心理学归属于中间学科，是跨越自然科学、社会科学和人文科学的中间学科，是同时具有自然科学、社会科学和人文科学的属性。那么，在心理学的研究中，就贯彻和体现过自然科学的科学

[①] 金哲：《论当代交叉学科》，《上海社会科学院学术季刊》1994 年第 3 期。

观、社会科学的科学观和人文科学的科学观。当然，心理学的科学观本身也具有文化的内涵，是特定文化的体现，是文化传统的延续。

在心理学的研究中，就曾经贯彻过自然科学的科学观。心理学把自己归属于自然科学家族中的一员。心理学曾经效仿过属于精密科学的物理学，物理学对心理学的发展产生过重大的影响。物理学对科学心理学的影响在于其提供了考察和探究物理客体的基本科学方式和基本科学方法。物理学是最早从哲学中分离出来的科学学科。物理学为了在研究中弃除哲学的思辨，而把物理学的研究对象确定为物理现象。对物理现象的研究必须采用客观的、实证的、精确的研究方法或观察的、实验的、定量的研究方式。物理学在脱离了哲学的思辨之后，在成为实验的科学之后，就有了突飞猛进的发展和日新月异的进步。并且，物理科学也成为带头的学科，研究的楷模。心理学在早期成为实验科学之时，就是以物理学为榜样的。甚至于科学心理学在研究中不惜把人的心理行为还原为物理的原理和规律。

心理学的研究中，也贯彻过社会科学的科学观。心理学也有过把自己归属于社会科学家族中的一员，并因此而持有社会科学的科学观。心理学与许多的社会科学门类都有着十分密切的关联和关系。因此，心理学既具有社会科学的性质，又拥有社会科学的身份。心理学作为社会科学的门类，也会确立社会科学的科学观。其实，心理学的庞大的分支学科群中，也有许多是与社会科学门类相结合的心理学分支学科。这些心理学的分支学科也都确立了心理学在社会科学中的性质和地位。那么，重要的问题是，心理学的科学观曾经持有的就是社会科学的科学观。社会科学与自然科学有着特定的区别，或者说两者有着科学性上的特定的区别。这就取决于社会科学拥有的科学观，并决定了心理学作为特定的社会科学分支学科的科学属性。当然，这可以通过考察心理学与特定社会科学分支的关系来加以确定。

心理学的研究中，也贯彻过人文科学的科学观。心理学也有过把自己归属于人文科学的门类，并因此而持有人文科学的科学观。应该说，心理学也与人文科学的众多分支有着十分密切的关联。无论是人类学、语言学、文化学，还是文学、哲学，等等，都与心理学有着千丝万缕的联系。心理学也曾经跻身于这些人文科学的分支之中。那么，人文科学的科学观也就会渗透到心理学的研究中。心理学按照人文科学的性质对自己的定位，强调的是心理学的属人的性质。

有研究者是通过分析心理学的文化品性来解读心理学的性质，并且认为这是一种关于心理学性质的重新解读。该解读所提供的观点认为，现代心理学所出现的文化转向思潮，似乎预示着该思潮试图成为现代心理学何去何从的有力注解。但是，现代性二元对立的思维一直若隐若现地贯穿于文化转向的思潮当中，成为挥之不去的阴影。所以，该思潮还不是拯救心理学的一剂良方。分析心理学文化品性表达和解说了在一个文化解释框架下对心理学根本问题的认识，对逻辑的、技术的外表下心理学诸要素的文化特征总体，进行了深入的概括和挖掘，从而实现对心理学的完整、深刻的把握，在根本上回答心理学到底是什么的问题。这既是对心理学文化转向的根本性超越，也是对心理学学科性质的独特探索和追问，其中折射的不仅仅是研究思路的根本转变，更重要的也是心理学观的深刻变革。该解读主张，对心理学的文化品性的分析是超越了对心理学文化转向的考察。该研究者是把跨文化心理学、本土心理学、文化心理学、后现代心理学都纳入了心理学文化转向之中，认为跨文化心理学是以文化的名义，本土心理学是文化的自闭，文化心理学是文化的极致，后现代心理学是文化的消解。[①]

对于心理学的学科和研究来说，最为重要的问题是在于心理学是否有能力去整合自己的研究，分支，理论，方法，技术。

在这种整合的过程中，心理学需要的是增强自己的独立性，扩大自己的包容性，确立自己的自主性。这是心理学不至于最后消失在各个不同学科分支之中的最为根本的方面。在心理学的整合的过程中，心理学需要的是增强自己的创新性，扩大自己的吸纳性，确立自己的增长性。尽管心理学可以是处在不同学科汇集的交点上，但是，心理

[①] 孟维杰：《心理学文化品性分析：心理学性质重新解读》，《山东师范大学学报》（人文社会科学版）2007年第1期。

学的研究却可以有能力去整合自己的研究，理论，方法，技术，还有自己的学科。

　　因此，心理学的基本的学科性质就在于心理学是属于可以与自然科学、社会科学、人文科学并列的心理科学。这就可以避免心理学的分裂、分解、分化，可以避免心理学的消失、消解、消灭。心理学自身的强盛就可以带来心理学学科的真正的独立。这就不仅仅是由于建立了心理学实验室，由于运用了实证科学的方法，而使心理学成为独立的实证科学。心灵的存在、心理的现实、心性的根基、心态的幻化，就可以成为真实的、真正的研究、应用和生活领域。

第五章　心性论的心理学内涵

中国本土文化之中的心性学或心性论，是从非常独特的文化视角，是从非常系统的思想论域，涉及了特定的心理学的内容。心性论给心理学的研究提供了理解人的心理行为的思想根基、文化根源、心理基础、意义来源等统一的方式和方法。儒家的心性论是儒学的核心内容，强调仁道就是人的本性，就是人的本心。道家的心性论是道家的核心内容，道就是人的本性，就是人的道心，也就是人的本心。佛教的心性论是佛家的核心内容，强调佛性就在人的心中，是人的本性或本心。儒释道的心性论一个相通的地方，就是从心性论基础之上的关于人类心理的解说和阐释，提供了关于人的心性的内涵、结构、构成、功能、活动、演变、发展的理论和学说。新心性心理学是中国本土心理学的理论创新或理论突破，是将心性论设定为中国本土心理学的理论框架、理论预设、理论解说、理论阐释，形成特定的研究思路和研究路径，去引导原始的理论突破和学术创新。中国本土心理学应该立足于中国本土的文化，应该立足于本土原始的创新，应该寻求理论建构的突破。这是中国心理学走上自主创新道路的最为基本的追求。所以，中国本土思想中的最为重要的理论学说就是心性论。这能否成为中国本土心理学创新发展的文化根基和思想源泉，就成为中国本土心理学发展的核心性的课题。

一　中国本土的心性论

中国本土文化之中的心性学或心性论，是从非常独特的文化视角，是从非常系统的思想论域，涉及了特定的心理学的内容。或者说，是给出了有关人的心理行为的有价值的理论解说。这包括了一系列在西方心理学的传统之中属于空白或弱点的心理学的重要和重大的课题。

应该说，心性论并不是专门的心理学的探索，而是属于哲学的探索，或是属于中国本土文化和本土哲学的独特探索。但是，通过特定的学科之间的转换，仍然能够从中理解到心理学的内容。这实际上可以成为独特的心性心理学的探索。心性论的心理内涵就在于给出了人的心理的基本思想预设，核心理论根据，系统理论推演。其中就包括了在西方的科学心理学探索和研究之中，所一直受到忽视和排斥的内容。

心性论给出了有关人的心理的内容或意义的阐释。杨国荣先生论述了心性之学与意义世界的关系。研究指出和表明，就人与对象世界的关系而言，心性论的进路不同于对存在的超验构造。在超验的构造中，世界往往被理解为知行过程之外的抽象存在。相对于以上的超验进路，心性之学更多注重世界对人所呈现的意义，而不是如何在人的存在之外去构造一个抽象的世界。较之于无极、太极或理气对于人的外在性，心性首先关联着人的存在；进入心性之域，则同时表明融入了人的存在之域。与之相联系，从心性的视域考察世界，意味着联系人自身的存在以理解世界。人不能在自身的存在之外去追问超验的对象，而只能联系人的存在来澄明世界的意义；换言之，人应当在自身存在与世界的关系中，而不是在这种关系之外来考察世界。

以人与对象的关系为出发点，心性之学难以悬空地去构造一种宇宙的图式，也无法以思辨的方式对世界的结构作逻辑的定位。这并非让意识在外部时空中构造一个物质世界，而是通过心体的外化（意向活动），赋予存在以某种意义，并由此建构主体的意义世界；与之相关的所谓心外无物，亦非指本然之物（自在之物）不能离开心体而存在，而是指意义世界作为进入意识之域的存在，总是相对于主体才具有现实意义。

心性之学对意义的追寻，当然并不限于化对象世界为心性之域的存在。从更内在的层面看，以心性为出发点的意义追寻所进一步指向的，是精神世界的建构和提升。作为精神世界的具体形态，境界更多地与个体相联系，并以个体的反省、体验等为形式。如果说，化对象世界为心性之域的存在首先伴随着对存在意义的理解，那么，物我一体之境则更多地包含着对存在意义的个体领悟。

作为意义世界的表现形式之一，精神之境蕴含了对存在的体与悟，同时又凝结并寄托着人的"在"世理想。与存在及"在"的探寻相联系，境界表现了对世界与人自身的一种精神的把握，这种把握体现了意识结构的不同方面（包括理性与情意等）的综合统一，又构成了面向生活实践的内在前提。就人与世界的关系而言，境界展示了人所体验和领悟的世界图景；就人与内在自我的关系而言，境界又表征着自我所达到的意义视域，并标志着其精神升华的不同层面。[1]

对于心理学的研究来说，探索心理的机制与探索心理的内容，一直就是科学心理学或实证心理学非常难以面对和解决的问题。现代实证心理学实际上是抛弃了心理的内容，而仅仅是探索心理的机制。这给心理学的研究和发展带来了许多难以克服的障碍。将"天人合一"与"心道一体"的理念引入心理学的探索和研究，就可以吸纳能够融心理机制与心理内容为一体的新的研究理念和探索方式。

心性论给心理学的研究提供了理解人的心理行为的思想根基、文化根源、心理基础、意义来源等合一或统一的方式方法。因此，所谓心性心理学就是在天人合一或主客统一的基础之上，去重新确立或确定心理学研究的内容和方式。研究根基的转换也就带来了心理学研究和心理学创造的更为广大的空间。

心性论心理内涵所体现和表达的就是心性心理学所涉及的基本的内容，所涉及和考察的就是心性心理学基础之上的新心性心理学的创造和创新。这就将心性论的思想内容和理论内容融入了心理学的探索和研究，并融入了新心性心理学的理解和理论之中。

---

[1] 杨国荣：《心性之学与意义世界》，《河北学刊》2008年第1期。

二　心性心理学的结构

现代的和中国的科学心理学曾经都是西方的或源于西方文化传统的心理学。这种西方的科学心理学或实证心理学是把心理现象当成心理学的研究对象。建构于中国本土心理文化基础之上的，或建构于中国本土心性心理学基础之上的新心性心理学，则把心理生活确立为心理学的研究对象。在中国的本土文化中，有着独特的心理学传统。这种传统对人的心理行为有着独特的理解。其实，心理学有着不同的历史形态。在中西方的心性心理学传统中，就有着对人的心理的截然不同的假设或设定。

在西方文化中，分离了客观与主观，分离了客体与主体，因此也就分离了科学文化与人本文化。那么，科学文化强调的是对客观研究对象的客观描述。人本文化则强调的是对主观经验的主观理解。这就导致了西方的实证心理学与人本心理学之间的分裂。西方的实证科学的心理学所理解的心理现象，是建立在两个基本的理论前提或理论假设之上。一是研究者与研究对象的绝对分离，研究者仅是旁观者，是观察者，是中立的，是客观的。二是研究者必须通过感官来观察对象，而不能加入思想的臆断推测。

中国的本土文化提供了对人的心理完全不同的理解。这就是本土的心性学说，就是本土的心性心理学，就是本土文化的心理学资源，就是新心性心理学创新的基础。新心性心理学把心理学的研究对象确立为心理生活。所谓心理生活也是建立在两个基本设定上。一是研究者与研究对象的彼此统一，二是生活者是通过心理本性的自觉来生成和创造自己的心理生活。心理生活的性质是觉解，方式为体悟，探索在体证，质量是基本。这说明心理生活就是自觉的活动，就是意识的觉知，就是自我的构筑。人的意识自觉能否成为心理学的研究对象，在心理学发展中一直是有争议的问题。中国心理学的创新发展有必要去重新理解和思考心理学的研究对象，以开拓心理学发展的新方向和新道路。心理学的变革一是在于对研究对象的重新理解和定位，二是在于对研究方式的重新思考和确立。把心理学的研究对象从心理现象转向于心理生活，是根源于本土文化的对研究对象的另类考察。

三 心性心理学的特点

中国的哲学心理学则与西方的哲学心理学有所不同。中国哲学的思想家提供的不仅仅是关于人的心理行为的思辨猜测。中国的哲学心理学是建立在中国文化主客体相统一的基础之上的。在这样的哲学心理学中，没有所谓研究者与研究对象的分离。每个人都可以既是研究者，也是被研究者。物我不分的道就在每个人的心中。心道一体导致的是对人的心理的揭示，即内心体道的过程，是心灵境界的提升，是人对内心道的体悟和体验，是人对内心之道的实践或实行。这就是中国文化传统中的内圣和外王。内心体道才能成为圣人，外在行道才能成为王者。那么，如何体道和践道，中国本土的传统心理学就给出了理论的解说和实践的行使。

在中国的文化传统中，哲学就是无所不包的学问。正如有学者所指出的，从某种意义上来说，中国的哲学就是一种心灵哲学，就是回到心灵，解决心灵自身的问题。中国哲学赋予了心灵特殊的地位和作用，认为心灵是无所不包和无所不在的绝对主体。[1] 其实，中国本土的文化中的心性说，就是关于人的心灵的重要的学说。

儒家的心性论是儒学的核心内容，强调的是仁道就是人的本性，就是人的本心。通常认为，儒学就是心性之学。[2] 有的研究者就认为，心性论是儒学的整个系统的理论基石和根本立足点。所以，儒学本身也就可以称为心性之学。[3] 儒家的心性论强调人的道德心和仁义心是

---

[1] 蒙培元：《心灵的开放与开放的心灵》，《哲学研究》1995年第10期。
[2] 杨维中：《论先秦儒学的心性思想的历史形成及其主题》，《人文杂志》2001年第5期。
[3] 李景林：《教养的本原——哲学突破期的儒家心性论》，辽宁人民出版社1998年版。

人的本心。对本心的体认和践行，也就是对道德或仁义的体认和践行。那么，人所追求的就是尽心、知性、知天，即"尽其心者，知其性也。知其性，则知天矣"（《孟子·尽心上》）。也就是孔子所说的下学上达。儒家所说的性是一个形成的过程，亦即"成之者性"，所以孔孟论"性"是从生成和"成性"的过程上着眼的。① 这就给出了体认仁道和践行仁道的心理和行为的一体化的历程。

道家的心性论也是道家的核心内容，是把道看作人的本性，也就是人的道心、本心。道家的心性论把"无为"作为根本的方式。无为就是道的根本存在方式，也是人的心灵的根本活动方式。"无为"强调的是道的虚无状态，强调的是"致虚守静"的精神境界。"无为"从否定的方面意味着无知、无欲、无情、无乐；"无为"从肯定的方面则意味着致虚、守静、澄心、凝神。道家也强调"逍遥"的心性自由境界。② 老子强调的是人的心性的本然和自然，庄子强调的是人的心性的本真和自由。③

佛教的心性论也是佛家的核心内容，强调佛性就在人的心中，是人的本性或本心。中国的禅宗是佛教的非常重要的派别。禅宗的参禅过程就是对自心佛性的觉悟过程。这强调的是自心的体悟、觉悟。禅宗也区分了人的真心和人的妄心，区分了人的净心和染心。真心和净心会使人透视到人生或生活的真相。妄心和染心则会使人迷失了真心和污染了净心。④ 禅宗的理论和方法可以有两个基本的命题。一是明心见性，二是见性成佛。禅宗的修行强调的是无念、无相、无住。"无念为宗，无相为体，无住为本。"⑤

有研究者指出，概括地说，中国文化传统的核心或基本精神是以人生为主题，以伦理为本位，以儒家学说为主线，充满着内在的人文

---

① 李景林：《教养的本原——哲学突破期的儒家心性论》，辽宁人民出版社1998年第8期。
② 郑开：《道家心性论研究》，《哲学研究》2003年第8期。
③ 罗安宪：《中国心性论第三种形态：道家心性论》，《人文杂志》2006年第1期。
④ 方立天：《心性论——禅宗的理论要旨》，《中国文化研究》1995年第4期。
⑤ 汤一介：《禅宗的觉与迷》，《中国文化研究》1997年第3期。

精神。中国心理学文化根基以其旺盛的动力和不竭的生命气息，彰显着独具特色的魅力，其核心价值或基本精神成为今天心理学文化理论创新的资源与源头。①

中国本土的心性心理学是非常重要的心理学的资源，这是思想、理论、传统、文化的资源。这种独特源头的心理学的思想、建树、探索，无论是对于现实民族心理、文化心理和大众心理，还是对现实的心理探索、心理研究和心理建构，都是根本性的和广泛性的影响和决定。

四　心性心理学的要义

中国文化中非常独特和重要的理论贡献就是心性的学说。中国的文化具有崇尚"道"的传统。道并不是外在的或远人的，道就是人心中的存在，心与道是一体的。道就是人性的根本，就是人心的本性。这就是心性说，就是心性论。可以说，只有了解心性学说，才能了解中国文化。

在中国的文化传统中，哲学就是无所不包的学问。有学者指出，从某种意义上来说，中国的哲学就是一种心灵哲学，就是回到心灵的自身，解决心灵自身的问题。中国的哲学传统赋予了心灵特殊的地位和作用，认为心灵是无所不包的和无所不在的绝对主体。② 其实，中国本土文化中的心性说，就是关于人的心灵的重要学说。

中国本土文化中的心性说，就是有关人的心灵的重要的学说。从中国本土的心性学说中，就能够展现出关于人的心灵活动的一系列重要的阐释。儒释道三家的心性论所具有的一个相通的地方，就是都有从自己的思想基础之上的关于人类心理的解说和阐释，都提供了关于

---

① 孟维杰：《心理学理论创新——中国心理学文化根基论析及当代命运》，《河北师范大学学报》（哲学社会科学版）2011年第5期。
② 蒙培元：《心灵的开放与开放的心灵》，《哲学研究》1995年第10期。

人的心性的内涵、结构、构成、功能、活动、演变、发展的理论和学说。这成为一种体现了中国本土文化特色的心理学传统、心理学探索、心理学学说。儒家的心性论也是儒学的核心内容。通常认为，儒学就是心性之学。心性论是儒学的整个系统的理论基石和根本立足点。所以，儒学本身也就可以称为心性之学。儒家的心性论强调人的道德心和仁义心是人的本心。对本心的体认和践行，就是对道德或仁义的体认和践行。道家的心性论也是把道看作人的本性，也就是人的道心本心。强调的是人的自然本性，这也就是人的"真性"，这也是人的自然本心。道家的心性论认为无为是道的根本存在方式，也是人的心灵的根本活动方式。"无为"强调的是道的虚无状态，强调的是"致虚守静"的精神境界。佛教的心性论强调佛性就在人的心中，是人的本性或本心。禅宗是佛教的非常重要的派别。参禅的过程就是对自心的佛性觉悟的过程。这强调的是自心的体悟、觉悟的过程。

中国本土心理学的发展和演变就应该是立足本土的资源，就应该是提取本土的资源，就应该是运用本土的资源。在本土文化的基础之上，在本土文化的传统之中，在本土文化的背景之下，在本土文化的资源之内，来建构特定的心理学，来创造本土的心理学。这也是近些年来许多学者努力的方向。在中国本土文化的基础之上来建构中国本土的心理学，这也是当前中国心理学研究者追求的目标。回到中国本土文化之中，挖掘中国本土文化中的心理学资源，这已经成为许多中国心理学研究者的自觉的行动。当然，不同的研究者着眼的焦点不同，关注的内容不同，思考的方向也就不同。但是，心性说或心性论却是中国本土心理学传统中根本的或核心的部分。

五　心性心理学的建构

心理学应该是一个开放和容纳的学科概念和学科门类，应该是一个依赖创新创造的学科概念和学科门类。中国本土的心理学也是如此。人类正是通过科技创新而赢得了自己在大千世界中的重要的位置，心理学也应该和必然是通过学术创新，来获得自己在科学之林中的地位，中国本土的心理学也必须是通过自主创新，来迈进世界心理学的大门。这应该就是中国本土心理学的学科性的追求，也应该就是新心性心理学的学术性追求。

在中国本土文化的传统和根基之上，还需要迎合中国本土心理学的成长要求，进行创新的建构和突破的发展。因此，这也就不再是回归为"心性心理学"，而应该创造性建构为所称的"新"心性心理学。这个"新"就是创新，就是更新，就是出新。新心性心理学有自己的基本目标、基本结构、基本内容、理论创新和理论演进。新心性心理学将会开辟中国本土心理学、中国理论心理学、中国文化心理学等研究中的新道路和新局面。

在中国本土心理学的研究中，关于中国本土文化传统中的心理学理论根基和学术资源的探索，是最为重要和关键的走向，是最为核心和根本的未来。本课题的研究就在于推动和引领中国本土心理学的创新性发展，去挖掘和把握中国本土的心理学资源、心理学传统、心理学根基。在中国本土的、古老的和悠久的心性文化传统之中，就存在着丰富的心理学资源、特定的心理学传统和深厚的心理学根基。这就是中国文化的心性学说。从心理学的角度考察和挖掘，可以将这种心性学说转换为心性心理学。这是中国文化非常独特和重要的心理学理论贡献。中国本土文化中的心性学说和心性心理学有着非常重要的心理学学术性价值，本课题的研究就是对中国本土心理学的研究进行重新的定位，厘清中国本土心性心理学的内涵，对中国本土心性心理学进行深入挖掘，将心性心理学的思想框架和核心理论引入中国本土心理学的具体研究中。

六　心性心理学的创新

在中国本土心性心理学基础之上的创新发展就是新心性心理学。这其中的"新"字就在于强调学术思想、理论核心的创新和突破。就是将原本是属于传统文化、传统思想和传统理论的原则、内容、方式、方法，都引入中国心理学的核心理论的建构之中。体现了新心性心理学的基本内涵。

新心性心理学是中国本土心理学的理论创新。这种理论创新或理论突破，就在于能够将中国本土心理学的理论框架、理论预设、理论解说、理论阐释纳入特定的研究思路和研究路径，并能够形成理论的突破和学术的创新。新心性心理学的理论创新所体现的研究思路和研究路径主要体现在如下几方面。

第一，新心性心理学的理论创新需要立足中国本土的文化学基础。这就是要着眼于中国心理学当代发展和理论创新的文化基础、历史传统、思想资源和理论根源。中国现代的心理学是从西方或国外引入的，这种引入的心理学有着西方或国外文化的基础和资源。问题在于如何立足于中国本土来发展心理学，来构造心理学，来从事心理学研究。

第二，新心性心理学的理论创新需要挖掘中国本土的心理学传统。在中国本土文化的历史传统之中，心性论、心性说、心性学是其核心的内容。中国本土心理学可以把自己立足于中国本土文化的心性资源、心性思想、心性设定的根基和传统之中。对中国本土的心理学传统的探讨，应该能够确立中国本土文化的核心内容，以及这种核心内容的心理学定位。

第三，新心性心理学的理论创新需要开发本土心性心理学的资源。中国本土的心性心理学就是一种具有本土文化独特性的心理学传统，可以从中开发出心理学的特定资源。从而导出中国本土心理学的本土文化的源流，可以奠定中国本土心理学理论建构的本土文化的基础。

第四，新心性心理学的理论创新需要形成本土心性心理学的框架。中国本土心理学需要的是理论的预设、前提、原则、构造。以此成为中国本土心理学理论构成的一个基本的框架。这个框架可以容纳中国本土心理学的基本理论预设以及重要理论路径。

第五，新心性心理学的理论创新需要探讨心性心理学的研究方式。新心性心理学的探索关系到理论与历史的研究，研究涉及心理学的思想前提、理论基础、研究框架。因此，重要的研究方法就在于采纳理论建构、前提反思、理论预设、思想架构、历史考察、历史文献、当代解读、当代转换等多种理论心理学的研究方式和方法的组合。

第六，新心性心理学的理论创新需要厘清心性心理学的研究内容。中国本土心理学的创新和发展目前最为需要的，就是厘清自己的本土历史传统、本土文化根基、本土哲学基础、本土思想方法。对心性心理学的研究考察，可以明确心性心理学的基本研究内容的构成。

第六章　中国本土心性心理学

天人合一的基本体现就是心道的一体。道是容含的总体，但是道又不是在人心之外，而在人心之内。心性论是中国文化传统之中的非常成熟的理论类型和理论构造。这实际上是从天道、天命、天理、天性、天人等的理论预设和理论构造之中延续、延展、延伸而来的。中国本土文化中的心性说涉及了人的心理的几乎所有重要的方面。因此，可以说，从心性论之中就可以引出心性心理学，从心性心理学中就可以创造出"新"心性心理学。心性论就在于给心理学的研究提供了理解人的心理行为的思想根基、文化根源、心理基础、意义来源等合一或统一的方式方法。心性说或心性论是中国本土心理学传统中根本的或核心的部分。

一　心道一体的设定

天人合一不仅是指在根源上天与人是一体的，而且是指在发展中人与天也是一体的。当然，这里的天不是指自然意义上的天，不是指宗教意义上的天，而是指生活意义上的道理或规律。所谓天道是指自然演化过程中、生物进化过程中、人类实践过程中的规律。这里的人不是指自然意义上的人，也不是指生物意义上的人，而是指创造意义上的人。

天人合一的含义就是指人的心理行为与人的生活环境的共生的关系。如果单纯说环境创造了人，这是不完整的。环境决定论导致的是，把人看作被动地受到环境的影响，制约，塑造。那么，人就成为环境的奴隶，成为环境的附属，成为环境任意宰割的对象，成为环境挤压踩躏的存在。同样，如果单纯说人创造了环境，那也是不完整的。主体决定论导致的是，把人看作无所不能的主宰者，人可以任意地妄为，人可以无所不为。那么，人就成为不受约束的主人，成为破坏的源头，成为自然的敌人，成为自毁前程的存在。其实，人与环境是共生的关系，是共同成长的历程。可以说，人是通过创造了环境而创造了自己。或者说，环境通过改变了人而改变了自身。人与环境是共荣共损的关系，是共同成长或共同衰退的关系。

天人合一的基本体现就是心道的一体。道是容含的总体，但是道不是在人心之外，而是在人心之内。所以，人心可以包容天地，包容天下，包容世界，包容社会，包容他人。这就是人在自己的内心中去体道的过程，也是在自己的践行中去证道的过程。但是，在人的生活中，人却常常会失去自己的本心，被自己的欲望所蒙蔽。从而，人就会背道而驰，人就会倒行逆施，人就会见利忘义，人就会为富不仁。那么，怎么样才能复归本心，怎么样才能明心见性，怎么样才能仁爱天下，这就是体道的追求，这就是证道的工夫，这就是践道的过程，这就是布道的行为。当然了，心道一体可以有许多不同的理解，也可以有许多特定的含义。

首先，心道一体的一个最为重要的含义在于，道并不是在人心之外。也就是说，道并不是外在的对人心的奴役，也不是人迫不得已所接受的外在的限制，也不是人必须无可奈何接受的外在的存在，也不是人力所不及的天生的存在。其实，道就是心，心就是道。道是人心的根本，是人心的根基，是人心的根源。这其中的含义就是，人只要觉悟到内心的道的存在，人只要遵循着内心的道的引导，人就会随心所欲，就会创造世界，就会无中生有，就会促进新生。

其次，心道一体的一个非常重要的含义在于，心与道是相互共生的，是共同创生的。所谓彼此是互相创造出来的含义，就是指心迷失了道就会迷失了自己生长的根基，道离开了心就会失去了自己演出的舞台。正因为人心中有道，才会有所谓心正，才会有所谓心善，才会有所谓心诚，才会有所谓心真。道为正，道为善，道为诚，道为真。

人心可以无所不包，但这正是因为人心中有道。所以，在人的生存中，在人的生活中，在人的心理中，也就是对人而言，心正而正天下，心善而善天下，心诚而诚天下，心真而真天下。

最后，"心道一体"的一个非常重要的含义在于，道创生了万物，创造了世界，而心也同样是创生了生活，创造了人生。道是万物演生的根本，心则是人生演化的根本。人通过自己的心来体认道的存在，也通过自己的心来创造自己的生活，还通过自己的心来创造社会的生活。人可以在心理文化、心理生活、心理环境的通路中，生成自己的生活和心理的根基，生成自己的生活和心理的平台，生成自己的生活和心理的意义，生成自己的生活和心理的价值。这是人体认道的存在的最为根本的方面。

这就是人的心理资源，心理资源也是重要的文化资源，文化资源就是人的文化根基，文化创造。心理文化也是人的心理行为和心理探索所形成的文化，心理文化就是解说、阐释和决定了人心理的文化。这就是人的心理生活，是人的有质量的心理生活，是人的有追求的心理生活，是人的有成长的心理生活，是人的有成就的心理生活。这就是人的心理环境，是人的有和谐的心理环境，是人的有建构的心理环境，是人的有意义的心理环境，是人的有生命的心理环境。这就是人的心理成长，是人的心理不断丰富和丰满的成长，是人的心理境界不断扩展和提升的成长。这就是人的心理科学，心理科学是与人类心理共生或共同生成的科学门类。对于生命、生活、社会、人类、个体来说，心理资源、心理文化、心理生活、心理环境、心理成长、心理科学，都是安身立命的需要，都是延续命脉的根本。因此，对于每一特定的文化和特定的社会来说，心理资源、心理文化、心理生活、心理环境、心理成长、心理科学，都是其必不可少的构成。

二　心性论理论构造

心性论是中国文化传统之中的非常成熟的理论类型和理论构造。

这实际上是从天道、天命、天理、天性、天人等的理论预设和理论构造之中延续、延展、延伸而来的。因此也可以说，在心性论的理论构造之中，就包含了从心中可以引出的所有重要的和关键的内容和问题。这可以在中国本土文化传统之中的有关的思想家和有关的学说那里，得到非常鲜明的体现。

孔子是中国文化传统中的大思想家。那么，在孔子所提供的具有原初性或原始性的思想理论之中，就包含或包括了心性论的理论构造。这也就是孔子或儒家的心性论。研究者考察了孔子的心性学说的结构。研究认为，孔子的心性之学有欲性、仁性、智性三个不同的层面。这三个不同的层面所涉及的则是不同的问题。

孔子心性之学结构的第一个层面是欲的问题。这所涉及的是利欲问题。一般的做法是套用西方哲学的概念，称之为感性。但是，孔子眼目中的利欲与西方人眼目中的感性，并不完全一致。因为总的来说，西方的感性和理性处于两分结构的两极，彼此对立，而孔子心性结构中的利欲与其他层面是一种价值递进的关系，并不构成绝对的对立。孔子把人分为君子和小人，划分的标准，即在于君子志于道，小人怀于利。一个人的生命或高大或渺小，全在于自己的价值选择，选择的价值层面高便高大，选择的价值层面低便渺小。君子（士）以行道为己任，这就决定了他们在自己的生命中必须有高层面的价值选择，以崇高的人格承担起道统的重担。既不排斥一定程度的利欲，又要追求高层面的价值选择，这之间有一定的矛盾。解决的办法，全在一个义字。"义者，宜也。"凡利都要看是不是合义，合义，就是正确的，可以接受；不合义，就是不正确的，不可以接受。

孔子心性之学结构的第二个层面是仁性的问题。概括地说，仁性可以有四个特点，即情感性，内在性，自反性，流失性。仁性的第一个特点是情感性。情感在孔子思想中占有重要地位。应该如何对待别人，只要设身处地，问问自己的好恶情感就可以知道了；"己所不欲，勿施于人""己欲立而立人，己欲达而达人"。情感总是内心的感受，并不存在于外边，这就决定了仁性的第二个特点：内在性。在孔子看来，仁与不仁的根源只有一个，即心之安与不安；仁与不仁的标准也只有一个,亦即心之安与不安。仁与不仁的根源和标准都取之于心,心是内在的,所以仁是内在的。由于仁内在于心,所以能不能得到仁,完全在于自己,即仁有自得性,这是仁性的第三个特点。虽然通过内省自讼可以自得于仁,但仁的境界很高,很难保证时时处处与之相合,这就形成了仁性的第四个特点:流失性。

孔子心性之学结构的第三个层面是智性的问题。在孔子思想体系中,智性就是在人之为人的过程中,通过学习使人成就道德的一种性向。这也就是说,人要成就道德,光有仁性还不够,还必须不断向外学习。所以智性在孔子心性结构中是绝对不可缺少的一个层面。守其善道有两条,一条是笃信,另一条就是好学。可见学习之不可或缺以及智性之重要。智性与仁性互不相离,相互为用,以其层面而言,以智性为上,以其所本而言,以仁性为重。①

张岱年在论述中国哲学之中的心性与天道的关系时,分离出了三个关系,即人与天道的关系,性与天道的关系,心与天道的关系。②人与天道的关系实际上就是所谓天人关系。这所涉及的是天道与人道的关系,是天理与人理的关系。性与天道的关系实际上就是所谓天性与人性的关系,是天命与人命的关系。心与天道的关系实际上就是所谓本心与习心的关系,是公心与私心的关系。

当然了,在众多的中国本土思想家的思想理论之中,都内含有多样的和复杂的心性论的理论构造。这些不同的理论构造提供了关于人的心性的各种不同角度、不同思路、不同方面和不同层次的理解和解说。

很显然,对于独特的中国文化来说,"道"是根本和核心。那么,与"道"相关联的就是"性",这成为所有事物的根本和决定的方面。例如,所涉及的就有天"性"、人"性"、心"性"、理"性"、智"性"、感"性"、"性"命、"性"灵、"性"情、"性"格,等

---

① 杨泽波:《孔子的心性学说结构》,《哲学研究》1992 年第 5 期。
② 张岱年:《论心性与天道——中国哲学中"性与天道"学说评析》,《河北大学学报》1994 年第 2 期。

等。应该说，在当代的心理学研究中，尽管是对"心理"的研究，但是却缺失了对"理"的理解和探索；尽管是对"个性"的研究，但是却缺失了对"性"的理解和探索；尽管是对"感觉"的研究，但是却缺失了对"觉"的理解和探索。

三　心性论理论扩展

凡是从事中国哲学研究的人现在几乎都承认，中国传统哲学是以人为中心的哲学，不管叫人本主义，还是叫人文主义，总是以人的存在、价值和意义为主题而展开讨论的。在中国传统哲学看来，人的精神存在是知情意的统一，是整体的存在，但是在知情意之中，传统哲学最关注的是情而不是知或意，就是说，情感因素在传统哲学中占有极其重要的地位，或者说传统哲学具有强烈的情感色彩。从比较哲学的角度看，西方哲学是理智型哲学，而中国哲学则是情感哲学。

这并不意味着传统哲学不讲知。传统哲学也重视知，也是"智慧"之学，但却并没有把知和情截然分开，形成主客对立的哲学系统以及理论理性的系统哲学。传统哲学把人的情感需要、情感态度、情感评价以及情感内容和形式，放在特别重要的地位，并以此为契机，探讨人的智慧问题和精神生活问题。

中国传统哲学所说的情感，含义极其复杂广泛，从某种意义上说，情感是中国的人学形上学的重要基础。这不仅是有情感感受（"感于外而动于中"），而且有情感体验；不仅有经验层次的体验，而且有超越的体验，这是中国的儒、道、释所共有的。儒家哲学是建立在道德情感之上的，孔子所提倡的"真情实感"就是以孝与仁为内容的，孟子则进而提出"四端"说，把四种道德情感作为人性的根源。老子反对"仁义"，却主张"孝慈"，他否定了情感中的道德内容，提倡纯粹自然的真实情感。庄子反对世俗之情，提倡超伦理的"自然"之情，亦即"无情之情"。佛教哲学否定情欲、情识，提倡绝对超越，但是中国化的禅宗，却并不否定七情六欲，不否定人的现实的情感活动,不仅如此,禅师们在"扬眉瞬目"、情态百出之间体验佛的境界。中国传统哲学所提倡的,是美学的、伦理的、宗教的高级情感,绝不是情绪反映之类,是理性化甚至超理性的精神情操、精神境界,绝不是感性情感的某种快乐或享受。

超越层面的情,表现为一种情操、情境、情趣或气象,是一种很高的精神境界,其最高体验就是所谓"乐"。道家提倡"至乐",儒家提倡"孔颜之乐",佛家提倡"极乐",它们都不是指感性的情感快乐,而是能够"受用"的精神愉快、精神享受。中国传统哲学即是体验之学,它的智慧也就是与体验相联系的人生智慧,情感问题始终是它所关注的重要课题。无论美学体验、道德体验,还是宗教体验,都离不开人的性情。情感是有不同层次的,有感性情感(如情欲、情绪),有理性化的情感(即情理、情义),还有超理性的情感(神秘体验、宗教体验)。①

那么,中国本土文化中的心性说实际上涉及了人的心理的几乎所有重要的方面。当然了,这实际上是将人的心理内含在了心性之中。那么,反过来,也就可以从中国本土的心性论或心性说之中,引出关于人的心理的系统化的解说。因此,可以说,从心性论之中就可以引出心性心理学,从心性心理学中就可以创造出"新"心性心理学。

心性论的理论扩展至少可以包含着如下几个方面或几个层面。一是在学科层面的理论扩展。中国本土的心性论可以通过特定的学科分支,涉及和包含非常广泛的内容。这可以表达和体现在现代学科体系中的多个不同学科的研究中,其中就可以包括哲学、文学、美学、医学、伦理学、历史学、思想史、艺术学、管理学、教育学、政治学,等等。一是在思想层面的理论扩展。中国本土的心性论也涉及和包含了非常丰富的思想内容。这实际可以体现在关于天性、本性、物性、人性、自性、习性、理性、知性、智性、悟性等思想探索方面。二是在社会层面的理论扩展。这实际上可以体现为关于个体性、群体性、集体性、国民性、社会性等探索和解说之中。一是在个体层面的理论

---

① 蒙培元:《论中国传统的情感哲学》,《哲学研究》1994年第1期。

扩展。这实际上可以体现在个体身心的一系列重要的和决定的方面。这包括了个体的修性、养性、品性、德性、个性、灵性、秉性等特性。

四　心性心理学走向

中国本土文化之中的心性学或心性论，是从非常独特的文化视角，是从非常系统的思想论域，涉及了特定的心理学的内容。或者说，是给出了有关人的心理行为的有价值的理论解说。这包括了一系列在西方心理学的传统之中属于空白或弱点的心理学的重要和重大的课题。

应该说，心性论并不是专门的心理学的探索，而是属于哲学的探索。但是，通过特定的学科之间的转换，仍然能够从中理解到心理学的内容。这实际上可以成为独特的心性心理学的探索。心性论的心理内涵就在于给出了人的心理的基本思想预设，就在于给出了人的心理的核心理论根据，就在于给出了人的心理的系统理论推演。其中就包括了在西方的科学心理学探索和研究之中，所一直受到忽视和排斥的内容。

心性论给出了有关人的心理的内容或意义的阐释。杨国荣先生论述了心性之学与意义世界的关系。研究指出，就人与对象世界的关系而言，心性论的进路不同于对存在的超验构造。在超验的构造中，世界往往被理解为知行过程之外的抽象存在。相对于以上的超验进路，心性之学更多注重世界对人所呈现的意义，而不是如何在人的存在之外去构造一个抽象的世界。较之于无极、太极或理气对于人的外在性，心性首先关联着人的存在；进入心性之域，则同时表明融入了人的存在之域。与之相联系，从心性的视域考察世界，意味着联系人自身的存在以理解世界。人不能在自身的存在之外去追问超验的对象，而只能联系人的存在来澄明世界的意义；换言之，人应当在自身存在与世界的关系中，而不是在这种关系之外来考察世界。

第六章 中国本土心性心理学

以人与对象的关系为出发点，心性之学难以悬空地去构造一种宇宙的图式，也无法以思辨的方式对世界的结构作逻辑的定位。这并非让意识在外部时空中构造一个物质世界，而是通过心体的外化（意向活动），赋予存在以某种意义，并由此建构主体的意义世界；与之相关的所谓心外无物，亦非指本然之物（自在之物）不能离开心体而存在，而是指意义世界作为进入意识之域的存在，总是相对于主体才具有现实意义。

心性之学对意义的追寻，当然并不限于化对象世界为心性之域的存在。从更内在的层面看，以心性为出发点的意义追寻所进一步指向的，是精神世界的建构和提升。作为精神世界的具体形态，境界更多地与个体相联系，并以个体的反省、体验等为形式。如果说，化对象世界为心性之域的存在首先伴随着对存在意义的理解，那么，物我一体之境则更多地包含着对存在意义的个体领悟。

作为意义世界的表现形式之一，精神之境蕴含了对存在的体与悟，同时又凝结并寄托着人的"在"世理想。与存在及"在"的探寻相联系，境界表现了对世界与人自身的一种精神的把握，这种把握体现了意识结构的不同方面（包括理性与情意等）的综合统一，又构成了面向生活实践的内在前提。就人与世界的关系而言，境界展示了人所体验和领悟的世界图景；就人与内在自我的关系而言，境界又表征着自我所达到的意义视域，并标志着其精神升华的不同层面。[①]

对于心理学的研究来说，探索心理的机制与探索心理的内容，一直就是科学心理学或实证心理学非常难以面对和解决的问题。现代实证心理学实际上是抛弃了心理的内容，而仅仅是探索心理的机制。这给心理学的研究和发展带来了许多难以克服的障碍。将天人合一与心道一体的理念引入心理学的探索和研究，就可以吸纳能够融心理机制与心理内容为一体的新的研究理念和探索方式。

心性论就在于给心理学的研究提供了理解人的心理行为的思想根基、文化根源、心理基础、意义来源等合一或统一的方式和方法。因

---

① 杨国荣：《心性之学与意义世界》，《河北学刊》2008 年第 1 期。

此，所谓心性心理学就是在天人合一或主客统一的基础之上，去重新确立或确定心理学研究的内容和方式。研究根基的转换也就带来了心理学研究和心理学创造的更为广大的空间。

心性论心理内涵所体现和表达的就是心性心理学所涉及的基本的内容，所涉及和所考察的就是心性心理学基础之上的新心性心理学的创造和创新。这就将心性论的思想内容和理论内容汇入了心理学的探索和研究，并入了新心性心理学的理解和理论之中。

五　心性心理学重心

中国文化中的非常独特和非常重要的理论贡献就是心性的学说。中国的文化具有的是崇尚"道"的传统。但是，道的存在与人的存在，道的存在与心的存在，道都并不是外在的或远人的。道就是人心中的存在，心与道是一体的。道就是人性的根本，就是人心的本性。这就是心性说，就是心性论。可以说，只有了解心性学说，才能了解中国文化。

当然，在中国的文化传统中，有着不同的思想流派，有着不同的思想家。不同的思想派别和不同的思想家，开创和确立了不同的心性学说。这些不同的心性学说，发展出了不同的对人的心灵或对人的心理的解说。首先是儒家的心性说。儒家学说是由中国思想家孔子和孟子所创立的。在中国传统文化的儒、道、释三家中，儒家学说的重心在于社会，或者说在于个体与社会的关系。儒家强调的是仁道。当然，仁道不是外在于人的存在，而就存在于个体的内心。那么，个体的心灵活动就应该是扩展的活动，去体认内心的仁道。只有觉悟到了仁道，并且按仁道行事，那才可以成为圣人。这就是所谓内圣外王的历程。其次是道家的心性说。道家的学说是由老子和庄子创立的。在中国传统文化的儒、道、释三家中，道家学说的重心在于自然，或者说在于个体与自然的关系。道家强调的是天道。当然，天道也不是外在于人的存在，而就潜在于个体的内心。那么，个体也可以通过扩展自己的心灵，而体认天道的存在，并循天道而达于自然而然的境界。最后是佛家的心性说。佛家的学说是由释迦牟尼创立的，是从印度传入中国的。在中国传统文化的儒、道、释三家中，佛家学说的重心在于人心，或者说在于个体与心灵的关系。佛家强调的是心道。当然，心道相对于个体而言是潜在的，是人的本心。那么，个体可以通过扩展自己的心灵而与本心相体认。

在中国的文化传统中，哲学就是无所不包的学问。正如有学者所指出的，从某种意义上来说，中国的哲学就是一种心灵哲学，就是回到心灵的自身，解决心灵自身的问题。中国的哲学传统赋予了心灵特殊的地位和作用，认为心灵是无所不包的和无所不在的绝对主体。[①] 其实，中国本土文化中的心性说，就是关于人的心灵的重要学说。

儒家的心性论是儒学的核心内容，强调的是仁道就是人的本性，就是人的本心。通常认为，儒学就是心性之学。[②] 有的研究者就认为，心性论是儒学的整个系统的理论基石和根本立足点。所以，儒学本身也就可以称为心性之学。[③] 儒家的心性论强调人的道德心和仁义心是人的本心。对本心的体认和践行，就是对道德或仁义的体认和践行。那么，人追求的就是尽心、知性、知天。这也就是孟子所说的"尽其心者，知其性也。知其性，则知天矣"（《孟子·尽心上》）。这也就是孔子所说的下学上达。儒家所说的性是一个形成的过程，亦即"成之者性"，所以孔孟论"性"是从生成和"成性"的过程上着眼的。[④] 这就给出了体认仁道和践行仁道的心理和行为的一体化的历程。

道家的心性论也是道家的核心内容，是把道看作人的本性，道心，本心。这强调的是人的自然本性。这一自然本性也就是人的"真性"，也就是人的自然本心，这也就是人的潜在本心。道家的心性论把"无为"作为根本的方式。无为就是道的根本存在方式，也是人的

[①] 蒙培元：《心灵的开放与开放的心灵》，《哲学研究》1995年版。
[②] 杨维中：《论先秦儒学的心性思想的历史形成及其主题》，《人文杂志》2001年第5期。
[③] 李景林：《教养的本原——哲学突破期的儒家心性论》，辽宁人民出版社1998年版。
[④] 李景林：《教养的本原——哲学突破期的儒家心性论》，辽宁人民出版社1998年版。

心灵的根本活动方式。"无为"强调的是道的虚无状态，强调的是"致虚守静"的精神境界。"无为"从否定的方面意味着无知、无欲、无情、无乐。"无为"从肯定的方面则意味着致虚、守静、澄心、凝神。道家也强调"逍遥"的心性自由境界。[①] 老子强调的是人的心性的本然和自然，庄子强调的是人的心性的本真和自由。[②]

佛教的心性论也是佛家的核心内容，强调佛性就在人的心中，是人的本性或本心。中国的禅宗是佛教的非常重要的派别。禅宗的参禅过程就是对自心的佛性觉悟的过程。这强调的是自心的体悟、自心的觉悟的过程。禅宗也区分了人的真心和人的妄心，区分了人的净心和染心。真心和净心会使人透视到人生或生活的真相。妄心和染心则会使人迷失了真心和污染了净心。[③] 禅宗的理论和方法可以有两个基本的命题。一是明心见性，一是见性成佛。禅宗的修行强调的是无念、无相、无住。"无念为宗，无相为体，无住为本。"[④]

中国本土心理学的发展和演变就应该是立足本土的资源，就应该是提取本土的资源，就应该是运用本土的资源。在本土文化的基础之上，在本土文化的传统之中，在中国文化的背景之下，在中国文化的资源之内，来建构特定的心理学，来创造本土的心理学。这也是近些年来许多学者努力的方向。在中国本土文化的基础之上来建构中国本土的心理学，这也是当前中国心理学研究者追求的目标。回到中国本土文化之中，挖掘中国本土文化中的心理学资源，这已经成为许多中国心理学研究者的自觉的行动。当然，不同的研究者着眼的焦点也就不同，关注的内容也就不同，思考的方向也就不同。但是，心性说或心性论却是中国本土心理学传统中的根本的或核心的部分。

---

① 郑开：《道家心性论研究》，《哲学研究》2003 年第 8 期。
② 罗安宪：《中国心性论第三种形态：道家心性论》，《人文杂志》2006 年第 1 期。
③ 方立天：《心性论——禅宗的理论要旨》，《中国文化研究》1995 年第 4 期。
④ 汤一介：《禅宗的觉与迷》，《中国文化研究》1997 年第 3 期。

第九编

中国本土心理学的考察

导论：心理学中国化的探求

　　心理学中国化的探求实际上是要整合一系列重要的存在、资源、信息、内容、理论、观念、方式和方法。心理学本土化的一个非常重要的目的，就是要建立起心理学与文化资源和与社会资源的关联。或者，就是使心理学植根于本土的文化与社会的土壤之中。心理学的研究实际上常常是处于资源短缺的状态之中。这并不是说心理学没有或者缺乏相应的社会文化资源，而是说心理学并没有意识到或自觉到自己的社会文化资源，或者是并没有去挖掘和提取自己的社会文化资源。中国的文化传统中蕴藏着丰富的心理学资源，问题是没有得到充分挖掘和利用。心理学的发展需要资源或需要文化资源。西方心理学就是植根于西方的文化传统，从本土的文化资源中获取了心理学发展的动力和研究的方式。中国心理学的创新和发展也同样应该植根于中国的文化传统，并从本土文化资源中去获取心理学发展的动力和研究的启示。

　　在人类环境中，在自然环境里，地理环境是其非常重要的构成。自然地理可以成为人的生存发展的基本条件，也可以成为人的心理行为的基本条件。很显然，地理与心理之间存在着直接的、间接的，特异的、普遍的关联或关系。这所涉及的是地理环境、人地关系、风水文化、风水心理、地理图式、地域人格。地理心理学也就成为了探讨通过地理、地貌、地形、地势等所形成的独特的心理形态和品貌。可以说，在地理学与心理学的学科之间，就有着非常重要的和特别密切的关联性。对地理环境的考察，对人地关系的理解，对风水文化的把握，对风水心理的探讨，对地理图式的研究，对地域人格的揭示，就成为心理学研究所不可忽略和忽视的内容。

在中国本土的文化传统中，在中国本土的心理学传统中，产生和存有大量的关于人的心灵成长和人的境界提升的思想资源。这对于理解人的心理创造、心理生成、心理成长、心理拓展、心理提升，都是极其重要的学术财富。生命、心灵、境界、超越都是中国文化传统中有关心理成长的十分重要的学术理念。心理成长的理念原本就是植根于中国本土的心性心理学，就是立足于心性心理学的新心性心理学的学术创造。显然，关于精神境界提升的考察与阐释，就包含着关于心理成长的理解和解说。精神境界的探讨、精神境界的分类、精神境界的提升、精神境界的引领，是中国本土心理学创造性探索人的心理成长的最为重要的文化传统和学术资源。

智慧心理学的研究就是要去考察和探讨普通人在日常生活中的智慧心理、智慧活动、智慧表达和智慧传统。在日常生活中，为了应对生活，普通人也会运用自己的聪明、智力、情感、意志、态度、品格等去提供关于日常生活问题、疑难、困境的解说和应对的心理方式。普通人在自己的生活中，总是要与社会或他人打交道。这就形成了普通人之间的社会交往或社会互动。推动、约束、改善和优化普通人的社会交往或社会互动，是需要人的心理智慧的。智慧既是西方人的价值追求，也是东方人的人生理想。比较起来，西方人更多地追求理性的、科学的智慧，东方人则更多地追求实践的、生活的智慧。智慧心理学的探索已经贴近了人的生活，已经进入了普通人的生活现实。智慧心理本身就已经是整合性的和生活化的存在，而不是实证心理学关于人的心理现象的分析和分割，如分离为感觉、知觉、想象、思维、气质、性格，等等。

心理学中国化的探求还需要对一系列的重要课题进行考察和探索。这其中就包括了有关心理成长的创造性生成的把握，有关心理生活的高质量追求的促进，有关心理环境的共生性历程的追求。其实，立足于中国本土的心性学基础之上的新心性心理学的探索，就包含了关于心理成长，关于心理生成，关于心理生活，关于心理环境等的创新建构。这都与心性的创造性的成长历程，与心性的生成性的心理建构，与心性的生活性的心理质量，与心性的环境性的心理创造等都是直接有关的。那么，在此基础之上的，对于心理生活质量的重视与提升，对于心理环境构成的探索与揭示，也就成为新心性心理学的最为基本的和核心的构成部分。这都是属于新心性心理学的心理资源论析、心理文化论要、心理生活论纲、心理环境论说、心理成长论本、心理科学论总等系列化构成内容中的一部分更为深化的考察、研究和建构。

第一章　地理与心理关系探索

在自然环境中，地理环境是其非常重要的构成。自然地理可以成为人的生存发展的基本条件，也可以成为人的心理行为的基本条件。很显然，地理与心理之间存在着直接的、间接的，特异的、普遍的关联或关系。这涉及的是地理环境、人地关系、风水文化、风水心理、地理图式、地域人格。地理心理学也就成为探讨通过地理、地貌、地形、地势等所形成的独特的心理形态和品貌。可以说，在地理学与心理学的学科之间，就有着非常重要的和特别密切的关联性。对地理环境的考察，对人地关系的理解，对风水文化的把握，对风水心理的探讨，对地理图式的研究，对地域人格的揭示，就成为心理学研究所不可忽略和忽视的内容。

一　地理环境

地理环境或自然地理环境与人的心理行为或人格品性有着重要的关联。这在相关学科的研究中都有所揭示。应该说，西方的地理环境就与中国的地理环境有着重要的不同，或是具有各自独特的地理环境条件。这也就影响了西方与中国的不同的心理行为方式。因此，有研究者就认为，自然地理环境对人的思维模式的形成有着特定的影响。如果对中西文化的思维模式分别给予"天人合一"和"天人相分"基本的不同概括，就可以从自然地理环境的角度解析这两种思维模式的形成。中西文化差异的根本是中西思维模式的差异：中国人对中西哲学甚至中西文化给予了"天人合一"和"天人相分"的基本概括，而这一比较中的概括的有效区域局限在思维模式。自然地理环境对两种思维模式的产生、两大文化体系的形成有不可忽视的影响。[1]

从自然地理环境解析西方天人相分思维模式的形成：一是字母文字促成天人相分思维模式，自然地理环境促使古希腊人选择字母文字。西方人抛弃了开始使用的象形文字，后来一直使用字母文字。字母文字有利于西方天人相分思维模式的形成。选择西方文化源头——希腊作为例子来说明：西方字母文字的选择和使用是与其自然地理环境相适应的。拼音字母首先出现在西亚的腓尼基，不是希腊。腓尼基人主要经营商业。腓尼基人生活的地方是亚洲、非洲、欧洲三大洲的交汇地区。既繁杂又不精确的象形文字（埃及文字和楔形文字）与快节奏的商业生活方式不能相合拍。拼音字母首先出现在西亚的腓尼基的直接原因是为了记账方便，其实更深层的原因是其独特的自然地理环境的影响。希腊自然地理环境是其接受腓尼基人的字母文字的基础。希腊半岛利的地理环境，便于希腊文明与其他各种文明相互交流相互渗透。西方多数国家处于开放的海洋型地理环境，这非常有利于工商业、航海业的发展。商业经济有利于天人相分的思维模式的形成，它们是互相适应的。在古代西方人心目中，"天""人"是对立的，工商业的发展以及其讲究竞争的特点，促使人们在自由竞争中追求个人利益；社会文化心理、人与社会以及人与人的关系也就以突出自我为中心，逻辑推理的理性思维的发展就比较快。

从自然地理环境解析中国天人合一思维模式的形成：象形文字促成了天人合一的思维模式，自然地理环境是汉字延续的根源。象形文字对于中国天人合一思维模式的形成有重要影响。一是自然地理不能提供借鉴字母文字的机会。与外界相对隔绝、封闭的地理环境，使中国社会很难与其他民族进行频繁的交流。自然地理环境造就农业社会，农业社会是天人合一思维模式成长的温床。中国几千年的历史文明是建立在特有的农耕文化基础之上的。中国自然地理环境有利于农

---

[1] 颜其新、张志雄：《从自然地理环境解析中西思维模式的形成》，《社科纵横》2007年第12期。

业社会的发展。单一的小农经济活动不讲究生产和生活的高效率，人们懒于探索和求新。生平安详，简单而重复的劳动世代相袭。在农业社会，古人特别感恩于自然，同时对自然也处于严重的依赖和被支配的地位。人们不得不经常考虑人与自然的关系问题。由此认为天、地是人的父母，万物皆人的同伴；人与天、地的关系，不是相互对立的异己关系，而是和谐统一的关系；很自然地就进一步推崇自然、社会、国家的整体联系，即"天道"与"人道"的和谐；宇宙万物（包括人类生命）融为一体，人应忘掉自我。这种思维其实就是"天人合一"的思维。

有研究者考察了人类心理行为地域差异的地理背景。研究认为，地理环境是人类生存的客观外界，对人类复杂的心理、性格、思维和行为方式的形成具有重要的影响。加上其他因素的作用，使区域民族性积淀下来形成了不同的民族心理和性格特征，体现出鲜明的地方特色。广阔草原上奔驰的游牧民族，骠悍、勇敢、豪放；平原上生活的农耕民族勤劳、坚韧、克制。我国北方人粗犷、直率、豪爽；南方人阴柔、精明、灵活。凡此种种，即所谓"十里不同音，百里不同俗"；"水性使人通，山性使人塞；水势使人和，山势使人离"。①

我国地理环境具有"对外封闭，对内活跃"的特点，这对我国成为历史上封建文明程度最高、历时最长的农业国，乃至对中华民族心理特征的形成起了重要作用。我国东濒浩瀚的太平洋，西、南有崇山峻岭和大高原，西北横亘着茫茫戈壁，北部气候寒冷、人烟稀少。古代这种相对恶劣的周边环境和交通条件，使中国难以对外交往，形成了近乎封闭的大陆，造就了独特的汉民族语言文化和封闭、务实、保守的心理趋向。

首先，农业生产对自然条件依赖性大，具有明显的周期性、季节性和地域性特点，"靠天吃饭"的观念比其他行业明显。人们只有较好地顺应自然，依赖自然，注意人和自然的和谐，才能生存。由此扩

---

① 付邦道、吴翔：《论人类心理行为地域差异的地理背景》，《开封教育学院学报》2001年第1期。

及社会生活的各个方面，形成了听天由命、依赖性强、因循守旧的民族性格特点。

其次，农业与土地密不可分。从事农业生产，面对的是广袤的土地，要靠耐心地播种、耕耘，才能收获。中国人口众多，耕地有限，自然灾害频繁，生产力水平低下，只有广大人民都从事农业生产，才能满足人们对食物的需求。这就使得中国人民具有顽强、坚韧、吃苦耐劳、勤俭节约、重农轻商、乡土观念重等特点。

再次，农业生产虽辛苦，但稳定。以家庭为单位直接与自然打交道，靠天吃饭，万事不求人，沿袭祖宗的一套生活方式。父辈在农耕中的独断地位，使得家族观念得以强化，演绎为对祖先的莫大崇拜，导致以人伦关系为主的儒学思想的形成；提倡忠义孝道、家庭团结并尊卑分明，长幼有序，注重传统道德和义务。

最后，农业对水的依赖性强。我国大部分地区处于季风气候区，降水变率大，易酿成频繁的旱涝灾害。要丰收就要治水，大规模的人工灌溉设施成为发展农业的必要条件，所以我国人民自古就重视兴修水利。治水要求集体行动，统筹安排，人多力量大；在当时条件下，治水必须由一个高度集中的中央集权制政权来组织成千上万人去完成，久而久之就形成了东方人克己忍让、重人治、重权威，强调集体主义、团体意识，善处中庸之道，在政治上表现为尊重政府及"官本位制"的思想。

二　人地关系

有研究者是从人地关系属于广义的生态学范畴出发，参照了生态学的模式，认为人地关系概念的经典解释（人类社会及其活动与自然地理环境的关系）和非经典解释（人类社会及其活动与广义的地理环境的关系），并不存在孰是孰非的问题，其差别只是在于两者的操作意义有所不同。人地关系及其系统的经典构型主要适合于从长时间尺度去理解人地关系的发展，非经典构型更适合于从中短时间尺度去理解人地关系的发展。以此为基础，进一步探讨了人地关系地域系统的概念及其发展特征，并将后者定义为开放性、属人性、开发性和协调性。①

人地关系是人们对人类与地理环境之间关系的一种简称。对人地关系的经典解释是人类社会及其活动与自然环境之间的关系。人地关系的非经典解释把人类活动的产物——社会、经济、文化作为地理环境的一部分，研究人类社会的生存与发展或人类活动与地理环境（广义的）的关系是属于另一种生态类推，即生物生长与发育和环境关系的类推。人文地理学的文化地理、社会地理、政治地理等可视为类似"土壤的生态"的研究。

按人地关系的经典解释，人地关系的系统可理解为由人类社会及其活动的组成要素与自然环境的组成要素相互作用和影响而形成的统一整体，也可称人类与自然环境相互作用系统。按人地关系的非经典解释，人地关系系统划分为人类社会生存与发展或人类活动和地理环境（广义的）两个子系统。其中，地理环境的子系统包括自然环境和人文环境两大组成部分，其可视为人类社会生存与发展的总环境或人类活动的总环境。

人地关系地域系统是以地球表层一定地域为基础的人地关系系统，也就是人与地在特定的地域中相互联系、相互作用而形成的一种动态结构。从相对意义上讲，人地关系地域系统可有封闭和开放之分。所谓封闭是指系统的发展主要依赖其内部发展要素的组织（包括要素之间的组织和要素在地域空间上组织），而与地域外部缺乏社会经济联系。所谓开放是指系统的发展同时依赖内部和外部的发展要素，在地域关联中求得系统的发展。

---

① 杨青山、梅林：《人地关系、人地关系系统与人地关系地域系统》，《经济地理》2001年第5期。

三 风水文化

　　风水文化或风水学说是在民俗文化中非常流行的。不仅是在中国的文化传统之中，也包括与中国文化关系密切的国度。例如在韩国，韩国学者金惠贞对有关风水的传统文献进行了考证。研究指出，关于风水地理的学术研究，不论是在韩国、中国、日本，还是在欧洲和北美，都很活跃。风水地理的研究是对风水、地理与环境的研究，这与景观学、建筑学、物理学、历史学、文化学等密切相关，已有很多成果，有一定的研究深度。对古典文献中有关风水地理思想的研讨则是研究风水地理的基本趋势，也是重要的研究基础，更是正确理解风水地理的捷径。[1]

　　有关风水地理的古典文献，最为经典的著作是《青乌经》和《葬书》（即《锦囊经》）。在《青乌经》和《葬书》中，风水地理方法论同时提到了形势论、理气论和选择论。换句话说，风水理论的两个重要文献都以形势论、理气论和选择论为要点。简单地说，风水理论方法之一是用眼睛判断地形，即建造阴宅或阳宅时对其地形局势适合性与否，将这种理论称为"形势论"。如果给适当的地理形势规定出一套标准，这就是风水地理的"理气论"。按一定标准来考虑它的地形优势，还要辅以合适的时间，进行择吉，这就是"选择论"。

　　有研究者论述了中国风水文化的源流。研究指出，中国风水文化，发端于四五千年前的夏，孕育于商周，成形于秦汉，至魏晋而臻于完备。作为我国古代以农业经济为基础的社会生活的文化产物，反映的是中国人"天人合一"的宇宙整体观，整合系统的思维方式以及以社会和谐为本位的人文主义精神。这与民俗等文化的其他诸多事象、门类一道，建构了我国民族文化多姿多彩的繁富殿堂。[2]

---

[1]　[韩] 金惠贞：《风水文献小考》，《赣南师范学院学报》2013年第1期。
[2]　万陆：《中国风水文化源流论》，《东方论坛》1994年第4期。

住居由纯粹物质形态向民族文化形态的转变是一种质的飞跃，这实际上是起始于夏末商初。从此之后，住宅已不再纯粹是为了避风雨，遮日蔽身了，而是已与社会生活的组织结构及人们的尊卑祸福等观念结合在一起，蕴蓄着作为民族文化观的无声语言的原始内涵。

春秋战国以降，尤其是秦汉时期便比较清晰丰富了，住居形式不但逐渐脱褪了早期卜宅的痕迹，增强了从地理环境、天文气象等方面考虑以定宅向、布局等实际内容，特别是由活人的住居——阳宅发展到为死人相宅——阴宅。这样，风水的含义也就由最初的"避风及水"发展为"得水藏风"之法。于是，风水理论一方面由阳宅发展至阴宅，另一方面可由自然环境的选择、物质形式的建构引申为吉凶祸福、人事社会的预测与趋避。

风水之术已由个人生活需要的满足、发展而至吉凶祸福的趋避，并进而涉及家庭、宗族，甚至整个社会集团、国家的命运与皇权帝祚。渗入其中的，除了天文、地理、地质、气象、人类、生态、建筑等学问外，还融会了古代的哲学、历法、医学诸学科的观念。这已远不是一种方术，一种技法，而是一种有着明确的对象、方法与思想主张的综合性学问，于是其名亦由青乌术、青囊术，而变成了堪舆学或形法学、相地学、相宅学。

四　风水学说

风水理论是集地理学、星象学、景观学、建筑学、生态学、生命学、心理学等多种学科于一体的古代建筑规划设计理论。风水学、营造学、造园学共同组成了中国古代建筑理论的三大支柱。风水基本上是中国人对环境所持有的价值观与心理行为的取向，其宗旨是周密考察了解自然环境，顺应自然，有节制地利用和改造自然，创造良好的居住与生存环境，赢得最佳的天时地利与人和，达到天人合一的至善境界。风水流派众多，较为重要的两个派别为理气宗与形势宗。理气宗讲求理气、方位、卦义、宗庙，以福建为活动区域，特别重视罗盘定向，阳山阳向，阴山阴向，不相乖错，以定生克。形势宗讲求形势、形法、峦体，主要活动在山西，特别重视龙、穴、砂、水和取向，俗称地理五诀。

传统风水学中择址选形，主要包括觅龙、察砂、观水、点穴、取向五大步骤。觅龙：风水学将山脉喻为龙。土为龙肉，石为龙骨，草木为龙鳞。山之延绵走向即为龙脉，故龙在风水学中有大小干龙，大小支龙之分，同时，亦按区域分为山野之龙、平野之龙、平地之龙。根据山脉的起伏形态分为九种龙：回龙、腾龙、降龙、生龙、飞龙、卧龙、隐龙、出洋龙、领群龙。龙有八格、十二格之说。八格：生、死、强、弱、顺、逆、进、退。十二格：生、死、柱、福、鬼、劫、应、游、死、揖、病、绝。察砂：在风水格局中，砂是指怀抱城市的群山。地理学以前山为朱雀，后山为玄武，左山为青龙，右山为白虎。察砂实际上就是寻找能"聚气藏气"的地理环境。观水：风水学认为，山不能无水，无水则气散，无水则地不能养万物。观水要求水质清明味甘为吉，水浊味涩为凶。水形呈随龙（贵有分支）、拱揖（贵在前）、绕城（贵有情）、腰带（贵有环湾）。点穴：穴为龙脉止聚、砂山缠护、川溆萦回、冲阳和阴、土厚水深、郁草茂林之核点。穴的选择关键就在于"内气萌生（穴暖而生万物），外气成型（山川融解而成形象），内外相乘，风水自成"。取向：即对位置的选定及布局，方向按八卦四正四隅与人的五行相生相克原则判定吉凶。

这种缜密细致的选择方法和程序，历经数千年传承不辍的丰富实践经验与理知的积累，从而在其本质上兼容了现代地理学、地质学、气象学、生态学、心理学、景观学与建筑学等多方面的合理内涵；其与当代景观建筑学与生态建筑学分析和选择环境的主旨比较，更有惊人的相似或一致。①

有研究者对民间风水信仰进行了心理解读。研究指出，风水是中国传统文化的重要组成部分，作为一种独具特色而蕴含丰富意象的民

---

① 史箴、曾辉：《"风水术"之生态学意蕴》，《西安建筑科技大学学报》（社会科学版）2004 年第 4 期。

俗文化，在广大民众千百年来的社会生活中，意义非同寻常，影响甚为深远。在民间，每逢婚丧嫁娶，修宅建房，打井筑灶，乃至修坟建陵，人们无不求助于风水师，观天文，察地理，择吉日，此民俗历经千年仍兴盛不衰。由于风水是多种成分杂糅而成的文化复合体，所以要全面系统地揭开此文化之谜，必须对其进行多层次、多角度的研究。

风水是以天文、地理、八卦、阴阳五行为基础，杂糅儒道佛思想，并融合部分巫术而形成的方术，其最重要的特征就是宣扬社会与人事的变化和发展具有可预测性，并认为个人命运前程和家族盛衰沉浮由居址环境主宰。这种思想广泛散布于以往的风水理论著作之中。风水就成了他们化解对自然的认知困惑和解除生存困境的一种有效手段。

风水是中国传统社会的一种奇特民俗文化景观，也是一种比较复杂的文化现象。世俗风水信仰既是风水的奇特表现形式之一，也是世俗民众的一种精神信仰、一种心理行为。一方面是因为风水在当时的历史条件下能够解决世俗民众的选宅、择居等实际生活需要，另一方面是因为风水对困苦劳顿的世俗民众来说具有类似于宗教性质的人文主义关怀功能。因此，应该多角度、多层次地对风水加以分析研究，揭开这个古老而神秘的中国文化之谜。[1]

风水心理，风水中的心理学，风水心理学，是属于风水学与心理学之间所关联起来的独特的关注的内容，独特的解说的内容。这不仅表达了风水学中通过特殊的方式所体现出来的风水之中的心理把握，还体现出了风水导致的心理影响。当然了，无论是风水学中所涉及的心理，或是心理学中所涉及的风水，都把风水按照心理的方式进行了解读。

---

[1] 罗勇、王院成：《民间风水信仰的心理解读——以赣闽粤客家地区为例》，《西南民族大学学报》（人文社科版）2005年第12期。

五　图式理论

有研究者对图式理论进行了考察。研究指出，图式就是存在于记忆中的认知结构或知识结构。每个人头脑中都存在大量的对外在事物的结构性认识，称为图式（schema）。图式是对生活中的事物的大量个别事例的抽象，图式总结了这些事物的重要特征。图式不仅指对事物的概念性认识，也包括对事物的程序性的认识。

作为人头脑中的认知结构，图式是多种多样的。社会交往图式则是人们在社交环境中对于面对面交往的知识进行概括而形成的认知结构。社会交往图式多种多样，一般可以分成以下几类。一是事实和概念图式。这是关于事实的一般知识图式。二是个人图式。这是关于不同类型的人的知识，包括人格特征。三是自我图式。这是人们对自己的认识，以区别于他人。自我图式是自我概念的重要组成部分。自我概念是人们在成长过程中形成的对自我的一种认识和判定，与自我预期紧密相连。四是角色图式。这是指对在社会中或在特定情况下具有特定身份角色的人的行为的认识，这种角色图式会产生特定的角色期待。五是情境图式。这是对社会交际的情境场合以及相应的适当行为的认识。情境图式帮助人们识别环境，并采取相应的适当行动来实现目标。六是程序图式。这也可以称为脚本（script），是对经常发生的事件的有序组织的认识，包括所采取的恰当步骤和行为规则。七是策略图式。这是对解决问题的策略办法的认识。八是情感图式。这是对愤怒、恐惧、嫉妒、孤独等情感的认识，是来自于个人的生活经历，并储存在长期记忆中，且会和其他图式相联系和相伴随。[①]

有研究者探讨了运用心理学有关认知图式的理论去理解地理环境。研究指出，图式理论是现代认知心理学用以研究人脑中大块有组

[①] 许静：《图式理论（Schema Theory）在跨文化交际中的运用》，《国际政治研究》1999 年第 4 期。

织的系统知识的表征与贮存、提取与运用的一种重要理论。图式具有的特点如下：第一，图式是某类事物共性的编码方式，因而是一般的、抽象的，而非具体的、特殊的。第二，图式是围绕某主题的有组织的知识系统的表征而非小的信息单元的表征，常常体现出一定的层级。第三，图式中有变量或槽道（slot），可以视不同情境即席赋值，使图式具体化。第四，图式能够运用于范围广泛的情境，成为理解输入信息的重要框架。

认知图式或心理图式所具有的功能就在于如下：一是选择和加工信息的功能。当外部的信息输入人脑或人类心理，被激活的认知图式就会主动对输入信息进行选择、吸纳、加工和处理，从而滤去、忽略其中无关的刺激。二是预测和推理事件的功能。由于心理图式的变量和常量呈有规律的组织，因而使具有图式的个体能超越给定的信息，并对环境条件和生活事件进行预测和推理。三是迁移和泛化学习的功能。迁移就是一种学习对另一种学习所产生的影响。由于图式是对某类事物共有性质和特征的编码方式，因此能广泛运用于同类事物学习的相似情境。[1]

有研究者认为，存在着由地理环境因素生成的地域文化心理结构。由此提出地理图式的概念，并结合实例进行了较详尽的阐释。一方水土养一方人，也塑造了一方人特定的文化心理结构。地域的气候、地貌、风物，潜移默化地在人的心灵上积累、洗刷、沉淀，逐渐生成一种相对稳定的心理定势。

可以将地理图式作进一步阐释。首先，从本源上看，地理图式是外在地理环境与人心智的统一体。人们无时无刻不在接受大自然的赐予、暗示，体验地貌、声色、风物，潜移默化地"内摹仿"。但是，这并不是一种被动复写摄入，而是人去主动进行选择、体验，要渗透人的情感、想象、思想。其次，从形态看，地理图式是混沌模糊不可测的。这主要因人的潜意识存在，环境的作用一般表现为一种集体无

---

[1] 黄京鸿：《图式理论与地理教学》，《西南师范大学学报》（自然科学版）2002年第1期。

意识沉积于心底。地理图式是经济、种族、时代等诸多因素盘根错节地交织在一起，又处于不断丰富的动态变化发展过程中，这便增加了模糊度。最后，从活动方式来看，图式复现于意识是以象征为手段。这也就是将已往的环境经验概括化为图式。当然，复现或再现于意识时，就无须所有的信息，一些基本的或核心的细节或片段，就可以代替或表征环境。[①]

认知地图实际上就是运用了图式的表达方式。在一幅特定的认知地图上，就可以见到图式的基本特征：这是产生于外界环境与主观认知的契合，这也就是以象征性的方法，将不同时空事件进行意象叠置。这其中所蕴含的混沌意义，需要像释梦那样去加以解读。以认知的方式呈现的地理图式，是人在心理生活中所形成和拥有的地理环境。这是建立在实际的地理环境之上，但又是以认知图式呈现的地理环境。

六 地域心理

有研究者对中国区域心理学与人文地理学进行了整合探索。研究表明，区域心理学主张将不同区域的文化为背景来比较不同区域人群的心理共同性和差异性，它侧重不同文化背景下的区域心理与行为差异的研究，区域心理差异的形成又受多种因素的影响，人文地理学作为与区域心理学相呼应的学科则在很大程度上给予区域心理学很大的支持。因此，两者之间的整合既有利于区域心理学的发展，同时也可以为人文地理学的研究提供新的思路。

区域心理学与人文地理学有着颇深的渊源，区域心理学虽然从人文地理学、民俗学、人类学、社会学、文化学、文化人类学、历史学中汲取养分，但是人文地理学无疑是影响区域心理学最深远的一门学科，并且二者在很多层面上都既是交叉的又是互补的，因此有必要通

[①] 朱永春：《文化心理结构与地理图式》，《新建筑》1997年第4期。

过思路梳理来设法整合这两门学科，取长补短，为我所用，从崭新的视角来透视区域心理学，透视整个心理学科。

从心理学的发展来看，目前中国的跨文化心理学主要研究的是不同民族的心理差异，并没有把不同省区或者不同区域人群的心理差异纳入研究范围。因而，中国区域心理学也可以叫作中国区域跨文化心理学。中国区域跨文化心理学的理论假设是，不同区域的文化存在很大差异，其心理也必然存在很大差异。因而，主张以不同区域的文化为背景，比较不同区域人群的心理共同性和差异性，其目的就在于揭示区域亚文化对人的心理的影响。这是在中国共同文化的背景之下的亚文化或区域文化的基础之上，将特定的心理行为纳入研究的视野之中。

人文地理学是从地理科学中分化出来的，与之并列的是自然地理学，一般认为，人文地理学是研究人类活动空间组织以及人类与环境的科学，主要研究人文现象的地理分布、扩散和分化、以及人类社会活动的地域结构的形成和发展规律。人文地理学的研究关注的是人与环境的相互作用和影响，其研究的意义在于解决人地关系，促进人类与地理环境的有机整合，促进人地和谐统一。

地理原因主要包括地理环境、水文、地形、气候等，不同的地理环境下的人为了生存会产生不同的生活方式，不同的生活方式影响着该区域内的风俗习惯、宗教信仰、思维方式、价值观念等。人与环境的关系就是通过地理、文化、文化心理、文化行为之间的循环来维系的一种相互影响与制衡的关系，这就是人地关系的本质：人地和谐。[1]

地理环境或特殊的地理环境，可以形成在该生活境遇之中的人的特殊的品性和品格。这种地域的心理学或区域的人格学，也就成为特殊的地理心理学的考察和研究的内容。在不同的地理区域之中，也就会形成与该地理区域相吻合的独特的地域人格。这在相关的地域心理学的研究中得到了体现。在中国的地理和文化的区划之中，就有了相

---

[1] 姜永志、张海钟：《中国区域心理学与人文地理学的整合探索》，《心理学探新》2010年第2期。

匹配的地域人格。例如，有研究者通过对山西地理环境的分析，结合三晋文化的特点，运用人格理论研究了山西人的人格特点。睿智、中庸、宽容、忍耐、节俭，善于经商理财、适应性强是山西人人格特征中积极的一面，封闭保守、安土重迁、土气、小气是其人格特征中消极的一面。省内各地的性格也有着差异。晋北、晋中、晋南，由于地理环境不一样，三地的性格特点也有所不同。北部粗犷尚武，中部精明重商，南部礼让文雅。①

有研究者考察了地理环境对贵州人特质的影响。研究认为，地理环境影响着该地域民族的气质与个性的理论，在中国早就已流行，"地灵人杰"四字就有很深的意涵。贵州磊落峻拔的群山，雄奇壮观，钟灵毓秀，洋溢着"雄直清刚之气"，自古以来造就了头角峥嵘、嵚崎磊落的贵州人。但是，从另外一个方面看，贵州人有"五病"，那就是"陋""隘""傲""暗""呆"。究其原因，还是与黔人身处的地理环境有关。所谓陋是见识不广，孤陋寡闻；隘是心胸狭窄，目光短浅；傲是固执己见，意气用事；暗是不明人心，不谙世事；呆是不够灵活，不合时宜。②

很显然，不同的地理环境可以形成不同的心理人格。或者说，地理环境以其特殊的途径和方式，塑造出了独特的地域人格品性。这种地域化的人格心理、心理特性，就成为伴随着地理或地域的人的心理行为。地域人格是当地人所普遍具有的地域特性的人格类型和人格特征。当然了，如果更细致地考察地域人格，也并不是从地域特征或地理特性就直接引出了地域人格或心理品性。这其中还内含有更为复杂的过程和机制，也有着更为多样的环节和层次。

---

① 侯铁虎：《山西地理环境特点与山西人的人格特征》，《山西财经大学学报》（高等教育版）2005年第3期。
② 庞思纯：《地理环境对贵州人特质的影响》，《贵州文史丛刊》2013年第1期。

第二章　精神境界特性与提升

在中国本土的文化和心理学传统中，存有大量关于人的心灵成长和人的境界提升的思想资源。这对于理解人的心理创造、心理生成、心理成长、心理拓展、心理提升，都是极其重要的学术财富。生命、心灵、境界、超越都是中国文化传统中有关心理成长的十分重要的学术理念。心理成长的理念原本就是植根于中国本土的心性心理学，就是立足于心性心理学的新心性心理学的学术创造。显然，关于精神境界提升的考察与阐释，就包含着关于心理成长的理解和解说。精神境界的探讨、分类、提升和引领，是中国本土心理学创造性探索人的心理成长的最为重要的文化传统和学术资源。

一　心灵的境界

中国哲学家张岱年先生曾经出版过一部《心灵与境界》的学术专著。他是从中国哲学的视角探讨了中国的文化传统、思想传统和哲学传统中有关心灵与境界的理解。或者说，他是把心灵与境界看作中国本土学者所关注的核心主题。[1] 这尽管并不是心理学的探索，也不是心理学的内容，但也同样可以成为中国本土心理学理论创新的思想基础。因为，关于心灵与境界的理论与践行，无论是对于理解人的心灵，还是对于提升人的境界，都是具有重要学术价值的传统资源。或者说，中国本土的境界说，实际上也就是中国本土心理学发展的心理

---

[1] 张岱年：《心灵与境界》，陕西师范大学出版社2008年版。

资源。心理资源的探讨不仅是描述、揭示和解释人的心理行为，而且是为人类心理的生成、扩展和提升寻找和提供资源，进而也是为心理学科的创新、发展和进步创造和积累资源。心理资源是生成和促进心理学发展的基础性条件。心理资源既可以成为人类心理的资源，也可以成为心理科学的资源。① 心理学学者申荷永先生也出版过一部《心灵与境界》的学术专著，与张岱年先生的著作同名。但是，申荷永则是从心理学的视角，特别是从荣格的分析心理学进行有关东方心理学思想的探讨，论述了中国文化心理学。他认为，荣格的分析心理学迎合了中国文化心理学中所包含的心灵境界。②

蒙培元先生在《心灵超越与境界》一书中，阐述了中国文化传统中的儒、道、佛的心灵境界说，比较了其异同。他还进一步细致考察了孔子的仁的境界说，孟子的诚的境界说，老子的道的境界说，庄子的自由境界说等。蒙培元先生探讨了中国心灵哲学的特点，中国与西方的心灵哲学的主要区别，考察了心灵与情感、心灵与超越，等等。在他看来，中国哲学缺乏主客对立、灵肉分离意义上的超越，缺乏远离现实之上的纯粹形而上的追问，但这并不意味着中国哲学没有超越思想，没有自己的形而上学。事实上，中国哲学是主张自我超越的人学形而上学。中国哲学是一种人的哲学。人的哲学不仅要找到人的存在，而且要寻找人的意义和价值，它必须超越有限自我而实现"大我"或"真我"。这就是一种超越。它不是向彼岸王国的超越，而是在自身之内实现心灵超越。中国哲学的精神即在于此。蒙先生认为，中国哲学的精神既不是本体论，也不是认识论和方法论，只有心灵境界说才是中国哲学的精神所在。"意义"的认识也好，心灵的"感通"也好，都和心灵情感的自我提升和意志、意向的实践目的有关。中国哲学不是讲概念分析，以指向最高实体，而是讲情感体验与直觉，以指向人本身的心灵境界。蒙先生主张，所谓"境"，当然不能

---

① 葛鲁嘉：《心理资源论析——心理学的历史、现实和未来的形态》，中国社会科学出版社 2010 年版。
② 申荷永：《心灵与境界》，郑州大学出版社 2009 年版。

脱离客观存在而谈论，离开客观存在，并无所谓"境"。但是，心灵之境却又不是纯粹的客观存在，甚至不是对客观存在的"认识"。心灵之境恰恰在于打破内外界限，取消认识与被认识的关系，使万物呈现于自身心灵，真所谓"万物皆备于我"。境界哲学是讲主客统一的，但不是单纯的认识论问题。中国哲学的境界论，不仅讲主客合一，而且讲心物合一、物我合一、天人合一、内外合一。这就不只是主客认识的问题，或逻辑分析的问题，而是心灵存在的问题，或是精神体验的问题。境界是心灵存在的方式。境界的实现，既有认识问题，又有情感体验与修养实践的问题。"大道流行，物与无妄"，"心无内外，性无内外"，这才是中国哲学境界论的基本精神。反过来说，只有打通内外、破除物我，取消主客，合一天人，才有所谓境界。"天道""大德"不是实体，心灵也不是实体，"天道流行"或"天德流行"正说明它是一个过程，它的功能就在于"赋予万物"。但是，只有人才有境界，原因就在于心灵的创造。心灵的创造实则是修养的过程，是不断超越的过程，所以境界是能够不断提高的。①

不仅人本在宇宙之内，本是宇宙的一部分。人亦本在社会之内，本是社会的一部分。皆本来如是，不过人未必觉解之耳。觉解之则可有如上说的道德境界，天地境界。不觉解之则虽有此种事实而无此种境界。孟子说："终身由知而不知其道者众也"。(《孟子·尽心上》)此道是人人所皆多少遵行者，虽多少遵行之，而不觉解之，则为众人。觉解之而又能完全遵行之，则为圣人，所以圣人并非能于一般人所行的道之外，另有所谓道。若舍此另求，正可以说是"骑驴找驴"。所以虽在天地境界中的人，其所做的事，也是一般人日常所做的事，由之而不知，则一切皆在无明中，所以为凡。知之则一切皆在明中，所以可为圣。圣人有最高的觉解，而其所行之事，则是日常的事。此所谓"极高明而道中庸"。

---

① 蒙培元：《心灵超越与境界》，人民出版社1998年版。

二 境界的分类

唐君毅先生在《生命存在与心灵境界》一书中，阐述了一心通三界九境。一心是指有生命能存在的心灵，心灵的感通包括感觉认知直至生命体验。三界是指心灵可通情义，可涉体用，可为活动。三种观法分别对待体用三者，三三得九，故有九种境界。书中阐述了客观境界篇、主观境界篇、超主观客观境和通观九境。

九境中，人之生命心灵活动，初不能自观其为体与其相用。人之知，初乃外照而非内照，即觉他而非自觉。人之知，始于人之生命心灵活动之由内而外，而有所接之客境，此乃始于生命心灵活动之自开其门，而似游出于外，而观个体之事物之万殊，如星鱼之放其六爪，以着物而执物。

九境之第一境为万物散殊境，于其中观个体界。于此，人之知有实体之存在，初乃缘其对一个体事物所知之相，更观此相各有其所附属之外在之实体。此实体可名为物。以一个体事物之相不同，而实体之数亦多。我之为一实体，亦初如只为万物中之一物。故此境称为万物散殊境。此境之为如何，及与之相应之生命心灵之为如何，则为吾今之此书所首将论之第一境。凡世间之一切个体事物之史地知识，个人之自求生存、保其个体之欲望，皆根在此境，而一切个体主义之知识论、形上学与人生哲学，皆判归此境之哲学。第二境为依类成化境，于其中观类界。此为由万物散殊境，而进以现其种类。定种类，要在观物相，而以相定物之实体之类；更观此实体之出入于类，以成变化。今名之曰依类成化境。一切关于事物之类，如无生物类、生物类、人类等之知识，人之求自延其种类之生殖之欲，以成家、成民族之事，人之依习惯而行之生活，与人类社会之职业之分化为各类，皆根在此境。一切以种类为本之类的知识论，类的形上学，与重人之自延其类、人之职业活动之成类，之人生哲学，皆当判归此境之哲学。第三境为功能序运境，于其中观因果界、目的手段界，此为由观一物之依类成化，进而观其对他物必有其因果。人用物为手段，以达目的，亦由因致果之事。于此，即见一功效、功能之次序运行之世界，或因果关系、目的手段关系之世界。故此境称功能序运境。一切世间以事物之因果关系为中心，而不以种类为中心之自然科学、社会科学之知识，如物理学、生理学，纯粹之社会科学之理论；与人之如何达其生存于自然社会之目的之应用科学之知识，及人之备因致果、以手段达目的之行为，与功名事业心，皆根在此境。一切专论因果之知识论，唯依因果观念而建立之形上学，与一切功利主义之人生哲学，皆当判归此境。

至于中三境，则皆非觉他境，而为自觉境。此中之语言，不重在对外有所指示，而要在表示其所自觉。其第一境，为感觉互摄境，于此中，观心身关系与时空界。在此境中，一主体先知其所知之客体之物之相，乃内在于其感觉，而此相所在之时空，即内在于其缘感觉而起之自觉反观的心灵；进而知以理性推知一切存在之物体，皆各是一义上之能感觉之"主体"。此诸主体与主体，则可相摄又各独立，以成其散殊而互摄。故此境称为感觉互摄境。中三境之第二境为观照凌虚境，于此中观意义界。此境之成，由于人可于一切现实事物之相，可视之如自其所附之实体，游离脱开，以凌虚而在。人即由此而发现一纯相之世界，或一纯意义之世界。然此中之相、意义，虽可无外在之体，然自有类可分。此纯相、纯意义之世界．可由语言文字符号而表示。人既有语言文字，亦必将缘是而发现其所表示之一纯相、纯意义之世界。人由语文符号所成之文学、逻辑、数学之论述，即以语文符号之集结，间接表示种种纯相、纯意义。人之音乐、医画之艺术，则是以声、音、形状之集结，直接表示种类纯相、纯意义。此所表示之世界，皆唯对一凌虚而观照之心灵而显，亦不能离之而在。故此境称为观照凌虚境。至于中三境之第三境，为道德实践境，于此中观德行界。此要在论人之自觉其目的理想，更普遍化之，求实现其意义于所感觉之现实界，以形成道德理想，自命令其行，并以语言表示其命令；而以其行为，见此理想之用，于人道德生活、道德人格之完成。故此境称为道德实践境，而与前三境中第三境相应，乃皆以"用"之义为主。唯前者是客体事物之功用，此是主体理想之德用，而"用"之义不同。

至于后三境，则由主摄客，更超主客之分，以由自觉而至超自觉之境。然此超主客，乃循主摄客而更进，故仍以主为主。其由自觉而超自觉，亦自觉有此超自觉者。故此三境亦可称为超主客之绝对主体境。在此三境中，知识皆须化为智慧或属于智慧，以运于人之生活，而成就人之有真实价值之生命存在；不同于世间之学之分别知与行、存在与价值者。其中之哲学，亦皆不只是学，而且是生活生命之教。第一境名归向一神境，于其中观神界。此要在论一神教所言之超主客而统主客之神境。此神，乃以其为居最高位之实体义为主者。第二境为我法二空境，于其中观法界。此要在论佛教之观一切法界一切法相之类之义为重，而见其同以性空，为其法性，为其真如实相，亦同属一性空之类；以破人对主客我法之相之执，以超主客之分别，而言一切有情众生之实证得其执之空，即皆可彰显其佛心佛性，以得普度，而与佛成同类者。第三境为天德流行境，又名尽性立命境，于其中观性命界。此要在论儒教之尽主观之性，以立客观之天命，而通主客，以成此性命之用之流行之大序，而使此性德之流行为天德之流行，而通主客、天人、物我，以超主客之分者。故此境称为尽性立命境，亦称天德流行境。此为通于前所述之一般道德实践境，而亦可称为至极之道德实践境或立人极之境也。①

有研究者在论述新儒家的境界理论时，评述了唐君毅的心灵境界说。在该研究看来，唐君毅的心灵境界说的理论总纲是：一方面是由人生体验的沉思和道德自我的反省，以及对中国传统哲学人性论的深刻透视和对西方理性主义思潮的呼应，而体证合一生命与心灵的人生之内涵；另一方面是以理智思辨的形式析梳中西印三大思想系统中的有关知识、伦理、宗教等问题，而将所有的人文层面都融摄于一超验心灵的序运流转之中。在唐君毅的学说中，所谓"境"与"境界"所指是相近的，即心之所对、所知、所显。此处所言之"心"，不是

---

① 唐君毅：《生命存在与心灵境界》，中国社会科学出版社2006年版。

先验的道德之心或抽象的理性之心，而是与人的生命存在相合一的心灵。"境"与"心"的关系，正是这样一种相互涵摄感通的关系。心与境的感通包含着两层含义：其一，心之感通于境，不能简单地等同于境为心所知，知境而即依境生情、起志，才是心境感通的实际结果；其二，心与境相互为用，不能只言心变现境。心之所通，不限于特定境，而是恒超于此特定境，永不滞于此所通。唐君毅的人生境界理论"心灵九境"，讨论了从常识、理智到理想、信仰，即从生活世界到意义世界的超拔过程。①

　　有研究者指出，唐君毅强调的是人生之本在心，他所探寻的"心之本体"担负着双重的任务，一方面是以它来解释世界上的一切事物，另一方面是以它作为人的本质来解释人的一切行为，标举人的价值理想，探求人的心灵境界。唐君毅是以人生言人心，也是本人心言人生。这是把本心作为整个意义世界坐标的原点，以此观照、诠释现实人生，指示超越现实人生之路。唐君毅认为，人生之本在于人心。"心"首先指向内部之自己。人生的根本首先指向人的自觉，这种自觉不仅仅是一种道德的自觉，还是创造的自觉、生命的自觉。在唐君毅看来，"心体"具有极为丰富的创生意义。他把"道德自我"推扩为"生命存在"，"心"已不是先验的道德之心或抽象的理性之心，而是与人的生命存在合一的"心灵"。唐君毅所说的"心"，吸收了儒者的"天"、老子的"道"、佛教的"真如"等所表示的人的本性的超越性，因而人的自觉还体现为对"内在超越"的自觉。那么，人生的一切即在于尽其本性，人生之旅也就是人的文化创造之旅，人的生活的丰富性，人的文化的丰富性，都是在时空中展开的。那么，人的矛盾性，如人性与兽性、理智与情感、理想与现实、快乐与痛苦、创造与享受、价值与虚无、有限与无限、偏执与超越，等等，都会在人的自我创造、自我实现中一一呈现。唐君毅认为，人生的目的就在

---

① 付长珍：《现代新儒家境界理论的价值与困境——以唐君毅为中心的探讨》，《杭州师范大学学报》2008 年第 4 期。

于自己了解真实的自己,自己实现真实的自己。①

冯友兰先生从中国本土传统的思想出发,曾系统考察和探讨过人的境界。他在《新原人》一书中,指出了人是有觉解的,即其行动是自觉的、有意识的,此为觉解;人也能意识到其自觉与意识,此为觉解的觉解。由不同的觉解,可有不同的人生意义,此为境界。他把境界分为四种:自然境界、功利境界、道德境界与天地境界。自然与功利境界是自然所赋予的礼物,其觉解甚少,起码没有觉解人之所以为人的"人之性"。道德与天地境界则是精神的创造。道德境界中的人,对于人之性或社会性是觉解的。它打破了人我的界限,故此,富有"无所为而为"的利他精神。天地境界中的人对于人之性有更高的觉解,即其宇宙性。它打破了物我的界限,由知天、事天、乐天乃至同天,最终人与"大全"完全冥合,达到了人生的最高境界。天地境界是冯友兰的人学的形上学所追求的人生的最高目的,这充分表现了传统哲学中的即世间而出世间的终极关怀特色,用冯友兰的话说,就是"极高明而道中庸"。

三 境界的阶梯

人对于宇宙人生的觉解程度,可有不同。因此宇宙人生,对于人具有的意义,亦有不同。人对于宇宙人生在某种程度上具有自己的觉解,因此宇宙人生对于人就具有某种不同的意义。这就构成人所具有的某种境界。各人有各人的境界,每个人都是一个个体,每个人的境界,都是一个个体的境界。没有两个个体是完全相同的,所以也就没有两个人的境界是完全相同的。但可以忽其小异,而取其大同。就大同方面看,人所可能有的境界,可分为以下四种:

自然境界的特征是:在此种境界中的人,其行为是顺才或顺习的。此所谓顺才,其意义即所谓率性。逻辑上的性为性,生物学上的

---

① 单波:《心通九境:唐君毅哲学的精神空间》,人民出版社2001年版。

性为才。普通所谓率性之性，说的是人的生物学上的性。所以不说率性，而说顺才。所谓顺习之习，可以是一个人的个人习惯，也可以是一个社会的习俗。在此境界中的人，顺才而行，"行乎其所不得不行，止乎其所不得不止"，亦或顺习而行，"照例行事"。无论其是顺才而行或顺替而行，对于其所行的事的性质，并没有清楚地了解。此是说，他所行的事，对于他没有清楚的意义。就此方面说，他的境界，似乎就是一个混沌。但他并非对于任何事都无了解，亦非任何事对于他都没有清楚的意义。所以他的境界，亦只似乎是一个混沌。严格地说，在此种境界中的人，不可以说是不识不知，只可以说是不著不察。孟子说："行之而不著焉，习矣而不察焉，终身由之，而不知其道者众也。"朱子说："著者知之明，察者识之精。"不著不察，正是所谓没有清楚地了解。

　　功利境界的特征是：在此种境界中的人，其行为是"为利"的。所谓"为利"，是为他自己的利。动物的行为，都是为自己的利，都是出于本能的冲动，不是出于心灵的计划。在自然境界中的人，虽然也是有为自己的利的行为，但他对于"自己"及"利"并无清楚的觉解。他不自觉他有如此的行为，亦不解他何以有如此的行为。在功利境界中的人，对于"自己"及"利"有清楚的了解。他了解他的行为，是怎样一回事。他自觉他有如此的行为。他的行为，或是求增加他自己的财产，或是求发展他自己的事业，或是求增进他自己的荣誉。他于有此种种行为时，他了解这种行为是怎样一回事，并且自觉他是有此种行为。在此种境界中的人，其行为虽可万有不同，但其最后的目的，总是为他自己的利。他可以积极奋斗，他甚至可以牺牲他自己，但其最后目的，还是为他自己的利。

　　道德境界的特征是：在此种境界中的人，其行为是"行义"的。义与利是相反亦是相成的。求自己的利的行为，是为利的行为，求社会的利的行为，是行义的行为。在此种境界中的人，对于人之性已有觉解。他了解人之性是涵蕴有社会的。在道德境界中的人，知人必于所谓全中，始能依其发展。社会与个人，并不是对立的。人不但须在社会中，始能存在，并且须在社会中，始得完全。社会是一个整体，个人是整体的一部分。部分离开了整体,即不成其为整体。社会的制度及其间的道德的、政治的规律,并不是压迫人的。这些都是人之所以为人之理中应有之义。人必在社会的制度及政治的、道德的规律中,始能使其所得于人之所以为人者,得到发展。在功利境界中,人的行为,都是以占有为目的。在道德境界中,人的行为,都是以贡献为目的。用旧日的话说,在功利境界中,人的行为的目的是"取"。在道德境界中,人的行为的目的是"予"。在功利境界中,人即于"予"时,其目的亦是在"取"。在道德境界中,人即于"取"时,其目的亦是在"予"。

天地境界的特征是:在此种境界中的人,其行为是"事天"的。处在此种境界中的人,了解于社会的全之外,还有宇宙的全,人必于知有宇宙的全时,始能使其所得于人之所以为人者尽量发展,始能尽性。在此种境界中的人,有完全的高一层的觉解。此是说,他已完全知性,因其已知天。他已知天,所以他知人不但是社会的整体的一部分,而且是宇宙的整体的一部分。不但对于社会,人应有贡献,而且对于宇宙,人亦应有贡献。人不但应在社会中,堂堂地做一个人,亦应于宇宙间堂堂地做一个人。人的行为,不仅与社会有干系,而且与宇宙有干系。

境界有高低,此所谓高低的分别,是以到某种境界所需要的人的觉解的多少为标准。其需要觉解多者其境界高,其需要觉解少者,其境界低。自然境界,需要最少的觉解,所以自然境界是最低的境界。功利境界,高于自然境界,而低于道德境界。道德境界,高于功利境界,而低于天地境界。天地境界,需要最多的觉解,所以天地境界,是最高的境界。至此种境界,人的觉解,已发展至最高的程度。至此种程度人已尽其性。在此种境界中的人,谓之圣人。圣人是最完全的人,所以宋朝的思想家、易学家邵康节说:"圣人,人之至者也。"

一个人,因其所处的境界不同,其举止态度,表现于外者,亦不同。此不同的表现,即道学家所谓气象,如说圣人气象,贤人气象等。一个人其所处的境界不同,其心理的状态亦不同。此不同的心理状态,即所谓怀抱,胸襟或胸怀。人所实际享受的一部分的世界有小大。其境界高者，其所实际享受的一部分的世界大。其境界低者，其所实际享受的一部分的世界小。他觉解使他超过实际的世界，则他所能享受的，可以不限于实际的世界。庄子所说："乘云气，御飞龙，而游乎四海之外"，"乘天地之正，御六气之变，以游无穷"。似乎都是用一种诗的言语，以形容在天地境界中的人所能有的享受。

境界有久暂。此是说，一个人的境界，可有变化。人有道心，亦有人心人欲。"人心惟危，道心惟微。"一个人的觉解，虽有时已到某种程度，因此，他亦可有某种境界。但因人欲的牵扯，他虽有时有此种境界，而不能常住于此种境界。一个人的觉解，使其到某种境界时，本来还需要另一种工夫，以维持此种境界，以使其常住于此种境界。伊川说："涵养须用敬，进学在致知。"致知即增进其觉解，用敬即用一种工夫，只维持此增进的觉解所使人得到的境界。平常人大多没有此种工夫，故往往有时有一种较高的境界，而有时又无此种境界。所以一个人的境界，常有变化。其境界常不变者，只有圣贤与下愚。圣贤对于宇宙人生有很多的觉解，又用一种工夫，使因此而得的境界，常得维持。所以其境界不变。下愚对于宇宙人生，永只有很少的觉解。所以其境界亦不变。孔子说："回也三月不远仁，其余日月至焉而已。"此是说，至少在三月之内，颜回的境界，是不变的。其余人的境界，则是常变的。

上所说的四种境界，就其高低的层次看，可以说是表示一种发展，一种所谓辩证的发展。就觉解的多少来说，自然境界，需要觉解最少。在此种境界中的人，不著不察，亦可说是不识不知，其境界似乎是一个混沌。功利境界需要较多的觉解。道德境界，需要更多的觉解。天地境界，需要最多的觉解。然天地境界，又似乎有混沌。因为在天地境界中的人，最后同于大全。上文试图说大全。但严格地说，大全是不可说的，亦是不可思议，不可了解的。所以自同于大全者，其觉解是如佛家所谓"无分别智"。因其"无分别"，所以其境界又似乎是混沌。不过此种混沌并不是不及了解，而是超过了解。超过了解，不是不了解，而是大了解。可以套用老子的一句话说："大了解若不了解。"

第二章 精神境界特性与提升

再就有我无我说，在自然境界中，人不知有我。他行道德的事，固是由于习惯或冲动。即其为我的行为，亦是出于习惯或冲动。在功利境界中，人有我。在此种境界中，人的一切行为，皆是为我。他为他自己争权夺利，固是为我，即行道德的事，亦是为我。他行道德的事，不是以其为道德而行之，而是以其为求名求利的工具而行之。在道德境界中，人无我，其行道德，固是因其为道德而行之，即似乎是争权夺利的事，他亦是为进道德的目的而行之。在天地境界中，人亦无我。不过此无我应称为大无我。

有私是所谓"有我"的一义。上所说无"我"，是就此义说。所谓"有我"的另一义是"有主宰"。"我"是一个行动的主宰，也是实现价值的行动的主宰。尽心尽性，皆须"我"为。"宇宙内事，乃己分内事。"由此方面看，则在道德境界及天地境界中的人，不惟不是"无我"，而且是真正地"有我"。在自然境界中，人不知有"我"。在功利境界中，人知有"我"。知有"我"可以说是"我之自觉"。"我之自觉"并不是一件很容易的事。有许多小孩子，别人称他为娃娃，自称为娃娃。他知道娃娃，但不知道于说娃娃时，他应当说"我"。在功利境界中，人有"我之自受"，其行为是比较有主宰的。但其作为主宰的"我"，未必是依照人之性者。所以其作为主宰的"我"，未必是"真我"。在道德境界中的人知性，知性则"见真吾"。"见真吾"则可以发展"真我"。在天地境界中的人知天，知天则知"真我"在宇宙间的地位，则可以充分发展"真我"。人在道德境界及天地境界中所无之我，并不是人的"真我"。人的"真我"，必在道德境界中乃能发展，必在天地境界中，乃能完全发展。四种境界就其高低的层次看，可以说是表示一种发展。此种发展，即"我"的发展。"我"自天地间之一物，发展至"与天地参"。

在道德境界中及天地境界中的人，才可以说是真正地有我。不过这种"有我"，正是上所说的"无我"的成就。人必先"无我"而后可"有我"，必先无"假我"，而后可有"真我"。我们可以说，在道德境界中的人，"无我"而"有我"。在天地境界中的人，"大无我"而"有大我"。可以套老子的一句话说："夫惟无我耶，故能成其我。"

四　生活的引领

　　上述的发展中，自然境界及功利境界是所谓自然的产物。道德境界及天地境界是所谓精神的创造。自然的产物是人不必努力，即可以得到的。精神的创造，则必待人之努力，而后可以有之。就一般人说，人于其是婴儿时，其境界是自然境界。及至成人时，其境界是功利境界。这两种境界。是人所必须努力，而自然得到的。此后若不有一种努力，则他终身即在功利境界中。若有一种努力，"反身而诚"，则可进至道德境界及天地境界。

　　此四种境界中，以功利境界与自然境界中间的分别，及其与道德境界中间的分别，最易看出。道德境界与天地境界中间的分别，及自然境界与道德境界及天地境界中间的分别，则不甚容易看出。因为不知有我，有时似乎是无我或大无我。无我有时亦似乎是大无我。自然境界与天地境界，又都似乎是混沌。道德境界与天地境界中间的分别，道家看得很清楚。但天地境界与自然境界中间的分别，他们往往看不清楚；自然境界与道德境界中间的分别，儒家看得比较清楚。但道德境界与天地境界中间的分别，他们往往看不清楚。

　　所说的各种境界，并不是于日常行事外，独立存在者。在不同境界中的人，可以做相同的事，虽做相同的事，但相同的事对于他们的意义，则可以大不相同。这一系列不相同的意义，就构成了他们不相同的境界。所以说到境界，都是就行为说的。在行为中，人所做的事，可以就是日常的事，离开日常的事，而做另一种与众不同的事，如参禅打坐等，欲求另一种境界，以为玩弄者，则必分所谓"内外""动静"。他们以日常的事为外，以一种境界为内，以做日常的事为动，以玩弄一种境界为静。他们不能够超越这样的分别，遂重内而轻外，贵静而贱动，他们的生活，因此即有一种矛盾。①

有心理学的研究者在心理学的研究中，试图把冯友兰的境界说与心理学的研究，与心理学关于幸福感的研究建立起关联。这就把心理学关于幸福感的研究也延伸或植根于中国本土的心理学传统中。当然，这也是很少有的去挖掘中国本土的精神境界说的心理学的内涵和心理学的价值。应该说，目前在心理学的研究领域，关于幸福感的研究是一个具有很高的研究热度的课题。

该研究认为，冯友兰先生在其著作《新原人》中系统地提出人生境界理论，其宗旨在于回答一个古老而常新的问题即"人生的意义是什么"。而幸福感研究则似乎在另一视角中回答了这个问题，即"人生的意义是如何获得幸福"，即幸福是人生的终极目的。虽然两者的目的都是探讨永恒而深奥的哲学命题，但是冯友兰先生采取的是逻辑分析的方法（其中又有他独创的"正方法"和"负方法"），而幸福感研究则主要采取的是逻辑实证的方法。

在理论构成上，人生境界说分别是从自然境界、功利境界、道德境界和天地境界四个方面加以阐述，四个方面由低到高，表现出较明显的层级性。与此相类似，幸福感研究是从关注个人、社会向整合性发展，也呈现出较明显的层级性。就其觉解水平来说，无论是人生境界还是幸福感均表现出明显的逐步推进式和阶段式发展的态势。

在内部关系上，无论是人生境界说还是幸福感，两者内部各构成因素之间均非彼此完全孤立，而是相互融合、渗透，我中有你，你中有我，可以相互转化。例如虽然冯友兰认为功利境界和道德境界是截然分开的，前者的基本准则是利己或为私，而后者的基本准则是利他或为公。但是，有研究者认为，可以将自觉还是强迫作为其联系的纽带，即功利境界和道德境界的区别，并不在于为私还是为公，利己还是利他；而在于是被迫遵守甚至违反合理的社会契约，还是自觉遵守和维护合理的社会契约。如果属于前者，那就是功利境界；如果属于后者，那就是道德境界。幸福感的这种内部关系主要体现为其研究取

---

① 冯友兰：《三松堂全集》（第四卷），河南人民出版社1986年版。

向的转换和研究内容的变更。来自主观感到的幸福是主观幸福感,而来自人类本质需要的幸福则是心理幸福感。

虽然冯友兰先生的思想初衷,是试图运用西方哲学的逻辑分析方法对中国传统道德哲学进行改造和重建,并没有直接指导幸福感研究,但是从他的视角出发能够很好地理解和把握幸福感研究。因此,如果说这只是一种巧合,那么这也是心理学脱胎于哲学但又时刻受着哲学潜移默化影响的一种必然的巧合。[1]

在关于道教文化的研究中,有研究者就考察了道家学说中给出的生命的存在与境界的超越。研究指出,道教强调修炼,强调在个体的具体中,实现普遍和无限的生命,实现从有到无的境界提升。这也就是克服自己,走向普遍。这也就是人的超越的能力。[2]

当然了,在心理学的研究中,与中国本土的境界学说,与中国本土文化传统中的境界学说的心理学内涵,能够关联在一起的,是心理成长的研究,是心理成长研究中的有关心理提升的现实历程。[3] 幸福感则是心理成长历程中的心理体验。可以说,中国本土文化传统中的心灵境界说或精神境界说,对于理解、引导中国人的精神生活或心理生活,有着非常重要的影响。这种影响甚至是延伸到了中国人的社会生活、中国人的精神生活、中国人的心理生活的方方面面。

---

[1] 严标宾、郑雪:《解构幸福:从冯友兰的人生境界说看幸福感》,《内蒙古师范大学学报》(哲学社会科学版)2008年第1期。
[2] 李大华:《生命存在与境界超越》,上海文化出版社2001年版。
[3] 葛鲁嘉:《心理成长论本——超越心理发展的心理学主张》,《陕西师范大学学报》(哲学社会科学版)2010年第3期。

第三章　常人智慧心理学考察

智慧心理学的研究就是要去考察和探讨普通人在日常生活中的智慧心理、智慧活动、智慧表达和智慧传统。为了应对生活，普通人也会运用自己的聪明、智力、情感、意志、态度、品格，去提供关于日常生活问题、疑难、困境的解说和应对的心理方式。普通人在自己的生活中，总是要与社会或他人打交道。这就形成了普通人之间的社会交往或社会互动。推动、约束、改善和优化普通人的社会交往或社会互动，是需要人的心理智慧的。智慧既是西方人的价值追求，也是东方人的人生理想。比较起来，西方人更多地追求理性的、科学的智慧，东方人则更多地追求实践的、生活的智慧。

一　智慧心理学的研究

智慧心理学的研究就是考察和研究人在日常生活中的智慧心理、智慧活动、智慧表达和智慧传统。这构成了人的心理行为的重要的基础，这也构成了心理学关于人的心智考察、智力研究、认知探索的重要基础。

有研究者考察了关于智慧的心理学探讨。研究指出，智力理论很少谈到智慧，智慧似乎被拒绝在绝大多数智力理论范围之外，然而智力却在许多智慧理论中发挥着重要的作用。这种不平衡源于智慧与智力的内在关系，即智慧是特殊智力或实用智力的一种特殊情况，讨论智力可以不涉及智慧，但讨论智慧必须涉及智力。

在智慧行为中存在着一系列随步骤而循环变化的、在某种意义上的执行程序，其中存在一种智慧的"元成分"。这包括了如下的重要的方面：一是意识到问题的存在，二是详细说明问题的性质，三是表述与问题有关的信息，四是明确陈述解决问题的策略，五是对解决问题进行资源配置，六是监控问题解决，七是评估关于问题解决的反馈。

默许知识作为实用智力的一个主要方面，它通常将智力的各种信息处理成分应用于适应、塑造和选择环境。所谓默许知识也可以称为内隐知识、意会知识、隐含知识。这也被认为是属于实践智力。默许知识说明了智慧不同于人们通常所提到的智力方面的一些表现，默许知识具有三个主要特点：一是默许知识是程序性的知识，二是默许知识与人们预期达到的目标有关，三是默许知识通常在几乎没有他人直接帮助的情况下获得。默许知识与智慧之间存在着本质上的联系，并且默许知识在应用于智慧的过程中发挥着核心作用。①

研究者从各自的视角，采用不同的研究方法来分析和诠释智慧内涵，形成显义理论研究和隐含理论研究。智慧的显义理论所涉及的是认知、平衡与整合。众多智慧定义大多包含三个基本含义维度。一是认知过程。这是一种获取信息和处理信息的特别方式；二是社会德行。这是受社会推崇的行为模式；三是理想状态。这表明智慧所涉及的是认知思维、交往能力与品性修养的多维观。智慧的概念是社会文化的产物，除了表达智慧的宗教观和哲学观以外，社会大众所持有的智慧世俗观，认为智慧存在于现实之中，体现为普通人的日常生活行为。心理学研究不能忽视普通人关于智慧是什么的观念或看法，这需要进行智慧隐含理论的探究分析。显义理论研究是关于概念的心理学效度的论证；隐含理论研究则是关于其社会效度的探究。②

有研究者对中西文化中的智慧的意涵进行了考察。研究指出，智慧是人类文明精华的产物，智慧的行为往往能够利于人们找准自我定

---

① 高山、李红、白俊杰：《关于智慧的心理学探讨》，《西南交通大学学报》（社会科学版）2005 年第 1 期。
② 张卫东：《智慧的多元—平衡—整合论》，《华东师范大学学报》（教育科学版）2002 年第 4 期。

位，修正人生方向，提升生活品质，消弭人际冲突，增进社会和谐。纵观中西智慧意涵的演变历程，西方文化传统对智慧的定义侧重于逻辑思维的判断和知识技能的习得，中国文化传统的智慧意涵在于价值取向上偏重人伦关系和社会关系，把道德视为人生和生命的本质和价值体现。中西智慧意涵有着自身的鲜明特色和发展规律，如果从价值论的角度去观照，或能挖掘更多启迪深思的内容。①

有研究者区分和探讨了狭义的智慧与广义的智慧．在教育理论与实践中存在着两种层次的智慧教育：一种是狭义的、基于传统教育学和心理学理论之上的智慧教育；另一种是广义的、基于对完整人性的理解和人的全面发展的认识之上的智慧教育。

所谓狭义的智慧教育，即通常所说的"智育"或者"智力的教育"，在教育学中，主要是指"以传授给学生系统的科学知识、形成学生的技能、发展学生的智力以及培养学生能力的教育"。狭义智慧教育的局限性主要有两点：一是将智慧限定在智力、理性、认知等方面，使智慧过于窄化，有违于生命发展的全面性、丰富性、整体性和复杂性；二是所谓"智育"主要不是为了"育智"，而是为了"育知"和"育技"。"育智"是手段，"育知"和"育技"才是目的。不是通过知识走向智慧，而是通过智慧走向知识。

广义的智慧教育是一种更为全面、丰富、多元、综合的智慧教育，主要包含着三个既相互区分又彼此联系的方面：理性（求知求真）智慧的教育、价值（求善求美）智慧的教育和实践（求实践行）智慧的教育。广义智慧教育既包含着狭义智慧教育，又超越了狭义智慧教育。广义的智慧包括了三个方面的内容：第一，思维活动或理性逻辑方面的智慧，包括了斯腾伯格提出的"分析性智力"和"创造性智力"；第二，社会交往和价值活动方面的智慧，相当于斯腾伯格所提出的"社会智力"；第三，主体性生活实践方面的智慧，相当于斯腾伯格所提出的"实践智力"。从总体上讲，人的智慧应是理性

---

① 吕卫华、邵龙宝：《中西文化中的智慧意涵：演变历程与价值意蕴》，《大连理工大学学报》（社会科学版）2011年第1期。

（求知求真）智慧、价值（求善求美）智慧和实践（求实践行）智慧的有机的统一。①

在西方心理学的研究中，也从智能心理学的研究开始转向了智慧心理学的研究。研究者开始去探讨智慧的结构、起源和发展。正如研究者所指出的，完整和正确地理解智慧是需要拥有智慧的。②

二 普通人的生活智慧

在普通人的日常生活中，为了应对生活，普通人也会运用自己的聪明和智慧，去提供关于日常生活的解说和应对的方式。其实，生活中的普通人都在自己的日常生活之中运用着自己的聪明才智。这种聪明才智会凝聚成一些应对生活的基本理念和基本方式。这会在人际之间进行传递，也会在代际之间进行传递。其实，在常识心理学之中，就汇聚着普通人的大量的关于人的心理行为的生活智慧。可以把常识心理学在日常生活中显现出来的心理智慧看作普通人的生活智慧。

智力与智慧有着重要的联系，但也有着明确的区别。可以说，智慧是人的智力在日常生活的运用或应用。因此，所谓智慧就是人运用自己的智力去恰当地解决日常生活中的问题。

有研究者考察了科学的真实与生活的智慧。研究认为，以西方现代理性精神为基础的科学技术给人类带来巨大的福祉，尤其是发展到20世纪，这已成为深刻影响人类生活的全球性现象。这表明，西方自启蒙运动以来确立的现代理性主义思想方式，向人类敞开了对人类生存极具意义的一个方面，即科学的"真"是人类能够更好地生活于世的基本保证，体现出可贵的生活智慧。但是，科学的"真"并不等于生活的全部智慧，它虽然给人类带来了高度发达的物质文明，却不能

---

① 靖国平：《从狭义智慧教育到广义智慧教育》，《河北师范大学学报》（教育科学版）2003 年第 3 期。

② Sternberg, R. J., *Wisdom: its nature, origins and development* [M]. New York: Cambridge University press, 1990. pp. 3–7.

为人类提供这种生活何以值得过下去的理由。从这一意义上说，启蒙运动的任务尚未完成。今天人类面临的困境表明，一方面，科学技术已不可抗拒、无可避免地成为人类的生存方式；另一方面，启蒙之光的核心也有一片黑暗，当代文化批判的重要任务就是不懈地揭示这片黑暗。

广义地说，理性是人的一种自觉状态，这是与本能相对应的，是对行为和目的进行的分析、判断与设计，即一种相对于感性、知觉、情感和欲望的思想能力。理性的典型或最纯粹的形态是指人在概念基础上进行逻辑判断和推理的能力，在近现代科学中，理性得到了最为完美的体现。这种关于理性的学说珍视永恒胜过暂时，珍视一般胜过个别，珍视普遍胜过具体，珍视必然胜过偶然，珍视人的理性胜过非理性，这是一个用抽象观念取代具体经验的过程。

现代的理性精神要点在于：将使用理性的范围限定在人的经验可以检验的范围。从原来没有限定到用经验限定具有极大的意义，它使现代理性体现出三大彼此相关的精神：一是怀疑精神——对思想构造的理论体系（由对"话语合法化"所得到的真理）表现出审慎的怀疑；二是"唯物"精神——理性对事物的解释寻求的是"自然"（物质）的原因，而不能靠人类理性不能了解的超自然的能力，这成为区分科学与非科学的基本标志。这同时也意味着，理性是有自己适用界限的；三是实证精神——这是前两种精神的自然结果。既然理性追求的是自然的、物质的原因，就可以用各种观察、实验对思想构造的理论体系进行检验，以排除其任意性。由此确立起不能通过经验的检验就不能证明理论为"真"的信念。这三大精神的确立使西方近代科学逐渐从思辨的自然哲学中独立出来，并使科学知识有可能成为改造世界的物质力量。

但问题总是两面的，在充分肯定科学的"真"对于人类生存的意义、价值的同时，也绝不能低估这种思想框架"黑暗的"一面。问题也许出在这种思维取向在当代"垄断"一切的地位，或者说它所忽略的东西上。人类的历史表明，今天科学的"真"也如中世纪基督教的"善"一样，未能涵盖生活的智慧。如果科学的"真"缺乏"善"的提供者和保证者，往往会沦为实施"恶"的有力手段。历史的教训是，对"善"的认知并不能直接导致出"善的行为"，善的行为不仅需要对善的认知，还需要实践善的智慧（本能欲望与理性判断、目的与手段的和谐）。这里特别要注意的是，在目的和手段之间存在某些不易调和的东西。目的是一种理念，可以是顿悟、直觉，手段只能是渐进的、推理式的。要完成它们之间的调和需要有真诚的、善意的愿望（应然），还需要把握规律性的东西，形成高度缜密、有效的操作程序（实然）。真、善、美的统一是人类精神发展的最高境界，生活的智慧就体现在人类是否能在"实然"与"应然"的统一中逐渐达到这个境界。①

普通人的生活智慧是一种非常重要的生活资源和心理资源。在普通人的生活智慧之中，就存在着大量的关于人的心理行为的理解和解说，就存在着大量有关人的心理行为的指引和导向。有关心理生活的智慧会成为普通人的心理生活的重要的指南。生活智慧中的心理智慧会引导普通人的心理生活和提升普通人的心理生活的质量。普通人的生活智慧之中所蕴含的常识形态的心理学是普通人的心理生活的基本依据。

三　普通人的交往智慧

普通人在自己的生活中，总是要与社会或他人打交道。这形成了普通人之间的社会交往或社会互动。推动、约束、改善普通人的社会交往或社会互动，是需要人的心理智慧的。常识形态的心理学就包含着普通人的交往智慧。普通人通过自己所掌握的常识形态的心理学，来理解和说明自己的社会交往，并支配和约束自己的社会互动。

有研究者在关于智慧的探讨中指出，心理学者认为智慧是包含认知、情绪、意志三要素的心理构念，是知识经验、认知能力、情感反

---

① 柳延延：《科学的"真"与生活的智慧》，《中国社会科学》2002年第1期。

应、行动意志等优秀心理素质恰当整合的理想表现。智者的判断决策可以预见其长期的、为大多数人考虑的裨益。因此，价值观分析应与智慧研究相联系。知识渊博、经验丰富、三思后行、冷静镇定、深谋远虑，等等，在社会生活中都被认为是成熟人格特征的表现，因此，通常人们认为年长者应该会拥有更多的人生智慧。

智慧的概念是社会文化的产物，除了智慧的宗教观和哲学观以外，社会大众所持有的智慧世俗观认为，智慧就存在于现实生活之中，体现于普通人的日常生活行为之中。心理学的研究不能忽视大众头脑中关于智慧是什么的观念或看法，这就需要进行智慧隐含理论的探究分析。

现今中西方的智慧观念均包含两个基本成分，一是认知思维能力，涉及判断、逻辑推理、问题索解、洞察力以及学习能力等；二是社会人际能力，表现在善于沟通、与人建立良好关系、能够充分发挥人际互动对生活及工作的积极影响。然而由于智慧概念是历史文化的产物，其内蕴的中西方跨文化差异必定存在，仔细分析现有研究结果可以发现，西方人十分强调认知（包括社会认知）和社会关系对智慧的重要性，中国人除了认同这一点，还十分注重性格修养，包括意志品质、处世哲学、为人之道、情绪情感调控等，将其作为智慧的一个基本维度。西方人虽然也重视情绪情感的良好调控和适当表达，但这在其智慧概念中并不能够明确地体现出来。对于智慧的理解，西方人可能比较倾向于过程或能力，中国人则可能更为强调的是本性或素质。

显然，智慧与智能具有非常密切的联系。然而，智慧的内涵超越了智能的范畴，智慧并不是任何形式的智能本身，只有当实用智能、社会智能或情绪智能被普通人运用于去平衡生活中的各种利益，包括个人的利益、他人的利益、社会的利益、环境的利益，以获取最大的共同利益时，才能成为智慧的一部分。平衡是智慧概念的独特要素，平衡可以使对立的双方和谐共存，也可以使不同的机能过程彼此融会、运作适度而实现最佳的适应。这可以表现在"思"与"行"的平衡、"理性"与"感性"的平衡、"出世"与"入世"的平衡，等等。值得指出的是,平衡也是中国传统哲学十分强调的理念,因此中华文化的智慧观似应更能够精确反映智慧概念的精髓。①

普通人的交往智慧是人的社会生活智慧的非常重要的部分。怎样与他人交往,怎样与他人互动,怎样与他人沟通,怎样与他人合作,怎样与他人竞争,怎样化解与他人的矛盾,怎样消除与他人的误会,怎样处理与他人的关系,怎样增进与他人的友谊,这在常识形态的心理学中,都有着大量的心理经验的积累。显然,常识形态的心理学中,或是在普通人之间流通的常识形态的心理学中,汇总了大量的关于人际心理鉴别、处理、引导、交换等智慧。

四 普通人的洞察智慧

西方的心理学家在关于智慧的研究中指出,智慧可以被定义为"以知识、经验、理解等因素为基础,对事物进行正确的判断并随之产生合理的行为"。这种能力在这个似乎不时要下决心自我毁灭的世界中发挥着重大作用。②

古希腊的哲学家柏拉图首次对智慧的概念进行了精深和透彻的分析。他认为存在着三种不同的智慧:一是思辨之思,也就是哲学之思,这在那些为寻求真理而追求神思的人身上可以看到;二是理论之思,也就是科学之思,这在那些以科学的观点来认识事物的人身上可以看到;三是实践之思,也就是生活之思,这是指由政治家和立法者所表现出来的实践性的智慧。

一般来说,可以采用默会理论的方法研究智慧。所谓默会理论所强调的是人的默会的知识。默会的知识对应的是显性的知识,是指实际存在于人的心理之中,但又无法言说而只能切身体会的知识存在。

---

① 张卫东:《智慧的多元—平衡—整合论》,《华东师范大学学报》(教育科学版)2002年第4期。
② [美]斯腾博格:《智慧、智力、创造力》,王利群译,北京理工大学出版社2007年版。

这可以在人的生活中或人的行动中显露的知识存在。默会理论的方法可以用来调查普通人的智慧概念。因此，其目的并不是提出一个关于智慧的"心理学上真实"的解释，而是在于考察普通人所认为的什么是智慧，并且不管这种想法是正确的还是错误的。

早期关于智慧的研究所提供的评定为，有经验的、重实效的、有见识的、重理解的，等等。有研究者对智慧进行了主成分的分析，解释了五种基本的因素：杰出的理解力、判断和沟通技能、一般能力、人际关系能力，以及在社会交往中谦虚谨慎的能力。解释智慧的理论涉及了促进智慧的三类因素：一般个人因素、专门技能特殊因素和经验背景。智慧可以反映在五种成分之中：一是丰富的实际知识，也就是关于生活条件及其变化的一般知识和特殊知识；二是丰富的程序知识，也就是关于判断策略和生活规范的一般知识和特殊知识；三是重要的环境知识，也就是关于环境对生命的影响作用，以及关于生活环境及其变化的知识；四是重要的相对知识，也就是关于不同的价值、不同的目标、不同的评判的知识；五是预见的生活知识，也就是关于生活中的相对不确定的和无法去预知的存在的知识，从而知道如何去管理生活。

强调智慧的整合或平衡，至少可以包括以下三种主要的整合或平衡：一是去整合或平衡不同的思维方式；二是去整合或平衡不同的自我系统，如认知的系统、意动的系统和情感的系统；三是去整合或平衡不同的思想观点。智慧是成功的智力和创造的能力，是通过"达成彼此的共赢"或"获得共同的利益"的价值观，来应用成功的智力和创造的能力。人的生活的智慧就在于能够去进行不同利益之间的平衡。那么，利益的平衡可以包括如下一系列的利益：一是个人的利益，二是群体的利益，三是人际的利益，四是长远的利益，五是短时的利益，六是其他的利益。从而，智慧的运用就可以达到以下三个方面的平衡：一是适应现存的环境，二是塑造现存的环境，三是选择新的环境。①

　　有研究者曾论述了智慧所具有的内涵和特征。该研究认为，所谓智慧就是人们运用知识、经验、能力、技巧等解决实际问题和困难的本领，就是人们对于历史和现实中的个人生存、发展状态的积极审视、洞察和把握，以及对于当下和未来所存在着的事物发展的多种可能性，进行明智、合理、果断的判断与选择的综合素养和生存方式。智慧同智力、能力、聪明、机智、明智等概念既有联系又有区别。智慧具有知识性、主体性、价值性、实践性、综合性的特征。

　　智慧既是西方人的价值追求，也是东方人的人生理想。比较起来，西方人更多地追求理性的、科学的智慧，东方人则更多地追求实践的、生活的智慧。总之，智慧是人类的一种普适性很强的、比较高级形态的认识方式、实践方式和生活方式。"智慧"主要是指人对事物能认识、辨析、判断处理和发明创造的能力，犹言才智、智谋。

　　智慧的要义有三个方面。其一，智慧指向人的实践能力或实际本领，智慧的对象是实际的问题与现实的困惑，智慧的方式是具有实践性、探索性、创造性的活动。其二，智慧指向人的明智的、良好的生存和生活方式。其三，智慧指向人的主体性、价值性、自觉性、自由性等人的"类本质"特征，智慧的道路通往人的自由、人的发展和人的解放。

　　实际上，智慧的三个要义包含着三个不同的认识维度，即心理学、社会学和哲学的认识维度。在心理学意义上，智慧对应的英文词就是"intelligence"，指人的聪明才智，智力发达，思维有创造性，能够解决认识上的问题等。在社会学意义上，智慧对应的英文词就是"sensibleness"，指人在日常社会生活中是敏锐的、明智的，其思想和行为等是切合实际的，是合情、合理和合法的，是有效、有利和有用的。在哲学意义上，智慧对应的英文词就是"wisdom"，指人在世界观、价值观和人生观等方面所具有的才智、德性、学问、常识等。这

---

　　① ［美］斯腾博格：《智慧、智力、创造力》，王利群译，北京理工大学出版社2007年版。

也是指人的自由自觉的特性，是人的类主体性获得了比较充分的发展。

心理学意义上的智慧、社会学意义上的智慧和哲学意义上的智慧，分别代表着智慧的三个基本层次。这三个层次上的智慧的含义既相互关联，也彼此区别，也各有侧重。显然，三者之间有着纵横交错的联系。应该说，智慧的含义和价值还可以从更为广泛的方面加以揭示和解释，这包括生物学意义上的智慧，伦理学意义上的智慧，文化学意义上的智慧，思想史意义上的智慧，等等。

可以说，智慧是人的理性智慧、价值智慧和实践智慧三者之间的协调统一。理性智慧是智慧发生与发展的思想基础，没有理性的发展便没有智慧的成长。价值智慧是智慧定位或前行的方向，如果没有良好的和德性的价值，智慧就有可能会迷失，甚至走向邪恶。实践智慧是智慧运用与实行的现实基础。实践活动可以使智慧走进人生，走进社会，走进生活。理性智慧、价值智慧和实践智慧的相互协调，共同构筑起人的完美幸福生活。[①]

普通人在日常生活中也会拥有和运用洞察的智慧。这种智慧并不是一种理性的逻辑推演的智慧，而是一种直觉的透彻洞察的智慧。这是心理觉解的整体把握，是对纷乱世事的明确知晓，是对生活道理的豁然贯通。聪明与智慧是有着密切关联的，但是，这两者之间也存在着重要的区别。聪明是对于世事的知晓，而智慧却是对于事理的洞察。聪明的反面是愚钝，而智慧的反面则是愚蠢。

生活的明智是建立在心理的明智的基础之上的，这就把智慧贯穿在生活与心理之中。心理智慧的研究是人的生活智慧研究的核心和根本的内容。洞察的智慧就是生活认知和生活理解的整合和深入的体现。智慧会给人慧眼、慧耳、慧口、慧心。是眼与心、耳与心、口与心和心与灵的相通，也是洞察的智慧的基本内涵和重要体现。

智力心理学的研究已在经受非智力因素研究的挑战，而从智力心

[①] 靖国平：《论智慧的涵义及其特征》，《湖南师范大学教育科学学报》2004年第2期。

理学的研究转向智慧心理学的研究，则可以应对这样的挑战。心理学的研究、心理学关于智慧的研究，应该根源于普通人的日常生活，也应该渗入普通人的日常生活。那么，考察普通人的生活智慧，理解普通人的生活智慧，引导普通人的生活智慧，提升普通人的生活智慧，就成为科学心理学研究重要的和核心的任务。

第四章　心理成长与心理生成

人类心理是创造性生成的，心理创造是成长性发展的。那么，心理生成、心理创造，就是人的心理成长的前提，也就使人类心理成长成为可能。人创造了自己的生活，创造了自己的心理，也促进了自己的心理成长。人是心理成长就是无中生有的历程，就是具有多种向度的创新的历程。其实，人就是在自己的创造性生成的过程中，获取自己的心理成长的结果。无论是把心理学的研究对象界定为什么，基本上所有的研究者都是把心理学的研究对象确定为既定的存在。人的心理成长也就可以被看作创造性生成和创造性成长的历程。在中国本土的文化传统中，存有大量关于人的心灵成长、人的境界提升的思想资源。在心理学的研究中，与中国本土的境界学说，与中国本土文化传统中的境界学说的心理学内涵，能够关联在一起的是心理成长的研究，是心理成长研究中的有关心理提升的现实历程。

一　已成的存在

关于心理学研究对象的理解和解说，在心理学的研究中有许多不同的学术争议。关于心理学的研究对象的界定是属于普通心理学的学科领域。有研究者认为，现行普通心理学概念体系存在如下问题：一是心理过程与个体心理特征对应关系不全面，二是心理过程与个性心理特征的混淆，三是概念体系对新概念同化力的弱化。因此，有必要对普通心理学的旧有体系进行调整甚至重建。

首先是心理过程与个性心理特征的对应关系。通常的观点认为，心理过程和个性心理特征是一个统一和具体的人的心理活动的两个方面，二者是紧密不可分割的。一方面，个性心理特征通过心理过程形成和发展起来；另一方面，已经形成的个性心理特征调节着心理过程的进行，并在心理过程中得以表现。但是，个性心理特征作为心理过程中形成的产物这样一种密切关系，并没有在概念体系中得到实质性的反映。实质性的反映是，任何一种个性心理特征在心理过程中都应有其特定的对应成分。

其次是心理过程与个性心理特征的混淆。在现行的普通心理学教科书中，关于心理过程的阐述也吸纳了属于个性方面的内容。例如，在对情绪情感过程的分析中，对情感进行了分类，其中的类别之一是道德情感。在教育心理学中则把道德情感看作个性中品德的心理成分之一。于是，作为过程的"主观体验"与作为个性存在的情感便不加区分地融合在一起了。还有注意的归属问题。在现有的普通心理学概念体系中，一方面注意被排除在心理过程之外，心理过程的知、情、意三方面都不收容注意。另一方面，在个性心理特征中也找不到注意的位置。

最后是概念体系对新概念的同化力。一个学科的概念体系的科学性应体现在，它不但能清晰地反映现有的概念的关系，而且也能包容随着该学科的发展而出现的新概念。这是一种同化力。其中包含两大维度：第一个维度是包含着知、情、意三大反映系统的反映维。反映维是因为知、情、意是人类反映主、客观世界的反映形式；第二个维度是包含着心理活动（过程）与个性心理特征两方面的形态维。之所以称为形态维是因为两者代表着心理反映的不同形态。心理过程是动态方面，个性特征是静态方面。这一维度的两大方面也是传统认为的心理现象的两大方面。但是传统观点把知、情、意仅仅归进心理过程方面，而把另外的东西，诸如气质、性格、能力归入个性心理特征中，从而使心理过程和个性心理特征成为不甚相关的东西。新的体系结构是将知、情、意作为另外的维度与形态维发生关系，从而使知、情、意不仅表现于心理过程，也表现于个性特征上。①

心理学家对心理学研究对象的考察和研究是建立在对心理学研究对象的理论预设的基础之上，或者说是取决于心理学家对心理学研究对象的基本性质的预先理解。心理学家关于心理学研究对象的理论预设可以是隐含的，也可以是明确的。都决定着心理学家对心理学研究对象的理解。有什么样的关于研究对象的理论预设，就会有什么样的对研究对象的理解。心理学家关于心理学研究对象的理论预设可以有两个来源。第一是来自心理学家提供的研究传统。在后的心理学家可以把在先的心理学家的学说理论作为自己的理论前提或理论预设，例如后弗洛伊德的学者都把精神分析创始人弗洛伊德的某些理论观点作为自己的关于研究对象的理论预设。第二是来自哲学家提供的理论基础。哲学家对人类心灵的探索也可以成为心理学家理解心理学研究对象的理论前提或理论预设。这包括哲学心理学和心灵哲学的探索。关于对象的立场涉及如下的一些重要的方面。②

一是自然与自主。显然，人是自然演化过程的产物。那么，人的心理也就是自然历史的产物。但与此同时，人的心理也是意识自觉的存在，是自主的活动。所以，人的心理也就是自主创生的结果。这就是自然与自主的内涵。其实，在心理学的研究中，既有心理学家把人的心理设定为自然历史的产物，也有心理学家把人的心理设定为自主创生的结果。这就导致了对人的心理行为的完全不同的理解和解释，也导致了对人的心理行为的完全不同的引导和干预。这就是心理学研究中的自然决定和自主决定的区别。

二是物理与心理。西方科学心理学的诞生直接采纳了近代自然科学得以立足的理论基础。在涉及对心理学研究对象的理解方面，西方科学心理学采纳的是近代自然科学中的物理主义的世界观。物理主义是一个有歧义的提法，在此主要泛指传统自然科学有关世界图景的一

---

① 施铁如：《对普通心理学概念体系的思考》，《南京师大学报》（社会科学版）1999年第1期。

② 葛鲁嘉：《对心理学方法论的扩展性探索》，《南京师大学报》（社会科学版）2005年第1期。

种基本理解。物理主义的世界观把自然科学探索的世界看作由物理事实构成的，物理事实能为研究者的感官或作为感官延长的物理工具把握到。相对于研究者的感官经验而言，物理事实也可以称为物理现象或自然现象。按照自然进化的阶梯，自然现象可以有从简单到复杂的排列，而正是简单的构成了复杂的，或者复杂的可以还原为简单的。西方心理学的主流采纳了物理主义的观点，把人的心理现象类同于其他的物理现象。尽管心理现象具有高度的复杂性，但却可以还原为构成心理现象的更为简单性的基础。在自然科学贯彻物理主义的过程中，物理学中有过反幽灵论的运动，生物学中有过反活力论的运动，心理学中也相应地有过反心灵论或反目的论的运动。这就使得西方心理学对研究对象的理解存在着客观化的倾向，而客观化甚至导致了对研究对象的物化。实际上，人类心理与自然物理既有彼此的关联，又有彼此的区别。最根本的关联在于，人类心理也是自然的存在，也是自然发生和变化的历程。最根本的区别在于，人类心理具有自觉的性质，这种自觉的心理历程也是文化创生的历程。正是由于人类心理的特殊性质，导致了人类心理的多样性和复杂性，也导致了心理学研究在理解人类心理时的困难、局限、分歧、争执、对立和冲突。

三是人性与人心。心理学研究的主要是人的心理，那么心理学家有关人性的主张就会成为理解人的心理的理论前提。或者说，心理学家对人性有什么样的看法，就会对人的心理有什么样的理解。涉及有关人性的主张，可以体现在如下两个维度上。第一个维度是有关人性的本质属性。这基本上有三种不同的主张：一是主张人性的自然属性，二是主张人性的社会属性，三是主张人性的超越属性。以人性的自然属性为理论前提，在心理学的研究中就有心理学家是通过生物本能来理解人的心理行为。以人性的社会属性为理论前提，在心理学的研究中就有心理学家是通过社会环境或人际关系来理解人的心理行为。以人性的超越属性为理论前提，在心理学的研究中就有心理学家是通过心理的自主创造来理解人的心理行为。第二个维度是有关人性的价值定位。这基本上也是有三种不同的主张：一是主张人性本善，二是主张人性本恶，三是主张人性不善不恶或可善可恶。以人性本善作为理论前提，在心理学的研究中就有心理学家把人的心理理解为向善的追求；以人性本恶作为理论前提，在心理学的研究中就有心理学家把人的心理理解为向恶的追求；以人性可善可恶作为理论前提，在心理学的研究中就有心理学家把人的心理理解为受后天环境的制约。

四是客观与主观。人的心理意识和心理行为都可以成为客观的对象。但与此同时，人的心理意识和心理行为也可以成为主观的自觉。其实，所谓的客观与主观，是在心理学的研究中研究对象与研究者之间的关系的确立。客观的研究在于从研究对象出发，不加入研究者主观的看法、见解、观点。主观的研究则是从研究者出发，主张和强调心理的承载者、表现者、运作者，也可以同时成为心理的体察者、体认者、体验者等等。其实，这是人的心理与物的存在的一个非常重要的区别。

五是被动与主动。人的心理行为可以是被动的，也可以是主动的。或者说，人的心理既可以是由外在推动的，也可以是自己内在发动的。在心理学的研究进程中，有的研究者是把人的心理看作被动的，是受外界的条件所决定的。环境决定论就是这样的主张。也有的研究者把人的心理看作主动的，是人自己推动的。心理决定论就是这样的主张。这成为心理学研究中对立的两极。

六是生理与社会。人的心理行为一方面有其实现的基础，那就是人的神经系统。神经生理的活动是人的心理活动的基础。人的心理行为另一方面有其表演的舞台，那就是人的社会生活。涉及心理与生理的关系，人的心理不仅是为人类个体所拥有，而且是与个体的身体相关联。心身关系或心理与生理的关系一直是困扰着心理学研究者的重大问题。在西方心理学的发展历史中，流行着心身一元论和心身二元论的观点，包括唯物的心身一元论、唯心的心身一元论、平行的心身二元论、交互作用的心身二元论等。这无疑制约着心理学家对研究对象的理解。涉及心理与社会的关系，人的心理不仅为个体所具有，而且是为人类社会所共同拥有。

七是动物与人类。人是地球的生物种群中的一种，或者说人也是动物。但是人又是超越动物的独特的物种。这也就是说，人既有动物的属性，也有超越动物的属性。在心理学的发展历程中，既有过把动物的心理拟人化的研究，或者说是按照对人的心理的理解来说明动物的心理；也有过把人的心理还原为动物心理的研究，或者说是按照对动物心理的理解来说明人的心理。无论是那一种理解，都是对心理发展和演变的界限的忽视和忽略。

八是个体与群体。对人来说，人一方面是个体的存在，是在身体上分离的独立个体。但是，从另一方面来说，人又是种群中的个体，是群体的存在。人的心理非常独特的方面在于，每个人都拥有完整的心理，或者说没有脱离开个体的所谓人类群体的心理。但反过来，人类群体又拥有共同的心理，或者说不存在彼此隔绝的和截然不同的个体心理。这给理解心理学的研究对象带来了分歧。在西方心理学的研究中，个体主义的观点就十分盛行。这种观点强调通过个体的心理来揭示整体的心理，而否定了从整体的心理来揭示个体的心理。这无疑限制了心理学从更大的视野入手去进行科学研究。

九是内容与机制。人的心理可以内含其他事物于自身。这就是人的心理活动的内容。但是，人的心理又有对内容的运作过程。这就是人的心理活动的机制。人的心理活动是内容和机制的统一体。但如何对待心理的内容和机制却有着不同的观点。在心理学的研究中，曾经有过研究人的心理内容与研究人的心理机制的对立。例如，内容心理学与意动心理学的对立和争执。相比较而言，心理活动的内容是复杂多样的和表面浮现的。因此，科学心理学的研究常常是倾向于抛开内容而去探索心理的机制。这成为心理学研究中一个似乎是定论的研究倾向。但是，实际上心理活动的内容是心理学研究所必须面对的十分重要的方面。

十是元素与整体。可以说，人的心理是由许许多多的要素构成的，但又是一个相互关联和不可分割的整体。在对心理学研究对象的理解中，有着相互对立的元素主义的观点和整体主义的观点。元素主义是要揭示心理的最基本的构成元素，以及这些基本元素的组合规律，从而认识人的复杂的心理活动。整体主义则认为人的心理是完整的，如果加以分割就会失去人的心理的原貌，从而主张应揭示人类心理的整体。

十一是结构与机能。人的心理是依照特定原则构成的结构，而该结构也具有特定的功能。在心理学的研究中，就有过构造主义心理学与机能主义心理学的对立和争执。构造主义强调心理学是研究人的心理的结构的，包括心理结构的构成要素和构成规律。机能主义则强调心理学是研究人的心理的机能的，包括心理机能的适应环境和应对生活的作用。

十二是意识与行为。人的心理有内在的意识活动，也有外在的行为表现。心理学的研究曾经偏重过对意识的揭示，着眼于说明和解释人的内在意识活动。但是，心理学的研究后来也曾经抛弃过意识，把意识驱逐出了心理学的研究领域，而把人的行为当作心理学的唯一研究对象。行为主义心理学曾经一度支配了整个心理学的研究。

无论是把心理学的研究对象界定为什么，基本上所有的研究者都是把心理学的研究对象确定为是既定的存在。这也就是说，人的心理行为是已经存在的，是先于心理学的研究而存在着。心理学家的任务就是描述、说明、解释和干预。其实，还可以把人的心理看作生成的存在，是建构和创造出来的。

二 生成的存在

生成性的思维已经成为现代哲学的思维方式，关于生成性的反思，已经成为当代哲学的主题。关于人的世界的生成性，关于人的生活的创生性，已经被确立为一个重要的思想主题。李文阁考察了作为现代哲学思维方式的生成性思维后指出，如果说近代的科学世界观蕴含的是"本质先定、一切既成"的本质主义思维，那么，现代生活世界观所蕴含的则是"一切将成"的生成性思维。生成性思维并不关注人之外的世界，也不为来世烦心。它只关心人在现世的命运，并且它只是立足于现世来谈论人的命运。

与近代本质主义相较，立足于现世的生成性思维有如下特征：一是重过程而非本质。本质主义把事物视为实体，认为在生灭变幻的现象背后存在永恒不变的本质。而在现代哲学面前，一旦回到生活世界，一切对立的东西就消解了，一切固定的东西就消融了。二是重关系而非实体。所谓实体即自我封闭、孤立自存的分子，近代的科学世界就是由一个个分子组成的实体世界。而现代哲学则认为，任何事物都不是孤立的，都处于与其他存在物的内在关系中。人是"大写的人"，是"共在"；人与自己的生活世界内在统一，人在世界中，而非世界在人外。三是重创造而反预定。本质主义并非不承认世界的生灭变幻，但却把生灭变幻当成假象或现象，认为过程的本质在过程之先和之外便已预成或者命定。未来不可能完全预存于现在。未来的不可预知性就意味着过程的创造性。四是重个性和差异而反中心和同一。本质主义并不是设定单个对象的本质，而是要设定对象的共同本质，它试图把复杂的对象归结为简单的一致，试图消融差异，在二元或多元对立中确立一个中心。生成性思维是与这种同一主义或中心主义不相容的。因为，既然过程是创造的，本质是生成的，那么，不同的过程或相同的过程在不同的时间便会有不同的本质。当代的哲学家批判了形形色色的逻各斯中心主义，如人类中心主义、男权中心主义、道德理想主义、客体中心论、价值一元论、文化一元论、世界本原论和终极理想论等等。由此转向了各种各样的非中心论，如后人道主义、后哲学文化、多元文化论、价值多元论、道德相对论等等。五是重非理性而反工具理性。近代本质主义是与理性主义相连的，本质主义不仅设定了世界和人的理性本质，而且将理性数学化、工具化。现代哲学认为，此种可计算的理性观念不过是权力、永恒、绝对、同一、上帝的代名词，它消融了个性、差异和创造。它在被人变为统治的工具的同时，也成为奴役人的工具。六是重具体而反抽象主义。本质主义即是抽象主义，即对事物、世界本质的抽象设定和对抽象本质、抽象思维的尊崇。既然现代哲学否定了本质物的存在，那么便理所当然转向对生活世界一个个不能相互归属的具体物的研究。①

---

① 李文阁：《生成性思维：现代哲学的思维方式》，《中国社会科学》2000年第6期。

社会建构论心理学为心理学的研究提供了一个特定的理论框架。这影响到了心理学研究的各个重要的方面。一是在心理学研究对象上的主张。社会建构论心理学认为，特定的心理现象与社会实践有关，心理现象的存在有赖于社会境况。任何特定文化中的行为模式和个体的心理功能都是通过话语的手段建构形成的，也即是说它们的产生是以语言为依托在社会相互作用中建构而成的。个体以及个体的心理和行为都是社会关系的产物；像感知、记忆、情感等都是社会建构物，而不是大脑的表象和图式。因而，社会建构论主张在社会背景中对心理现象进行话语分析，通过心理现象的话语分析寻找其中蕴含的社会关系。二是在心理学研究方法上的主张。由于社会建构论认为心理学的对象都是通过话语建构而来的，因此他们主张话语分析是心理学研究的最基本方法。主张心理事件既不存在心灵之内也不存在身体之外，而存在于人和周围环境的关系或交流中。三是在心理学的科学性质上的主张。社会建构论认为心理学并不是一门自然学科，它的概念并不像自然科学那样起着为物体和过程命名的作用，它的解释模式也不是自然科学采用的因果解释，而仅仅是解释心理学现象那样发生的意义。心理学研究本身也是社会建构物。它不可能做到绝对的客观，完全避开研究者的主观倾向。四是在心理学的价值评估上的主张。心理话语不仅描述个体的心理现象而且必然评估这个心理现象，即心理话语会反作用于它所描述的心理现象。这个原则不仅适用于日常生活心理学也适用于科学意义上的心理学。因此，不管价值中立原则在自然科学中如何正确，价值中立的心理学是不存在的。五是在心理学理论上的主张。心理学的概念、理论完全是社会建构的产物。心理学不是知识的客观性积累过程。因为任何学科的知识体系的形成、传承都是在特定的社会历史与环境中完成的，必然受到该社会与环境中的研究群体已形成的规则、方法、习俗等的影响。心理学事实或知识都是由语言建构而来的，心理学事实或知识所内含的意义和与外界世界或行为的关系都是由语言规则来规定的。社会建构论心理学存在以下两方面问题：一是相对主义。对社会建构论最主要的批判是它的相对主义倾向，这对有些学者看来，几乎是对社会建构论的毁灭性打击。由于社会建构论全盘否定客观现实性和客观性标准，鼓励文化的相对性，它的主张和它的批判就面临着陷入自相矛盾的境地。二是社会还原论。它将个体的活动还原为社会群体的操作，个体只是一个更为基本单位即社会的一个功能而已。这种还原使得建构论没有考虑个体的创造性以及个体的形式先于他们服从的话语共同体和这个共同体的社会建构。[1]

现代心理学中科学主义和人文主义论战的焦点很多，其中之一便是自由意志论与决定论之争。无论是物质决定论还是精神决定论，实际上都从根本上否定了人行为决策的目的性和自主性，因而从 20 世纪中叶以来，这类激进的决定论受到了来自多方面的批评。其中最具代表性的观点当数人本主义心理学流派。与行为主义和精神分析不同，人本主义心理学相信人类自身对其生活中发生的事件起着主要作用，而且这种起主要作用的东西具有现时性。这种现时性以现象经验为基础，人们通过现时经验感受生活并赋予意义。因此，人绝对不会是被决定的，而是自我决定的，是有自由意志的。因意识和思维活动而产生的人类行为的社会性和精神性目标，以及由此带来的个体行为目的与实践选择的复杂多样性，使得自由意志成为人类行为的一个可能特征。作为人类心灵主体的自我主要受目的性驱动，并以辩证推理思维的模式对多元、混合的动力要素加以解读。由于影响主体行为的动力要素大都是多元的、混合的存在，故而其意义以及由此衍生的断言通常也是多维的、不确定的。这样一来，选择何种断言并用以指导响应行为也呈现出了不确定性。这种不确定性不仅使主体行为具有了选择的可能，而且也使选择成为必然。某种具有必然性的选择结果是自我依照不同断言的意义以及主体行为的核心目标，从多种可能性中做出的最终抉择，人类众多社会性行为也因此而获得了自由。[2]

自然的世界是创生或生成的，是演化或演进的。人的心理的世界

---

[1] 易芳、郭本禹：《社会建构论：心理学研究的一种新取向》，《江西师范大学学报》（哲学社会科学版）2003 年第 4 期。

[2] 况志华：《自由意志与决定论的关系：基于心理学视角》，《心理学探新》2008 年第 3 期。

也是创生或生成的，也是发展或成长的。如果把描述人的心理行为转换成为创造人的心理行为，这将会给心理学的研究带来根本的改变。人的心理成长也就可以被看作创造性生成和创造性成长的历程。

三 创造的生成

世界历史近代以来，神本主义到人本主义的转向，人对于世界的理解，人对于自身的理解，都开始进入了一个新的阶段或新的时期。那就是一切都是创造性生成的。这实际上是把原有认为的一切都是变化的，推进或推展到了一切都是创造的。创造的生成应该是人所面对的世界的根本特性，也应该是人所承担的心理的根本特性。社会建构论的主张就强调人的世界是建构出来的。

社会建构论反对本质主义的观点，提出以"关系的自我"取代"本质的自我"。他们认为，自古希腊开始，西方思想界就形成了一种本质主义的假设，认为存在着一个作为人的本质的内部实体——灵魂。文艺复兴以后，虽然灵魂的概念为经验主义的"感觉经验"、理性主义的"天赋观念"和"纯粹理性"等概念所取代，但是有关内部心理生活的真实性的假设却保留了下来。进入20世纪以后，心理学家在本质主义的假设指导下，试图通过内省、实验、现象学、测量的方法等把个体的主观心理生活客观化、实体化，给人的"自我"提供一个经验的指标。这种心理学的本质主义观点无论在心理学早期的心理主义理论和行为主义理论，还是在现代的认知心理学和人本主义心理学中，都表现得异常明显，构成了现代西方心理学理解"自我"的基础和出发点。

社会建构论认为在人的内部并不存在一个作为本质的自我。社会建构论提出了一个"关系的自我"来填补抛弃本质自我后留下的空白。自我的各个方面，如人格、认知、情绪等等，都是人在社会生活的人际互动中创造出来，通过话语建构出来的。在自我的建构中，语言扮演着不可或缺的角色。语言并非具有确定意义的透明媒介，也并非表达思维内容的中性工具,相反,语言是先在的,规定了思维的方式,为自我的建构提供了范畴和模型。自我的建构同文化息息相关,有关自我的理论观点并不是对存在于人的内部自我的描绘,而是反映了特定文化与历史的内容和要求。社会建构论持文化相对主义的观点。他们认为,没有超越历史和文化的普遍性知识,对于自我的理解是受时间、地域、历史、文化和社会风俗等制约的,换句话说,知识是相对的,其正确与否并没有一个绝对的标准,而是相对于具体的历史和文化。人们认识自我时所使用的概念和范畴,描绘自我体验时所使用的语言,都是文化的、历史的,反映了社会文化的要求,是文化历史的产物。社会建构论以"关系的自我"取代"本质的自我",以人际互动的分析取代内部心理结构的分析实现了心理学有关自我研究的视角的转换,有助于克服心理学研究中的个体主义倾向。[①]

自 20 世纪 90 年代开始,在心理学界有关自我构念的理论探讨与应用研究大量涌现。自我构念(self-construal)主要是指个体如何理解个人与他人的关系。马库斯(H. R. Markus)等人提出,不同的文化,即个人主义文化和集体主义文化决定人们形成不同的自我构念。这包括独立型自我构念和依赖型自我构念。概括来说,在亚洲、南欧及南美等地区,崇尚集体主义文化,人们更倾向于依赖型的自我构念;而西欧、美国、澳洲等地区,则崇尚个人主义文化,人们更倾向于独立型的自我构念。

早期的研究表明,自我构念主要有两个维度。一个是独立型自我构念,另一个是依赖型自我构念。后续的研究在此基础之上提出了四种自我构念的类型:二元论型的自我构念(高独立型,高依赖型);边缘型的自我构念(低独立型,低依赖型);独立型的自我构念(高独立型,低依赖型);依赖型的自我构念(低独立型,高依赖型)。后来,克劳斯(S. E. Cross)等人的研究表明,自我构念不仅仅只有依赖型自我构念和独立型自我构念两个维度,还应该包括第三个维

---

① 叶浩生:《关于"自我"的社会建构论学说及其启示》,《心理学探新》2002 年第 3 期。

度，即关系型自我构念（relational interdependent self - construal）。依赖型自我构念强调关注他人，将与所属群体保持和谐关系作为重要的生活目标；独立型自我构念强调表现自我，与他人保持独立，将表现自己的独特内在特质作为重要的生活目标；而关系型自我构念则强调与他人的关系，将与自己有关的重要他人（如父母、配偶、子女、朋友等）的关系纳入自我概念的系统中，建立并发展与他人的良好关系是其思考问题和行动的基本准则。

大量研究表明，不同的文化背景在两个维度上对自我构念产生重要影响。一个维度是集体主义文化培养人们具有较强的社会定向，个人主义文化则培养人们具有较强的个人定向；另一个维度是集体主义文化培养人们具有较强的情境化定向，个人主义文化培养人们具有较强的非情境性定向。关系型自我虽然强调与他人的关系，但是在不同的文化背景下它们的表现形式是不同的，主要表现在个体在社会关系中所扮演的角色不同。在集体主义文化背景下，个体作为团体中的一员，关系型自我表现为个体与团体中他人的关系。而在个人主义文化背景下，个体注重与他人一对一的关系（如母子关系、配偶关系等），关系型自我则表现为个体与某个重要他人的关系。[①]

很显然，自我的存在和自我的研究有着重要的文化差异。这决定了关于自我心理学的不同的理论解说，这推动了自我心理学本身的研究进步。

四　成长的内涵

在关于人的成长或心理成长的理解上，人本主义心理学的自我实现的学说提供了独特的视角。马斯洛的自我实现理论则是最有代表性的。有研究者把马斯洛关于自我实现的研究划分为以下四个阶段：第

---

① 张林、朱晓、邢方：《国外关于自我构念研究的理论综述》，《宁波大学学报》（人文科学版）2008 年第 3 期。

一是需要层次理论阶段。在这个阶段，马斯洛是把自我实现作为其动机理论的一部分而非作为某种综合性人格特征提出的。在他著名的需要层次模型中，自我实现的需要或动机处于最上层。但是关于自我实现的概念，无论是把它看作一种最终满足和实现的状态、一种需要的状态、一种过程，或者仅仅是看作这种过程的趋向，都没有详细说明。第二是自我实现的经验研究阶段。在这个阶段，马斯洛从前一阶段关于人类动机的理论性分析转向把自我实现看作一种人格的综合性特征的经验研究。从这一阶段的研究可以看出，马斯洛把自我实现等同于包含某种最佳的心理健康和机能状态的人格特征。第三是成长心理学阶段。在这个阶段马斯洛提出了"成长"的概念。他把成长看作一种能够使人们导向最后的自我实现的过程。不过，在这个阶段，马斯洛对自我实现概念的理解和最初的看法是一致的，即又把自我实现当作一种结果来看待。但遗憾的是马斯洛有时却把"成长"和自我实现作为等同的概念互用。第四是存在心理学阶段。在这个阶段，马斯洛关注于自我实现者爱的体验和高峰体验的研究。把自我实现等同于高峰体验。但接下来的研究发现，非自我实现者或普通人也有高峰体验，区别只是在体验的程度和频率上不同而已，而且高峰体验的许多特征都是消极被动的，与早期有关自我是积极追求实现的观点相矛盾。为了解决这种矛盾，马斯洛提出了自我超越的概念，它是一种普遍的存在价值得以实现的状态，是处于自我实现之上的需要层次的最高层。因此就有了健康型或非超越型自我实现者和超越型自我实现者之分。后者除了具有前者的特征之外，还在意识层面上更多地受到普遍性价值或真、善、美、协调等目标的驱使。他们对世界的看法更具整体性，更容易超越自我。所有的体验对他们来说都是神圣的。他们把自己看作表达自身才能的工具，而非看作才能的拥有者。马斯洛对超越型自我实现者的研究，使人本主义心理学进入了超个人心理学阶段。

马斯洛及其之后对自我实现的研究存在以下问题：一是关于自我实现基本理论的研究。马斯洛之后的研究基本上是针对其所提理论的验证研究，而在这种实证研究中又未能进一步拓展理论，加上马斯洛自我实现理论本身的模糊性，造成目前自我实现研究的减退和停滞。二是关于自我实现与自我的关系研究。这方面的研究几乎没有。自我实现在整个自我体系中的作用和地位如何？自我实现与自我结构的其他方面的关系怎样？今后有必要对这方面进行研究。三是关于自我实现的发展与养成教育研究。现在这方面的研究还很少，通过冥想、静修等技术来培养、提高自我实现能力的研究，有可能使自我实现的养成教育研究走上非科学化、神秘化的道路。因此，进一步研究自我实现的影响因素，揭示自我实现的年龄发展特点，是今后研究努力的方向。[①]

文化建构主义心理学作为后现代文化思潮的一个重要部分，其最重要的意义首先在于它站在后现代立场对现代主流心理学中实证主义的机械决定论、还原论和客观主义的思维方式的彻底解构，试图以此终结实证霸权。这对于当前的心理学研究及其他社会科学研究，无疑具有思想解放的意义。

文化建构主义开启了一种新的心理科学观、理论观。文化建构主义指出，作为科学、知识的载体，语言与外在世界的关系不是一一对应的，表现为"能指（signifier）"与"所指（signified）"之间关系的复杂性。这说明语言不是一种对现实的直接映射，而是一种主观涉入（involve）、社会涉入、文化涉入之后的"生成物"。通过对话语的分析，建构主义不仅成功地将研究重心由外在物理世界导向了对外在世界的"表征"及代表着这种"表征"的话语，而且将这些"表征"、话语与特定的社会、历史、文化背景联系起来，凸显了理论、知识作为对现实的"一种解释"的或然性。这种新的心理学科学观、理论观必将从整体上对心理学发展产生深刻影响。

文化建构主义心理学大大拓宽了心理学研究的视野。传统心理学只关注个体内在的心理过程，而文化建构主义将对人类行为的解释的焦点从内部心理结构转向外部的互动过程，将心理学研究拓展到作为个体的人与社会、文化的关系领域。由此而引发的"对话精神"、

[①] 郑剑虹、黄希庭：《西方自我实现研究现状》，《心理科学进展》2004年第2期。

"平等意识"、"生态观念"及理论、方法、实践的多元化，有利于为心理学研究营造了一个更加自由、开放，从而也更具创造性的学科氛围。

尽管如此，文化建构主义心理学自身也存在不少问题，第一，按照文化建构主义目前的研究进路，过多致力于对话语本质、社会互动基本过程的分析，心理学研究将面临成为社会学衍生物的危险。第二，当经验性、客观性、可重复性作为检验理论、真理的标准被解构之后，什么能够代替这一标准？是否会陷入相对主义的困境？第三，因为文化建构主义所挑战的是被人们长期习惯了的根深蒂固的思想和行为方式，理解它、接受它需要一个过程，所以至少在短期内，心理学界对它的阻抗在所难免。[1]

五　文化的差异

有研究者认为，文化的因素在人生的不同阶段起着不同的作用，从人类个体的幼年到成年，文化因素的影响力会逐渐增长。毕生发展的研究观点使得文化的相关性变得更加重要。从文化上来看毕生发展，可以发现在不同的社会文化背景中，人们以不同的方式度过和理解不同的人生阶段。[2]

有研究者指出，文化可以划分或体现为两种模式，即个体主义文化和集体主义文化。个体主义文化倾向于把注意的焦点放在个体身上，强调个体的独特性、独立性、自主性，强调个体与他人和群体的不同；而集体主义文化则把注意的焦点放在群体或社会水平上，强调和睦的关系、人际之间的相互依赖、个人为集体利益所做的牺牲、个人对社会的义务和职责、个体在群体和社会中所扮演的角色等等。个

---

[1] 杨莉萍：《从跨文化心理学到文化建构主义心理学——心理学中文化意识的衍变》，《心理科学进展》2003年第2期。

[2] ［英］史密斯：《跨文化社会心理学》，严文华等译，人民邮电出版社2009年版。

体主义和集体主义的文化在以下几个方面存在着明显的差异。

一是自我概念的含义不同。在不同的文化模式下，人们形成含义截然相反的"自我"的概念。在个体主义的条件下，个人是社会的中心，观察和分析问题的落脚点都是在个人的自我水平上。在这种文化模式下，个人的"自我"被看作自主的、独立的，不同于他人的"自我"，也独立于群体和社会。个人在做出决定时，其参照系是自我的种种特性和能力，考虑的是个体内在的价值和特征，社会的要求和群体的期望是第二位的。个体主义的文化要求人们成为独立的自我，并确立自我区别于他人的独特性质。与之形成鲜明对照的是，在集体主义的条件下，个人的"自我"并非独立的，自我和他人之间的界限并不是那么截然分开的，自我同他人相互依赖，共同构成了一个群体（如家庭）。个人决断的做出首要参照的是集体的要求和社会的规范，自我的内在特性、价值地位、个人潜能是次要的。

二是行为目标的性质不同。在个体主义的文化条件下，由于自我是独立的，对于个体来说最重要的是确立自我不同于他人的独特品质，因而个体行为的目标是实现个人内在的潜能与价值，而行为的这种目标往往同群体的目标是不一致的。在冲突的目标面前，个体主义文化条件下的人给予个人的目标以优先权，首先考虑的是个人的价值和目标的实现。然而对于集体主义文化条件下的人来说，个体主义行为的性质无异于"自私自利"，是应该受到文化谴责的。在集体主义的文化中，自我和他人之间是相互依赖的关系，个人的自我仅仅是群体的一个组成部分，自我只有同他人组合成相互依赖的群体才是完整的，因而个人行为目标不是弘扬自我的独特性或个人的自我实现，而是怎样与群体的目标保持一致，在维护群体的一致性方面做出贡献。

三是决定行为的因素不同。社会行为的决定因素繁杂多样，难以用简单明了、整齐划一的方式来加以测定。但是，集体主义和个体主义两种文化模式的确影响着行为，使得人们产生不同的行为倾向。在集体主义的条件下，自我的内在价值，自我的独特品质不是强调的中心，人们更关注群体利益和群体目标，因而在这种文化中，行为的决定因素更多在于社会规范、家庭责任和社会义务。在个体主义的文化模式中，决定行为的首要因素是态度、个人需要、天赋的权利等。

四是社会关系的倚重不同。在集体主义的文化条件下，由于自我并不是独立的和自主的，而是与他人相互依赖，彼此共同构成了一个紧凑的群体，因而在这种文化条件下，人们更关注社会关系的重要性，更重视与他人的和睦相处和互帮互助。但是，在个体主义的文化条件下，社会中的人们并不把社会关系看得那么重要，因为每个人都是独立的，个人的一切都需要依赖自身的勇气和力量。因而在这种文化条件下，人们在作出决定之前，首要考虑的不是关系，而是个人的利害得失，是在反复权衡收益和损失的基础上，才能理智地做出自己的决定。①

很显然，心理的差异、文化的差异、心理文化的差异，必然决定和导致人的心理成长不同的目标、导向、中心、重心、路径和结果。这成为人的心理成长不可忽视的方面。

六　文化的沟通

跨文化发展心理学是发展心理学的一个组成部分，是跨文化心理学比较研究的一个重要分支。发展心理学研究人类心理系统发生发展的过程和个体心理发生发展的规律，而跨文化发展心理学的目的在于研究不同文化背景中不同年龄的个体行为表现或心理发展的类似性和差异性。跨文化发展心理学的成果有助于解释人类行为的起源及其发展过程，有助于区别在文化依赖和文化独立两种情况下产生、发展的行为，还有助于揭示影响儿童如何仿效成人行为的各种因素，如家庭结构、宗教、经济状况等。文化发展心理学的基本特征就是比较研究不同文化背景下儿童经验和行为以发现文化因素对儿童心理发展模式的不同影响。它采用的方法就是跨文化研究和发展研究二者方法的密切结合。跨文化研究就是力图从人们跨越地理环境的各种历史活动中

---

① 叶浩生：《文化模式及其对心理与行为的影响》，《心理科学》2004年第5期。

去发现和把握各种不同文化的形态差异，探讨文化的静态结构，而发展研究是指从人类个体的胚胎期开始一直到衰老的全过程，探讨个体心理如何从简单低级水平向复杂高级水平的变化发展。[1]

目前，关于跨文化交流研究的一个重要的课题是关于文化适应的研究。文化适应的经典定义是由个体所组成，且具有不同文化的两个群体之间，发生持续的、直接的文化接触，导致一方或双方原有文化模式发生变化的现象。早期的文化适应研究是由人类学家或者社会学家所组织进行的，并且一般都是集体层次上的研究，他们探讨的通常是一个较原始的文化群体，由于与发达文化群体接触而改变其习俗、传统和价值观等文化特征的过程。心理学家在这一领域的贡献主要是最近几十年来的工作，他们通常更加注重个体这个层次，强调文化适应对各种心理过程的影响。

首先是单维度模型。最初的文化适应理论是单维度的，或单方向的。这一理论认为文化适应中的个体总是位于从完全的原有文化到完全的主流文化这样一个连续体的某一点上。并且，这些个体最终将到达完全的主流文化这一点上，也就是说，对于新到一个文化环境的个体来说，其文化适应的最后结果必然是被主流文化所同化。同时，个体受到主流文化的影响越多，原有的民族文化对其的影响就相应地越少。其次是双维度模型。单维度模型在20世纪前期和中期占据着统治地位，但是自20世纪70年代以来，越来越多的心理学家对单维度模型提出了挑战。一些心理学家相继提出了他们的双维度模型，并且得到了许多实证研究的有力支持。两个维度分别是保持传统文化和身份的倾向性，以及和其他文化群体交流的倾向性。这两个维度是相互独立的，也就是说，对某种文化的高认同并不意味着对其他文化的认同就低。根据文化适应中的个体在这两个维度上的不同表现，可以区分出四种不同的文化适应策略：整合，同化，分离，边缘化。再次是多维度模型。随着心理学对文化适应研究的深入，一些心理学家甚至提出了从三个或三个以上的维度来研究文化适应。在双维度基础上增

---

[1] 王亚同：《论跨文化发展心理学》，《心理发展与教育》1991年第1期。

加的一种维度，就是当主流文化群体承认其他文化的对等重要性，并追求国家的文化多样性时，就出现了与"整合"相对应的"多元文化"。这一策略已开始在全球范围内获得越来越多的重视。最后是融合性模型。文化适应中的个体实际上面对的是一种全新的"整合的文化"，而不是单一的主流文化或原有文化。这种整合的文化可能包含了两种或多种文化中所共有的精华部分，也可能包含了某一或某类文化所特有的却不突出的内容。

跨文化心理学中的文化适应研究越来越多，也涉及许多方面，但总体来说可以归为两大类。一类是文化适应理论方面的探讨，主要有理论框架的讨论、比较，以及量表的发展和修订；另一类则是探讨文化适应与各种心理过程和行为方式的关系，其中研究得最多的是文化适应对身心健康的影响。文化适应研究对中国本土具有重要的意义。首先是在全球化背景下我国与其他国家在文化交往、融合的过程中所产生的文化冲击和文化适应问题；其次是在我国日益加速的城市化进程中，大量的农民工进入城市后面临的文化冲击与文化适应问题；最后是我国少数民族在与汉族的交往和融合过程中所产生的文化冲击和文化适应问题，这也是一个非常值得关注的问题。[①]

不同的心理文化之间的沟通，将会给人的心理成长带来丰富性和复杂性。这在当代的开放性、交互性、流动性等等的文化碰撞之中，已经非常鲜明地得到了体现。当封闭性被解除之后，有关心理成长的心理文化之间的沟通就成为常态。关于心理成长的心理文化的多元化的把握，多样化的理解和多重化的互动，就自然转换成为心理成长的最为重要的心理资源和文化资源。

[①] 余伟、郑钢：《跨文化心理学中的文化适应研究》，《心理科学进展》2005年第6期。

第五章　人的心理生活的质量

我国当前的社会生活正在发生重要的转变，这种转变主要体现在五个方面。一是从强调生活水平到强调生活质量的转变。二是从强调物质生活到强调心理生活的转变。三是从强调物质生活的丰富到强调心理生活的丰满的转变。四是从强调社会发展到强调心理成长的转变。五是从强调物质生活质量到强调心理生活质量的转变。

一　心理生活的质量

人的心理生活是人所创造、体验的和拥有的。涉及人的心理生活，就要涉及心理生活的质量。所谓心理生活质量的高低，不仅指有无内心的冲突、矛盾的认识和痛苦的体验等，而且指有无心理的扩展、心理的成长和境界的提升。随着我国社会的发展和进步，重要的问题是不但要提高物质生活的水平，而且要不断地提高心理生活的质量。心理生活的质量涉及心理生活的健康，心理生活的成长，心理生活的环境，心理生活的创生。

1. 心理生活的概念

现代的和中国的科学心理学都是西方的或源于西方文化传统的心理学。这种西方的科学心理学或实证心理学是把心理现象当作心理学的研究对象。建构于中国本土心理文化基础之上的，或建构于中国本土心性心理学基础之上的新心性心理学，则把心理生活确立为心理学的研究对象。中国本土文化中，有着独特的心理学传统。这种传统对人的心理行为有着独特的理解。其实，心理学有着不同的历史形态。

在心理学的传统中，包括在西方现代的科学心理学传统中，在中国本土的心性心理学传统中，有着对人的心理进行的截然不同假设和设定。

在西方文化中，分离了客观与主观，分离了客体与主体。那么，科学文化强调的是对客观研究对象的客观描述。人本文化则强调的是对主观经验的主观理解。西方的实证科学的心理学所理解的心理现象，是建立在两个基本的理论前提或理论假设之上。一是研究者与研究对象的绝对分离，研究者仅是旁观者，观察者，是中立的，客观的。二是研究者必须通过感官来观察对象，而不能加入思想的臆断推测。心理现象的分类分离了人的心理过程和个性心理，分离了智力因素和非智力因素。这种分类标准和分类体系，导致对人的心理的理解和干预，对青少年心理的培养和教育，都产生了严重问题。这必然迫使科学心理学去重新理解关于研究对象的定位和分类。

中国的本土文化提供了对人的心理完全不同的理解。这就是本土的心性学说、心性心理学，就是文化的心理学资源，就是新心性心理学创新的基础。新心性心理学把心理学的研究对象确立为心理生活。所谓心理生活也是建立在两个基本设定上。一是研究者与研究对象的彼此统一，二是生活者是通过心理本性的自觉来创造心理生活。心理生活的性质是觉解，方式为体悟，探索在体证，质量是基本。这说明心理生活就是自觉的活动，就是意识的觉知，就是自我的构筑。人的意识自觉能否成为心理学的研究对象，在心理学发展中一直是有争议的问题。中国心理学的创新发展有必要去重新理解和思考心理学的研究对象，以开拓心理学发展的新方向和新道路。心理学的变革一是在于对研究对象的重新理解和定位，二是在于对研究方式的重新思考和确立。把心理学的研究对象从心理现象转向于心理生活，是根源于本土文化的对研究对象的另类考察。

人的心理生活是人的生活中的核心部分。按照中国本土的心性学说的理解，心与道是一体的。道不在人心之外，而在人心之内。内心体道的活动，或者本心的自觉活动，就构成了人的心理生活。那么，人的心理生活的一个重要的维度就是人的心理生活对道的体认，也就是心理生活的拓展，是心理生活的实际容含和质量。因此，对人的心理生活来说，拓展就是根本性的追求和实现。那么，人的心理生活的拓展不仅涉及自身的心理时空的扩大或扩张，而且也涉及与其他一些重要的生活领域的密切关联。人的心理生活的拓展是不是可能的，怎样才能够实现，这是关系到心理生活质量的重要问题。

有了人类，有了人的生活，有了人的意识，有了人的创造，就有了人的心理生活。人的心理生活是人所创造的，是人所体验的，是人所拥有的。但是，人的心理生活必须要有科学的引导。那么，科学地揭示人的心理生活就是十分必要的和十分重要的。

首先，从盲目到自觉。科学给人和给人的生活带来的是使人和使人的生活从盲目走向自觉。盲目的人生和盲目的生活是缺少光明的人生和生活。但是，科学却可以给人生和生活带来觉悟或自觉。自觉的人生和自觉的生活是充满光明的人生和生活。其次，从神秘到开明。科学给人和给人的生活带来的是使人和使人的生活从神秘走向开明。人对人的生活和人的心理生活的了解，如果没有科学的介入和参与，那就常常是盲目和神秘的。最后，从抽象到具体。科学给人和给人的生活带来的是使人和使人的生活从抽象走向具体。科学或者思想是一种抽象的过程。通过抽象而以观念的形式来重现人的生活。但是，观念的东西还要回到现实生活之中，这也就是具体化的过程。

涉及人的心理生活，就要涉及心理生活的质量。所谓心理生活的质量，并非仅仅是指内心的冲突，矛盾的认识，痛苦的体验，等等。

心理生活是人的生活，人的生活是要讲求质量的。所以，重要的问题是要不断地提高心理生活的质量。首先，涉及心理生活讲求质量。人的生活是有质量差异的，或者说是有质量高低的。同样，人的心理生活也是有质量差异的，或者说是有质量高低的。其次，涉及人类、人性、人心。当心理学的研究涉及人的心理行为时，它就不仅仅是个体的心理行为，或者说就不仅仅是孤立的个体的心理行为。其实，人的心理行为也具有类的属性。所以，要理解个体的心理行为，就必须理解人类的心理行为。同样，人的心理行为，都是与人的性质相匹配的。没有脱离开人性的人的心理行为。或者说，要想理解人的心理行为，就必须要理解人性。最后，涉及社会、文化、历史。从西方起源的科学心理学曾经是分离性地理解人的心理行为。这包括研究者与研究对象的分离，研究对象中的心理行为与心理行为所处环境的分离。但是，可以肯定的是，人的心理行为是发生、融贯于社会、文化和历史之中的。因此，可以通过社会、文化和历史来理解人的心理行为，也可以通过人的心理行为来理解社会、文化和历史。

2. *心理生活的健康*

人不仅仅是自己心灵的被动体验者，而且也是自己心灵的主动创建者。当然，人的心理生活有正常的和不正常的区分，或者说有健康的和不健康的区分。

什么是心理健康，有没有一个衡量心理健康的标准。这一直是使心理学家感到困扰的问题。因为，对心理学来说，的确十分难以确定一个固定不变的，适合于所有人的心理健康的标准。衡量心理健康可以涉及如下的一些重要的方面。一个是年龄的标准。对于成年人来说，儿童的心理也许都是不成熟的和不健康的。因此，应该有相对于不同年龄群体的心理健康的标准。一个是文化的标准。在不同的文化中，对相同的心理行为也许会有不同的认定。在某种文化中是健康的，在另一种文化中也许就是不健康的。一个是年代的标准。在不同的时代，在不同的历史时期，会有不同的心理健康的标准。所以，同样的心理行为，在不同的历史阶段，会有不同的评判标准。心理障碍的矫正可以按照心理障碍的程度而有所不同。人的心理障碍可以是一般的心理问题，可以是神经症，也可以是精神病。因此，心理障碍可以通过心理咨询加以矫正，也可以通过心理治疗加以矫正。人的心理健康也可以有不同程度的区别。可以是没有心理疾病的健康，也可以是程度更高的健康，或者是成为心理得到充分成长的人。

心理成长是一个非常重要的心理学概念。心理成长是一个历程，是一个逐渐的历程，是一个扩展的历程，是一个无终的历程，是一个上升的历程。首先是心理成熟与成长。相对于心理成长而言，心理成熟就是非常重要的概念。正如人的心理成长可以分成不同的阶段，那么相对于不同的阶段，就会有不同的心理成熟。也许按照更高的年龄段，更低年龄段的心理就是不成熟的。但是，在该年龄段却可以是成熟的。其次是个体的心理成长。心理的成长最直接地体现为个体的成长。当然，个体的成长可以包括身体生理、社会经验、职业角色等方面。但是，个体成长最为重要的是心理的成长。最后是种族的心理发展。实际上，不仅有人类个体的心理成长，而且还有人类种族的心理发展。其实，人类种族的心理发展有两种不同的承载方式和传递方式。一种是遗传基因的承载方式，以及生物遗传的传递方式。另一种是文化产物的承载方式，以及文化遗产的传递方式。

3. 心理生活的成长

人的生活有着质量的高低。这包括物质生活的质量，也包括心理生活的质量。在中国社会的现实生活中，物质生活的质量已经开始得到了极大的关注，受到了特别的重视。普通人在生活中，不仅要吃得饱和穿得暖，而且要吃得好、吃得健康，要穿得有品位、穿得有特点。人的心理生活的质量也同样是非常重要的。普通人在日常生活中，不仅要没有心理疾病，而且要有心理的成长。

心理成长是一个非常重要的心理学概念。心理成长是一个历程，是一个逐渐的历程，是一个扩展的历程，是一个无终的历程，是一个上升的历程。心理成长的概念与心理发展和心理成熟等的概念，有着明显的不同。

首先是心理成熟与成长。心理成熟对于人的心理发展和变化来说，是非常重要和非常通俗的概念。与身体的发育和成熟相对应，就是心理的养成和成熟。相对于人的成长而言，人的身体成长可以有不同的发展阶段，人的心理成长也可以分成不同的阶段，那么相对于不同的阶段，就会有不同的心理成熟。对于更低年龄段的人的心理，按照更高年龄段的心理成熟来说，其心理就是不成熟的。但是，在同一个年龄段，或对于相同的发展阶段的人的心理来说，却可以是成熟的。但是，如果把心理成熟的过程看作心理成长的过程，那么，心理成熟就是一个开放的成长过程，就是心理拓展的过程。

其次是个体与种族的心理成长。心理的成长最直接地体现为个体的成长。当然，个体的成长可以包括身体生理的成长，社会经验的成长，职业角色的成长，等等。但是，个体成长最为重要的就是心理的成长。个体的心理成长也就是个体的心理拓展的过程。个体在自己的生活中所面对的最为直接的发展任务，就是个体的心理成长。每个个体的心理成长都是独特的，都是与众不同的。实际上，不仅有人类个体的心理成长，而且还有人类种族的心理成长。那么，人类种族的心理成长的结果就有两种不同的承载方式和传递方式。一种是遗传基因的承载方式，以及生物遗传的传递方式。另一种是文化产物的承载方式，以及文化遗产的传递方式。那么，人类种族的心理特性可以通过生物的遗传来延续，也可以通过社会的文化来延续。这也就是所谓的生物遗传和文化遗传。

4. 心理生活的环境

其实，人的环境与人的心理是一个共生的过程。这种共生的过程不仅是环境决定或塑造了人的心理，而且也是人理解或创造了他的环境。任何单一的理解，都会带来对环境和对心理的片面理解。环境并不是完全独立于人的存在。同样，人也不可能是独立于环境的存在。人与环境应该是协同的发展。有了环境，才有依附于环境的人的心理行为。同样，有了人的心理行为，才有归属于人的生活环境。

生态学的出现不仅仅是一个新的学科的诞生，而且是一种新的思考方式的形成。这种思考方式不仅是突破了传统的分离的、孤立的、隔绝的思考，而且是建立了联结的、共生的、和谐的思考。这种思考方式不仅仅是带来了对事物的理解上的变化，而且带来了研究者的眼界和胸怀的扩展。生态的核心含义是指同生和共生，是指互惠和普惠。所谓同生和共生是指共同生存或共同依赖的生存，所谓互惠和普惠是指共同发展或共同促进的发展。其实，生态学的含义不仅仅是指生物学意义上的，而且包含着文化学、社会学和心理学的意义。当然，生态学的含义在一开始的时候，更多的是在生物学意义上的理解。只是随着生态学的进步和发展，其意义才开始扩展到其他的学科领域，才开始进入到人类生活的各个方面。其实，正因为有了生态的含义，才使得科学的研究和思考有了更为宽广的域界。

生态的视角是指从共生的方面来考察、认识和理解环境、社会、人类、生活、心理、行为等等。这否定的是片面的和孤立的认识和理解，而强调的是系统的、动态的、发展的认识和理解。生态的方法是指以共生的观点、手段和技术来考察、探讨、干预生活世界、生活过程和生活内容。也就是说，生态的方法既可以是解说的方式和方法，也可以是考察的方式和方法，还可以是干预的方式和方法。

5. 心理生活的创造

心理学的应用就是运用心理学的技术、方法和理论，对人的心理行为进行的干预或影响，以改变人的心理行为，提高人的心理生活的质量。但是，心理学的应用常常是把心理学的对象看作被动的，是被技术手段所干预或影响的。其实，人的心理也是主动和自主的，或人的心理是可以自我改变的。这就给心理学的应用提供了新的途径。

消除间隔性。心理学原有的应用是以干预者与被干预者的分离为前提的，或者说干预者与被干预者是有间隔的。但是，心理生活的概念却消除了研究者与被研究者、干预者与被干预者之间的分离或间隔。觉知者与被觉知者、干预者与被干预者，都是一体的。

消除被动性。同样，消除了间隔性，就没有了主动者和被动者的区分。在原有的心理学应用中，研究者是主动的，而被研究者是被动的。一个是主动的干预者，而另一个是被动的被干预者。但是，心理生活所强调的一体化则消除了被动者，也就消除了被动性。心理生活的承受者也是心理生活的构筑者。

生活的榜样。没有了干预者与被干预者的区分，那么，人的生活包括人的心理生活的引领者就是生活的榜样。榜样的力量是无穷的。他可以成为模仿、学习和超越的对象。

自主的引导。其实，人的心理生活的引导者不是外在的，从来就没有什么救世主，一切都要靠人自己。这就是自主的引导。当然，这种自主不是为所欲为，而是循规蹈矩，是与环境共同成长和发展的。

体验的生成。人的心理生活不是预先设定的，不是天生如此的，而是不断生成的，是人所创造的。心理生活的生成过程实际上是体验所创造的。体验不是对已有存在的心理进行的被动感受，而是对未存在的心理的创生活动。

二 心理生活的拓展

心理学的研究对象从心理现象转换为心理生活，是基本的前提假设的转换。对心理生活的探讨是建立在中国本土的心性心理学的基础之上。人的心理生活的一个重要维度的两极就是偏狭与宽广，浅薄与深厚。心理生活的拓展使人的心理生活更为宽广和更为深厚。这既是心理科学的目标，也关系心理生活的质量。心理生活的拓展包括心理成长与拓展，心理健康与拓展，生理心理与拓展，社会心理与拓展，文化心理与拓展，心理质量与拓展。

1. *心理健康与拓展*

人的心理健康可以有不同程度的区别。可以是没有心理疾病的健康，也可以是程度更高的健康，或者是成为心理得到充分成长的人。所谓的充分成长就在于心理生活的拓展。越是得到充分的拓展，那心理健康的程度就会越高。因此，心理健康就不仅仅是没有心理的疾病，而且是心理的充分拓展。这种拓展带来的是心理生活的更大的弹性，是心理生活的更充分的容含性，是心理生活的更广阔的发展性。

2. *生理心理与拓展*

人的心理行为并不是与人的生物机体相分离的。或者说，人的心理行为是与人的生物机体相统一的。因此，人的心理生活的拓展，就与心理生理，就与生理生物紧密相关。

首先是身心关系论。在心理学的研究中，心身关系或者心理与生理的关系等，历来都是研究者所关注的重要内容。但是，在心理学的研究中，关于心身关系有着种种不同的主张和观点。如果按照心与身关系中的决定性作用来划分，可以有身心一元论、身心二元论、身心交互作用论等；也可以有生物决定论、心理决定论、交互作用论等。

其次是微观决定论。如果从身决定心的方面来看，人的心理是受人的身体决定的。人的身体构成，人的神经系统，决定着人的心理行为。因此，可以从人的心理追溯到人的神经活动。或者说，可以通过人的遗传基因或者人的神经系统的性质和活动,来说明人的心理行为的性质和活动。这被认为是微观决定论。微观决定论在相当长的时间里,决定着心理学的研究。心理学的许多研究者,都是把人的心理行为还原为生理的基础,生物的基础,生化的基础,物理的基础。

最后是宏观决定。与微观决定论相对应的是宏观决定论。所谓宏观决定论就是指人的心理意识对人的身体生理活动的决定和影响。在心理学的研究中,有的研究者重视的是人的心理意识对人的神经活动或生理活动的影响和作用。那么,通过人的心理活动,就会作用与和影响到人的生理的活动。这种决定论被称为宏观决定论。人的心理意识可以挖掘人的生理潜能,可以唤醒人的未被开发的生理潜能。这是人的心理的重要拓展。

3. 社会心理与拓展

人不仅是以个体的方式生存,而且还是以群体的方式或社会的方式生存。所以,人的心理行为就不仅仅是个体的心理行为,而且也是群体的心理行为,或者也是社会的心理行为。那么,对人的心理行为的拓展,也可以从群体和社会的角度去进行。

首先是人际关系。人在社会生活之中,总是与他人结成各种各样的关系。这就是人际关系。当然,人际关系可以是血缘的关系,也可以是非血缘的关系。可以是垂直的等级之间的关系,也可以是横向的平级之间的关系。那么,人作为关系中的人,人的心理行为就要受到人际关系的影响。或者说,人的心理行为就具有人际关系所带来的性质和特征。这也就是社会心理学所说的人的社会心理。要拓展人的心理,就要涉及拓展人的人际关系,改变人的关系性质,增进人际交往的活动。

其次是群体生活。在人与人结成的关系中,人的生活就是群体的生活。群体的生活是一种互动的生活,是群体的成员交互影响构成的生活。群体生活中人的心理,就是群体心理。群体心理不是个体心理的简单相加,也不是脱离了个体心理的另外的心理。拓展人的心理生活,也就包括改变人的群体生活。群体的结合形态,群体的活动方式,群体的价值取向,群体的评价机制,群体的奖惩手段,都会是独特的，也会导致独特的群体心理。

最后是社会发展。社会的发展不仅仅是经济的发展，政治的发展，文化的发展，而且也是心理的发展，行为的发展，人格的发展。因此，人的心理生活的拓展也取决于社会的发展。或者说，人的心理生活的内容和方式的演变和发展，是与人们生活的社会制度、社会机制、社会生活、社会活动、社会进步等等，都有着直接或间接的关系。

4. 文化心理与拓展

在中国的文化传统中，有着关于人的心理生活的重要的传统文化资源。这就是养心与养生。心正：要有道德心和仁义心；心静：静能养神，静可生慧；心宽：心宽体胖，心广安泰；心忍：忍受逆境，排解不利；心善：养生之道，贵在养德；心诚：为人诚恳，胸怀坦荡。

文化是人的存在的基本方式。人通过创造了文化，而创造了自己的生活，创造了自己的心理，创造了自己的行为。人是按照文化的方式来生存和发展。因此，人的心理行为也就是以文化的方式来存在和活动。对人的心理行为的研究可以有两级。一级是自然生物的，一级是社会人文的。因此，在心理学的分支当中，就有从属于这两级的学科分支。从属于自然生物的心理学分支学科有生物心理学、生理心理学、神经心理学；从属于社会人文的心理学分支学科有社会心理学、跨文化心理学、文化心理学。

心理学曾经靠摆脱、放弃、回避或越过文化的存在来发展自己，但心理学现在必须靠容纳、揭示、探讨或体现文化的存在来发展自己。这也就是说，心理学早期是排斥文化的存在来保证自己对所有文化的普遍适用性，而心理学目前则是包容文化的存在来保证自己对所有文化的普遍适用性。毫无疑问，这是一个历史性的变化。首先是文化与心理。在不同的文化背景、文化传统中，有着不同的生存方式和生活传统。其次是文化与人格。人格是用来描述和说明个体心理的整体特性的心理学概念。但是，人格是相对客观的个体心理的整体特性。心理学中对文化心理的阐释，早期主要就体现在对文化与人格的关系的研究中。最后是文化与自我。自我也同样是用来描述和说明个体心理的整体特性的心理学概念。但是，自我是相对主观的个体心理的整体特性。在对文化心理的研究中，从重视文化与人格的关系到重视文化与自我的关系，是更关注人对文化的理解、把握和创造。

中国有植根于本土文化的心理学传统。这一传统提供了对人格的不同的理论解说，或者提供了对人格的独特的理解阐释；提供了对人格的不同的探索方式，或者提供了考察人格的独特的方式方法；提供了对人格的不同的干预技术，或者提供了影响和培育人格的独特的技术手段。其实，准确地说，中国本土心理学传统提供的不是西方科学心理学意义上的人格学说或人格心理学，而是中国本土传统意义上的心性学说或心性心理学。西方科学心理学探讨的是人格，而中国本土心理学探讨的是心性。或者说，西方科学心理学是把人格作为个体的完整心理，而中国本土心理学则是把心性作为超越个体的完整心理。所以，其提供的是对心性的独特理论阐释、探索方式、干预技术。

西方有植根于西方文化的心理学传统。这一传统提供了西方科学独特的人格理论。西方文化是以个体主义为核心的。所以，科学心理学在19世纪后期诞生，最早的人格心理学研究就是对个体差异的研究。这是一种横向比较的人格理论。人与人是平等的，或者说在价值上是等值的。人与人仅仅是心理行为特征上的差异。不论个体有什么样的心理行为差异，这些差异并没有高下之分和贵贱之别。或者说，个体心理行为的差异仅仅是个体心理行为的特征。中国有植根于中国文化的心理学传统。中国文化是以集体主义为核心的。那么，怎样使个人从一己之私到包容天下，人与人之间的心性差异就体现在心性境界的高低上。这是一种纵向比较的心性学说。人与人不是等值的，而是有心灵境界的高下之分。因此，中国本土文化传统中提供的心性学说是境界等差的学说，是境界高下的学说，是境界升降的学说。人格的差异实际上就成了德行的差异、境界的差异。西方的人格理论在人格的动力上强调的是内在的推动，是本能。中国本土心理学传统的心性学说则强调的是外在的拉动，是目标。这是两种不同的人格动力说。西方的人格理论在人格的发展上是强调人格的成熟，中国本土的心理学传统的心性理论则强调心灵的成长。西方科学心理学的人格研究是把人的人格心理当作客观的研究对象。这强调的是研究人格的客观的方法，或者说强调的是客观的观察、客观的测验和客观的实验。西方科学心理学的应用技术是把人格看作可以外在干预的对象。研究者可以通过相应的技术手段去矫正人格的缺陷，去塑造人格的特性。那么，个体的人格就成为被动或受动的。但是，在中国本土的传统心理学中，则倡导的是自我推动的成长和扩展，是榜样引导的过程。在中国的文化传统中，从生活中确立起来的心性成长的榜样，成为普通人的生活向导。儒家学说倡导心性修养，儒家学说的创始人孔子就是一个践行者。这就是中国文化中所倡导的知行合一。

可以说，中国本土的心理学传统提供了揭示、衡量、考评、判定心性的不同尺度或维度。这不同于西方科学心理学的尺度或维度。这包括价值的正和负的尺度或维度，德性的好和坏的尺度或维度，为人的善和恶的尺度或维度，境界的高和低的尺度或维度，品行的优和劣的尺度和维度，追求的雅和俗的尺度和维度。正是可以通过上述的尺度和维度，来排列和分析前述的中国本土心理学传统关于心性的理解和解说。

中国本土文化中的心理学传统提供的心性学说也可以称为心性心理学，但这仅仅是传统意义上的古老的心理学。中国文化中的非常独特和非常重要的理论贡献就是心性的学说。当然，在中国的文化传统中，不同的思想派别有不同的心性学说。不同的心性学说，发展出了不同的对人的心理的解说。首先是儒家心性说。儒家的学说是由孔子和孟子创立的。在中国传统文化的儒、道、释三家中，儒家学说的重心在于社会，或者说在于个体与社会的关系。儒家强调的是仁道。当然，仁道不是外在于人的存在，而就存在于个体的内心。那么，个体的心灵活动就应该是扩展的活动，体认内心的仁道。只有觉悟到了仁道，并且按仁道行事，就可以成为圣人。这就是"内圣外王"的历程。其次是道家心性说。道家的学说是由老子和庄子创立的。在中国传统文化的儒、道、释三家中，道家学说的重心在于自然，或者说在于个体与自然的关系。道家强调的是天道。当然，天道也不是外在于人的存在，而就潜在于个体的内心。那么，个体也可以通过扩展自己的心灵，而体认天道的存在，并循天道而达于自然而然的境界。最后是佛家心性说。佛家的学说是由释迦牟尼创立的，是从印度传入中国的。在中国传统文化的儒、道、释三家中，佛家学说的重心在于人心，或者说在于个体与心灵的关系。佛家强调的是心道。当然，心道相对于个体而言是潜在的，是人的本心。那么，个体可以通过扩展自己的心灵而与本心相体认。

心理学的研究有自己的研究方法。那么，科学心理学所运用的方法就是科学的研究方法。但是，在特定的科学观的限定下，所谓科学就是实证的科学。实证的科学运用的是实证的方法。心理学在成为独立的科学门类之后，就力图以实证主义的科学观来衡量自己的科学性。那么，是否运用实证方法，就成为心理学研究是否科学的一个根本的尺度。但是，在中国文化中的传统心理学所运用的方法不是实证的方法，而是体证的方法。所谓体证的方法，就是通过意识自觉的方式，直接体验到自身的心理，并直接构筑了自身的心理。所以说，体证至少有两个重要的特点。一个是意识的自我觉知，另一个是意识的自我构筑。首先是内圣与外王。中国本土的心理学传统都强调知行合一的原则，都主张内在对道的体认和外在对道的践行。这就是所谓的"内圣外王"的基本含义。内修要成为圣人，体道于自己的内心；外为要成为王者，行道于公有的天下。其次是修性与修命。正因为人心与天道是内在相通的，所以个体的修为实际上就是对天道的体认。天道贯注给个体，就是人的性命。那么，对天道的体认就是修性与修命。最后是渐修与顿悟。个体的修为或者是个体的体悟有渐修与顿悟的不同主张。渐修是认为修道的过程是逐渐的，是一点一滴积累而成的。顿悟则认为道是不可分割的，只能被整体把握，被突然觉悟到。这是体道的不同途径和方式。

5. 心理质量与拓展

首先涉及心理生活有质量的高低。心理生活是人的生活，人的生活是要讲求质量的。所以，重要的问题是要不断地提高心理生活的质量。人的生活是有质量差异的，或者说是有质量高低的。同样，人的心理生活也是有质量差异的，或者说是有质量高低的。那么，人的心理意识的拓展实际上也就是人的心理生活质量的提升活动。

其次涉及人类、人性、人心。当心理学的研究涉及人的心理行为时，它就不仅仅是个体的心理行为，或者说就不仅仅是孤立的个体的心理行为。其实，人的心理行为也具有类的属性。所以，要理解个体的心理行为，就必须理解人类的心理行为。同样，人的心理行为，都是与人的性质相匹配的。没有脱离开人性的人的心理行为。或者说，要想理解人的心理行为，就必须要理解人性。

最后涉及社会、文化、历史。从西方起源的科学心理学曾经是分离性地理解人的心理行为。这包括研究者与研究对象的分离，研究对象中的心理行为与心理行为所处环境的分离。但是，可以肯定的是，人的心理行为是发生于、融贯于社会、文化和历史之中。因此，可以通过社会、文化和历史来理解人的心理行为，也可以通过人的心理行为来理解社会、文化和历史。

三 心理生活的幸福

在心理学的研究中，幸福心理学已经成为当代的热流。关于幸福感和幸福观的研究既是跨学科研究的主题，也是心理学研究的焦点。幸福心理学的研究汇总了多学科和跨学科研究的成果，给出了心理学研究的关注，引发了大量的多元化的探索。心灵丰满与心理幸福是心理学研究者所关注的重要课题。[①] 积极心理学的热潮也在关注人的心理行为与幸福有关的方面。[②] 积极心理学也在关于积极情绪体验的探讨中，涉及了主观幸福感体验。[③] 积极心理学也对幸福感进行了考

---

① Brown, K. W. & Ryan, R. M. The benefits of being present: mindfulness and its role in psychological well-being [J]. *Journal of Personality and Social Psychology*, 2003 (4). pp. 822 – 848.
② Sheldon, K. M. & Laura, K. Why positive psychology is necessary [J]. *American Psychologist*, 2001 (3). pp. 216 – 217.
③ 任俊：《积极心理学》，上海教育出版社 2006 年版。

察。① 有研究者考察了幸福是怎样产生的，为什么人的天性就是要创造幸福。② 有研究者讨论了幸福的方法，并且认为幸福就在当下。③ 有研究者则是考察了积极心理学所涉及的幸福、幸福的测量、幸福的作用、幸福的原因等关于幸福心理学的基本内容。④ 当幸福心理学成为学术领域和生活现实中的主题，重要的就是怎样了解和把握幸福心理学的关注热点，幸福心理学的研究转换，幸福心理学的现实导向，幸福心理学的学术追求。

1. 幸福心理学的关注热点

幸福心理学的探索有着关注的热点。这些热点成为影响现代人的生活和心理学的研究的关键与核心。幸福是与人的生活质量密切相关的。因此，就可以从生活质量的角度和视野去考察幸福感。有研究指出，心理生活质量的研究有经济、社会、心理三种视角。心理学的视角评价生活质量所运用的就是主观幸福感的概念。主观幸福感试图解释人们如何评价其生活状况，涉及人们的生活满意度以及人们的积极情感。那么，幸福感的研究就为现代生活质量的评估提供了新的视角，提供了新的指标，目的是促进人类与社会的健康发展。

现代生活质量的研究发现，美好的生活状况和人们对美好生活的体验都是生活质量的必需和基本的要素。国外的幸福感研究已经有了几十年的发展历程，也已经取得了比较丰硕的成果。我国的幸福感研究则处在起步的阶段。目前，已经开始重视将幸福感当成生活质量的一个不可或缺的指标。当然，生活质量的评估与研究，有不同的学科视角。例如，经济学的视角是用一个社会的商品和服务来反映生活质量。拥有大量商品和服务的社会可以满足人们的需要，因此产品与服务富足的社会就会导致高水平的幸福。社会学的视角则认为，一个社

---

① ［美］彼得森：《积极心理学：构建快乐幸福的人生》，徐红译，群言出版社 2010 年版。
② ［德］克莱因：《幸福之源》，方霞译，中信出版社 2007 年版。
③ ［以］沙哈尔：《幸福的方法》，汪冰等译，当代中国出版社 2007 年版。
④ ［爱］卡尔：《积极心理学：关于人类幸福和力量的科学》，郑雪等译，中国轻工业出版社 2008 年版。

会的生活质量并不仅仅是商品和服务，而是涉及社会各个层面的发展状况。例如，除了产品和服务外，良好的社会还应该包括：较低的社会犯罪，美好的生活预期，人权的充分保障和资源的公平分配，等等。心理学的视角则是以人们的主观幸福感来测量生活质量，这种研究视角所强调的是，当人们生活满意，体验较多的愉快情绪和较少的负性情绪，就会产生幸福感。主观幸福感的研究者在对幸福感进行评价时，重视的不是外在的参照标准，而是人们的内在信念。

　　幸福心理学的研究非常关注人的幸福感的形成，并建立了有关幸福感形成的不同理论模型。这主要包括了三种理论模型。一是目标模型。目标模型将幸福看成人生目标的实现，目标达成或实现就会导致幸福或快乐，目标阻碍或丧失就会导致不幸或痛苦。但是，因为不同的人会有不同的目标，所以内在目标对幸福感来说就更为重要。目标达成或需要实现时就会产生幸福感。因此，幸福感会因人们的需求或价值的不同而有差异。目标的不同层面是与幸福感的不同成分相联系的。目标的内容差异也会产生不同的幸福感。目标的内在性会决定更为长久的幸福感。源自内在需要的目标是幸福感的重要基础。二是认知模型。人不是被动地体验事件和环境，相反，所有的生活事件都是"认知过程"，即分析和建构、预期与回忆、评价与解释的过程，因此，多样化的认知操作与动机过程对客观因素有着重要的影响，必须深入理解认知与动机因素导致幸福的心理过程。三是适应模型。适应模型试图回答幸福感的稳定性问题。首先是幸福感的平衡性。当生活事件处于平衡水平时，幸福感水平不变，一旦生活事件偏离正常水平，如变好或变坏时，幸福感会随之升高或降低。其次是幸福感的动态性。幸福的追求是"享受的苦役"，是永无止境的，人们快乐的体验随着他们的成就和财产的增加而增加，但人们很快就会适应这个新水平，而这个新水平将不再使他们快乐。

　　幸福感的研究使得关于生活质量的评估从外在的客观维度转移到了内在的心理维度，从宏观的社会条件层面深入到了微观的个人心理层面。幸福感是一种主观指标，是客观指标的补充与深化，有助于了解社会的综合状态，为反映社会效益打开了通道，与客观指标一起构成了生活质量的完整体系。幸福感的研究使人们能够去洞察生活质量的潜在因素，更加关注人们的心理层面。心理学研究对生活质量研究的贡献，就在于能够通过深入的理论和实证研究，去理解和阐明幸福感。因此，有关幸福感的心理学研究是当代有关生活质量研究的重要组成，为深入理解生活质量提供了新的研究视角、理论解说和干预技术。这就使得评估大众生活质量、衡量社会政策效果、创造现实幸福生活、规划未来美满人生，都成为可能。

幸福感的研究所重视的是人性中的积极方面，所探讨的是人的优点和价值，所关注的是正常人的心理机能，所促进的是个人、家庭与社会的良性发展。心理学家因此能够采取更加开放的姿态，把注意力转移到人的潜能、动机、能力、幸福、希望等积极品质上来。心理学中的幸福感研究的深入发展，将会对社会学现代生活质量研究产生积极的影响，从而使生活质量的研究更加面向社会、面向未来、面向应用，并卓有成效地开辟人类通向光明、造就幸福的阳光大道。①

中西方历史中和文化中有着关于幸福观的不同的倡导。比较典型的包括了禁欲主义幸福观、享乐主义幸福观、功利主义幸福观、马克思主义幸福观。禁欲主义剥夺人的感官满足，鄙视人的物质追求，强调人的精神满足；享乐主义幸福观强调幸福在本质上是一种尘世生活的快乐，即现时性的物质欲望的满足；功利主义幸福观强调追求个体感官"趋乐避苦"是人性的本质特征，为实现人的这一本性，追求个人利益成了人类一切行为的目的和归宿；马克思主义幸福观主张，幸福是物质实现与精神实现的统一，是自我利益与无私奉献的统一，是生活享受与现实创造的统一。②

无论是幸福感、幸福观，还是幸福体验、幸福追求，都属于幸福心理学考察的范围和研究的内容。将人的心理感受、心理生活、心理追求的一个特定的层面突显出来，使其成为一个特定的心理学研究领域，使其形成一个特定的心理学研究分支，这都表达或表明了幸福心

---

① 苗元江、余嘉元：《幸福感：生活质量研究的新视角》，《新视野》2003 年第 4 期。
② 江传月：《现当代中西方幸福观研究综述》，《理论月刊》2009 年第 4 期。

理对于人类的重要性，对于人类社会生活的核心性，以及对于人的心理生活的关键性。进而，幸福心理学的研究也都体现或展示了对于心理学知识的现实性，对于心理学探索的扩展性，对于心理学应用的价值性。其实，幸福心理学本身就成为心理学研究中的热点，而生活质量、心理生活质量则成为幸福心理学本身的热点。

2. 幸福心理学的研究转换

幸福心理学关于主观幸福感的研究，已经有了一个发展的历程。或者说，对主观幸福感的研究有着过去、现在与未来的进程。有研究指出，幸福是人类知识创造的核心性论题。心理学的终极目的实际上就在于促进人类的幸福。那么，从20世纪的中期开始，关于幸福的探索已经有了一个不断转换的历程。研究是从哲学思辨转移到了科学实证，是从外部因素深入到了内部机制，是从理论探索转移到了社会应用，是从学术研究转移到了幸福提升。学术研究和理论重心的转移，激发了当代的"幸福革命"。

有关幸福感的实证研究，早期的重点是调查幸福感，主要是沿着人口统计维度进行实证调查，侧重比较不同群体的幸福感差异。中期的重点是解释幸福感，理解幸福感形成的内部机制，主要有从上而下和从下而上两种不同的理论框架。近期的重点是测量幸福感，更加重视幸福感理论与测量的互动，从而建构出了主观幸福感、心理幸福感、社会幸福感三种测量的模式。当代的重点是应用幸福感的研究成果，融入社会的发展体系，确立幸福的重要社会指标，使其具有诊断、调整、互补、发展的功能。未来的重点则是提升人的幸福感，把关于幸福感的学术研究成果转化为社会生活之中普通人的幸福体验，实现人类幸福的最大化，创造幸福祥和的社会。

其实，幸福是一个非常古老的话题，也是人类发展终极的目标。在20世纪的中叶，"幸福"从古老的哲学争论转移到了心理学科学研究的领域。心理学关于主观幸福感的研究经历了一个发展进程。早期的主观幸福感研究是调查幸福感。研究者对各种不同群体的被试进行了简单的幸福和满意测量，然后描述了这些群体的幸福感的平均水平。中期的主观幸福感研究是解释幸福感。在20世纪的晚期，主观幸福感的研究开始从外部因素转移到内部心理机制，开始洞察主观幸福感的内部机制。第一种思考幸福感来源的方法是由上而下的思考方式。支持这类思考模式的理论认为，幸福是来自整体人格特质影响人对事物的反应方式，人格理论即为此模式的代表。第二类思考方式认为幸福感是由短期、微小的生活目标达成或者是个人需求获得满足之后逐步累积而成。这是一种由下而上的思考方式，认为幸福等于各个快乐因素的简单相加，在判断人们的幸福感时，只需对许多暂时的痛苦和快乐进行心理运算即可，即幸福等于快乐减去痛苦。近期的幸福感研究是测量幸福感。幸福感的理论建构与测量编制成了研究的重点。当代的主观幸福感研究是提升幸福感的应用。研究者提出要建立一个完整可靠的测量国民幸福程度的系统，即幸福指数。"幸福"属于主观感受的范畴，而"指数"属于经济学领域，指数是经济学的强项，幸福是心理学的强项，幸福指数的界定与测量是当代研究的核心与难点。尽管幸福指数研究的不同层面和视角存在着差异，但是关注幸福指数的意义则从关注公民的物质需要和经济条件，转移到了关注公民的精神追求和心理感受。这就把人的主观感受当成了核心和基础，是从新的视角去审视公民的物质需要、经济条件、生活质量、生存环境和社会环境。未来的主观幸福感研究是提升幸福感。经济学为人们创造了一个富裕的世界，那么，幸福学将会为人们创造一个幸福的世界。提高生活质量既是个人追求的目标，也是幸福感研究的独特魅力所在。主观幸福感研究激发了当代以提升幸福感为核心的积极心理学运动。积极心理学认为，人们可以"操控"自己的幸福感，增加自己的"幸福量"。技术手段主要是去解决物质与生理层面的幸福感，人文手段则主要是去解决精神与心灵层面的幸福感。[①]

主观幸福感的机制开始成为了探索的中心或重心。首先是幸福感的生理机制。人类的幸福感是由大脑认知和评价客观世界而产生的主观感受，其产生必定是建立在生物学基础之上。近些年以来，脑科学

[①] 苗元江：《跨越与发展——主观幸福感的过去、现在与未来》，《华南师范大学学报》（社会科学版）2011年第5期。

涉及情绪生理机制的研究已部分揭示了幸福感的生理机制。有关于幸福感的脑定位的研究。幸福感与其他情感一样是大脑活动的一部分，进一步还可以找到大脑中能够产生幸福感的功能定位，即位于大脑中紧靠前额内侧的部分。有关幸福感的神经递质的研究发现了能够影响人类幸福感的神经递质——多巴胺。这是一种神经传送素，用来帮助细胞传送脉冲的化学物质，主要负责大脑的情欲、感觉的信息传递，主要传递兴奋、开心和欢愉的信息。其次是幸福感的社会机制。追求幸福的每一个人一定都是从属于某一社会群体，个体或个人从群体或组织中所获得的满足，都将影响一个人的幸福感。幸福感可以产生于社会个体或社会群体之间的比较。高于他人时，幸福感提高；低于他人时，幸福感降低。这关系到参照群体和比较目标。选择不同的参照群体，会对个人幸福感产生不同的影响。再次是幸福感的动机机制。动机理论认为幸福感产生于需要的满足及目标的实现。目标是幸福感模型的调控装置。这个模型的基本假设是目标和价值取向决定人的幸福感，是人们获得与维持幸福感的主要来源。这包括了自我决定。人具有某些意识或未被意识到的动机或需要，满足这些需要幸福感水平升高；与个人需要不一致的目标，即使达成也不能增加幸福感。这也包括了自我实现与人格展现。与主观幸福感的快乐体验模型不同，心理幸福感研究途径的哲学背景是实现论，强调人的潜能实现。最后是幸福感的稳态机制。人们对所遭遇的良性与恶性事件能够进行一定程度上的调节，不至于总是狂喜或绝望。情绪系统对新事件反应强烈，但随着时间推移，人会逐渐降低对事件的反应。幸福是源于人类内部世界与外部世界、主观与客观、理想与现实的统一，源于人类对自己的把握，对自己的控制，对自己的内省，人类可以对自己的幸福负责。①

可以说，幸福心理学的探索正在不断地推动自己的研究进程，正在不断地转换自己的研究主题，正在不断地扩展自己的研究视域，正

---

① 冯骥、苗元江、白苏妤：《主观幸福感的心理机制探析》，《江西社会科学》2009年第9期。

在不断地深入自己的研究挖掘，正在不断地增进自己的研究深度。很显然，幸福心理学的快速发展，提供了关于幸福心理研究的更为丰富的知识，多样的方法，合理的理论和有效的技术。这不仅使幸福心理学的研究不断系统化，而且使幸福心理学的探索不断丰富化。

3. 幸福心理学现实导向

幸福心理学的探索和研究已经形成了重要的研究导向和生活导向。这就是从历史到现实的导向，从理论到实证的导向，从学术到生活的导向，从分化到综合的导向，从客观到主观的导向，从消极到积极的导向，从体验到创造的导向。

有研究表明，在20世纪的中期，西方的哲学界普遍将幸福与肉体的快乐和由此达到的心境密切联系起来，有关幸福的争论由哲学转移到心理学。越来越多的哲学家在论述幸福时倾向于用"愿望""享受""满足"等词汇。主观幸福感是试图理解人们如何评价其生活状况的心理学研究领域。其哲学基础就是快乐论。快乐作为一种幸福的观点，在现代幸福感研究中占有重要地位。快乐主义心理学家倾向于关注广义的包括生理和心理的愉悦。他们认为幸福感由主观快乐构成，重视广泛的关于生活中好的与不好的事件判断以及由此产生的愉快的而不是不愉快的体验。主观幸福感就是评价者根据自定的标准对其生活质量的整体性评估。从形式上来说，主观幸福感是一种基于直觉或反省所获得的某种切实的、比较稳定的感受。从内容上来说，主观幸福感是人们所体验到的一种理想的或满意的存在状况。这所涉及的是特定社会条件下人们生活的主要方面，其核心概念与操作指标就是生活满意、正性情感与负性情感。

主观幸福感研究的贡献就在于推动了幸福感研究从思辨到实证的转折，推动了心理健康尺度从客观到主观的变换，推动了心理健康评估从消极向积极的方向发展。主观幸福感重视个人主观评价，重视个人主观感受，这都对生活质量与心理健康的评价有着重要的影响。主观幸福感研究是积极心理学体系中的主流，在倡导关注心理的积极层面，关注人类的积极品质，使用正向的评价指标，对现代心理健康评价转向这些方面起到了积极的作用。

主观幸福感研究的局限就在于以下三个方面。一是主观幸福感的概念具有还原论与简单化倾向，不能反映幸福感的完整内容与整体面貌。越来越多的学者呼吁，应该从多方面进行幸福感评估，以揭示幸福感的本质与全貌。二是主观幸福感研究的另一个缺陷就是指标太少，主要的只有生活满意、正性情感以及负性情感，信息量十分有限，不能满足心理健康评价、生活质量研究日益增长的实践需要。三是主观评价与客观标准的分离。在主观参照的结构中，主观幸福感研究关注人的内心的感受体验和感受，把幸福感定义为个体对自身存在与发展状况的良好主观心理体验状态。主观幸福感研究过分重视主观的自我评价和感受，忽视了客观指标与专家评价，导致主观与客观的分离。

幸福感是一个统一的有机整体，是主观与客观、快乐与意义、发展与享受、个人与社会的统一。这是正确和完整地理解和揭示幸福感的根本方面。现代幸福感研究必须实现从分裂到整合的转换，必须从更高层次，系统、辩证、科学地理解与研究幸福感。

首先是主观幸福感研究。主观幸福感属于研究人们对其生活评价的行为科学领域。主观幸福感理论模型在心理健康、生活质量、社会指标研究中扮演着极为重要的角色。尽管如此，主观幸福感反映的人的主观体验和内心感受，并不能把握幸福感的全部内涵与实质。在实际研究中，幸福感研究使用了幸福感、主观幸福感、心理幸福感等概念。其次是心理幸福感研究。正是出于对主观幸福感理论模型的不满，心理幸福感研究从实现论角度对幸福进行了探索。强调个体在面对挑战时有意义生活和自我实现的潜能，认为幸福是客观的，不以自己主观意志转移的自我完善、自我实现、自我成就，是自我潜能的完美实现。最后是社会幸福感研究。主观幸福感与心理幸福感都是以个体为中心，而社会幸福感更关注个体对社会的贡献和融合。有研究者发展出多样化可操作性的社会幸福感维度：一是社会整合；二是社会贡献；三是社会和谐；四是社会认同；五是社会实现。

幸福感理论模型的发展，勾画出幸福感研究脉络。主观幸福感把快乐定义为幸福，侧重个人主观体验和感受；而心理幸福感则把幸福感理解为人的潜能实现，从人的发展角度诠释幸福，接近现代心理健康概念；社会幸福感则从人的社会存在考察人的良好存在，关注公共领域。不同幸福感取向研究可以增进人们对幸福感的理解。[1]

当然，关于"乐"的考察和探索，关于中国本土文化中的"乐"的思想，[2] 关于佛教的苦乐观的研究，[3] 关于儒家求乐传统的探析，[4] 关于中西方心理学传统中的"乐"的研究的比较，[5] 关于"乐"作为中国人的主观幸福感和中国本土传统文化的幸福观的考察，[6] 都是从幸福、幸福感、幸福体验的一种特殊体现入手进行的研究。这一系列的不同的研究都表明了，幸福心理学的研究进入了一个非常繁荣的阶段。

幸福心理学的研究体现出来了多元化的趋势，多样化的结果，多面化的含义。这不仅是研究取向和研究主张上的分歧或对立，而且也表达出了幸福心理学必须经历的和拥有的过程。其实，幸福心理学所导向的就是研究的多元化、多样化和多面化。这体现的是幸福心理学探索的丰富性、丰硕性和丰满性。幸福心理学的研究吸纳了众多不同学科的研究方式和研究内容，并迅速地集合在了幸福心理学的研究课题之中。

4. 幸福心理学的学术追求

在目前的幸福心理学的研究中，幸福心理学正在追求扩展自己的研究视野，正在寻求与各种学术资源建立起关联。很显然，幸福与人类生活和与人类心理的各个方面都有着密切的关联。有研究者探索了幸福的真意，对人的最优经验和高峰体验进行了考察。研究阐述了人的快乐的源泉、生活的品质、心理的体验、感官的快乐、知性的快

---

[1] 苗元江、龚继峰：《超越主观幸福感》，《内蒙古师范大学学报》（哲学社会科学版）2007年第5期。

[2] 张晓明：《中国本土心理学资源中"乐"的思想》，《吉林师范大学学报》（人文社会科学版）2011年第1期。

[3] 陈兵：《佛教苦乐观》，《法音》2007年第2期。

[4] 辛斌：《儒家"乐处"观之深层心理探析》，《湖南师范大学教育科学学报》2005年第4期。

[5] 张晓明：《中西心理学传统中"乐"的比较研究》，《吉林师范大学学报》（人文社会科学版）2009年第1期。

[6] 曾红、郭斯萍：《"乐"——中国人的主观幸福感与传统文化中的幸福观》，《心理学报》2012年第7期。

乐、工作的快乐、自我的快乐、群体的快乐、命运的把握、人生的真谛等等。① 这实际上就将幸福与人生紧密地关联在了一起。这也就是把幸福从研究者的探索的课题，转换到了人的生活现实之中，落实在了人的生命历程之中。关于心理生活质量的研究就与幸福心理学的研究有着密切的关联。进而，心理生活质量的探索，心理生活质量的提升，② 心理生活质量的建构，心理生活质量的拓展，③ 都已经成为在心理生活视野中的重要的研究课题。

　　焦岚博士在自己的研究中考察了心理学视域下的生活质量观。研究指出，人的生活质量是人类为了自身更好的生存而追求的永恒生活主题。关于生活质量的研究，则是探讨人为什么生活和怎样生活的核心问题。生活质量研究始于20世纪50年代末60年代初，自生活质量研究被提出，受到许多研究者的关注，他们从经济学、社会学、生态学、文化学等不同角度对生活质量进行了探索：社会学关注在个人与社会的关系过程中把握生活质量；经济学关注通过经济社会发展和生活水平获得生活质量；生态学关注将生活质量看作一个内在因素，并在与人口和环境要素互动关系中不断变化；文化学则关注文化传承、发展变迁和冲突中感受现实的生活状态和生活体验。这些研究互相补充和拓展，使生活质量研究不断深入，并形成不同的生活质量观。人的生活质量应当体现在物质生活水平达到一定程度的人们对精神生活质量的要求，也就是说更多地关注精神生活质量。而人的精神生活体现在心理认知、情感、态度、需要和价值等方面形成的生命质量、幸福体验、心理健康及价值判断，因此，从心理学视域研究人的生活质量观就是从心理学视域研究心理生活质量内涵、心理生活质量结构和心理生活质量维度等方面内容。

　　心理生活质量的内容主要是指心理学视域下，生活质量所要求实现的心理学目标和结果。心理生活质量具有代表性的内容包括幸福体

---

① ［美］契克森米哈赖：《幸福的真意》，张定绮译，中信出版社2009年版。
② 葛鲁嘉：《当代社会人的心理生活的质量与提升》，《长白学刊》2007年第6期。
③ 葛鲁嘉：《心理学视野中人的心理生活的建构与拓展》，《社会科学战线》2008年第1期。

验、心理健康、价值判断及生命质量四个方面。第一，心理生活质量的幸福体验。心理学家以人们的主观幸福感来测量生活质量，在这种研究思路中，强调当人们生活满意而且体验较多的愉快情绪和很少不愉快情绪的时候，就产生幸福感。第二，心理生活质量的心理健康。心理健康是指人的基本心理活动的过程内容完整、协调一致，即认识、情感、意志、行为、人格完整和协调，能适应社会，与社会保持同步。第三，心理生活质量的价值判断。人的心理生活是在不断发展的，其质量标准也在不断变化的，但心理生活归根结底是人的一种价值追求和价值体验，这种追求和体验始终离不开客观对象、主体意识、主体对客体的价值判断。第四，心理生活质量的生命质量。根据新兴的生物钟养生学的主张，生命质量应该包括生存质量、生活质量、劳动质量、发展质量。表达出来就是：要活得健康、愉快，充分发挥智力；要活得轻松、潇洒，拥有良好的人际关系；要活得自在和自如，自身的潜能得到充分开发、自己的个性得到最大释放。总之，人要活得有价值。

心理生活质量维度是指心理学视域下生活质量所涉及的心理学过程与方法，是实现心理生活质量的途径，更是心理生活质量内容的保障。心理学中的认知、情感、态度、需要等维度是实现心理生活质量内容的四个主要过程和方法。[①]

生活的质量、心理生活的质量，生活的丰满、心理生活的丰满，生活的扩展、心理生活的扩展，生活的境界、心理生活的境界，生活的快乐、心理生活的快乐，都属于极其重要又彼此关联的重要方面。幸福心理学的研究，心理生活质量的探讨，需要关注所有这些不同的方面，并能够落实到人的心理生活之中，带来人的心理生活的幸福和提升人的心理生活的质量。其实，这也正是通过关于心理生活质量的考察和探索，而将其与心理生活幸福的研究关联在了一起。有质量的心理生活一定就属于幸福的心理生活。

---

① 焦岚：《心理学视域下的生活质量观》，《青海社会科学》2012 年第 1 期。

第六章　多元存在的心理环境

环境是心理学研究中的重要内容。心理学家常常是把环境理解为外在于人的存在，是客观、独立又自然的。对于心理、意识、自我、觉解的存在来说，环境并不仅仅是自然、物理、生物、社会、文化、生态意义的，而且也是心理意义的环境。心理环境也就是被心理觉知到、被心理理解为、被心理把握成、被心理创造出的环境。心理环境是对人来说的最为切近的环境。

源于心性学的中国文化根基，立足于心性心理学的本土传统资源，依据于新心性心理学的核心理论建构，将心理学关于环境的探索，从外在的环境推进到了内在的环境，从分离的环境推进到了共生的环境，从环境心理学推进到了心理环境学，将心理对环境的被动接受推进到了心理对环境的主动创造。环境决定论和心理决定论都无法真正揭示人的心理演变和成长的实际过程。环境对人来说，常被看成自生自灭的过程，独立于人的存在。但是，如果从心理环境去理解，环境的演变就是属人的过程，是人对环境的把握、人对环境的作为、人对环境的创造。环境与心理是共生的过程。这不仅是环境决定或塑造了人的心理，而且也是心理理解或创造了人的环境。心理与环境是共生的关系，这就是中国文化传统中的天人合一。这带来了关于环境的心性或心性心理学的考察和探索，也就带来了关于环境与心理关系的智慧或智慧心理学的理解和把握。

一　心理自然境

　　心理自然境也就是心理自然环境，这是指人不但面对着自然的环境，而且人也可以通过心理的形态或以心理的方式呈现自然。这也就不仅是自然的存在和自然的条件，而且也是心理的自然存在和心理的自然条件。因此，不仅是自然的演化历程产生了人的心理，是人的心理具有了自然的性质，也是心理意识还原和建构了自然。

　　正是由于心理自然境的存在，给了自然的存在一种特殊的存在形态，这也就是心理自然的存在形态。这种心理自然的存在形态就成为所谓的心理自然境。其实，人所直接面对的是自己的心理呈现的自然。这是特殊的心理自然环境。

　　心理自然环境可以在三个方面是与自然环境相通的。首先，心理是自然的产物，是自然以自身的方式来体现自身的存在。因此，心理不过是自然演进过程中的自然化自我意识的形态。这是属于心理的自然境的根本性质。其次，心理是自然的呈现，是自然以心理的方式呈现出来。尽管心理的成长和发展会超越自然的状态，会改变自然的形态，但是心理却无法或不能完全脱离开自然或割裂与自然的关联。最后，心理是自然的延伸，是自然通过非自然的心理的方式所进行的延伸。自然的影响可以通过心理的方式去实施。

　　心理自然环境可以在三个特征上是与心理存在相通的。首先是心理自然环境的心理的存在。心理自然环境具有心理的性质和特征。这不是原有的自然环境或自然条件，而是经过了人的心性或心理呈现出来的自然环境或自然条件。其次是心理自然环境的心理的功能。心理自然环境所起到的是心理的影响，是心理的作用。最后是心理自然环境的心理的结果。心理自然环境会导致人的心理行为按照自然的方式存在和变化。尽管人的心理通过社会和文化的方式超越了自然，但是这并不等于人的心理就可以脱离了自然。

　　人的心理所具有的自然的本质属性、自然的存在方式、自然的活动形态、自然的回归结果，都构成了心理自然境的基本的方面。心理自然境也就是自然通过心理这种自身方式自我意识、自我把握、自我建构。

心理自然境是人的心理所再现的自然，是人的心理所给出的自然的环境。这种自然或这种自然环境也就具有了人的心理的性质、特征、功能和价值。在心理自然境之中，心理确立了自然的价值、地位、功能、影响。这就包括了对自然的崇拜、敬畏、顺从的心理，也包括了对自然的轻蔑、歪曲、贬低的心理。

对于人来说，尽管人类所面对的是一个共同的自然环境，但是在人类的心理层面，人所把握到的却是完全不同的自然环境。人也就通过自己的心理创造，将自然环境赋予了人的意义和价值，赋予了人的心理的意义和价值。这不仅是人类个体心理的意义和价值，也是人类种族心理的意义和价值。

自然环境的心理存在、心理功能、心理影响和心理价值，实际上也决定了自然界的命运和前途。自然环境可以通过心理的方式自我损害、自我毁灭，也可以通过心理的方式自我延续和自我繁荣。因此，实际上也正是心理自然境的性质、构成、变化，决定了人与自然界的关系。

当然，伴随着人的社会生活，文化生活，人的心理自然境也就具有了社会和文化的性质和属性。人不仅是通过心理还原了自然，而且把自然纳入了属于人的本性和本心的范围之中。心理自然环境实际上就决定了人与自然的心理的关系。这种心理的关系就会成为现实关系的心理建构、心理创造和心理改变。因此，在心理自然境之中，人就重新定位了自己与自然的关系，人也重新赋予了自己和自然一种特定的意义，人也就会获得自己在自然之中的独特地位。心理自然境也就因此而超出了自然界的范围，也同样就因此而超出了心理界的范围。

同样，人在自己的心理自然境之中，也可以将自己的人性、自己的心理、自己的生活和自己的创造等都归属在了自然的范围之中，都赋予了自然的天性本质。这也就使得人会保留属于自己的自然之根。人在心理中给出的自然环境是具有人类属性的自然环境，是具有心理属性的自然环境。

心理自然境包含了人所觉知的自然环境，人所理解的自然环境，人所建构的自然环境和人所创造的自然环境。心理的方式、心理的呈现、心理的创造也就给了自然环境一个更为丰富的人化的内容和人化的意义。心理自然境不同于现实化的人工自然环境。人工自然环境是人通过创造性的活动所创造和建构出来的另类的人工化自然环境。这实际上也就是"心化"的方式和"物化"的方式所表现出来的区别。

二 心理物理境

心理物理境也就是心理物理环境。这意味着人是属于物理的存在，人的心理也同样具有物理的属性。这也更意味着人能够在心理中构成以心理的方式呈现的物理环境。

有研究者对时间观进行了考察和探讨。研究指出，有些哲学家和多数自然科学家、自然哲学家，标榜客观时间或物理时间。另一些哲学家和不少宗教哲学家，则张扬主观时间或心理时间。客观的物理时间一般都与空间相关联，与物体的空间化运动相关联，因此也可以称为空间化了的时间。这类时间，一般地说，都是可计量的，可量化的。至于主观时间或心理时间，则是内在的时间，隐性的时间。它们是"表象流"或"意识流"中的时间流程，只能凭体验和领悟去把握。一般地讲，主观时间或心理时间同外部物体的运动和物体在物理空间中的位移，并无直接的关联，所以是非空间化的时间。进言之，主观或心理时间是难以计量、难以量化的，至少不能精确计量或精确量化。

西方传统哲学的时间观，十分重视物体运动的时间度量，重视自然时间中的时间哲学问题，因而也极为关注如何确立自然界或物理界的绝对时间或纯粹时间。这种时间不依存于物体运动的时间进程，也不依存于物体运动的速度和加速度中包含的时间度量。这个绝对时间为自然界或物理界各种依存于物理运动的物理时间，制定了一条使这些物理时间之所以为物理时间的根本原则，这就是独一无二的时间本体。①

心理物理境实际上就是将人在心理中所呈现和提供的物理存在、物理条件和物理环境看成不同于物理现实之中的物理存在、物理条件和物理环境。这中间就存在着人类心理的功效和作用。当然了，心理物理境本身所突出和呈现的，已经不是原初的物理存在、物理条件和物理环境，而是以心理的方式、形态所生成和建构的物理的存在、现实。

其实，不仅在人的现实生活之中，能够区分或分离出物理的世界、存在、现实，而且在人的心理生活之中，也同样能够区分或分离出物理的世界、存在、现实。因此，现实世界中的物理环境与心理现实中的物理环境是一种共同的存在，也是一种共生的存在。

那么，物理的空间、时间与心理的空间、时间；物理的改变、运动与心理的改变、运动，对于人的存在、心理来说，就会产生重要和密切的交集。这两者之间既有着十分中的区别，也有着非常重要的联系。

心理物理境是在心理时空之中的心理物理存在、心理物理运动、心理物理把握。这可以成为人的心理生活之中的独特和建构的物理环境或心理物理环境。在这样的环境之中，物理的现实所具有的是心理的意义，所体现的是心理的时空。正是因为如此，人的心理生活呈现的物理世界是心理物理的存在，是心理物理的环境。

因此，心理的世界、时空、存在、物体，都是以心理的方式呈现了物理的世界、时空、存在、现实。这也就是所谓的心理物理境。心理物理境在人的心理生活之中，所占据着的是物理环境在人的现实生活中同样的地位。尽管这两者在实际上是有着不同的性质、特征、变换、影响。实际上，心理学家所能够揭示的就是心理物理境。

---

① 赵仲牧：《时间观念的解析及中西方传统时间观的比较》，《思想战线》2002 年第 5 期。

三　心理生物境

所谓心理生物境也就是心理生物环境。心理生物环境是在心理学和生物学跨界研究的基础之上，考察和探讨由心理生物方式所给出的和体现的环境存在和环境条件。这涉及两个重要课题的研究，即心理空间的研究和心理时间的研究。当然了，生物学意义上的空间和时间是由生物物种和生物环境所共同决定的。

有研究者考察了基于自身的心理空间转换的现象和问题。研究指出，所谓心理空间转换（mental spatial transformation），实际上就是人类处理空间推理问题时的一种重要的认知能力。在不进行外界物体和自身的真实运动的情况下，如果个体要从另一个角度认识外界物体，就需要对物体或自身进行想象的空间运动，即心理空间转换。那么，按照转换参考系的不同，心理空间转换可分基于物体空间转换（object-based spatial transformation）和自我中心视角转换（egocentric perspective transformation）。两种空间心理转换都与自我中心参考系、物体中心参考系和环境参考系三者之间的关系变化有关，进行基于物体空间转换时，个体需要保持物体自我中心参考系和环境参考系的关系不变，而不断调整物体中心参考系，以协调其与另两种参考系之间的关系，进行自我中心视角转换时，个体需要保持物体中心参考系和环境参考系的关系不变，而不断调整自我中心参考系，以协调它与物体中心参考系和环境参考系的关系。[①]

有研究者评述了国外关于时间生物学的研究进展。研究指出，心理时间与生物节律的研究有关。宇宙中的一个重要现象，就是周期性。周期性振动，即节律性。它是以时间和空间的形式展现的。自然有自然的节律，生物有生物的节律。二者关系密切，相互影响。生命

[①] 赵杨柯、钱秀莹：《自我中心视角转换——基于自身的心理空间转换》，《心理科学进展》2010 年第 12 期。

需要节律，需要各种节律的相互协调，更需要节律的守时，即生物节律的严格"时空"调控。生物节律对生物体的影响十分广泛，主要表现在体温、行为模式上，并且时间生物的节律变化在许多疾病包括心血管疾病和神经病的发病机制和恶化中发挥了主要作用。人们对人类在健康和疾病状态下的时钟系统和行为模式的研究兴趣日益增加。[1]

时间生物学是研究机体生物节律及其应用的科学，它是一门新兴的生命科学领域的交叉性学科。在自然界中，从单细胞到高等生物，乃至人类的几乎所有生命活动均存在着按照一定规律运行的、周期性的生命活动现象，这种生命活动现象称为生物节律。生物节律作为生命活动的基本特征之一，依照周期的长短可以分为亚日节律、近日节律和超日节律等。其中，近日节律最为普遍和重要，是当前研究最多、物质基础相对研究得最清楚的生物节律。

普遍存在于生物体中的近日节律具有以下共同特点：一是广泛性，从简单的单细胞生物到复杂的哺乳动物均存在近日节律，而且高级生物在整体、系统、器官、细胞和分子水平均存在近日节律。二是内源性，近日节律是机体内在固有的，在外界环境条件恒定的情况下，近日节律仍然存在。三是可调性，外界环境，如光暗循环等，能够影响内在的近日节律，机体通过近日节律的重置效应，使内在的近日节律与外界环境同步。

产生、维持和调节近日节律的近日钟系统共包括了三个基本的要素：近日节律系统中枢（或称为中枢生物钟）、近日节律系统输入和近日节律系统输出。[2]

生物的空间性质和特征，以及生物的时间性质和特征，无疑会直接决定着心理行为的生物的空间性质和特征，以及心理行为的时间的性质和特征。建立在生物性基础之上的心理的时空属性，成为人的心理行为存在和演变不可忽视的方面。因此，生物的环境就决定着心理的存在、性质、特征、变化、结果。

---

[1] 王凌：《国外时间生物学进展》，《生物医学工程学杂志》2005年第1期。
[2] 王正荣等：《时间生物学研究进展》，《航天医学与医学工程》2006年第4期。

人就是属于生物的存在,就是生存于生物的环境,就是具有生物的节律,就是决定于生物的影响。因此,环境的生物学存在和演变,环境的生物学性质和属性,环境的生物学意义和价值,也就成为环境与生物的存在和成长,与人类的存在和成长,是一体化的和共生性的。那么,环境也就具有了生物的存在、性质、特征、演变、影响。这实际上也就是生物环境的根本的方面。

四　心理社会境

有研究者考察了社会学理论中的社会空间的探索。研究指出,空间是一个重要的知识或分类概念且为整个知识的一个重要基础,空间的逻辑和运作机制能有助于重新推演发展出理解社会的一个不同的新的知识系统,将空间概念发展成一种重要的、旨在解释人类行动的系统理论,赋予空间研究在理论上的意义,使之具有社会科学理论上的意义,将是一件重要的具有开创性的研究。

20世纪末,学界开启的"空间转向",依赖于嵌入空间的各种模式,空间演绎为看待和理解城市的新方式,而该转向被认为是当时知识和政治发展中最举足轻重的事件之一,也是社会空间经验研究不断扩展的时期。学者们开始演绎日常生活实践中的"空间性",把以前给予时间和历史,给予社会关系和社会的知识反应,转移到空间上来,关注城市空间是如何隔绝人们的自由实践,又是如何促使人们找到自我空间的分布,关注在空间中的定位、移动和渠道化以及符号化他们的共生关系。

空间作为一种社会学的方法论或社会学的基本概念解释,其理论框架体现在下面几个层面:

第一,空间作为主体性存在的策略与场所。空间是一个具有生成能力和生成性源泉的母体,是一个自我主体性的空间。社会阶层、社会阶级和其他群体界限,都镶嵌在一定的空间里,各种空间的隐喻,如位置、地位、立场、地域、领域、边界、门槛、边缘、核心、流动等,无不透露了社会界限与抗衡的界限所在。

第二,空间作为社会权力关系。在社会学视域,空间同样被诠释为一种实践性权力与规训或一种社会权力关系,这种权力关系体现在控制与抗争、分割与操作、规训与退让、垄断与监控、冲突与反抗以及斗争、协商与妥协。

第三,空间作为一种符号体系。在社会学视域,空间作为一种符号体系,被诠释为一种叙事性分类、差异性的建构的场所,空间是一个生产实践的分类架构体系,是一个包含关系或排斥关系的过程。

第四,空间作为一种情感体验。在社会学视域,空间最终还是要回归到人的"存在",一种基于经验事实的体验。空间被诠释为一种身份认同与情感归依的生成领域以及实现身份认同、产生自我归属感、获取情感归依和本体性安全的场所。[①]

有研究者考察了西方社会学对社会时间的研究。研究指出,长期以来,对时间范畴的研究仅仅停留在自然科学领域和哲学辩证法对时间的一般性概括,而很少扩展到社会领域。这就把本来与人类社会密切相关的时间概念排斥在社会领域之外,变为极其抽象和空泛的东西。正是在这种背景下,西方社会学家把时间概念与社会学联系起来进行考察,令人耳目一新。

在20世纪70—80年代,社会时间的研究受到了广泛的重视并取得了长足的进步。现在甚至还成立了一个专门探讨时间的科学——时间学。在社会学领域,最早对社会时间给出的定义,是认为"质"的意义上的社会时间,不同于可以衡量其长度的、表现为一定时刻或时期的时间。社会时间是由许多部分组成的,通过各种各样的标志、符号、事件、仪式或活动,实际上构成一个连贯的整体,是通过其自身的节奏而体现着社会组织的一个象征性的结构。在迪尔凯姆看来,时间是一个社会范畴,是社会的产物,犹如人们对于社会空间和因果关系等概念的理解一样。集体记忆为对社会时间的理解提供了一个总的框架,人们之所以能够回顾历史、追忆往事乃至产生梦境,便是有着

---

① 潘泽泉:《当代社会学理论的社会空间转向》,《江苏社会科学》2009年第1期。

这么一个社会框架，标志着它们的重要内容、节奏及其相互联系。

建立在社会和文化人类学的基础上对社会时间的研究强调以下两点：第一，社会时间和组成社会时间的活动有着极为密切的联系。一个活动或事件与其时间背景之间的联系有着重要意义。第二，社会时间体现着社会群体的节奏。研究认为，社会群体自有的特定的"时间系统"是其活动的特定节奏以及归属和"成就"的一种感觉。这是整个时间系统的一个有机组成部分。

20世纪80年代中期，社会时间的概念和理论研究取得了以下几方面重要的发展：第一，时间预算研究取得了新进展。第二，社会学领域的一些专门学派发展了时间社会学，特别是闲暇和自由时间社会学。这一现象表明社会学界对各种社会时间的研究表现出经久不衰的兴趣。第三，社会学家对工作时间的重新组织，或者说重新安排；对工作、教育、家庭与闲暇时间之间的关系变化的研究；对现代社会中生活方式的变化；等等，都给予了新的关注。[1]

心理社会境是由人类群体或人类个体所形成或建构的，在心理行为的层面之上所体现或表达的，具有心理性质的社会性的环境存在或环境影响。当涉及人的心理行为的社会属性的时候，当提示出人的心理行为的社会变化的时候，实际上也就是确立了人的社会环境或社会化的生活环境可以是以心理的方式存在和形成影响。

五　心理文化境

所谓心理文化境也就是心理文化环境。"心理文化"概念的提出，是用以考察心理学成长的文化根基，探讨心理学发展的文化内涵，挖掘心理学创新的文化资源。心理学本身的起源、产生和发展都是出现于特定的文化圈，都是立足于特定的文化条件，都是属于特定的文化历史。或者说，文化是心理学植根的土壤和养分的来源。在过去，无

---

[1] 吴国璋：《西方社会学对社会时间的研究》，《学术界》1996年第2期。

论是心理学的发展还是对心理学发展的探索,都缺失了文化的维度。其实,文化是考察当代心理学发展和演变的重要视角。当代心理学的研究和发展越来越重视对文化环境、心理文化、文化心理的探讨。这所包括的是当代心理学发展的文化学转向[①],包括了文化心理学通过文化的思考[②],也包括了文化心理学的学科分支的兴起和发达[③]。

对于心理学研究来说,心理学的考察者是人,心理学的考察对象也是人,所以是人对自身的了解。更进一步地说,去认识的是人的心灵,被认识的也是人的心灵,所以是心灵对自身的探索。人类的心灵既是自然历史的产物,也是人类创造的文化历史的产物。分开或分别来看,得到考察的心灵活动所展示的是文化的濡染,进行考察的心灵活动所透显的则是文化的精神。合起来看,成为对象的心理行为与阐释对象的心理学探索是共生的关系。不仅对特定心理行为的把握就是特定的心理学传统,而且特定的心理学传统所构筑的就是特定的心理行为。二者共同形成的就是心理文化(mental cultures)。不同的文化圈产生和延续的是独特的心理文化。那么,特定文化圈拥有的心理文化就会与其他文化圈拥有的心理文化存在着很大的差异。这表现为心理行为上的差异,也表现为心理学性质上的差异。

人类的心理行为不仅具有人类共有的性质和特点,而且具有文化特有的性质和特点。冯特(W. Wundt)在创立科学心理学之时,就构想了两部分心理学。一是个体心理学,通过对个体心理意识的考察,探讨人类心理行为的共有的性质和特点。二是民族心理学,通过对民族文化历史产物,像语言、神话、风俗等的分析,了解人类心理行为的文化特有的性质和特点。但是,科学心理学后来的发展,只推进了个体心理学,而忽略了民族心理学。这揭示给人们的,似乎是只有唯

[①] 葛鲁嘉、陈若莉:《当代心理学发展的文化学转向》,《吉林大学社会科学学报》1999 年第 5 期。

[②] Shweder, R. A., *Thinking through cultures: Expeditions in cultural psychology* [M]. Cambridge Mass.: Harvard University Press. 1991. pp. 73 – 76.

[③] Cole, M., *Cultural psychology* [M]. Cambridge Mass.: Harvard University Press. 1998. pp. 1 – 3.

一的心理学，那就是实验的个体心理学，它揭示的是人类心理行为共有的性质和规律。无论是实证科学意义上的还是其他意义上的心理学家，都生活在特定的文化圈中。在他们的探索之中隐含着的理论框架或理论设定无不体现其独特的文化精神。进而，心理学家了解和认识心理行为或心理生活的途径，解释和理解心理行为或心理生活的理论，影响和干预心理行为或心理生活的手段，都属于相应的文化方式。所以，可以将心理学看作文化历史的构成，是文化历史的传统。

本土心理学（indigenous psychologies）是由本土文化延续着的对人的内心生活的基本假定和说明。实际上自从有了人类和有了人类的意识开始，人就有了对自己的心理生活的直观了解和把握，有了对自己的心理生活的主动认定和构筑。这作为心理文化积淀下来和传承下去，成为植根于本土文化的心理学传统。那么，特定文化背景中的社会个体就能够通过掌握本土文化中的心理学传统，来了解、认定和构筑自己的心理生活。本土心理学不仅在不同的文化之间存在着差异，而且在同一文化中的不同历史境况中也存在着差异。

中国本土文化有其对人的心灵活动或心理生活的基本设定。例如，中国文化的精神是强调普遍的统一性，即道。儒家的义理之道，道家的自然之道和佛家的菩提之道，探究的都是道的存在之理。但是，道并非外在于人的心灵，与之相分离，而是内在于人的心灵，与之相一体。道就是人的本性，就是人的本心。这也就是人的心性。人的心灵内在地与宇宙本体相贯通。人类个体只有反身内求，把握和体认道，才能获取人生的真实和永恒。这必须通过精神修养，来不断提升自己的精神境界和完善自己的人格，从而相融于天道。这给探求和构筑人的心理生活提供了特定的文化基础。

有研究者考察了属于文化环境的两个维度，即文化时间与文化空间。研究指出，文化环境是人的存在和社会发展赖以依托的各种文化条件的总和，是由人创造的、与人发生效应的人的境遇。从文化哲学角度看，时间与空间不仅仅是物质的存在方式，它更是人的生命和文化的展开方式。时空观念的演变直接反映人类文化的历史变迁和人类自身生存与发展的现实境遇，文化时间和文化空间是构成文化环境的本体论维度。

任何存在都必须在一定的时间和空间中，人类文化当然也不例外。时间与人的意识和文化具有内在的逻辑关联，时间观念一旦形成，就成为人类认识事物的基本形式，同时也构成人类文化环境的重要维度。空间观念同样源自人的实践，与时间观念相伴而生，是事物的关联性、结构性、有序性在头脑中的反映，是人在文化创造过程中形成的认识世界、感知世界的基本形式。

文化的时间性表现为文化的历史过程性、传统连续性以及民族现实性。文化就是人类自我创造、自我发展、自我实现的历史过程，文化的时间性来自人的文化创造，也就是人的自我创造。只有在自我创造中，人才能形成一种过程意识、时间意识和历史意识。文化的传统性是文化时间性的重要表征。文化时间不仅凭借过程性和连续性来昭示生命尺度的意义，而且还通过民族性现实地展现其作为人的发展空间的维度。

文化空间是人的世界的空间维度，是从空间角度考察的人的世界，是人的世界的一种基本的存在形式。进一步说，文化空间是人及其文化赖以生存和发展的场所，是文化的空间性和空间的文化性的统一。

文化空间和文化时间作为人的世界的基本存在形式，两者的耦合共同构成了文化时空环境。文化的产生则是构成了一个属人的意义世界，逐渐把人从自然界中提升了出来；文化的发展充实了和丰富着人的世界的形式和内容，逐步完成了人的生成。文化的存在塑造了和塑造着人的意志、情感、兴趣、爱好、世界观、人生观、价值观、生活方式、生产方式、思维方式，人的方方面面无不是文化赋予的，同时文化世界包括的物质文化、制度文化、精神文化，又都是由人创造的，文化世界的一点一滴都是人类智慧的结晶。[①]

心理文化环境就是通过心理所呈现出来的文化的属性、文化的延

---

① 苗伟：《文化时间与文化空间：文化环境的本体论维度》，《思想战线》2010年第1期。

续、文化的决定，或者说心理文化环境也就是通过文化所呈现出来的心理的属性、心理的延续、心理的决定。可以说，真正的文化的影响实际上都是属于心理的影响。经过心理转换的文化的存在才是人类的存在，才具有人文化的影响。

六　心理生态境

生态学是研究生物与环境之间关系的一门科学。生态学对科学心理学的影响则在于提供了共生发展的生态学方法论。对人的发展，包括心理发展，一开始都是采纳单一发展的方法论。人的发展可以破坏环境，可以破坏未来。随着环境的恶化，随着生态的危机，人们开始越来越重视共生的发展。生态学本身也开始研究生态心理，研究人与环境的共同发展。生态学也考察人的心理行为对环境的影响，对环境的破坏。因此，生态心理学和心理生态学就应运而生。在生态学的框架中，人的心理与他人、与社会、与环境、与世界等等，都是彼此共存的，都是相互依赖的，都是共同成长的。

生态的核心含义是指共生。生态的视角是指从共生的方面来考察、认识和理解环境、生物、社会、人类、生活、心理、行为等。在中国的文化传统中，一个非常重要的原则性主张就是天人合一。这是人与天的合一，是我与物的同一，是心与道的统一。

有研究者探讨了生态自我的理论。研究指出，生态自我的理论是将自我的意义扩展到了生态，是自我向自然的延伸，自然成为自我的一部分。生态认同、生态体验、生态实践构成生态自我的三重结构。生态自我超越了现代西方哲学主客二分的观点，既涉及环境对自我认同的影响，也包含自我对环境行为的影响，从而体现了主体客体化和客体主体化的主客一体性的思想。可以说，损害生态环境也就意味着损害人自身，因此成就中国生态文明的梦想，要实现生态与自我的完美统一。

社会建构论的自我是关系自我、情境自我，自我表现出完全的不确定性。这体现了一种在社会与文化背景下，关于个体的系统的观点。个体深处于社会背景之中，而自我建构则创造了社会过程，又被社会过程所创造。自我的生态学观点从生态学的角度看待自我，把自我描述为一个生态系统的一部分，这个生态系统是他人、环境与客体的联合。"自我"既塑造了这个生态系统，又是它的一个反映。

在西方传统中的"自我"是一种分离的自我，将"自我"看作一个特定的、单个的人，是小写的"自我"（self）。而"生态自我"则是与周围环境紧密联系的"自我"，是具有生态意识的"自我"，是大写的"自我"（Self）。自我成熟的过程，就是我与他人、他物的认同过程，是自我得到扩展与深化的过程，是不断扩展自我认同对象范围的过程。

随着自我认同范围的进一步扩大，自我会逐渐缩小与自然界其他生物存在的疏离感。"自我"逐渐扩展，超越整个人类而达到一种包括非人类世界的整体认同，对生态系统、整个星球的深深认同：人不是与自然界分离的个体，而是自然整体中的一部分，是地球生物圈的一部分。人与其他存在不同，是由与他人、与其他存在的关系决定的。自我会和地球上的其他生命分享一切。

生态自我是一个延展的自我概念，是自我感知的扩展，是自我边界的重建。自我从一个小的、个人意义上的自我发展到一个广阔的、生态意义上的自我，这就需要改变自我建构的边界。生态自我将自我的意义从个体扩展到了生态。生态自我是自我向自然的延伸，自然成为自我的一部分，是人与其他生物知、情、意的统一，是自然和自我融为一体。

生态自我具有多个维度，从心理要素去分析，生态自我至少有三个心理要素：认知的，一种对生命相似性、关联性、以及对其他生命形式认同的认知；情绪的，一种对其他生命形式的情感共鸣，即对其他人、其他物种、生态系统的同情、关怀、共情和归属的感觉；行为的，一种像对待自身的小我一样去关注其他人、其他物种、生态系统健康的自发行为。生态认同、生态体验、生态实践构成生态自我的三重结构。生态认同（ecological identity）是在认知层面对生态自我的建构。生态认同是人对其他生命形式存在的认同。"生态自我"的阶段，能在所有存在物中看到自我，并在自我中看到所有的存在物。生态体验（ecological experience）是在情感层面对生态自我的建构。生态体验就是人与其他生命形式的情感共鸣。通过生态体验，达到与其他人、其他物种、生物圈的共情、归属的感觉。在情感上，自我与他者的边界融解了。生态实践（ecological practice）是在行为层面对生态自我的建构。生态实践是人们"自发的"生态保护行为。保护、养育地球的行为成为人的自然反应，对待其他生命就像是对待我们自己那样。通过更深入地拓展我们的身份认同，人们将获得一种更为生态化的行为反应方式。①

有研究者将生态自我的理念与中国本土哲学传统中庄子的物我观进行了对比考察和探讨。研究指出，"生态自我"是深层生态学提出的一个重要概念，是其"自我实现"理论得以确立的基础。"生态自我"的概念与东方的物我观有着紧密的联系，是企图突破西方传统的人类中心主义的观念，将自我的意义从个体扩大到生态。而庄子哲学中的物我观体现了丰富的生态智慧，与"生态自我"的理念有着内在的一致性，可以丰富和深化深层生态学的哲学基础。

深层生态学最独特的理论贡献是它的"自我实现"理论，这一理论同时也是深层生态学的最高原则和终极目标，并同样也是东西方文化资源交融的产物。自我成熟的过程就是自我不断得到扩展和深化的过程，是不断扩大自我认同对象的范围的过程，到了"生态自我"的阶段，自我的意义便从个体扩大到生态，自然成为自我的一部分。这就是深层生态学所追求的自我实现。"生态自我"的实现需要自我认同的不断扩展才最终得以完成。

庄子的物我观更加切合深层生态学所提出的"生态自我"理念，也更加值得深层生态学家们关注和汲取。庄子的物我观主要包括以下几方面的内容：一是万物齐一的思想。在庄子看来，自然万物都是由

---

① 吴建平：《"生态自我"理论探析》，《新疆师范大学学报》（哲学社会科学版）2013年第3期。

气所构成,气是弥漫宇宙的普遍的存在,气聚则为物,气散则复归于天地,人也不例外。二是物化流转的思想。为了打破物我的界限,庄子提出了物化思想,认为万物之间是流转变化的,这是比认同更为超越的思想。三是理想社会的思想。庄子憧憬的理想社会是一个人与动物、人与自然和谐共处的社会,比老子的"小国寡民"更接近于原始的、朴素的自然状态。①

生态自我的确立和探索,实际上是将人的心理自我扩展到了整个生态系统。这也就将心理与环境一体化了。当然,这种一体化可以定位于生态系统,也可以定位于心理自我。如果是后者,那么心理生态境就成了最为合适或恰当的表述。生态自我的理念也就与心理环境的理念相贯通了。这不仅贯通了自我与生态,心理与环境,西方与东方,而且也贯通了学理与生活。当然了,按照"心理环境"的理念去理解,应该能够超越"生态自我"的理念。这不仅放大了自我,而且放大了文化。

---

① 马鹏翔:《"生态自我"与庄子的物我观》,《哈尔滨工业大学学报》(社会科学版) 2013 年第 1 期。

第十编

中国本土心理学的建构

导论：心理学中国化的未来

实证心理学或科学心理学一直在追求关于人的心理行为的普遍性的知识。但是，在这样的过程之中，心理学探索却是通过还原论或还原主义来寻求普遍性。因此，本土心理学的探索就成为跨本土的追求，文化心理学的研究则成为跨文化的研究。这里的"跨"就成为对特异性的超越，以及对共同性的强调。那么，心理学中国化的目标和追求也就紧随着对普遍性的确立。但是，伴随着研究的进步，心理学中国化也开始了去抛弃还原主义的羁绊，而去追求生态主义的共生，以及共生主义的原则。

还原主义是主导心理学研究的非常重要的理论原则。其核心思想认为，世界是分层的梯级系统，可以通过已知的、低层级的事物或理论来解释与说明未知的、高层级的事物或理论。实证的科学心理学在自己的起步阶段，曾经把物理学当成了自己的榜样，当成了自己的标准。心理学在解说人的心理行为的过程中，就把心理行为的规律归结为了物理主义的规律。生物决定论观点认为人的心理或行为主要受人的生物因素所决定，人类的社会行为、人格乃至社会生活的基本方面都决定于这些个体、群体、种族或人种的生物因素。还原论与还原方法既有联系又存在着质的差别。还原论在心理学的研究中有其合理的地方。这也就可以区分出所谓的物理主义的还原、化学分析的还原、生物决定的还原、生理机制的还原、社会决定的还原、文化制约的还原等等。在表面上看，心理学研究中的还原主义是一种简单化的或简约化的研究处理。但是，在深层上看，心理学研究却借助于还原论而形成了自己的研究框架。并且，这也是将各自不同学科的相关的探索转换成了心理学的学术性资源。

生态的核心含义是指共生。所谓的共生不仅是指共同生存或共同依赖的生存，而且是指共同发展或共同促进的发展。当生态学的研究迅速地成为研究界的显学，生态学就不仅仅是一个学科的出现和发展，而是成为一种研究的方法论。这种方法论不仅可以带来对世界的理解上的变革，而且带来了特定学科的研究视野上的扩展。生态的视角是指从共生的方面来考察、认识和理解环境、生物、社会、人类、生活、心理、行为等等。生态学作为一种研究的方法论，则成为科学研究活动中的一种看待世界、理解对象、提出问题、提供思考、给出结果、提供方案的特定的方式和方法。

共生主义的研究原则是把原本一个整体的存在，但被人为分割成不同的部分，又重新组合和整合为一个整体。认知科学的发展，在认知主义取向和联结主义取向之外，又提出了一个新的取向，也即共生主义取向。这一取向强调，认知不是预先给定的心灵对预先给定的世界的表征，而是在世界中的人所从事的各种活动史的基础上，世界与心灵彼此的共同生成。按照这一观点，认知就是具体化的活动。这就提出了一个构造性的任务，即扩展认知科学的视野，使之包容更为深广的人类生活经验。共生主义的原则是关于心理行为和关于心理科学的整合的理解。这涉及共生主义的滥觞、共生主义的含义、共生主义的原则、共生主义的影响。认知科学就站在自然科学和人文科学交会的十字路口上。

伴随科技的发展和信息的洪流，依赖大数据的生成和分析，以及取决本土心理学的突破与创新，中国本土心理学已经开始进入到了创新性建构的时期。心理学中国化就取决于创新性的建构。心理学的原始性的创新，中国本土心理学的原始性的创新，实际上就决定了中国心理学的未来。

涉及本土心理学研究的原始性创新，则需要去了解原始性创新的含义。本土心理学的创新包括了理论的创新、方法的创新和技术的创新。本土心理学的理论创新决定了本土心理学研究的理论预设，建构了本土心理学研究的理论框架，形成了本土心理学研究的对象解说，也延续了本土心理学研究的理论传统。那么，在本土心理学的学术探索、研究方法、科学创造中，描述的方法、证明的方法、探索的方法、合理的方法、有效的方法、契合的方法，都需要在本土心理学的方法创新中得到落实。本土心理学的技术创新是本土心理学的现实应用的保证。本土心理学的技术思想、技术构思、技术工具、技术发明，都需要通过本土心理学的技术创新来实现。中国心理学的发展尤其需要原始性创新，这就在于中国心理学走了很长一段时间引进、翻译、介绍、模仿、追随、照搬等的道路。这导致了中国本土心理学的创新力和创造力的弱化。创新应该成为心理学最为基本的学科追求。心理学的原始性创新可以体现在理论、方法和技术的变革、突破、更新、建构、重塑等一系列重要的方面。

第一章　还原论的原则与超越

在心理学的研究中，还原论一度非常盛行。正是因为心理的存在与其他的存在有着密切的关系，也正是因为心理的存在可以归因于其他的存在，还原主义就成为主导心理学研究的重要的理论原则。还原主义的问题涉及研究的还原主义，还原主义的体现包括了物理主义的还原，包括了生物主义的还原，还包括了其他不同的还原，重要的问题在于还原主义的理解，在于还原主义的去留。

一　研究的还原主义

实际上，还原可以成为研究的方法、研究的原则，也可以成为研究的思路。在心理学的研究之中，无论是方法、原则，还是思路，都曾经得到了不同的贯彻和体现。

还原论是心理学方法论的必然选择之一，但并不是适用于研究所有心理学问题的方法论，它有着自己适用的边界范围与特定的前提条件。具体说来，还原论有两个基本的理论前提与预设：（1）世界是由低级向高级发展的层级系统，心理、行为现象与物理现象、生理现象是不一样的，这一点已经得到人们的普遍认同；（2）这些层级之间是连续的，低层级事物与高层级事物之间存在着因果关联。事实上，还原论之所以能揣着足以致命的顽疾而依然生机勃勃地存活在心理学中，其根本的原因是到目前为止，人们尚无法找到一种比它更为行之有效的方法论来取代它。①

有研究者对还原论的概念进行了多维的解说。研究指出，应该从广义、较狭义、最狭义三个层次理解还原论概念：

第一个层次是广义的还原论：这是对自然的一种哲学思考，一种探索自然的哲学研究纲领。人类在对自然的探索中，逐渐形成了一些使大多数人都认可的解释自然的模式，即认为自然界中的各种现象有一种潜在的基础规律，比其表面实在更为根本。科学的目的就是要揭示这种潜在的规律来解释自然，这种解释自然的模式便是广义还原论。广义还原论的最基本内涵是，自然界中所有的现象都能够被还原为某种自然的基本规律，它的总特征是自然的复杂性的祛魅。

第二个层次是较狭义的还原论：多视角探索自然规律的方法论。广义还原论伴随着具体科学的进步也呈现出多视角探索自然规律的具体形态，这也就是较狭义层次上的还原论。首先是本质还原论。本质还原论主张，现实中的一切最终仅仅由一种东西所构成，这种东西可能是神、精神或者物质。其次是方法还原论。这种还原论是和作为研究现象方法的分析相关联的，即将一个复杂的整体解构成该整体更为简单的部分或认识一个现象更低层次的基础，然后研究这些部分或基础的特征和组成，了解它们是如何运作的。再次是结构还原论。这种还原论涉及组成一切基本结构的层次问题，其基本主张是，所有现实中的并非真实的结构都可以还原成物理结构。最后是描述还原论。这涉及对现象的再解释，被还原的观点的术语不得不被转换成新的还原观点的词汇。

第三个层次是最狭义的还原论：不同层次理论间的演绎，一种科学认识论的模型。这主要表现为探讨不同学科间的演绎问题，这时的还原论试图在不同的理论间建立起某种科学认识论的模型。这种最狭义的理论还原论至今仍是还原论探讨的最主要方向。对于还原论的概念并不能单从某一个层次来理解，因为，还原论概念的三个层次并不是彼此孤立的，它们在还原论思想的发展过程中既有联系，又有区

---

① 杨文登、叶浩生：《论心理学中的还原论》，《心理学探新》2008 年第 2 期。

别，是一种辩证统一的关系。这正体现了还原论概念的多面性和广泛性，它们共同彰显着还原论的本质性含义。①

二 物理主义的还原

在本体论的方面，物理主义将自然中的一切事物、性质和关系都看作依赖于、附随于或者实现于物理的事物、性质和关系；在解释的方面，则坚持各门知识以物理学为基础组成一个解释的等级结构，其中每一个层次的现象都可以由较低层次的现象得到解释，而物理学则是所有这些解释的最终根据。这种物理主义的立场反映在当代心灵哲学的研究中，就是一方面在本体的层次对心身关系从还原的物理主义到非还原的物理主义的种种解决方案，另一方面在理论的层次对常识心理学或者大众心理学这种"心的理论"能否被还原为低层次自然科学理论，或者是否与低层次自然科学理论相一致的关于常识心理学及其所预设的信念、欲望等命题态度的实在性问题的探讨，以及心灵哲学家们对这个问题所作出的种种回答。②

有研究者从哲学的角度考察了物理主义。研究指出，在认知哲学中，物理主义与心理主义形成了理论争论的基调和焦点。认知科学等众多子学科中，物理主义成了其行动本体与方法推论的主要论证基础。无论作为方法体系还是本体理论，物理主义显现了科学逻辑的谱系框架，它始终是重大哲学争论中的核心问题症结。

在哲学逻辑主义浪潮下的科学逻辑化或"统一科学"运动中，物理主义方法论是其核心纲领。统一科学的可能性在于，所有科学的规律都根源于基本的观察陈述，科学语言与物理过程可以有机地联系起来。统一科学的语言是物理学的语言，这种过程和方法，就被称为

---

① 严国红、高新民：《还原论概念的多维诠释》，《广西社会科学》2007年第8期。
② 田平：《物理主义框架中的心和"心的理论"——当代心灵哲学本体和理论层次研究述评》，《厦门大学学报》（哲学社会科学版）2003年第6期。

"物理主义"（physicalism）。因而，物理语言是所有科学的统一语言，"是物理主义的核心"，而哲学的目的就在于用物理主义语言、凭借逻辑形式化的研究方法和路径，为科学研究创立恰当的语义框架和研究准则。通过把所有的事象翻译成科学化的或者物理学家的陈述，就能够消除一切无意义的形而上学。

对物理主义方法论进行理论化实践的主要人物有卡尔纳普。卡尔纳普师从弗雷格，也是继罗素和早期维特根斯坦之后哲学逻辑主义的主要代表。卡尔纳普指出，物理学的语言是科学的普适语言，任何门类科学的语句都可以翻译成对等的物理语言陈述，这种翻译规则就是逻辑。但是，无论是纽拉特还是卡尔纳普，他们把物理主义方法论应用于社会与心理问题时，都不可避免地暴露出一种"唯形式主义"或"唯科学主义"的内在缺陷。面对关于心理与意识的信念与行为问题，他们提出了统一科学的"行为主义"研究路径。[①]

实证的科学心理学在自己的起步阶段，曾经把物理学当成了自己的榜样，当成了自己的标准。这在心理学史的研究中，被描绘为"物理学妒羡"。这除了心理学家希望心理学能够像物理学那样精密和可靠之外，也给心理学研究带来了物理主义还原的研究方式。显然，物理学所揭示的物理世界被认为是属于最为实在和可靠的存在，物理学所揭示的物理的规律是最基本的规律。因此，心理学在解说人的心理行为的过程中，就把心理行为的规律归结为物理主义的规律。

三　生物主义的还原

生物决定论常常导致的就是生物还原论的流行。把人的心理行为的性质、特征、变化、功能等都归结为人类的生物机体的性质、特征、变化、功能。这曾经在心理学的研究中变得非常的流行。在很长的历史时段之内，生物决定论都支配着心理学的研究和心理学的

[①] 邹顺宏：《物理主义：从方法到理论》，《自然辩证法研究》2007年第12期。

解说。

　　生物决定论是决定论思想的近代发展。决定论认为世界上一切事物都存在着普遍的因果制约性、必然性和规律性，其理论的核心假设是事发必有因，有因必有果，因果关联决定了事物发生、发展以及灭亡的整个过程。自然科学所遵循的决定论实质上还是一种机械主义的、物理学的决定论，被决定的范围还只是"自在"的自然界。随着生物学的迅猛发展及技术的不断进步，人们开始将决定论思想的触角延伸到人类自身。将生物因素当作解释动物或人类行为及其差异的主要甚至是唯一原因的理论就是生物决定论。心理学进一步将生物决定论观点运用到人类的心理、行为的解释中，认为人的心理或行为主要受人的生物因素所决定，人类的社会行为、人格乃至社会生活的基本方面都决定于这些个体或群体（种族的或人种的）生物因素，进而形成了心理学中的生物决定论。[①]

　　其实，还原论在心理学研究中的盛行，在很大的程度上是因为心理学还缺乏自己的独立的研究，而对其他的基础性学科有着严重的依赖性。对于心理学的研究来说，直接借用其他相对成熟学科的研究来解说人的心理行为，正是通过还原论的方式来进行的。这使得心理学的研究长期依赖于其他学科的研究方式和研究成果。例如，心理学的研究就曾经长期依附于生物学和生理学的研究。[②] 那么，生物还原论就曾经长期滞留在心理学的研究之中。这也就是把人的心理行为的性质、特征、活动机制、变化规律都还原为遗传的特性、生理的特性、生物物理的特性、生物化学的特性等等。

　　生物决定论是远古决定论思想运用到人类心理与行为的解释过程中的一种理论形态，是从生物学角度解释心理学问题、将心理学理论还原为生物学理论时所产生的一种理论结果。在实践中，生物决定论为改善人类健康、预防与治疗疾病、了解人类战争与利他等社会行为

[①] 杨文登、叶浩生：《心理学中的生物决定论探析》，《自然辩证法通讯》2009年第1期。

[②] 叶浩生：《有关西方心理学中生物学化思潮的质疑与思考》，《心理科学》2006年第3期。

的动机等均有不错的效果。在理论上,生物决定论为了解人类心理、行为的历史演进及其生物学基础、为解决复杂的心理学理论问题提供了一种新的视角,与社会决定论、文化决定论一道同自由意志论等非决定论思想之间形成了一种促进学术进步的张力。

四 还原主义的理解

还原论存在几种不同的类型:第一是"本体还原论",如前所述,现今绝大多数哲学家都坚持唯物主义一元论,认为世界只存在一种实体,即物质。第二是"结构还原论",即使宇宙只有一个实体,但它又丰富多彩、包含各种不同的现象,每种现象都有自己特殊的结构,那么这些结构中哪一种最为根本和真实呢?结构还原论认为,物理现象或结构决定其他一切现象或结构,其他一切现象或结构都可以还原为物理现象或结构。第三是"理论还原论",它指的是理论之间的一种关系,认为完全可由物理学术语来解释和代替其他理论。第四是"方法还原论",它将分析作为科学研究的唯一方法。以上几种还原论并不始终一致,坚持本体还原论的哲学家同时可能是理论、结构、方法上的反还原论者;即使在本体、结构、理论上的还原论者也有可能主张方法还原论;如果承认结构还原论的哲学家,那么他必定也赞同理论还原。[1]

关于还原主义的理解,关于还原主义的分类,都是深入探讨还原论的必要进程。可以说,在心理学的研究中,心理还原论的体现和分类还缺乏必要的研究。但是,可以肯定的是在西方心理学的研究中,在中国心理学的研究中,都有各种不同的还原主张和观点。这已经成为解说人的心理行为的一个基本的理论原则。

正是因为人的心理行为与物理、化学、生物、生理、社会、文化等方面,都有着非常密切的关联,所以心理学研究关于人的心理行为

---

[1] 史文芬:《心灵的还原》,《福建论坛》(人文社会科学版)2006年第3期。

的解说，就可以体现出不同的还原层次和阶梯。这也就可以区分出所谓的物理主义的还原，化学分析的还原，生物决定的还原，生理机制的还原，社会决定的还原，文化制约的还原，等等。

这构成了一个向基层还原的顺序。这实际上是设定了世界构成顺序的一个等级。在高端的存在可以向低端还原。或者说，低端的层级可以解说高端的层级。在心理学的研究中，还原论的设定常常受到批评或批判。但是，心理学实际上在很大的层面上是得益于各种不同的还原论。

心理学在自己的学科发展的历程中，曾经有过对其他相关学科的依附。那么，心理学与其他学科的关系，最初始的就是依附的关系。这种依附的关系是心理学在独立之前的一种依赖的关系。当然，在心理学从不成熟走向成熟的道路上，这种依附的关系开始表现出来的是从属的关系，后来表现出来的是还原的关系。

在特定的还原关系的阶段，在心理学的研究中，盛行的是还原论的研究方式。还原主义曾经在心理学的研究中，在心理学的理论解说中，在心理学的方法论中，占据着支配性的地位。其实，物理学看待世界的方式提供了物理世界的谱系。在这个物理世界的谱系中，有物理的存在、化学的存在、生物的存在、社会的存在、精神的存在。物理学也提供了理解物理世界的还原主义的立场。依据于这个立场，处于根基的部分对于其他的层面具有决定性的作用。或者说，对其他层面的说明和解释可以还原到基础层面的性质和规律。这导致了在心理学的研究中，十分盛行对心理的物化的研究，或者按照解释物的方式来解释人的心理行为。这成为心理学发展中的一个痼疾。

其实，还原论在心理学研究中的盛行，在很大的程度上是因为心理学还缺乏自己的独立的研究，而对其他的基础性学科有着严重的依赖性。对于心理学的研究来说，直接地借用其他相对成熟学科的研究，来解说人的心理行为，正是通过还原论的方式来进行的。这使得心理学的研究长期依赖于其他学科的研究方式和研究成果。例如，心理学的研究就曾经长期依附于生物学和生理学的研究。① 那么，生物还原论就曾经长期滞留在心理学的研究之中。这也就是把人的心理行为的性质、特征、活动机制、变化规律都还原为遗传的特性、生理的特性、生物物理的特性、生物化学的特性等等。

五 还原主义的去留

有研究者指出了还原论的思维方式已经终结。研究指出，从近代科学产生至今，还原论不仅一直是科学思维中的重要成分，而且还在人类社会生活的各个领域支配着人们的思想观念。最迟也是在 19 世纪中叶以后，理论自然科学的发展全面证明了还原论的失败。但是，由于科学本身的光辉，直到今天还原论还被视为具有某种合理成分的方法论。实际上，只要正视科学的历史和现状，就不难得出这样的结论：还原论彻底终结的时代已经到来；未来科学的突破性进展，取决于摒弃还原论的程度。②

有研究者指出，心灵哲学中的还原论是一般还原论的典型表现，也就是完全秉承了一般还原论的精神，强调低层级事件、状态、过程对高层级事件、状态、过程的先在性、决定性。反还原论赋予心灵完全的独立性、真实性，认为它是行为的原因，即使心灵的产生依赖于神经生理过程，也不可将之还原于神经生理过程。

反还原论对还原论的批驳，实际上是一种信念对另一种信念的批驳，与还原论相比，反还原论更缺乏理论逻辑和科学证据。尤其面对意识如何产生、意识与物质两种不同质的事物如何相互作用这些问题时，反还原论者暴露出严重的神秘主义和不可知倾向。相反，还原论的态度要科学严谨得多，具体来讲表现在以下两个方面：一方面，还

---

① 叶浩生：《有关西方心理学中生物学化思潮的质疑与思考》，《心理科学》2006 年第 3 期。

② 孙革：《还原论思维方式的终结》，《哈尔滨师范大学自然科学学报》1995 年第 1 期。

原论倡导意识研究的科学机制；另一方面，还原论坚持彻底的一元论、反对各种形式的二元论。①

按照目前人们的普遍看法，还原论可以分为三个不同的层次：一是组成性还原论（或本体论的还原论）；二是解释性还原论（或认识论的还原论）；三是理论性还原论。组成性还原论是还原论最弱的命题，主张高层系统的物质组成同低层系统的物质组成完全一样，否认超物质的实在。解释性还原论是还原论的基本命题，主张要在尽可能低的层次上解释系统整体的行为。例如，在分子水平上理解生命现象就比在细胞水平上的理解更为可靠。理论性还原论主张，科学的进步就是把一个科学分支还原为另一分支的过程，试图以物理学或其他具体学科的规律统一整个科学，这是还原论最强的命题。

从历史的观点看，还原论如同机械论一样，在帮助人们贯彻唯物主义路线时起到过"矫枉过正"的作用。但是，还原论所带来的益处，也仅此而已。从现实来看，还原论的思维方式还牢牢地禁锢着人们的思想，已经到了严重阻碍人类认识进步的程度。在迎接下个世纪到来之际，人们期待着科学能如同上个世纪末那样取得决定性的突破。②

批评或评判还原论，包括在心理学研究中批评和批判还原论，常常是一个不言而喻的研究倾向。但是，真正能够合理地评判和评价还原论，却并不是一个简单的任务。那么，在心理学的研究中，怎样合理地界定和评价还原论的功过，是理论心理学研究中的一个极其艰难的任务。

因此，心理学理论研究，理论心理学的课题，都在于把握还原论要比取消还原论更为重要和更有意义。在表面上看，心理学研究中的还原主义是一种简单化的或简约化的研究处理。但是，在深层上看，心理学研究却借助于还原论而形成了自己的研究框架。并且，这也是

---

① 史文芬：《心灵的还原》，《福建论坛》（人文社会科学版）2006 年第 3 期。
② 孙革：《还原论思维方式的终结》，《哈尔滨师范大学自然科学学报》1995 年第 1 期。

将各自不同学科的相关的探索转换成了心理学的学术性资源。

六　共生主义的超越

在科学研究中，在心理学研究中，在对人的心理行为的研究中，分析、分离、分解、分裂常常占有重要的位置。这就是把原本作为一个整体的对象进行了分门别类的细致的考察和研究。但是，问题就在于，把分析的方法转换成为一种研究原则，会导致对研究对象的扭曲和歪曲。为了克服这样的研究缺失，共生主义的原则应运而生。这是把原本为一个整体的存在，但是被人为分割成不同的部分，又重新组合和整合为一个整体。这就是共生主义的研究原则。

共生方式具有以下本质的特征：（1）本源性，这就是说每一个生命的终极存在只能是一种关系的存在，也就是共生的存在；（2）普遍性，共生现象是自然、社会历史领域中最普遍的存在方式；（3）自组织性，共生单元之间总是会按其内在必然的要求而自发结成共时性与共空性、共享性与共轭性相统一的生存方式；（4）层次性，"你"、"我"、"他"与"它"是共生的，存在是分层次存在的；（5）共进性，万事万物，生生死死，生死与共，以至无穷。共生现象的存在总是意味着，各个共生单元之间各自处于既是彼此独立，又是相互承认、相互依赖、相互促进、共同适应、共同激活、共同发展；（6）开放性，构成共生的基本单元是不确定的，共生也不是由同质的、一元的单元所构成的封闭的系统，而是在开放性的系统运动中，实现物质、信息和能量的有效交换与有效配置；（7）互主体性，共生不同于共同，共同是以特定程度上的共同价值观和目标为前提，而共生则是异质者的共存。人类因共生共存而彼此之间具有互为主体性，当我作为我自身而存在时，他人也同样作为自身而存在，"我"与"他"彼此互依，自由共在。[1]

---

[1] 吴飞驰：《关于共生理念的思考》，《哲学动态》2000年第6期。

当然，关于共生和共生主义的理解可以有不同的立足点和出发点，因此得出的结果也会各不相同。但是，可以肯定的一点是，共生已经和应该成为一个非常重要的理念和原则，并且可以贯彻在心理学研究等不同学科的研究中。这应该能够带来一个整体性和系统化的全新的把握。

其实，人的环境与人的心理是一个共生的过程。这种共生的过程不仅是环境决定或塑造了人的心理，而且也是人理解或创造了他的环境。任何单一的理解，都会带来对环境和对心理的片面理解。环境并不是完全独立于人的存在。同样，人也不可能是独立于环境的存在。人与环境应该是协同发展。有了环境，才有依附于环境的人的心理行为。同样，有了人的心理行为，才有归属于人的生活环境。

生态学的出现不仅仅是一个新的学科的诞生，而且是一种新的思考方式的形成。这种思考方式是突破了传统的分离的、孤立的、隔绝的思考，而是建立了联结的、共生的、和谐的思考。这种思考方式不仅仅带来了对事物的理解上的变化，而且带来了研究者的眼界和胸怀的扩展。这也就是所谓生态学方法论的意义和价值。生态学方法论已经超越了生态学学科本身，而延展到了各个学科的研究之中，包括延续到了心理学的研究之中。

生态的核心含义，生态学的核心指向，就是"共生"。所谓共生不仅是指共同生存或共同依赖的生存，而且是指共同发展或共同促进的发展。其实，生态学的含义不仅仅是指生物学意义上的，而且包含着文化学、社会学和心理学的意义。当然，生态学的含义在一开始的时候，更多的是在生物学意义上的理解。只是随着生态学的进步和发展，其意义才开始扩展到了其他的学科领域，才开始进入人类生活的各个方面。其实，正因为有了生态的含义，才使得科学的研究和思考有了更为宽广的域界。

第二章 心理学的生态化思潮

生态的核心含义是指共生。所谓的共生不仅是指共同生存或共同依赖的生存，而且是指共同发展或共同促进的发展。当生态学的研究迅速地成为研究界的显学，生态学就不仅仅是一个学科的出现和发展，而是成为一种研究的方法论。这种方法论不仅可以带来对世界的理解上的变革，而且带来了特定学科的研究视野上的扩展。生态的视角是指从共生的方面来考察、认识和理解环境、生物、社会、人类、生活、心理、行为等等。生态学作为一种研究的方法论，则成为科学研究活动中的一种看待世界、理解对象、提出问题、提供思考、给出结果、提供方案的特定的方式和方法。

一 心理学的生态学转向

生态学的出现不仅仅是一个新的学科的诞生，而且是一种新的思考方式的形成。这种思考方式是突破了传统的分离的、孤立的、隔绝的思考，而是建立了系统的、联结的、共生的思考。这种思考方式不仅带来了对世界和事物的理解上的变化，也带来了研究者的眼界和胸怀的扩展，同时还带来了对待和改变世界和人自身的方式上的变化。这是导致生态环境和谐和繁荣的非常重要的思想前提或理论前提。[1]

---

[1] 葛鲁嘉：《心理学研究的生态学方法论》，《社会科学研究》2009 年第 2 期。

关于心理环境的理解也与生态共生的原则密切相关。①

　　生态学与心理学也有了非常重要的结合，这形成了一个新生的学科，一个重要的学科，一个有着发展前景的学科，一个理应得到重视的学科。这就是生态心理学和心理生态学。无论是生态心理学，还是心理生态学，都是为了解决人与自己的环境的关系问题，都是为了解决环境的健康发展和人的健康成长的问题。目前，环境心理学和心理环境学都正在以非常快的速度发展和壮大。作为新兴的学科门类，作为具有重要生活意义和价值的学术研究，生态心理学的研究是考察生态背景下的人的心理行为，研究环境问题、环境危机、环境保护等背后的心理根源，探索生态环境对人的心理、对人的心理问题的解决、对人的心理疾病的治疗的价值。有研究对生态心理学思想进行了反思。② 有研究对生态心理学的研究进行了评述和阐释。③ 有研究考察了生态心理学的背景。④ 有研究则是对生态心理学进行了界说。⑤ 其实，严格地说，所谓的生态心理学是从生态学出发的研究，去考察生态环境中的、生态危机中的人的心理行为问题。但是，所谓心理生态学则是更进一步去考察反过来的问题，也就是从心理学出发的研究，去考察心理生活过程中的生态环境的问题。这是把人的心理生活看作包容性的，一个完整的生态系统。

　　当生态学的研究迅速地成为研究界的显学，生态学就不仅仅是一个学科的出现和发展，而是成为一种研究的方法论。这种方法论不仅可以带来对世界的理解上的变革，而且带来了特定学科的研究视野上的扩展。当然，也有研究认为，生态心理学目前还没有形成一种统一

---

① 葛鲁嘉：《从心理环境的建构到生态共生原则的创立》，《南京师大学报》（社会科学版）2011年第5期。
② 肖志翔：《生态心理学思想反思》，《太原理工大学学报》（社会科学版）2004年第1期。
③ 刘婷、陈红兵：《生态心理学研究述评》，《东北大学学报》（社会科学版）2002年第2期。
④ 易芳：《生态心理学之背景探讨》，《内蒙古师范大学学报》（教育科学版）2004年第12期。
⑤ 易芳：《生态心理学之界说》，《心理学探新》2005年第2期。

的范式，将其称为一种取向比将其称为一种学科要更为合适，更能反映其内部复杂的现状，也就更具有包容性。①

生态心理学的研究在方法论上反对传统盛行的二元论的思想前提或哲学设定。二元论的主张是把存在看成分离和分裂的存在。这在心理学的研究中，把心理与环境看成分离和分裂的存在，就是把个体与社会看成分离的和分裂的存在，就是把生理与心理看成分离的和分裂的存在，就是把认知和意向看成分离的和分裂的存在。生态学的或生态心理学的方法论则明确反对二元论的主张，而强调整体主义和共生主义的观点和主张。有研究认为，在过去的几十年中，被越来越多的心理学家所信奉的生态心理学的基本思想是，承认背景性因素在心理现象中起着关键作用，以多元的和交互的因果性取代单一因果性和对事件的单向解释，对背景重要性的强调和对多元的、交互的因果性的重视是动态的、有组织的取向的两个方面，实际上也是生命科学的标志性特征。②

可以说，生态学的方法论给出的是整体性的、系统性的、关联性的、匹配性的、互动性的和共生性的理解和解说。这也就在根本上影响到了心理学研究的原则、框架、思路、理论和方法。

实际上，生态学、生态心理学、生态学方法论是在多个层面之上影响到了心理学的探索和研究。这不仅影响到了关于心理学研究对象的理解和把握，也影响到了关于心理学研究方式的变革和转换。因此，生态心理学也就超出了一个学科、一个分支、一种研究、一种探索等所具有的范围和现状，而扩展到了一个思路、一个方式、一种眼界、一种头脑等所具有的价值和意义。

---

① 易芳、郭本禹：《心理学研究的生态学取向》，《江西社会科学》2003 年第 11 期。
② Heft, H., *Ecological psychology in context: James Gibson, Roger Barker, and the legacy of William James's Radical Empiricism* [M]. Mahwah NJ: Lawrence Erlbaum Assicates. 2001. pp. 3–10.

二 心理学的生态学原则

生态主义则是将生态的理论预设、生态的基本原则、生态的核心观点变成了心理学研究的重要的依据。有研究探讨了生态主义的认识论和价值观。研究指出，生态主义的核心观点认为，人与任何自然物都以系统的方式存在着，人与所有生物都只能生活在生态系统之中，是与其所在的生态系统不可分割的，任何一个系统都在更大的系统之中。

生态的核心含义是指共生。所谓共生不仅是指共同生存或共同依赖的生存，而且是指共同发展或共同促进的发展。其实，生态学的含义不仅仅是指生物学意义上的，而且包含着文化学、社会学和心理学的意义。当然，生态学的含义在一开始的时候，更多的是在生物学意义上的理解。只是随着生态学的进步和发展，其意义才开始扩展到其他的学科领域，才开始进入人类生活的各个方面。其实，正因为有了生态的含义，才使得科学的研究和思考有了更为宽广的域界。

人的生存所具有的含义是多样性的，不可能就被局限在某一个方面。那么，多样化地理解人的生存的含义，或者说统合性地理解人的生存的含义，就是非常必要的。人生的意义并不仅仅是物理意义、生物意义上的，而在很大的层面上是心理意义上的。任何一个人都同时既是一个个体的生命，也是一个种族的生命。这就是所谓的生命和使命的含义。

生命的最直接的含义是个人或个体的生存。个人或个体是人的最现实的形态。当然，在西方和中国的文化中，对个体存在的指称是不同的。在西方文化中，个体是以心来划分的。在中国文化中，个体则是以身来划分的。个体的生命是有限的，短暂的。但是，个体的生命却可以与种族的延续关联在一起。这就使个体的生命成为无限的，成为永恒的。其实，种族的延续是由个体汇聚的过程，而个体的发展不过是种族历史的重演。发展也可以有多种多样的理解。其实，无论是变化、变迁、演变、流变，还是生长、成长等等，都与发展有着某种关联。当然，发展的含义可以被理解为是扩展、升级、多样化、复杂化。

生态学的视角是指从共生的方面来考察、认识和理解环境、生物、社会、人类、生活、心理、行为等。否定的是割裂的、片面的、分离的和孤立的认识和理解，而强调的是联系的、系统的、动态的、发展的认识和理解。生态学的方法论是指以生态的或共生的观点、手段和技术来考察、探讨、干预生活世界、生活过程和生活内容。这也就是说，生态学的方法论对于人和人的生活来说，既可以是考察的方式和方法，也可以是解说的方式和方法，还可以是干预的方式和方法。

生态学给出了特定的看待世界、看待事物、看待社会、看待人生的视角。人的认识或人的认知常常是开始于朦胧的、模糊的、笼统的了解。但是，随着人的成长，随着人的认知的发展，人又去分析、分解、分离不同的事物。这使人会形成一种特定的认知习惯，那就是对事物进行分门别类的定位，把事物按照其构成的单元来理解。生态的视角则与此不同或相反，是试图把事物理解成为是相互关联的整体，是彼此互惠的整体，是共同促进的整体。如此看来，分离的部分、分解的存在、分开的理解就要让位于整体的互动、互动的整合、整合的理解。

其实，生态学的方法论提供的是整体观、系统观、综合观、层次观、进化观、同生观、共生观、互惠观、普惠观等一些重要的思路。这可以改变原有心理学研究中盛行的思想方法和研究方式。整体观是通过整体来理解部分，或者是把部分放到整体中加以理解。系统观是把系统的整体特性放在优先的位置上。综合观是相对于分析观而言的，是把构成的或组成的部分统合或统筹地加以理解。层次观是把构成的部分看成或分解成不同水平的、不同层次的、不同阶梯的存在。进化观是从发展的方面、接续发展的方面、上升发展的方面、复杂化发展的方面、多样化发展的方面等等，去理解事物的进程、进展、优化和优胜。同生观是把生命或生物的生长和发展看成相互支撑的、互为条件的、互为因果的、互为前提的。共生观是把发展看成彼此促进的、协同发展的、共同生长的。互惠观是把自身的发展看成对其他发展的促进，同时又反过来推动自身的发展和进步。普惠观则是把个体成员的成长和发展看成整体成长和发展的不可或缺的条件，一个整体中的个体的变化和发展都是具有整体效应的。生态学的方法论可以带来心理学研究中理解对象或心理的重大改变，可以带来心理学研究中理解心理与环境关系的重大改变，可以带来心理学研究中理解心理学研究方式的重大改变。

生态学既是作为一门学科出现的，也是作为一种方法论出现的。生态学作为一门学科是考察和研究生态现象的。生态学作为一种方法论则是看待世界、理解对象、提出问题、提供思考、给出结果、提供方案的特定方式和方法。生态学方法论是指以共生的主张、观点、方式、方法、手段和技术来考察、探讨、影响和干预人的生活世界、生活过程和生活内容。这也就是说，生态学方法论既可以是解说的方式和方法，也可以是考察的方式和方法，还可以是干预的方式和方法。在生态学的研究中，也有学科自身所运用的方法。生态学的方法可以包括野外观察和实验观察两大类。但是，这里所说的生态学方法论，重心并不在于生态学的研究所使用的方法是什么，关键在于生态学的研究为心理学的研究所提供的方法论层面的重要改变。这种生态学带来的方法论的改变包括哲学思想方法的改变，包括一般科学方法的改变，也包括具体研究方法的改变。

生态学方法论就是一种生态学的整体观、发展观、科学观、历史观、心理观。这对于心理学的学科、对于心理学的发展、对于心理学的研究来说，都是非常重要的改变。这是眼界视野的开阔，进入思路的扩展，研究方式的变革，探索途径的转向，考察重心的挪移，关注内容的丰富。生态学的方法论使心理学家有可能在相互关联的、相互制约的、相互促进的、相互构成的方式之下，去理解人的心理行为，去理解人的心理行为与环境的关系，去理解心理学学科与其他学科之间的关系，去理解心理学的研究所应该包含的内容，去理解心理学研究者所能够看到的生活。这也就是生态学方法论的根本含义所在。科学心理学的研究一直在寻求自己的研究内容的定位，一直试图从纷繁复杂的人的生活中去分离出自己的研究对象。这常常是带来分离和分割的考察和理解，而不是关联和互惠的考察和理解。但是，生态学的方法论则可以提供那种关联性和互惠性的考察视野和理解方式。

其实，生态主义的研究取向包含了生态学的方法论、生态学的方法学、生态学的认识论、生态学的思想原则、生态学的考察视角、生态学的理论预设等等，这所构成的是生态主义的基本理论框架。这不仅是从生态学中被提升了出来，而且被贯彻到了思想、科学、探索和研究的各个层面。

那么，在心理学的研究之中，就不仅是心理学与生态学之间简单地结合，而且是将生态学的方法论框架贯彻到心理学的具体研究之中。这所直接带来的就是心理学研究的视野的扩展，也是心理学研究的思路的拓展，更是心理学研究的思想的多元。

三　心理学的生态自我研究

关于生态自我的研究已经成为了一个生态学和心理学研究的关注点。关于自我的研究和探讨，受到了生态学的重要影响。正是在生态学的视域之中，关于人的心理自我的理解得到了重要的扩展。吴建平博士曾经对生态自我的理论进行了考察。研究指出，生态自我是在自然生态层面研究自我。生态自我将自我的意义扩展到了生态，是自我向自然的延伸，自然成为自我的一部分。自我的生态学从生态学的角度看待自我，把自我描述为一个生态系统的一部分，这个生态系统是他人、环境与客体的联合。

在西方心理学等学术传统中，关于人的"自我"（self）的理解，是一种分离的自我，是一种个体的自我，是一种心理的小我，是一种社会的个我。这也就是将"自我"看成是一个特定的、单个的人，是小写的"自我"（self）。然而，"生态自我"则是与周围环境紧密联系的"自我"，是具有生态意识的"自我"，是大写的"自我"

(Self)。自我成熟的过程,就是人与他人、他物的认同过程,是人的自我得到扩展与深化的过程,是不断扩展自我认同对象范围的过程。

生态自我是一个延展的自我概念,是自我感知的扩展,是自我边界的重建。自我从一个狭小范围中的、个人意义上的自我,发展到一个广阔范围中的、生态意义上的自我,这就需要改变自我建构的边界。生态自我就是将自我的意义从个体扩展到了生态。生态自我是自我向自然的延伸,自然成为自我的一部分,是人与其他生物知、情、意的统一,是自然和自我融为一体。

生态认同、生态体验、生态实践实际上构成了生态自我的三重结构。生态认同(ecological identity)是在认知层面对生态自我的建构。生态认同是人对其他生命形式存在的认同。生态自我的建立,使自我超越整个人类而达到一种包括非人类世界的整体认同。生态体验(ecological experience)是在情感层面对生态自我的建构。生态体验是人与其他生命形式的情感共鸣。通过生态体验达到与其他人、其他物种、生物圈的共情、归属的感觉。生态实践(ecological practice)是在行为层面对生态自我的建构。生态实践是人们"自发的"生态保护行为。保护、养育地球的行为成为人的自然反应,对待其他生命就像是对待自己那样。通过更深入的拓展身份认同,将会获得一种更为生态化的行为反应方式。[1]

吴建平在《生态自我:人与环境的心理学探索》的学术专著中,曾专门探讨和阐述了生态自我。该著作的研究认为,环境的问题并不仅仅就是环境本身所出现的问题,而且也是与人的心理,亦即与人的认知、人的情感、人的行为、人的价值等方面,有着内在的关系。该研究系统考察了人类的生态自我、自我与生态困境的关系、社会自我与环境问题、生态自我与亲环境行为以及有利于生态的自我行为管理。这是对生态自我的系统地和深入地考察和探讨。[2] 可以说,生态

---

[1] 吴建平:《"生态自我"理论探析》,《新疆师范大学学报》(哲学社会科学版) 2013 年第 3 期。

[2] 吴建平:《生态自我:人与环境的心理学探索》,中央编译出版社 2011 年版。

自我的理念不仅是对生态系统的扩展性的理解，而且也是对自我系统的扩展性的理解。

生态自我的理论实际上是在心理自我的层面将生态系统纳入了进来。其实，这样做的前提就是生态系统本身就已经包含了人的心理自我的存在。当然，人的自我是通过一个分离的过程来达成的，正是与外界的分离、与他人的分离，人才会有独立的自我和自我的意识。这实际上是自我形成的一个重要的和必要的过程。人的心理是通过与外界的分离才获得了独立。但是，独立的自我还并不是成熟的自我。只有生态的自我才是成熟的自我。这是一个大我的存在，是一个共生的自我。

有研究考察了"自我实现"的生态维度。研究指出，深层生态伦理学把现代生态问题与人的自我实现勾连起来，把根治生态危机的希望寄托于人的自我实现理想的转变，要求人们把对自然的保护意识转变为一种内在的道德需要，转变为实现自我的一种人生追求，认为成就一个"生态自我"，是人的自我实现的最高目标。

随着环境问题的日益突出，生态伦理学成为一门显学。人的自我实现问题，也成为生态伦理学探究的主题之一。生态伦理学尤其是深层生态伦理学认为，对自然的道德关怀和伦理认同，是人完善自我、提升自我和实现自我的一种必要形式。深层生态伦理学提出了人的自我实现的一个新维度，即生态维度。

深层生态伦理的"自我实现"原则把人视为生态系统的一部分，人的自我实现同时也就意味着所有生命的潜能的实现，人的自我实现有赖于其他自然存在物的"自我实现"。因而，深层生态伦理的自我实现原则要求人应该通过对自然的深切理解和道德关怀，在尊重其他自然存在物的生命进化的基础上，发现、发展和提升自己的本性，实现人的潜能。

深层生态伦理所说的人的"自我实现"不是一个人所能达到的某个终点，而是一种人生谋划的取向和趋向，它是一个生态的、心理的、社会的和文化的过程，也就是通过发掘人内在的善，来实现人对自然的认同。①

有研究将生态自我的理念与中国本土文化中的庄子的物我观进行了比较。研究指出了，深层生态学最独特的理论贡献是它的"自我实现"理论，这一理论同时也是深层生态学的最高原则和终极目标，它同样也是东西方文化资源交融的产物。"生态自我"就是深层生态学家们所努力寻求和建构的自我观。认为自我成熟的过程就是自我不断得到扩展和深化的过程，是不断扩大自我认同对象的范围的过程，到了"生态自我"的阶段，自我的意义便从个体扩大到生态，自然成为自我的一部分。这就是深层生态学所追求的自我实现。"生态自我"的实现需要自我认同的不断扩展才最终得以完成。

庄子的万物齐一的思想强调万物自然各不相同，但从"道"和"气"来看，万物并无贵贱之分，又都是相同的。为了打破物我的界限，庄子提出了物化思想，认为万物之间是流转变化的，批判了人类的骄傲和僭越，这是比认同更为超越的思想。庄子的理想社会中，人是纯朴善良的，能与万物和谐相处，万物能按自然的本性生长发育，而不是人戕害、掠夺的对象。人与自然完全融为一体，物我之间不可分别也不必分别，这是美好的，当然也仅仅是理想的。②

在中国本土文化传统中，有对人的心理"大我"的推崇。所谓的"大我"就是对"小我"的放大和扩展，就是对他人、对社会、对世界的包容。这实际上成为了原始或原初形态的生态自我。因此，生态自我的探讨可以在中国的文化历史传统中，在中国的本土心理学传统资源中，寻找到重要的源流。中国传统思想家对人的"大我"的理论阐释，对实现"大我"的心灵路径，都有着非常丰富和特别深入的考察和探索。

生态自我的确立和探索，实际上是将人的心理自我扩展到了整个生态系统。这也就将心理与环境一体化了。当然，这种一体化可以定

---

① 寇东亮：《"自我实现"的生态维度》，《科学技术与辩证法》2008年第6期。
② 马鹏翔：《"生态自我"与庄子的物我观》，《哈尔滨工业大学学报》（社会科学版）2013年第1期。

位于生态系统，也可以定位于心理自我。如果是后者，那么心理生态境就成为最为合适或恰当的表述。生态自我的理念也就与心理环境的理念相贯通了。这不仅是贯通了自我与生态，也不仅是贯通了心理与环境，而且也贯通了西方与东方，学理与生活。当然了，按照"心理环境"的理念去理解，应该能够超越"生态自我"的理念。这不仅仅是放大了自我，而且是放大了文化。

天人合一、心道一体是指在根源上和发展中人与天、心与性是一体的。当然，这里的天不是指自然意义上的天，也不是指宗教意义上的天，而是指生活意义上的道理，心理意义上的本心。天道是指自然演化、生物进化、人类生活、心理生活过程中的道理。这里的人不是指自然意义上的人，也不是指生物意义上的人，而是指创造意义上的人。天人合一的含义就是指人的心理行为与人的生活环境的共生关系。如果单纯说环境创造了人是不完整的。环境决定论把人看成被动地承受环境的影响、制约和塑造。那么，人就会成为环境的奴隶和附属，就会成为环境任意宰割和挤压蹂躏的对象。同样道理，如果单纯说人创造了环境，也是不完整的。主体决定论把人看成无所不能的主宰者，因此人可以任意妄为和无所不为。那么，人就成为不受约束的主人，成为破坏的源头，成为自然的敌人，成为自毁前程的存在。人与环境是共生的关系，是共同成长的历程。人正是通过创造了环境而创造了自己。或者说，环境通过改变了人而改变了自身。人与环境是要么共荣、要么共损的关系，是或者共同成长、或者共同衰退的历程。

四　心理学的生态方法论

当然了，生态学的方法论可以带来心理学研究中关于对象或者关于人的心理的理解的重大的改变，可以带来心理学研究中关于人的心理与环境的关系的理解上的重大的改变，还可以带来心理学研究中关于心理学的研究方式的理解上的重大改变。

生态学的世界观或生态学的方法论，把人置于广泛的生态关联中，把人看成世界的生态性生成物，揭示出人类生命存在和人类人性生成的生态真相。人不仅不再是外在力量创世的产物，而且也不再只是自我一致的生成物。人就是处在生态系统之中，就是由生态系统生成的，那才是人的生命的根基。

当然，在生态学的研究中，也有学科自身所运用的方法。生态学的方法可以包括野外观察和实验观察两大类。但是，在这里所说的生态的方法，重心并不在于生态学的研究所使用的方法是什么，关键在于生态学的研究为心理学的研究所提供的方法论的重要的改变。这种生态学带来的方法论的改变包括哲学思想方法的改变，一般科学方法的改变，也包括具体研究方法的改变。

生态学的方法论就是一种生态学的整体观，就是一种生态学的发展观，就是一种生态学的科学观，就是一种生态学的历史观，就是一种生态学的心理观。这对于心理学的学科、发展和研究来说，都是非常重要的改变。这是眼界视野的开阔，进入思路的扩展，研究方式的变革，探索途径的转向，考察重心的挪移，关注内容的丰富。

心理学研究中的生态学方法论反对传统心理学的二元论的思想前提或哲学设定，反对把心理与环境、个体与社会看成分离和分裂的存在，反对把生理与心理、把认知与意向看成分离和分裂的存在。心理学研究中的生态学方法论强调的是贯彻整体主义和共生主义的观点和主张。近些年来，越来越多的心理学家通过多元和互动的观点来理解人的心理，来理解人的心理与环境的关系。[①] 那么，生态学所理解的生态系统，是把系统中的存在看成相互依赖、相互制约、相互促进、共同生存、共同成长、共同繁荣的。如果人为地割断人类与自然的联系，就会导致人的生活的失调和人的心理的疾病。"生态心理学将深层生态学与心理学和治疗学相结合，一方面探寻人们的环境意识和环境行为背后的心理根源，为解决生态危机开辟新的途径；另一方面研

---

① 傅荣、翟宏：《行为、心理、精神生态学发展研究》，《北京师范大学学报》（人文社会科学版）2000年第5期。

究自然对人类的心理价值，在保护生态的更深层次上重新定义精神健康和心智健全的概念。"[1] 那么，按照生态心理学的理解，人类与自然有着天然的联结。这体现在人类心理方面，就是所谓生态潜意识。这是人的天性或本性。然而，这种生态潜意识在后天很容易受到压抑、排斥和扭曲。目前，人类正面临着严重的环境危机和精神危机。生态心理学则是要解除对人的生态潜意识的压抑，使人在意识层面上与自然达成和谐。生态心理学也是要促进人的生态自我的建立，这会使人合理地面对环境，满足需求。在良好的生态环境中，可以使人增进心理健康、消除心理压力、治愈心理疾病、促进心理成长、形成健康人格。显然，生态心理学为理解人类与环境的关系提供了新的视野和方法。

五　心理学的生态发展观

在关于环境的心理学探索中，在心理学的发展心理学分支的研究中，美国著名的人类学家和生态心理学家布朗芬布伦纳（U. Bronfenbrenner）提出了生态系统理论（ecological systems theory）的个体发展模型，强调个体的心理发展是处于相互影响的一系列环境系统之中。在这些系统中，系统与个体相互作用并影响着个体发展。在发展心理学的研究中，尽管许多心理学家认为环境既影响着个体的发展，也受发展的个体的影响，但是却缺乏有关环境的明确描述和解说。布朗芬布伦纳的生态系统理论对环境的影响做出了详细分析。因为他承认生物因素和环境因素交互影响着人的发展，所以把这种理论描述为生物生态学理论可能更为准确。布朗芬布伦纳认为，自然环境是人类发展的主要影响源，这一点往往被人为设计的实验室里的研究发展的学者所忽视。他认为，发展的个体处在从直接环境（如家庭）到间接环境（如文化）的几个环

---

[1] 刘婷、陈红兵：《生态心理学研究述评》，《东北大学学报》（社会科学版）2002年第2期。

境系统的中间或嵌套于其中。每一系统都与其他系统以及个体交互作用，影响着发展的许多重要方面。

布朗芬布伦纳的理论改变了发展学家思考心理发展环境的方式。例如，在早期，发展学家可能会检验个体心理成长环境的某个方面的作用，并将个体之间的所有差异都归于环境导致的差异。例如，儿童在生理、认知、社会方面的不同，都可能会归结于离婚对儿童的影响。有了布朗芬布伦纳的理论，现在就可以思考许多可能影响儿童发展的不同水平和类型的环境效应。在这种社会、文化、理论背景下，布朗芬布伦纳的生态系统论是生态学、人类学、社会学和心理学等多门学科相交叉和相结合的产物。这是一门对成长着的机体与变化着的环境之间相互适应的过程进行研究的学科。布朗芬布伦纳认为，有机体与其所处的即时环境的相互适应过程受各种环境之间的相互关系，以及这些环境赖以存在的更大环境的影响。这一观点认为，发展着的个体不是由所处环境随意改变的，而是一个不断成长和对环境产生影响的过程。人与环境之间的相互作用是双向的、互动的。与个体发展相关联的环境不仅是单一的和即时的，各情境之间相互联系，并处于更大的环境中。

布朗芬布伦纳在其理论模型中，将人生活于其中并与之相互作用的不断变化的环境称为行为系统。该系统分为四个层次，由小到大分别是微观系统、中观系统、外观系统和宏观系统。[1] 从微观系统到宏观系统，这四个层次对个体心理成长的影响也从直接转到了间接。

第一个环境层次是微观系统（microsystem）。微观系统是指个体活动和交往的直接环境，这个环境是不断变化和发展的。对大多数的婴儿来说，微观系统仅限于家庭。随着婴儿的不断成长，活动范围就会不断扩展，幼儿园、学校和同伴关系会不断被纳入婴幼儿的微观系统中来。要认识这个层次儿童的发展，必须看到所有的关系都是双向的。环境层次的最里层是微观系统，指个体活动和交往的直接环境，

---

[1] Bronfenbrenner, U., *The ecology of human development: experiments by nature and design* [M]. Cambridge, MA: Harvard University Press. 1979. pp. 3–15, 209–258.

这个环境是不断变化和发展的。对大多数个体来说，微观系统仅限于家庭。随着个体的不断成长，活动范围不断扩展，幼儿园、学校和同伴关系被不断纳入婴幼儿的微观系统中来。对学生来说，学校是除家庭以外对其影响最大的微观系统。布朗芬布伦纳强调，为认识儿童在这个层次的发展，就必须看到所拥有的关系是双向的，即成人影响着儿童的反应，但儿童的生物和社会的特性，生理属性和心理能力也影响着成人的行为。当儿童与成人之间的交互反应很好地建立并经常发生时，会对儿童的发展产生持久的作用。但是，当成人与儿童之间关系受到第三方影响时，如果第三方的影响是积极的，那么成人与儿童之间的关系会更进一步发展。相反，儿童与父母之间的关系就会遭到破坏。例如，婚姻状态作为第三方的影响，就会影响到儿童与父母的关系。当父母互相鼓励其在育儿中的角色时，每个人都会更有效地担当家长的角色。相反，婚姻冲突是与不能坚守的纪律和对儿童敌对的反应相联系的。

第二个环境层次是中观系统（mesosystem）。中观系统是指微观系统的彼此联系或相互关系。如果微系统之间有较强的积极联系，发展可能实现最优化。相反，微系统间的非积极的联系会产生消极的后果。儿童在家庭中与兄弟姐妹的相处模式，会影响到他在学校中与同学间的相处模式。布朗芬布伦纳认为，如果微观系统之间有较强的积极的联系，心理发展就可能实现最优化。相反，微观系统间的非积极的联系则会产生消极的后果。儿童在家庭中与兄弟姐妹的相处模式会影响到他在学校中与同学间的相处模式。如果在家庭中儿童处于被溺爱的地位，在玩具和食物的分配上总是优先，那么一旦在学校中享受不到这种待遇，则会产生极大的不平衡，就不易于与同学建立和谐、亲密的友谊关系，还会影响到教师对其指导教育的方式。

第三个环境层次是外观系统（exosystem）。外观系统是指个体并未参与其中，但却对其成长产生着影响的环境，以及这些环境的彼此联系和相互影响。父母的工作环境就是外观系统的影响。个体在家庭的情感关系可能会受到父母是否喜欢其工作的影响。外观系统中发生的事件会影响个体的生活环境，以及环境之间的相互作用。从而，也就间接地却也是必然地影响一个人的心理发展。例如，父母工作的性质、要求、条件等因素，即工作环境会影响父母在家庭中的行为方式和处事态度，而这又势必会影响到父母对子女的养育方式和态度。

第四个环境系统是宏观系统（macrosystem）。宏观系统是指存在于以上三个系统中的文化、亚文化和社会环境。宏观系统实际上是一个广泛的社会影响。该系统规定了如何对待个体，教给个体什么以及个体应该努力的目标。在不同文化中，这些观念是不同的，但是这些观念存在于微观系统、中观系统和外观系统之中，直接或间接地影响社会个体的知识经验的获得。

在布朗芬布伦纳关于人类发展的生态学模型中，还包括了时间维度，也可以称为历时系统或长期系统（choronosystem）。[①] 布朗芬布伦纳强调把时间作为研究个体成长中心理变化的参照体系。他将时间和环境相结合来考察心理发展的动态过程。个体一出生就置身于一定的环境之中，并通过自己本能的生理反应来影响环境。通过行为，比如哭泣来获得生存所必需的条件。个体也会根据外界环境来调节自己的行为。随着时间的推移，个体生存的微观系统环境不断发生变化。引起环境变化的可能是外部因素，也可能是人自己的因素。因为人有能动性，可以自由地选择环境。对环境的选择是随着时间不断推移，个体知识经验不断积累的结果。这强调的是个体的变化或发展。研究者应该将时间和环境相结合，来考察个体发展的动态过程。布朗芬布伦纳将这种环境的变化称为"生态转变"，每次转变都是个体人生发展的一个阶段。比如，升学、结婚、退休等。布朗芬布伦纳提出的时间维度或历时系统关注的正是人生的每一个过渡点。他将这种转变分成了两类：一是正常的，包括入学、工作、结婚、退休；二是非正常的，包括家人病重、去世、离异、迁居、中奖；等等。这些转变发生于毕生发展之中，常常成为发展的动力，同时这些转变也会通过影响家庭进程对发展产生间接影响。

---

① 朱丽：《近50年来发展心理学生态化研究的回顾与前瞻》，《心理科学》2005年第4期。

第二章　心理学的生态化思潮

布朗芬布伦纳将家庭看成一个社会系统。家庭是一个整体结构，是由相互关联的部分所组成，其中各个部分之间都会相互影响，而且每一部分都有助于总体功能的发挥。以传统的核心家庭为例，即使只有父亲、母亲、孩子组成的系统也是相当复杂的。婴儿和母亲的交往就涉及一个交互影响的过程。婴儿的微笑可以由母亲的微笑所引发，而母亲的担心通常也会使孩子变得小心谨慎。家庭大于其组成部分之和。父母影响婴儿，婴儿也影响着父母，以及影响父母之间的夫妻关系。当然，夫妻关系也会影响到婴儿的养育和婴儿的行为。这表明了，家庭就是一个复杂的社会系统。

很显然，布朗芬布伦纳是按照生态学的观点考察了人类的发展，并探讨了怎么使人成为人。[1] 他还通过生态学的模型，考察了发展研究中的先天与后天的主张。[2] 他还系统给出了有关人类发展的生态学的模型。这也就在关于儿童心理学的研究中确立了有关人类发展的生态学模式。[3] 布朗芬布伦纳的生态系统理论是现代发展心理的前沿理论之一，强调发展来自于人与环境的相互作用，相互作用的过程设定了人的发展线路。生态发展观进一步扩大了"环境"的概念，将环境看作一个不断变化发展的动态过程。这突破了以往研究中对环境限定过窄或限定过偏的局限性。当然，生态系统理论还有不完善的一面，但对发展心理学的贡献却是不可估量的。

在中国的文化传统中，重要的、重大的、重视的，是人与天的合一、我与物的同一、心与道的统一。人在自己的心理成长过程中，经历了逐渐把自己与外界、与环境、与社会、与他人分离开的过程。这是人的成长历程和成熟过程。但在这个过程中，人也很容易把与自己分离开的对象看成自己的对立面，是自己要征服、要占有、要利用的

---

[1] Bronfenbrenner, U. (2005). *Making human beings human: Bioecological perspectives on human development* [M]. Thousand Oaks, CA: Sage Publications.
[2] Bronfenbrenner, U. & Ceci, S. J. (1994). Nature-nurture reconceptualized in developmental perspective: A biological model [J]. *Psychological Review*, 101, pp. 568–586.
[3] Bronfenbrenner, U., & Morris, P. A. (2006). The bioecological model of human development [A]. In W. Damon & R. M. Lerner (Eds.), *Handbook of child psychology*, Vol. 1: Theoretical models of human development (6th ed., pp. 793–828). New York: John Wiley.

外界对象。那么，人也就孤立了、隔绝了、膨胀了、放纵了自己。实际上，在人的成长过程中，最为重要的就是消除我与物的分裂，就是促进物与我的融通。这就是中国的文化传统的核心内涵，强调的是统一的、和谐的、容纳的文化。在这样的文化背景或文化环境之中，重要的就不是分离和分裂、征服和占有、索取和利用，而是和谐和统一、融会和融通、容忍和容纳。

第三章 心理学共生主义原则

共生主义的研究原则是把原本一个整体的存在，但被人为分割成不同的部分，又重新组合和整合为一个整体。认知科学的发展，在认知主义取向和联结主义取向之外，又提出了一个新的取向，亦即共生主义取向。这一取向强调，认知不是预先给定的心灵对预先给定的世界的表征，而是在世界中的人所从事的各种活动史的基础上，世界与心灵彼此的共同生成。共生主义的原则是关于心理行为和关于心理科学的整合的理解。这涉及共生主义的滥觞、含义、原则以及影响。

在科学研究中，在心理学研究中，在对人的心理行为的研究中，分析、分离、分解、分裂常常占有重要的位置。把原本作为一个整体的对象进行了分门别类的细致的考察和研究。但是，问题就在于，把分析的方法转换成为一种研究原则，会导致对研究对象的扭曲和歪曲。为了克服这样的研究缺失，共生主义的原则应运而生。即原本为一个整体的存在，但被人为分割成不同的部分，又重新组合和整合为共同存在和共同成长的整体。这就是共生主义的研究原则。

一　共生主义的滥觞

20世纪90年代初期，在认知科学的研究中，出现了一种新的研究取向：共生的研究取向（enactive approach）。这一研究取向给出了人类认知与现实环境，人类心理与现实生活之间关系的特定的和全新的理解。在心理学的研究中，在认知心理学的研究中，在认知科学的研究中，"共生主义"超越了"认知主义"和"联结主义"，是其连贯的发展。认知主义的思想隐喻是计算机，联结主义的思想隐喻是神经系统，而共生主义的思想隐喻是人的生活经验。共生主义的观点强调，认知并不是先定的心灵对先定的世界的表征，而是在人所从事的各种活动历史的基础之上，心灵和世界的共同生成。立足于共生的观点，尽管近年来对心灵的科学研究进展很快，但却很少从日常的生活经验来理解人的认知。这导致的是脱离日常生活经验的科学抽象，结果使心灵科学落入客观主义和主观主义的窠臼。就是把心灵与作为对象的世界分离开来，假定了内在心灵的基础和外在世界的基础。所以，也可称此为基础主义。如果把认知主义、联结主义、共生主义看作认知心理学或认知科学的三个连续的阶段，那么基础主义随着上述理论框架的变化而逐渐地衰退和崩解了。

　　认知心理学乃至认知科学要采取共生的研究取向，就必须包容人类的经验。佛教对心灵觉悟的探索和实践是对人的直接经验的极为深入的分析和考察，它不仅强调人的无我的心灵状态，而且强调空有的世界。因此，有必要在科学中的心灵和经验中的心灵之间架设一座桥梁，让西方的认知科学和东方的佛教心理学进行对话。这有助于克服西方思想中占优势的主客分离和基础主义的观点。引入佛学传统是西方文化历史中的第二次文艺复兴。总之，认知心理学的研究范式的演化正在从一开始立足于抽象的、人为的认知系统，转向立足于生动的、具体的人的心灵活动。

　　有研究者对共生理念的提出和界定进行了探讨。研究指出，共生就是不同生物和人类的共生单元之间为了生存和发展而互惠、相互依赖的关系；共生双方或多方都通过这种关系获得持存发展，失去了其中一方，另一方就不能独立存在，共生单元之间构成难舍难分的互依关系，这就要求每个生命体只有保证、维护了共生系统中他者的生存和发展，自身才能得以存在，整个共生系统才能得以平衡协调。

　　共生的存在、共生的关系、共生的维系，都需要具有一些基本的要素。那么，共生就包括了如下的最基本要素：第一，确定的共生体，即生命体共生的领域和范围，这是共生的基本条件；第二，同一的共生域，即至少有两个以上的异质互补、地位平等的共生单元，这是共生的基本前提；第三，双赢的共生性，即共生必须坚持利益的双赢原则，至少是同一共生体中任何一方的利益不得受损为最低原则，共同获利，但利益不一定均等。

从事实层面看，共生是人类社会的基本存在方式之一。人与自然、人与社会之间的这种相互依赖就形成了共生关系，无论是有益或有害，人类都离不开这种关系，其实质就是利益的共生。共生还是一个矛盾冲突不断、竞争与斗争共存的动态过程，具有现实的复杂性。共生关系的和谐和稳定的状态具有相对性，是在人类漫长复杂的发展过程中，共生单元经过彼此不断斗争、冲突、竞争、妥协和让步的结果。从价值层面而言，共生关系的建立必须具备以下条件：共生单元之间的异质互补、平等独立和共同受益。①

人类对共生本质的认识，最早是从生物界之间的相依为命的现象开始，共生双方通过相依为命关系而获得生命，失去其中任何一方，另一方就不可能生存。生物界的这种相互依存现象反映了生物界的存在本质是共生。进入到人类社会，乃至整个宇宙，一般的共生内涵就是：共生是人类之间、自然之间以及人类与自然之间形成的一种相互依存、和谐、统一的命运关系。共生的基本类型可分为包括生物学的共生和人类社会的共生等类型。前者是指生物学性的异种之间的关系，后者则是指以人类这一生物学上的同种为前提的，并有着不同质的文化、社会、思想和身体的个体与团体之间的关系。

二 共生主义的含义

有研究者对共生、对共生理念，进行了界定，探讨了作为自然界进化事实的共生和作为文化价值理想的共生。研究认为，共生时代是

---

① 马小茹：《"共生理念"的提出及其概念界定》，《经济研究导刊》2011 年第 4 期。

人类社会的基本趋向。① 所谓共生既是自然界生物进化的奥秘，也是人类理性思维的共同追求；既体现着人类文明范式的变革，也体现着人类的本真价值和完善理性，是现代性发展的未来走向。②

有研究指出，共生的方式具有以下本质的特征：一是本源性，这就是说每一个生命的终极存在只能是一种关系的存在，也就是共生的存在。二是普遍性，共生现象是自然、社会历史领域中最普遍的存在方式。三是组织性，共生单元之间总是会按其内在必然的要求而自发结成共时性与共空性、共享性与共轭性相统一的生存方式。四是层次性，"你"、"我"、"他"与"它"是共生的，存在是分层次存在的。五是共进性，万事万物，生生死死，生死与共，以至无穷。共生现象的存在总是意味着，各个共生单元之间各自处于既是彼此独立，而又是相互承认、相互依赖、相互促进、共同适应、共同激活、共同发展。六是开放性，构成共生的基本单元是不确定的，共生也不是由同质的、一元的单元所构成的封闭的系统，而是在开放性的系统运动中，实现物质、信息和能量的有效交换与有效配置。七是主体性，共生不同于共同，共同是以特定程度上的共同价值观和目标为前提，而共生则是异质者的共存。人类因共生共存而彼此之间具有互为主体性，当我作为我自身而存在时，他人也同样作为自身而存在，"我"与"他"彼此互依，自由共在。③

在近些年来，佛教心理学在西方变得越来越流行。一些西方学者已开始在有关人类心灵的东方的理论体系和西方的认知科学之间架设桥梁。有研究提出，应重新理解认知科学与人类体验之间的关系。人类的心灵应该在一种扩展了的视野中得到探索，这包括对生活中的日常体验的关注，也包括对自然中的心灵科学的关注。研究指出，认知科学实际上就站在自然科学和人文科学交会的十字路口。

---

① 张永缜：《共生：一个作为事实和价值相统一的哲学理念》，《西安交通大学学报》（社会科学版）2009 年第 4 期。

② 张永缜：《共生理念的哲学维度考察》，《辽宁师范大学学报》（社会科学版）2009 年第 5 期。

③ 吴飞驰：《关于共生理念的思考》，《哲学动态》2000 年第 6 期。

"认知科学是个两面神，同时能够看到路的两端。一个面孔朝向自然，把认知过程看作行为。另一个面孔朝向人文世界，把认知看作体验。当人们忽视了这一处境的基本循环，认知科学的双重面孔就会成为两个极端：或者是设定人的自我理解简单地说是错误的，因此最终将会被成熟的认知科学所取代；或者是设定不可能有关于人的生活世界的科学，因为科学必定总是预设人的生活世界。除非超越这种对立，否则在我们的社会中，科学与体验之间的断裂将加深。任何一个极端对一个多元化社会来说，都是不切实际的，多元化社会必须包容科学和人类体验的现实性。在对人类自己的科学研究中，否定人类自己的体验的真实性不仅是不令人满意的，而且是使对人类自己的科学研究没有了对象。但是，设定科学无助于对人类体验的理解，这会在现代背景中抛弃自我理解的任务。"[1]

这就在总结认知科学发展的基础之上，在认知主义取向和联结主义取向之外，又提出了一个新的取向，亦即共生主义取向。这一取向强调，认知不是预先给定的心灵对预先给定的世界的表征，而是在世界中的人所从事的各种活动史的基础上，世界和心灵的共同生成。因此，按照这一观点，认知就是具体化的活动。这就提出了一个构造性的任务，即扩展认知科学的视野，使之包容更为深广的人类生活经验。在西方的传统中，现象学曾经是也仍然是有关人类经验的哲学。但是，研究者指出，对人类经验或生活世界的现象学考察完全是理论的，或者说这种理论缺乏任何实用的维度。因此，现象学曾经是也仍然是作为理论反映的哲学，而未能克服科学与经验之间的断裂。从而，许多西方学者开始转向了非西方的哲学传统，这种传统既能够在理论的方面又能够在生活的方面，提供对人类经验的考察。这些西方的学者极为重视对东方或亚洲哲学的重新发现。他们把重心放在了佛教心理学上，特别是放在了促进心灵丰满的方法上。在东方的文化传统中，哲学不是纯粹抽象的工作，它还是特定的经由训练的觉知方

---

[1] Varela, F. J., Thompson, E., and Rosch, E., *The embodied mind: Cognitive science and human experience* [M]. Cambridge, MA.: The MIT Press, 1991. pp. 13 – 14, pp. 31 – 33.

法，亦即不同的入静的方法。更进一步，在佛教传统中，促进心灵丰满的方法被认为是根本性的。心灵丰满意味着，心灵就体现在具体的日常经验之中。促进心灵丰满的技术被设计用来使心灵能够摆脱自身的成见，摆脱抽象的态度，进入体验本身的境界。

因此，依据于心灵丰满，可以改变反映的性质，使之从一种抽象的、非具体化的活动转向具体化的（心灵丰满的）和开放式的反映。从而，反映并不仅仅就是关于经验的，而且也是经验本身的一种形式。心灵丰满的实践能够避免两个极端：一是在反映中排除了自我，这意味着有一个对经验的抽象觉知者，该觉知者是与经验本身相分离的；二是容纳了自我，但完全抛弃了反映，赞同素朴和主观的冲动。心灵丰满则两面都不是，这是直接作用于并因此而表达了基本的具体性。毫无疑问，通过统一反映和经验，研究找到了联结科学与经验的可能途径。这就打开了使西方的传统和东方的传统相遇的通道，打开了使西方的科学心理学与东方的体验心理学相遇的大门。这使中国本土的传统心理学有可能会有助于西方心理学的发展。在东方或亚洲的智慧传统中，中国本土的传统心理学是其重要的构成部分。进而，在中国的智慧传统中，佛教与佛教心理学从印度的方式被吸收和消化为中国的方式后，也成为其重要的构成部分。因此，中国本土的传统心理学能够提供比佛教传统更多的东西。

三　共生主义的原则

首先，中国本土传统的心性心理学所提供的，是对人类心灵的具体而不是抽象的理解和解说，这超越了主观性和客观性的分隔。西方的主流心理学从物理学等发达的自然科学的研究中，继承了客观主义的模式，其最为重要的特点是分割了主体和客体，主体是观察者和研究者，客体是人的心理和行为。从而，观察者和研究者就是镜子，提供的是公开的资料，可为他人重复获得，提供的是公开的理论，可为他人重复检验。中国本土的传统心理学则超越了这个分裂。这种传统并没有分离出研究者与研究对象，而是强调统一性的或一体化的心灵活动的自我理解、自我修养和自我超越的生活道路。

其次，中国本土传统的心性心理学所提出的，是把个人的体验转换为人类共有的体验的解说和实践。按照西方心理学的实证取向，统一研究者与研究对象，必然会导致把个人的私有性或个人的主观性卷入研究当中。但是，中国的思想家主张，个体必须超越他自己的片断和片面的体验，以实现共有和整体的体验。因此，人的自我理解就应该是人类共同体的自我理解，人的自我修养就应该是达于无我的精神境界。个体承载着、体认着和实现着天道。

最后，中国本土传统的心性心理学所强调的，是将心灵的活动看成一个有机的和不可分割的整体，是可以通过生活实践的过程来实现和转换。在实证心理学的研究中，心理学的实验研究所采取的是分析的研究方式。心理现象与环境条件都可以分解成不同的因素，然后在实验室中定量分析这些因素之间的关系。相对照而言，中国的思想家提出的是一种完全不同的生活实践，他们认为，个体通过体证，可以提升精神境界，与天道通而为一。这对每个人来说，不仅是可能的，而且是必要的。

总之，西方的主流心理学的发展经历了两次重要的革命。第一次革命是行为主义心理学的兴起。行为主义革命反对的是内省主义，并取代了之前所盛行的意识心理学。行为主义心理学把客观性的原则贯彻到了心理学的研究中。这种对客观性的追求走向了极端，就是对人的心理意识的否定或忽视。第二次革命是认知主义心理学的兴起。认知主义革命所反对的是抛弃内在心理意识，并取代了之前所盛行的行为主义心理学。当认知心理学的研究转向内在的心理意识时，认知心理学必然要面临着来自其他探索人类心灵的心理学传统的挑战。对于认知科学的发展来说，最为重要的事情是在心灵的科学和人类的体验之间建立有效的循环。这必然会打开西方的科学传统与东方的体验传统交流的大门。这使中国本土的传统心理学有可能对西方科学心理学有所贡献。传统的中国思想提供了对人类心灵的特定理解，综合了主观性和客观性，提出了使个体体验转变为人类体验的解说和实践，提出了探索人类心灵的超客观和超分析的方式。因此，任何精神境界都可以通过个人的修为来证明。这种"实验"可称为超客观的和超分析的。正如有研究者所说的，体验的理解和科学的理解就像两条腿，缺少任一条腿，就会无法前行。① 正因为如此，人的心灵实际上是具体化在了人的意识和人的行动之中。②

四　共生主义的影响

把个人的心理行为与环境的影响作用分离或分裂开来，显然不利于对个体心理和对生活环境的合理的理解。那么，在心理学的研究中，非常重要的是应该把环境与心理理解为交互作用的过程。这种交互作用就不仅仅是环境对人的心理的影响，而且人也会作用于环境的变化。如果进一步地去分析，就会发现，这种交互的作用实际上就是一体化的过程。这种一体化的过程实际上也就是共同生长的历程。任何一方的演变或发展，都会带来另一方的演变或发展。或者说，心理与环境就是共同的变化和成长的历程。那么，心理环境的概念就是有关共生历程的最好的描述。

在目前的社会和人类的发展进程中，人类已经开始意识到，现实世界中，没有单一方面的任意发展，没有你死我活的生存竞争，没有消灭对手的成长机会，没有互不往来的现实生活。与之相反，有的是互惠互利的彼此支撑，有的是共同繁荣的生存发展，有的是恩施对手的成长资源，有的是互通有无的现实社会。其实，在科学的研究中，无论是研究自然的、研究生物的、研究植物的、研究动物的，还是研究人类的，都要面对着各种不同对象之间的关联性。生态学的兴起就是反映了这样的趋势，生态学的方法论则成为引导科学的研究能够在

---

① 葛鲁嘉：《心理文化论要——中西心理学传统跨文化解析》，辽宁师范大学出版社1995年版。

② Hanna, R. and Maiese, M., *Embodied mind in action* [M]. New York: Oxford University Press, 2009. pp. 19–21.

相互关联的方面去揭示对象的原则。①

人的心理并不是一成不变的,而是不断地发展变化的。但是,心理的变化并不是零乱的和纷杂的,而是有序的和系统的。更能够说明这种有序和系统变化的术语就是成长或心理的成长。与心理成长相关联的另一个重要的心理学术语就是心理的扩展或心理的丰满。也就是说,人的心理发展是没有止境的。不断地成长就是不断地扩展或不断地丰满。所以,心理的成长是终身的。

其实,在中国本土的文化传统中,就有着天人合一的思想传统,就有着心道一体的理论建构,就有着心灵扩展的心性学说,就有着境界提升的心理历程,就有着自我引导的体证方式。这提供的是一种非常重要和非常有价值的心理学传统资源。这种资源可以成为中国心理学在新时代创新发展的根基。或者说,本土心理学的发展可以从传统的资源和历史的根基上去求取新的内涵。中国本土的心理学传统就是心性说、心性学、心性论,或者说就是一种心性心理学。在此基础之上的创新和发展就是新心性心理学。新心性心理学的探索包含着六个部分的基本内容和基本探索,那就是心理资源、心理文化、心理生活、心理环境、心理成长和心理科学。

对心理环境的理解和解说是新心性心理学的最为重要的构成部分。心理环境的研究就是试图在新的基点和从新的视角去揭示环境,去揭示环境对人的心理的影响。对于心理与环境的关系的理解来说,共生的概念是非常恰当和非常重要的。共生就是共同的变化,就是共同的成长,就是共同的创造,就是共同的扩展,就是共同的命运,就是共同的结果。共生的方法论是理解环境或理解心理环境的最基本和最根本的原则。正是通过共生的概念,才有可能真正理解心理环境的概念。

心理学的研究原有对心理成长的理解是有很大的局限的,或者是有很大的缺陷的。例如,一个缺陷是仅仅把发展理解为在个体的早期就完成的,是伴随着个体的机体发育过程而进行的。当个体完成了机

---

① 葛鲁嘉:《心理学研究的生态学方法论》,《社会科学研究》2009年第2期。

体的发育，心理的发展就停止了。现在则开始强调一生的发展。再一个缺陷是仅仅把发展理解成为是个体的发展，而将其与人类文化、人类社会、人类群体的发展分离开。没有将其看作一个共同的过程。

人的心理不是被动生成的，而是人主动创造的。这就是人的心理生活，心理生活应成为心理学的研究对象。同样，人的环境也不是自然而然的，而是人有意构造的。可以说，人的心理创造主要涉及两个方面：一是人构筑了自己的内心生活，二是人构筑了自己的生活环境。人的心理的一个重要的性质就是它的创造性。当然，这种创造性不是随心所欲的，也不是凭空妄为的。因此，心理的创造是有前提的。所谓创造的前提可以体现在两个重要的方面：一个是客观性，另一个是自主性。创造的生成可以体现在两个方面：一个是现实世界的改变，一个是心理生活的改变。对于人来说，无论是现实世界的改变还是心理生活的改变，都是一枚硬币的两面。其实，没有什么一成不变的东西，也没有什么神创的东西。创造的生活就是人的心理生活。当然，创造的生活可以体现为物质生活的丰富。但是，物质生活的丰富最终应落实为心理生活的丰满。个体创造的汇集就构成历史。历史既是过去的累积，也是未来的走向。人并不是生活在片断的、偶然的延伸之中，而是生活在连续的、必然的延伸之中。所以，人是历史的存在，人就融于自己创造的历史之中。或者说，人是文化的存在，人就生存于自己创造的文化。人的心理就是广义的文化心理。

在心理学的研究分支中，并没有专门的对环境的心理学探索。在许多心理学家看来，环境也许并不是或不应该是心理学的研究内容。环境对于人的生存、成长和发展来说，具有非常重要的意义。心理学研究中一直非常重视环境对人的心理的影响，但是其所理解的环境却只是外在于人的存在，是客观的存在，是外力的作用，是独立的作用。对于环境来说，有物理的环境，生物的环境，社会的环境，文化的环境，心理的环境，等等。

对于心理学的研究来说，其研究的对象是人的心理行为。相对于人的心理行为，环境只是外在的影响，或者只是外在的干预。问题在于，无论是普通人还是研究者，人们都已经习惯了把环境看作外在的干预，是不以人的意志为转移的客观的力量。那么，环境就成了异己的力量，就成了强加于人的奴役，是无法摆脱的神喻。人的心理行为就是环境任意所为的对象。环境就是天意，环境就是强权。其实，无论是把环境理解成为物理、生物、社会、文化的环境，人们都通常把环境看作对人来说是外在、自足、异己、现实、变化的存在。那么，人在环境面前，人只能是受到制约的。相对于无所不在和无所不能的环境来说，人是非常渺小、无助、软弱的。

如果从环境对人的影响来说，人只是环境的产物，人只能顺应环境。环境的影响是不以人的意志为转移的。在心理学的研究中，就有环境决定论的观点和主张。环境决定论是把环境的影响放在了重要的地位。人的心理行为都是环境塑造的，都是随着环境的改变而变化的。早期或古典的行为主义学派就是环境决定论的代表。在行为主义的创始人华生看来，人的行为并不是本能决定的，或者说就不存在什么本能。所有的行为都是由环境刺激所引起的反应。没有什么中间的过程，没有意识的存在，没有内在的心理。那么，通过揭示刺激与反应之间的关系，就可以通过控制刺激，来控制人的行为。但是，把环境看作仅仅是外在的干预，显然无法完整地理解环境的内涵和作用，或者说只能是片面地理解环境的作用。

所谓心理环境学是指对人在心理中所把握、所理解、所构建的环境的研究。这样的环境是人所建构的环境，是人赋予了意义的环境，是人与之共生的环境。心理环境学探索的就是人的心理所筑就的环境，考察心理环境的基本性质、构成方式，表现形态，变化过程，实际影响，等等。心理环境学研究的就是人在与环境的一体化过程，这也就是中国文化传统中所强调的天人合一、心道一体、物我为一的心境、意境、情境、化境等等。在心理学的本土化的历程中，或者在心理学中国化的历程中，中国本土文化中的心理学传统会为心理与环境关系的理解，带来完全不同于西方心理学的变化。心理环境学不是对环境的物理学的考察、生物学的考察、社会学的考察、文化学的考察，而是对环境的心理学的考察。心理环境学所涉及的是人对环境赋予的心理意义，是人对环境建构的心理价值，是人对环境索取的心理资源。

第四章　大数据时代的心理学

人类社会的发展从农业化、工业化、信息化到大数据，经历了阶段性、转折性和进化性的历程。大数据时代是一个新时代的到来，也带来了心理学研究的新范式。大数据就是指对数量大、类型杂的海量数据进行数学分析，以描写现状、发现问题、预测趋势的一种挖掘数据潜在价值的信息科技与思维方式。大数据时代的量化世界观就是数字化和数据化。大数据思维具有整体性、多样性、平等性、开放性、相关性和生长性等特征，从本质上来说是一种复杂性思维。大数据技术的兴起对传统的科学方法论带来了挑战和革命。大数据时代给科学本身所带来的是科学研究更为重视和趋向系统性、多元性、共生性。大数据时代给心理学学科所带来的是心理学自身的开放化、资源化、创新化。大数据时代给心理学研究所带来的是生成性、未来性、预见性。大数据时代给心理学应用带来的是掌控性、引领性、智慧性。

人类社会的发展从农业化、工业化、信息化到数据化，经历了阶段性的、转折性的和进化性的历程。大数据时代就是这种发展进程中的新的时代。在这个进程之中，心理学也随之而有了自身的变化和革新。因此，了解大数据时代和了解大数据时代的心理学，就成为心理学研究者的重要任务。

《大数据时代：生活、工作与思维的大变革》一书，揭示了一个新时代的到来。该著作表明了，大数据带来的信息风暴正在变革人们的生活、工作和思维，大数据开启了一次重大的时代转型。书中用三个部分讲述了大数据时代的思维变革、商业变革和管理变革。①

《心理科学》编辑部为了纪念发刊50周年,提供了心理学具有前瞻性的50个课题。其中,第48题就是"大数据时代下的心理学研究的新范式"。该课题表达的是:计算机信息科学技术的发展使得记录人类日常心理和行为成为可能,脑成像技术的普及使得多模态的神经影像数据库实现共享。需解决的关键问题有:如何动态、实时获取人的行为数据?如何把社会感知计算技术、数学模型建构与心理学研究成果紧密结合,通过大数据揭示人类社会内在活动规律,预测人的心理与行为模式,并为个体或群体的心理健康、决策、社会安全等提供服务?如何建立正常人的心理与神经常模,发现个体毕生发展中的关键期,并对异常行为和脑功能障碍提供预警?②

很显然,大数据时代已经到来,也必然会带来对心理学学科、研究和发展的重要或重大的改变。因此,了解大数据时代,把握大数据时代的科学发展,掌握大数据时代的心理科学的应对,促进大数据时代的心理学应用,就成为具有重要意义的研究论题。

一 大数据时代的基本特征

大数据就是指对量大、类型杂的海量数据进行数学分析,以描写现状、发现问题、预测趋势的一种挖掘数据潜在价值的信息科技与思维方式。随之走俏的还有一系列相关概念,数据重组、数据折旧、数据废弃、数据价值、数据估价、数据独裁、数据偏执、数据仓库、数据安全、数据挖掘等等,合并构成了当下最时尚的IT语境。

大数据时代量化世界观重要的实证基础是量化一切,这与"数字化"和"数据化"两个概念与技术的不同或差异直接相关。数字化

---

① [英]维克托·迈尔-舍恩伯格、肯尼斯·库克耶:《大数据时代:生活、工作与思维的大变革》,盛杨燕、周涛译,浙江人民出版社2013年版。
② 《心理科学》编辑部:《心理科学研究50题》,《心理科学》2014年第5期。

即用数字符号来表征事物和现象，是数据化的前提。数据化则是将所有数字转化为可以参与计算的变量，信息也就成为可以进行统计或数学分析的数量单元。以量化方式表达万物，或世界的本质就是数据，不仅是今天时代才具有的特征。只是今天因为信息技术的发展，更逼近了这一本质而已。①

大数据是数据科学的一个研究领域。研究大数据要从受（数据采集）、想（数据分析）、形（数据重构）、识（数据挖掘）等四个方面来进行，从而获得认识现实世界的大智慧。数据科学涉及数据采集、描述、表示、分析、重构、理解、演绎、挖掘等部分。大数据与传统的数据科学的差异主要在于：数据的异源、异构、不能直接嵌入经典的数学空间、含有深层的隐藏信息，以及与已获得的经验数据的联系、融合。这是大数据研究的挑战性所在。受是数据采集；想是数据分析；形是数据重构；识是数据解读。②

大数据时代正在扑面而来，世界正急速地被推入大数据时代。随着大数据时代的来临，人类的思维方式也将产生巨大的改变，因此必须从以往的小数据思维迅速转换成大数据思维，以适应这场急速的变革。大数据思维具有整体性、多样性、平等性、开放性、相关性和生长性等特征，从本质上来说它是一种复杂性思维。大数据思维获得了技术上的实现，因而影响更加巨大和深远。

大数据是一个总称性的概念，它还可以细分为大数据科学、大数据技术、大数据工程和大数据应用等领域。随着大数据时代的来临，人类的思维方式必然会产生革命性的变革。这些变革主要表现在如下几个方面。第一是整体性。随着大数据的兴起，整体和部分终于走向了统一。大数据理论承认整体是由部分组成的，但面对大数据，不能用抽样的方法只研究少量的部分，而让其他众多的部分"被代表"。在大数据研究中，不再进行随机抽样，而是对全体数据进行研究。第

---

① 赵伶俐：《量化世界观与方法论——〈大数据时代〉点赞与批判》，《理论与改革》2014年第6期。

② 吴宗敏：《大数据的受、想、形、识》，《科学》2014年第1期。

二是多样性。承认世界的多样性和差异性,在大数据时代,随时随地都在产生各类数据,而且这些数据没有统一要求或标准,五花八门。按大数据的视野看来,这些数据虽然没有标准化,但依然是宝贵的资源,无论是标准还是非标准的数据都有其存在的理由。大数据时代真正体现了百花齐放的多样性,而不再是小数据时代的单调乏味的统一性。第三是平等性。各种数据具有同等的重要性,由原来的等级结构变成了平等结构。第四是开放性。一切数据都对外开放,没有数据特权。第五是相关性。关注数据间的关联关系,从原来凡事皆要追问"为什么"到现在只关注"是什么",相关比因果更重要,因果性不再被摆在首位。第六是生长性。数据随时间不断动态变化,从原来的固化在某一时间点的静态数据到现在的随时随地采集的动态数据,在线地反映当下的动态和行为,随着时间的演进,系统也走向动态、适应。

大数据思维从本质上来说就是复杂性思维。简单性科学与复杂性科学在世界观、本体论、认识论和方法论等诸多方面都有着根本性的差别和革命性的转换。简单性科学到复杂性科学可以体现为五个方面的转变。一是本体信念的转变,是从要素世界到网络世界,从统一世界到多元世界,从客观实在论到主观实在论,从坚信世界的简单性到承认世界的复杂性。二是认识方向的转变,是从客观自然知识到包含社会知识,从单一逻辑到多种逻辑的对话,从分析思维到整体思维,从现实主义到工具主义。三是共有价值的转变,是从简单性到复杂性,从确定性到不确定性,从统一性到多样性,从科学预测到科学解释。四是方法特性的转变,是从由上而下的演绎体系到由下而上的归纳实践体系,从受控实验到进化模拟,从普遍性知识到地方性知识,从基于数学推导的定律到基于规则的实验模拟。五是符号表达的转变,是从以方程式表达到计算指令表达,从线性的静态性到非线性的动态性,从平衡的稳态到创造性的远离平衡态,从因果性到涌现性。[①]

[①] 黄欣荣:《大数据时代的思维变革》,《重庆理工大学学报》(社会科学版)2014年第5期。

大数据时代的最为基本的特征就在于人类面对着海量化、细分化、定位化的数据。数据的海量化意味着数据的量级的增长和扩展,对于海量的数据,无论是心理学研究者,还是心理学研究,都必须从根本上改变自己的思维方式和研究方式。数据的细分化则意味着大量或海量的数据实际上是指向于特定的领域和特定的对象。数据的定位化则意味着数据本身是关联着特定的内容和特定的关系。

二 大数据时代的科学发展

大数据时代给科学的发展和研究带来了新的条件和新的背景,给科学研究的思想理论、研究方式、具体方法和应用技术带来了改变。在大数据时代,科学发展和科学研究必须要进行自己的重新定向和定位,必须要进行自己的中心调整和资源配置。

知识图谱在图书情报界也称为知识领域可视化或知识领域映射地图,是通过可视化技术,描述知识资源及其载体,挖掘、分析、构建、绘制和显示知识及知识发展进程和结构关系的一系列图形化方法。该方法是一种多学科融合研究方法,将应用数学、图形学、信息可视化技术、信息科学等学科的理论与方法与计量学引文分析、共现分析等方法结合,用可视化的图谱形象地展示学科的核心结构、发展历史、前沿领域以及整体知识架构,从而为学科研究提供切实的、有价值的参考。[①]

一般意义上,大数据是指无法在可容忍的时间内用现有 IT 技术和软硬件工具对其进行感知、获取、管理、处理和服务的数据集合。所谓数据"大的程度"是数据关联复杂度+价值尺度+发掘难度。大数据具有的 4V 特性(volume 规模巨大,velocity 速度极快,variety 模态多样,veracity 真伪难辨),导致的规模与复杂度所带来的技术挑战主

---

① 王新才、丁家友:《大数据知识图谱:概念、特征、应用与影响》,《情报科学》2013 年第 9 期。

要集中在数据的异构性和不完备性、数据处理的时效性、数据的隐私保护、数据价值服务的有效性发掘、数据的再分析处理等方面。大数据带来的科学问题有以下四个方面：

数据本身的复杂性。传统意义上的量或规模已经不再是衡量复杂性的第一要素，复杂关联与聚集阵发使得数据复杂性远远超过规模所带来的复杂性。为此，需要针对大数据的复杂性，探明网络大数据复杂性的内在机理。

数据计算的复杂性。研究网络大数据的计算复杂性问题，阐明大数据科研的新型计算范式，主要涉及大数据表示、数据流计算及其特点（一次存取、有限存储、快速响应、内存计算、非停机计算等）。

数据处理的复杂性。研究网络大数据的来源，即处理网络大数据的系统的复杂性问题来提升处理系统整体的效能评价与优化能力。

数据学习的复杂性。大数据对传统机器学习及计算方法提出了挑战，也为以数理统计为手段的研究带来了可能的样本数据前提条件。针对大数据机器学习的理论假设，需要对复杂模型还是简单模型做出进一步选择研究；针对大数据机器学习的建模问题，也有数据模型和特征模型这样两个切入点，同时还有统计与逻辑的融合是否能增强模型能力的考虑；针对数据学习的样本来源，也有随机和并行采样的不同。

科研范式的发展，经历了四个阶段。第一个阶段是以小数据定量为特征的实验型科研，这已有几千年的历史。第二个阶段是以思想模型为要义的理论型科研，这也已经有了数百年的历史。第三个阶段是以复杂模拟为代表的计算型科研，这是近几十年发展起来的。第四个阶段是以大数据为基础的数据密集型科研，这是新出现的一个发现的时代。

面向大数据领域的主题知识体系模型，是网络大数据科研第四范式的基础与核心，那么如何构建大数据的主题知识，成为了大数据科研第四范式的关键。只有面向领域—论域—主题知识，才便于研究大数据之间的关联关系，发现业务协作关系，发掘服务价值；才能研究大数据的分析和语义内容理解；才能研究异域、多源异构大数据之间的业务关联分析，发掘隐含的巨大价值服务。①

社会科学研究的是人，以及人所在的群体、组织和相互关系。社会是由人和关系组成的，而社交网络为人们提供了在线交流和信息传播，人们的在线社会化生活，使社会化媒体形成新的媒介生态环境，社交媒体为人们构建了一张巨大的社会网络，且不断演化。关键是这些演化的信息都被记录下来，网络科学和社会网络分析成为大数据分析的重要技术和方法论，网络科学让社会科学能够更好地观察到人类社会的复杂行为模式。如果能够从大数据中捕捉某一个个体行为模式，并将分散在不同地方的信息数据，全部集中在大数据中心进行处理，就能捕捉群体行为。所以有种说法，大数据时代也是社会科学研究的春天。

在大数据时代，社会科学理论更需要思考突变理论，解决人们如何理解微小作用导致社会突然变化的机理开拓道路；混沌理论提出了复杂而不断变化的系统，即使其初始状态是详尽了解的，也会迅速进入无法精确预知的状态；复杂性理论表明在大量个体各自按照不多的几条简单规则相互作用时，解释如何从中产生出秩序与稳定。②

大数据时代给科学的发展所带来的是科学研究更为重视和趋向系统性、多元性、共生性。所谓系统性所强调的是，心理学的学科和研究都应该重视和强调心理学对象和心理学学科的完整系统。所谓多元性则是强调心理学研究的思想、理论、原则、方式、方式、技术、工具的多样化和多样性。所谓共生性则是重视心理学研究的彼此匹配、相互促进、互为依赖和共同成长。

---

① 何非、何克清：《大数据及其科学问题与方法的探讨》，《武汉大学学报》（理学版）2014年第1期。
② 沈浩、黄晓兰：《大数据助力社会科学研究：挑战与创新》，《现代传播》2013年第8期。

三 大数据时代的心理科学

大数据技术的兴起对传统的科学方法论带来了挑战和革命。大数据方法论走向分析的整体性，实现了还原论与整体论的融贯；承认复杂的多样性，地方性知识获得了科学地位；突出事物的关联性，非线性问题有了解决捷径，由此复杂性科学提出的科学方法论原则通过大数据得到了技术的实现，从而给科学方法论带来了真正的革命。

所谓小数据指的是数据规模比较小，用传统工具和方法足以进行处理的数据集合。后来，随着科学的发展，数据量有了比较大的增加，为了处理这些当时看来的"大数据"，统计学家创造了抽样方法，由此解决了数据处理难题。现在的大数据却是真正的海量数据，各种数据的差别又特别巨大，用抽样方法也难以处理，只能用现在的数据挖掘和云计算、云存储等新技术才能解决。从广义来说，大数据指的是一种新的数据世界观，将世界上的一切事物都看作由数据构成的，一切皆可"量化"，都可以用编码数据来表示。

大数据技术革命还将为科学研究提供新的思维方式和新的科学方法，因此大数据技术必然会对传统的科学方法论产生巨大的挑战，带来科学方法论的革命。大数据权威论述了大数据带来的三大思维变革，即要全体不要抽样，要效率不要绝对精确，要相关不要因果。这三大思维变革如果更具体化地落实到科学方法论上，必然会对传统的科学方法论产生革命性的转变。

随着科学问题的越来越复杂，特别是面对有机世界的各种生命现象，还原论显得越来越力不从心，各种问题和矛盾越发突出。90年代，基于超越还原论的复杂性科学逐渐兴起，并很快被称为"21世纪的科学"，而将以前的所有基于还原论的科学都称为"简单性科学"。在大数据中，整体和部分都有了科学、具体的所指，整体和部分的关系是一个具体、实在的关系。这样，在大数据技术中，由于处理了所涉问题的全部数据，这就让整体论中所说的全面、完整把握对象就有了科学的表述并落实到了具体的数据。大数据技术把语境性知识、地方性知识、多样性知识统统纳入知识的范围，科学不再挑三拣四，不再排斥异己，而是体现了更多包容心。大数据技术带来的第三个方法论革命就是凸显事物间的相关关系和非线性特征，而不再特别关注其因果关系。①

大数据时代给心理科学所带来的是心理学学科和研究的开放化、资源化、创新化。开放化是指心理学原来为了保证自己的学科纯洁性和科学性，而封闭了自己的边界，隔绝了与外部的紧密联系，现在进入了大数据时代，就必须要开放自己的学科边界，强化自身与外部环境和与其他学科的联系。资源化是指心理学探索和研究应该将与自身相关联的方面都转换成为自己可以运用的学术资源、思想资源、理论资源、学科资源。创新化则是指心理学必须依赖于学科和学术的创新，来保证自己的发展方向。

四　大数据时代心理学研究

大数据条件下科学研究的一些新特征：首先，当数据的规模达到一定阈值之后，数据自会发声，并且涌现出在小数据条件下无从显现的性质；其次，因果关系的偏好，可能是小数据条件下人们认知世界不得不选择的一种简化思维的研究模式，大数据时代，与空间分布和时间延续结合的关联关系，可能比传统的因果关系，更精准地解读世界；最后，对数据问题而言，传统的自然科学与社会科学的划界，可能不再具有实质的意义，只要从复杂的关系或复杂的网络中能够获取数据，技术上的处理不再需要更多关于对象特性的假设前提。

传统的技术条件只能使人们获得小样本、静态的个体或社会关系的数据，不得不简化社会研究对象的特征，人们更多地依赖假设、直

---

① 黄欣荣：《大数据技术对科学方法论的革命》，《江南大学学报》（人文社会科学版）2014年第2期。

觉和经验解释社会问题，其准确性和可信度自然大打折扣。因此，有人认为基于大数据的社会研究，是一种新的研究范式，它代表着全新的研究视野和理论基础，依据截然不同的操作方法，它将重组探索世界的学科分布，从而成为人类继定性研究、定量研究和计算机仿真研究之后的第四种探索世界的研究范式。解读社会问题的大数据类型包括以下几方面：

1. 交互数据。基于网络的社交媒体和基于电子信息的各类交易平台，显然能够产生反映社会个体交往和交易的实时数据。

2. 内容数据。大数据时代，不管人们愿意不愿意，个体的信息状态实际上更为透明，为了更为便捷和精准的互动，个体实际上需要在虚拟或真实空间中，有效标识其性格特征、消费偏好、价值取向、文化品位等信息，个体信息未必都会划入隐私范畴，其中一部分信息恰恰是需要彰显的个性。

3. 时空数据。时空数据与前述的交互数据和内容数据连用，人们可以挖掘出个体和群体特性极为精致的信息和知识。数据公开、信息透明、相互确认和彼此选择，个体或群体之间就能够衍生出更为有效、丰富的营利或公益性的交往模式，人类的才智和财富就能够形成更多样化的组合结构和进化路径。

4. 分层数据。其实，人类社会的变化及特性，是其个体、群体、社会及其环境等不同系统层面之间复杂互动的涌现性质，理解其性质需要不同层面大数据的支持。这包括个体的微观信息，呈现个体、群体及人类社会的特征及变化方式的信息，来自自然和工程系统及其与社会系统的关联的信息。

5. 进化数据。上述各类数据按时间序列聚类、存储和分析，将得到社会进化演变的动态信息，对历史的呈述，将不再是直觉假设或逻辑推理，而是数据呈现的历史进程，这也是呈现历史最为直接的方式。

可以预期，由于处理异构大数据的技术手段的通用性，未来社会科学、自然科学的界限将会淡化，并统一表现为复杂巨系统的认知问题。① 这对于本来就处在自然科学、社会科学和人文科学交叉点上的心理学学科来说，更应该接受这样的一种重要和重大的改变。

大数据时代给心理研究所带来的是生成性、未来性、预见性。生成性所强调的是心理学研究必须要摆脱依赖、模仿和照搬。这也就是将心理学的研究对象和研究方式都确定为是生成的历程。创造性的生成不仅是研究对象的特性，而且也是研究方式的特性。未来性所强调的是心理学研究不仅要着眼于过去，更要着眼于未来。应该将变化、演变、发展、成长确立为是心理对象和心理科学的本性。预见性则意味着面对着生成和未来的各种不确定性，面对着发展和改变的各种可能性，应该能够增进对确定性的长远的把握。

五 大数据时代心理学应用

大数据时代的思维方式变革呈现出追求全样本、接纳混乱性、关注相关性等特征。从哲学的层面来分析，全样本所体现的是开放系统的理念，肯定了事物作为系统与其环境之间存在的物质、能量和信息的交流，强调了事物自身演化发展的可能性。混乱性是与大数据相伴生的，接受混乱性是挖掘数据中隐含的潜在价值、对事物的演化发展做出精确预测的基本途径。相关关系是大数据时代统计因果关系的体现，这是由全样本系统、混乱性数据自身的非定域性及其与数据采集、分析过程的不可分离性所决定的，是在技术层面据以预测事物演化发展的前提。大数据时代思维方式变革的哲学意蕴还体现在科学研究范式的转化、人生态度的转变等方面。

首先是小样本与全样本。从科学层面看，小样本和全样本的区别仅仅在于信息科学的发展所提供的样本数据量的变化、样本分析工具的变化。从哲学层面看，小样本和全样本的区别不仅在于样本数据量

---

① 徐磊：《大数据基础上的社会认知》，《中国电子科学研究院学报》2013年第1期。

大小的不同，而且在于研究事物的思维方法的哲学基础不同。小样本遵循的是一种传统、封闭、静态地看待事物的理念。全样本遵循的是现代、开放、动态地看待事物的理念。其次是精确性与混乱性。大数据时代，混乱是数据规模扩大的逻辑前提和必须付出的代价。只有接受不精确性，才能打开一扇从未涉足的世界的窗户。最后是因果关系与相关关系。在大数据时代，知道是什么就够了，没有必要知道为什么。人们开始注重相关关系，而不再像小数据时代那样一定要追寻因果关系。大数据时代的相关关系分析，是克服因果探寻传统思维模式和特定领域里的固有偏见、深刻洞悉数据中潜藏的奥秘以进行科学预测的有效途径。[1]

正如有研究者所指出，大数据在科学领域的表现就是数据科学的兴起，数据科学将逐渐达到与其他自然科学分庭抗礼的地位。这就是用数据研究科学，实际上也就是科学的研究数据。[2] 数据既成为可为人所用的社会性资产，也成为科研体系中的数据科学。例如，可以通过大数据，来考察文化和文化环境。[3] 当然，也有研究者对于作为连接理论与实践的大数据提出了各种疑问。[4] 有研究者对分析大数据的平台进行了考察。[5]

大数据时代给心理应用带来的是掌控性、引领性、智慧性。大数据时代使得心理学的生活和社会应用具有了更为广阔的空间，也带来了各种不同的可能性，那么最为重要的就在于心理学的社会掌控能力的提升。这可以体现为对个体的心理和社会的生活的引领作用。这种引领性就在于心理学在自己的生活和社会应用中，可以把握未来的生

---

[1] 宋海龙：《大数据时代思维方式变革的哲学意蕴》，《理论导刊》2014 年第 5 期。

[2] 赵国栋等：《大数据时代的历史机遇——产业变革与数据科学》，清华大学出版社 2013 年版。

[3] Bail, C. A. (2014) The cultural environment: measuring culture with big data [J]. *Theory and Society*, 2014 (3 - 4). pp. 465 - 482.

[4] Fan, W. F. & Huai, J. P. Querying Big Data: Bridging Theory and Practice [J]. *Journal of Computer Science and Technology*, 2014 (5), pp. 849 - 869.

[5] Singh, D. & Reddy, C. K. A survey on platforms for big data analytics [J]. *Journal of Big Data*, 2014 (1), pp. 1 - 20.

活走向，可以引导心理的成长路径。智慧性则在于在多样的数据呈现，在多种的数据迷宫之中，心理学能够提供最佳的和最优的生活方式和学科道路。这也就是说，心理学不仅要提供专业的知识，而且要提供明智的选择。

可以说，大数据时代为心理学的发展和进步带来了新的机遇。当然，心理学在自身的发展选择和过程中，也面临着各种不同的陷阱和诱惑。如何将新时代变成心理学学科自身新发展的促进，也就成为心理学学科和心理学学者的最为重要的任务。很显然，在大数据时代，面对大数据时代的召唤，怎样来定位心理学的发展，怎样来把握心理学的进步，怎样来促进心理学的应用，怎样来引领心理学的未来，是心理学研究和心理学探索所必须要面对的巨大挑战。

第五章 本土心理学理论创新

中国本土的心理学发展应该是创新性的发展。只有创新性的发展才能够使中国本土心理学走上独立的道路，并参与到心理学的全球化的进程之中。中国心理学或中国本土心理学的创新或原始性创新，应该成为中国心理学发展的内在追求和生命根基。在目前的阶段，中国本土心理学的发展最缺少的就是原始性的创新，这包括理论的原始性创新、方法的原始性创新和技术的原始性创新。新理论心理学研究突破涉及五个基本的方面：理论心理学的新基础，理论心理学的新视角，理论心理学的新建构，理论心理学的新思想，理论心理学的新内容。这五个基本的方面体现了新理论心理学的不同于传统理论心理学或西方理论心理学的新的研究突破。

一 心理学创新的历史使命

其实，心理学的创新性决定了心理学所能够承担的使命。这种使命就是心理学的历史使命。

心理学的发展，中国本土心理学的进步，都需要学术的创新。有研究者考察和探讨了中国心理学原创性的缺失及应对策略。研究指出，中国近代乃至现代的心理学是舶来品。一方面，使中国的心理学在较短的时间内，获得了系统化和科学的性质，并且完成了建制化；另一方面，也使中国的心理学有意无意地放弃了自我言说的话语权，用他者的话语，即西方心理学的言说方式对中国人的心理和心理学加以解读和建构。对自我言说话语权放弃的负面影响之一，就是中国心理学原创性，或创新能力的弱化甚至缺失，其突出表现是，没有提出产生广泛影响的理论模式、方法和体系。原创或创新有两种基本含义：一是学科外的创新，即创立一门新的学科；二是学科内创新，即在原学科内，提出新的理论、假设、方法以及创建新的体系等。中国心理学的原创或创新，就是相对于后者而言的。但是，其中又可分为两个层面：一是在西方心理学框架内的创新；二是在中国文化语境内的创新，也就是提出能够如实反映中国人心理特征的理论、模式和方法。

中国心理学的原创性缺失，原因可以是多方面的。或者说，可以从多方面去分析这种原始性的缺失。主要包括了如下的几个层面。

一是社会历史和科学层面。中国灿烂的古代文化在某种程度上推动了整个人类文明的进程。这说明，中华民族原本是具有非凡的创造力的。然而到了近代，中国的科学技术却全面落后了。进入近代，包括现代一个相当长的时期，中国社会一直处于动荡之中，科学的社会支持系统几乎处于瓦解状态。心理学作为科学，在中国很长一段时间里失去了生存的社会环境，发展和创新就更无从谈起了。

二是文化和哲学层面。世界科学的发展经历了不同的形态。这种形态的变革除了遵循科学内在的逻辑之外，还深受某一时期或某一国家的文化、哲学思维方式的影响。由于文化和心理上存在的"距离效应"，很难对西方的文化、哲学及相关的心理学理论、模式等有透彻的理解和把握，同时又不能从本国的文化和哲学中汲取必要的养分和获得应有的启迪，这在很大程度上增加了中国心理学在本文化语境中创新的困难。

三是研究者层面。由于早期和现代的归国留学生深受西方心理学研究模式的影响，对在本国文化语境中创新的意识不够强烈；再者，西方心理学确实在世界范围内获得了极大的成功，加之我国的心理学基础和水平因为历史原因，与欧美国家的差距甚大，大多数的研究者将精力主要用在了介绍和诠释西方心理学的理论和方法上，在这一定程度上又减少了在西方心理学框架内创新的可能性。

四是学科的层面。我国的心理学可以说是先天不足，后天的发展又屡受挫折。其结果是，在学科层面不能给创新提供强有力的基础和内部动力。从以上四个层面的分析可以看出，我国的心理学发展实际上存在着两种断裂：一是与本民族文化的断裂；二是自身历史的断裂，即发展缺乏连续性。①

中国心理学或中国本土心理学的创新或原始性创新，应该成为中国心理学发展的内在追求和生命根基。从依赖于引进和介绍到立足于自主和创新，这是一个根本性的研究转换和学术转向。当然，翻译和介绍国外的领先的心理学研究是非常重要的基础性的工作，强调心理学的创新或心理学的原始性创新，并不是要否定原有的奠基性的研究工作。但是，当把介绍和评价当成了研究的习惯，当把外来的心理学当成了标准和尺度，就会在很大程度上限制和阻碍中国本土心理学的发展和进步。

关于心理学的创新，关于心理学的原始性的创新，并不是简单的呼吁，并不是简单的任务，而是心理学所应该担负的历史使命，也是心理学所必须要担负的历史责任。中国本土心理学的发展已经开始进入了一个完全不同的历史时期，那就是通过学术创新来发展和壮大自己。引进、介绍、模仿、复制的研究习惯应该得到根本性的改变，变革、更新、创造、创新的研究追求应该得到更有力的推动。

心理学的发展、心理学的创新性发展，应该有自己的理论基础，有自己的理论传统，有自己的理论资源。这包括了心理学理论的范式、更替和创新。因此，心理学的理论创新、发展、建构、突破，都是在心理学理论资源的基础上所进行的。

二　心理学理论范式的创新

有研究者认为，基本理论是科学赖以建构的最为核心的理论范式，在这一部分所发生的变革往往会形成通常意义的科学革命。相对于科学

---

① 郑荣双、叶浩生：《中国心理学原创性的缺失及应对策略》，《心理科学》2007年第2期。

发展的常规性和非常规性（革命性）两个阶段，存在着常规性和非常规性两种不同性质的科学研究活动过程，以及保守性和创新性两种不同的研究态度。创新性的研究态度要求科学家们要具有理性怀疑的科学批判精神。科学在自我批判中进化的性质要求造就更多的具有创新精神的科学家。通常，科学理论都是由相应的概念和定理结成的逻辑体系。在结成科学理论的逻辑体系的相应概念和定理中可以区分出两个不同的层次：一个是建构理论体系的最初始的概念和定理的层次；另一个是由这些初始的概念和定理所做的进一步的推论而产生的次一级的，或更加次一级的概念和定理。正是这两个不同层次的概念和定理构成了科学理论的基本理论和非基本理论两个部分，这就是科学理论的结构。科学的进化是通过科学革命实现的。基本理论是科学赖以建构的基础与核心，在这一部分所发生的变革对于整个科学理论的影响是巨大的，是根本性的。非基本理论是由基本理论的推论派生出来的非基础性，或非核心的部分，这一部分的变革对于整个科学理论的影响是比较小的。

　　按照美国的科学哲学家库恩的解释，所谓"范式"就是对人们的科学认识活动起指导和支配作用的理论框架和模式。其基本要素包括一定时代科学家的共同信念、共同传统以及它所规定的基本理论、基本方法和解决问题的基本范例，还包括科学实验遵循的基本操作规范和在时代影响下所形成的科学心理特征。库恩强调的科学范式与科学理论结构中的基本理论是相对应的。正是科学的基本理论为既定的科学理论的确立和发展提供了相应的理论模型、模式和规范。库恩将科学发展的过程分为两个阶段：一个是常规发展阶段，另一个是非常规（危机与革命）发展阶段。在科学的常规发展阶段中，科学的发展严格地受控于已有的科学规范（基本理论框架、核心操作方法、习惯性范例规则）的支配，科学工作的任务只是努力去阐明和发展现有的科学范式。在科学的非常规发展阶段，科学工作的任务发生了根本性的变化，科学工作不是立足于阐明和发展现有的科学规范，而是立足于对现有科学规范进行质疑、改造或批判，并尝试建立一种新的科学规范来限定、代替现有科学规范。科学常规发展阶段代表的是科学发展的量的积累的渐变过程，而突破既定科学范式界限，通过范式更替或限定旧有范式适应范围的科学非常规发展阶段则代表的是科学发展的质的进化的突变过程。科学通过非常规发展的阶段实现着自身进步的革命。科学革命通常会在两种意义上展示其变革的结果：一种是新的科学范式在整体上取代旧的科学范式，这是一种范式更替型的革命；另一种是新的科学范式限定了旧的科学范式所适应的范围，这是一种领域分割式的革命。为了强调范式变革的创新性和革命性意义，库恩提出了不同范式之间具有"不可通约性"的理论。

与科学发展的两个阶段相对应，存在着两种不同性质的科学研究活动过程：一种是常规性的科学研究过程，另一种是非常规性的科学研究过程。与两类不同研究性质的科学研究活动方式相对应，在科学家那里存在着两种不同的研究态度：一种是在常规性研究中所具有的保守性的研究态度，另一种是在非常规性研究中所体现出的创新性研究态度。在常规性研究活动中科学家们对待既有科学范式的态度更多的是不容怀疑的保守性态度。他们工作的目标不是为了创建新理论，而是为了阐释、完善、推广和应用旧理论。在非常规性研究活动中科学家们总是用一种理性怀疑和科学批判的态度对待科学。他们的工作态度更多具有"离经叛道"创新性指向。理论创新就是在不断扬弃原有的思想、学说和理论的基础上，通过创造性的思维活动，不断地破坏旧有的理论范式，创造新的理论范式，提出新思想、新学说和新理论的过程。理论创新是理论突破和理论发展的关键环节，是理论进步的内在驱动力。理论创新是对常规、戒律和俗套及其形成的传统的冲击和挑战，表现为对传统、权威的破坏和断裂。理论创新具有深刻性的特点，不是克隆和简单复制，而是一种开拓性和创造性的活动，表现出用超常、超域和超前的新理论去取代旧理论，使新的理论具有时代性、前瞻性。[①]

有研究者认为，对心理学而言，库恩的范式论蕴含着丰富的方法论思想：在心理学研究对象上，范式论对科学主义的分析与批判和对

[①] 刘燕青：《科学结构、科学革命与科学家的创新精神》，《江南大学学报》（人文社会科学版）2009年第3期。

科学中人性的张扬，有助于科学心理学重新回到人这一主题；在心理学研究方法上，范式论对自然科学的解释学特征的阐释，使人文心理学的解释学方法纳入科学心理学成为可能；在心理学理论建设上，范式论批判了科学的"积累观"，这就使理论心理学可能走向复兴。①

有研究者主张，范式论对心理学具有双重意义，其中蕴含着深刻的矛盾。就积极方面而言，范式论有利于消解心理学不同范式之间的对立，促进不同范式之间的相互理解与融合，启发人们对传统心理学的理性主义人性观进行批判性反思，彰显了理论研究对心理学的重要性。就消极方面而言，如果不能全面把握范式论对心理学的方法论蕴涵，盲目地将库恩的科学发展模式引进心理学，意味着对心理学中的实证主义倾向的认同。此外，范式论所倡导的相对主义价值观有可能加剧心理学的分裂与破碎。②

有研究者指出，库恩的范式论在心理学界引起"革命论"与"渐进论"的争论，促进了对心理学的科学性的反思。库恩的范式论本质上是科学观和方法论，是对科学主义的反叛。库恩对文化、社会心理及价值等因素的关注，有利于消解心理学中科学主义与人文主义的对立，促进心理学的统一与整合；范式论强调理论在科学研究中的作用，为理论心理学的复兴提供了哲学依据；库恩对科学主义的"价值中立说"进行了批判，提出了相对真理观和多元价值论，这又为心理学重视文化因素提供了方法论基础。

库恩的范式论从科学哲学内部动摇了科学心理学的哲学根基——实证主义，消解了心理学中科学主义与人文主义的对立，为心理学的统一与整合提供了可能性。

一是库恩的范式论是对实证主义的科学观与方法论的反叛，动摇了科学主义的哲学根基——实证主义。库恩的范式论否证了经验实证原则，提出了经验事实具有主观特性的观点，理论已经不再是经过实

① 丁道群：《库恩范式论的心理学方法论蕴涵》，《自然辩证法研究》2001年第8期。
② 杨莉萍：《范式论对于心理学研究的双重意义》，《南京师大学报》（社会科学版）2001年第3期。

证研究后的产品,而是一种"先在的"观念、信念的格式塔。库恩注重人的社会、文化历史属性,强调科学研究中人的因素与社会心理的作用,为科学哲学注入了人文的和非理性的因素,使科学哲学从科学主义发展成历史主义,这从科学哲学内部摧毁了科学主义心理学的根基——实证主义,使心理学中重视人文倾向的研究成为可能。

二是库恩的自然科学的解释学倾向消解了科学主义与人文主义的对立。科学主义与人文主义的长期对峙构成了西方心理学发展的主线。他强调科学与其他文化的联系、科学的时代性与历史性,及科学活动中人文的价值取向及其作用。科学哲学这种人文转向,为心理学摆脱科学主义的束缚,将人文心理学的解释学方法纳入科学心理学范畴有着积极的意义。也正是在这个意义上,库恩的范式论有助于消解心理学中科学主义与人文主义的对立。

三是库恩的范式论促进了科学主义与人文主义的整合,有利于心理学的统一与融合。库恩的范式论大大动摇了科学主义的阵营,使科学哲学转向对人文精神的关注。未来的心理学应该既是科学的,又是人文的;心理学应该是科学主义研究取向与人文主义研究取向的统合、客观实验范式与主观经验范式的统合;心理学必将结束分裂与危机,走向统一与融合。[1]

库恩的范式论从一开始就将心理学推到了前范式的位置。这表明了心理学与范式科学还存在着距离。尽管心理学的研究者还是在期望,还是在努力,能够使心理学符合范式科学的标准,但是缺乏统一的范式,仍然是心理学面临的严峻的问题。

三 心理学理论构造的创新

世界性的心理学理论研究度过了一个困难的时期,逐渐上升为学科发展的亮点。当前心理学理论研究的复兴,主要得益于"后实证主

---

[1] 郭爱妹:《库恩的范式论与心理学的发展》,《江海学刊》2001年第6期。

义"新范式的出现。后实证主义范式将科学实在论和科学解释学作为核心理论假设，试图以新的维度重建心理学的科学基础。以理论心理学、文化心理学、社会建构主义、修辞心理学、辩证法心理学等为代表的后实证主义研究思潮的日益勃兴，不断展现出心理学理论研究的内在学术魅力与文化自信。

当代心理学理论研究范式的转换就在于后实证主义的崛起。后实证主义是在20世纪自然科学蓬勃发展的基础上产生的新的思想资源。这一新的心理学研究范式以科学实在论和科学解释学为理论框架，试图以新的维度来重建心理学的科学认识论和方法论基础，形成一种不同于实证主义的新的研究形态。为了摆脱实证主义自然科学观和方法论的困扰，进一步确立及重建一种更适合于心理和行为研究的新的科学观和方法论，后实证主义心理学研究者将现代科学实在论、科学解释学和现象学作为自己的理论工具。所谓科学实在论是倡导对科学知识的解释要保证其正确性的一种学说。科学实在论所讲的"实在"意味着"存在着的东西"，它强调客观世界存在着三种意义的"实在"内容：一是指独立于人的客观实在，其本质特征是超验性；二是指经验实在，即人的经验可触及的实在；三是功能、关系性存在及观念性实在。所谓科学解释学是当前后实证主义心理学研究的另一个重要方法论武器。解释学是有关意义、理解和解释等问题的学说体系。

心理学理论研究有着自己的前沿主题和重点领域。后实证主义者不仅在反思传统心理学的基础性前提方面提供了重要的思想资源，而且在探索新的心理学知识理论形态方面也做出了贡献。以元理论研究、文化心理学、社会建构论为代表的一批新的研究范式初现端倪，汇成了当前心理学理论研究的前沿主题。

一是心理学的元理论研究。有关理论本身及其社会意义、技术、方法、策略手段、选择和评价的，是最重要的一类知识，这就是"元理论"和"元技术"。元理论和元技术是一种在整体意义上更多更好的理论或技术。因此，重新思考传统基础理论的价值和重建科学的元理论基础便成为当代心理学的重要发展趋势。元理论是指以学科自身以及学科的研究状态及其发展规律为对象的研究取向，其研究内容可分为三个部分：作为获得对理论更深刻的理解手段的元理论，努力发展现存学科理论的潜在结构；作为理论发展之前奏的元理论，即研究理论是为了产生更新的理论；作为中心观点之来源的元理论，即研究理论的目的是产生一种成为部分或者全部心理学理论之中心的观点。

二是多元方法论问题。方法论是心理学理论研究的必然组成部分。新科学的理论基础必然要求重建科学方法论，以便为心理学研究提供新的途径和视角。所谓方法论，是指讨论研究方法如何符合科学原理的理论，其包括研究方法的指导思想、选择方法的依据、理论评价的标准、科学哲学对心理学的影响、方法与对象的关系、研究方法的利弊得失、心理学研究所应遵循的指导原则等。后实证主义者反对以定量方法评价一切的做法，提倡多元化的方法论模式，认为方法的丰富性、多元性是学科成熟的标志。成熟学科的理论范式是相对稳定的，而方法是多元的，通过多样的方法可以揭示科学的丰富内涵。多元成分之间是互补的、和谐的，而不是对立的、不相容的。

三是文化反思与心理学的理论建设。从文化视角探讨心理学，是当代心理学理论研究的另一个重要特点。心理学研究的文化转向是加强心理学理论建设的重要思想基础和切入点。文化与心理学的发展是相互关联的，在文化中寻求意义是人类行为的真正原因。

四是社会建构主义与修辞心理学。后经验主义时代的一个典型特征是强调理论的社会建构特性。修辞和叙事并不是文学的独有产物，实际上科学也在运用这种手段，以增加理论的魅力。修辞和叙事具有方法论意义，科学陈述其实都建立在修辞的操作上。

五是辩证法心理学。社会建构主义和修辞心理学的崛起，也为重新反思辩证法和重建辩证思维世界提供了一种新的机遇。辩证法不仅为人们理解当代生活和社会提供了一种重要的思维方式，而且对心理学科学观重建的理解将具有更为开阔的思想视野和更为深远的历史眼光。

后实证主义研究范式转换显然具有学术的意义。当代心理学的理论研究中许多关键领域在性质上的变化，无疑对于国内心理学的学科建设发展具有重要的启示借鉴意义。推动西方现代心理学持续进步的根本动因来自两个方面：一是作为思想的心理学，二是作为科学的心理学。科学的心理学与思想的心理学并行不悖。后实证主义心理学研究范式更多地属于思想的心理学。后实证主义的心理学研究标示着一种新的科学观和方法论的问世。只有选择具有自然主义与人本主义相统一的"多元范式"，才能超越当前实证心理学研究中的简单主义与还原主义困境。世纪之交出现的心理学理论研究范式与实证主义范式之间，固然存在着很多重大的分歧，但也蕴含着某种潜在的建设性发展良机。从微观层面来讲，许多具体研究需要有丰富的实证资料的支持，而大量的实证研究结果也需要形成一种比较系统化的理论假设。从宏观层面而言，许多具体的实证研究会逐渐关心那些经验性工作中所包含的"元物理意义"的形而上问题。[1]

以什么为标准和尺度来处理和解说心理学的理论更替，这并不是一个简单的任务。尽管库恩的范式论实际上存在着各种各样的问题或缺失，但是也能在特定的层面上去分离和分析心理学的理论更替的过程。不过，资源化的理解应该是好于范式论的理解。心理学的理论更替实际上就是心理学的资源扩展和资源整合的过程。心理学如果是排斥自身可以拥有的各种资源，心理学就不可能成为一门成熟的学科。

四　心理学本土理论的创新

中国心理学的本土化运动已经从艰难的起步阶段走向了茁壮的成长阶段，亦即从探讨是否进行心理学本土化的研究，转向了探讨如何进行本土化的研究，又转向了如何创新本土化的研究。本土化的研究课题不断推新和增加，本土化的研究成果也日益多样和丰硕。致力于心理学本土化的中国的心理学家已在积极建立中国人的心理学。当然，目前的所谓中国人的心理学包容着各种各样的本土化研究成果，

---

[1] 霍涌泉、刘华：《心理学理论研究的范式转换及其意义》，《陕西师范大学学报》（哲学社会科学版）2007年第4期。

其本土化的性质是有所差异的,其本土化的程度也是有所不同的。中国文化中的心理资源是由多方面的内容构成的,这既包括了独特的心理学传统,也包括了独特的心理学理论、方法和技术,还包括了中国本土带有文化印记的心理生活。那么,目前的本土化研究定向是以中国人的心理和行为作为研究对象,但仅只是把带有文化印记的心理生活从心理文化中分离出来,放在了科学考察的聚光点上。目前的本土化研究也挖掘中国本土的传统心理学,但只是将其从心理文化中分离出来,看作已被现代心理学所超越和取代的历史成果。不过,新的突破已在酝酿之中。

中国心理学的本土化研究在一个相当短的时段里,取得了相当数量的和相当重要的成果。如果从心理学的科学观上来看,中国心理学本土化的研究已经从试图扩展西方心理学的研究内容,转向了试图突破西方心理学的研究方式。但是,中国心理学在科学观上并未能超越西方科学心理学,或者说仍然是持有西方心理学的封闭的科学观,没有脱离这种封闭性的限制。这个阶段的研究可以分成两类:一类是以中国人为被试,但研究工具、方法、概念和理论仍然是西方式的。这类研究在本土化努力的初期非常多见;另一类则不但以中国人为被试,而且试图寻找适合于考察中国人的心理行为的研究工具、方法、概念和理论。但是,这类研究也只是做到了改变研究工具、方法、概念和理论的内容,而没有改变其基本的实证科学的性质或方式,追求的仍然是西方科学心理学的那种研究方法的有效性和理论解释的合理性。

中国心理学的本土化研究也试图突破和扩展西方心理学的研究方式。这个阶段是在转换研究被试的基础之上的进步和发展。当然,这只是一种逐渐的变化和过渡,反映出了研究的进程和趋势。这个阶段的研究开始寻求突破西方心理学的封闭的实证科学观的限制,而去寻求更具超脱性的和更加多样化的思想理论、研究方法和应用技术。这个阶段的研究也可以分成两类。一类研究是对西方科学心理学的封闭科学观的带有盲目性的突破,这就使多样化的研究变成了杂乱性的探寻。一段时期以来的一部分研究就缺少必要的规范性,而具有更多的尝试性。另一类研究则是试图有意识地清算西方心理学封闭的科学观，寻求建立一种开放的科学观，为中国心理学的本土化研究设置必要的规范。

其实，在目前的阶段，中国本土心理学的发展最缺少的就是原始性的创新，这包括理论的原始性创新、方法的原始性创新和技术的原始性创新。长期的引进和模仿，使中国的心理学研究者习惯了引经据典，习惯了用别人的话语去说别人的研究，习惯了借用权威的思想和理论，习惯了走多数人共同在走的道路，习惯了符合规范和按部就班。当然，再进一步是用别人的话语去说自己的研究。最终是用自己的话语去说自己的研究。这需要的就是学术的独立和学术的创新，而独立学术的生命就在于创新。没有心理学的创新，就没有心理学的学术。当然，任何心理学的学术创新的努力都是非常艰难的。越是全新的突破，越需要深厚的基础。没有深厚基础的创新，实际上就是胡言乱语，就是痴人说梦。所以，创新需要积累，学术的创新需要学术的积累，心理学的学术创新需要心理学的学术积累。心理学的创新可以是理论上的创新，可以是方法上的创新，可以是技术上的创新。

科学心理学在寻求独立的时期，重视的是怎样与其他的学科，特别是与自己的母体学科划清界限。这使心理学开始有了自己的独立身份和自立行走。但是，在这个过程当中，心理学又封闭了自己的门户，使自己的研究脱离了许多必要的和重要的方面。如脱离了生活，脱离了文化，脱离了其他的学科，脱离了历史的资源，脱离了现实的发展，脱离了未来的定向。当代社会的发展，使交流与合作成为文化的和社会的主流，使互动与共生成为学科和学术的基调。同样，这也应该成为心理学的主流，成为心理学发展的潮流，成为心理学学科的基调。

五　新理论心理学研究突破

新理论心理学研究突破涉及五个基本的方面：理论心理学的新基础，理论心理学的新视角，理论心理学的新建构，理论心理学的新思想，理论心理学的新内容。这五个基本的方面就体现了新理论心理学的不同于传统理论心理学或西方理论心理学的新的研究突破。

1. 理论心理学的新基础

新理论心理学奠基在了理论心理学的新基础之上。这充分体现出了新理论心理学是在中国本土文化的基础之上，是在中国本土心性心理学的基础之上，是在新心性心理学的理论创新的基础之上。

首先，新理论心理学的探索是建立在中国本土文化的基础之上，或者说是建立在中国本土文化的心性学说的基础之上。其实，心理学的文化根基是心理学本土化的资源问题。"心理文化"的概念是用以考察心理学成长的文化根基，探讨心理学发展的文化内涵，挖掘心理学创新的文化资源。心理学的产生和发展都是立足于特定的文化。或者说，文化是心理学植根的土壤和养分的来源。在过去，无论是心理学的发展还是对心理学发展的探索，都缺失了文化的维度。其实，文化是考察当代心理学发展和演变的重要视角。当代心理学的发展越来越重视对文化、心理文化、文化心理的探讨。西方科学心理学和中国本土心理学生长于不同的文化根基，植根于不同的心理生活。起源于西方文化的科学心理学，立足实证的研究方法和客观的知识体系，提供了对心理现象的某种合理理论解释和有效技术干预。但是，西方的心理学仅仅是揭示了人类心理的一个部分或侧面。起源于中国文化的本土心理学也是自成体系的心理学探索，并揭示了具有意义的内心生活和给出了精神超越的发展道路。

其次，新理论心理学的探索是建立在中国本土心性心理学的基础之上，或者说是依赖于中国本土心性心理学的理论框架或理论预设。其实，任何根源于本土文化的心理学发展，都有自己的历史传统。心理学的生存和演变，都不可能完全放弃或脱离自己的传统。或者说，心理学的发展和变革，都是在传统的基础之上进行的。但是，心理学的发展又必须是对传统的超越，基于传统的更新。例如，在中国的文化历史中，就有着十分重要的心理学传统。那就是心性心理学。

2. 理论心理学的新视角

新理论心理学的探索是从中国本土的新心性心理学的视角进行的

理论探索。新心性心理学就是一种植根本土文化资源的创新努力，试图开辟中国心理学自己的新世纪发展的道路，新心性心理学有其基本的内涵和主张，对于心理学研究对象的理解和对于心理学研究方式的确立有一个基本的变化。

　　这涉及对中国本土心理学的新挖掘，可以体现为对中国心理学思想史，对中国心理学史，对中国古代、近代和当代心理学思想、理论、学说、方法、技术、工具等的考察和探索。重要的是系统梳理中国文化历史、文化传统、思想创造中所包含的心理学思想、心理学解说、心理学内容。这实际上是在与西方心理学或与国外心理学所不同的中国本土的文化历史、文化思想、文化传统、文化创造的基础之上，去重新认识心理学、理解心理学、把握心理学。对中国本土文化传统之中的心理学的挖掘、考察和探索，一直在研究的尺度、评判的标准、理论的依据、学术的把握等方面，存在着学术上的争议。有按照西方文化或西方科学文化的尺度，按照西方心理学或西方实证科学心理学的尺度，来筛淘衡量中国本土文化传统之中的心理学内容。进而，也有研究者是强调按照中国本土自己的文化传统、价值尺度、学术标准，来重新衡量、梳理、探讨中国本土的心理学传统。

　　中国本土心理学正在寻求自身的创新性的发展。这种创新倡导的是，中国心理学的发展，不应该仅仅就是对国外心理学的修补和改进，这种创新也不应该仅仅就是对中国历史传统中的心理学思想的解释和解说。中国本土心理学真正需要的是寻求本土文化的心理学根基和心理学资源，并立足和植根于这种本土文化中的心理学核心内容，去建构真正属于中国本土的创新的心理学。关于中国本土心理学的发展应该倡导和推动原始性的创新，特别是原始性的理论创新，已经开始由最初的微弱的呼吁，逐渐成为付诸行动的追求。中国心理学的这种原始性创新的努力，也开始由不同分支学科、不同理论知识、不同研究方法、不同技术手段的分散的方面，开始转向对更宏大的心理学理论原则、理论框架、理论构成等方面的转换。

　　3. 理论心理学的新建构

　　要想在中国本土文化资源的基础之上，在中国本土心性学说的原则之下，在中国本土原始创新的氛围之中，就需要解决五个基本的问题：挖掘和确立中国本土的心性心理学；创立和建构新心性心理学；明晰和探索心理学的不同形态；重构和搭建理论心理学的框架；开拓和形成东方心理学的探索。

挖掘和确立中国本土的心性心理学所涉及的是，在中国本土的文化传统之中，存在着丰富的心理学的资源。这关系到的内容包括心性心理学、智慧心理学、儒家心理学、道家心理学和佛家心理学。这是中国本土文化中的心性学说在心理学领域中的体现和展现。

创立和建构新心性心理学所涉及的是，新心性心理学就是一种植根中国本土文化资源或中国本土心性学说的创新努力，试图开辟中国心理学自己的发展道路，新心性心理学有其基本的内涵和主张，对于心理学研究对象的理解和对于心理学研究方式的确立有一个创新的变化。研究包括了六个部分基本的内容：心理资源论析、心理文化论要、心理生活论纲、心理环境论说、心理成长论本、心理科学论总。

明晰和探索心理学不同的历史、现实和未来的形态，所涉及的是中国本土心理学的研究可以吸纳的学术资源，所涉及的也是在特定学术资源或资源获取基础之上的心理学的创新和建构。心理学的发展有着自己的丰富的文化历史的资源。这可以体现为不同的心理学历史形态、现实演变和未来发展。当代心理学的发展应该将不同形态的心理学当作自己学术创新的文化历史资源，从而扩大自己的视野，挖掘自己的潜能，丰富自己的研究，完善自己的功能。这包括常识形态的心理学、哲学形态的心理学、宗教形态的心理学、类同形态的心理学、科学形态的心理学、资源形态的心理学等六种不同的心理学形态。

重构和搭建理论心理学的文化框架、思想框架和研究框架，所涉及的是心理学发展的方向和未来。理论心理学的探索是心理学研究的主干部分，并且支撑着心理学众多分支的具体研究。中国本土的理论心理学应该超越西方理论心理学的探索，并对心理学科学观、心理学新思潮、心理学本土化、心理学方法论和心理学价值论进行深入的探析。

开拓和形成东方心理学的探索所涉及的是，对心理学现存的方式进行创新探索，并考察心理学的本土根基，探讨东方心理学的独特之处，开辟文明心理学的探索内容，挖掘体证心理学的新的考察和探索的方式。这涉及的是对心理学现存的方式进行创新探索，并考察心理学的本土根基，探讨东方心理学的独特之处，开辟文明心理学的探索内容，挖掘体证心理学的新的考察和探索的方式。

4. 理论心理学的新思想

这所开辟的是中国本土心理学研究的新的研究领域、研究课题和研究内容，这所引领的是中国本土心理学全新的研究走向、研究定位和研究突破。中国本土心理学核心理论的突破与建构，将会长久地影响中国本土心理学的发展道路、发展进程和发展前景。

关于心理学研究的理论前提的反思所涉及的是，对心理学研究中关于心理学研究对象的前提假设或理论预设的反思，以及对心理学研究中关于心理学研究方式的前提假设或理论预设的反思。研究强调了这种自我反思是心理学学科走向成熟的重要体现。特别是关于心理学科学观的研究，在国内学术界首次提出了要通过对心理学科学观的研究，来确定心理学的科学性的问题，来定位心理学本土化研究的基本立足点。率先倡导了心理学的科学观从小心理学观到大心理学观的转换，进而又推进到倡导了心理学的科学观从封闭的心理学观到开放的心理学观的转换。

关于心理学研究方法论的扩展研究所涉及的是，对心理学的方法论问题给出全新的探索和理解，拓展心理学方法论的研究范围和思路。这使得心理学方法论的研究从仅仅关注心理学的研究方法，扩展到了涉及关于心理学的研究对象的理解，关于心理学研究方法的探讨，以及关于心理学技术应用的考察。

关于理论心理学内涵与功能的探讨所涉及的是，全面论述理论心理学研究不同层面的基本内容。理论心理学的理论反思层面，是心理学哲学的研究，是有关心理学的学科对象、研究方法和技术手段的理论预设的探讨。理论心理学的理论建构层面，是有关心理行为的心理学理论建构。这包括整合性、分类性以及具体性的理论。理论反思与理论建构是理论心理学两个彼此相互关联的基本内容。理论心理学的系列研究，理论心理学的探索是心理学研究的主干部分，支撑着心理学众多分支的具体研究。中国本土的理论心理学应该超越西方理论心理学的探索。

关于心理学应用基础与应用方式的考察，所涉及的基本方面是对心理学的生活应用、生活引领和生活开发，应用理论、应用技术和应用手段等所进行的探索。心理学应用的技术基础涉及科学与技术之间的关系。心理学应用的技术思想涉及心理学的理论研究、方法研究和技术研究的顺序。心理学应用的技术手段涉及工具和程序的设计和发明，体证和体验的方式和方法。

关于心理学本土化的深入探讨研究所涉及的是，提出对心理学本土化问题和心理学本土化研究的独特的理解、主张和观点，推动中国心理学的本土化进程。建构中国本土心理学的核心理论。系统挖掘中国本土文化中的心性心理学传统，将其看作中国心理学发展最为重要的心理学文化、历史和传统的资源。中国本土文化传统中心性论、心性说、心性学强调的是天人合一、心道一体、心性修养和创造衍生。这是中国本土心理学核心理论建构的基础和资源。

关于新心性心理学的思想开拓和理论建构所涉及的是，提倡和推动中国本土心理学的原始性理论创新，创立基于中国本土文化资源的心理学理论。新心性心理学的原创性理论构想与核心性理论建构对心理学研究的学术资源、文化基础、研究对象、环境影响、心理成长、心理科学等进行了全面考察、深入探讨和创新建构。对心理学资源进行了系统考察和探究，全面和详尽地涉及了六种心理学的历史、现实和未来的形态：常识形态的心理学，哲学形态的心理学，宗教形态的心理学，类同形态的心理学，科学形态的心理学，资源形态的心理学。

关于心理学理论创新的突破与探索所涉及的是，对心理学现存的方式进行创新探索，并考察心理学的本土根基，探讨东方心理学的独特之处，开辟文明心理学的探索内容，挖掘体证心理学的新的考察和探索的方式。这共包括了五个相关专题的研究：科学心理学，本土心理学，东方心理学，文明心理学，体证心理学。

关于中国本土心理学的梳理与挖掘所涉及的是，在中国本土的文化历史传统之中，存在着丰富的心理学的资源，应该将中国本土文化中的心性学说引入、引进、体现和展现在心理学不同领域中。这共包括五个专题的研究：心性心理学，儒家心理学，道家心理学，佛家心理学，智慧心理学。

5. 理论心理学的新内容

新理论心理学涉及了理论心理学的新内容。理论心理学的内容应该包含两个基本的内容层面：一是理论心理学的理论反思的层面，二是理论心理学的理论建构的层面。前者是以心理学科作为反思对象的心理学哲学的反思研究，后者则是以心理行为作为研究对象的心理学理论的建构过程。理论反思与理论建构是理论心理学的两个相互关联的基本内容。

心理学的理论反思应该涉及三个方面的问题。一是心理学的学科问题。这涉及心理学的学科性质、研究对象、学科发展、未来趋势，心理学与其他学科的关系，心理学与社会发展的关系，心理学研究的社会意义和伦理意义等等。二是心理学的方法问题。这包括心理学研究的方法论，心理学研究的指导原则，心理学选择方法的依据，心理学理论的评价标准，心理学研究的哲学基础，心理学研究的指导原则，心理学研究中的方法与对象的关系等等。三是心理学的基本框架。这包括关于心理行为的基本分类，心理学分支学科的内在联系，联结不同分支学科、不同研究方式、不同理论学派的理论框架，等等。

心理学的理论建构应该包括三个方面的内容。一是整合性的理论，如心理学研究中的混沌学、系统论、信息论、决定论等。二是分类性的理论，如感觉理论、知觉理论、意识理论、学习理论、情绪理论、人格理论、能力理论等。三是具体性的理论，如特定生活情境中的特定心理行为的解说理论。这些心理学的理论建构的共同点是，理论的思维同实证的研究是相互结合的，即从实证研究中获取数据和资料等，从中抽象概括出一般的规律和特点。①

---

① 葛鲁嘉：《理论心理学研究的理论内涵》，《吉林师范大学学报》（人文社会科学版）2011年第1期。

心性心理学是中国本土心理学的探索，是一种立足于中国本土文化资源的心理学，涉及的是心理学的中国文化基础，也是中国心理学的文化根源。心性心理学有自己的立足于中国本土文化传统中的心性论的资源，也有历史演变的思想源流。中国本土的文化中，有自己的文化传统、文化演变、文化预设、心理文化、心性思想和心性探索。心性论的基本内涵就在于天人合一的原则、心道一体的设定。心性论有其理论构造和理论延伸，更有其心理解说和心理引导。这就是心性论的心理学。关于心性心理学的探索涉及本土心理学的资源，这是文化历史的资源、思想理论的资源、心理科学的资源，这是心理学的资源化和形态化。心性心理学立足于中国文化传统中的心性论的探索。这包括了儒家、道家和佛家的心性论探索。这所涉及的是儒家、道家和佛家的心性论的预设、解说、演变。这其中所包含的是儒家、道家和佛家的心性心理学和心理学传统。所谓心性论的心理学关系到心性心理学的结构、特点、重心、建构和演变。

　　中国本土心理学是属于智慧心理学。这涉及智慧心理学的界定，即有关智慧的多学科探索、心理学探索和心理学内涵。这涉及智慧与智力的关系。智力心理学的研究有自己的缺失，智慧心理学的研究则有自己的长处。智慧心理学的研究涉及智慧与知识的关系、知识到智慧的转换。西方文化的智慧说关系到西方文化的基本内核、哲学智慧、科学取向和智慧缺失。中国文化的智慧说则关系到中国文化的智慧传统、中国哲学的智慧探索和中国历史的智慧流传。关于智慧有哲学家的思考，这就是智慧的哲学思辨、哲学反思、哲学思路和哲学思想。那么，关于智慧的心理学研究所涉及的是智慧心理学的定位、内容、理论、方法和技术。智慧是属于多元化的存在，因此关于智慧就应该是多元化的研究和多学科的探索。关于智慧有普通人生活中的智慧，这是普通人的智慧、生活中的智慧和常识中的智慧。智慧心理学的应用涉及日常生活、心理生活、心理环境、心理成长和心理创造的智慧。

第六章 本土心理学核心理论

心理学本土化是世界性的潮流，已经成为世界各国心理学追求的重大目标。[1][2] 中国本土心理学的演进阶段和发展道路经历了从全盘引进和照搬国外的心理学，到从自己的本土文化中寻找和挖掘心理学的资源，再到启动和引发中国心理学的原始性创新。中国本土心理学最为重要和最为必要的是寻求和立足本土的根基。这是中国心理学的文化、历史、思想、理论、学术、研究、创新的根基。中国本土心理学的核心理论可以包含有六个基本的研究系列。在每个研究系列之中，都包含有具体的和分类的研究课题。这也就是本土系列、心性系列、形态系列、理论系列、新探系列和分支系列的研究。可以说，新心性心理学就是建立和建构在中国本土的心性心理学的基础之上的，代表了一种具有深厚根基的未来心理学的发展。这是将人类心理和心理科学与天人合一和心道一体，整合成了一种创造性的进程和未来学的发展。其实，前面所阐释的新文化、新历史、新资源、新本土、新未来和新创造心理学，都可以体现在心性心理学的创造性或原创性的构成和构造中。

在中国本土的文化根基中，有着独特的学术、历史、思想、理论和社会资源。这种资源也完全可以成为中国本土心理学发展的重要心理学资源。中国文化的非常独特和非常重要的理论贡献就是心性的学

---

[1] Heelas, Y., Introduction: Indigenous Psychology [A]. In P. Heelas and A. Lock (Eds.). *Indigenous Psychology*. New York: Academic Press. 1981. pp. 3–18.

[2] Kim, U., Indigenous Psychology: Science and application [A]. In R. W. Brislin (Ed.). *Applied Cross-cultural Psychology*. Newbury Park: Sage Publications. 1990. pp. 142–160.

第六章　本土心理学核心理论

说。[1] 从心性论、心性说或心性学中，可以确立和引出的是心性心理学。心性心理学实际上是在天人合一、心道一体的思想前提和理论设定的基础之上，对人的心理的性质、内涵、特征、变化、发展、活动等系统的解说和阐释。在中国的文化传统中，不同的思想派别有不同的心性学说。不同的心性学说，发展出了不同的对人的心理的解说。[2][3][4] 儒、道、释的心性学说，就是中国本土心理学研究的独特的文化资源，也是中国本土心理学创新的思想基础。[5][6][7][8] 中国本土的心性学与中国本土的心理学是内在相通的。或者，中国本土心性学可以成为中国本土心理学创新的基础、学术的资源、思想的传统、理论的源泉、方法的依据、技术的启示。当然，从中国本土的心性学到中国本土的心理学并不是简单的延展，而是需要一种创新的心理学转换。这种转换就决定了中国本土心理学的现实与未来的发展。

新心性心理学是建立在中国本土的心性心理学的基础之上的，代表了一种具有深厚根基的未来心理学的发展。这是将人类心理和心理科学与天人合一和心道一体，整合成了一种创造性的进程和未来学的发展。其实，在本土心理学资源基础之上，可以建构出新文化心理学、新历史心理学、新资源心理学、新本土心理学、新未来心理学和新创造心理学。这实际上也就是新心性心理学的创造性或原创性的构成和构造。

---

[1] 蒙培元：《浅论中国心性论的特点》，《孔子研究》1987年第4期。
[2] 蒙培元：《心灵的开放与开放的心灵》，《哲学研究》1995年第10期。
[3] 方立天：《儒、佛以心性论为中心的互动互补》，《中国哲学史》2000年第2期。
[4] 周一骑：《论中国的心性修养之学的若干特色》，《南开大学法政学院学术论丛（下）》2002年第2期。
[5] 蔡仁厚：《儒家心性之学论要》，台湾文津出版社1990年版。
[6] 黄诚：《儒家"心性论"的系统架构及其思想开展》，《江西社会科学》2009年第6期。
[7] 郑开：《道家心性论研究》，《哲学研究》2003年第8期。
[8] 罗安宪：《中国心性论第三种形态：道家心性论》，《人文杂志》2006年第1期。

一　本土系列的探索

在中国本土的文化传统之中，存在着丰富的心理学的资源。那么，本土系列的探索就在于挖掘、提取、开发、弘扬中国本土文化中的心理学传统。这可以包含五个部分的系统化的探索和研究，所涉及的内容包括心性心理学、智慧心理学、儒家心理学、道家心理学和佛家心理学。这是中国本土文化中的心性学说在心理学领域中的体现和展现。

中国文化中的非常独特和非常重要的理论贡献就是心性的学说。[①] 中国的文化具有的是崇尚"道"的传统。但是，道的存在与人的存在，道的存在与心的存在，道都并不是外在的或远人的，道都不是离心的或心外的。道就是人心中的存在，心与道是一体的。道就是人性的根本，就是人心的本性。这就是心性说，就是心性论。可以说，只有了解心性学说，才能了解中国文化。

中国本土文化中的心性说，就是关于人的心灵的重要学说。儒家的心性论是儒学的核心内容，强调仁道就是人的本性，就是人的本心，就是人心的本源。通常认为，儒学就是心性之学。儒家的心性论强调人的道德心和仁义心是人的本心。对本心的体认和践行，就是对道德或仁义的体认和践行。那么，人追求的就是尽心、知性、知天。[②③] 道家的心性论是道家的核心内容，是把道看作人的本性，也就是人的道心、本心。所强调的是人的自然本性。这一自然本性就是人的"真性"，就是人的自然本心，也就是人的潜在本心。道家的心性论把"无为"当作根本的方式。无为是道的根本存在方式，也是人的心灵的根本活动方式。"无为"强调的是道的虚无状态，强调的是

[①] 方立天：《心性论——禅宗的理论要旨》，《中国文化研究》1995 年版。
[②] 李景林：《教养的本原——哲学突破期的儒家心性论》，辽宁人民出版社1998 年版。
[③] 杨维中：《论先秦儒学的心性思想的历史形成及其主题》，《人文杂志》2001 年第 5 期。

"致虚守静"的精神境界。佛教的心性论则是佛家的核心内容，强调佛性就在人的心中，是人的本性或本心。中国的禅宗是佛教的非常重要的派别。禅宗的参禅过程就是对自心佛性的觉悟过程。这所强调的是自心的体悟、自心的觉悟和自心的开悟。[①]

中国本土心理学的发展和演变就应该是立足本土的资源，提取本土的资源，运用本土的资源。在本土文化的基础之上，传统之中，背景之下，资源之内，来建构特定的心理学，来创造本土的心理学。这是近些年来许多学者努力的方向。在中国本土文化的基础之上来建构中国本土的心理学，这也是当前中国心理学研究者追求的目标。回到中国本土文化之中，挖掘中国本土文化中的心理学资源，这已经成为许多中国心理学研究者的自觉行动。当然，不同的研究者着眼的焦点也就不同，关注的内容也就不同，思考的方向也就不同。但是，心性说或心性论却是中国本土心理学传统中的根本或核心的部分。[②③] 本土系列的探索可以由如下五个方面所构成。

一是心性心理学研究。内容涉及中国本土文化资源中的"心性论"所具有的心理学内涵，"心性论"的传统文化思想中所体现出来的心理学，从"心性论"中所能够挖掘出的当代心理学的价值，以及"心性论"在民众生活中具有的传统心理学影响。

二是智慧心理学研究。智慧心理学是人类心理在人类生活中的合理化运用，这并不同于在西方心理学中盛行的智力心理学的研究。中国文化传统具有丰富的智慧心理学的资源。

三是儒家心理学研究。儒家心理学所讲的心，同时是心，同时是性，同时是理，同时是道。人的本心即是性，所谓心性合一；而性则出于天，所谓天命之谓性。那么，心、性、天就是通而为一的。

四是道家心理学研究。道家心理学主张道是内在于心而存在，即是与道合一的道德心。道德心就是来源于宇宙生生之道，具有的是超

[①] 汤一介：《禅宗的觉与迷》，《中国文化研究》1997年第3期。
[②] 罗安宪：《敬、静、净：儒道佛心性论比较之一》，《探索与争鸣》2010年第6期。
[③] 蒙培元：《儒、佛、道的境界说及其异同》，《世界宗教研究》1996年第2期。

越意。道德心的活动表现为神明心，具有的是创生意。道德心是潜在的，而神明心则可以将其最终实现出来。

五是佛家心理学研究。佛家心理学讲宇宙之心，这就是宇宙同根，万物一体的形上学本体，这也称为"本心"或"佛性"。禅宗主张众生皆有佛性，佛性就在每个人的心中，或者每个人的心中本来就有佛性。但是，人的本心在贪婪的欲望和外界的诱惑之下，就会受到蒙蔽和掩盖。因此，只有通过修心和修行，才能够复归本心，彰显人性。

二　心性系列的探索

心性系列的探索是在中国本土的心性论基础之上，所进行的心理学创新突破和理论建构。这是立足于心性心理学基础之上的新心性心理学的探索。新心性心理学就是一种植根中国本土文化资源或中国本土心性学说的创新努力，试图开辟中国心理学自己的学术发展的道路。新心性心理学有其基本的内涵和主张，对于心理学研究对象的理解和对于心理学研究方式的确立有一个基本的和创新的变化。新心性心理学论及六个部分基本的内容：心理资源论析、心理文化论要、心理生活论纲、心理环境论说、心理成长论本、心理科学论总。心性系列的六个部分的内容涉及心理学的学科资源、文化基础、研究对象、环境存在、对象成长和学科内涵。

对本土心理学的关注和心理学的本土化发展，已经成为世界性的潮流。从理论心理学的视角，对中西心理学的交汇的探讨，也已经成为研究性的热点。中国心理学在新世纪的发展面临着一个非常重要的选择，那就是从对西方或对外国心理学的模仿中解脱出来，使之植根于中国本土心理文化的传统。新心性心理学就是一种植根本土文化资源的创新努力，试图开辟中国心理学自己的新世纪发展的道路。新心性心理学有其基本的内涵和主张，对于心理学研究对象的理解和对于心理学研究方式的确立有一个基本的变化。心理资源论析是对心理学立足的资源的考察。心理文化论要是对西方的心理学传统和中国的心理学传统的跨文化解析。心理生活论纲是对心理学研究对象的一种新视野、新认识和新理解。心理环境论说是对心理与环境关系的一种新的思考和分析。心理成长论本是对人的心理超越了发展变化的考察和认识。心理科学论总则是对心理学的科学性质和学科发展的理解和探讨。

新心性心理学宣言是对建立在中国本土心性心理学基础之上的新心性心理学进行的宣告、宣示和宣扬。因此，这是总论性质的中国本土心理学、中国文化心理学、中国创新心理学。新心性心理学包含了关于以下几方面的探索。

一是心理资源论析。心理学的发展有着自己的文化历史的资源。心理学有着各种不同的不断沿革和长期演变的形态，这都是心理学的发展可以借用的资源。心理资源可以体现为不同的心理学历史形态，不同的心理学现实演变，不同的心理学未来发展。

二是心理文化论要。这是从本土文化和跨越文化的角度，对生长于不同文化根基和相应于不同心理生活的中西心理学传统进行比较和分析，探讨两者彼此之间沟通的可能性和心理学发展的新道路。

三是心理生活论纲。西方科学心理学一直是将心理学的研究对象确定为心理现象。心理生活的探索则是将心理学的研究对象确定为心理生活。这就必须改变研究者与研究对象的绝对分离，改变科学心理学现有关于研究对象的分类标准和分类体系。中国的本土文化传统提供了一种独特的解说心理生活的心性学说。心理生活是立足于人的心理的"觉"的性质。所谓"觉"的活动是一种生成意义的活动，实际上也就是一种创造性生成的活动。心理生活有其基本内涵和体证方法。心理学的研究就在于科学地创造、引领和生成心理生活，提高心理生活的质量。

四是心理环境论说。心理环境是对人最为切近的环境。这种环境已经超出了自然、物理、生物和社会意义上的环境。从心理环境去理解，环境的演变就是属人的过程，是人对环境的把握、建构和创造。环境与心理是共生的过程。

五是心理成长论本。心理成长的概念是对心理发展的概念的超越。这应该成为考察人的心理行为的一个非常重要的理论转换。新心性心理学就会带来这样的重大转换。这包括了从着重于成熟和发展转向着重于成长和提升，从着重于生物和生理转向着重于心理和心性，从强调心理的直线发展转向于全面扩展，从强调心理的平面扩展转向于纵向提升。

六是心理科学论总。这是新心性心理学关系到心理科学本身的学术反思、学术突破和学术建构。这可以带来关于如何推进心理学的学术进步，如何扩展心理学的学术空间，如何引领心理学的学术未来，如何确立心理学的本土根基，如何激发心理学的学术创新等一系列方面的最为重要的学术突破。

三　形态系列的探索

中国本土心理学的研究涉及心理学创新和建构的学术资源或资源获取。心理学的发展有着自己的文化、历史、传统和学科的资源。这可以体现为不同的心理学历史形态、现实演变和未来发展。当代心理学的发展不应该是抛弃其他形态的心理学，而应该是将不同形态的心理学，当成自己学术创新的资源，从而扩大自己的视野，挖掘自己的潜能，丰富自己的研究，完善自己的功能。该研究系列包括了对六种不同形态的心理学的系统考察，这也就是常识形态的心理学、哲学形态的心理学、宗教形态的心理学、类同形态的心理学、科学形态的心理学、资源形态的心理学。这是六个相互关联又彼此独立的专题研究。

所谓心理资源是指可以生成和促进心理学发展的基础条件。例如，心理学的成长要有自己植根的社会文化土壤。这就是心理学的社会文化资源。心理资源既可以成为心理生活的资源，也可以成为心理科学的资源。心理学面临着如何理解、看待、保护、挖掘、提取、转用资源的问题。心理学的发展不应该抛弃自己的文化历史传统，而应该将其当作可以借用的文化历史资源，从而获取自身发展的养分，得到未来发展的启示。那么，解读这些不同形态的心理学，考察心理学的不同形态之间具有的关系，对心理学的未来发展就有着至关重要的作用。心理学的以下六种不同的形态都是属于独特的心理学探索。

一是常识形态的心理学研究。这也被称为民俗心理学、朴素心理学等等。这是普通人在日常生活中创建的心理学，是存在于普通人生活经验中的心理学。常识心理学既是普通人心灵活动的指南，也是普通人理解心灵的指南。常识心理学是科学心理学发展的文化资源。

二是哲学形态的心理学研究。这是心理学最古老的形态之一。在科学心理学诞生之前，心理学就包含在哲学之中，是哲学的一个探索领域。对心理学研究的理论前提或理论预设的反思就是心理学哲学的探索。这种探索的目的就在于使心理学的研究能够从盲目走向自觉。

三是宗教形态的心理学研究。这具有两种不同的和关联的含义。首先是科学的含义或是科学传统中的宗教心理学，是科学家运用科学方法对宗教心理的研究。这是科学心理学的一个分支。其次是宗教的含义或是宗教传统中的宗教心理学，是宗教家按照宗教的方式对人的心理行为的说明、解释和干预。

四是类同形态的心理学研究。这是在与科学心理学相类同或相类似的其他科学分支中的心理学思想、心理学理论、心理学方法、心理学技术。心理学发展应该去吸取、提炼、接受、消化、融会类同形态的心理学研究。

五是科学形态的心理学研究。心理学作为科学是通过科学的理论、方法和技术来考察、描述、说明和干预心理行为。科学形态的心理学在很短的进程中取得了飞速的发展，但依然面临着重大的和核心的课题。

六是资源形态的心理学研究。所探讨和论述的是心理学未来发展的基本形态。资源形态的心理学是在总括意义上的心理学的资源化，是心理学未来的进步、扩展和提升。所谓资源形态的心理学是把心理学的学术性资源的开发、累积、运用等作为心理学的核心性任务。

在心理学的发展和演变的过程中，科学心理学被当成唯一合理的存在形态。因此，从未有过对各种不同心理学形态的系统性和学术性的考察和研究。因此，心理学形态系列的探索将会是全新的心理学学术研究的突破。这将奠定中国本土心理学创新发展的学术资源的基础。这一系列的研究将会给中国本土心理学的未来演变和进步，带来长久、巨大和深远的影响。

四　理论系列的探索

心理学是独立的学科门类。理论心理学则是心理学研究的基本构成部分和重要分支学科。理论心理学的研究主要涉及两个方面的内容：一是对心理学研究对象和研究方式的理论预设或前提假设的哲学反思，二是对心理学研究对象的理论描述、理论解说和理论建构。这是心理学作为科学门类的基本理论框架、基本理论原则、基本理论建构、基本理论内涵。理论心理学的研究包括理论心理学的研究内容、研究方式和研究历史。任何一门科学分支的确立、发展和成熟，都取决于理论和方法的成熟。心理学也同样如此。理论心理学作为心理学的学科分支，是心理学的理论框架和理论内容。理论心理学的探索是心理学研究的主干部分，支撑着心理学众多分支的具体研究。

理论心理学成为心理学的学科分支，既是心理科学的发展历程，也是学科完善的思想标志，更是心理解说的理论内容。理论心理学的兴起和昌盛表明，心理学开始拥有自己的理论框架，开始寻求自己的理论根基，开始致力自己的学科统一，开始确立自己的学科地位。建构理论心理学的内容体系，应该汇聚心理学的理论资源，迎合学术发展的历史潮流，扶持高素质的理论心理学家，开展更深入的理论研究，确立本土理论心理学的发展道路。

在心理学的众多学科分支当中，理论心理学分支的研究具有的最为基本和最为直接的功能，是对当代心理科学发展的引导和促进的作用。这其中就包括了四个基本和重要的方面。一是构建心理学的理论基础，强化心理学的基础研究。二是促进心理学的理论创新，搭建心理学的创新平台。三是推动心理学的学科统一，提供心理学的统一前提。四是强化心理学的现实应用，实现心理学的社会价值。

理论心理学的探索包含着六个方面的基本内容。一是新理论心理学研究。新理论心理学是立足于中国本土心理学资源，去超越西方理论心理学的新建构。这应该成为中国本土心理学研究的基本构成部分和重要分支学科。

二是心理学科学观研究。心理学的科学观的问题是心理学的科学身份的确立和认同的问题。心理学的科学观决定着心理学家所采纳的研究目标，决定着为达成目标而采取的研究策略，决定着心理学家所沿循的学术路径。

三是心理学新思潮研究。心理学的思想潮流会在相当长的时间里，会在相当广的范围中，影响和支配心理学的研究。在当代心理学的演变发展中，后现代主义思潮、多元文化论思潮、社会建构论思潮、女权主义的思潮、进化取向的思潮、积极心理学思潮等等，都极大地冲击和影响了心理学的发展和演变。

四是心理学本土化研究。心理学本土化是对心理学西方化的历史性的反叛。当然，心理学的本土化也是心理学在更大的范围内去寻求和寻找自己的学科和学术发展的资源。[1][2] 关于心理学的本土走向，就要涉及心理学研究的本土定位、本土资源、本土理论、本土方法和本土技术。心理学的本土化实际上就是心理学的一个新生的过程。

五是心理学方法论研究。心理学的方法论涉及的是关于心理学研究对象的立场，关于心理学研究方法的认识，以及关于心理学应用技术的思考。

六是心理学价值论研究。当代心理学的发展和演变，都有着独特的价值定位或价值取向。这关系到心理学是价值无涉的，还是价值涉入的；心理学研究是价值中立的，还是价值导向的。心理学研究应该

---

[1] Bradley, B. S., *Psychology and experience* [M]. New York：Cambridge Press, 2005. pp. 3–7.

[2] Robinson, D. N., *Consciousness and mental life* [M]. New York：Columbia University Press, 2007. P. 17, P. 101.

面对人性的价值取向的问题，应该面对心理的价值体现的问题，也应该面对学科的价值定位的问题。这就必须要去重新考虑和设定心理学的研究。心理学研究应该超越主体与客体、主观与客观的分割和分隔，而应该追求一体化的历程和研究。这就是生成性的科学研究、生活创造。

五　新探系列的探索

正因为心理行为是生成性的存在，具有创造生成的性质，那么心理学的最为重要的任务就是创造人的心理行为。这实际上是在文化的创造进程之中进行的，因此人的心理行为就是文化的创造历程和创造结果。正因为心理科学也是生成性的存在，具有创造生成的性质，那么心理学的最为核心的任务就是创造人的心理文化。心理学就是文化的存在，具有文化的性质，那么心理科学的创造也就是文化心理的创造历程和创造结果。人通过自己的创造性活动，构成了自己的文化存在，形成了自己的文化传统，造就了自己的文化生活。这也就是人创造了自己，人创造了自己的心理文化，人创造了属于心理文化的心理科学。

因此，新探系列的探索就是对心理学学科内涵的系列化的扩展。这包括了五个方面的基本内容，即科学心理学新探、本土心理学新探、东方心理学新探、文明心理学新探和体证心理学新探。这所涉及的内容包括实证心理学的扩展、传统心理学的资源、东方心理学的价值、文明心理学的内涵和体证心理学创造。

心理学在自身的发展历程中，曾经以理论为中心，以方法为中心，以技术为中心。以理论为中心，带给心理学的是理论的繁荣。以方法为中心，带给心理学的是方法的精致。以技术为中心，带给心理学的则是技术的进步。但是，问题就在于，这种各自为中心的局面带来了排斥、替代和歪曲。那么，怎样才能够超越理论中心、方法中心、技术中心？超越理论中心原则，超越方法中心原则，超越技术中心原则，最为重要和最为核心的就在于能够确立起创造中心原则。把创造看作人的心理存在的根本，人的心理科学的根本。才能够将心理科学引入当代的最合理、最正当、最根本和最明确的轨道。人的心理存在的根本就在于创新，创新是人的心理成长的本性。同样，人的心理科学的根本也就在于创新，创新是人的心理科学发展的本性。

任何的创造或创新都需要深厚的基础。心理学的创造或创新也是如此。任何缺失基础或缺失深厚基础的创造或创新，都只能是空虚的杜撰和空洞的幻想。但是，可以说心理学的发展或科学心理学的发展已经走到了这样的阶段，心理学已经在自身的发展历程和演变进程之中，奠定、累积和确立了自己文化、社会、思想、理论、知识、方法、工具、学术、研究等基础。怎样才能把创新确立为心理学研究和心理学发展的核心价值、核心任务、核心追求，这应该是心理学研究者的根本的关注，也是心理学研究者的职业的素养。

创新是心理学的中心原则，是心理学研究的中心原则，创造性或学术创造性、创新性或学术创新性，就是心理学家的本职和天命。这个中心原则也是中国本土心理学发展最为基本的原则。中国本土心理学只有通过学术创新，才能够拥有自己的学术地位，才能够确立自己的学术未来。这也是中国本土的心理学发展从复制和模仿西方发达的心理学，转向于创造和创新自己本土的心理学。

科学化、本土化，心理学的科学化、心理学的本土化，中国心理学的科学化、中国心理学的本土化，都必须走创新之路，都只有走创新之路。因此，创造和创新就应该成为心理学发展或中国心理学发展的核心原则和核心理念，基本理念和基本追求。心理学新探所涉及的是对心理学现存的方式进行创新探索，并考察心理学的本土根基，探讨东方心理学的独特之处，开辟文明心理学的探索内容，挖掘体证心理学的研究方式。

如果从科学心理学研究的方面来看，科学心理学有着众多的学科分支，众多的心理学家，丰富的学术资源，丰富的学说理论，复杂的研究方法，复杂的技术手段。如果从本土心理学研究的方面来看，本土心理学有自己的传统。这是文化、历史、学术、思想和研究的传统。如果从东方心理学研究的方面来看，西方文明与东方文明是相对应的，同样，西方心理学与东方心理学也是相对应的。东方心理学就是蕴含在东方文化之中的心理学的传统构成。如果从文明心理学研究的方面来看，文明心理学涉及的是心理的文明方式和文明的心理基础，其内容包括文明心理的构成、养成、表达、传递和创造。如果从体证心理学研究的方面来看，中国本土文化中的传统心理学所运用的方法不是实验的方法，而是体验的方法；不是实证的方法，而是体证的方法。所谓体证的或体验的方法，就是通过意识自觉的方式，直接体验到自身的心理，并直接构筑了自身的心理。实证与体证在心理学具体研究中的体现，就是实验与体验的分别与不同。

科学心理学新探就是在新的文化根基和新的理论预设的基础之上，去考察和探索科学心理学的研究和创新。本土心理学则是将心理学建构在本土文化、本土生活的基础之上，从而摆脱引进、翻译、模仿的心理学的制约和限制。东方心理学则是从东方文化的构成之中或在东方文化的基础之上，去理解和把握人的心灵活动或心理行为，心理学的理论、方法和技术。文明心理学则是在新的视角中，去探索和挖掘人类文明之中的心理行为，从而为人类的文明发展和文明创造奠定心理学的基础。体证心理学是在天人合一和心道一体的基本理论设定的基础之上，强调道就在人本身之中，就在人本心之中。那么，人就是通过心灵自觉或意识自觉的方式，直接体验并直接构筑了自身的心理。中国本土文化中的心理学传统强调了一些基本的原则或基本的方面。这成为理解体证或体验方式和方法的最为重要的和无法忽视的内容。这就是内圣与外王，修性与修命，渐修与顿悟，觉知与自觉，生成与构筑。

六　分支系列的探索

心理学有着众多的学科分支，几乎涵盖了人类行为的方方面面。那么，在心理学的林林总总的分支学科之中，有的靠近自然科学，有的靠近社会科学,有的靠近人文科学,有的靠近中间科学。应该说,凡是与文化、历史、社会等方面相通的心理学分支学科,就都会与中国本土心理学相关联。那么,这也就可以在中国的心性心理学的基础之上,去重新建构这些分支的探索和研究。

分支系列的探索可以包括新本土心理学、新文化心理学、新社会心理学、新应用心理学、新历史心理学、新民族心理学、新宗教心理学、新创造心理学、新环境心理学和新管理心理学。这些分支系列的探索都可以在心性心理学的基础之上,确立新的研究内容和新的研究方式。从而,改变原有的心理学分支研究的立足基础,突破原有的心理学分支研究的内容框架。

新本土心理学所涉及的心理学本土化,就是对心理学西方化的历史性的反叛,也是心理学在更大的范围内去寻求和寻找自己的学科和学术发展的资源。关于心理学的本土走向就要涉及心理学研究的本土定位、本土资源、本土理论、本土方法和本土技术。心理学的本土化实际上就是心理学的一个新生的过程。因此,心理学的学术的目标、学科的目标、研究的目标、发展的目标,都应该在一个新的基础上重新构想。这就是在整体思路和框架上,为本土心理学设计和设想一个更适合于中国的成长目标和前行路径。

新文化心理学所涉及的是,文化心理学也是通过文化来考察和研究人的心理行为的一门心理学分支。文化心理学经历了一系列重要的发展时期。现代实证科学的心理学曾经一度忽视和排斥了文化的存在。这就体现在了西方心理学中早期所盛行的还原主义之中。在心理学的研究中,文化与心理的关系、文化与心理学的关系,都是非常重要的关系和方面。心理学研究者已经开始重视文化的存在和文化的问题,并开始重视关于文化心理和文化心理学的研究。文化心理学也在特定的文化背景、文化环境、文化历史、文化传统、文化活动、文化指向、文化内涵等之中,探索和研究人的心理行为。新文化心理学的探索已经进入心理学研究的各个不同的分支学科之中,并且已经成了重要的研究取向,提供了多样的研究课题,形成了多元的研究范式,丰富了多重的探索方式,展现了广阔的应用空间,引领了繁荣的生活创造。

新社会心理学所涉及的是，在社会心理学学科的诞生、演变和发展的过程中，社会心理学的研究存在着不同的研究取向。这包括了六种特定的研究取向：生物学取向的社会心理学、心理学取向的社会心理学、社会学取向的社会心理学、人类学取向的社会心理学、文化学取向的社会心理学和共生学取向的社会心理学。对于不同研究取向的社会心理学，有不同的研究重心和研究中心，理论概念和理论学说，研究方式和研究方法，技术手段和技术工具。那么，把社会心理学的不同研究取向聚合起来进行考察，可以为社会心理学提供更加开阔的研究视野，可以对社会心理学的研究和发展提供更好的理解和定位，可以更好地定位社会心理学的研究对象，可以更好地理解社会心理学的研究方式，可以更好地促进社会心理学的进步发展。

新应用心理学所涉及的是，应用心理学的基本理论问题和应用方案制订，人类心理所具有的基本性质，基础研究与应用研究的区别与联系，应用心理学的定义与特征，应用研究的内容与领域，应用程序的制定与实施。心理学的科学研究也是有基础研究和应用研究两个基本的构成部分。人类的心理有其独特的性质，正是这种心理学研究对象的独特性质决定了心理学学科的独特性质。人类心理的独特性质就在于既是自然的存在，也是自觉的存在。心理学的基础研究和应用研究的区别主要体现在研究目的和评价标准的区别上，也就是研究目的不同，评价标准也不同。心理学的基础研究在于描述对象，解释对象，透视对象的性质，揭示对象的规律，以形成关于对象的知识体系。心理学的应用研究则是在于干预对象，改变对象，影响对象的活动，完善对象的内容，以提高涉及心理的生活质量。

新历史心理学所涉及的是，人类历史演变中的心理行为层面的探讨，人类心理行为的历史发展进程的探索，心理学学科的发展演变的探索。其实，这也就是历史心理学、心理历史学、心理学发展史等不同的研究内容。历史心理学的研究存在着三种理论取向：心理史学研究取向、心态史学研究取向和心理学理论取向。心理历史学则包括了心理史学和心态史学。心理学理论取向则探讨的是，任何心理学的发展都有自己的历史渊源，历史演变，历史传统，历史延续。

新民族心理学所涉及的是，在民族心理的构成中，常识、宗教、哲学、文化、科学、资源，都可以成为重要的视角，都可以成为特定的方式。因此，民族心理学的研究可以通过不同的方式来进行。这包括了以民族常识为起点，以民族宗教为要点，以民族哲学为重点，以民族文化为焦点，以民族科学为支点，以民族资源为基点，等等。这就可以大大扩展关于民族心理行为的探索的范围和关注的内容。在不同民族的文化传统、思想传统、生活传统、民俗传统之中，有着非常丰富的心理学的资源。这些心理学的资源不仅对于特定民族理解本民族个体、群体和整体的心理行为是非常重要的，而且对于理解人的心理行为也是有着生活的价值、学术的价值、理论的价值和应用的价值。

新宗教心理学所涉及的是，宗教心理学有两种不同的含义，存在着两种不同的理解，也就有两种不同性质的宗教心理学。一是实证科学的含义和科学传统中的宗教心理学，是科学家采纳科学的方式和运用科学的方法对宗教心理的研究和探索。二是宗教体系的含义和宗教传统中的宗教心理学，是宗教家按照宗教的方式和宗教的教义对人的心理行为的说明、解释和干预。关于宗教心理学研究的归类可以有不同的尺度和方式，形成的就是不同性质和类型的宗教心理学探索。宗教的宗教心理学是体现在不同的宗教流派之中。世界的三大宗教，即基督教、佛教和伊斯兰教，都有自己的宗教教义，也都有依据自身教义的心理学阐释。科学的宗教心理学是科学性质的或实证形态的心理学，这是科学心理学的一个分支学科，属于科学的阵营。两类宗教心理学，亦即科学的宗教心理学和宗教的宗教心理学，既有着十分重要的区别，也有着不可忽视的联系。

新创造心理学是把心理学的研究目标确定为创造性的或创新性的活动，这会给心理学的研究或探索提出一个更高的要求。这会使中国心理学的发展去追求创新性、创造性，去追求原始性的创新、原始性的创造。新创造心理学将人的心理确立为生成性的存在，是创造性生成的。这种创造性生成也是共生的立场。新创造心理学也将心理学的探索看成创造性的存在，是心理学理论、方法和技术的创新和创造的进程。

新环境心理学所涉及的是，人的心理不仅是外在的环境所决定的，而且非常重要和关键的是，人的心理也具有对环境的独特的理解和建构，这就是人的心理环境。这也是理解人的心理生活和心理成长的非常重要的方面和非常重要的基础。从环境的角度去理解心理，到从心理的角度去理解环境，这是涉及心理与环境关系的最为重要的变化和进步。在心理学的研究中，涉及环境与心理的关系的研究一直为心理学家所重视。环境心理学的学科目前也已经成为心理学研究中的热门学科门类。环境心理学的研究课题也受到了越来越多的关注。怎样理解环境与心理的关系，怎样通过环境来理解人的心理，一直就是心理学研究的重心。同样，心理环境学也应该受到更广泛的关注。怎样从心理的方面来理解环境，把握环境，创造环境，也将会成为心理学研究的核心。

新管理心理学所涉及的是，在现代社会和科学的发展中，跨文化的沟通和交流已经成为世界性的潮流。文化和文化心理都成为管理的重要的方面。在管理实践的活动中和管理心理的研究中，文化的存在、文化的基础、文化的背景、文化的资源、文化的差异、文化的沟通等，已经成为重要的方面，甚至是决定性的方面。在管理心理学的研究中，文化与管理的研究已经成为十分重要和非常热门的领域。这涉及文化与管理，文化心理与管理心理。

心性心理学是中国本土文化中自生的心理学传统，也是中国本土心理学的文化根基。新心性心理学则是立足于中国本土心性学和心性心理学的理论创新。从心性学推进到心性心理学，从心性心理学跨越到新心性心理学，都属于中国本土心理学的核心理论的建构和创造。从心理学的不同文化根基的确立和奠定，到心理学的不同形态资源的挖掘和获取，到中国本土心理学基本理论的创新和突破，到理论心理学基于本土文化的重构和新建，再到心理学不同分支学科的本土再造和扩展，这也就给出了中国本土心理学未来的发展蓝图。